SO SICHER?
STEINWOLLE-BRANDSCHUTZ AUCH BEI KÄLTELEITUNGEN? DA WAR ICH MIR ECHT NICHT SICHER.
JETZT SCHON!
NEU
TECLIT®
DÄMMUNG VON KÄLTELEITUNGEN
Wollen Sie mehr über die neue Kältedämmung aus Steinwolle made by ROCKWOOL erfahren? Mehr Informationen zu TECLIT® gibt's online:
www.teclit.rockwool.de
ROCKWOOL

WIR MACHEN ES IHNEN EINFACH
Kompetente Beratung
Zuverlässige Belieferung
Praktische Lösungen
Einfache Montage
Umfangreiches Sortiment an Abschottungen von Rohren und Kabeln aus einer Hand
Brandschutzgeprüfte Befestigungsprodukte und Unterstützung bei statischer Auslegung und Dimensionierung von Dübeln, Montageschienen und Verbindungselementen
Optimale persönliche Beratung – von der Planung über die Ausführung bis zur Abnahme
Brandschutzgeprüfte Befestigungsprodukte
Abschottungen von Rohren und Kabeln
BTI Befestigungstechnik GmbH & Co. KG · www.bti.de/shop
www.bti.de/shop
BTI

sita
sita
SitaFireguard®
Der vorbeugende Brandschützer.
Idealer Brandschutz für Freispiegel-, Druckströmungsentwässerung und Lüftung
Überbrückt Dämmstoffdicken von bis zu 570 mm
Komplett-Set ermöglicht schnellen Einbau
Kostenloser Sita Berechnungsservice für die richtige Auslegung aller Entwässerungsbauteile auf dem Flachdach
Neu!
Sitaleicht. Jetzt auch online erleben: sita-bauelemente.de
leicht entwässern.

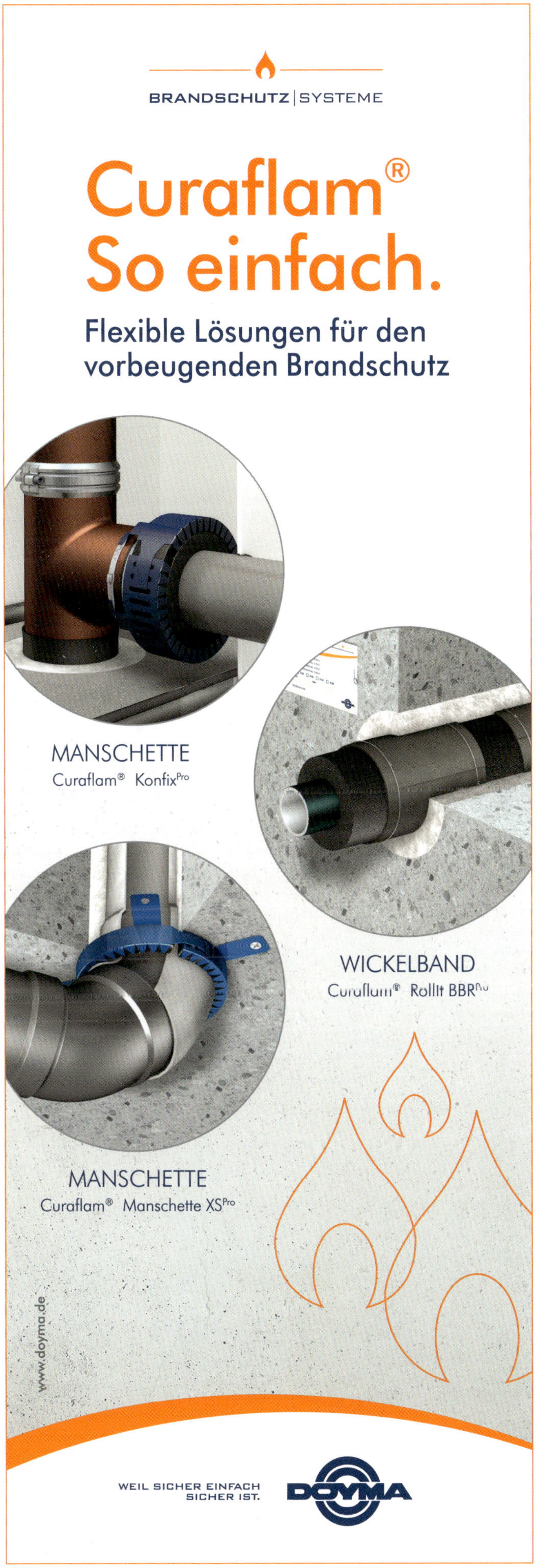
BRANDSCHUTZ | SYSTEME
Curaflam®
So einfach.
Flexible Lösungen für den vorbeugenden Brandschutz
MANSCHETTE
Curaflam® KonfixPro
WICKELBAND
Curaflam® Rollit BBRPro
MANSCHETTE
Curaflam® Manschette XSPro
www.doyma.de
WEIL SICHER EINFACH SICHER IST.
DOYMA

Elektrische Funktionen erhalten
E30
E60
E90
Brandgeprüfte Cable-Management-Systeme von OBO
• Kabelrinnen, Kabelleitern und Gitterrinnen
• Kabelabzweigkästen FireBox
• Profilschienen und Befestigungsschellen
• Kabelanlagen geprüft gemäß DIN 4102 Teil 12
• Elektrischer Funktionserhalt mit den Klassen E30 bis E90
• Speziallösungen zur Befestigung an Stahl- und Holzbauteilen
OBO Bettermann Vertrieb Deutschland GmbH & Co. KG
Langer Brauck 25
58640 Iserlohn
Tel.: +49 (0)2371 / 78 99 - 2000
Fax: +49 (0)2371 / 78 99 - 2500
info@obo.de
www.obo.de
Building Connections
OBO
BETTERMANN

Lippe • Czepuck • Möller • Reintsema

MLAR
MSysBöR
EltBauVO

Kommentar mit Anwendungsempfehlungen und Praxisbeispielen zum gebäudetechnischen Brandschutz in Verbindung mit Leitungsanlagen und mitgeltenden Normen/Regelwerken

Kommentar mit Anwendungsempfehlungen und Praxisbeispielen zu der

- **Muster-Leitungsanlagen-Richtlinie MLAR**
- **Muster-Systembödenrichtlinie MSysBöR**
- **Muster einer Verordnung über den Bau von Betriebsräumen für elektrische Anlagen EltBauVO**

Praxis für

- Architekten
- Baubehörden
- Fachplaner für technische Gebäudeausrüstung (TGA)
- Elektro- und SHK-Handwerk
- Prüfsachverständige (PrüfSV)
- Brandschutzsachverständige/
  Ersteller von Brandschutzkonzepten
- Fachbauleiter Brandschutz

5., komplett überarbeitete Auflage inkl. einem Schwerpunkt zu sicherheitstechnischen Anlagen und Wechselwirkungen/Einwirkung der Gewerke untereinander

Dipl.-Ing. Manfred Lippe
Öffentlich bestellter und vereidigter Sachverständiger für den baulichen sowie anlagentechnischen Brandschutz und für das Installateur- und Heizungsbauerhandwerk

Dipl.-Ing. Knut Czepuck
Ministerialrat im Ministerium für Heimat, Kommunales, Bau und Gleichstellung des Landes Nordrhein-Westfalen

Frank Möller
Geschäftsführender Gesellschafter der Möller BSP GmbH
Beratungs-, Sachverständigen- und Planungsgesellschaft,
Partner der ML Sachverständigen Gesellschaft mbH

Prof. Dr. Dipl.-Ing. Jörg Reintsema
Staatlich anerkannter Sachverständiger für die Prüfung des Brandschutzes
Staatlich anerkannter Sachverständiger für die Prüfung von
Brandmelde- und Alarmierungsanlagen

Heizungs journal Verlags-GmbH

Bibliografische Informationen der Deutschen Nationalbibliothek
Die Deutsche Nationalbibliothek verzeichnet diese Publikation in der Deutschen Nationalbibliografie; detaillierte bibliografische Daten sind im Internet über http://dnb.d-nb.de abrufbar.

Impressum:
© 2018 Heizungs-Journal Verlags-GmbH
Postfach 370
D-71351 Winnenden
Telefon: 07195/92 84-01
Telefax: 07195/92 84-11
e-mail: verlag@heizungsjournal.de

Maßgebend für das Anwenden von Normen/DIN VDE-Normen sind deren Fassung mit dem neuesten Ausgabedatum, die bei dem VDE-Verlag, D-10625 Berlin und dem Beuth Verlag, D-10787 Berlin, erhältlich sind, z. B. unter www.beuth.de

Maßgebend für das Anwenden von Regelwerken, Richtlinien, Merkblättern, Hinweisen, Verordnungen usw. ist deren Fassung mit dem neuesten Ausgabedatum, die bei der jeweiligen herausgebenden Institution erhältlich ist. Zitate aus Normen, Merkblättern usw. wurden, unabhängig von ihrem Ausgabedatum, in neuer deutscher Rechtschreibung abgedruckt.

Bei der Erstellung dieses Titels wurde mit großer Sorgfalt vorgegangen; trotzdem können Fehler nicht vollständig ausgeschlossen werden. Verlag und Autoren können für fehlerhafte Angaben und deren Folgen weder eine juristische Verantwortung noch irgendeine Haftung übernehmen. Anspruch auf Vollständigkeit wird nicht erhoben. Außerdem gelten die Angaben vorbehaltlich technischer Änderungen.

Wir freuen uns, Ihre Meinung über dieses Fachbuch zu erfahren. Für Anregungen, Hinweise oder Fragen sind der Verlag und Autoren dankbar.
Kontakt: Manfred.Lippe@MLPartner.de oder verlag@heizungsjournal.de

Stand der Bearbeitung: Oktober 2018

Herstellung: Druckhaus Waiblingen Remstal-Bote GmbH, D-71332 Waiblingen
Grafik und Gestaltung: Techn. Illustration & Dokumentation E. Marofke, D-95356 Grafengehaig, Telefon: 09255/80 87 84

Buch
ISBN 978-3-924788-22-3
Buch inkl. Digital-Version als e-Book:
ISBN 978-3-924788-23-0
Digital-Version als e-Book:
ISBN 978-3-924788-24-7

Informationsservice der Autoren:
Für diesen Kommentar wurde ein Info-Service der Autoren für wichtige Mitteilungen oder Informationen eingerichtet:
www.mlpartner.de > Verordnungen > Richtlinien > Regelwerke
> Kommentierungen zu baurechtlichen Regelwerken
> Informationen zum Kommentar der MLAR/MSysBöR/EltBauVO

Bildnachweis Titelseite:
Quelle: Manfred Lippe
- Melder für Feueralarm und Rauchabzüge
- Kabelabschottung nach einem Vollbrand
- Rettungswegleuchte

Quelle: Frank Möller
- Leitungsanlage aus brennbaren Rohren inkl. Abschottung mit Brandschutzmanschetten R 90
- Vertikale Leitungstrassen Elektro und Funktionserhalt

Hinweis zur Kommentierung:
Die Kommentierung berücksichtigt an diversen Stellen auch die umgangssprachlichen, baurechtlich nicht eindeutigen Redewendungen.

Historie zum Kommentar der MLAR 1. bis 5. Auflage

Die Entwicklung der MLAR als Technische Baubestimmung und der begleitenden Kommentierung

Vor 1988
Der Geltungsbereich:
Zur Planung und Verlegung mussten die baurechtlichen Schutzziele der Landesbauordnungen herangezogen werden.
- Es mussten geeignete Vorkehrungen getroffen werden, um die Übertragung von Feuer auch über die geforderte Feuerwiderstandsdauer zu verhindern.
- Es gab keine spezifischen Brandlastbeschränkungen im Bereich „allgemein zugänglicher Flure".
- Der elektrische Funktionserhalt wurde maximal in den elektrotechnischen Regelwerken beschrieben.

1988

MRbAaLei 1988
Muster-Richtlinie über brandschutztechnische Anforderungen an Leitungsanlagen

MRbAaLei 1988:
Der Geltungsbereich:
- Leitungsanlagen in Treppenräumen und ihren Ausgängen ins Freie und in allgemein zugänglichen Fluren von Gebäuden (Rettungswege)
  - 7 kwh-Regel je m² Flurfläche galt als Erleichterung, jedoch vom allgemein zugänglichen Flur mit nichtbrennbaren Bauteilen getrennt
- Führung von Leitungen durch Wände und Decken
  - Beschreibung der Abschottungen mit nichtbrennbaren formbeständigen Baustoffen, z. B. Mörtel/Beton
  - zugelassene Abschottungen wurden noch nicht gefordert

1993

MRbAaLei 1993
Muster-Richtlinie über brandschutztechnische Anforderungen an Leitungsanlagen

MRbAaLei 1993:
Struktur und Geltungsbereiche analog der MRbAaLei 1988
- Elektrische Leitungsanlagen von baurechtlich geforderten Sicherheitseinrichtungen
  - Die Beschreibung der spez. Anforderungen erfolgte wesentlich konkreter.

1998

MLAR 1998
Muster-Leitungsanlagen-Richtlinie

MLAR 1998
- Struktur und Geltungsbereiche wurden konkreter in Form von Abschnitten gefasst.
- Wechsel des Anforderungskonzeptes von der 7 kwh-Regel je m² Flurfläche zur heutigen Regel der Leitungen, die zum Betrieb erforderlich sind.
- Hinweis zu Befestigungen ist enthalten.
- Allgemeine bauaufsichtliche Prüfzeugnisse und Zulassungen werden, im Bereich Abschottungen, erstmalig erwähnt (Abschnitt 4.1).
- Beschreibung von Erleichterungen bei Abschottung von Einzelleitungen (Abschnitt 4.2).
- Die Struktur entspricht weitgehend der heutigen MLAR 2005 und 2016.

2000

MLAR 2000
Muster-Leitungsanlagen-Richtlinie

MLAR 2000
- Die Struktur entspricht der heutigen MLAR 2005.
- Querverweise zu anderen Normen und VDE-Regelwerken wurden eingefügt.
- Der elektrische Funktionserhalt wurde konkreter, als schutzzielorientierte Beschreibung, aufgenommen.
- Herausgabe der 1. bis 3. überarbeiteten Kommentierung zur MLAR 2000 durch die Autoren: Lippe, Wesche, Rosenwirth.

2005

MLAR 2005
Muster-Leitungsanlagen-Richtlinie

MLAR 2005
- Die Struktur und Inhalte wurden von der MLAR 2000 übernommen.
- Die Erleichterungen für die Abschottungen von Einzelleitungen, durch feuerhemmende Wände wurde in Abschnitt 4.2 und für feuerhemmende bis feuerbeständige Wände und Decken in Abschnitt 4.3 beschrieben.
- Herausgabe der 4. überarbeiteten Kommentierung zur MLAR 2005 durch die Autoren: Lippe, Wesche, Reintsema, Rosenwirth.
  - Durch die praxisgerechte Interpretation der baurechtlichen Schutzziele zu Leitungsanlagen wurde über Jahre hinweg eine höhere Qualität bei Planung und Umsetzung erreicht. Es muss aber, durch die Planer und Ersteller der Anlage, noch mehr in das Bewusstsein aufgenommen werden.

2016

MLAR 2016
Die Benennung MLAR 2016 bedeutet:
- Redaktionsstand des Musters 05.04.2016
- Fassung 10.02.2015
- Veröffentlichung durch die DIBt-Mitteilungen am 11.10.2016

MLAR 2016 = Konkretisierung weniger Details
- Grundsätzlich ist es sinnvoll, die Struktur, den Geltungsbereich und die wesentlichen Inhalte so beizubehalten.
  - Begründung:
    sehr gute Praxiserfahrungen in Verbindung mit einer praxisgerechten Kommentierung
- Die baurechtlichen Aktualisierungen werden in den Texten der MLAR 2015 im Teil A rot markiert dokumentiert.
- Herausgabe der 5. überarbeiteten Kommentierung durch die Autoren: Lippe, Czepuck, Möller, Reintsema

Die Autoren den Auflagen 1 bis 5 zugeordnet

1. Auflage – April 2001

Dipl.-Ing. Manfred Lippe
1. bis 5. Auflage

2. Auflage – November 2004

Prof. Dr. Ing. Jürgen Wesche
1. bis 4. Auflage

3. Auflage – Mai 2007

Dipl.-Ing. Dieter Rosenwirth
2. bis 4. Auflage

Prof. Dr. Dipl.-Ing. Jörg Reintsema
4. und 5. Auflage

4. Auflage – Mai 2011

Dipl.-Ing. Knut Czepuck
5. Auflage

5. Auflage – Oktober 2018

Frank Möller
5. Auflage

Die Kommentierungen zur MLAR 03/2000 und der MLAR 11/2005 haben in der Planungs- und Ausführungspraxis eine sehr hohe Akzeptanz und Ausführungssicherheit erreicht. Die langjährige Anwendung der 1. bis 4. Auflage des Kommentars zur Muster-Leitungsanlagen-Richtlinie, die Erweiterung durch die integrierte Kommentierung der Muster Systembödenrichtlinie und der EltBauVO, haben zu vielen Verbesserungsvorschlägen und Wünschen zu erweiterten Kommentierungen geführt.

Das aktuelle Autorenteam hat sich auf Grundlage dieser Verbesserungsvorschläge und Wünsche dazu entschlossen, der 5. komplett überarbeiteten Auflage die Struktur nach Anwendungsgebieten/Aufgabenschwerpunkten bei zu behalten. Durch die Struktur können produktneutrale Lösungsempfehlungen über das Inhaltsverzeichnis zielgerichtet gefunden werden. Die bei der Planung und Umsetzung erforderlichen Praxisempfehlungen wurden erweitert und entsprechend den baurechtlichen Grundlagen an die aktuellen Problemstellungen der Planungs- und Ausführungspraxis angepasst.

In der 5. komplett überarbeiteten Auflage wurden die langjährigen Praxiserfahrungen der Autoren und neue Erkenntnisse aus den aktuellen Aufgabenstellungen mit modernen Planungs- und Ausführungskonzepten eingebracht.

Aktuelle Schwerpunkte zu Leitungsanlagen in der Überarbeitung sind:

- das aktuelle Baurecht mit MBO 2016 und MVV TB inkl. der Sonderbaurichtlinien
- die europäischen Ver- und Anwendbarkeitsnachweise und Klassifizierungen
  - der elektrische Funktionserhalt inkl. Interpretation der baurechtlichen Vorgaben
  - Auslegung der EltBauVO in Verbindung mit der fortschreitenden technischen Entwicklung.

Kurzbeschreibung zur Funktion der digitalen Version dieses Kommentars

Öffnen der Bestellseite im Internet:

www.tga-contentbase.com/produkt/kommentar-zur-mlar

Bestellvarianten:

- Kommentar zur MLAR – digitale Version mit 3 Arbeitsplatzlizenzen
- Kommentar zur MLAR – digitale Version mit 10 Arbeitsplatzlizenzen

Schritt 1:
Die Bestellung/Lieferung der digitalen Version erfolgt ausschließlich über die o.g. Bestellseite im Internet. Sie geben die notwendigen Bestelldaten der Pflichtfelder und ihre Zahlungssdaten ein.

Schritt 2:
Das System generiert auf jeder Seite am Kopf der digitalen Ausgabe ein hinterlegtes Wasserzeichen mit den Nutzerdaten des Anforderers. Die gekennzeichneten Nutzerdateien werden (3er- oder 10er-Lizenz) als geschützte PDF-Datei bereitgestellt.

Schritt 3:
Sie können sich nach der digitalen Zahlungsbestätigung ihre georderten Arbeitsplatzlizenzen nach und nach herunterladen und auf ihren Geräten, z. B. PC, Notebook oder Handy abspeichern. Sobald alle Arbeitsplatzlizenzen heruntergeladen sind, sperrt das System weitere Anforderungen.

Funktionen/Urheberrecht
Sie können mit den PDF-Nutzerdateien online oder offline auf ihren Geräten arbeiten. Ein Ausdrucken der Datei ist nicht möglich.

Sie können einzelne Grafiken und Texte unter Beachtung der Urheberrechte digital entnehmen und in ihre Dokumente, z. B. LV`s und Beschreibungstexte integrieren. Das Urheberrecht verlangt dabei, dass eine eindeutige Quellenangabe erfolgt, © Kommentar zur MLAR 2018, 5. Auflage, Lizenz-Nr. XXXX (siehe Wasserzeichen).

Ein teilweises oder vollständiges Ausdrucken/Herauskopieren von Seiten der PDF-Datei und Weitergabe an Dritte ist urheberrechtlich nicht gestattet. Dies gilt auch für die Anfertigung von Kopien aus der Printversion.

Es wird empfohlen die Datei auf einem externen Datenträger zu sichern, um Datenverlust zu vermeiden.

Autoren

Manfred Lippe war ehrenamtlicher Verhandlungsführer des Zentralverbandes Sanitär-Heizung-Klima im Rahmen der Überarbeitung der Muster-Leitungsanlagen-Richtlinien MLAR 2000 und MLAR 2005 in der Projektgruppe „Leitungsanlagen" der ARGEBAU.

Er ist Autor verschiedener Fachveröffentlichungen, Fachdozent für den gebäudetechnischen Brandschutz bei EIPOS, Dresden, und Seminarleiter des VDI-Bildungswerkes

Manfred Lippe ist Herausgeber und Mitautor der Kommentare zur M-LüAR, 1. und 2. Auflage.

Manfred Lippe ist federführender Autor der Kommentare MLAR, 1. bis 5. Auflage.

Dipl.-Ing. Manfred Lippe

Öffentlich bestellter und vereidigter Sachverständiger
- der Industrie- und Handelskammer Mittlerer Niederrhein für den baulichen und anlagentechnischen Brandschutz
- und der Handwerkskammer Düsseldorf für das Installateur-, und Heizungsbauerhandwerk
- Geschäftsführender Gesellschafter der ML Sachverständigen Gesellschaft mbH und der LiComTec GmbH

Herr Czepuck betreut in der obersten Bauaufsicht des Landes NRW u.a. das Arbeitsgebiet der bauaufsichtlichen Regelungen für die technische Gebäudeausrüstung.

Er ist Obmann des Arbeitskreises Technische Gebäude-Ausrüstung der Fachkommission Bauaufsicht der ARGEBAU.

Dipl.-Ing. Knut Czepuck

Ministerialrat im Ministerium für Heimat, Kommunales, Bau und Gleichstellung des Landes Nordrhein-Westfalen

Frank Möller

Geschäftsführender Gesellschafter der Möller BSP GmbH Beratungs-, Sachverständigen- und Planungsgesellschaft und Partner der ML Sachverständigen Gesellschaft mbH

Frank Möller hat nach seiner Berufsausbildung zum Kommunikationselektroniker/Fachrichtung Telekommunikationstechnik, von 1994 bis 2010, als Techniker im Bereich Sicherheitssysteme gearbeitet. Von 2011 bis 2013 war er als technischer Angestellter in einem bauaufsichtlich anerkannten Sachverständigenbüro der Elektrotechnik tätig. Im Rahmen seiner beruflichen Entwicklung und seiner Selbstständigkeit seit 2014 hat er neben der Ausbildung zum Meister im Elektrotechniker-Handwerk die Fachweiterbildungen zum Fachplaner und Sachverständigen für gebäudetechnischen Brandschutz (EIPOS) absolviert. Er ist verantwortliche Person für Brandmelde- und Sprachalarmanlagen und zertifizierter Fachplaner für Brandmeldeanlagen nach DIN 14675.

Frank Möller ist Fachdozent bei EIPOS, Dresden, und am Berufsbildungszentrum Kassel in den Bereichen gebäudetechnischer Brandschutz und Gefahrenmeldeanlagen.

Neben seiner ehrenamtlichen Tätigkeit im Meisterprüfungsausschuss der Handwerkskammer Kassel im Fachbereich Elektrotechnik ist er aktives Mitglied einer freiwilligen Feuerwehr mit dem Dienstgrad eines Brandmeisters.

Prof. Dr. Dipl.-Ing. Jörg Reintsema

Geschäftsführender Gesellschafter Ingenieurbüro für Bauwesen Prof. Dr. Dipl. Ing. Reintsema
Staatlich anerkannter Sachverständiger für die Prüfung des Brandschutzes
Staatlich anerkannter Sachverständiger für die Prüfung von Brandmelde- und Alarmierungsanlagen

Prof. Dr. Dipl. Ing. Reintsema studierte an der TU Braunschweig und MH Hannover. Er promovierte berufsbegleitend zum Thema „Brandschutz im Krankenhaus" an der Medizinischen Hochschule Hannover mit der Analyse von Bränden und Empfehlungen zur Risikominimierung.

Nach mehreren Jahren industrieller Tätigkeit im Bereich der Elektro- und Sicherheitstechnik ist er seit 2003 als Sachverständiger für die Prüfung des Brandschutzes und für die Prüfung von Brandmelde- und Alarmierungsanlagen tätig.

Prof. Dr. Dipl. Ing. Reintsema ist Mitarbeiter in verschiedenen Gremien zum Brandschutz in der Gebäudetechnik, so z. B. Vorsitzender des VDI Richtlinienkreises 3819 „Brandschutz in der Gebäudetechnik" und hat am Positionspapier des ZVEI zur MLAR mitgearbeitet. Er ist Lehrbeauftragter an der Hochschule Albstadt-Sigmaringen und Fachdozent bei EIPOS, Dresden, sowie Autor verschiedener Fachbeiträge und Referate.

Inhaltsverzeichnis

Einleitung zur Handhabung der Kommentierung

Sehr geehrter Anwender der Kommentierung,

wie im Vorwort bereits festgestellt wurde, ist eine baurechtliche Kommentierung einer eingeführten Technischen Baubestimmung unter Berücksichtigung der wesentlichen Schnittstellen zu folgenden Regelwerken sehr komplexer Natur:

- Landesbauordnungen
- Sonderbauverordnungen/-richtlinien
- Prüfrichtlinien
- Eingeführte Technische Baubestimmungen, z. B.:
  - Leitungsanlagen-Richtlinien
  - Systembödenrichtlinien
  - Schallschutzregelwerke
- Bauphysikalische Regelwerke
  - Wärme- und Tauwasserschutz
- DIN- und DIN EN-Normen
- VDI-Regelwerke
- DIN VDE-Normen
- usw.

Die Autoren haben die Kommentierung nach klaren Regeln strukturiert, um Ihnen das Lesen und Verstehen zu vereinfachen. Fachkenntnisse des Baurechtes und der Technischen Gebäudeausrüstung (Gebäudetechnik) werden jedoch vorausgesetzt.

Die Struktur der Teile:

Teil A, B, C enthalten die kommentierten Eingeführten Technischen Baubestimmungen (MLAR, MSysBöR, EltBauVO), die Kommentierungen und den baurechtlichen Einführungsstand inkl. der Abweichungen nach Bundesländern

Teil D, E enthalten die mitgeltenden baurechtlichen Regelwerke und die mitgeltenden Normen und Regeln beim gebäudetechnischen Brandschutz von Leitungsanlagen

Teil F enthält brandschutztechnische Planungs- und Ausführungsempfehlungen zur Verlegung und Montage von Leitungsanlagen in Flucht- und Rettungswegen (MLAR, Abschnitt 3)

Teil G, H, I, J enthalten brandschutztechnische Planungs- und Ausführungsempfehlungen zur Abschottung von Leitungsanlagen durch Bauteile mit Anforderungen an die Feuerwiderstandsdauer (MLAR, Abschnitt 4)

Teil K, L, M enthalten brandschutztechnische Planungs- und Ausführungsempfehlungen zum elektrischen Funktionserhalt von sicherheitstechnischen Anlagen (MLAR, Abschnitt 5) und der Sicherheitsstromversorgung

Teil N enthält brandschutztechnische Planungs- und Ausführungsempfehlungen zur Be- und Entlüftung von elektrischen Betriebsräumen und Batterieanlagen

Teil O enthält brandschutztechnische Planungs- und Ausführungsempfehlungen von Systemböden gemäß MSysBöR

Teil P enthält brandschutztechnische Planungs- und Ausführungsempfehlungen von Feuerlöschleitungen/-einrichtungen

Teil Q enthält brandschutztechnische Planungs- und Ausführungsempfehlungen von Leitungsanlagen für medizinische Gase und Laborgase

Teil R enthält brandschutztechnische Planungs- und Ausführungsempfehlungen von Leitungsanlagen in Bauteilen, die nicht über den Geltungsbereich der MLAR abgedeckt sind

Teil S enthält das Glossar

Die Darstellungsstruktur:

- Die Originaltexte der baurechtlichen Regelwerke sind in **blau** dargestellt
- Die Aktualisierungen der MLAR 2016 gegenüber der MLAR 2005 sind als **roter** Text eingefügt
- Die Kommentierungen sind **schwarz** dargestellt
- Hinweise der Autoren werden in **grau** dargestellt
- Bilder der Kommentierung werden **farbig** dargestellt

Alle bildlichen Darstellungen sind als beispielhafte Darstellungen zu werten, die an die projektspezifischen Anforderungen durch die Fachplaner angepasst werden können. Dabei sind die baurechtlichen Abweichungstatbestände und deren formale Abwicklung zu beachten.

Verwendete Abkürzungen:

- **Baurechtliche Regelwerke**
  - MBO 2016 – Musterbauordnung, Stand 2016
  - MVV TB – Muster Verwaltungs-Vorschrift Technische Baubestimmungen
  - MLAR – Muster-Leitungsanlagen-Richtlinie, Stand: 2016
  - MSysBöR – Muster-Systembödenrichtlinie, Stand: 09/2005
  - EltBauVO – Muster-Verordnung über den Bau von Betriebsräumen für elektrische Anlagen, Stand: 01/2009
  - M-LüAR – Muster-Lüftungsanlagen-Richtlinie, Stand: 11/2015

- **Bauteile/Bauarten (nationale Klassifizierungen nach DIN 4102)**
  - FWD – Feuerwiderstandsdauer von Bauteilen/Bauarten
  - F 30/60/90/120 – Bauteile/Bauarten mit einer FWD von 30 bzw. 60, bzw. 90, bzw. 120 Minuten je nach Anforderung der baurechtlichen Regelwerke gemäß DIN 4102-4
  - I 30/60/90 – Installationsschächte und -kanäle mit FWD (Prüfnorm DIN 4102-11 bzw. DIN EN 1366-5)

- **Ver- und Anwendbarkeitsnachweise (national und europäisch)**
  - abZ – allgemeine bauaufsichtliche Zulassung
  - abP – allgemeine bauaufsichtliche Prüfzeugnisse
  - ZiE – Zustimmung im Einzelfall
  - aBG – allgemeine Bauartgenehmigung
  - vBG – vorhabenbezogene Bauartgenehmigung
  - ETZ – Europäisch Technische Zulassung mit CE-Kennzeichnung
  - ETB – Europäisch Technische Bewertung mit CE-Kennzeichnung
  - hEN – harmonisierte europäische Normen mit CE-Kennzeichnung

- **Brandschutzklappen/Absperrvorrichtungen/Lüftungsleitungen**
  - BSK – Brandschutzklappen
  - EI 30/60/90 (ve, ho, i<>o) S – Brandschutzklappen für Anlagen gemäß DIN EN 15650 (Prüfung gemäß DIN EN 1366-2)
  - BSK K 30/60/90-18017 – Absperrvorrichtungen für Anlagen gemäß DIN 18017-3
  - BSK K 30/60/90-18017 S – Absperrvorrichtungen für Anlagen gemäß DIN 18017-3 mit Systemzulassung inkl. aller zugehörigen Bauteile der Anlage
  - L 30/60/90 – Lüftungsleitungen und -kanäle mit FWD gemäß E-DIN EN 15871

- **Abschottungen gemäß MLAR (national und europäisch)**
  - R 30/60/90 – Rohrabschottungen gemäß abZ/abP (Prüfnorm DIN 4102-11 bzw. DIN EN 1366-3)
  - EI 30/60/90 c/u, u/u, u/c – Rohrabschottungen gemäß ETZ/ETB (Prüfnorm DIN EN 1366-3)
  - S 30/60/90 – Kabelabschottungen/Kombischotts gemaß abZ (Prüfnorm DIN 4102-9 bzw. DIN EN 1366-3)
  - EI 30/60/90/120 – Kabelabschottungen/Kombischotts gemäß ETB (Prüfnorm DIN EN 1366-3)
  - Abschottungen nach den „Erleichterungen" der MLAR, Abschnitt 4.2 und 4.3

- **Elektrischer Funktionserhalt gemäß MLAR**
  - E 30/60/90 nach DIN 4102 – Funktionserhalt von elektrischen Kabelanlagen (Prüfnorm DIN 4102-12 bzw. DIN EN 1366-11)

Hinweise:
- weitere Abkürzungen und Hinweise siehe **Teil S** „Glossar"
- die europäischen Klassifizierungen für Baustoffe/Bauteile/Bauprodukte können der MVV TB, Anhang 4, entnommen werden

Teil A Muster-Richtlinie über brandschutztechnische Anforderungen an Leitungsanlagen

A-I. Muster-Richtlinie über brandschutztechnische Anforderungen an Leitungsanlagen [1] (Muster-Leitungsanlagen-Richtlinie MLAR) – Fassung 10.02.2015, Redaktionsstand 05.04.2016

Inhalt

[1] Notifiziert gemäß der Richtlinie (EU) 2015/1535 des Europäischen Parlaments und des Rates vom 9. September 2015 über ein Informationsverfahren auf dem Gebiet der technischen Vorschriften und der Vorschriften für die Dienste der Informationsgesellschaft (ABl. L 241 vom 17.9.2015, S. 1).

A

1 Geltungsbereich

[1]Diese Richtlinie gilt für
a) Leitungsanlagen in notwendigen Treppenräumen, in Räumen zwischen notwendigen Treppenräumen und Ausgängen ins Freie, in notwendigen Fluren ausgenommen in offenen Gängen vor Außenwänden,
b) die Führung von Leitungen durch raumabschließende Bauteile (Wände und Decken),
c) den Funktionserhalt von elektrischen Leitungsanlagen im Brandfall.

[2]Für bauordnungsrechtlich vorgeschriebene Vorräume und Sicherheitsschleusen gilt die Richtlinie entsprechend. [3]Sie gilt nicht für Lüftungs- und Warmluftheizungsanlagen. [4]Für Lüftungsanlagen ist die Musterrichtlinie über die brandschutztechnischen Anforderungen an Lüftungsanlagen (M-LüAR) zu beachten. [5]Die Musterrichtlinie über brandschutztechnische Anforderungen an hochfeuerhemmende Bauteile in Holzbauweise (M-HFHHolzR) bleibt unberührt.

2 Begriffe

2.1 [1]Leitungsanlagen

sind Anlagen aus Leitungen, insbesondere aus elektrischen Leitungen oder Rohrleitungen, sowie aus den zugehörigen Armaturen, Hausanschlusseinrichtungen, Messeinrichtungen, Steuer-, Regel- und Sicherheitseinrichtungen, Netzgeräten, Verteilern und Dämmstoffen für die Leitungen. [2]Zu den Leitungen gehören deren Befestigungen und Beschichtungen. Lichtwellenleiter-Kabel und elektrische Kabel gelten als elektrische Leitungen.

2.2 Elektrische Leitungen mit verbessertem Brandverhalten

sind Leitungen, die die Prüfanforderungen nach DIN 4102-1: 1998-05 in Verbindung mit DIN 4102-16:1998-05 Baustoffklasse B 1 (schwerentflammbare Baustoffe), auch in Verbindung mit einer Beschichtung, erfüllen und eine nur geringe Rauchentwicklung aufweisen oder hierzu europäisch gleichwertig klassifiziert sind.

2.3 Medien

im Sinne dieser Richtlinie sind Flüssigkeiten, Dämpfe, Gase und Stäube.

3 Leitungsanlagen in Rettungswegen

3.1 Grundlegende Anforderungen

3.1.1 [1]Gemäß § 40 Abs. 2 MBO sind Leitungsanlagen in
a) notwendigen Treppenräumen gemäß § 35 Abs. 1 MBO,
b) Räumen zwischen notwendigen Treppenräumen und Ausgängen ins Freie gemäß § 35 Abs. 3 Satz 2 MBO und
c) notwendigen Fluren gemäß § 36 Abs. 1 MBO
nur zulässig, wenn eine Nutzung als Rettungsweg im Brandfall ausreichend lang möglich ist.
[2]Diese Voraussetzung ist erfüllt, wenn die Leitungsanlagen in diesen Räumen den Anforderungen der Abschnitte 3.1.2 bis 3.5.6 entsprechen. [3]Dabei gelten für bauordnungsrechtlich vorgeschriebene Vorräume und Sicherheitsschleusen die Anforderungen wie an notwendige Treppenräume.

3.1.2 Leitungsanlagen dürfen in tragende, aussteifende oder raumabschließende Bauteile sowie in Bauteile von Installationsschächten und -kanälen nur so weit eingreifen, dass die erforderliche Feuerwiderstandsfähigkeit erhalten bleibt.

3.1.3 In Sicherheitstreppenräumen gemäß § 33 Abs. 2 Satz 3 MBO und in Räumen zwischen Sicherheitstreppenräumen und Ausgängen ins Freie sind nur Leitungsanlagen zulässig, die ausschließlich der unmittelbaren Versorgung dieser Räume oder der Brandbekämpfung dienen.

3.2 Elektrische Leitungsanlagen

3.2.1 [1]Elektrische Leitungen müssen
a) einzeln oder nebeneinander angeordnet voll eingeputzt,
b) in Schlitzen von massiven Bauteilen, die mit mindestens 15 mm dickem mineralischem Putz auf nichtbrennbarem Putzträger oder mit mindestens 15 mm dicken Platten aus mineralischen Baustoffen verschlossen werden,
c) innerhalb von mindestens feuerhemmenden Wänden in Leichtbauweise, jedoch nur Leitungen, die ausschließlich der Versorgung der in und an der Wand befindlichen elektrischen Betriebsmitteln dienen,
d) in Installationsschächten und -kanälen nach Abschnitt 3.5,
e) über Unterdecken nach Abschnitt 3.5,
f) in Unterflurkanälen nach Abschnitt 3.5 oder
g) in Systemböden (siehe hierzu die Richtlinie über brandschutztechnische Anforderungen an Systemböden) verlegt werden.

[2]Sie dürfen offen verlegt werden, wenn sie
a) nichtbrennbar sind (z. B. Leitungen nach DIN EN 60702-1 (VDE 0284 Teil 1):2002-11),
b) ausschließlich der Versorgung der Räume und Flure nach Abschnitt 3.1.1 dienen oder
c) Leitungen mit verbessertem Brandverhalten in notwendigen Fluren von Gebäuden der Gebäudeklassen 1 bis 3, deren Nutzungseinheiten eine Fläche von jeweils 200 m^2 nicht überschreiten und die keine Sonderbauten sind.

[3]Außerdem dürfen in notwendigen Fluren einzelne kurze Stichleitungen offen verlegt werden. Werden für die offene Verlegung nach Satz 2 Elektro-Installationskanäle oder -rohre (siehe DIN EN 50085-1(VDE 0604 Teil 1):2014-05) verwendet, so müssen diese aus nichtbrennbaren Baustoffen bestehen.

3.2.2 Messeinrichtungen und Verteiler sind abzutrennen gegenüber
a) notwendigen Treppenräumen und Räumen zwischen notwendigen Treppenräumen und Ausgängen ins Freie durch mindestens feuerhemmende Bauteile aus nichtbrennbaren Baustoffen; Öffnungen in diesen Bauteilen sind durch mindestens feuerhemmende Abschlüsse aus nichtbrennbaren Baustoffen mit umlaufender Dichtung zu verschließen;
b) notwendigen Fluren durch Bauteile aus nichtbrennbaren Baustoffen mit geschlossenen Oberflächen; Öffnungen in diesen Bauteilen sind mit Abschlüssen aus nichtbrennbaren Baustoffen mit geschlossenen Oberflächen zu verschließen.

3.3 Rohrleitungsanlagen für nichtbrennbare Medien

3.3.1 Die Rohrleitungsanlagen einschließlich der Dämmstoffe aus nichtbrennbaren Baustoffen – auch mit brennbaren Dichtungs- und Verbindungsmitteln und mit brennbaren Rohrbeschichtungen bis 0,5 mm Dicke – dürfen offen verlegt werden.

3.3.2 Die Rohrleitungsanlagen aus brennbaren Baustoffen oder mit brennbaren Dämmstoffen müssen

a) in Schlitzen von massiven Wänden, die mit mindestens 15 mm dickem mineralischem Putz auf nichtbrennbarem Putzträger oder mit mindestens 15 mm dicken Platten aus mineralischen Baustoffen verschlossen werden,
b) in Installationsschächten und -kanälen nach Abschnitt 3.5,
c) über Unterdecken nach Abschnitt 3.5,
d) in Unterflurkanälen nach Abschnitt 3.5 oder
e) in Systemböden

verlegt werden.

3.4 Rohrleitungsanlagen für brennbare oder brandfördernde Medien

3.4.1 [1]Die Rohrleitungsanlagen müssen einschließlich ihrer Dämmstoffe aus nichtbrennbaren Baustoffen bestehen.
[2]Dies gilt nicht

a) für deren Dichtungs- und Verbindungsmittel,
b) für Rohrbeschichtungen bis 0,5 mm Dicke,
c) für Rohrbeschichtungen bis 2 mm Dicke bei Rohrleitungsanlagen, die nach Abschnitt 3.4.2 Satz 1 verlegt sind.

3.4.2 [1]Die Rohrleitungsanlagen müssen

a) einzeln mit mindestens 15 mm Putzüberdeckung voll eingeputzt oder
b) in Installationsschächten oder -kanälen nach Abschnitt 3.5.1 i. V. m. 3.5.5

verlegt werden.
[2]Sie dürfen in notwendigen Fluren auch offen verlegt werden.
[3]Dichtungen von Rohrverbindungen müssen wärmebeständig sein.

3.4.3 [1]Gaszähler sind in notwendigen Treppenräumen und in Räumen zwischen notwendigen Treppenräumen und Ausgängen ins Freie nicht zulässig. [2]Gaszähler müssen in notwendigen Fluren

a) thermisch erhöht belastbar sein,
b) durch eine thermisch auslösende Absperreinrichtung geschützt sein oder
c) durch mindestens feuerbeständige Bauteile aus nichtbrennbaren Baustoffen abgetrennt sein; Öffnungen in diesen Bauteilen sind mit mindestens feuerbeständigen Abschlüssen zu verschließen; die Abschlüsse müssen mit umlaufenden Dichtungen versehen sein.

3.5 Installationsschächte und -kanäle, Unterdecken und Unterflurkanäle

3.5.1 [1]Installationsschächte und -kanäle müssen – einschließlich der Abschlüsse von Öffnungen – aus nichtbrennbaren Baustoffen bestehen und eine Feuerwiderstandsfähigkeit haben, die der höchsten notwendigen Feuerwiderstandsfähigkeit der von ihnen durchdrungenen raumabschließenden Bauteile entspricht.
[2]Die Abschlüsse müssen umlaufend dicht schließen.
[3]Die Befestigung der Installationsschächte und -kanäle ist mit nichtbrennbaren Befestigungsmitteln auszuführen.

3.5.2 Abweichend von Abschnitt 3.5.1, Satz 1, genügen in notwendigen Fluren Installationsschächte, die keine Geschossdecken überbrücken, und Installationskanäle einschließlich der Abschlüsse von Öffnungen, die mindestens feuerhemmend sind und aus nichtbrennbaren Baustoffen bestehen.

3.5.3 [1]Unterdecken müssen – einschließlich der Abschlüsse von Öffnungen – aus nichtbrennbaren Baustoffen bestehen und bei einer Brandbeanspruchung sowohl von oben als auch von unten in notwendigen Fluren mindestens feuerhemmend sein und in notwendigen Treppenräumen und in Räumen zwischen notwendigen Treppenräumen und Ausgängen ins Freie mindestens der notwendigen Feuerwiderstandsfähigkeit der Decken entsprechen.
[2]Die Abschlüsse müssen umlaufend dicht schließen.
[3]Die besonderen Anforderungen hinsichtlich der brandsicheren Befestigung der im Bereich zwischen den Geschossdecken und Unterdecken verlegten Leitungen sind zu beachten.

3.5.4 [1]In notwendigen Fluren von Gebäuden der Gebäudeklassen 1 bis 3, deren Nutzungseinheiten eine Fläche von jeweils 200 m^2 nicht überschreiten und die keine Sonderbauten sind, brauchen Installationsschächte, die keine Geschossdecken überbrücken, Installationskanäle und Unterdecken (einschließlich der Abschlüsse von Öffnungen) nur aus nichtbrennbaren Baustoffen mit geschlossenen Oberflächen zu bestehen.
[2]Einbauten, wie Leuchten und Lautsprecher, bleiben unberücksichtigt.

3.5.5 [1]Installationsschächte und -kanäle für Rohrleitungsanlagen nach Abschnitt 3.4.1 sind mit nichtbrennbaren Baustoffen formbeständig und dicht zu verfüllen oder müssen abschnittsweise oder im Ganzen be- und entlüftet werden.
[2]Die Be- und Entlüftungsöffnungen müssen mindestens 10 cm^2 groß sein. Sie dürfen nicht in notwendigen Treppenräumen und nicht in Räumen zwischen notwendigen Treppenräumen und Ausgängen ins Freie angeordnet werden.

3.5.6 [1]Estrichbündig oder -überdeckt angeordnete Unterflurkanäle für die Verlegung von Leitungen müssen in notwendigen Treppenräumen, in Räumen zwischen notwendigen Treppenräumen und Ausgängen ins Freie sowie in notwendigen Fluren eine obere Abdeckung aus nichtbrennbaren Baustoffen haben.
[2]Sie dürfen keine Öffnungen haben, ausgenommen in notwendigen Fluren Revisions- oder Nachbelegungsöffnungen.
[3]Diese Öffnungen müssen Abschlüsse haben, die umlaufend dicht schließen und aus nichtbrennbaren Baustoffen bestehen.

A

4 Führung von Leitungen durch raumabschließende Bauteile (Wände und Decken)

4.1 Grundlegende Anforderungen

4.1.1 [1]Gemäß § 40 Abs. 1 MBO dürfen Leitungen durch raumabschließende Bauteile, für die eine Feuerwiderstandsfähigkeit vorgeschrieben ist, nur hindurchgeführt werden, wenn eine Brandausbreitung ausreichend lang nicht zu befürchten ist oder Vorkehrungen hiergegen getroffen sind; dies gilt nicht

a) für Gebäude der Gebäudeklassen 1 und 2,
b) innerhalb von Wohnungen,
c) innerhalb derselben Nutzungseinheit mit nicht mehr als insgesamt 400 m² in nicht mehr als zwei Geschossen.

[2]Diese Voraussetzungen sind erfüllt, wenn die Leitungsdurchführungen den Anforderungen der Abschnitte 4.1 bis 4.3 entsprechen.

4.1.2 Die Leitungen müssen

a) durch Abschottungen geführt werden, die mindestens die gleiche Feuerwiderstandsfähigkeit aufweisen wie die raumabschließenden Bauteile
oder
b) innerhalb von Installationsschächten oder -kanälen geführt werden, die – einschließlich der Abschlüsse von Öffnungen – mindestens die gleiche Feuerwiderstandsfähigkeit auf weisen wie die durchdrungenen raumabschließenden Bauteile und aus nichtbrennbaren Baustoffen bestehen.

4.1.3 Der Mindestabstand zwischen Abschottungen, Installationsschächten oder -kanälen sowie der erforderliche Abstand zu anderen Durchführungen (z. B. Lüftungsleitungen) oder anderen Öffnungsverschlüssen (z. B. Feuerschutztüren) ergibt sich aus den Bestimmungen der jeweiligen Verwendbarkeits oder Anwendbarkeitsnachweise; fehlen entsprechende Festlegungen, ist ein Abstand von mindestens 50 mm erforderlich.

4.2 Erleichterungen für die Leitungsdurchführung durch feuerhemmende Wände

[1]Abweichend von Abschnitt 4.1.2 dürfen durch feuerhemmende Wände – ausgenommen solche notwendiger Treppenräume und Räume zwischen notwendigen Treppenräumen und den Ausgängen ins Freie –

a) einzelne elektrische Leitungen sowie einzelne dichtge packte Kabelbündel bis 50 mm Durchmesser und
b) Rohrleitungen aus nichtbrennbaren Baustoffen – auch mit brennbaren Rohrbeschichtungen bis 2 mm Dicke –

geführt werden, wenn der Raum zwischen der Leitung oder dem Kabelbündel und dem umgebenden Bauteil aus nichtbrennbaren Baustoffen mit nichtbrennbaren Baustoffen oder mit im Brandfall aufschäumenden Baustoffen vollständig ausgefüllt wird. [2]Bei Verwendung von Mineralfasern müssen diese eine Schmelztemperatur von mindestens 1.000 °C aufweisen. Bei Verwendung von aufschäumenden Dämmschichtbildnern und von Mineralfasern darf der Abstand zwischen der Leitung oder dem Kabelbündel und dem umgebenden Bauteil nicht mehr als 50 mm betragen.

4.3 Erleichterungen für einzelne Leitungen

4.3.1 Einzelne Leitungen ohne Dämmung in gemeinsamen Durchbrüchen für mehrere Leitungen
[1]Abweichend von Abschnitt 4.1 dürfen einzelne

a) elektrische Leitungen,
b) Rohrleitungen mit einem Außendurchmesser bis 160 mm aus nichtbrennbaren Baustoffen – ausgenommen Aluminium und Glas –, auch mit Beschichtung aus brennbaren Baustoffen bis zu 2 mm Dicke,
c) Rohrleitungen für nichtbrennbare Medien und Installationsrohre für elektrische Leitungen mit einem Außendurch messer bis 32 mm aus brennbaren Baustoffen, Aluminium oder Glas

über gemeinsame Durchbrüche durch die Wände und Decken geführt werden.

[2]Dies gilt nur, wenn

a) der lichte Abstand der Leitungen untereinander bei Leitungen nach Satz 1 Buchstaben a und b mindestens dem einfachen, nach Satz 1 Buchstabe c mindestens dem fünf fachen des größeren Leitungsdurchmessers entspricht,
b) der lichte Abstand zwischen einer Leitung nach Satz 1 Buchstabe c und einer Leitung nach Satz 1 Buchstaben a oder b mindestens dem größeren der sich aus der Art und dem Durchmesser der beiden Leitungen ergebenden Abstandsmaße (Satz 2, Buchstabe a) entspricht,
c) die feuerbeständige Wand oder Decke eine Dicke von mindestens 80 mm, die hochfeuerhemmende Wand oder Decke eine Dicke von mindestens 70 mm, die feuerhemmende Wand oder Decke eine Dicke von mindestens 60 mm hat und
d) der Raum zwischen den Leitungen und den umgebenden Bauteilen mit Zementmörtel oder Beton in der vorgenannten Mindestbauteildicke vollständig ausgefüllt wird.

4.3.2 Einzelne Leitungen ohne Dämmung in jeweils eigenen Durchbrüchen oder Bohröffnungen
[1]Abweichend von Abschnitt 4.1 gelten die Vorgaben des Abschnitts 4.3.1.
[2]Es genügt jedoch, den Raum zwischen der Leitung und dem umgebenden Bauteil oder Hüllrohr aus nichtbrennbaren Baustoffen mit Baustoffen aus Mineralfasern oder mit im Brandfall aufschäumenden Baustoffen vollständig zu verschließen. [3]Der lichte Abstand zwischen der Leitung und dem umgebenden Bauteil oder Hüllrohr darf bei Verwendung von Baustoffen aus Mineralfasern nicht mehr als 50 mm, bei Verwendung von im Brandfall aufschäumenden Baustoffen nicht mehr als 15 mm betragen. [4]Die Mineralfasern müssen eine Schmelztemperatur von mindestens 1.000 °C aufweisen.

4.3.3 Einzelne Rohrleitungen mit Dämmung in Durchbrüchen oder Bohröffnungen
[1]Abweichend von Abschnitt 4.1 dürfen einzelne Rohrleitungen nach Abschnitt 4.3.1 Satz 1 Buchstaben b und c mit Dämmung in gemeinsamen oder eigenen Durchbrüchen oder Bohröffnungen durch Wände und Decken geführt werden, wenn
a) die feuerbeständige Wand oder Decke eine Dicke von mindestens 80 mm, die hochfeuerhemmende Wand oder Decke eine Dicke von mindestens 70 mm, die feuerhemmende Wand oder Decke eine Dicke von mindestens 60 mm hat,
b) die Restöffnung in der Wand oder Decke entsprechend Abschnitt 4.3.1 oder 4.3.2 bemessen und verschlossen ist,
c) die Dämmung im Bereich der Leitungsdurchführung aus nichtbrennbaren Baustoffen mit einer Schmelztemperatur von mindestens 1.000 °C besteht, auch mit Umhüllung aus brennbaren Baustoffen bis 0,5 mm Dicke und
d) der lichte Abstand, gemessen zwischen den Dämmschichtoberflächen im Bereich der Durchführung, mindestens 50 mm beträgt; das Mindestmaß von 50 mm gilt auch für den Abstand der Rohrleitungen zu elektrischen Leitungen.

[2]Bei Rohrleitungen mit Dämmungen aus brennbaren Baustoffen außerhalb der Durchführung ist eine Umhüllung aus Stahlblech oder beidseitig der Durchführung auf eine Länge von jeweils 500 mm eine Dämmung aus nichtbrennbaren Baustoffen anzuordnen.

4.3.4 Einzelne Rohrleitungen mit oder ohne Dämmung in Wandschlitzen oder mit Ummantelung
[1]Abweichend von Abschnitt 4.1 dürfen einzelne Rohrleitungen mit einem Außendurchmesser bis 110 mm
a) aus nichtbrennbaren Baustoffen – ausgenommen Aluminium und Glas – (auch mit brennbaren Beschichtungen) oder
b) aus brennbaren Baustoffen, Aluminium oder Glas für nichtbrennbare Flüssigkeiten, Dämpfe oder Stäube durch die Decken geführt werden.
[2]Dies gilt nur, wenn sie in den Geschossen durchgehend
a) in eigenen Schlitzen von massiven Wänden verlegt werden, die mit mindestens 15 mm dickem mineralischem Putz auf nichtbrennbarem Putzträger mit dahinter liegender mindestens 10 mm dicker, nichtbrennbarer Dämmung mit einer Schmelztemperatur von mindestens 1.000 °C oder mehrlagig mit insgesamt mindestens 25 mm dicken Platten aus nichtbrennbaren mineralischen Baustoffen verschlossen werden; die verbleibenden Wandquerschnitte müssen die erforderliche Feuerwiderstandsdauer behalten, oder
b) einzeln derart in Wandecken von massiven Wänden verlegt werden, dass sie mindestens zweiseitig von den Wänden und im Übrigen von Bauteilen aus mindestens 15 mm dickem mineralischem Putz auf nichtbrennbarem Putzträger mit dahinter liegender mindestens 10 mm dicker, nichtbrennbarer Dämmung mit einer Schmelztemperatur von mindestens 1.000 °C oder mehrlagig aus insgesamt mindestens 25 mm dicken Platten aus nicht brennbaren mineralischen Baustoffen vollständig umschlossen sind.

[3]Die von diesen Rohrleitungen abzweigenden Leitungen dürfen offen verlegt werden, sofern sie nur innerhalb eines Geschosses geführt werden.

5 Funktionserhalt von elektrischen Leitungsanlagen im Brandfall

5.1 Grundlegende Anforderungen

5.1.1 [1]Die elektrischen Leitungsanlagen für bauordnungsrechtlich vorgeschriebene sicherheitstechnische Anlagen müssen so beschaffen oder durch Bauteile abgetrennt sein, dass die sicherheitstechnischen Anlagen im Brandball ausreichend lang funktionsfähig bleiben (Funktionserhalt). [2]Dieser Funktionserhalt muss bei möglicher Wechselwirkung mit anderen Anlagen oder deren Teilen gewährleistet bleiben.

5.1.2 [1]An die Verteiler der elektrischen Leitungsanlagen für bauordnungsrechtlich vorgeschriebene sicherheitstechnische Anlagen dürfen auch andere betriebsnotwendige sicherheitstechnische Anlagen angeschlossen werden. [2]Dabei ist sicherzustellen, dass die bauaufsichtlich vorgeschriebenen sicherheitstechnischen Anlagen nicht beeinträchtigt werden.

5.2 Funktionserhalt

5.2.1 Der Funktionserhalt der Leitungen ist gewährleistet, wenn die Leitungen
a) die Prüfanforderungen der DIN 4102-12:1998-11 (Funktionserhaltsklasse E 30 bis E 90) erfüllen oder hierzu gleichwertig klassifiziert sind oder
b) auf Rohdecken unterhalb des Fußbodenestrichs mit einer Dicke von mindestens 30 mm oder
c) im Erdreich
verlegt werden.

5.2.2 Verteiler für elektrische Leitungsanlagen mit Funktionserhalt nach Abschnitt 5.3 müssen
a) in eigenen, für andere Zwecke nicht genutzten Räumen untergebracht werden, die gegenüber anderen Räumen durch Wände, Decken und Türen mit einer Feuerwiderstandsfähigkeit entsprechend der notwendigen Dauer des Funktionserhalts und – mit Ausnahme der Türen – aus nichtbrennbaren Baustoffen abgetrennt sind,
b) durch Gehäuse abgetrennt werden, für die durch einen bauaufsichtlichen Verwendbarkeitsnachweis die Funktion der elektrotechnischen Einbauten des Verteilers im Brandfall für die notwendige Dauer des Funktionserhalts nachgewiesen ist oder
c) mit Bauteilen (einschließlich ihrer Abschlüsse) umgeben werden, die eine Feuerwiderstandsfähigkeit entsprechend der notwendigen Dauer des Funktionserhalts haben und – mit Ausnahme der Abschlüsse – aus nichtbrennbaren Baustoffen bestehen, wobei sichergestellt werden muss, dass die Funktion der elektrotechnischen Einbauten des Verteilers im Brandfall für die Dauer des Funktionserhalts gewährleistet ist; der Nachweis des Funktionserhalts der elektrotechnischen Einbauten ist zu dokumentieren.

A

5.3 Dauer des Funktionserhaltes

5.3.1 Die Dauer des Funktionserhalts der Leitungsanlagen muss mindestens 90 Minuten betragen bei

a) automatischen Feuerlöschanlagen und Wasserdruckerhöhungsanlagen zur Löschwasserversorgung,
b) maschinellen Rauchabzugsanlagen und Rauchschutz-Druckanlagen für notwendige Treppenräume in Hochhäusern sowie für Sonderbauten, für die solche Anlagen im Einzelfall verlangt werden; abweichend hiervon genügt für Leitungsanlagen, die innerhalb dieser Treppenräume verlegt sind, eine Dauer von 30 Minuten,
c) Bettenaufzügen in Krankenhäusern und anderen baulichen Anlagen mit entsprechender Zweckbestimmung und Feuerwehraufzügen; ausgenommen sind Leitungsanlagen, die sich innerhalb der Fahrschächte oder der Triebwerksräume befinden.

5.3.2 Die Dauer des Funktionserhalts der Leitungsanlagen muss mindestens 30 Minuten betragen bei

a) Sicherheitsbeleuchtungsanlagen; ausgenommen sind Leitungsanlagen, die der Stromversorgung der Sicherheitsbeleuchtung nur innerhalb eines Brandabschnittes in einem Geschoss oder nur innerhalb eines Treppenraumes dienen; die Grundfläche je Brandabschnitt darf höchstens 1.600 m² betragen,
b) Personenaufzügen mit Brandfallsteuerung; ausgenommen sind Leitungsanlagen, die sich innerhalb der Fahrschächte oder der Triebwerksräume befinden,
c) Brandmeldeanlagen einschließlich der zugehörigen Übertragungsanlagen; ausgenommen sind Leitungsanlagen in Räumen, die durch automatische Brandmelder überwacht werden, sowie Leitungsanlagen in Räumen ohne automatische Brandmelder, wenn bei Kurzschluss oder Leitungsunterbrechung durch Brandeinwirkung in diesen Räumen alle an diese Leitungsanlage angeschlossenen Brandmelder funktionsfähig bleiben,
d) Anlagen zur Alarmierung und Erteilung von Anweisungen an Besucher und Beschäftigte, sofern diese Anlagen im Brandfall wirksam sein müssen; ausgenommen sind Leitungsanlagen, die der Stromversorgung der Anlagen nur innerhalb eines Brandabschnittes in einem Geschoss oder nur innerhalb eines Treppenraumes dienen; die Grundfläche je Brandabschnitt darf höchstens 1.600 m² betragen,
e) natürlichen Rauchabzugsanlagen (Rauchableitung durch thermischen Auftrieb); ausgenommen sind Anlagen, die bei einer Störung der Stromversorgung selbsttätig öffnen, sowie Leitungsanlagen in Räumen, die durch automatische Brandmelder überwacht werden und das Ansprechen eines Brandmelders durch Rauch bewirkt, dass die Anlage selbsttätig öffnet,
f) maschinellen Rauchabzugsanlagen und Rauchschutz-Druckanlagen in anderen Fällen als nach Abschnitt 5.3.1.

A

A-II. Muster-Richtlinie über brandschutztechnische Anforderungen an Leitungsanlagen [1] (Muster-Leitungsanlagen-Richtlinie MLAR) – Fassung 10.02.2015 (Redaktionsstand 05.04.2016) im Folgenden MLAR 2016 genannt, inkl. Kommentierungen

Inhalt

Hinweis zum Lesen der Kommentierung:
- Die Originaltexte der baurechtlichen Regelwerke sind in **blau** dargestellt
- Die Aktualisierungen der MLAR 2016 gegenüber der MLAR 2005 sind als **roter** Text eingefügt
- Die Kommentierungen sind **schwarz** dargestellt
- Hinweise der Autoren werden in **grau** dargestellt

Hinweis zur Übertragung der Kommentierungen auf die landesspezifischen Fassungen:
Die Kommentierung der MLAR kann auf die bauaufsichtlich eingeführten landesspezifischen Fassungen der Leitungsanlagen-Richtlinie (LAR/RbALei) übertragen werden. Die landesspezifischen Abweichungen sind zu beachten. Die Darstellung der baurechtlichen Einführung und der Abweichungen erfolgt in **Teil B IV.**.

[1] Notifiziert gemäß der Richtlinie (EU) 2015/1535 des Europäischen Parlaments und des Rates vom 9. September 2015 über ein Informationsverfahren auf dem Gebiet der technischen Vorschriften und der Vorschriften für die Dienste der Informationsgesellschaft (ABl. L 241 vom 17.9.2015, S. 1).

A

Grundlagen zur Einbindung der Leitungsanlagen-Richtlinie (MLAR) im Bauordnungsrecht

Die baurechtliche Grundlage für die Leitungsanlagen-Richtlinie wird in den Landesbauordnungen geregelt. Die folgende Kommentierung erfolgt auf Grundlage der Muster:

In der Musterbauordnung werden folgende, voneinander unabhängige Schutzziele verfolgt:

MUSTERBAUORDNUNG – MBO
*ZULETZT GEÄNDERT DURCH BESCHLUSS DER BAUMINISTER-KONFERENZ VOM 13.05.2016, im Folgenden MBO 2016 genannt.

§ 40 Leitungsanlagen, Installationsschächte und -kanäle

(1) Leitungen dürfen durch raumabschließende Bauteile, für die eine Feuerwiderstandsfähigkeit vorgeschrieben ist, nur hindurchgeführt werden, wenn eine Brandausbreitung ausreichend lang nicht zu befürchten ist oder Vorkehrungen hiergegen getroffen sind; dies gilt nicht .....

1. für Gebäude der Gebäudeklassen 1 und 2,
2. innerhalb von Wohnungen,
3. innerhalb derselben Nutzungseinheit mit nicht mehr als insgesamt 400 m² in nicht mehr als zwei Geschossen.

(2) In notwendigen Treppenräumen, in Räumen nach § 35 Abs. 3 Satz 2 und in notwendigen Fluren sind Leitungsanlagen nur zulässig, wenn eine Nutzung als Rettungsweg im Brandfall ausreichend lang möglich ist.
(3) Für Installationsschächte und -kanäle gelten Absatz 1 sowie § 41 Abs. 2 Satz 1 und Abs. 3 entsprechend.

In den meisten Bundesländern greifen die Landesbauordnungen die Formulierung der Schutzziele der Musterformulierung auf.

Hinweis:
Jeder Sonderbau wird bei Erstellung eines Brandschutznachweises bzw. eines Brandschutzkonzeptes der betreffenden Gebäudeklasse zugeordnet, z. B. einem Brandschutzkonzept für ein Hochhaus liegt die Hochhaus-Richtlinie bzw. in Nordrhein Westfalen die SBauVO NRW, Teil 4 „Hochhaus", und die Gebäudeklasse 5 zu Grunde.

Es ist je nach Nutzung möglich, dass ein Gebäude neben der Gebäudeklasse (GK 1–GK 5) auch als Sonderbau einzustufen ist. In dem Fall sind die Anforderungen der entsprechenden Sonderbauvorschrift zu beachten. Soweit keine Regelungen für die entsprechenden Gebäudeklassen getroffen sind, gelten die Anforderungen der Landesbauordnung. Sofern Sachverhalte in der Sonderbauvorschrift nicht geregelt sind, ist ebenfalls die Vorschrift der Landesbauordnung maßgeblich.

Tab. A-II–1: Einstufung der Gebäudeklassen gemäß MBO 2002/MBO 2016

Gebäudeklassen	GK 1 (a + b)	GK 2	GK 3	GK 4	GK 5	Sonderbauten
OKF = Oberkante Fußboden von Aufenthaltsräumen ab Oberkante Erdreich	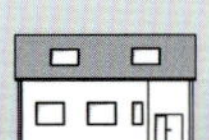 a) Freistehende Gebäude ≤ 7 m OKF (≤ 2 Nutzungseinheiten u. insgesamt ≤ 400 m²) b) freistehende land- und forstwirtschaftliche genutzte Gebäude **1)**	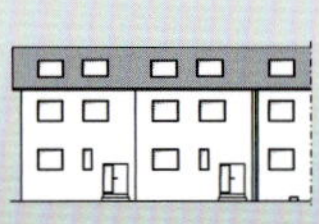 Gebäude ≤ 7 m OKF (≤ 2 Nutzungseinheiten und insgesamt ≤ 400 m²) **1)**	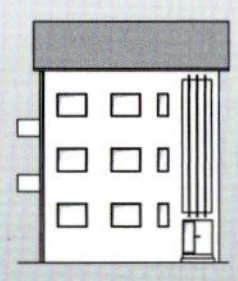 sonstige Gebäude ≤ 7 m OKF **1)**	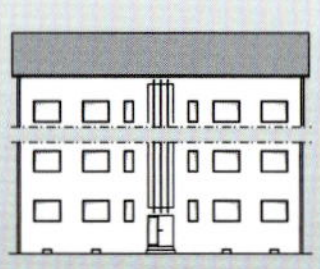 Gebäude ≤ 13 m OKF (Nutzungseinheiten mit jeweils nicht mehr als 400 m²) **1**	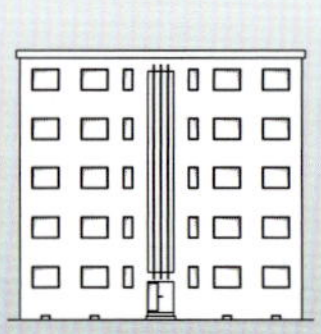 sonstige Gebäude einschließlich unterirdische Gebäude ≤ 22 m OKF **1)**	gemäß MBO §2 (4) z. B. - Hotels - Versammlungsstätten - Sportstätten - Schulen - Krankenhäuser jeder Höhe und Hochhäuser ≥ 22 m OKF **2)**

1) Nach § 40 werden keine Anforderungen an die Abschottung von Leitungsanlagen, Installationsschächten, Kanälen und Leitungsanlagen innerhalb von Gebäuden GK 1/GK 2, von Wohnungen und Nutzungseinheiten mit nicht mehr als 400 m² in nicht mehr als 2 Geschossen gestellt.
2) In Sonderbauten gelten differenzierte Anforderungen. Details sind den Sonderbauverordnungen zu entnehmen. Abweichungen (vgl. § 67 MBO), Erleichterungen und Anforderungen (vgl. § 51 MBO) im Einzelfall sind der Baugenehmigung und dem spez. Brandschutznachweis bzw. dem Brandschutzkonzept zu entnehmen.

Bauteile mit Anforderungen an die Feuerwiderstandsdauer sind z. B. Decken, Wände, Schachtwände, Wände von Installationsschächten und -kanälen. Diese Anforderungen gelten für alle Bauteile abgestuft mit einer Feuerwiderstandsdauer von 30/60/90/120 Minuten.

Für Gebäude der Gebäudeklassen 1 und 2 kann auf die Anordnung von Abschottungen verzichtet werden; darum sind hierzu keine weiteren Konkretisierungen zu § 40 Abs. 1 Nr. 1 MBO in der Leitungsanlagen-Richtlinie-MLAR erforderlich. Das bedeutet nicht, dass zwischen den beiden fremden Nutzungseinheiten die Durchführungen offen bleiben dürfen. Dies ergibt sich schon aus schalltechnischen Gründen = Verhinderung der Schallübertragung in fremde Nutzungseinheiten. Die Leitungsdurchführungen müssen mindestens mit normal entflammbaren Baustoffen so verschlossen werden, dass gemäß den Grundlagen des § 14 MBO „Brandschutz" so erfolgen, das eine bauliche Abtrennung/Raumabschluss gewährleistet ist. Eine bestimmte Feuerwiderstandsdauer wird dabei nicht definiert. Über das Schutzziel der MBO § 14 „Brandschutz" hinaus müssen die Mindestanforderungen an den baulichen Schallschutz und Wärmeschutz für das Gebäude und die technischen Anlagen eingehalten werden.

Innerhalb einer Wohnung und einer Nutzungseinheit eines Nutzers kann die Gestaltung der Leitungsdurchführungen nach den Wünschen des Bauherrn/Auftraggebers erfolgen. Der Gesetzgeber schützt in allen baurechtlichen Regelwerken immer nur den Fremden in einer anderen Nutzungseinheit oder Wohnung.

Damit eine Rettung aus den Nutzungseinheiten im Brand- und Gefahrenfall möglich ist, wird auf folgende Rettungswege besonderes Augenmerk gerichtet:

- notwendiger Treppenraum
- Sicherheitstreppenraum
- Räume zwischen einem notwendigen Treppenraum und Ausgängen ins Freie
- notwendige Flure, sowie
- in bauordnungsrechtlich vorgeschriebenen Vorräumen und Sicherheitsschleusen

Das Schutzziel ist so definiert, dass eine Nutzung im Brandfall ausreichend lang möglich ist. Wie dies für die jeweilige Art des Rettungsweges sichergestellt werden kann, wird in den entsprechenden Paragrafen des Bauordnungsrechtes (Bauordnungen, Sonderbauverordnungen/-richtlinien und z. B. den Leitungsanlagen-/Lüftungsanlagen-Richtlinien) als öffentlich rechtliche Mindestanforderung ausführlich beschrieben.

Bei Planung und Montage von Installationsschächten und -kanälen sind die Anforderungen der MBO § 40 „Leitungsanlagen" Absatz 1 sowie MBO § 41 „Lüftungsanlagen" Absatz 2, Satz 1 und Absatz 3, wie zuvor beschrieben, einzuhalten und alle ein- und ausführenden Leitungen entsprechend abzuschotten.

Mit der MLAR werden folgende, voneinander unabhängige Schutzziele für Leitungsanlagen konkretisiert:

- Sicherung der Benutzbarkeit der für die Rettung von Menschen und Tieren im Brandfall und für die Brandbekämpfung bedeutsamen notwendigen Rettungswege durch Begrenzung von Leitungsanlagen aus brennbaren Stoffen in diesen Bereichen auf ein unbedenkliches Maß und Verhinderung der Brandweiterleitung, z. B. in notwendigen Treppenräumen und in Längsrichtung von notwendigen Fluren **(Abschnitt 3 der MLAR)**
- Behinderung einer Übertragung bzw. Vorbeugung gegen eine Ausbreitung von Feuer und Rauch durch bestimmte, aus Gründen des baulichen Brandschutzes, feuerwiderstandsfähige Wände, Decken, Schacht- und Kanalwandungen an Stellen, an denen Leitungen durch diese Bauteile geführt werden **(Abschnitt 4 der MLAR)**
- Aufrechterhaltung der Funktion der elektrischen Leitungsanlagen für bauordnungsrechtlich vorgeschriebene sicherheitstechnische Anlagen im Brandfall **(Abschnitt 5 der MLAR)**

A

1 Geltungsbereich

[1]Diese Richtlinie gilt für

Die MLAR konkretisiert und zeigt Möglichkeiten auf, wie die jeweiligen Grundanforderungen der Musterbauordnung (MBO) bzw. der Landesbauordnungen (LBO), für Leitungsanlagen in Gebäuden aller Art (GK 3 bis GK 5 + Sonderbauten), z. B. Wohn- und Geschäftshäuser, Gebäude, besonderer Art oder Nutzung und industrielle Gebäude, erfüllt werden können. Wenn in den Sonderbau-Richtlinien und Sonderbau-Verordnungen andere, höhere Anforderungen erhoben werden, sind diese ergänzend zu berücksichtigen.

Sie gilt jedoch nur dann, wenn in der Musterbauordnung (MBO) bzw. in den entsprechenden Landesbauordnungen (LBO), den Sonderbauverordnungen (SBO), den Sonderbaurichtlinien (SBR) und den Eingeführten Technischen Baubestimmungen (TB) Anforderungen an Leitungsanlagen und bauordnungsrechtlich vorgeschriebene, sicherheitstechnische Anlagen gestellt werden.

Die MLAR findet bei der Errichtung und Änderung von Leitungsanlagen mit Ausnahme von Lüftungsleitungen in Neu- und Bestandsbauten Anwendung.

a) Leitungsanlagen in notwendigen Treppenräumen, in Räumen zwischen notwendigen Treppenräumen und Ausgängen ins Freie, in notwendigen Fluren ausgenommen in offenen Gängen vor Außenwänden,

Dieser Geltungsbereich in Verbindung mit **Abschnitt 3 der MLAR** entspricht den Vorschriften über notwendige Treppenräume, Ausgänge, notwendige Flure und offene Gänge in den § 35 und § 36 MBO. Die Zulässigkeit von Leitungsanlagen in diesen Gebäudebereichen ist in § 40 MBO geregelt. Leitungsanlagen, die den Anforderungen nach Abschnitt 3 der MLAR entsprechen, können im Sinne der MBO-Vorschriften als unbedenklich angesehen werden.

Unterscheidung bauordnungsrechtlicher Rettungswege gemäß drittem Teil fünften Abschnitt der Musterbauordnung zu Fluchtwegen gemäß Arbeitsstättenverordnung (konkretisiert in der Arbeitsstättenrichtlinie ASR 2.3):

- In der MLAR werden die Anforderungen an Leitungsanlagen in den baulichen Rettungswegen konkretisiert. Diese Rettungswege dienen der Selbstrettung von Personen, die das Gebäude im Gefahrenfall verlassen müssen, oder der Fremdrettung durch die hilfeleistenden Kräfte.
- Gemäß ASR 2.3 Abschnitt 3.1 sind Fluchtwege Verkehrswege, an die besondere Anforderungen zu stellen sind und die der Flucht aus einem möglichen Gefährdungsbereich und in der Regel zugleich der Rettung von Personen dienen. Fluchtwege im Sinne der ASR 2.3 sind auch die im Bauordnungsrecht definierten Rettungswege, sofern sie selbstständig begangen werden können.

b) die Führung von Leitungen durch raumabschließende Bauteile (Wände und Decken),

Weiterhin werden zur Erreichung der Schutzziele in der **MLAR, Abschnitt 4**, nicht nur die Anforderungen an die Führung von elektrischen Leitungen, sondern auch für die Durchführung aller Leitungsarten durch raumabschließende Wände und Decken festgelegt.

c) den Funktionserhalt von elektrischen Leitungsanlagen im Brandfall.

Unter dem Buchstaben c) wird der elektrische Funktionserhalt in der **MLAR, Abschnitt 5**, von bauordnungsrechtlich vorgeschriebenen elektrischen Leitungsanlagen definiert. Im Abschnitt 5 „Elektrischer Funktionserhalt" werden Schutzziele (Dauer des Funktionserhaltes) und Möglichkeiten zur Erfüllung dieser Anforderungen beschrieben. Die projektspezifischen Nachweise zur Einhaltung des Funktionserhaltes für die bauordnungsrechtlich vorgeschriebenen Anlagen können z. B. der Elektrofachplaner oder die ausführenden Unternehmen erbringen. Alle Einzelteile der Anlage, z. B. Leitungen, Schaltgeräte, Steuerungen, Brandschutzgehäuse inkl. der Einbauten und Befestigungen müssen das geforderte Schutzziel des Funktionserhaltes über eine bestimmte Dauer erfüllen.

[2]Für bauordnungsrechlich vorgeschriebene Vorräume und Sicherheitsschleusen gilt die Richtlinie entsprechend.
[3]Sie gilt nicht für Lüftungs- und Warmluftheizungsanlagen.
[4]Für Lüftungsanlagen ist die Musterrichtlinie über die brandschutztechnischen Anforderungen an Lüftungsanlagen (M-LüAR) zu beachten.
[5]Die Musterrichtlinie über brandschutztechnische Anforderungen an hochfeuerhemmende Bauteile in Holzbauweise (M-HFHHolzR) bleibt unberührt.

Die Ergänzung des neuen Satzes 2 konkretisiert die räumlichen Anforderungen zur Aufzählung a) des Geltungsbereichs. Für diese Vorräume und Sicherheitsschleusen sind analog die baurechtlichen Vorgaben für Leitungsanlagen in notwendigen Treppenräumen zu berücksichtigen (siehe MLAR 2016, Abschnitt 3.1.1).

Beispiele für Vorräume, z. B.:
- Vorräume von Feuerwehraufzügen
- Vorräume von Aufzügen in Hoch- und Krankenhäusern

Hinweis:
Im Brandschutznachweis können Anforderungen für die Rettung, z. B. von Rollstuhlfahrern, über Aufzüge mit besonderen Anforderungen beschrieben sein. Dadurch können die Vorräume von Aufzügen andere Bedeutung erhalten.

Beispiele für Sicherheitsschleusen:
- Schleusen vor Sicherheitstreppenräumen
- Schleusen von Tiefgaragen in notwendigen Treppenräumen

Die Sätze 3 und 5 dienen der Klarstellung zur Anwendung bauaufsichtlicher Regelungen in der Praxis; ggf. sind die M-LüAR bzw. die M-HFHHolzR zusätzlich zu beachten.

Die Regelungen der Mindestabstände von klassifizierten Abschottungen aller Art erfolgt bei nicht speziell ausgewiesenen Mindestabständen in den Ver- und Anwendbarkeitsnachweisen als einzusetzendes Maß durch die MLAR, Abschnitt 4.1.3. Die Regelungen gelten auch im Zusammenhang mit dem Einbau von Brandschutzklappen (siehe **Teil G XII.** Abstandsregeln).

Hinweis:
Für Lüftungs- und Warmluftheizungsanlagen gilt die Richtlinie über brandschutztechnische Anforderungen an Lüftungsanlagen. Lüftungsleitungen aus Stahlblech, z. B. Wickelfalzrohre, sind nicht auf Grundlage der MLAR einstufbar. Die Regelungen der Mindestabstände zu Brandschutzklappen, Leitungsabschottungen und zu anderen brandschutztechnischen Bauteilen erfolgt in der MLAR, Abschnitt 4.1.3, wenn nicht ausdrücklich in den nationalen bzw. europäischen Ver- und wendbarkeitsnachweisen anders festgelegt.

2 Begriffe

2.1 [1]1Leitungsanlagen sind Anlagen aus Leitungen, insbesondere aus elektrischen Leitungen oder Rohrleitungen, sowie aus den zugehörigen Armaturen, Hausanschlusseinrichtungen, Messeinrichtungen, Steuer-, Regel- und Sicherheitseinrichtungen, Netzgeräten, Verteilern und Dämmstoffen für die Leitungen. [2]Zu den Leitungen gehören deren Befestigungen und Beschichtungen. [3]Lichtwellenleiter-Kabel und elektrische Kabel gelten als elektrische Leitungen.

In diesem Abschnitt werden die wesentlichen Leitungsarten entsprechend den in der Praxis üblichen Kombinationen zusammengefasst. Es ist in jedem Fall darauf zu achten, dass diese Aufzahlung von Leitungsanlagen nur für die Leitungsanlagen gelten, die unter dem Geltungsbereich in Abschnitt 1 benannt worden sind. Hier könnte es sonst, z. B. durch die Nennung von Hausanschlusseinrichtungen, zu Fehlinterpretationen kommen. Hausanschlussräume sind unter dem Geltungsbereich nicht genannt, somit gilt die Leitungsanlagen-Richtlinie auch nicht für Hausanschlussräume. Der Begriff Hausanschlusseinrichtungen wird nur für solche aufgezählt, die sich z. B. im notwendigen Treppenraum befinden. Die Anforderungen der MLAR, Abschnitt 3, sind bei solchen Anordnungen zu beachten.

Elektrische Leitungen und Rohrleitungen lassen sich bei deren Verlegung häufig nicht voneinander trennen.

Daher wird empfohlen, die Ausführung der Leitungsanlagen besonders zu beschreiben.

Besonderes Augenmerk ist auf folgende Anlagen zu richten:
- Rohrleitungsanlagen (z. B. Gas-, Wasser-, Heizungs-, Kälte- und Abwasserleitungen),
- Löschanlagen
- elektrische Anlagen
- Sicherheitsbeleuchtungsanlagen
- Sicherheitsstromversorgungsanlagen
- Brandmelde- und Alarmierungsanlagen
- elektrischen Leitungsanlagen für Rauch- und Wärmeabzugsanlagen
- Leitungsanlagen für BOS-Gebäudefunkanlagen

Entsprechend dieser gewerkespezifischen Beschreibungen wird eine Dokumentation geschaffen, die später als Prüfgrundlage auch von den Prüfsachverständigen genutzt werden kann. Eine spätere Diskussion um die Ausführung der sicherheitstechnischen Anlagen wird dadurch vermieden.

Alle Fachplaner der gebäudetechnischen Gewerke sollten in jedem Fall die richtigen bauordnungsrechtlichen Begriffe verwenden.

Begriffsdefinitionen Kabel/Leitungen:
Begrifflich wird im deutschen Sprachraum zwar zwischen elektrischen **Kabeln** und Leitungen unterschieden. Eine allgemeingültige Definition ist jedoch nicht festgelegt. Allgemein wird der Begriff Kabel für Leitungen bei höheren mechanischen Beanspruchungen wie z. B. Erdkabeln verwendet. **Leitungen** werden i.d.R. bei der Verlegung in Gebäuden für feste Verlegung und flexible Anschlüsse eingesetzt.

Hinweis:
Im Anwendungsbereich der MLAR wird nicht zwischen Kabel und Leitungen unterschieden, da beide Arten im Gebäude eingesetzt werden können.

Elektrische Leitungsanlagen
Zu den elektrischen Leitungsanlagen gehören auch:
- Befestigungen, z. B. Dübel, Sammelhalter, Einzelschellen
- Kabel-/Leitungsverlegesysteme, z. B. Installationsrohre, Leitungstrassen, Leitungskanäle
- Regel- und Steuereinrichtungen, z. B. Bedientableaus der Gebäudeautomation, Anzeigeeinrichtungen
- Messeinrichtung und Verteiler, z. B. elektrische Verteilungen mit Schalteinrichtungen, Abzweigkästen
- Elektrische Kabel und Leitungen
- Lichtwellenleiter inkl. Anschlusseinheiten

Rohrleitungsanlagen
Zu den Rohrleitungsanlagen gehören auch:
- Befestigungen, z. B. Dübel, Rohrschellen, Rohrtrassen
- Dämmungen, z. B. Wärme-, Kälte-, Schallschutz
- Isolierungen, z. B. Korrosionsschutz
- Armaturen, z. B. Regel- und Absperreinrichtungen
- Rohrverbinder, z. B. geschweißt, geschraubt, gelötet, gepresst
- Messeinrichtungen, z. B. Wärmemengen- und Wasserzähler
- Regel- und Steuereinrichtungen
- Verteiler

Netzgeräte
Bei den Netzgeräten handelt es sich um fest installierte (also nicht steckerlösbare) Bauteile, die i.d.R. als Kleintransformatoren der Stromversorgung dienen.

Unter dem Begriff Netzgeräte können auch Sondergeräte eingeplant und installiert werden, wenn von diesen Geräten nachweislich keine oder nur eine geringe Gefahr der Brandentstehung und keine Brandweiterleitung (punktuelle Brandlast ohne Weiterleitungsmöglichkeit) bestehen. Dieses sind z. B. Terminals der Zeiterfassung und Zutrittskontrolle, WLAN-Sende- und Empfangseinheiten, Sende- und Empfangseinheiten für die Gebäudeautomation.

A

2.2 Elektrische Leitungen mit verbessertem Brandverhalten

sind Leitungen, die die Prüfanforderungen nach DIN 4102-1:1998-05 in Verbindung mit DIN 4102-16:1998-05 Baustoffklasse B 1 (schwerentflammbare Baustoffe), auch in Verbindung mit einer Beschichtung, erfüllen und eine nur geringe Rauchentwicklung aufweisen oder hierzu europäisch gleichwertig klassifiziert sind.

Abschnitt 2.2 in Verbindung mit der MLAR, Abschnitt 3.2.2

Elektrische Leitungen mit verbessertem Brandverhalten sind für den Brandfall hinsichtlich

- der Brandfortleitungsgeschwindigkeit längs einer Leitungstrasse,
- der beim Verbrennen der Kunststoffe der Leitungen entstehenden Rauchmenge,
- der Halogenfreiheit und damit verbundenen Reduzierung korrosiver Brandgase auf ein Minimum und
- der hohen Flammwidrigkeit der Schwerentflammbarkeit der Leitungen/Kabel und einer selbstverlöschenden Eigenschaft

wesentlich günstiger einzustufen als elektrische Leitungen anderer Bauarten. Es erscheint daher gerechtfertigt, für derartige Leitungen in der MLAR, Abschnitt 3.2.1, Satz 2 in bestimmten Fällen deren offene, d. h. brandschutztechnisch ungeschützte, Verlegung zuzulassen.

Auszug aus der MLAR, Abschnitt 3.2.1, Satz 2:
„Sie dürfen offen verlegt werden, wenn sie …
c) Leitungen mit verbessertem Brandverhalten in notwendigen Fluren von Gebäuden der Gebäudeklassen 1 bis 3, deren Nutzungseinheiten eine Fläche von jeweils 200 m² nicht überschreiben und die keine Sonderbauten sind.

Hinweis:
Weitergehende Erleichterungen zur Verwendung von Leitungen mit verbessertem Brandverhalten sieht das Baurecht derzeit noch nicht vor. Unabhängig davon besteht die Möglichkeit im Rahmen von Brandschutznachweisen bzw. Brandschutzkonzepten auf Grundlage der positiven Brandeigenschaften Erleichterungen bei der Verwendung schutzzielorientiert zu definieren.

Auf die Erfüllung weiterer Kriterien kommt es in diesem Zusammenhang, mit den baurechtlichen Anforderungen, nicht an. Insbesondere ist es aus baurechtlicher Sicht nicht erforderlich, die Halogenfreiheit der Kunststoffe der Leitungen zu verlangen. Derartige Kunststoffe haben u. a. den Vorteil, dass sich im Brandfall keine das Gebäude zusätzlich schädigende Säuren bilden.

Europäische Klassifizierungen

Die EU hat im Rahmen der Bauprodukten-Verordnung von 2011 europaweit einheitliche Klassifizierungen geschaffen. Die Verordnung trat am 1. Juli 2013 für alle Mitgliedsstaaten verbindlich in Kraft. Diese Vorschriften gehen einher mit einem weitreichenden Zertifizierungssystem für europäisch harmonisierte Bauprodukte, welches sicherstellt, dass diese Produkte nur mit entsprechender Kennzeichnung gehandelt werden dürfen.

Die Anforderungen an Kabel und Leitungen sind in der harmonisierten Norm hEN 50575:2014; „Starkstromkabel und -leitungen, Steuer- und Kommunikationskabel – Kabel und Leitungen für allgemeine Anwendungen in Bauwerken in Bezug auf die Anforderungen an das Brandverhalten" festgelegt. Die Norm hEN 50575:2014 trat am 10. Juni 2016 in Kraft und enthielt eine Übergangsfrist bis zum 30.06.2017. Da die BauPVO jetzt auch für Kabel und Leitungen gilt, dürfen ab dem 01.07.2017 nur noch entsprechende klassifizierte Kabel und Leitungen in Verkehr gebracht werden. **Lagerwaren bzw. vorher erworbene Produkte dürfen noch aufgebraucht werden.**

Die **MVV TB** (Muster-Verwaltungsvorschrift Technische Baubestimmungen) enthält eine Zuordnung von Leistungsklassen zu bauaufsichtlichen Anforderungen im Anhang 4.

Tab. A-II-2: Klassifizierung von elektrischen Leitungen, national

2 Elektrische Kabel und elektrische Kabelanalgen
2.1 Elektrische Kabel
2.1.1 Bauaufsichtliche Anforderungen an Baustoffklassen nach DIN 4102-1:1998-05 und weitere Angaben

Zum Nachweis des Brandverhaltens für elektrische Kabel nach Technischen Baubestimmungen oder nach Ver- und Anwendbarkeitsnachweisen gemäß § 17 MBO[1] können die Zuordnungen der Baustoffklassen nach DIN 4102-1:1998-05 zu den Anforderungen nach A 2.1.2 der Tabelle 2.1.1 und weiteren Angaben entnommen werden.

Tabelle 2.1.1 Bauaufsichtliche Anforderung und Zuordnung der Baustoffklasse nach DIN 4102-1:1998-05 und weitere Angeben

bauaufsichtlichen Anforderung, konkretisiert durch A 2.1.2	Mindestens geeignete Baustoffklasse nach DIN 4102-1:1998-05 und weitere Angaben
nichtbrennbar	A2
schwerentflammbar	B1 und begrenzte Rauchentwicklung (I ≤ 400 % x Min. bei Prüfung nach DIN 4102-1:1998-05)
schwerentflammbar und mit geringer Rauchentwicklung	B1 und geringe Rauchentwicklung (I ≤ 100 % x Min. bei Prüfung nach DIN 4102-1:1998-05)
normalentflammbar	B2 (auch brennend abfallend oder abtropfend)

Tab. A-II-3: Klassifizierung von elektrischen Leitungen, europäisch

2.1.2 Bauaufsichtliche Anforderungen und Klassen nach DIN EN 13501-6:2014-07

Für die Verwendung in baulichen Anlagen ist für elektrische Kabel, nach den europäisch, harmonisierten Normen, nach den Technischen Bewertung oder nach den europäischen technischen Zulassungen, die bis zum Zeitpunkt der Bekanntmachung dieser technischen Regel gemäß Verordnung (EU) 305/2011 veröffentlicht sind die Tabelle 2.1.2 zu beachten

Tabelle 2.1.2 Bauaufsichtliche Anforderung und Zuordnung der Baustoffklasse nach DIN EN 13501-6:2014-07

bauaufsichtlichen Anforderung, konkretisiert durch A 2.1.2	Mindestens geeignete Klasse nach DIN EN 13501-6:2014-07 und weitere Angaben
nichtbrennbar	A_{ca}
schwerentflammbar	$B1_{ca}$-s3
schwerentflammbar und mit geringer Rauchentwicklung	$B1_{ca}$-s1
normalentflammbar	E_{ca}

Weitere Informationen sind den in den Bundesländern baurechtlich eingeführten „Verwaltungsvorschriften Technische Baubestimmungen" (VV TB) zu entnehmen.

A

2.3 Medien

im Sinne dieser Richtlinie sind Flüssigkeiten, Dämpfe, Gase und Stäube.

In der Tab. A-II–4 wird eine Zuordnung von Leitungstypen zu Medien aufgezeigt. Zu erkennen ist dabei, dass es sowohl brennbare Leitungen gibt (aus normal- oder schwerentflammbaren Werkstoffen) wie auch nichtbrennbare Leitungen (aus nichtbrennbaren metallischen oder nichtmetallischen Werkstoffen). Auch hinsichtlich der Medien ist zu unterscheiden zwischen brandfördernden Medien (Gas), nichtbrennbaren Medien (Wasser), wie auch dem „Medium" Strom oder Licht- bzw. Funkwellen.

Tab. A-II–4: Leitungstypen/Medien

Leitungstypen	Medien/Signale
Elektrische Leitungen, z. B. – Leitungen der Stromversorgung – Leitungen der Kommunikation- und Fernmeldetechnik – Leitungen der Mess-, Steuer- und Regeltechnik – Lichtwellenleiter (LWL) – Datenleitungen – Koaxialkabel – Koaxial-Hohlleiterkabel – Hohlleiterkabel usw.	– Strom – Lichtsignale usw.
nichtbrennbare Rohrleitungen, z. B. – Kupfer – Korrosionsbeständiger Stahl – Stahl verzinkt – Stahl schwarz – Guss/SML – Faserzementrohre – Glas – Alu (schmilzt bei 600 °C) usw.	**nichtbrennbare/brennbare, brandfördernde Medien, z. B.** – Wasser – Abwasser (nichtbrennbar/brennbar) – Gase, Stäube – Druckluft – med. Gase – Laborgase – Heizöl – Kältemittel – Sprinklerleitungen – Feuerlöschleitungen usw.
brennbare Rohrleitungen, z. B. – PB – PE/PE-X – PVC/PVC – Verbundrohre – Leerrohre für elektr. Leitungen	**nichtbrennbare/brennbare, brandfördernde Medien, z. B.** – Wasser – Abwasser (nichtbrennbar/brennbar) – Gase, Stäube – Druckluft – Laborgase – Heizöl – Kältemittel

3 Leitungsanlagen in Rettungswegen

3.1 Grundlegende Anforderungen

3.1.1 [1]Gemäß § 40 Abs. 2 MBO sind Leitungsanlagen in
a) notwendigen Treppenräumen gemäß § 35 Abs. 1 MBO,
b) Räumen zwischen notwendigen Treppenräumen und Ausgängen ins Freie gemäß § 35 Abs. 3, Satz 3 MBO und
c) notwendigen Fluren gemäß § 36 Abs. 1 MBO

nur zulässig, wenn eine Nutzung als Rettungsweg im Brandfall ausreichend lang möglich ist.
[2]Diese Voraussetzung ist erfüllt, wenn die Leitungsanlagen in diesen Räumen den Anforderungen der Abschnitte 3.1.2 bis 3.5.6 entsprechen.
[3]Dabei gelten für bauordnungsrechtlich vorgeschriebene Vorräume und Sicherheitsschleusen die Anforderungen wie an notwendige Treppenräume.

Grundsätzlich können Leitungsanlagen in Rettungswegen zu einer möglichen Brandentstehung und Brandweiterleitung (Feuer und Rauch) beitragen. Zu unterscheiden ist dabei, ob es sich um brennbare Leitungsanlagen handelt oder ob brennbare Medien durch die Leitungen gefördert werden.

Teile brennbarer Leitungsanlagen können insbesondere sein:
- elektrische Verteiler,
- brennbare elektrische Leitungen,
- brennbare Rohre mit brennbaren Dämmstoffe oder
- nichtbrennbare Rohre mit brennbaren Dämmstoffen.

Leitungsanlagen mit brennbaren Medien können Gasinstallationen sein.

Die brennbaren elektrischen Leitungsanlagen, brennbaren Rohrleitungen und brennbare Dämmstoffe können zur Brandweiterleitung beitragen. Elektrische Verteiler können zur Brandentstehung beitragen. Zusätzlich besteht die Gefahr einer Brandentstehung bei falsch dimensionierten elektrischen Leitungen oder Fehlerstellen an diesen elektrischen Leitungen, z. B. Isolationsfehler, Beschädigungen oder fehlerhafte Klemm-/Verbindungsstellen.

Rettungswege werden unterschieden in vertikale Rettungswege (Treppenräume) und horizontale Rettungswege (Flure, Vorräume und Schleusen).

Bauliche Rettungswege dienen der Selbstrettung von Personen, die das Gebäude im Gefahrenfall verlassen müssen, oder der Fremdrettung durch die hilfeleistenden Kräfte.

In der MLAR werden daher entsprechend der unterschiedlichen Bedeutung die Anforderungen abgestuft konkretisiert. In Bild A-II–1 werden die unterschiedlichen Rettungswege dargestellt.

Der übergeordnete Text in Abschnitt 3.1.1 gibt zunächst die in der MBO aufgelisteten Grundsatzanforderungen, mit dem Hinweis wieder, dass bezüglich des Brandschutzes keine Bedenken bestehen, wenn die Leitungsanlagen entsprechend den beschriebenen Anforderungen ausgeführt werden.

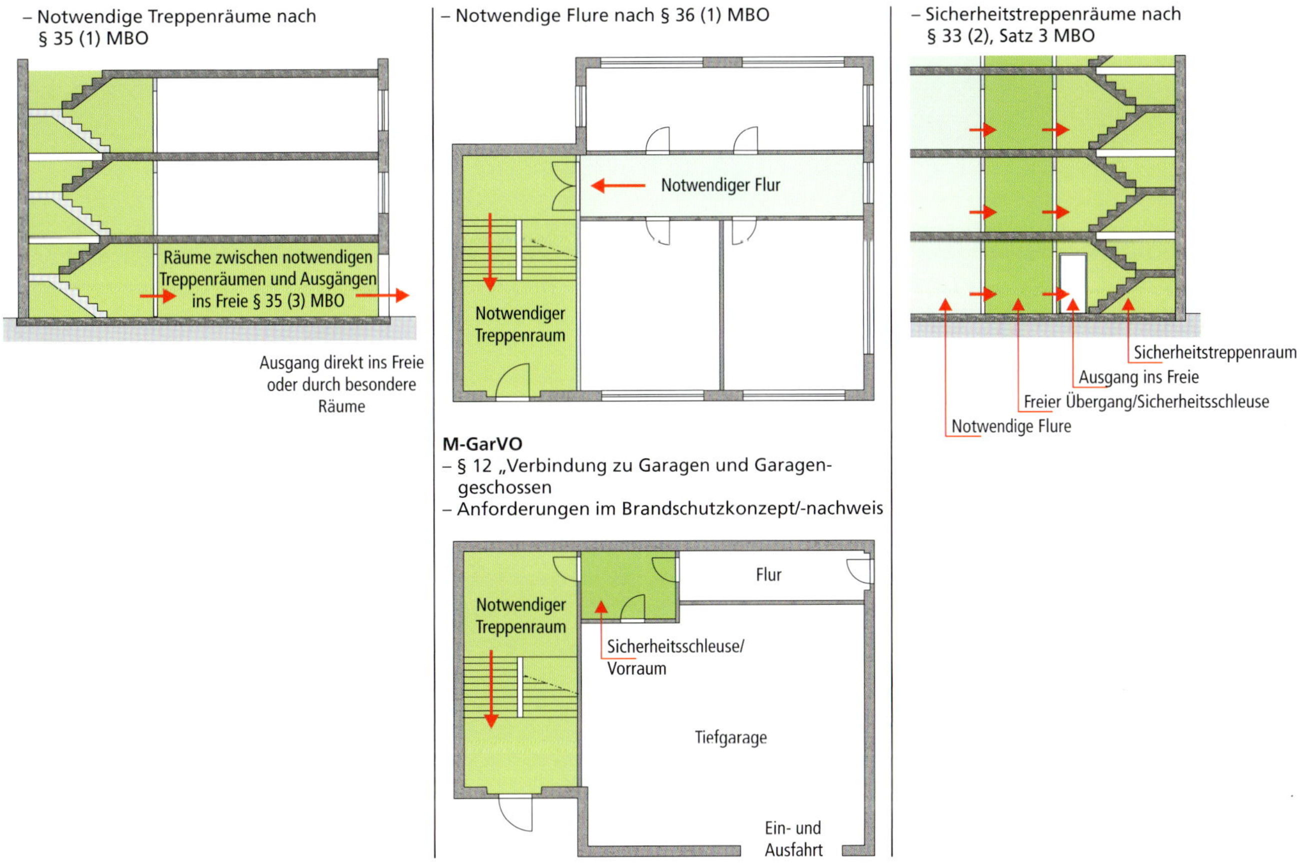

Bild A-II-1: Definition der Rettungswege, z. B. notwendige Treppenräume, Sicherheitstreppenräume, Sicherheitsschleusen, Vorräume und Räume zwischen notwendigen Treppenräumen und Ausgängen ins Freie

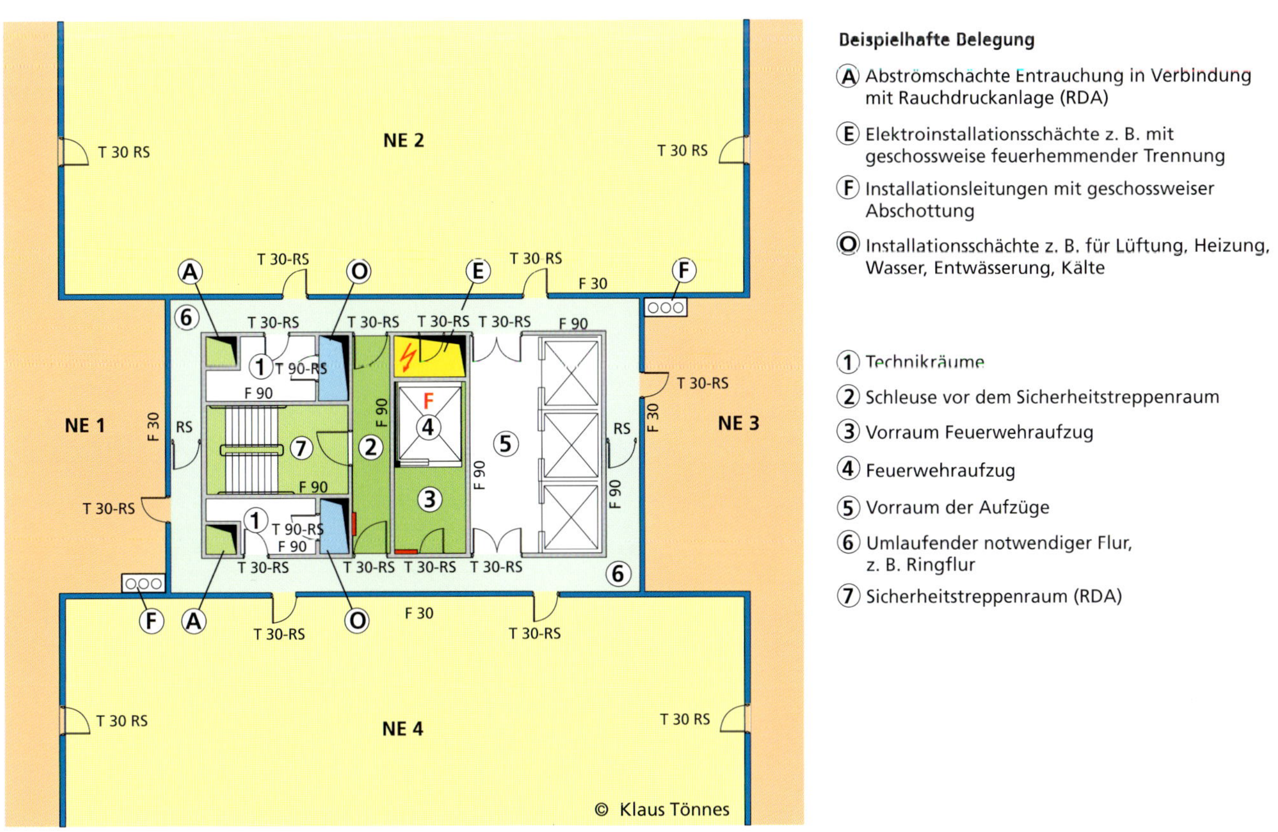

Bild A-II-2: Beispiel Sicherheitstreppenraum mit Vorraum (2) in Verbindung mit einem Feuerwehraufzug (4) inkl. dem erforderlichen Vorraum (3) in einem Hochhaus

A

Definition der Rettungswege gemäß MBO (Auszug)

§ 35 Notwendige Treppenräume, Ausgänge

(1) [1]Jede notwendige Treppe muss zur Sicherstellung der Rettungswege aus den Geschossen ins Freie in einem eigenen, durchgehenden Treppenraum liegen (notwendiger Treppenraum). [2]Notwendige Treppenräume müssen so angeordnet und ausgebildet sein, dass die Nutzung der notwendigen Treppen im Brandfall ausreichend lang möglich ist. [3]Notwendige Treppen sind ohne eigenen Treppenraum zulässig

1. *in Gebäuden der Gebäudeklassen 1 und 2,*
2. *für die Verbindung von höchstens zwei Geschossen innerhalb derselben Nutzungseinheit von insgesamt nicht mehr als 200 m², wenn in jedem Geschoss ein anderer Rettungsweg erreicht werden kann,*
3. *als Außentreppe, wenn ihre Nutzung ausreichend sicher ist und im Brandfall nicht gefährdet werden kann.*

(4) [1]Die Wände notwendiger Treppenräume müssen als raumabschliessende Bauteile

1. *in Gebäuden der Gebäudeklasse 5 die Bauart von Brandwänden haben,*
2. *in Gebäuden der Gebäudeklasse 4 auch unter zusätzlicher mechanischer Beanspruchung hochfeuerhemmend und*
3. *in Gebäuden der Gebäudeklasse 3 feuerhemmend sein.*

[2]Dies ist nicht erforderlich für Außenwände von Treppenräumen, die aus nichtbrennbaren Baustoffen bestehen und durch andere an diese Außenwände anschließende Gebäudeteile im Brandfall nicht gefährdet werden können. [3]Der obere Abschluss notwendiger Treppenräume muss als raumabschließendes Bauteil die Feuerwiderstandsfähigkeit der Decken des Gebäudes haben; dies gilt nicht, wenn der obere Abschluss das Dach ist und die Treppenraumwände bis unter die Dachhaut reichen.

§ 36 Notwendige Flure, offene Gänge

(1) [1]Flure, über die Rettungswege aus Aufenthaltsräumen oder aus Nutzungseinheiten mit Aufenthaltsräumen zu Ausgängen in notwendige Treppenräume oder ins Freie führen (notwendige Flure), müssen so angeordnet und ausgebildet sein, dass die Nutzung im Brandfall ausreichend lang möglich ist. [2]Notwendige Flure sind nicht erforderlich

1. *in Wohngebäuden der Gebäudeklassen 1 und 2,*
2. *in sonstigen Gebäuden der Gebäudeklassen 1 und 2, ausgenommen in Kellergeschossen,*
3. *innerhalb von Wohnungen oder innerhalb von Nutzungseinheiten mit nicht mehr als 200 m²,*
4. *innerhalb von Nutzungseinheiten, die einer Büro- oder Verwaltungsnutzung dienen, mit nicht mehr als 400 m²; das gilt auch für Teile größerer Nutzungseinheiten, wenn diese Teile nicht größer als 400 m² sind, Trennwände nach § 29 Abs. 2 Nr. 1 haben und jeder Teil unabhängig von anderen Teilen Rettungswege nach § 33 Abs. 1 hat.*

(3) [1]Notwendige Flure sind durch nichtabschließbare, rauchdichte und selbstschließende Abschlüsse in Rauchabschnitte zu unterteilen. [2]Die Rauchabschnitte sollen nicht länger als 30 m sein. [3]Die Abschlüsse sind bis an die Rohdecke zu führen; sie dürfen bis an die Unterdecke der Flure geführt werden, wenn die Unterdecke feuerhemmend ist. [4]Notwendige Flure mit nur einer Fluchtrichtung, die zu einem Sicherheitstreppenraum führen, dürfen nicht länger als 15 m sein. [5]Die Sätze 1 bis 4 gelten nicht für offene Gänge nach Absatz 5.

(4) [1]Die Wände notwendiger Flure müssen als raumabschliessende Bauteile feuerhemmend, in Kellergeschossen, deren tragende und aussteifende Bauteile feuerbeständig sein müssen, feuerbeständig sein. [2]Die Wände sind bis an die Rohdecke zu führen. [3]Sie dürfen bis an die Unterdecke der Flure geführt werden, wenn die Unterdecke feuerhemmend und ein demjenigen nach Satz 1 vergleichbarer Raumabschluss sichergestellt ist. [4]Türen in diesen Wänden müssen dicht schließen; Öffnungen zu Lagerbereichen im Kellergeschoss müssen feuerhemmende, dicht- und selbstschließende Abschlüsse haben.

(6) In notwendigen Fluren sowie in offenen Gängen nach Absatz 5 müssen

1. *Bekleidungen, Putze, Unterdecken und Dämmstoffe aus nichtbrennbaren Baustoffen bestehen,*
2. *Wände und Decken aus brennbaren Baustoffen eine Bekleidung aus nichtbrennbaren Baustoffen in ausreichender Dicke haben.*

Tab. A-II-5: Anforderungen an die Feuerwiderstandsdauer von Trennwänden bei Rettungswegen gemäß MLAR, Abschnitt 3.1.1

Gebäudeklassen	GK 1 (a + b)	GK 2	GK 3	GK 4	GK 5	Sonderbauten
OKF = Oberkante Fußboden von Aufenthaltsräumen ab Oberkante Erdreich	a) Freistehende Gebäude 7 m OKF (2 Nutzungseinheiten u. insgesamt 400 m²) b) freistehende land- und forstwirtschaftliche genutzte Gebäude **1)**	Gebäude 7 m OKF (2 Nutzungseinheiten und insgesamt 400 m²) **1)**	sonstige Gebäude 7 m OKF **1)**	Gebäude 13 m OKF (Nutzungseinheiten mit jeweils nicht mehr als 400 m²) **1)**	sonstige Gebäude einschließlich unterirdische Gebäude 22 m OKF **1)**	gemäß MBO § 2 (4) z. B. - Hotels - Versammlungsstätten - Sportstätten - Schulen - Krankenhäuser jeder Höhe und Hochhäuser ≥ 22 m OKF **2)**
Wände von notwendigen Fluren	keine Anforderungen	keine Anforderungen	Keller: F 30 Obergeschoss: F 30	Keller: F 60 Obergeschoss: F 30	Keller: F 90 Obergeschoss: F 30	Keller: F 90 Obergeschoss: F 30
- Wände von notwendigen Treppenräumen, MBO § 35 (3) - Ausgänge ins Freie, MBO § 36 (4) - Wände von Vorräumen - Wände von Sicherheitsschleusen	keine Anforderungen	keine Anforderungen	F 30 - A **3)**	F 60 - A **3)**	F 90 - A **3)**	F 90 - A **3)**

1) Nach § 40 werden keine Anforderungen an die Abschottung von Leitungsanlagen, Installationsschächten, Kanälen und Leitungsanlagen innerhalb von Gebäuden GK 1/GK 2 und Nutzungseinheiten mit nicht mehr als 400 m² und nicht mehr als 2 Geschossen gestellt.
2) In Sonderbauten gelten differenzierte Anforderungen. Details sind den Sonderbauordnungen und dem spez. Brandschutznachweis bzw. dem Brandschutzkonzept als Bestandteil der Baugenehmigung zu entnehmen.
3) In der Bauart von Brandwänden

Leitungsabschottungen in F 30 Bauteilen mit Anforderungen an den Brand-, Schall- und Wärmeschutz

Leitungsabschottungen in F 60/F 90/F 120-Bauteilen mit Anforderungen an den Brand-, Schall- und Wärmeschutz

Hinweis zu Tab. A-II-5:
Die projektspezifischen Anforderungen an die Feuerwiderstandsdauer, insbesondere bei Sonderbauten, können dem projektspezifischen Brandschutznachweis bzw. dem Brandschutzkonzept entnommen werden.

Bild A-II-3: Notwendiger Flur nach einem Brand ohne F 30-Unterdecke. Die nichtbrennbaren Befestigungen haben das Herabfallen der elektrischen Leitungen zum Schutz bei der Selbst- und Fremdrettung und der Feuerwehrleute verhindert.

Was ist zu beachten:

Die wesentlichen berücksichtigten Schutzziele im Abschnitt 3 der MLAR sind bei der Verlegung von elektrischen Leitungen in notwendigen Fluren

- die Verhinderung der Brandweiterleitung in Längsrichtung der notwendigen Flure und
- die Begrenzung der Brandlasten.

Die Beflammung/Brandeinwirkung der Leitungstrassen erfolgt in der Regel aus den angrenzenden Räumen heraus.

Die Ausbreitung des Feuers und des Rauches aus dem Brandraum in den notwendigen Flur wird i.d.R. durch die ggf. offenstehenden dichtschließenden Türen nicht ausgeschlossen. Das Feuer soll sich jedoch nicht entlang der Leitungstrassen weiter ausbreiten, damit die von der Brandausbreitung des Feuers betroffenen Flurbereiche so lang wie möglich als Rettungs- und Angriffsweg der Feuerwehr zur Verfügung stehen.

Die zur Befestigung von Leitungstrassen vorgegebenen nichtbrennbaren Trassenbefestigungen sollen verhindern, verhindern, dass die elektrischen Leitungen zum Betrieb der notwendigen Flure/Treppenräume herunterhängen und die Einsatzkräfte behindern.

A

3.1.2 Leitungsanlagen dürfen in tragende, aussteifende oder raumabschließende Bauteile sowie in Bauteile von Installationsschächten und -kanälen nur so weit eingreifen, dass die erforderliche Feuerwiderstandsfähigkeit erhalten bleibt.

Der Text greift die Anforderungen der MBO 2016, § 26 auf. Die Anforderung ermöglicht den Einbau als Unterputzausführung von z. B.:
- Elektro-Verteilern,
- Bereichskontrolleinheiten der medizinischen und Laborgasversorgung,
- Einbaukästen für Feuerlöscher und Selbsthilfeeinrichtungen,
- Einbauleuchten.

Die gleichen Anforderungen gelten bei Wandaussparungen für Rohr- und Elektroleitungen.

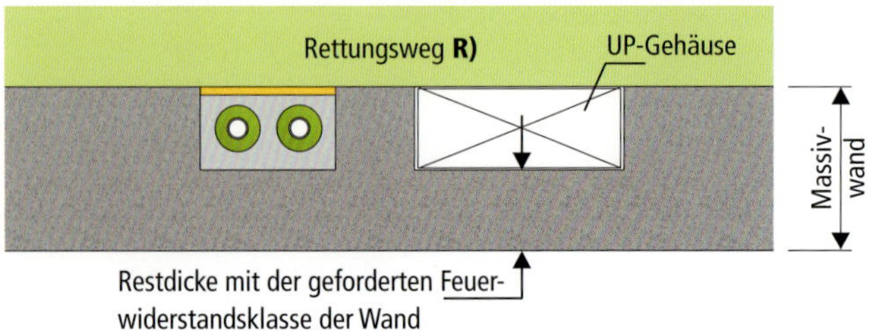

R) Notwendiger Treppenraum, Sicherheitsschleusen, Vorräume, Räume zwischen notwendigen Treppenräumen und Ausgängen ins Freie, einschließlich notwendiger Flure im Sinne der MLAR

Bild A-II–4: Einbau von Leitungsanlagen, z. B. Unterputzgehäuse, in Trennwänden von Rettungswegen, entsprechend der MLAR, Abschnitt 3.1.1

Hinter diesen Einbauten muss die geforderte Feuerwiderstandsdauer des Bauteils, z. B. der Flurtrennwand, durch den Fachplaner/Verarbeiter nachgewiesen werden.
Wird diese nicht mehr erfüllt, sind Maßnahmen so zu treffen, dass die Feuerwiderstandsfähigkeit der Gesamtkonstruktion den Anforderungen entspricht. Dies ist möglich durch:
- Verwendung eines weiteren klassifizierten Bauteils als Vorbau vor der Wand
- Verstärkung der Wand als Schachtwand hinter dem Einbauteil
- Sandwichkonstruktionen mit integriertem Verteiler und feuerwiderstandsfähigen Revisionsklappen.

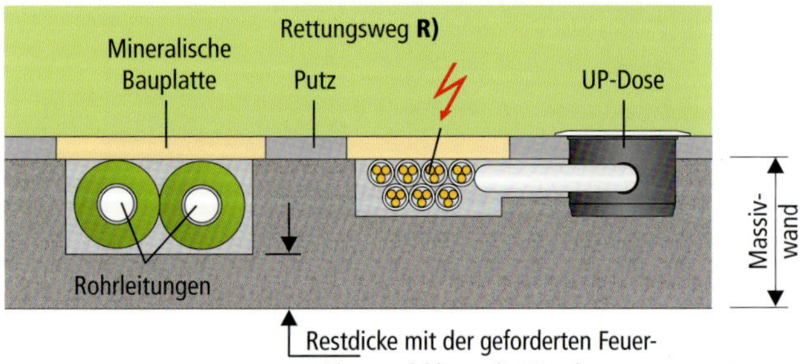

R) Notwendiger Treppenraum, Sicherheitsschleusen, Vorräume, Räume zwischen notwendigen Treppenräumen und Ausgängen ins Freie, einschließlich notwendiger Flure im Sinne der MLAR

Bild A-II–5: Beispiele von Einbauten in Wänden von Rettungswegen, wenn die Restwanddicke auf die geforderte Feuerwiderstandsdauer ertüchtigt werden muss

3.1.3 In Sicherheitstreppenräumen gemäß § 33 Abs. 2 Satz 3 MBO und in Räumen zwischen Sicherheitstreppenräumen und Ausgängen ins Freie sind nur Leitungsanlagen zulässig, die ausschließlich der unmittelbaren Versorgung dieser Räume oder der Brandbekämpfung dienen.

Folgende Leitungsanlagen sind in Sicherheitstreppenräumen und in Räumen zwischen Sicherheitstreppenräumen und Ausgängen ins Freie nicht zulässig:
- Leitungsanlagen, die nicht unmittelbar zur Versorgung der Sicherheitstreppenräume und Sicherheitsschleusen oder der Brandbekämpfung dienen, sind nicht gestattet.
- Leitungstrassen zur Versorgung anderer Bereiche als „Transferleitungen" sind nicht gestattet,
- Rohrtrassen, auch nichtbrennbare Rohrtrassen mit nichtbrennbarer Dämmung, die keine Feuerlöschleitungen sind, dürfen nicht eingebaut werden.
- Alle Einbauten, welche die Mindest-Rettungswegbreite einschränken.

In den anderen Rettungswegen sind (auch) folgende Leitungsanlagen zulässig, wobei die einzuhaltenden Bedingungen den Abschnitten 3.2–3.5 zu entnehmen sind:
- Beleuchtung (elektrische Leitungen einschließlich der Leuchten, Schalter zum Bedienen der Beleuchtungsanlage),
- Sicherheitsbeleuchtung (elektrische Leitungen einschließlich der Leuchten),
- Brandmeldung und Alarmierung (Komponenten und Leitungen der Brandmeldeanlage und der Alarmierungsanlage, soweit die Anordnung in den Rettungswegen notwendig ist),
- Gebäudefunkanlagen (Leitungsanlagen für den „Gebäudefunk" – BOS – zur Ermöglichung der Feuerlöscharbeiten)
- Nasse und trockene Steigleitungen der Löschwasserversorgung und Feuerlöscheinrichtungen Typ F und Typ S,
- Sprinklerleitungen und Leitungen anderer selbsttätiger Feuerlöschanlagen,
- Leitungsanlagen für Druckbelüftungsanlagen/Rauchschutzdruck-Anlagen (RDA) inkl. der Steuerungsschränke, der Ventilatoren, der Druckregeleinrichtungen und Auslöseeinrichtungen.
  Falls möglich empfiehlt es sich, separate Aufstellräume für die Schaltschränke zu planen, insbesondere dann, wenn nur ein vertikaler baulicher Rettungsweg zur Verfügung steht.
- F 30-/60-/90- oder I 30-/60-/90-Installationsschachtverkleidungen für fremde Kabel/Leitungs- und Rohrtrassen, wenn die Mindest-Rettungswegbreite nicht eingeschränkt wird.
- Montage von W-LAN Routern mit externer Stromversorgung, digitale Anzeigetafeln z. B. für Raumkennzeichnungen und Bedieneinrichtungen für Steuergeräte die zum Betrieb des Flures benötigt werden.

Hinweis:
Durch die Leitungsanlagen darf die Mindest-Rettungswegbreite nicht eingeschränkt werden. Die Anordnung einer Druckbelüftungsanlage inkl. der im Sicherheitstreppenraum angeordneten Bestandteile muss im Brandschutznachweis bzw. dem Brandschutzkonzept oder als Fortschreibung in Abstimmung mit dem vor Ort tätigen Brandschutzsachverständigen beschrieben werden. Dies gilt auch für F 30-/60-/90- oder I 30-/60-/90-Installationsschachtverkleidungen.

3.2 Elektrische Leitungsanlagen

3.2.1 [1]Elektrische Leitungen müssen ...
a) einzeln oder nebeneinander angeordnet voll eingeputzt,
b) in Schlitzen von massiven Bauteilen, die mit mindestens 15 mm dickem mineralischem Putz auf nichtbrennbarem Putzträger oder mit mindestens 15 mm dicken Platten aus mineralischen Baustoffen verschlossen werden,
c) innerhalb von mindestens feuerhemmenden Wänden in Leichtbauweise, jedoch nur Leitungen, die ausschließlich der Versorgung der in und an der Wand befindlichen elektrischen Betriebsmitteln dienen,

Es gilt als wesentlicher Grundsatz im vorbeugenden Brandschutz, dass keine Wand oder Decke in der vorgeschriebenen Feuerwiderstandsdauer geschwächt werden darf. Der Restquerschnitt muss immer der geforderten Feuerwiderstandsdauer entsprechen.

Die Formulierung in **Satz 1** unter **Buchstabe a)** stellt klar, dass auch mehrere in der Massivwand unmittelbar nebeneinander angeordnete elektrische Leitungen eingeputzt werden können, ohne dass ein erhöhtes Gefahrenpotenzial entsteht. Das bedeutet, dass auf eine definierte „Putzüberdeckung" verzichtet wird. Die Mindestputzüberdeckung mit mineralischem Putz ergibt sich unter Berücksichtigung von **Buchstabe b)** und dem handwerklichen Erfordernis der Ausführung, wodurch den brandschutztechnischen Erfordernissen ausreichend Rechnung getragen wird. Die Befestigung der elektrischen Leitungen kann im Putz mit brennbaren Befestigungen erfolgen. Der Einbau von kleinen brennbaren Unterputzdosen ist in der Massivwand, als Bestandteil der elektrischen Leitungsanlage, zulässig. Es werden keine Beschränkungen der Breite der Kabel-/Leitungsanordnung vorgegeben. Das Regulativ der Baustellenpraxis erfolgt über die Verhinderung der Rissbildung im Putz. Die Übertragung auf einzelne brennbare Rohrleitungen und Leitungen mit brennbaren Dämmstoffen ist nach Buchstabe a) nicht zulässig.

a) einzeln oder nebeneinander angeordnet voll eingeputzt (nicht als Bündel)

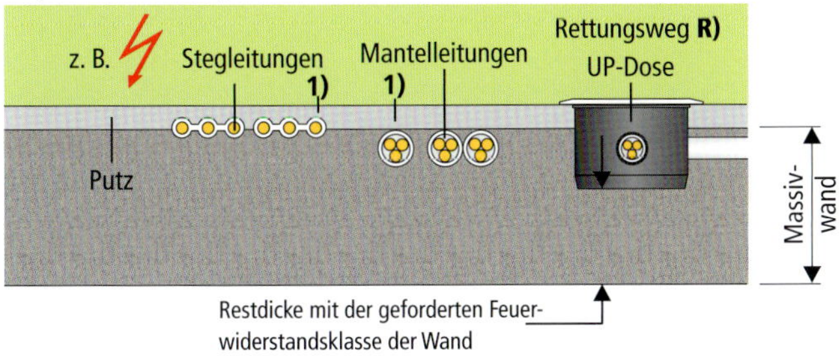

R) Notwendiger Treppenraum, Sicherheitsschleusen, Vorräume, Räume zwischen notwendigen Treppenräumen und Ausgängen ins Freie, einschließlich notwendiger Flure im Sinne der MLAR
1) Mindestdicke im Rahmen der handwerklichen Ausführbarkeit einhalten

Bild A-II-6: In- und Unterputzverlegung gemäß Buchstabe a) von elektrischen Leitungen und Leitungsanlagen einzelner oder nebeneinander liegenden elektrischen Leitungen

In Schlitzen (vergleichbar den Wandaussparungen) gemäß **Buchstabe b)** können elektrische Leitungsbündel, und unter Berücksichtigung von **Abschnitt 3.3.2 Buchstabe a)** brennbare Rohrleitungen mit brennbarer Dämmung oder nichtbrennbare Rohrleitungen mit brennbarer Dämmung verlegt werden. Es bestehen keine Bedenken, die „Unterputzverlegung" auch auf die Verlegung von brennbaren Rohren/Dämmstoffen für nichtbrennbare Medien (vgl. **Abschnitt 3.3.2**) zu übertragen.

b) in Schlitzen von massiven Bauteilen, die mit mindestens 15 mm dickem mineralischem Putz auf nichtbrennbarem Putzträger oder mit mindestens 15 mm dicken Platten aus mineralischen Baustoffen verschlossen werden

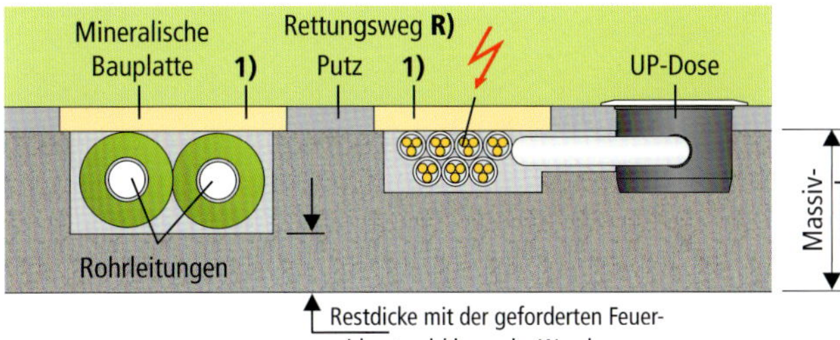

R) Notwendiger Treppenraum, Sicherheitsschleusen, Vorräume, Räume zwischen notwendigen Treppenräumen und Ausgängen ins Freie, einschließlich notwendiger Flure im Sinne der MLAR
1) Mindestdicke im Rahmen der handwerklichen Ausführbarkeit einhalten

Bild A-II-7: Unterputzverlegung in Aussparungen gemäß Buchstabe b) von elektrischen Leitungsbündeln und brennbaren Leitungsanlagen in Aussparungen mit einer Abdeckung aus Putz oder einer mineralischen Bauplatte, Dicke mind. 15 mm

Hinweis:
Die einzelne mineralische Bauplatte, z. B. Gipskarton oder Faserzementplatten, muss nur Anforderungen hinsichtlich der *Nichtbrennbarkeit* erfüllen. Es brauchen *keine* Nachweise für die Erfüllung einer bestimmten *Feuerwiderstandsdauer* für die Überdeckungen der Schlitze gemäß *Buchstabe b)* geführt werden.

Mit der Formulierung unter **Buchstabe c)** soll deutlich zum Ausdruck gebracht werden, dass innerhalb von mindestens feuerhemmenden Leichtbauwänden nur ein Mindestumfang von elektrischen Leitungen (hinsichtlich Anzahl und Länge) verlegt werden soll.

Zu den zulässigen elektrischen Leitungen gehören alle zur Versorgung in und an der Flurtrennwand montierten elektrischen Betriebsmittel, z. B. Schalterdosen, Steckdosen, EDV-Dosen, Wandleuchten, Handfeuermelder, Zutrittkontrollterminals, Beleuchtungen, Hinweisleuchten, Rufanlagen, Raumbedienteile usw. Damit ist nicht die Verlegung von Kabeln und Leitungen innerhalb der Flurtrennwand, abgehend von einem an und in der Wand montierten Verteiler, zur Versorgung anderer Bereiche gemeint.

Die Anzahl der möglichen elektrischen Leitungen wird durch die Größe und Anzahl der Ausschnitte in den CW-Profilen begrenzt. Die Durchführung von elektrischen Leitungen als reine „Transferkabel/-leitungen" ohne Anschluss eines elektrischen Betriebsmittels in der Trennwand der Rettungswege gemäß MLAR, Abschnitt 3.1.1, ist nicht zulässig. Durch die Formulierung „in mindestens feuerhemmenden leichten Trennwänden" wird klargestellt, dass die Ausführung auch für feuerbeständige leichte Trennwände, z. B. für Flurtrennwände in Untergeschossen, zutrifft.

A

c) innerhalb von mindestens feuerhemmenden Wänden in Leichtbauweise, jedoch nur Leitungen, die ausschließlich der Versorgung der in und an der Wand befindlichen elektrischen Betriebsmitteln dienen.

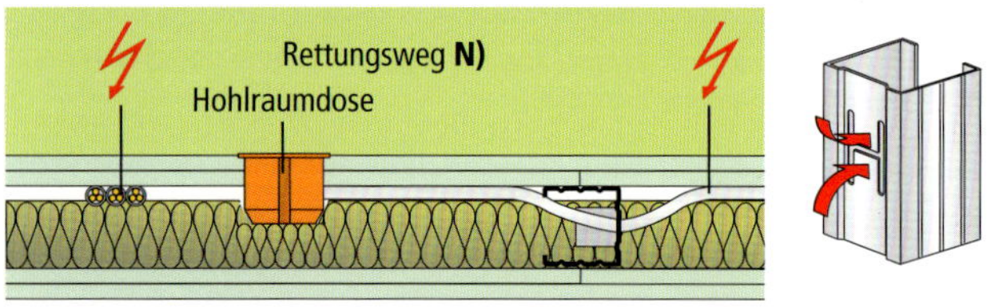

N) Notwendiger Treppenraum, Sicherheitsschleusen, Vorräume, Räume zwischen notwendigen Treppenräumen und Ausgängen ins Freie, einschl. notwendiger Flure im Sinne der MLAR

Bild A-II–8: Verlegung von elektrischen Leitungen und Montage von elektrischen Betriebsmitteln in mindestens feuerhemmenden Wänden in Leichtbauweise, z. B. Metallständerwänden F 30/60/90 als Trennwände zu Rettungswegen gemäß MLAR, Abschnitt 3.1.1

Installationstrassen zur Verlegung elektrischer Leitungen für die Anschlüsse von Räumen, die über notwendige Flure erreicht werden können, können außerhalb der Flurwände unterhalb des Estrichs als Installationskanäle entsprechend Abschnitt 3.5 ausgeführt werden. Beim Führen der Installationskanäle auf der dem Flur abgewandten Seite der Trennwände sind lediglich Abschottungen in den feuerwiderstandsfähig raumabschließenden Bauteilen vorzusehen.

Eine Nachinstallierung von Leitungen ist in der Regel nur dann erforderlich, wenn bei der Erstinstallation nicht von einer ausreichenden Anzahl möglicher Anschlüsse ausgegangen wurde und daher zu wenig Leitungen bzw. Aderpaare vorgesehen wurden. Eine Nachinstallation kann aber auch auf Grund von einem Mehrbedarf an Leitungen, z. B. für IT-Installationen, notwendig werden. In dem Fall sind immer die aktuellen baurechtlichen Anforderungen bei der Verlegung zu beachten.

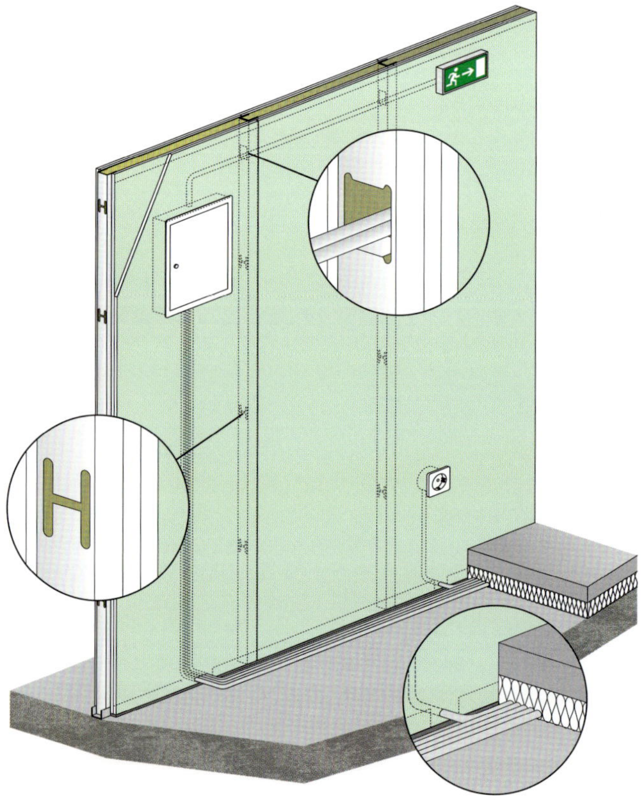

Bild A-II–9: Beispiel zur Verlegung von elektrischen Leitungen, unterhalb des schwimmenden Estrichs, entlang der „Flurtrennwand"

Tab. A-II–6: Mögliche Leitungsdurchführungen für die Verlegung von elektrischen Leitungen durch die CW-Profile in Metallständerwänden F 30/60/90 als Trennwände zu Rettungswegen gemäß MLAR, Abschnitt 3.1.1 (Quelle: Herstellerangaben für leichte Trennwände).

Profilbezeichnung	Anzahl zusätzlicher Stegausschnitte¹⁾ pro Ständerprofil	Stegausschnittgröße[1)] Breite (a) x Höhe (b) (mm)		Mind. Abstand Stegausschnitte[1)] zueinander bzw. mind. Randabstand oder als Abstand zur H-Stanzung (mm)	Beplankung je Wandseite mit GKF-Platten unter Beachtung der Ver- und Anwendbarkeitsnachweise (mm)	
					F 30 A	F 60 A F 90 A
CW 50	1	≤ 35 x ≤ 50	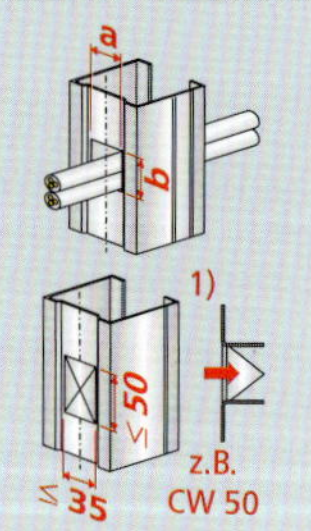	≥ 100[2)]	1 x 12,5[3)]	2 x 12,5
CW 75	2	≤ 55 x ≤ 75		≥ 150[2)]	1 x 12,5[3)]	2 x 12,5
CW 100	2	≤ 80 x ≤ 100		≥ 200[2)]	1 x 12,5[3)]	2 x 12,5
CW 125	2	≤ 105 x ≤ 125		≥ 250[2)]		2 x 12,5
CW 150	2	≤ 130 x ≤ 150		≥ 300[2)]		2 x 12,5

[1)] Den Kantenschutz so ausführen, dass die Kabel/Leitungen nicht beschädigt werden, z. B. Kreuzschnitt und Laschen nach hinten biegen
[2)] gilt auch als Abstand zur H-Stanzung
[3)] Beplankung 1 x 12,5 nur, wenn dies im abP vorgegeben ist, sonst 2 x 12,5 mm

Zusätzlich können zu den vorhandenen H-Stanzungen Stegausschnitte pro CW-Ständerprofil hergestellt werden (siehe Tab. A-II–6).

Hinweis:
Baurechtlich ist der zusätzliche „Kreuzschnitt" als eine nicht wesentliche Abweichung vom Verwendbarkeitsnachweis der Metallständerwand zu bewerten. Die Übereinstimmungsbestätigung erfolgt durch den Ersteller der leichten Trennwand.

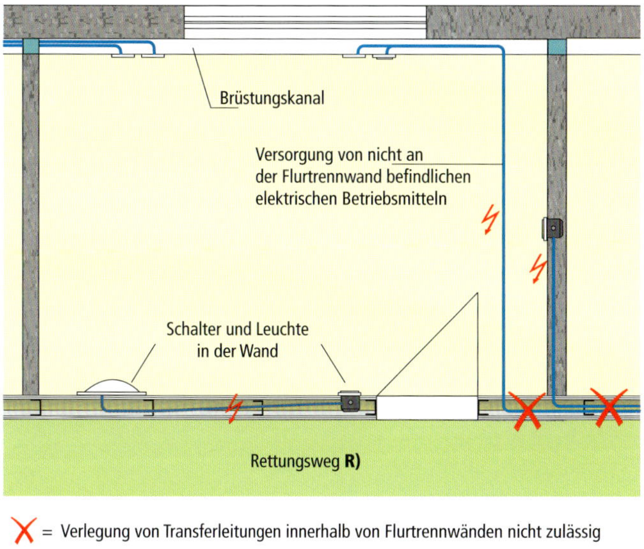

Bild A-II-10: Beispiel (Grundriss) zur Verlegung von elektrischen Leitungen horizontal durch die „Flurtrennwand"

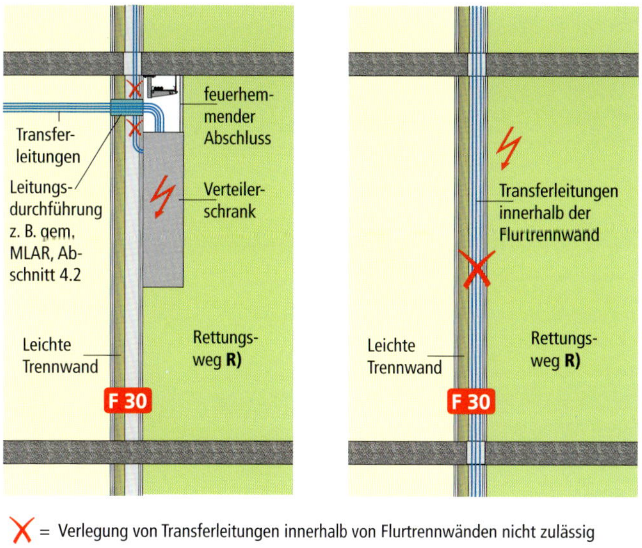

Bild A-II-11: Beispiel (Schnitt) zur Verlegung von elektrischen Leitungen vertikal durch die „feuerhemmenden Flurtrennwand"

Weitere Ausführungsdetails zur Installation von Leitungsanlagen in Rettungswegen werden in **Teil F** beschrieben.

Hinweis:

- In der MLAR, Abschnitt 3.1.1, werden Anforderungen für das Führen von Leitungsanlagen in Trennwänden von Rettungswegen gemäß § 40 Abs. 2 MBO konkretisiert. Die Anforderungen sind nicht auf andere F 30/60/90-leichte Trennwände, z. B. F 30/60/90-Raumtrennwände, zu übertragen.
- Die Regelungen von Abschnitt 3.2.1 Buchstaben a) und b) lassen sich auf andere Wände, z. B. Massivwände, mit Anforderungen an die Feuerwiderstandsdauer (F 30/60/90) übertragen.
- Die Montage von Einbaudosen und anderen Bestandteilen von Leitungsanlagen in Trennwänden werden in **Teil F** beschrieben.
- Die zulässige Leitungsbelegungen von leichten Trennwänden mit Anforderungen an die Feuerwiderstandsdauer (F 30/60/90), werden über die Ver- und Anwendbarkeitsnachweise der Bauart leichte Trennwand definiert. Grundsätzlich bestehen jedoch keine Bedenken, wenn die in Bild A-II-8, Bild A-II-9 und Tab. A-II-6 beschriebenen Anordnungen und Durchführungsarten beachtet werden.
- Weitere Beschreibungen zur Leitungsbelegung, Einbau von Einbaudosen, anderen Bestandteilen von Leitungsanlagen und Abschottungen in Metallständerwänden mit Anforderungen an die Feuerwiderstandsdauer (keine Raumtrennwände) werden in **Teil F** dokumentiert.

A

Tab. A-II-7: Zulässige Montagearten von offen verlegten elektrischen Leitungsanlagen in Rettungswegen

Montageart offene Verlegung gemäß MLAR, Abschnitt 3.2.1, Satz 2 a), b), c) und Satz 3	**Sicherheits-treppenräume MBO § 33 (2), Satz 3 und MLAR, Abschnitt 3.1.3**	**notwendige Treppenräume**	**Räume zwischen notwendigen Treppenräumen und Ausgängen ins Freie**	**Vorräume und Sicherheits-schleusen**	**notwendige Flure**
Satz 2, a) nichtbrennbare Leitungen	✓[1]	✓	✓	✓	✓
Satz 2, b) Leitungen ausschließlich zur Versorgung der Rettungswege	✓[2]	✓	✓	✓	✓
Satz 2, c) Leitungen mit verbessertem Brandverhalten GK 1–3 mit NE < 200 m², keine Sonderbauten	✗	✗	✗	✗	✓[3]
Satz 3, kurze Stichleitungen	✗	✗	✗	✗	✓

[1] nur erlaubt, wenn diese Leitungen ausschließlich zur Versorgung dieser Räume oder der Brandbekämpfung dienen
[2] wie [1], jedoch für brennbare elektrische Leitungen/Kabel, für Beleuchtungsanlagen, Brandmeldeanlagen, Alarmierungsanlagen, Gebäudefunkanlagen, Druckbelüftungsanlagen für die Rettungswege
[3] gilt auch für Leitungen zur Versorgung anderer Bereiche, z. B. Transferleitungen

3.2.1 [1]Elektrische Leitungen müssen ... (Fortsetzung)
d) in Installationsschächten und -kanälen nach Abschnitt 3.5,
e) über Unterdecken nach Abschnitt 3.5
f) in Unterflurkanälen nach Abschnitt 3.5 oder
g) in Systemböden (siehe hierzu die Richtlinie über brandschutztechnische Anforderungen an Systemböden) verlegt werden.

Der **Buchstabe d)** beschreibt die Möglichkeit der brandschutztechnischen Kapselung von brennbaren Leitungsanlagen und Dämmungen, die z. B. als Transferleitungen andere Bereiche versorgen. Es wird auf die Ausführungen von Abschnitt 3.5 bezüglich der feuerwiderstandsfähigen Schächte und Kanäle verwiesen.

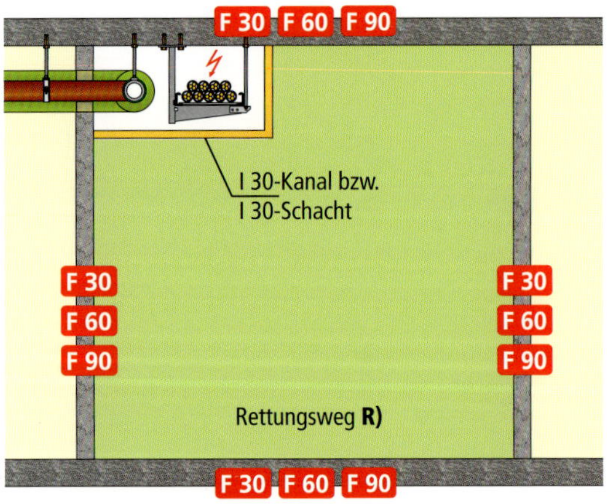

R) Notwendiger Treppenraum, Sicherheitsschleusen, Vorräume, Räume zwischen notwendigen Treppenräumen und Ausgängen ins Freie, einschl. notwendiger Flure im Sinne der MBO/MLAR

Bild A-II-12: Schematische Schnittdarstellung von Installationen in Installationskanälen **(Buchstabe d)**

Der **Buchstabe e)** beschreibt die Möglichkeit der brandschutztechnischen Kapselung durch Verlegung oberhalb von Unterdecken. Es wird auf die Ausführungen von Abschnitt 3.5 bezüglich der feuerwiderstandsfähigen Unterdecken verwiesen.

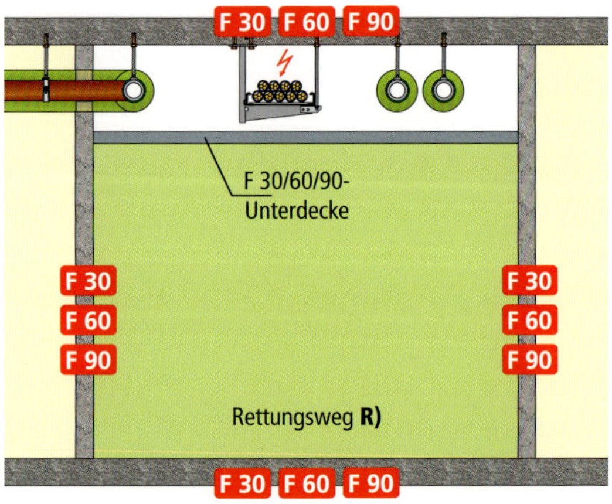

R) Notwendiger Treppenraum, Sicherheitsschleusen, Vorräume, Räume zwischen notwendigen Treppenräumen und Ausgängen ins Freie, einschl. notwendiger Flure im Sinne der MBO/MLAR

Bild A-II-13: Schematische Schnittdarstellung von Installationen oberhalb von F 30/60/90-Unterdecken **(Buchstabe e)** – Brandbeanspruchung der Unterdecke von oben und unten

Hinweise:

- Gemäß MLAR, Abschnitt 3.5.3, müssen bei Verwendung von Unterdecken in notwendigen Treppenräumen, Vorräumen und Sicherheitsschleusen und Ausgängen ins Freie diese Unterdecken eine Feuerwiderstandsdauer entsprechend der Geschossdecke (Decken) aufweisen.
- Unterdecken in notwendigen Fluren müssen in feuerhemmender Qualität, für eine denkbare Brandbeanspruchung von unten und oder oben, ausgeführt werden.

- Die Montageart Bild A-II–12, Bild A-II–13, Bild A-II–14 und Bild A-II–15 ist innerhalb von Sicherheitstreppenräumen (wegen Abschnitt 3.1.3) nicht zulässig.

Der **Buchstabe f)** beschreibt die Möglichkeit zur brandschutztechnischen Kapselung durch die Leitungsverlegung in Unterflurkanälen. Es wird auf die Ausführungen von Abschnitt 3.5 bezüglich der Unterflurkanäle verwiesen.

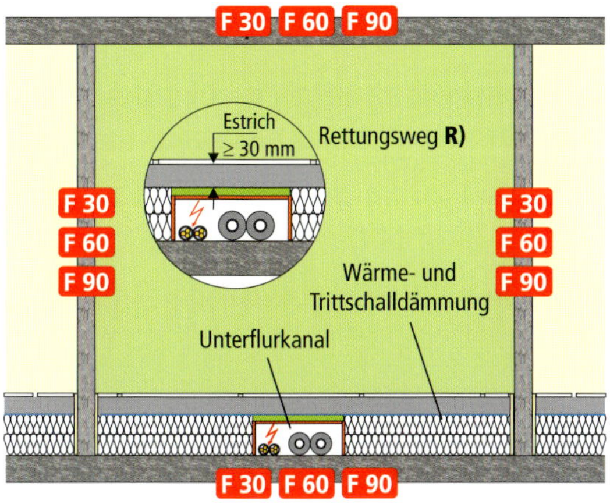

R) Notwendiger Treppenraum, Sicherheitsschleusen, Vorräume, Räume zwischen notwendigen Treppenräumen und Ausgängen ins Freie, einschl. notwendiger Flure im Sinne der MBO/MLAR

Bild A-II–14: Schematische Schnittdarstellung von Installationen in Unterflurkanälen **(Buchstabe f)**

Der **Buchstabe g)** beschreibt die Möglichkeit zur brandschutztechnischen Kapselung durch die Leitungsverlegung unterhalb von Systemböden. Es wird auf die Ausführungen der Systembödenrichtlinie verwiesen.

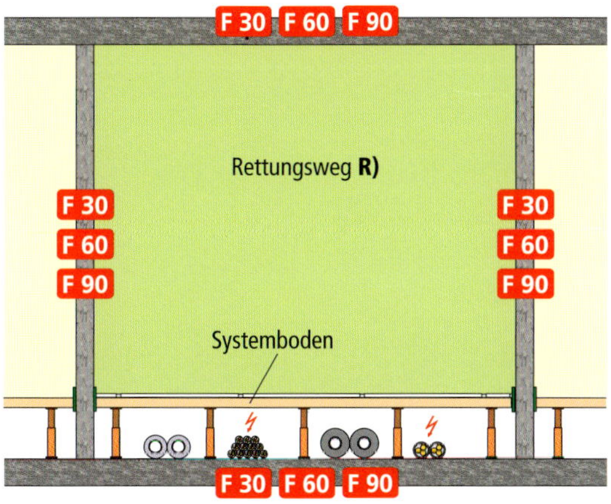

R) Notwendiger Treppenraum, Sicherheitsschleusen, Vorräume, Räume zwischen notwendigen Treppenräumen und Ausgängen ins Freie, einschl. notwendiger Flure im Sinne der MBO/MLAR

Bild A-II–15: Schematische Schnittdarstellung von Installationen unterhalb von Systemböden **(Buchstabe g)** in der Bauart von Hohlböden und Doppelböden

Hinweis zu Buchstabe a) bis g):
Wand-und Deckendurchführungen sind gemäß MLAR, Abschnitt 4, zu schotten. Das gilt auch bei Leitungsdurchführungen im Türbereich, unterhalb von Feuerschutzabschlüssen

Erläuterung:
„Schotten" bedeutet hinsichtlich der Durchführung durch raumabschließende feuerwiderstandsfähige Bauteile ein vollständiges Verschließen der Öffnung zur Durchführung, so dass eine gleiche Feuerwiderstandsfähigkeit erreicht wird. Es können dabei vorkonfektionierte Bauprodukte (Schottelemente mit allgemeiner bauaufsichtlicher Zulassung oder nach harmonisierten Bauproduktnormen mit CE-Kennzeichnung oder nach EAD – Europäischen Approval Dokumenten ausgestellten Nachweisen) verwendet werden. In bestimmten Fällen genügt auch ein Vermörteln mit nichtbrennbarem Mörtel oder ein Ausstopfen mit nichtbrennbarer Steinwolle mit einer Mindeststopfdichte von 1.000 kg/m³.

Die baurechtliche Beschreibung zu den Systemböden und Wänden auf Systemböden erfolgt im **Teil B-II.**. Weitere Ausführungsdetails zu Systemböden werden in **Teil O** beschrieben.

Hinweise:
- Download der Musterverordnungen und -richtlinien unter www.is-argebau.de > öffentlicher Bereich > Mustervorschriften/Mustererlasse > Bauaufsicht/Bautechnik > Musterverordnungen/-richtlinien
- Im Verzeichnis Archiv (am Seitenende) können die älteren Muster-Richtlinien heruntergeladen werden.

Allgemeine Hinweise zum Bestand:
Die vor Einführung der MLAR (Fassung 1998) festgelegte Zweistufung der Anforderungen für die Leitungen in allgemein zugänglichen (jetzt notwendigen) Fluren – mit einer Gesamtbrandlast der Leitungen von 7 bzw. 14 kWh/m² Flurgrundfläche mit Abtrennungen aus nichtbrennbaren Baustoffen und geschlossenen Oberflächen musste aus folgenden Gründen aufgegeben werden:
- Diese Regelung konnte in der Baupraxis nicht vollzogen werden, weil es trotz jahrelanger Bemühungen bis heute nicht gelungen und zukünftig wohl auch nicht zu erwarten war, dass die Auflistung der jeweiligen Einzelwerte der Verbrennungswärme aktualisiert und dem Stand der Leitungstechnik fortlaufend angepasst wird.
- Nach den vorliegenden Praxiserfahrungen kann in der Regel nicht davon ausgegangen werden, dass alle zunächst vorgesehenen und letztlich installierten Leitungen so rechtzeitig erfasst werden, dass die Berechnung der Gesamtbrandlast der Leitungen und hieraus folgernd die Planung und Ausführung der erforderlichen Brandschutzmaßnahmen zeitgerecht möglich ist.
- Die in den meisten Gebäuden unumgänglichen Nachinstallationen von Leitungen führen bei einer hiermit verbundenen Überschreitung des Grenzwertes 7 bzw. 14 kWh/m² Flurgrundfläche erfahrungsgemäß nicht zu der erforderlichen Verbesserung der Brandschutzmaßnahmen, z. B. den Austausch des Installationskanals aus nichtbrennbaren Baustoffen gegen einen Kanal mit einer Feuerwiderstandsdauer von 30 Minuten. Das Rechtsrisiko für den Gebäudebetreiber würde somit unkalkulierbar hoch.

A

Bei der Bewertung von Bauwerken im Bestand können ohne Zusatzmaßnahmen Brandlasten von ≤ 7 kWh/m² akzeptiert werden, wenn davon auszugehen ist, dass diese Brandlast auch zukünftig nicht wesentlich überschritten wird.

Es ist nicht ausgeschlossen, im besonderen Einzelfall (z. B. bei Bauwerken im Bestand) von Brandschutzmaßnahmen nach Abschnitt 3.2.1, Satz 1 abzusehen, wenn stattdessen besondere anlagentechnische Brandschutzmaßnahmen, wie z. B. die Installation einer automatischen Feuerlöschanlage oder eine Beschichtung der Kabel-/Leitungstrassen mit einem dämmschichtbildenden System (im Bestand) oder die Verwendung von zugelassenen Kabelvollbandagen, vorgesehen werden. Hierüber kann jedoch nur im projektspezifischen Fall in Abstimmung mit den zuständigen behördlichen Stellen (untere Baubehörde) entschieden werden. Voraussetzung ist die Vorlage eines Brandschutznachweises bzw. eines Brandschutzkonzeptes, das deutlich macht, dass die Schutzziele nach der MBO/LBO's mit den beschriebenen Maßnahmen eingehalten werden.

[2]Sie dürfen offen verlegt werden, wenn sie
a) nichtbrennbar sind (z. B. Leitungen nach DIN EN 60702-1 (VDE 0284 Teil 1:2002-11),
b) ausschließlich der Versorgung der Räume und Flure nach Abschnitt 3.1.1 dienen oder
c) Leitungen mit verbessertem Brandverhalten in notwendigen Fluren von Gebäuden der Gebäudeklassen 1 bis 3, deren Nutzungseinheiten eine Fläche von jeweils 200 m² nicht überschreiten und die keine Sonderbauten sind.

zu a) Die DIN EN 60702-1, DIN VDE 0284-1:2002-11 „Mineralisolierte Leitungen mit einer Nennspannung bis 750 Volt" ist inzwischen zurückgezogen und wurde durch die Version 2015-08 ersetzt.
Da die MLAR allerdings Technische Baubestimmung ist, kann sie auch auf ältere (und zurückgezogene) Fassungen von Normen datiert verweisen. Es ist dann im Einzelfall zu prüfen, ob die Leitungen nach der neueren (aktuell geltenden) Fassung mindestens die gleichen Eigenschaften aufweisen, wie sie nach der älteren Fassung zu erfüllen waren.

zu b) Unter dem Buchstaben b) versteht man alle elektrischen Leitungsanlagen, die der Versorgung der Räume und Flure nach MLAR, Abschnitt 3.1.1 dienen.

Zu den Räumen und Fluren gehören:
- notwendige Treppenräume
- Räume zwischen notwendigen Treppenräumen und Ausgängen ins Freie
- Sicherheitsschleusen
- Vorräume
- notwendige Flure

Nicht zu den **Räumen und Fluren gemäß Buchstabe b)** gehören die in Abschnitt 3.1.3. genannten Sicherheitstreppenräume und die Räume zwischen den Sicherheitstreppenräumen und den Ausgängen ins Freie.

Elektrische Leitungen für folgende Anlagen bzw. Zwecke dürfen zum Betrieb der genannten Räume und Flure offen verlegt und montiert werden, z. B. für
- Beleuchtung
- Sicherheitsbeleuchtung
- Hinweisleuchten zu den Rettungswegen und Sicherheitseinrichtungen
- Brandmeldeanlagen (BMA)
- Alarmierungsanlagen
- Schalter und Steckdosen
- Bedienfelder der BMA
- Handfeuermelder
- Raumbedienteile die zum Betrieb erforderlich sind
- W-LAN-Router
- digitale Raumanzeigen
- Rauch- und Wärmeabzugsanlagen
- Druckbelüftungsanlagen

zu c) Leitungen mit verbessertem Brandverhalten sind besonders konfektionierte Leitungen, die eine Prüfung nach DIN 4102-1 in Verbindung mit DIN 4102-16 bestehen und eine geringe Rauchentwicklung aufweisen.

[3]Außerdem dürfen in notwendigen Fluren einzelne kurze Stichleitungen offen verlegt werden. [4]Werden für die offene Verlegung nach Satz 2 Elektro-Installationskanäle oder -rohre (siehe DIN EN 50085-1 und VDE 0604-1:2014-05) verwendet, so müssen diese aus nichtbrennbaren Baustoffen bestehen.

Werden für die offene Verlegung von elektrischen Leitungen aller Art, auch für Leitungen für Brandmeldeanlagen, Elektroinstallationskanäle oder -rohre verwendet, **müssen diese aus nichtbrennbaren Baustoffen bestehen**. Dies gilt für alle elektrischen Leitungen zum Betrieb der Rettungswege, bei Stichleitungen Querungen und in Längsrichtung.

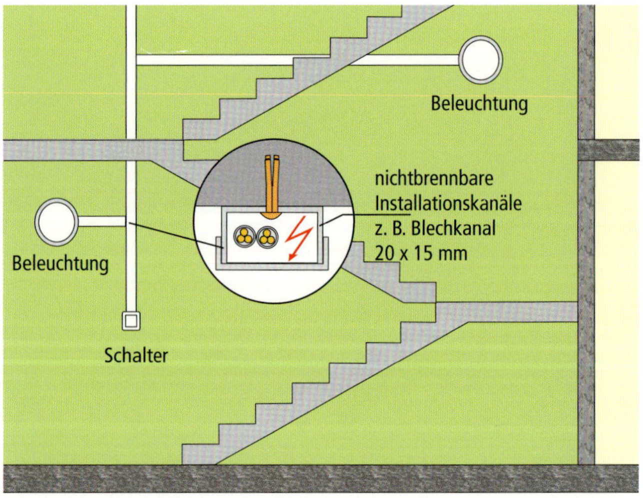

Bild A-II–16: notwendiger Treppenraum mit Leitungsführungskanälen aus Metall

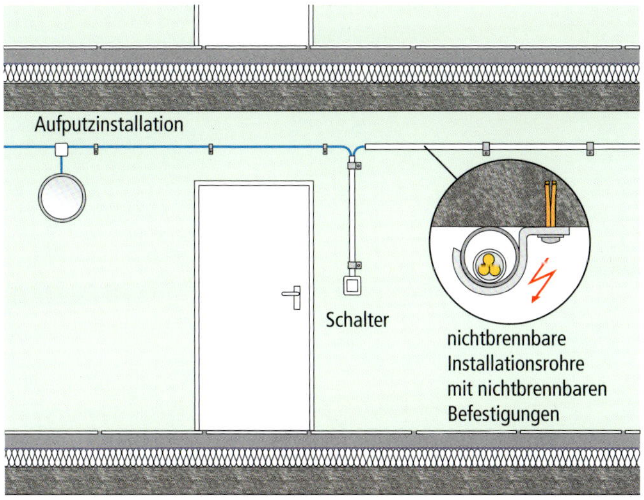

Bild A-II–17: notwendiger Flur mit Verlegung z. B. in Stahlpanzerrohren oder Alu- bzw. Metallkanälen

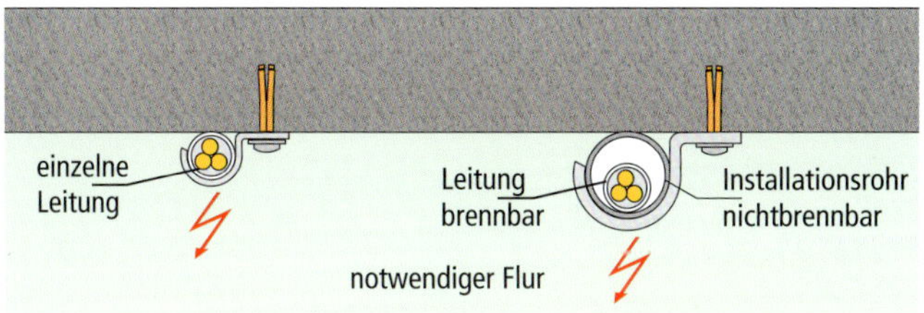

Bild A-II–18: Verwendung von nichtbrennbaren Elektroinstallationskanälen und -rohren für elektrische Leitungen zum Betrieb der Rettungswege (gilt auch für Leitungsanlagen von Brandmeldeanlagen) als Alternative zur zulässigen offenen Leitungsverlegung

Hinweis:
Als **Abweichung** von der Eingeführten Technischen Baubestimmung (ETB) kann bei brennbaren Installationskanälen und -rohren ein kleiner Querschnitt bis 20 x 20 oder d ≤ 20 mm akzeptiert werden, wenn darin Leitungen zum Betrieb der Rettungswege **nachträglich** verlegt werden sollen und sind, z. B. 1 bis 2 Brandmeldekabel zum nachträglichen Einbau einer Brandmeldeanlage **im Bestand**.

Weitere Ausführungsdetails zur Installation von Leitungsanlagen in Rettungswegen werden in **Teil F** beschrieben.

Empfehlung zu den Leitungsbefestigungen in Räumen und Fluren nach Abschnitt 3.1
Neben den nichtbrennbaren Elektroinstallations-kanälen/-rohren und Anforderungen an die Befestigung von Trassen oberhalb von Unterdecken mit Anforderungen an die Feuerwiderstandsdauer wird empfohlen, auch alle anderen Leitungsbefestigungen, z. B. Sammelhalter, Kabel-/Leitungsklammern in nichtbrennbarer Qualität auszuführen.

In der MLAR, Abschnitt 3, wird als ein wesentliches Schutzziel bei der Verlegung von elektrischen Leitungen in notwendigen Fluren konkretisiert, wie eine Brandausbreitung in die Rettungswege, insbesondere die notwendigen Flure, verhindert werden kann. Ebenfalls soll die Weiterleitung in Längsrichtung der Rettungswege behindert werden.

Die Beflammung der Leitungstrassen innerhalb der Rettungswege erfolgt in der Regel aus den angrenzenden Räumen heraus. Die Ausbreitung des Feuers und des Rauches aus dem Brandraum in den notwendigen Flur wird i.d.R. durch die ggf. offenstehenden dichtschließenden Türen nicht ausgeschlossen. Das Feuer soll sich jedoch **nicht entlang der Leitungstrassen** weiter ausbreiten, damit die von der Brandausbreitung des Feuers betroffenen Flurbereiche so lang wie möglich als Rettungs- und Angriffsweg der Feuerwehr zur Verfügung stehen.

Die zur Befestigung von Leitungstrassen vorgegebenen nichtbrennbaren Trassenbefestigungen sollen verhindern, dass die Leitungstrassen in den notwendigen Flur fallen und dieser als Rettungs- und Angriffsweg versperrt wird.

Schutzzieldefinition – kurze Stichleitungen:
Einzelne kurze Stichleitungen, z. B. als Ausführung aus den feuerhemmenden I-Kanälen in angrenzende Räume (auch Flur querend) sind gemäß MLAR, Abschnitt 3.2.1 zulässig. Diese Definition ist auslegungsbedürftig, weil keine Begrenzungen auf die Anzahl, die Dicke und die Länge der kurzen Stichleitungen festgeschrieben sind.

Unter einzelnen kurzen Stichleitungen werden Leitungen in „Querrichtung" zum Flur oder mit kleinen seitlichen Versprungen gesehen. Diese Stichleitungen werden an den Ein- und Ausfädelungen der feuerhemmenden I-Kanäle oder den Durchführungen durch die F 30/60/90-Flurtrennwände brandschutztechnisch geschottet.

Die folgende Regelung gilt pro Raum, der an den notwendigen Flur angrenzt. Bis zu 5 Kabel/Leitungen mit je 15 mm Außendurchmesser des geschnürten Kabel-/Leitungsbündels einzelner angrenzender Räume können als „Einzelkabel/Einzelleitungen" angesehen werden, da die erlaubte einzelne kurze Stichleitung im Außendurchmesser nicht begrenzt ist. Die Länge der Stichleitung sollte nicht länger als 2,5 m sein, d. h. auch den Flur querende Leitungen können akzeptiert werden.

Sollen jedoch alle angrenzenden Räume über die Leitungen versorgt werden, sind die Installations-Trassen durch die Räume zu führen. Damit werden die Schottungen in den Flurtrennwänden entbehrlich.

Durch die Begrenzung der offen verlegbaren Stichleitungen (nur elektrische Kabel/Leitungen, jedoch auch solche, die nicht zum Betrieb des notwendigen Flures benötigt werden) soll eine Brandausbreitung in Längsrichtung verhindert werden. Einzelne querende Leitungen stellen kein entsprechendes Risikopotenzial dar.

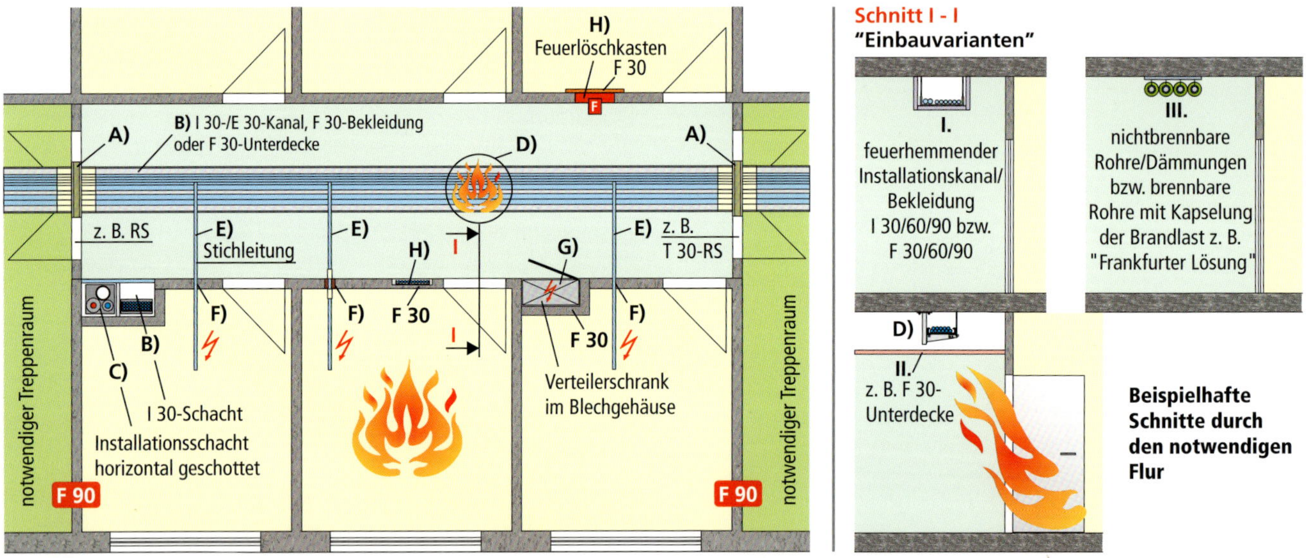

A) Abschottung der Leitungstrasse in den Trennwänden der Nutzungseinheit/ Brandbekämpfungsabschnitte (siehe **Teil G** bis **Teil J**)
B) Brandschutztechnische Kapselung der Leitungstrasse (siehe Einbauvarianten I./II./III.)
C) Installationsschacht horizontal geschottet, F-Klassifizierung
D) Brandgeschehen, z. B. oberhalb einer feuerhemmenden Unterdecke oder innerhalb eines feuerhemmenden Installationskanals
E) z. B. unverkleidete Stichleitung
F) Leitungsdurchführung durch die Flurtrennwand, gemäß MLAR, Abschnitt 4 (siehe **Teil G** bis **Teil J**)
G) Elektrische Unterverteilung im notwendigen Flur (MLAR, Abschnitt 3.2.2 Buchstabe b)
H) Feuerlöschkasten mit hinterer feuerhemmender Verkleidung

Bild A-II–19: Schutzzieldefinition – Leitungsverlegung in notwendigen Fluren

Tab. A-II–8: Zulässige Montagearten von elektrischen Leitungen in Rettungswegen und zur Versorgung anderer Bereiche, die ***nicht*** dem Abschnitt 3.1 zugeordnet sind.

Montageart/Kapselung MLAR, Abschnitt 3.2.1, Satz 1	Sicherheitstreppenräume MBO § 33 (2), Satz 3 und MLAR, Abschnitt 3.1.3	notwendige Treppenräume	Räume zwischen notwendigen Treppenräumen und Ausgängen ins Freie	Vorräume und Sicherheitsschleusen	notwendige Flure
a) einzeln oder nebeneinander voll eingeputzt	✗ 1)	✓	✓	✓	✓
b) in Schlitzen von massiven Bauteilen eingeputzt inkl. 15 mm Abdeckung mineralisch	✗ 1)	✓	✓	✓	✓
c) innerhalb von mind. feuerhemmenden Wänden = Transferleitungen	–	–	✗	✗	✗
innerhalb von mind. feuerhemmenden Wänden zur Versorgung der Betriebsmittel beidseitig der Wand	–	–	✓	✓	✓
d) in Installationsschächten und -kanälen nach Abschnitt 3.5	✗ 1)	✓	✓	✓	✓
e) über Unterdecken nach Abschnitt 3.5	✗ 1)	✓	✓	✓	✓
f) in Unterflurkanälen nach Abschnitt 3.5	✗ 1)	✓	✓	✓	✓
g) in Systemböden gemäß MSysBöR	✗ 1)	✓	✓	✓	✓

1) Gemäß MBO und MLAR, Abschnitt 3.1.3, sind nur Leitungsanlagen zulässig, die zur Versorgung der Sicherheitstreppenräume erforderlich sind.

3.2.2 Messeinrichtungen und Verteiler

Messeinrichtungen und Verteiler sind abzutrennen gegenüber

a) notwendigen Treppenräumen und Räumen zwischen notwendigen Treppenräumen und Ausgängen ins Freie durch mindestens feuerhemmende Bauteile aus nichtbrennbaren Baustoffen; Öffnungen in diesen Bauteilen sind durch mindestens feuerhemmende Abschlüsse aus nichtbrennbaren Baustoffen mit umlaufender Dichtung zu verschließen;

b) notwendigen Fluren durch Bauteile aus nichtbrennbaren Baustoffen mit geschlossenen Oberflächen; Öffnungen in diesen Bauteilen sind mit Abschlüssen aus nichtbrennbaren Baustoffen mit geschlossenen Oberflächen zu verschließen.

Hinweise:

- Die MLAR, Abschnitt 3.2.2 gilt als Unterabschnitt von Abschnitt 3.2 – Elektrische Leitungsanlagen – formal nur für die Bewertung von elektrischen Messeinrichtungen und Verteilern.
- Die Definition von elektrischen Verteilern wird in der MLAR nicht beschrieben. Eine zusammenfassende Betrachtung erfolgt im **Teil F**

Die Regelungen der MLAR, Abschnitt 3.2.2, machen deutlich, dass hinsichtlich der Bedeutung der Rettungswege die vertikalen Rettungswege anders zu schützen sind als die horizontalen Rettungswege. Dies beruht darauf, dass ein horizontaler Rettungsweg entweder direkt ins Freie führen wird oder zu dem nächsten erreichbaren vertikalen Rettungsweg. An diesen vertikalen Rettungsweg sind demgemäß mehrere horizontale Rettungswege angebunden. Darum sind die Verteiler und Messeinrichtungen in Treppenräumen durch mindestens feuerhemmende Bauteile aus nichtbrennbaren Bauteilen abzutrennen. In Fluren – den horizontalen Rettungswegen – genügen hingegen nichtbrennbare geschlossene Oberflächen. Ein mögliches Risiko wird in einer Fehlfunktion innerhalb der Verteiler und Messeinrichtungen gesehen, so dass sich aus diesem Bereich der Brand hinaus in den Rettungsweg nicht oder zumindest nur stark zeitlich verzögert ausbreiten können soll. Bei z. B. Stahlblechverteilern wird ein ausreichender Schutz für Flure erwartet.

Das Risiko einer Brandausbreitung aus einem Blechverteiler wird geringer eingeschätzt als die Brandausbreitung aus einem angrenzenden Raum, der mit einer „dichtschließenden Tür" gegen den notwendigen Flur abgegrenzt wird.

In Abschnitt a) „Notwendige Treppenräume" wird gefordert, dass Messeinrichtungen und Verteiler durch Bauteile mit einer Feuerwiderstandsdauer von mindestens 30 Minuten und Abschlüssen aus nichtbrennbaren Abschlüssen abgetrennt werden. Das gilt auch für Sicherheitstreppenräume, Sicherheitsschleusen, Vorräume und Ausgänge ins Freie.

Folgende nachgewiesene Maßnahmen stehen zur Verfügung (Buchstabe a):

- Feuerhemmende Brandschutzgehäuse für eine Brandbeanspruchung von innen mit allgemeiner bauaufsichtlicher Zulassung (abZ).
- Feuerhemmende Abtrennungen und feuerhemmende Klappen mit umlaufender Dichtung. Die Größe der Verteiler ist so gering wie möglich auszulegen (darunter sind z. B. Installationsnischen oder abgetrennte Bereiche zu verstehen)
- Feuerhemmende Schächte bzw. -Kanäle in Verbindung mit Revisionsöffnungen der Feuerwiderstandsklasse I 30 nach DIN 4102-11 oder entsprechender europäischer Klassifizierung sind keine Abtrennungen der Verteiler gegenüber dem Treppenraum. Über Etagen durchgängig geführte Installationsschächte können zwar Revisionsöffnungen – also Klappen – aufweisen, allerdings wäre der Verteiler in den Installationsschacht oder -kanal zu integrieren. Wenn diese Installationsschächte in notwendigen Treppenräumen angeordnet werden, sind Abschottungen im Bereich der Decken nicht erforderlich = keine Anforderung an den Raumabschluss bei Treppenpodesten.

Be- und Entlüftungsöffnungen dürfen nur in den notwendigen Treppenraum geführt werden, wenn ein sofortiger Verschluss mit Rauchauslöseeinrichtung gewährleistet ist. Das Schutzziel aus der MBO, § 40 mit der Anforderung an die ausreichend lange Nutzbarkeit ist zwingend einzuhalten. Eine Verrauchung des notwendigen Treppenraumes durch den Brand einer Messeinrichtung oder Elektroverteiler im notwendigen Treppenraum ist nicht zu akzeptieren.

Punktuell angeordnete brennbare Einbauten, die nicht zum Betrieb des notwendigen Treppenraumes erforderlich sind, z. B. Zutrittskontrollterminals, kleine Infoterminals und Bildschirme, Feuerwehranzeigetableaus, kleine Brandmeldeanlagen inkl. der Feuerwehrlaufkarten innerhalb eines Blechgehäuses, Bedieneinrichtungen von innerhalb des Treppenraums zulässigen Aufzügen und Beleuchtungen für dekorative Elemente der Wandgestaltung können ohne besondere brandschutztechnische Kapselung angeordnet werden; ihre Anzahl sollte aber gering bleiben. Aufgrund der geringen Brandlast leisten sie keinen wesentlichen Beitrag zur Brandentstehung und Brandweiterleitung. Diese Abweichungen von der Eingeführten Technischen Baubestimmung (ETB) = MLAR müssen formal als gleichwertige Schutzzielerfüllung, durch den Fachplaner des Gewerkes, nachgewiesen werden. Die baurechtlichen Abweichungsmöglichkeiten werden im **Teil D** beschrieben.

Steuer-, Regel- und Sicherheitseinrichtungen sowie Netzgeräte, die zum Betrieb des notwendigen Treppenraumes erforderlich sind, z. B. Unterputzdosen, Steuerungen für die Rauchableitungsanlagen und andere erforderliche Geräte, sind keine Verteiler oder Messeinrichtungen (vgl. MLAR, Abschnitt 2.1) und müssen demnach nicht gemäß MLAR, Abschnitt 3.2.2 besonders abgetrennt werden. Brennbare Bestandteile sind zulässig (i.d.R. punktuell angeordnete Brandlasten ohne die Gefahr einer Brandweiterleitung).

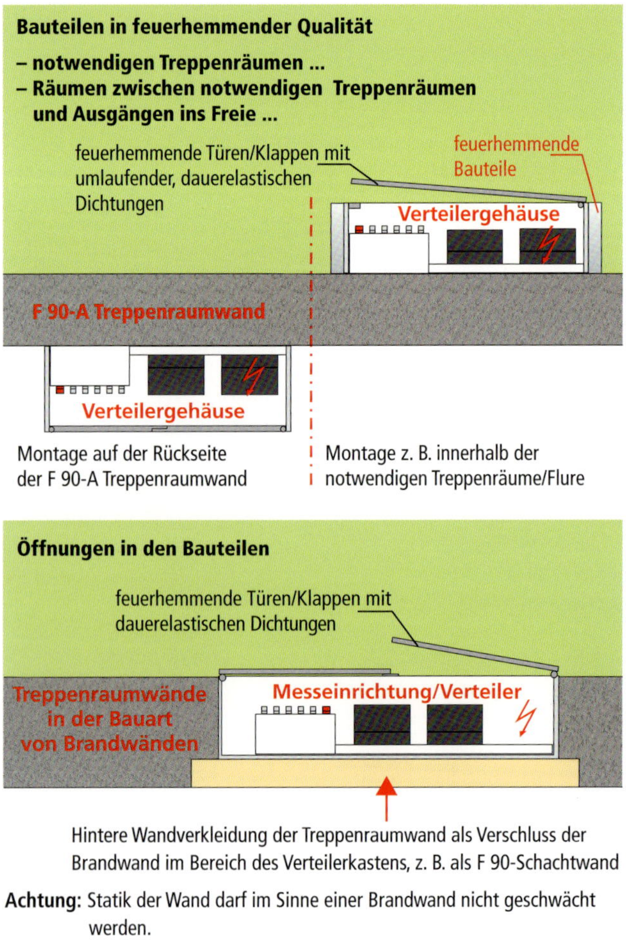

Bild A-II–20: Montage von feuerhemmenden Messeinrichtungen und Verteilern in notwendigen Treppenräumen, wie in den Bildern beschrieben

Die vorbeschriebenen geringeren Anforderungen an Messeinrichtungen und Verteiler gelten nur für notwendige Flure:
Die Schutzziele für den Abschnitt b) werden im **Teil F** ausführlich beschrieben.

Hinweise zur Montage von Steuerungen von Aufzügen

- Die feuerhemmenden Anforderungen gelten auch für Schaltschränke/Steuereinrichtungen von triebwerkraumlosen Aufzügen innerhalb von notwendigen Treppenräumen.
- Verteiler, die ausschließlich für die Aufzugsteuerung von Aufzügen ohne eigenen Fahrschacht nach § 39 MBO verwendet werden, benötigen im notwendigen Treppenraum kein qualifiziertes Gehäuse.
- Schalteinrichtungen für Aufzüge in eigenen Fahrschächten müssen als Bestandteil der Fahrschachttürelemente keine besonderen Anforderungen über die Normen zur Aufzugsverordung (Umsetzung der europäischen Aufzugsrichtlinie) hinaus erfüllen. Bei Anordnung in den Wandungen der F 90-Fahrschächte müssen diese Fahrschachtwände ihre Qualität bzgl. des Feuerwiderstandes behalten. Eine Reduzierung der feuerbeständigen Qualität für die Aufzugschachtwand müsste gemäß MBO § 67 als Abweichung formal umgesetzt werden.

3.3 Rohrleitungsanlagen für nichtbrennbare Medien

3.3.1 Die Rohrleitungsanlagen einschließlich der Dämmstoffe aus nichtbrennbaren Baustoffen – auch mit brennbaren Dichtungs- und Verbindungsmitteln und mit brennbaren Rohrbeschichtungen bis 0,5 mm Dicke – dürfen offen verlegt werden.

Die zulässigen, z. B. werkseitig aufgebrachten brennbaren Rohrbeschichtungen bis 0,5 mm Dicke beziehen sich auf evtl. Beschichtungen der Rohre und Farbanstriche, z. B. SML-Rohre mit dem äußeren Grundanstrich.

Die beschriebenen nichtbrennbaren Rohrleitungsanlagen mit/ohne nichtbrennbaren Dämmstoffen dürfen in Verbindung mit nichtbrennbaren Befestigungen ungeschützt/offen in notwendigen Treppenräumen, Räumen zwischen notwendigen Treppenräumen und Ausgängen ins Freie, notwendigen Fluren, Vorräumen und Sicherheitsschleusen verlegt werden. Wand- und Deckendurchführungen sind gemäß MLAR, Abschnitt 4, zu schotten.

Diese brennbare (Rohr-) Beschichtungsdicke kann nicht auf brennbare Dämmstoffumhüllungen bis 0,5 mm übertragen werden, z. B. PVC- und Folienummantelungen von Dämmstoffen sind in der offenen Verlegung nicht zulässig.

Es wird deutlich herausgestellt, dass brennbare Dichtungen und Verbindungsmittel als Bestandteil der Rohrleitungsanlagen inkl. brennbarer Schallschutzeinlagen als Bestandteil der Befestigungen zulässig sind.

Tab. A-II–9. Geeignete Werkstoffkombinationen aus nichtbrennbaren Rohren und Dämmstoffen gemäß den Bauartregeln der MLAR, Abschnitt 3.3.1

Tabelle zu 3.3 Geeignete Werkstoffkombinationen aus nichtbrennbaren Rohren und Dämmstoffen für nichtbrennbare Medien				
Anwendung	nichtbrennbare Rohre mit nichtbrennbarer Dämmung z. B. Heizung Vor-/Rücklauf Trinkwasser kalt/warm/ Zirkulation Rohr	nichtbrennbare Entwässerungsleitungen (Schmutzwasser) und sonstige Rohrleitungen mit/ohne brennbarer Dämmung	Entwässerungsleitungen Regenentwässerung innenliegend mit Dämmung	Kälte- und Kaltwasserleitungen
Werkstoff	- Kupfer - korrosionsbeständiger Stahl - Weichstahl - Stahl verzinkt - Stahl schwarz	- SML - korrosionsbeständiger Stahl - Stahl schwarz	- SML - korrosionsbeständiger Stahl - Stahl schwarz	- Kupfer - korrosionsbeständiger Stahl - Weichstahl
Dämmung	- Mineralwolle² - Schaumglas¹ Dämmdicken gemäß EnEV bzw. DIN 1988-200	- Mineralwolle² - Schaumglas¹	- Mineralwolle mit diffusionsdichter² Alukaschierung*, - Schaumglas¹	- Schaumglas¹ - Kältedämmung aus Mineralwolle mit reißfester Alukaschierung verklebt und Eignungsnachweis (z. B. ROCKWOOL TECLIT-System)²

*Anwendungsgrenzen beachten

¹Bei der Verarbeitung sind die Planungs-, Montage- und Verlegeanleitungen der Hersteller zu beachten, z. B. Auftrag des Klebstoffes, siehe auch Bild A-II–22.

²Bei der Verarbeitung sind die Planungs-, Montage- und Verlegeanleitungen des Herstellers zu beachten.

A

3.3.2 Die Rohrleitungsanlagen aus brennbaren Baustoffen oder mit brennbaren Dämmstoffen müssen

a) in Schlitzen von massiven Wänden, die mit mindestens 15 mm dickem mineralischem Putz auf nichtbrennbarem Putzträger oder mit mindestens 15 mm dicken Platten aus mineralischen Baustoffen verschlossen werden,
b) in Installationsschächten und -kanälen nach Abschnitt 3.5,
c) über Unterdecken nach Abschnitt 3.5,
d) in Unterflurkanälen nach Abschnitt 3.5 oder
e) in Systemböden

verlegt werden.

Für die unter diesem Abschnitt aufgeführten brennbaren Rohrleitungsanlagen müssen diese entsprechend der Buchstaben a) bis e) brandschutztechnisch gekapselt verlegt werden. Dies gilt auch für nichtbrennbare Rohrleitungen, die mit brennbaren Baustoffen zur Dämmung ummantelt sind. Wand- und Deckendurchführungen sind gemäß MLAR, Abschnitt 4, zu schotten.

Die Anordnung der Leitungsanlagen gemäß den Buchstaben a) bis e) kann mit den Darstellungen in Bild A-II–4 bis Bild B-II–5 und Bild A-II–7, Bild A-II–11 bis Bild A-II–15 für elektrische Leitungsanlagen verglichen werden.

Bei Verlegung von brennbaren Leitungen, gemäß Buchstabe a), innerhalb von Schlitzen bestehen keine Brandlastbeschränkungen, wenn der Schlitz, wie zu Buchstabe a) beschrieben, verschlossen wird. Wand- und Deckendurchführungen sind gemäß MLAR, Abschnitt 4, zu schotten.

Hinweis:
An die Bauplatten, z. B. Gipskarton- oder Faserzementplatten, werden nur Anforderungen an die Nichtbrennbarkeit – darum mineralischer Baustoff – gestellt.

Oberhalb der Zwischendecken (Buchstabe c), oder innerhalb der I-Schächte/I-Kanäle (Buchstabe b) gibt es keine Brandlastbegrenzungen. Voraussetzung ist, dass die Unterkonstruktion/Befestigung brandschutztechnisch ausreichend dimensioniert wird. Der Nachweis erfolgt durch den Ersteller/Installateur auf Grundlage von Brandversuchen der Befestigungshersteller.

Weitere Beschreibungen zu den Leitungsbefestigungen oberhalb von klassifizierten Unterdecken siehe **F Teil XV.**.

Bei Verlegung von brennbaren Leitungsanlagen in Unterflurkanälen (Buchstabe d) und unterhalb von Systemböden (Buchstabe e) bestehen ebenfalls keine Brandlastbeschränkungen (siehe auch Muster-Systembödenrichtlinie (siehe MSysBÖR **Teil B** und **Teil O**).

Wand- und Deckendurchführungen sind gemäß MLAR, Abschnitt 4, zu schotten.

Tab. A-II–10: Zulässige Montagearten von Rohrleitungsanlagen in Rettungswegen zur Ver- und Entsorgung der Räume nach Abschnitt 3.1.1 und anderer Bereiche, z. B. „Transferleitungen", gemäß den Bauartregeln der MLAR, Abschnitt 3.3.2

Montageart Rohrleitungsanlagen mit nichtbrennbaren Medien	Sicherheitstreppenräume MBO § 33 (2), Satz 3 und MLAR, Abschnitt 3.1.3	notwendige Treppenräume	Räume zwischen notwendigen Treppenräumen und Ausgängen ins Freie	Vorräume und Sicherheitsschleusen	notwendige Flure
MLAR, Abschnitt 3.3.1 offene Verlegung nichtbrennbarer Rohre mit nichtbrennbarer Dämmung bzw. ohne Dämmung	✗ ✓[1]	✓	✓	✓	✓
MLAR, Abschnitt 3.3.2 gekapselte Verlegung für brennbare/nichtbrennbare Rohre oder mit brennbaren Dämmstoffen					
a) in Schlitzen von massiven Bauteilen inkl. 15 mm Abdeckung mineralisch	✗	✓	✓	✓	✓
b) in Installationsschächten und Kanälen nach Abschnitt 3.5	✗	✓	✓	✓	✓
c) über Unterdecken nach Abschnitt 3.5	✗	✓	✓	✓	✓
d) in Unterflurkanälen nach Abschnitt 3.5	✗	✓	✓	✓	✓
e) unterhalb von Systemböden	✗	✓	✓	✓	✓

[1] Nur erlaubt, wenn diese Rohrleitungsanlagen zur Versorgung dieser Räume oder der Brandbekämpfung dienen.

Weitere Möglichkeiten der brandschutztechnischen Kapselung von Rohrleitungsanlagen aus brennbaren Baustoffen oder nichtbrennbaren Rohren mit brennbaren Dämmstoffen oder nichtbrennbaren Dämmstoffen in Flucht- und Rettungswegen, gemäß folgende Beschreibungen **A)** bis **E)**.

A) Brandschutztechnische Dämmung von nichtbrennbaren Kälteleitungen bzw. brandschutztechnische Kapselung/Dämmung von brennbaren Kälteleitungen mit Mineralfaser-Dämmschalen; Schmelzpunkt > 1000 °C, Dicke ≥ 30 mm, Raumgewicht ≥ 80 kg/m³ mit verstärkter Alukaschierung für Medientemperaturen ≥ 0 °C.

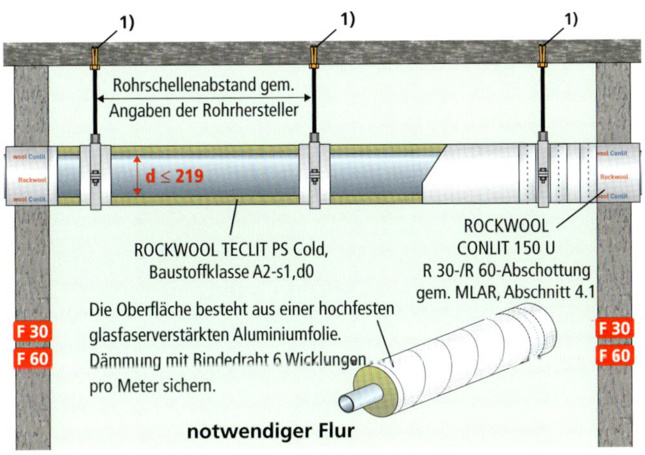

[1] Befestigung nichtbrennbar z. B. DIN 4102-4 : 2016-05, Tabelle 11.1

Bild A-II–21: Brandschutztechnische Verlegung von Kälteleitungen, Medientemperatur ≥ 0 °C, gedämmt mit Mineralfaserdämmstoffen, Schmelzpunkt > 1000 °C am Beispiel des ROCKWOOL TECLIT-Systems in allen Flucht- und Rettungswegen (nicht in Sicherheitstreppenräumen). Die Verarbeitungsrichtlinien der Hersteller sind zu beachten.

B) Brandschutztechnische Dämmung von nichtbrennbaren Kälteleitungen bzw. brandschutztechnische Kapselung/Dämmung von brennbaren Kälteleitungen mit Schaumglas-Dämmschalen

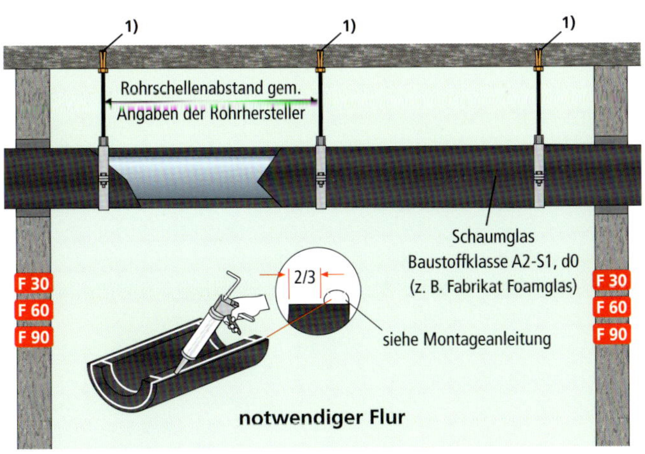

[1] Befestigung nichtbrennbar z. B. DIN 4102-4 : 2016-05, Tabelle 11.1

Bild A-II–22: Brandschutztechnische Verlegung von Kälteleitungen, gedämmt mit nichtbrennbaren geschlossenzelligen Schaumglasdämmschalen (nicht in Sicherheitstreppenräumen). Die Verarbeitungsrichtlinien der Hersteller sind zu beachten.

C) Brandschutztechnische Kapselung von brennbaren Rohren (schwer- oder nochmalentflammbar) bis d = 160 mm mit nichtbrennbaren alukaschierten Mineralfaser-Dämmschalen, Schmelzpunkt > 1000 °C, Dicke mind. 30 mm, Raumgewicht ca. 80 bis 120 kg/m³. Die Sicherung der Dämmung erfolgt mit ca. 6 Windungen Bindedraht pro Meter (Verhinderung der Öffnung im Bereich der selbstklebenden Überlappung der Alubeschichtung). Befestigungsabstände und -systeme erfolgten dabei nach den Vorgaben der Rohrhersteller entsprechend einer gutachterlichen Stellungnahme der MPA Braunschweig zu dieser Verlegeart und Beschreibung im Brandschutzkonzept/-nachweis.

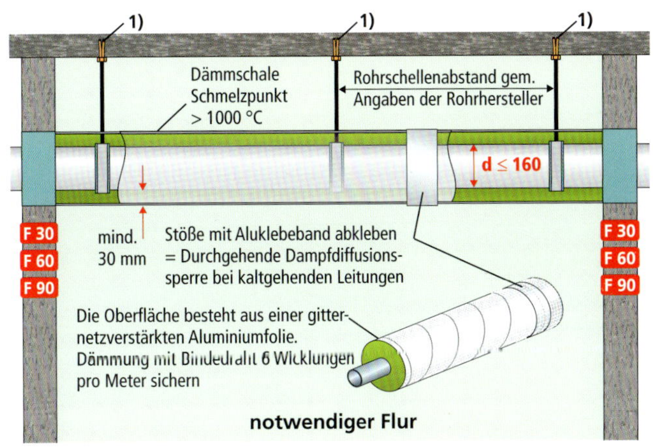

R 30-/R60-/R 90-Abschottung gemäß MLAR, Abschnitt 4.1

[1] Befestigung nichtbrennbar z. B. DIN 4102-4:2016-05, Tabelle 11.1

Bild A-II–23: Brandschutztechnische Kapselung von brennbaren Rohren (schwer- oder normalentflammbar) bis d = 160 mm mit nichtbrennbaren alukaschierten Dämmschalen, Schmelzpunkt > 1000 °C, Dicke mind. 30 mm (nicht in Sicherheitstreppenräumen, notwendigen Treppenräumen, Sicherheitsschleusen und Vorräumen). Die Verarbeitungsrichtlinien der Hersteller sind zu beachten.

D) Brandschutztechnische Kapselung von nichtbrennbaren Rohren (Baustoffklasse A) bis d = 160 mm mit brennbarer Kältedämmung aus Kautschuk (schwer entflammbar) und einer brandschutztechnischen Kapselung mit nichtbrennbaren alukaschierten Dämmschalen, Schmelzpunkt > 1000 °C, Dicke mind. 30 mm, Raumgewicht ca. 80 bis 120 kg/m³. Die Sicherung der äußeren Dämmung erfolgt mit ca. 6 Wicklungen Bindedraht pro Meter (Verhinderung der Öffnung im Bereich der selbstklebenden Überlappung der Alubeschichtung). Befestigungsabstände und -systeme erfolgten dabei nach den Vorgaben der Rohrhersteller entsprechend einer gutachterlichen Stellungnahme der MPA Braunschweig zu dieser Verlegeart und Beschreibung im Brandschutzkonzept/-nachweis

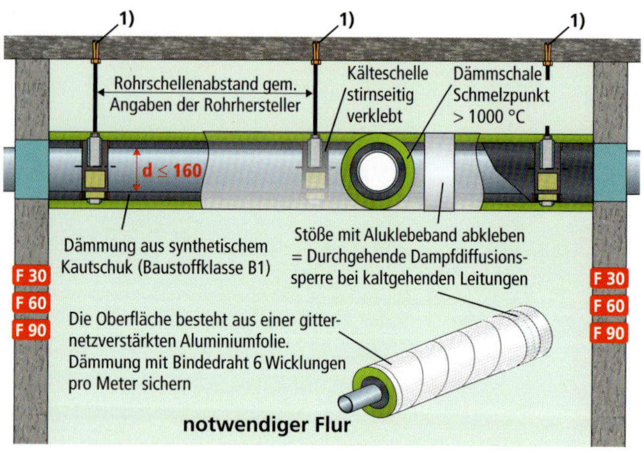

R 30-/R 60-/R 90-Abschottung gemäß MLAR, Abschnitt 4.1

1) Befestigung nichtbrennbar z. B. DIN 4102-4:2016-05, Tabelle 11.1

Bild A-II–24: Brandschutztechnische Kapselung von nichtbrennbaren Rohren (A) bis d = 160 mm mit brennbarer Kältedämmung aus Kautschuk (B1) und einer brandschutztechnischen Kapselung mit nichtbrennbaren alukaschierten Dämmschalen, Schmelzpunkt > 1000 °C, Dicke mind. 30 mm (nicht in Sicherheitstreppenräumen, notwendigen Treppenräumen, Sicherheitsschleusen und Vorräumen).
Die Verarbeitungsrichtlinien der Dämmstoffhersteller (Kautschuk und Mineralwolle) sind zu beachten.

E) Brandschutztechnische Kapselung von nichtbrennbaren Rohren mit brennbarer Kältedämmung aus Kautschuk (Baustoffklasse B1) und einer Verblechung nach DIN 4140

Hinweis:
Die Anwendung Variante E) ist nur möglich, wenn eine Beschreibung im Brandschutzkonzept/-nachweis erfolgt. Der Nachweis ist z. B. über eine allgemeine Bauartgenehmigung (aBG) oder eine vorhabenbezogene Bauartgenehmigung (vBG) zu führen.

Fazit:
In der Praxis wurden bisher die Ausführungen zur Kapselung von Rohrleitungsanlagen
- aus brennbaren Baustoffen mit nichtbrennbaren Dämmstoffen (**Variante A)** bis **C)**) oder
- aus nichtbrennbaren Rohren mit brennbaren Kautschuk-Dämmstoffen + Kapselung der Brandlast mit nichtbrennbaren Mineralfaserschalen (**Variante D)**) oder
- aus nichtbrennbaren Rohren mit brennbaren Kautschuk-Dämmstoffen + Kapselung der Brandlast durch eine Verblechung nach DIN 4140 (**Variante E)**) und Nachweis im Brandschutzkonzept/-nachweis

angewendet.

Die jeweilige Planungs-, Montage- undHerstelleranleitungen sind zu beachten.

Geeignete Ausführungen, für die es keine allgemein anerkannten technischen Bauartregeln gibt, bedürfen mindestens einer allgemeinen bauaufsichtlichen Zulassung abZ bzw. eines allgemeinen bauaufsichtlichen Prüfzeugnisses abP´s oder einer allgemeinen Bauartgenehmigung. Eine gutachterliche Stellungnahme oder brandschutztechnische Bewertung kann den allgemein bauaufsichtlich erforderlichen Nachweis der Ver- oder Anwendbarkeit nicht ersetzen. Zur projektspezifischen Anwendung kann eine Beantragung über das Brandschutzkonzept/-nachweis erfolgen, bis allgemeine bauaufsichtliche Nachweise vorliegen.

Weitere Ausführungsdetails zur Installation von Leitungsanlagen in Rettungswegen werden in **Teil F** beschrieben.

3.4 Rohrleitungsanlagen für brennbare oder brandfördernde Medien

3.4.1 [1]Die Rohrleitungsanlagen müssen einschließlich ihrer Dämmstoffe aus nichtbrennbaren Baustoffen bestehen. [2]Dies gilt nicht
a) für deren Dichtungs- und Verbindungsmittel,
b) für Rohrbeschichtungen bis 0,5 mm Dicke,
c) für Rohrbeschichtungen bis 2 mm Dicke bei Rohrleitungsanlagen, die nach Abschnitt 3.4.2, Satz 1 verlegt sind.

Bei der Verlegung von nichtbrennbaren Rohren, z. B. Kupfer-, korrosionsbeständigem Stahl (Edelstahl), bzw. Stahl- und Wellrohren aus korrosionsbeständigem Stahl (Edelstahl) sind die folgenden Montagevorschriften zwingend zu beachten:

- MLAR, Abschnitt 3.4.2 und
- für Gasleitungen das DVGW-Arbeitsblatt G600 (DVGW-TRGI) in der aktuellen Fassung

Brennbare Rohrwerkstoffe für brennbare Medien sind in Rettungswegen ohne weitere brandschutztechnische Maßnahmen nicht zugelassen (siehe dazu **Teil F** und **Teil Q**). Nur bei Unterputzverlegung sind brennbare Rohrbeschichtungen (werkseitiger Stegmantel, Baustoffklasse schwer- oder normalentflammbar) bis 2 mm Dicke auf nichtbrennbaren Rohren zulässig. Bei werkseitigen aufgezogenen Ummantelungen (Stegmantel), Baustoffklasse schwerentflammbar, kann eine Dicke bis 3 mm als Abweichung von einer Eingeführten Technischen Baubestimmung (ETB) = MLAR akzeptiert werden.

3.4.2 [1]Die Rohrleitungsanlagen müssen
a) einzeln mit mindestens 15 mm Putzüberdeckung voll eingeputzt oder
b) in Installationsschächten oder -kanälen nach Abschnitt 3.5.1 in Verbindung mit 3.5.5 verlegt werden.
[2]Sie dürfen in notwendigen Fluren auch offen verlegt werden.
[3]Dichtungen von Rohrverbindungen müssen wärmebeständig sein.

Tab. A-II–11: Zulässige Montagearten von nichtbrennbaren Rohrleitungen für brennbare Medien in Rettungswegen

Montageart gemäß MLAR 3.4.2	**Sicherheits-treppenräume MBO § 33 Abs. 2 Satz 3**	**notwendige Treppenräume**	**Räume zwischen notwendigen Treppen-räumen und Ausgängen ins Freie**	**Vorräume und Sicherheits-schleusen**	**notwendige Flure**
Satz 1, a) einzeln mit mindestens 15 mm Putz-überdeckung voll eingeputzt werden siehe Bild A-II–26	✗ 1) siehe MLAR Abschnitt 3.1.3	✓	✓	✓	✓
Satz 1, b) in Installationsschächten oder -kanälen nach Abschnitt 3.5.1 in Verbindung mit 3.5.5 verlegt werden siehe Bild A-II–27	✗ 1) siehe MLAR Abschnitt 3.1.3	✓ ✗ 1)	✓ ✗ 1)	✓ ✗ 1)	✓
Satz 2, Sie dürfen in notwendigen Fluren auch offen verlegt werden.	✗ 1) siehe MLAR Abschnitt 3.1.3	✗	✗	✗	✓

1) Wichtiger Hinweis: Gemäß MLAR, Abschnitt 3.5.5 ist eine Be- und Entlüftung in notwendigen Treppenräumen und Räumen zwischen notwendigen Treppenräumen und Ausgängen ins Freie, Vorräume und Sicherheitsschleusen nicht zulässig.

Die Anforderung „wärmebeständig", in Satz 3, beschreibt die in der DVGW-TRGI festgelegten Regeln. Wärmebeständig im Sinne der Richtlinie sind z. B. Dichtungen

- nach DIN 3535-6:2011-01 bei Flanschverbindungen von Gasleitungen,
- von thermisch erhöht belastbaren Klemmverbindungen nach DIN 3387-1:2008-11.

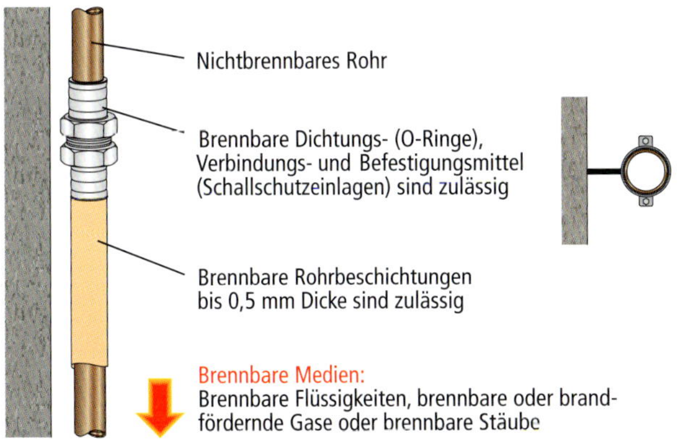

Bild A-II–25: Nichtbrennbare Rohre für brennbare Medien – offene Verlegung/Aufputz Verlegung in Rettungswegen gemäß MLAR, Abschnitt 3.1.1

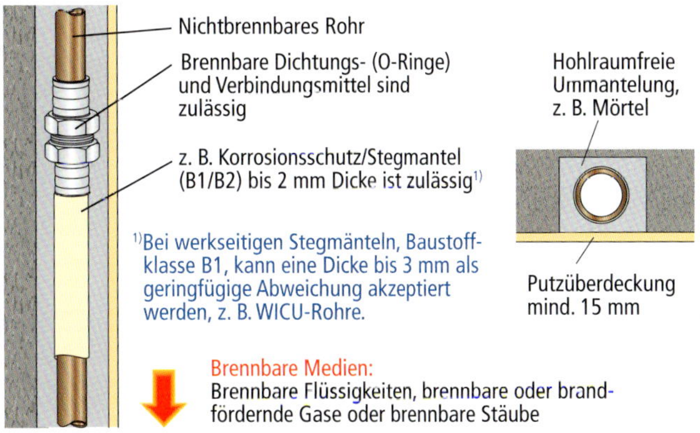

Bild A-II–26: Nichtbrennbare Rohre für brennbare Medien – Unterputzverlegung mit 15 mm Putzüberdeckung aus mineralischem Putz

Sie dürfen in Installationsschächten und -kanälen verlegt werden, wenn diese eine durchgängige Be- und Entlüftung von jeweils 10 cm² besitzen **3)**

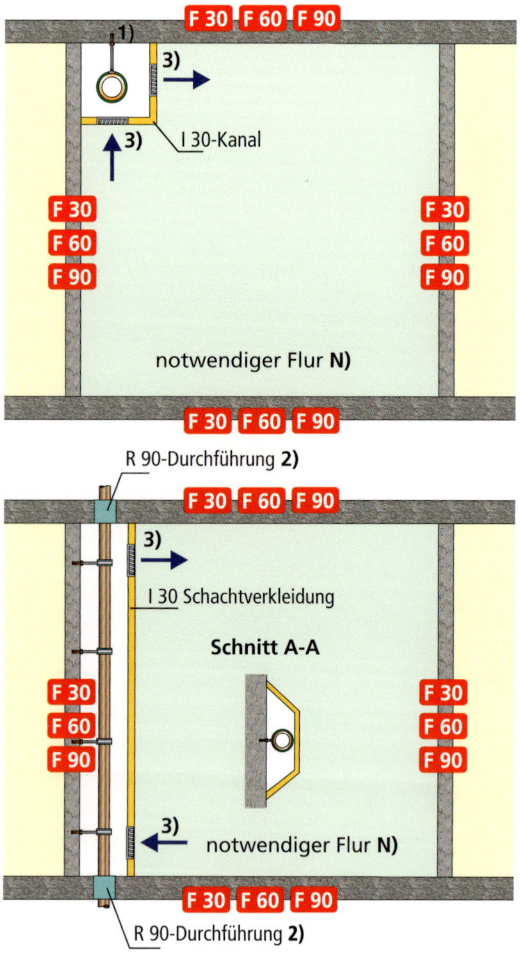

1) Auf eine ausreichende Befestigung der Rohrleitungen auch unter Brandbedingungen ist zu achten. Verwendung von Metalldübeln mit Eignungsnachweis oder in vergleichbarer Ausführung
2) Rohrdurchführung entsprechend Abschnitt 4 der MLAR
3) Be- und Entlüftungselemente in identischer Feuerwiderstandsdauer
Hinweis:
Auf die Be- und Entlüftung kann nur verzichtet werden, wenn dies in der TRGI ausdrücklich beschrieben wird, z. B. bei verbindungsfreien Leitungen.
N) Notwendige Flure

Bild A-II–27: Schnittdarstellung, Montage von nichtbrennbaren Rohren für brennbare Medien – in feuerhemmenden Kanälen oder Schächten

Befestigung von Rohrleitungen für brennbare Flüssigkeiten, brennbare oder brandfördernde Gase oder brennbare Stäube:
Der Befestigung dieser Leitungen kommt als vorbeugende Maßnahme für den Brandfall eine besondere Bedeutung zu. Die Befestigungen sind insbesondere bei gelöteten und gepressten Verbindungen so zu gestalten, dass die Leitungen bei Ausdehnung nicht aus den Verbindern gleiten können (gegenseitige Abstützung).

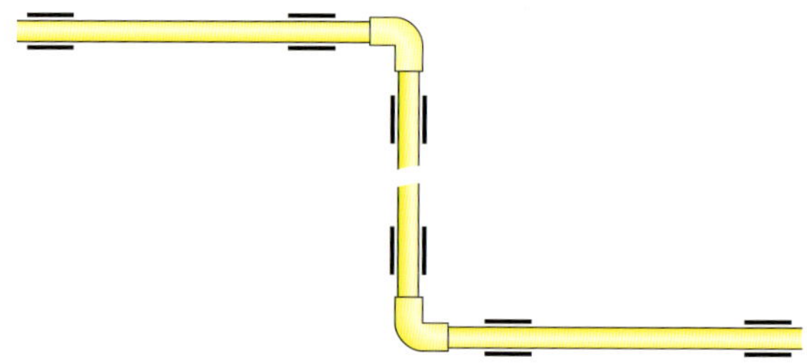

Bild A-II–28: Anordnung von Befestigungsschellen, z. B. bei gelöteten Verbindungen

3.4.3 [1]Gaszähler sind in notwendigen Treppenräumen und in Räumen zwischen notwendigen Treppenräumen und Ausgängen ins Freie nicht zulässig. [2]Gaszähler müssen in notwendigen Fluren

a) thermisch erhöht belastbar sein,
b) durch eine thermisch auslösende Absperreinrichtung geschützt sein oder
c) durch mindestens feuerbeständige Bauteile aus nichtbrennbaren Baustoffen abgetrennt sein; Öffnungen in diesen Bauteilen sind mit mindestens feuerbeständigen Abschlüssen zu verschließen; die Abschlüsse müssen mit umlaufenden Dichtungen versehen sein.

Die Vorgaben zu den notwendigen Treppenräumen gelten auch für Vorräume und Sicherheitsschleusen.

Die Montage von Gaszählern ist in Sicherheitstreppenräumen, notwendigen Treppenräumen, Räumen zwischen notwendigen Treppenräumen und Ausgängen ins Freie, Vorräumen und Sicherheitsschleusen nicht zulässig.

Die Montage von Gaszählern in notwendigen Fluren ist nur zulässig, wenn diese den Anforderungen von a) oder b) oder c) entsprechen.

Bei Buchstabe c) müssen die Öffnungen in diesen Bauteilen/Gehäusen/Einhausungen mit mind. feuerbeständigen Abschlüssen mit umlaufenden Dichtungen zu verschließen sein. Die Be- und Entlüftung des „Raumes", in dem die Gaszähler montiert sind, muss auf Grundlage der DVGW-TRGI-Regelwerke sichergestellt werden. Eine Be- und Entlüftung in die Rettungswege ist nicht zulässig.

Hinweis:
Die Verlegung von Gasleitungen in Installationsschächten wird in der MLAR, Abschnitt 3.5.5, geregelt.

Bewertung des Bestandes:
Die Montage von Gaszählern in notwendigen Treppenräumen und Räumen zwischen notwendigen Treppenräumen und und Ausgängen ins Freie ist seit der baurechtlichen Einführung der Richtlinien über brandschutztechnische Anforderungen an Leitungsanlagen (MRbAaLei)", Fassung Sept. 1988, in den Bundesländern formal nicht gestattet.

Eine nachträgliche feuerbeständige brandschutztechnische Kapselung ist möglich. Die Anforderungen der Be- und Entlüftung sind zu beachten, jedoch nicht in die notwendigen Treppenräumen oder Räumen zwischen notwendigen Treppenräumen und Ausgängen ins Freie.

3.5 Installationsschächte und -kanäle, Unterdecken und Unterflurkanäle

3.5.1 [1]Installationsschächte und -kanäle müssen – einschließlich der Abschlüsse von Öffnungen – aus nichtbrennbaren Baustoffen bestehen und eine Feuerwiderstandsfähigkeit haben, die der höchsten notwendigen Feuerwiderstandsfähigkeit der von ihnen durchdrungenen raumabschließenden Bauteile entspricht. [2]Die Abschlüsse müssen umlaufend dicht schließen. [3]Die Befestigung der Installationsschächte und -kanäle ist mit nichtbrennbaren Befestigungsmitteln auszuführen.

Unter den in Abschnitt 3.5.1 beschriebenen Installationsschächten und -kanälen werden grundsätzlich nur Schächte und Kanäle beschrieben, die raumabschließende Bauteile mit Anforderungen an die Feuerwiderstandsdauer vertikal und horizontal durchdringen.

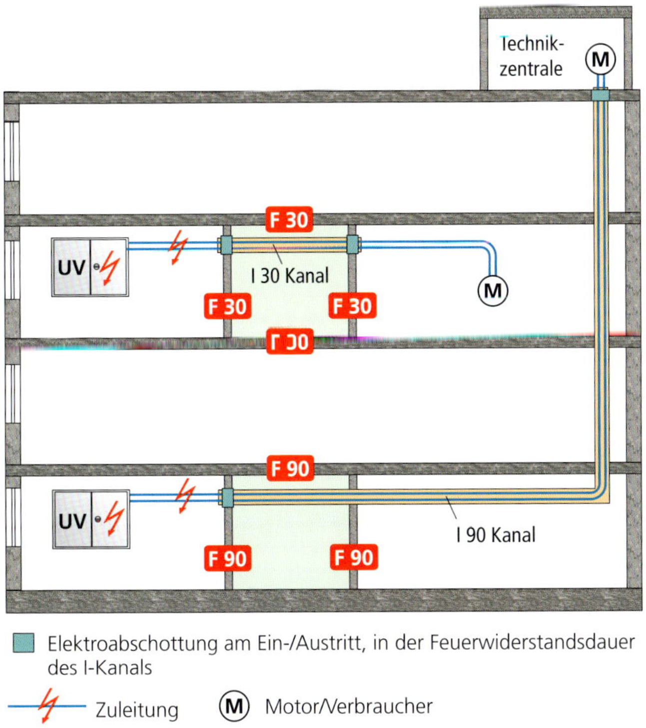

Bild A-II-29: Installationsschächte/-kanäle vertikal und horizontal am Beispiel Elektro (gilt auch für die Aufnahme von Rohrleitungen)

Hinweis zu I 30-/60-/90-Kanälen:
Leitungsbefestigungen innerhalb von I 30-/60-/90-Kanälen müssen grundsätzlich so ausgeführt werden, dass sie im Brandfall nicht abstürzen und die I 30-/60-/90-Kanäle vorzeitig zerstören können. Es sind mindestens Befestigungen aus nichtbrennbaren Baustoffen zu verwenden. Dies ist nicht erforderlich, wenn nach abP die Installationen auf den Kanalboden gelegt werden dürfen.

Schachtwände mit Revisionsöffnungsverschlüssen
Aus brandschutztechnischer Sicht bestehen keine Bedenken, anstelle von Installationsschächten I 30-/60-/90- auch F 30-/60-/90-Schächte umzusetzen. Als Abschlüsse für Türen und Klappen in diesen F 30-/60-/90-Schachtwänden, auch als „Schachtwandtüren/-klappen" benannt, können Abschlüsse der gleichen Feuerwiderstandsdauer (T 30/60/90) verwendet werden, wobei darauf zu achten ist, dass **diese „Schachtwandtüren/-klappen" einen umlaufenden Falz und eine umlaufende Dichtung haben müssen,** d. h. der untere Türspalt muss brandschutztechnisch abgesichert werden, z. B. als Schwelle/Anschlag in Verbindung mit dämmschichtbildenden Systemen. Für diese Türen gibt es spezifische Ver- und Anwendbarkeitsnachweise zum Einbau in durchgängigen Schächten. Der Einbau in Schachtwände (nicht für I-Schächte und I-Kanäle) muss durch den Ver und Anwendbarkeitsnachweis abgedeckt sein.

Bei bestehenden Türen im Bestand kann die untere Schwelle bzw. der Anschlag mit einer Dichtung und einem im Brandfall intumeszierendes Band nachgerüstet werden. Bei diesen „Installationsschachttüren" kann auf den Einbau von Drükkern und „Selbstschließern" verzichtet werden. Bei Bedarf sind Fluchtwegbeschläge (vom Schachtinneren) einzubauen.

Durch die Ergänzungen der Schachtwandtüren/-klappen mit einer Schwelle/Anschlag im unteren Bereich werden diese nicht mechanisch verändert, somit ist eine Zustimmung im Einzelfall (ZiE) nicht erforderlich. Evtl. vorhandene absenkbare Bodendichtungen können erhalten bleiben.

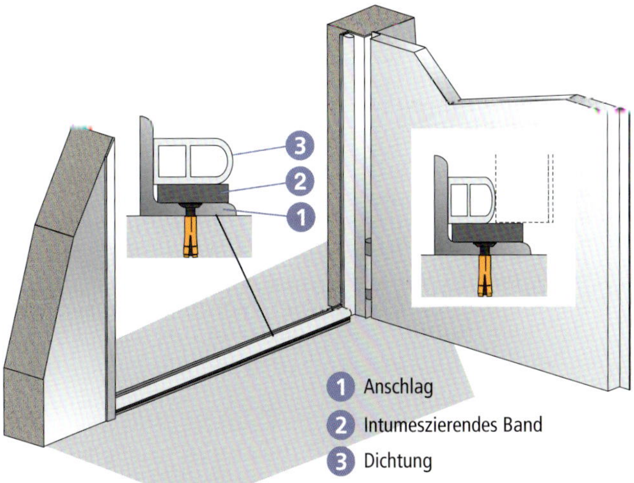

Bild A-II–30: Schematische Darstellung zur Nachrüstung einer T 30/60/90-Schachttür im Bestand mit einem umlaufenden Falz und einer umlaufenden Dichtung durch Einbau einer Schwelle/Anschlag

A

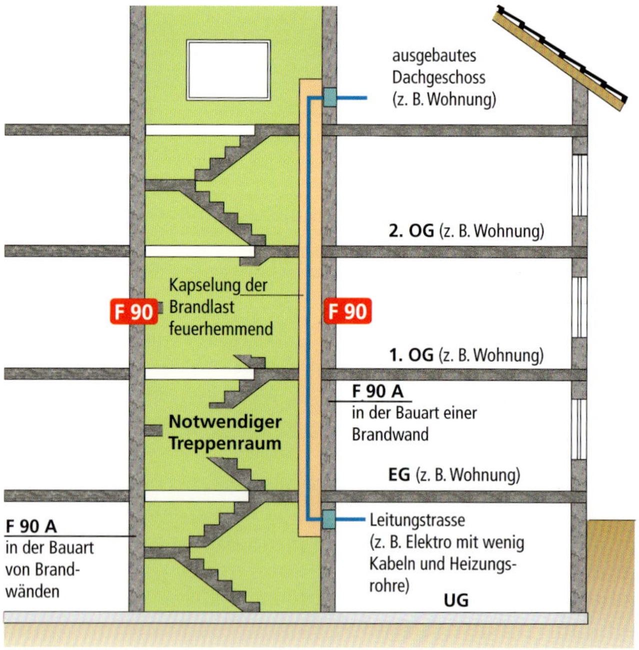

Bild A-II–31: Schematische Darstellung zur brandschutztechnischen Kapselung von brennbaren Leitungstrassen in notwendigen Treppenräumen in feuerhemmender Qualität. Voraussetzung sind die klassifizierten Abschottungen in der Treppenraumwand in der Bauart einer Brandwand

3.5.2 [1]Abweichend von Abschnitt 3.5.1, Satz 1, genügen in notwendigen Fluren Installationsschächte, die keine Geschossdecken überbrücken, und Installationskanäle (einschließlich der Abschlüsse von Öffnungen), die mindestens feuerhemmend sind und aus nichtbrennbaren Baustoffen bestehen.

Die Regelungen in Abschnitt 3.5.2 sind Erleichterungen gegenüber Abschnitt 3.5.1. Installationsschächte, die keine Geschosse überbrücken, sind auf den Geschossdecken aufgesetzte Bauteile, die im Bereich der Decken abgeschottet sind (vgl. DIN 4102-11:1985-12, Abschnitt 2.3). Installationskanäle, also die waagerecht verlaufenden Installationsbereiche, brauchen in notwendigen Fluren nur feuerhemmend sein, unabhängig davon, ob die raumabschließenden Wände des notwendigen Flures höhere Anforderungen erfüllen müssen.

3.5.3 [1]Unterdecken müssen – einschließlich der Abschlüsse von Öffnungen – aus nichtbrennbaren Baustoffen bestehen und bei einer Brandbeanspruchung sowohl von oben als auch von unten in notwendigen Fluren mindestens feuerhemmend sein und in notwendigen Treppenräumen und in Räumen zwischen notwendigen Treppenräumen und Ausgängen ins Freie mindestens der notwendigen Feuerwiderstandsfähigkeit der Decken entsprechen. [2]Die Abschlüsse müssen umlaufend dicht schließen. [3]Die besonderen Anforderungen hinsichtlich der brandsicheren Befestigung der im Bereich zwischen den Geschossdecken und Unterdecken verlegten Leitungen sind zu beachten.

Unterdecken werden abschließend in der MLAR, Abschnitt 3.5.3 und 3.5.4 geregelt.

Nach den Bestimmungen der Ver- und Anwendbarkeitsnachweise für die Unterdecken dürfen diese Decken im Brandfall, z. B. nicht durch herabfallende Leitungen mechanisch belastet werden. Ein Herabfallen ist nicht zu befürchten, wenn die Leitungen mit Stahlbauteilen und Metalldübeln wie folgt an den massiven Umfassungsbauteilen des Deckenhohlraumes befestigt werden:
Verwendung von geprüften Elektro- und Rohrleitungsbefestigungssystemen, z. B. Kabeltrassen und Rohrleitungstraversen (z. B. Dübel nach europäischen Ver- und Anwendbarkeitsnachweisen, Gewindestangen entsprechend Tabelle 11.1 DIN 4102-4:2016-05, Traversen und Rohrschellen gemäß Herstellerangaben, ETA bzw. RAL-GZ 656).
Die Auslegung der Befestigungen (z. B. Lastaufnahme, Durchbiegung, Dimensionierung bei Brandbeanspruchung, als Trümmerschutz oberhalb der Unterdecke) erfolgt durch den Fachplaner/Installateur entsprechend den Vorgaben der Hersteller. Weiterführende Hinweise siehe **Teil F-XV.** „Leitungsbefestigungen"

Die erforderlichen Mindestabstände zur Unterdecke müssen beachtet werden, damit diese im Brandfall nicht belastet werden (Weiterführende Hinweise siehe **Teil F-XV.** „Leitungsbefestigungen").

Verwendung von Standardsystemen, in Verbindung mit Elektrotrassen, die aufgrund von normativen Regeln, z. B. DIN EN 61537, als geeignet gelten, z. B.:
- Gitterrinnen
- Kabelleiter
- Kabeltrassen

Eine Berechnung der Stahlbauteile zum Verhalten im Brandfall, z. B. Lastaufnahme, Durchbiegung, Dimensionierung bei Brandbeanspruchung, als Trümmerschutz oberhalb der Unterdecke ist erforderlich.

Die erforderlichen Mindestabstände zur Unterdecke müssen beachtet werden, damit diese im Brandfall nicht belastet werden (Weiterführende Hinweise siehe **Teil F-XV.** „Leitungsbefestigungen").

Bei sonstigen Tragsystemen, z. B.:
- Leitungsführungskanäle aus Metall
- Stahlpanzer- oder Alurohre
- nichtbrennbare Sammelhalter, Kabelklammern und Einzelbefestigungen
- C-Profilschienen mit Bügelschellen

sind nach Herstellervorgaben mit nichtbrennbarem Befestigungsmaterial zu montieren. Die Belegung darf die maximale Traglast nicht überschreiten.
Eine separate brandschutztechnische Auslegung für diese Art der Verlegung ist nicht erforderlich, jedoch sollte auch hier der Mindestabstand zur Unterdecke so gewählt werden, damit diese im Brandfall so weit wie möglich nicht belastet wird.
Bei Abhängungen von Leitungsanlagen dürfen die in der DIN 4102-4:2016-05, Tabelle 11.1 angegebenen zulässigen Zugspannungen und Scherspannungen nicht überschritten werden. Aus den zulässigen Zugspannungen ergeben sich aus dem Kernquerschnitt der Gewindestangen resultierende maximale Abhängelasten.

Tab. A-II-12: Querschnittsberechnung A_S

Spannungsgrenzwerte [N/mm²] nach DIN 4102-4 für Abhängungen in Abhängigkeit der Feuerwiderstandsdauer in Minuten	FWD ≤ 60 Minuten	FWD ≤ 120 Minuten
Zugspannung σ in senkrecht angeordnete Teilen	9	6
Scherspannung τ in Schrauben der Festigkeitsklasse 4.6 DIN ISO 898-1	15	10

Mit der Summe der Gewichte **G** zuzüglich Abhängung, Leitungsanlagen, Isolierungen und sonstiger Gewichte errechnet sich der Querschnitt $\mathbf{A_S}$:

$$A_S\,[\text{mm}^2] = \frac{9{,}81 \times G\,[\text{kg}]}{\sigma\ (\text{bzw. } \tau)\ [\text{N/mm}^2] \times \text{Anzahl Abhängungen}}$$

Hinweis:
Weitere Bewertungsmethoden nach Eurocode siehe **Teil F-XV.**.

Tab. A-II-13: Spannungsquerschnitte nach DIN 13

Zulässige Gewichte bei 30 Minuten Feuerwiderstandsdauer für Zugstangen – Abhängungen aus **Stahl-Gewindestäben**

Größe	A_S [mm²]	Gewicht G [kg] für 1 Stück	Gewicht G [kg] für 1 Paar
M8	36,6	33,6	67,2
M10	58,0	53,2	106,4
M12	84,3	77,3	154,6
M14	115,0	105,5	211,0
M16	157,0	144,0	288,0
M18	192,0	176,1	352,2
M20	245,0	224,7	449,4

Spannungsquerschnitt A_S nach DIN 13

Zu beachten ist, dass Leitungsanlagen, z. B. Trassen und elektrische Leitungen oder Rohrleitungen mit Dämmungen sehr oft schwerer als 100 kg/m sind. In diesem Fall sind die Leitungsanlagen mit Gewindestangen der Größe M14 oder M16 abzuhängen. Die Dimensionierung der Abhängung er-folgt entsprechend den oben aufgeführten zulässigen Zugspannungen und zulässigen Scherspannungen. Das Gewicht lässt sich über die Anzahl der Abhängungen regulieren. Die maximalen Befestigungsabstände der verwendeten Trassen und Rohrleitungssysteme/-dimensionen sind zu berücksichtigen.

Bei Abhängungen sind entweder geeignete Metalldübel oder Stahldübel, mit brandschutztechnischem europ. Nachweis, zu verwenden. Die Anwendung und Montage der Brandschutzdübel wird in der zugehörigen ETA beschrieben.

Bei der alternativen Ausführung gemäß DIN 4102-4 : 2016-05, Tabelle 11.1 müssen die nichtbrennbaren Dübel ohne Brandschutznachweis mindestens die Größe M8 haben, doppelt so tief wie die Dübellänge – mindestens jedoch 60 mm tief – eingebaut und rechnerisch höchstens mit 500 N (50 kg) auf Zug belastet werden.

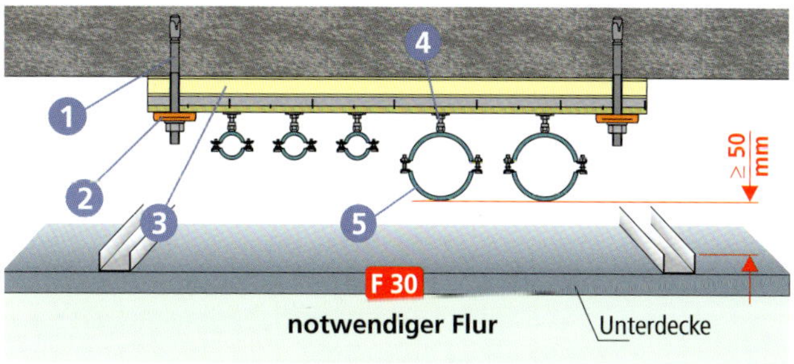

Als Direktbefestigung an der Decke oder

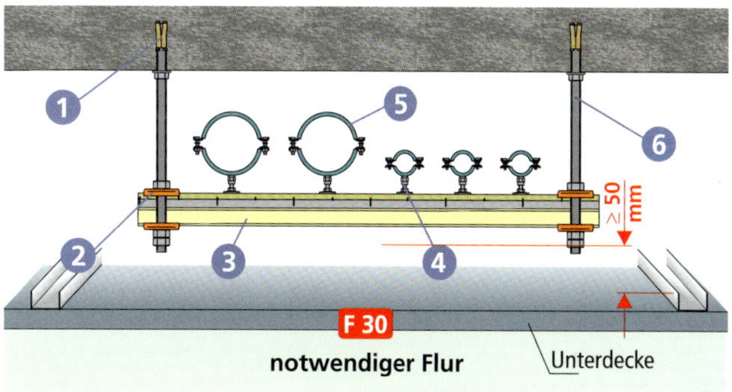

... mit Abhängung mittels Gewindestangen

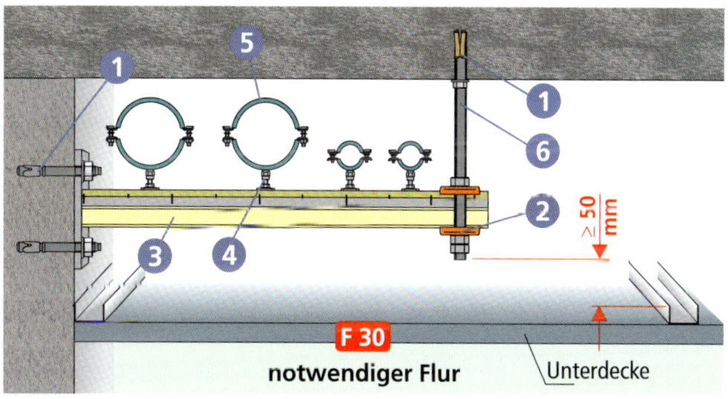

... als Konsole mit Abhängung

1. Durchsteckanker/ Kompaktdübel
2. Lochplatte
3. Montageschiene/ Konsole
4. Schellenanbindung
5. Rohrschellen passend zum System
6. Gewindestangen

Bild A-II-32. Montage von Tragsystemen oberhalb von F 30-Unterdecken in notwendigen Fluren

Ein Herabfallen im Brandfall ist ebenfalls nicht zu befürchten, wenn elektrische Kabel und Leitungen auf E 30-Funktionserhaltstrassen verlegt werden.

Zwischen allen Arten von Kabeltrag- und Befestigungssystemen bzw. Rohrleitungen sollte grundsätzlich ein Mindestabstand von 50 mm zur Unterdecke eingehalten werden (siehe Bild A-II-33), da die F 30-Unterdecke im Brandfall unter Belastung nicht zerstört/belastet werden darf. Ergibt sich durch die bauaufsichtlichen Ver- und Anwendbarkeitsnachweise, ein größerer Mindestabstand, so ist dieser einzuhalten, bzw. engere Befestigungsabstände zu wählen.

A

Im Bereich von Einbauten, z. B. Lampen und Lautsprechern, sind Maßnahmen entsprechend dem allgemeinen bauaufsichtlichen Prüfzeugnis (z. B. Abdeckkasten in entsprechender Feuerwiderstandsdauer) auszuführen. Kabel- und Leitungsdurchführungen sind mit im Brandfall aufschäumenden Baustoffen oder Abschottungshülsen zu sichern.

Einzelne Leitungsdurchführungen durch die F 30-Unterdecke sind zulässig, wenn der Restquerschnitt fachgerecht verschlossen wird (siehe MLAR, Abschnitt 4.3).

Es besteht oberhalb der F 30-Unterdecke keine Brandlastbegrenzung, wenn alle Bauteile der Befestigung entsprechend den genannten Regeln ausgelegt sind.

Hinweis:
Bezugspunkt für den Abstand **a** ist je nach Konstruktion die Oberkante der Halteprofile der Unterdecke, bzw. Einbauten, z. B. Lampen, Lautsprecher oder Aufdopplungen (siehe auch **Teil F-XV.**).

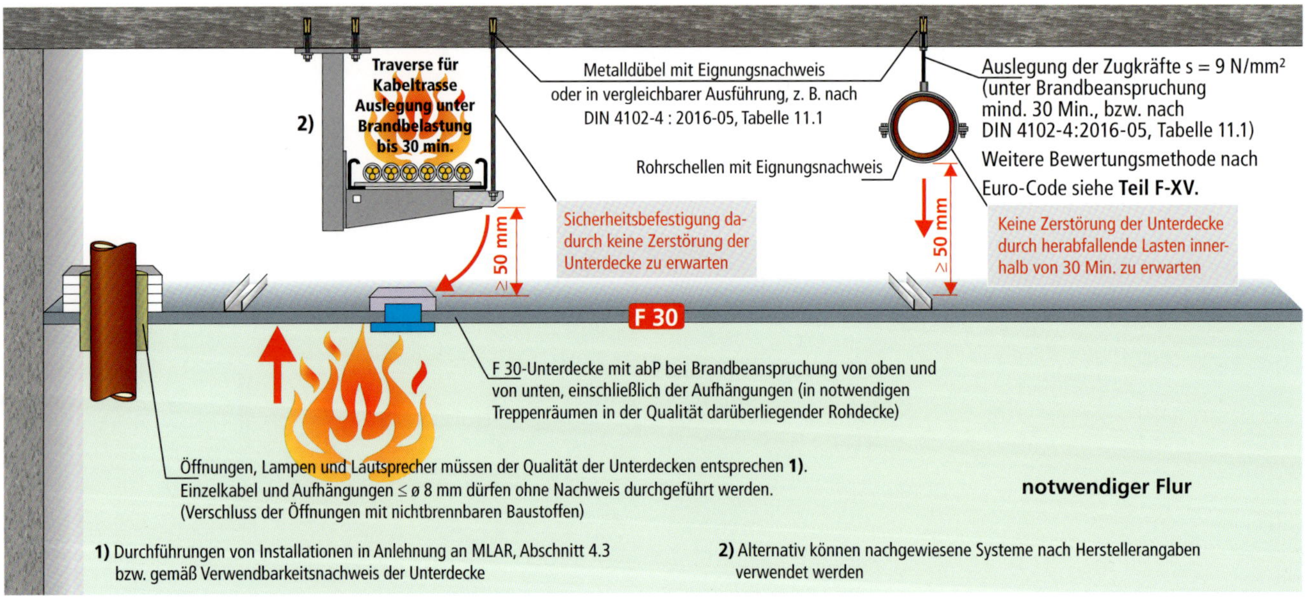

Bild A-II–33: Montage von Tragsystemen oberhalb von F 30-Unterdecken in notwendigen Fluren

Interpretationen baurechtlicher Vorgaben

Vorgabe der MLAR, Abschnitt 3.5.3, Satz 1

[1]Unterdecken müssen – einschließlich der Abschlüsse von Öffnungen – aus nichtbrennbaren Baustoffen bestehen und bei einer Brandbeanspruchung sowohl von oben als auch von unten in notwendigen Treppenräumen, Vorräumen, Sicherheitsschleusen, Räumen zwischen notwendigen Treppenräumen und Ausgängen ins Freie mindestens der notwendigen Feuerwiderstandsdauer der Decken entsprechen.

Anforderungen an notwendige Treppenräume gemäß MBO § 35 (4), Satz 3

„Der obere Abschluss notwendiger Treppenräume muss als raumabschließendes Bauteil die Feuerwiderstandsfähigkeit der Decken des Gebäudes haben; dies gilt nicht, wenn der obere Abschluss das Dach ist und die Treppenraumwände bis unter die Dachhaut reichen."

Fazit:
Grundsätzlich gilt, dass Räume mit rechteckigem Grundriss sechs raumabschließende Flächen haben. Nämlich die vier Wände und die zwei Decken. Gleiches gilt für Treppenräume.

- Podeste in notwendigen Treppenräumen haben keinen oberen Abschluss im Sinne der MBO, § 35 (4), Satz 3. Somit sind bei Unterdecken unterhalb von Podesten nichtbrennbare Unterdecken ausreichend. Bei querenden Transferleitungen, mit Abschottung der Wanddurchführungen in Qualität der Umfassungswände, reicht ein feuerhemmender Installationskanal zur Kapselung der Brandlasten aus.
- Wenn an den oberen Abschluss des notwendigen Treppenraumes Anforderungen an die Feuerwiderstanddauer gestellt werden, muss die Unterdecke die gleiche Feuerwiderstandsfähigkeit wie der obere Abschluss aufweisen. Die identische Feuerwiderstandsdauer muss auch für die Befestigung der Leitungsanlagen, oberhalb der Unterdecke, nachgewiesen werden.

- Bei Installationen im Deckenbereich von Räumen zwischen notwendigen Treppenräumen und Ausgängen ins Freie sowie Vorräumen und Sicherheitsschleusen muss die Unterdecke die gleiche Feuerwiderstandsfähigkeit wie die Decken des Gebäudes aufweisen. Die identische Feuerwiderstandsdauer muss auch für die Befestigung der Leitungsanlagen oberhalb der Unterdecke nachgewiesen werden.

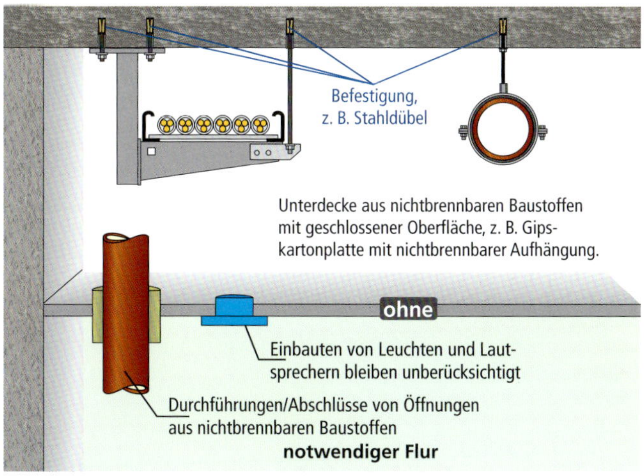

Bild A-II–34: Montage von Leitungsanlagen oberhalb von nicht klassifizierten Unterdecken mit nichtbrennbaren und geschlossenen Oberflächen wie zuvor beschrieben gemäß den Anforderungen der MLAR, Abschnitt 3.5.4

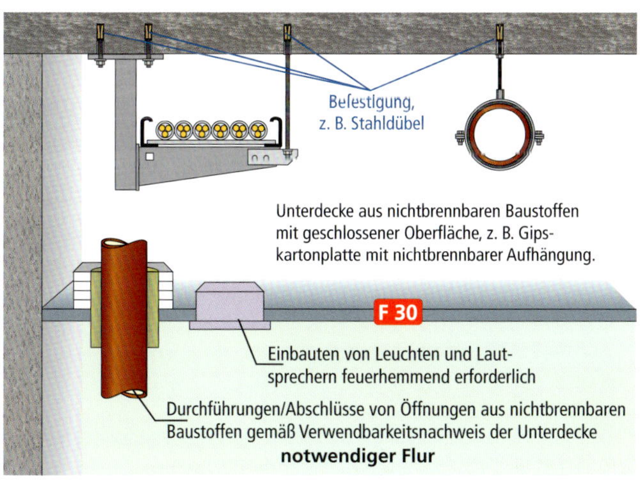

Bild A-II–35: Montage von Leitungsanlagen oberhalb von feuerhemmenden Unterdecken in notwendigen Fluren, Brandbeanspruchung von oben und unten

Hinweis zur Ausführung im Bestand:
Diese Bauart war gemäß MLAR 1988 und 1993 mit einer Brandlast bis 7 kWh/m² in allgemein zugänglichen Fluren (heute notwendige Flure) für alle im Deckenhohlraum verlegten Leitungsanlagen zulässig. Wichtig war in jedem Fall die Anordnung von nichtbrennbaren geschlossenen Unterdecken, z. B. Bleche ohne Löcher (Dicke mind. 0,4 mm), Gips- bzw. Kalziumsilikatplatten (Dicke > 12,5 mm), in Tragekonstruktionen eingelegte Mineralfaserplatten von Kassettendecken. An den Stoß- und Verbindungsstellen und den Schattenfugen dürfen keine planmäßigen Schlitze oder sonstige offene Stellen vorhanden sein; besondere Dichtungen sind jedoch nicht erforderlich. Es bestanden außer nichtbrennbare Befestigungen keine weiteren Anforderungen. Es wurde nicht zwischen Leitungsanlagen, z. B. elektrischen Leitungen, brennbaren Rohren und brennbaren Dämmstoffen, für den Betrieb notwendig, oder fremden Leitungen unterschieden. Diese Regelung kann für Bewertungen im Bestand angewendet werden. Die Umstellung auf das aktuelle Bewertungssystem kam mit der MLAR 1998/2000.

Bei Nachinstallation im Bestand ist allerdings die aktuell gültige Technische Baubestimmung (ETB) maßgeblich. Insofern können dann nicht mehr Installationen nach der „7 kWh Regel“ vorgenommen werden.

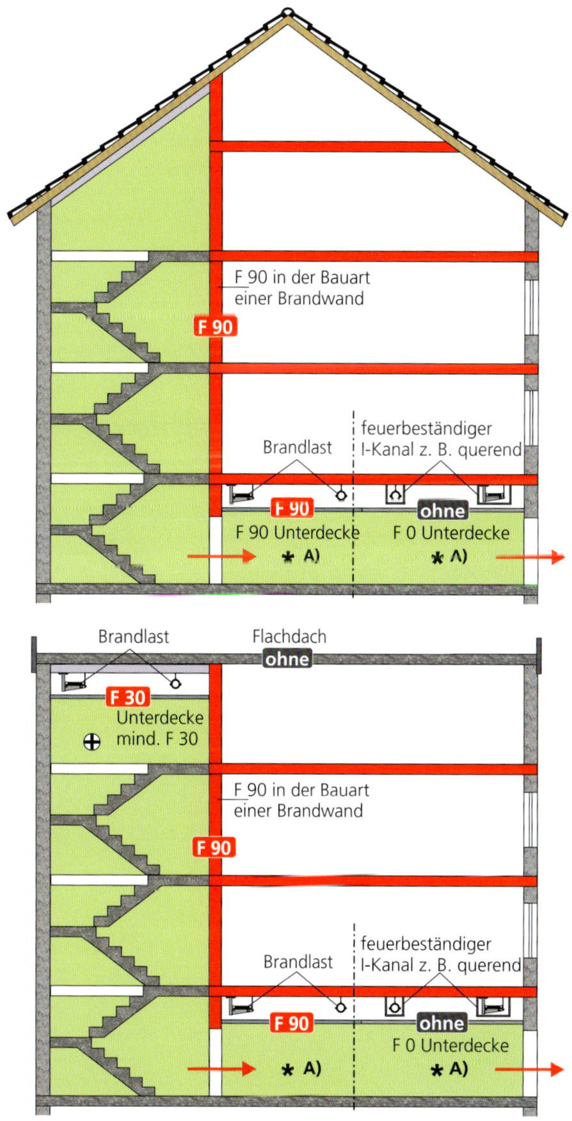

Oberer Abschluss im notwendigen Treppenraum wird gemäß den Vorgaben des Brandschutzkonzeptes/-nachweises erstellt

A) Ausgang ins Freie

***** Ausführung gültig für Vorräume, Sicherheitsschleusen und in Räumen zwischen notwendigen Treppenräumen und Ausgängen ins Freie

⊕ Bei einem oberen Abschluss ohne Anforderung muss zur Kapselung offen liegender Transferleitungen eine feuerhemmende Unterdecke montiert werden.

Bild A-II–36: Beispiele zur Ausführung von Unterdecken in notwendigen Treppenräumen, Räumen zwischen notwendigen Treppenräumen und Ausgängen ins Freie, Vorräumen und Sicherheitsschleusen.

A

Weitere Ausführungsdetails zur Installation von Leitungsanlagen in Rettungswegen werden in **Teil F** beschrieben. Details zur Befestigung in **Teil F XV.**.

Hinweis für die Befestigung von Leitungsanlagen im Bestand bei nachträglicher Montage von F 30-Unterdecken:

Die Befestigung von Installationen kann bei nicht zu hohen Deckenhohlräumen (≤ 50 cm) ggf. auch mit bestehenden nichtbrennbaren Befestigungen (Abhängung und Dübel) verbleiben, da i.d.R. eine Brandbeanspruchung > 30 Minuten unterstellt werden kann. Der Nachweis muss baurechtlich als Abweichung von einer Eingeführten Technischen Baubestimmung geführt werden.

3.5.4 [1]In notwendigen Fluren von Gebäuden der Gebäudeklassen 1 bis 3, deren Nutzungseinheiten eine Fläche von jeweils 200 m^2 nicht überschreiten und die keine Sonderbauten sind, brauchen Installationsschächte, die keine Geschossdecken überbrücken, Installationskanäle und Unterdecken (einschließlich der Abschlüsse von Öffnungen) nur aus nichtbrennbaren Baustoffen mit geschlossenen Oberflächen bestehen. [2]Einbauten, wie Leuchten und Lautsprecher, bleiben unberücksichtigt.

Baustoffe mit geschlossenen nichtbrennbaren Oberflächen für Installationsschächte, Installationskanäle und Unterdecken sind z. B. Bleche ohne Löcher (Dicke mind. 0,4 mm), Gips- bzw. Calzium-Silikat-Platten (Dicke ≥ 12,5 mm), in Tragekonstruktionen eingelegte Mineralfaserplatten und Kassetten von Kassettendecken. An den Stoß- und Verbindungsstellen und den Schattenfugen dürfen keine planmäßigen Schlitze oder sonstige offene Stellen vorhanden sein; besondere Dichtungen sind jedoch nicht erforderlich.
Es bestehen auch keine Bedenken, Stoßfugen unter Verwendung von Dichtungen aus im Brandfall aufschäumenden Baustoffen mit Eignungsnachweis zu verwenden, auch wenn diese Baustoffe der Baustoffklasse schwer- oder normalentflammbar angehören.

Der Verzicht einer feuerhemmenden Unterdecke bei Räumen nach Abschnitt 3.5.4 entspricht der Beschreibung einer offenen Verlegung von „Transferleitungen" nach Abschnitt 3.2.1, Satz 2.

„Sie dürfen offen verlegt werden, wenn sie ...
c) Leitungen mit verbessertem Brandverhalten in notwedigen Fluren von Gebäuden der Gebäudeklassen 1–3, deren Nutzungseinheiten eine Fläche von jeweils 200 m^2 nicht überschreiten und die keine Sonderbauten sind."

3.5.5 [1]Installationsschächte und -kanäle für Rohrleitungsanlagen nach Abschnitt 3.4.1 sind mit nichtbrennbaren Baustoffen formbeständig und dicht zu verfüllen oder müssen abschnittsweise oder im Ganzen be- und entlüftet werden. [2]Die Be- und Entlüftungsöffnungen müssen mindestens 10 cm^2 groß sein. [3]Sie dürfen nicht in notwendigen Treppenräumen und nicht in Räumen zwischen notwendigen Treppenräumen und Ausgängen ins Freie angeordnet werden.

Eine Verfüllung des Installationsschachtes/-kanales mit nichtbrennbaren Baustoffen könnte zwar auch eine Verfüllung mit Mörtel oder Beton sein, mit dem Nachteil, dass die Zugänglichkeit dann ein für allemal nicht mehr gewährleistet ist. Aus brandschutztechnischer Sicht bestehen keine Bedenken, auch eine Verfüllung aus einem nichtbrennbaren formbeständigen Schüttgut, z. B. Vermiculite (nicht Bitumen gebunden), oder Quarzsand vorzunehmen. Ziel dieser Verfüllung ist eine Reduzierung zündfähiger Gase, so dass eine Zündung bei Undichtigkeiten an der Gasleitung ausgeschlossen wird.

Der Installationsschacht/-kanal muss wie zuvor in Abschnitt 3.5.1 beschrieben, ausgeführt werden.

Auch wenn Rohrleitungen für brennbare Medien in Installationskanälen horizontal verlegt werden, sind diese Kanäle voll zu verfüllen oder zu belüften. Damit wird dem Risiko des Ansammelns von Brennbaren Stoffen im Kanal bei Undichtigkeiten der Rohrleitungen entgegengewirkt.

Es ist also, auch wenn es optisch ggf. nicht erwünscht ist, brandschutztechnisch preiswerter und einfacher, eine offene Verlegung von Rohrleitungen durchzuführen.

Be- und Entlüftungsöffnungen dürfen nicht in notwendige Treppenräume geführt werden.

Aus brandschutztechnischer Sicht dürfen in diesen Installationsschächten brennbare und elektrische Leitungen auch gemeinsam geführt werden. Lüftungsleitungen dürfen jedoch nicht gemeinsam mit anderen Installationen in Installationsschächten und -kanälen verlegt werden, sofern nicht in der M-LüAR andere weitergehende Spezialregelungen getroffen sind.

Grundlagen für den Entfall der Be- und Entlüftungsöffnung werden in der DVGW-TRGT „Technische Regel für Gasinstallationen" ausführlich beschrieben. Als verbindungsfrei eingestufte Gasleitungen kann die Be- und Entlüftung der Installationshohlräume entfallen.

Eine Be- und Entlüftung ist nicht über Lüftungsbausteine in den notwendigen Flure zulässig.

3.5.6 [1]Estrichbündig oder -überdeckt angeordnete Unterflurkanäle für die Verlegung von Leitungen müssen in notwendigen Treppenräumen, in Räumen zwischen notwendigen Treppenräumen und Ausgängen ins Freie sowie in notwendigen Fluren eine obere Abdeckung aus nichtbrennbaren Baustoffen haben. [2]Sie dürfen keine Öffnungen haben, ausgenommen in notwendigen Fluren, Revisions- oder Nachbelegungsöffnungen. Diese Öffnungen müssen Abschlüsse haben, die umlaufend dicht schließen und aus nichtbrennbaren Baustoffen bestehen.

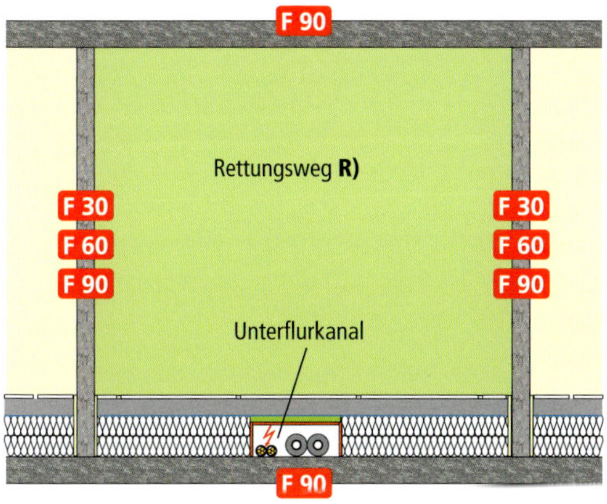

R) Notwendiger Treppenraum, Sicherheitsschleusen, Vorräume, Räume zwischen notwendigen Treppenräumen und Ausgängen ins Freie bzw. notwendige Flure im Sinne der MBO/MLAR

Bild A-II–37: Schematische Schnittdarstellung von Installationen in Unterflurkanälen **(Buchstabe f)**

Der Abschnitt 3.5.6 wurde in der MLAR eingefügt, weil die entsprechende Regelung, die in der Muster Richtlinie über brandschutztechnische Anforderungen an Hohlraumestriche und Doppelböden enthalten war, nicht in die Muster-Richtlinie über brandschutztechnische Anforderungen an Systemböden übernommen worden ist. Die Regelung wird für erforderlich gehalten, weil Unterflurkanäle eine spezielle Art der Leitungsverlegung im Sinne der MLAR sind. Aufgrund der besonderen Bedeutung des vertikalen Rettungsweges und seiner Verbindung ins Freie sind Öffnungen nur in den notwendigen Fluren zulässig.

Eine brandschutztechnisch qualifizierte Abdeckung ist nicht erforderlich, weil die Flammen aus den benachbarten brennenden Räumen insbesondere die Unterdecken und nicht den Bodenbereich in den Rettungswegen beanspruchen.

Bei Leitungsdurchführungen durch Trennwände mit Anforderungen an die Feuerwiderstandsdauer sind diese gemäß MLAR, Abschnitt 4, zu schotten.

Weitere Ausführungsdetails zur Installation von Leitungsanlagen in Rettungswegen werden in **Teil F** beschrieben.

4 Führung von Leitungen durch raumabschließende Bauteile (Wände und Decken)

4.1 Grundlegende Anforderungen

4.1.1 [1]Gemäß § 40 Abs. 1 MBO dürfen Leitungen durch raumabschließende Bauteile, für die eine Feuerwiderstandsfähigkeit vorgeschrieben ist, nur hindurchgeführt werden, wenn eine Brandausbreitung ausreichend lang nicht zu befürchten ist oder Vorkehrungen hiergegen getroffen sind; dies gilt nicht ~~für Decken~~

a) für Gebäude der Gebäudeklassen 1 und 2,
b) innerhalb von Wohnungen,
c) innerhalb derselben Nutzungseinheit mit nicht mehr als insgesamt 400 m² in nicht mehr als zwei Geschossen.

Grundlage der Konkretisierungen in der MLAR, Abschnitt 4, ist die MBO 2016, § 40. Nach dieser baurechtlichen Anforderung werden für die Leitungsführung durch Wände und Decken Maßnahmen zur Vermeidung einer Übertragung von Feuer und Rauch verlangt, wenn es sich um Brandwände oder Wände und Decken mit Anforderungen an die Feuerwiderstandsdauer (F 30 bis F 120 bzw. EI 30 bis EI 120) handelt. Es bestehen keine brandschutztechnischen Anforderungen bei der Leitungsdurchführung in den in den Buchstaben a) bis c) genannten Fällen – praktische – handelt es sich bereits in der MBO um Ausnahmen zum Einbau von Abschottungen:

zu a) Gebäude der Gebäudeklasse 1 und 2
(siehe MBO 2002, § 2 „Begriffe") sind:

GK 1: <u>freistehende Gebäude</u> mit einer Höhe bis zu 7 m und <u>nicht mehr als zwei Nutzungseinheiten und nicht mehr als 400 m²</u> und freistehende land- oder forstwirtschaftlich genutzte Gebäude (7 m ≙ O.K.FB des obersten Aufenthaltsraumes).

GK 2: Gebäude mit einer Höhe bis zu 7 m und nicht mehr als zwei Nutzungseinheiten von insgesamt nicht mehr als 400 m².

Hinweis zu GK 2:
Es handelt sich um nicht freistehende Gebäude. Nach § 40 werden keine Anforderungen an die Abschottung von Leitungsanlagen der GK 1 und GK 2 gestellt. Bei Mehrfamilienhäusern (> 1 WE) bestehen Anforderungen an Schall- und Wärmeschutz.

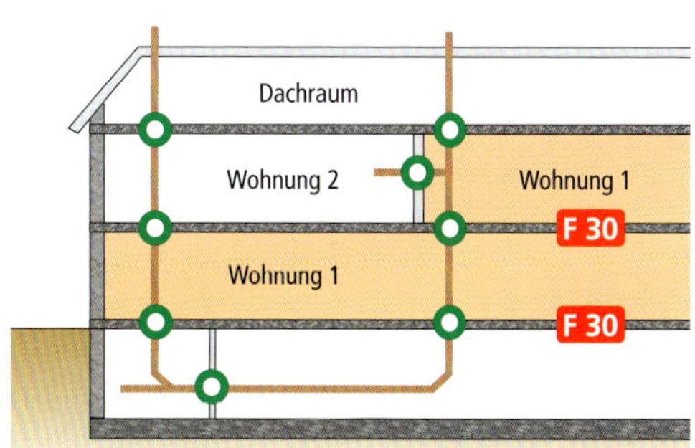

- bei Decken innerhalb von Gebäuden der Gebäudeklasse 1 und 2
- bei Decken innerhalb von Nutzungseinheiten, z. B. Büros, Praxen < 400 m² über zwei Geschosse, auch bei Gebäuden bis zu Gebäudeklasse 5 und bei Sonderbauten

Leitungsabschottungen mit Anforderungen an den Schall- und Wärmeschutz

Bild A-II–38: Beispiel Anordnung der Wohnungen/Nutzungseinheiten in Gebäude GK 2

A

zu b) innerhalb von Wohnungen
Für Wohnungen sind die Anforderungen (siehe MBO 2002, § 48 „Wohnungen") maßgeblich:

- keine Größenbegrenzung der Wohnung
- zur Wohnung zugehörige Lagerräume können in allen Gebäuden GK 1 bis GK 5 und in Sonderbauten auch außerhalb der Wohnung angeordnet werden, dann gilt für diese Räume die Ausnahme nicht
- Umfassungswände mit Anforderungen an die Feuerwiderstandsdauer müssen gemäß MBO 2002 geschottet werden (nicht bei GK 1 und GK 2 erforderlich)

zu c) innerhalb der selben Nutzungseinheit,
Innerhalb der selben Nutzungseinheit mit nicht mehr als insgesamt 400 m² in nicht mehr als zwei Geschossen gilt:
Es handelt sich bei dieser Nutzung nicht um eine Wohnnutzung, darum ist die Nutzungseinheit brandschutztechnisch von anderen Nutzungseinheiten abzutrennen und darf sich maximal über zwei Geschosse und 400 m² Geschossfläche erstrecken.

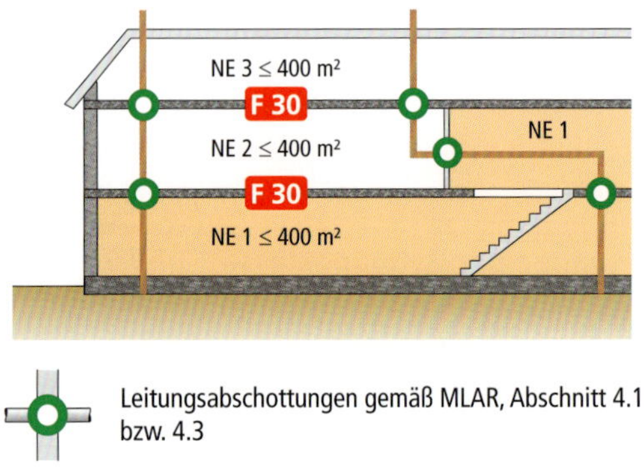

Bild A-II–39: Beispiel Anordnung von Nutzungseinheiten (NE) in einem Gebäude GK 3 bis GK 5 und Sonderbauten mit maximal 400 m² pro NE

[2]Diese Voraussetzungen sind erfüllt, wenn die Leitungsdurchführungen den Anforderungen der Abschnitte 4.1 bis 4.3 entsprechen.

In der MLAR werden in den Abschnitten 4.1–4.3 den Anwendern (Fachplanern und ausführenden Unternehmen) mehrere Möglichkeiten zur Erreichung der Schutzziele vorgestellt. Wer nach diesen Regeln baut, erfüllt die bauaufsichtlichen Anforderungen.

Inhaltlich zeigen die Abschnitte:

- MLAR, Abschnitt 4.1 >
  Grundlegende Anforderungen für Planung und Einbau bei Verwendung von klassifizierten Leitungsabschottungen mit nationalen oder europäischen Ver- oder Anwendbarkeitsnachweis.
- MLAR, Abschnitt 4.2 >
  Erleichterungen für Planung und Einbau für Leitungsdurchführungen durch feuerhemmende Wände.
- MLAR, Abschnitt 4.3 >
  Erleichterungen für Planung und Einbau für Leitungsdurchführungen von einzelnen Leitungen durch feuerhemmende, hochfeuerhemmende oder feuerbeständige Wände und Decken

Leitungsabschottungen nach MLAR, Abschnitt 4.1
Nach Abschnitt 4.1 sind „Abschottungen" hinsichtlich der Feuerwiderstandsfähigkeit auszuwählen. Dazu ist eine Klassifizierung notwendig.

Welche Klassifizierungen derzeit auf Grundlage der geltenden nationalen und europäischen Normen unter Berücksichtigung der durchzuführenden Brandprüfungen möglich ist, wird im folgenden Exkurs dargestellt:

Tab. A-II–14: Rohrabschottungen für brennbare und nichtbrennbare Rohrleitungen

Feuerwiderstandsdauer in Minuten	nationale Klassifizierung der Rohrabschottungen		europäische Klassifizierung der Rohrabschottungen		
	Prüfgrundlage gemäß DIN 4102-11		Prüfgrundlage gemäß DIN EN 1366-3		
	nichtbrennbare Rohre	brennbare Rohre	nichtbrennbare Rohre - geschlossene Systeme[1] - offene Systeme[1]	brennbare Rohre - offene Systeme[2]	brennbare Rohre - geschlossene Systeme[3]
30	R 30	R 30	EI 30c/u	EI 30u/u	EI 30u/c
60	R 60	R 60	EI 60c/u	EI 60u/u	EI 60u/c
90	R 90	R 90	EI 90c/u	EI 90u/u	EI 90u/c
120	R 120	R 120	EI 120c/u	EI 120u/u	EI 120u/c

[1] Geschlossene Systeme, z. B. Heizungs-, Sanitär-, Kälte- und Druckluftleitungen, Leitung für medizinische Gase, Laborgase und Erdgase.
[2] Offene Systeme für brennbare Rohre, z. B. Abwasser- und Regenentwässerungsleitungen über Dach entlüftet.
[3] Geschlossene Systeme für brennbare Rohre, z. B. Heizungs-, Sanitär- und Kälteleitungen bis zum Außendurchmesser d ≤ 110 mm.

Legende:
Nichtbrennbare Rohre
c/u – capped geschlossen bzw. uncapped offen
Brennbare Rohre
u/c – capped geschlossen bzw. **u/u** – uncapped offen

Legende europäische Klassifizierungen:
(jedes Leistungsmerkmal einzeln ausgewiesen)
E Étanchéité = Raumabschluss
I Isolation = Wärmedämmung

Legende nationale Klassifizierungen:
(allen Leistungsmerkmalen zusammen ausgewiesen)
R R 30/60/90 = nationale Klassifizierung für Rohrleitungsabschottungen
S S 30/60/90 = nationale Klassifizierung für Elektroabschottungen (Kombi-, Weich- und Mörtelschotts)

Durchführungssystem mit Streckenisolierung

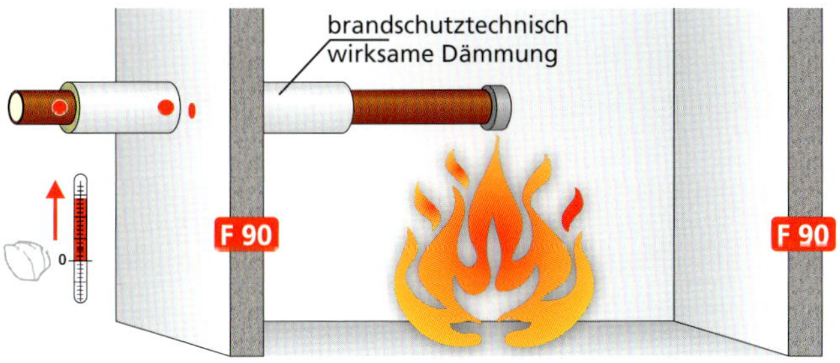

Prüfraum:
- Rohre nichtbrennbar (Guss, Stahl, Kupfer, korrosionsbeständiger Stahl)
- Klassifizierung R 30/ R 60/ R 90 (EI 30-/ 60-/ 90-c/u) für offene und geschlossene nichtbrennbare Rohrsysteme
- keine Flammen
- kein Entzündung eines Wattebausches
- keine Temperatur > 180 K
- kaum Rauchentwicklung

Brandraum:
- Verlegung von nichtbrennbaren Rohren im Brandraum (Rohr im Brandraum geschlossen und im Prüfraum offen - c/u)

Bild A-II–40: Prüfanordnung für nichtbrennbare Rohre als geschlossenes oder offenes Rohr-System (schematische Darstellung)

Brandschutzmanschetten oder Brandschutzbänder für brennbare Rohre unter Verwendung von im Brandfall aufschäumenden Baustoffen bzw. mechanischen Verschlüssen, die im Brandfall den Öffnungsquerschnitt verschließen.

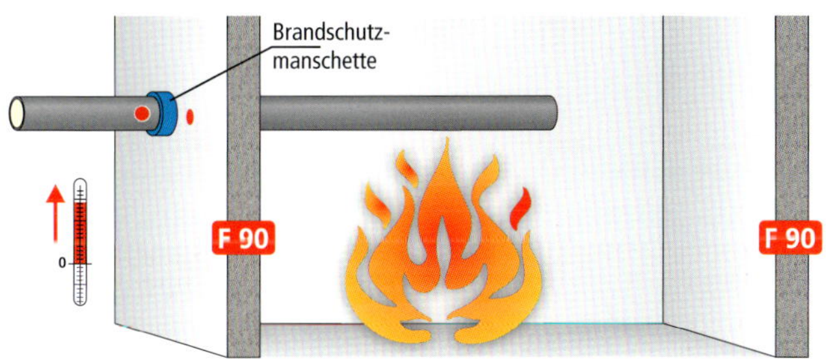

Prüfraum:
- Rohre brennbar (B1/B2 Abflussrohre)
- Klassifizierung R 30/ R 60/ R 90 (EI 30-/ 60-/ 90-u/u) für offene brennbare Rohrsysteme mit Brandschutzmanschetten (Wände beidseitig, Decken von unten)
- keine Flammen
- keine Temperatur > 180 K
- kaum Rauchentwicklung

Brandraum:
- Verlegung von brennbaren Rohren im Brandraum (Rohr im Brandraum und im Prüfraum offen - u/u)

Bild A-II–41: Prüfanordnung für brennbare Rohre als geschlossenes oder offenes Rohr-System (schematische Darstellung)

Durchführungssystem mit Streckenisolierung

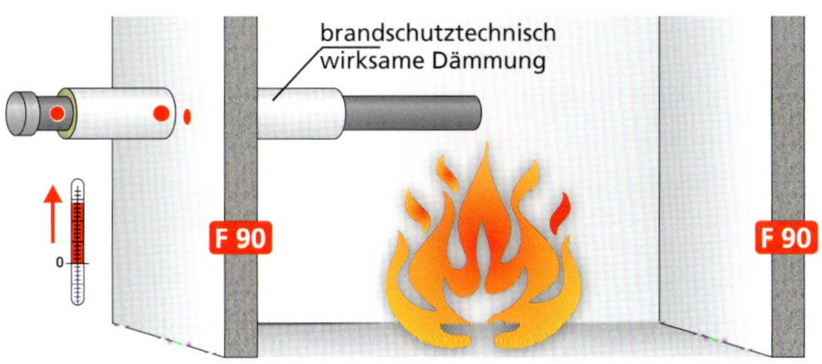

Prüfraum:
- Rohre brennbar (B1/B2 Versorgungsrohre)
- Klassifizierung R 30/ R 60/ R 90 (EI 30-/ 60-/ 90-u/c) für geschlossene brennbare Rohrsysteme mit Brandschutzdämmung
- keine Flammen
- keine Temperatur > 180 K
- kaum Rauchentwicklung

Brandraum:
- Verlegung von brennbaren Rohren im Brandraum (Rohr im Brandraum offen und im Prüfraum geschlossen - u/c)

Bild A-II–42: Prüfanordnung für brennbare Rohre als geschlossenes Rohrsystem (schematische Darstellung)

Tab. A-II–15: Kabelabschottungen bzw. Kombianschottungen

Abschottungen	nationale Klassifizierung der Kabel-/Leitungsabschottungen	europäische Klassifizierung der Kabel-/Leitungsabschottungen
Mörtelabschottung	S 30 bis S 120	EI 30 bis EI 120
Kombiabschottungen	S 30 bis S 120	EI 30 bis EI 120
Weichschotts	S 30 bis S 120	EI 30 bis EI 120
Systemschotts	S 30 bis S 120	EI 30 bis EI 120
Elektro-Leerohrabschottungen	S 30 bis S 120	EI 30 bis EI 120

Tab. A-II–16: Kabelabschottungen bzw. Kombianschottungen

Feuerwiderstandsdauer in Minuten	nationale Klassifizierung der Kabel-/Leitungsabschottungen	europäische Klassifizierung der Kabel-/Leitungsabschottungen
	Prüfgrundlage gemäß DIN 4102-11	**Prüfgrundlage gemäß DIN EN 1366-3**
30	S 30	EI 30
60	S 60	EI 60
90	S 90	EI 90
120	S 120	EI 120

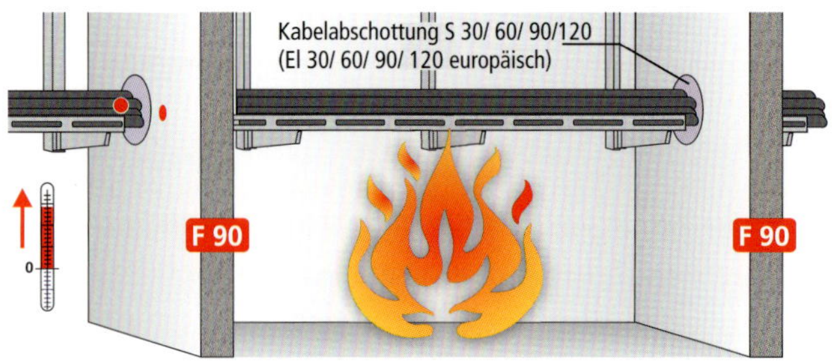

Bild A-II–43: Prüfanordnung bei Abschottung von elektrischen Kabeln/Leitungen (schematische Darstellung)

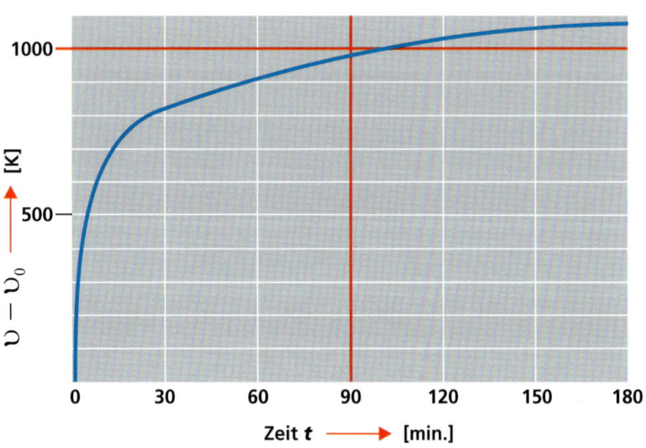

Prüfgrundlage zum Nachweis der brandschutztechnischen Klassifizierung der o. g. Abschottungsvarianten ist die Einheits-Temperatur-Kurve (ETK).

Bild A-II–44: Prüfgrundlage Einheits-Temperatur-Kurve (ETK) für Abschottungen an Rohren gemäß DIN 4102-11 bzw. DIN EN 1366-3 und Kabel/Leitungen gemäß DIN 4102-9 bzw. DIN EN 1366-3

Tab. A-II–17: Art der möglichen Ver- und Anwendbarkeitsnachweise für klassifizierte Abschottungen

Leitungsabschottungen	Bauart/ Bauprodukt	nationale Benennung	europäische Benennung Bauprodukte	
- Rohre - elektrische Kabel/Leitungen	Bauprodukte **MBO 2016, § 16 b**	**– abZ** (allgemeine bauaufsichtliche Zulassung) **– ZiE** (Zustimmung im Einzelfall)	europäische Bauprodukte **MBO 2016, § 16 b, 16 c,** mit CE-Kennzeichnung	**– ETA** ETA (engl. Begriff für European Technical Assessment VO 305/2011) **– ETZ** (europäisch technische Zulassung nach RL 89/106/EWG) **– ETB** (europäisch technische Bewertung nach VO 305/2011) **– hEN** europ. harmonisierte Bauprodukte/Normen)
	Bauart **MBO 2016, § 16 a**	**– aBG** (allgemeine Bauartgenehmigung) **– abP** (allgemeines bauaufsichtliches Prüfzeugnis) **– vBG** (vorhabenbezogene Bauartgenehmigung)		

4.1.2 Die Leitungen müssen
a) durch Abschottungen geführt werden, die mindestens die gleiche Feuerwiderstandsfähigkeit aufweisen wie die raumabschließenden Bauteile oder
b) innerhalb von Installationsschächten oder -kanälen geführt werden, die – einschließlich der Abschlüsse von Öffnungen – mindestens die gleiche Feuerwiderstandsfähigkeit aufweisen wie die durchdrungenen, raumabschließenden Bauteile und aus nichtbrennbaren Baustoffen bestehen

In Abschnitt 4.1.2 werden die grundsätzlich einzuhaltenden bauaufsichtlichen Anforderungen an den Feuerwiderstand der MBO aufgegriffen. So sind entweder Abschottungen in entsprechender Feuerwiderstandsfähigkeit zu verwenden oder die Leitungen sind in Installationsschächten oder -kanälen in entsprechender Feuerwiderstandsfähigkeit zu führen. Da die Wände und Decken als feuerwiderstandsfähige und raumabschließende Bauteile die nationale Klassifizierung „F ..." haben (... = Dauer des Feuerwiderstandes in Minuten. Europäische wäre es dann EI ... -S mit entsprechender Standsicherheit) ist für die Abschottungen die gleiche Feuerwiderstandsdauer „..." maßgeblich und darf nicht unterschritten werden. Auch die von der nationalen Klassifizierung beinhalteten weiteren Merkmale (Raumabschluss, Wärmedämmung etc.) müssen bei europäisch klassifizierten Bauprodukten alle erfüllt sein, um den bauaufsichtlichen Anforderungen zu genügen.
Installationsschächte und -kanäle dürfen nicht verwechselt werden mit den normativen Installationsschächten nach DIN 4102-11. Die genormten Schächte stellen nur eine Variante von Schächten und deren (dann normative geregelt und einzuhaltender) Belegung mit Installationen dar.

Zur Unterscheidung zwischen Schottprinzip und Schachtprinzip dienen die folgenden Beispiele gemäß Bild A-II–45 und Bild A-II–46.

Hinweis zu den Leitungsbefestigungen

- Gemäß den bauaufsichtlichen Ver- und Anwendbarkeitsnachweisen sind beidseitig von Wänden Befestigungen unter Beachtung des Mindestabstandes anzuordnen.
- Die Befestigungen sind, wenn nicht anders gefordert, in nichtbrennbarer Qualität auszuführen. Die Dimensionierung kann dabei den verwendeten Trassen- und Rohrleitungsbefestigungen entsprechen. Eine brandschutztechnische Auslegung ist i.d.R. nicht erforderlich.
- Die Dübel sind gemäß DIN 4102-4 : 2016-05, Tabelle 11.1 als nichtbrennbare Dübel zu bemessen. Brennbare Dübel sind nicht zulässig.

Merke:
Schächte mit rechteckigem Querschnitt haben sechs raumabschließende Flächen: Vier Wände und zwei Decken (der Boden stellt bauaufsichtlich eine „Decke" dar).

Decken-/Wandabschottungsprinzip
Vorteile:
- gut zugänglich
- Ausdehnungsbewegung der Leitungsanlagen beherrschbar

Nachteile:
- keine absperrbare Etagenzuleitung
- bei Nachinstallation sind immer angrenzende Nutzungseinheiten zu überbrücken

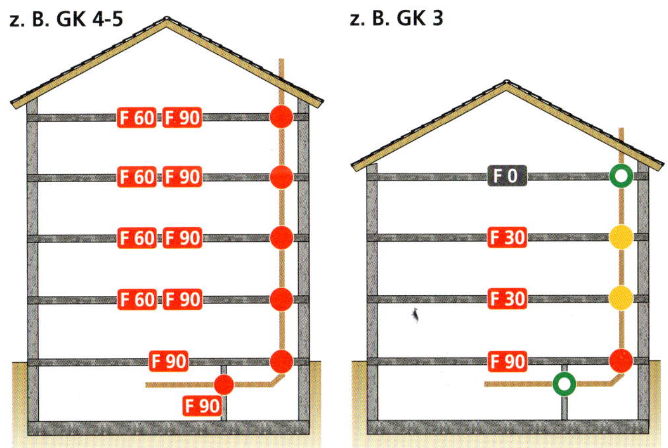

Schallschutz
Abschottung feuerhemmend
Abschottung feuerbeständig/hochfeuerhemmend

Bild A-II–45: Das Abschottungsprinzip der „Schottlösung"

Installationsschachtprinzip
Vorteile:
- ideal bei begehbaren Schächten

Nachteile:
- bei nichtbegehbaren Schächten Abschottungen von innen nicht bearbeitbar
- in engen Schächten Ausdehnungsbewegung für die Abgänge sind nicht beherrschbar

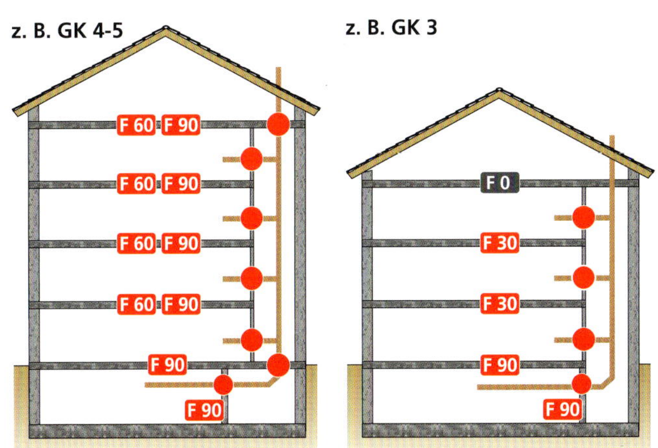

Abschottung feuerbeständig/hochfeuerhemmend

Bild A-II–46: Das Abschottungsprinzip der „Schachtlösung"

Abschottungsbeispiele von klassifizierten Abschottungen werden in **Teil G** ausführlich beschrieben.

A

4.1.3 Der Mindestabstand zwischen Abschottungen, Installationsschächten oder -kanälen sowie der erforderliche Abstand zu anderen Durchführungen (z. B. Lüftungsleitungen) oder anderen Öffnungsverschlüssen (z. B. Feuerschutztüren), ergibt sich aus den Bestimmungen der jeweiligen Verwendbarkeits- oder Anwendbarkeitsnachweise; fehlen entsprechende Festlegungen, ist ein Abstand von mindestens 50 mm erforderlich.

Die Mindestabstände zwischen den klassifizierten Abschottungen sind, gemäß den bauaufsichtlichen Ver- oder Anwendbarkeitsnachweisen, einzuhalten. Bei Anwendung mehrerer Abschottungen mit mehreren Ver- oder Anwendbarkeitsnachweisen gilt das höchste Maß der Ver- oder Anwendbarkeitsnachweise. Sind keine Vorgaben, insbesondere nicht für unterschiedliche Kombinationen, vorhanden, dann muss ein Mindestabstand von 50 mm zwischen den Durchführungsoberflächen eingehalten werden (Bild A-II–48).

Die Regel zur Anwendung der „fehlenden Maßvorgaben zu benachbarten fremden Abschottungen" findet immer bei unterschiedlichen Abschottungssystemen mit eigener Zulassungsnummer (abZ) und/oder eigener Prüfzeugnisnummer (abP) statt. Dies gilt daraus folgernd auch für unterschiedliche Abschottungen anderer Hersteller. „Fremd" bedeutet hier, zu einer nächsten Abschottung; diese kann eine Leitung mit gleicher Abschottung oder eine andere Leitung mit gleicher oder anderer Abschottung sein (Bild A-II–47).

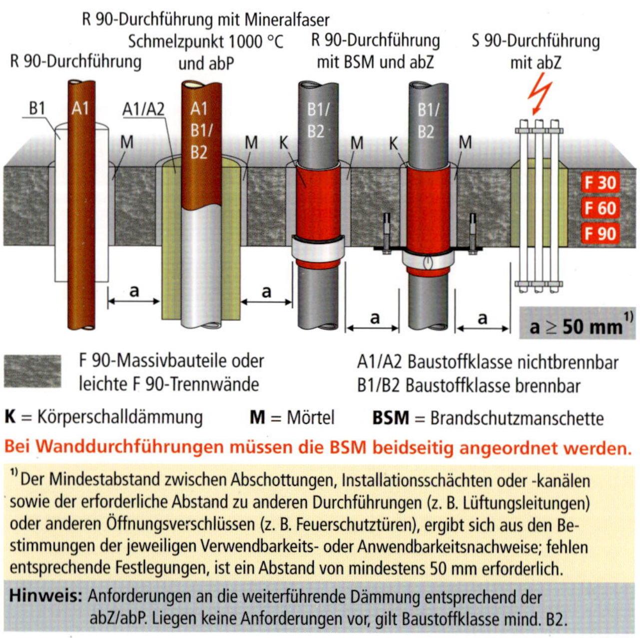

Bild A-II–47: Einhaltungen von Mindestabständen bei der Abschottung von Leitungsanlagen (elektrische Leitungen und Rohre). Das Mindestmaß von a ≥ 50 mm (MLAR, Abschnitt 4.1.3) gilt nur, wenn in den Ver- und Anwendbarkeitsnachweisen keine Angaben zu „fremden Abschottungen" definiert sind.

Der Mindest-Vermörtelungsabstand von z. B. ≥ 60 mm (Bild A-II–49 und Bild A-II–50) ist für Rohr- und Kabelabschottungen auf Grundlage der allgemeinen bauaufsichtlichen Zulassung (abZ) der Brandschutzklappe einzuhalten. Bei direkter Einmauerung oder keiner Vorgabe der Mindestvermörtelungsdicke gilt a ≥ 50 mm gemäß MLAR, Abschnitt 4.1.3 bzw. das größte Mindestabstandsmaß gegenüber „fremden Abschottungen" in den allgemeinen bauaufsichtlichen Zulassungen (abZ) oder Prüfzeugnissen (abP), (Bild A-II–49 und Bild A-II–50).

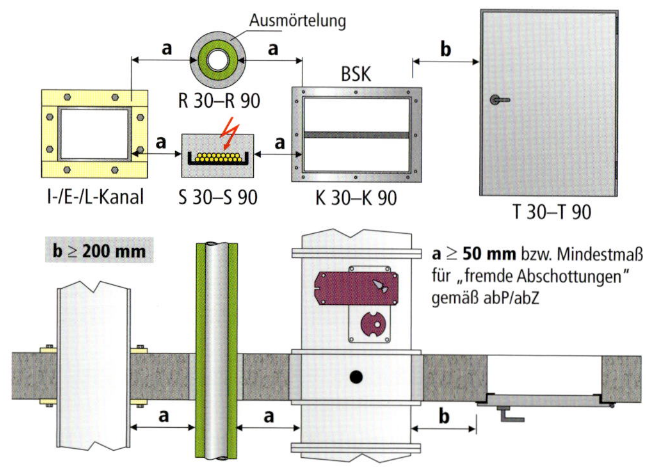

Bild A-II–48: Einhaltungen von Mindestabständen von Leitungsanlagen (elektrische Leitungen und Rohre) und Brandschutzklappen (Beispiele). Das Mindestmaß gilt nur, wenn in den Ver- und Anwendbarkeitsnachweisen keine Angaben zu „fremden Abschottungen" definiert sind

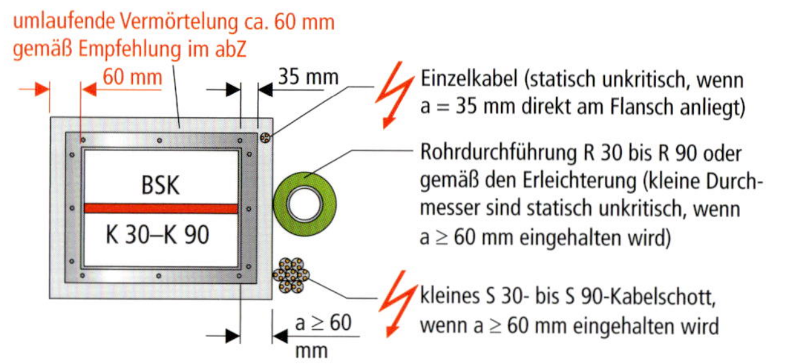

Bild A-II–49: Einhaltung von Mindestabständen zwischen Abschottungen und Brandschutzklappen. Das Mindestmaß gilt nur, wenn in den Ver- und Anwendbarkeitsnachweisen keine Angaben zu „fremden Abschottungen" definiert sind.

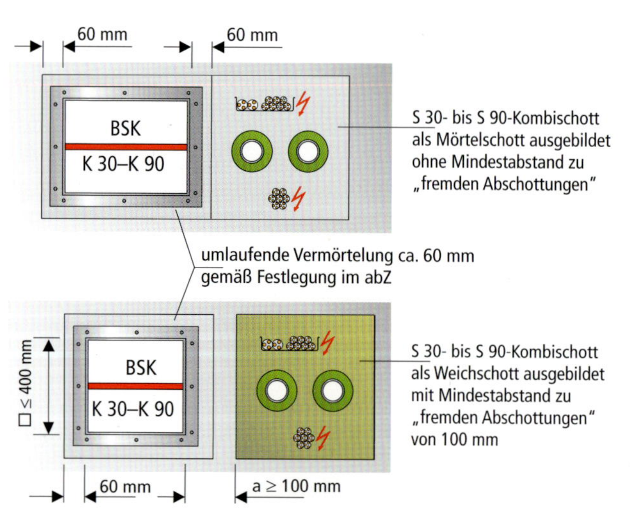

Bild A-II–50: Beispiel einer Anordnung von S 30/60/90-Kombiabschottungen oder -Weichschotts neben Brandschutzklappen in einer F 30/60/90/120-Massivwand. Die Grenzen der „50 mm Regel" bei Problemen mit der statischen Festigkeit werden auf Grundlage dieser Darstellung deutlich. Die Lösung ist ein bewehrter Steg oder Einbau eines Mörtelschotts.

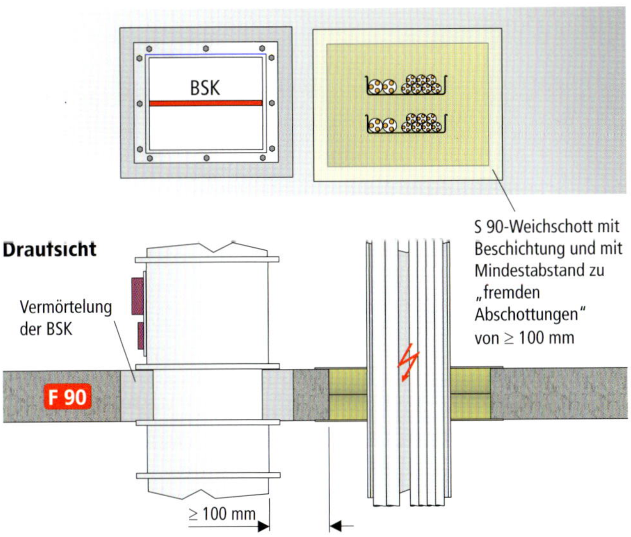

Bild A-II-51: Beispiel einer Anordnung von S 30/60/90-Kombiabschottungen oder -Weichschotts neben Brandschutzklappen in einer F 30/60/90/120-Massivwand. Die Grenzen der „50 mm Regel" gemäß MLAR, Abschnitt 4.1.3 bei Problemen mit der statischen Festigkeit werden auf Grundlage dieser Darstellung deutlich.

Information des DIBt-Berlin zu Mindestabständen bei Abschottungen (Stand 04/2011):
Nach Beratung im DIBt-Berlin wurden bezüglich des Abstandes **zu bzw. zwischen „fremden Abschottungen" folgende Punkte zur Erstellung von Ver- und Anwendbarkeitsnachweisen (abZ/abP) bekanntgegeben:**

- Der Mindestabstand von durch Abschottungen zu verschliessende Bauteilöffnungen zu anderen Öffnungen (z. B. Feuerabschlüsse) oder Einbauten muss mindestens **200 mm betragen.**
- Der Mindestabstand von 200 mm darf **zu bzw. zwischen „fremden Abschottungen"** auf 100 mm reduziert werden, sofern die nebeneinanderliegenden Öffnungen bzw. fremden Abschottungen jeweils nicht größer als 400 x 400 mm sind bzw. einen Außendurchmesser von 400 mm nicht übersteigen. Die Abstandsregelungen sind im Abschnitt 4.1.3 aufgenommen.
- Im Brandversuch nachgewiesenen reduzierten Abstände **zu bzw. zwischen „fremden Abschottungen"** sollen im Ver- und Anwendbarkeitsnachweis (abZ/abP) Berücksichtigung finden.

Diese Festlegungen sollen bei Anordnungen von nicht geprüften Kombinationen „fremder Abschottungen" ein Versagen in der erforderlichen Feuerwiderstandsdauer weitgehend ausschließen.

Generell gilt:
Die Angaben im Ver- und Anwendbarkeitsnachweis (abP/abZ/ZiE/aBG/vBG/ETZ/ETB/hEN) **sind immer** einzuhalten und gehen den Festlegungen und Erleichterungen der MLAR vor.

Der Mindestabstand zwischen „fremden Abschottungen" wird als Hinweis z. B. in den allgemeinen bauaufsichtlichen Zulassungen (abZ) oder Prüfzeugnissen (abP) aufgeführt. **Nur** wenn dort **keine** Angabe zu finden ist, gilt die MLAR, Abschnitt 4.1.3, jedoch unter Beachtung der oben beschriebenen statischen Begebenheiten.

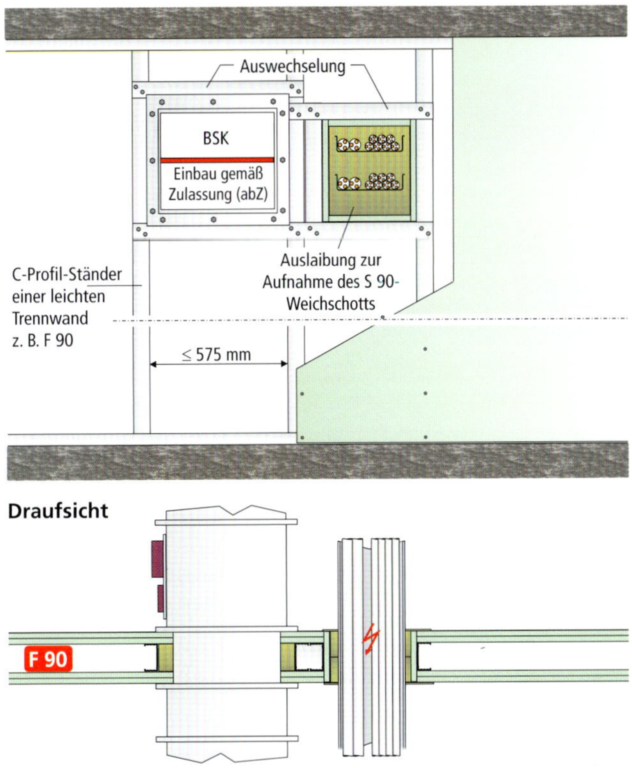

Bild A-II-52: Beispiel einer Anordnung von S 30/60/90-Kombiabschottungen oder -Weichschotts neben Brandschutzklappen in einer F 30/60/90 leichten Trennwand. Die Grenzen der „50 mm Regel" bei Einbau in einer Metallständerwand werden auf Grundlage dieser Darstellung deutlich. Die Lösung muss durch den Einbau von wirksamen Auswechselungen erreicht werden.

Die Grundlage ist die Verpflichtung aller am Bau Beteiligten, die Schutzziele des Bauordnungsrechtes zu erkennen und einzuhalten, auch wenn dies nicht ausdrücklich beschrieben wird.

Abschnitt 4.1.3 greift die bisherige Regelung (MLAR 2000, Abschnitt 4.1 erster Spiegelstrich) sowie den Klarstellungsbedarf der Baupraxis konkretisierend auf.

- Die in diesem Abschnitt vorgegebenen Mindestabstände bzw. maximale Spaltbreiten sind Näherungswerte, die in der Praxis nicht immer einzuhalten sind.
- Bei einer Kernbohrung von 200 mm und der Durchführung eines Rohres mit 100 mm Durchmesser ergeben sich aufgrund von Exzentrizitäten auch größere Spaltbreiten, die akzeptiert werden können.
- Auch bei Abständen von Durchführungen von Einzelleitungen, z. B. neben Türzargen, kann eine Unterschreitung der vorgegebenen Mindestabstände unbedenklich sein (Dokumentation erforderlich, da Abweichung von a.a.R.d.T. zur Installation). Das gilt nicht, wenn Mindestvermörtelungsdicken in den allgemeinen bauaufsichtlichen Zulassungen (abZ) oder den normativen Regelwerken für Feuerabschlüsse vorgeschrieben sind.

Abschottungsbeispiele von klassifizierten Abschottungen und Grenzen von Abweichungen werden in **Teil G** ausführlich beschrieben.

A

4.2 Erleichterungen für die Leitungsdurchführung durch feuerhemmende Wände

[1]Abweichend von Abschnitt 4.1.2 dürfen durch feuerhemmende Wände – ausgenommen solche notwendiger Treppenräume und Räume zwischen notwendigen Treppenräumen und den Ausgängen ins Freie –

a) einzelne elektrische Leitungen sowie einzelne dichtgepackte Kabelbündel bis 50 mm Durchmesser und

b) Rohrleitungen aus nichtbrennbaren Baustoffen – auch mit brennbaren Rohrbeschichtungen bis 2 mm Dicke –

geführt werden, wenn der Raum zwischen der Leitung oder dem Kabelbündel und dem umgebenden Bauteil aus nichtbrennbaren Baustoffen mit nichtbrennbaren Baustoffen oder mit im Brandfall aufschäumenden Baustoffen vollständig ausgefüllt wird. [2]Bei Verwendung von Mineralfasern müssen diese eine Schmelztemperatur von mindestens 1000 °C aufweisen. [3]Bei Verwendung von aufschäumenden Dämmschichtbildnern und von Mineralfasern darf der Abstand zwischen der Leitung oder dem Kabelbündel und dem umgebenden Bauteil nicht mehr als 50 mm betragen.

Der Abschnitt 4.2 bezieht sich ausschließlich auf feuerhemmende Wände. Ausgenommen sind Wände notwendiger Treppenräume und Räume zwischen notwendigen Treppenräumen und den Ausgängen ins Freie, sowie Sicherheitsschleusen und Vorräume.

In Abschnitt 4.2, **Satz 1**, Buchstabe b) wird in Analogie zu den Regelungen des Abschnittes 3.3.1 auch die Verwendung von brennbaren Rohrleitungsbeschichtungen mit definierter Dicke ermöglicht. Die Schichtdickenbegrenzung von max. 2 mm für brennbare Rohrbeschichtungen wird als unkritisch angesehen. Für die Fälle, in denen aus Korrosionsschutzgründen Beschichtungen erforderlich werden, sind diese in aller Regel mit größeren Stärken auszuführen. Für diese Fälle (Dicke > 2 mm) kann die Erleichterung nach Abschnitt 4.2 nicht greifen. Regelungen zu Rohrverbindungen werden für entbehrlich gehalten, weil aus installationstechnischer Sicht im Bereich der Wanddurchführung Rohrverbindungen kaum eine Verwendung finden dürften.

Hinweis:

Für feuerhemmende Decken und hochfeuerhemmende raumabschließende Bauteile gelten die Erleichterungen nicht. Grundsätzlich gelten sie auch nicht bei brennbaren Rohren.

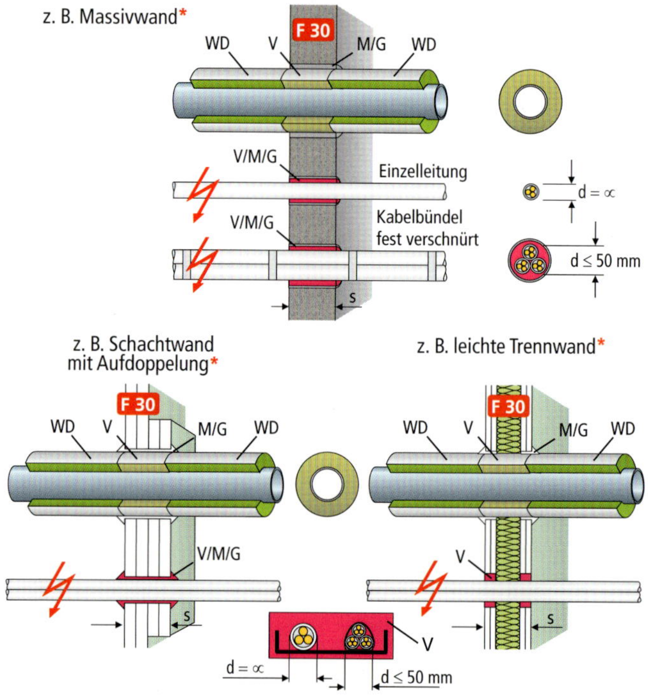

WD = Weiterführende Dämmung
M/G = Mörtel oder Gips als mineralischer Baustoff
V = Mineralfaserwolle/-dämmung, Schmelzpunkt > 1000 °C oder im Brandfall aufschäumende Baustoffe, max. Spaltbreite 50 mm umlaufend

Mindestabschottungsdicke im Bereich der Abschottung s ≥ 60 mm in Anlehnung an Abschnitt 4.3 der MLAR. Zu den feuerhemmenden Wänden gehören z. B.

- Flurtrennwände in Obergeschossen
- Trennwände zwischen Beherbergungsräumen (Hotelzimmer)
- Trennwände feuerhemmend gemäß Bauordnung/Sonderbauverordnung oder gemäß Brandschutzkonzept

* ausgenommen sind feuerhemmende Wände von notwendigen Treppenräumen, Räume zwischen notwendigen Treppenräumen und Ausgängen ins Freie, Vorräume und Sicherheitsschleusen.

Die Leitungsanlagen sind so zu befestigen, dass im Brandfall keine zerstörenden Bauteilzwängungen entstehen.

Bild A-II-53: Beispielhafte Leitungsdurchführungen durch feuerhemmende Wände und Schachtwandkonstruktionen.

Beispiele:

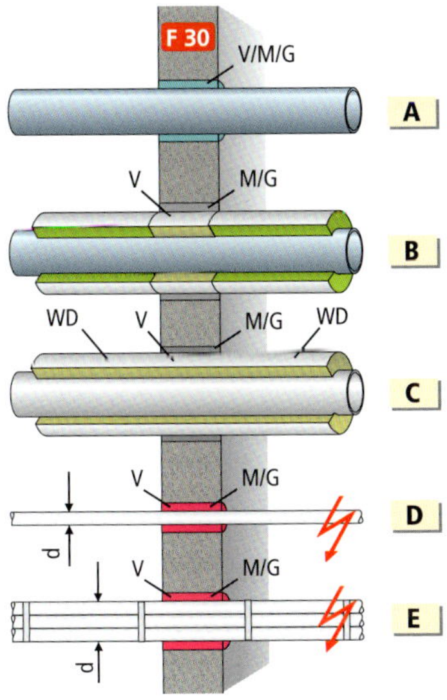

Durchführbare Leitungen ohne Mindestabstand untereinander:

A) **Nichtbrennbare Rohre (außer Alu/Glas)**
- ohne Durchmesserbegrenzung
- ohne Dämmung
- direkt vermörtelt/eingespachtelt oder mit loser Mineralfaserstopfung

B) **Nichtbrennbare Rohre (außer Alu/Glas)**
- ohne Durchmesserbegrenzung
- mit nichtbrennbarer Dämmung, Schmelzpunkt > 1.000 °C in der Durchführung mit weiterführender Dämmung (WD) Baustoffklasse A1/A2
- direkte vermörtelt/eingespachtelt oder mit loser Mineralfaserstopfung

C) **Nichtbrennbare Rohre (außer Alu/Glas)**
- ohne Durchmesserbegrenzung
- mit nichtbrennbarer Dämmung, Schmelzpunkt > 1.000 °C in der Durchführung, Weiterführende Dämmung (WD) Baustoffklasse B1/B
- direkt vermörtelt/eingespachtelt oder mit loser Mineralfaserstopfung

D) **Einzelne elektrische Leitungen**
- ohne Durchmesserbegrenzung
- direkt vermörtelt/eingespachtelt oder mit loser Mineralfaserstopfung

E) **Elektrobündel bis max. d ≤ 50 mm Durchmesser, fest geschnürt auch auf Kabeltrassen verlegt**

Restverschluss in Bauteil/Beplankungsdicke s ≥ 60 mm:

M/G = Mörtel oder Gips als mineralischer Baustoff

V = Mineralfaserwolle/-dämmung, Schmelzpunkt > 1.000 °C oder im Brandfall aufschäumende Baustoffe, max. Spaltbreite 50 mm umlaufend

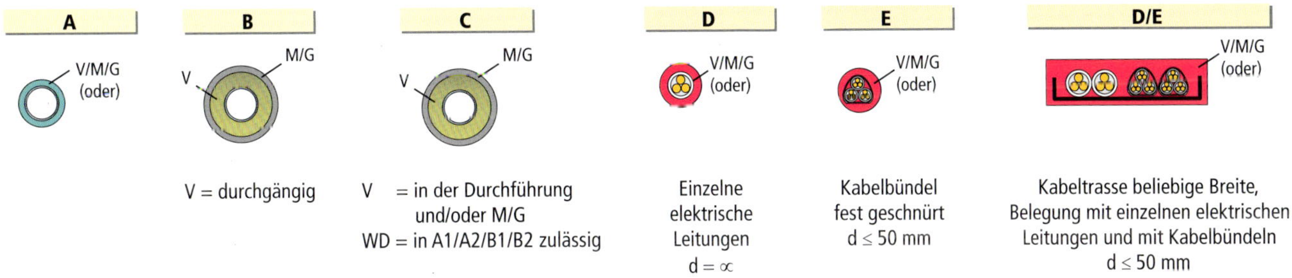

Bild A-II–54: Beispielhafte Leitungsdurchführungen durch feuerhemmende Wände und Schachtwandkonstruktionen

Hinweis zu den Leitungsbefestigungen:

- Für die Befestigung beidseitig der Leitungsdurchführungen gemäß MLAR, Abschnitt 4.2 werden durch die MLAR keine Mindestbefestigungsabstände der Leitungsanlagen beidseitig des Bauteils vorgeschrieben.
- Es gelten die von den Herstellern der Rohrsysteme und der Kabeltragsysteme empfohlenen Befestigungsabstände, unabhängig davon auf welcher Seite sich ein entsprechend größerer Abstand ergibt (z. B. bei Massivwänden ist kein mittiger Einbau der Wand zwischen den Befestigungen erforderlich).
- Die Leitungsdurchführungen durch feuerhemmende leichte Trennwände sollten möglichst immer mit eingespachtelten Mineralwolldämmschalen oder Dämmmatten oder einer festen Ausstopfung, Schmelzpunkt > 1000 °C, ausgeführt werden, damit im Brandfall keine zerstörenden Bauteilzwängungen durch die Bewegung der Wände oder Gewichte der Trassen entstehen. Die Abstände der Befestigungen sollten so gewählt werden, dass im Brandfall die Gewichte der betroffenen Leitungsanlagen die Bauteile nicht belasten. Befestigungsabstände > 1,5 m sind zu vermeiden.

Hinweis zu den Leitungsabständen:

- Für Leitungsdurchführungen gemäß MLAR, Abschnitt 4.2 „feuerhemmende Leitungsdurchführungen“ werden keine Mindestabstände untereinander geregelt.
- Empfehlung: Bei Leitungsdurchführungen nach Abschnitt 4.2 wird ein Abstand zwischen den Leitungen (A bis D) und Kabelbündeln (E) von ≥ 20 mm empfohlen.
- Zwischen klassifizierten Abschottungen gemäß MLAR, Abschnitt 4.1 und Leitungsdurchführungen gemäß MLAR, Abschnitt 4.2 sind mindestens die 50 mm gemäß MLAR, Abschnitt 4.1.3 einzuhalten (es gilt die Oberfläche der Brandschutzdämmung im Bereich der Bauteildurchführung).
- Zwischen Leitungsdurchführungen gemäß MLAR, Abschnitt 4.2 und Leitungsdurchführungen MLAR, Abschnitt 4.3 sind mindestens die 50 mm gemäß MLAR, Abschnitt 4.1.3 einzuhalten (es gilt die Oberfläche der Brandschutzdämmung im Bereich der Bauteildurchführung).
- Werden in Ver- und Anwendbarkeitsnachweisen für benachbarte Leitungen größere Abstände gefordert, so sind diese einzuhalten.

Abschottungsbeispiele gemäß den „Erleichterungen“ der MLAR, Abschnitt 4.2 und Grenzen von Abweichungen, werden in **Teil H** ausführlich beschrieben.

4.3 Erleichterungen für einzelne Leitungen

4.3.1 Einzelne Leitungen ohne Dämmung in gemeinsamen Durchbrüchen für mehrere Leitungen

[1]Abweichend von Abschnitt 4.1 dürfen einzelne (= Einzahl)

a) elektrische Leitungen,

b) Rohrleitungen mit einem Außendurchmesser bis 160 mm aus nichtbrennbaren Baustoffen – ausgenommen Aluminium und Glas -, auch mit Beschichtung aus brennbaren Baustoffen bis zu 2 mm Dicke,

c) Rohrleitungen für nichtbrennbare Medien und Installationsrohre für elektrische Leitungen mit einem Außendurchmesser bis 32 mm aus brennbaren Baustoffen, Aluminium oder Glas

über gemeinsame Durchbrüche durch die Wände und Decken geführt werden.

Die in Abweichung von Abschnitt 4.1 geltenden Anforderungen des Abschnittes 4.3 berücksichtigen im brandschutztechnisch vertretbaren Umfang die Baupraxis, ohne besondere bauaufsichtliche Nachweise zu verlangen. In Abschnitt 4.3.1 wird geregelt, wann einzelne Leitungen gemeinsam durch einen brandschutztechnisch zu verschließenden Durchbruch geführt werden können.

Zu Buchstabe a) Einzelne elektrische Leitungen sind im Durchmesser nicht begrenzt.

Zu Buchstabe b) Brennbare werkseitig aufgebrachte Beschichtungen (B1/B2) bis 2 mm Dicke sind bei nichtbrennbaren Rohren möglich.

Brennbare Beschichtungen, z. B. werkseitig aufgebrachte Stegmäntel, dürfen bis zu einer Dicke von maximal 2 mm mit dem nichtbrennbaren Rohr durch die Durchführungen gemäß MLAR, Abschnitt 4.3.1 bis 4.3.3 geführt werden. Dies gilt auch, wenn für diese Beschichtungen inklusive der nichtbrennbaren Rohre eine Baustoffklassifizierung „normalentflammbar" vorliegt. Bei werkseitig aufgebrachten Stegmänteln, Baustoff Klassifizierung „schwerentflammbar", kann eine Dicke bis 3 mm als Abweichung akzeptiert werden. Die Abschottung von Glasrohren ist brandschutztechnisch möglich. Der Nachweis muss projektspezifisch über Brandprüfungen erbracht werden.

Tab. A-II–18: Einteilung der Leitungstypen gemäß MLAR, Abschnitt 4.3 für einzelne Leitungen

Leitungstypen		**Medien/Bereiche**	**Beschreibung**
	– Stromkabel – Telefonleitungen – Glasfaserkabel – EDV-Leitungen – Koaxialkabel – Hohlleiterkabel – usw.	elektrische Leitungen	a) elektrische Leitungen ohne Durchmesser-Beschränkung – Koaxialkabel, z. B. für Kommunikationszwecke und andere Anwendungen – Hohlleiterkabel d < 32 mm, z. B. als HF-Strahlerkabel/HF-Schlitzkabel für den BOS-Gebäudefunk können analog zu brennbaren Installationsrohren bewertet werden
 d bis 160 mm nichtbrennbar	– Kupfer – Korrosionsbeständiger Stahl – Stahl verzinkt – Stahl schwarz – Guss/SML – usw. mit/ohne brennbaren Stegmantel/Beschichtung bis 2 mm zulässig	nichtbrennbare/ brennbare, Medien, z. B. – Wasser – Abwasser – Gase, Stäube – Heizöl – Sprinklerleitungen – Feuerlöschleitungen	b) Rohrleitungen mit einem Außendurchmesser bis d =160 mm aus nichtbrennbaren Baustoffen – ausgenommen Aluminium und Glas –, auch mit Beschichtung aus brennbaren Baustoffen „normalentflammbar" bis zu 2 mm Dicke und „schwerentflammbar" bis 3 mm Dicke.
 d ≤ 32 mm brennbar	– PB – PE/PE-X – PVC/PVC-C – Verbundrohre – Leerrohre für elektr. Leitungen – Alu/Glas	nichtbrennbare Medien, z. B. – Wasser – Gase – Stäube	c) Rohrleitungen für nichtbrennbare Flüssigkeiten, Dämpfe, Gase oder Stäube und Installationsrohre für elektrische Leitungen mit einem Außendurchmesser d ≤ 32 mm aus brennbaren Baustoffen, Aluminium oder Glas.

Zu Buchstabe c) Installationsrohre für elektrische Leitungen d ≤ 32 mm

Installationsrohre für elektrische Leitungen werden Unterputz oder in Installationsschächten hinter Vorwand-Systemen mit Trockenbauverkleidung verlegt. Bei Verlegung durch raumabschließende Bauteile, mit Anforderungen an die Feuerwiderstandsdauer, sind die Öffnungen an den Ein- und Ausfädelungen rauchgasdicht zu verschließen, um das Schutzziel einer Rauchausbreitung zu verhindern.

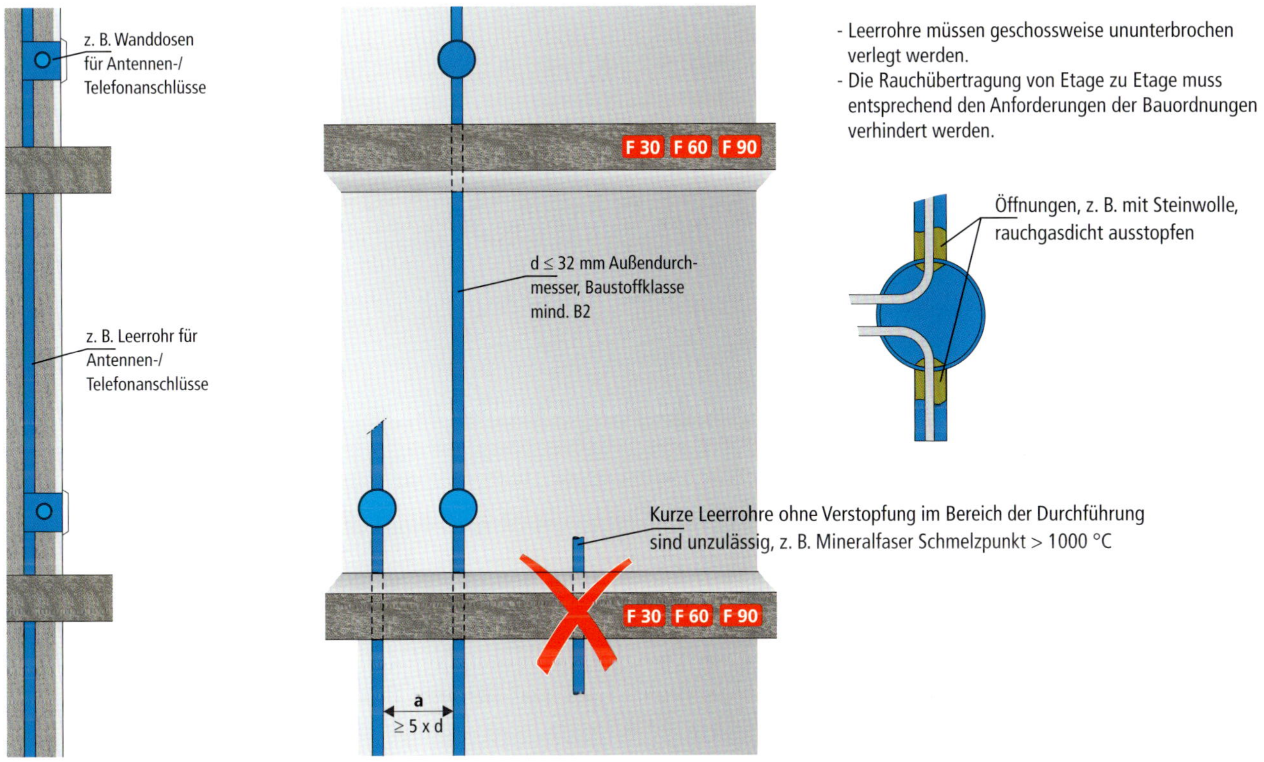

Bild A-II–55: Montagebeispiel von Leitungsdurchführungen einzelner brennbarer Elektro-Leerrohre bis d = 32 mm

A

4.3.1 Einzelne Leitungen ohne Dämmung in gemeinsamen Durchbrüchen für mehrere Leitungen (Fortsetzung)

[2]Dies gilt nur, wenn

a) der lichte Abstand der Leitungen untereinander bei Leitungen nach Satz 1 Buchstaben a und b mindestens dem einfachen, nach Satz 1 Buchstabe c mindestens dem fünffachen des größeren Leitungsdurchmessers entspricht,
b) der lichte Abstand zwischen einer Leitung nach Satz 1, Buchstabe c und einer Leitung nach Satz 1, Buchstaben a oder b mindestens dem größeren der sich aus der Art und dem Durchmesser der beiden Leitungen ergeben, den Abstandsmaßen (Satz 2, Buchstabe a) entspricht,
c) die feuerbeständige Wand oder Decke eine Dicke von mindestens 80 mm, die hochfeuerhemmende Wand oder Decke eine Dicke von mindestens 70 mm, die feuerhemmende Wand oder Decke eine Dicke von mindestens 60 mm hat und
d) der Raum zwischen den Leitungen und den umgebenden Bauteilen mit Zementmörtel oder Beton in der vorgenannten Mindestbauteildicke vollständig ausgefüllt wird.

Die zulässige Durchführung einzelner Leitungen gilt allerdings nur, wenn die in den Buchstaben a) bis d) des Satzes 2 Abschnitt 4.3.1 gestellten Rahmenbedingungen eingehalten werden.

Tab. A-II-19: Beispielhafte Darstellung der Abstandsregelung für Leitungsanlagen ohne Dämmung in gemeinsamen Durchbrüchen (MLAR, Abschnitt 4.3.1)

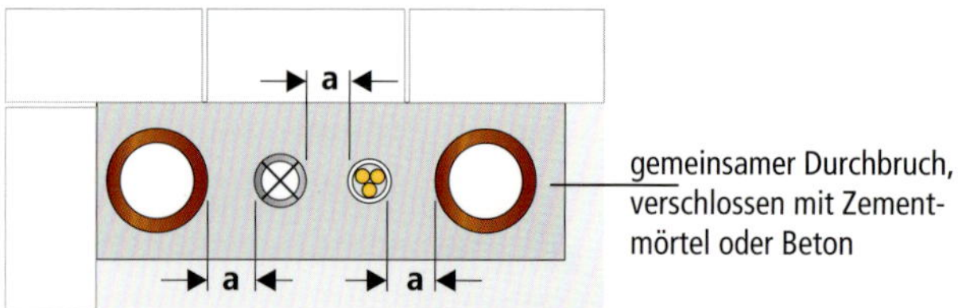

a = Abstandsregelung bei ungedämmten Leitungen untereinander.
Der Abstand a gilt zwischen den Leitungen.

a)	**elektrische Leitungen**
b)	**nichtbrennbare Rohrleitungen bis d ≤ 160 mm**
c)	**brennbare Rohrleitungen bis d ≤ 32 mm, durchgängige Leerrohre d ≤ 32 mm für elektrische Leitungen, z. B. Antennen, EDV**

Leitungstyp und mögliche Kombinationen a) d ∞, 1) · b) d ≤ 160 mm · c) d ≤ 32 mm	**Abstandsregel**
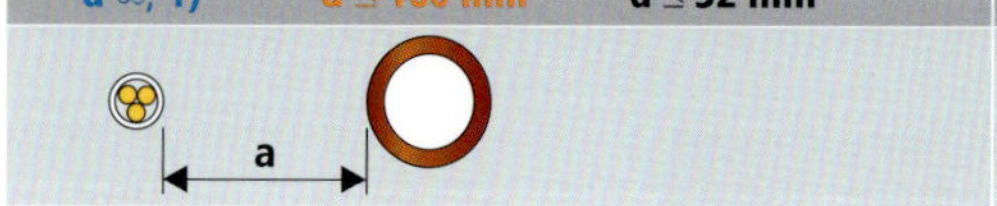	**a** = 1 x d des größten Durchmessers
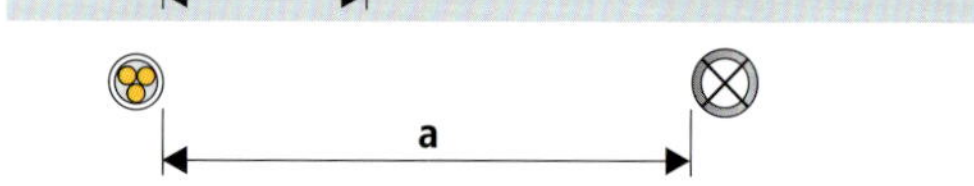	**a** = das größte Maß aus 1 x d oder 5 x d
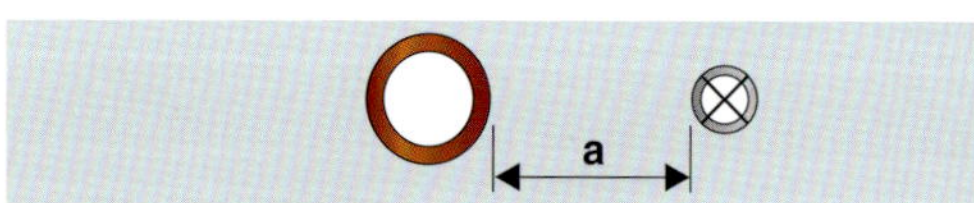	**a** = das größte Maß aus 1 x d oder 5 x d
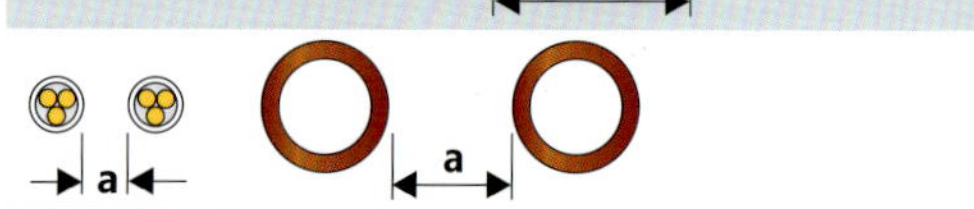	**a** = 1 x d des größten nebeneinander liegenden Durchmessers
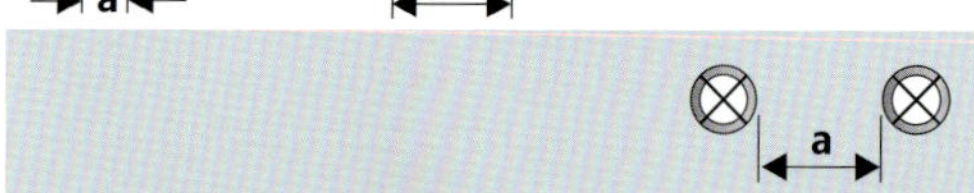	**a** = 5 x d des größten nebeneinander liegenden Durchmessers

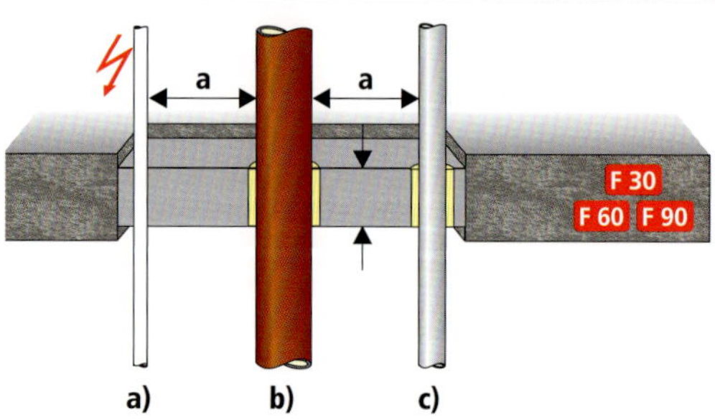

Mindestbauteildicke der Decke oder Wand entsprechend der geforderten Feuerwiderstandsdauer Bild A-II-56

Durchführungsqualität und max. Dicke, siehe Abschnitt 4.3.1 und Abschnitt 4.3.3

1) Die Durchführung von Einzelleitungen erfolgt i.d.R. mit einer passgenauen Bohrung und einer vergrößerten Bohrung (+ 10 mm im Durchmesser). Verschluss der eventuelle Restquerschnitte, mit max. 15 mm Breite, erfolgt mit im Brandfall aufschäumenden Baustoffen.

Das gilt auch für metallische Rohre, wenn die Befestigung der Rohre so erfolgt, dass im Brandfall keine Zwängungskräfte auf die Schachtwand wirken, z. B. durch Einbau einer elastischen Mineralwolldämmung, Schmelzpunkt > 1000 °C in Verbindung mit einer mechanischen Befestigung der Rohre.

zu c) und d)

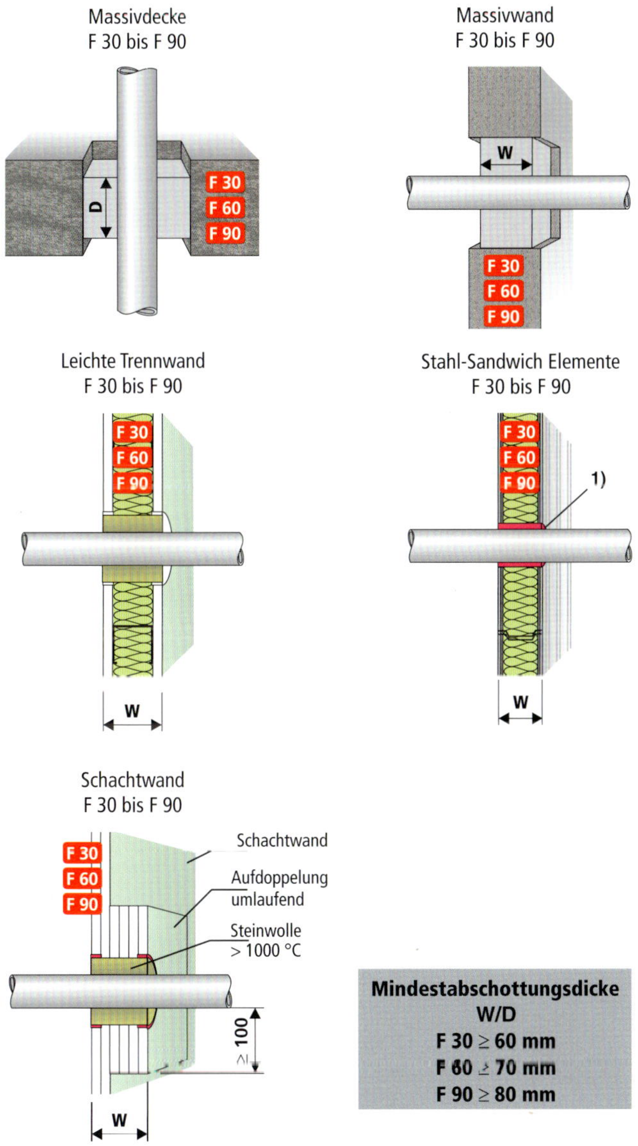

1) Die Durchführung von Einzelleitungen erfolgt i.d.R. mit einer passgenauen Bohrung und einer vergrößerten Bohrung (+ 10 mm im Durchmesser) im Bereich der Deckbleche. Der Verschluss im Bereich der Deckbleche und eventuelle Restquerschnitte, mit max. 15 mm Breite, erfolgt mit im Brandfall aufschäumenden Baustoffen.

Bild A-II-56: Darstellung der Abschottungssituationen gemäß MLAR, Abschnitt 4.3.2

Legende zu Bild A-II-56:
Brandschutztechnisch bestehen keine Bedenken, Schachtwände in Verbindung mit brennbaren Rohren und einzelnen elektrischen Kabeln/Leitungen zu verwenden, wenn die Wand bzw. Schachtdurchführung im Bereich der Durchführung umlaufend ≥ 100 mm auf eine Mindestabschottungsdicke **W** aufgedoppelt wird.

Hinweise zu den Bauteil-/Abschottungsdicken:
- Die **Mindestabschottungsdicke D/W** wird entsprechend der Feuerwiderstandsdauer wie folgt festgelegt:
  F 30 ≥ 60 mm, F 60 ≥ 70 mm, F 90 ≥ 80 mm
- Die **Mindestabschottungsdicke D/W** muss bei Massivbauteilen nicht der Mindestbauteildicke entsprechen.
- **Dickere Massivbauteile F 30/60/90** müssen im Bereich der Leitungsabschottung, z. B. in einer Kernbohrung nur in der Mindestabschottungsdicke D/W und einseitig gemäß MLAR, Abschnitt 4.3 abgeschottet werden, unabhängig von der Bauteildicke. Bei diesen Bauteilen kann das Feuer nicht in das Bauteil eindringen.
- **Dünnere Massivbauteile**, z. B. F 30-/60-/90-Schachtwände und F 30-/60-/90-Gipsbauwände müssen im Bereich der Durchführung umlaufend in der Größe von ca. 100 mm bzw. bis zum nächsten massiven Bauteil auf die Mindestabschottungsdicke D/W aufgedoppelt werden.
- Bei **Metallständerwänden F 30-/60-/90** müssen die Verschlüsse im Bereich der Beplankungen beidseitig eingebracht werden. Bei diesen Bauteilen könnte sonst das Feuer in das Bauteil eindringen.

Hinweise zu den Leitungsbefestigungen:
- Für die Befestigung beidseitig der Leitungsdurchführungen gemäß MLAR, Abschnitt 4.3 werden durch die MLAR keine Mindestbefestigungsabstände der Leitungsanlagen beidseitig des Bauteils vorgeschrieben.
- Es gelten die von den Herstellern der Rohrsysteme und der Kabeltragsysteme empfohlenen Befestigungsabstände, unabhängig davon, auf welcher Seite sich ein entsprechend größerer Abstand ergibt (z. B. ist bei Massivwänden kein mittiger Einbau der Wand zwischen den Befestigungen erforderlich).
- Die Leitungsdurchführungen durch feuerhemmende leichte Trennwände sollten möglichst immer mit eingespachtelten Mineralwolldämmschalen oder Dämmmatten oder einer festen Ausstopfung, Schmelzpunkt > 1000 °C, ausgeführt werden, damit im Brandfall keine zerstörenden Bauteilzwängungen durch die Bewegung der Wände oder Gewichte der Trassen entstehen. Die Abstände der Befestigungen sollten so gewählt werden, dass im Brandfall die Gewichte der betroffenen Leitungsanlagen die Bauteile nicht beanspruchen. Befestigungsabstände > 1,5 m sind zu vermeiden.

Die Ergänzungen unter Buchstabe c) erfolgen im Hinblick auf die MBO. Die angegebenen Mindestdicken werden aufgrund der Notwendigkeit des Erhalts der brandschutztechnischen Eigenschaften auch bei Durchdringungen eingeführt. Die genannten Dicken sind erforderlich, um die Erleichterungen nach Abschnitt 4.3.1 zu gewähren; Bauteile nach DIN 4102-4 weisen entsprechende Mindestdicken auf.

4.3.2 Einzelne Leitungen ohne Dämmung in jeweils eigenen Durchbrüchen oder Bohröffnungen

[1]Abweichend von Abschnitt 4.1 gelten die Vorgaben des Abschnitts 4.3.1. [2]Es genügt jedoch, den Raum zwischen der Leitung und dem umgebenden Bauteil oder Hüllrohr aus nichtbrennbaren Baustoffen mit Baustoffen aus Mineralfasern oder mit im Brandfall aufschäumenden Baustoffen vollständig zu verschließen. [3]Der lichte Abstand zwischen der Leitung und dem umgebenden Bauteil oder Hüllrohr darf bei Verwendung von Baustoffen aus Mineralfasern nicht mehr als 50 mm, bei Verwendung von im Brandfall aufschäumenden Baustoffen nicht mehr als 15 mm betragen. [4]Die Mineralfasern müssen eine Schmelztemperatur von mindestens 1000 °C aufweisen.

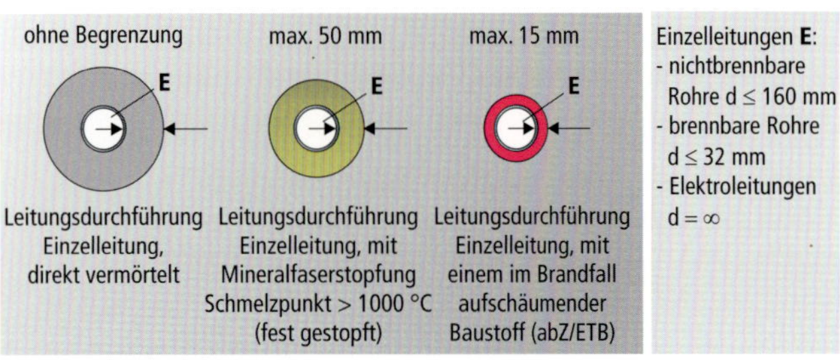

Bild A-II-57: In Abschnitt 4.3.2 wird geregelt, wann einzelne Leitungen ohne Dämmung alleine durch einen brandschutztechnisch zu verschließenden Durchbruch bzw. Kernlochbohrungen geführt werden können. Die Mindestabschottungsdicken sind in den F 30-/F 60-/F 90-Bauteilen einzuhalten. Die Abstandsregeln der Einzeldurchführungen sind wie beschrieben ebenfalls einzuhalten

Die Mineralfaserstopfung gilt bei dieser Anwendung vorrangig als Mörtelersatz und nicht als Dämmung. Die Stopfung sollte eine Rohdichte > 90 kg/m³ haben, um die Weiterleitung von Rauch zu begrenzen.

Alternativ sollte eine ca. 1–2 mm dicke „Versiegelung" der Stirnseite mit im Brandfall aufschäumenden Baustoffen, z. B. mit Brandschutzsilikon oder einer Farbe für Kabelbeschichtungen, erfolgen. Dies gilt, wenn der Raumabschluss auf andere Weise nicht ausreichend sichergestellt werden kann.

In Leichtbauwänden kann ein nichtbrennbares Hüllrohr bzw. eine nichtbrennbare Auslaibung montiert werden, z. B. Stahlblech, eine formstabile Mineralfaserschale, Schmelztemperatur > 1000 °C oder Auslaibung in Beplankungsqualität.

Alle weiteren Kombinationen sind bei Beibehaltung der Abstandsregeln möglich. Geringere Abstände ergeben sich bei gedämmten Rohrleitungen mit nichtbrennbaren Dämmstoffen im Bereich der weiterführenden Dämmung gemäß Abschnitt 4.3.3.

Bei der Verwendung von im Brandfall aufschäumenden Baustoffen ist ebenfalls ein vollständiger Verschluss der Restöffnung erforderlich, da andernfalls wegen zu niedriger Temperatur die noch nicht ausgelöste Aufschäumung der Baustoffe kalten Rauch überströmen lässt. Derartige Baustoffe bedürfen als bauaufsichtlichen Ver- und Anwendbarkeitsnachweis einer allgemeinen bauaufsichtlichen Zulassung (abZ) bzw. ETA (deutsch: ETB).

Ein vollständiger Verschluss der Restöffnung mit Mineralwolle, Schmelzpunkt > 1000 °C (bzw. im Brandfall aufschäumenden Baustoffen (Dämmstoffbildner)) ist grundsätzlich erforderlich, jedoch nur auf einer Gesamtlänge der geforderten Mindestabschottungsdicke D/W. Bei Wand- bzw. Deckendicke von z. B. 200 mm reicht ein Verschluss beidseitig auf einer Länge von jeweils ½ von D/W aus.

Mindestabschottungsdicke D/W:
F 30 ≥ 60 mm, F 60 ≥ 70 mm, F 90 ≥ 80 mm

Die Ringspaltbreite s ist als Mittelwert zu betrachten, so dass eine exzentrische Verlegung von Rohren bzw. Kabeln innerhalb einer Durchführung akzeptiert werden kann.

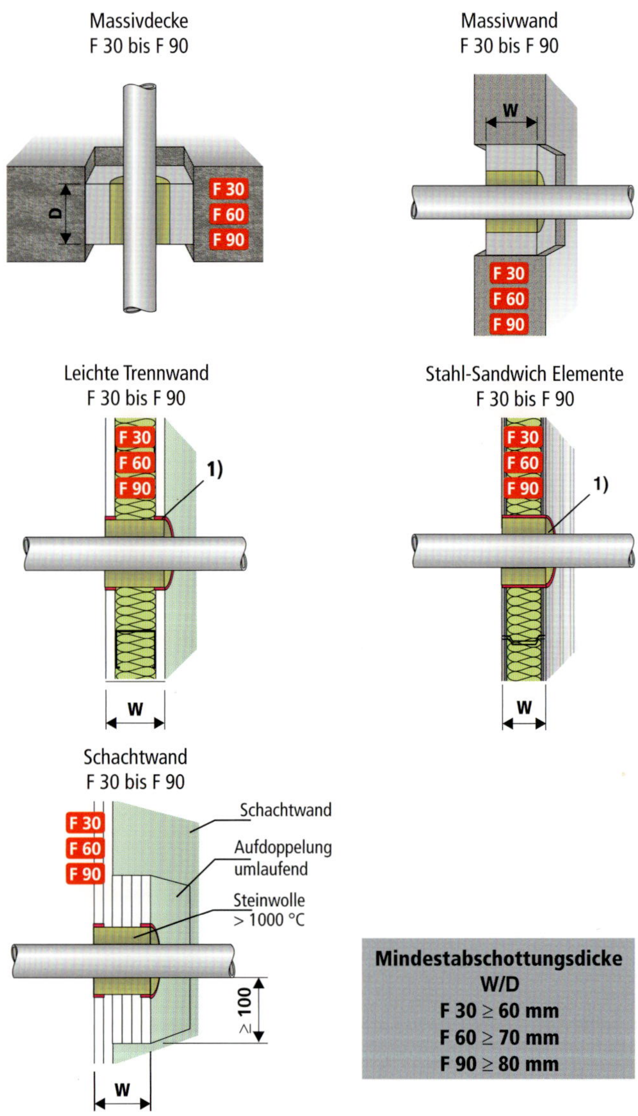

1) Die Durchführung von Einzelleitungen erfolgt i.d.R. mit einer passgenauen Bohrung und einer vergrößerten Bohrung (+ 10 mm im Durchmesser) im Bereich der Deckbleche. Der Verschluss im Bereich der Deckbleche und eventuelle Restquerschnitte, mit max. 15 mm Breite, erfolgt mit im Brandfall aufschäumenden Baustoffen.

Bild A-II-58: Darstellung der Abschottungssituationen gemäß MLAR, Abschnitt 4.3.2

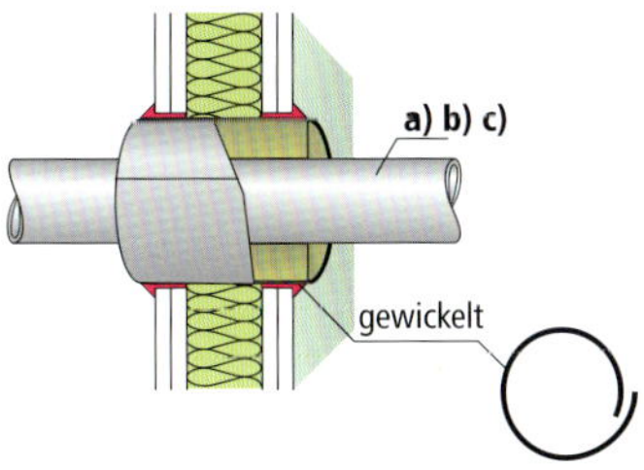

Hüllrohr nichtbrennbar, z. B. 0,7 mm gewickelt und umlaufend auf beiden Seiten eingespachtelt bzw. abgedichtet. Die Stopfung sollte eine Rohdichte > 90 kg/m³ und eine Schmelztemperatur > 1000 °C, Baustoffklasse A1/A2 haben, um die Weiterleitung von Rauch zu begrenzen.

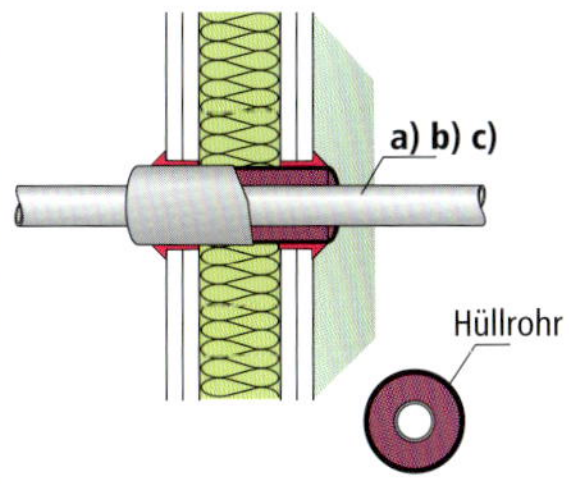

Hüllrohr/Auslaibung nichtbrennbar, umlaufend auf beiden Seiten eingespachtelt bzw. abgedichtet. Spalt mit ≤ 15 mm im Brandfall aufschäumenden Baustoffen (Zulassung erforderlich – abZ) durchgehend ausgefüllt.

Bild A-II–59: Durchführungsbeispiele in leichten Trennwänden mit Hüllrohr/Auslaibung und Leitungstypen a) b) c)

Tab. A-II–20: Beispiele von Abschottungslösungen gemäß MLAR, Abschnitt 4.3.2

Wand- oder Deckendicke entsprechend der geforderten Feuerwiderstandsdauer Bild A-II–58

- **a)** **elektrische Leitungen**
- **b)** **nichtbrennbare Rohrleitungen bis d ≤ 160 mm**
- **c)** **brennbare Rohrleitungen bis d ≤ 32 mm, durchgängige Leerrohre d ≤ 32 mm für elektrische Leitungen, z. B. Antennen, EDV**

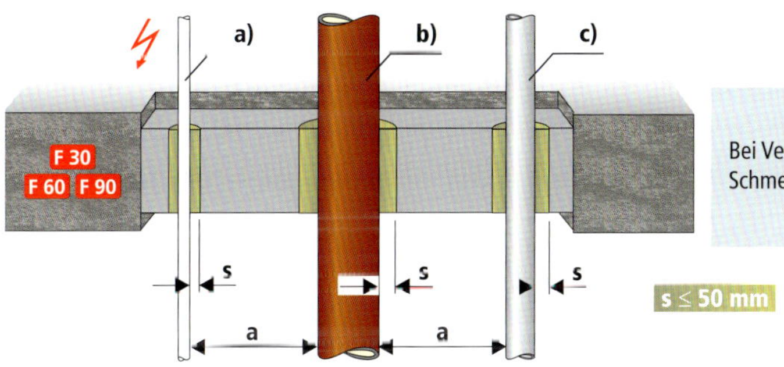

Bei Verschluss des Ringspaltes **s** um die Leitungen mit Mineralfaser, Schmelzpunkt > 1000 °C darf **s** max. 50 mm betragen.

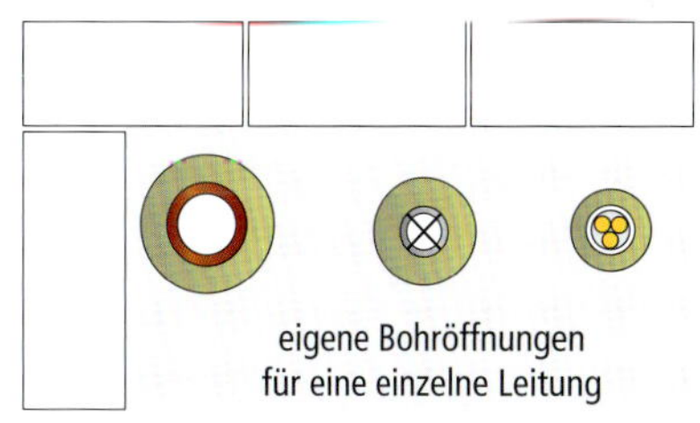

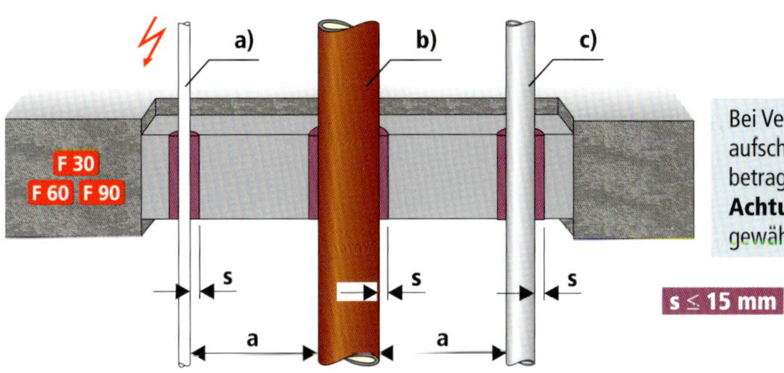

Bei Verschluss des Ringspaltes **s** um die Leitungen mit im Brandfall aufschäumenden Baustoffen (abZ erforderlich) darf **s** max. 15 mm betragen.
Achtung: Bei Rohrleitungen ist der Schall- und Wärmeschutz nicht gewährleistet, wenn dieser gefordert wird.

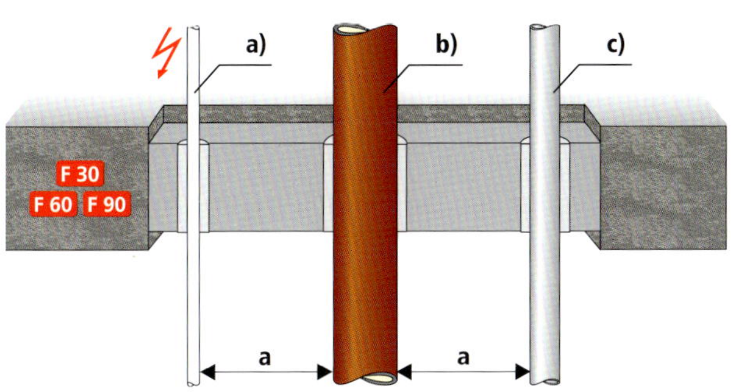

Bei direkter Vermörtelung bzw. Verschluss des Restspaltes mit mineralischen Baustoffen, z. B. Gips, muss keine Spaltbreite berücksichtigt werden.
Achtung: Bei Rohrleitungen ist der Schall- und Wärmeschutz nicht gewährleistet, wenn dieser gefordert wird.

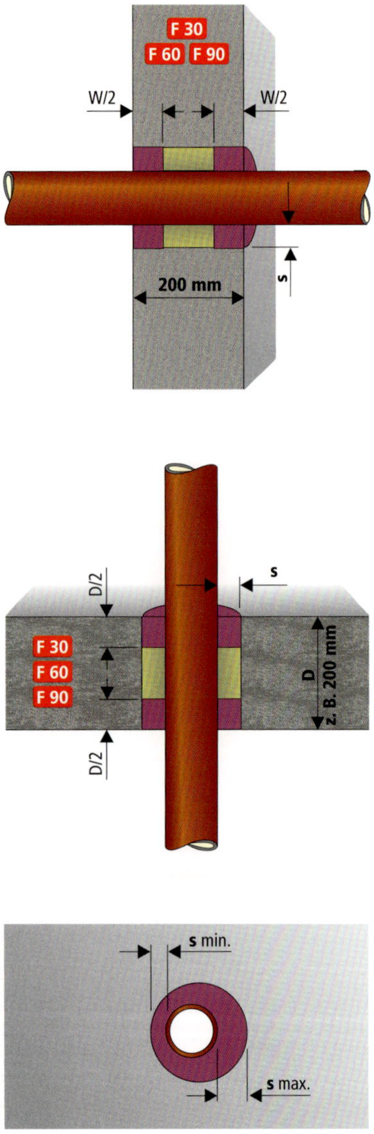

Bild A-II-60: Einbauvariante bei dickeren Massivbauteilen mit beidseitiger Anordnung der Mindestvermörtelungsdicke, aufgeteilt in D/2. Im inneren Zwischenraum kann ein beliebiger nichtbrennbarer Baustoff zur Anwendung kommen. In Sanierungsfällen ist eine vorhandene B1/B2 Dämmung zwischen den im Brandfall aufschäumenden Abschlüssen unbedenklich.

4.3.3 Einzelne Rohrleitungen mit Dämmung in Durchbrüchen oder Bohröffnungen

[1]Abweichend von Abschnitt 4.1 dürfen einzelne Rohrleitungen nach Abschnitt 4.3.1, Satz 1, Buchstaben b und c mit Dämmung in gemeinsamen oder eigenen Durchbrüchen oder Bohröffnungen durch Wände und Decken geführt werden, wenn

a) die feuerbeständige Wand oder Decke eine Dicke von mindestens 80 mm, die hochfeuerhemmende Wand oder Decke eine Dicke von mindestens 70 mm, die feuerhemmende Wand oder Decke eine Dicke von mindestens 60 mm hat,
b) die Restöffnung in der Wand oder Decke entsprechend Abschnitt 4.3.1 oder 4.3.2 bemessen und verschlossen ist,
c) die Dämmung im Bereich der Leitungsdurchführung aus nichtbrennbaren Baustoffen mit einer Schmelztemperatur von mindestens 1000 °C besteht, auch mit Umhüllung aus brennbaren Baustoffen bis 0,5 mm Dicke und
d) der lichte Abstand, gemessen zwischen den Dämmschichtoberflächen im Bereich der Durchführung, mindestens 50 mm beträgt; das Mindestmaß von 50 mm gilt auch für den Abstand der Rohrleitungen zu elektrischen Leitungen.

[2]Bei Rohrleitungen mit Dämmungen aus brennbaren Baustoffen außerhalb der Durchführung ist eine Umhüllung aus Stahlblech oder beidseitig der Durchführung auf eine Länge von jeweils 500 mm eine Dämmung aus nichtbrennbaren Baustoffen anzuordnen.

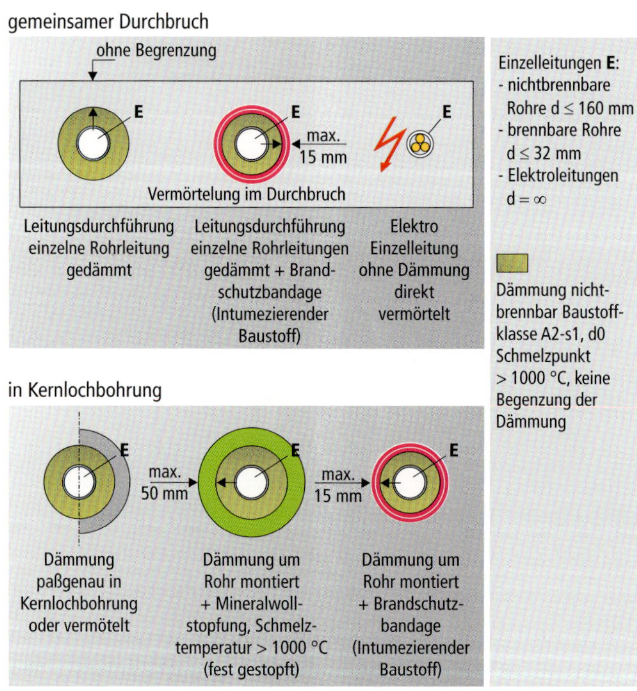

Bild A-II-61: In Abschnitt 4.3.3 wird geregelt, wann einzelne Leitungen mit Dämmung alleine durch einen brandschutztechnisch zu verschließende Durchbrüche bzw. Kernlochbohrungen geführt werden können. Die Mindestabschottungsdicke in den F 30-/F 60-/F 90-Bauteilen ist einzuhalten. Die Abstandsregeln der Einzeldurchführungen sind wie beschrieben ebenfalls einzuhalten.

Bei gedämmten Rohrleitungen mit nichtbrennbaren, weiterführenden Dämmungen wird die Gefahr der erhöhten Wärmeleitung durch den Rohrwerkstoff und das Medium im Brandfall erheblich reduziert. Aus diesem Grund wurde der Abstand a bei weiterführenden Dämmungen aus nichtbrennbaren Dämmstoffen (A1/A2) auf a ≥ 50 mm zwischen den Wand- und Deckendämmungen (Durchführungsdämmung Schmelzpunkt > 1000 °C) reduziert. Geringere Abstände lassen sich nur noch mit geprüften und baurechtlich klassifizierten Abschottungssystemen erreichen.

Die nichtbrennbare Dämmung stellt dabei sicher, dass im Brandfall mit Wärmeleitung über das Rohr auf der dem Brand abgewandten Seite kein Feuer durch Wegschmelzen der Dämmung entsteht.
Durch eine geschickte Kombination der Leitungen zueinander kann eine wesentliche Reduzierung der Bauteilöffnung erreicht werden.

Mit brennbaren Dämmstoffen können grundsätzlich auch geringere Abstände a erreicht werden, wenn die Dämmstoffhersteller eine vergleichbare Eignung zu nichtbrennbaren Dämmstoffen nachweisen, z. B. R-klassifizierte Rohrabschottungen, inkl. der erforderlichen Dämmungen.

Die angegebenen Mindestdicken werden aufgrund der Notwendigkeit des Erhalts der brandschutztechnischen Eigenschaften auch bei Durchdringungen eingeführt. Diese Dicken sind erforderlich, um die Erleichterungen zu gewähren. Bauteile nach DIN 4102-4 mit den dort angegebenen Dicken von 70 mm bzw. 60 mm erfüllen diese brandschutztechnischen Anforderungen.

Hinweis zur Verhinderung von Sekundärbränden

- Die Verhinderung von Sekundarbränden ist eine Aufgabe der Planung gemäß § 14 „Brandschutz" der MBO 2002 und den Landesbauordnungen (LBO). Die Anwendung der Erleichterungen nach MLAR ist zulässig, wenn durch bauliche Maßnahmen dem Schutzziel der MBO § 14 „Brandschutz" bzw. den Vorgaben „Brandschutz" der LBO's Rechnung getragen wird, z. B. Montage der Leitungsanlagen hinter Vorwandinstallationen oder wenn keine brennbaren Gegenstände direkt an den Leitungsanlagen anliegen können.
- Brandschutzschäume dürfen nur dann verwendet werden, wenn diese ausdrücklich für diese Anwendungen zugelassen sind. Sie müssen eine allgemeine bauaufsichtliche Zulassung (abZ) für einen im Brandfall aufschäumenden Baustoff besitzen.

Hinweis zu den Leitungsbefestigungen:

- Für die Befestigung beidseitig der Leitungsdurchführungen gemäß MLAR, Abschnitt 4.3 werden durch die MLAR keine Mindestbefestigungsabstände der Leitungsanlagen beidseitig des Bauteils vorgeschrieben.
- Es gelten die von den Herstellern der Rohrsysteme und der Kabeltragsysteme empfohlenen Befestigungsabstände, unabhängig davon, auf welcher Seite sich ein entsprechend größerer Abstand ergibt (z. B. bei Massivwänden ist kein mittiger Einbau der Wand zwischen den Befestigungen erforderlich).
- Die Leitungsdurchführungen durch feuerhemmende leichte Trennwänden sollten möglichst immer mit eingespachtelten Mineralwolldämmschalen oder Dämmmatten, mit einem Weichschott (inkl. Auslaibung in der leichten Trennwand) oder einer festen Ausstopfung, Schmelzpunkt > 1000 °C, ausgeführt werden, damit im Brandfall keine zerstörenden Bauteilzwängungen durch die Bewegung der Wände oder Gewichte der Trassen entstehen. Die Abstände der Befestigungen sollten so gewählt werden, dass im Brandfall die Gewichte der betroffenen Leitungsanlagen die Bauteile nicht beanspruchen. Befestigungsabstände > 1,5 m sind zu vermeiden.

Tab. A-II-21: Beispielhafte Darstellung der Abstandsregelung für einzelne Rohrleitungen mit Dämmung (MLAR, Abschnitt 4.3.3)

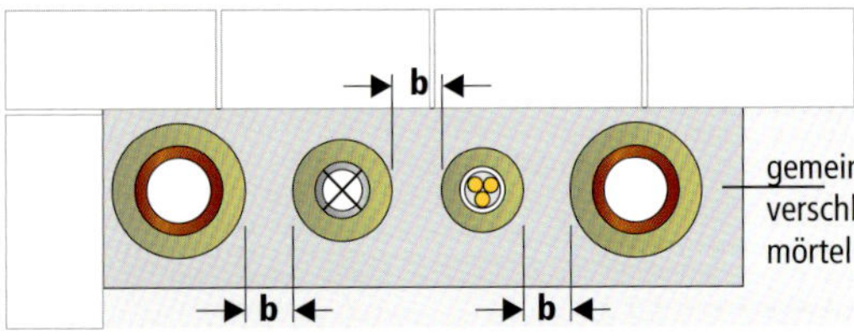

- a) elektrische Leitungen
- b) nichtbrennbare Rohrleitungen bis d ≤ 160 mm
- c) brennbare Rohrleitungen bis d ≤ 32 mm, durchgängige Leerrohre d ≤ 32 mm für elektrische Leitungen, z. B. Antennen, EDV

b = Abstandsregelung bei gedämmten Leitungen untereinander oder gegenüber ungedämmten Leitungen neben einer gedämmten Leitung.
Der Abstand b gilt zwischen den Durchführungsdämmungen/-verschlüssen.

Leitungstyp und mögliche Kombinationen	**Abstände b mit weiterführender Dämmung an beiden Rohren[2], Dämmdicke gemäß EnEV bzw. DIN 1988-2**		
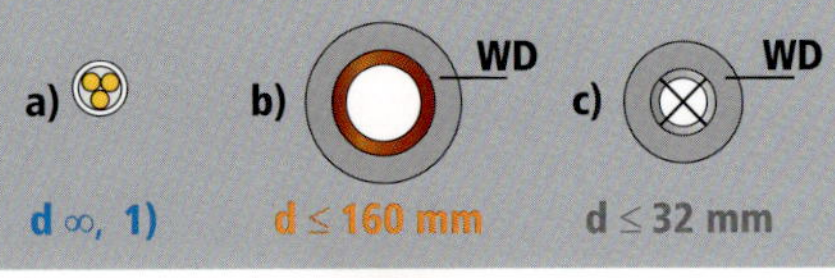	**Variante 1** WD 1 und WD 2 nichtbrennbar A1/A2	**Variante 2[2]** WD 1 nichtbrennbar A1/A2, WD 2 brennbar B1/B2	**Variante 3[3]** WD 1 und WD 2 brennbar B1/B2 mit Blechummantelung L ≥ 500 mm
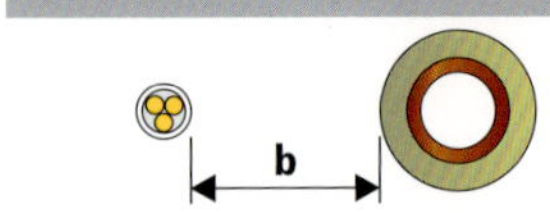	**b** ≥ 50 mm	**b** ≥ 50 mm	**b** ≥ 50 mm
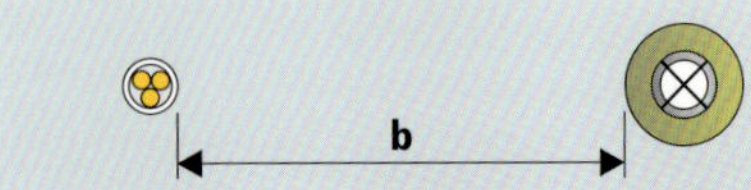	**b** ≥ 50 mm	**b** ≥ 50 mm	**b** ≥ 50 mm
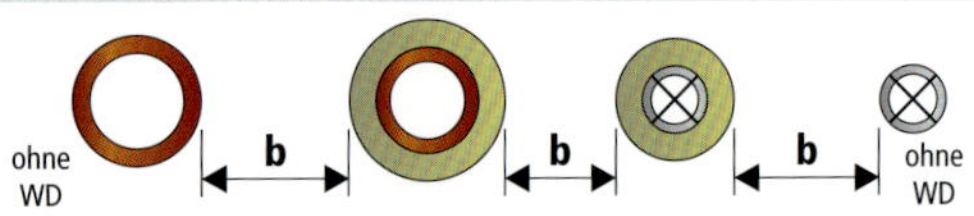	**b** ≥ 50 mm	**b** ≥ 50 mm	**b** ≥ 50 mm
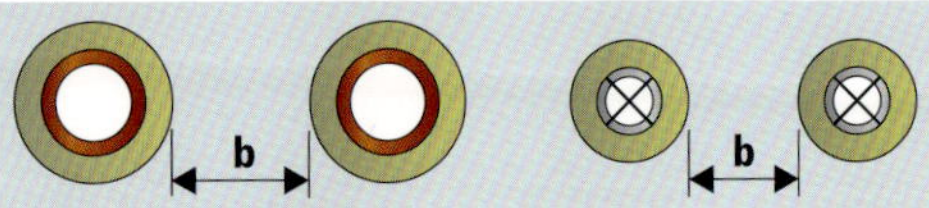	**b** ≥ 50 mm	**b** ≥ 50 mm	**b** ≥ 50 mm

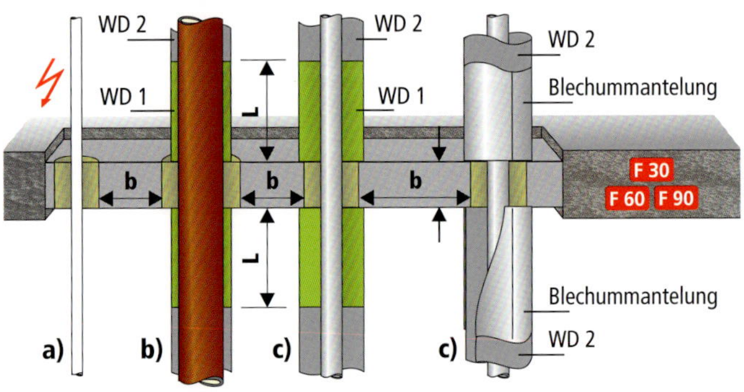

Hinweis:
Bei R 30- bis R 90-Abschottungen sind durchgehende brennbare Dämmstoffe zulässig, wenn ein allgemeines bauaufsichtliches Prüfzeugnis (abP)/Zulassung (abZ) vorliegt, z. B. bei synthetischem Kautschuk.

Mindestabschottungsdicke der Decke oder Wand entsprechend der geforderten Feuerwiderstandsdauer Bild A-II–58

Durchführungsqualität und max. Dicke, siehe Abschnitt 4.3.2 und Abschnitt 4.3.3

1) Für elektrische Leitungen gibt es keine Durchmesserbegrenzung
2) Wenn WD 2 brennbar (B1/B2) ist, gilt für die nichtbrennbare Dämmung WD 1 eine Mindestlänge von L ≥ 500 mm.
3) Werden brennbare Dämmungen WD 1 (B1/B2) direkt am Bauteil bzw. innerhalb L ≥ 500 mm montiert, muss eine Blechummantelung (Stahl verz.) montiert werden.

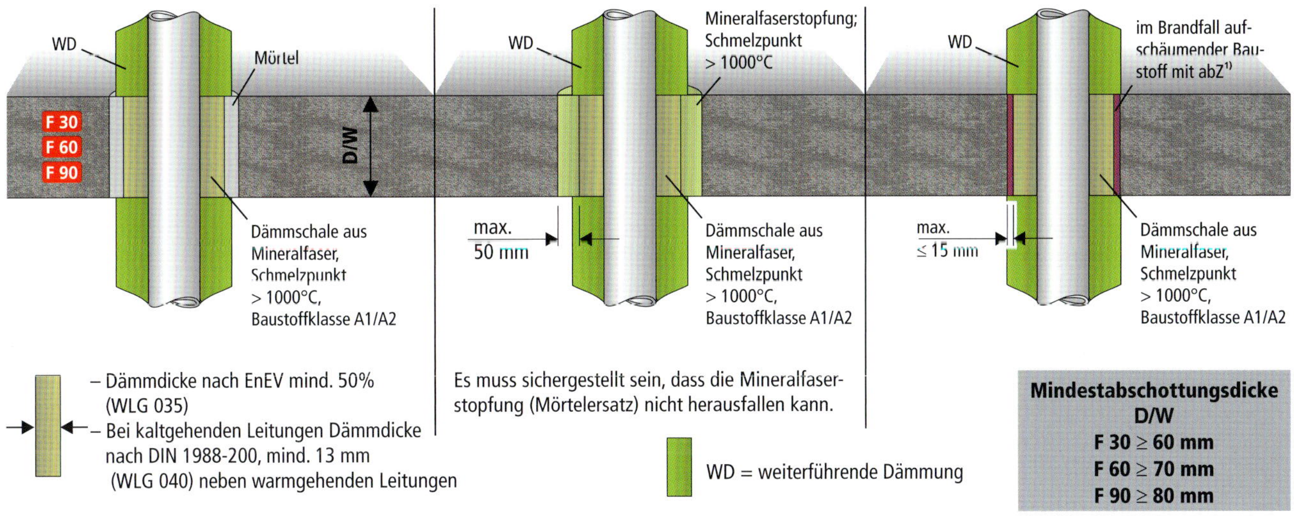

1) Brandschutzschäume dürfen nur dann verwendet werden, wenn diese ausdrücklich für diese Anwendungen zugelassen sind. Sie müssen eine allgemeine bauaufsichtliche Zulassung (abZ) für einen im Brandfall aufschäumenden Baustoff besitzen.

Mindestabschottungsdicke der Decke oder Wand entsprechend der geforderten Feuerwiderstandsdauer Bild A-II–58.

Bild A-II–62: Verschluss von Restöffnungen in massiven Wänden und Decken

Abschottungsbeispiele gemäß den „Erleichterungen" der MLAR, Abschnitt 4.3 und Grenzen von Abweichungen, werden in **Teil I** ausführlich beschrieben.

4.3.4 Einzelne Rohrleitungen mit oder ohne Dämmung in Wandschlitzen oder mit Ummantelung

[1]Abweichend von Abschnitt 4.1 dürfen einzelne Rohrleitungen mit einem Außendurchmesser bis 110 mm

a) aus nichtbrennbaren Baustoffen – ausgenommen Aluminium und Glas – (auch mit brennbaren Beschichtungen) oder

b) aus brennbaren Baustoffen, Aluminium oder Glas für nichtbrennbare Flüssigkeiten, Dämpfe oder Stäube durch die Decken geführt werden.

[2]Dies gilt nur, wenn sie in den Geschossen durchgehend

a) in eigenen Schlitzen von massiven Wänden verlegt werden, die mit mindestens 15 mm dickem mineralischem Putz auf nichtbrennbarem Putzträger mit dahinter liegender mindestens 10 mm dicker, nichtbrennbarer Dämmung mit einer Schmelztemperatur von mindestens 1.000 °C oder mehrlagig mit insgesamt mindestens 25 mm dicken Platten aus nichtbrennbaren mineralischen Baustoffen verschlossen werden; die verbleibenden Wandquerschnitte müssen die erforderliche Feuerwiderstandsdauer behalten, oder

b) einzeln derart in Wandecken von massiven Wänden verlegt werden, dass sie mindestens zweiseitig von den Wänden und im Übrigen von Bauteilen aus mindestens 15 mm dickem mineralischem Putz auf nichtbrennbarem Putzträger mit dahinter liegender mindestens 10 mm dicker, nichtbrennbarer Dämmung mit einer Schmelztemperatur von mindestens 1.000 °C oder mehrlagig aus insgesamt mindestens 25 mm dicken Platten aus nichtbrennbaren mineralischen Baustoffen vollständig umschlossen sind.

[3]Die von diesen Rohrleitungen abzweigenden Leitungen dürfen offen verlegt werden, sofern sie nur innerhalb eines Geschosses geführt werden.

In Abschnitt 4.3.4 wird geregelt, wann einzelne Rohrleitungen alleine ohne weitere Abschottungen in einem Wandschlitz oder -ecke geführt werden können.

Die bisher bekannte Unterputzverlegung von mehreren Rohrleitungen nebeneinander ist in diesem Fall nicht zulässig. Sie ist nur dann zulässig, wenn die Leitungen im Deckenbereich F 30/60/90 nach MLAR, Abschnitt 4.3.3 verlegt oder mit bauaufsichtlich klassifizierten Abschottungen eingebaut werden.

Diese Verlegeart gemäß MLAR, Abschnitt 4.3.4 gilt <u>nur für einzelne Rohrleitungen</u>, z. B. für Entwässerungsleitungen. Zusätzliche einzelne elektrische Leitungen oder kleine Kabelbündel müssen außerhalb der Verkleidung verlegt werden.

In vielen Fällen wird die Anwendung der MLAR, Abschnitt 4.3.1 bis 4.3.3 mit geschlossenen Decken und entsprechenden Abschottungsmaßnahmen wirtschaftlicher sein.

Brandschutztechnisch bestehen keine Bedenken anstelle eines nichtbrennbaren Rohres mit d ≤ 110 mm auch ≤ 2 Rohre mit d ≤ 50 mm nebeneinander in Schlitzen zu verlegen (z. B. Heizungsleitungen o.ä.)

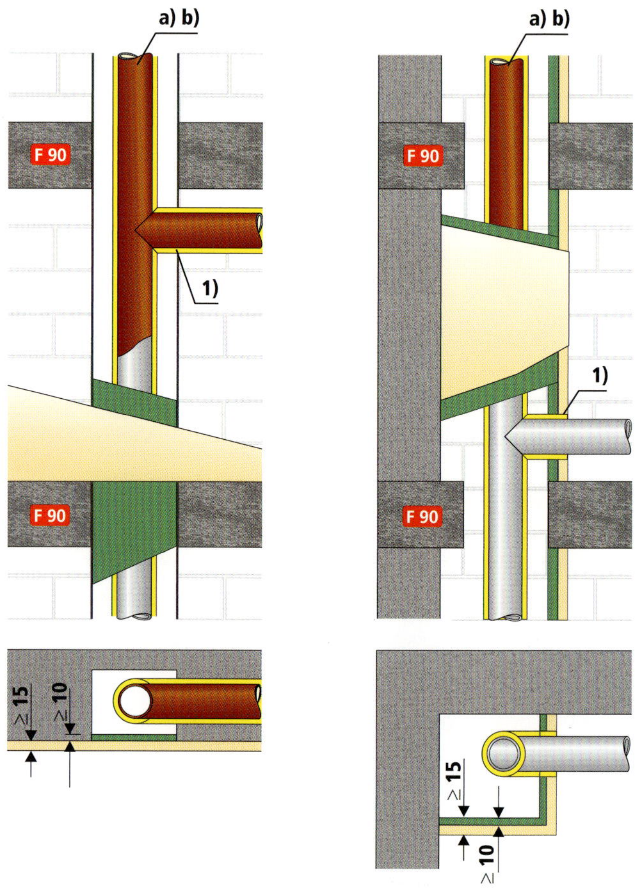

Mineralwollschale oder Mineralwolldämmung Dicke ≥ 10 mm, Schmelzpunkt > 1000 °C

Putz ≥ 15 mm auf nichtbrennbarem Putzträger oder Platte aus mineralischen Baustoffen, Dicke ≥ 15 mm, Baustoffklasse A1 oder mehrlagig nichtbrennbare, mineralische Platten, Dicke ≥ 25 mm

a) Rohrleitung aus nichtbrennbaren Baustoffen, bis d = 110 mm, mit/ohne brennbarer oder nichtbrennbarer Wärme-/Körperschalldämmung
b) Rohrleitung aus brennbaren Baustoffen, Aluminium oder Glas, bis d = 160 mm, für nichtbrennbare Medien, mit/ohne brennbarer oder nichtbrennbarer Wärme-/Körperschalldämmung
1) abzweigende Leitungen brauchen nicht geschottet zu werden

Hinweis:
- nur bei Deckendurchführungen anwendbar
- das Verschließen der Decken innerhalb des Schlitzes wird aus Sicherheitsgründen dringend empfohlen (keine verbindliche Forderung gem. MLAR)

Bild A-II–63: Beispielhafte Darstellung einer Leitungsinstallation mit/ohne Dämmung in Wandschlitzen oder mit einer Ummantelung gemäß MLAR, Abschnitt 4.3.4

5 Funktionserhalt von elektrischen Leitungsanlagen im Brandfall

5.1 Grundlegende Anforderungen

5.1.1 [1]Die elektrischen Leitungsanlagen für bauordnungsrechtlich vorgeschriebene sicherheitstechnische Anlagen ~~und Einrichtungen~~ müssen so beschaffen oder durch Bauteile abgetrennt sein, dass die sicherheitstechnischen Anlagen ~~und Einrichtungen~~ im Brandfall ausreichend lang funktionsfähig bleiben (Funktionserhalt). [2]Dieser Funktionserhalt muss bei möglicher Wechselwirkung mit anderen Anlagen~~, Einrichtungen oder~~ und deren Teilen gewährleistet bleiben.

Die grundlegenden Anforderungen nach 5.1.1 beschreiben das eigentliche Schutzziel der MLAR zum Funktionserhalt **von elektrischen Leitungsanlagen im Brandfall**. Die Notwendigkeit, dass eine sicherheitstechnische Anlage bauordnungsrechtlich gefordert wird, ergibt sich in der Regel aus der Baugenehmigung, Sonderbauverordnung/-richtlinie und den besonderen Anforderungen im Brandschutzkonzept/-nachweis, im Zusammenhang mit Abweichungen und Erleichterungen vom Bauordnungsrecht.

Der Begriff **„Einrichtungen"** wurde gestrichen, da sich der Funktionserhalt der elektrischen Leitungen in der MLAR auf die Anlagen beziehen soll, die im Abschnitt 5.3 aufgeführt sind. Mit der Streichung wurde deutlich, dass es sich um die Funktionsfähigkeit der zusammenhängenden elektrischen Anlage und nicht um einzelne Einrichtungen handelt.

Um den geforderten Funktionserhalt der Leitungsanlagen (Kabel- und Leitungen, Befestigung, Aufstellorte, Verteiler usw.) unter Beachtung der Schutzziele zu erreichen, sind die in Abschnitt 5.2 beschriebenen Maßnahmen in der Regel als ausreichend anzusehen. Je nach technischer Spezifikation oder besonderen Rahmenbedingungen können auch andere Maßnahmen den geforderten **Funktionserhalt im Brandfall** sicherstellen. Dabei gilt aber immer, dass durch die Maßnahmen das Schutzziel nach 5.1.1 erfüllt wird.

Die Dauer des Funktionserhalts richtet sich nach den Mindestanforderungen für sicherheitstechnische Anlagen, die im Allgemeinen, unter Punkt 5.3 „Dauer des Funktionserhalts", beschrieben sind. Konzeptionell ist es aber jederzeit möglich, von der Dauer des Funktionserhalts nach oben und nach unten abzuweichen, wenn andere Gründe dafür sprechen. Ein Beispiel dafür ist eine Sprinkleranlage mit einem Funktionserhalt von 90 Minuten, in einem Gebäude, das nur die Anforderung feuerhemmend erfüllen muss.

Alternativ können im Brandschutzkonzept/-nachweis Anforderungen an den **Funktionserhalt im Brandfall** von Anlagen gestellt werden, die nicht unter Punkt 5.3 aufgeführt sind. Wenn ein Funktionserhalt für andere Anlagen, z. B. der BOS-Gebäudefunk oder für Kommunikationsanlagen in Schutzräumen zur Fremdrettung, notwendig wird, ist eine Ausführung in Anlehnung an die Anforderungen der MLAR jederzeit möglich.

In der MBO 2002, § 3, Absatz 3, Satz 3 und in den Landesbauordnungen war in vergleichbarer Form festgelegt, dass von den durch öffentliche Bekanntmachung von den eingeführten Technischen Baubestimmungen abgewichen werden konnte, wenn mit einer anderen Lösung im gleichen Maße die allgemeinen Anforderungen nach § 3, Absatz 1, erfüllt wurden. Die MLAR 2005 war eine solche Technische Baubestimmung.

Durch Beschluss der Bauministerkonferenz vom 13.05.2016 wurde die Möglichkeit der Abweichung von den Regeln, u.a. der MLAR, in MBO 2016, § 85a „Technische Baubestimmungen", Absatz 1 Satz 1 bis Satz 3 verschoben und konkretisiert.

(1) [1]Die Anforderungen nach § 3 können durch Technische Baubestimmungen konkretisiert werden. [2]Die Technischen Baubestimmungen sind zu beachten. [3]Von den in den Technischen Baubestimmungen enthaltenen Planungs-, Bemessungs- und Ausführungsregeln kann abgewichen werden, wenn mit einer anderen Lösung in gleichem Maße die Anforderungen erfüllt werden und in den Technischen Baubestimmungen eine Abweichung nicht ausgeschlossen ist.

Die MLAR 2016 ist eine solche Technische Baubestimmung, die als Planungs-, Bemessungs- und Ausführungsregel zur Anwendung kommt.

Zu den Anforderungen an die **Beschaffenheit der Leitungsanlagen** für bauordnungsrechtlich vorgeschriebene sicherheitstechnische Anlagen gehört auch, dass diese Leitungsanlagen im Brandfall, z. B. durch ein **Versagen anderer Anlagen**, während der notwendigen Dauer des Funktionserhalts **nicht beeinträchtigt oder zerstört** werden dürfen. Das heißt, es dürfen keine Einwirkungen auf die Leitungsanlagen erfolgen, die die Eigenschaften verändern. Einwirkungen können ausgeschlossen werden, wenn die Leitungsanlagen entsprechend dimensioniert und angeordnet werden.

Einwirkungen auf die elektrischen Leitungsanlagen für bauordnungsrechtlich vorgeschriebene sicherheitstechnische Anlagen können sein:

- **Zerstörung** von E 30- bis E 90-Funktionserhaltstrassen, z. B. durch herabfallende Installationen (Rohre, Kanäle, Lüftungsleitungen) oder andere Trassen im Brandfall. Hierzu zählt auch, dass sich Trassen mit unterschiedlicher Funktionserhaltsdauer nicht gegenseitig beeinflussen.
- **Temperaturerhöhung** in elektrischen Verteilern E 30 bis E 90 oberhalb der zulässigen Grenzen und dadurch z. B. Ausfall der elektrischen Schaltelemente in den Anlagen (zulässige Betriebstemperaturen gemäß Herstellerangaben).
- **Erhöhung der Luftfeuchtigkeit** in elektrischen Verteilern E 30 bis E 90 und dadurch Ausfall der elektrischen Schaltelemente, durch zum Beispiel einen Kurzschluss.
- **Eindringen** von Staub und Wasser.

Hinweis:
Elektrische Verteiler sind entsprechend der IP-Schutzklassen für den vorgesehenen Anwendungsfall auszuwählen, empfohlen wird bei der Gefahr des Eindringens von Wasser (z. B. durch Auslösen der Sprinkleranlagen) mindestens IP 54 oder höher.

Wechselwirkungen bedeutet ein wechselseitiges aufeinander Einwirken von Anlagen. Mit der Begrifflichkeit Wechselwirkungen werden auch mögliche Fehlfunktionen anderer Anlagen berücksichtigt. Als Anlagen sind dabei auch bauordnungsrechtlich vorgeschriebene Sicherheitsanlagen zu verstehen. Fehlfunktionen dürfen sich auf den Funktionserhalt der nicht betroffenen sicherheitstechnischen Anlagen nicht negativ auswirken. Durch die zunehmende Nutzung von Funk- oder Bussystemen können hier weitere Beeinträchtigungen der ordnungsgemäßen Funktion entstehen.

Wechselwirkungen im Brandfall können zum Beispiel sein:

- Gleichzeitiges Ansteuern von Anlagen, z. B. die Sicherheitsstromversorgungsanlage muss in der Lage sein, die elektrische Leistung für alle angesteuerten sicherheitstechnischen Anlagen gleichzeitig zu übernehmen.
- Ein Kurzschluss in der Sicherheitsbeleuchtungsanlage darf sich nicht auf die Stromversorgung anderer Anlagen, z. B. Entrauchungs- oder Alarmierungsanlage auswirken.
- Bei Störungen von Frequenzumrichtern können z. B. funkvernetzte Brandmelder oder BOS-Anlagen gestört werden.

Diese Problematik muss bereits zu einem frühen Zeitpunkt bei der Planung und Ausführung, insbesondere im Schnittstellenbereich zwischen den einzelnen TGA-Gewerken, berücksichtigt werden.

In der bauordnungsrechtlichen Schutzzielbetrachtung wird von nur **einem Brandereignis** ausgegangen, also ist eine **„Ein-Fehler Betrachtung"** grundsätzlich die Grundlage für die Anforderungen.

Hinweise:
Für die Sicherstellung des Funktionserhalts wird von Bränden der sicherheitstechnischen Anlagen selbst und damit verbundenen Wechselwirkungen bzw. negativen Einwirkungen auf die Beschaffenheit und andere sicherheitstechnischer Anlagen als Ursache nicht ausgegangen:

- Sicherheitstechnische Anlagen dienen der Erhöhung der Sicherheit und sollen die Gefahren aus einem Brand vermindern und nicht Brandursache sein.
- Es erfolgen nicht nur an diesen Anlagen regelmäßige Wartungen, Inspektionen und Instandsetzungen gemäß den allgemein anerkannten Regeln der Technik.
- Die Bau- und Anlagenteile entsprechen den besonderen sicherheitstechnischen Produktnormen und Ver- und Anwendbarkeitsnachweisen.
- Prüfung der Anlagen gemäß den technischen Prüfverordnungen der einzelnen Bundesländer vor Inbetriebnahme, nach wesentlichen Änderungen und wiederkehrend.

Der **elektrotechnisch rückwirkungsfreie Betrieb untereinander** ist gemäß den DIN VDE-Normen bzw. DIN EN-Normen sicherzustellen, wie zum Beispiel die Selektivität der Schutzeinrichtungen.

Diese Anforderungen sind unabhängig vom Brandfall und den Anforderungen der MLAR.

Bei der Unterbringung von sicherheitstechnischen Anlagen – auch in einem gemeinsamen Aufstellraum, Gehäuse oder Einhausung – sind die vom Hersteller angegebenen Betriebsbedingungen, wie z. B. Umgebungstemperatur und Luftfeuchtigkeit zwingend zu beachten. Dies gilt insbesondere im Brandfall.

5.1.2 [1]An Verteiler der elektrischen Leitungsanlagen für bauordnungsrechtlich vorgeschriebene sicherheitstechnische Anlagen ~~und Einrichtungen~~ dürfen auch andere, betriebsnotwendige sicherheitstechnische Anlagen angeschlossen werden. [2]Dabei ist sicherzustellen, dass die bauaufsichtlich vorgeschriebenen sicherheitstechnischen Anlagen ~~und Einrichtungen~~ nicht beeinträchtigt werden.

Zur Vermeidung von negativen Beeinträchtigungen der Funktion von bauaufsichtlich vorgeschriebenen sicherheitstechnischen Anlagen, in Verbindung mit „anderen" Anlagen, müssen unter anderem folgende Gesichtspunkte in Verbindung mit den DIN VDE-Normen, bzw. DIN EN-Normen beachtet werden:

- Maximale Lastaufnahme der Sicherheitsstromversorgung im Brandfall
- Maximale Zuschaltleistung
- Maximale Leistungsbilanz (ggf. Reduzierung durch Lastabwurf)
- Einhaltung der geforderten Überbrückungs- und Umschaltzeiten
- Selektivität der Schutzeinrichtungen und Dimensionierung des Leitungsnetzes
- Rückwirkungsfreiheit

Es gilt, dass für alle bauordnungsrechtlich geforderten sicherheitstechnischen Anlagen die elektrischen Anlagen insbesondere für die notwendige Funktion im Brandfall ausgelegt sein müssen. Hierzu gehört zum Beispiel auch, dass bei der Projektierung der Leitungsquerschnitte die Temperaturerhöhung im Brandfall (Veränderung der elektrischen Widerstände) sowie die Anlaufströme und die Wirk-/Blindleistungen zu berücksichtigen sind. Bei der Auswahl und dem Einbau von Überstrom-Schutzeinrichtungen ist zu beachten, dass der Überstrom eines Stromkreises die Betriebssicherheit anderer Stromkreise der elektrischen Anlagen, für Sicherheitszwecke, nicht beeinträchtigt. Schalt-, Steuer- und Schutzeinrichtungen dürfen durch ansteigende Temperaturen und Luftfeuchtigkeit im Brandfall nicht vorzeitig ausfallen.

Es ist dringend zu empfehlen, dass die entsprechenden Planungsschritte, wie Berechnungen und Kennwerte der elektrischen Betriebsmittel sowie die Einstellwerte und Charakteristika der Schutzorgane, dokumentiert werden. Diese Dokumentation ist für spätere Änderungen oder Erweiterungen für den Betreiber der elektrischen Anlage unerlässlich, damit eine notwendige Neubewertung erkannt und umgesetzt wird. Im Bedarfsfall kann mit dieser Dokumentation der Nachweis zur Erfüllung der bauaufsichtlichen Forderung nach Abschnitt 5.1.2 erbracht werden. Weitere Details sind den DIN VDE-Normen bzw. DIN EN-Normen zu entnehmen.

5.2 Funktionserhalt

5.2.1 Der Funktionserhalt der Leitungen ist gewährleistet, wenn die Leitungen

a) die Prüfanforderungen der DIN 4102-12:1998-11 (Funktionserhaltsklasse E 30 bis E 90) erfüllen oder hierzu gleichwertig klassifiziert sind oder

b) auf Rohdecken unterhalb des Fußbodenestrichs mit einer Dicke von mindestens 30 mm oder

c) im Erdreich verlegt werden.

Abschnitt 5.2 beschreibt in zwei Unterabschnitten, wie
- für elektrische Leitungen und
- für Verteiler der elektrischen Leitungsanlagen

der Funktionserhalt erreicht wird.

Abschnitt 5.2.1 zeigt drei Varianten für die elektrische Leitungen auf.

Die Leitungen nach Buchstabe a) mit Funktionserhalt können nach DIN 4102-12:1998-11 (Teil 12: Funktionserhalt von elektrischen Kabelanlagen Anforderungen und Prüfungen) sein:
- Kabel und Leitungen in Verbindung mit dem Verlege- und Tragesystem
- E 30- bis E 90-Kanäle mit innenliegenden Kabeln und Leitungen
- Leitungen mit zugelassenen Beschichtungen bzw. Bekleidungen
- Schienenverteiler.

Es ist zu berücksichtigen, dass die Kabelanlage an Bauteilen befestigt werden, die mindestens die gleiche Feuerwiderstandsdauer aufweisen wie der geforderte Funktionserhalt. In gesprinklerten Bereichen sind Abweichungen möglich, wenn damit für die Kabelanlage mit Funktionserhalt das Schutzziel nach Abschnitt 5.1.1 erfüllt wird. Der Nachweis kann gemäß MBO 2016 § 85a mit einem Gleichwertigkeitsnachweis geführt werden.

Die Prüfanforderungen unter Buchstabe a) wurden um den Punkt „oder hierzu gleichwertig klassifiziert" ergänzt, da neben den derzeit bekannten nationalen Klassifizierungen auch auf europäischer Ebene an gleichwertigen Klassifizierungen gearbeitet wird.

Nationale Anforderungen

Tab. A-II-22: Übersicht zu nationalen Ver- und Anwendbarkeitsnachweisen von Tragekonstruktionen

Normtragekonstruktion Gemäß DIN 4102-Teil 2 definierte Parameter	**Kabelspezifische Tragekonstruktion** (Abweichungen von den Normtragekonstruktionen) Geprüfte Kabelanlagen mit definierten Parametern auf Grundlage der DIN 4102-12
Vorteil: Kabelhersteller unabhängig **Nachteil:** Höherer Montageaufwand **Verlegearten:** – Verlegung auf Kabelleiter – Verlegung auf Kabelrinnen – Einzelverlegung mit Profilschienen – Einzelverlegung mit Einzelschellen	**Vorteil:** Geringer Material- und Montageaufwand **Nachteil:** Einhaltung der Kombination der geprüften Leitungen mit dem Tragesystem **Verlegearten:** – Verlegearten wie bei den Normtragekonstruktionen jedoch mit größeren Befestigungsabständen, Lasten und ohne vordere Gewindestangenabhängung – Verlegung mit Sammelhaltern – Verlegung mit Kabelklammern – Verlegung mit Installationsrohr
Nachweisführung durch: – allgemein bauaufsichtliches Prüfzeugniss (abP) – gutachterliche Stellungnahme (für Normtragekonstruktionen), vgl. DIN 4102-12:1998-11 Abschnitt 8.3 Die Ausstellung erfolgt durch akkreditierte Zulassungsstellen	

A

Ausblick auf Europa und den Nachweis des Funktionserhalts

Tab. A-II–23: Überblick der europäischen Klassifizierung von Kabelanlagen mit integriertem Funktionserhalt

Kabel und Leitungen (Funktionserhalt 15 bis 30 Minuten)
DIN EN 13501-3/Klassifizierung von Bauprodukten und Bauarten zum Brandverhalten Teil 3 – Klassifizierung mit den Ergebnissen aus den Feuerwiderstandsprüfungen an Bauteilen von haustechnischen Anlagen: Feuerwiderstandsfähige Leitungen und Brandschutzklappen
DIN EN 50577/Kabel und Leitungen – Feuerwiderstandsprüfung an ungeschützten Kabeln und Leitungen (P-Klassifikation)/Prüfung nach EN 1363-1 (ETK nach DIN 4102) – Gilt derzeit für Starkstromkabel und -leitungen, sowie Steuerleitungen, Nennspannung bis 600/1.000 Volt – Prüfverfahren für LWL und Datenleitungen sind noch in Entwicklung
Hinweis: Es fehlt noch eine Produktnorm als Grundlage für die CE-Kennzeichnung und Leistungserklärung.

\+

Tragsystem für Kabel und Leitungen (Funktionserhalt 15 bis 30 Minuten)
– Derzeitig Erarbeitung einer Technischen Regel zur Brandprüfung des Tragsystems. – Prüfung erfolgt in Verbindung mit klassifizierten Kabeln und Leitungen (Funktionserhalt 15 bis 90 Minuten)

=

Kabelanlagen für den elektrischen Funktionserhalt (Funktionserhalt 15 bis 90 Minuten)
Vorteil: In Zukunft können klassifizierte Kabel und Leitungen mit klassifizierten Tragsystemen ohne kabelspezifischen Nachweis gemischt verwendet werden.

Hinweis:
Bei nicht abgeschlossenen Klassifizierungen der Kabelanlagen können die Nachweise auf Grund fehlender CE-Kennzeichnung nicht verwendet werden.

Hinweis zur Planung:
Bei Durchführung der Maßnahmen zum Funktionserhalt sind auch mögliche Brände und Beeinflussungen durch Leitungsanlagen der Allgemeinstromversorgung zu berücksichtigen. Es ist z. B. nicht zulässig, die Leitungen der Stromversorgung für die Sicherheitseinrichtungen (ohne integrierten Funktionserhalt) gemeinsam mit Leitungen der allgemeinen Stromversorgung, in Schächten oder Kanälen der Funktionserhaltsklasse E 30/60/90 nach DIN 4102-12 zu verlegen. Gleiches gilt für die Unterbringung von Verteilern der Stromversorgung für die Sicherheitseinrichtungen gemeinsam mit Verteilern der Allgemeinstromversorgung ohne ergänzende Brandschutzmaßnahmen in einem Raum.

- Im Zuge der Planung und Ausführung sind insbesondere die geprüften Kombinationen bei kabelspezifischen Funktionserhaltstrassen zu berücksichtigen.
- Bei Verlegung von Leitungen auf Funktionserhaltstrassen ist die maximal zulässige Belegung (Gewicht/m) zu beachten.
- Mischverlegungen von Leitungen des Funktionserhalts mit anderen Leitungen auf einer gemeinsamen Funktionserhaltstrasse sind zulässig, wenn die maximal zulässige Belegung (Gewicht/m) und gegenseitige Wechselwirkungen (z. B. EMV) beachtet werden.
- Neben den Vorgaben der Ver- und Anwendbarkeitsnachweise sind insbesondere die DIN VDE-Normen bzw. DIN EN-Normen zu beachten.
- Die Verlegung einer Leitung ohne integrierten Funktionserhalt im oder unter Putz stellt zunächst keine ausreichende Maßnahme zum Funktionserhalt der Leitungen dar. Bei einer Putz- bzw. Betonüberdeckung von mind. 30 mm kann die Gleichwertigkeit ggf. analog der Estrichüberdeckung unter Berücksichtigung der Temperaturenverhältnisse im Material nachgewiesen werden.
- Die Verlegung einer Leitung mit integriertem Funktionserhalt im oder unter Putz kann eine ausreichende Maßnahme zum Funktionserhalt darstellen, wenn diese Verlegeart im Ver- und Anwendbarkeitsnachweis der Funktionserhaltsleitung freigegeben ist.
- Bei vertikalen Leitungstrassen sind, gemäß DIN 4102-12, im maximalen Abstand von 3,5 m wirksame Unterstützungsmaßnahmen erforderlich.

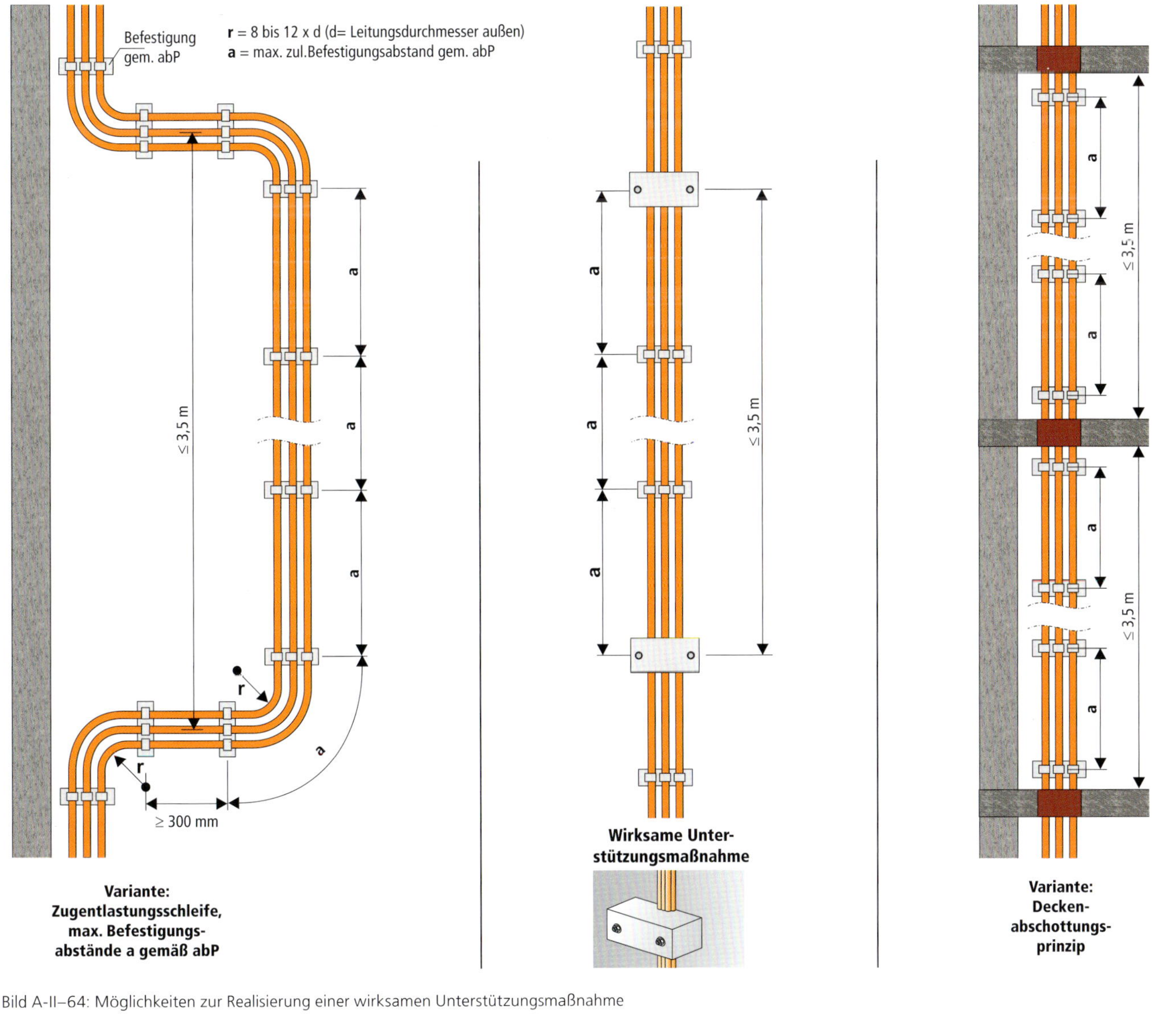

Bild A-II–64: Möglichkeiten zur Realisierung einer wirksamen Unterstützungsmaßnahme

A

Das Schutzziel einer „Wirksamen Unterstützungsmaßnahme" liegt darin, dass im maximalen Abstand von 3,5 m eine Schellenreihe vor Brandeinwirkung thermisch geschützt bleibt. Ziel ist es, dass z. B. die Halterung bestehend aus C-Profilschiene mit Bügelschelle in Verbindung mit dem Leitungsmantel an der geschützten Stelle nicht beschädigt wird. Durch die Maßnahme werden die Zugkräfte in Längsrichtung begrenzt.
Bei thermischer Einwirkung an ungeschützten Befestigungspunkten verliert der Leitungsmantel an Stabilität und Durchmesser. Hierdurch können die Befestigungsschellen locker werden und das Gewicht der Leitungen nicht mehr halten. In Folge kann es insbesondere an den Befestigungspunkten, vom Übergang der vertikalen in die horizontale Verlegung, zu Kurzschlüssen bzw. Unterbrechungen kommen. Alternativ können die Zugkräfte auch wie in der Bild A-II–64 dargestellt, durch Zugentlastungsschlaufen begrenzt werden. Jedoch bedarf diese Art der Ausführung einen erhöhten Platzbedarf und Installationsaufwand.

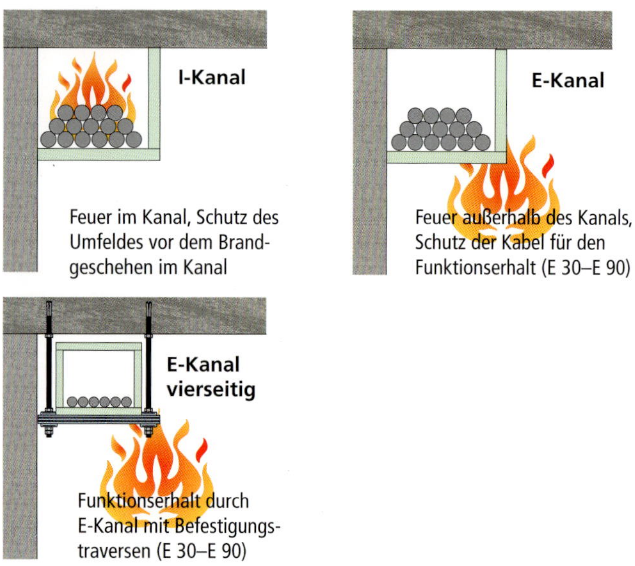

Bild A-II–65: Funktionsprinzip von I 30/60/90- und E 30/60/90- Installationskanälen

Hinweise:

- Die gemeinsame Verlegung von AV-Leitungen und SV-Leitungen „ohne integrierten Funktionserhalt" in gemeinsamen E-Kanälen oder Leerrohren, sind aufgrund möglicher negativer Einwirkungen bzw. Wechselwirkungen zu vermeiden.
- Bei der Befestigung der Kabel und Leitungen innerhalb von I-Kanälen oder E-Kanälen, sind die Vorgaben der jeweiligen Ver- und Anwendbarkeitsnachweise zu beachten.
- Bei der Verlegung von Kabeln und Leitungen in I- oder E-Kanälen, im Erdreich, innerhalb von Dämmungen, Leerrohren, unterhalb schwimmender Estriche, usw. ist die Strombelastbarkeit der Kabel und Leitungen entsprechend der Verlegeart und Häufung gemäß den DIN VDE-Normen, bzw. DIN EN-Normen zu beachten.
- Die Wirksamkeit bzw. Vergleichbarkeit zu den im Abschnitt 5.1.2 aufgelisteten Maßnahmen ist konzeptionell nachzuweisen. Dies gilt auch für die thermische Dimensionierung der Leitungen (Einfluss des elektrischen Widerstandes im Brandfall).
- Der Funktionserhalt für die Kabel und Leitungen kann jedoch entsprechend den grundlegenden Anforderungen, nach Abschnitt 5.1.1, auch dadurch erreicht werden, dass die Leitungen durch Bauteile (Kanäle, Schächte, Wände und Decken) im Brandfall geschützt werden. Die Bauteile müssen jedoch mindestens die gleiche Feuerwiderstandsdauer aufweisen wie die Dauer des geforderten Funktionserhalts.

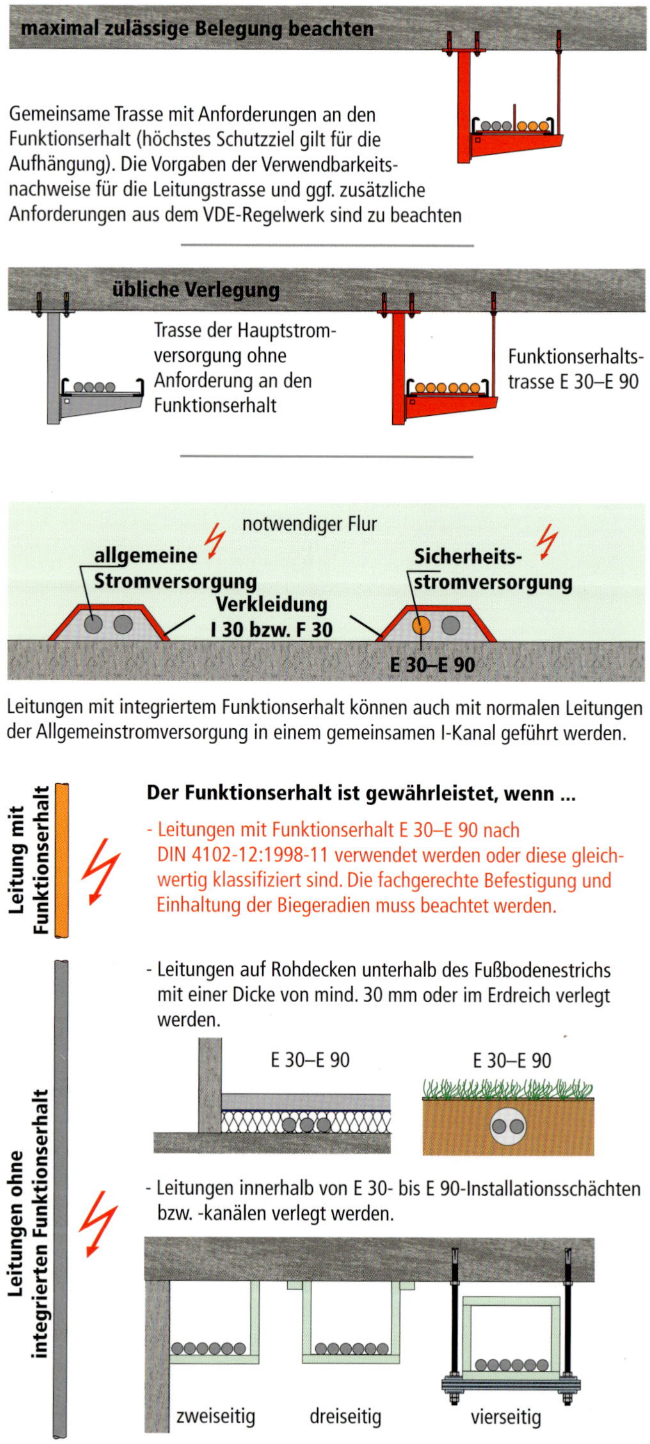

Bild A-II–66: Verlegebeispiele von Kabeltrassen SV und AV (SV = Sicherheitsstromversorgung, AV = allgemeine Stromversorgung)

Die Verlegung von Leitungen nach Abschnitt 5.2.1 Buchstabe b) ist in Bild A-II–66 dargestellt. Weitere Erläuterungen sind im **Teil K** den Praxisbeispielen zu entnehmen.

Die Verlegung von Leitungen nach Abschnitt 5.2.1 Buchstabe c) ist in Bild A-II–66 dargestellt. Weitere Erläuterungen sind im **Teil K** den Praxisbeispielen zu entnehmen.

Bei Leitungen nach Abschnitt 5.2.1 Buchstaben b) und c) gibt es keine Begrenzung der Leitungsquerschnitte für die elektrischen Leitungen sicherheitstechnischer Anlagen.

5.2.2 Verteiler für elektrische Leitungsanlagen mit Funktionserhalt nach Abschnitt 5.3 müssen

a) in eigenen, für andere Zwecke nicht genutzten Räumen untergebracht werden, die gegenüber anderen Räumen durch Wände, Decken und Türen mit einer Feuerwiderstandsfähigkeit entsprechend der notwendigen Dauer des Funktionserhalts und – mit Ausnahme der Türen – aus nichtbrennbaren Baustoffen abgetrennt sind,
b) durch Gehäuse abgetrennt werden, für die durch einen bauaufsichtlichen Verwendbarkeitsnachweis die Funktion der elektrotechnischen Einbauten des Verteilers im Brandfall für die notwendige Dauer des Funktionserhalts nachgewiesen ist oder
c) mit Bauteilen (einschließlich ihrer Abschlüsse) umgeben werden, die eine Feuerwiderstandsfähigkeit entsprechend der notwendigen Dauer des Funktionserhalts haben und – mit Ausnahme der Abschlüsse – aus nichtbrennbaren Baustoffen bestehen, wobei sichergestellt werden muss, dass die Funktion der elektrotechnischen Einbauten des Verteilers im Brandfall für die Dauer des Funktionserhalts gewährleistet ist; der Nachweis des Funktionserhalts der elektrotechnischen Einbauten ist zu dokumentieren.

Abschnitt 5.2.2 zeigt drei Varianten für die Aufstellung und Anordnung von Verteilern für elektrische Leitungsanlagen mit Funktionserhalt auf.

Die Reihenfolge der aufgeführten Maßnahmen a) bis c) stellt keine Wertigkeit dar.

Buchstabe a) Grundsätzlich sind eigene Räume zu bevorzugen. Auf eine ausreichende Größe des Raumes ist zu achten. Zu diesen Räumen sind klassifizierte Türen oder Klappen in der Feuerwiderstandsdauer der Wand anzuordnen. Eine Reduzierung der Anforderung an die Türe/Klappe ist möglich, wenn durch eine Schutzzielbewertung aller Randbedingungen das Gesamtschutzziel des Funktionserhalts erreicht wird, z. B. Anordnung der Türe/Klappe zu einem brandlastenfreien notwendigen Flur.

zu a) Verteiler die in eigenen, für andere Zwecke nicht genutzten Räumen, untergebracht sind.

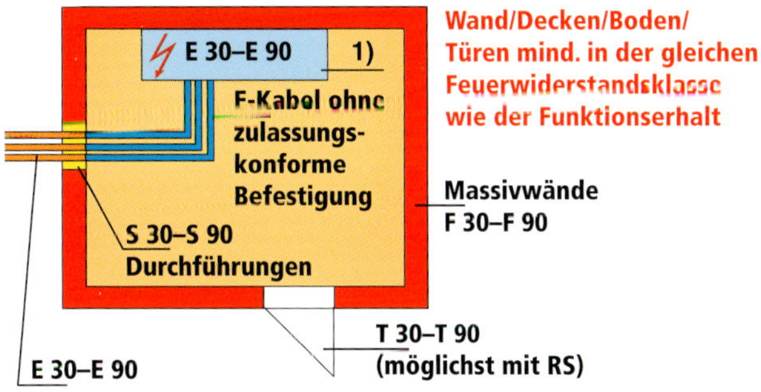

1) Befinden sich Verteiler für den Funktionserhalt, z. B. Sicherheitsstrom-Versorgung, in einem eigenen Raum, dann werden an den Verteiler keine Anforderungen gestellt. Voraussetzung ist, dass die umgebenden Bauteile des Raumes der geforderten Feuerwiderstandsdauer entsprechen. Diese Variante ist grundsätzlich zu bevorzugen.

Bild A-II–67: Sicherheitsgerichtete Verteiler in einem eigenständigen Raum (Buchstabe a)

Die Beachtung folgender Randbedingungen werden empfohlen:

- Das Raumvolumen sollte, zur Reduzierung der mittleren Raum-Innentemperatur ein Mindestvolumen von 15 m^3 haben, z. B. 2 x 3 x 2,5 m.
- Die Montage der sicherheitsgerichteten Verteiler, sollte möglichst auf einer Wand zu einem brandlastarmen Raum, z. B. notwendiger Flur bzw. WC-Raum, erfolgen, um die Gefahr einer direkten Erwärmung der Wand hinter dem Verteiler zu reduzieren.
- Um die Funktion der sicherheitsgerichteten Verteiler elektrotechnisch zu gewährleisten sind die max. zulässigen Betriebstemperaturen der eingebauten Schalteinrichtungen auch im Brandfall einzuhalten. Zur Absicherung des Fachplaners sollte er die Produktdatenblätter der elektrotechnischen Einbauten beachten.
- Um die zulässigen Betriebstemperaturen einzuhalten, besteht die Möglichkeit einer wirksamen Be- und Entlüftung inkl. Montage von Brandschutzklappen oder klassifizierten Lüftungsleitungen in der erforderlichen Feuerwiderstandsdauer der Umfassungsbauteile. Ggf. kann auch eine Klimatisierung erforderlich werden. Um im Brandfall für die Dauer des Funktionserhaltes bei kurzfristigen Temperaturerhöhungen die Funktion der Verteiler sicherzustellen, sind die o.g. Anlagen entsprechend zu dimensionieren.
- Der Raum sollte so groß sein, dass man ihn begehen kann und bei geschlossener Tür arbeiten an den Einbauten (Verteilern) unter Beachtung der Arbeitssicherheitsvorschriften und DIN VDE-Normen, bzw. DIN EN-Normen möglich sind.
- Die raumabschließenden Bauteile (Wände, Boden, Decke) sowie die Zugangstüren bzw. Klappen müssen mindestens der gleichen Feuerwiderstandsfähigkeit entsprechen, wie die Dauer des geforderten Funktionserhalts. Die raumabschließenden Wände schließen direkt an Rohdecken (Decken nach § 31 MBO) an. Im Übrigen müssen die Decken des Raumes die Anforderungen an Decken gemäß § 31 MBO erfüllen.
- Wenn Raum in Raum Lösungen, wie zum Beispiel im Industriebau, erforderlich werden, ist darauf zu achten, dass auch hier die Decken als tragende und raumabschließende Bauteile ausreichend lang standsicher sind. Bei Raum in Raum Lösungen sind Massivbauarten – insbesondere für die Decken – zu bevorzugen.

Hinweis:
Es wird empfohlen auf die Dichtheit der Türen und Klappen zu achten.

Eine abgemauerte Installationsnische, z. B. mit einer lichten Weite von 0,8 x 0,5 m stellt keinen Raum im Sinne der MLAR 5.2.2 Buchstabe a) dar.

Bei nachträglicher Aufstellung oder Anordnung von sicherheitstechnischen Anlagen in gemeinsamen Aufstellräumen zusammen mit **„nicht bauordnungsrechtlich geforderten Anlagen"** wird empfohlen, diese Räume zu unterteilen und die Anlagen voneinander durch bauliche Maßnahmen zu trennen. Diese Maßnahme ist immer sinnvoll, wenn negative Einwirkungen bzw. Wechselwirkungen, bezogen auf den Funktionserhalt, eintreten können. Bei der baulichen Trennung sollten die räumlichen Anforderungen, den oben aufgeführten Punkten entsprechen. Alternativ sind Ausführungen nach den Buchstaben b) bzw. c) möglich.

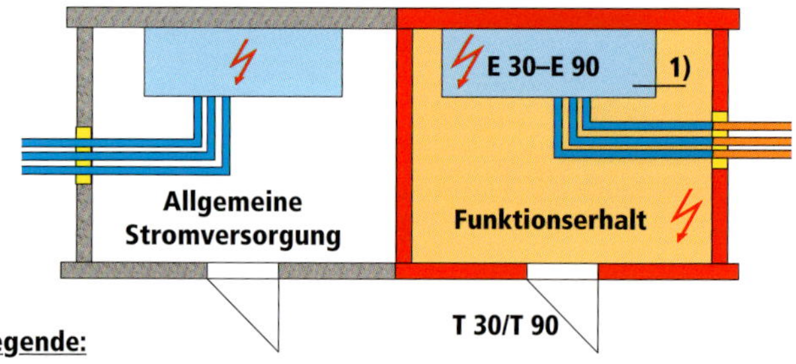

Legende:

- SV-Leitung mit Funktionserhalt
- AV- und SV-Leitung ohne Funktionserhalt
- Verteiler ohne Funktionserhalt
- Verteiler mit Funktionserhalt
- Eigenständiger Raum mit Funktionserhalt

1) Befinden sich Verteiler für den Funktionserhalt, z. B. Sicherheitsstrom-Versorgung, in einem eigenen Raum, dann werden an den Verteiler keine Anforderungen gestellt. Voraussetzung ist, dass die umgebenden Bauteile des Raumes der geforderten Feuerwiderstandsdauer entsprechen. Diese Variante ist grundsätzlich zu bevorzugen.

Bild A-II–68: Verteiler in eigenen für andere Zwecke nicht genutzten Räumen (Buchstabe a)

Abweichend von der MLAR kann es in Einzelfällen zulässig sein, den Verteiler der Stromversorgung für die Sicherheitseinrichtungen im gleichen Raum wie den Verteiler der allgemeinen Stromversorgung aufzustellen.
Dazu ist z. B. über Abstandsvorgaben nachzuweisen, dass eine gegenseitige Beeinträchtigung ausgeschlossen ist oder wenn bestimmte Löschmaßnahmen dazu führen, dass ein Brand in einem Verteiler der allgemeinen Stromversorgung selbsttätig gelöscht wird. Auf die Einhaltung der maximalen zulässigen Umgebungsbedingungen (z. B. maximal zulässige Verteilerinnentemperaturen, Beeinträchtigung der Umgebung durch Brandgase etc.) der elektrotechnischen Einbauten ist zu achten. Die Wirksamkeit bzw. Vergleichbarkeit zu den in Abschnitt 5.2.2 aufgelisteten Maßnahmen ist konzeptionell nachzuweisen. Abweichungen von der technischen Baubestimmung müssen über einen Gleichwertigkeitsnachweis dokumentiert werden.

Buchstabe b) Verwendet werden dürfen sicherheitstechnische Verteiler, für die durch einen bauaufsichtlichen Ver- und Anwendbarkeitsnachweis (z. B. abZ) die Funktion der elektrotechnischen Einbauten des Verteilers im Brandfall für die notwendige Dauer des Funktionserhalts nachgewiesen ist.

zu b) Für die Verteiler muss der Funktionserhalt durch eine Prüfung des „Brandschutzgehäuses" bei Brandbeanspruchung von außen inkl. der zugehörigen Schaltgeräte und Steuerungen im Brandversuch nachgewiesen werden. Dazu gehört auch die Funktion der Be- und Entlüftung im Brandfall, wenn erforderlich. Der „Gesamtfunktionserhalt" ist durch eine allgemeine bauaufsichtliche Zulassung (abZ) bei Brandbeanspruchung von außen inkl. Ein- und Ausführungen der Kabel nachzuweisen.

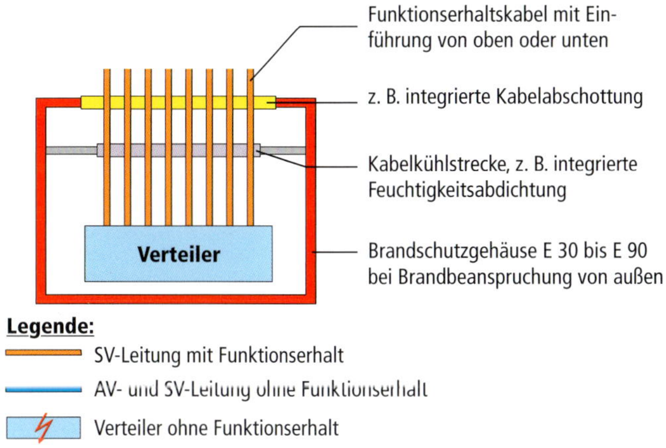

Bild A-II–69: Verteiler in Brandschutzgehäusen mit fester Bestückung oder als Nachweis über ein Leergehäuse mit abZ und Typenprüfung einer festen Bestückung (Buchstabe B)

Mögliche Nachweisführungen können z. B. sein:

A) Brandprüfung inkl. der standardmäßig verwendeten elektrotechnischen Einbauten und Beantragung einer allgemeinen bauaufsichtlichen Zulassung (abZ) für die geprüfte Kombination. Bei passiven Komponenten wie z. B. Verteilerleisten sind keine weiteren Nachweise erforderlich. Für aktive Komponenten wie z. B. eine Brandmelderzentrale sind die spezifischen Betriebs- und Umgebungsbedingungen auch für den „Nichtbrandfall" gemäß den Anforderungen der Bauproduktnormen, wie z. B. DIN EN 54-2 und DIN EN 54-4 einzuhalten. Hierzu zählt u.a., dass die entstehende Abwärme aus dem Gehäuse abgeführt wird, um vorgegebene Betriebstemperaturen einzuhalten und die Bauteile vor Alterung und Toleranzabweichungen zu schützen. Bei der Verwendung von Einhausungen müssen zusätzlich die normativ vorgegebenen Randbedingungen, wie z. B. die Bedienbarkeit und die Lesbarkeit der Anzeigen berücksichtigt werden.

B) Brandprüfung für das **„Leergehäuse"** und Beantragung einer allgemeinen bauaufsichtlichen Zulassung (abZ) mit der Auflage einer **„Typenprüfung"** für die spezifischen elektrotechnischen Einbauten, z. B. Sprachalarmzentralen, Sicherheitsbeleuchtungszentralen, spezifische sicherheitsgerichtete Steuerungen, Überstromschutzeinrichtungen. Die Typprüfung wird ebenfalls im Brandversuch unter elektrischer Last in Verbindung mit dem zugelassenen Leergehäuse durchgeführt und die Eignung der Kombination durch ein/e anerkannte Materialprüfanstalt/Materialprüfamt bestätigt. Das Brandschutzgehäuse mit Einbauten muss durch ein eigenes Typenschild gekennzeichnet sein.

Die Übereinstimmungserklärung des „Herstellers" über die Einhaltung der Auflagen der allgemeinen bauaufsicht lichen Zulassung (abZ) ist nach erfolgtem Einbau aller elektrischen Einbauteile in Verbindung mit den Herstellerunterlagen des typgeprüften Brandschutzgehäuses durch den Errichter der Anlage auszustellen. Auch bei dieser Variante des Nachweises sind die spezifischen Betriebs- und Umgebungsbedingungen im „Nichtbrandfall" für die aktiven Komponenten und die sonstigen Randbedingungen, wie unter **A)** beschrieben, zu berücksichtigen.

Hinweis:
Bei der Planung der Anordnung der Gehäuse im Raum gemäß Buchstabe b) sind mögliche negative Einwirkungen im Brandfall, wie z. B. durch herabfallende Bauteile – „Trümmerlasten" – zu berücksichtigen.

Buchstabe c) Verwendet werden dürfen sicherheitstechnische Verteiler, die mit feuerwiderstandsfähigen Bauteilen umbaut werden („Einhausung").

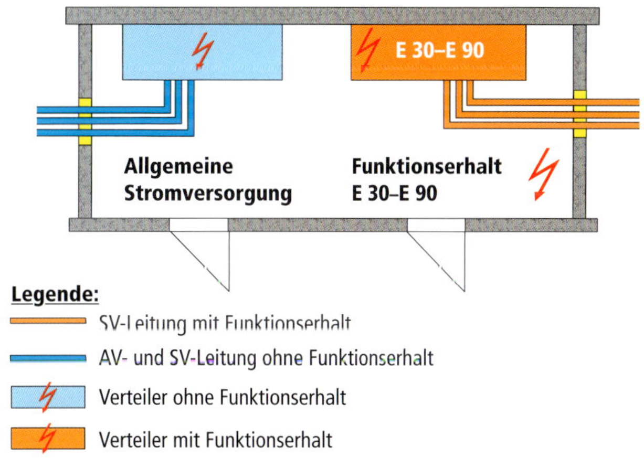

Bild A-II–70: Sicherheitstechnische Verteiler mit vor Ort aus F 30- bis F 90-Bauteilen erstellten Umbauten (Buchstabe c)

Bei dieser Art der Ausführung ist ebenfalls zu beachten, dass alle Bauteile der Einhausung inklusive der Abschlüsse eine Feuerwiderstandsdauer entsprechend der Dauer des geforderten Funktionserhalts haben.

Unter dem Buchstabe c) wurde der Richtlinientext um den Zusatz **„der Nachweis des Funktionserhalts der elektrotechnischen Einbauten ist zu dokumentieren"** ergänzt. Dies setzt voraus, dass im Zuge der Planung und Ausführung, z. B. rechnerische Nachweise angefertigt werden, die durch den Prüfsachverständigen auf Plausibilität überprüft werden können, ob der geforderte Funktionserhalt gewährleistet ist.

Auch bei dieser Art der Ausführung sind die spezifischen Betriebs- und Umgebungsbedingungen im „Nichtbrandfall" für die aktiven Komponenten und die sonstigen Randbedingungen zu beachten. Dies gilt auch für mögliche, negative Einwirkungen und Wechselwirkungen, die den geforderten Funktionserhalt gefährden können.

A

Die drei in der MLAR genannten Varianten unterscheiden sich in der Art der Nachweisführung ihrer Eignung:

In **Buchstabe a)** wird ein Raum (der nicht anders genutzt werden darf) gefordert. An diesen Raum werden lediglich Anforderungen an die raumabschließenden Bauteile gestellt (die Feuerwiderstandsfähigkeit muss mindestens solange gegeben sein, wie die Dauer des Funktionserhalts der Anlagen). Der Raum muss so gestaltet (Raumvolumen, Belüftung, klimatische Einflüsse usw.) sein, dass die Anlagen unter Normalbedingungen „Nichtbrandfall" ordnungsgemäß funktionieren. Von daher empfiehlt es sich, die elektrischen Verteiler so aufzubauen, dass nur wenige Wärme abgebende Bauteile vorgesehen werden (z. B. Ladegeräte, Netzgeräte, Transformatoren). Zusätzlich muss der Raum die Eigenschaft aufweisen, dass die darin verbauten sicherheitstechnischen Anlagen ihre geforderte Funktion über die festgelegte Dauer im Brandfall erfüllen können.

Hinweis:
Wenn im Brandfall die geforderte Funktion nur mit zusätzlicher Kühlung erreicht werden kann, muss auch diese funktionsfähig bleiben.

Für die Eignung eines Aufstellraums gemäß Buchstabe a), werden keine besonderen Nachweise durch die MLAR gefordert. Es empfiehlt sich jedoch, nach erfolgter Inbetriebsetzung der Anlagen die klimatischen Bedienungen innerhalb des Raumes unter Beachtung der maximalen Lastaufnahme über die Dauer des Funktionserhalts zu ermitteln, mit den Herstellerangaben abzugleichen und zu dokumentieren.

Hinweis:
Für das in die Raumluft im Brandfall aus den raumabschließenden Bauteilen austretende gebundene Wasser bestehen keine bauaufsichtlichen Anforderungen. Insbesondere sind keine Grenzwerte festgelegt über die zulässige relative Raumluftfeuchte im Brandfall, aber auch nicht über die absoluten Werte kg Wasser/kg trockene Luft. Die zulässige Luftfeuchtigkeit in Verbindung mit den elektrischen Anlagen kann bei den Komponentenherstellern erfragt werden.

In **Buchstabe b)** wird ein Gehäuse mit bauaufsichtlichem Verwendbarkeitsnachweis gefordert. Alle für den Funktionserhalt relevanten Anforderungen sind im Rahmen der Prüfungen zur Erteilung des Ver-/Anwendbarkeitsnachweises zu berücksichtigen. Bei dieser Art der Ausführung wurde die Funktion der elektrotechnischen Einbauten im Rahmen der Brandprüfung nachgewiesen und in den Ver-/Anwendbarkeitsnachweisen dokumentiert.

In **Buchstabe c)** wird der Nachweis des Funktionserhalts der elektrotechnischen Einbauten explizit gefordert. Hierbei muss der Nachweis durch den „Hersteller" der Einhausung in Verbindung mit dem Errichter der elektrotechnischen Einbauten geführt werden. Dies kann z. B. dadurch erfolgen, dass unter Anwendung der Produktdatenblätter und der Ver-/Anwendbarkeitsnachweise für die Bauteile der Umhausung ein rechnerischer Nachweis geführt wird, dass die Betriebsbedingungen im Inneren so sind, wie es für die geforderte Dauer der Funktion der Anlage im Brandfall erforderlich ist.

Im Ergebnis ist festzuhalten, dass die Wärmebelastung der elektrotechnischen Einbauten nur so groß werden darf, dass im Normalfall wie auch im Brandfall die ordnungs- und bestimmungsgemäße Funktion sichergestellt ist. Innere Wärmelasten der Räume, Verteilergehäuse oder Einhausungen müssen also bereits für den Dauerbetrieb im Normalfall durch sinnvolle Auswahl und Planung der Verteiler begrenzt werden. Wärmeeinträge im Brandfall durch die Raumwände bzw. feuerwiderstandsfähigen Bauteile der Gehäuse und Einhausungen dürfen ebenfalls nur zu einem Temperaturanstieg im Inneren führen, der die Funktionsfähigkeit der Bauteile nicht vor der Dauer des geforderten Funktionserhalts negativ beeinflusst.

Aufgrund der Diskussionen in der Fachwelt über die notwendige Sicherheit von elektrischen Verteilern im Brandfall ist es sinnvoll, sich **zu folgenden Fragen bei der Planung** Gedanken zu machen, um hinsichtlich eines befürchteten Versagens nachweisen zu können, dass sorgfältig geplant und bemessen wurde:

- Welche Wärme geben die in den Verteilern eingebauten Bauteile im Normalbetrieb/Brandfall ab?
- Welche Wärme kann im Normalbetrieb in die Aufstellräume bzw. Gehäuse der Verteiler aus der Umgebung eindringen?
- Welche Wärme kann im Normalbetrieb aus den Aufstellräumen bzw. Gehäusen der Verteiler in die Umgebung abgeführt werden?
- Welche Wärme kann im Brandfall in die Aufstellräume bzw. Gehäuse der Verteiler aus der Umgebung eindringen?
- Welche Wärme kann im Brandfall aus den Aufstellräumen bzw. Gehäusen der Verteiler in die Umgebung abgeführt werden?
- Welche Betriebstemperaturen sind für die Bauteile im Dauerbetrieb zulässig?
- Welche Betriebstemperaturen sind für die Bauteile im Brandfall (Dauer mit Funktionserhalt) zulässig?
- Ab welcher Raumluftfeuchte im Aufstellraum bzw. Gehäuse der Verteiler sind die Bauteile im Dauerbetrieb nicht mehr dauerhaft funktionsfähig?
- Ab welcher Raumluftfeuchte im Aufstellraum bzw. Gehäuse der Verteiler sind die Bauteile im Brandfall nicht mehr für die Dauer des Funktionserhalts sicher zu betreiben?

Den Nachweis der Funktion, unter Berücksichtigung aller Einwirkungen bzw. Wechselwirkungen, übernimmt der Fachplaner Elektro gegenüber dem Prüfsachverständigen. Der Prüfsachverständige kann nur die Umsetzung der geplanten Maßnahmen prüfen. Die Bestätigung der sicherheitsgerichteten Wirksamkeit im Brandfall muss der Errichter der Anlage ausstellen und die Verantwortung für die Funktion im Normalbetrieb und im Brandfall übernehmen.

Für die Planung und Errichtung der Verteiler für elektrische Leitungsanlagen mit Funktionserhalt wird empfohlen:

- Die Montage der sicherheitstechnischen Verteiler innerhalb von Räumen, Gehäusen und Einhausung sollte möglichst auf einer Wand zu einem brandlastarmen Raum, z. B. notwendiger Flur bzw. WC-Raum erfolgen, um die Gefahr einer direkten Erwärmung der Wand hinter dem Verteiler und damit den Wärmeeintrag in den Verteiler zu reduzieren.

- Um die Funktion des sicherheitsgerichteten Verteilers elektrotechnisch zu gewährleisten, sind die max. zulässigen Betriebstemperaturen der Einbauteile einzuhalten. Die Produktdatenblätter der Hersteller der elektrotechnischen Einbauteile sind zu beachten.
- Um die zulässigen Betriebstemperaturen einzuhalten, besteht die Möglichkeit einer wirksamen Be- und Entlüftung inkl. Montage von Brandschutzklappen oder klassifizierten Lüftungsleitungen in der erforderlichen Feuerwiderstandsdauer der Umfassungsbauteile. Der Funktionserhalt im Brandfall sollte nicht von einer Klimatisierung des Aufstellraumes bzw. des Gehäuses abhängen. Um im Brandfall für die Dauer des Funktionserhaltes die Funktion des Verteilers bei Temperaturerhöhungen sicherzustellen, sind die o.g. Anlagen entsprechend zu dimensionieren und das Volumen des Aufstellraumes bzw. des Gehäuses sollten ausreichend groß gewählt sein.
- Um die im Brandfall auftretende Luftfeuchtigkeit im inneren der Aufstellräume bzw. Gehäuse zu reduzieren, sind Baustoffe mit begrenzter Ausscheidung von kristallin gebundenem Wasser für die Umfassungsbauteile zu empfehlen

5.3 Dauer des Funktionserhalts

Für die **Schutzziele des Funktionserhalts** kann zwischen drei unterschiedlichen Ausführungsvarianten beim Funktionserhalt unterschieden werden.

Variante 1:
Anlagen, die bei Brand, innerhalb des vom Brand betroffenen Bereichs, funktionieren müssen, z. B. Entrauchungsanlagen (MLAR, Abschnitt 5.3.1, Buchstabe b).

Auch innerhalb dieses (Brand-) Bereichs müssen die elektrischen Leitungsanlagen für die geforderte Dauer des Funktionserhalts die Anlagen mit Energie versorgen. Der Funktionserhalt der Leitungsanlagen kann durch seine Beschaffenheit oder durch bauliche Abtrennung, vgl. Abschnitt 5.1.1, erzielt werden.

Variante 2:
Anlagen, die bei einem Brand in allen notwendigen Bereichen (z. B. komplettes Gebäude) ihre Funktion für einen geforderten Zeitraum erfüllen müssen, z. B. Sicherheitsbeleuchtungsanlagen (MLAR, Abschnitt 5.3.2, Buchstabe a) oder Alarmierungsanlagen (MLAR, Abschnitt 5.3.2, Buchstabe d).

Diese Anlagen dürfen nur im vom Brand betroffenen Bereich, auf einer Fläche von max. 1.600 m², in einem Geschoss oder in einem Treppenraum ausfallen.

Variante 3:
Anlagen, die bei einem Brand auf Grund einer Brandfrüherkennung (eigene Brandmelder bzw. automatische Ansteuerung durch eine BMA) in einen sicheren Zustand versetzt werden, bevor der Brand zum Ausfall der Leitungsanlage führt, z. B. natürliche Rauch- und Wärmeabzugsanlagen (MLAR, Abschnitt 5.3.2, Buchstabe e).

5.3.1 Die Dauer des Funktionserhalts der Leitungsanlagen muss mindestens 90 Minuten betragen bei
a) automatischen Feuerlöschanlagen und Wasserdruckerhöhungsanlagen zur Löschwasserversorgung,
b) maschinellen Rauchabzugsanlagen und Rauchschutz-Druckanlagen für notwendige Treppenräume in Hochhäusern sowie für Sonderbauten, für die solche Anlagen im Einzelfall verlangt werden; abweichend hiervon genügt für Leitungsanlagen, die innerhalb dieser Treppenräume verlegt sind, eine Dauer von 30 Minuten,
c) Bettenaufzügen in Krankenhäusern und anderen baulichen Anlagen mit entsprechender Zweckbestimmung und Feuerwehraufzügen; ausgenommen sind Leitungsanlagen, die sich innerhalb der Fahrschächte oder der Triebwerksräume befinden.

Alle in MLAR, Abschnitt 5.3 aufgeführten Anlagen sind bauordnungsrechtlich in Sonderbauten vorzusehen. Mit Ausnahme der Personen- und Bettenaufzüge handelt es sich bei den Anlagen um Anlagen, die aufgrund der Vorschriften der Muster-Prüfverordnung durch Prüfsachverständige in diversen Sonderbauten prüfpflichtig sind. In den maßgeblichen Sonderbauvorschriften und Sonderbaurichtlinien ist allerdings keine Festlegung getroffen, wie lange der Funktionserhalt gewährleistet sein muss. Daher ist die Dauer des Funktionserhalts in der MLAR, Abschnitt 5.3 für verschiedene Anlagen konkretisiert.

Da es sich bei der MLAR nicht um eine gesetzliche Vorschrift handelt, besteht die Möglichkeit des Abweichens ohne einer formellen Abweichung gemäß § 67 MBO. Eine sorgfältige Begründung, warum ein Funktionserhalt nicht in der in der MLAR, Abschnitt 5.3 bestimmten Dauer, sondern einer kürzeren Dauer ausreichen soll, ist jedoch geboten. Insbesondere im Brandschutzkonzept/-nachweis zur Erlangung einer Baugenehmigung sollte diese Abweichung von der MLAR begründet sein.

Der Funktionserhalt bezieht sich immer auf die Fähigkeit der elektrischen Leitungsanlage, die jeweilige sicherheitstechnische Anlage oder andere genannte Anlagen, z. B. Personenaufzüge, mit der über die Leitungsanlage übertragbaren elektrischen Energie oder den übertragbaren Informationen, z. B. Meldungen einer Brandmeldeanlage, zu versorgen.

Mit dem Funktionserhalt der elektrischen Leitungsanlage ist nicht die Dauer der **geforderten Funktionsfähigkeit** der diversen sicherheitstechnischen Anlagen gemeint. Bei diesen Anlagen wird davon ausgegangen, dass sie aufgrund der vorgeschrieben Erst- und wiederkehrenden Prüfungen durch Prüfsachverständige sowie den zur Instandhaltung erforderlichen regelmäßigen Sachkundigenprüfungen mindestens für die Dauer eines zu bekämpfenden Gefahrenfalls voll funktionsfähig bleiben.

Wenn tragenden Bauteile nicht für eine Feuerwiderstandsdauer von 90 Minuten bemessen werden müssen, kann die Funktionserhaltsdauer der elektrischen Leitungsanlagen abweichend von den Regelungen der MLAR, Abschnitt 5.3.1 entsprechend angepasst werden. Die notwendige Dauer des Funktionserhalts ist im Brandschutzkonzept/-nachweis bzw. der Baugenehmigung zu dokumentieren.

A

Für automatische Feuerlöschanlagen sind die elektrischen Leitungsanlagen unter Beachtung der allgemein anerkannten Regeln der Technik auszuführen. Die Energieversorgung der Anlagen kann entsprechend der Löschanlage variieren. So sind neben dem Anschluss an die allgemeine Stromversorgung zusätzliche Anschlüsse an Sicherheitsstromversorgungsanlagen oder Netzersatzanlagen möglich. Auch Anschlussmöglichkeiten an Eigenstromversorgungsanlagen können zusätzlich zur allgemeinen Stromversorgung möglich sein. Je nachdem, nach welchem Regelwerk die Feuerlöschanlage geplant wird, ist dann die gesamte Anlage nach dem Regelwerk auszuführen. Mischen zwischen Regelwerken ist nicht zulässig, z. B. DIN EN, VdS, CEA, FM Data Sheets.

Bei Wasserdruckerhöhungsanlagen zur Löschwasserversorgung von Wandhydranten kann auf den Funktionserhalt nicht verzichtet werden. Sollte eine Druckerhöhung nur für Brände in oberen Geschossen erforderlich sein, muss die Pumpenleistung mindestens für die Dauer des Funktionserhaltes sichergestellt sein.

Ein gleichzeitiger Brand im Kellergeschoss und z. B. im 10. Obergeschoss muss nicht unterstellt werden. Bei einem Brand im z. B. 10. Obergeschoss, könnte allerdings das elektrische Leitungsnetz durch z. B. Kurzschlüsse ausfallen; auch dann muss immer noch die Druckerhöhungsanlage sicher betrieben werden.

Die Funktionserhaltsdauer darf auf 30 Minuten reduziert werden, wenn für die tragenden Bauteile der Sonderbauten nur eine Feuerwiderstandsdauer von 30 Minuten gefordert wird. Die notwendige Dauer des Funktionserhalts ist dann in dem Brandschutzkonzept/-nachweis bzw. der Baugenehmigung festzulegen.

Bei maschinellen Rauchabzugsanlagen (MRA) mit einer Funktionserhaltsdauer von 90 Minuten sind die Vorgaben nach Abschnitt 5.3.1 zu beachten. Bei geringeren Anforderungen an die Funktionserhaltsdauer sind die Anforderungen nach Abschnitt 5.3.2 zu beachten.

Bei Rauchschutz-Druckanlagen (RDA) in notwendigen Treppenräumen/Sicherheitstreppenräumen von Hochhäusern oder Sonderbauten, wenn diese im Brandschutzkonzept/-nachweis gefordert werden, ist ebenfalls ein Funktionserhalt von 90 Minuten zu gewährleisten. Bei geringeren Anforderungen an die Funktionserhaltsdauer sind die Anforderungen nach Abschnitt 5.3.2 zu beachten. Bei Leitungsverlegung innerhalb von notwendigen Treppenräumen/Sicherheitstreppenräumen kann bei Bedarf die Leitungsausführung auf eine Funktionserhaltsdauer von 30 Minuten reduziert werden.

Hinweis:
Bei Leitungsverlegung in den Treppenräumen müssen die Anlagen sicher betrieben werden können. Der geringste prüffähige Zeitraum des Funktionserhaltes beträgt 30 Minuten.

Gemäß MLAR, Abschnitt 3.2.1 sind Anforderungen an die brandschutztechnische Kapselung von Leitungsverlegungen innerhalb notwendiger Treppenräume und die Verlegeeinschränkungen in Sicherheitstreppenräumen (MLAR, Abschnitt 3.1.3) zu beachten. Es ist anzustreben, die Ventilatoren und Schaltschränke in eigenen Räumen zu installieren.

Für **bestimmte Aufzüge** soll auch im Brandfall eine Betriebsfähigkeit gegeben sein. Feuerwehraufzüge sind für den Löschangriff der Feuerwehr notwendig. Über Bettenaufzüge in Krankenhäusern soll ein Transport von bettlägerigen Patienten in größerer Zahl erleichtert werden. Dies ist auch möglich, wenn in zwei geforderten und verbundenen Brandabschnitten unabhängige Aufzüge vorhanden sind. Unabhängig bedeutet dabei auch, dass die Stromversorgung unabhängig voneinander erfolgt.
Leitungsanlagen, die innerhalb des Fahrschachtes verlegt werden dürfen, bedürfen aus bauaufsichtlicher Sicht keines Funktionserhalts. Denn es wird nicht von einem Brandereignis innerhalb des Fahrschachtes ausgegangen und der Fahrschacht bietet für die Leitungsanlagen durch seine konstruktiv zu erfüllenden Anforderungen ausreichenden Schutz vor Bränden außerhalb des Schachtes.

5.3.2 Die Dauer des Funktionserhalts der Leitungsanlagen muss mindestens 30 Minuten betragen bei

a) Sicherheitsbeleuchtungsanlagen; ausgenommen sind Leitungsanlagen, die der Stromversorgung der Sicherheitsbeleuchtung nur innerhalb eines Brandabschnittes in einem Geschoss oder nur innerhalb eines Treppenraumes dienen; die Grundfläche je Brandabschnitt darf höchstens 1.600 m² betragen,

Bei **Sicherheitsbeleuchtungsanlagen** werden keine Anforderungen an die sichere elektrische Versorgung der Beleuchtungsanlage gestellt, wenn maximal nur eine Grundfläche pro Geschoss von 1.600 m² beleuchtet werden muss. Diese Flächenbegrenzung korrespondiert mit den Regelungen zu den Abständen von inneren Brandwänden gem. § 30 Abs. 2 Nr. 2 MBO von 40 m, womit sich Flächen von 40 m x 40 m = 1.600 m² ergeben. Innerhalb dieser Flächen können auch mehrere Nutzungseinheiten, die dann durch Trennwände zu trennen wären, angeordnet sein.

Mit dem Begriff **Sicherheitsbeleuchtungsabschnitt** ist hier die Grundfläche je Brandabschnitt gemeint, die als Beleuchtungsfläche höchstens 1.600 m² in einem Geschoss betragen darf.

Notwendige Treppenräume bilden eigene Sicherheitsbeleuchtungsabschnitte und sind somit für die Sicherheitsbeleuchtung mit eigenen Zuleitungen in Funktionserhalt auszustatten. Abweichungen sind möglich, wenn die Erfüllung des Schutzzieles auf andere Art und Weise nachgewiesen wird. Die Ausführung einer Sicherheitsbeleuchtungsanlage mit Einzelbatterieleuchten ist eine Möglichkeit einer Bauart und stellt keine Abweichung von der MLAR dar. Ob die Sicherheitsleuchten von einer zentralen Sicherheitsstromversorgungsanlage versorgt werden müssen, ergibt sich aus den Vorschriften der Sonderbauregelungen. Für eine Sicherheitsbeleuchtungsanlage mit Einzelbatterieleuchten müssen die Zuleitungen nicht in Funktionserhalt ausgeführt werden. Es ist jedoch sicherzustellen, dass die Batterien über den Anschluss an die allgemeine Stromversorgung im Normalfall ausreichend für den Sicherheitsfall aufgeladen sind.

Gemäß MLAR, Abschnitt 5.3.2, darf im Brandfall die Sicherheitsbeleuchtung innerhalb eines Beleuchtungsabschnittes von max. 1.600 m² ausfallen.

In allen anderen Beleuchtungsabschnitten des Gebäudes muss die Sicherheitsbeleuchtung für die Dauer des Funktionserhalts von 30 Minuten weiterhin vollumfänglich in Funktion bleiben.

Bei wesentlich größeren Brandabschnitten, z. B. großen Versammlungsstätten oder Verkaufsflächen mit 10.000 m² ohne brandschutztechnische Trennung, ist eine Risikoanalyse durchzuführen. Das in der MLAR konkretisierte Schutzziel der MBO Vorschriften stellt darauf ab, dass innerhalb nur eines Geschosses in einem Brandabschnitt die Sicherheitsbeleuchtungsanlage im Brandfall ausfallen darf. Wenn die Fläche des Brandabschnittes im Sonderbau bereits abweichend von der Konzeption der MBO größer sein darf, ist zu prüfen was passiert, wenn es in diesem Brandabschnitt brennt. Innerhalb welcher Zeit muss der Brandabschnitt mindestens verlassen werden können?
Muss verhindert werden, dass sich der Brand innerhalb der 30 Minuten auf den gesamten Brandabschnitt ausdehnt? Solange es brandschutztechnisch toleriert werden kann, dass sich ein Brand auch bei größerer Brandabschnittsfläche als 1.600 m² innerhalb von 30 Minuten auf den gesamten Brandabschnitt ausdehnen darf, genügt es auch bei größeren Brandabschnittflächen als 1.600 m², ein gleichartiges Schutzniveau zu erreichen, wie es in der MLAR 5.3.2 Buchstabe a) konkretisiert ist. Ungeachtet der größeren Sicherheitsbeleuchtungsabschnitte wird sich wegen der elektrotechnischen Anforderungen (Spannungsfall und Leitungslängen) eine Aufteilung der Sicherheitsbeleuchtungsanlage auf mehrere Beleuchtungsabschnitte ergeben.

Der konzeptionelle Nachweis ist z. B. über eine brandschutztechnische Beschreibung der Sicherheitsbeleuchtung durch den Fachplaner, zu erbringen und dem Prüfsachverständigen der technischen Anlage als Prüfunterlage zu übergeben.

b) Personenaufzügen mit Brandfallsteuerung; ausgenommen sind Leitungsanlagen, die sich innerhalb der Fahrschächte oder der Triebwerksräume befinden,

In einigen Sonderbauvorschriften werden für Personenaufzüge Brandfallsteuerungen gefordert. Das bedeutet, dass die Fahrkörbe dieser Aufzüge im Brandfall in ein Geschoss fahren sollen, welches dem Ausgang am nächsten liegt und nicht vom Brand selbst betroffen ist. Nach Erreichen dieses Geschosses sollen die Aufzüge dann außer Betrieb gehen. Sinn der Regelung ist, dass damit die Rettung von Personen aus den Fahrkörben erleichtert werden soll und eine weitere Nutzung nicht mehr möglich ist.

Damit dieser Zustand überhaupt realisiert werden kann, müssen allerdings die Leitungsanlagen, die den Aufzug mit elektrischer Energie und den notwendigen Regelungsinformationen (wo brennt es und wohin soll der Fahrkorb gefahren werden) versorgen, ausreichend lang sicher ihre Funktionen erfüllen können. Eine Zeit von 30 Minuten reicht hierfür aus. Leitungsanlagen, die innerhalb des Fahrschachtes verlegt werden dürfen, bedürfen aus bauaufsichtlicher Sicht keinen Funktionserhalt. Denn es wird nicht von einem Brandereignis innerhalb des Fahrschachtes ausgegangen und der Fahrschacht bietet für die Leitungsanlagen durch seine konstruktiv zu erfüllenden Anforderungen ausreichenden Schutz vor Bränden außerhalb des Schachtes.

c) Brandmeldeanlagen einschließlich der zugehörigen Übertragungsanlagen; ausgenommen sind Leitungsanlagen in Räumen, die durch automatische Brandmelder überwacht werden sowie Leitungsanlagen in Räumen ohne automatische Brandmelder, wenn bei Kurzschluss oder Leitungsunterbrechung durch Brandeinwirkung in diesen Räumen alle an diese Leitungsanlage angeschlossenen Brandmelder funktionsfähig bleiben,

Bestandteile der Brandmeldeanlage können sein:

- Brandmelderzentrale
- Übertragungsanlagen (z. B. Feuerhauptmelder)
- Feuerwehr Peripherie (FBF, FAT, FSE, FSD)
- Handfeuermelder
- automatische Brandmelder
- Akustische und optische Signalgeber
- Elektrische Leitungen

Wenn Bestandteile der Brandmeldeanlage durch automatische Brandmelder überwacht werden, kann auf den Funktionserhalt der Brandmeldeanlage (inkl. der Komponenten) verzichtet werden.

Bei Brandmeldeanlagen unter Anwendung der Ringbustechnik kann ebenfalls auf den Funktionserhalt verzichtet werden, wenn bei Kurzschluss oder Leitungsunterbrechung durch Brandeinwirkung die angeschlossenen Brandmelder und Komponenten weiterhin funktionsfähig bleiben.

Im Gegensatz zu den Anforderungen der DIN 14675-1 und der mitgeltenden Norm DIN VDE 08332-2:2017-10, bei der einzelne Melder und Funktionsgruppen ausfallen dürfen, müssen gem. MLAR, Abschnitt 5.3.2 c) alle Melder bei Kurzschluss und Leitungsunterbrechung funktionsfähig bleiben.

Grundlegendes Schutzziel der Brandmeldeanlage ist es, einen Brand frühzeitig zu detektieren und dieses Erkennen eines Brandes an die Brandmelderzentrale zu melden, so dass hilfeleistende Kräfte, z. B. die Feuerwehr, bzw. Personen innerhalb der Gebäude alarmiert werden. Nach Erfüllen dieser Aufgaben darf und kann eine Brandmeldeanlage ausfallen.

Bei herkömmlicher Technik mit Stichleitungen ist ein Funktionserhalt von 30 Minuten erforderlich, wenn der Leitungsweg nicht durch automatische Brandmelder überwacht wird. Die Brandmelderzentrale (BMZ) muss nach DIN 14675 immer mit einem automatischen Brandmelder überwacht werden. Die BMZ schützt sich somit selbst. Es werden keine Anforderungen an den Funktionserhalt gestellt.

Für Verbindungen zu Übertragungsanlagen zur Alarmierung der hilfeleistenden Stelle ist ein Funktionserhalt von 30 Minuten erforderlich, wenn der Leitungsweg nicht durch automatische Brandmelder überwacht wird. In der Regel befindet sich die

A

Übertragungseinrichtung in unmittelbarer Nähe zur BMZ (praktisch im gleichen Aufstellraum und von der BMZ überwacht) und somit kann der Funktionserhalt für die Verbindung entfallen.

Die Verbindungsleitungen zu den Feuerwehrkomponenten (FSD, FBF, FAT) sollten generell in Funktionserhalt von 30 Minuten ausgeführt werden, damit die später anrückende Feuerwehr Zugang zum Objekt hat und den Ort der Brandmeldung an der Anzeigeeinrichtung (FAT) ablesen kann.

Aufgabe der Brandmeldeanlage ist im Brandfall eine Alarmierung. Die Alarmierung kann als Fernalarm und interner Alarm im Gebäude über akustische bzw. optische Signalgeber erfolgen. Darunter ist keine Alarmierung nach Buchstabe d) zu verstehen. Die Signalgeber der Brandmeldeanlage (BMA) sind als Bestandteil der BMA zu bewerten, da diese unter dem Buchstaben d) nicht mit aufgeführt sind. Auf Grund der Brandfrüherkennung erfolgt eine schnelle Alarmierung im Gebäude, die zu einer zeitnahen Selbstrettung führt. Die Alarmierung kann jedoch im Brandfall vor der 30. Minute ausfallen.

Wird im Brandschutzkonzept/-nachweis für die Alarmierung im Brandfall im Einzelfall mittels akustischer bzw. optischer Signalgeber ein Funktionserhalt von 30 Minuten verlangt, sind weitergehende Maßnahmen erforderlich (Details siehe **Teil M**).

Werden über die Brandmeldeanlage Brandfallsteuerungen aktiviert, sind auch hierbei je nach Art und Funktion der Steuerung, weitergehende Anforderungen an die Funktionsfähigkeit der Steuerung im Brandfall zu beachten. Bei Steuerungen, die nach Branddetektion und Ansteuerung durch die BMZ oder Koppler direkt ihre geforderte Funktion erfüllen und bei einem Fehler auf dem Übertragungsweg in dem sicheren Zustand bleiben, ist kein Funktionserhalt erforderlich (z. B. zusätzliche Ansteuerung einer Feststellanlage, Ansteuerung einer statischen Aufzugssteuerung, Ansteuerung eines Rauch- und Wärmeabzugs, Abschaltung der Lüftungsanlage, Schließen von Brandschutzklappen, Schließen von Rauchschutz- und Feuerschutzvorhängen). Voraussetzung ist, dass die Leitungsanlagen durch automatische Brandmelder überwacht werden und deren Auslösung die Steuerungen aktiviert, bevor die Leitungen ausfallen können oder in den sicheren Zustand gehen (Details siehe **Teil M**).

Bei Brandfallsteuerungen, die Anlagen aktivieren, bei denen im Brandfall je nach Szenario unterschiedliche Steuerfunktionen durch die BMA ausgelöst werden müssen, ist konzeptionell der eventuell notwendige Funktionserhalt zu berücksichtigen, z. B. dynamische Fluchtwegsteuerungen, spezifische Entrauchungssteuerungen gemäß Brandfallsteuermatrix, dynamische Aufzugssteuerungen (Details siehe **Teil M**).

d) Anlagen zur Alarmierung **und** Erteilung von Anweisungen an Besucher und Beschäftigte, sofern diese Anlagen im Brandfall wirksam sein müssen; ausgenommen sind Leitungsanlagen, die der Stromversorgung der Anlagen nur innerhalb eines Brandabschnittes in einem Geschoss oder nur innerhalb eines Treppenraumes dienen; die Grundfläche je Brandabschnitt darf höchstens 1.600 m² betragen.

Bei diesen Anlagen handelt es sich nicht um Brandmeldeanlagen mit akustischen Signalgebern zur Alarmierung, sondern um elektroakustische Notfallwarnanlagen (EAN). Bereits aus den Vorschriften für die Sonderbauten ergibt sich, dass bauaufsichtlich neben Brandmeldeanlagen auch Alarmierungsanlagen gefordert sein können; daher muss es sich um Anlagen mit unterschiedlichen Aufgaben handeln. Auch in den Musterprüfgrundsätzen ergeben sich unterschiedliche Prüferfordernisse.
Sprachalarmanlagen (SAA) sind Brandmeldeanlagen und somit keine bauaufsichtlich geforderten Alarmierungsanlagen. Allerdings können Alarmierungsanlagen konzeptionell wie SAA-Anlagen und elektroakustische Notfallwarnsysteme (ENS) aufgebaut werden, es müssen allerdings die weitergehenden Anforderungen an den Funktionserhalt nach Buchstabe d) (und nicht nach Buchstabe c) wie für SAA) erfüllt werden.
Neben der Alarmierung besteht bei diesen Anlagen auch die Möglichkeit, gezielte Anweisungen im Brandfall zu erteilen.

Bei diesen Alarmierungsanlagen werden keine Anforderungen an diese Leitungsanlagen bei **Alarmierungsabschnitten** pro Geschoss/Nutzungseinheit mit ≤ 1.600 m² gestellt, auch wenn diese im Brandfall wirksam sein müssen.

Mit dem Begriff **Alarmierungsabschnitt** ist hier die Grundfläche je Brandabschnitt gemeint, die als Alarmierungsfläche höchstens 1.600 m² in einem Geschoss betragen darf.

Notwendige Treppenräume bilden eigene **Alarmierungsabschnitte** und sind somit für die Alarmierung mit eigenen Zuleitungen in Funktionserhalt auszustatten.

Gemäß MLAR, Abschnitt 5.3.2 darf im Brandfall in einem **Alarmierungsabschnitt** die Alarmierung ausfallen.

In allen anderen Alarmierungsabschnitten des Gebäudes muss die Alarmierung für die Dauer des Funktionserhaltes entsprechend dem Alarmierungskonzept von mindestens 30 Minuten weiterhin vollumfänglich in Funktion bleiben.

Bei wesentlich größeren Brandabschnitten, z. B. Industriehallen oder Verkaufsflächen mit 10.000 m² ohne brandschutztechnische Trennung, besteht die Möglichkeit, mehrere einzelne **Alarmierungsabschnitte** zu bilden. Diese können als Abschnitte bis zu 1.600 m² oder auch größer ausgebildet werden, wenn dieses im Brandschutzkonzept bzw. Brandschutznachweis festgelegt ist.

e) natürlichen Rauchabzugsanlagen (Rauchableitung durch thermischen Auftrieb); ausgenommen sind Anlagen, die bei einer Störung der Stromversorgung selbsttätig öffnen, sowie Leitungsanlagen in Räumen, die durch automatische Brandmelder überwacht werden und das Ansprechen eines Brandmelders durch Rauch bewirkt, dass die Anlage selbsttätig öffnet,

Natürliche Rauchabzugsanlagen (NRA) können z. B. vorkommen:

- im Verlauf von Rettungswegen
- bei Dächern von Hallen und Räumen
- bei Industriebauten
- in Außenfassaden

Ist eine natürliche Rauchabzugsanlage bauordnungsrechtlich gefordert und elektrisch betrieben, ist ein Funktionserhalt für die Ansteuerung/Stromversorgung von 30 Minuten sicherzustellen.

Eine Ausnahme bezieht sich auf Anlagen die bei einer Störung der Stromversorgung selbsttätig öffnen. Dies kann z. B. der Ausfall der Netzzuleitung zur Steuerzentrale im Brandfall bewirken. In diesem Fall erfolgt die Öffnung der Rauchabzugsfläche und ggf. der Zuluftflächen über die jeweilige Sicherheitsstromquelle, z. B. Batterie.

Die zweite Ausnahme bezieht sich auf die Überwachung der Leitungsanlagen durch automatische Brandmelder, wenn diese bei Rauchdetektion zu einer Ansteuerung führen. Auf Grund der Brandfrüherkennung wird in diesem Fall sichergestellt, dass die Anlage den sicheren Zustand eingenommen hat, bevor diese durch thermische Brandeinwirkung ausfällt. RWA-Steuerzentralen und deren Leitungsverlegungen innerhalb von Rettungswegen gemäß MLAR, Abschnitt 3 dürfen offen montiert/verlegt werden, da diese zum Betrieb der notwendigen Rettungswege erforderlich sind.

f) maschinellen Rauchabzugsanlagen und Rauchschutz-Druckanlagen in anderen Fällen als nach Abschnitt 5.3.1.

In Buchstabe f) wird der Funktionserhalt geregelt für alle maschinellen Rauchabzugsanlagen und Rauchschutz-Druckanlagen, die nicht in notwendigen Treppenräumen in Hochhäusern und nicht für Sonderbauten im Einzelfall verlangt werden und an die höhere Anforderungen nach Abschnitt 5.3.1 Buchstabe b) gestellt werden.

Die Ausführung gemäß MLAR, Abschnitt 5.3.1, Buchstabe b), mit einer Funktionserhaltsdauer von 30 Minuten gilt auch als Erleichterung für Gebäude GK 4 mit einer Feuerwiderstandsdauer von 60 Minuten; ausgenommen sind die in § 2 Abs. 4 MBO genannten Sonderbauten.
Praxisgerechte Beispiele zum Funktionserhalt von elektrischen Anlagen, gemäß der MLAR, Abschnitt 5 und die Grenzen von Abweichungen, werden in folgenden Teilen ausführlich beschrieben:

- **Teil K** Brandschutztechnische Planungs- und Ausführungsempfehlungen zum elektrischen Funktionserhalt"
- **Teil L** Brandschutztechnische Planungs- und Ausführungsempfehlungen zur Sicherheitsstromversorgung
- **Teil M** Brandschutztechnische Planungs- und Ausführungsempfehlungen bei Brandmelde- und Alarmierungsanlagen
- **Teil N** Be- und Entlüftung von elektrischen Betriebsräumen und Räumen, Gehäusen/Einhausungen die zur Aufstellung unterschiedlicher Arten von Batterien dienen

A

A-III. Stand der baurechtlichen Einführung MLAR 11/2005

Die MLAR 11/2005 wurde in 15 Bundesländern baurechtlich eingeführt. Die nebenstehende Grafik der Bundesrepublik zeigt den baurechtlichen Einführungsstand der MLAR 11/2005 im November 2017

Hinweis:
Im folgenden Teil A-IV werden die Einführungsstände der MVV TB inkl. der MLAR 2016 bis zum Redaktionsschluss 08/2018 dokumentiert.

Bild A-III–1: Einführungsstand der MLAR 11/2005 in der Bundesrepublik (Stand 11/2017):
– In Nordrhein-Westfalen ist die MLAR 03/2000 Grundlage der baurechtlichen Einführung

Tabelle A-III–1: Einführungsstand der MLAR in der Bundesrepublik

Bundesland	baurechtliche Einführung	Art der Einführung	Grundlage der Einführung[1]	Abweichung vom Muster
Baden-Württemberg	01.01.2007	Bekanntmachung der LTB vom 29.11.2006	MLAR 11/2005	ja
Bayern	01.01.2008	Bekanntmachung der LTB vom 27.11.2007	MLAR 11/2005	nein
Berlin	29.12.2006	Amtsblatt von Berlin vom 29.12.2006 „Muster-Einführung"	MLAR 11/2005	nein
Brandenburg	06.12.2006	Amtsblatt von Brandenburg vom 06.12.2006 „Muster-Einführung"	MLAR 11/2005	ja
Bremen	01.01.2007	Bekanntmachung der LTB Fassung 02/2006	MLAR 11/2005	nein
Hamburg	26.01.2007	Bekanntmachung der LTB vom 01.11.2006	MLAR 11/2005	ja
Hessen	04.12.2006	Bekanntmachung der LTB vom 04.12.2006	MLAR 11/2005	nein
Mecklenburg-Vorpommern	30.08.2006	Bekanntmachung der LTB am 29.08.2006	MLAR 11/2005	ja
Niedersachsen	07.02.2007	Bekanntmachung der LTB am 10.01.2007 (Ministerialblatt)	MLAR 11/2005	ja
Nordrhein-Westfalen	20.08.2001	Bekanntmachung der LTB vom 20.08.2001 (Ministarialblatt)	MLAR 03/2000	Fassung 03/2000
Rheinland-Pfalz	01.02.2006	Bekanntmachung der LTB Fassung 02/2006	MLAR 11/2005	ja
Saarland	30.04.2008	Bekanntmachung der LTB Fassung 02/2008	MLAR 11/2005	nein
Sachsen	26.06.2006	Bekanntmachung der LTB 31.05.2006 (Ministerialblatt)	MLAR 11/2005	ja
Sachsen-Anhalt	1. Quartal 2007	Bekanntmachung der LTB im 1. Quartal 2007	MLAR 11/2005	nein
Schleswig-Holstein	29.05.2007	Bekanntmachung der LTB Fassung 02/2006	MLAR 11/2005	nein
Thüringen	01.08.2007	Bekanntmachung der LTB Fassung 09/2008	MLAR 11/2005	nein

[1] In den überwiegenden Bundesländern wurde das Muster der Leitungsanlagen-Richtlinie MLAR 11/2005 über die Liste der Technischen Baubestimmungen ohne wesentliche Abweichungen baurechtlich eingeführt. Die in jedem Bundesland baurechtlich eingeführte Fassung ist zu berücksichtigen. Die Abweichungen beziehen sich i.d.R. auf Querverweise zur jeweiligen Landesbauordnung (LBO).

A-IV. Stand der baurechtlichen Einführung MLAR 2016 über die MVV TB

Die MLAR 2016 wird aktuell über die MVV TB in den Bundesländern eingeführt. Die nebenstehende Grafik mit den Bundesländern und die untere Tabelle können sie ab dem Redaktionsschluss 27.09.2018 entsprechend der Umsetzung in den Bundesländern aktualisieren. Die Momentan in der Tab. A-IV–1 nicht aufgeführten Bundesländer bereiten die Umsetzung vorraussichtlich bis Ende 2018 vor.

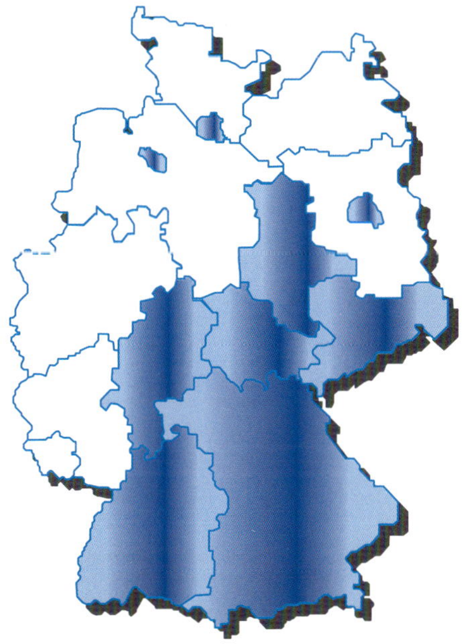

Hinweis:

- Den aktuellen Einführungsstand der MVV TB siehe im Internet unter:
  www.dibt.de > Technische Baubestimmungen
  > Stand der Umsetzung MVV TB
- Die in den Bundesländern baurechtlich eingeführten VV TB's, siehe im Internet unter:
  www.is-argebau.de > Länder (Bundesland auswählen) in der Homepage des Bundeslandes nach „Technische Baubestimmungen" suchen.

Tab. A-IV-1: Einführungsstand der MVV TB mit der MLAR in der Bundesrepublik (Stand gemäß DIBt-Information vom 14.09.2018)

Bundesland	baurechtliche Einführung der VV TB	Fundstelle/Bezug auf LBO	baurechtliche Einführung der LAR über die MVV TB		Einführung[1] als	Abweichung vom Muster der MLAR 2016
			Pos. in der VV TB	Grundlage ist die MLAR aus dem Jahr		
Baden-Württemberg	20.12.2017	GABl. Nr. 13 vom 29.12.2017, S. 656/LBO BW, § 73a	A 2.2.1.8	MLAR 2005	LAR-BW (Stand 2006-11)	ja, Fundstellen LBO-BW
Bayern	27.09.2018	AllMBl. Nr 12	A 2.2.1.8	MLAR 2016	LAR-Bayern	nein
Berlin	19.04.2018	ABl. 2018 ,S. 2095/ BauO Bln, § 86a	A 2.2.1.8	MLAR 2016	LAR-Berlin	nein
Brandenburg						
Bremen	01.10.2018	Brem. ABl S. 946	A 2.2.1.8	MLAR 2016	LAR-Bremen	nein
Hamburg	12.04.2018	Amtl. Anz. 2018, S. 669/ HBauO, § 81	A 2.2.1.8	MLAR 2016	LAR-Hamburg	nein
Hessen	13.06.2018	StAnz. Nr. 27 2018, S. 831	A 2.2.1.8	MLAR 2016	LAR-Hessen	nein
Mecklenburg-Vorpommern						
Niedersachsen						
Nordrhein-Westfalen						
Rheinland-Pfalz						
Saarland						
Sachsen	15.12.2017	SächsABl. 2018, S. 52/ SächsBO, § 88a	A 2.2.1.8	MLAR 2016	LAR-Sachsen	nein
Sachsen-Anhalt (LSA)	05.04.2018	MBl. LSA 2018 S. 193	A 2.2.1.8	MLAR 2016	LAR-LSA	nein
Schleswig-Holstein						
Thüringen	30.07.2018	ThürStAnz 34/2018, S. 1051	A 2.2.1.8	MLAR 2016	LAR-Thür	nein

Wichtiger Hinweis zu baurechtlichen Abweichungsmöglichkeiten:
[1] Es besteht die Möglichkeit der baurechtlichen Abweichung gemäß MBO § 85a, bzw. den entsprechenden Paragrafen in den Landesbauordnungen. § 16a Abs. 2 und § 17 Abs. 1 MBO bleiben unberührt.

Teil B Muster-Richtlinie über brandschutztechnische Anforderungen an Systemböden

B-I. Muster-Richtlinie über brandschutztechnische Anforderungen an Systemböden*
Muster-Systembödenrichtlinie (MSysBöR)
Fassung: September 2005

1 Geltungsbereich
[1]Diese Richtlinie stellt brandschutztechnische Anforderungen an Systemböden, deren Hohlräume Installationen, z. B. Leitungen, aufnehmen können. [2]Sie gilt nicht für Systemböden in Sicherheitstreppenräumen.

2 Begriffe
2.1 Systemböden
sind Hohlböden oder Doppelböden, durch die ein Hohlraum zwischen einer Fußbodentragschicht und der Rohdecke ausgebildet wird.

2.2 Hohlböden
sind Systemböden mit fugenloser, gegossener Tragschicht aus Estrich mit einem Hohlraum bis zu 200 mm lichter Höhe[1].

2.3 Doppelböden
sind vorgefertigte Systemböden, bestehend aus Tragplatten und aus Ständern.

3 Anforderungen an Systemböden in notwendigen Treppenräumen, in Räumen zwischen notwendigen Treppenräumen und Ausgängen ins Freie sowie in notwendigen Fluren
3.1 Allgemeine Anforderungen
[1]Soweit nachfolgend nichts anderes geregelt ist, müssen alle Teile aus nichtbrennbaren Baustoffen bestehen. [2]Bauordnungsrechtliche Anforderungen an Bodenbeläge bleiben unberührt. [3]Die Anschlussfugen müssen mit nichtbrennbaren Baustoffen verschlossen sein. [4]Die Tragschicht nach Abschnitt 2.2 sowie die Tragplatten nach Abschnitt 2.3 dürfen keine Öffnungen haben.

3.2 Hohlböden
[1]Hohlböden müssen einen Estrich in einer Mindestdicke von 30 mm haben; verlorene Schalungen dürfen aus normalentflammbaren Baustoffen bestehen. [2]Revisions- und Nachbelegungsöffnungen sind in der erforderlichen Zahl und Größe zulässig; sie müssen dichtschliessende Verschlüsse aus nichtbrennbaren Baustoffen haben.

3.3 Doppelböden
[1]Die Tragplatten müssen dicht verlegt (mindestens stumpf gestoßen) sein. [2]Umleimer und Auflagerplättchen dürfen aus brennbaren Baustoffen in einer maximalen Dicke von 0,6 mm (Umleimer) bzw. 3 mm (Auflagerplättchen) bestehen. [3]Doppelböden mit einem Hohlraum von mehr als 200 mm lichter Höhe müssen als tragende und raumabschließende Bauteile bei Brandbeanspruchung von unten feuerhemmend sein.

4 Anforderungen an Systemböden in anderen Räumen
4.1 [1]Bei Doppelböden mit einem Hohlraum von mehr als 500 mm lichter Höhe in anderen Räumen als nach Nr. 3 muss die Tragkonstruktion (Tragplatte einschließlich Ständer) bei Brandbeanspruchung von unten feuerhemmend sein. [2]Das Versagenskriterium bei der Bauteilprüfung bezieht sich nur auf die Tragfähigkeit.

4.2 [1]Systemböden, deren Hohlräume auch der Raumlüftung dienen und die unter mehreren Räumen durchlaufen, müssen in den Hohlräumen oder im Bereich des Luftaustritts Brandmelder mit der Kenngröße „Rauch" haben. [2]Die Melder müssen sicherstellen, dass im Brandfall die Lüftungsanlage abgeschaltet wird.

5 Wände auf Systemböden
5.1 [1]Brandwände und Wände, die nach § 30 Abs. 3 Satz 2 MBO anstelle von Brandwänden zulässig sind, Wände notwendiger Treppenräume und Wände von Räumen zwischen notwendigen Treppenräumen und Ausgängen ins Freie sowie Trennwände nach § 29 Abs. 2 Nr. 1 MBO dürfen von Systemböden aus nicht hochgeführt werden. [2]Dies gilt auch für Wände notwendiger Flure, die Nutzungseinheiten trennen.

5.2 [1]Sonstige raumabschließende Wände, für die eine Feuerwiderstandsfähigkeit vorgeschrieben ist, dürfen von Systemböden aus hochgeführt werden, wenn diese Wände zusammen mit den Systemböden auf die für die Wand erforderliche Feuerwiderstandsklasse geprüft sind. [2]Die Prüfung bezieht sich auf die raumabschließende Wirkung.

5.3 Wände notwendiger Flure innerhalb von Nutzungseinheiten dürfen hochgeführt werden von Hohlböden, Doppelböden mit einem lichten Hohlraum von bis zu 200 mm, wenn der Doppelboden bei Brandbeanspruchung von unten mindestens feuerhemmend[2] ist.

---

* Die Verpflichtungen aus der Richtlinie 98/34/EG des Europäischen Parlaments und des Rates vom 22. Juni 1998 über ein Informationsverfahren auf dem Gebiet der Normen und technischen Vorschriften und der Vorschriften für die Dienste der Informationsgesellschaft (Abl. EG Nr. L 204 S. 37), geändert durch die Richtlinie 98/48/EG des Europäischen Parlamentes und des Rates vom 20. Juli 1998 (Abl. EG Nr. L 217 S. 18), sind beachtet worden.

[1]Hohlböden, deren Hohlraum eine lichte Höhe von mehr als 200 mm hat, sind wie Doppelböden zu behandeln.

[2]Sofern ein allgemeines bauaufsichtliches Prüfzeugnis für die Wand den Anschluss an ein feuerbeständiges Bauteil verlangt, stellt dies regelmäßig keine wesentliche Abweichung dar.

B

B-II. Muster-Richtlinie über brandschutztechnische Anforderungen an Systemböden* Muster-Systembödenrichtlinie (MSysBöR) Fassung: September 2005 inkl. Kommentierungen

Inhalt:

Hinweis zum Lesen der Kommentierung:
- Die Originaltexte der baurechtlichen Regelwerke sind in **blau** dargestellt
- Die Kommentierungen sind in **schwarz** dargestellt
- Hinweise der Autoren werden in **grau** dargestellt

Hinweis zur Übertragung der Kommentierung auf die landesspezifischen Fassungen:
Die Kommentierung der MSysBöR kann auf die bauaufsichtlich eingeführten landesspezifischen Fassungen der Systembödenrichtlinie (SysBöR) übertragen werden.
Die landesspezifischen Abweichungen sind zu beachten.
Die Darstellung der baurechtlichen Einführung und der Abweichungen erfolgt in **Teil B-III.** und **Teil B-IV.**.

* Die Verpflichtungen aus der Richtlinie 98/34/EG des Europäischen Parlaments und des Rates vom 22. Juni 1998 über ein Informationsverfahren auf dem Gebiet der Normen und technischen Vorschriften und der Vorschriften für die Dienste der Informationsgesellschaft (Abl. EG Nr. L 204 S. 37), geändert durch die Richtlinie 98/48/EG des Europäischen Parlamentes und des Rates vom 20. Juli 1998 (Abl. EG Nr. L 217 S. 18), sind beachtet worden.

Brandschutztechnische Anforderungen an Systemböden

Allgemeine Hinweise zur Anwendung als Bestandteil des Kommentars

Die Musterrichtlinie über brandschutztechnische Anforderungen an Systemböden (Muster-Systembödenrichtlinie – MSysBöR) wurde von der Fachkommission Bauaufsicht der ARGEBAU in der Fassung vom September 2005 beschlossen und in Brüssel notifiziert gemäß Richtlinie 98/34/EG. Sie wurde in die Muster-Liste der Eingeführten Technischen Baubestimmungen bzw. in der neuen MVVTB aufgenommen. Sie ersetzt die damalige „Richtlinie über brandschutztechnische Anforderungen an Hohlraumestriche und Doppelböden", Fassung Dezember 1998 (Nr. 3.4 TB-Liste).

Die Richtlinie regelt auch Systemböden in Rettungswegen und ist als Ergänzung der MLAR zu bewerten, nach der es entsprechend Abschnitten 3.2.1 und 3.3.1 möglich ist, Installationen zur Kapselung der Brandlast in Rettungswegen unter Systemböden zu verlegen. Da aus anderen Regelwerken bauaufsichtliche Anforderungen an Systemböden nicht abzuleiten sind, werden in dieser Richtlinie die Anforderungen definiert.

Für Systemböden in anderen Räumen besteht geringer Regelbedarf, da in der MVV TB – Muster-Verwaltungsvorschrift Technische Baubestimmungen in Abschnitt D folgendes bestimmt ist:

D 1 Allgemeines
Gemäß § 17 Abs. 3 MBO 1 enthält die Verwaltungsvorschrift eine nicht abschließende Liste von Bauprodukten, die keines Verwendbarkeitsnachweises bedürfen (§ 85a Abs. 4 MBO 1). Diese Liste soll den am Bau Beteiligten zur Klarstellung dienen.

Einerseits werden in diese Liste Bauprodukte aufgenommen, für die es allgemein anerkannte Regeln der Technik zwar gibt und an die die Bauordnung auch Anforderungen nach § 3 MBO 1 stellt, aber dennoch auf Verwendbarkeitsnachweise verzichtet wird (ehemals „sonstige Bauprodukte"). Eine Verwendbarkeit der Bauprodukte i.S.d. § 16b MBO 1 muss damit materiell zwar vorliegen, jedoch ist diese nach Bauordnungsrecht nicht nachzuweisen. Hierunter fallen insbesondere Bauprodukte, die durch andere Zertifizierungs- und Zulassungssysteme abgedeckt werden (z. B. DVGW und VDE).
Andererseits werden Bauprodukte aufgenommen, für die es weder Technische Baubestimmungen noch allgemein anerkannte Regeln der Technik gibt und die für die Erfüllung der Anforderungen nach § 3 MBO 1 nicht von Bedeutung sind. Für diese Bauprodukte wird durch den Verzicht auf bauaufsichtliche Verwendbarkeitsnachweise die bauordnungsrechtlich untergeordnete Bedeutung kenntlich gemacht.

D 2.2 Produkte, für die es keine allgemein anerkannten Regeln der Technik gibt
Diese Liste gilt nur für solche Bauprodukte und Verwendungen, für die nach bauaufsichtlichen Vorschriften nur die Anforderung normalentflammbar vorausgesetzt wird und an die keine weitergehenden Brandschutzanforderungen und keine Anforderungen an den Schall- und Wärmeschutz gestellt werden.

Die Anforderungen welche in Unterabschnitt ...

D 2.2.2 Bauprodukte für den Ausbau

unter Nummer ...

- **D 2.2.2.5** Doppelböden und Hohlraumestriche mit einem lichten Abstand zur tragenden Decke von ≤ 0,5 m

genannt sind.

Somit gehören Doppelböden mit Höhen ≤ 500 mm zu den Bauprodukten bzw. Bauarten, die keiner besonderen Nachweise bedürfen, es sei denn, es gibt brandschutztechnische Anforderungen.
Die MSysBöR erfasst daher Systemböden in anderen Räumen nur dann, wenn die Hohlräume der Böden sehr hoch sind oder wenn sie der Raumlüftung dienen, um einerseits das Risiko bei der Brandbekämpfung (Absturz auf hohen Böden) und andererseits die Brandausbreitung in mehrere Räume (Bodenlüftung) abzudecken.
Die MSysBöR regelt zudem die Frage, wann Wände mit brandschutztechnischer Funktion auf Systemböden aufgestellt werden dürfen oder wann sie auch den Bereich der Systemböden trennen müssen.
Die Regelungen der Richtlinie betreffen nur die brandschutztechnischen Anforderungen. Fragen zur Standsicherheit sind nicht erfasst.

Ver- und Anwendbarkeitsnachweise für Systemböden

Nach Bauregelliste – Liste C Nr. 2.7 bzw. der neuen MVV TB – bedürfen Systemboden (Doppelböden und Hohlraumestriche) mit einem lichten Abstand zur tragenden Decke von bis zu 0,5 m keiner besonderen Nachweise, es sei denn, es werden an die Verwendung brandschutztechnische Anforderungen in bauaufsichtlichen Vorschriften gestellt.

Die MSysBöR stellt Brandschutzanforderungen an Systemböden, d. h. materielle Anforderungen an die Ausführung der Systemböden in Abhängigkeit von der Art der Systemböden und ggf. der lichten Höhe. Grundsätzlich müssen alle Teile aus nichtbrennbaren Baustoffen bestehen (Ausnahmen werden beschrieben), es gelten die üblichen Ver- und Anwendbarkeitsnachweise zum Brandverhalten.

- Für Hohlböden werden die Anforderungen direkt formuliert, entweder die Dicke des Estrichs mit 30 mm auch auf einer verlorenen Schalung aus brennbaren Schalkörpern oder auch ein mindestens 30 mm dicker Trockenestrich mit versetzten Fugen.
- Auch bei Doppelböden bis 200 mm Höhe wird nur eine „dichte" Verlegung der nichtbrennbaren Doppelbodenplatten gefordert. Ein Doppelboden mit einer lichten Höhe von mehr als 200 mm muss bei Brandbeanspruchung von unten feuerhemmend sein. Es muss eine Brandprüfung nach DIN 4102-2 bzw. DIN EN 1363-1 und DIN EN 1366-7 durchgeführt werden. Ein allgemeines bauaufsichtliches Prüfzeugnis (abP) ist erforderlich (Bauregelliste A Teil 2 Nr. 2.1 bzw. Bauregelliste A Teil 3 Nr. 2.1). Außerdem ist für Doppelbodenplatten eine allgemeine bauaufsichtliche Zulassung (abZ) unter Berücksichtigung des Brandverhaltens und der Standsicherheit der Doppelbodenplatten erforderlich.

B

1 Geltungsbereich

[1]Diese Richtlinie stellt brandschutztechnische Anforderungen an Systemböden, deren Hohlräume, Installationen, z. B. Leitungen, aufnehmen können. [2]Sie gilt nicht für Systemböden in Sicherheitstreppenräumen.

Auch diese Richtlinie gilt zunächst für alle neuen Gebäude. Für bestehende Gebäude vor der baurechtlichen Einführung findet sie keine unmittelbare Anwendung. Allerdings ist bei Nachinstallation von Systemböden die Richtlinie zu beachten.

Systemböden dürfen verlegt werden in ...

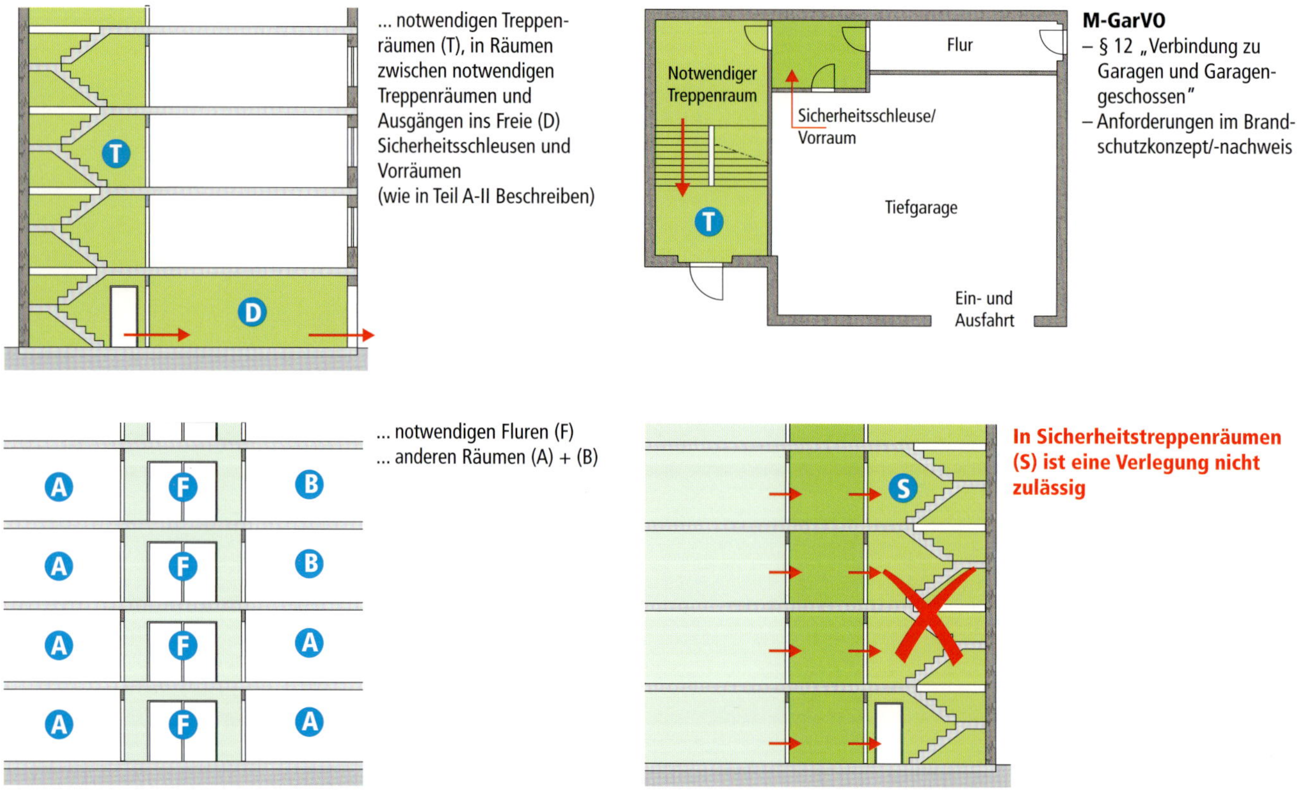

Bild B-II–1: Einsatzbereiche von Systemböden

Die Richtlinie gilt grundsätzlich für alle Gebäude, d. h. auch für Gebäude besonderer Art oder Nutzung, es sei denn, dass in den Sonderbauvorschriften abweichende Anforderungen gestellt werden. Dies gilt nach dem derzeitigen Stand nur für die Muster-Hochhausrichtlinie mit Erleichterungen für Trennwände auf Systemböden.

Die Richtlinie stellt Anforderungen an Systemböden, deren Hohlräume nichtbrennbare oder brennbare Installationen, z. B. Leitungen für Telekommunikation, Elektroleitungen, Heizung mit brennbarer Dämmung, Lüftung usw. aufnehmen können. Das mit diesen Installationen verbundene Risiko der Brandentstehung und der Brandausbreitung im Hohlraum rechtfertigt die brandschutztechnische Betrachtung der Systemböden. Für andere Aufbauten auf Decken mit Hohlräumen genügen die üblichen Anforderungen zur Stand- und Verkehrssicherheit. Systemböden in Sicherheitstreppenräumen, die grundsätzlich einer einzelfallbezogenen Betrachtung unterzogen werden müssen, werden ausgeklammert.

2 Begriffe

Abschnitt 2 klärt die in der Richtlinie verwendeten Begriffe. Die Definitionen orientieren sich dabei an den einschlägigen technischen Regelwerken aus den Normen (z. B. DIN EN und DIN) und greifen die für die Schutzzielbetrachtung der Richtlinie wesentlichen Unterschiede auf.

2.1 Systemböden

sind Hohlböden oder Doppelböden, durch die ein Hohlraum zwischen einer Fußbodentragschicht und der Rohdecke ausgebildet wird.

„Systemböden" ist der übergeordnete Begriff für Konstruktionen, durch die ein Hohlraum zwischen der Fußbodentragschicht und der Rohdecke ausgebildet wird. In Abhängigkeit von der Ausführung werden sie eingeteilt als Hohlböden und Doppelböden. Dieses sind zwei mögliche Bauarten.

2.2 Hohlböden

sind Systemböden mit fugenloser, gegossener Tragschicht aus Estrich mit einem Hohlraum bis zu 200 mm lichte Höhe[1)].

[1)]Hohlböden, deren Hohlraum eine lichte Höhe von mehr als 200 mm hat, sind wie Doppelböden zu behandeln.

„Hohlböden" sind Systemböden mit flächig gegossener Tragschicht. Die Tragschicht bildet den oberen Abschluss des Systembodens und auf ihr wird der Fußbodenbelag verlegt. Der Aufbau kann monolithisch sein, d. h. die Tragschicht und die Unterkonstruktion bestehen im Wesentlichen aus einem homogenen Baustoff. Der Aufbau kann auch mehrschichtig aus einer Unterkonstruktion, darauf aufliegenden oder mit der Unterkonstruktion verbundenen Platten – z. B. verlorene Schalung auch aus normal entflammbaren Baustoffen – und dem Estrich bestehen. Anstelle des vergossenen Estrichs ist auch ein ≥ 30 mm dicker mindestens zweilagiger Trockenestrich aus nichtbrennbaren Platten mit versetzten Fugen möglich.

Nach der Begriffsabgrenzung der Richtlinie sind im bauaufsichtlichen Sinne Hohlböden nur Böden mit einem lichten Hohlraum bis zu 200 mm. Hohlböden im Sinn der Richtlinie sind entsprechend Abschnitt 2.2:

- Systemböden mit fugenloser, gegossener Tragschicht aus Estrich oder
- Systemböden mit einem Trockenestrich mit versetzten Fugen

mit einem Hohlraum bis zu 200 mm lichter Höhe.

Schwimmende Estriche können brandschutztechnisch als atypische Hohlböden mit einer gegossenen Tragschicht behandelt werden. Denn es handelt sich in der Regel um Bodenaufbauten, bei denen unmittelbar auf einer Decke eine Trittschalldämmschicht aufgebracht ist und diese dann mit einer fugenlos gegossenen Estrich-Tragschicht oder einem Trockenestrich abgedeckt werden. Innerhalb der Dämmschicht erfolgt dann eine Verlegung von Installationen.
Dies gilt insbesondere dann, wenn es um die brandschutztechnische Beurteilung von Abschottungen oder auf den schwimmenden Estrichen aufgestellten feuerhemmenden leichten Trennwänden (Feuerwiderstandsklasse F 30) geht.

2.3 Doppelböden

sind vorgefertigte Systemböden, bestehend aus Tragplatten und aus Ständern.

„Doppelböden" bestehen aus industriell vorgefertigten modularen Elementen, die im Gebäude zusammengefügt werden. Das einzelne Doppelbodenelement wird im Wesentlichen von der Doppelbodenplatte und der zugehörigen Unterkonstruktion gebildet. Doppelböden gestatten jederzeit an jeder Stelle den freien Zugang zum Hohlraum. Die Richtlinie definiert in Abschnitt 2.3 Doppelböden als:

- vorgefertigte Systemboden, bestehend aus Tragplatten und aus Ständern

Nach der Fußnote 1 sind auch Hohlböden mit einem Hohlraum > 200 mm brandschutztechnisch nach dieser Richtlinie wie Doppelböden zu behandeln.

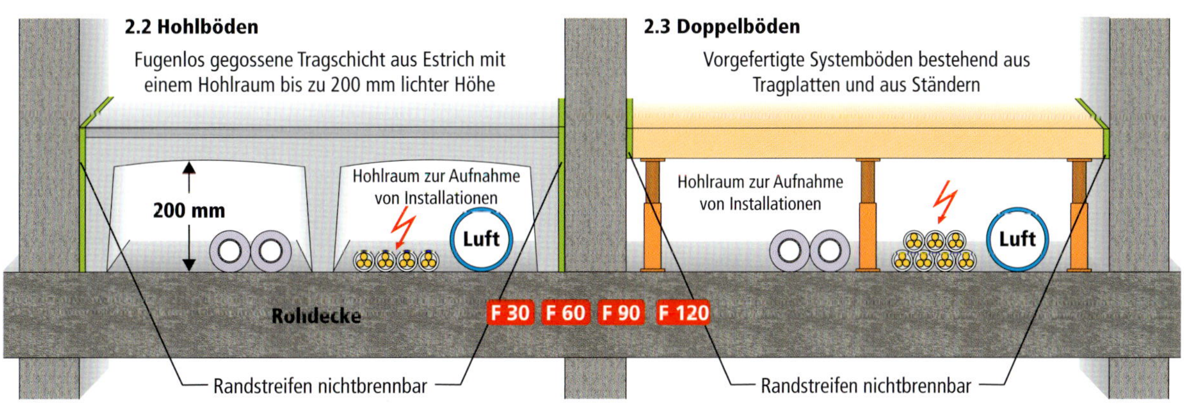

Bild B-II-2: Baurechtliche Einstufung und Aufbau von Hohl- und Doppelböden (Systemböden)

B

3 Anforderungen an Systemböden in notwendigen Treppenräumen, in Räumen zwischen notwendigen Treppenräumen und Ausgängen ins Freie, in Sicherheitsschleusen und Vorräumen sowie in notwendigen Fluren

Anforderung an Systemböden in ...

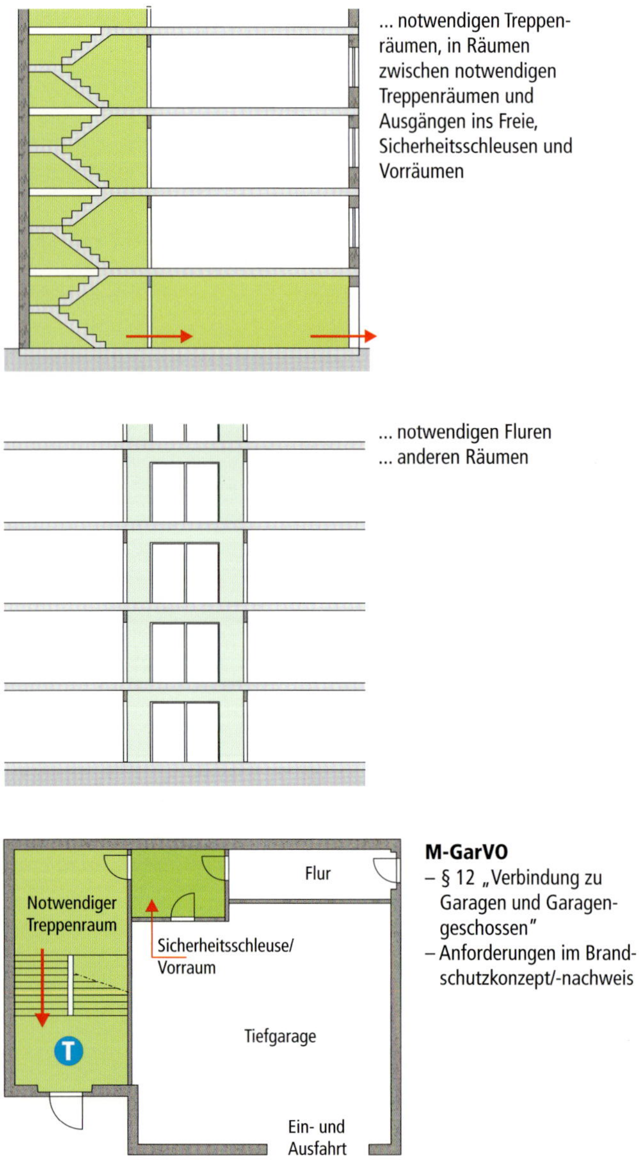

Bild B-II-3: Anordnung von Systemböden in Rettungswegen

3.1 Allgemeine Anforderungen

1 Soweit nachfolgend nichts anderes geregelt ist, müssen alle Teile aus nichtbrennbaren Baustoffen bestehen. 2 Bauordnungsrechtliche Anforderungen an Bodenbeläge bleiben unberührt. 3 Die Anschlussfugen müssen mit nichtbrennbaren Baustoffen verschlossen sein. 4 Die Tragschicht nach Abschnitt 2.2 sowie die Tragplatten nach Abschnitt 2.3 dürfen keine Öffnungen haben.

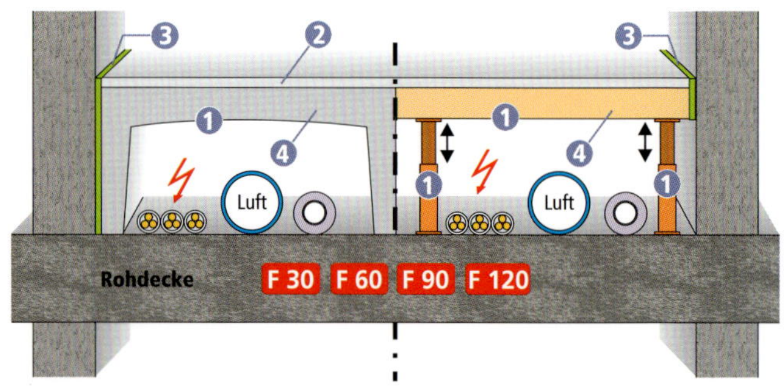

1 alle Bauteile der Systemböden nichtbrennbar, wenn nichts anderes geregelt
2 Bodenbeläge wie im Bauordnungsrecht geregelt
3 Anschlussfugen aus nichtbrennbaren Baustoffen
4 Tragschicht ohne bauliche Öffnungen

Bild B-II-4: Aufbau von Hohl- und Doppelböden (Systemböden)

Abschnitt 3 behandelt die Anforderungen an Systemböden in notwendigen Treppenräumen, in Räumen zwischen notwendigen Treppenräumen und Ausgängen ins Freie sowie in notwendigen Fluren. Die Richtlinie konkretisiert für den Bereich der Systemböden

- die allgemeine Anforderung des § 40 Abs. 2 Musterbauordnung (MBO), wonach Leitungsanlagen in notwendigen Treppenräumen und notwendigen Fluren nur zulässig sind, wenn eine Nutzung als Rettungsweg im Brandfall ausreichend lang möglich ist und
- die Ausführungen der MLAR, Abschnitte 3.2.1 und 3.3.2, wonach elektrische Leitungsanlagen und Rohrleitungsanlagen aus brennbaren Baustoffen oder mit brennbaren Dämmstoffen auch in Systemböden verlegt werden können.

Für die Systemböden in Rettungswegen wird in Abschnitt 3.1 zunächst grundsätzlich gefordert, dass sie aus nichtbrennbaren Baustoffen bestehen und keine Öffnungen haben. Auch für den Verschluss der Fugen gegenüber aufgehenden Bauteilen – den angrenzenden Wänden – oder anderen Anschlussfugen müssen nichtbrennbare Baustoffe verwendet werden. Ein wie in der Praxis bei Estrichen üblicher Anschluss mit brennbaren Randdämmstreifen ist nicht zulässig. Randdämmstreifen müssen aus nichtbrennbaren Baustoffen bestehen.

An auf den Systemböden angeordneten Bodenbelägen stellt die MSysBöR keine eigenen Anforderungen; sie ergeben sich aber unter Anderem aus anderen baurechtlichen Vorschriften mit der Regelung für Bodenbeläge in Rettungswegen.

Über die allgemeinen Anforderungen werden besondere Regelungen für die jeweilige Bodenart vorgegeben.

3.2 Hohlböden

[1]Hohlböden müssen einen Estrich in einer Mindestdicke von 30 mm haben; verlorene Schalungen dürfen aus normalentflammbaren Baustoffen bestehen. [2]Revisions- und Nachbelegungsöffnungen sind in der erforderlichen Zahl und Größe zulässig; sie müssen dichtschliessende Verschlüsse aus nichtbrennbaren Baustoffen haben.

Hohlböden müssen mit einem mindestens 30 mm dicken Estrich überdeckt ausgeführt werden. Der Estrich kann auf Formteilen mit Abstützungen – z. B. „Eierschalen-Formteilen" – oder auf nichtbrennbaren Füßen und einer aufliegenden Schalung vergossen werden. Abweichend von der Grundsatzanforderung in Abschnitt 3.1 darf die verlorene Schalung aus normalentflammbaren Baustoffen bestehen.

Der Estrich muss aus nichtbrennbaren Baustoffen bestehen, d. h. auch ein möglicherweise nur schwerentflammbarer Gussasphalt ist nicht zulässig.

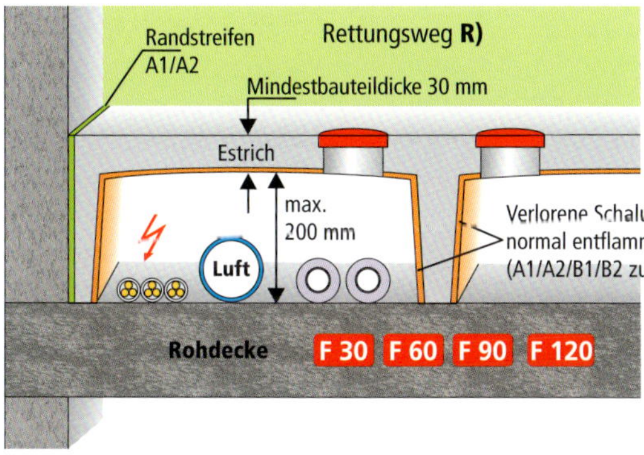

Revisions- und Nachbelegungsöffnungen sind in notwendigen Fluren in der erforderlichen Anzahl und Größe zulässig; sie müssen dichtschließende Verschlüsse aus nichtbrennbaren Baustoffen haben

R) Notwendiger Treppenraum, Räume zwischen notwendigen Treppenräumen und Ausgängen ins Freie, Sicherheitsschleusen, Vorräume und notwendige Flure im Sinne der MLAR

Bild B-II–5: Hohlböden aus Estrich gegossen

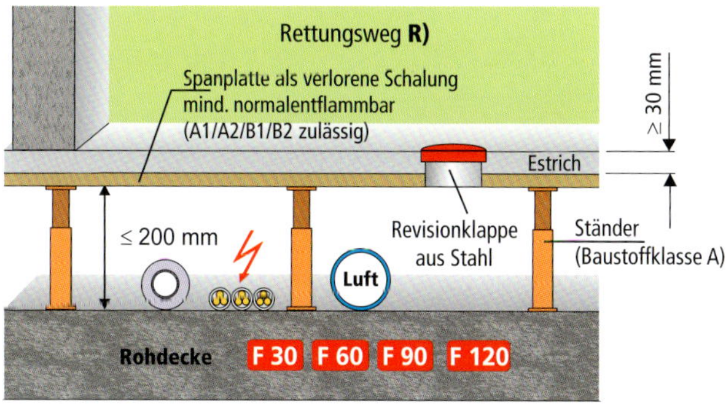

R) Notwendiger Treppenraum, Räume zwischen notwendigen Treppenräumen und Ausgängen ins Freie, Sicherheitsschleusen, Vorräume und notwendige Flure im Sinne der MLAR

Bild B-II–7: Hohlböden auf Ständer aufgelegt

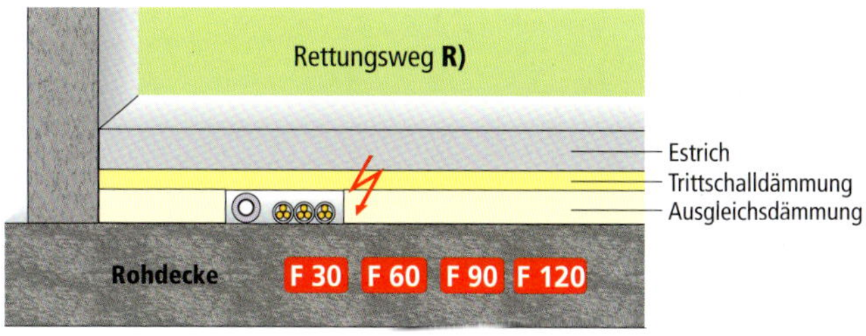

R) Notwendiger Treppenraum, Räume zwischen notwendigen Treppenräumen und Ausgängen ins Freie, Sicherheitsschleusen, Vorräume und notwendige Flure im Sinne der MLAR

Bild B-II–8: Leitungsverlegung unterhalb von schwimmenden Estrichen. Die Bewertung ist als Unterflurkanal gemäß MLAR, Abschnitt 3.5.6 oder gemäß Kommentierung Teil B-II, MSysBÖR, Abschnitt 2.2 möglich. Brennbare Randdämmstreifen können auf Grund der massiven Estrichplatten als Abweichung toleriert werden.

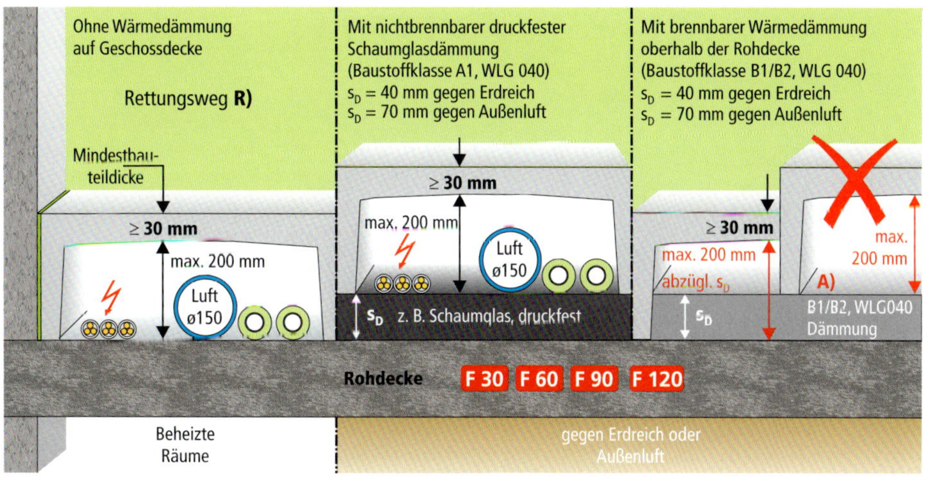

R) Notwendiger Treppenraum, Räume zwischen notwendigen Treppenräumen und Ausgängen ins Freie, Sicherheitsschleusen, Vorräume und notwendige Flure im Sinne der MLAR

A) Montage wg. mangelnder Druckfestigkeit auf B1/B2 Dämmung nicht möglich

Bild B-II–6: Hohlböden in Verbindung mit Zusatzdämmungen unterhalb von Hohlböden, z. B. Positionierung brennbarer/nichtbrennbarer Dämmstoffe

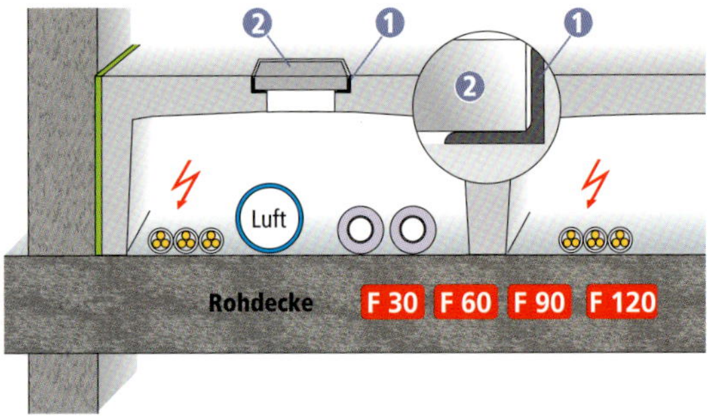

1 Stahlrahmen aus Winkelprofil
2 Betonplatte im Stahlrahmen liegend

Bild B-II–9: Revisions- und Nachbelegungsöffnungen mit dichtschließenden Verschlüssen aus nichtbrennbaren Baustoffen

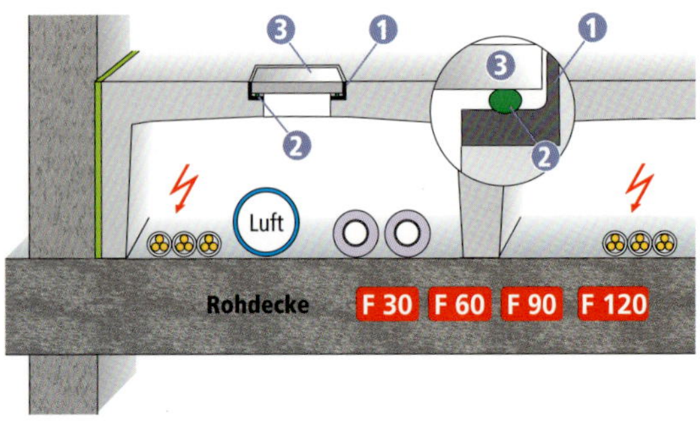

1 Metallrahmen mit Dichtungsnut
2 Dichtschnur aus Gummi
3 Stahlplatte

Bild B-II–10: Revisions- und Nachbelegungsöffnungen aus Stahl mit normalentflammbaren umlaufenden Dichtungen

Die unvermeidbaren Revisions- und Nachbelegungsöffnungen sind zulässig, wenn sie mit dichtschließenden Verschlüssen aus nichtbrennbaren Baustoffen versehen werden (siehe Bild B-II–9). Sie dürfen daher auch aus Metallprofilen bestehen – mit mindestens normalentflammbaren umlaufenden Dichtungen (siehe Bild B-II–10).

3.3 Doppelböden

[1]Die Tragplatten müssen dicht verlegt (mindestens stumpf gestoßen) sein. [2]Umleimer und Auflagerplättchen dürfen aus brennbaren Baustoffen in einer maximalen Dicke von 0,6 mm (Umleimer) bzw. 3 mm (Auflagerplättchen) bestehen. [3]Doppelböden mit einem Hohlraum von mehr als 200 mm lichter Höhe müssen als tragende und raumabschließende Bauteile bei Brandbeanspruchung von unten feuerhemmend sein.

Für Doppelböden beziehen sich die Anforderungen auf das Fugenrisiko, das durch die modulare Anordnung entsteht. Es wird in Abschnitt 3.3 verlangt, dass die Tragplatten dicht verlegt sind, wobei „dicht verlegt" mindestens „stumpf gestoßen" bedeutet. Eine Überdeckung bzw. Falze sind nicht erforderlich, da bei der Montage dieser Böden erhebliche Probleme entstehen würden. Die konstruktionsbedingt erforderlichen brennbaren Baustoffe werden bis zu einem bestimmten – vom Risiko her akzeptablen – Umfang zugelassen. Bei Doppelböden werden die Anforderungen auf wenige Punkte reduziert:

- Die Tragplatten müssen dicht verlegt sein, wobei davon ausgegangen wird, dass „dicht verlegen" das Gleiche bedeutet wie „stumpf gestoßen". Eine Überdeckung bzw. Falze sind nicht erforderlich.
- Brennbare Baustoffe sind in Verbindung mit Umleimern (< 0,6 mm) und mit Auflagerplättchen (< 3 mm) möglich, siehe Bild B-II–11 und Bild B-II–12 (Prinzipdarstellung).
- Bei lichten Hohlraumhöhen von > 200 mm müssen die tragenden und raumabschließenden Bauteile bei Brandbeanspruchung von unten mindestens feuerhemmend sein. Hier ist erstmalig in der Systemboden-Richtlinie die Vorgabe gemacht, eine Einstufung in die Feuerwiderstandsklasse F 30 zu erzielen, wobei das sowohl für die tragende als auch raumabschließende Funktion im Bereich von Flucht- und Rettungswegen gemäß MLAR, Abschnitt 3.1.1 gilt.

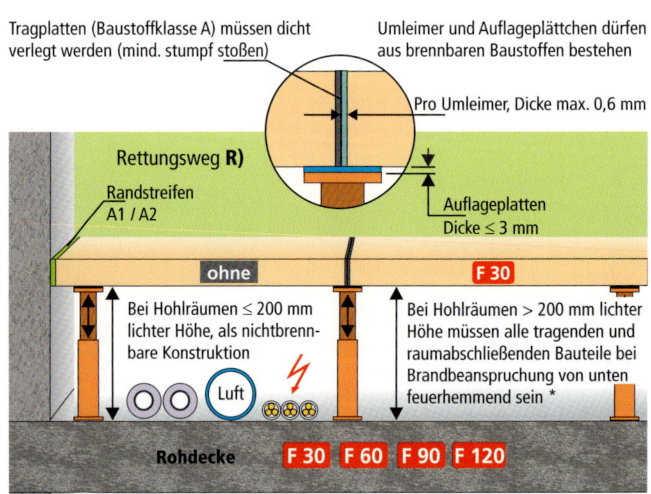

* Das Versagenskriterium bei der Bauteilprüfung bezieht sich nur auf die Tragfähigkeit und auf den Raumabschluss

R) Notwendiger Treppenraum, Räume zwischen notwendigen Treppenräumen und Ausgängen ins Freie, Sicherheitsschleusen, Vorräume und notwendige Flure im Sinne der MLAR

Bild B-II–11: Doppelböden aus nichtbrennbaren Systemplatten mit Aufständerung

Betragen die Hohlraumhöhen von Doppelböden mehr als 200 mm, müssen Doppelböden als tragende und raumabschließende Bauteile bei einer Brandbeanspruchung von unten mindestens feuerhemmend sein. Die „Decken" der Doppelböden bilden den unteren Raumabschluss der darüber liegenden Rettungswege und müssen den Fußbodenaufbau für diese tragen, so dass der Hohlraumboden wegen der möglichen Brände der in ihm verlegten Leitungen eines oberen feuerhemmenden Abschlusses bedarf. Soll von der Erleichterung für Wände notwendiger Flure innerhalb von Nutzungseinheiten Gebrauch gemacht und die Wände auf den Doppelboden aufgesetzt werden, so muss auch der Doppelboden bis 200 mm lichter Hohlraumhöhe feuerhemmend sein (vgl. Abschnitt 5.2).

Wegen des systembedingten hohen Anteils von Fugen muss im Rahmen der Brandprüfungen auch der Rauchdurchtritt beobachtet und bewertet werden. Da es hierfür keine normierten Anforderungskriterien gibt, bleibt es der Einschätzung der zugelassenen Prüfstelle vorbehalten, zu entscheiden, ab wann die durchtretende Rauchmenge als kritisch einzustufen ist. Dabei sollte berücksichtigt werden, dass in der Baupraxis in einem Systemboden ein Vollbrand nach der ETK gemäß DIN 4102-2 mit den in der Brandprüfung vorhandenen Überdrücken kaum zu erwarten ist, es sei denn bei extrem großen Hohlraumhöhen.

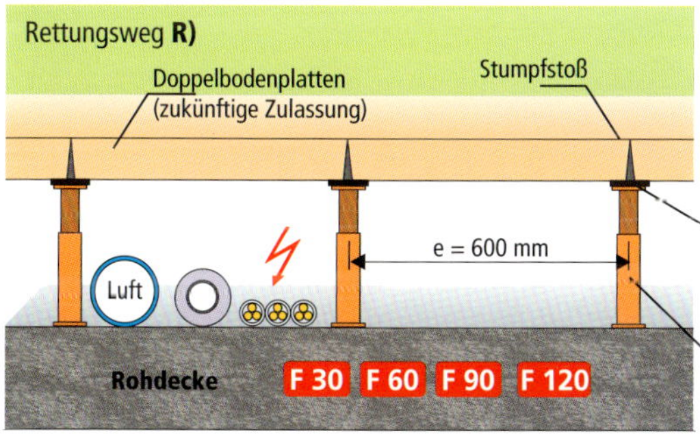

Bild B-II–12: Doppelböden aus nichtbrennbaren Systemplatten mit Aufständerung

4 Anforderungen an Systemböden in anderen Räumen

Für Systemböden in anderen Räumen, also Räumen, die keine notwendigen Rettungswege sind, sind aus der Sicht des Brandschutzes nur zwei sehr unterschiedliche Fälle regelungsbedürftig.

4.1 [1]Bei Doppelböden mit einem Hohlraum von mehr als 500 mm lichter Höhe in anderen Räumen als nach Nr. 3 muss die Tragkonstruktion (Tragplatte einschließlich Ständer) bei Brandbeanspruchung von unten feuerhemmend sein. [2]Das Versagenskriterium bei der Bauteilprüfung bezieht sich nur auf die Tragfähigkeit.

Abschnitt 4.1 fordert für Doppelböden mit einem Hohlraum von mehr als 500 mm lichter Höhe, dass sie auch im Falle eines Brandes im Hohlraum standsicher sein müssen. Die Tragkonstruktion (Tragplatte einschließlich Ständer) muss bei einer Brandbeanspruchung von unten feuerhemmend sein, vgl. hier die Kommentierung zu Nummer 3.3. **Das Versagenskriterium ist ausschließlich die Tragfähigkeit.**

Das Schutzziel ist hier nicht der Raumabschluss – **die Leitungsanlagen, die innerhalb dieser Böden verlegt werden, werden brandschutztechnisch ohnehin dem Raum zugeordnet** – sondern die Tragfähigkeit des Bodens im Brandfall, insbesondere im Hinblick auf den Feuerwehreinsatz. Anforderungen an die Brennbarkeit der Böden werden nicht gestellt, d. h. es dürfen auch Doppelbodenplatten aus brennbaren Baustoffen verwendet werden, wenn der Nachweis feuerhemmend (Feuerwiderstandsklasse F 30) bezogen auf die Tragfähigkeit geführt wurde. An Doppelböden in anderen Räumen, deren Hohlraumhöhe geringer ist, werden keine entsprechenden Anforderungen gestellt.

B

4.2 [1]Systemböden, deren Hohlräume auch der Raumlüftung dienen und die unter mehreren Räumen durchlaufen, müssen in den Hohlräumen oder im Bereich des Luftaustritts Brandmelder mit der Kenngröße „Rauch" haben. [2]Die Melder müssen sicherstellen, dass im Brandfall die Lüftungsanlage abgeschaltet wird.

Abschnitt 4.2 greift den Fall auf, dass der Hohlraum eines Systembodens selbst als luftführender Teil der Lüftungsanlage durchströmt wird (Prinzip von Druckböden) und somit auch der Raumlüftung dient. Laufen solche Systemböden unter mehreren Räumen durch – **häufig werden alle Räume eines Geschosses so belüftet** – besteht im Fall eines Brandes im Hohlraum die Gefahr der Unterstützung des Brandgeschehens durch die Luftzufuhr und eine beschleunigte Verrauchung des gesamten Geschosses. Es müssen daher in den Hohlräumen oder im Bereich des Luftaustritts aus dem Systemboden Brandmelder mit der Kenngröße „Rauch" vorgesehen werden, die sicherstellen, dass im Brandfall die Lüftungsanlage abgeschaltet wird.

Alternativ kann der Systembodenhohlraum im Bereich der Trennwände abgeschottet werden, d. h. auch mit entsprechenden Klappen im Bereich der Abtrennung unter der Trennwand.

Hinweise:

- Die Geräte – Anschlusseinheiten für elektrische Betriebsmittel, z. B. Steckdosen, Telefon, EDV können ohne spezifische brandschutztechnische Anforderungen an die Ausführung der Gehäuse eingebaut werden. Die Geräte-Anschlusseinheiten bestehen im Bereich statisch belastbarer Teile i.d.R. „Bodentank" aus einem Grundrahmen aus Stahl, Alu, Messing oder korrosionsbeständiger Stahl (Edelstahl). Nicht tragende Teile aus Kunststoff sind zulässig. Die elektrischen Betriebsmittel sind i.d.R. brennbar. Die beschriebenen Geräte – Anschlusseinheiten sind auch für den Einbau in Systemböden mit der Anforderung feuerhemmender (Feuerwiderstandsklasse F 30) an die Tragfähigkeit, jedoch ohne Anforderungen an den Raumabschluss geeignet.
- Bei diesen Böden wird ausdrücklich in Kauf genommen, dass eine Brandausbreitung vom Systemboden in den darüber liegenden Raum nicht behindert wird.
- Wird bei Systemböden der Raumabschluss im Baurecht oder im Brandschutzkonzept gefordert, müssen die Anschlusseinheiten von unten in feuerhemmender Qualität (Feuerwiderstandsklasse F 30) eingehaust werden (siehe Muster-Hochhaus-Richtlinie).
- Bei Luftauslässen gelten die gleichen Anforderungen wie vor beschrieben.

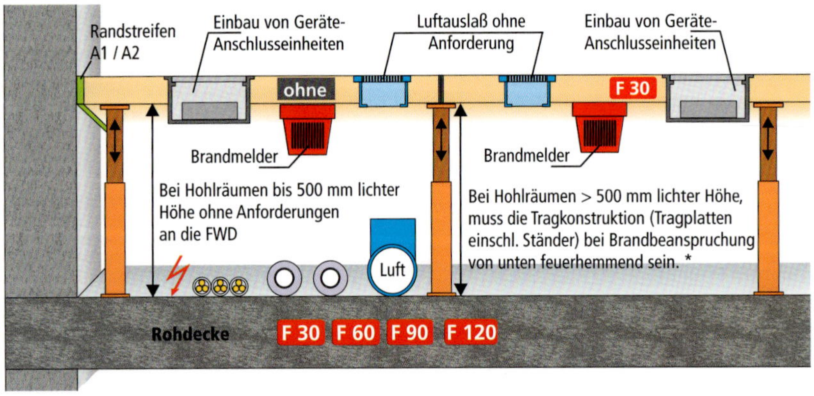

Systemböden, deren Hohlraum auch der Raumentlüftung dienen und unter mehreren Räumen durchlaufen, müssen je 70 m² Grundfläche mit Brandmeldern, Kenngröße „Rauch" zur Abschaltung der Lüftungsanlagen bzw. Ansteuerung der Brandschutzklappen ausgestattet werden.

* Das Versagenskriterium bei der Bauteilprüfung bezieht sich nur auf die Tragfähigkeit, jedoch nicht auf den Raumabschluss

Bild B-II–13: Anforderungen an Systemböden in anderen Räumen (luftdurchströmt)

Wird die Zuluft dagegen über nichtbrennbare Leitungen zu den Luftauslässen im Systemboden geführt, ist hierfür die Muster-Lüftungsanlagenrichtlinie (M-LüAR) zu beachten. In diesem Fall dient der Hohlraumboden nicht der Lüftung.

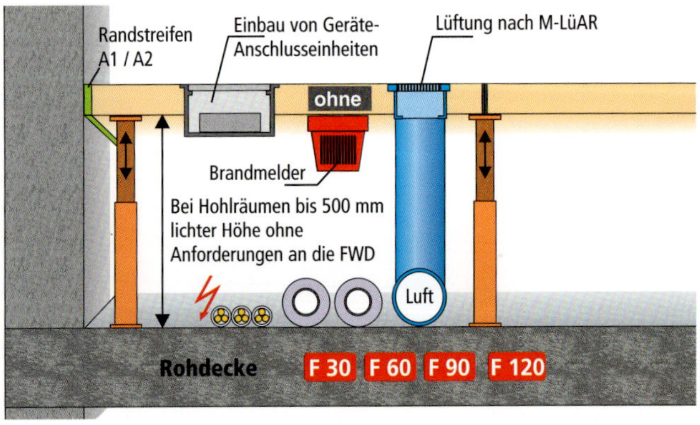

Bild B-II–14: Anforderungen an Systemböden in anderen Räumen (nicht luftdurchströmt)

5 Wände auf Systemböden

5.1 [1]Brandwände und Wände, die nach § 30 Abs. 3 Satz 2 MBO anstelle von Brandwänden zulässig sind, Wände notwendiger Treppenräume und Wände von Räumen zwischen notwendigen Treppenräumen und Ausgängen ins Freie sowie Trennwände nach § 29 Abs. 2 Nr. 1 MBO dürfen von Systemböden aus nicht hochgeführt werden. [2]Dies gilt auch für Wände notwendiger Flure, die Nutzungseinheiten trennen.

„Ausschluss von durchgehenden Systemböden"

In der Richtlinie wurde der Aufbau bzw. der Anschluss von Wänden auf den Systemböden bzw. an die Systemböden in einem gesonderten Abschnitt zusammengefasst. Zunächst wird erläutert, welche Wände von den Systemböden aus **nicht** hochgeführt werden dürfen. Bei den genannten Wänden **muss** der vertikale Raumabschluss auch im Bereich des Systembodens gewährleistet werden.

Die genannten Wände sind

- Brandwände,
- Wände, die nach § 30 Abs. 3 Satz 2 MBO anstelle von Brandwänden zulässig sind,
- Wände notwendiger Treppenräume,
- Wände von Räumen zwischen notwendigen Treppenräumen und Ausgängen ins Freie,
- Trennwände nach § 29 Abs. 2 Nr. 1 MBO (das sind die Trennwände zwischen Nutzungseinheiten und zwischen den Nutzungseinheiten und anders genutzten Räumen) und
- Wände notwendiger Flure, die Nutzungseinheiten trennen.

Die Wände sind als durch den Hohlraum durchgehende Wände auszubilden und es sind in den Wänden im Bereich des Systembodens feuerwiderstandsfähige Abschottungen vorzusehen, die auch in der Lage sind, die Lasten aus den Wänden in die Rohdecke abzuleiten. Da in diesem Fall beide Flurwände die Nutzungseinheit trennen, ist in beiden Flurwänden die Trennung im Systemboden vorzusehen.

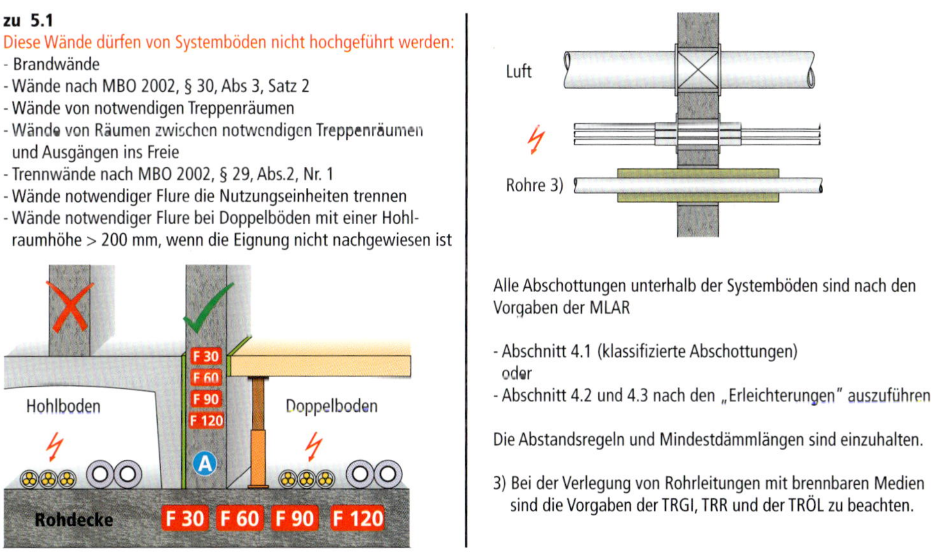

Bild B-II-15: Ausschluss von Wänden die von Systemböden nicht hochgeführt werden dürfen
(Diese Wände sind grundsätzlich auf den Rohbeton zu führen)

B

5.2 [1]Sonstige raumabschließende Wände, für die eine Feuerwiderstandsfähigkeit vorgeschrieben ist, dürfen von Systemböden aus hochgeführt werden, wenn diese Wände zusammen mit den Systemböden auf die für die Wand erforderliche Feuerwiderstandsklasse geprüft sind. [2]Die Prüfung bezieht sich auf die raumabschließende Wirkung.

„Zulässige Wände auf Systemböden mit Prüfung"

In diesem Abschnitt geht es um die bautechnische Bewertung des Anschlusses von feuerwiderstandsfähigen Wänden, die auf einem Systemboden aufgestellt werden dürfen.

Sonstige Wände, für die eine Feuerwiderstandsdauer vorgeschrieben ist, dürfen von Systemböden aus nur dann hochgeführt werden, wenn diese Wände zusammen mit den Systemböden auf die für die Wand erforderliche Feuerwiderstandsklasse geprüft sind.

Das bedeutet, dass Doppelböden mit Hohlraumhöhen > 200 mm, grundsätzlich zusammen mit den Wänden auf die erforderliche Feuerwiderstandsdauer der Wand zu prüfen sind, um sicherzustellen, dass die Verformung der Doppelböden nicht zum Verlust des Raumabschlusses im Wandbereich führt.

Auf einen Systemboden aufgestellte Wände von brandschutztechnisch abgetrennten Bereichen innerhalb einer Nutzungseinheit sind ebenfalls zusammen mit dem Systemboden zu prüfen. Darauf kann verzichtet werden, wenn innerhalb des Systembodens unter den Wänden eine Abschottung eingebaut wird, die in der Lage ist, auch die Lasten aus den Wänden in die Rohdecke einzuleiten.

Zu Abschnitt 3.2.5 der MHHR „Systemböden nach der Muster-Hochhaus-Richtlinie"

MHHR Abschnitt 3.2.5 Sätz 2–4:
[2]Systemböden oder Unterdecken dürfen unter oder über Wänden nach Satz 1 Nr. 1 bis 3 durchgehen. [3]Durchgehende Systemböden oder Unterdecken müssen mit den Wänden nach Satz 1 Nr. 1 bis 3 auf die für die Wand erforderliche Feuerwiderstandsfähigkeit geprüft sein. [4]Die Prüfung bezieht sich auf die raumabschließende Wirkung.

Nach Abschnitt 3.2.5 der MHHR sind durchgehende Systemböden unter Trennwänden von Nutzungseinheiten und zwischen Nutzungseinheiten und anders genutzten Räumen zulässig, wenn die Systemböden zusammen mit diesen Wänden auf die für die Wand erforderliche Feuerwiderstandsfähigkeit geprüft wurden.

Das bezieht sich formal auch auf die Wände notwendiger Flure. Bis zu einer Höhe von 200 mm ist eine Prüfung entsprechend der MSysBöR Abschnitt 5.3 jedoch nicht erforderlich. Im Kommentar zur MHHR wird ansonsten auf die Muster-Systembödenrichtlinie in Verbindung mit der MLAR hingewiesen.

Man lässt also in diesen Gebäuden durchgehende Systemböden zu, da von einer flächendeckenden Löschanlage ausgegangen werden kann.

Werden nach Abschnitt 8 der MHHR bei Gebäuden bis 60 m Höhe in Zellenbauweise keine flächendeckenden Löschanlagen eingebaut, sind feuerbeständige Trennwände zwischen Nutzungseinheiten erforderlich, die dann entsprechend der MSysBöR im Systembodenbereich durchzuführen sind.

5.3 Wände notwendiger Flure innerhalb von Nutzungseinheiten dürfen hochgeführt werden von

- Hohlböden,
- Doppelböden mit einem lichten Hohlraum von bis zu 200 mm, wenn der Doppelboden bei Brandbeanspruchung von unten mindestens feuerhemmend[2)] ist.

2) Sofern ein allgemeines bauaufsichtliches Prüfzeugnis für die Wand den Anschluss an ein feuerbeständiges Bauteil verlangt, stellt dies regelmäßig keine wesentliche Abweichung dar.

„Zulässige Wände auf Systemböden ohne Prüfung"

Für Flurwände enthält Abschnitt 5.3 eine Spezialregelung, wonach die Wände notwendiger Flure innerhalb von Nutzungseinheiten in bestimmten Fällen von Systemböden aus hochgeführt werden dürfen. Diese Regelung geht davon aus, dass es primär auf den Schutz des Flures als Rettungsweg ankommt und nicht auf die Begrenzung der Brandausbreitung in den Raum gleicher Nutzungseinheit auf der anderen Seite des Flures.

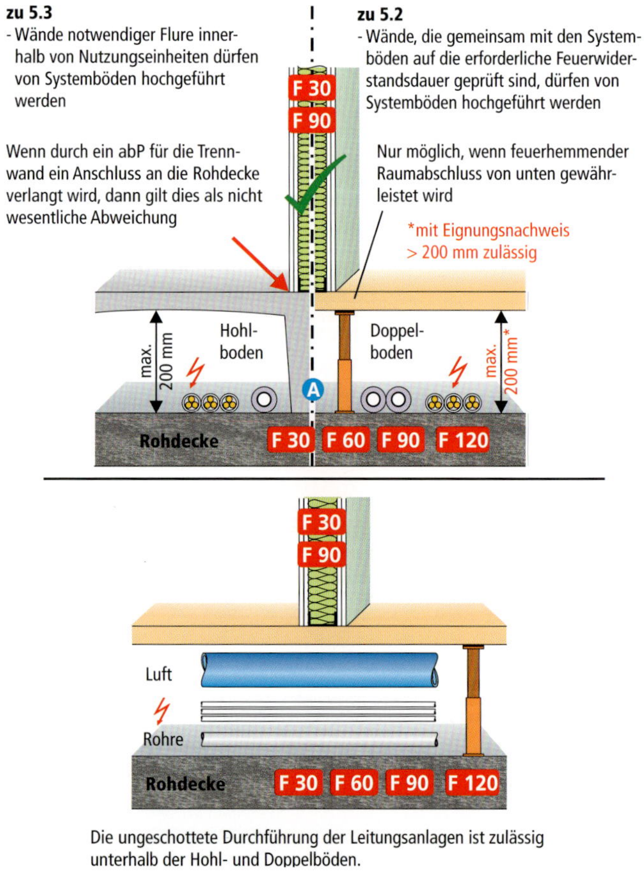

Bild B-II-16: Wände, die von Systemböden hochgeführt werden dürfen

Flurwände und Systemboden bilden hier eine Art Tunnel, was aber voraussetzt, dass die Böden – zusätzlich zu den Anforderungen nach Abschnitt 3 – eine dafür ausreichende Feuerwiderstandsfähigkeit haben.

Mit dieser Regelung korrespondiert die Vorschrift in § 36 Abs. 4 Satz 3 MBO, wonach Flurwände an eine Unterdecke angeschlossen werden dürfen, wenn die Unterdecke raumabschließend feuerhemmend ist und der Anschluss der Wand an die Decke den Raumabschluss sicherstellt, andernfalls sind die Wände bis zur Rohdecke zu führen. Die Wände notwendiger Flure (jedenfalls soweit sie nicht auch Trennwände von Nutzungseinheiten sind) dürfen von Systemböden mit einem lichten Hohlraum von bis zu 200 mm aus hochgeführt werden. Bei Doppelböden gilt das nur dann, wenn diese Doppelböden bei Brandbeanspruchung von unten mindestens feuerhemmend sind.

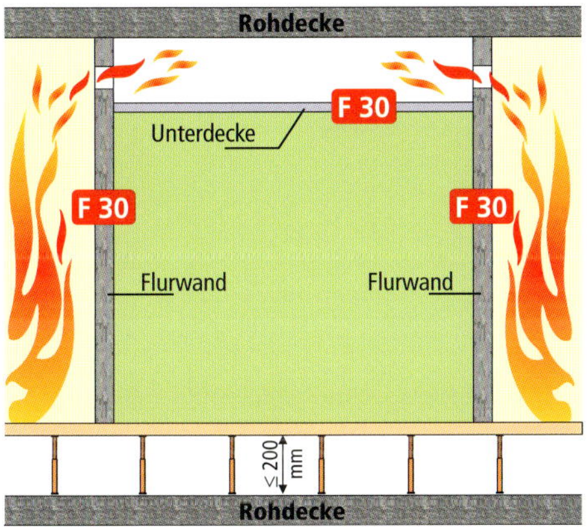

Bild B-II-17: Schematische Anordnung eines notwendigen Flures zwischen Räumen gleicher Nutzer (z. B. ein Bürobetreiber/Hauptmieter)

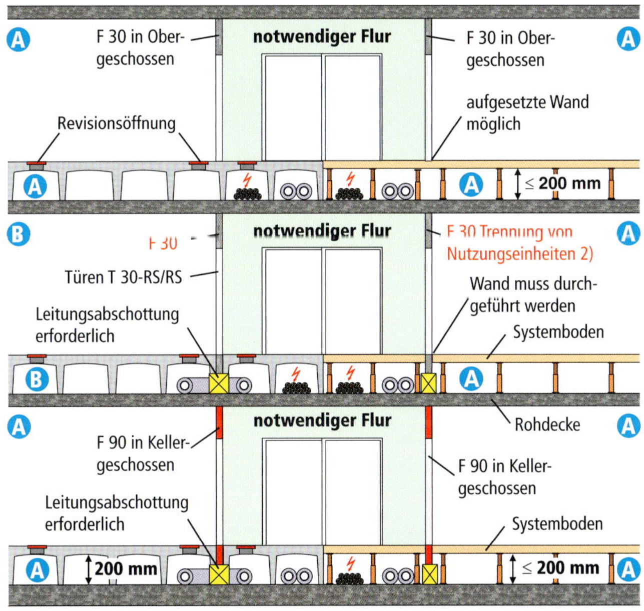

Leitungsabschottung erforderlich

Revisionsöffnungen sind in Hohlraumböden zulässig. Die Vorgaben der MSysBÖR/SysBÖR sind zu beachten

Anforderungen an die Feuerwiderstandsdauer der Systemböden gemäß MSysBÖR/SysBÖR

Luftauslässe in notwendigen Fluren mit offener Verbindung zu (A) nicht zulässig

2) 2 x F 30 Wände reichen für die Trennung von Nutzungseinheiten in Verbindung mit notwendigen Fluren aus

Hinweise: Bei Höhe des Systembodens > 200 mm müssen die Wände bis zum Rohboden durchgeführt werden.
Im Kellergeschoss ist ein notwendiger Flur nur dann erforderlich, wenn Aufenthaltsräume vorhanden sind

Bild B-II-18: Schematische Anordnung notwendiger Flure zwischen Räumen gleicher Nutzer (A-A) und fremder Nutzer (A-B)

Bei der Bewertung von raumabschließenden feuerwiderstandsfähigen Wänden, die von Systemböden aus hochgeführt werden, ist wichtig, dass die Systemboden-Richtlinie auch dann angewandt werden darf, wenn in den allgemeinen Ver- bzw. Anwendbarkeitsnachweisen oder in DIN 4102-4 für die Wände ein direkter Anschluss an feuer-widerstandfähige Rohdecken verlangt wird. Das Aufständern dieser Wände auf einen darunter durchgehenden Systemboden ist zwar von dem Anwendbarkeitsnachweis nicht erfasst, stellt aber im Sinne von MBO § 22 (1) eine nicht wesentliche Abweichung von dem allgemeinen Anwendbarkeitsnachweis (abP/aBG) dar. Eine Zustimmung im Einzelfall (ZiE/vBG) ist daher nicht erforderlich.

Diese Aussage ist deshalb zulässig, weil die Hohlraumhöhe unter dem Systemboden maximal 200 mm beträgt und der Hohlraumboden mindestens 30 mm dick ist bzw. der Doppelboden von unten eine Feuerwiderstandsdauer von mindestens 30 Minuten aufweist. Aufgrund der geringen Höhe ist ein Vollbrand innerhalb des Systembodens nach der ETK mit entsprechenden Verformungen des Systembodens nicht zu erwarten. Bei einem Vollbrand im angrenzenden Raum wird sich der Systemboden kaum verformen.

Allgemeine Hinweise zum Bestand von „Hohlraumestrichen und Doppelböden"

Nach der „Richtlinie über brandschutztechnische Anforderungen an Hohlraumestriche und Doppelböden" in der Fassung Dezember 1998 durften auch Trennwände von Nutzungseinheiten vom Systemboden hochgeführt werden, wenn bestimmte Vorgaben eingehalten wurden:

- Hohlraumestrich mindestens 30 mm dick,
- Hohlraumestrich oder Doppelböden, die zusammen mit der Wand auf die für die Wand erforderliche Feuerwiderstandsdauer geprüft wurden.

In vielen bestehenden Gebäuden ist dies so ausgeführt. Ohne Eingriff in das Gebäude bzw. ohne Nutzungsänderung kann man von Bestandsschutz ausgehen.

Wenn diese Gebäude saniert werden sollen und ggf. auch eine Nutzungsänderung vorgesehen wird, die das Brandrisiko nicht wesentlich erhöht, kann empfohlen werden, bei Hohlböden auf eine Nachrüstung unter den Trennwänden von Nutzungseinheiten zu verzichten und Bestandsschutz zu reklamieren, weil einerseits bei Hohlböden das Brandentstehungs- und Brandausbreitungsrisiko sehr gering ist und andererseits eine Nachrüstung bei durchgehenden Estrichen sehr aufwendig ist. Bei Doppelböden mit leicht aufnehmbaren Doppelbodenplatten wird empfohlen, nachträglich unter den Trennwänden von Nutzungseinheiten eine Abschottung zu integrieren.

Allgemeine Hinweise zu Leitungsdurchführungen durch Systemböden:

Die Durchführung von Leitungsanlagen durch Systemböden ist ohne besondere Abschottungsmaßnahmen möglich. Dies gilt nicht, wenn im Brandschutzkonzept ausdrücklich Anforderungen an die Feuerwiderstandsdauer und den Raumabschluss gestellt werden.

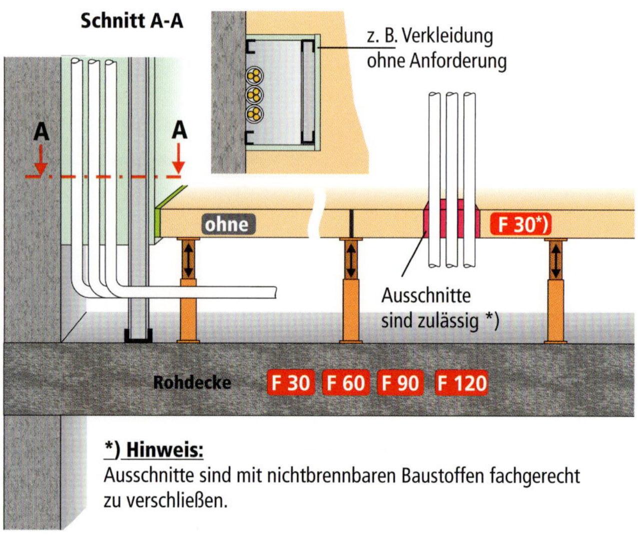

Bild B-II-19: Leitungsdurchführungen durch Systemböden in anderen Räumen mit klassifizierten Installationsschächten

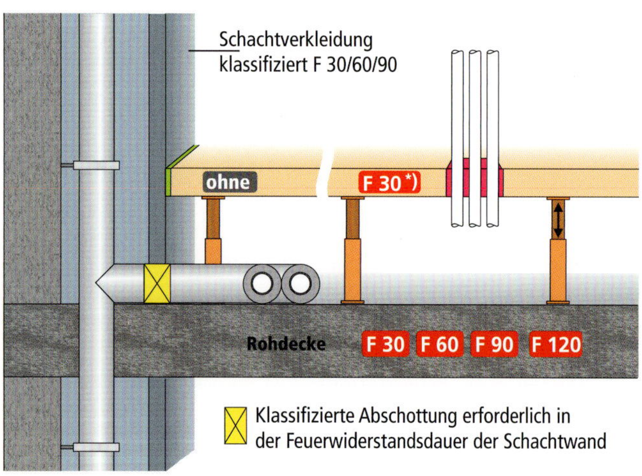

Bild B-II-20: Leitungsdurchführungen durch Systemböden in anderen Räumen mit klassifizierten Installationsschächten

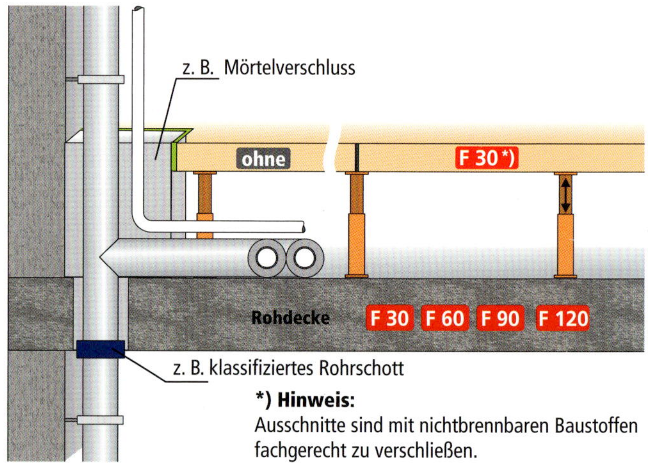

Bild B-II-21: Leitungsdurchführungen mit Abschottungen im Bereich der Geschossdecken

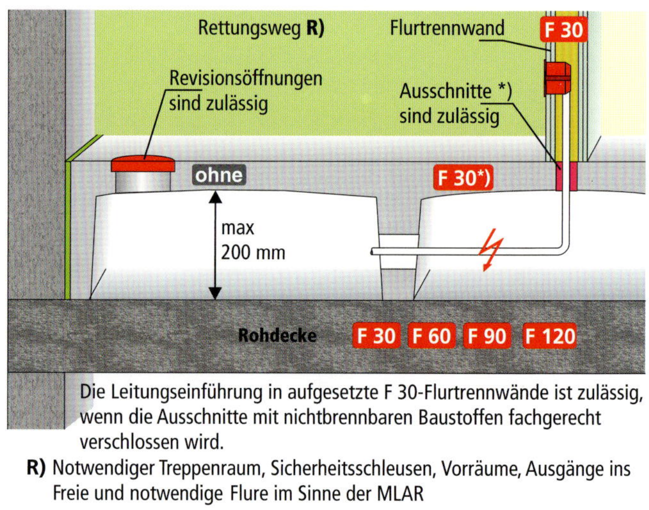

Bild B-II-22: Leitungsdurchführungen in Trennwände, die von den Systemböden hochgeführt werden. Die Einschränkungen der Leitungsweiterführung innerhalb der Rettungswege gemäß MLAR, Abschnitt 3.1.1, sind zu beachten

Hinweise zur Brandmeldeüberwachung gemäß DIN VDE 0833-2:2017-10 zur Überwachung von Zwischendecken und Systemböden (Doppelböden, Hohlraumböden)

Wenn im Brandschutzkonzept, Brandschutznachweis bzw. der Baugenehmigung der Einbau einer Brandmeldeanlage nach DIN 14675 gefordert wird, erfolgt je nach Umfang der Überwachung (Vollschutz, Teilschutz, Schutz von Flucht- und Rettungswegen bzw. Einrichtungsschutz), die Anordnung von automatischen Brandmeldern innerhalb von Systemböden nach DIN VDE 08332-2:2017-10.

Die detaillierte Festlegung, welche Systemböden mit in die Überwachung einbezogen werden, richtet sich nach dem Überwachungsumfang, der vorhandenen Brandlast, der baulichen Ausführung und der lichten Höhe.
Gemäß DIN VDE 08332-2:2017-10 muss insbesondere bei einer Sachgefährdung, der Sicherungsbereich mit Ausnahme von Teilbereichen, die nur eine geringe Brandlast ausweisen bzw. keine Brandausbreitung ermöglichen, vollständig überwacht

B

werden. Hierzu zählen auch Zwischendecken und Systemböden.

Nach DIN VDE 0833-2:2017-10 Abschnitt 6.1.3 sind jedoch auch Ausnahmen der Überwachung von Zwischendecken und Systemböden zulässig, wenn sämtliche nachfolgenden Bedingungen erfüllt sind:

- Die Umfassungsbauteile der Zwischendecken bzw. Systemböden müssen den bauaufsichtlichen Anforderungen nichtbrennbar genügen.
- Die Zwischendecken bzw. Systemböden müssen mit nichtbrennbaren Bauteilen so unterteilt sein, dass Abschnitte ohne horizontale Versprünge (Höhenversatz) von max. 100 m² und einer maximalen Seitenlänge von 20 m gebildet werden.
- Die Zwischendecken bzw. Systemböden in Fluren, deren Breite 3 m nicht überschreitet, müssen so mit nichtbrennbaren Bauteilen unterteilt sein, dass die gebildeten Abschnitte eine Länge von 20 m nicht übersteigen. Die Brandlast muss kleiner als 25MJ, bezogen auf die Grundfläche von 1 m x 1 m, sein

Neben den vorgenannten Ausnahmen darf bei Systemböden ebenfalls auf eine Überwachung verzichtet werden, wenn diese eine lichte Höhe von 200 mm nicht überschreiten und nicht der Raumlüftung dienen.
Diese Ausnahme ist unabhängig von der installierten Brandlast.

Hinweis:
Die Notwendigkeit der Überwachung von Zwischendecken und Systemböden, sollte bereits in einem frühen Stadium der Planung berücksichtigt werden und die Anforderungen im Brandmelde- bzw. Sicherungskonzept beschrieben werden.

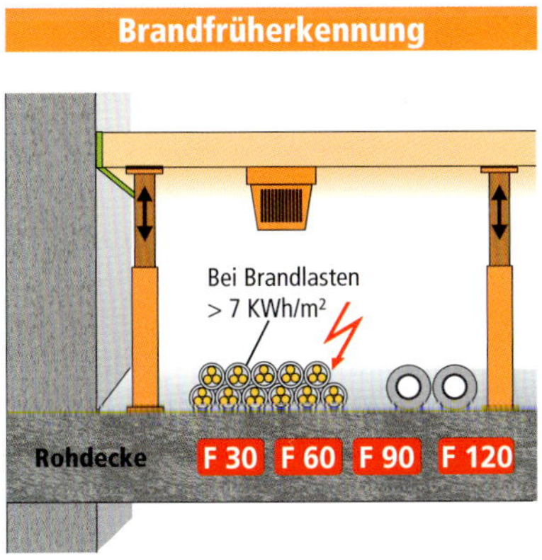

Vorgaben entsprechend den DIN VDE-Normen beachten, wenn eine Brandmeldeanlage im Gebäude vorhanden ist, z. B. DIN VDE 0833-2:2017-10 Brandmeldeanlagen.
Hinweis: Der Einbau einer Brandmeldeanlage ist baurechtlich nicht gefordert.

Bild B-II–23: Hohlraumüberwachung unterhalb von Systemböden auf Grundlage der DIN VDE 0833-3. Die Ausnahmemöglichkeiten der DIN VDE-Normen sind zu beachten

Hinweise zu gasgelöschten Hohlraumböden

Wenn eine Gaslöschung der Hohlräume nach dem Brandschutzkonzept bzw. Brandschutznachweis bzw. der Baugenehmigung erforderlich ist, dann müssen Zwischenböden gemäß Systembödenrichtlinie mit in die Gaslöschung einbezogen werden.

Wesentlich ist eine funktionsfähige Druckentlastung oder eine gesteuerte Gaslöschmitteleinleitung, damit die Systembodenplatten beim Löschvorgang in der geplanten Lage verbleiben und nicht hochgedrückt werden.

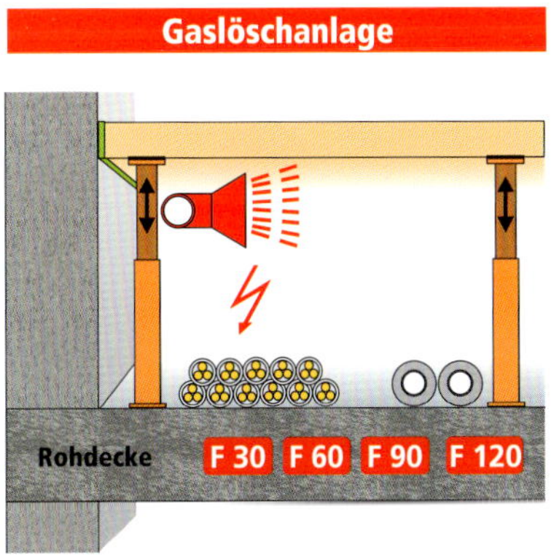

Der Einbau von Gaslöschanlagen ist zulässig und bei hoher Brandlast, z. B. in elektrischen Betriebsräumen und EDV Anlagen, zu empfehlen.
Achtung: Druckentlastung regelkonform planen

Bild B-II–24: Einbau einer automatischen Gaslöschanlage unterhalb von Systemböden

Hinweise zur Hohlraumsprinklerung

Wenn eine Hohlraumsprinklerung nach dem Brandschutzkonzept bzw. Brandschutznachweis bzw. der Baugenehmigung erforderlich ist, dann müssen Zwischenböden gemäß Systembödenrichtlinie mit in die Sprinklerung einbezogen werden.

Technische Anforderungen können z. B. auf Grundlage der VdS CEA 4001:2018-01 festgelegt werden. Damit ergäbe sich, dass bei Systembodenhöhen von

- h ≤ 300 mm keine Sprinklerung,
- h = 300 bis 800 mm eine Sprinklerung bei Brandlasten ≥ 3,5 KWh/m² und
- h > 800 mm eine Sprinklerung in jedem Fall unabhängig von der Brandlast erforderlich ist.

Hinweise:

- Bei Verwendung anderer Sprinklernormen können sich andere Anforderungen ergeben.
- Bei einer Brandlast von z. B. 3,5 KWh/m² erscheint der Einbau einer Hohlraumsprinklerung auch bei einer Höhe von < 300 mm nicht zielführend, da sich bei derart geringen Brandlasten und geringer Höhe des Hohlraumes kein Vollbrand entwickeln kann, der zur Auslösung einer Sprinkleranlage führt. Die Planungsgrundlagen sind in Grenzfällen mit dem Versicherer oder im Rahmen des Brandschutzkonzeptes bzw. Brandschutznachweises zu definieren.

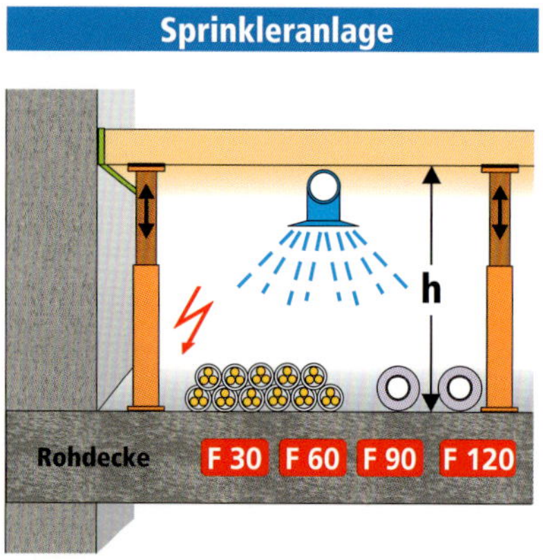

Der Einbau einer Hohlraumsprinklerung ist zulässig, wenn im Brandschutzkonzept bzw. Brandschutznachweis gefordert:
z. B. Anforderungen auf Grundlage der VdS CEA 4001
h ≤ 300 mm, keine Sprinklerung erforderlich
h = 300 bis 800 mm, Sprinklerung erforderlich bei Brandlast ≥ 3,5 KWh/m^2
h > 800 mm, Sprinklerung in jedem Fall unabhängig der Brandlast erforderlich

Hinweis:
Bei Verwendung anderer Sprinklernormen können sich andere Anforderungen ergeben.

Bild B-II–25: Einbau einer automatischen Wasserlöschanlage unterhalb von Systemböden auf Grundlage der VdS CEA 4001:2018-01

Praxisgerechte Beispiele zur Anwendung der Systembödenrichtlinie werden in folgenden Teilen ausführlich beschrieben:

- **Teil O** Brandschutztechnische Planungs- und Ausführungsempfehlungen von Systemböden gemäß MSysBöR
- **Teil Q** Brandschutztechnische Planungs- und Ausführungsempfehlungen von Leitungsanlagen für medizinische Gase und Laborgase
- **Teil S** Gosslar, Beschreibung von Begriffen und Abkürzungen

B-III. Stand der baurechtlichen Einführung MSysBöR 09/2005

Die Muster-Systembödenrichtlinie MSysBöR 09/2005 wurde in allen 16 Bundesländern baurechtlich eingeführt. Die nebenstehende Grafik der Bundesrepublik zeigt den Stand baurechtlichen Einführungsstand der MSysBöR 09/2005 im November 2017

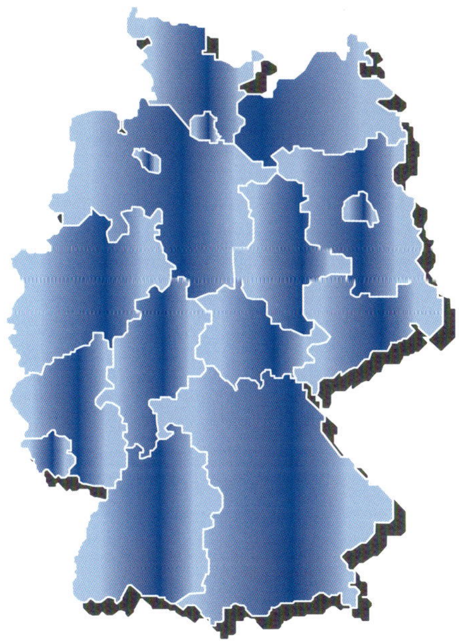

Hinweis:
Im folgende Teil B-IV. werden die Einführungsstände der MVV TB inkl. der MSysBöR 09/2005 bis zum Redaktionsschluss 10/2018 dokumentiert.

Tab. B-III–1: Einführungsstand der MSysBöR 09/2005 in der Bundesrepublik

Bundesland	baurechtliche Einführung	Art der Einführung	Grundlage der Einführung[1)]	Abweichung vom Muster
Baden-Württemberg	01.01.2007	Bekanntmachung der LTB vom 29.11.2006	MSysBöR 09/2005	ja
Bayern	01.01.2008	Bekanntmachung der LTB vom 27.11.2007	MSysBöR 09/2005	nein
Berlin	29.12.2006	Amtsblatt von Berlin vom 29.12.2006 „Muster-Einführung"	MSysBöR 09/2005	nein
Brandenburg	06.12.2006	Amtsblatt von Brandenburg vom 06.12.2006 „Muster-Einführung"	MSysBöR 09/2005	ja
Bremen	01.01.2007	Bekanntmachung der LTB Fassung 02/2006	MSysBöR 09/2005	nein
Hamburg	26.01.2007	Bekanntmachung der LTB vom 01.11.2006	MSysBöR 09/2005	ja
Hessen	04.12.2006	Bekanntmachung der LTB vom 04.12.2006	MSysBöR 09/2005	nein
Mecklenburg-Vorp.	30.08.2006	Bekanntmachung der LTB am 29.08.2006	MSysBöR 09/2005	ja
Niedersachsen	Mai 2006	Bekanntmachung der LTB am 05/2006 (Ministerialblatt)	MSysBöR 09/2005	ja
Nordrhein-Westfalen	30.11.2006	Bekanntmachung der LTB vom 08.11.2006 (Ministarialblatt)	MSysBöR 09/2005	nein
Rheinland-Pfalz	01.02.2006	Bekanntmachung der LTB Fassung 02/2006	MSysBöR 09/2005	ja
Saarland	30.04.2008	Bekanntmachung der LTB Fassung 02/2008	MSysBöR 09/2005	nein
Sachsen	26.06.2006	Bekanntmachung der LTB 31.05.2006 (Ministerialblatt)	MSysBöR 09/2005	nein
Sachsen-Anhalt	1. Quartal 2007	Bekanntmachung der LTB im 1. Quartal 2007	MSysBöR 09/2005	nein
Schleswig-Holstein	29.05.2007	Bekanntmachung der LTB Fassung 02/2006	MSysBöR 09/2005	nein
Thüringen	01.08.2007	Bekanntmachung der LTB Fassung 09/2008	MSysBöR 09/2005	nein

[1)] In allen Bundesländern wurde das Muster der Systembödenrichtlinie über die Liste der Technischen Baubestimmungen ohne wesentliche Abweichungen baurechtlich eingeführt. Die in jedem Bundesland baurechtliche eingeführte Fassung ist zu berücksichtigen. Die Abweichungen beziehen sich i.d.R. auf Querverweise zur jeweiligen Landesbauordnung (LBO).

B-IV. Stand der baurechtlichen Einführung MSysBöR über die MVV TB

Die MSysBör 09/2005 wird aktuell über die MVV TB in den Bundesländern eingeführt. Die nebenstehende Grafik mit den Bundesländern und die untere Tabelle können sie ab dem Redaktionsschluss 27.09.2018 entsprechend der Umsetzung in den Bundesländern aktualisieren. Die Momentan in der Tab. B-IV–1 nicht aufgeführten Bundesländer bereiten die Umsetzung vorraussichtlich bis Ende 2018 vor.

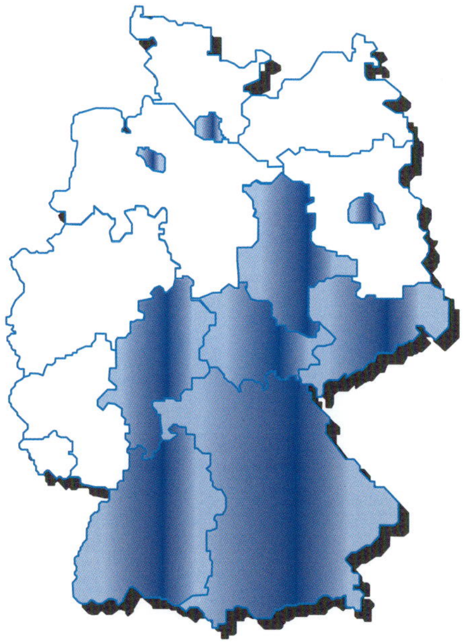

Hinweis:
- Den aktuellen Einführungsstand der MVV TB siehe im Internet unter:
  www.dibt.de > Technische Baubestimmungen
  > Stand der Umsetzung MVV TB
- Die in den Bundesländern baurechtlich eingeführten VV TB´s, siehe im Internet unter:
  www.is-argebau.de > Länder (Bundesland auswählen) in der Homepage des Bundeslandes nach „Technische Baubestimmungen" suchen.

Tabelle B-IV–1: Einführungsstand der MVV TB mit der MSysBöR in der Bundesrepublik (Stand gemäß DIBt-Info vom 14.09.2018)

Bundesland	**baurechtliche Einführung der VV TB**	**Fundstelle/Bezug auf LBO**	**baurechtliche Einführung der MSysBör über die MVV TB**		**Einführung[1] als**	**Abweichung vom Muster der MSysBör 09/2005**
			Pos. in der VV TB	**Grundlage ist die MSysBör aus dem Jahr**		
Baden-Württemberg	20.12.2017	GABl. Nr. 13 vom 29.12.2017, S. 656/LBO BW, § 73a	A 2.2.1.9	MSysBöR 2005	MSysBöR-Baden-Württemberg	nein
Bayern	27.09.2018	AllBl. Nr. 12	A 2.2.1.9	MSysBöR 2005	MSysBöR-Bayern	nein
Berlin	19.04.2018	ABl. 2018, S. 2095/ BauO Bln, § 86a	A 2.2.1.9	MSysBöR 2005	MSysBöR-Berlin	nein
Brandenburg						
Bremen	10.09.2018	Brem. ABl, S. 946	A 2.2.1.9	MSysBöR 2005	MSysBöR-Bremen	nein
Hamburg	12.04.2018	Amtl. Anz. 2018, S. 669/ HBauO, § 81	A 2.2.1.9	MSysBöR 2005	MSysBöR-Hamburg	nein
Hessen	13.06.2018	StAnz. Nr. 27 2018, S. 831	A 2.2.1.9	MSysBöR 2005	MSysBöR-Hessen	nein
Mecklenburg-Vorpommern						
Niedersachsen						
Nordrhein-Westfalen						
Rheinland-Pfalz						
Saarland						
Sachsen	15.12.2017	SächsABl. 2018, S. 52/ SächsBO, § 88a	A 2.2.1.9	MSysBöR 2005	MSysBöR-Sachsen	nein
Sachsen-Anhalt (LSA)	05.04.2018	MBl. LSA 2018 S. 193	A 2.2.1.9	MSysBöR 2005	MSysBöR-LSA	nein
Schleswig-Holstein						
Thüringen	30.07.2018	ThürStAnz 34/2018, S. 1051	A 2.2.1.9	MSysBöR 2005	MSysBöR-Thür	nein

Wichtiger Hinweis zu baurechtlichen Abweichungsmöglichkeiten:
[1] Es besteht die Möglichkeit der baurechtlichen Abweichung gemäß MBO § 85a, bzw. den entsprechenden Paragrafen in den Landesbauordnungen. § 16a Abs. 2 und § 17 Abs. 1 MBO bleiben unberührt.

Teil C Muster einer Verordnung über den Bau von Betriebsräumen für elektrische Anlagen (EltBauVO)

C-I. Muster einer Verordnung über den Bau von Betriebsräumen für elektrische Anlagen(EltBauVO)[1] Stand: Januar 2009

Aufgrund von § 85 Abs. 1 Nr. 1 und Nr. 4 MBO wird verordnet:

Inhalt

§ 1 Geltungsbereich

Diese Verordnung gilt für die Aufstellung von

1. Transformatoren und Schaltanlagen für Nennspannungen über 1 kV,
2. ortsfesten Stromerzeugungsaggregaten für bauordnungsrechtlich vorgeschriebene, sicherheitstechnische Anlagen und Einrichtungen und
3. zentralen Batterieanlagen für bauordnungsrechtlich vorgeschriebene sicherheitstechnische Anlagen und Einrichtungen in Gebäuden.

§ 2 Begriffsbestimmung

Betriebsräume für elektrische Anlagen (elektrische Betriebsräume) sind Räume, die ausschließlich zur Unterbringung von Einrichtungen im Sinne des § 1 dienen.

§ 3 Allgemeine Anforderungen

[1]Innerhalb von Gebäuden müssen elektrische Anlagen nach § 1 in jeweils eigenen elektrischen Betriebsräumen untergebracht sein.
[2]Ein elektrischer Betriebsraum ist nicht erforderlich für die in § 1 Nr. 1 genannten elektrischen Anlagen in

1. freistehenden Gebäuden und
2. in durch Brandwände abgetrennten Gebäudeteilen,

wenn diese nur die in § 1 Nr. 1 aufgezählten elektrischen Anlagen enthalten.

§ 4 Anforderungen an elektrische Betriebsräume

(1) [1]Elektrische Betriebsräume müssen so angeordnet sein, dass sie im Gefahrenfall von allgemein zugänglichen Räumen oder vom Freien leicht und sicher erreichbar sind und durch nach außen aufschlagende Türen jederzeit ungehindert verlassen werden können; sie dürfen von notwendigen Treppenräumen nicht unmittelbar zugänglich sein.
[2]Der Rettungsweg innerhalb elektrischer Betriebsräume bis zu einem Ausgang darf nicht länger als 35 m sein.

(2) [1]Elektrische Betriebsräume müssen so groß sein, dass die elektrischen Anlagen ordnungsgemäß errichtet und betrieben werden können; sie müssen eine lichte Höhe von mindestens 2 m haben.
[2]Über Bedienungs- und Wartungsgängen muss eine Durchgangshöhe von mindestens 1,80 m vorhanden sein.

(3) Elektrische Betriebsräume müssen den betrieblichen Anforderungen entsprechend wirksam be- und entlüftet werden.

(4) [1]In elektrischen Betriebsräumen dürfen Leitungen und Einrichtungen, die nicht zum Betrieb der jeweiligen elektrischen Anlagen erforderlich sind, nicht vorhanden sein.
[2]Satz 1 gilt nicht für die zur Sicherheitsstromversorgung aus der Batterieanlage erforderlichen Installationen in elektrischen Betriebsräumen nach § 1 Nr. 3.

---

[1] Die Verpflichtungen aus der Richtlinie 98/34/EG des Europäischen Parlaments und des Rates vom 22. Juni 1998 über ein Informationsverfahren auf dem Gebiet der Normen und technischen Vorschriften und der Vorschriften für die Dienste der Informationsgesellschaft (ABl. L 204 vom 21.7.1998, S. 37), die zuletzt durch die Richtlinie 2006/96/EG vom 20. November 2006 (ABl. L 363 vom 20.12.2006, S. 81) geändert worden ist, sind beachtet worden.

§ 5 Zusätzliche Anforderungen an elektrische Betriebsräume für Transformatoren und Schaltanlagen mit Nennspannungen über 1 kV

(1) [1]Raumabschließende Bauteile elektrischer Betriebsräume für Transformatoren und Schaltanlagen mit Nennspannungen über 1 kV, ausgenommen Außenwände, sind feuerbeständig auszuführen.
[2]Der erforderliche Raumabschluss zu anderen Räumen darf durch einen Druckstoß aufgrund eines Kurzschlusslichtbogens nicht gefährdet werden.

(2) [1]Türen müssen mindestens feuerhemmend, selbstschliessend und rauchdicht sein sowie im Wesentlichen aus nichtbrennbaren Baustoffen bestehen; soweit sie ins Freie führen, genügen selbstschließende Türen aus nichtbrennbaren Baustoffen.
[2]An den Türen muss außen ein Hochspannungswarnschild angebracht sein.

(3) [1]Bei elektrischen Betriebsräumen für Transformatoren mit Mineralöl oder einer synthetischen Flüssigkeit mit einem Brennpunkt < 300 °C als Kühlmittel muss mindestens ein Ausgang unmittelbar ins Freie oder über einen Vorraum ins Freie führen.
[2]Der Vorraum darf auch mit dem Schaltraum, jedoch nicht mit anderen Räumen in Verbindung stehen.

(4) [1]Elektrische Betriebsräume nach Abs. 3 Satz 1 dürfen sich nicht in Geschossen befinden, deren Fußboden mehr als 4 m unter der festgelegten Geländeoberfläche liegt.
[2]Sie dürfen auch nicht in Geschossen über dem Erdgeschoss liegen.

(5) [1]Elektrische Betriebsräume müssen unmittelbar oder über eigene Lüftungsleitungen wirksam aus dem Freien be- und in das Freie entlüftet werden.
[2]Lüftungsleitungen, die durch andere Räume führen, sind feuerbeständig herzustellen.
[3]Öffnungen von Lüftungsleitungen zum Freien müssen Schutzgitter haben.

(6) Fußböden müssen aus nichtbrennbaren Baustoffen bestehen; dies gilt nicht für Fußbodenbeläge.

(7) [1]Unter Transformatoren muss auslaufende Isolier- und Kühlflüssigkeit sicher aufgefangen werden können.
[2]Für höchstens drei Transformatoren mit jeweils bis zu 1000 l Isolierflüssigkeit in einem elektrischen Betriebsraum genügt es, wenn die Wände in der erforderlichen Höhe sowie der Fußboden undurchlässig ausgebildet sind; an den Türen müssen entsprechend hohe und undurchlässige Schwellen vorhanden sein.

§ 6 Zusätzliche Anforderungen an elektrische Betriebsräume für ortsfeste Stromerzeugungsaggregate

(1) [1]Raumabschließende Bauteile von elektrischen Betriebsräumen für ortsfeste Stromerzeugungsaggregate zur Versorgung bauordnungsrechtlich vorgeschriebener, sicherheitstechnischer Anlagen und Einrichtungen, ausgenommen Außenwände, müssen in einer dem erforderlichen Funktionserhalt der zu versorgenden Anlagen entsprechenden Feuerwiderstandsfähigkeit ausgeführt sein.
[2]§ 5 Abs. 5 Satz 1 und 3 und Abs. 6 gelten sinngemäß; für Lüftungsleitungen, die durch andere Räume führen, gilt Satz 1 entsprechend.
[3]Die Feuerwiderstandsfähigkeit der Türen muss derjenigen der raumabschließenden Bauteile entsprechen; die Türen müssen selbstschließend sein.

(2) Elektrische Betriebsräume nach Abs. 1 Satz 1 müssen frostfrei sein oder beheizt werden können.

§ 7 Zusätzliche Anforderungen an Batterieräume

(1) [1]Raumabschließende Bauteile von elektrischen Betriebsräumen für zentrale Batterieanlagen zur Versorgung bauordnungsrechtlich vorgeschriebener sicherheitstechnischer Anlagen und Einrichtungen, ausgenommen Außenwände, müssen in einer dem erforderlichen Funktionserhalt der zu versorgenden Anlagen entsprechenden Feuerwiderstandsfähigkeit ausgeführt sein.
[2]§ 5 Abs. 5 Satz 1 und 3 und § 6 Abs. 2 gelten sinngemäß; für Lüftungsleitungen, die durch andere Räume führen, gilt Satz 1 entsprechend.
[3]Die Feuerwiderstandsfähigkeit der Türen muss derjenigen der raumabschließenden Bauteile entsprechen; die Türen müssen selbstschließend sein.
[4]An den Türen muss ein Schild „Batterieraum" angebracht sein.

(2) Fußböden von elektrischen Betriebsräumen nach Abs. 1 Satz 1, in denen geschlossene Zellen aufgestellt werden, müssen an allen Stellen für elektrostatische Ladungen einheitlich und ausreichend ableitfähig sein.

§ 8 Zusätzliche Bauvorlagen

Die Bauvorlagen müssen Angaben über die Lage der elektrischen Betriebsräume und die Art der elektrischen Anlagen enthalten.

C

C-II. Muster einer Verordnung über den Bau von Betriebsräumen für elektrische Anlagen (EltBauVO[1]) – Stand : Januar 2009 inkl. Kommentierungen

Inhalt

Hinweis zum Lesen der Kommentierung:
- Die Originaltexte der baurechtlichen Regelwerke sind in **blau** dargestellt
- Die Kommentierungen sind **schwarz** dargestellt
- Hinweise der Autoren werden in **grau** dargestellt

Hinweis zur Übertragung der Kommentierungen auf die landesspezifischen Fassungen:
Die Kommentierung der EltBauVO kann auf die bauaufsichtlich eingeführten landesspezifischen Fassungen der Muster einer Verordnung über den Bau von Betriebsräumen für elektrische Anlagen (EltBauVO) übertragen werden. Die landesspezifischen Abweichungen sind zu beachten. Die Darstellung der baurechtlichen Einführung und der Abweichungen erfolgt in **Teil C-III.** und **Teil C-IV.**.

[1] Die Verpflichtungen aus der Richtlinie 98/34/EG des Europäischen Parlaments und des Rates vom 22. Juni 1998 über ein Informationsverfahren auf dem Gebiet der Normen und technischen Vorschriften und der Vorschriften für die Dienste der Informationsgesellschaft (ABl. L 204 vom 21.7.1998, S. 37), die zuletzt durch die Richtlinie 2006/96/EG vom 20. November 2006 (ABl. L 363 vom 20.12.2006, S. 81) geändert worden ist, sind beachtet worden.

C

Brandschutztechnische Anforderungen an elektrische Betriebsräume

Allgemeine Hinweise zur Anwendung des Kommentars

Die Ausgangs-Fassung der EltBauVO entstand in den 70er Jahren.

Die wesentlichen Schutzziele der EltBauVO sind:

- Schutz der Menschen und Gebäude vor der elektrischen Anlage
- Personenschutz von Menschen in elektrischen Betriebsräumen
- Vermeidung von negativen Einwirkungen bzw. Aufrechterhaltung des elektrischen Funktionserhalts von ortsfesten Stromerzeugungsaggregaten und zentralen Batterieanlagen für bauordnungsrechtlich vorgeschriebene sicherheitstechnische Anlagen, durch jeweils eigene elektrische Betriebsräume
- Schutz anderer Räume vor Bränden aus elektrischen Betriebsräumen von Transformatoren und Schaltanlagen für Nennspannungen über 1 kV (= 1.000 Volt)

Zusätzlich zu den baurechtlichen Anforderungen sind die aktuellen DIN, DIN EN bzw. DIN VDE-Normen, wie z. B.:

- DIN VDE 0100-560 „Errichten von Niederspannungsanlagen – Auswahl und Einrichtung elektrischer Betriebsmittel – Einrichtungen für Sicherheitszwecke"
- DIN VDE 0100-731 „Errichten von Niederspannungsanlagen – Anforderungen von Betriebsstätten, Räume und Anlagen besonderer Art – Abgeschlossene elektrische Betriebsstätte"
- DIN EN 61936 „Starkstromanlagen mit Nennwechselspannungen über 1 kV"
- DIN VDE 0100-729 „Errichten von Niederspannungsanlagen, Anforderungen für Betriebsstätten, Räume und Anlagen besonderer Art – Bedienungsgänge und Wartungsgänge"
- DIN EN 50171 (DIN VDE 0558-508) „Zentrale Sicherheitsstromversorgungssysteme"
- DIN EN 50172 (DIN VDE 0108-100) „Sicherheitsbeleuchtungsanlagen"
- DIN EN 50272-2 (DIN VDE 0510-2) „Sicherheitsanforderungen an Batterien und Batterieanlagen – Stationäre Batterien"
- DIN 18012 „Anschlusseinrichtungen für Gebäude– Allgemeine Planungsgrundlagen"

zu beachten.

Anmerkung:
Die Anforderungen der EltBauVO sind geltendes Bauordnungsrecht und unabhängig von technischen Regeln einzuhalten. Sie sind nicht zu verwechseln mit den Vorgaben der DIN VDE 0100-731 „Errichten von Niederspannungsanlagen – Anforderungen von Betriebsstätten, Räume und Anlagen besonderer Art – Abgeschlossene elektrische Betriebsstätten".

Wichtiger Hinweis:
Elektrische Unterverteilungen in allgemein zugänglichen Bereichen fallen nicht in den Geltungsbereich der EltBauVO und der DIN VDE 0100-731.

Bei eventuellen Abweichungen zur eingeführten Fassung der EltBauVO in den Bundesländern ist zu beachten, dass es sich bei der EltBauVO um eine „Verordnung" handelt und ein entsprechender Abweichungsantrag gestellt werden muss. Die Abweichung ist auch im Brandschutzkonzept/-nachweis darzustellen.

Weitere Hinweise sind in der MVV TB Abschnitt A 2 zu finden.

Hinweis:
Gemäß Fußnote 2 zur MVV TB A 2.2.1.10 gilt: „Für bauordnungsrechtliche Anforderungen in dieser Technischen Baubestimmung ist eine Abweichung nach § 85a Absatz 1, Satz 3, MBO ausgeschlossen; eine Abweichung vom bauordnungsrechtlichen Anforderungen kommt nur nach § 67 MBO in Betracht. § 16a Abs. 2 und § 17 Abs. 1 MBO bleiben unberührt."

§ 1 Geltungsbereich

Diese Verordnung gilt für die Aufstellung von
1. Transformatoren und Schaltanlagen für Nennspannungen über 1 kV,
2. ortsfesten Stromerzeugungsaggregaten für bauordnungsrechtlich vorgeschriebene, sicherheitstechnische Anlagen und Einrichtungen und
3. zentralen Batterieanlagen für bauordnungsrechtlich vorgeschriebene, sicherheitstechnische Anlagen und Einrichtungen in Gebäuden.

Die EltBauVO gilt in allen Gebäuden, wenn eine der drei unter § 1 aufgeführten Anlagengruppen in dem Gebäude aufgestellt werden soll. Es ist nicht Voraussetzung, dass die Anlagen zum Betrieb des Objekts erforderlich sind. Dies ist daran zu erkennen, dass die Verordnung auch für Transformatoren und Schaltanlagen mit einer Nennspannung über 1.000 V gilt. Diese Transformatoren können zur Versorgung der Aufstellungsorte/-gebäuden bzw. deren Einrichtungen, mit elektrischer Energie, aus dem öffentlichen oder einem eigenen Stromnetz erforderlich sein, es können jedoch auch andere Gebäude von den Transformatoren versorgt werden.

Die Anforderungen an die Räume der ortsfesten Stromerzeugungsaggregate und zentralen Batterieanlagen gelten nur, wenn von diesen Aggregaten oder Batterien bauordnungsrechtlich vorgeschriebene sicherheitstechnische Anlagen und Einrichtungen versorgt werden. Sie greifen die Regelungen der MLAR bezüglich der Anforderungen an den Funktionserhalt auf.

Bei den im Abschnitt 5.3 der MLAR aufgeführten sicherheitstechnischen Anlagen, die im Brandfall einen Funktionserhalt von 30 bzw. 90 Minuten aufweisen müssen, bedarf es insbesondere einer gesicherten Stromversorgung, damit die Anlagen über die Dauer des Funktionserhalts mit elektrischer Energie versorgt werden. Als Energiequelle kommen hierbei unterschiedliche Systeme zur Anwendung. In der Regel werden die Systeme über die allgemeine Stromversorgung des Gebäudes mit elektrischer Energie versorgt. Sollte es aufgrund eines Brandes bzw. Fehlers zum Ausfall der allgemeinen Stromversorgung kommen, erfolgt die Versorgung über sogenannte „Stromquellen für Sicherheitszwecke". Hierzu zählen auch die in der EltBauVO aufgeführten ortsfesten Stromerzeugungsaggregate und zentrale Batterieanlagen.

In der Regel werden Anlagen mit einer hohen elektrischen Leistung, wie zum Beispiel elektrisch betriebene Sprinklerpumpen, Feuerwehraufzüge, maschinelle Rauchabzugsanlagen und Rauchschutz-Druckanlagen über die zentrale Sicherheitsstromversorgungsanlage eines Gebäudes versorgt. Diese wird nach einem Ausfall der Allgemeinstromversorgung, z. B. über ein ortsfestes Stromerzeugungsaggregat eingespeist. Über die Hauptverteilung der Sicherheitsstromversorgung, wie z. B. die Niederspannungshauptverteilung SV, werden in der Regel mehrere sicherheitstechnische Anlagen versorgt.

Sicherheitstechnische Anlagen, wie z. B. eine Sicherheitsbeleuchtungsanlage, können nach Ausfall der Allgemeinstromversorgung auch über wiederaufladbare Batterien (Akkus) versorgt werden.

Von einer „zentralen Batterieanlage" im Sinne EltBauVO spricht man, wenn von einer zentralen Stelle aus im Objekt eine oder mehrere bauordnungsrechtlich geforderte sicherheitstechnische Anlagen im Bedarfsfall über Batterien versorgt werden müssen. Wenn eine einzelne Anlage von zentraler Stelle aus über eine „zentrale Batterieanlage" versorgt wird, wie z. B. die Sicherheitsbeleuchtung für ein ganzes Gebäude, sind die zusätzlichen räumlichen Anforderungen für den Aufstellraum der „zentralen Batterieanlage" der EltBauVO zu erfüllen.

Da sich der Begriff „zentrale Batterieanlage" nicht direkt aus den allgemein anerkannten Regeln der Technik ableiten lässt, basiert die Kommentierung auf Grundlage der aktuellen Normen und Regelwerke in Verbindung mit der Begründung zur EltBauVO des Arbeitskreises „Technische Gebäudeausrüstung" der Fachkommission Bauaufsicht vom 5.3.2009 (Red. Stand März 2013).

Nähere Ausführungen zum Begriff „zentrale Batterieanlagen" werden in der Kommentierung zum § 7 der EltBauVO dargestellt.
Weitergehende Anforderungen für Aufstellung der ortsfesten Stromerzeugungsaggregate sind in der Muster-Feuerungsverordnung (MFeuV) enthalten.

In der Begründung des Arbeitskreises „Technische Gebäudeausrüstung" der Fachkommission Bauaufsicht vom 5.3.2009 (Red. Stand März 2013). werden im Zusammenhang mit dem Geltungsbereich die allgemeinen Schutzziele und die Notwendigkeit definiert, für welche Betriebsräume zur Aufstellung von Aggregaten und Anlagen nach Nr. 1 bis 3 die Verordnung gilt. Hier wird explizit beschrieben, dass Anlagen nach Nr. 1 (Transformatoren und Schaltanlagen für Nennspannungen über 1 kV) im Gegensatz zu Anlagen nach Nr. 2 und Nr. 3 – immer in elektrischen Betriebsräumen nach EltBauVO unterzubringen sind. Hierdurch wird dem besonderen Gefährdungspotenzial, das durch Transformatoren und Schaltanlagen mit einer Nennspannung über 1 kV entstehen können, Rechnung getragen. Bezüglich der Anlagen nach Nr. 2 und Nr. 3 (ortsfeste Stromerzeugungsaggregate und zentrale Batterieanlagen) wird klargestellt, dass eigene elektrische Betriebsräume nach EltBauVO nur dann erforderlich sind, wenn durch das ortsfeste Stromerzeugungsaggregat bzw. die zentrale Batterieanlage bauordnungsrechtlich vorgeschriebene sicherheitstechnische Anlagen und Einrichtungen versorgt werden. Durch die Aufstellung in eigenen elektrischen Betriebsräumen soll aufgrundder Trennung zwischen allgemeiner und Sicherheitsstromversorgung der notwendige Funktionserhalt im Brandfall sichergestellt werden.

Aus dieser Begründung lässt sich ableiten, dass Transformatoren und Schaltanlagen mit einer Nennspannung über 1 kV immer in eigenen elektrischen Betriebsräumen nach EltBauVO unterzubringen sind. Bei den ortsfesten Stromerzeugungsaggregaten und zentralen Batterieanlagen ist nur dann ein elektrischer Betriebsraum mit Anforderungen an die Feuerwiderstandsfähigkeit der Bauteile nach EltBauVO erforderlich, wenn Anforderungen an den elektrischen Funktionserhalt im Brandfall an diese Anlagen gestellt werden. Im übertragenen Sinne stellen diese beiden „Stromquellen für Sicherheitszwecke" auch Verteiler im Sinne der Leitungsanlagenrichtlinie dar.

Eine Übersicht der Stromquellen für Sicherheitszwecke und welche grundlegenden Anforderungen zu erfüllen sind, werden in der DIN VDE 0100 Teil 560 als allgemein anerkannte Regel der Technik definiert. Neben den grundlegenden Anforderungen enthält die Norm einen Leitfaden, welche Stromquellen für Sicherheitszecke für welche Anlagen geeignet sein können.

Hierzu finden Sie im **Teil L** „Brandschutztechnische Planungs- und Ausführungsempfehlungen zur Sicherheitsstromversorgung auf Grundlage der MLAR 2016, Abschnitt 5 und EltBauVO" eine Übersicht entsprechend dem Leitfaden der Norm.

Hinweis:
Die brandschutztechnischen Anforderungen an die raumabschließenden Bauteile und Türen, für „allgemeine" elektrische Betriebsräume, wie z. B. der NSHV-AV sollten im Brandschutzkonzept-/nachweis festgelegt werden.

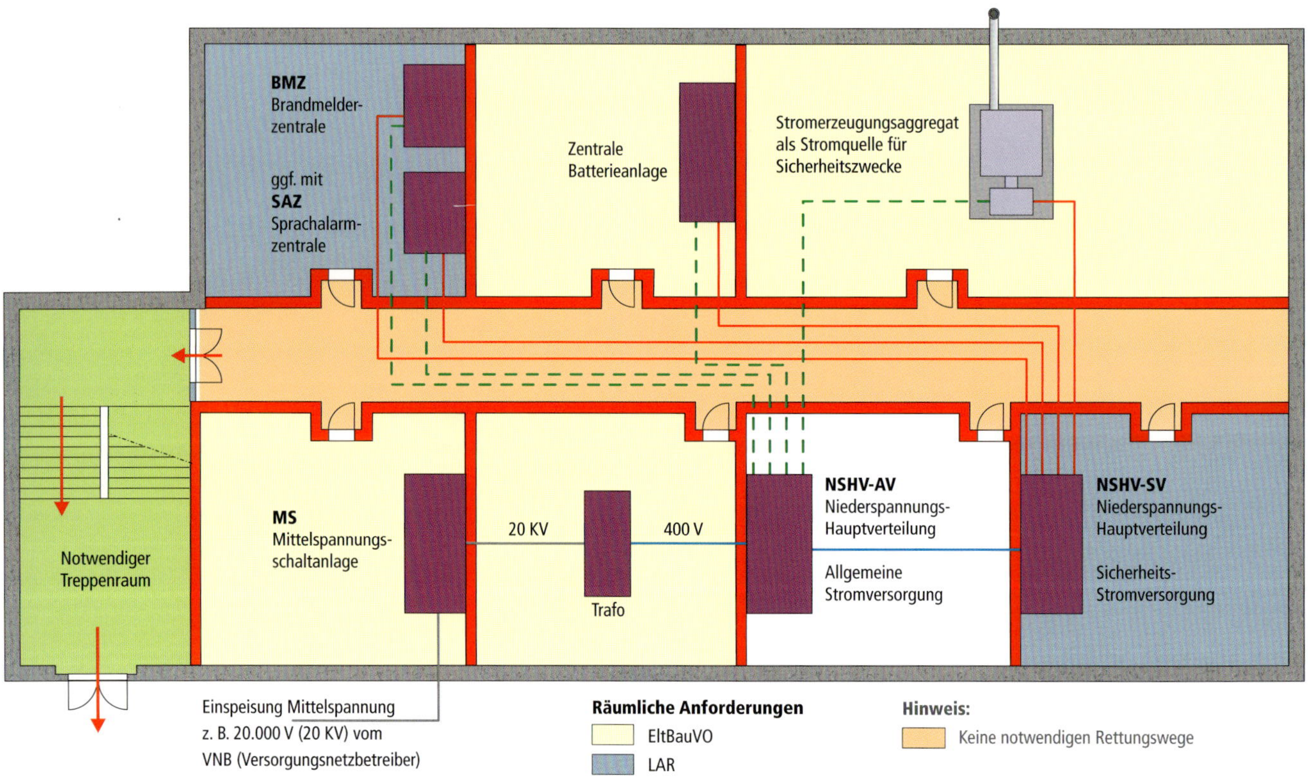

Bild C-II–1: Beispielhafte Anordnung von elektrischen Betriebsräumen

§ 2 Begriffsbestimmung

Betriebsräume für elektrische Anlagen (elektrische Betriebsräume) sind Räume, die ausschließlich zur Unterbringung von Einrichtungen im Sinne des § 1 dienen.

Die Aufstellung von anderen Anlagen und deren Einrichtungen sowie die Durchführung von **nicht** zum Betrieb erforderlichen Leitungs-/Lüftungsanlagen durch elektrische Betriebsräume nach EltBauVO wird hier untersagt.
Neben der spezifischen Anlagentechnik sind im Raum folgende Installationen zulässig, z. B.:

- Beleuchtung und Stromversorgung des Raumes
- Heizungsinstallationen für den Raum
- Be- und Entlüftung für den Raum
- Brandmelde- und Alarmierungseinrichtung
- Mess-, Steuer- und Regeleinrichtungen im Zusammenhang mit der Funktion des Raumes

§ 3 Allgemeine Anforderungen

[1]Innerhalb von Gebäuden müssen elektrische Anlagen nach § 1 in jeweils eigenen elektrischen Betriebsräumen untergebracht sein.
[2]Ein elektrischer Betriebsraum ist nicht erforderlich für die in § 1 Nr. 1 genannten elektrischen Anlagen in
1. freistehenden Gebäuden und
2. in durch Brandwände abgetrennten Gebäudeteilen, wenn diese nur die in § 1 Nr. 1 aufgezählten elektrischen Anlagen enthalten.

Transformatoren und Schaltanlagen für Nennspannungen > 1 kV dürfen nach EltBauVO § 1 (1) zusammen in einem elektrischen Betriebsraum untergebracht werden. Die Abtrennung von Transformatoren und Schaltanlagen muss so erfolgen, dass ein gefahrfreies Erreichen, Schalten und Arbeiten an den Anlagen jederzeit möglich ist.

Ortsfeste Stromerzeugungsaggregate und zentrale Batterieanlagen für bauordnungsrechtlich vorgeschriebene sicherheitstechnische Anlagen und Einrichtungen in Gebäuden müssen in jeweils eigenen Räumen aufgestellt werden.

§ 4 Anforderungen an elektrische Betriebsräume

(1) [1]Elektrische Betriebsräume müssen so angeordnet sein, dass sie im Gefahrenfall von allgemein zugänglichen Räumen oder vom Freien leicht und sicher erreichbar sind und durch nach außen aufschlagende Türen jederzeit ungehindert verlassen werden können; sie dürfen von notwendigen Treppenräumen nicht unmittelbar zugänglich sein. [2]Der Rettungsweg innerhalb elektrischer Betriebsräume bis zu einem Ausgang darf nicht länger als 35 m sein.
(2) [1]Elektrische Betriebsräume müssen so groß sein, dass die elektrischen Anlagen ordnungsgemäß errichtet und betrieben werden können; sie müssen eine lichte Höhe von mindestens 2 m haben. [2]Über Bedienungs- und Wartungsgängen muss eine Durchgangshöhe von mindestens 1,80 m vorhanden sein.
(3) Elektrische Betriebsräume müssen den betrieblichen Anforderungen entsprechend wirksam be- und entlüftet werden.
(4) [1]In elektrischen Betriebsräumen dürfen Leitungen und Einrichtungen, die nicht zum Betrieb der jeweiligen elektrischen Anlagen erforderlich sind, nicht vorhanden sein. [2]Satz 1 gilt nicht für die zur Sicherheitsstromversorgung aus der Batterieanlage erforderlichen Installationen in elektrischen Betriebsräumen nach § 1 Nr. 3.

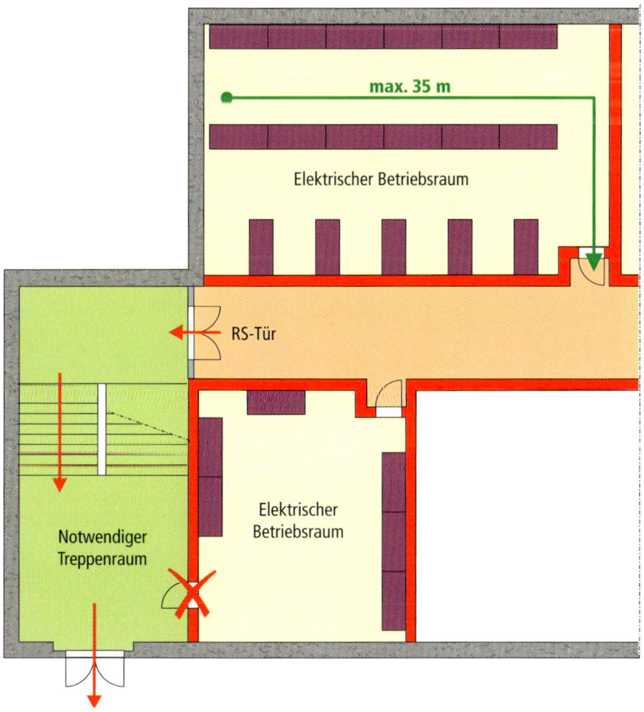

Bild C-II-2: Beispielhafte Anordnung von elektrischen Betriebsräumen

Satz 1 stellt an elektrische Betriebsräume Anforderungen bezüglich der Rettung zum Verlassen, aber auch zum Erreichen der Räume, um z. B. Schalthandlungen vornehmen zu können.

Satz 2 bis 4 regelt die notwendigen räumlichen Rahmenbedingungen für den ordnungsgemäßen Betrieb der elektrischen Anlagen.

Daraus ergeben sich folgende bauliche Anforderungen, an alle elektrischen Betriebsräume:

- Türen aus diesen Räumen müssen nach außen aufschlagen, damit diese Räume jederzeit ungehindert verlassen werden können. In der baulichen Umsetzung sollte beim Aufschlagen der Türen nach außen auf den störungsfreien Betrieb anderer Rettungswege geachtet werden.
- Die Räume dürfen von notwendigen Treppenräumen nicht unmittelbar zugänglich sein. Die bauliche Abtrennung zu notwendigen Treppenräumen dient zum Schutz des Rettungsweges vor den besonderen Gefahren, z. B. durch nach außen in den Rettungsweg aufschlagende Türen und Druckstöße auf Grund eines Kurzschlusslichtbogens.
- Maximale Rettungsweglänge 35 m Lauflänge innerhalb der elektrischen Betriebsräume bis zu einem Ausgang aus dem Raum selbst.
- Elektrische Betriebsräume müssen so groß sein, dass die elektrischen Anlagen ordnungsgemäß betrieben werden können.
- Die lichte Höhe der elektrischen Betriebsräume muss mindestens 2 m betragen.
- Bedienungs- und Wartungsgänge bedürfen einer lichten Durchgangshöhe von mindestens 1,80 m.
- Elektrische Betriebsräume müssen den betrieblichen Anforderungen entsprechend be- und entlüftet werden.
- In elektrischen Betriebsräumen dürfen nur Leitungen und Einrichtungen, die zum Betrieb erforderlich sind, vorhanden sein.
- Die Anforderungen der MLAR, Abschnitt 4 „Abschottungen und Leitungsdurchführungen" müssen bei allen Betriebsräumen beachtet werden. Bei den Aufstellräumen von ortsfesten Stromerzeugungsaggregaten und zentralen Batterieanlagen sind zusätzlich die Anforderungen der MLAR, Abschnitt 5 „elektrischer Funktionserhalt im Brandfall" zu berücksichtigen.

§ 5 Zusätzliche Anforderungen an elektrische Betriebsräume für Transformatoren und Schaltanlagen mit Nennspannungen über 1 kV

(1) [1]Raumabschließende Bauteile elektrischer Betriebsräume für Transformatoren und Schaltanlagen mit Nennspannungen über 1 kV, ausgenommen Außenwände, sind feuerbeständig auszuführen. [2]Der erforderliche Raumabschluss zu anderen Räumen darf durch einen Druckstoß aufgrund eines Kurzschlusslichtbogens nicht gefährdet werden.

(2) [1]Türen müssen mindestens feuerhemmend, selbstschliessend und rauchdicht sein sowie im Wesentlichen aus nichtbrennbaren Baustoffen bestehen; soweit sie ins Freie führen, genügen selbstschließende Türen aus nichtbrennbaren Baustoffen. [2]An den Türen muss außen ein Hochspannungswarnschild angebracht sein.

(3) [1]Bei elektrischen Betriebsräumen für Transformatoren mit Mineralöl oder einer synthetischen Flüssigkeit mit einem Brennpunkt < 300 °C als Kühlmittel muss mindestens ein Ausgang unmittelbar ins Freie oder über einen Vorraum ins Freie führen. [2]Der Vorraum darf auch mit dem Schaltraum, jedoch nicht mit anderen Räumen in Verbindung stehen.

(4) [1]Elektrische Betriebsräume nach Abs. 3 Satz 1 dürfen sich nicht in Geschossen befinden, deren Fußboden mehr als 4 m unter der festgelegten Geländeoberfläche liegt. [2]Sie dürfen auch nicht in Geschossen über dem Erdgeschoss liegen.

(5) [1]Elektrische Betriebsräume müssen unmittelbar oder über eigene Lüftungsleitungen wirksam aus dem Freien be- und in das Freie entlüftet werden. [2]Lüftungsleitungen, die durch andere Räume führen, sind feuerbeständig herzustellen. [3]Öffnungen von Lüftungsleitungen zum Freien müssen Schutzgitter haben.

(6) Fußböden müssen aus nichtbrennbaren Baustoffen bestehen; dies gilt nicht für Fußbodenbeläge.

(7) [1]Unter Transformatoren muss auslaufende Isolier- und Kühlflüssigkeit sicher aufgefangen werden können. [2]Für höchstens drei Transformatoren mit jeweils bis zu 1.000 l Isolierflüssigkeit in einem elektrischen Betriebsraum genügt es, wenn die Wände in der erforderlichen Höhe sowie der Fußboden undurchlässig ausgebildet sind; an den Türen müssen entsprechend hohe und undurchlässige Schwellen vorhanden sein.

Aus den Absätzen 1–7 leiten sich folgende Anforderungen ab:

- Raumabschließende Bauteile, ausgenommen Außenwände sind feuerbeständig auszuführen.

  Hinweis:
  In der Verordnung ist hinsichtlich der Anforderung an die Feuerwiderstandsfähigkeit nicht auf die höchste Feuerwiderstandsfähigkeit der Wände und Decken der baulichen Anlage abgestellt, sondern es wird die feuerbeständige Abtrennung (auch bei Gebäudeklassen GK 1–4) vorgeschrieben. In § 6 Abs.1 und § 7 Abs. 1 EltBauVO ist dies z. B. vom Verordnungsgeber bewusst für die Stromerzeugungsaggregate und Batterieanlagen anders geregelt!

- In Mittelspannungs- und Hochspannungsnetzen stehen heute ganz erhebliche Kurzschlussleistungen an. Beim Zünden eines Kurzschluss-Lichtbogens entsteht ein Druckstoß, bei dem der Raumabschluss (i.d.R. die Türen oder Kabelschotts, im Extremfall auch die Wände und Decken) beschädigt werden können, wenn nicht entsprechende Druckausgleichsöffnungen vorgesehen wurden.

  Hinweise:
  Die Druckausgleichsöffnungen müssen aufgrund ihrer Größe bereits bei der Planung des Gebäudes berücksichtigt werden. Die Angaben für die Berechnung der Druckausgleichsöffnungen werden üblicherweise vom Hersteller der Schaltanlage auf der Basis des maximalen zu erwartenden Kurzschlussstromes an der Einbaustelle der Schaltanlage definiert. Je nach Anordnung der Türen, z. B. in Richtung des Flures, ist darauf zu achten, dass diese ebenfalls möglichen Druckstößen wiederstehen. Im Innenbereich sind entsprechende Türen vorzusehen.

  Empfehlung:
  Herstellung der raumabschließenden Bauteile in Massivbauweise unter Beachtung der evtl. zu erwartenden Druckstöße. Abschottungen sollten aus dem o.g. Grund z. B. als „druckfeste" Mörtelschotts ausgeführt werden.

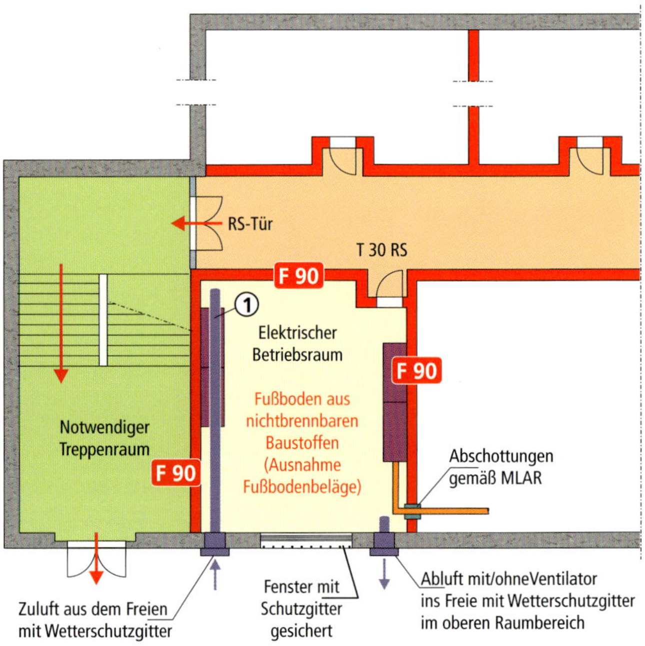

① Empfehlung: Zuluftleitung im Raum bis zur Innenwand und dann bis zum Fußboden geführt (schräg angeschnittener Auslass)
Achtung: Bezüglich dem Sabotageschutz VDE 0101 beachten!

Bild C-II-3: Zusätzliche Anforderungen an elektrische Betriebsräume in Schaltanlagen mit Nennspannung über 1kV

- Türen müssen mind. feuerhemmend, selbstschließend und rauchdicht sein sowie im Wesentlichen aus nichtbrennbaren Baustoffen bestehen.
- Bei Türen, die ins Freie führen, genügen selbstschließende Türen aus nichtbrennbaren Baustoffen.
- An allen Zugangstüren muss von außen ein „Hochspannungswarnschild" angebracht werden.
- Bei elektrischen Betriebsräumen mit Transformatoren mit einer erhöhten Brandgefahr (Kühlmittel, Mineralöl oder synthetische Flüssigkeiten, Brennpunkt ≤ 300 °C) muss mindestens ein Ausgang direkt ins Freie führen, bzw. über einen Vorraum. Der Vorraum darf mit dem Schaltraum, aber nicht mit anderen Räumen in Verbindung stehen (siehe Bild C-II-4). Diese Betriebsräume dürfen nicht in Geschossen angeordnet werden, deren Fußboden mehr als 4 m unterhalb der Geländeoberfläche liegt. Sie dürfen auch nicht in Geschossen oberhalb der Geländeoberfläche angeordnet werden (siehe Bild C-II-5).

Hinweis:
Alle anderen Traforäume ohne Kühlmittel mit erhöhter Brandgefahr (z. B. Giesharztransformatoren) und die Schalt-

anlagenräume sind von der vorgenannten Anforderung ausgenommen.

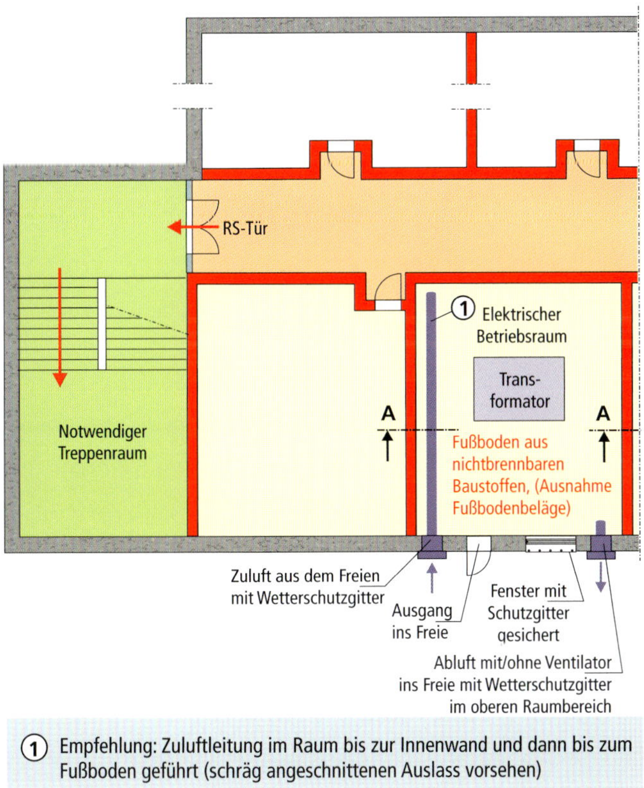

Bild C-II-4: Zusätzliche Anforderungen an elektrische Betriebsräume für Transformatoren mit Mineralöl oder synthetischer Flüssigkeit mit einem Brennpunkt ≤ 300 °C als Kühlmittel mit Nennspannungen über 1kV

Bild C-II-5: Aufstellungsort für Transformatoren mit Mineralöl oder synthetischer Flüssigkeit mit einem Brennpunkt ≤ 300 °C als Kühlmittel mit Nennspannungen über 1 kV, (Schnitt A-A zu C-II-4)

- Alle unter § 5 aufgeführten elektrischen Betriebsräume müssen unmittelbar oder über eigene Lüftungsleitungen aus dem Freien be- und in das Freie entlüftet werden. Lüftungsleitungen, die durch andere Räume führen, sind in der höchsten Feuerwiderstandsdauer der durchquerten Bauteile herzustellen. Öffnungen der Lüftungsleitungen zum Freien müssen Schutzgitter haben (siehe Bild C-II-6 und Bild C-II-7).

Hinweis:
Die Planung und Ermittlung des elektrotechnischen Luftungsbedarfs bzw. Festlegung der Lüftungs-/ Leitungsquerschnitte ist Aufgabe des Elektroplaners. Bei Verwendung von klassifizierten Lüftungsleitungen durch andere Räume ist die Planung dieser klassifizierten Lüftungsleitungen u.a. Aufgabe des Lüftungsplaners.

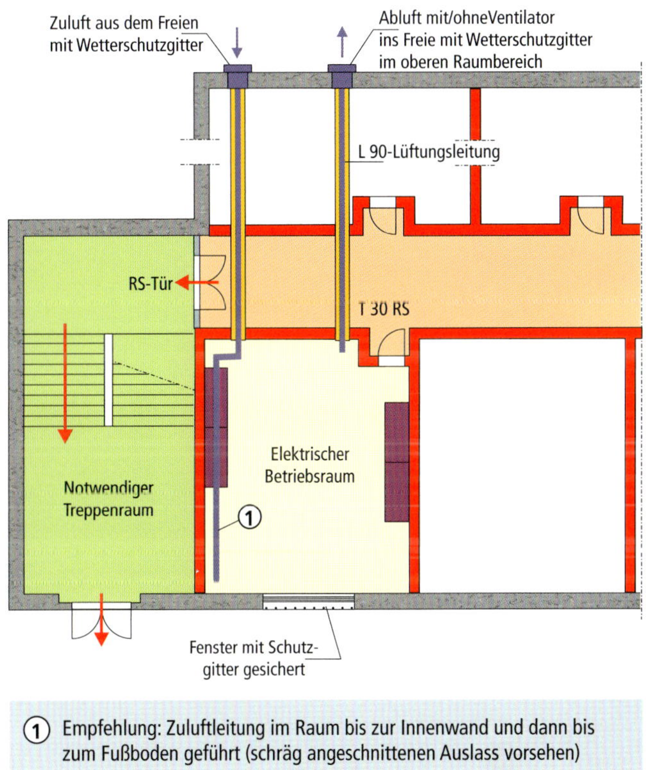

Bild C-II-6: Beispiel einer Be- und Entüftung elektrischer Betriebsräume gemäß § 5 bis § 7 EltBauVO. Durch die Anordnung der Zu- und Abluft wird der Raum diagonal durchströmt

Schnitt A-A

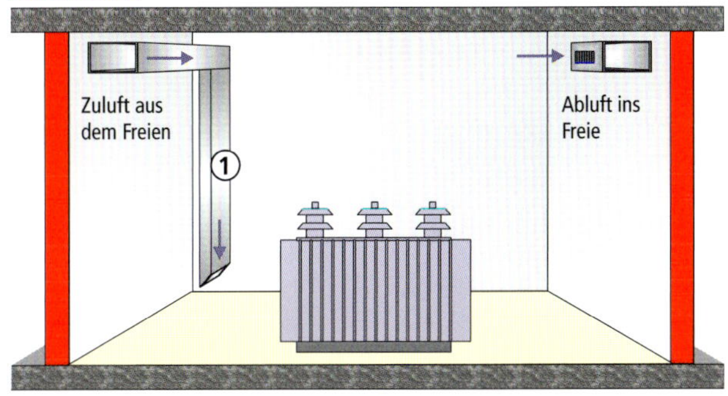

Bild C-II-7: Beispiel einer Durchströmung eines elektrischen Betriebsraumes gemäß § 5 bis § 7 EltBauVO

C

Definition Be- und Entlüftung unmittelbar vom und ins Freie:
Durch die Formulierung wird klargestellt, dass ein Raumverbund mit anderen Räumen des Gebäudes, z. B. Tiefgaragen, ausgeschlossen ist. Dadurch wird das Schutzziel verfolgt, dass Druckstöße bzw. Brandrauch nicht zu einer Gefährdung von Leib und Leben führen darf.

Hinweise:
Die Einbindung der Be- und Entlüftung in RLT-Anlagen des Gebäudes ist nicht zulässig. Der Einbau von Brandschutzklappen in die Lüftungsleitungen der Be- und Entlüftung ist nicht zulässig, da es erforderlich ist, evtl. auftretende Druckstöße sicher abzuleiten. Die Be- und Entlüftung muss auch bei erhöhten Betriebstemperaturen oberhalb der Auslösetemperaturen von Brandschutzklappen funktionsfähig bleiben (siehe Bild C-II–9).

- Bei allen unter § 5 aufgeführten elektrischen Betriebsräumen müssen die Fußböden aus nichtbrennbaren Baustoffen bestehen. Ausgenommen sind die Fußbodenbeläge, z. B. brennbare Beschichtungen.

- Bei Verwendung von brennbaren Flüssigkeiten in den Transformatoren muss sichergestellt werden, dass evtl. auslaufende Isolier- und Kühlflüssigkeiten sicher aufgefangen werden können (siehe Bild C-II–8).

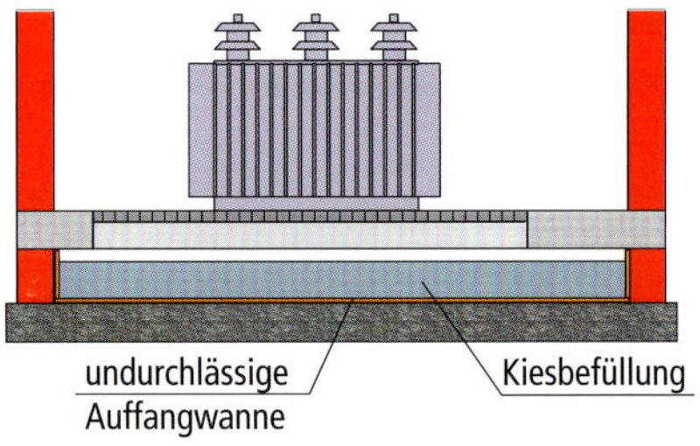

- Auffangbereich i.d.R. mit Kiesbefüllung

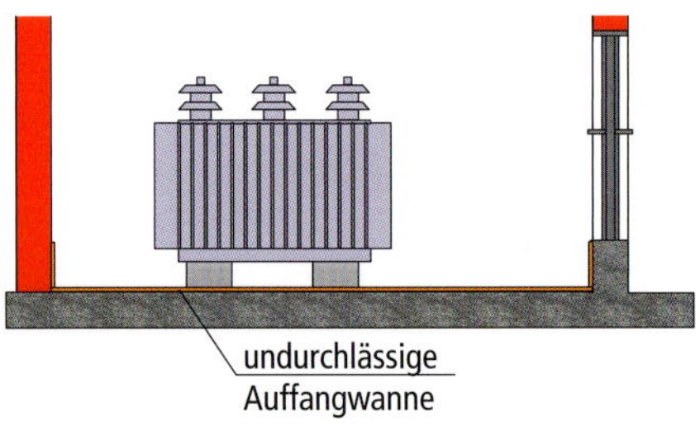

- bis max. 3 Transformatoren mit je 1.000 l Isolierflüssigkeit
- Wände in der erforderlichen Höhe und der Fußboden undurchlässig ausgebildet
- an den Türen entsprechend hohe undurchlässige Schwellen anordnen

Bild C-II–8: Auffangbereich bei auslaufenden Isolier- und Kühlflüssigkeiten

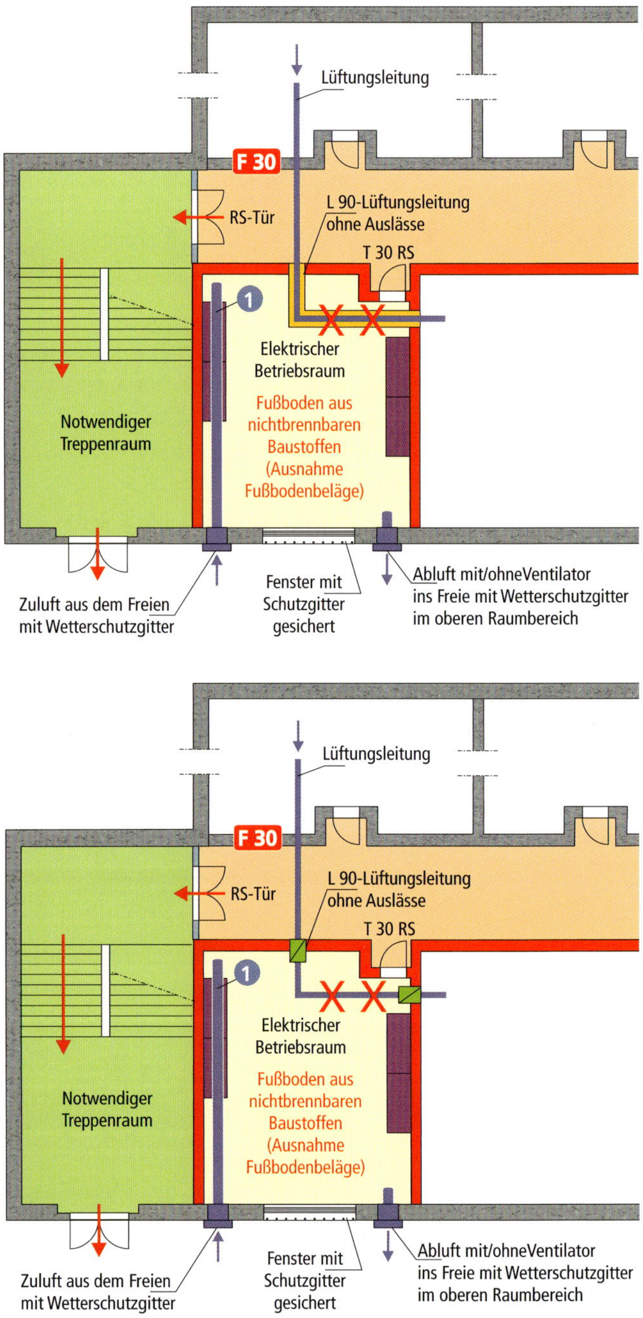

1 Empfehlung: Zuluftleitung im Raum bis zur Innenwand und dann bis zum Fußboden geführt (schräg angeschnittenen Auslass vorsehen)
L 90-Lüftungsleitung
Fremde Leitungen, die nicht zum Betrieb des elektrischen Betriebsraumes benötigt werden, sind nicht zulässig
Brandschutzklappe (BSK) K 90

Bild C-II–9: Durchführung von Lüftungsleitungen durch elektrische Betriebsräume gemäß § 5 bis § 7 der EltBauVO

Begründung:
Die Regelung betrifft neben wasserrechtlichen Belangen insbesondere auch bauaufsichtliche Regelungsaspekte, da diese räumliche Ausbildung auch zu einer Verhinderung der Brandausbreitung beiträgt.

§ 6 Zusätzliche Anforderungen an elektrische Betriebsräume für ortsfeste Stromerzeugungsaggregate

(1) [1]Raumabschließende Bauteile von elektrischen Betriebsräumen für ortsfeste Stromerzeugungsaggregate zur Versorgung bauordnungsrechtlich vorgeschriebener, sicherheitstechnischer Anlagen und Einrichtungen, ausgenommen Außenwände, müssen in einer dem erforderlichen Funktionserhalt der zu versorgenden Anlagen entsprechenden Feuerwiderstandsfähigkeit ausgeführt sein. [2]§ 5 Abs. 5. Satz 1 und 3 und Abs. 6 gelten sinngemäß; für Lüftungsleitungen, die durch andere Räume führen, gilt Satz 1 entsprechend. [3]Die Feuerwiderstandsfähigkeit der Türen muss derjenigen der raumabschließenden Bauteile entsprechen; die Türen müssen selbstschließend sein.

(2) Elektrische Betriebsräume nach Abs. 1 Satz 1 müssen frostfrei sein oder beheizt werden können.

Aus den Absätzen 1–2 leiten sich folgende Anforderungen ab:
Ziel ist es, dass die bauordnungsrechtlich vorgeschriebenen sicherheitstechnischen Anlagen und Einrichtungen jederzeit während der geforderten Mindest-Funktionsdauer im Brandfall von den ortsfesten Stromerzeugungsaggregaten versorgt werden können. Dazu ist es erforderlich, die Aggregate in Räumen aufzustellen, die auch mindestens eine so lange Zeit ihre bauliche Beschaffenheit behalten.

Darum müssen:
- Raumabschließende Bauteile, ausgenommen Außenwände, in entsprechender Feuerwiderstandsfähigkeit ausgeführt werden.
- Türen müssen der Feuerwiderstandsfähigkeit der raumabschließenden Bauteile entsprechen und selbstschließend sein.

Funktionserhalt E 30 > feuerhemmende Bauteile und Türen oder höher
Funktionserhalt E 60 > hochfeuerhemmende Bauteile und Türen oder höher
Funktionserhalt E 90 > feuerbeständige Bauteile und Türen

Hinweis:
Wenn das ortsfeste Stromerzeugungsaggregat Anlagen unterschiedlicher Funktionserhaltsdauern versorgt, sind somit die Qualitäten der Bauteile und Türen in der höchsten Feuerwiderstandsdauer auszuführen.

Eine Ausnahme stellen sogenannte „Containeraggregate" auf dem Dach eines Gebäudes dar. Innerhalb von dem Containern bzw. der wetterfesten Einhausung sind in der Regel das Diesel-Notstromaggregat und der dazugehörige Schaltschrank sowie eine Kühlung, Abgasanlage und ein Vorratsbehälter für den Dieselkraftstoff „Tagestank" untergebracht. Wenn ein solches Containeraggregat bzw. eine wetterfeste Einhausung, z. B. auf dem Dach eines Gebäudes angeordnet wird muss die darunterliegende Geschossdecke in entsprechender Feuerwiderstandsdauer des Funktionserhalts erstellt werden. An die Ümhüllungsflächen des Containers bzw. der Einhausung werden keine Anforderungen des Brandschutzes gestellt werden. Der Frostschutz ist in geeigneter Weise umzusetzen.

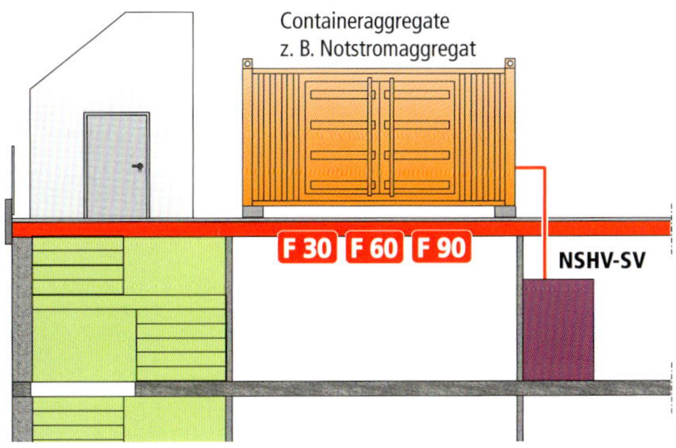

Bild C-II-10: Beispiel zur Anordnung von einem Containeraggregat auf dem Dach eines Gebäudes. **Hinweis:** Die Tragfähigkeit des Daches muss gewährleistet sein.

- Der unter § 6 aufgeführte elektrische Betriebsraum muss unmittelbar oder über eigene Lüftungsleitungen aus dem Freien be- und in das Freie entlüftet werden. Lüftungsleitungen die durch andere Räume führen, sind in der höchsten Feuerwiderstandsdauer der durchquerten Bauteile herzustellen. Öffnungen der Lüftungsleitungen zum Freien müssen Schutzgitter haben..

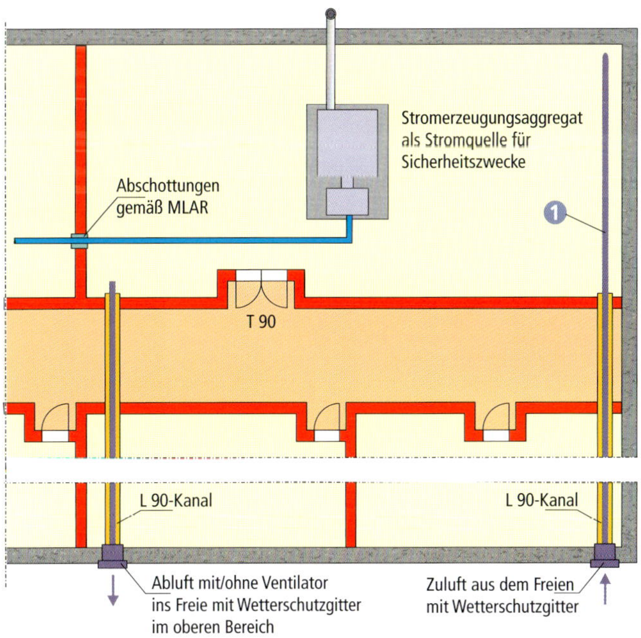

- Feuerwiderstandsdauer der Wände, Decken und Türen wie der erforderliche Funktionserhalt der Sicherheitsstromquelle, Feuerwiderstandsdauer Zu- und Abluftleitungen wie der erforderliche Funktionserhalt der Sicherheitsstromquelle bzw. in der höchsten Feuerwiderstandsdauer der durchquerten Bauteile
- frostfreier oder beheizbarer Raum
- alle Kabel- und Leitungsdurchführungen sind nach MLAR abgeschottet

(1) Empfehlung: Zuluftleitung im Raum bis zur Innenwand und dann bis zum Fußboden geführt (schräg angeschnittener Auslass)
Achtung: Anforderungen der MLAR, Abschnitt 4 zusätzlich beachten!

Bild C-II-11: Zusätzliche Anforderungen an elektrische Betriebsräume für ortsfeste Stromerzeugungsaggregate

C

Definition Be- und Entlüftung unmittelbar vom und ins Freie:
Durch die Formulierung wird klargestellt, dass ein Raumverbund mit anderen Räumen des Gebäudes, z. B. Tiefgaragen, ausgeschlossen ist.

Hinweise:
Die Einbindung der Be- und Entlüftung in RLT-Anlagen des Gebäudes ist nicht zulässig. Der Einbau von Brandschutzklappen in die Lüftungsleitungen der Be- und Entlüftung ist nicht zulässig.
Bei dem unter § 6 aufgeführten elektrischen Betriebsraum muss der Fußboden aus nichtbrennbaren Baustoffen bestehen. Ausgenommen sind die Fußbodenbeläge, z. B. brennbare Beschichtungen.

- Der unter § 6 aufgeführte elektrische Betriebsraum muss frostfrei sein oder beheizt werden können.

Zusätzlich zu beachten sind:
- Beim Aufbau der Abgasanlage sind die Anforderungen der MFeuV § 7 „Abgasanlagen" zu beachten.
- Die zusätzlichen Anforderungen aus dem Wasserhaushaltsrecht sind im Zusammenhang mit wassergefährdenden Stoffen zu beachten.

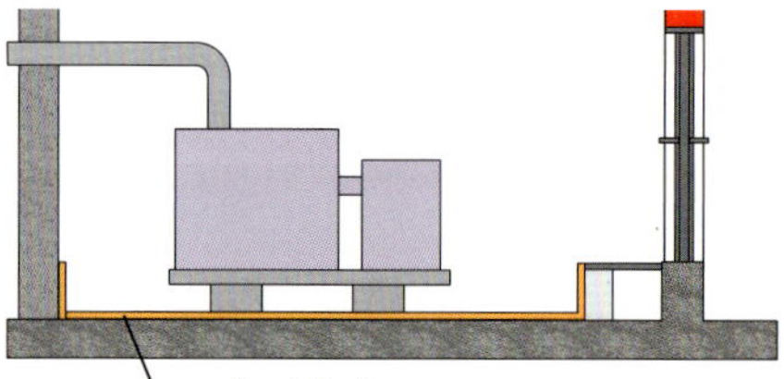

– Fußboden und Wände in erforderlicher Höhe undurchlässig gegen wassergefährdende Stoffe ausbilden
– Die Anforderungen an die Abgasanlage sind jetzt der Muster-Feuerungsverordnung zu entnehmen. Zusätzliche Anforderungen aus dem Wasserhaushaltsrecht beachten.

Bild C-II–12: Zusätzliche Anforderungen an elektrische Betriebsräume für ortsfeste Stromerzeugungsaggregate

§ 7 Zusätzliche Anforderungen an Batterieräume

(1) [1]Raumabschließende Bauteile von elektrischen Betriebsräumen für zentrale Batterieanlagen zur Versorgung bauordnungsrechtlich vorgeschriebener, sicherheitstechnischer Anlagen und Einrichtungen, ausgenommen Außenwände, müssen in einer dem erforderlichen Funktionserhalt der zu versorgenden Anlagen entsprechenden Feuerwiderstandsfähigkeit ausgeführt sein. [2]§ 5 Abs. 5 Satz 1 und 3 und § 6. Abs. 2 gelten sinngemäß; für Lüftungsleitungen, die durch andere Räume führen, gilt Satz 1 entsprechend. [3]Die Feuerwiderstandsfähigkeit der Türen muss derjenigen der raumabschließenden Bauteile entsprechen; die Türen müssen selbstschließend sein. [4]An den Türen muss ein Schild „Batterieraum" angebracht sein.
(2) Fußböden von elektrischen Betriebsräumen nach Abs. 1. Satz 1, in denen geschlossene Zellen aufgestellt werden, müssen an allen Stellen für elektrostatische Ladungen einheitlich und ausreichend ableitfähig sein.

Aus den Absätzen 1–2 leiten sich folgende Anforderungen ab:
Ziel ist es, dass die bauordnungsrechtlich vorgeschriebenen sicherheitstechnischen Anlagen und Einrichtungen jederzeit während der geforderten Mindest-Funktionsdauer im Brandfall von den zentralen Batterieanlagen versorgt werden können. Dazu ist es erforderlich, die Anlagen in Räumen aufzustellen, die auch mindestens eine so lange Zeit ihre bauliche Beschaffenheit behalten.

Darum müssen:
- Raumabschließende Bauteile, ausgenommen Außenwände in entsprechender Feuerwiderstandsfähigkeit ausgeführt werden.
- Türen müssen der Feuerwiderstandsfähigkeit der raumabschließenden Bauteile entsprechen und selbstschließend sein.

Funktionserhalt E 30	>	feuerhemmende Bauteile und Türen oder höher
Funktionserhalt E 60	>	hochfeuerhemmende Bauteile und Türen oder höher
Funktionserhalt E 90	>	feuerbeständige Bauteile und Türen

Hinweise:
Wenn eine „zentrale Batterieanlage" Anlagen unterschiedlicher Funktionserhaltsdauern versorgt, sind die Qualitäten der Bauteile und Türen in der höchsten Feuerwiderstandsdauer des Funktionserhaltes auszuführen. An den Türen muss ein Schild „Batterieraum" angebracht werden.

Der unter § 7 aufgeführte elektrische Betriebsraum muss unmittelbar oder über eigene Lüftungsleitungen aus dem Freien be- und in das Freie entlüftet werden. Öffnungen der Lüftungsleitungen zum Freien müssen Schutzgitter haben.

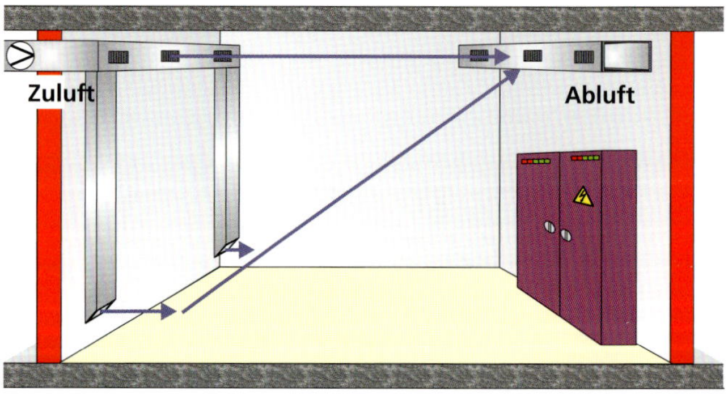

Bild C-II–13: Durchströmung eines elektrischen Betriebsraumes gemäß 6 und 7 zur „Wärme-, Abgas-, Elektrolyt- und Knallgasabführung"

Hinweis:
Gemäß DIN EN 50272-2: 2001 sollten die Öffnungen für die Be- und Entlüftung an gegenüberliegenden Wänden oder mit einem Trennabstand von mindestens 2 m auf einer Außenwand angeordnet werden.

Weitergehende Punkte, die zu beachten sind:

- Mechanische Lüftungen nur anwenden, wenn natürliche Lüftungen nicht realisierbar sind.
- Die mechanische Lüftung muss mindestens immer durch das Ladegerät der Batterie angesteuert werden.
- Die Be- und Entlüftungen der Batterieräume sind immer als getrennte Lüftung, unabhängig von anderen Lüftungsanlagen, auszubilden. Abweichungen im Bereich der Belüftung sind möglich (formale Abweichung).

Hinweis:
Weitere Informationen zur Auslegung und Planung der Be- und Entlüftung von Batterieräumen erfolgt im **Teil N**.

- Wenn in Batterieräumen gem. § 7 EltBauVO Batterien mit geschlossenen Zellen aufgestellt werden, muss der Fußboden an allen Stellen elektrostatisch ableitfähig sein.
- Der Batterieraum muss frostfrei sein oder beheizt werden können. Bei Kälteeinwirkung steht die Kapazität der Batterien nicht mehr in vollem Umfang zur Verfügung.

Auch wenn der Begriff „zentrale Batterieanlage" gemäß EltBauVO in den allgemein anerkannten Regeln der Technik nicht direkt verwendet wird, lässt sich die Begrifflichkeit unter Beachtung der Schutzziele wie folgt definieren:

Wenn eine bauordnungsrechtlich geforderte Anlage bzw. Einrichtung von zentraler Stelle aus über eine Batterieanlage versorgt wird, spricht man im Zusammenhang mit den Batterien von einer Stromquelle für Sicherheitszwecke, welche die Funktion der Anlage bei einem Ausfall der Allgemeinstromversorgung aufrechterhalten soll. Die notwendige Kapazität der Batterien ist abhängig von der geforderten Funktionsdauer der Anlage. Die Kapazität richtet sich nach den Vorgaben der allgemein anerkannten Regeln der Technik, der notwendigen Dauer des Funktionserhalts im Brandfall und der Leistungsaufnahme im Netzausfallbetrieb.

Eine zentrale Batterieanlage nach EltBauVO ist erforderlich, wenn die von der Batterie versorgten Anlagen bauordnungsrechtlich gefordert sind und mindestens einer der folgenden Punkte gegeben ist:

- die zentrale Batterieanlage, als Stromquelle für Sicherheitszwecke, versorgt in einem Gebäude, Anlagen oder Anlagenteile „zentral" von einer Stelle aus.
- Die in den Sonderbauverordnungen, wie z. B. Versammlungsstättenverordnung, geforderte Sicherheitsstromversorgungsanlage, wird als zentrale Batterieanlage ausgeführt
- Die zentrale Batterieanlage versorgt ein komplettes System, wie die gesamte Sicherheitsbeleuchtung, für ein oder mehrere Gebäude.

Hinweis:
Aufgrund der Weiterentwicklung vorhandener Systeme sowie der technischen Normen besteht die Möglichkeit, dass die Anforderungen an Batterieanlagen sich zukünftig in den maßgeblichen bauordnungsrechtlichen Vorschriften hinsichtlich der zu erfüllenden Schutzziele ändern. In begründeten Einzelfällen können daher auch von den Vorschriften der EltBauVO abweichende technische Lösungen gleichermaßen den Schutzzielanforderungen des geltenden Rechts genügen.

Weitere Informationen zum Thema „Zentrale Batterieanlagen" und dem aktuellen Stand der Technik finden Sie im **Teil L**.

Bei der Unterbringung von „zentralen Batterieanlagen" für bauordnungsrechtlich vorgeschriebene sicherheitstechnische Anlagen sind die räumlichen Anforderungen der EltBauVO entsprechend umzusetzen. Das Schutzziel der EltBauVO bezieht sich im Zusammenhang der Unterbringung der „zentralen Batterieanlage" auf den elektrischen Funktionserhalt im Brandfall und eine mögliche Gefährdung, die von solchen Batterieanlagen ausgehen kann.

Neben dem elektrischen Funktionserhalt liegt ein wesentliches Schutzziel der EltBauVO darin, die Gefahr der Entwicklung von „Knallgas" beim Laden der Batterien durch eine wirksame Be- und Entlüftung vom Freien ins Freie zu verhindern.

Das Problem einer möglichen Gefährdung durch „Knallgase" entsteht im Zuge von Ladevorgängen, hier insbesondere bei einer Überladung. Durch den Überladestrom treten aufgrund der Elektrolyse von Wasser Gase (Wasserstoff und Sauerstoff) aus den Zellen bzw. Batterien aus. Hierdurch kann es zu einem explosiven Gemisch kommen, wenn die Wasserstoffkonzentration einen Wert 4 Vol.-% in der Umgebungsluft übersteigt.

Die Gefährdung durch Knallgase ist unter anderem abhängig, von der Bauart der Batterie. Die Risiken können durch die Lade- und Überwachungstechnik, die Raumbelüftung und durch die Vermeidung von Zündquellen verringert werden.

Technische Lösungen zur wirksamen Be- und Entlüftung von stationären Batterieanlagen werden in der DIN EN 50272 2 beschrieben. Die Anwendung dieser Norm ist unabhängig davon, ob es sich um eine „zentrale Batterieanlage" für die Erfüllung bauordnungsrechtlicher Anforderungen oder Batterieanlagen zur Versorgung sonstiger Systeme handelt (siehe auch **Teil N**).

§ 8 Zusätzliche Bauvorlagen

Die Bauvorlagen müssen Angaben über die Lage der elektrischen Betriebsräume und die Art der elektrischen Anlagen enthalten.

Baurechtliche Abweichungen von der EltBauVO sind gemäß MBO 2016 § 67 genehmigungsfähig, wenn diese im Brandschutzkonzept/-nachweis beschrieben und beantragt werden. Es wird empfohlen, eine Stellungnahme zur Gleichwertigkeit der Schutzzielerfüllung beim Fachplaner der Anlage einzuholen.

Hinweis:
Technische Abweichungen von den Ver- und Anwendbarkeitsnachweisen (abP, abZ, ZiE, aBG, vBG) sowie den allgemein anerkannten Regeln der Technik sind keine Abweichungen gemäß MBO 2016 § 67 (also nicht durch eine untere Bauaufsichtsbehörde / Baurechtsbehörde zu entscheiden).

Praxisgerechte Beispiele zur Anwendung der Verordnungen über den Bau von Betriebsräumen für elektrische Anlagen (EltBauVO) werden in folgenden Teilen weitergehend beschrieben:

- **Teil K** Brandschutztechnische Planungs- und Ausführungsempfehlungen zum elektrischen Funktionserhalt (MLAR, Abschnitt 5)
- **Teil L** Brandschutztechnische Planungs- und Ausführungsempfehlungen zur Sicherheitsstromversorgung auf Grundlage der MLAR 2016, Abschnitt 5 und der EltBauVO
- **Teil N** Be- und Entlüftung von elektrischen Betriebsräumen und Räumen, Gehäusen/Einhausungen die zur Aufstellung unterschiedlicher Arten von Batterien dienen
- **Teil O** Brandschutztechnische Planungs- und Ausführungsempfehlungen von Systemböden gemäß MSysBöR

C-III. Stand der baurechtlichen Einführung EltBauVO 01/2009

Die Muster-Verordnung über den Bau von Betriebsräumen für elektrische Anlagen EltBauVO 01/2009 wurde bisher gemäß der untenstehenden Tabelle baurechtlich eingeführt. Die nebenstehende Grafik der Bundesrepublik zeigt den baurechtlich Einführungsstand im November 2017.

Hinweis:
Im folgenden Teil C-IV. werden die Einführungsstände der MVV TB inkl. der EltBauVO 1/2009 bis zum Redaktionsschluss 08/2018 dokumentiert.

Bild C-III–1: Einführungsstand der EltBauVO in der Bundesrepublik (Stand 11-2017)

Tabelle C-III–1: Einführungsstand der EltBauVO in der Bundesrepublik

Bundesland	baurechtliche Einführung	Art der Einführung	Status	Einführung als	Abweichung von der EltBauVO 01-2009
Baden-Württemberg	28.10.1975	Amtsblatt von Baden-Württemberg 1)	VO	EltBauVO-BW	ja
Bayern	13.04.1977	zuletzt geändert am 08.12.1997	VO	EltBauVO-Bayern	ja
Berlin	10.01.2010	Amtsblatt von Berlin vom 22.01.2010	VO	EltBauVO-Berlin	nein
Brandenburg	16.08.2014	GVBBl. II Nr. 61 vom 04.09.2014	VO	EltBauVO-Brandenburg	nein
Bremen	-	2)	a.a.R.d.I.	-	ja
Hamburg	-	2)	a.a.R.d.T.	-	ja
Hessen	23.04.2010	Bekanntmachung der LTB am 23.04.2010	VO	EltBauVO-Hessen	nein
Mecklenburg-Vorp.	23.03.2009	Bekanntmachung der LTB am Februar 2009	VO	EltBauV-MV	nein
Niedersachsen	25.01.2011	Nds. GVBl. S. 19, VORIS 21072	VO	EltBauV-Niedersachsen	ja
Nordrhein-Westfalen	12/2009	Einführung über die SBauVO NRW	VO	SBauVO-NRW-Teil6	nein
Rheinland-Pfalz	06.07.1977	zuletzt geändert am 16.12.2002 1)	VO	EltBauVO-RP	ja
Saarland	27.01.1975	Amtsblatt des Saarlandes Teil 1 vom 13.02.2014	VO	EltBauVO-Saarland	nein
Sachsen	07.08.2012	Amtsblat Land Sachsen	RL	EltBauRL-Sachsen	nein
Sachsen-Anhalt	23.11.2009	zuletzt geändert am 21.11.2014	VO	EltBauVO-SA	nein
Schleswig-Holstein	23.11.2009	Amtsblatt Land Schleswig-Holstein vom 17.12.2009, zuletzt geändert am 21.11.2014	VO	EltBauVO-S-H	nein
Thüringen	30.12.2012	Amtsblatt Land Thüringen	VO	EltBauVO-Thüringen	nein

1) Die alte Muster-Fassung wurde in den 70er-Jahren baurechtlich eingeführt und teilweise angepasst.
2) In diesen Bundesländern wurde bisher keine EltBauVO baurechtlich eingeführt, somit gelten die a.a.R.d.T.
VO = Verordnung

C

C-IV. Stand der baurechtlichen Einführung Muster der EltBauVO über die MVV TB

Die EltBauVO wird in der aktuellen MVV TB für die Bundesländer benannt. Die nebenstehende Grafik mit den Bundesländern und die untere Tabelle können Sie ab dem Redaktionsschluss 27.09.2019 entsprechend der Umsetzung in den Bundesländern aktualisieren. Die momentan in der Tab. C-IV–1 nicht aufgeführten Bundesländer bereiten die Umsetzung vorraussichtlich bis Ende 2018 vor.

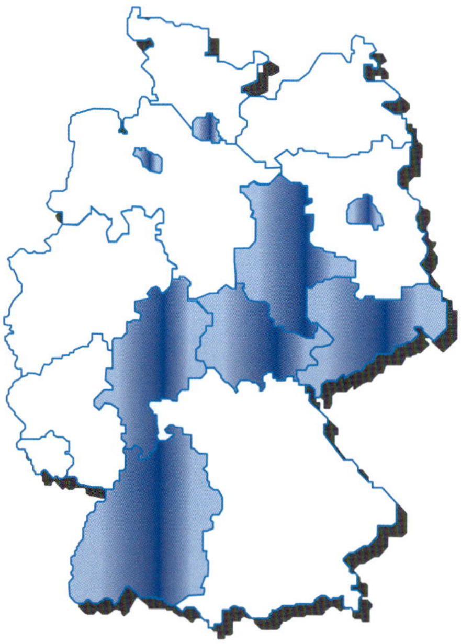

Hinweis:

- Den aktuellen Einführungsstand der MVV TB siehe im Internet unter:
  www.dibt.de > Technische Baubestimmungen
  > Stand der Umsetzung MVV TB
- Die in den Bundesländern baurechtlich eingeführten VV TB's, siehe im Internet unter:
  www.is-argebau.de > Länder (Bundesland auswählen) in der Homepage des Bundeslandes nach „Technische Baubestimmungen" suchen.

Tabelle C-IV–1: Einführungsstand der MVV TB mit der EltBauVO in der Bundesrepublik (Stand gemäß DIBt-Info vom 14.09.2018)

Bundesland	baurechtliche Einführung der VV TB	Fundstelle/Bezug auf LBO	baurechtliche Einführung der EltBauVO über die MVV TB: Pos. in der VV TB	Grundlage ist das Muster der EltBauVO aus dem Jahr	Einführung [2] als	Abweichung vom Muster der EltBauVO 01/2009
Baden-Württemberg	20.12.2017	GABl. Nr. 13 vom 29.12.2017, S. 656/LBO BW, § 73a	A 2.2.1.10	1975, zuletzt geändert 2017	EltBauVO-BW (Stand 2017)	ja, bitte beachten
Bayern	[3]		A 2.2.1.10			ja, bitte beachten
Berlin	19.04.2018	ABl. 2018, S. 2095/ BauO Bln, § 86a	A 2.2.1.10	EltBauVO 2009	EltBauVO-Berlin	nein
Brandenburg						
Bremen	10.09.2018	Brem. ABl, S 946	A 2.2.1.10	EltBauVO 2009	EltBauVO-Bremen	nein
Hamburg	12.04.2018	Amtl. Anz. 2018, S. 669/ HBauO, § 81	A 2.2.1.10	EltBauVO 2009	EltBauVO-Hamburg	nein
Hessen	13.06.2018	StAnz. Nr. 27 2018, S. 831	A 2.2.1.10	EltBauVO 2009	EltBauVO-Hessen	nein
Mecklenburg-Vorpommern						
Niedersachsen						
Nordrhein-Westfalen						
Rheinland-Pfalz						
Saarland						
Sachsen	15.12.2017	SächsABl. 2018, S. 52/ SächsBO, § 88a	A 2.2.1.10	EltBauVO 2009	SächsEltBauVO	nein
Sachsen-Anhalt (LSA)	05.04.2018	MBl. LSA 2018 S. 193	A 2.2.1.10	EltBauVO 2009	EltBauVO-LSA	nein
Schleswig-Holstein						
Thüringen	30.07.2018	ThürStAnz 34/2018, S. 1051	A 2.2.1.10	EltBauVO 2009	Thür EltBauVO-Stand 30.12.2012	ja, bitte beachten

Wichtiger Hinweis zu baurechtlichen Abweichungmöglichkeiten:
[2] Für die bauordnungsrechtliche Anforderungen in dieser Technischen Baubestimmung ist eine Abweichung nach § 85a Abs.1 Satz 3 MBO ausgeschlossen; eine Abweichung von bauordnungsrechtlichen Anforderungen kommt nur nach § 67 MBO in Betracht. § 16a Abs. 2 und § 17 Abs. 1 MBO bleiben unberührt.
[3] In Bayern nicht besetzt, es gilt eine ältere Fassung (siehe Veröffentlichungen BayRS)

Teil D Mitgeltende baurechtliche Regelwerke in Verbindung mit der MLAR 2016/MSysBöR 2005/EltBauVO 2009

D-I. MBO 2016 bzw. deren baurechtliche Umsetzungen in den Bundesländern

Hinweis:
Downloadmöglichkeit der kompletten MBO 2016 unter www.is-argebau.de > Mustervorschriften/ Mustererlasse > Baurecht/Bauvorschriften

§ 3 Allgemeine Anforderungen

[1]Anlagen sind so anzuordnen, zu errichten, zu ändern und instand zu halten, dass die öffentliche Sicherheit und Ordnung, insbesondere Leben, Gesundheit und die natürlichen Lebensgrundlagen, nicht gefährdet werden; dabei sind die Grundanforderungen an Bauwerke gemäß Anhang I der Verordnung (EU) Nr. 305/2011 zu berücksichtigen. [2]Dies gilt auch für die Beseitigung von Anlagen und bei der Änderung ihrer Nutzung.

Mit diesem Absatz wird die „Verkehrssicherungspflicht" des Gebäudebetreibers in jeder Phase des Gebäudebestandes zum Ausdruck gebracht:

- Anzuordnen ist die Aufgabe der Planungsphase und betrifft Architekten und Objekt- (oder Fach-) Planer, aber auch Handwerker, die bei einer Planung mitwirken,
- zu errichten ist die Aufgabe der ausführenden Personen, i.d.R. der Handwerker,
- zu ändern ist eine Aufgabe, die Planung und Ausführung beim Bauen (insbesondere im Bestand) betrifft,
- instand zu halten ist die Aufgabe während der Nutzungs- und Lebensdauer einer baulichen Anlage und betrifft die Bauherren und Gebäudebetreiber.

§ 85a Technische Baubestimmungen

[1]Die Anforderungen nach § 3 können durch Technische Baubestimmungen konkretisiert werden. [2]Die Technischen Baubestimmungen sind zu beachten. [3]Von den in den Technischen Baubestimmungen enthaltenen Planungs-, Bemessungs- und Ausführungsregelungen kann abgewichen werden, wenn mit einer anderen Lösung in gleichem Maße die Anforderungen erfüllt werden und in der Technischen Baubestimmung eine Abweichung nicht ausgeschlossen ist; §§ 16a Abs. 2, 17 Abs. 1 und 67 Abs. 1 bleiben unberührt.

Die Leitungsanlagen-Richtlinien (MLAR) und die Lüftungsanlagen-Richtlinien (M-LüAR) werden in den Bundesländern als Technische Baubestimmungen mit der Verwaltungsvorschrift Technische Baubestimmungen (VV TB) baurechtlich eingeführt. Abweichungen bei Planung und Ausführung sind entsprechend MBO § 85a möglich, sofern die Gleichwertigkeit der Lösung gegeben ist, eine Dokumentation als Nachweis, z. B. durch den Fachplaner des Gewerks bzw. von den ausführenden Firmen, ist ratsam. Eine formale Genehmigung (vielfach auch als Zustimmung bezeichnet) bei Abweichungen von den eingeführten Technischen Baubestimmungen durch die untere Bauaufsichtsbehörde (auch als Baurechtsbehörde bezeichnet) ist nicht erforderlich, soweit die landesspezifischen Anforderungen in gleichem Maße (gleichwertig) erfüllt werden.

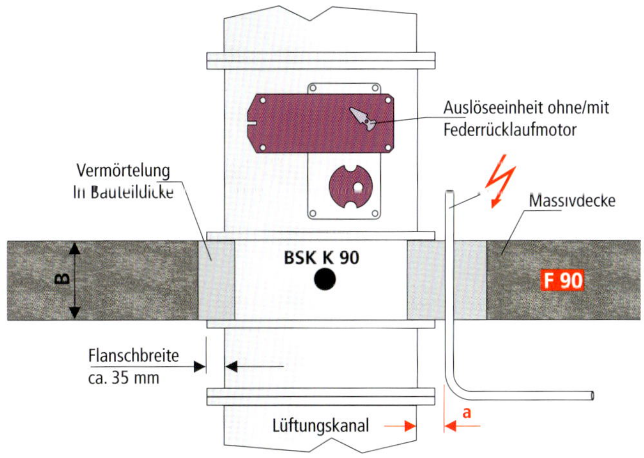

B = Bauteildicke gemäß abZ, z. B.
≥ 150 mm bei Decken
≥ 100 mm bei Wänden

a ≥ 50 mm gemäß MLAR 2005 Abschnitt 4.1.3 für Einzelkabel, Leerrohre und evtl. mehrere Einzelkabel/kleine S 90-Abschottungen

Abweichend davon gilt ein größerer Abstand, wenn in der bauaufsichtlichen Zulassung ein Mindestabstand zu fremden Leitungsdurchführungen oder eine Mindestvermörtelungsdicke angegeben wird.

Bild D-I-1: Beispiel einer Abweichung von Abschnitt 4.1.3 der MLAR „Unterschreitung des Mindestabstandes einer einzelnen elektrischen Leitung (= Erleichterung der MLAR, Abschnitt 4.3) zu einer Abschottung (= Brandschutzklappe K 30 bis K 90)

§ 14 Brandschutz

Bauliche Anlagen sind so anzuordnen, zu errichten, zu ändern und instand zu halten, dass der Entstehung eines Brandes und der Ausbreitung von Feuer und Rauch (Brandausbreitung) vorgebeugt wird und bei einem Brand die Rettung von Menschen und Tieren sowie wirksame Löscharbeiten möglich sind.

§ 14 ist die generelle Formulierung des Schutzzieles für den Brandschutz. Für Lüftungs- und Leitungsanlagen greifen die Spezialvorschriften § 40 und § 41 MBO.

Das Schutzziel für Leitungs- und Lüftungsanlagen wird durch die Anforderung „Vorbeugung gegen Ausbreitung von Feuer und Rauch" beschrieben.

Da an dieser Stelle keine spezifische Feuerwiderstandsdauer und keine spezifischen Temperaturen des Rauches angegeben werden, gilt die Anforderung bei allen feuerhemmenden bis feuerbeständigen raumabschließenden Bauteilen unabhängig von der Temperatur des Rauches.

Die Formulierung „dass der (...) Ausbreitung von Feuer und Rauch vorgebeugt wird" erfordert bei Leitungsabschottungen oder feuerwiderstandsfähigen Installationsschächten/-kanälen (I 30/60/90) eine weitgehende Sicherstellung, dass kein Rauch übertragen wird. Die Formulierung kann nicht mit den Begriffen „rauchdicht" und „kein Rauch" gleichgesetzt werden. Eine gewisse Menge Rauchdurchtritt kann z. B. bei S 30/60/90-Kabelabschottungen im Bereich der Zwickel nicht sicher verhindert werden.

D

§ 16a Bauarten

(1) Bauarten dürfen nur angewendet werden, wenn bei ihrer Anwendung die baulichen Anlagen bei ordnungsgemäßer Instandhaltung während einer dem Zweck entsprechenden angemessenen Zeitdauer die Anforderungen dieses Gesetzes oder aufgrund dieses Gesetzes erfüllen und für ihren Anwendungszweck tauglich sind.
(2) Bauarten, die von Technischen Baubestimmungen nach § 85 a Absatz 2 Nr. 2 oder Nr. 3 Buchstabe a) wesentlich abweichen oder für die es allgemein anerkannte Regeln der Technik nicht gibt, dürfen bei der Errichtung, Änderung und Instandhaltung baulicher Anlagen nur angewendet werden, wenn für sie
1. eine allgemeine Bauartgenehmigung durch das Deutsche Institut für Bautechnik oder
2. eine vorhabenbezogene Bauartgenehmigung durch die oberste Bauaufsichtsbehörde

erteilt worden ist. § 18 Absätze 2 bis 7 gelten entsprechend.
(3) Anstelle einer allgemeinen Bauartgenehmigung genügt ein allgemeines bauaufsichtliches Prüfzeugnis für Bauarten, wenn die Bauart nach allgemein anerkannten Prüfverfahren beurteilt werden kann. In der Verwaltungsvorschrift nach § 85a werden diese Bauarten mit der Angabe der maßgebenden technischen Regeln bekannt gemacht. § 19 Abs. 2 gilt entsprechend.
(4) Wenn Gefahren im Sinne des § 3 Satz 1 nicht zu erwarten sind, kann die oberste Bauaufsichtsbehörde im Einzelfall oder für genau begrenzte Fälle allgemein festlegen, dass eine Bauartgenehmigung nicht erforderlich ist.
(5) Bauarten bedürfen einer Bestätigung ihrer Übereinstimmung mit den Technischen Baubestimmungen nach § 85a Abs. 2, den allgemeinen Bauartgenehmigungen, den allgemeinen bauaufsichtlichen Prüfzeugnissen für Bauarten oder den vorhabenbezogenen Bauartgenehmigungen; als Übereinstimmung gilt auch eine Abweichung, die nicht wesentlich ist. § 21 Abs. 2 gilt für den Anwender der Bauart entsprechend.
(6) Bei Bauarten, deren Anwendung in außergewöhnlichem Maß von der Sachkunde und Erfahrung der damit betrauten Personen oder von einer Ausstattung mit besonderen Vorrichtungen abhängt, kann in der Bauartgenehmigung oder durch Rechtsverordnung der obersten Bauaufsichtsbehörde vorgeschrieben werden, dass der Anwender über solche Fachkräfte und Vorrichtungen verfügt und den Nachweis hierüber gegenüber einer Prüfstelle nach § 24 Satz 1 Nr. 6 zu erbringen hat. In der Rechtsverordnung können Mindestanforderungen an die Ausbildung, die durch Prüfung nachzuweisende Befähigung und die Ausbildungsstätten einschließlich der Anerkennungsvoraussetzungen gestellt werden.
(7) Für Bauarten, die einer außergewöhnlichen Sorgfalt bei Ausführung oder Instandhaltung bedürfen, kann in der Bauartgenehmigung oder durch Rechtsverordnung der obersten Bauaufsichtsbehörde die Überwachung dieser Tätigkeiten durch eine Überwachungsstelle nach § 24 Satz 1 Nr. 5 vorgeschrieben werden.

Der Hauptanwendungsbereich bzw. die erforderlichen Nachweise für Bauarten im Brandschutz ist aus Absatz 1. Gemäß Absätzen 2 und 3 gibt es entweder aBG, vBG oder abP. Allgemeine bauaufsichtliche Prüfzeugnisse (abP) nur dann, wenn ein Prüfverfahren vorliegt und die Bauart in der MVV TB genannt wird.

Das Verfahren nach § 16 a (4) MBO wurde für die nicht verwendbarkeitsnachweiskonforme Verwendung von Bauprodukten vorgesehen, bei der keine Gefahren zu erwarten sind oder die zum Erlangen bauaufsichtlicher Schutzziele erforderlich ist.

Davon zu unterscheiden sind Bauprodukte, an die keine brandschutztechnischen Anforderungen gestellt werden. Diese Bauteile wurden direkt in MVV TB Teil D, vgl. § 17 Abs. 3 MBO aufgenommen, z. B.: lfd. Nr. D 2.2.2.5 „Doppelböden und Hohlraumestriche mit einem lichten Abstand zur tragenden Decke von ≤ 0,5 m", lfd. Nr. D 2.2.3.4 „Vorgefertigte Installationsschächte und -kanäle einschließlich ihrer Revisionsöffnungen".

§ 16b Allgemeine Anforderungen für die Verwendung von Bauprodukten

(1) Bauprodukte dürfen nur verwendet werden, wenn bei ihrer Verwendung die bauliche Anlagen bei ordnungsgemäßer Instandhaltung während einer dem Zweck entsprechenden angemessenen Zeitdauer die Anforderungen dieses Gesetzes oder aufgrund dieses Gesetzes erfüllen und gebrauchstauglich sind.
(2) Bauprodukte, die in Vorschriften anderer Vertragsstaaten des Abkommens vom 2. Mai 1992 über den europäischen Wirtschaftsraum genannten technischen Anforderungen entsprechen, dürfen verwendet werden, wenn das geforderte Schutzniveau gemäß § 3 Satz 1 gleichermaßen dauerhaft erreicht wird.

§ 16c Anforderungen für die Verwendung von CE-gekennzeichneten Bauprodukten

Ein Bauprodukt, das die CE-Kennzeichnung trägt, darf verwendet werden, wenn die erklärten Leistungen den in diesem Gesetz oder aufgrund dieses Gesetzes festgelegten Anforderungen für diese Verwendung entsprechen. Die §§ 17 bis 25 Abs. 1 gelten nicht für Bauprodukte, die die CE-Kennzeichnung aufgrund der Verordnung (EU) Nr. 305/2011 tragen.

Im Rahmen der Leitungsanlagen-Richtlinie ist – solange keine harmonisierten europäischen Bauproduktnormen unter einem Mandat der Bauproduktenrichtlinie oder eine Guideline als Grundlage einer europäischen technischen Zulassung (ETAG) erstellt wurden – für alle Leitungsabschottungen (R 30/60/90/120 bzw. S 30/60/90/120) ein allgemeiner bauaufsichtlicher Ver- oder Anwendbarkeitsnachweis (aBG, abP oder abZ je nach Anforderung) erforderlich. Bei wesentlichen Abweichungen von den o. g. Ver- oder Anwendbarkeitsnachweisen aBG, abZ und abP ist eine Zustimmung im Einzelfall bzw. vorhabenbezogene Bauartgenehmigung bei der jeweils zuständigen, i.d.R. der obersten Bauaufsicht zu beantragen. Dies gilt auch, wenn es für die geplante Ausführung keine zugelassenen Bauprodukte gibt (siehe auch § 20 MBO „Nachweis der Verwendbarkeit von Bauprodukten im Einzelfall").

D

§ 17 Verwendbarkeitsnachweise

(1) Ein Verwendbarkeitsnachweis (§§ 18 bis 20) ist für ein Bauprodukt erforderlich, wenn
1. es keine Technische Baubestimmung und keine allgemein anerkannte Regel der Technik gibt,
2. das Bauprodukt von einer Technischen Baubestimmung (§ 85a Abs. 2 Nr. 3) wesentlich abweicht oder
3. eine Verordnung nach § 85 Abs. 4a es vorsieht.

(2) Ein Verwendbarkeitsnachweis ist nicht erforderlich für ein Bauprodukt,
1. das von einer allgemein anerkannten Regel der Technik abweicht oder
2. das für die Erfüllung der Anforderungen dieses Gesetzes oder auf Grund

dieses Gesetzes nur eine untergeordnete Bedeutung hat.

(3) Die Technischen Baubestimmungen nach § 85a enthalten eine nicht abschließende Liste von Bauprodukten, die keines Verwendbarkeitsnachweises nach Abs. 1 bedürfen.

§ 17 regelt die Erforderlichkeit der Ver- und Anwendbarkeitsnachweise für Bauprodukte, für die es keine europäisch harmonisierten technischen Regel (praktisch also keine Bauproduktnormen) gibt. Es handelt sich also um Bauprodukte, für die es nationale Regeln gibt.

§ 18 Allgemeine bauaufsichtliche Zulassung

(1) Das Deutsche Institut für Bautechnik erteilt unter den Voraussetzungen des § 17 Abs. 1 eine allgemeine bauaufsichtliche Zulassung für Bauprodukte, wenn deren Verwendbarkeit im Sinne des § 16b Abs. 1 nachgewiesen ist.

Leitungsabschottungen sind nicht geregelte Bauprodukte oder Bauarten. Es wird dann eine abZ oder aBG erforderlich, wenn der Nachweis über ein abP möglich ist. Das ist der Fall für alle Kabelabschottungen und für alle Rohrabschottungen, die über einen Dämmschichtbildner oder eine Mechanik ihre brandschutztechnische Wirksamkeit erreichen.

§ 19 Allgemeines bauaufsichtliches Prüfzeugnis

(1) Bauprodukte, die nach allgemein anerkannten Prüfverfahren beurteilt werden, bedürfen anstelle einer allgemeinen bauaufsichtlichen Zulassung nur eines allgemeinen bauaufsichtlichen Prüfzeugnisses. Dies wird mit der Angabe der maßgebenden technischen Regeln in den Technischen Baubestimmungen nach § 85a bekannt gemacht.

Wenn allgemein anerkannte Prüfnormen vorliegen und das Bauteil in der MVV TB genannt wird, kann über eine Materialprüfanstalt ein allgemeines bauaufsichtliches Prüfzeugnis (abP) auf Grundlage des beschriebenen Prüfverfahrens (z. B. MVV TB Teil C 41 lfd.-Nr. C 4.5 Rohrabschottungen) ausgestellt werden.

§ 20 Nachweis der Verwendbarkeit von Bauprodukten im Einzelfall

Mit Zustimmung der obersten Bauaufsichtsbehörde dürfen unter den Voraussetzungen des § 17 Abs. 1 im Einzelfall Bauprodukte verwendet werden, wenn ihre Verwendbarkeit im Sinne des § 16b Absatz 1 nachgewiesen ist. Wenn Gefahren im Sinne des § 3 Satz 1 nicht zu erwarten sind, kann die oberste Bauaufsichtsbehörde im Einzelfall erklären, dass ihre Zustimmung nicht erforderlich ist.

In diesem Paragrafen wird die Nachweismöglichkeit von Bauprodukten geregelt, für die es keine allgemeinen Ver- und Anwendbarkeitsnachweise gibt und wegen ihrer geringen Anwendungshäufigkeit ein formeller Nachweis für einen Einzelfall entsprechend den Bestimmungen der MVV TB Bauregelliste zu aufwendig wäre. Die Gebrauchstauglichkeit der Bauprodukte ist allerdings – wie auch bei der abZ – nachzuweisen, d.h. die geforderte Klassifizierung nach LBO muss erreicht werden. Der wesentliche Unterschied besteht in der Nachweisführung und möglichen Kompensationsmaßnahmen, die bei einer ZiE immer dem Einzelfall angepasst werden können.

§ 21 Übereinstimmungsbestätigung

(1) Bauprodukte bedürfen einer Bestätigung ihrer Übereinstimmung mit den Technischen Baubestimmungen nach § 85a Abs. 2, den allgemeinen bauaufsichtlichen Zulassungen, den allgemeinen bauaufsichtlichen Prüfzeugnissen oder den Zustimmungen im Einzelfall; als Übereinstimmung gilt auch eine Abweichung, die nicht wesentlich ist.
(2) Die Bestätigung der Übereinstimmung erfolgt durch Übereinstimmungserklärung des Herstellers (§ 22).
(3) Die Übereinstimmungserklärung hat der Hersteller durch Kennzeichnung der Bauprodukte mit dem Übereinstimmungszeichen (Ü-Zeichen) unter Hinweis auf den Verwendungszweck abzugeben.
(4) Das Ü-Zeichen ist auf dem Bauprodukt, auf einem Beipackzettel oder auf seiner Verpackung oder, wenn dies Schwierigkeiten bereitet, auf dem Lieferschein oder auf einer Anlage zum Lieferschein anzubringen.
(5) Ü-Zeichen aus anderen Ländern und aus anderen Staaten gelten auch im Land … .

§ 22 Übereinstimmungserklärung des Herstellers

(1) Der Hersteller darf eine Übereinstimmungserklärung nur abgeben, wenn er durch werkseigene Produktionskontrolle sichergestellt hat, dass das von ihm hergestellte Bauprodukt den maßgebenden technischen Regeln, der allgemeinen bauaufsichtlichen Zulassung, dem allgemeinen bauaufsichtlichen Prüfzeugnis oder der Zustimmung im Einzelfall entspricht.
(2) In den Technischen Baubestimmungen nach § 85a, in den allgemeinen bauaufsichtlichen Zulassungen, in den allgemeinen bauaufsichtlichen Prüfzeugnissen oder in den Zustimmungen im Einzelfall kann eine Prüfung der Bauprodukte durch eine Prüfstelle vor Abgabe der Übereinstimmungserklärung vorgeschrieben werden, wenn dies zur Sicherung einer ordnungsgemäßen Herstellung erforderlich ist.

In diesen Fällen hat die Prüfstelle das Bauprodukt daraufhin zu überprüfen, ob es den maßgebenden technischen Regeln, der allgemeinen bauaufsichtlichen Zulassung, dem allgemeinen bauaufsichtlichen Prüfzeugnis oder der Zustimmung im Einzelfall entspricht.
(3) In den Technischen Baubestimmungen nach § 85a, in den allgemeinen bauaufsichtlichen Zulassungen oder in den Zustimmungen im Einzelfall kann eine Zertifizierung vor Abgabe der Übereinstimmungserklärung vorgeschrieben werden, wenn dies zum Nachweis einer ordnungsgemäßen Herstellung eines Bauproduktes erforderlich ist. Die oberste Bauaufsichtsbehörde kann im Einzelfall die Verwendung von Bauprodukten ohne Zertifizierung gestatten, wenn nachgewiesen ist, dass diese Bauprodukte den technischen Regeln, Zulassungen, Prüfzeugnissen oder Zustimmungen nach Absatz 1 entsprechen.
(4) Bauprodukte, die nicht in Serie hergestellt werden, bedürfen nur einer Übereinstimmungserklärung nach Abs. 1, sofern nichts anderes bestimmt ist.

Wird beim Einbau bspw. von Rohrabschottungen (R 30/60/90) bzw. Elektroabschottungen (S 30/60/90) nicht oder nicht wesentlich von den allgemeinen Ver- oder Anwendbarkeitsnachweisen (aBG, abZ, abP oder einer ZiE) abgewichen, kann der Hersteller/Errichter die Übereinstimmung bestätigen. Die Haftung für den Inhalt der Bestätigung trägt der Aussteller der Bescheinigung. Sollte der Ersteller unsicher in seiner Beurteilung sein, kann er sich diese Einschätzung durch den Inhaber des Ver- und Anwendbarkeitsnachweises – der die Prüfergebnisse am besten kennt – bestätigen lassen.

Ist auch der Inhaber des Ver- oder Anwendbarkeitsnachweises unsicher, kann dieser die prüfende Materialprüfanstalt um Stellungnahme bitten. Aussteller und Verantwortlicher der Übereinstimmungserklärung bleibt stets der Hersteller/Errichter.

Wird eine wesentliche Abweichung vom Ver- oder Anwendbarkeitsnachweis festgestellt, muss eine Zustimmung im Einzelfall oder vorhabenbezogene Bauartgenehmigung bei der zuständigen obersten Baubehörde beantragt werden.

Obwohl die gesetzlichen Bestimmungen gemäß §§ 22, 23 und 24 der MBO den Sachverhalt zur „Übereinstimmung" beschreiben, wird regelmäßig in den allgemeinen bauaufsichtlichen Zulassungen und den allgemeinen bauaufsichtlichen Prüfzeugnissen die Übereinstimmungserklärung gefordert. In den Ver- und Anwendbarkeitsnachweisen wird dies i.d.R. durch das „Muster der Übereinstimmungserklärung" dokumentiert.

Diese Übereinstimmungserklärung muss einmalig für alle identischen im Projekt eingebauten Bauprodukte/Bauarten durch den Ersteller ausgefertigt werden. Mit der Übereinstimmungserklärung bestätigt z. B. der Ersteller einer Abschottung, dass die fachgerechte Vermörtelung in einem Massivbauteil oder der fachgerechte Einbau in einer Trockenbaukonstruktion mit Anforderungen an die Feuerwiderstandsdauer erfolgte. Hierbei ist es unerheblich, ob der Handwerker/Ersteller diese Schnittstellen zum Bauwerk persönlich ausgeführt hat.

Ohne Vorlage der Übereinstimmungserklärungen sollte keine werkvertragliche Abnahme erfolgen.

Beispiele von nicht wesentlichen Abweichungen:

zu Bild D-I–2:
Im Ver- und Anwendbarkeitsnachweis (abP bzw. abZ) wird eine Mindestabschottungsdicke von ≥ 150 mm gefordert. Die Aufdoppelung erfolgt gemäß Darstellung mit einer Calzium-Silikat-Platte inkl. einer Befestigung, z. B. mit zugelassenen Schlagankern aus Stahl. Der Abstand zwischen den Schlagankern beträgt maximal 250 mm.
Die Erklärung der nicht wesentlichen Abweichung erfolgt im Rahmen der Übereinstimmungserklärung durch den Ersteller der Abschottung, z. B. Installateur oder Brandschutzdienstleister/Isolierer. Bei Unsicherheiten ist der Inhaber des Ver- und Anwendbarkeitsnachweises (abP/abZ) um eine Stellungnahme zu bitten. Die abschließende Bestätigung im Rahmen der Übereinstimmungserklärung erfolgt durch den Ersteller.

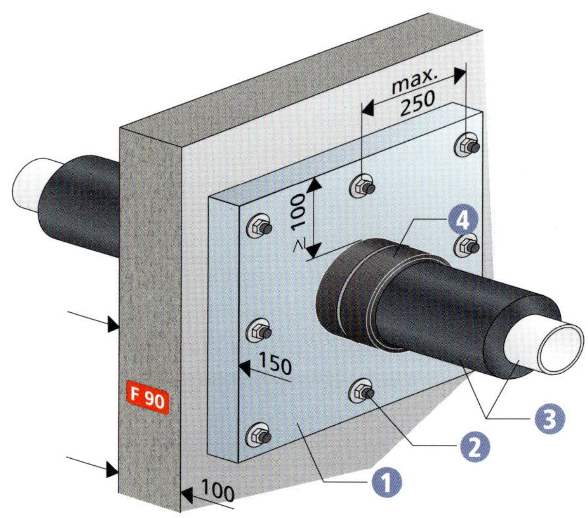

1. **Aufdopplung aus Calzium-Silikat-Platten, umlaufend ≥ 100 mm**
2. **z. B. zugelassene Schlaganker aus Stahl**
3. **Rohr mit Dämmung entsprechend dem Verwendbarkeitsnachweis (abP/abZ)**
4. **Brandschutzbandage als R 90-Abschottung**

Bild D-I–2: Aufdoppelung mit Calzium-Silikat-Platten

zu Bild D-I–3:
Im Ver- und Anwendbarkeitsnachweis (aBG abZ) wird für ein S 90-Mörtelschott eine maximale Kabelbefestigung von 60% festgelegt. Durch eine Berechnung aller Querschnitte der Kabel (ohne Berücksichtigung der Zwickel zwischen den Kabeln) ergibt sich jedoch eine Belegung von > 60%.
Nach Rücksprache mit dem Inhaber des Ver- oder Anwendbarkeitsnachweises können die Messwerte des Brandversuches für eine Entscheidung herangezogen werden. Waren diese auf der sicheren Seite, kann abschließend durch den Ersteller der Abschottung eine nicht wesentliche Abweichung im Rahmen der Übereinstimmungserklärung erteilt werden.

Liegen mehr als eine „nicht wesentliche" Abweichung vor, sollte eine entsprechende Erklärung nur dann abgegeben werden, wenn gegenüber der abZ positive Parameter festgestellt werden können, z. B. größere Schottdicke oder die Durchführung nur günstiger Kabel.

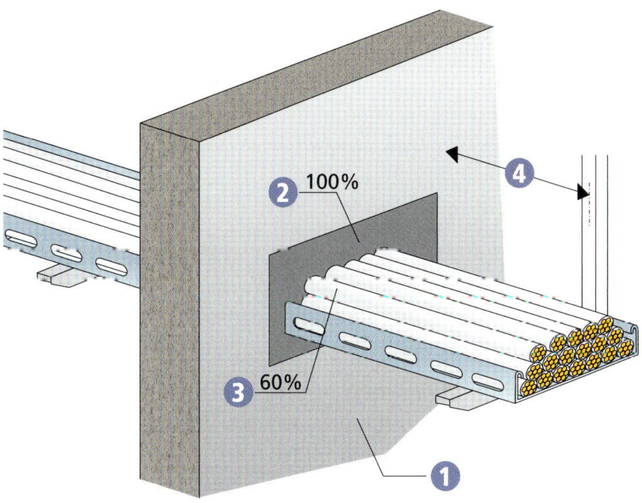

1 Betonwand, Dicke gemäß Verwendbarkeitsnachweis (abZ)

2 S 90-Mörtelschott, Brandschutzmörtel gemäß Verwendbarkeitsnachweis (abZ)

3 Kabelbelegung max. 60% der Fläche

4 Mindestbefestigungsabstand gemäß Verwendbarkeitsnachweis (abZ)

Bild D-I–3: S 90-Mörtelschott

§ 35 Notwendige Treppenräume, Ausgänge

(1) Jede notwendige Treppe muss zur Sicherstellung der Rettungswege aus den Geschossen ins Freie in einem eigenen, durchgehenden Treppenraum liegen (notwendiger Treppenraum). Notwendige Treppenräume müssen so angeordnet und ausgebildet sein, dass die Nutzung der notwendigen Treppen im Brandfall ausreichend lang möglich ist. Notwendige Treppen sind ohne eigenen Treppenraum zulässig
1. in Gebäuden der Gebäudeklassen 1 und 2,
2. für die Verbindung von höchstens zwei Geschossen innerhalb derselben Nutzungseinheit von insgesamt nicht mehr als 200 m², wenn in jedem Geschoss ein anderer Rettungsweg erreicht werden kann,
3. als Außentreppe, wenn ihre Nutzung ausreichend sicher ist und im Brandfall nicht gefährdet werden kann.

In Absatz 1 wird klargestellt, dass alle Installationen so ausgeführt sein müssen, dass eine Nutzung der notwendigen Treppenräume ausreichend lang möglich sein muss. Die Vorgaben zur Erfüllung dieses Schutzzieles wird u.a. in § 40 MBO der MLAR 2016, Abschnitt 3.1.1, Spiegelstrich a), näher beschrieben.

(2) Von jeder Stelle eines Aufenthaltsraumes sowie eines Kellergeschosses muss mindestens ein Ausgang in einen notwendigen Treppenraum oder ins Freie in höchstens 35 m Entfernung erreichbar sein. Übereinanderliegende Kellergeschosse müssen jeweils mindestens zwei Ausgänge in notwendige Treppenräume oder ins Freie haben. Sind mehrere notwendige Treppenräume erforderlich, müssen sie so verteilt sein, dass sie möglichst entgegengesetzt liegen und dass die Rettungswege möglichst kurz sind.

(3) Jeder notwendige Treppenraum muss einen unmittelbaren Ausgang ins Freie haben. Sofern der Ausgang eines notwendigen Treppenraumes nicht unmittelbar ins Freie führt, muss der Raum zwischen dem notwendigen Treppenraum und dem Ausgang ins Freie
1. mindestens so breit sein wie die dazugehörigen Treppenläufe,
2. Wände haben, die die Anforderungen an die Wände des Treppenraumes erfüllen,
3. rauchdichte und selbstschließende Abschlüsse zu notwendigen Fluren haben und
4. ohne Öffnungen zu anderen Räumen, ausgenommen zu notwendigen Fluren, sein.

(4) Die Wände notwendiger Treppenräume müssen als raumabschließende Bauteile
1. in Gebäuden der Gebäudeklasse 5 die Bauart von Brandwänden haben,
2. in Gebäuden der Gebäudeklasse 4 auch unter zusätzlicher mechanischer Beanspruchung hochfeuerhemmend und
3. in Gebäuden der Gebäudeklasse 3 feuerhemmend sein.

In Absatz 4 wird die Mindestqualität an die Feuerwiderstandsdauer von Leitungsabschottungen über die Feuerwiderstandsanforderungen an die Bauteile definiert.

Dies ist nicht erforderlich für Außenwände von Treppenräumen, die aus nichtbrennbaren Baustoffen bestehen und durch andere an diese Außenwände anschließende Gebäudeteile im Brandfall nicht gefährdet werden können. Der obere Abschluss notwendiger Treppenräume muss als raumabschließendes Bauteil die Feuerwiderstandsfähigkeit der Decken des Gebäudes haben; dies gilt nicht, wenn der obere Abschluss das Dach ist und die Treppenraumwände bis unter die Dachhaut reichen.

Dies gilt auch für Zwischendecken in den Treppenräumen und Treppenraumerweiterungen, insbesonders um eine Gefährdung der Einsatzkräfte zu vermeiden.

(5) In notwendigen Treppenräumen und in Räumen nach Absatz 3 Satz 2 müssen
1. Bekleidungen, Putze, Dämmstoffe, Unterdecken und Einbauten aus nichtbrennbaren Baustoffen bestehen,
2. Wände und Decken aus brennbaren Baustoffen eine Bekleidung aus nichtbrennbaren Baustoffen in ausreichender Dicke haben,
3. Bodenbeläge, ausgenommen Gleitschutzprofile, aus mindestens schwerentflammbaren Baustoffen bestehen.

In Absatz 5, Aufzählung Nummer 1, wird festgelegt, dass alle Leitungsdämmstoffe in notwendigen Treppenräumen aus nichtbrennbaren Baustoffen bestehen müssen.

(7) Notwendige Treppenräume müssen zu beleuchten sein. Innenliegende notwendige Treppenräume müssen in Gebäuden mit einer Höhe nach § 2 Abs. 3 Satz 2 von mehr als 13 m eine Sicherheitsbeleuchtung haben.

Ab Gebäuden der Gebäudeklasse GK 5 müssen innenliegende Treppenräume mit Sicherheitsbeleuchtungen unter Berücksichtigung der MLAR, Abschnitt 5 „Funktionserhalt" ausgestattet werden.

(8) Notwendige Treppenräume müssen belüftet und zur Unterstützung wirksamer Löscharbeiten entraucht werden können. Sie müssen

1. in jedem oberirdischen Geschoss unmittelbar ins Freie führende Fenster mit einem freien Querschnitt von mindestens 0,50 m² haben, die geöffnet werden können, oder
2. an der obersten Stelle eine Öffnung zur Rauchableitung haben.

In den Fällen des Satzes 2 Nr. 1 ist in Gebäuden der Gebäudeklasse 5 an der obersten Stelle eine Öffnung zur Rauchableitung erforderlich; in den Fällen des Satzes 2 Nr. 2 sind in Gebäuden der Gebäudeklassen 4 und 5, soweit dies zur Erfüllung der Anforderungen nach Satz 1 erforderlich ist, besondere Vorkehrungen zu treffen. Öffnungen zur Rauchableitung nach Satz 2 und 3 müssen in jedem Treppenraum einen freien Querschnitt von mindestens 1 m² und Vorrichtungen zum Öffnen ihrer Abschlüsse haben, die vom Erdgeschoss sowie vom obersten Treppenabsatz aus bedient werden können.

Wird eine elektrisch betätigte Rauchableitungsöffnung vorgesehen, sind die Anforderungen der MLAR 2016, Abschnitt 5 „Funktionserhalt", zu berücksichtigen. Der notwendige Treppenraum gilt i.d.R. als „Endbrandabschnitt" ohne Anforderungen an den Funktionserhalt dieser Betätigungsleitungen und -anlagen.

§ 36 Notwendige Flure, offene Gänge

(1) Flure, über die Rettungswege aus Aufenthaltsräumen oder aus Nutzungseinheiten mit Aufenthaltsräumen zu Ausgängen in notwendige Treppenräume oder ins Freie führen (notwendige Flure), müssen so angeordnet und ausgebildet sein, dass die Nutzung im Brandfall ausreichend lang möglich ist. Notwendige Flure sind nicht erforderlich

1. in Wohngebäuden der Gebäudeklassen 1 und 2,
2. in sonstigen Gebäuden der Gebäudeklassen 1 und 2, ausgenommen in Kellergeschossen,
3. innerhalb von Nutzungseinheiten mit nicht mehr als 200 m² und innerhalb von Wohnungen,
4. innerhalb von Nutzungseinheiten, die einer Büro- oder Verwaltungsnutzung dienen, mit nicht mehr als 400 m²;

das gilt auch für Teile größerer Nutzungseinheiten, wenn diese Teile nicht größer als 400 m² sind, Trennwände nach § 29 Abs. 2 Nr. 1 haben und jeder Teil unabhängig von anderen Teilen Rettungswege nach § 33 Abs. 1 hat.

Ergänzend zur Beschreibung der Notwendigkeit von notwendigen Fluren sollten diese in den Brandschutzplänen eindeutig gekennzeichnet werden. Flure in Untergeschossen ohne Anbindung an Aufenthaltsräume sind nur dann notwendige Flure, wenn der Ersteller des Brandschutzkonzeptes diese ausdrücklich als notwendige Flure gekennzeichnet hat. Sie können jedoch aus anderen Anforderungen, z. B. Anbindung einer Lüftungszentrale, zu einem Flur in der Bauart notwendiger Flure werden. Da die Festlegung projektspezifisch sehr unterschiedlich sein kann, sind die Anforderungen des Brandschutzkonzeptes und der Brandschutzpläne zwingend zu beachten. Sollten keine Angaben vorhanden sein, sollten diese beim Fachbauleiter Brandschutz eingefordert werden.

In Absatz 1 wird klargestellt, dass alle Installationen so ausgeführt sein müssen, dass eine Nutzung der notwendigen Flure ausreichend lang möglich sein muss. Die Vorgaben zur Erfüllung dieses Schutzzieles wird u.a. in der MLAR 2016, Abschnitt 3.1.1, Spiegelstrich c), näher beschrieben.

(2) Notwendige Flure müssen so breit sein, dass sie für den größten zu erwartenden Verkehr ausreichen. In den Fluren ist eine Folge von weniger als drei Stufen unzulässig.

Notwendige Flure dürfen z. B. durch den Einbau von Verteilern und anderen Anlagen nicht in der Mindestrettungswegbreite eingeschränkt werden.

(3) Notwendige Flure sind durch nichtabschließbare, rauchdichte und selbstschließende Abschlüsse in Rauchabschnitte zu unterteilen. Die Rauchabschnitte sollen nicht länger als 30 m sein. Die Abschlüsse sind bis an die Rohdecke zu führen; sie dürfen bis an die Unterdecke der Flure geführt werden, wenn die Unterdecke feuerhemmend ist. Notwendige Flure mit nur einer Fluchtrichtung, die zu einem Sicherheitstreppenraum führen, dürfen nicht länger als 15 m sein. Die Sätze 1 bis 4 gelten nicht für offene Gänge nach Absatz 5.

Bei Leitungsdurchführungen durch die raumabschließenden Bauteile oberhalb von z. B. Rauchschutztüren müssen diese mindestens rauchdicht sein. Da es keine Nachweise dafür gibt, wird empfohlen, sie entsprechend den Erleichterungen für feuerhemmende Wände nach Abschnitt 4.2 der MLAR auszubilden. Keine Abschottungsmaßnahmen sind erforderlich, wenn beidseitig der Durchführung F 30-Unterdecken den Deckenhohlraum gegen den Flur trennen.

(4) Die Wände notwendiger Flure müssen als raumabschliessende Bauteile feuerhemmend, in Kellergeschossen, deren tragende und aussteifende Bauteile feuerbeständig sein müssen, feuerbeständig sein. Die Wände sind bis an die Rohdecke zu führen. Sie dürfen bis an die Unterdecke der Flure geführt werden, wenn die Unterdecke feuerhemmend und ein demjenigen nach Satz 1 vergleichbarer Raumabschluss sichergestellt ist. Türen in diesen Wänden müssen dicht schließen; Öffnungen zu Lagerbereichen im Kellergeschoss müssen feuerhemmende, dicht- und selbstschließende Abschlüsse haben.

Bei Leitungsdurchführungen durch die raumabschließenden Bauteile von Flurtrennwänden in oberirdischen Geschossen müssen diese mindestens in feuerhemmender Qualität gemäß MLAR 2016, Abschnitt 4.2 „Erleichterungen für feuerhemmende Bauteile" ausgeführt werden. Bei Flurtrennwänden von Kellergeschossen müssen die Leitungsabschottungen mindestens in feuerbeständiger Qualität gemäß MLAR 2016, Abschnitt 4.1. „Klassifizierte Abschottungen" oder Abschnitt 4.3 „Erleichterungen für feuerbeständige Bauteile" ausgeführt werden. Das gilt jedoch nur für Wände notwendiger Flure. Wenn keine Aufenthaltsräume im Keller vorhanden sind, sind keine notwendigen Flur erforderlich.

(5) Für Wände und Brüstungen notwendiger Flure mit nur einer Fluchtrichtung, die als offene Gänge vor den Außenwänden angeordnet sind, gilt Absatz 4 entsprechend. Fenster sind in diesen Außenwänden ab einer Brüstungshöhe von 0,90 m zulässig.

Für die Leitungsverlegung in offenen Gängen vor Außenwänden werden keine Anforderungen gestellt, siehe Abschnitt 1 „Geltungsbereich", Aufzählung a).

(6) In notwendigen Fluren sowie in offenen Gängen nach Absatz 5 müssen
1. Bekleidungen, Putze, Unterdecken und Dämmstoffe aus nichtbrennbaren Baustoffen bestehen,
2. Wände und Decken aus brennbaren Baustoffen eine Bekleidung aus nichtbrennbaren Baustoffen in ausreichender Dicke haben.

In Absatz 6, Aufzählung 1, wird festgelegt, dass alle Leitungsdämmstoffe in notwendigen Fluren aus nichtbrennbaren Baustoffen bestehen müssen. Dies gilt auch für die Verwendung von Kabelvollbandagen im Sinne einer brandschutztechnisch wirksamen Dämmung. Bei Verwendung von brennbaren Dämmstoffen mit einer wirksamen brandschutztechnischen Kapselung sind die Anforderungen der MLAR 2016, Abschnitt 3 in Verbindung mit § 36 MBO zu beachten. Bei abweichenden Produkten sind Abweichungsanträge auf Grundlage § 67 MBO 2002 zu stellen.

§ 40 Leitungsanlagen, Installationsschächte und -kanäle

(1) Leitungen dürfen durch raumabschließende Bauteile, für die eine Feuerwiderstandsfähigkeit vorgeschrieben ist, nur hindurchgeführt werden, wenn eine Brandausbreitung ausreichend lang nicht zu befürchten ist oder Vorkehrungen hiergegen getroffen sind; dies gilt nicht
1. in Gebäuden der Gebäudeklassen 1 und 2,
2. innerhalb von Wohnungen,
3. innerhalb derselben Nutzungseinheit mit nicht mehr als insgesamt 400 m² in nicht mehr als zwei Geschossen.

Die Anforderung bedeutet, dass alle Leitungsanlagen, die durch raumabschließende Bauteile mit Anforderungen an die Feuerwiderstandsdauer geführt werden, in gleicher Qualität abzuschotten sind. Das Wort „Brandausbreitung" wird in der MBO 2002, § 14 als Vorbeugung gegen die Ausbreitung von Feuer und Rauch definiert.

(2) In notwendigen Treppenräumen, in Räumen nach § 35 Abs. 3 Satz 2 und in notwendigen Fluren sind Leitungsanlagen nur zulässig, wenn eine Nutzung als Rettungsweg im Brandfall ausreichend lang möglich ist.

Durch diesen Absatz werden die Anforderungen des § 35 und § 36 bei Anwesenheit von Leitungsanlagen ergänzt. präzisiert.

(3) Für Installationsschächte und -kanäle gelten Absatz 1 sowie § 41 Abs. 2 Satz 1 und Abs. 3 entsprechend.

§ 47 Aufenthaltsräume

(1) Aufenthaltsräume müssen eine lichte Raumhöhe von mindestens 2,40 m haben. Dies gilt nicht für Aufenthaltsräume in Wohngebäuden der Gebäudeklassen 1 und 2 sowie für Aufenthaltsräume im Dachraum.

(2) Aufenthaltsräume müssen ausreichend belüftet und mit Tageslicht belichtet werden können. Sie müssen Fenster mit einem Rohbaumaß der Fensteröffnungen von mindestens 1/8 der Netto-Grundfläche des Raumes einschließlich der Netto-Grundfläche verglaster Vorbauten und Loggien haben.

(3) Aufenthaltsräume, deren Nutzung eine Belichtung mit Tageslicht verbietet, sowie Verkaufsräume, Schank- und Speisegaststätten, ärztliche Behandlungs-, Sport-, Spiel-, Werk- und ähnliche Räume sind ohne Fenster zulässig.

Der § 47 präzisiert den baurechtlichen Begriff von Aufenthaltsräumen als Voraussetzung für die Notwendigkeit von notwendigen Fluren (siehe § 36, Absatz 1). Innerhalb von Brandschutzplänen sollte die Anforderung von notwendigen Fluren eindeutig definiert werden.

§ 52 Grundpflichten

Bei der Errichtung, Änderung, Nutzungsänderung und der Beseitigung von Anlagen sind der Bauherr und im Rahmen ihres Wirkungskreises die anderen am Bau Beteiligten dafür verantwortlich, dass die öffentlich-rechtlichen Vorschriften eingehalten werden.

Diese Grundpflichten bestehen auch für die Umsetzung der MLAR 2016.

§ 53 Bauherr

(1) Der Bauherr hat zur Vorbereitung, Überwachung und Ausführung eines nicht verfahrensfreien Bauvorhabens sowie der Beseitigung von Anlagen geeignete Beteiligte nach Maßgabe der §§ 54 bis 56 zu bestellen, soweit er nicht selbst zur Erfüllung der Verpflichtungen nach diesen Vorschriften geeignet ist. Dem Bauherrn obliegen außerdem die nach den öffentlich-rechtlichen Vorschriften erforderlichen Anträge, Anzeigen und Nachweise. Er hat die zur Erfüllung der Anforderungen dieses Gesetzes oder aufgrund dieses Gesetzes erforderlichen Nachweise und Unterlagen zu den verwendeten Bauprodukten und den angewandten Bauarten bereitzuhalten. Werden Bauprodukte verwendet, die die CE-Kennzeichnung nach der Verordnung (EU) Nr. 305/2011 tragen, ist die Leistungserklärung bereitzuhalten. Der Bauherr hat vor Baubeginn den Namen des Bauleiters und während der Bauausführung einen Wechsel dieser Person unverzüglich der Bauaufsichtsbehörde schriftlich mitzuteilen. Wechselt der Bauherr, hat der neue Bauherr dies der Bauaufsichtsbehörde unverzüglich schriftlich mitzuteilen.

(2) Treten bei einem Bauvorhaben mehrere Personen als Bauherr auf, so kann die Bauaufsichtsbehörde verlangen, dass ihr gegenüber ein Vertreter bestellt wird, der die dem Bauherrn nach den öffentlich-rechtlichen Vorschriften obliegenden Verpflichtungen zu erfüllen hat. Im Übrigen findet § 18 Abs. 1 Sätze 2 und 3 sowie Absatz 2 Verwaltungsverfahrensgesetz (nach Landesrecht) entsprechende Anwendung.

D

D

§ 54 Entwurfsverfasser

(1) Der Entwurfsverfasser muss nach Sachkunde und Erfahrung zur Vorbereitung des jeweiligen Bauvorhabens geeignet sein. Er ist für die Vollständigkeit und Brauchbarkeit seines Entwurfs verantwortlich. Der Entwurfsverfasser hat dafür zu sorgen, dass die für die Ausführung notwendigen Einzelzeichnungen, Einzelberechnungen und Anweisungen den öffentlich-rechtlichen Vorschriften entsprechen.

(2) Hat der Entwurfsverfasser auf einzelnen Fachgebieten nicht die erforderliche Sachkunde und Erfahrung, so sind geeignete Fachplaner heranzuziehen. Diese sind für die von ihnen gefertigten Unterlagen, die sie zu unterzeichnen haben, verantwortlich. Für das ordnungsgemäße Ineinandergreifen aller Fachplanungen bleibt der Entwurfsverfasser verantwortlich.

Entwurfsverfasser ist i.d.R. der Architekt. Er ist für die Koordination aller Gewerke verantwortlich. Wenn kein Architekt beauftragt ist, können z. B. andere Fachplaner an seine Stelle treten.

§ 55 Unternehmer

(1) Jeder Unternehmer ist für die mit den öffentlich-rechtlichen Anforderungen übereinstimmende Ausführung der von ihm übernommenen Arbeiten und insoweit für die ordnungsgemäße Einrichtung und den sicheren Betrieb der Baustelle verantwortlich. Er hat die zur Erfüllung der Anforderungen dieses Gesetzes oder aufgrund dieses Gesetzes erforderlichen Nachweise und Unterlagen zu den verwendeten Bauprodukten und den angewandten Bauarten zu erbringen und auf der Baustelle bereitzuhalten. Bei Bauprodukten, die die CE-Kennzeichnung nach der Verordnung (EU) Nr. 305/2011 tragen, ist die Leistungserklärung bereitzuhalten.

(2) Jeder Unternehmer hat auf Verlangen der Bauaufsichtsbehörde für Arbeiten, bei denen die Sicherheit der Anlage in außergewöhnlichem Maße von der besonderen Sachkenntnis und Erfahrung des Unternehmers oder von einer Ausstattung des Unternehmens mit besonderen Vorrichtungen abhängt, nachzuweisen, dass er für diese Arbeiten geeignet ist und über die erforderlichen Vorrichtungen verfügt.

Als Unternehmer gelten i.d.R. alle ausführenden Gewerke.

§ 56 Bauleiter

(1) Der Bauleiter hat darüber zu wachen, dass die Baumaßnahme entsprechend den öffentlich-rechtlichen Anforderungen durchgeführt wird und die dafür erforderlichen Weisungen zu erteilen. Er hat im Rahmen dieser Aufgabe auf den sicheren bautechnischen Betrieb der Baustelle, insbesondere auf das gefahrlose Ineinandergreifen der Arbeiten der Unternehmer zu achten. Die Verantwortlichkeit der Unternehmer bleibt unberührt.

(2) Der Bauleiter muss über die für seine Aufgabe erforderliche Sachkunde und Erfahrung verfügen. Verfügt er auf einzelnen Teilgebieten nicht über die erforderliche Sachkunde, so sind geeignete Fachbauleiter heranzuziehen. Diese treten insoweit an die Stelle des Bauleiters. Der Bauleiter hat die Tätigkeit der Fachbauleiter und seine Tätigkeit aufeinander abzustimmen.

Unter dem Begriff „Bauleiter" ist im Sinne der Landesbauordnungen der „Fachbauleiter Brandschutz" zu verstehen. Wenn keine andere Person gegenüber der Bauaufsicht benannt ist, nimmt i.d.R. der Architekt die Funktion als Gesamtkoordinator aller Gewerke wahr.

Als Fachbauleiter wird z. B. im Bereich Elektroanlagen der „Fachbauleiter Elektroanlagen" verstanden. Da im Zuge der Übereinstimmungserklärung für die Elektroanlagen (Abschottungen und Funktionserhalt) die fachgerechte Umsetzung der Schnittstellen zum Bauwerk nachzuweisen ist, ist der „Fachbauleiter Elektroanlagen" gleichermaßen für die Ausführungsqualität der Elektroanlagen in Verbindung mit der brandschutztechnischen Schnittstelle zum Gebäude verantwortlich.

§ 67 Abweichungen

1) Die Bauaufsichtsbehörde kann Abweichungen von Anforderungen dieses Gesetzes und aufgrund dieses Gesetzes erlassener Vorschriften zulassen, wenn sie unter Berücksichtigung des Zwecks der jeweiligen Anforderung und unter Würdigung der öffentlich-rechtlich geschützten nachbarlichen Belange mit den öffentlichen Belangen, insbesondere den Anforderungen des § 3 Satz 1 vereinbar sind. § 85a Abs. 1 Satz 3 bleibt unberührt; (der Zulassung einer Abweichung bedarf es auch nicht, wenn bautechnische Nachweise durch einen Prüfsachverständigen bescheinigt werden)[15].

§ 67 gilt für materielle Abweichungen vom Bauordnungsrecht, jedoch nicht für Abweichungen von Technischen Baubestimmungen (TB) und nicht für wesentliche Abweichungen von Ver- und Anwendbarkeitsnachweisen.

(2) Die Zulassung von Abweichungen nach Absatz 1, von Ausnahmen und Befreiungen von den Festsetzungen eines Bebauungsplans, einer sonstigen städtebaulichen Satzung nach § 31 BauGB oder von Regelungen der Baunutzungsverordnung (BauNVO) über die zulässige Art der baulichen Nutzung nach § 34 Abs. 2 Halbsatz 2 BauGB ist gesondert schriftlich zu beantragen; der Antrag ist zu begründen. Für Anlagen, die keiner Genehmigung bedürfen, sowie für Abweichungen von Vorschriften, die im Genehmigungsverfahren nicht geprüft werden, gilt Satz 1 entsprechend.

(3) Über Abweichungen nach Absatz 1 Satz 1 von örtlichen Bauvorschriften sowie über Ausnahmen und Befreiungen nach Absatz 2 Satz 1 entscheidet bei verfahrensfreien Bauvorhaben die Gemeinde nach Maßgabe der Absätze 1 und 2.

Abweichungen vom materiellen Bauordnungsrecht sind, so weit erforderlich, immer bei den unteren Baubehörden zu beantragen.

Zusammenfassung Teil D-I :

In diesem Kapitel wurden die wesentlichen Anforderungen der MBO 2002 und der entsprechenden Landesbauordnungen im Hinblick auf die Planung und Umsetzung von Leitungsanlagen beispielhaft kommentiert.

Die Beachtung des baurechtlichen Zusammenspiels der Landesbauordnungen, der Sonderbauverordnungen/-richtlinien und der Eingeführten Technischen Baubestimmungen ist durch die Fachplaner und den Fachbauleiter Brandschutz zwingend zu beachten.

D-II. Muster-Verwaltungsvorschrift Technische Baubestimmungen – MVV TB

Hinweis:
Bezugsquelle der kompletten Muster-Verwaltungsvorschrift Technische Baubestimmungen unter:
www.dibt.de > Technische Baubestimmungen

Die Muster-Verwaltungsvorschrift Technische Baubestimmungen ist eine Fortführung der Technischen Baubestimmungen in veränderter Form. Bisher gab es Bauregellisten (BRL) mit Technischen Baubestimmungen und eine Muster-Liste Technischer Baubestimmungen (MLTB). Aufgrund der Umsetzungen aus dem Rechtsstreit zur Bauregelliste wurde die Musterbauordnung und die dazugehörenden BRL und MLTB so geändert, um den europarechtlichen Anforderungen der Bauproduktenverordnung (Verordnung 305/2011/EU) für das Inverkehrbringen von europäisch harmonisierten Bauprodukten gerecht zu werden. Aber auch für die nicht von der Bauproduktenverordnung erfassten Bauprodukte mussten bauordnungsrechtliche Konkretisierungen getroffen werden, um die zu erfüllenden Anforderungen zu verdeutlichen.

Aus den Vorbemerkungen der MVV TB kann entnommen werden, was Regelungsintention dieser "Verwaltungsvorschrift" ist.

1 Bauordnungsrechtliche Vorgaben

Die Musterbauordnung1 (MBO1) enthält in § 85 a Abs. 1 MBO1 die Ermächtigung, im Rahmen einer Verwaltungsvorschrift die allgemeinen Anforderungen an bauliche Anlagen, Bauprodukte und andere Anlagen und Einrichtungen durch Technische Baubestimmungen zu konkretisieren.

In § 85 a Abs. 2 MBO1 werden detaillierte Vorgaben gemacht, zu welchen bauaufsichtlichen Anforderungen Konkretisierungen vorgenommen werden können. Die Konkretisierungen können durch Bezugnahme auf technische Regeln und deren Fundstellen oder auf andere Weise erfolgen, insbesondere in Bezug auf: …

Neuer Grundgedanke der MBO ist es, die allgemeinen Anforderungen an bauliche Anlagen, Bauprodukte und andere Anlagen und Einrichtungen durch Technische Baubestimmungen zu konkretisieren. Damit auch deutlich wird, welche Konkretisierungen aus bauordnungsrechtlicher Sicht notwendig sein können, werden in § 85 a Abs. 2 MBO detaillierte Vorgaben gemacht. Wie auch in der bisherigen MLTB und BRL kann zur Konkretisierung auf technische Regeln und deren Fundstellen Bezug genommen werden, aber es darf auch auf andere Weise erfolgen.

Es gilt der Grundsatz, dass nur solche Inhalte in die Muster-Verwaltungsvorschrift Technische Baubestimmungen (MVV TB) als Technische Baubestimmungen aufgenommen werden, die zur Erfüllung der Anforderungen der Bauordnungen an bauliche Anlagen, Bauprodukte und andere Anlagen und Einrichtungen unerlässlich sind. Die Bauaufsichtsbehörden können jedoch im Rahmen ihrer Entscheidungen zur Ausfüllung unbestimmter Rechtsbegriffe auch auf allgemein anerkannte Regeln der Technik zurückgreifen, die keine Technischen Baubestimmungen sind.

Grundsätzlich soll also nur ein minimal erforderlicher Umfang an Konkretisierungen getroffen werden. In einer Vielzahl von Anwendungen bleibt der Hersteller und Planer in der Verantwortung, anhand seiner Kenntnisse die richtige Bemessung und Ausführung vorzunehmen.
Besonderes Augenmerk ist darauf zu richten, dass die allgemein anerkannten Regeln der Technik – a.a.R.d.T. –, die nicht in den Status Technische Baubestimmung gehoben wurden (durch Einführung als Technische Baubestimmung mit konkreter Nennung z. B. in der MVV TB), trotzdem von den Bauaufsichtsbehörden für ihre Entscheidungen genutzt werden können.
Von Herstellern und Fachplanern sind sowieso aufgrund ihrer zivilrechtlichen Pflichten zur Vertragserfüllung die Regelungen für die technische Gestaltung und Ausführung, die a.a.R.d.T., zu beachten, und dies gilt unabhängig davon, ob eine Regel als Technische Baubestimmung eingeführt wurde. Probleme kann es nur geben, wenn neuere Regeln gegenüber den Technischen Baubestimmungen Erleichterungen bieten. Dann ist eine schlüssige und nachvollziehbare Begründung notwendig, warum was gemacht werden soll.

Für das Verständnis der MVV TB im praktischen Umgang ist der Blick zurück in die MBO vom Stand 2012 hilfreich. In der damaligen MBO gab es eine Unterscheidung der Bauprodukte und Bauarten.

Es gab **geregelte Bauprodukte** (§ 17 Abs.1 MBO 2012). Dies waren Bauprodukte, die von den nach § 17 Abs. 2 bekannt gemachten technischen Regeln nicht oder nicht wesentlich abwichen (geregelte Bauprodukte). In § 17 Absatz 2 MBO war die Bekanntmachung der (maßgeblichen) technischen Regeln in der Bauregelliste Teil A gefordert. Ein Verwendbarkeitsnachweis war für diese Produkte entsprechend der Einträge in der Bauregelliste Teil A zu führen.

Ferner gab es **nicht geregelte Bauprodukte** (§ 17 Abs. 3 MBO 2012). Dies waren Bauprodukte, die entweder (Variante 1) in der Bauregelliste A nach Absatz 2 bekanntgemacht worden sind und die von diesen wesentlich abwichen oder (Variante 2) für die es Technische Baubestimmungen oder allgemein anerkannte Regeln der Technik nicht gab (nicht geregelte Bauprodukte). Ein Verwendbarkeitsnachweis war für diese Produkte entsprechend zu führen (allgemeine bauaufsichtliche

D

D

Zulassung gem. § 18 MBO 2012, allgemeines bauaufsichtliches Prüfzeugnis gem. § 19 MBO 2012, Zustimmung im Einzelfall gem. § 20 MBO 2012).

Ferner gab es Bauprodukte mit untergeordneter Bedeutung (§ 17 Abs. 3, S. 2 MBO 2012). Dies waren Bauprodukte, die für die Erfüllung der Anforderungen dieses Gesetzes oder aufgrund dieses Gesetzes nur eine untergeordnete Bedeutung hatten, sie wurden in der Liste C (Teil des Gesamtwerkes der BRL) gelistet. Ein Verwendbarkeitsnachweis war für diese Produkte nicht zu führen. Hinsichtlich der Brennbarkeit mussten diese Produkte mindestens normalentflammbar sein. Weitere Anforderungen durften an diese Produkte bauaufsichtlich nicht bestehen.

Neben den bereits genannten Bauprodukten gab es auch sonstige Bauprodukte (§ 17 Abs. 1, S. 2 und 3 MBO 2012). Sonstige Bauprodukte waren Bauprodukte, für die es allgemein anerkannte Regeln der Technik gab. Jedoch wurden diese Regeln nicht in der Bauregelliste A bekannt gemacht. Diese Produkte durften verwendet werden, unabhängig davon, ob von den allgemein anerkannten Regeln der Technik abgewichen wurde oder nicht. Die sonstigen Bauprodukte mussten lediglich unter den Anwendungsbereich der jeweiligen Regel fallen. Ein Verwendbarkeitsnachweis war für diese Produkte nicht zu führen.

2 Struktur und Gliederung der MVV TB

2.1 Die Technischen Baubestimmungen sind in vier Teile gegliedert:

A Technische Baubestimmungen, die bei der Erfüllung der Grundanforderungen an Bauwerke zu beachten sind

Teil A gliedert sich nach den Grundanforderungen für Bauwerke gem. Anhang I der EU-BauPVO wie folgt:
A 1 - Mechanische Festigkeit und Standsicherheit,
A 2 - Brandschutz,
A 3 - Hygiene, Gesundheit und Umweltschutz,
A 4 - Sicherheit und Barrierefreiheit bei der Nutzung,
A 5 - Schallschutz und
A 6 - Wärmeschutz.

B Technische Baubestimmungen für Bauteile und Sonderkonstruktionen, die zusätzlich zu den in Teil A aufgeführten Technischen Baubestimmungen zu beachten sind

C Technische Baubestimmungen für Bauprodukte, die nicht die CE-Kennzeichnung tragen, und für Bauarten

D Bauprodukte, die keines Verwendbarkeitsnachweises bedürfen

In der Gliederung der MVVTB sind Teile der früheren BRL und MLTB wiederzuerkennen.

Im nachfolgenden abgedruckten Inhaltsverzeichnis der MLTB sind in den Kapitelüberschriften Inhalte der Teile A1 – A6 der MVV TB wiederzuerkennen.

Muster-Liste der Technischen Baubestimmungen – Fassung Februar September 2013 –

Teil I: Technische Regeln für die Planung, Bemessung und Konstruktion baulicher Anlagen und ihrer Teile

Inhalt

Teile B, C und D der MVV TB setzen sich inhaltlich aus den Teilen II und III der MLTB sowie den Bauregelliste A und B sowie der Liste C zusammen.

Der **Teil A** ist in sechs Kapitel unterteilt, die nach den Grundanforderungen der Bauproduktenverordnung ausgewählt wurden. Lediglich die Anforderung „Nachhaltigkeit" wurde (noch) nicht aufgegriffen, denn dazu gibt es derzeit keine bauaufsichtlichen Anforderungen.

Kapitel A 1 enthält die Eurocodes. In der MVV TB ist dazu die Erläuterung gegeben, dass sich aus der Anwendung dieser Regeln die Anforderungen an die zu verwendenden Bauprodukte ergeben.

Kapitel A 2 ist in der MVV TB eine Beschreibung und Konkretisierung der brandschutztechnischen Anforderungen. In den Ausgaben 2017 der MVV TB enthält dieser Teil auch Ausführungen zu den technischen Anlagen und Einrichtungen. Allerdings erfolgt in der MVV TB hier leider keine ganzheitliche Berücksichtigung der Anforderungen. Bei Errichtung der Anlagen der Technischen Gebäudeausrüstung sind neben brandschutztechnischen Erfordernissen (Durchführung von Leitungen durch feuerwiderstandsfähige Wände und Decken) auch die Betriebssicherheit (statische Eigenschaft eines Produktes) und ebenso der sichere Betrieb (Zusammenwirken im Betrieb, Wechselwirkungen) von Bedeutung.

Kapitel A 3 enthält technische Regeln zum Gesundheitsschutz.

Kapitel A 4 enthält die Regel, die für die Barrierefreiheit maßgeblich sind. Dabei werden die bekannten Normen DIN 18040 und DIN 18065 bei jedoch nicht in allen ihren Regelungen als Technische Baubestimmung eingeführt.

Kapitel A 5 führt die Schallschutznorm DIN 4109 in aktueller Fassung – Stand 2016 – bauaufsichtlich ein. Wie bereits in der MLTB sind weiterhin bauaufsichtlich ergänzende Festlegungen in der MVV TB getroffen.

Kapitel A 6 enthält die Regeln zum Wärmeschutz sowie die dazu ergänzend getroffenen bauaufsichtlichen Festlegungen. Der Wärmeschutz darf hier nicht verwechselt werden mit den Anforderungen hinsichtlich der Energieeinsparung; die Energieeinsparung beruht auf den bundesgesetzlichen Vorschriften und ist keine bauaufsichtliche Anforderung, unabhängig davon, ob von den allgemein anerkannten Regeln der Technik abgewichen wurde oder nicht. Die sonstigen Bauprodukte mussten lediglich unter den Anwendungsbereich fallen. Ein Verwendbarkeitsnachweis war für diese Produkte nicht zu führen.

Teil B ist in vier Kapitel unterteilt. Bereits die Überschrift des Kapitels B „Technische Baubestimmungen für Bauteile und Sonderkonstruktionen, die zusätzlich zu den in Abschnitt A aufgeführten Technischen Baubestimmungen zu beachten sind" zeigt, dass die frühere Systematik der Trennung in MLTB und BRL nunmehr in einem Werk – der MVV TB – zu finden ist. Wie bei Gesetzen und Verordnung können der Bauherr, Planer, Hersteller und andere am Bau Beteiligte nicht eine Auswahl treffen, welche der Regeln und Teile sie beachten wollen. Es ist immer die gesamte eingeführte MVV TB zu beachten. Denn die verschiedenen Teile und Kapitel können sich ergänzende Regelungen enthalten.

Zu **Teil C** ist den Vorbemerkungen der MVV TB folgendes zu entnehmen:
2.4 Teil C – Technische Baubestimmungen für Bauprodukte, die nicht die CE-Kennzeichnung tragen, und für Bauarten – bestimmt die Angaben zu nicht harmonisierten Bauprodukten sowie zu Bauarten, die nur eines allgemeinen bauaufsichtlichen Prüfzeugnisses bedürfen sowie die Anforderungen zur Abgabe der Übereinstimmungserklärung für ein Bauprodukt nach § 22 MBO[1].

Im Kapitel C 1 wird dazu weiter ausgeführt:

In Kapitel C 2 werden die bisher in Bauregelliste A Teil 1 getroffenen Regelungen fortgeführt.

Gibt es für Bauprodukte, die nicht die CE-Kennzeichnung nach der Bauproduktenverordnung tragen, keine Technische Baubestimmung und keine allgemein anerkannte Regel der Technik oder weicht das Bauprodukt von einer Technischen Baubestimmung wesentlich ab, dann ist eine allgemeine bauaufsichtliche Zulassung (§ 18 MBO1) oder eine Zustimmung im Einzelfall (§ 20 MBO1) erforderlich.

Davon ausgenommen sind die in Kapitel C 3 aufgeführten Bauprodukte, für die die in Spalte 2 genannten anerkannten Prüfverfahren vorliegen und anstelle einer allgemeinen bauaufsichtlichen Zulassung nur eines allgemeinen bauaufsichtlichen Prüfzeugnisses (§ 19 MBO1) bedürfen. In Spalte 4 werden gemäß § 85a Abs. 2 Nr. 5 MBO1 die Anforderungen festgelegt, die an die Abgabe einer Übereinstimmungserklärung des Herstellers im Hinblick auf das allgemeine bauaufsichtliche Prüfzeugnis gestellt werden.

Die Ausführungen in Kapitel C 1 sind in Verbindung mit den Vorbemerkungen und Regelungen z. B. in C 2.14.1.5 oder C 2.13.6, die auf Anlage C 2.6.4 verweisen, schwer verständlich.

Auszug aus **Teil C**
C 2 Voraussetzungen zur Abgabe der Übereinstimmungserklärung für Bauprodukte nach § 22 MBO[1]

Aufgrund § 85a Abs. 2 Nr. 5 MBO1 wird Folgendes bestimmt:

Lfd. Nr.	**Bauprodukt**	**Technische Regeln/ Ausgabe**	**Übereinstimmungs-bestätigung**
1	2	3	4
C 2.13 Technische Gebäudeausrüstung			
C 2.13.6	Lüftungsgeräte nach DIN 4719	Anlage C 2.6.4	-
C 2.14.1 Feuerstätten und Feuerungseinrichtungen			
C 2.14.1.5	Raumluftunabhängige Feuerstätten nach DIN 18897	Anlage C 2.6.4	-

Anlage C 2.6.4
Es ist ein Verwendbarkeitsnachweis gemäß § 17 Abs. 1 MBO[1] erforderlich.

Im Ergebnis der gesamten Ausführungen zur MVV TB sind in **Teil C** keine Bauprodukte aufgeführt, für die es eine auf Grundlage der Bauproduktenverordnung (Verordnung 305/2011/EU) „harmonisierte technische Spezifikation" gibt, also keine europäisch harmonisierte Norm oder Europäischen Bewertungsdokumente. Diese europäisch harmonisierten Bauprodukte sind nicht im Teil C der MVVTB zu finden, Bauprodukte müssen eine CE Kennzeichnung tragen.

Hinweis zur Erklärung der Begriffe aus der Bauproduktenverordnung (Verordnung 305/2011/EU).

Artikel 2 Begriffsbestimmungen

11. „harmonisierte Norm" eine Norm, die von einem der in Anhang I der Richtlinie 98/34/EG aufgeführten europäischen Normungsgremien auf der Grundlage eines Ersuchens der Kommission nach Artikel 6 jener Richtlinie angenommen wurde;

12. „Europäisches Bewertungsdokument" ein Dokument, das von der Organisation Technischer Bewertungsstellen zum Zweck der Ausstellung Europäischer Technischer Bewertungen angenommen wird;

Allerdings können in Teil C Bauprodukte (nach der Begriffsbestimmung der MBO) genannt sein, die eine CE-Kennzeichnung tragen, wenn diese Produkte unter den Anwendungsbereich einer anderen europäischen Richtlinie oder Verordnung fallen (mit Ausnahme eben der Bauproduktenverordnung (Verordnung 305/2011/EU).
Im Übrigen können nur Produkte in Teil C aufgeführt sein, für die es von bauaufsichtlicher Bedeutung ist, dass bestimmte nationale Prüf- und Produktnormen eingehalten werden und dieses überwacht wird, z. B. durch Prüfstellen.

Insofern sind in Teil C mit den Fortführungen der Regelungen aus der BRL A Teil 1 auch die Fortführungen aus der BRL B berücksichtigt (es waren oftmals Produkte in BRL B gelistet, für die dann in BRL A national ergänzend geregelt worden war).

Zu **Teil D** ist den Vorbemerkungen der MVV TB folgendes zu entnehmen:

2.5 Teil D enthält die nach § 17 Absatz 3 MBO1 vorgesehene Liste von Bauprodukten, welche keines Verwendbarkeitsnachweises bedürfen. Hierunter fallen Bauprodukte, für die es allgemein anerkannte Regeln der Technik gibt, jedoch auf Verwendbarkeitsnachweise verzichtet wird sowie Bauprodukte, für die es weder Technische Baubestimmungen noch allgemein anerkannte Regeln der Technik gibt und die bauordnungsrechtlich von untergeordneter Bedeutung sind. Die Liste hat klarstellenden Charakter und erhebt keinen Anspruch auf Vollständigkeit.

Im Kapitel D 3 wird ein Weg aufgezeigt, wie mit lückenhaften und unvollständigen harmonisierten Spezifikationen umgegangen werden kann. Für den Vollzug sind die Länder zuständig.

Erstmals hat man Produkte gelistet, die früher als „sonstige Bauprodukte" (vgl. MBO 2012 § 17 Abs. 1 S.3) in der Bauregelliste nicht – auch nicht beispielhaft – aufgeführt wurden. Dies machte auch Sinn, weil eine solche Liste immer nur „nicht abschließend" sein kann.

Das Dilemma der nun in Kapitel D 2.1 genannten Produkte ist, dass einige dort aufgeführte Produkte eine CE-Kennzeichnung aufgrund von europäischen Richtlinien oder Verordnungen tragen müssen, z. B. sämtliche Produkte, die in den Anwendungsbereich der Gasgeräteverordnung (Verordnung (EU) 2016/426) fallen.

D 2.1 Beispiele für Produkte, für die es allgemein anerkannte Regeln der Technik gibt

- Absperrarmaturen in Anlagen zur Wasserver- und -entsorgung
- Absperranlagen in Anlagen zur Gasversorgung
- Strömungswächter
- Sicherheitseinrichtungen der Gas-Installation
- Sicherheits-Gasschlauchleitungen für den Anschluss von Haushalts-Gasgeräten
- Mehrschichtverbundrohre für die Gas-Inneninstallation

...

- Blitzschutzanlagen
- Elektroinstallationen wie Leitungen, Schalter, Steckdosen u. Ä. zur Allgemeinstromversorgung unter Normalbedingungen von baulichen Anlagen
- Telekommunikation-, Fernseh- und Radioinstallationen

Für die Leitungsanlagen wird durch die nun nur teilweise erfolgende Nennung von Bauprodukten zur Errichtung von elektrischen Leitungsanlagen nicht deutlich, dass genormte Produkte **ebenfalls ohne Verwendbarkeitsnachweis** für Elektroinstallationen wie Leitungen, Schalter, Steckdosen sowie für Zwecke der Sicherheitsstromversorgung verwendet werden dürfen, sofern nicht in den Kapitel A, B und C besondere Regelungen getroffen wurden.

Hinweis:
Es finden sich nur Regeln hinsichtlich des Brandverhaltens (normalentflammbar bzw. schwerentflammbar) oder für Sonderanwendungen. Im Übrigen werden in der MLAR nur Regelungen zur Zulässigkeit der Installation (also Platzierung der Bauprodukte) getroffen, lediglich in Abschnitt 5 erfolgen Regelungen zu Verteilergehäusen (die allerdings nicht normiert sind).

Kapitel D 2.2. übernimmt die früher in Liste C genannten Produkte, für die es keine technische Regel gibt und die bauordnungsrechtlich von untergeordneter Bedeutung sind.

Kapitel D 3 soll „einen Weg aufzeigen, wie mit den lückenhaften Spezifikationen" umgegangen werden kann. Es wird beschrieben, dass weitere „freiwillige Angaben" in einer Herstellerdokumentation möglich sind. Im Bedarfsfall können die Hersteller sich diese Angaben durch eine anerkannte Stelle auch bestätigen lassen. Dies alles erfolgt allerdings gezwungen „freiwillig"; also wenn es zum Erreichen des gewollten Ziels erforderlich ist, wird man als Hersteller um die Abgabe der „freiwilligen Erklärungen" nicht herumkommen. Denn die gewünschte Anwendung hängt auch von diesen europäisch nicht normativ harmonisierten „Merkmalen"ab.

Anwendbarkeit und Verwendbarkeit

Maßgeblich sind hinsichtlich des Erfordernisses eines Verwendbarkeitsnachweises oder eines Anwendbarkeitsnachweises die gesetzlichen Vorschriften der §§ 16a ff. MBO.

Grundsätzlich gilt: (aus den Vorbemerkungen zu Teil C der MVV TB):

Sofern von der maßgebenden technischen Regel abgewichen wird, ist für Bauprodukte eine allgemeine bauaufsichtliche Zulassung oder eine Zustimmung im Einzelfall und für Bauarten eine allgemeine oder vorhaben bezogene Bauartgenehmigung erforderlich.

Bei Bauprodukten und Bauarten, die (nur) eines allgemeinen bauaufsichtlichen Prüfzeugnisses bedürfen, wird das Vorliegen einer maßgebenden Prüfnorm zwingend vorausgesetzt. Dabei können auch weitere technische Bestimmungen, die für die Erteilung des abP erforderlich sind, angegeben werden. Dazu gehören z. B. ergänzende Angaben zu Prüfumfang, Prüfaufbau, Prüfhäufigkeit.

Anhand dieser Erklärungen lässt sich aus der MBO folgender Zusammenhang entnehmen:

Bauarten werden angewendet.
Unterschieden werden die Bauarten in Bauarten, die keines Anwendbarkeitsnachweises bedürfen, und in Bauarten, für die ein Anwendbarkeitsnachweis gefordert wird.

Hinweis:
Gemäß § 2 Abs. 11 MBO wird mit „Bauart" das Zusammenfügen von Bauprodukten zu baulichen Anlagen oder Teilen von baulichen Anlagen bezeichnet.

Bauarten, die keines Anwendbarkeitsnachweises bedürfen, sind die Bauarten, die nach allgemein anerkannte Regeln der Technik ausgeführt werden. Dies ist z. B. die Bauart einer Brandmeldeanlage nach der technischen Regel DIN VDE 0833.

Bauarten, für die ein Anwendbarkeitsnachweis gefordert wird, sind die Bauarten,
- (Fall 1) die von Technischen Baubestimmungen wesentlich abweichen, und die Bauarten,
- (Fall 2), für die es allgemein anerkannte Regeln der Technik nicht gibt.

Als Anwendbarkeitsnachweis ist grundsätzlich eine allgemeine Bauartgenehmigung erforderlich. In Einzelfällen kann auch eine vorhabenbezogene Bauartgenehmigung erteilt werden. Wenn die Bauart nach allgemein anerkannten Prüfverfahren beurteilt werden kann, und dieses Prüfverfahren in der MVV TB bestimmt ist, genügt anstelle der allgemeinen Bauartgenehmigung ein allgemeines bauaufsichtliches Prüfzeugnis.

Bauprodukte werden verwendet.
Unterschieden werden die Bauprodukte in Bauprodukte mit CE-Kennzeichnung aufgrund der Verordnung (EU) Nr. 305/2011 und Bauprodukte, für die ein Verwendbarkeitsnachweis gefordert wird, und in Bauprodukte, die keines Verwendbarkeitsnachweises bedürfen.

Hinweis:
Der quasi „Verwendbarkeitsnachweis" – die CE-Kennzeichnung aufgrund der Verordnung (EU) Nr. 305/2011 – führt nur dazu, dass das Produkt verwendet werden darf. Wie und wo, mit welchen Leistungsstufen und welchen Klassen das Produkt für die Anwendung der Bauartregel ausgewählt werden muss, ergibt sich aus den bauordnungsrechtlichen Regelungen.

Bauprodukte, für die ein Verwendbarkeitsnachweis gefordert wird, sind die Bauprodukte,
- (Fall 1) für die es in der MVV TB keine Technische Baubestimmung und für die es keine allgemein anerkannte Regel der Technik gibt,
- (Fall 2) wenn sie von einer Technischen Baubestimmung wesentlich abweichen, und
- (Fall 3) für die der Nachweis durch eine Verordnung (gesetzliche Vorschrift) gefordert wird.

Sofern keiner der Fälle, in denen ein Verwendbarkeitsnachweis gefordert wird, vorliegt, gilt:
Bauprodukte, die keines Verwendbarkeitsnachweises bedürfen, sind die Bauprodukte,
- (Fall 4) für die es allgemein anerkannte Regeln der Technik gibt,
- (Fall 5) die von einer allgemein anerkannten Regel der Technik (wesentlich oder nicht wesentlich) abweichen,
- (Fall 6) die für die Erfüllung der Anforderungen der MBO oder auf Grund der MBO nur eine untergeordnete Bedeutung haben,
- (Fall 7) die gleichermaßen dauerhaft das national geforderte Schutzniveau erreichen und den in Vorschriften anderer Vertragsstaaten des Abkommens vom 2. Mai 1992 über den europäischen Wirtschaftsraum genannten technischen Anforderungen entsprechen, und
- (Fall 8) Bauprodukte mit CE-Kennzeichnung aufgrund andere europäischer Richtlinien und Verordnungen als der Bauproduktenverordnung (EU) Nr. 305/2011, sofern nicht einer der Fälle 1 bis 3 zutrifft.

Auszüge aus der MVV TB

Hinweis:
Ein Ausdruck ist für das Nachschlagen sinnvoll, insbesondere des Anhangs 4 der MVV TB

Für die Anwender der MVV TB sind Kenntnisse im Hinblick auf den Umgang mit den nationalen und den europäischen Baustoffklassen wichtig. Die Tabellen im Anhang 4 enthalten die Regelungen und Konkretisierungen zum Brandverhalten der Bauprodukte.

Hinweis:
Die im Folgenden abgedruckten Auszüge sind der Ausgabe Dezember 2017 entnommen. In der Folgeausgabe sind redaktionelle Änderungen vorgesehen.

Anhang 4
Bauaufsichtliche Anforderungen, Zuordnung der Klassen, Verwendung von Bauprodukten, Anwendung von Bauarten

In Teil 1 des Anhangs sind in Tabelle 1.2.1 die Zuordnungen der Baustoffklassen zu den bauaufsichtlichen Anforderungen aufgrund nationaler Normung zusammengestellt.

Tabelle 1.2.1 Bauaufsichtliche Anforderung und Zuordnung der Baustoffklassen nach DIN 4102-1:1998-05 für Baustoffe (einschließlich Bodenbeläge und lineare Rohrdämmstoffe) und weitere Angaben

Bauaufsichtliche Anforderung nach A 2.1.2	Mindestens geeignete Baustoffklassen nach DIN 4102-1:1998-05 und weitere Angaben
nichtbrennbar[1]	A 2
schwerentflammbar	B 1 und begrenzte Rauchentwicklung (I ≤ 400 % x Min. bei Prüfung nach DIN 4102-15:1990-05)
schwerentflammbar und nicht brennend abfallend oder abtropfend	B 1 und nicht brennend abfallend oder abtropfend sowie begrenzte Rauchentwicklung (I ≤ 400 % x Min. bei Prüfung nach DIN 4102-15:1990-05)
schwerentflammbar und geringe Rauchentwicklung	B1 und geringe Rauchentwicklung (I ≤ 100 % x Min. bei Prüfung nach DIN 4102-15:1990-05)
schwerentflammbar und nicht brennend abfallend oder abtropfend sowie geringe Rauchentwicklung	B1 und nicht brennend abfallend oder abtropfend sowie geringe Rauchentwicklung (I ≤ 100 % x Min. bei Prüfung nach DIN 4102-15:1990-05)
normalentflammbar nicht brennend abfallend oder abtropfend	B 2
normalentflammbar	B 2 (auch brennend abfallend oder abtropfend)
[1]ggf. zusätzlich Schmelzpunkt > 1000 °C	Angabe: Schmelzpunkt von mindestens 1000 °C nach DIN 4102-17:1990-12

In Teil 1 des Anhangs sind in Tabelle 1.3.1 die Zuordnungen der Baustoffklassen zu den bauaufsichtlichen Anforderungen aufgrund europäischer Normung zusammengestellt.

Tabelle 1.3.1 Bauaufsichtliche Anforderung und Zuordnung der Klassen nach DIN EN 13501-1:2010-01

Bauaufsichtliche Anforderungen, konkretisiert durch A 2.1.2	Mindestens geeignete Klassen nach DIN EN 13501-1:2010-01		
	Bauprodukte, ausgenommen lineare Rohrdämmstoffe und Bodenbeläge	lineare Rohrdämmstoffe	Bodenbeläge
nichtbrennbar[1]	A2 – s1,d0	$A2_L$ – s1,d0	$A2_{fl}$ – s1
schwerentflammbar und nicht brennend abfallend oder abtropfend, sowie geringe Rauchentwicklung	C – s1,d0	C_L – s1,d0	-
schwerentflammbar und nicht brennend abfallend oder abtropfend	C – s3,d0	C_L – s3,d0	-
schwerentflammbar und geringe Rauchentwicklung	C – s1,d2	C_L – s1,d2	C_{fl} – s1
schwerentflammbar	C – s3,d2	C_L – s3,d2	C_{fl} – s1
normalentflammbar und nicht brennend abfallend oder abtropfend	E	E_L	-
normalentflammbar	E – d2	E_L – d2	E_{fl}
[1] ggf. zusätzlich Schmelzpunkt > 1000 °C	-	-	-

Erläuterungen zu Tabelle 1.3.1:

Herleitung des Kurzzeichens	Kriterium	Anwendungsbereich
s (Smoke)	Rauchentwicklung	Anforderungen an die Rauchentwicklung - s1: geringe Rauchentwicklung - s2, s3: begrenzte Rauchentwicklung
d (Droplets)	brennendes Abtropfen/Abfallen	Anforderungen an das brennende Abtropfen/Abfallen - d0: kein brennendes Abtropfen/Abfallen - d1, d2: brennendes Abtropfen/Abfallen
...fl (Floorings)		Brandverhaltensklasse für Bodenbeläge
...L (Linear Pipe Thermal Insulation Products)		Brandverhaltensklasse für Produkte zur Wärmedämmung von linearen Rohren

Die in der DIN 4102-2:1977-09 angegebenen Bezeichnungen entsprechen folgenden Anforderungen in bauaufsichtlichen Verwendungsvorschriften:

Tabelle 4.2.3: Bauaufsichtliche Anforderungen und Zuordnung der Feuerwiderstandsklassen nach DIN 4102-2:1977-09, -3:1977-09 für tragende Bauteile, Innenwände, Außenwände, selbstständige Unterdecken, Dächer, Treppen, Doppelböden, Brandwände

Bauaufsichtliche Anforderung	Klassen nach DIN 4102-2:1977-09	Kurzbezeichnung nach DIN 4102-2:1977-09
feuerhemmend	Feuerwiderstandsklasse F 30	F 30 – B_1
feuerhemmend und aus nichtbrennbaren* Baustoffen	Feuerwiderstandsklasse F 30 und aus nichtbrennbaren Baustoffen	F 30 – A_1
hochfeuerhemmend und in den wesentlichen Teilen aus nichtbrennbaren Baustoffen**	Feuerwiderstandsklasse F 60 und in den wesentlichen Teilen aus nichtbrennbaren Baustoffen	F 60 – $AB_{2,3}$
hochfeuerhemmend (tragende Teile brennbar, Dämmstoffe nichtbrennbar* mit brandschutztechnisch wirksamer Bekleidung)	-	-
hochfeuerhemmend und aus nichtbrennbaren* Baustoffen	Feuerwiderstandsklasse F 60 und aus nichtbrennbaren Baustoffen	F 60 – $A_{2,3}$
feuerbeständig (tragende und aussteifende Teile nicht brennbar*)	Feuerwiderstandsklasse F 90 und in den wesentlichen Teilen aus nichtbrennbaren Baustoffen	F 90 – $AB_{4,5}$
feuerbeständig und aus nichtbrennbaren* Baustoffen	Feuerwiderstandsklasse F 90 und aus nichtbrennbaren Baustoffen	F 90 – $A_{4,5}$
Brandwand (feuerbeständig und aus nichtbrennbaren* Baustoffen)	Brandwand	-
Wand anstelle einer Brandwand (hochfeuerhemmend und aus nichtbrennbaren* Baustoffen auch unter zusätzlicher mechanischer Beanspruchung standsicher)	hochfeuerhemmende Wand anstelle einer Brandwand und aus nichtbrennbaren Baustoffen auch unter zusätzlicher mechanischer Beanspruchung standsicher (Wand anstelle einer Brandwand)	-
Gebäudeabschlusswände, die jeweils von innen nach außen die Feuerwiderstandsfähigkeit der tragenden und aussteifenden Teile des Gebäudes, mindestens jedoch feuerhemmende Bauteile, und von außen nach innen die Feuerwiderstandsfähigkeit feuerbeständiger Bauteile haben	Gebäudeabschlusswände, die jeweils von innen nach außen die Feuerwiderstandsfähigkeit der tragenden und aussteifenden Teile des Gebäudes, mindestens jedoch feuerhemmende Bauteile, und von außen nach innen die Feuerwiderstandsfähigkeit feuerbeständiger Bauteile haben	F 30-B (von innen) und F 90-B (von außen)

1 Bei nichttragenden Außenwänden auch W 30 zulässig.
2 Der Nachweis und die Zuordnung erfolgen nach Tabelle 4.3.1.
3 Bei nichttragenden Außenwänden auch W 60 zulässig.
4 Bei nichttragenden Außenwänden auch W 90 zulässig.
5 Tragende Bauteile müssen nach DIN 4102-2:1977-09, Abschnitt 6.2.2.6, unter entsprechender Last geprüft sein.
* Hinsichtlich der Anforderungen gilt Tabelle 1.2.1.
** In Bauteilebene durchgehende Schicht aus nichtbrennbaren Baustoffen.

Für Kabel- und Rohrabschottungen sind im Anhang 4 folgende Tabellen 6.2.1 und 6.2.2 enthalten.

Tabelle 6.2.1: Bauaufsichtliche Anforderung und Zuordnung der Feuerwiderstandsklassen nach DIN 4102-9 bzw. DIN 4102-11

Bauaufsichtliche Anforderung	Feuerwiderstandsklasse	
	Kabelabschottung (DIN 4102-9)	Rohrabschottung (DIN 4102-11)
feuerhemmend	S 30	R 30
hochfeuerhemmend	S 60	R 60
feuerbeständig	S 90	R 90
Feuerwiderstandsfähigkeit 120 Minuten	S 120	R 120

D

Tabelle 6.3.1: Bauaufsichtliche Anforderung und Zuordnung der Klassifizierungen nach DIN EN 13501-2:2010-02

Bauaufsichtliche Anforderung	Feuerwiderstandsklasse Kabelabschottung	Feuerwiderstandsklasse Rohrabschottung	Brandverhalten, mindestens geeignete Klasse nach DIN EN 13501-1:2010-01
feuerhemmend	EI 30	EI 30-U/U[1] EI 30-C/U[2]	E
hochfeuerhemmend	EI 60	EI 60-U/U[1] EI 60-C/U[2]	
feuerbeständig	EI 90	EI 90-U/U[1] EI 90-C/U[2]	
Feuerwiderstandsfähigkeit 120 Minuten	EI 120	EI 120-U/U[1] EI 120-C/U[2]	

[1] Für die Abschottung von brennbaren Rohren oder Rohren mit einem Schmelzpunkt < 1000 °C; für Trinkwasser-, Heiz-und Kälteleitungen mit Durchmessern ≤ 110 mm ist auch die Klasse EI ...-U/C zulässig.
[2] Für die Abschottung von Rohrleitungen aus nichtbrennbaren Rohren mit einem Schmelzpunkt ≥ 1000 °C, Ausführung der Rohrleitung ohne Anschlüsse von brennbaren Rohren.

In der MVV TB sind in Teil C 4 folgende Bauprodukte gelistet, die für Leitungsanlagen von Bedeutung sein können

C4 Bauarten, die nur eines allgemeinen bauaufsichtlichen Prüfzeugnisses nach § 16a Absatz 3 MBO$_1$ bedürfen

Aufgrund § 85a Abs. 2 Nr. 4 MBO1 wird Folgendes bestimmt:

Lfd. Nr 1	Bauart 2	anerkanntes Prüfverfahren nach 3
C 4.5	Bauarten für Abschottungen an Rohrleitungen aus (ggf. wärmeisolierten) Metallrohren, - deren Funktion auf der Anordnung einer Rohrummantelung/Streckenisolierung beruht und - an die nur Anforderungen an die Feuerwiderstandsdauer gestellt werden. Satz 2 aus lfd. Nr. C 4.1 gilt entsprechend.	DIN 4102-11:1985-12 in Verbindung mit Anlage C 4.5 und Anlage C 4.1
C 4.6	Bauarten für Abschottungen an Rohrleitungen aus (ggf. wärmeisolierten) thermoplastischen Kunststoffrohren, - deren Funktion auf der Anordnung einer Rohrummantelung/Streckenisolierung beruht, - bei denen keine dämmschichtbildenden Baustoffe eingesetzt werden und - an die nur Anforderungen an die Feuerwiderstandsdauer gestellt werden. Satz 2 aus lfd. Nr. C 4.1 gilt entsprechend.	DIN 4102-11:1985-12 in Verbindung mit Anlage C 4.5 und Anlage C 4.1
C 4.7	Bauarten zur Herstellung von Installationsschächten und -kanälen einschließlich der Abschlüsse ihrer Revisionsöffnungen, an die Anforderungen an die Feuerwiderstandsdauer und/oder den Schallschutz gestellt werden. Satz 2 aus lfd. Nr. C 4.1 gilt entsprechend.	Je nach Bauart gilt: für die Feuerwiderstandsdauer: DIN 4102-11:1985-12 bzw. als Prüfverfahren für Installationsschachtwände von Installationsschächten auch DIN 4102-2:1977-09, außer den Abschnitten 6.2.7 und 6.2.9, in Verbindung mit Anlage C 3.1 des Abschnitts C 3 oder DIN EN 1363-1:2012-10, DIN EN 1363-2:1999-10, DIN EN 1364-1:1999-10 in Verbindung mit Anlage C 3.1 des Abschnitts C 3 A 2.2.1.2 ist zusätzlich zu beachten für den Schallschutz: DIN EN ISO 10140-1:2014-09, DIN EN ISO 10140-2, -4:2010-12, DIN EN ISO 717-1:2013-06 DIN EN ISO 10140-5:2014-09,
C 4.9	Bauarten zur Herstellung von elektrischen Kabelanlagen, an die Anforderungen hinsichtlich des Funktionserhalts unter Brandeinwirkung gestellt werden. Satz 2 aus lfd. Nr. C 4.1 gilt entsprechend.	DIN 4102-12:1998-11

Auszug aus MVV TB Teil B 3

Lfd. Nr.	Bauprodukt	Maßgebende Harmonisierungs-rechtsvorschriften	a: Konkreter Verwendungszweck b: Gemäß MBO[1] bestehende Grundanforderung, ggf. mit Konkretisierung c: Fehlendes Wesentliches Merkmal d: Verfahren zum Nachweis des fehlenden wesentlichen Merkmals
1	2	3	4
B 3.2 Bestimmungen nach § 85a Abs. 2 Nr. 3			
B 3.2.1 Technische Gebäudeausrüstungen, die Anforderungen nach anderen Rechtsvorschriften unterliegen			
B 3.2.1.32	Verteiler in elektrischen Leitungsanlagen mit Anforderungen an den Funktionserhalt im Brandfall	2014/35/EU 2014/30/EU 2006/42/EG	a: Verwendung in elektrischen Leitungsanlagen b: Brandschutz c: Funktionserhalt im Brandfall
B 3.2.3 Zubehörteile für den Brandschutz, die Anforderungen nach anderen Rechtsvorschriften unterliegen			
B 3.2.3.1	Elektrische Kabelanlagen mit Anforderungen an den Funktionserhalt im Brandfall	2014/35/EU	a: Verwendung in elektrischen Leitungsanlagen b: Brandschutz c: Funktionserhalt unter Brandeinwirkung d: Übereinstimmungserklärung nach C 4.9

[1]nach Landesrecht

Zusammenfassung Teil D-II :

In diesem Kapitel werden die formellen Anforderungen unter besonderer Berücksichtigung und Darstellung der Zusammenhänge der Musterverwaltungsvorschrift Technische Baubestimmungen dokumentiert.

D-III. Das Brandschutzkonzept als Bestandteil der baurechtlichen Genehmigung

Gemäß den Anforderungen der MBO 2002 und den auf dieser Grundlage verabschiedeten Gesetzen – den Landesbauordnungen, Sonderbauordnungen und -richtlinien der 16 Bundesländer – müssen z. B. nach MBO § 66 Brandschutznachweise (Brandschutzkonzepte) bei Sonderbauten, Mittel- und Großgaragen und bei Gebäuden der Gebäudeklasse 5 erstellt und geprüft werden.

Das Brandschutzkonzept ist eine schutzzielorientierte Darstellung und Gesamtbewertung des baulichen und abwehrenden Brandschutzes, in dem sinnvoller Weise die beabsichtigten Abweichungen aufgelistet werden. Es soll von dafür befähigten und von den Ländern anerkannten Prüfsachverständigen oder Fachplanern für den vorbeugenden Brandschutz erstellt werden.

Die baurechtlichen Grundlagen für die Erstellung und Prüfung von Brandschutzkonzepten sind in den Bundesländern in unterschiedlichen Vorschriften geregelt.

Beispiel:

§ 9 Abs. 2 BauPrüfVO NRW

(2) Das Brandschutzkonzept muss insbesondere folgende Angaben enthalten:

1. Zu- und Durchfahrten sowie Aufstell- und Bewegungsflächen für die Feuerwehr,
2. den Nachweis der erforderlichen Löschwassermenge sowie den Nachweis der Löschwasserversorgung,
3. Bemessung, Lage und Anordnung der Löschwasser-Rückhalteanlagen,
4. das System der äußeren und der inneren Abschottungen in Brandabschnitte bzw. Brandbekämpfungsabschnitte sowie das System der Rauchabschnitte mit Angaben über die Lage und Anordnung und zum Verschluss von Öffnungen in abschottenden Bauteilen,
5. Lage, Anordnung, Bemessung (ggf. durch rechnerischen Nachweis) und Kennzeichnung der Rettungswege auf dem Baugrundstück und in Gebäuden mit Angaben zur Sicherheitsbeleuchtung, zu automatischen Schiebetüren und zu elektrischen Verriegelungen von Türen,
6. die höchstzulässige Zahl der Nutzer der baulichen Anlage,
7. Lage und Anordnung haustechnischer Anlagen, insbesondere der Leitungsanlagen, ggf. mit Angaben zum Brandverhalten im Bereich von Rettungswegen,
8. Lage und Anordnung der Lüftungsanlagen mit Angaben zur brandschutztechnischen Ausbildung,
9. Lage, Anordnung und Bemessung der Rauch- und Wärmeabzugsanlagen mit Eintragung der Querschnitte bzw. Luftwechselraten sowie der Überdruckanlagen zur Rauchfreihaltung von Rettungswegen,
10. die Alarmierungseinrichtungen und die Darstellung der elektroakustischen Alarmierungsanlage (ELAAnlage),
11. Lage, Anordnung und ggf. Bemessung von Anlagen, Einrichtungen und Geräten zur Brandbekämpfung (wie Feuerlöschanlagen, Steigeleitungen, Wandhydranten, Schlauchanschlussleitungen, Feuerlöschgeräte) mit Angaben zu Schutzbereichen und zur Bevorratung von Sonderlöschmitteln,
12. Sicherheitsstromversorgung mit Angaben zur Bemessung und zur Lage und brandschutztechnischen Ausbildung des Aufstellraumes, der Ersatzstromversorgungsanlagen (Batterien, Stromerzeugungsaggregate) und zum Funktionserhalt der elektrischen Leitungsanlagen,
13. Hydrantenpläne mit Darstellung der Schutzbereiche,
14. Lage und Anordnung von Brandmeldeanlagen mit Unterzentralen und Feuerwehrtableaus, Auslösestellen,
15. Feuerwehrpläne,
16. betriebliche Maßnahmen zur Brandverhütung und Brandbekämpfung sowie zur Rettung von Personen (wie Werkfeuerwehr, Betriebsfeuerwehr, Hausfeuerwehr, Brandschutzordnung, Maßnahmen zur Räumung, Räumungssignale),
17. Angaben darüber, welchen materiellen Anforderungen der Landesbauordnung oder in Vorschriften aufgrund der Landesbauordnung nicht entsprochen wird und welche ausgleichenden Maßnahmen stattdessen vorgesehen werden,
18. verwendete Rechenverfahren zur Ermittlung von Brandschutzklassen nach Methoden des Brandschutzingenieurwesens.

Da das Brandschutzkonzept i.d.R. in einer sehr frühen Phase der Gebäudeplanung erstellt wird, kann i.d.R. auf Ausführungsdetails der Leitungsanlagen nur allgemein eingegangen werden.

Dabei beschränkt sich die Textformulierung im Brandschutzkonzept sehr oft auf die grundsätzliche Aussage:

„Die Leitungs- und Lüftungsanlagen-Richtlinien" sind einzuhalten."

Solche pauschalen Aussagen sind unzureichend. Die für ein Brandschutzkonzept erforderlichen Sachverhalte werden damit nicht ausreichend dargestellt und bedürfen weiterer Erläuterungen.

Andernfalls werden diese pauschalen – aber verbindlichen – Aussage („sind einzuhalten") grundlegender Bestandteil einer Baugenehmigung. Mit dieser explizit formulierten Auflage wird der Bauherr durch die Genehmigung verpflichtet, die eingeführten Technischen Baubestimmungen ohne Abweichungen umzusetzen.

Liegen die spezifischen Anforderungen z. B. an die sicherheitstechnisch relevanten Bereiche der Leitungsanlagen bei der Erstellung des Brandschutzkonzeptes noch nicht oder unvollständig vor, können ausreichende Angaben zum Brandschutz bzgl. der Leitungsanlagen nicht erfolgen. Das Brandschutzkonzept ist dann im Hinblick auf die Leitungsanlagen fortzuschreiben. Diese Fortschreibung oder die Anlagen zu den projektspezifischen brandschutztechnischen Beschreibungen der Leitungsanlagen, z. B. Sicherheitsstromversorgung, Sicherheitsbeleuchtung, Brandmelde- und Alarmierungsanlage, Ansteuerung und Versorgung der Rauch- und Wärmeabzüge, Ansteuerung und Versorgung der mechanischen Entrauchungsanlagen und ggf. der Löschwasserversorgung sind der GenehmigungsbehördeGenehmigungsbehörde als „Fortschreibung des Brandschutzkonzeptes" vorzulegen.

Dieses Verfahren hat den Vorteil, dass eindeutige projektspezifisch genehmigte Grundlagen für die sicherheitstechnischen Anlagen und deren Abnahme durch die Prüfsachverständigen vorgegeben werden. Das endgültige Brandschutzkonzept muss bei Erteilung der Baugenehmigung allerdings vollständig und abschließend vorliegen; möchte der Bauherr vorher mit Arbeiten beginnen ist eine Teilbaugenehmigung zu beantragen. Durch die Teilbaugenehmigung können im weiteren Genehmigungsprozedere auch Änderungen an bereits zur Genehmigung vorgelegten Details seitens der Bauaufsichtsbehörde verlangt werden. Damit wird auch dem noch nicht abschließenden mit allen erforderlichen Unterlagen eingereichten Antrag Rechnung getragen.

Um eine Flexibilität bei der baulichen Umsetzung beizubehalten, sollte in diesem brandschutztechnischen Detailkonzept dargestellt werden, welche Schutzziele unter Berücksichtigung welcher Maßnahmen sichergestellt werden sollen.

Abweichungen von den eingeführten Technischen Baubestimmungen in der jeweils gültigen Fassung sind auf Grundlage des § 85 a MBO 2016 (bzw. den BauO der Länder) möglich, wenn mit einer anderen Lösung in gleichem Maße die allgemeinen Schutzzielanforderungen erfüllt werden; §§ 16a Abs. 2, 17 Abs. 1 und 67 Abs. 1 MBO bleiben davon unberührt.

Die Gleichwertigkeit der Losung muss durch den TGA-Fachplaner oder/und Ersteller der brandschutztechnischen Maßnahme, ggf. in Zusammenarbeit mit einem beauftragten Brandschutzsachverständigen nachgewiesen werden. Handelt es sich um genehmigungspflichtige Maßnahmen, sollte der Nachweis mit den unteren Baubehörden abgestimmt werden. Die unterschiedlichen Regelungen der Bundesländer sind zu beachten.

Eine Beurteilung der Abweichungen von Ver- und Anwendbarkeitsnachweisen (abZ bzw. abP sowie ZiE) durch den Ersteller des Brandschutzkonzeptes bzw. den Fachbauleiter Brandschutz ist nicht ausreichend. Dem Brandschutzkonzeptersteller bzw. Fachbauleiter wird nach den Vorschriften für diese Fälle keine „Genehmigungskompetenz" übertragen. Im Übrigen ist dem letztendlich Verantwortlichen zu empfehlen, eine nachvollziehbare Begründung im Falle der nicht genehmigungsbedürftigen Abweichungen in seinen Bauunterlagen und den Dokumenten, die er seinen Auftraggebern übergibt, aufzunehmen.

Weitere Inhalts- und Gliederungsempfehlungen zur Erstellung von Brandschutzkonzepten können folgenden Quellen entnommen werden:

- Homepages der Bauministerien der Bundesländer, zu finden über den Link www.mlpartner.de > Links > Ministerien oder www.is-argebau.de > Länder
- Vfdb-Merkblatt zur Erstellung von Brandschutzkonzepten, www.vfdb.de
- Brandschutzleitfaden für Gebäude des Bundes (Suchbegriff: Brandschutzleitfaden)

Hinweis:
Nach Abschluss der technischen Planungen der Leitungsanlagen sollte die Darstellung der Brandschutzmaßnahmen inkl. der Brandfallsteuerungen und aller relevanten Angaben zu den Anlagen des Brandschutzkonzeptes unter Beteiligung der Fachplaner dokumentiert werden. Bei Sonderbauten sind häufig weitere technische Anlagen zu beachten. In diesen Fällen empfiehlt sich eine Steuermatrix/Brandfallsteuerung, die von dem Ersteller des Brandschutzkonzeptes unter Beteiligung der entsprechenden Fachplaner gemeinsam entwickelt, fortgeschrieben und ergänzt wird.

Hinweis:
Bauordnungsrechtlich ist die Erstellung einer Steuermatrix/Brandfallsteuerung nicht vorgeschrieben.

Das endgültige Brandschutzkonzept ist inkl. aller Fortschreibungen den Genehmigungsbehörden vorzulegen. Bei aufwendigen Anlagenkonzepten sollten die Planungsunterlagen im Vorfeld mit den späteren Prüfsachverständigen z. B. für die Elektroanlagen und die Brandmelde- und Alarmierungsanlagen abgestimmt werden. Dadurch können potenzielle Planungs- und Ausführungsfehler schon in einem frühen Stadium korrigiert werden.

Zusammenfassung Teil D-III.:

In diesem Kapitel wurden die formellen Anforderungen an das Brandschutzkonzept im Hinblick auf die Anwendung dokumentiert.

D-IV. Muster-Richtlinie über brandschutztechnische Anforderungen an Lüftungsanlagen (M-LüAR 2015) in Verbindung mit der Leitungsanlagen-Richtlinie (MLAR 2016)

Hinweis:
Downloadmöglichkeit der kompletten M-LüAR 2015 unter www.is-argebau.de

1 Geltungsbereich

Diese Richtlinie gilt für den Brandschutz von Lüftungsanlagen, an die Anforderungen nach § 41 MBO gestellt werden.

Sie gilt nicht für mit Luft arbeitende Transportanlagen (z. B. Späneabsaugung, Rohrpostanlagen). Die erforderlichen Verwendbarkeitsnachweise für Bauprodukte oder Anwendbarkeitsnachweise für Bauarten, die zur Errichtung von Lüftungsanlagen verwendet werden, richten sich nach den Regelungen des §§ 17 ff MBO i.V.m. den Bauregellisten[1)] in der jeweils geltenden Fassung. Die Zuordnung gleichwertiger europäischer Klassifizierungen zu den nationalen Anforderungen an die Feuerwiderstandsfähigkeit ist in den Bauregellisten bestimmt.

Die Leitungsanlagen-Richtlinie kann nicht für die brandschutztechnische Bewertung, z. B. von Wickelfalzrohren mit dem Medium „Luft zu Lüftungszwecken", herangezogen werden. Das Vermörteln nichtbrennbarer Wickelfalzrohre gemäß der MLAR Abschnitt 4.2 und 4.3 – „Erleichterungen für nichtbrennbare Rohre mit nichtbrennbaren Gasen" – reicht für die Abschottung von Lüftungsrohren nicht aus. Hier müssen auch bei WC-Abluftanlagen als lüftungstechnisch wirksame Abschottungen Brandschutzklappen oder Absperrvorrichtungen für Lüftungsleitungen, z. B. EI-30/60/90 S, K 30/60/90-18017 oder K 30/60/90-18017 S, eingebaut werden.
Auf den Geltungsbereich der Lüftungsanlagen-Richtlinie (M-LüAR) wird hier ausdrücklich hingewiesen.

Hinweis:
Unter „fremden" Abschottungen sind Abschottungen mit unterschiedlichen Ver- und Anwendbarkeitsnachweisen (abP/abZ) oder gegenüber Durchführungen nach den „Erleichterungen" der MLAR Abschnitt 4.2 und 4.3 zu verstehen.

Rohrleitungssysteme sind, abgesehen von den Abwasser- und Regenwasserleitungen i.d.R. geschlossene Systeme, Lüftungsanlagen sind hingegen offene Systeme. Bei Lüftungsanlagen ist somit die Übertragung von Feuer und Rauch leichter möglich.

Tab. D-IV–1: Übersicht von Leitungsarten und Lüftungsleitungen zur Einstufung gemäß MLAR und M-LüAR

Medium	Füllungsgrad (Regelfall) voll-gefüllt	Füllungsgrad (Regelfall) teil-gefüllt	Leitungsmaterial Beispiele brennbar	Leitungsmaterial Beispiele nicht-brennbar
brennbare Gase (z. B. Erdgas, Lachgas) – MLAR	X		Kunststoff	Stahl, Kupfer
unbrennbare Gase (z. B. Dampf, Druckluft, Stickstoff) – MLAR	X		Kunststoff	Stahl, Kupfer
Wasser (z. B. Heizung, Trinkwasser) – MLAR	X		Kunststoff Verbundwerkstoff	Stahl, Kupfer
Abwasser – MLAR		X	Kunststoff	Stahl, Guß
elektrischer Strom – MLAR	Vollmaterial mit Isolierstoffmantel		Isolierstoffhülle	Kupfer Kabelleiter
Lüftung/Luft – M-LüAR	vollgefüllt		B1 Kunststoffe Textilschläuche	– Stahlblech – Aluflex – Stahlflex – Brandschutzbauplatten – Leitungen aus nichtbrennbaren Massivbaustoffen

Werden Brandschutzklappen (EI-30/60/90 S), Absperrvorrichtungen K 30/60/90-18017 oder klassifizierte Lüftungskanäle (L 30/60/90) in Gebäuden in Holzbauweise eingebaut, so sind neben den Konkretisierungen der bauaufsichtlichen Anforderungen in der Holzbau-Richtlinie auch die in der M-LüAR und für die Einhaltung der Mindestabstände gegenüber Leitungsanlagen auch die der MLAR, Abschnitt 4.1.3 einzuhalten.

Abschnitt 4 der MLAR 2016:

4 Führung von Leitungen durch raumabschließende Bauteile (Wände und Decken)

4.1 Grundlegende Anforderungen

4.1.3 Der Mindestabstand zwischen Abschottungen, Installationsschächten oder -kanälen sowie der erforderliche Abstand zu anderen Durchführungen (z. B. Lüftungsleitungen) oder anderen Öffnungsverschlüssen (z. B. Feuerschutztüren) ergibt sich aus den Bestimmungen der jeweiligen Ver- oder Anwendbarkeitsnachweise; fehlen entsprechende Festlegungen, ist ein Abstand von mindestens 50 mm erforderlich.

Absperrvorrichtungen gegen Feuer und Rauch in Lüftungsleitungen – umgangssprachlich häufig „Brandschutzklappen“ genannt – dürfen keinesfalls mit dem Begriff „Abschottungen“ verwechselt werden. Sie sind mit einem Feuerwiderstand für 30, 60 oder 90 Minuten Feuerbeanspruchung zugelassen und erhielten dazu im Rahmen der Erteilung der allgemeinen bauaufsichtlichen Zulassungen die Bezeichnung K 30, K 60 oder K 90 (K für Brandschutz-Klappe), jetzt gibt es für die nach DIN EN 15650 in Verkehr gebrachten Brandschutzklappen nur noch die europäische Klassifizierungsbezeichnung EI 30/60/90 S.

Unter Lüftungsleitungen werden in der MLAR Abschnitt 4.1.3, alle zulässigen Bauformen (rund, eckig) verstanden. Dabei sind die speziellen Anforderungen an die Feuerwiderstandsfähigkeit ebenfalls zu berücksichtigen.

Der Mindestabstand von a ≥ 50 mm zwischen den Abschottungen ist – sofern in den Ver- und Anwendbarkeitsnachweisen der Bauprodukte keine Maßangaben getroffen sind – auch als Mindestabstand zwischen Brandschutzklappen und Leitungsabschottungen gemäß MLAR, Abschnitt 4.1.3 (z. B. R 30/60/90, S 30/60/90 mit abP/abZ) bzw. Leitungsdurchführungen nach den „Erleichterungen“ der MLAR 2016 Abschnitt 4.2 und 4.3 zu berücksichtigen. Bei geforderten größeren Mindestabständen, z. B. 1 x d bei ungedämmten Abflussrohren, sind diese ebenfalls einzuhalten.

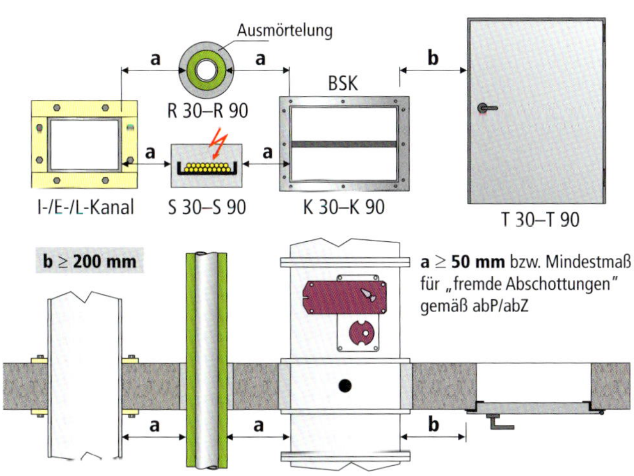

Bild D-IV–1: Einhaltung von Mindestabständen zwischen Abschottungen und Brandschutzklappen (siehe auch Teil G-XII.)

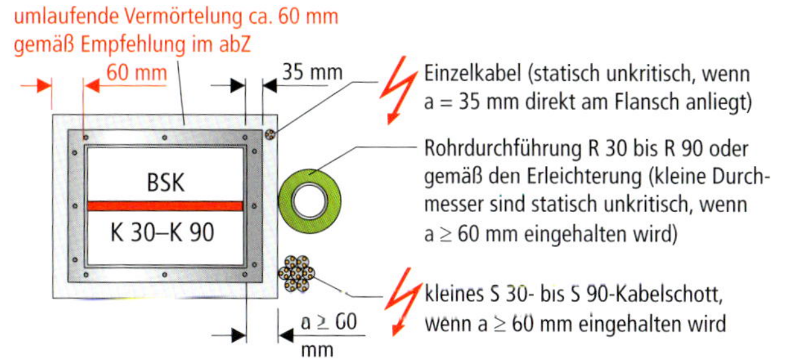

Bild D-IV–2: Einhaltung von Mindestabständen zwischen Abschottungen und Brandschutzklappen. **Dies gilt nur, wenn in den Ver- und Anwendbarkeitsnachweisen keine Angaben zu „fremden Abschottungen“ definiert sind.**

Gegen eine Anordnung von Einzelkabeln für Bauteile der Lüftungsanlage, z. B. für Endschalter oder Federrücklaufmotoren direkt in der Durchführung neben der BSK, bestehen bei einem Abstand von a = 25 mm keine Bedenken.

Der fachgerechte Einbau der Brandschutzklappe bzw. Absperrvorrichtungen (im folgenden BSK genannt) (K 30/60/90) wird auf Grundlage der Herstellerangaben aufgrund der Konformitätserklärungen und dazugehörenden Produktunterlagen oder einer allgemeinen bauaufsichtlichen Zulassung (abZ) beurteilt. Die Kabeldurchführung ist nicht Bestandteil der allgemeinen bauaufsichtlichen Zulassung.

Die brandschutztechnische Bewertung der Einzelkabeldurchführung kann auf Grundlage der MLAR 2016 Abschnitt 4.3 „Erleichterungen für Einzelkabel“ erfolgen. Hier reicht eine Vermörtelung im Bereich der Einzelkabeldurchführung in der Mindestdicke von ≥ 80 mm aus. Das Einhalten der Mindestvermörtelungsdicke der Brandschutzklappe garantiert stets auch das Einhalten der Vermörtelungsdicke im Bereich der Einzelkabeldurchführung.

Aus statischer Sicht ist die Anordnung der zur BSK gehörenden Einzelkabel oder Leerrohre bis d = 32 mm für diese Einzelkabel als unkritisch anzusehen. Leerrohre müssen gemäß MLAR brandschutztechnisch verschlossen werden.

Rohrdurchführungen und S 30- bis S 90-Kabelschottungen mit Vermörtelung sind im Abstand a ≥ 50 mm unkritisch, wenn durch die Größe und Anordnung die Statik der Einmörtelung der BSK nicht negativ beeinträchtigt wird. Werden Mindestvermörtelungsdicken vorgegeben, sind diese einzuhalten.

Die Anordnung von großen S 30- bis S 90-Weichschotts ist bei einem zu geringen Abstand als kritisch für die Statik der Einmörtelung der BSK anzusehen.

Als Empfehlung ist ein Abstand von a ≥ 100 mm für solche Einbausituationen einzuhalten. Hier sollte aus der Schutzzielbetrachtung heraus – abweichend von der MLAR 2016 Abschnitt 4.1.3 – ein statisch ausreichend bemessener Trennsteg eingebaut werden.

Die folgenden Beispiele zeigen schematisch die praxisgerechte Handhabung der Abstandsregeln zwischen Brandschutzklappen und elektrischen Einzelleitungen zum Betrieb der Brandschutzklappen.

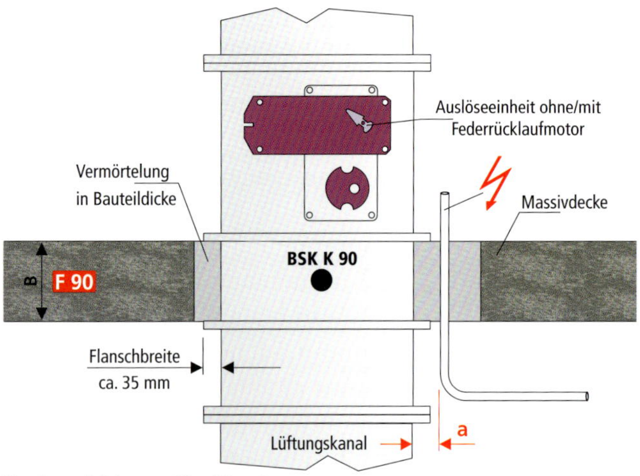

B = Bauteildicke gemäß. abZ, z. B.
≥ 150 mm bei Decken
≥ 100 mm bei Wänden
a ≥ 50 mm gemäß M-LAR 2005, Abschnitt 4.1.3 für Einzelkabel, Leerrohre und evtl. mehrere Einzelkabel/kleine S 90-Abschottungen.

Abweichend davon gilt ein größerer Abstand, wenn in der bauaufsichtlichen Zulassung ein Mindestabstand zu fremden Leitungsdurchführungen angegeben wird.

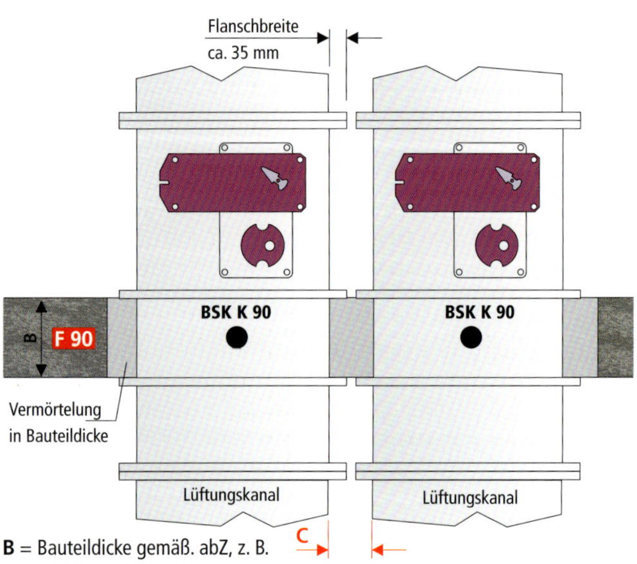

B = Bauteildicke gemäß. abZ, z. B.
≥ 150 mm bei Decken
≥ 100 mm bei Wände
C = Mindestabstand der BSK untereinander gemäß abZ, z. B. 70 mm oder LüAR 1984, z. B. 150 mm

Bild D-IV–3: Anordnung von Brandschutzklappen in einer Massivdecke F 30/60/90

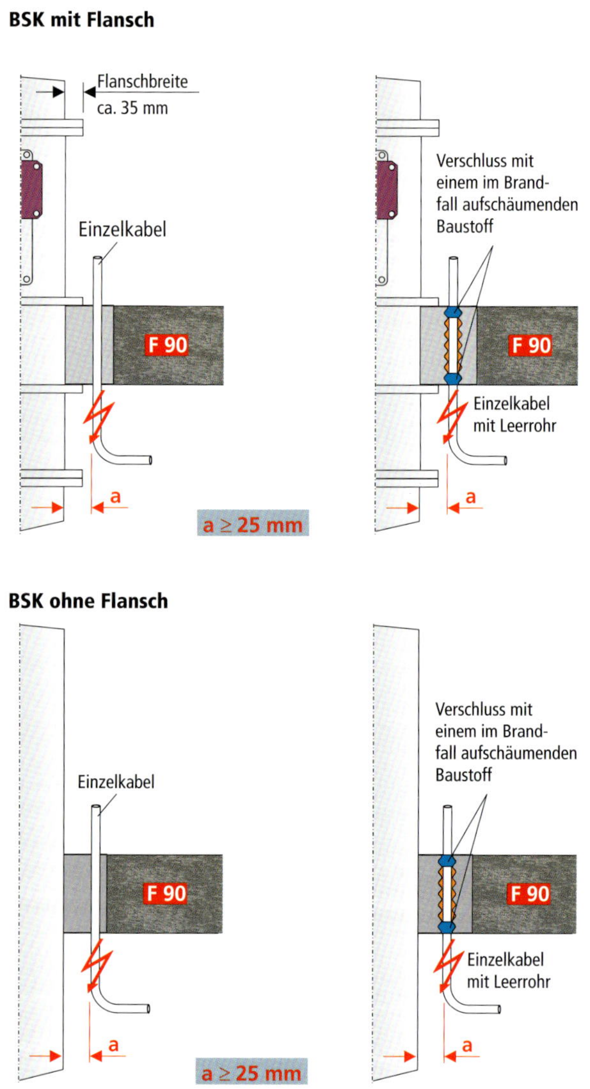

Bild D-IV–4: Beispielhafte Anordnung von Kabelduchführungen zur Ansteuerung von Brandschutzklappen und für Endschalter neben den Brandschutzklappen

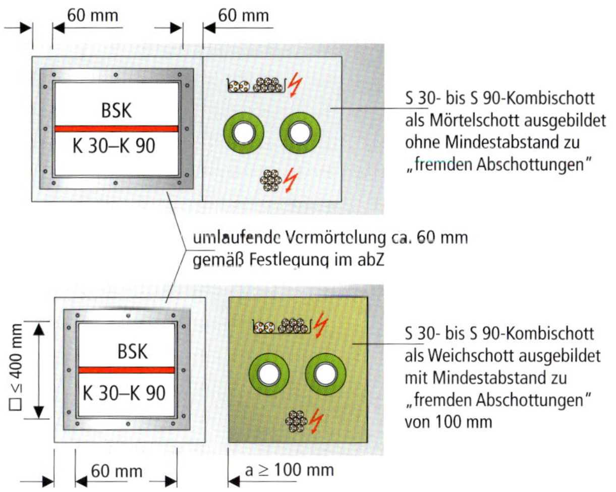

Bild D-IV–5: Beispielhafte Anordnung von S 30/60/90-Kombiabschottungen neben Brandschutzklappen innerhalb einer Massivwand F 30/60/90

Das Beispiel in Bild D-IV–5 zeigt die statischen Grenzen bei „großen Leitungsdurchführungen" neben Brandschutzklappen – z. B. in massiven Wänden – auf. Die Umsetzung ist gemäß Beispiel nur möglich, wenn der Trennsteg als statisch ausreichend bemessenes Bauteil tragfähig in der Wandung des Durchbruchs verankert ist

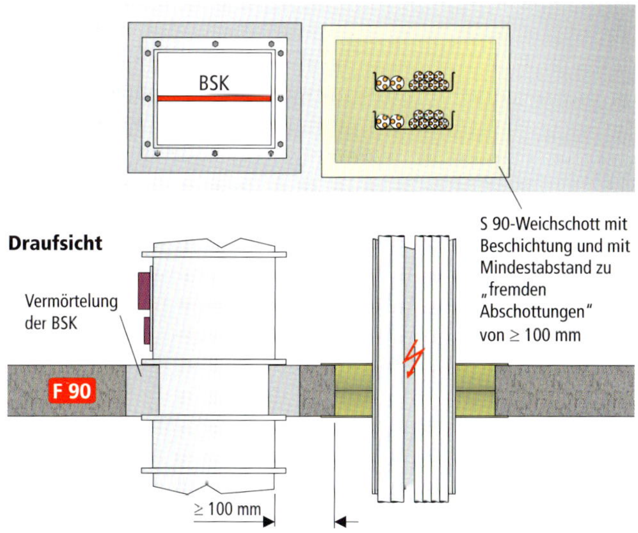

Bild D-IV–6: Beispielhafte Anordnung einer S 30/60/90-Abschottung neben einer Brandschutzklappe in einer Massivwand

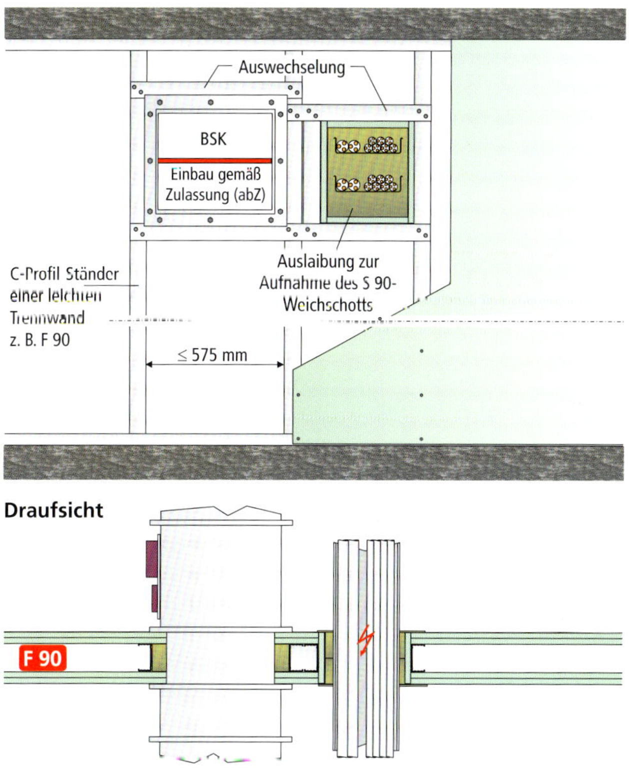

Bild D-IV–7: Bild D-IV – 7: Beispielhafte Anordnung einer S 90-Abschottung neben einer Brandschutzklappe in einer leichten Trennwand F 30/60/90

Die Beispiele in Bild D-IV–6 und Bild D-IV–7 zeigen die statischen Grenzen bei „kombinierten Leitungsdurchführungen" neben Brandschutzklappen – z. B. in feuerwiderstandsfähigen leichten Trennwänden mit Metallständern – auf. Die Umsetzung mit einem Abstand von a ≤ 50 mm ist in dem Beispiel aufgrund der zulassungskonformen C-Profilständer und Auswechselungen nicht möglich.

In diesen Fällen müssen in erster Linie das zulassungskonforme Ständerwerk und die Auswechselung montiert werden. Sollte dann noch Platz sein, können die Leitungsdurchführungen auf Grundlage der Ver- und Anwendbarkeitsnachweise oder der „Erleichterungen" der MLAR 2016 Abschnitt 4.2 oder 4.3 montiert werden. Die Mindestabstände zu „fremden Abschottungen" in den Ver- und Anwendbarkeitsnachweisen sind einzuhalten.

Zusammenfassung Teil D-IV.:

In diesem Kapitel wurden die wesentlichen Anforderungen der Abstandsregeln zwischen Brandschutzklappen bzw. Absperrvorrichtungen K 30/60/90-18017 und feuerwiderstandsfähigen Lüftungskanälen (L 30/60/90) zu Leitungsanlagen aufgezeigt.
Es ist festzustellen, dass die Fachplanung Hochbau, Fachplanung Brandschutz, Fachplanung Lüftung und die Fachplanung Leitungsanlagen eine qualifizierte Gesamtplanung abstimmen müssen, um die Kombination der unterschiedlichen Schutzzielanforderungen brandschutztechnisch abdecken zu können.

D

D-V. Baurechtliche Einbindung der Musterbauvorlagenverordnung

In der Musterbauvorlagenverordnung werden ebenfalls Anforderungen an die Planung und Dokumentation von Leitungsanlagen im Rahmen des Brandschutzkonzeptes gestellt.

Muster einer Verordnung über Bauvorlagen und bauaufsichtliche Anzeigen (Musterbauvorlagenverordnung) – MBauVorlV – Fassung: Februar 2007

Auszug:

§ 8 Bauzeichnungen

(1) Für die Bauzeichnungen ist ein Maßstab von mindestens 1:100 zu verwenden. Ein größerer Maßstab ist zu wählen, wenn er zur Darstellung der erforderlichen Eintragung notwendig ist; ein kleinerer Maßstab kann gewählt werden, wenn er dafür ausreicht.

(2) In den Bauzeichnungen sind darzustellen:
1. die Grundrisse aller Geschosse mit Angabe der vorgesehenen Nutzung der Räume und mit Einzeichnung der

...
   f) Installationsschächte, -kanäle und Lüftungsleitungen, soweit sie raumabschließende Bauteile durchdringen,
   g) Räume für die Aufstellung von Lüftungsanlagen.

....

(3) In den Bauzeichnungen sind anzugeben:
1. der Maßstab und die Maße,
2. die wesentlichen Bauprodukte und Bauarten,
3. die Rohbaumaße der Fensteröffnungen in Aufenthaltsräumen,
4. bei Änderung baulicher Anlagen die zu beseitigenden und die geplanten Bauteile.

(4) In den Bauzeichnungen sind die Zeichen und Farben der Anlage 1 zu verwenden.

§ 11 Brandschutznachweis

(1) Für den Nachweis des Brandschutzes sind im Lageplan, in den Bauzeichnungen und in der Baubeschreibung, soweit erforderlich, insbesondere anzugeben:

1. das Brandverhalten der Baustoffe (Baustoffklasse) und die Feuerwiderstandsfähigkeit der Bauteile (Feuerwiderstandsklasse) entsprechend den Benennungen nach § 26 MBO oder entsprechend den Klassifizierungen nach den Anlagen zur Bauregelliste A Teil 1,
2. die Bauteile, Einrichtungen und Vorkehrungen, an die Anforderungen hinsichtlich des Brandschutzes gestellt werden, wie Brandwände und Decken, Trennwände, Unterdecken, Installationsschächte und -kanäle, Lüftungsanlagen, Feuerschutzabschlüsse und Rauchschutztüren, Öffnungen zur Rauchableitung, einschließlich der Fenster nach § 35 Abs. 8 Satz 2 MBO,
3. die Nutzungseinheiten, die Brand- und Rauchabschnitte
4. die aus Gründen des Brandschutzes erforderlichen Abstände innerhalb und außerhalb des Gebäudes,
5. der erste und zweite Rettungsweg nach § 33 MBO, insbesondere notwendige Treppenräume, Ausgänge, notwendige Flure, mit Rettungsgeräten der Feuerwehr erreichbare Stellen einschließlich der Fenster, die als Rettungswege nach § 33 Abs. 2 Satz 2 MBO dienen, unter Angabe der lichten Maße und Brüstungshöhen, ...

(2) Bei Sonderbauten, Mittel- und Großgaragen müssen, soweit es für die Beurteilung erforderlich ist, zusätzlich Angaben gemacht werden, insbesondere über:

...
2. Rettungswegbreiten und -längen, Einzelheiten der Rettungswegführung und -ausbildung einschließlich Sicherheitsbeleuchtung und -kennzeichnung,
3. technische Anlagen und Einrichtungen zum Brandschutz, wie Branderkennung, Brandmeldung, Alarmierung, Brand bekämpfung, Rauchableitung, Rauchfreihaltung,
4. die Sicherheitsstromversorgung, ...

Zusammenfassung Teil D-V.:

In der Musterbauvorlagenverordnung wird deutlich, dass der einfache Hinweis „Die Leitungsanlagen-Richtlinie ist einzuhalten" den Anforderungen an ein Brandschutzkonzept nicht gerecht wird.

D-VI. Baurechtliche Anforderungen aus Sonderbauverordnungen und -richtlinien

Grundsätzlich gelten für alle Sonderbauten die Konkretisierungen der Anforderungen der MBO in der Leitungsanlagen-Richtlinie. Werden in den geregelten Sonderbauten weitergehende Anforderungen an Leitungsanlagen gestellt, sind diese in den Sonderbauverordnungen/-richtlinien zu finden. Diese weitergehenden Anforderungen sind einzuhalten. Download der Sonderbauverordnungen/-richtlinien unter: www.is-argebau.de > Mustervorschriften/Mustererlasse > Bauaufsicht/Bautechnik

Muster-Feuerungsverordnung (MFeuV)

Stand: September 2007, geändert durch Beschluss der Fachkommission Bauaufsicht vom 28.01.2016

Auszug:

§ 1 Einschränkung des Anwendungsbereichs

Für Feuerstätten, Wärmepumpen und Blockheizkraftwerke gilt die Verordnung nur, soweit diese Anlagen der Beheizung von Räumen oder der Warmwasserversorgung dienen oder Gas-Haushalts-Kochgeräte sind. Die Verordnung gilt nicht für Brennstoffzellen und ihre Anlagen zur Abführung der Prozessgase.

§ 4 Aufstellung von Feuerstätten, Gasleitungsanlagen

(1) Feuerstätten dürfen nicht aufgestellt werden
1. in notwendigen Treppenräumen, in Räumen zwischen notwendigen Treppenräumen und Ausgängen ins Freie und in notwendigen Fluren,
2. in Garagen, ausgenommen raumluftunabhängige Feuerstätten, deren Oberflächentemperatur bei Nennleistung nicht mehr als 300°C beträgt.

(5) Gasleitungsanlagen in Räumen müssen so beschaffen, angeordnet oder mit Vorrichtungen ausgerüstet sein, dass bei einer äußeren thermischen Beanspruchung von bis zu 650 °C über einen Zeitraum von 30 Minuten keine gefährlichen Gas-Luft-Gemische entstehen können. Alle Gasentnahmestellen müssen mit einer Vorrichtung ausgerüstet sein, die im Brandfall die Brennstoffzufuhr selbsttätig absperrt. Satz 2 gilt nicht, wenn Gasleitungsanlagen durch Ausrüstung mit anderen selbsttätigen Vorrichtungen die Anforderungen nach Satz 1 erfüllen.

Feuerstätten dürfen in Rettungswegen gemäß den Regelungen der MLAR 2016, Abschnitt 3 nicht aufgestellt werden. Gasleitungsanlagen müssen auf Grundlage der MLAR 2016, Abschnitt 3.4 „Rohrleitungsanlagen für brennbare und brandfördernde Medien" und der DVGW-Richtlinie TRGI „Technische Richtlinie Gasinstallationen" – DVGW Arbeitsblatt G 600 geplant und ausgeführt werden.

§ 5 Aufstellräume für Feuerstätten

1) In einem Raum dürfen Feuerstätten mit einer Nennleistung von insgesamt mehr als 100 kW, die gleichzeitig betrieben werden sollen, nur aufgestellt werden, wenn dieser Raum

1. nicht anderweitig genutzt wird, ausgenommen zur Aufstellung von Wärmepumpen, Blockheizkraftwerken und ortsfesten Verbrennungsmotoren sowie für zugehörige Installationen und zur Lagerung von Brennstoffen,
2. gegenüber anderen Räumen keine Öffnungen, ausgenommen Öffnungen für Türen, hat,
3. dicht- und selbstschließende Türen hat und
4. gelüftet werden kann.

In einem Raum nach Satz 1 dürfen Feuerstätten für feste Brennstoffe jedoch nur aufgestellt werden, wenn deren Nennleistung insgesamt nicht mehr als 50 kW beträgt.

(2) Feuerstätten für gasförmige Brennstoffe mit einer Nennleistung von mehr als 100 kW, die mit Überdruck betrieben werden und deren Abgase mit Überdruck abgeführt werden, müssen innerhalb von Gebäuden in Räumen aufgestellt werden, die zwei unmittelbar ins Freie führende, unten und oben angeordnete, Öffnungen mit einem Mindestquerschnitt von je 150 cm^2 aufweisen zuzüglich 1 cm^2 für jedes über 100 kW hinausgehende kW. Dies gilt nicht, wenn diese Feuerstätten der Bauart nach so beschaffen sind, dass Abgase in gefahrdrohender Menge nicht austreten können.

(3) Brenner und Brennstofffördereinrichtungen der Feuerstätten für flüssige und gasförmige Brennstoffe mit einer Gesamtnennleistung von mehr als 100 kW müssen durch einen außerhalb des Aufstellraumes angeordneten Schalter (Notschalter) jederzeit abgeschaltet werden können. Neben dem Notschalter muss ein Schild mit der Aufschrift „NOTSCHALTER FEUERUNG" vorhanden sein.

(4) Wird in dem Aufstellraum nach Absatz 1 Heizöl gelagert oder ist der Raum für die Heizöllagerung nur von diesem Aufstellraum zugänglich, muss die Heizölzufuhr von der Stelle des Notschalters nach Absatz 3 aus durch eine entsprechend gekennzeichnete Absperreinrichtung unterbrochen werden können.

(5) Abweichend von Absatz 1 dürfen die Feuerstätten auch in anderen Räumen aufgestellt werden, wenn die Nutzung dieser Räume dies erfordert und die Feuerstätten sicher betrieben werden können.

Bei Aufstellräumen werden seitens der Feuerungsverordnung keine besonderen Anforderungen an die Feuerwiderstandsdauer der umgebenden Bauteile gestellt. Die Anforderungen an umgebende Bauteile und damit auch an die Leitungsabschottungen ergeben sich jedoch durch die Gebäudeklassen und die angrenzenden Nutzungen, z. B. Kellerdecke = feuerbeständig, Wand einer Tiefgarage = F 90, Flurtrennwand im Kellergeschoss = F 90. Entsprechend der geforderten Feuerwiderstandsdauer der Umfassungsbauteile sind die Qualitäten der Leitungsabschottungen zu bestimmen.

D

§ 6 Heizräume

(1) Feuerstätten für feste Brennstoffe mit einer Nennleistung von insgesamt mehr als 50 kW, die gleichzeitig betrieben werden sollen, dürfen nur in besonderen Räumen (Heizräumen) aufgestellt werden. § 5 Abs. 4 und Abs. 5 gilt entsprechend. Die Heizräume dürfen

1. nicht anderweitig genutzt werden, ausgenommen zur Aufstellung von Feuerstätten für flüssige und gasförmige Brennstoffe, Wärmepumpen, Blockheizkraftwerke, ortsfesten Verbrennungsmotoren und für zugehörige Installationen sowie zur Lagerung von Brennstoffen und
2. mit Aufenthaltsräumen, ausgenommen solchen für das Betriebspersonal, sowie mit notwendigen Treppenräumen nicht in unmittelbarer Verbindung stehen.

Wenn in Heizräumen Feuerstätten für flüssige und gasförmige Brennstoffe aufgestellt werden, gilt § 5 Abs. 3 entsprechend.

(3) Wände, ausgenommen nichttragende Außenwände, und Stützen von Heizräumen sowie Decken über und unter ihnen müssen feuerbeständig sein. Öffnungen in Decken und Wänden müssen, soweit sie nicht unmittelbar ins Freie führen, mindestens feuerhemmende und selbstschließende Abschlüsse haben. Die Sätze 1 und 2 gelten nicht für Trennwände zwischen Heizräumen und den zum Betrieb der Feuerstätten gehörenden Räumen, wenn diese Räume die Anforderungen der Sätze 1 und 2 erfüllen.

Bei Heizräumen werden seitens der Feuerungsverordnung feuerbeständige Anforderungen an die Feuerwiderstandsdauer der umgebenden Bauteile gestellt. Die Anforderungen an die Leitungsabschottungen müssen somit ebenfalls eine Feuerwiderstandsdauer von 90 Minuten erfüllen.

§ 8 Abstände von Abgasanlagen zu brennbaren Bauteilen

(1) Abgasanlagen müssen zu Bauteilen aus brennbaren Baustoffen so weit entfernt oder so abgeschirmt sein, dass an den genannten Bauteilen

1. bei Nennleistung keine höheren Temperaturen als 85 °C und
2. bei Rußbränden in Schornsteinen keine höheren Temperaturen als 100 °C auftreten können.

Diese Anforderung ist bei Verlegung von brennbaren Rohren und brennbaren Dämmstoffen in der Nähe von Abgasanlagen zu beachten.
Der Abstand sollte in Anlehnung an die M-LüAR 2005 mindestens 400 mm betragen.

§ 10 Wärmepumpen, Blockheizkraftwerke und ortsfeste Verbrennungsmotoren

(1) Für die Aufstellung von

1. Sorptionswärmepumpen mit feuerbeheizten Austreibern,
2. Blockheizkraftwerken in Gebäuden und
3. ortsfesten Verbrennungsmotoren

gelten § 3 Abs. 1 bis 5 sowie § 4 Abs. 1 bis 7 entsprechend.

(2) Es dürfen
1. Sorptionswärmepumpen mit einer Nennleistung der Feuerung von mehr als 50 kW,
2. Wärmepumpen, die die Abgaswärme von Feuerstätten mit einer Nennleistung von insgesamt mehr als 50 kW nutzen,
3. Kompressionswärmepumpen mit elektrisch angetriebenen Verdichtern mit Antriebsleistungen von mehr als 50 kW,
4. Blockheizkraftwerke mit mehr als 35 kW Nennleistung in Gebäuden,
5. Kompressionswärmepumpen mit Verbrennungsmotoren und
6. ortsfeste Verbrennungsmotoren

nur in Räumen aufgestellt werden, die die Anforderungen nach § 5 erfüllen. Dies gilt auch für Kombinationen von Feuerstätten und Anlagen nach Nummern 1 bis 4, die gemeinsam betrieben werden sollen mit insgesamt mehr als 100 kW Nennleistung.

Die Aufstellräume entsprechen den Anforderungen von § 5. Seitens der Feuerungsverordnung werden keine besonderen Anforderungen an die Feuerwiderstandsdauer der umgebenden Bauteile gestellt. Die Anforderungen an umgebende Bauteile und damit auch an die Leitungsabschottungen ergeben sich jedoch durch die Gebäudeklassen und die angrenzenden Nutzungen, z. B. Kellerdecke = feuerbeständig, Wand einer Tiefgarage = F 90, Flurtrennwand im Kellergeschoss = F 90. Entsprechend der geforderten Feuerwiderstandsdauer der Umfassungsbauteile sind die Qualitäten der Leitungsabschottungen zu bestimmen.

§ 11 Brennstofflagerung in Brennstofflagerräumen

(1) Je Gebäude oder Brandabschnitt darf die Lagerung von

1. Holzpellets von mehr als 6.500 kg,
2. sonstigen festen Brennstoffen in einer Menge von mehr als 15.000 kg,
3. Heizöl und Dieselkraftstoff in Behältern mit mehr als insgesamt 5.000 l oder
4. Flüssiggas in Behältern mit einem Füllgewicht von mehr als insgesamt 16 kg

nur in besonderen Räumen (Brennstofflagerräume) erfolgen, die nicht zu anderen Zwecken genutzt werden dürfen. Das Fassungsvermögen der Behälter darf insgesamt 100.000 l Heizöl oder Dieselkraftstoff oder 6.500 l Flüssiggas je Brennstofflagerraum und 30.000 l Flüssiggas je Gebäude oder Brandabschnitt nicht überschreiten.

Die Aufstellräume entsprechen den Anforderungen von § 5. Seitens der Feuerungsverordnung werden keine besonderen

Anforderungen an die Feuerwiderstandsdauer der umgebenden Bauteile gestellt. Die Anforderungen an umgebende Bauteile und damit auch an die Leitungsabschottungen ergeben sich jedoch durch die Gebäudeklassen und die angrenzenden Nutzungen, z. B. Kellerdecke = feuerbeständig, Wand einer Tiefgarage = F 90, Flurtrennwand im Kellergeschoss = F 90. Entsprechend der geforderten Feuerwiderstandsdauer der Umfassungsbauteile sind die Qualitäten der Leitungsabschottungen zu bestimmen.

§ 11 Brennstofflagerung in Brennstofflagerräumen

(1) Je Gebäude oder Brandabschnitt darf die Lagerung von

1. Holzpellets von mehr als 6.500 kg,
2. sonstigen festen Brennstoffen in einer Menge von mehr als 15.000 kg,
3. Heizöl und Dieselkraftstoff in Behältern mit mehr als insgesamt 5.000 l oder
4. Flüssiggas in Behältern mit einem Füllgewicht von mehr als insgesamt 16 kg

nur in besonderen Räumen (Brennstofflagerräume) erfolgen, die nicht zu anderen Zwecken genutzt werden dürfen. Das Fassungsvermögen der Behälter darf insgesamt 100.000 l Heizöl oder Dieselkraftstoff oder 6.500 l Flüssiggas je Brennstofflagerraum und 30.000 l Flüssiggas je Gebäude oder Brandabschnitt nicht überschreiten.

(2) Wände und Stützen von Brennstofflagerräumen sowie Decken über oder unter ihnen müssen feuerbeständig sein. Öffnungen in Decken und Wänden müssen, soweit sie nicht unmittelbar ins Freie führen, mindestens feuerhemmende und selbstschließende Abschlüsse haben. Durch Decken und Wände von Brennstofflagerräumen dürfen keine Leitungen geführt werden, ausgenommen Leitungen, die zum Betrieb dieser Räume erforderlich sind sowie Heizrohrleitungen, Wasserleitungen und Abwasserleitungen. Die Sätze 1 und 2 gelten nicht für Trennwände zwischen Brennstofflagerräumen und Heizräumen.

Bei Brennstofflagerräumen werden seitens der Feuerungsverordnung feuerbeständige Anforderungen an die Feuerwiderstandsdauer der umgebenden Bauteile gestellt. Die Anforderungen an die Leitungsabschottungen müssen somit ebenfalls eine Feuerwiderstandsdauer von 90 Minuten erfüllen.

Das **Verlegeverbot** von nicht für den Betrieb erforderlichen Leitungsanlagen, z. B. Elektrotrassen, Gasleitungen in den o.g. Brennstofflagerräumen ist zwingend zu beachten. Die zulässigen Heizungs-, Trinkwasser- und Abwasserleitungen müssen bei der Durchführung durch die umfassenden Bauteile in einer Feuerwiderstandsdauer von 90 Minuten geschottet werden.

(3) Brennstofflagerräume für flüssige Brennstoffe müssen

1. gelüftet und von der Feuerwehr vom Freien aus beschäumt werden können und
2. an den Zugängen mit der Aufschrift „HEIZÖLLAGERUNG" oder „DIESELKRAFTSTOFFLAGERUNG" gekennzeichnet sein.

Die Durchmesser der nichtbrennbaren Einschäumleitungen und Planung des Einschäumpunktes sind mit der Feuerwehr im Vorfeld abzustimmen. Eventuelle Leitungsdurchführungen durch Bauteile mit Anforderungen an die Feuerwiderstandsdauer sind z. B. nach den „Erleichterungen" der MLAR 2016, Abschnitt 4.3, abzuschotten.

(4) Brennstofflagerräume für Flüssiggas

1. müssen über eine ständig wirksame Lüftung verfügen,
2. dürfen keine Öffnungen zu anderen Räumen, ausgenommen Öffnungen für Türen, und keine offenen Schächte und Kanäle haben,
3. dürfen mit ihren Fußböden nicht allseitig unterhalb der Geländeoberfläche liegen,
4. dürfen in ihren Fußböden keine Öffnungen haben,
5. müssen an ihren Zugängen mit der Aufschrift „FLÜSSIGGASANLAGE" gekennzeichnet sein und
6. dürfen nur mit elektrischen Anlagen ausgestattet sein, die den Anforderungen der Vorschriften aufgrund des § 34 des Produktsicherheitsgesetzes (Anmerkung: zutreffende Ermächtigung ist an dieser Stelle nicht § 34 ProdSG, sondern § 8 ProdSG) für elektrische Anlagen in explosionsgefährdeten Räumen entsprechen.

(5) Brennstofflagerräume für Holzpellets müssen vor dem Betreten ausreichend gelüftet werden können. Die Brennstofflagerräume sind an ihren Zugängen mit der Aufschrift „Holzpelletlagerraum – Lebensgefahr durch giftige Gase – Vor Betreten ausreichend lüften!" zu kennzeichnen. Absatz 4 Nr. 6 gilt entsprechend. Für bestehende Brennstofflagerräume für Holzpellets sind die Anforderungen nach Satz 1 und Satz 2 innerhalb von X Jahren[2)] nach Inkrafttreten der Verordnung zu erfüllen.

(6) Die Anforderung des ausreichenden Lüftens eines Brennstofflagerraumes für Holzpellets vor Betreten gilt als erfüllt, wenn vor dem Betreten des Lagerraums für mindestens 60 Minuten ein 10facher Luftwechsel stattfinden kann; abweichende technische Lösungen sind zulässig, sofern das Schutzziel erreicht wird.

Fußnote:
[2)] Nach Landesrecht

Gasleitungsanlagen müssen auf Grundlage der MLAR 2016, Abschnitt 3.4 „Rohrleitungsanlagen für brennbare und brandfördernde Medien" und der DVGW-Richtlinie TRF „Technische Richtlinie Flüssiggasinstallationen" geplant und umgesetzt werden.

Die Anforderungen an den Ex-Schutz der Elektroinstallationen sind – wie vor beschrieben – zu beachten.

§ 13 Flüssiggasanlagen und Dampfkesselanlagen

(1) Für Flüssiggasanlagen und Dampfkesselanlagen, die weder gewerblichen noch wirtschaftlichen Zwecken dienen oder durch die keine Beschäftigten gefährdet werden können, gelten die materiellen Anforderungen und Festlegungen über erstmalige Prüfungen vor Inbetriebnahme und wiederkehrende Prüfungen der aufgrund des § 34 Produktsicherheitsgesetzes erlassenen Vorschriften entsprechend.

D

Dies gilt nicht für die in diesen Vorschriften genannten Flüssiggasanlagen und Dampfkesselanlagen, auf die diese Vorschriften keine Anwendung finden. Eine sicherheitstechnische Bewertung der Anlagen zur Ermittlung der Prüffristen ist nicht erforderlich; es gelten die Höchstfristen.

(2) Zuständige Behörden im Sinne der Vorschriften nach Absatz 1 sind die ...

Gasleitungsanlagen müssen auf Grundlage der MLAR 2016, Abschnitt 3.4 „Rohrleitungsanlagen für brennbare und brandfördernde Medien" und der DVGW-Richtlinie TRF „Technische Richtlinie Flüssiggasinstallationen" geplant und umgesetzt werden.

Die Anforderungen an den Ex-Schutz der Elektroinstallationen sind wie vor beschrieben zu beachten.

Muster einer Verordnung über den Bau von Betriebsräumen für elektrische Anlagen (EltBauVO)
Stand: Januar 2009

Hierzu siehe **Teil C.**

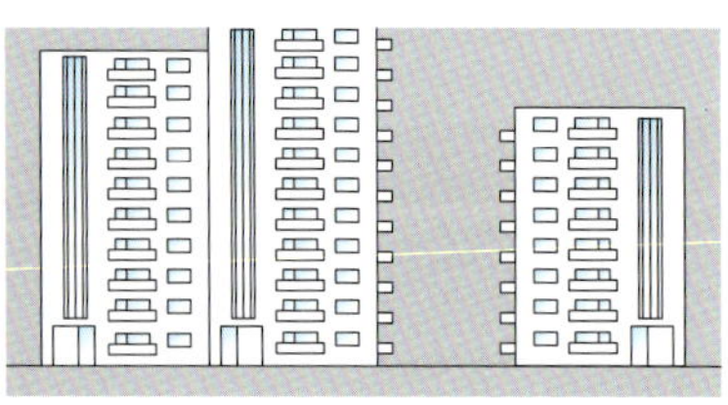

Muster-Richtlinie über den Bau und Betrieb von Hochhäusern (Muster-Hochhaus-Richtlinie – MHHR)
Fassung: April 2008

Für Hochhäuser gelten die Regelungen der MLAR mit folgenden weitergehenden Anforderungen. Weitere Definitionen zur MHHR, Fassung April 2008 können den Erläuterungen der ARGEBAU entnommen werden. Download unter www.is-argebau.de > Mustervorschriften/Mustererlasse > Bauaufsicht/Bautechnik > Erläuterungen zur MHHR.

Auszug:

1 Anwendungsbereich

Diese Richtlinie regelt besondere Anforderungen und Erleichterungen im Sinne von § 51 Abs. 1 MBO für den Bau und Betrieb von Hochhäusern (§ 2 Abs. 4 Nr. 1 MBO).

Anforderungen und Erleichterungen im Sinne von § 51 MBO sind nur als Richtlinie in den landesrechtlichen Umsetzungen möglich. Sofern Länder für Hochhäuser eine Rechtsvorschrift – also eine Verordnung – erlassen haben, handelt es sich um bindendes Recht. Von den Bestimmungen in den Verordnungen können nicht aufgrund § 51 MBO Erleichterungen und Anforderungen gestellt werden, dann handelt es sich um Genehmigungsauflagen oder Abweichungen gem. § 67 MBO. Lediglich über nicht in einer Sonderbauverordnung geregelte Sachverhalte können auf Grundlage von § 51 MBO weitere Erleichterungen gestattet oder Anforderungen gestellt werden.

3 Bauteile

3.1 Tragende und aussteifende Bauteile

3.1.1 Tragende und aussteifende Bauteile müssen feuerbeständig sein und aus nichtbrennbaren Baustoffen bestehen.

3.1.2 Die Feuerwiderstandsfähigkeit tragender und aussteifender Bauteile von Gebäuden mit mehr als 60 m Höhe muss 120 Minuten betragen.

3.2 Raumabschließende Bauteile

3.2.1 Raumabschließende Bauteile müssen aus nichtbrennbaren Baustoffen bestehen.

3.2.2 Raumabschließende Bauteile sind bis an andere raumabschließende Bauteile mindestens gleicher Feuerwiderstandsfähigkeit, die Außenwand oder bis unter die Dachhaut zu führen. Die Anschlüsse an andere raumabschließende Bauteile müssen den Anforderungen an raumabschließende Bauteile genügen. Die Anschlüsse an raumabschließende Bauteile genügen. Die Anschlüsse an Außenwand und Dachhaut müssen dicht sein und aus nichtbrennbaren Baustoffen bestehen.

Die Feuerwiderstandsdauer der raumabschließenden Bauteile und damit der Leitungsdurchführungen wird in den folgenden Abschnitten 3.2.3 bis 3.2.5 beschrieben. Für Leitungsdurchführungen, durch die raumabschließende Bauteile führen, dürfen alle klassifizierten Abschottungen, z. B. R 30/60/90, S 30/60/90, I 30/60/90 verwendet werden. Rohrdurchführungen nach den „Erleichterungen" der MLAR 2016, Abschnitt 4.2 (für feuerhemmende Wände) und Abschnitt 4.3 (für feuerhemmende, hochfeuerhemmende und feuerbeständige Bauteile) sind bei Bauteilen mit Anforderungen an die Feuerwiderstandsdauer von 30 bis 90 Minuten zulässig.

3.2.3 Raumabschließend mit der Feuerwiderstandsfähigkeit der tragenden Bauteile müssen sein

1. Geschossdecken,
2. Wände von notwendigen Treppenräumen und deren Vorräumen,
3. Wände der Fahrschächte von Feuerwehraufzügen und deren Vorräumen.

Auf Satz 1 Nr. 2 und 3 ist § 35 Abs. 4 Satz 1 Nr. 1 und Satz 2 MBO entsprechend anzuwenden.

3.2.4 Raumabschließend feuerbeständig müssen sein
1. Brandwände,
2. Wände von Installationsschächten,
3. Wände von Fahrschächten und deren Vorräumen,
4. Trennwände von Räumen mit erhöhter Brandgefahr,
5. Trennwände zwischen Aufenthaltsräumen und anders genutzten Räumen im Keller,
6. Wände und Brüstungen offener Gänge.

Die Anforderungen des § 30 Abs. 3 Satz 1 MBO an Brandwände bleiben unberührt.

Zur Frage der erforderlichen Baustoffklassen von Leitungsanlagen (Rohre und Dämmstoffe) hat sich die ARGEBAU wie folgt geäußert:

Zur Klarstellung hat die Fachkommission Bauaufsicht im Rahmen der 274. Sitzung am 16./17. April 2009 sich mit der Frage „Verwendung von brennbaren Rohrleitungen innerhalb von feuerbeständigen Installationsschächten" befasst. Das Ergebnis der Beratung wurde wie folgt formuliert:

„Die MHHR stellt keine eigenständigen Anforderungen an das Brandverhalten von Leitungen, die nach Nr. 3.2.4 i.V. mit Nr. 7.2.1 MHHR in feuerbeständigen Schächten zu führen sind. In der Fassung der MHHR vom April 2008 wurde jedoch auf diese Anforderung bewusst verzichtet.

Die Qualität aller Abschottungen muss jedoch den Anforderungen der Feuerwiderstandsdauer der Bauteile entsprechen.

Um unnötige Diskussionen zu vermeiden, sollten die Anforderungen an die Belegung von Installationsschächten in Hochhäusern eindeutig im Brandschutzkonzept beschrieben werden (siehe auch Hinweise zu Nr. 7.2.1).

3.2.5 Raumabschließend feuerhemmend müssen sein
1. Trennwände zwischen Nutzungseinheiten,
2. Trennwände zwischen Nutzungseinheiten und anders genutzten Räumen,
3. Wände notwendiger Flure,
4. durchgehende Systemböden,
5. durchgehende Unterdecken.

Systemböden oder Unterdecken dürfen unter oder über Wänden nach Satz 1 Nr. 1 bis 3 durchgehen, durchgehende Systemböden oder Unterdecken müssen mit den Wänden nach Satz 1 Nr. 1 bis 3 auf die für die Wand erforderliche Feuerwiderstandsfähigkeit geprüft sein. Die Prüfung bezieht sich auf die raumabschließende Wirkung.

Beispiel 1:	
Trennwände EI 30-A1/A2-e1,d0 (F 30-A) aufgeständert auf dem Systemboden EI 30-A1/A2-e1,d0 (F 30-A) geführt bis Rohrdecke Durchgehender raumabschließender Systemboden EI 30-A1 (F30-A)	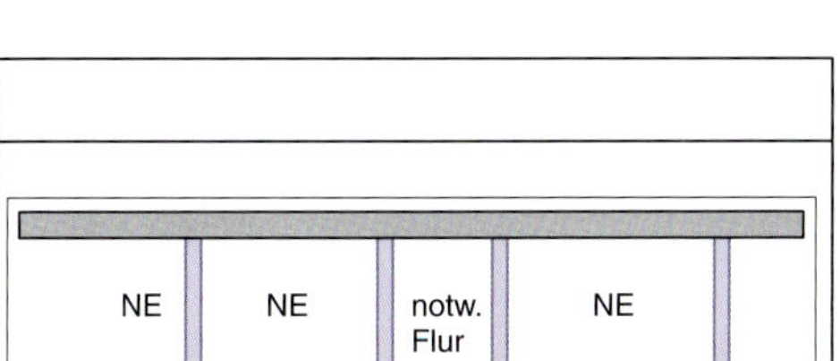

Beispiel 2:	
Durchgehender raumabschließende Unterdecke EI 30-A1/A2-e1,d0 (F 30-A) Trennwände EI 30-A1/A2-e1,d0 (F 30-A) zwischen Systemboden und Unterdecke Durchgehender raumabschließender Systemboden EI 30-A1 (F30-A)	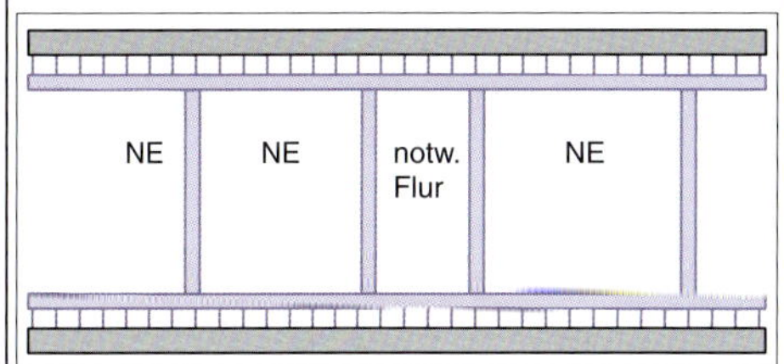

Beispiel 3:	
Unterdecke ohne Feuerwiderstand Trennwände EI 30-A1/A2-e1,d0 (F 30-A) von Rohdecke zu Rohdecke Systemboden ohne Feuerwiderstand	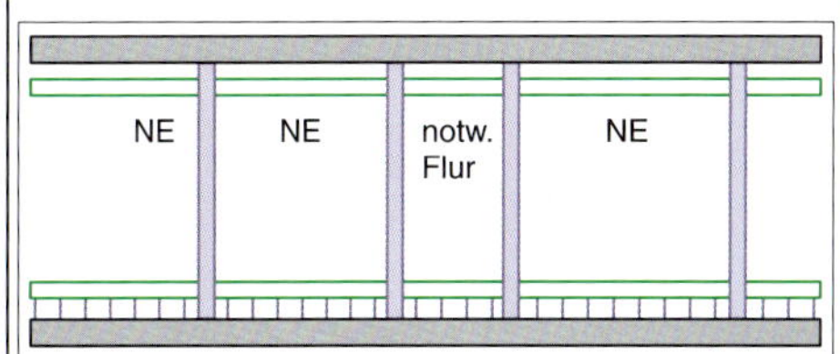

Bild D-VI–1: Umsetzungsbeispiele zu MHHR Nr. 3.2 – Raumabschließende Bauteile – Quelle: Erläuterungen zur MHHR, Fassung April 2008 der ARGEBAU. Download unter www.is-argebau.de > Mustervorschriften/Mustererlasse > Bauaufsicht/Bautechnik > Erläuterungen zur MHHR

Hinweis:
Abweichend von der MSysBöR müssen die Systemböden bei durchgehenden Systemböden auch **raumabschließend** feuerhemmend sein.

3.3 Öffnungen in raumabschließenden Bauteilen

3.3.1 Abschlüsse von Öffnungen
Abschlüsse von Öffnungen in raumabschließenden Bauteilen müssen rauchdicht und selbstschließend sein und der Feuerwiderstandsfähigkeit dieser Bauteile entsprechen. Feuerhemmende, rauchdichte und selbstschließende Abschlüsse genügen für Öffnungen in Wänden zwischen
1. notwendigen Treppenräumen und Vorräumen oder notwendigen Fluren,
2. Vorräumen und notwendigen Fluren,
3. notwendigen Fluren und Nutzungseinheiten,
4. offenen Gängen und Nutzungseinheiten,
5. Installationsschächten für Elektroleitungen und anderen Räumen.

Rauchdichte und selbstschließende Abschlüsse genügen für Öffnungen in den Wänden zwischen
1. außenliegenden Sicherheitstreppenräumen und offenen Gängen,
2. innenliegenden Sicherheitstreppenräumen und Vorräumen,
3. offenen Gängen und notwendigen Fluren.

In Fahrschächten genügen Fahrschachttüren, die den Anforderungen des § 39 Abs. 2 Satz 2 MBO entsprechen.

D

Werden nach Aufzählung 5 Abschlüsse (Feuerschutztüren und -klappen) von Installationsschächten und anderen Räumen montiert, reichen feuerhemmende, rauchdichte und selbstschließende Abschlüsse aus. Dies bedeutet, dass die Feuerschutztüren und -klappen mit dreiseitigem Falz und Dichtung auszustatten sind. Absenkbare Bodendichtungen reichen zur Gewährleistung der Rauchdichtheit in hohen Installationsschächten nicht aus. Die Anforderungen an die Brandmeldeüberwachung, Entlüftung und ggf. Sprinklerung der Installationsschächte sind gemäß der MHHR zu beachten. Werden die Feuerschutztüren und -klappen zwischen Installationsschächten und Flucht- und Rettungswegen im Sinne der MLAR 2016, Abschnitt 3 montiert, dann sind diese in der dem Bauteil entsprechenden Feuerwiderstandsdauer einzubauen (siehe Bild D-VI–4).

3.3.2 Öffnungen in Systemböden und Unterdecken
3.3.2.1 Revisionsöffnungen in Systemböden müssen so angeordnet sein, dass eine Brandbekämpfung möglich ist und Brandmelder leicht zugänglich sind. In durchgehenden Systemböden sind andere Öffnungen nur zulässig, wenn sie auf die für die Nutzung erforderliche Zahl und Größe beschränkt sind.

Über diese Regelungen hinaus gelten die Regelungen der MSysBöR 2005 (siehe **Teil O**). Für die Brandmeldeüberwachung der Systemböden gilt die VDE-Richtlinie 0833-2. Bei Systemböden ist keine Brandmeldeüberwachung erforderlich, wenn die lichte Höhe < 200 mm beträgt und der Systemboden nicht zur Raumlüftung dient.
(siehe **Teil O** und **Teil M**)

3.3.2.2 Für die Abschlüsse von Öffnungen in durchgehenden Systemböden genügen dichtschließende Verschlüsse aus nichtbrennbaren Baustoffen. Für Abschlüsse von Installationsöffnungen in Systemböden mit einer Größe von nicht mehr als 0,1 m² genügen Verschlüsse aus schwerentflammbaren Baustoffen.

Über diese Regelungen hinaus gelten die Regelungen der MSysBöR 2005 (siehe **Teil O**).

3.3.2.3 Für durchgehende Unterdecken gilt Nummer 3.3.2.1 entsprechend.

Für die Brandmeldeüberwachung der Unterdecken (in der DIN VDE-Normen 0833-2 als Zwischendecken bezeichnet) gilt die DIN VDE-Normen 0833-2 (siehe **Teil M**).

3.7 Estriche, Dämmschichten, Sperrschichten, Dehnungsfugen

3.7.1 Estriche, Dämmschichten und Sperrschichten müssen aus nichtbrennbaren Baustoffen bestehen. Sperrschichten aus brennbaren Baustoffen sind zulässig, wenn sie durch nichtbrennbare Baustoffe oder Bauprodukte gegen Entflammen geschützt sind.

Dieser Hinweis auf nichtbrennbare Dämmschichten wird in Verbindung mit der Dämmung von Leitungsanlagen sehr unterschiedlich ausgelegt

Zur Klarstellung hat die Fachkommision Bauaufsicht im Rahmen der 274. Sitzung am 16./17. April 2009 sich mit der Frage „Verwendung von brennbaren Rohrleitungen innerhalb von feuerbeständigen Installationsschächten" befasst. Das Ergebnis der Beratung wurde wie folgt formuliert:

„Die MHHR stellt keine eigenständigen Anforderungen an das Brandverhalten von Leitungen, die nach Nr. 3.2.4 i.V. mit Nr. 7.2.1 MHHR in feuerbeständigen Schächten zu führen sind. In der Fassung der MHHR vom April 2008 wurde jedoch auf diese Anforderung bewusst verzichtet.

Die Qualität aller Abschottungen muss jedoch den Anforderungen der Feuerwiderstandsdauer der Bauteile entsprechen.

Um unnötige Diskussionen zu vermeiden, sollten die Anforderungen an die Belegung von Installationsschächten in Hochhäusern eindeutig im Brandschutzkonzept beschrieben werden (siehe auch Hinweise zu Nr. 7.2.1).

4 Rettungswege

4.1 Führung von Rettungswegen
4.1.1 Für Nutzungseinheiten und für Geschosse ohne Aufenthaltsräume müssen in jedem Geschoss mindestens zwei voneinander unabhängige bauliche Rettungswege ins Freie vorhanden sein, die zu öffentlichen Verkehrsflächen führen. Beide Rettungswege dürfen innerhalb des Geschosses über denselben notwendigen Flur führen. Die Rettungswege aus den oberirdischen Geschossen und den Kellergeschossen sind getrennt ins Freie zu führen.

4.1.3 Rettungswege müssen durch Sicherheitszeichen dauerhaft und gut sichtbar gekennzeichnet sein.

Bei Verwendung von hinterleuchteten Sicherheitszeichen sind die Anforderungen an die Sicherheitsstromversorgung und den elektrischen Funktionserhalt zu beachten.

4.2 Notwendige Treppenräume, Sicherheitstreppenräume

4.2.1 In Hochhäusern mit nicht mehr als 60 m Höhe genügt an Stelle von zwei notwendigen Treppenräumen ein Sicherheitstreppenraum.

4.2.2 In Hochhäusern mit mehr als 60 m Höhe müssen alle notwendigen Treppenräume als Sicherheitstreppenräume ausgebildet sein.

Die Regelungen der MLAR 2016, Abschnitt 3.1.1, Aufzählung a) „Notwendige Treppenräume" gemäß § 35, Absatz 1 MBO gelten auch für die Sicherheitstreppenräume in Hochhäusern.

Die Verwendung von Systemböden ist in Sicherheitstreppenräumen nicht zulässig (siehe **Teil O**).

4.3 Notwendige Flure

Die Regelungen der MLAR 2016, Abschnitt 3.1.1, Aufzählung c) „Notwendige Flure" gemäß § 36, Absatz 1 MBO gelten auch für die notwendigen Flure in Hochhäusern.

4.3.1 Ausgänge von Nutzungseinheiten müssen auf notwendige Flure oder ins Freie führen.

4.3.2 Von jeder Stelle eines Aufenthaltsraumes sowie eines Kellergeschosses muss mindestens ein Ausgang in einen notwendigen Treppenraum, einen Vorraum eines Sicherheitstreppenraumes oder ins Freie in höchstens 35 m Entfernung erreichbar sein.

4.3.3 Notwendige Flure mit nur einer Fluchtrichtung dürfen nicht länger als 15 m sein. Sie müssen zum Vorraum eines Sicherheitstreppenraumes, zu einem notwendigen Flur mit zwei Fluchtrichtungen oder zu einem offenen Gang führen. Die Flure nach Satz 1 sind durch nichtabschließbare, rauchdichte und selbstschließende Abschlüsse von anderen notwendigen Fluren abzutrennen.

4.3.4 Innerhalb von Nutzungseinheiten mit nicht mehr als 400 m² Grundfläche, deren Nutzung hinsichtlich der Brandgefahren mit einer Büro- oder Verwaltungsnutzung vergleichbar ist, sind notwendige Flure nicht erforderlich.

Wenn keine notwendigen Flure erforderlich sind, kommt für die Installation innerhalb der Nutzungseinheiten die MLAR 2016, Abschnitt 3, c) nicht zur Anwendung.

4.4 Türen in Rettungswegen

4.4.3 Türen, die selbstschließend sein müssen, dürfen offengehalten werden, wenn sie Einrichtungen haben, die bei Raucheinwirkung ein selbsttätiges Schließen der Türen bewirken; sie müssen auch von Hand geschlossen werden können.

Beim Anschluss der Feststelleinrichtungen an diesen Türen sind die Anforderungen der allgemeinen bauaufsichtlichen Zulassungen zu beachten. Aus Rücksicht auf in der Bewegungsfreiheit eingeschränkte Personen muss geprüft werden, ob ein generelles Schließen dieser Türen im Brandfall erwünscht ist. Sinnvoller ist das Schließen über autarke Rauchmelder in Verbindung mit den zugelassenen Feststellanlagen. Ein zentrales Verschließen der Türen kann aber trotzdem aus energetischer Sicht oder aus Gründen des Schallschutzes in den Nachtstunden erwünscht sein (Funktion = stromlos geschlossen). Die Anforderungen im Brandfall sind im Brandschutzkonzept zu beschreiben.

5 Räume mit erhöhter Brandgefahr

Die Grundfläche von Räumen mit erhöhter Brandgefahr darf nicht mehr als 400 m² betragen.

6 Sicherheitstechnische Gebäudeausrüstung

6.1 Feuerwehraufzüge, Fahrschächte von Feuerwehraufzügen und deren Vorräume

6.1.1 Feuerwehraufzüge

6.1.1.1 Hochhäuser müssen Feuerwehraufzüge mit Haltestellen in jedem Geschoss haben.

6.1.3 Vorräume der Fahrschächte von Feuerwehraufzügen

6.1.3.4 In den Vorräumen müssen Geschosskennzeichnungen so angebracht sein, dass sie durch die Sichtöffnung der Fahrschacht- und Fahrkorbtür erkennbar sind.

6.1.3.5 Feuerwehraufzüge müssen eine Bedieneinrichtung für den Notbetrieb haben. Bei maschinenraumlosen Feuerwehraufzügen muss sich diese im Vorraum der Zugangsebene für die Feuerwehr befinden.

6.2 Druckbelüftungsanlagen

6.2.1 Der Eintritt von Rauch in innenliegende Sicherheitstreppenräume und deren Vorräume sowie in Feuerwehraufzugsschächte und deren Vorräume muss jeweils durch Anlagen zur Erzeugung von Überdruck verhindert werden. Ist nur ein innenliegender Sicherheitstreppenraum vorhanden, müssen bei Ausfall der für die Aufrechterhaltung des Überdrucks erforderlichen Geräte betriebsbereite Ersatzgeräte deren Funktion übernehmen.

Die Anforderungen an die Redundanz der RDA-Anlagen ist zu beachten.

6.2.2 Druckbelüftungsanlagen müssen so bemessen und beschaffen sein, dass die Luft auch bei geöffneten Türen zu dem vom Brand betroffenen Geschoss auch unter ungünstigen klimatischen Bedingungen entgegen der Fluchtrichtung strömt. Die Abströmungsgeschwindigkeit der Luft durch die geöffnete Tür des Sicherheitstreppenraumes zum Vorraum und von der Tür des Vorraumes zum notwendigen Flur muss mindestens 2,0 m/s betragen. Die Abströmungsgeschwindigkeit der Luft durch die geöffnete Tür des Vorraumes eines Feuerwehraufzugs zum notwendigen Flur muss mindestens 0,75 m/s betragen.

6.2.3 Druckbelüftungsanlagen müssen durch die Brandmeldeanlage automatisch ausgelöst werden. Sie müssen den erforderlichen Überdruck umgehend nach Auslösung aufbauen.

6.2.4 Die maximale Türöffnungskraft an den Türen der innenliegenden Sicherheitstreppenräume und deren Vorräume sowie an den Türen der Vorräume der Feuerwehraufzugsschächte darf, gemessen am Türgriff, höchstens 100 N betragen.

6.3 Feuerlöschanlagen
6.3.1 Automatische Feuerlöschanlagen
6.3.1.1 Hochhäuser müssen automatische Feuerlöschanlagen haben, die die Brandausbreitung in den Geschossen und den Brandüberschlag von Geschoss zu Geschoss ausreichend lang verhindern. Dies gilt nicht für Hochhäuser nach Nummer 8.

Zur Auslegung der Feuerlöschanlagen ist die DIN EN 12845: 2016-04 zu beachten (siehe **Teil P**).

6.3.1.2 Automatische Feuerlöschanlagen müssen zwei Steigleitungen in getrennten Schächten haben, damit bei Ausfall einer Steigleitung die Löschwasserversorgung über eine zweite Steigleitung in einem anderen Schacht gesichert ist. In Hochhäusern mit nicht mehr als 60 m Höhe genügt es, wenn die Verteilleitungen unmittelbar übereinander liegender Geschosse nicht an die gleiche Steigleitung angeschlossen sind.

Hochhäuser ≤ 60m Höhe:	
Einfache Löschwasserversorgung mit erhöhter Zuverlässigkeit in allen Geschossen	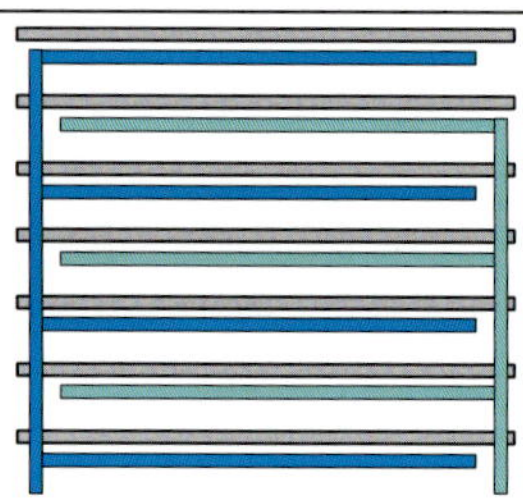

Bild D-VI–2: Löschwasserversorgung der automatischen Feuerlöschanlage
Quelle:Erläuterungen zur MHHR, Fassung April 2008 der ARGEBAU. Download unter www.is-argebau.de > Mustervorschriften/Mustererlasse > Bauaufsicht/ Bautechnik > Erläuterungen zur MHHR

Hochhäuser > 60m Höhe:	
Doppelte ringförmige Löschwasserversorgungmit besondes hoher Zuverlässigkeit in jedem Geschoss	

Bild D-VI–3: Löschwasserversorgung der automatischen Feuerlöschanlage
Quelle:Erläuterungen zur MHHR, Fassung April 2008 der ARGEBAU. Download unter www.is-argebau.de > Mustervorschriften/Mustererlasse > Bauaufsicht/ Bautechnik > Erläuterungen zur MHHR

6.3.1.3 Bei Ausfall der automatischen Feuerlöschanlage in einer Geschossebene darf die Wirksamkeit der Feuerlöschanlage in anderen Geschossen nicht beeinträchtigt werden.

6.3.2 Steigleitungen, Wandhydranten
6.3.2.1 Hochhäuser müssen in jedem Geschoss nasse Steigleitungen mit Wandhydranten für die Feuerwehr haben
1. in den Vorräumen der Feuerwehraufzüge,
2. in den Vorräumen der notwendigen Treppenräume,
3. bei notwendigen Treppenräumen ohne Vorräume an geeigneter Stelle.

6.3.2.2 Bei gleichzeitiger Löschwasserentnahme von 200 l/min an drei Entnahmestellen darf der Fließdruck an diesen Entnahmestellen nicht weniger als 0,45 MPa und nicht mehr als 0,80 MPa betragen.

Zur Auslegung der Feuerlöschleitungen ist die DIN 14462:2012-09 zu beachten (siehe **Teil P**).

6.4.2 Brandmelder müssen bei Auftreten von Rauch automatisch eine akustische und optische Alarmierung im betroffenen Geschoss auslösen. Automatische Brandmeldeanlagen müssen durch technische Maßnahmen gegen Falschalarme gesichert sein. Brandmeldungen müssen von der Brandmelderzentrale unmittelbar und automatisch zur Leitstelle der Feuerwehr weitergeleitet werden.

6.4.3 Hochhäuser müssen Alarmierungs- und Lautsprecheranlagen haben, mit denen im Gefahrenfall Personen alarmiert und Anweisungen erteilt werden können. Die Vorräume der Feuerwehraufzüge müssen eine Gegensprechanlage mit Verbindung zur Brandmelder- und Alarmzentrale haben.

6.4.4 In einem für die Feuerwehr leicht zugänglichen Raum müssen zentrale Anzeige- und Bedieneinrichtungen für Rauchabzugs-, Brandmelde-, Alarmierungs- und Lautsprecheranlagen und eine zentrale Anzeigevorrichtung für Feuerlöschanlagen vorhanden sein.

6.4.5 Aufzüge müssen mit einer Brandfallsteuerung ausgestattet sein, die durch die automatische Brandmeldeanlage ausgelöst wird. Die Brandfallsteuerung muss sicherstellen, dass die Aufzüge ein Geschoss mit Ausgang ins Freie oder das diesem nächstgelegene, nicht von der Brandmeldung betroffene Geschoss unmittelbar anfahren und dort mit geöffneten Türen außer Betrieb gehen.

Eine Brandfallsteuermatrix für die visuelle Darstellung und Erläuterung der Brandfallsteuerung und Wirkweise der Brandmeldeanlage empfiehlt sich für die Planung und Errichtung der Anlage.

6.5 Sicherheitsbeleuchtung
6.5.1 In Hochhäusern muss eine Sicherheitsbeleuchtung vorhanden sein, die bei Ausfall der allgemeinen Beleuchtung selbsttätig in Betrieb geht.

6.5.2 Eine Sicherheitsbeleuchtung muss vorhanden sein
1. in Rettungswegen,
2. in Vorräumen von Aufzügen,
3. für Sicherheitszeichen von Rettungswegen.

Zur Auslegung, Planung und Errichtung der Sicherheitsbeleuchtung sind die MLAR 2016, Abschnitt 5, die EltbauVO und die DIN VDE-Normen zu beachten (siehe **Teil K** „Leitungsverlegung und Verteiler" sowie **Teil L** „Sicherheitsstromversorgung").

6.6 Sicherheitsstromversorgungsanlagen, Blitzschutzanlagen, Gebäudefunkanlagen

6.6.1 Hochhäuser müssen Sicherheitsstromversorgungsanlagen haben, die bei Ausfall der allgemeinen Stromversorgung den Betrieb der sicherheitstechnischen Gebäudeausrüstung übernimmt, insbesondere der
1. Sicherheitsbeleuchtung,
2. automatischen Feuerlöschanlagen und Druckerhöhungsanlagen für die Löschwasserversorgung,
3. Rauchabzugsanlagen,
4. Druckbelüftungsanlagen,
5. Brandmeldeanlagen,
6. Alarmierungsanlagen,
7. Aufzüge,
8. Gebäudefunkanlagen für die Feuerwehr.

Zur Auslegung der sicherheitstechnischen Anlagen sind die Regelungen der MLAR 2016, Abschnitt 5 „Funktionserhalt" und die jeweils gültigen Normen und Regelwerke zu beachten (siehe auch **Teil K, Teil L, Teil M, Teil N** und **Teil P**).

6.7 Rauchableitung

Jedes Geschoss muss entraucht werden können.

7 Technische Gebäudeausrüstung

7.1 Aufzüge

7.1.1 Jedes Geschoss muss von mindestens zwei Aufzügen angefahren werden.

7.1.2 Vor den Fahrschachttüren der Aufzüge müssen Vorräume angeordnet sein.

7.1.3 In den Vorräumen ist auf das Verbot der Benutzung der Aufzüge im Brandfall und auf die nächste notwendige Treppe hinzuweisen. Die Vorräume sind mit Geschossnummer zu kennzeichnen.

7.2 Leitungen, Installationsschächte und -kanäle, Abfallschächte

7.2.1 Leitungen, die durch mehrere Geschosse führen, müssen in Installationsschächten angeordnet werden. Elektroleitungen müssen in eigenen Installationsschächten geführt werden; dies gilt nicht für die Leitungen, die zum Betrieb eines Installationsschachtes erforderlich sind. Brennstoffleitungen müssen in eigenen Installationsschächten und -kanälen geführt werden. Satz 1 gilt nicht für wasserführende Leitungen aus nichtbrennbaren Baustoffen.

Es gelten die Anforderungen der MBO 2002, § 40, Absatz 1 und § 41, Absatz 2, Satz 2 in Verbindung mit der MLAR 2016.

Elektrotrassen sind in eigenen Installationsschächten zu führen. Gemäß Nr. 7.2.3 müssen diese Schächte in Höhe jeder Geschossdecke feuerhemmend geschottet werden.

Zur Frage der erforderlichen Baustoffklassen von Leitungsanlagen (Rohre und Dämmstoffe) hat sich die ARGEBAU wie folgt geäußert:

Zur Klarstellung hat die Fachkommision Bauaufsicht im Rahmen der 274. Sitzung am 16./17. April 2009 sich mit der Frage „Verwendung von brennbaren Rohrleitungen innerhalb von feuerbeständigen Installationsschächten" befasst. Das Ergebnis der Beratung wurde wie folgt formuliert:

„Die MHHR stellt keine eigenständigen Anforderungen an das Brandverhalten von Leitungen, die nach Nr. 3.2.4 i.V. mit Nr. 7.2.1 MHHR in feuerbeständigen Schächten zu führen sind. In der Fassung der MHHR vom April 2008 wurde jedoch auf diese Anforderung bewusst verzichtet.

Die Qualität aller Abschottungen muss jedoch den Anforderungen der Feuerwiderstandsdauer der Bauteile entsprechen.

Um unnötige Diskussionen zu vermeiden, sollten die Anforderungen an die Belegung von Installationsschächten in Hochhäusern eindeutig im Brandschutzkonzept beschrieben werden.

Empfehlungen zur Belegung von durchgängigen Installationsschächten, z. B. Heizung, Sanitär, Kälte, Lüftung; MSR:
- Verwendung von nichtbrennbaren Installationsleitungen (Baustoffklasse A) für Heizung, Trinkwasser und Betonkernaktivierung in Verbindung mit durchgängigen nichtbrennbaren Dämmstoffen der Baustoffklasse A1/A2, innerhalb des Installationsschachtes. Bei Trinkwasser kalt und bei Betonkernaktivierung, Mediumtemperatur > 12 °C, kann eine Mineralfaserdämmschale mit Alukaschierung in (Baustoffklasse A2) eingesetzt werden.
- Verwendung von brennbaren Installationsleitungen (Baustoffklasse B1/B2) für Heizung, Trinkwasser und Betonkernaktivierung in Verbindung mit durchgängigen nichtbrennbaren Dämmstoffen der Baustoffklasse A1/A2, innerhalb des Installationsschachtes. Bei Trinkwasser kalt und bei Betonkernaktivierung, Mediumtemperatur > 12 °C, muss eine Minaralfaserdämmschale mit Alukaschierung (Baustoffklasse A2) vorhanden sein.
- Verwendung von nichtbrennbaren Kälte- und innenliegenden Regenentwässerungsleitungen (Baustoffklasse A, Mediumtemperatur < 12 °C) in Verbindung mit durchgängigen diffusionshemmenden nichtbrennbaren Dämmstoffen der Baustoffklasse A1/A2, innerhalb des Installationsschachtes.
- Verwendung von nichtbrennbaren Kälte- und innenliegenden Regenentwässerungsleitungen (Baustoffklasse A, Mediumtemperatur < 12 °C) in Verbindung mit durchgängigen diffusionshemmenden brennbaren Dämmstoffen der Baustoffklasse B1 und einer durchgängigen Verblechung auf Grundlage der DIN 4140, innerhalb des Installationsschachtes.
- Verwendung von brennbaren Kälte- und innenliegenden Regenentwässerungsleitungen (Baustoffklasse A, Mediumtemperatur < 12 °C) in Verbindung mit durchgängigen diffusionshemmenden brennbaren Dämmstoffen der Baustoffklasse B1 und einer durchgängigen Verblechung auf Grundlage der DIN 4140, innerhalb des Installationsschachtes.
- Verwendung von nichtbrennbaren Schmutzwasserleitungen (Baustoffklasse A) ohne weiterführende Dämmung oder in Verbindung mit durchgängigen nichtbrennbaren Dämmstoffen der Baustoffklasse A1/A2, innerhalb des Installationsschachtes.

D

D

- Verwendung von brennbaren Schmutzwasserleitungen (Baustoffklasse B1/B2) ohne weiterführende Dämmung oder in Verbindung mit durchgängigen nichtbrennbaren Dämmstoffen der Baustoffklasse A1/A2 innerhalb des Installationsschachtes.
- Die Verwendung von elektrischen Leitungsanlagen/MSR zum Betrieb des durchgängigen Installationsschachtes sind zulässig.
- Die Installationsschächte mit o.g. Belegung sind zu entrauchen und in die Brandmeldeüberwachung einzubeziehen.

Die brandschutztechnische Kapselung von brennbaren wasserführenden Rohren und brennbaren diffusionshemmenden Dämmstoffen dient zur Verhinderung der Brandweiterleitung in Längsrichtung der Rohre.

Brennbare Schmutzwasserleitungen ohne ständige Wasserfüllung stellen keine wesentliche Brandlast im Vergleich zu brennbaren Dämmstoffen dar.

Für Leitungsdurchführungen durch die raumabschließenden Bauteile der Installationsschächte dürfen alle klassifizierten Abschottungen, z. B. R 90/120, S 90/120, I 90/120 verwendet werden. Rohrdurchführungen nach den Erleichterungen der MLAR 2016, Abschnitt 4.3 für feuerbeständige Bauteile sind bei Bauteilen mit Anforderungen an die Feuerwiderstandsdauer 90 Minuten zulässig (nicht für 120 Minuten).

Für Brennstoffleitungen (Erdgas und Heizöl) sind getrennte feuerbeständige Schächte anzuordnen.

Innerhalb der gesprinklerten Nutzungseinheiten bestehen keine Beschränkungen hinsichtlich der nach MLAR 2016 zulässigen Baustoffe für Leitungsanlagen (zulässige Baustoffklassen A1/A2/B1/B2).

7.2.2 Installationsschächte müssen entraucht werden können. Installationsschächte und -kanäle für Brennstoffleitungen müssen so durchlüftet werden, dass keine gefährlichen Gas-Luft-Gemische entstehen können. Installationsschächte und -kanäle müssen Revisionsöffnungen haben, die so angeordnet sind, dass eine Brandbekämpfung möglich ist und Brandmelder leicht zugänglich sind.

Zur Ausführung der Feuerschutztüren und -klappen siehe auch MHHR Nr. 3.3.1. Für die Ausführung der Brennstoffleitungen sind die DVGW-Richtlinie TRGI „Technische Richtlinie Gasinstallationen" oder die TRÖL „Technische Richtline Ölinstallationen" einzuhalten.

7.2.3 Installationsschächte für Elektroleitungen müssen in Höhe der Geschossdecken feuerhemmend abgeschottet sein.

Erläuterungen zur MHHR, Fassung April 2008 der ARGEBAU. Download unter www.is-argebau.de > Mustervorschriften/ Mustererlasse > Bauaufsicht/Bautechnik > Erläuterungen zur MHHR:

Die Installationsschächte für Elektroleitungen müssen wegen der dort enthaltenen erheblichen Brandlasten von Geschoss zu Geschoss feuerhemmend abgeschottet werden.

Diese Abschnittsbildung ist eine zusätzliche Anforderung. Bereits nach Nummer 4.3 Abs. 2 Satz 3 HochH R 1981 durfte eine solche waagerechte Unterteilung verlangt werden.
Die geschossweise Abschottung minimiert die Brandausbreitung, erleichtert die Lokalisierung des Brandereignisses und den Löschangriff.
Für die Abschottung genügen feuerhemmende Bauprodukte. Es stehen ausreichend Bauprodukte in der Feuerwiderstandsklasse EI 30 bzw. S 30 zur Verfügung, die zum einen die Anforderungen an den Brandschutz erfüllen, zum anderen eine flexible Nachbelegung von Installationsleitungen in den Schächten ermöglichen (z. B. Brandschutzkissen, Mörtelschotts, Plattenschotts). Die horizontalen Abschottungen stellen in Verbindung mit den feuerhemmenden Türen (T 30-RS) und der wegfallenden Entrauchung eine Erleichterung dar. Würde auf die horizontalen Abschottungen zur Kapselung des Brandgeschehens verzichtet, dann müssten wegen der dann erheblich höheren Brandlasten im Installationsschacht die Feuerschutzabschlüsse zu den Geschossen weiterhin feuerbeständig ausgeführt werden (siehe Bild D-VI–4).

Installationsschächte für Wasserleitungen oder Brennstoffleitungen werden nicht geschossweise abgeschottet. Hinsichtlich der Brennstoffleitungen entspricht dies der Nummer 4.6 Satz 3 HochHR 1981.

Diese Erläuterungen beschreiben, dass die Feuerschutztüren dieser geschossweise entstehenden feuerhemmend getrennten Schachtbereiche auch als Türen in T 30-RS Qualität mit absenkbarer Bodendichtung ausreichend sind. Eine Entrauchung dieser etagenweise getrennten Schachtbereiche erfolgt über das jeweilige Geschoss.

In den Bundesländern, bei denen wahlweise auf diese geschossweise feuerhemmende Trennung verzichtet werden kann, bleibt es bei den Anforderungen an Feuerschutztüren gemäß MHHR Nr. 3.3.1. Weiterhin bleibt es bei der Anforderung der Entrauchung der größeren Schachtabschnitte von 20 bzw. 30 m Höhe (je nach Bundesland) entsprechend MHHR Nr. 7.2.2.

7.2.4 Abfallschächte sind unzulässig.

Legende zu Bild D-VI–4 siehe Seite 166

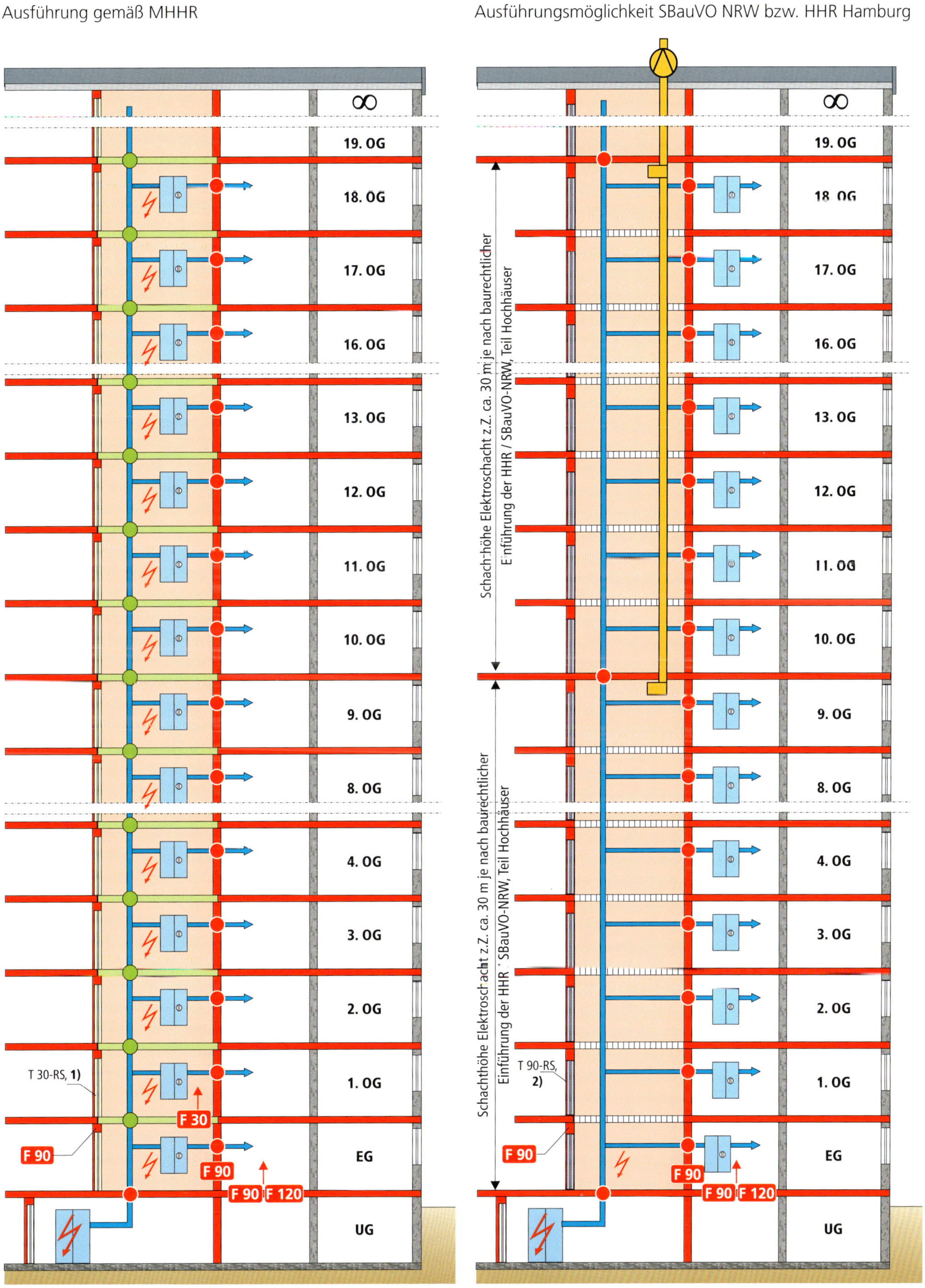

Bild D-VI–4: Schematische Darstellung zur feuerbeständigen Ausführung von Elektroinstallationsschächten in Hochhäusern (Erläuterung siehe nächste Seite)

Das rechte Schema kann gemäß der eingeführten HHR nur in Hamburg und NRW angewendet werden (Details siehe baurechtliche Einführung).

Legende zu Bild D-VI–4

Installationsschacht für Elektroinstallationen, feuerbeständig und Rauchmelder überwacht.

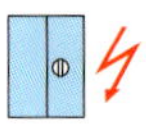
Elektrische Unterverteilung für die angrenzenden Nutzungseinheiten.

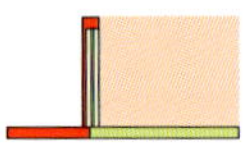
Feuerschutzabschluss T 30-RS mit absenkbarer Türdichtung. Die Rauchableitung im Brandfall erfolgt über die Nutzungseinheit.

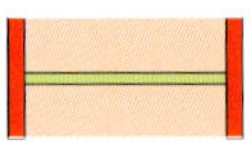
Feuerhemmende Abtrennung/Abschottung zwischen den Elektroräumen, die übereinander im feuerbeständigen Installationsschacht angeordnet sind.

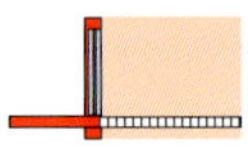
Feuerschutzabschluss T 90-RS mit umlaufendem Falz und Dichtung (ohne Oberschließer). Die Rauchableitung im Brandfall erfolgt über den Entrauchungskanal.

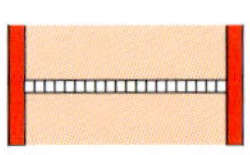
Begehbare Gitterroste zur Durchführung von Installationsarbeiten.

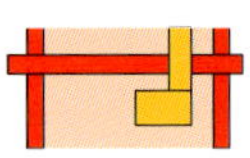
Entrauchungskanal L 90 mit Entrauchungsklappe am oberen Schachtende.

Feuerbeständige Abschottungen F 90

Erläuterung zu Bild D-VI–4

Schema links: Vorgaben zur Ausführung von elektrischen Installationsschächten (feuerbeständig) mit feuerhemmenden abgetrennten Elektroräumen gemäß MHHR

Schema rechts: Vorgaben zur Ausführung von elektrischen Installationsschächten (feuerbeständig) mit Schachtunterteilung analog der Gebäudeklasse GK 5 (≤ 22 m) oder gemäß baurechtlicher Einführung, z. B. HHR Hamburg, SBau VO NRW Teil Hochhäuser

7.3 Lüftungsanlagen

Lüftungsanlagen dürfen den ordnungsgemäßen Betrieb von Druckbelüftungsanlagen nicht beeinträchtigen. Lüftungsanlagen müssen so angeordnet oder ausgebildet sein, dass auch kalter Rauch nicht in notwendige Treppenräume, andere Geschosse und Brandabschnitte übertragen wird.

Siehe Kommentar zur M-LüAR der Autoren Lippe/Czepuck/Esser/Vogelsang

7.4 Feuerstätten, Brennstofflagerung

7.4.1 Feuerstätten sind als zentrale Anlagen auszuführen. Einzelfeuerstätten in Nutzungseinheiten sind unzulässig.

Siehe Feuerungsverordnung

7.4.2 Feste, flüssige oder gasförmige Brennstoffe dürfen nicht in Geschossen über dem Erdgeschoss gelagert werden. Dies gilt nicht für den Tagesvorrat von Brennstoffen für den Betrieb der Sicherheitsstromversorgungsanlagen.

Siehe EltBauVO

8 Erleichterungen für Hochhäuser mit nicht mehr als 60 m Höhe in Zellenbauweise

Für Hochhäuser mit nicht mehr als 60 m Höhe und mit Nutzungseinheiten mit nicht mehr als 200 m² Grundfläche über dem ersten Obergeschoss sind automatische Feuerlösch-, Brandmelde- und Alarmierungsanlagen nicht erforderlich, wenn

1. die Nutzungseinheiten untereinander, zu anders genutzten Räumen und zu notwendigen Fluren feuerbeständige Trennwände haben, die von Rohdecke zu Rohdecke gehen,
2. der Brandüberschlag von Geschoss zu Geschoss durch eine mindestens 1 m hohe feuerbeständige Brüstung oder 1 m auskragende feuerbeständige Deckenplatte behindert wird,
3. die automatische Auslösung der Druckbelüftungsanlagen und der Brandfallsteuerung der Aufzüge sichergestellt ist und
4. die Früherkennung eines Brandes in den Nutzungseinheiten durch Rauchwarnmelder mit Netzstromversorgung erfolgt.

Satz 1 gilt auch für Nutzungseinheiten mit mehr als 200 m² Grundfläche, wenn sie durch raumabschließende feuerbeständige Wände, die von Rohdecke zu Rohdecke gehen, in Teile von nicht mehr als 200 m² Grundfläche unterteilt werden.

Die abweichenden Anforderungen sind im Rahmen des Brandschutzkonzeptes und der Fachplanungen zu beschreiben.

9.3 Verantwortliche Personen

9.3.1 Der Eigentümer des Hochhauses ist für die Einhaltung der öffentlich-rechtlichen Vorschriften verantwortlich.

9.3.2 Der Eigentümer hat einen geeigneten und mit dem Hochhaus und dessen technischen Einrichtungen vertrauten Brandschutzbeauftragten zu bestellen und der Brandschutzdienststelle zu benennen. Der Brandschutzbeauftragte hat die Aufgabe, die Einhaltung des genehmigten Brandschutzkonzeptes und der sich daraus ergebenden Anforderungen an den betrieblichen Brandschutz zu überwachen und dem Eigentümer festgestellte Mängel zu melden.

Die Bauvorlagen sind durch den jeweils zuständigen Fachplaner zu erstellen und über den Ersteller des Brandschutzkonzeptes als Anlagen im Rahmen der Fortschreibung des Brandschutzkonzeptes der Bauaufsicht vorzulegen. Diese Anlagen dienen als Prüfgrundlagen für die Prüfsachverständigen.

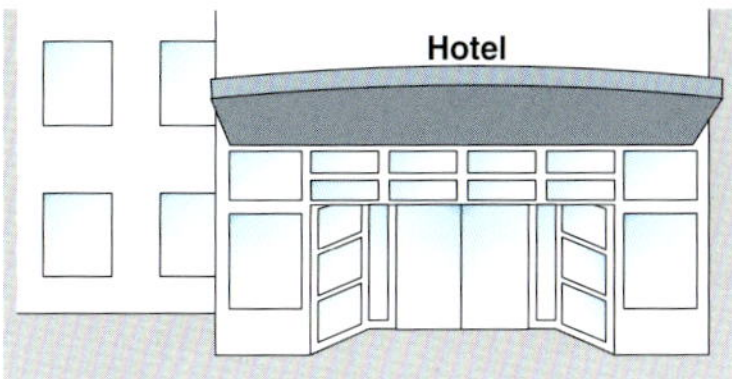

Muster-Verordnung über den Bau und Betrieb von Beherbergungsstätten (Muster-Beherbergungsstättenverordnung – MBeVO)
Fassung: Dezember 2000, zuletzt geändert durch die Fachkommission Bauaufsicht vom Mai 2014

Auszug:

§ 1 Anwendungsbereich

Die Vorschriften dieser Verordnung gelten für Beherbergungsstätten mit mehr als 12 Gastbetten.

§ 2 Begriffe

(1) Beherbergungsstätten sind Gebäude oder Gebäudeteile, die ganz oder teilweise für die Beherbergung von Gästen, ausgenommen die Beherbergung in Ferienwohnungen, bestimmt sind.

(2) Beherbergungsräume sind Räume, die dem Wohnen oder Schlafen von Gästen dienen. Eine Folge unmittelbar zusammenhängender Beherbergungsräume (Suite) gilt als ein Beherbergungsraum.

(3) Gasträume sind Räume, die für den Aufenthalt von Gästen, jedoch nicht zum Wohnen oder Schlafen bestimmt sind, wie Speiseräume und Tagungsräume.

§ 3 Rettungswege

(1) Für jeden Beherbergungsraum müssen mindestens zwei voneinander unabhängige Rettungswege vorhanden sein; sie dürfen jedoch innerhalb eines Geschosses über denselben notwendigen Flur führen. Der erste Rettungsweg muss für Beherbergungsräume, die nicht zu ebener Erde liegen, über eine notwendige Treppe führen, der zweite Rettungsweg über eine weitere notwendige Treppe oder eine Außentreppe. In Beherbergungsstätten mit insgesamt nicht mehr als 60 Gastbetten genügt als zweiter Rettungsweg eine mit Rettungsgeräten der Feuerwehr erreichbare Stelle des Beherbergungsraumes; dies gilt nicht, wenn in einem Geschoss mehr als 30 Gastbetten vorhanden sind.

(2) An Abzweigungen notwendiger Flure, an den Zugängen zu notwendigen Treppenräumen und an den Ausgängen ins Freie ist durch Sicherheitszeichen auf die Ausgänge hinzuweisen. Die Sicherheitszeichen müssen beleuchtet sein.

Zur Auslegung, Planung und Errichtung der Sicherheitsbeleuchtung sind die MLAR 2016, Abschnitt 5, die EltbauVO und die DIN VDE-Normen zu beachten (siehe **Teil K** „Leitungsverlegung und Verteiler" sowie **Teil L** „Sicherheitsstromversorgung").

§ 4 Tragende Wände, Stützen, Decken

(1) Tragende Wände, Stützen und Decken müssen feuerbeständig sein. Dies gilt nicht für oberste Geschosse von Dachräumen, wenn sich dort keine Beherbergungsräume befinden.

(2) Tragende Wände, Stützen und Decken brauchen nur feuerhemmend zu sein
1. in Gebäuden mit nicht mehr als zwei oberirdischen Geschossen,
2. in obersten Geschossen von Dachräumen mit Beherbergungsräumen.

Die Abschottung von Leitungsanlagen müssen in Wänden und Decken, die auch raumabschließend sind, in entsprechender Feuerwiderstandsdauer eingebaut werden.

§ 5 Trennwände

(1) Trennwände müssen feuerbeständig sein
1. zwischen Räumen einer Beherbergungsstätte und Räumen, die nicht zu der Beherbergungsstätte gehören, sowie
2. zwischen Beherbergungsräumen und
   a) Gasträumen,
   b) Küchen.

Soweit in Beherbergungsstätten die tragenden Wände, Stützen und Decken nur feuerhemmend zu sein brauchen, genügen feuerhemmende Trennwände.

(2) Trennwände zwischen Beherbergungsräumen sowie zwischen Beherbergungsräumen und sonstigen Räumen müssen feuerhemmend sein.

Im Bereich der aneinandergrenzenden Sanitärräume von nebeneinander liegenden Beherbungsräumen ist auf die Umsetzung der feuerhemmenden Abschottungen im Bereich der Leitungsanlagen zu achten. Da die Ausführung sehr schwierig und extrem fehlerbehaftet ist, sollte mit dem Ersteller des Brandschutzkonzeptes über eine Zusammenfassung von jeweils zwei aneinandergrenzenden Beherbergungsräumen als eine Nutzungseinheit nachgedacht werden. Als Kompensation kann eine Brandmeldeüberwachung und/oder eine Sprinklerung der Beherbergungsräume herangezogen werden. Ist das nicht der Fall, muss insbesondere der Fachplaner Sanitär auf die Einhaltung aller brandschutztechnischen Vorgaben zu den Abschottungen achten. Die Industrie bietet dazu beidseitig belegte Installationswände in feuerhemmender und feuerbeständiger Qualität an. Diese Installationswände verfügen in der Regel über eine brandschutztechnische Zulassung als Wand und Schacht in einer Funktion.

D

§ 6 Notwendige Flure

(1) § 36 Abs. 1 Satz 2 Nr. 3 MBO ist nicht anzuwenden.

(2) In notwendigen Fluren müssen Bekleidungen, Unterdecken und Dämmstoffe aus nichtbrennbaren Baustoffen bestehen. Bodenbeläge müssen aus mindestens schwerentflammbaren Baustoffen bestehen.

Es gelten die Regelungen der MLAR 2016, Abschnitt 3.

(4) Stufen in notwendigen Fluren müssen beleuchtet sein.

Zur Auslegung, Planung und Errichtung der Sicherheitsbeleuchtung sind die MLAR 2016, Abschnitt 5, die EltbauVO und die DIN VDE-Normen zu beachten (siehe **Teil K** „Leitungsverlegung und Verteiler" sowie **Teil L** „Sicherheitsstromversorgung")

§ 8 Sicherheitsbeleuchtung, Sicherheitsstromversorgung

(1) Beherbergungsstätten müssen
1. in notwendigen Fluren und in notwendigen Treppenräumen,
2. in Räumen zwischen notwendigen Treppenräumen und Ausgängen ins Freie,
3. für Sicherheitszeichen, die auf Ausgänge hinweisen und
4. für Stufen in notwendigen Fluren

eine Sicherheitsbeleuchtung haben.

(2) Beherbergungsstätten müssen eine Sicherheitsstromversorgung haben, die bei Ausfall der allgemeinen Stromversorgung den Betrieb der sicherheitstechnischen Anlagen und Einrichtungen übernimmt, insbesondere
1. der Sicherheitsbeleuchtung,
2. der Alarmierungseinrichtungen und
3. der Brandmeldeanlage.

Zur Auslegung, Planung und Errichtung der Sicherheitsbeleuchtung sind die MLAR 2016, Abschnitt 5, die EltbauVO und die DIN VDE-Normen zu beachten (siehe **Teil K** „Leitungsverlegung und Verteiler" sowie **Teil L** „Sicherheitsstromversorgung").

§ 9 Alarmierungseinrichtungen, Brandmeldeanlagen, Brandfallsteuerung von Aufzügen

(1) Beherbergungsstätten müssen Alarmierungseinrichtungen haben, durch die im Gefahrenfall die Betriebsangehörigen und Gäste gewarnt werden können. Bei Beherbergungsstätten mit mehr als 60 Gastbetten müssen sich die Alarmierungseinrichtungen bei Auftreten von Rauch in den notwendigen Fluren auch selbsttätig auslösen. In Beherbergungsräumen nach § 11 muss die Auslösung des Alarms optisch und akustisch erkennbar sein.

(2) Beherbergungsstätten mit mehr als 60 Gastbetten müssen Brandmeldeanlagen mit automatischen Brandmeldern, die auf die Kenngröße Rauch in den notwendigen Fluren ansprechen sowie mit nichtautomatischen Brandmeldern (Handfeuermelder) zur unmittelbaren Alarmierung der dafür zuständigen Stelle haben. Die automatischen Brandmeldeanlagen müssen in einer Betriebsart ausgeführt sein, bei der mit technischen Maßnahmen Falschalarme vermieden werden. Brandmeldungen sind unmittelbar und automatisch zur zuständigen Feuerwehralarmierungsstelle zu übertragen.

Zur Auslegung der Brandmeldeanlagen sind die DIN 14675, DIN EN 54 und die DIN VDE-Normen zu beachten (siehe **Teil M**).

(3) Aufzüge von Beherbergungsstätten mit mehr als 60 Gastbetten sind mit einer Brandfallsteuerung auszustatten, die durch die automatische Brandmeldeanlage ausgelöst wird. Die Brandfallsteuerung hat sicherzustellen, dass die Aufzüge das nicht vom Rauch betroffene Eingangsgeschoss, ansonsten das in Fahrtrichtung davor liegende Geschoss, anfahren und dort mit geöffneten Türen außer Betrieb gehen.

Eine Brandfallsteuermatrix für die visuelle Darstellung und Erläuterung der Brandfallsteuerung und Wirkweise der Brandmeldeanlage empfiehlt sich für die Planung und Errichtung der Anlage.

§ 10 Weitergehende Anforderungen

An Beherbergungsstätten in Hochhäusern können aus Gründen des Brandschutzes weitergehende Anforderungen gestellt werden.

Bei Beherbergungsstätten in Hochhäusern gelten die zusätzlichen Anforderungen an den gebäudetechnischen Brandschutz entsprechend der MHHR.

§ 13 Zusätzliche Bauvorlagen

Die Bauvorlagen müssen zusätzliche Angaben enthalten über
1. die Sicherheitsbeleuchtung,
2. die Sicherheitsstromversorgung,
3. die Alarmierungseinrichtungen,
4. die Brandmeldeanlage,
5. die Rettungswege auf dem Grundstück und die Flächen für die Feuerwehr,
6. die Anzahl der Gastbetten und ihre Zuordnung zu Beherbergungsräumen nach § 11.

Die Bauvorlagen sind durch den jeweils zuständigen Fachplaner zu erstellen und über den Ersteller des Brandschutzkonzeptes als Anlagen im Rahmen der Fortschreibung des Brandschutzkonzeptes der Bauaufsicht vorzulegen. Diese Anlagen dienen als Prüfgrundlage für den Prüfsachverständigen.

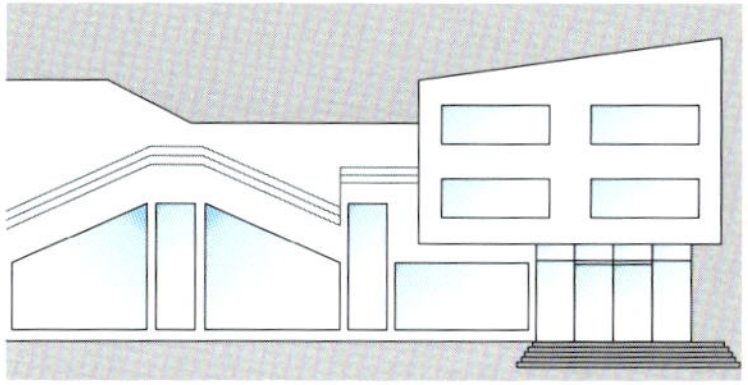

Musterverordnung über den Bau und Betrieb von Versammlungsstätten (Muster-Versammlungsstättenverordnung – MVStättV)
Fassung: Juni 2005, zuletzt geändert durch Beschluss der Fachkommission Bauaufsicht vom Juli 2014

Für Versammlungsstätten gelten die Regelungen der MLAR mit weitergehenden Anforderungen.

Auszug:

§ 1 Anwendungsbereich, Anzahl der Besucher

(1) Die Vorschriften dieser Verordnung gelten für den Bau und Betrieb von

1. Versammlungsstätten mit Versammlungsräumen, die einzeln mehr als 200 Besucher fassen. Sie gelten auch für Versammlungsstätten mit mehreren Versammlungsräumen, die insgesamt mehr als 200 Besucher fassen, wenn diese Versammlungsräume gemeinsame Rettungswege haben;
2. Versammlungsstätten im Freien mit Szenenflächen und Tribünen, die keine fliegenden Bauten sind und insgesamt mehr als 1 000 Besucher fassen;
3. Sportstadien und Freisportanlagen mit Tribünen, die keine fliegenden Bauten sind, und die jeweils insgesamt mehr als 5 000 Besucher fassen.

§ 2 Begriffe

(1) Versammlungsstätten sind bauliche Anlagen oder Teile baulicher Anlagen, die für die gleichzeitige Anwesenheit vieler Menschen bei Veranstaltungen, insbesondere erzieherischer, wirtschaftlicher, geselliger, kultureller, künstlerischer, politischer, sportlicher oder unterhaltender Art, bestimmt sind sowie Schank- und Speisewirtschaften.

§ 3 Bauteile

(1) Tragende und aussteifende Bauteile, wie Wände, Pfeiler, Stützen und Decken, müssen feuerbeständig, in erdgeschossigen Versammlungsstätten feuerhemmend sein. Satz 1 gilt nicht für erdgeschossige Versammlungsstätten mit automatischen Feuerlöschanlagen.

(3) Trennwände sind erforderlich zum Abschluss von Versammlungsräumen und Bühnen. Diese Trennwände müssen feuerbeständig, in erdgeschossigen Versammlungsstätten mindestens feuerhemmend sein. In der Trennwand zwischen der Bühne und dem Versammlungsraum ist eine Bühnenöffnung zulässig.

(4) Werkstätten, Magazine und Lagerräume sowie Räume unter Tribünen und Podien müssen feuerbeständige Trennwände und Decken haben.

Die Abschottungen von Leitungsanlagen müssen in Wänden und Decken, die auch raumabschließend sind, in entsprechender Feuerwiderstandsdauer eingebaut werden.

§ 5 Dämmstoffe, Unterdecken, Bekleidungen und Bodenbeläge

(1) Dämmstoffe müssen aus nichtbrennbaren Baustoffen bestehen.

(4) In Foyers, durch die Rettungswege aus anderen Versammlungsräumen führen, in notwendigen Treppenräumen, Räumen zwischen notwendigen Treppenräumen und Ausgängen ins Freie sowie notwendigen Fluren müssen Unterdecken und Bekleidungen aus nichtbrennbaren Baustoffen bestehen.

Die Regelungen der MLAR 2016, Abschnitt 3.1.1, Aufzählung c) „Notwendige Flure" gemäß § 36, Absatz 1 MBO gelten auch für die notwendigen Flure in Versammlungsstätten.

§ 6 Führung der Rettungswege

(6) Ausgänge und sonstige Rettungswege müssen durch Sicherheitszeichen dauerhaft und gut sichtbar gekennzeichnet sein.

§ 14 Sicherheitsstromversorgungsanlagen, elektrische Anlagen und Blitzschutzanlagen

(1) Versammlungsstätten müssen eine Sicherheitsstromversorgungsanlage haben, die bei Ausfall der Stromversorgung den Betrieb der sicherheitstechnischen Anlagen und Einrichtungen übernimmt, insbesondere der

1. Sicherheitsbeleuchtung,
2. automatischen Feuerlöschanlagen und Druckerhöhungsanlagen für die Löschwasserversorgung,
3. Rauchabzugsanlagen,
4. Brandmeldeanlagen,
5. Alarmierungsanlagen.

(2) In Versammlungsstätten für verschiedene Veranstaltungsarten, wie Mehrzweckhallen, Theater und Studios, sind für die vorübergehende Verlegung beweglicher Kabel und Leitungen bauliche Vorkehrungen, wie Installationsschächte und -kanäle oder Abschottungen, zu treffen, die die Ausbreitung von Feuer und Rauch verhindern und die sichere Begehbarkeit, insbesondere der Rettungswege, gewährleisten.

(3) Elektrische Schaltanlagen dürfen für Besucher nicht zugänglich sein.

(4) Versammlungsstätten müssen Blitzschutzanlagen haben, die auch die sicherheitstechnischen Einrichtungen schützen (äußerer und innerer Blitzschutz).

Zur Auslegung, Planung und Errichtung der Sicherheitsbeleuchtung sind die MLAR 2016, Abschnitt 5, die EltbauVO und die DIN VDE-Normen zu beachten (siehe **Teil K** „Leitungsverlegung und Verteiler" sowie **Teil L** „Sicherheitsstromversorgung")

D

§ 15 Sicherheitsbeleuchtung

(1) In Versammlungsstätten muss eine Sicherheitsbeleuchtung vorhanden sein, die so beschaffen ist, dass Arbeitsvorgänge auf Bühnen und Szenenflächen sicher abgeschlossen werden können und sich Besucher, Mitwirkende und Betriebsangehörige auch bei vollständigem Versagen der allgemeinen Beleuchtung bis zu öffentlichen Verkehrsflächen hin gut zurechtfinden können.

(2) Eine Sicherheitsbeleuchtung muss vorhanden sein
1. in notwendigen Treppenräumen, in Räumen zwischen notwendigen Treppenräumen und Ausgängen ins Freie und in notwendigen Fluren,
2. in Versammlungsräumen sowie in allen übrigen Räumen für Besucher (z. B. Foyers, Garderoben, Toiletten),
3. für Bühnen und Szenenflächen,
4. in den Räumen für Mitwirkende und Beschäftigte mit mehr als 20 m² Grundfläche, ausgenommen Büroräume,
5. in elektrischen Betriebsräumen, in Räumen für haustechnische Anlagen sowie in Scheinwerfer-und Bildwerferräumen,
6. in Versammlungsstätten im Freien und Sportstadien, die während der Dunkelheit benutzt werden,
7. für Sicherheitszeichen von Ausgängen und Rettungswegen,
8. für Stufenbeleuchtungen.

(3) In betriebsmäßig verdunkelten Versammlungsräumen, auf Bühnen und Szenenflächen muss eine Sicherheitsbeleuchtung in Bereitschaftsschaltung vorhanden sein. Die Ausgänge, Gänge und Stufen im Versammlungsraum müssen auch bei Verdunklung unabhängig von der übrigen Sicherheitsbeleuchtung erkennbar sein. Bei Gängen in Versammlungsräumen mit auswechselbarer Bestuhlung sowie bei Sportstadien mit Sicherheitsbeleuchtung ist eine Stufenbeleuchtung nicht erforderlich.

Zur Auslegung, Planung und Errichtung der Sicherheitsbeleuchtung sind die MLAR 2016, Abschnitt 5, die EltbauVO und die DIN VDE-Normen zu beachten (siehe **Teil K** „Leitungsverlegung und Verteiler" sowie **Teil L** „Sicherheitsstromversorgung").

§ 19 Feuerlöscheinrichtungen und -anlagen

(1) Versammlungsräume, Bühnen, Foyers, Werkstätten, Magazine, Lagerräume und notwendige Flure sind mit geeigneten Feuerlöschern in ausreichender Zahl auszustatten. Die Feuerlöscher sind gut sichtbar und leicht zugänglich anzubringen.

(2) In Versammlungsstätten mit Versammlungsräumen von insgesamt mehr als 1.000 m² Grundfläche müssen Wandhydranten für die Feuerwehr (Typ F) in ausreichender Zahl gut sichtbar und leicht zugänglich an geeigneten Stellen angebracht sein; im Einvernehmen mit der Brandschutzdienststelle kann auf Wandhydranten verzichtet oder können anstelle von Wandhydranten trockene Löschwasserleitungen zugelassen werden.

(3) Versammlungsstätten mit Versammlungsräumen von insgesamt mehr als 3.600 m² Grundfläche müssen eine automatische Feuerlöschanlage haben; dies gilt nicht für Versammlungsstätten, deren Versammlungsräume jeweils nicht mehr als 400 m² Grundfläche haben.

(4) Versammlungsräume, bei denen eine Fußbodenebene höher als 22 m über der Geländeoberfläche liegt, sind nur in Gebäuden mit automatischer Feuerlöschanlage zulässig.

(5) Versammlungsräume in Kellergeschossen müssen eine automatische Feuerlöschanlage haben. Dies gilt nicht für Versammlungsräume mit nicht mehr als 200 m², deren Fußboden an keiner Stelle mehr als 5 m unter der Geländeoberfläche liegt.

(6) In Versammlungsräumen müssen offene Küchen oder ähnliche Einrichtungen mit einer Grundfläche von mehr als 30 m² eine dafür geeignete automatische Feuerlöschanlage haben.

(7) Die Wirkung automatischer Feuerlöschanlagen darf durch überdeckte oder mehrgeschossige Ausstellungs- oder Dienstleistungsstände nicht beeinträchtigt werden.

(8) Automatische Feuerlöschanlagen müssen an eine Brandmelderzentrale angeschlossen sein.

Zur Auslegung der Feuerlöschleitungen ist die
- DIN 14462:2012-09 und
- DIN 1988-600:2010-12 zu beachten (siehe **Teil P**).

§ 20 Brandmelde- und Alarmierungsanlagen, Brandmelder- und Alarmzentrale, Brandfallsteuerung der Aufzüge

(1) Versammlungsstätten mit Versammlungsräumen von insgesamt mehr als 1.000 m² Grundfläche müssen Brandmeldeanlagen mit automatischen und nichtautomatischen Brandmeldern haben.

(2) Versammlungsstätten mit Versammlungsräumen von insgesamt mehr als 1.000 m² Grundfläche müssen Alarmierungs- und Lautsprecheranlagen haben, mit denen im Gefahrenfall Besucher, Mitwirkende und Betriebsangehörige alarmiert und Anweisungen erteilt werden können.

(3) Versammlungsstätten mit Foyers oder Hallen, durch die Rettungswege aus anderen Versammlungsräumen führen, müssen Brandmeldeanlagen nach Absatz 1 und Alarmierungs- und Lautsprecheranlagen nach Absatz 2 haben.

(4) In Versammlungsstätten mit Versammlungsräumen von insgesamt mehr als 1 000 m² Grundfläche müssen zusätzlich zu den örtlichen Bedienungsvorrichtungen zentrale Bedienungsvorrichtungen für Rauchabzugs-, Feuerlösch-, Brandmelde-, Alarmierungs- und Lautsprecheranlagen in einem für

die Feuerwehr leicht zugänglichen Raum (Brandmelder- und Alarmzentrale) zusammengefasst werden.

(5) In Versammlungsstätten mit Versammlungsräumen von insgesamt mehr als 1.000 m² Grundfläche müssen die Aufzüge mit einer Brandfallsteuerung ausgestattet sein, die durch die automatische Brandmeldeanlage ausgelöst wird. Die Brandfallsteuerung muss sicherstellen, dass die Aufzüge ein Geschoss mit Ausgang ins Freie oder das diesem nächstgelegene, nicht von der Brandmeldung betroffene Geschoss unmittelbar anfahren und dort mit geöffneten Türen außer Betrieb gehen.

(6) Automatische Brandmeldeanlagen müssen durch technische Maßnahmen gegen Falschalarme gesichert sein. Brandmeldungen müssen von der Brandmeldezentrale unmittelbar und automatisch zur Leitstelle der Feuerwehr weitergeleitet werden.

Zur Auslegung der Brandmeldeanlagen sind die DIN 14675 Teil 1, die mitgeltenden Normen, die DIN EN 54 und die DIN VDE-Normen zu beachten (siehe **Teil M**).

Eine Brandfallsteuermatrix für die visuelle Darstellung und Erläuterung der Brandfallsteuerung und Wirkweise der Brandmeldeanlage empfiehlt sich für die Planung und Errichtung der Anlage.

§ 24 Feuerlösch- und Brandmeldeanlagen

(1) Großbühnen müssen eine automatische Sprühwasserlöschanlage haben, die auch den Schutzvorhang beaufschlagt.

(2) Die Sprühwasserlöschanlage muss zusätzlich mindestens von zwei Stellen aus von Hand in Betrieb gesetzt werden können.

(3) In Großbühnen müssen neben den Ausgängen zu den Rettungswegen in Höhe der Arbeitsgalerien und des Schnürbodens Wandhydranten vorhanden sein.

(4) Großbühnen und Räume mit besonderen Brandgefahren müssen eine Brandmeldeanlage mit automatischen und nichtautomatischen Brandmeldern haben.

(5) Die Auslösung eines Alarmes muss optisch und akustisch am Platz der Brandsicherheitswache erkennbar sein.

Zur Auslegung der Feuerlöschleitungen ist die
– DIN 14462:2012-09 und
– DIN 1988-600:2010-12 zu beachten (siehe **Teil P**).

Erläuterungen zur MVStättV, Fassung Juni 2008 und Änderung vom Februar 2010, der ARGEBAU. Download unter www.is-argebau.de > Mustervorschriften/Mustererlasse > Bauaufsicht/Bautechnik > Erläuterungen zur MVStättV

Die Bauvorlagen sind durch den jeweils zuständigen Fachplaner zu erstellen und über den Ersteller des Brandschutzkonzeptes als Anlagen im Rahmen der Fortschreibung des Brandschutzkonzeptes der Bauaufsicht vorzulegen. Diese Anlagen dienen als Prüfgrundlagen für die Prüfsachverständigen.

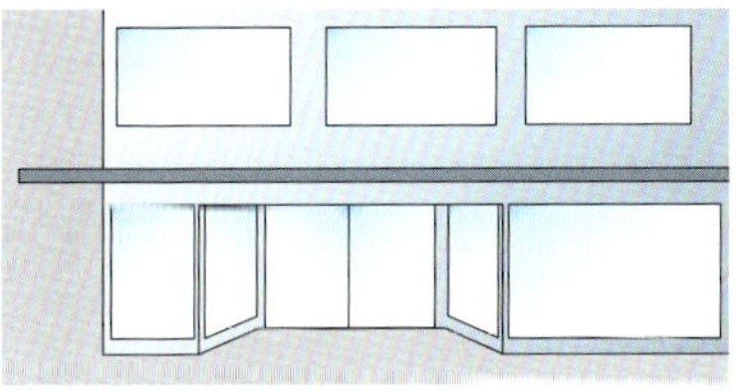

Muster-Verordnung über den Bau und Betrieb von Verkaufsstätten (Muster-Verkaufsstättenverordnung – MVkVO)
Fassung: September 1995, zuletzt geändert durch Beschluss der Fachkommission Bauaufsicht vom Juli 2014

Für Verkaufsstätten gelten die Regelungen der MLAR mit folgenden weitergehenden Anforderungen.

Auszug:

§ 1 Anwendungsbereich

Die Vorschriften dieser Verordnung gelten für jede Verkaufsstätte, deren Verkaufsräume und Ladenstraßen einschließlich ihrer Bauteile eine Fläche von insgesamt mehr als 2.000 m² haben.

§ 2 Begriffe

(1) Verkaufsstätten sind Gebäude oder Gebäudeteile, die
1. ganz oder teilweise dem Verkauf von Waren dienen,
2. mindestens einen Verkaufsraum haben und
3. keine Messebauten sind.

Zu einer Verkaufsstätte gehören alle Räume, die unmittelbar oder mittelbar, insbesondere durch Aufzüge oder Ladenstraßen, miteinander in Verbindung stehen; als Verbindung gilt nicht die Verbindung durch Treppenräume notwendiger Treppen sowie durch Leitungen, Schächte und Kanäle haustechnischer Anlagen.

(2) Erdgeschossige Verkaufsstätten sind Gebäude mit nicht mehr als einem Geschoß, dessen Fußboden an keiner Stelle mehr als 1 m unter der Geländeoberfläche liegt; dabei bleiben Treppenraumerweiterungen sowie Geschosse außer Betracht, die ausschließlich der Unterbringung haustechnischer Anlagen und Feuerungsanlagen dienen.

(3) Verkaufsräume sind Räume, in denen Waren zum Verkauf oder sonstige Leistungen angeboten werden oder die dem Kundenverkehr dienen, ausgenommen Treppenräume notwendiger Treppen, Treppenraumerweiterungen sowie Garagen. Ladenstraßen gelten nicht als Verkaufsräume.

(4) Ladenstraßen sind überdachte oder überdeckte Flächen, an denen Verkaufsräume liegen und die dem Kundenverkehr dienen.

D

(5) Treppenraumerweiterungen sind Räume, die Treppenräume mit Ausgängen ins Freie verbinden.

§ 3 Tragende Wände, Pfeiler und Stützen

Tragende Wände, Pfeiler und Stützen müssen feuerbeständig, bei erdgeschossigen Verkaufsstätten ohne Sprinkleranlagen mindestens feuerhemmend sein. Dies gilt nicht für erdgeschossige Verkaufsstätten mit Sprinkleranlagen.

Die Abschottungen von Leitungsanlagen müssen in Wänden und Decken, die auch raumabschließend sind, in entsprechender Feuerwiderstandsdauer eingebaut werden.

§ 5 Trennwände

(1) Trennwände zwischen einer Verkaufsstätte und Räumen, die nicht zur Verkaufsstätte gehören, müssen feuerbeständig sein und dürfen keine Öffnungen haben.

(2) In Verkaufsstätten ohne Sprinkleranlagen sind Lagerräume mit einer Fläche von jeweils mehr als 100 m² sowie Werkräume mit erhöhter Brandgefahr, wie Schreinereien, Maler- oder Dekorationswerkstätten, von anderen Räumen durch feuerbeständige Wände zu trennen. Diese Werk- und Lagerräume müssen durch feuerbeständige Trennwände so unterteilt werden, dass Abschnitte von nicht mehr als 500 m² entstehen. Öffnungen in den Trennwänden müssen mindestens feuerhemmende und selbstschließende Abschlüsse haben.

Die Abschottung von Leitungsanlagen muss in entsprechender Feuerwiderstandsdauer der Bauteile erfolgen.

§ 6 Brandabschnitte

(1) Verkaufsstätten sind durch Brandwände in Brandabschnitte zu unterteilen. Die Fläche der Brandabschnitte darf je Geschoß betragen in
1. erdgeschossigen Verkaufsstätten mit Sprinkleranlagen nicht mehr als 10.000 m²,
2. sonstigen Verkaufsstätten mit Sprinkleranlagen nicht mehr als 5.000 m²,
3. erdgeschossigen Verkaufsstätten ohne Sprinkleranlagen nicht mehr als 3.000 m²,
4. sonstigen Verkaufsstätten ohne Sprinkleranlagen nicht mehr als 1.500 m², wenn sich die Verkaufsstätten über nicht mehr als drei Geschosse erstrecken und die Gesamtfläche aller Geschosse innerhalb eines Brandabschnitts nicht mehr als 3.000 m² beträgt.

(2) Abweichend von Absatz 1 können Verkaufsstätten mit Sprinkleranlagen auch durch Ladenstraßen in Brandabschnitte unterteilt werden, wenn
1. die Ladenstraßen bis zu ihrem oberen Abschluss in voller Höhe zusammenhängend mindestens 10 m breit sind; in diesen Ladenstraßen sind Einbauten oder Einrichtungen innerhalb dieser Breite unzulässig, ausgenommen sind Fahrtreppen und Aufzüge sowie Einrichtungen der technischen Gebäudeausrüstung, die der Ladenstraße dienen; § 13 Abs. 5 bleibt unberührt;
2. die Ladenstraßen Öffnungen für den Wärmeabzug oder Wärmeabzugsgeräte an der obersten Stelle haben, die Öffnungen oder Geräte mindestens 1 m breit und möglichst durchlaufend und mittig angeordnet sind, wobei § 16 Absatz 7 und 9 sinngemäß anzuwenden ist;
3. das Tragwerk der Dächer der Ladenstraßen aus nicht brennbaren Baustoffen besteht und die Bedachung der Ladenstraße die Anforderungen nach § 8 Abs. 2 Nr. 1 und Abs. 3 Nr. 1 erfüllt.

(3) In Verkaufsstätten mit Sprinkleranlagen brauchen Brandwände abweichend von Absatz 1 im Kreuzungsbereich mit Ladenstraßen nicht hergestellt zu werden, wenn
1. die Ladenstraßen bis zu ihrem oberen Abschluss in voller Höhe eine zusammenhängende Breite über eine zusammen hängende Länge von jeweils mindestens 10 m beiderseits der Brandwände haben und
2. die Anforderungen nach Absatz 2 Nr. 2 Halbsatz 2, Nrn. 2 und 3 in diesem Bereich erfüllt sind.

(4) Öffnungen in den Brandwänden nach Absatz 1 sind zulässig, wenn sie feuerbeständige, dicht-und selbstschließende Abschlüsse haben. Die Abschlüsse müssen Feststellanlagen haben, die bei Raucheinwirkung ein selbsttätiges Schließen bewirken.

§ 7 Decken

(1) Decken müssen feuerbeständig sein und aus nichtbrennbaren Baustoffen bestehen. Decken über Geschossen, deren Fußboden an keiner Stelle mehr als 1 m unter der Geländeoberfläche liegt, sie brauchen nur
1. feuerhemmend zu sein und aus nichtbrennbaren Baustoffen zu bestehen in erdgeschossigen Verkaufsstätten ohne Sprinkleranlagen,
2. aus nichtbrennbaren Baustoffen zu bestehen in erdgeschossigen Verkaufsstätten mit Sprinkleranlagen.

Für die Beurteilung der Feuerwiderstandsfähigkeit bleiben abgehängte Unterdecken außer Betracht.

Die Abschottungen von Leitungsanlagen müssen in Wänden und Decken, die auch raumabschließend sind, in entsprechender Feuerwiderstandsdauer eingebaut werden.

§ 9 Bekleidungen, Dämmstoffe

(1) Außenwandbekleidungen einschließlich der Dämmstoffe und Unterkonstruktionen müssen bestehen aus
1. mindestens schwerentflammbaren Baustoffen bei Verkaufsstätten mit Sprinkleranlagen und bei erdgeschossigen Verkaufsstätten,
2. nichtbrennbaren Baustoffen bei sonstigen Verkaufsstätten ohne Sprinkleranlagen.

(2) Deckenbekleidungen einschließlich der Dämmstoffe und Unterkonstruktionen müssen aus nichtbrennbaren Baustoffen bestehen.

(3) Wandbekleidungen einschließlich der Dämmstoffe und Unterkonstruktionen müssen in Treppenräumen, Treppen-

räumen, Treppenraumerweiterungen, notwendigen Fluren und in Ladenstraßen aus nichtbrennbaren Baustoffen bestehen.

Die Forderung nach nichtbrennbaren Rohrleitungen und nichtbrennbaren Dämmstoffen für Leitungsanlagen kann aus diesen Anforderungen nicht abgeleitet werden (siehe auch Interpretation zur MHHR).

§ 10 Rettungswege in Verkaufsstätten

(1) Für jeden Verkaufsraum, Aufenthaltsraum und für jede Ladenstraße müssen in demselben Geschoß mindestens zwei voneinander unabhängige Rettungswege zu Ausgängen ins Freie oder zu Treppenräumen notwendiger Treppen vorhanden sein. Anstelle eines dieser Rettungswege darf ein Rettungsweg über Außentreppen ohne Treppenräume, Rettungsbalkone, Terrassen und begehbare Dächer auf das Grundstück führen, wenn hinsichtlich des Brandschutzes keine Bedenken bestehen; dieser Rettungsweg gilt als Ausgang ins Freie.

2) Von jeder Stelle
1. eines Verkaufsraumes in höchstens 25 m Entfernung,
2. eines sonstigen Raumes oder einer Ladenstraße in höchstens 35 m Entfernung

muss mindestens ein Ausgang ins Freie oder ein Treppenraum notwendiger Treppen erreichbar sein (erster Rettungsweg).

(3) Der erste Rettungsweg darf, soweit er über eine Ladenstraße führt, auf der Ladenstraße eine zusätzliche Länge von höchstens 35 m haben, wenn
1. der nach Absatz 1 erforderliche zweite Rettungsweg für Verkaufsräume nicht über diese Ladenstraße führt oder
2. der Verkaufsraum eine Fläche von insgesamt nicht mehr als 100 m2 und eine Raumtiefe von höchstens 10 m hat, großflächige Sichtbeziehungen zur Ladenstraße bestehen und die Ladenstraße in diesem Bereich über zwei entgegengesetzte Fluchtrichtungen ins Freie verfügt.

(4) In Verkaufsstätten mit Sprinkleranlagen oder in erdgeschossigen Verkaufsstätten darf der Rettungsweg nach Absatz 2 und 3 innerhalb von Brandabschnitten eine zusätzliche Länge von höchstens 35 m haben, soweit er über einen notwendigen Flur für Kunden mit einem Ausgang unmittelbaren ins Freie oder in einen Treppenraum notwendiger Treppen führt.

(5) Von jeder Stelle eines Verkaufsraumes muss ein Hauptgang oder eine Ladenstraße in höchstens 10 m Entfernung, gemessen in der Luftlinie, erreichbar sein.

(6) In Rettungswegen ist nur eine Folge von mindestens drei Stufen zulässig. Die Stufen müssen eine Stufenbeleuchtung haben.

Für die Stufenbeleuchtung sind akkugepufferte Einzelbatterieleuchten oder eine Sicherheitsbeleuchtung mit Funktionserhalt gemäß den Regelungen der MLAR 2016, Abschnitt 5 und den DIN VDE-Normen zu planen und umzusetzen.

(7) An Kreuzungen der Ladenstraßen und der Hauptgänge sowie an Türen im Zuge von Rettungswegen ist deutlich und dauerhaft auf die Ausgänge durch Sicherheitszeichen hinzuweisen. Die Sicherheitszeichen müssen beleuchtet sein.

(8) Die Entfernungen nach den Absätzen 2 bis 5 sind in der Luftlinie, jedoch nicht durch Bauteile zu messen. Die Länge der Lauflinie darf in Verkaufsräumen 35 m nicht überschreiten.

Für die Sicherheitszeichen sind akkugepufferte Einzelbatterieleuchten oder eine Sicherheitsbeleuchtung mit Funktionserhalt gemäß den Regelungen der MLAR 2016, Abschnitt 5 und den DIN VDE-Normen zu planen und umzusetzen.

§ 12 Treppenräume, Treppenraumerweiterungen

(1) Die Wände von Treppenräumen notwendiger Treppen müssen in der Bauart von Brandwänden hergestellt sein. Bodenbeläge müssen in Treppenräumen notwendiger Treppen aus nichtbrennbaren Baustoffen bestehen.

(2) Treppenraumerweiterungen müssen
1. die Anforderungen an Treppenräume erfüllen,
2. feuerbeständige Decken aus nichtbrennbaren Baustoffen haben und
3. mindestens so breit sein, wie die notwendigen Treppen, mit denen sie in Verbindung stehen.

Sie dürfen nicht länger als 35 m sein und keine Öffnungen zu anderen Räumen haben.

§ 13 Ladenstraßen, Flure, Hauptgänge

(1) Ladenstraßen müssen mindestens 5 m breit sein.

(2) Wände und Decken notwendiger Flure für Kunden müssen
1. feuerbeständig sein und aus nichtbrennbaren Baustoffen bestehen in Verkaufsstätten ohne Sprinkleranlagen,
2. mindestens feuerhemmend sein und in den wesentlichen Teilen aus nichtbrennbaren Baustoffen bestehen in Verkaufsstätten mit Sprinkleranlagen.

Bodenbeläge in notwendigen Fluren für Kunden müssen mindestens schwerentflammbar sein.

(3) Notwendige Flure für Kunden müssen mindestens 2 m breit sein. Für notwendige Flure für Kunden genügt eine Breite von 1,50 m, wenn die Flure für Verkaufsräume bestimmt sind, deren Fläche insgesamt nicht mehr als 500 m² beträgt.

(4) Hauptgänge müssen mindestens 2 m breit sein. Sie müssen auf möglichst kurzem Wege zu Ausgängen ins Freie, zu Treppenräumen notwendiger Treppen, zu notwendigen Fluren für Kunden oder zu Ladenstraßen führen. Verkaufsstände an Hauptgängen müssen unverrückbar sein.

(5) Ladenstraßen, notwendige Flure für Kunden und Hauptgänge dürfen innerhalb der nach den Absätzen 1, 3 und 4 erforderlichen Breiten nicht durch Einbauten oder Einrichtungen eingeengt sein.

Im Bereich notwendiger Flure, notwendigen Treppen/Treppenräumen und Ausgänge ins Freie gelten für die Verlegung von Leitungsanlagen die Regelungen der MLAR 2016, Abschnitt 3. Für andere Flure und Hauptgänge muss die MLAR 2016, Abschnitt 3 nicht angewendet werden.

D

§ 16 Rauchableitung

(1) In Verkaufsstätten müssen Verkaufsräume und sonstige Aufenthaltsräume mit jeweils mehr als 50 m² Grundfläche, Lagerräume mit mehr als 200 m² Grundfläche, Ladenstraßen sowie notwendige Treppenräume zur Unterstützung der Brandbekämpfung entraucht werden können.

(2) Die Anforderung des Absatzes 1 ist insbesondere erfüllt bei
1. Verkaufsräumen und sonstigen Aufenthaltsräumen bis 200 m² Grundfläche, wenn diese Räume Fenster nach § 47 Abs. 2 MBO (2012) haben,
2. Verkaufsräumen, sonstigen Aufenthaltsräumen und Lagerräumen mit nicht mehr als 1.000 m² Grundfläche, wenn diese Räume entweder an der obersten Stelle Öffnungen zur Rauchableitung mit einem freien Querschnitt von insgesamt 1 v. H. der Grundfläche oder im oberen Drittel der Außenwände angeordnete Öffnungen, Türen oder Fenster mit einem freien Querschnitt von insgesamt 2 v. H. der Grundfläche haben und Zuluftflächen in insgesamt gleicher Größe, jedoch mit nicht mehr als 12 m² freiem Querschnitt, vorhanden sind, die im unteren Raumdrittel angeordnet werden sollen,
3. Verkaufsräumen, sonstigen Aufenthaltsräumen und Lagerräumen mit mehr als 1.000 m² Grundfläche, wenn diese Räume Rauchabzugsanlagen haben, bei denen je höchstens 400 m² der Grundfläche mindestens ein Rauchabzugsgerät mit mindestens 1,5 m² aerodynamisch wirksamer Fläche im oberen Raumdrittel angeordnet wird, je höchstens 1.600 m² Grundfläche mindestens eine Auslösegruppe für die Rauchabzugsgeräte gebildet wird und Zuluftflächen im unteren Raumdrittel von insgesamt mindestens 12 m² freiem Querschnitt vorhanden sind,
4. Ladenstraßen mit nur auf einer Ebene liegenden Verkehrsflächen, wenn diese Ladenstraßen Rauchabzugsanlagen haben, bei denen je höchstens 20 m Länge der Ladenstraße mindestens ein Rauchabzugsgerät mit mindestens 1,5 m² aerodynamisch wirksamer Fläche im oberen Raumdrittel angeordnet wird, je 80 m Länge der Ladenstraße mindestens eine Auslösegruppe für die Rauchabzugsgeräte gebildet wird und Zuluftflächen im unteren Raumdrittel von insgesamt mindestens 12 m² freiem Querschnitt vorhanden sind; bei sonstigen Ladenstraßen, wenn die Ladenstraßen Rauchabzugsanlagen haben, bei denen die Größe und Anordnung der Rauchabzugsgeräte und der notwendigen Zuluftflächen hinsichtlich des Schutzziels des Absatzes 1 ausreichend bemessen sind.

(3) [1]Die Anforderung des Absatzes 1 ist insbesondere auch erfüllt, wenn in den Fällen des Absatzes 2 Nrn. 1 bis 3 und 4 Halbsatz 1 maschinelle Rauchabzugsanlagen vorhanden sind, bei denen je höchstens 400 m² der Grundfläche der Räume mindestens ein Rauchabzugsgerät oder eine Absaugstelle mit einem Luftvolumenstrom von.10 000 m³/h im oberen Raumdrittel angeordnet wird. [2]Bei Räumen mit mehr als 1.600 m² Grundfläche genügt
1. zu dem Luftvolumenstrom von 40 000 m³/h für die Grundfläche von 1.600 m² ein zusätzlicher Luftvolumenstrom von 5.000 m³/h je angefangene weitere 400 m² Grundfläche; der sich ergebende Gesamtvolumenstrom je Raum ist gleichmäßig auf die nach Satz 1 anzuordnenden Absaugstellen oder Rauchabzugsgeräte zu verteilen, oder
2. ein Luftvolumenstrom von mindestens 40.000 m³/h je Raum, wenn sichergestellt ist, dass dieser Luftvolumenstrom im Bereich der Brandstelle auf einer Grundfläche von höchstens 1.600 m² von den nach Satz 1 anzuordnenden Absaugstellen oder Rauchabzugsgeräten gleichmäßig gefördert werden kann.

[3]Die Zuluftflächen müssen im unteren Raumdrittel in solcher Größe und so angeordnet werden, dass eine maximale Strömungsgeschwindigkeit von 3 m/s nicht überschritten wird. [4]Anstelle der Rauchabzugsanlagen für sonstige Ladenstraßen nach Absatz 2 Nr. 4 Halbsatz 2 können maschinelle Rauchabzugsanlagen verwendet werden, wenn sie bezüglich des Schutzziels nach Absatzes 1 ausreichend bemessen sind

(4) Die Anforderung des Absatzes 1 ist auch erfüllt bei Räumen nach Absatz 2 Nrn. 1 bis 3 in Verkaufsstätten mit Sprinkleranlagen, wenn in diesen Räumen vorhandene Lüftungsanlagen automatisch bei Auslösen der Brandmeldeanlage oder, soweit § 20 Abs. 2 Nr. 2 Halbsatz 2 Anwendung findet, der Sprinkleranlage so betrieben werden, dass sie nur entlüften und die ermittelten Luftvolumenströme nach Absatz 3 Satz 1 und Satz 2 Nr. 1 einschließlich Zuluft erreicht werden, soweit es die Zweckbestimmung der Absperrvorrichtungen gegen Brandübertragung zulässt; in Leitungen zum Zweck der Entlüftung dürfen Absperrvorrichtungen nur thermische Auslöser haben.

(5) Die Anforderung des Absatzes 1 ist erfüllt bei
1. notwendigen Treppenräumen mit Fenstern gemäß § 35 Abs. 8 Satz 2 Nr. 1 MBO, wenn diese Treppenräume an der obersten Stelle eine Öffnung zur Rauchableitung mit einem freien Querschnitt von mindestens 1,0 m² haben, und
2. notwendigen Treppenräumen gemäß § 35 Abs. 8 Satz 2 Nr. 2 MBO, wenn diese Treppenräume Rauchabzugsgeräte mit insgesamt mindestens 1,0 m² aerodynamisch wirksamer Fläche haben, die im oder unmittelbar unter dem oberen Treppenraumabschluss angeordnet werden.

(6) Anstelle von Öffnungen zur Rauchableitung nach Absatz 2 Nr. 2 und Absatz 5 Nr. 1 sowie Rauchabzugsgeräten nach Absatz 5 Nr. 2 ist die Rauchableitung über Schächte mit strömungstechnisch äquivalenten Querschnitten zulässig, wenn die Wände der Schächte raumabschließend und so feuerwiderstandsfähig wie die durchdrungenen Bauteile, mindestens jedoch feuerhemmend sowie aus nichtbrennbaren Baustoffen sind.

(7) [1]Türen oder Fenster nach Absatz 2 Nr. 2, mit Abschlüssen versehene Öffnungen zur Rauchableitung nach Absatz 2 Nr. 2 und Absatz 5 Nr. 1 und Rauchabzugsgeräte nach Absatz 5 Nr. 2 müssen Vorrichtungen zum Öffnen haben, die von jederzeit zugänglichen Stellen aus leicht von Hand bedient werden können; sie können auch an einer jederzeit zugänglichen Stelle zusammengeführt werden. [2]In notwendigen Treppenräumen müssen die Vorrichtungen von jedem Geschoss aus bedient werden können. [3]Geschlossene Öffnungen, die als Zuluftflächen dienen, müssen leicht geöffnet werden können.

(8) Rauchabzugsanlagen müssen automatisch auslösen und von Hand von einer jederzeit zugänglichen Stelle ausgelöst werden können.

(9) [1]Manuelle Bedienungs- und Auslösestellen nach Absatz 7 und 8 sind mit einem Hinweisschild mit der Bezeichnung „RAUCHABZUG" und der Angabe des jeweiligen Raums zu versehen. [2]An den Stellen müssen die Betriebsstellung der jeweiligen Anlage sowie der Fenster, Türen, Abschlüsse und Rauchabzugsgeräte erkennbar sein.

(10) [1]Maschinelle Rauchabzugsanlagen sind für eine Betriebszeit von 30 Minuten bei einer Rauchgastemperatur von 600°C auszulegen. [2]Die Auslegung kann mit einer Rauchgastemperatur von 300°C erfolgen, wenn der Luftvolumenstrom des Raums mindestens 40.000 m³/h beträgt. [3]Die Zuluftzuführung muss durch automatische Ansteuerung und spätestens gleichzeitig mit Inbetriebnahme der der Anlage erfolgen. [4]Maschinelle Lüftungsanlagen können als maschinelle Rauchabzugsanlagen betrieben werden, wenn sie die an diese gestellten Anforderungen erfüllen.

Innerhalb der notwendigen Treppenräume ist gemäß MLAR 2016, Abschnitt 5.3.2, Aufzählung e) keine Funktionserhaltsverkabelung notwendig, wenn die Treppenräume mit Rauchmeldern überwacht werden und die Rauchabzugsanlagen automatisch öffnen.

§ 18 Sicherheitsbeleuchtung

(1) In Verkaufsstätten muss eine Sicherheitsbeleuchtung vorhanden sein, die so beschaffen ist, dass sich Besucher und Betriebsangehörige auch bei vollständigem Versagen der allgemeinen Beleuchtung bis zu öffentlichen Verkehrsflächen hin gut zurechtfinden können.

(2) Eine Sicherheitsbeleuchtung muss vorhanden sein
1. in notwendigen Treppenräumen, in Räumen zwischen notwendigen Treppenräumen und Ausgängen ins Freie und in notwendigen Fluren,
2. in Verkaufsräumen und allen übrigen Räumen für Besucher sowie Toilettenräumen mit mehr als 50 m² Grundfläche,
3. in Räumen für Beschäftigte mit mehr als 20 m² Grundfläche, ausgenommen Büroräume,
4. in elektrischen Betriebsräumen und Räumen für haustechnische Anlagen,
5. für Sicherheitszeichen von Ausgängen und Rettungswegen,
6. für Stufenbeleuchtungen.

Für die Sicherheitsbeleuchtung sind akkugepufferte Einzelbatterieleuchten oder eine Sicherheitsbeleuchtung mit Funktionserhalt gemäß den Regelungen der MLAR 2016, Abschnitt 5 und den DIN VDE-Normen zu planen und umzusetzen.

§ 20 Feuerlöscheinrichtungen, Brandmeldeanlagen und Alarmierungseinrichtungen, Brandfallsteuerung der Aufzüge

(1) [1]Verkaufsstätten müssen Sprinkleranlagen haben. [2]Dies gilt nicht für
1. erdgeschossige Verkaufsstätten nach § 6 Abs. 1 Nr. 3,
2. sonstige Verkaufsstätten nach § 6 Abs. 1 Nr. 4.

[3]Geschosse einer Verkaufsstätte nach Satz 2 Nr. 2 müssen Sprinkleranlagen haben, wenn sie mit ihrem Fußboden im Mittel mehr als 3 m unter der Geländeoberfläche liegen und Verkaufsräume mit einer Fläche von mehr als 500 m² haben.

(2) In Verkaufsstätten müssen vorhanden sein:
1. geeignete Feuerlöscher und Wandhydranten für die Feuerwehr (Typ F) in ausreichender Zahl, gut sichtbar und leicht zugänglich; im Einvernehmen mit der Brandschutzdienststelle kann auf Wandhydranten verzichtet oder können anstelle von Wandhydranten trockene Löschwasserleitungen zugelassen werden;
2. Brandmeldeanlagen mit automatischen und nichtautomatischen Brandmeldern; auf automatische Brandmelder kann in Verkaufsräumen verzichtet werden, wenn in diesen Räumen während der Betriebszeit ständig entsprechend eingewiesene Betriebsangehörige in ausreichender Anzahl anwesend sind; die Brandmeldungen müssen von der Brandmelderzentrale unmittelbar und automatisch zur Leitstelle der Feuerwehr weitergeleitet werden, automatische Brandmeldeanlagen müssen durch technische Maßnahmen gegen Falschalarme gesichert sein und
3. Alarmierungseinrichtungen, durch die alle Betriebsangehörigen alarmiert und Anweisungen an sie und an die Kunden gegeben werden können.

Die Regelungen der MLAR 2016 sind für Planung und Umsetzung dieser Anlagen zu beachten (siehe **Teil F** bis **Teil P**).

(3) [1]In Verkaufsstätten müssen die Aufzüge mit einer Brandfallsteuerung ausgestattet sein, die durch die Brandmeldeanlage ausgelöst wird. [2]Die Brandfallsteuerung muss sicherstellen, dass die Aufzüge ein Geschoss mit Ausgängen ins Freie oder das diesem nächstgelegene, nicht von der Brandmeldung betroffene Geschoss unmittelbar anfahren und dort mit geöffneten Türen außer Betrieb gehen.

§ 21 Sicherheitsstromversorgungsanlagen

Verkaufsstätten müssen eine Sicherheitsstromversorgungsanlage haben, die bei Ausfall der allgemeinen Stromversorgung den Betrieb der sicherheitstechnischen Anlagen und Einrichtungen übernimmt, insbesondere der
1. Sicherheitsbeleuchtung,
2. Beleuchtung der Stufen und Hinweise auf Ausgänge,
3. Sprinkleranlagen,
4. Rauchabzugsanlagen,
5. Schließeinrichtungen für Feuerschutzabschlüsse (z. B. Rolltore),
6. Brandmeldeanlagen,
7. Alarmierungseinrichtungen.

Die Regelungen der MLAR 2016 sind für Planung und Umsetzung dieser Anlagen zu beachten (siehe **Teil F** bis **Teil P**).

D

D

§ 29 Zusätzliche Bauvorlagen

Die Bauvorlagen müssen zusätzliche Angaben enthalten über
1. eine Berechnung der Flächen der Verkaufsräume und der Brandabschnitte,
2. eine Berechnung der erforderlichen Breiten der Ausgänge aus den Geschossen ins Freie oder in Treppenräume notwendiger Treppen,
3. die Sprinkleranlagen, die sonstigen Feuerlöscheinrichtungen und die Feuerlöschgeräte,
4. die Brandmeldeanlagen,
5. die Alarmierungseinrichtungen,
6. die Sicherheitsbeleuchtung und die Sicherheitsstromversorgung,
7. die Rauchabzugsvorrichtungen und Rauchabzugsanlagen,
8. die Rettungswege auf dem Grundstück und die Flächen für die Feuerwehr.

Die Bauvorlagen sind durch den jeweils zuständigen Fachplaner zu erstellen und über den Ersteller des Brandschutzkonzeptes als Anlagen im Rahmen der Fortschreibung des Brandschutzkonzeptes der Bauaufsicht vorzulegen. Diese Anlagen dienen als Prüfgrundlagen für die Prüfsachverständigen.

§ 30 Prüfungen

– aufgehoben –

Muster-Richtlinie über bauaufsichtliche Anforderungen an Schulen (Muster-Schulbau-Richtlinie-MSchulbauR)
Stand: April 2009

Auszug:

1 Anwendungsbereich

Diese Richtlinie gilt für Anforderungen nach § 51 Abs. 1 MBO[2] an allgemeinbildende und berufsbildende Schulen, soweit sie nicht ausschließlich der Unterrichtung Erwachsener dienen.[3]

3.3 Notwendige Flure

Notwendige Flure mit nur einer Fluchtrichtung (Stichflure) dürfen nicht länger als 10 m sein.

Im Bereich notwendiger Flure, notwendigen Treppen/Treppenräumen und Ausgänge ins Freie gelten für die Verlegung von Leitungsanlagen die Regelungen der MLAR 2016, Abschnitt 3. Für andere Flure und Hauptgänge muss die MLAR 2016, Abschnitt 3 nicht angewendet werden.

7 Blitzschutzanlagen

Schulen müssen Blitzschutzanlagen haben.

8 Sicherheitsbeleuchtung

Eine Sicherheitsbeleuchtung muss in Hallen, durch die Rettungswege führen, in notwendigen Fluren und notwendigen Treppenräumen sowie in fensterlosen Aufenthaltsräumen vorhanden sein.

Für die Sicherheitsbeleuchtung sind akkugepufferte Einzelbatterieleuchten oder eine Sicherheitsbeleuchtung mit Funktionserhalt gemäß den Regelungen der MLAR 2016, Abschnitt 5 und den DIN VDE-Normen zu planen und umzusetzen.

9 Alarmierungsanlagen

[1]Schulen müssen Alarmierungsanlagen haben, durch die im Gefahrenfall die Räumung der Schule oder einzelner Schulgebäude eingeleitet werden kann (Hausalarmierung). [2]Das Alarmsignal muss sich vom Pausensignal unterscheiden und in jedem Raum der Schule gehört werden können. [3]Das Alarmsignal muss mindestens an einer während der Betriebszeit der Schule ständig besetzten oder an einer jederzeit zugänglichen Stelle innerhalb der Schule (Alarmierungsstelle) ausgelöst werden können. [4]An den Alarmierungsstellen müssen sich Telefone befinden, mit denen jederzeit Feuerwehr und Rettungsdienst[11] unmittelbar alarmiert werden können.

Die Alarmierungsstelle muss jederzeit auch durch Schüler erreichbar sein. Dies gilt auch bei der Schulnutzung außerhalb der allgemeinen Schulzeit.

Die Alarmierung kann über die Pausenzeichen-Signalanlage erfolgen, wenn sich das Signal deutlich vom Pausensignal unterscheidet und ausreichend erkennbar ist.

Der Begriff Hausalarmierung ist als interne Alarmierung zu betrachten und nicht mit einer Hausalarmanlage zu verwechseln.

Ein elektrischer Funktionserhalt für die Alarmierungsanlage wird nicht ausdrücklich gefordert. Um Unstimmigkeiten zu vermeiden, ist dieser Punkt im Brandschutzkonzept eindeutig zu beschreiben.

---

[2] siehe § 45 Abs. 1 HBO.
[3] Diese Richtlinie erfasst nicht Hochschulen und Fachhochschulen, Akademien, Volkshochschulen, Musik-, Tanz- oder Fahrschulen oder vergleichbare Bildungseinrichtungen.
[11] und die Polizei

10 Sicherheitsstromversorgung

Sicherheitsbeleuchtung, Alarmierungsanlagen und Rauchabzugsanlagen müssen an eine Sicherheitsstromversorgungsanlage angeschlossen sein.

Zur Auslegung, Planung und Errichtung der Sicherheitsstromversorgung sind die MLAR 2016, Abschnitt 5, die EltbauVO und die DIN VDE-Normen zu beachten (siehe **Teil K** „Leitungsverlegung und Verteiler" sowie **Teil L** „Sicherheitsstromversorgung")

Erläuterungen zur MSchulBauR, Fassung April 2009, der ARGEBAU. Download unter www.is-argebau.de > Mustervorschriften/Mustererlasse > Bauaufsicht/Bautechnik > Erläuterungen zur MSchulBauR.

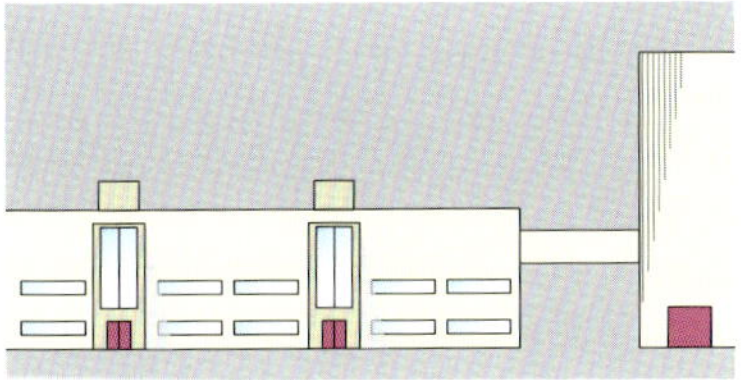

Muster-Richtlinie über den baulichen Brandschutz im Industriebau (Muster-Industriebaurichtlinie – MIndBauRL)

Fassung: Juli 2014

Für Industriebauten gelten ausschließlich die Regelungen der MLAR. Die folgenden Auszuge sind im Hinblick auf die MLAR zu beachten.

Auszug:

1 Ziel

Ziel dieser Richtlinie ist es, die Mindestanforderungen an den Brandschutz von Industriebauten zu regeln, insbesondere an
- die Feuerwiderstandsfähigkeit der Bauteile,
- die Brennbarkeit der Baustoffe,
  die Größe der Brandabschnitte bzw. Brandbekämpfungsabschnitte,
- die Anordnung, Lage und Länge der Rettungswege.

Industriebauten, die den Anforderungen dieser Richtlinie entsprechen, erfüllen die Schutzziele des § 14 MBO.

2 Anwendungsbereich

Diese Richtlinie gilt für:
- Industriebauten nach Abschnitt 3.1, die keine Aufenthaltsräume in einer Höhe von mehr als 22 m i. S. von § 2 Abs. 3 Satz 2 MBO haben.
- Industriebauten, die Aufenthaltsräume (§ 2 Abs. 5 MBO) in einer Höhe von mehr als 22 m i.S. von § 2 Abs. 3 Satz 2 MBO haben, welche nur vorübergehend zu Wartungs- und Kontrollzwecken begangen werden. Für diese Industriebauten ist die Muster-Hochhausrichtlinie nicht anzuwenden.

Diese Richtlinie gilt nicht für Reinraumgebäude.

Für Industriebauten mit geringeren Brandgefahren, wie

- Industriebauten, die überwiegend offen sind, wie überdachte Freianlagen oder Freilager, oder die aufgrund ihres Verhaltens im Brandfall diesen gleichgestellt werden können,
- Industriebauten, die lediglich der Aufstellung technischer Anlagen dienen und die nur vorübergehend zu Wartungs- und Kontrollzwecken begangen werden, (Einhausungen, z. B. aus Gründen des Witterungs- oder Immissionsschutzes),

können Erleichterungen gestattet werden, wenn die bauordnungsrechtlichen Schutzziele erfüllt sind.

Weitergehende Anforderungen können gestellt werden z. B. für Regallager mit brennbarem Lagergut und einer Oberkante Lagerguthöhe von mehr als 9,0 m.

Im Rahmen der Industriebau-Richtlinie sind alle relevanten baurechtlichen Anforderungen wie folgt umzusetzen:

Die Abschottung von Leitungsanlagen muss in entsprechender Feuerwiderstandsdauer der raumabschließenden Bauteile erfolgen.

Im Bereich notwendiger Treppenräume, Räume zwischen notwendigen Treppenräumen und Ausgängen ins Freie und notwendigen Fluren gelten für die Verlegung von Leitungsanlagen die Regelungen der MLAR 2016, Abschnitt 3. Für andere Flure und Hauptgänge muss die MLAR 2016, Abschnitt 3 nicht angewendet werden. Eine grafische Dokumentation in den Brandschutzplänen ist dringend zu empfehlen.

Zur Auslegung, Planung und Errichtung der Sicherheitsstromversorgung und der Sicherheitsbeleuchtung sind die MLAR 2016, Abschnitt 5, die EltbauVO und die DIN VDE-Normen zu beachten (siehe Teil K „Leitungsverlegung und Verteiler" sowie **Teil L** „Sicherheitsstromversorgung").

Für die Sicherheitsbeleuchtung sind akkugepufferte Einzelbatterieleuchten oder eine Sicherheitsbeleuchtung mit Funktionserhalt gemäß den Regelungen der MLAR 2016, Abschnitt 5 und den DIN VDE-Normen zu planen und umzusetzen.

Zur Auslegung der Brandmeldeanlagen sind die DIN 14675 Teil 1, DIN EN 54 und die DIN VDE-Normen zu beachten (siehe **Teil M**).

Eine Brandfallsteuermatrix für die visuelle Darstellung und Erläuterung der Brandfallsteuerung und Wirkweise der Brandmeldeanlage empfiehlt sich für die Planung und Errichtung der Anlage.

Zur Auslegung der Feuerlöschleitungen ist die
- DIN 14462:2012-09 und
- DIN 1988-600:2010-12 zu beachten (siehe **Teil P**).

D

8 Zusätzliche Bauvorlagen

Die Bauvorlagen müssen, soweit erforderlich, zusätzlich zu § 11 Abs. 1 MBauVorlV* folgende Angaben erhalten:
- zur Zuordnung des Industriebaus zu den Sicherheitskategorien
- über das gewählte Verfahren nach Abschnitt 6 oder 7, oder Anhang 1
- zur Gebäudefunkanlage
- Lagerbereiche unter Vordächern, vor Außenwänden und auf Freiflächen

beim Nachweis nach Abschnitt 6
- zur Größe der Brandabschnitte, Flächen und Lage von Einbauten in den Geschossen, Lage der Brandwände und zu den Freiflächen nach 6.4.1

beim Nachweis nach Abschnitt 7
- zur Berechnung nach DIN 18230-1 mit den Unterlagen zur Dokumentation mit den festgelegten Eingangsparametern, insbesondere der rechnerischen Brandbelastung nach DIN 18230-1
- Größe der Brandbekämpfungsabschnitte, Höhenlage und Flächen der Ebenen, Fläche und Lage von Einbauten innerhalb der Brandbekämpfungsabschnitte

Im Übrigen gilt § 11 Abs. 2 Sätze 1 und 3 MBauVorlV* entsprechend.

Die Bauvorlagen sind durch den jeweils zuständigen Fachplaner zu erstellen und über den Ersteller des Brandschutzkonzeptes als Anlagen im Rahmen der Fortschreibung des Brandschutzkonzeptes der Bauaufsicht vorzulegen. Diese Anlagen dienen als Prüfgrundlagen für die Prüfsachverständigen.

Erläuterungen zur MIndBauRL, Fassung AprilMärz 2000, der ARGEBAU. Download unter www.is-argebau.de > Mustervorschriften/Mustererlasse > Bauaufsicht/Bautechnik > Erläuterungen zur MIndBauRL

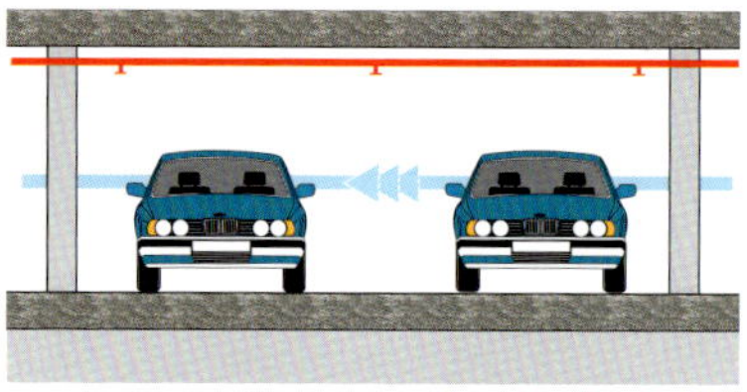

Muster einer Verordnung über den Bau und Betrieb von Garagen (Muster-Garagenverordnung M-GarVO)

Fassung: Mai 2008

Für Klein-, Mittel- und Großgaragen gelten die Regelungen der MLAR mit weitergehenden Anforderungen

Auszug:

§ 1 Begriffe und allgemeine Anforderungen

(1) Offene Garagen sind Garagen, die unmittelbar ins Freie führende unverschließbare Öffnungen in einer Größe von insgesamt mindestens einem Drittel der Gesamtfläche der Umfassungswände haben, bei denen mindestens zwei sich gegenüberliegende Umfassungswände mit den ins Freie führenden Öffnungen nicht mehr als 70 m voneinander entfernt sind und bei denen eine ständige Querlüftung vorhanden ist.

(2) Offene Kleingaragen sind Kleingaragen, die unmittelbar ins Freie führende unverschließbare Öffnungen in einer Größe von insgesamt mindestens einem Drittel der Gesamtfläche der Umfassungswände haben.

(3) Geschlossene Garagen sind Garagen, die die Voraussetzungen nach den Absätzen 1 und 2 nicht erfüllen.

(4) Oberirdische Garagen sind Garagen, deren Fußboden im Mittel nicht mehr als 1,50 m unter der Geländeoberfläche liegt.

(5) Automatische Garagen sind Garagen ohne Personen- und Fahrverkehr, in denen die Kraftfahrzeuge mit mechanischen Förderanlagen von der Garagenzufahrt zu den Garageneinstellplätzen befördert und ebenso zum Abholen an die Garagenausfahrt zurückbefördert werden.

(6) Ein Einstellplatz ist eine Fläche, die dem Abstellen eines Kraftfahrzeuges in einer Garage oder auf einem Stellplatz dient.

(7) Die Nutzfläche einer Garage ist die Summe aller miteinander verbundenen Flächen der Garageneinstellplätze und der Verkehrsflächen. Die Nutzfläche einer automatischen Garage ist die Summe der Flächen aller Garageneinstellplätze. Einstellplätze auf Dächern (Dacheinstellplätze) und die dazugehörigen Verkehrsflächen werden der Nutzfläche nicht zugerechnet, soweit nichts anderes bestimmt ist.

(8) Es sind Garagen mit einer Nutzfläche
1. bis 100 m^2 Kleingaragen,
2. über 100 m^2 bis 1000 m^2 Mittelgaragen,
3. über 1000 m^2 Großgaragen.

(9) Soweit in dieser Verordnung nichts Abweichendes geregelt ist, sind auf tragende und aussteifende sowie auf raumabschließende Bauteile von Garagen die Anforderungen der Musterbauordnung an diese Bauteile in Gebäuden der Gebäudeklasse 5 anzuwenden; die Erleichterungen des § 30 Abs. 3 Satz 2, § 31 Abs. 4 Nrn. 1 und 2, § 36 Abs. 1 Satz 2 Nr. 2, § 39 Abs. 1 Satz 3 Nr. 4, § 40 Abs. 1 Nrn. 1 und 3 sowie des § 41 Abs. 5 Nrn. 1 und 3 MBO sind nicht anzuwenden.

§ 6 Tragende Wände, Decken, Dächer

(1) Tragende Wände von Garagen sowie Decken über und unter Garagen und zwischen Garagengeschossen müssen feuerbeständig sein.

(2) Liegen Einstellplätze nicht mehr als 22 m über der Geländeoberfläche, so brauchen Wände und Decken nach Absatz 1
1. bei oberirdischen Mittel- und Großgaragen nur feuerhemmend und aus nichtbrennbaren Baustoffen zu sein, soweit sich aus den §§ 27 und 31 MBO keine weitergehenden Anforderungen ergeben,
2. bei offenen Mittel- und Großgaragen in Gebäuden, die allein der Garagennutzung dienen, nur aus nichtbrennbaren Baustoffen zu bestehen.

(3) Wände und Decken nach Absatz 1 brauchen bei eingeschossigen oberirdischen Mittel- und Großgaragen auch mit Dacheinstellplätzen, wenn das Gebäude allein der Garagennutzung dient, nur feuerhemmend zu sein oder aus nichtbrennbaren Baustoffen zu bestehen

Die Abschottung von Leitungsanlagen müssen in Wänden und Decken, die auch raumabschließend sind, in entsprechender Feuerwiderstandsdauer eingebaut werden.

(4) Wände und Decken nach Absatz 1 brauchen bei automatischen Garagen nur aus nichtbrennbaren Baustoffen zu bestehen, wenn das Gebäude allein als automatische Garage genutzt wird.

(5) Für befahrbare Dächer von Garagen gelten die Anforderungen an Decken.

(6) Bekleidungen und Dämmschichten unter Decken und Dächern müssen
1. bei Großgaragen aus nichtbrennbaren,
2. bei Mittelgaragen aus mindestens schwerentflammbaren

Baustoffen bestehen. Bei Großgaragen dürfen Bekleidungen aus mindestens schwerentflammbaren Baustoffen bestehen, wenn deren Bestandteile volumenmäßig überwiegend nichtbrennbar sind und deren Abstand zur Decke oder zum Dach höchstens 0,02 m beträgt.

Die Forderung nach nichtbrennbaren Rohrleitungen und nichtbrennbaren Dämmstoffen für Leitungsanlagen kann aus diesen Anforderungen nicht abgeleitet werden (siehe auch Interpretation zur MHHR).

(7) Für Pfeiler und Stützen gelten die Absätze 1 bis 6 sinngemäß.

§ 8 Trennwände, sonstige Innenwände und Tore

(1) Trennwände zwischen Garagen und anders genutzten Räumen müssen § 29 Abs. 3 Satz 1 MBO entsprechen. Wände zwischen Mittel- oder Großgaragen und anderen Gebäuden müssen feuerbeständig sein.

Die Abschottung von Leitungsanlagen muss in entsprechender Feuerwiderstandsdauer der Bauteile erfolgen.

(2) In Mittel- und Großgaragen müssen sonstige Innenwände und Tore, Einbauten, insbesondere Einrichtungen für mechanische Parksysteme, aus nichtbrennbaren Baustoffen bestehen.

§ 11 Rauchabschnitte, Brandabschnitte

(1) Geschlossene Garagen, ausgenommen automatische Garagen, müssen durch mindestens feuerhemmende, aus nichtbrennbaren Baustoffen bestehende Wände in Rauchabschnitte unterteilt sein. Die Nutzfläche eines Rauchabschnitts darf
1. in oberirdischen geschlossenen Garagen höchstens 5000 m²,
2. in sonstigen geschlossenen Garagen höchstens 2500 m²

betragen; sie darf höchstens doppelt so groß sein, wenn die Garagen Sprinkleranlagen haben. Ein Rauchabschnitt darf sich auch über mehrere Geschosse erstrecken.

Die Abschottung von Leitungsanlagen muss in entsprechender Feuerwiderstandsdauer der Bauteile erfolgen.

(2) Öffnungen in den Wänden nach Absatz 1 müssen mit Rauchschutzabschlüssen versehen sein. Abweichend davon sind dicht- und selbstschließende Abschlüsse aus nichtbrennbaren Baustoffen zulässig. Die Abschlüsse müssen Feststellanlagen haben, die bei Raucheinwirkung ein selbsttätiges Schließen bewirken; sie müssen auch von Hand geschlossen werden können.

§ 13 Rettungswege

(3) In Mittel- und Großgaragen müssen dauerhafte und leicht erkennbare Hinweise auf die Ausgänge vorhanden sein. In Großgaragen müssen die zu den notwendigen Treppen oder zu den Ausgängen ins Freie führende Wege auf dem Fußboden durch dauerhafte und leicht erkennbare Markierungen sowie an den Wänden durch beleuchtete Hinweise gekennzeichnet sein.

(4) Für Dacheinstellplätze gelten die Absätze 1 bis 3 sinngemäß.

(5) Die Absätze 1 bis 3 gelten nicht für automatische Garagen.

§ 14 Beleuchtung

(1) In Mittel- und Großgaragen muss eine allgemeine elektrische Beleuchtung vorhanden sein. Sie muss so beschaffen und mindestens in zwei Stufen derartig schaltbar sein, dass an allen Stellen der Nutzflächen und Rettungswege in der

ersten Stufe eine Beleuchtungsstärke von mindestens 1 Lux und in der zweiten Stufe von mindestens 20 Lux erreicht wird.

(2) In geschlossenen Großgaragen, ausgenommen eingeschossige Großgaragen mit festem Benutzerkreis, muss zur Beleuchtung der Rettungswege eine Sicherheitsbeleuchtung vorhanden sein.

D

(3) Die Absätze 1 und 2 gelten nicht für automatische Garagen.

Die Regelungen der MLAR 2016 sind für Planung und Umsetzung dieser Anlagen zu beachten (siehe **Teil F** bis **Teil P**).

§ 16 Feuerlöschanlagen

(1) Nichtselbsttätige Feuerlöschanlagen wie halbstationäre Sprühwasser-Löschanlagen oder Leichtschaum-Löschanlagen müssen vorhanden sein
1. in geschlossenen Garagen mit mehr als 20 Einstellplätzen auf kraftbetriebenen Hebebühnen, wenn jeweils mehr als zwei Kraftfahrzeuge übereinander angeordnet werden können,
2. in automatischen Garagen mit nicht mehr als 20 Einstellplätzen.
   Die Art der Feuerlöschanlage ist im Einzelfall im Benehmen mit der für den Brandschutz zuständigen Dienststelle *) festzulegen

*) nach Landesrecht

(2) Sprinkleranlagen müssen vorhanden sein
1. in Geschossen von Großgaragen, wenn der Fußboden der Geschosse mehr als 4 m unter der Geländeoberfläche liegt und das Gebäude nicht allein der Garagennutzung dient; dies gilt nicht, wenn die Großgarage zu Geschossen mit anderer Nutzung in keiner Verbindung steht,
2. in automatischen Garagen mit mehr als 20 Garageneinstellplätzen.

Die Regelungen der MLAR 2016 sind für Planung und Umsetzung dieser Anlagen zu beachten (siehe **Teil P**).

§ 17 Brandmeldeanlagen

Geschlossene Mittel- und Großgaragen müssen Brandmeldeanlagen haben, wenn sie in Verbindung stehen mit baulichen Anlagen oder Räumen, für die Brandmeldeanlagen erforderlich sind.

Da es sich um unterschiedliche Schutzbereiche handelt, dürfen die Schutzklassen der Überwachungsbereiche voneinander abweichen. Die Regelungen der MLAR 2016 sind für Planung und Umsetzung dieser Anlagen zu beachten (siehe **Teil M**)

§ 18 Betriebsvorschriften für Garagen

(1) In Mittel- und Großgaragen muss die allgemeine elektrische Beleuchtung nach § 14 Absatz 1 während der Benutzungszeit ständig mit einer Beleuchtungsstärke von mindestens 1 Lux eingeschaltet sein, soweit nicht Tageslicht mit einer entsprechenden Beleuchtungsstärke vorhanden ist.

(2) Maschinelle Lüftungsanlagen und CO-Warnanlagen müssen so gewartet werden, dass sie ständig betriebsbereit sind. CO-Warnanlagen müssen ständig eingeschaltet sein.

§ 20 Bauvorlagen

Die Bauvorlagen müssen zusätzliche Angaben enthalten über:
1. die Zahl, Abmessung und Kennzeichnung der Einstellplätze und Fahrgassen,
2. die Brandmelde- und Feuerlöschanlagen,
3. die CO-Warnanlagen,
4. die maschinellen Lüftungsanlagen,
5. die Sicherheitsbeleuchtung.

Die Bauvorlagen sind durch den jeweils zuständigen Fachplaner zu erstellen und über den Ersteller des Brandschutzkonzeptes als Anlagen im Rahmen der Fortschreibung des Brandschutzkonzeptes der Bauaufsicht vorzulegen. Diese Anlagen dienen als Prüfgrundlagen für die Prüfsachverständigen.

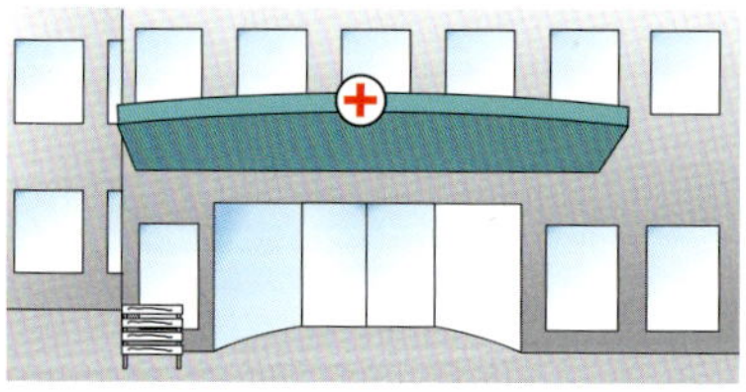

Muster einer Verordnung Über den Bau und Betrieb von Krankenhäusern – aufgehoben (Krankenhausbauverordnung – KhBauVO)

Fassung: Dezember 1976

§ 1 Geltungsbereich

Die Vorschriften dieser Verordnung gelten für den Bau und Betrieb von Krankenhäusern und anderen baulichen Anlagen mit entsprechender Zweckbestimmung. Sie gelten sinngemäß für Polikliniken, soweit die Zweckbestimmung es erfordert.

Die Muster-Krankenhausbauverordnung wurde durch die ARGEBAU zurückgezogen. Die Begründung lautet, dass kaum noch neue Krankenhäuser erstellt werden.
Für die bestehenden Krankenhäuser gilt der genehmigte Bestand unter Anwendung der damaligen Krankenhausbauverordnung.
Bei wesentlichen Umbauten im Bereich des gebäudetechnischen Brandschutzes gelten die aktuellen baurechtlichen Regelungen der Technischen Baubestimmungen, z. B. MLAR, M-LüAR, MSysBöR, und die a.a.R.d.T. der relevanten Gewerke.
Bei wesentlichen Umbaumaßnahmen im baulichen Bereich ist ein projketspezifisches Brandschutzkonzept zu erstellen.

Zusammenfassung Teil D-VI.

„Baurechtliche Anforderungen aus Sonderbauverordnungen und -richtlinien"

In diesem Kapitel wurden die spezifischen Anforderungen an Sonderbauten im Zusammenhang mit Leitungsanlagen dargestellt und kommentiert. Aufgrund der vielfältigen baulichen und sicherheitstechnischen Anforderungen konnte die Darstellung nur an Beispielen erfolgen.

Bei Sonderbauten ist die Erstellung eines spezifischen Brandschutzkonzeptes zwingend erforderlich, damit alle relevanten Sicherheitsanforderungen erfasst werden.

In vielen Bundesländern wird die Erstellung eines Brandschutzkonzeptes bei Sonderbauten grundsätzlich bauaufsichtlich gefordert.

Ein ausgereiftes Brandschutzkonzept mit projektspezifischer Anpassung an die brandschutztechnischen Anforderungen und Anlagen zum gebäudetechnischen Brandschutz kann mehr Geld sparen als es kostet.

Folgende Beschreibungen zum gebäudetechnischen Brandschutz sind als Anlage zum Brandschutzkonzept zu empfehlen:

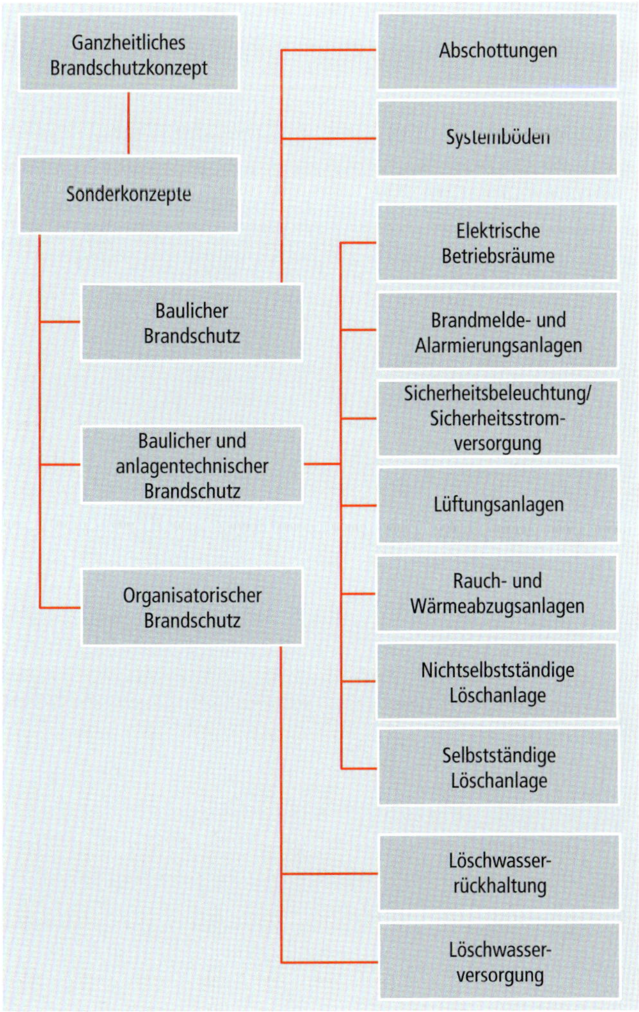

Als wesentlicher Schritt zur Qualitätsverbesserung „Brandschutz" ist die Einsetzung eines Fachbauleiters Brandschutz dem Bauherrn zu empfehlen. Seine Aufgabe ist es brandschutztechnische Mängel bereits während der Planung und Ausführung zu verhindern. Diese Maßnahme erhöht die Sicherheit für den Bauherrn und kann für alle Gewerke erhebliche Kosten durch eine rechtzeitige und problemlose Abnahme einsparen.

D

Bild D-VI–5: Schematische Darstellung notwendiger Anlagen zum gebäudetechnischen Brandschutz

Teil E Mitgeltende Normen und Regelungen

E-I. Mitgeltende Normen und Regelungen für die Planung und Ausführung von Leitungsanlagen, Systemböden und zum Bau von elektrischen Betriebsräumen im Sinne der MLAR, MSysBöR und der EltBauVO

Die nachfolgende Auflistung beschreibt ausgewählte Normen und Regelungen, die über die MLAR, MSysBöR und die EltBauVO hinaus für die Planung und Ausführung bedeutsam sind. Die Auflistung ist weder vollständig noch abschließend, sie stellt Auszüge der wesentlichen technischen Regelwerke dar.

Hinweis:
Die eingeführten Technischen Baubestimmungen sind gemäß MBO, § 85a Abs. 1 Satz zu beachten.
„Die von der obersten Bauaufsichtsbehörde durch öffentliche Bekanntmachung als Technische Baubestimmungen eingeführten technischen Regeln sind zu beachten."

In einigen Landesbauordnungen wird dazu ausgeführt, dass die Technischen Baubestimmungen als allgemein anerkannte Regeln der Technik gelten.
„Als allgemein anerkannte Regeln der Technik gelten auch die von der obersten Bauaufsichtsbehörde durch öffentliche Bekanntmachung als Technische Baubestimmungen eingeführten technischen Regeln."

Andere technische Regeln können ebenfalls allgemein anerkannte Regeln der Technik sein, diese Vermutungswirkung betrifft bspw. sowohl die Weißdrucke der Normen des Deutschen Instituts für Normung (DIN, DIN EN) als auch auf die DIN VDE-Normen, die DVGW-Regelwerke und die Richtlinien des Verein Deutscher Ingenieure e. V. zu.

Weißdrucke stellen die endgültige Fassung einer verabschiedeten Richtlinie dar. Während der Regelsetzung kann jedermann in einem öffentlichen Einspruchsverfahren seine Bedenken äußern.

Für die Bauaufsichtsbehörden gilt allerdings der Grundsatz, dass mindestens die Anforderungen der eingeführten Technischen Baubestimmungen erfüllt sein müssen. Wenn von diesen Bestimmungen abgewichen wird, ist nachzuweisen, wie die öffentlich-rechtlichen Schutzziele auf andere Art und Weise gleichwertig gewährleistet werden können.

MBO § 85a, Absatz 1:
(1) [1]Die Anforderungen nach § 3 können durch Technische Baubestimmungen konkretisiert werden. [2]Die Technischen Baubestimmungen sind zu beachten. [3]Von den in den Technischen Baubestimmungen enthaltenen Planungs-, Bemessungs- und Ausführungsregelungen kann abgewichen werden, wenn mit einer anderen Lösung in gleichem Maße die Anforderungen erfüllt werden und in der Technischen Baubestimmung eine Abweichung nicht ausgeschlossen ist; §§ 16a Abs. 2, 17 Abs. 1 und 67 Abs. 1 bleiben unberührt.

DIN 4102 „Brandverhalten von Baustoffen und Bauteilen"

In der DIN 4102 werden in den Teilen 1–18 Aussagen und Anforderungen zum Brandverhalten von Baustoffen und Bauteilen getroffen.

Teil 1: Baustoffe; Begriffe, Anforderungen und Prüfungen
Teil 2: Bauteile, Begriffe, Anforderungen und Prüfungen
Teil 3: Brandwände und nichttragende Außenwande, Begriffe, Anforderungen und Prüfungen
Teil 4: Zusammenstellung und Anwendung klassifizierter Baustoffe, Bauteile und Sonderbauteile
Teil 5: Feuerschutzabschlüsse, Abschlüsse in Fahrschachtwänden und gegen feuerwiderstandsfähige Verglasungen, Begriffe, Anforderungen und Prüfungen
Teil 6: Lüftungsleitungen, Begriffe, Anforderungen und Prüfungen
Teil 7: Bedachungen; Begriffe, Anforderungen und Prüfungen
Teil 8: Kleinprüfstand
Teil 9: Kabelabschottungen; Begriffe, Anforderungen und Prüfungen
Teil 11: Rohrummantelungen, Rohrabschottungen, Installationsschächte und -kanäle sowie Abschlüsse ihrer Revisionsöffnungen; Begriffe, Anforderungen und Prüfungen
Teil 12: Funktionserhalt von elektrischen Kabelanlagen; Anforderungen und Prüfungen
Teil 13: Brandschutzverglasungen; Begriffe, Anforderungen und Prüfungen
Teil 14: Bodenbeläge und Bodenbeschichtungen; Bestimmung der Flammenausbreitung bei Beanspruchung mit einem Wärmestrahler
Teil 15: Brandschacht
Teil 16: Durchführung von Brandschachtprüfungen
Teil 17: Schmelzpunkt von Mineralfaser-Dämmstoffen; Begriffe, Anforderungen, Prüfung
Teil 18: Feuerschutzabschlüsse; Nachweis der Eigenschaft „selbstschließend" (Dauerfunktionsprüfung)

Legende für die nachfolgende Tabelle:
B = Allgemein gültige Norm für Bereiche des vorbeugenden und gebäudetechnischen Brandschutzes und anderen Regelungen/Verordnungen/Richtlinien
VOB-C = Allgemeine technische Vertragsbedingungen
HLS = Normen und Regelwerke zur Planung und Ausführung von Heizungs-, Lüftungs-, Sanitär- und Kälteanlagen
VDE = Normen und Bestimmungen zur Planung und Ausführung von elektrischen Anlagen
SysBöR = Normen und Regelwerke zu Systemböden
BMA = Normen und Regelwerke zur Planung und Ausführung von Brandmeldeanlagen
Alm = Normen und Regelwerke zur Alarmierung

E

E

Bereich	Mitgeltende Norm	Inhalte/besondere Anforderungen der mitgeltenden Normen
B	**DIN 4102-1:1998-05** Brandverhalten von Baustoffen und Bauteilen – Teil 1: Baustoffe, Begriffe, Anforderungen und Prüfungen	In dieser Norm werden brandschutztechnische Begriffe, Anforderungen, Prüfungen und Kennzeichnungen für Baustoffe festgelegt, z. B. plattenförmige Materialien, Verbundwerkstoffe, Bekleidung, Dämmstoffe, Beschichtung, Rohre.
B	**DIN 4102-4:2016-05** Brandverhalten von Baustoffen und Bauteilen – Teil 4: Zusammenstellung und Anwendung klassifizierter Baustoffe, Bauteile und Sonderbauteile	In dieser Norm wird das Brandverhalten von Baustoffen und Bauteilen dokumentiert. – Abschnitt 1: Allgemeines – Abschnitt 2: Normative Verweisungen – Abschnitt 3: Symbole und Abkürzungen – Abschnitt 4: Klassifizierte Baustoffe – Abschnitt 5: Klassifizierte Betonbauteile – Abschnitt 6: Klassifizierte Bauteile aus bewehrtem Porenbeton – Abschnitt 7: Klassifizierte Stahlbauteile – Abschnitt 8: Klassifizierte Holzbauteile – Abschnitt 9: Klassifizierte Bauteile aus Mauerwerk – Abschnitt 10: Wand, Dach- und Deckenkonstruktionen im Holzbau und Ausbau – Abschnitt 11: Klassifizierte Sonderbauteile mit Ausnahme von Brandwänden
B	**DIN EN 1366: div. Ausgabedaten** Feuerwiderstandsprüfungen für Installationen Teil 1: Lüftungsleitungen Teil 2: Brandschutzklappen Teil 3: Abschottungen Teil 4: Abdichtungssysteme für Bauteilfugen Teil 5: Installationskanäle und -schächte Teil 6: Doppel- und Hohlböden Teil 7: Förderanlagen und ihre Abschlüsse Teil 8: Entrauchungsleitungen Teil 9: Entrauchungsleitungen für eine Einzelabschnitt Teil 10: Entrauchungsklappen Teil 11: Brandschutzsysteme für Kabelanlagen Teil 12: Nichtmechanische Brandschutzverschlüsse für Lüftungsleitungen Teil 13: Abgasanlagen	Diese Europäische Norm regelt die Prüfungen von Bauteilen, die der Erhaltung eines bestimmten Feuerwiderstandes gelten.
B	**VDI-Richtlinie 3819 Blatt 2:2004-01** Brandschutz in der Gebäudetechnik - Funktionen und Wechselwirkungen	In dieser Richtlinie wird eine erforderliche gewerkeübergreifende Erfassung und Koordinierung sämtlicher in einem Gebäude tätigen technischen Gewerke im Rahmen des Brandschutzkonzeptes aufgezeigt. Die Funktionen der technischen Gewerke werden in ihren potenziellen Wechselwirkungen – z. B. bei Stromausfall oder im Brandfall – dargestellt. Auf die zwingende Gewährleistung der Schutzziele in jeder Brandphase wird verwiesen.
B	**ArbStättV – Arbeitsstätten-verordnung** August 2004	Unter „Besondere Anforderung an das Betreiben von Arbeitsstätten" wird darauf hingewiesen, dass der Arbeitgeber die Sicherheitseinrichtungen zur Verhütung oder Beseitigung von Gefahren – insbesondere raumlufttechnische Anlagen – in regelmäßigen Abständen sachgerecht warten und auf ihre Funktionsfähigkeit hin prüfen muss.
B	**DIN EN 13501-1:2010-01** Klassifizierung von Bauprodukten und Bauarten	Klassifizierung von Bauprodukten und Bauarten zu ihrem Brandverhalten – Teil 1: Klassifizierung mit den Ergebnissen aus den Prüfungen zum Brandverhalten von Bauprodukten.
B	**DIN EN 13502-1:2003-12** Klassifizierung von Bauprodukten	Klassifizierung von Bauprodukten und Bauarten zu ihrem Brandverhalten – Teil 2: Klassifizierung mit den Ergebnissen aus den Feuerwiderstandsprüfungen, mit Ausnahme von Lüftungsanlagen.
HLS	**MFeuV – Muster-Feuerungs-verordnung** Stand September 2007	Geltungsbereich Diese Verordnung gilt für die 1. Aufstellung von Heizungsanlagen in Aufstellräumen 2. Aufstellung von Heizungsanlagen in Heizräumen 3. Lagerung von Brennstoffen in Brennstofflagerräumen.
HLS VDE	**MLAR – Muster-Leitungs-anlagen-Richtlinie** Fassung 10.02.1015	Geltungsbereich Diese Richtlinie gilt für die 1. Leitungsverlegung in Flucht- und Rettungswegen im Sinne der MLAR 2005 2. Abschottung von Leitungsanlagen bei der Durchführung durch Bauteile mit Anforderungen an die Feuerwiderstandsdauer 3. Umsetzung des elektrischen Funktionserhaltes.

Bereich	Mitgeltende Norm	Inhalte/besondere Anforderungen der mitgeltenden Normen
EltBauVO	EltBauVO – Muster einer Verordnung über den Bau von Betriebsräumen für elektrische Anlagen	Geltungsbereich Diese Verordnung gilt für die Aufstellung von 1. Transformatoren und Schaltanlagen für Nennspannungen über 1 kV, 2. ortsfesten Stromerzeugungsaggregaten für bauordnungsrechtlich vorgeschriebene sicherheitstechnische Anlagen und Einrichtungen und 3. zentralen Batterieanlagen für bauordnungsrechtlich vorgeschriebene sicherheitstechnische Anlagen und Einrichtungen in Gebäuden.
MSysBöR	MSysBöR – Muster-Richtlinie über brandschutztechnische Anforderungen an Systemböden Stand September 2005	Geltungsbereich Diese Richtlinie beschreibt 1. den Aufbau von Systemböden 2. die Verlegung von Leitungs- und Lüftungsanlagen unterhalb dieser Systemböden.
VOB-C MSysBöR	**DIN 18340:2016-09**	Hinweise zum Brandschutz unter Pos.: 0.2.19, 4.2.27, 4.2.36. Trockenbauarbeiten (gilt auch für Systemböden/Hohlböden/Doppelböden)
VOB-C HLS	**DIN 18379:2016-09** Raumlufttechnische Anlagen	Hinweise zum Brandschutz unter Pos.: 0.2.9, 4.2.23. Die Brandschutzklappen sind entsprechend dem Brandschutzkonzept einzubauen und fachgerecht vermörteln zu lassen.
VOB-C HLS	**DIN 18380:2016-09** Heizanlagen und zentrale Wassererwärmungsanlagen	Hinweise zum Brandschutz unter Pos.: 0.2.12, 4.2.7. Die Leitungstrassen sind Abschottungskonform vorzubereiten und zu befestigen. Je nach Werkvertrag sind die Abschottungen herzustellen.
VOB-C HLS	**DIN 18381:2016-09** Gas-, Wasser- und Entwässerungsanlagen innerhalb von Gebäuden	Hinweise zum Brandschutz unter Pos.: 0.2.6, 0.2.7, 4.2.6, 4.2.33. Die Leitungstrassen sind Abschottungskonform vorzubereiten und zu befestigen. Je nach Werkvertrag sind die Abschottungen herzustellen.
VOB-C VDE	**DIN 18382:2016-09** Nieder- und Mittelspannungsanlagen mit Nennspannungen bis 36 kV	Hinweise zum Brandschutz unter Pos.: keine besonderen Angaben. Die Leitungstrassen sind Abschottungskonform vorzubereiten und zu befestigen. Je nach Werkvertrag sind die Abschottungen herzustellen.
VOB-C	**DIN 18421:2016-09** Dämm- und Brandschutzarbeiten an technischen Anlagen.	Hinweise zum Brandschutz für Dämmarbeiten
HLS	**EnEV** **Energieeinsparverordnung** 24.07.2007	Diese Verordnung regelt die Mindestdämmdicken von Heizungs- und Trinkwasserleitungen warm, von Kälteleitungen und Kaltwasserleitungen im Sinne der Verordnung.
HLS	**DIN 1988-200:2012-05** Technische Regeln für Trinkwasserinstallationen (TRWI); Planung, Bauteile, Apperate, Werkstoffe und Ausführung: Apparate, Technische Regeln des DVGW	Die Norm beschreibt die normativen Anforderungen an Trinkwasserinstallationsanlagen.
HLS	**DIN 4140:2014-04** Dämmarbeiten an betriebstechnischen Anlagen in der Industrie und in der technischen Gebäudeausrüstung – Ausführung von Wärme- und Kältedämmungen	Die Norm beschreibt die Anforderungen an die Planung und Ausführung von Dämmarbeiten.
HLS	**VDI 2055:2008-09** Wärme- und Kälteschutz von betriebstechnischen Anlagen in der Industrie und in der TGA	Die Norm beschreibt erforderliche Dämmqualitäten.
HLS	**DIN 4109:2018-01** Schallschutz im Hochbau; Mindestanforderungen	Die Norm beschreibt die öffentlich-rechtlichen Mindestanforderungen an den Schallschutz im Hochbau/Schallschutz aus haustechnischen Anlagen.
HLS	**VDI 4100** Erhöhter Schallschutz	Die VDI-Richtlinie beschreibt den erhöhten Schallschutz aus haustechnischen Anlagen.
HLS	**DIN EN 12056-1:2001-01** Schwerkraftentwässerungsanlagen innerhalb von Gebäuden	Die Norm beschreibt die Anforderungen an Abwasseranlagen und deren Umfang. Bodenabläufe sind Bestandteil der Entwässerungsanlage.
HLS	**DIN 14462:2007-01** Löschwassereinrichtungen-Planung, Einbau, Betrieb und Instandhaltung von Wandhydrantenanlagen sowie Anlagen mit Über- und Unterflurhydranten	Die Norm beschreibt den Aufbau, die Planung und die hygienischen Zusammenhänge bei der Planung von Löschwasserleitungen und Hydranten.

E

E

Bereich	Mitgeltende Norm	Inhalte/besondere Anforderungen der mitgeltenden Normen
HLS	**DIN 1988-12:2011-08** Technische Regeln für Trinkwasser-Installationen. Schutz des Trinkwassers, Erhaltung der Trinkwassergüte; Technische Regeln des DVGW	Die Norm beschreibt die nationalen Anforderungen an die Trinkwasserhygiene in Verbindung mit Löschwasserleitungen und der Trinkwasserverordnung.
HLS	**DIN EN 1717:2011-08** Schutz des Trinkwassers vor Verunreinigungen in Trinkwasser-Installationen und allgemeinen Anforderungen an Sicherheitseinrichtungen zur Verhütung von Trinkwasserverunreinigungen durch Rückfließen	Die Norm beschreibt die europäischen Anforderungen an die Trinkwasserhygiene in Verbindung mit Löschwasserleitungen und der Trinkwasserverordnung.
HLS	**VDI 6023:2013-04** Hygiene in Trinkwasser-Installationen – Anforderungen an Planung, Ausführung, Betrieb und Instandhaltung	Dieses Norm VDI-Regelwerk beschreibt die Anforderungen an die Trinkwasserhygiene in Verbindung mit der Trinkwasserverordnung.
HLS	**DIN 1988-600:2010-12** Technische Regeln für Trinkwasser-Installationen – Teil 600: Trinkwasser-Installationen in Verbindung mit Feuerlösch- und Brandschutzanlagen; Technische Regel des DVGW	Die Norm beschreibt die normativen Anforderungen an die Trinkwasserhygiene in Verbindung mit Löschwasserleitungen und der Trinkwasserverordnung.
	DIN EN 12825:2002-04 Doppelböden	Die Norm beschreibt die Anforderungen an Doppelböden.
	DIN EN 13213:2001-12 Hohlböden	Die Norm beschreibt die Anforderungen an Hohlböden.
VDE	**DIN VDE 0100** Bestimmungen für das Errichten von Starkstromanlagen mit Nennspannungen bis 1.000 V (Bezugsquelle zu allen Teilen der DIN VDE 0100 unter www.beuth.de)	Diese Normenreihe beschreibt die Anforderungen an die Errichtung von Niederspannungsanlagen (Nennspannung bis 1.000 V).
VDE	**DIN VDE 0100-560:2013-10** Elektrische Anlagen für Sicherheitszwecke	Diese Norm stellt für Niederspannungsanlagen allgemeine Anforderungen an die Sicherheitsstromversorgung.
VDE	**DIN VDE 0100-710:2012-10** Anforderungen für Betriebsstätten, Räume und Anlagen besonderer Art – Medizinisch genutzte Bereiche	Diese Norm stellt für Niederspannungsanlagen in medizinisch genutzten Bereichen zusätzliche Anforderungen zu den Teilen der DIN VDE 0100.
VDE	**DIN VDE 0100-718:2014-06** Anforderungen für Betriebsstätten, Räume und Anlagen besonderer Art – Öffentliche Einrichtungen und Arbeitsstätten	Diese Norm stellt für Niederspannungsanlagen in öffentlichen Einrichtungen und Arbeitsstätten zusätzliche Anforderungen zu den Teilen der DIN VDE 0100.
VDE	**DIN VDE 0100-731:2014-10** Anforderungen für Betriebsstätten, Räume und Anlagen besonderer Art – Abgeschlossene elektrische Betriebsstätten	Diese Norm stellt für Niederspannungsanlagen in abgeschlossenen elektrische Betriebsstätten zusätzliche Anforderungen zu den Teilen der DIN VDE 0100.
VDE	**DIN VDE 0101** Starkstromanlagen mit Nennspannung über 1.000 V	Diese Norm beschreibt die Anforderungen an die Projektierung und Errichtung von Starkstromanlagen mit Nennwechselspannungen über 1.000 V
VDE	**DIN EN 60598-2-22:2015-06 (VDE 0711-2- 22)** Leuchten für Notbeleuchtung	Diese Norm beschreibt die Anforderungen an Leuchten der Sicherheitsbeleuchtung.
VDE	**DIN EN 1838:2013-10** Angewandte Lichttechnik-Notbeleuchtung	Anforderung an die Notbeleuchtung für den Fall des Ausfalles der allgemeinen Beleuchtung.

Bereich	Mitgeltende Norm	Inhalte/besondere Anforderungen der mitgeltenden Normen
VDE	**DIN EN 50171 (VDE 0558-508):2001-11** Zentrale Stromversorgungssysteme	Diese europäische Norm beschreibt den Aufbau von zentralen Stromversorgungssystemen, die ständig an Wechselspannung bis 1.000 V angeschlossen sind und Batterien als alternative Stromquelle verwenden. Diese Systeme sind dafür vorgesehen, bei Ausfall der allgemeinen Stromversorgung die Sicherheitsbeleuchtung und andere Sicherheitseinrichtungen zu versorgen.
VDE	**DIN EN 50172 (VDE 0108-100):2005-01** Sicherheitsbeleuchtungsanlagen	Diese europäische Norm legt die Kennzeichnung von Rettungswegen und die Anforderungen der Beleuchtung an Rettungswegen bei Störung der allgemeinen Stromversorgung sowie die Mindestanforderungen einer solchen Sicherheitsbeleuchtung je nach Größe, Art und Nutzung der baulichen Anlage fest.
VDE	**DIN EN 50272-1 (VDE 0510-1):2011-10** Sicherheitsanforderungen an Batterien und Batterieanlagen Teil 1: Allgemeine Sicherheitsanforderungen	Diese europäische Norm Teil 1 beschreibt die allgemeinen Sicherheitsanforderungen an Batterien und Batterieanlagen mit einer Nennspannung bis DC 1.500 V. Sie gilt für stationäre Batterien, Antriebsbatterien für Elektrofahrzeuge und Batterien für tragbare Geräte.
VDE	**DIN EN 50272-2 (VDE 0510-2):2001-12** Sicherheitsanforderungen an Batterien und Batterieanlagen Teil 2: Stationäre Batterien	Der Anwendungsbereich dieser europäischen Norm gilt für stationäre Batterieanlagen mit einer maximalen Nennspannung von DC 1.500 V und beschreibt die grundsätzlichen Maßnahmen zum Schutz vor Gefahren, die durch elektrischen Strom, austretende Gase und Elektrolyt hervorgerufen werden können.
Alm	**DIN 33404-3:2016-04** Gefahrensignale für Arbeitsstätten	Akustische Gefahrensignale – Teil 3: Einheitliches Notsignal
Alm	**DIN EN 50849:2017-11 (VDE 0828-1):** Elektroakustische Notfallwarnsysteme	Festlegung der Anforderung für Systeme zur Notfallwarnung durch Tonsignale oder Durchsagen.
BMA	**DIN 14675-1 und 2:2018-04** Brandmeldeanlagen – Aufbau und Betrieb	Teil 1: Diese Norm enthält Anwendungsregeln für den Aufbau und Betrieb von Brandmeldeanlagen und Sprachalarmanlagen unter besonderer Berücksichtigung von baurechtlichen und feuerwehrspezifischen Anforderungen. Teil 2: Anforderungen an die Fachfirma.
BMA	**DIN 14676:2012-09** Rauchwarnmelder für Wohnhäuser, Wohnungen und Räume mit wohnungsähnlicher Nutzung – Einbau, Betrieb und Instandhaltung	Die Norm beschreibt den Einbau und Betrieb von Rauchwarnmeldern.
BMA	**DIN 14674:2010-09** Brandmeldeanlagen – Anlagenübergreifende Vernetzung	Diese Norm enthält zusätzliche Anforderungen an die anlagenübergreifende Vernetzung im Zusammenhang mit Brandmeldeanlagen.
BMA	**DIN EN 54-1:2011-06** Brandmeldeanlagen – Teil 1: Brandmeldeanlagen	Die europäische Norm beschreibt den Aufbau von Brandmeldeanlagen.
BMA	**DIN EN 54-2:1997-12** Brandmeldeanlagen – Teil 2: Brandmeldezentralen	Die europäische Norm beschreibt den Aufbau von Brandmelderzentralen
BMA	**DIN EN 54-3: 2014-09** Brandmeldeanlagen Teil 3: Feueralarmeinrichtungen-Akustische Signalgeber	Diese europäische Norm konkretisiert die Anforderungen an akustische Signalgeber der Brandmeldeanlage zur Warnung von Personen im Gebäude bei einem Brandfall
BMA	**DIN EN 54-4:1997-12** Brandmeldeanlagen – Teil 4: Energieversorgungseinrichtungen	Die europäische Norm beschreibt den Aufbau von Energieversorgungseinrichtungen einer Brandmelde- und Sprachalarmanlage.
BMA	**DIN EN 54-13:2017-05** Brandmeldeanlagen – Teil 13: Bewertung der Kompatibilität und Anschließbarkeit von Systembestandteilen	Diese europäische Norm legt die Anforderungen an die Bewertung der Kompatibilität und Anschließbarkeit von Bestandteilen von Brandmeldeanlagen oder Sprachalarmierungsanlagen als Teilsystem einer Brandmeldeanlage fest.
BMA	**DIN EN 54-16:2008-06** Brandmeldeanlagen – Teil 16: Sprachalarmzentralen	Die europäische Norm legt Anforderungen, Prüfverfahren und Leistungsmerkmale für Sprachalarmzentralen zur Verwendung in Brandmeldeanlagen fest.

Bereich	Mitgeltende Norm	Inhalte/besondere Anforderungen der mitgeltenden Normen
BMA	**DIN EN 54-17:2006-03** Brandmeldeanlagen – Teil 17: Kurzschlussisolatoren	Die europäische Norm enthält Anforderungen, Prüfverfahren und Leistungsmerkmale für Kurzschlussisolatoren, die in Brandmeldeanlagen für Gebäude eingesetzt werden.
BMA	**DIN EN 54-24:2008-06** Brandmeldeanlagen – Teil 24:Komponenten für Sprachalarmierungssysteme-Lautsprecher	Diese europäische Norm legt die Anforderungen, Prüfverfahren und Leistungskriterien für Lautsprecher als Bestandteil einer Sprachalarmanlage fest.
BMA	**DIN VDE 0833-1:2014-10** Gefahrenmeldeanlagen für Brand, Einbruch und Überfall – Teil 1: Allgemeine Festlegungen	Diese Norm enthält für die Planung, Errichtung und den Betrieb allgemeine Anforderungen an Gefahrenmeldeanlagen für Brand, Einbruch und Überfall.
BMA	**DIN VDE 0833-2:2017-10** Gefahrenmeldeanlagen für Brand, Einbruch und Überfall – Teil 2: Festlegungen für Brandmeldeanlagen	Diese Norm enthält für die Planung, Errichtung und den Betrieb spezielle Anforderungen an Brandmeldeanlagen.
BMA	**DIN VDE 0833-3:2009-09** Gefahrenmeldeanlagen für Brand, Einbruch und Überfall – Teil 3: Festlegungen für Einbruch- und Überfallmeldeanlagen	Die Normserie DIN VDE 0833 Teil 1 bis 4 beschreibt die Anforderungen für Planung und Umsetzung von Gefahrenmeldern.
BMA	**DIN VDE 0833-4:2014-10** Gefahrenmeldeanlagen für Brand, Einbruch und Überfall – BMA Teil 4: Festlegungen für Anlagen zur Sprachalarmierung im Brandfall	Diese Norm enthält für die Planung , Errichtung und den Betrieb spezielle Anforderungen für Anlagen zur Sprachalarmierung im Brandfall, die von einer Brandmeldeanlage angesteuert werden.

Teil F Brandschutztechnische Planungs- und Ausführungsempfehlungen zur Verlegung und Montage von Leitungsanlagen in Rettungswegen, MLAR 2016, Abschnitt 3

F-I. Schutzzieldefinition zur Montage von Leitungsanlagen in Rettungswegen

Die allgemeinen Schutzziele zur Verlegung von Leitungsanlagen in Rettungswegen werden in der MBO 2002 und 2016 § 35, § 36, § 40 und der MLAR 2016, Abschnitt 3 beschrieben (siehe auch Kommentierung **Teil A-II.**).

MBO § 35 „Notwendige Treppenräume, Ausgänge“

(1) Jede notwendige Treppe muss zur Sicherstellung der Rettungswege aus den Geschossen ins Freie in einem eigenen, durchgehenden Treppenraum liegen (notwendiger Treppenraum). Notwendige Treppenräume müssen so angeordnet und ausgebildet sein, dass die Nutzung der notwendigen Treppen im Brandfall ausreichend lang möglich ist. Notwendige Treppen sind ohne eigenen Treppenraum zulässig

1. in Gebäuden der Gebäudeklassen 1 und 2,
2. für die Verbindung von höchstens zwei Geschossen innerhalb derselben Nutzungseinheit von insgesamt nicht mehr als 200 m², wenn in jedem Geschoss ein anderer Rettungsweg erreicht werden kann,
3. als Außentreppe, wenn ihre Nutzung ausreichend sicher ist und im Brandfall nicht gefährdet werden kann.

(3) Jeder notwendige Treppenraum muss einen unmittelbaren Ausgang ins Freie haben. Sofern der Ausgang eines notwendigen Treppenraumes nicht unmittelbar ins Freie führt, muss der Raum zwischen dem notwendigen Treppenraum und dem Ausgang ins Freie

1. mindestens so breit sein wie die dazugehörigen Treppenläufe,
2. Wände haben, die die Anforderungen an die Wände des Treppenraumes erfüllen,
3. rauchdichte und selbstschließende Abschlüsse zu notwendigen Fluren haben und
4. ohne Öffnungen zu anderen Räumen, ausgenommen zu notwendigen Fluren, sein.

MBO § 36 „Notwendige Flure, offene Gänge“

(1) Flure, über die Rettungswege aus Aufenthaltsräumen oder aus Nutzungseinheiten mit Aufenthaltsräumen zu Ausgängen in notwendige Treppenräume oder ins Freie führen (notwendige Flure), müssen so angeordnet und ausgebildet sein, dass die Nutzung im Brandfall ausreichend lang möglich ist.

MBO § 40 „Leitungsanlagen, Installationsschächte und -kanäle“

(2) In notwendigen Treppenräumen, in Räumen nach § 35 Abs. 3 Satz 2 und in notwendigen Fluren sind Leitungsanlagen nur zulässig, wenn eine Nutzung als Rettungsweg im Brandfall ausreichend lang möglich ist.

MLAR, Abschnitt 3 „Leitungsanlagen in Rettungswegen“

3.1 Grundlegende Anforderungen

3.1.1 [1]Gemäß § 40 Abs. 2 MBO sind Leitungsanlagen in
a) notwendigen Treppenräumen gemäß § 35 Abs. 1 MBO,
b) Räumen zwischen notwendigen Treppenräumen und Ausgängen ins Freie gemäß § 35 Abs. 3, Satz 3 MBO und
c) notwendigen Fluren gemäß § 36 Abs. 1 MBO
nur zulässig, wenn eine Nutzung als Rettungsweg im Brandfall ausreichend lang möglich ist.
[2]Diese Voraussetzung ist erfüllt, wenn die Leitungsanlagen in diesen Räumen den Anforderungen der Abschnitte 3.1.2 bis 3.5.6 entsprechen.
[3]Dabei gelten für bauordnungsrechtlich vorgeschriebene Vorräume und Sicherheitsschleusen die Anforderungen wie an notwendige Treppenräume.

Grundsätzlich stellen brennbare Leitungsanlagen in Rettungswegen ein erhöhtes Risiko der möglichen Brandweiterleitung dar, insbesondere wenn es sich um

- brennbare elektrische Leitungen und
- brennbare Rohre mit brennbaren Dämmstoffen oder
- nichtbrennbare Rohre mit brennbaren Dämmstoffen

handelt.

Die konkrete Höhe des Risikos hängt aber auch von der Bedeutung des Rettungsweges

- Treppenraum als primärer Rettungsweg und dem
- notwendigen Flur als sekundärer Rettungsweg

sowie von der Anordnung der Leitungsanlage selbst ab.

Ein Elektro-Verteilerkasten stellt einen singulären Brandherd dar, der nicht zur Brandweiterleitung führt, während eine Kabeltrasse als „Zündschnur“ das höhere Risiko in sich birgt. Unter diesen Aspekten müssen die in Abschnitt 3 aufgelisteten Brandschutzmaßnahmen bewertet werden.
Der übergeordnete Text in Abschnitt 3.1.1 gibt zunächst die in der MBO aufgelisteten Grundsatzanforderungen wieder, mit dem Hinweis, dass dann wegen des Brandschutzes keine Bedenken bestehen, wenn die Leitungsanlagen entsprechend den beschriebenen Anforderungen ausgeführt werden.

Regeln zur Leitungsverlegung in Rettungswegen gemäß MLAR, Abschnitt 3.1.1:

- Brennbare elektrische Leitungsanlagen dürfen nur offen oder hinter nicht klassifizierten Bauteilen verlegt werden, wenn diese zum Betrieb des jeweiligen Rettungsweges erforderlich sind.
- Querende brennbare elektrische Leitungsanlagen dürfen als einzelne kurze Stichleitungen offen oder hinter nicht klassifizierten Bauteilen ohne eine zusätzliche brandschutztechnische Kapselung/Bekleidung verlegt werden.

Empfehlung:
Kurze Stichleitungen können auch als querende einzelne Leitung mit maximal 5 Kabeln unmittelbar nebeneinander liegend bis zu einer Dicke von jeweils 15 mm pro Raum (= kleines Bündel) aus einem angrenzenden Raum bewertet werden.

F

Begründung:
Die Anzahl der querenden einzelnen elektrischen Leitungen und deren Durchmesser ist in der MLAR, Abschnitt 3 nicht begrenzt. Zur Einhaltung des Schutzzieles „Reduzierung der offen verlegten Brandlasten und Verhinderung der Brandweiterleitung in Längsrichtung" kann der Empfehlung als Maximum gefolgt werden.

- Alle anderen brennbaren elektrischen Leitungen dürfen nur mit einer brandschutztechnischen Kapselung gemäß MLAR, Abschnitt 3.2 verlegt werden.
- Messeinrichtungen und Verteiler müssen entsprechend MLAR, Abschnitt 3.2.2 brandschutztechnisch gekapselt werden.
- Alle anderen brennbaren Rohrleitungen und deren Dämmstoffe dürfen nur mit einer brandschutztechnischen Kapselung gemäß MLAR, Abschnitt 3.3 bis 3.5 verlegt werden.

Die wesentlichen Schutzziele zur Verlegung und Montage von Leitungsanlagen in Rettungswegen gemäß MLAR, Abschnitt 3, können wie folgt definiert werden:

- Reduzierung der offen oder hinter nicht klassifizierten Bauteilen verlegten Brandlasten in Form von Leitungsanlagen (Rohre, Dämmstoffe und elektrische Leitungsanlagen)

Verhinderung der Brandweiterleitung in Längsrichtung der Rettungswege.

Hinweis zu früheren Regelungen der MLAR 1988, 1993, 1998 und 2000:
Download unter:
www.MLPartner.de > Download > Richtlinien/Sonstiges > MLAR

Die vor Einführung der MLAR (Fassung 1998) festgelegte Zweistufung der Anforderungen für die Leitungen in allgemein zugänglichen Fluren (jetzt notwendige Flure) mit einer Gesamtbrandlast der Leitungen von 7 bzw. 14 kWh/m² Flurgrundfläche mit Abtrennungen aus nichtbrennbaren Baustoffen und geschlossenen Oberflächen musste aus folgenden Gründen aufgegeben werden:

- Diese Regelung konnte in der Baupraxis nicht vollzogen werden, weil es trotz jahrelanger Bemühungen bis heute nicht gelungen und zukünftig wohl auch nicht zu erwarten ist, dass die Auflistung der jeweiligen Einzelwerte der Verbrennungswärme aktualisiert und dem Stand der Leitungstechnik fortlaufend angepasst wird. So fehlen z. B. in der gegenwärtigen Liste diverse Leitungsqualitäten, die in der Datenverarbeitungs- und Kommunikationstechnik verwendet werden.
- Nach den vorliegenden Praxiserfahrungen kann in der Regel nicht davon ausgegangen werden, dass alle zunächst vorgesehenen und letztlich installierten Leitungen so rechtzeitig erfasst werden, dass die Berechnung der Gesamtbrandlast der Leitungen und hieraus folgernd die Planung und Ausführung der erforderlichen Brandschutzmaßnahmen zeitgerecht möglich ist.
- Die in den meisten Gebäuden unumgänglichen Nachinstallationen von Leitungen führen bei einer hiermit verbundenen erheblichen Überschreitung des Grenzwertes 7 bzw. 14 kWh/m² Flurgrundfläche erfahrungsgemäß nicht zu der erforderlichen Verbesserung der Brandschutzmaßnahmen, z. B. Austausch des Installationskanals aus nichtbrennbaren Baustoffen gegen einen Kanal mit einer Feuerwiderstandsdauer von 30 Minuten. Das Rechtsrisiko für den Gebäudebetreiber wurde somit unkalkulierbar hoch.

Bei der Bewertung von Bauwerken im Bestand können ohne Zusatzmaßnahmen Brandlasten von ≤ 7 kWh/m² bzw. 35 kWh/5 m² akzeptiert werden, wenn davon auszugehen ist, dass diese Brandlast auch zukünftig nicht wesentlich überschritten wird. Es ist nicht ausgeschlossen, im besonderen Einzelfall (z. B. bei Bauwerken im Bestand) von Brandschutzmaßnahmen nach Abschnitt 3.2.2, Satz 1 abzusehen, wenn statt dessen besondere anlagentechnische Brandschutzmaßnahmen, wie z. B. die Installation einer Brandfrüherkennung und eine Beschichtung der Kabeltrassen mit einem dämmschichtbildenden System (im Bestand) oder die Verwendung von zugelassenen Kabelvollbandagen (im Bestand), vorgesehen werden. Alternativ kann die Installation einer automatischen Feuerlöschanlage erfolgen. Über die Alternativen kann jedoch nur im projektspezifischen Fall in Abstimmung mit den zuständigen behördlichen Stellen (untere Baubehörde) entschieden werden. Voraussetzung ist die Vorlage eines Brandschutzkonzeptes/-nachweises bzw. einer brandschutztechnischen Detailbewertung, die sicherstellt, dass die Schutzziele nach der MBO/LBO's mit den beschriebenen Maßnahmen eingehalten werden.

Hinweis:

- Eine Regelung, dass bis 7 kWh/m² in allgemein zugänglichen Fluren oder auch notwendigen Fluren offen montiert werden dürfen, hat es vor Einführung der Leitungsanlagen-Richtlinien in 1988 niemals gegeben.
- Bei Nachbelegungen oder Änderungen sind immer die aktuellen Regelwerke der MLAR zu beachten. Die alten Bestandsleitungen dürfen im Bestand verbleiben, wenn nachgewiesen ist, dass nach Erstellung der Bestandsverlegung keine wesentlichen Nachbelegungen oder Veränderungen stattgefunden haben. Dieser Nachweis ist i.d.R. nur schwer zu erbringen. Um dies zu umgehen, sollten Lösungen für den Bestand, wie vor beschrieben, gesucht und umgesetzt werden.
- Bei Nachbelegungen im Bestand dürfen alle Arten von Unterdecken nicht durch Kabelgewichte belastet werden. Für diese Belastungen sind weder die klassifizierten noch die nicht klassifizierten Unterdecken ausgelegt.

Hinweis:
Die folgenden **Teile F-I.** bis **F-XIV.** präzisieren die Kommentierung **Teil A-II.** zur MLAR und Abschnitt 3, als anwendungstechnische Umsetzung der Leitungsverlegung in Rettungswegen. Bei Planung und Ausführung sind immer die Beispiele der Kommentierung **Teil A-II.** inkl. aller Präzisierungen gemeinsam zu beachten und projektspezifisch unter Beachtung der Schutzziele umzusetzen.

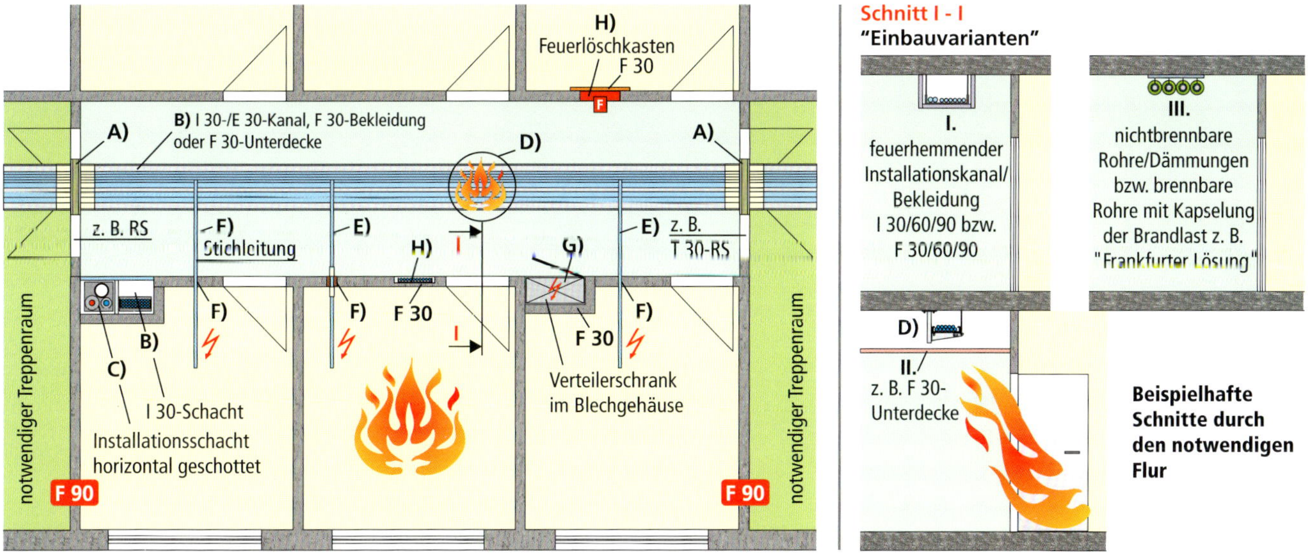

Bild F-I–1: Schutzzielbetrachtungen bei notwendigen Fluren

Legende zu Bild F-I–1:

A) Abschottung der Leitungstrasse in den Trennwänden der Nutzungseinheit/Brandbekämpfungsabschnitte (siehe **Teil G** bis **Teil J**)

B) Brandschutztechnische Kapselung der Leitungstrasse (siehe Einbauvarianten I./II./III.)

C) Installationsschacht horizontal geschottet

D) Brandgeschehen, z. B. oberhalb einer feuerhemmenden Unterdecke oder innerhalb eines feuerhemmenden Installationskanals

E) z. B. unverkleidete Stichleitung

F) Leitungsdurchführung durch die Flurtrennwand, gemäß MLAR, Abschnitt 4 (siehe **Teil G** bis **Teil J**)

G) Elektrische Unterverteilung im notwendigen Flur

H) Feuerlöschkasten mit hinterer feuerhemmender Verkleidung

F-II. Offene Leitungsverlegung in notwendigen Fluren

Die offene Leitungsverlegung in notwendigen Fluren ist nur unter Beachtung der im Folgenden beschriebenen Schutzziele möglich.

Es dürfen sich nur die Brandlasten von Leitungsanlagen im notwendigen Flur befinden, die zum Betrieb des notwendigen Flures erforderlich sind.

- Brennbare elektrische Leitungsanlagen dürfen nur **offen oder hinter nicht klassifizierten Bauteilen** verlegt werden, wenn diese zum Betrieb des jeweiligen notwendigen Flures erforderlich sind.
- Dazu gehören folgende zum Betrieb des jeweiligen notwendigen Flures erforderlichen Leitungsanlagen: z. B. elektrische Leitungen für die Beleuchtung und für den Anschluss von Schaltern, Zuleitungen für erforderliche Steckdosen, Zuleitungen für Sicherheitsleuchten, Hohlleiter-/Koaxialkabel für den Gebäudefunk, Leitungsanlagen, Leitungsanlagen für die Brandmeldeüberwachung und Alarmierung, Leitungsanlagen zum Betrieb im notwendigen Flur befindlichen Brandschutzklappen, Anschlussleitungen für Feststellanlagen und für den notwendigen Flur notwendige MSR-Leitungen. Durchgeführte Transferleitungen zur Versorgung anderer Bereiche sind als offene Verlegung nicht zulässig. Kabelbündel sind grundsätzlich mit nichtbrennbaren Sammelhaltern oder auf nichtbrennbaren Elektrotrassen zu verlegen und mit nichtbrennbaren Befestigungselementen, Dübeln oder Schlagankern zubefestigen (siehe auch Kommentierung **Teil A-II.**, Abschnitt 3.2.1, Satz 3 und 4). Eine brandschutztechnische Auslegung der nichtbrennbaren Trag und Befestigungssysteme ist nicht erforderlich. Brennbare Sammelhalter sollten in notwendigen Fluren unbedingt vermieden werden.

  Leitungen des elektrischen Funktionserhaltes sind grundsätzlich entsprechend den Vorgaben des allgemeinen bauaufsichtlichen Prüfzeugnisses (abP) zu befestigen oder auf E 30/60/90-Tragkonstruktionen zu verlegen.
- Querende brennbare elektrische Leitungsanlagen dürfen als kurze Stichleitungen offen oder hinter nicht klassifizierten Bauteilen ohne eine zusätzliche brandschutztechnische Kapselung bewertet werden (siehe MLAR, Abschnitt 3.2.1).

Empfehlung:
Kurze Stichleitungen können auch als querende Leitung mit maximal 5 Kabeln unmittelbar nebeneinander liegend bis zu einer Dicke von jeweils 15 mm pro Raum (= kleines Bündel) aus einem angrenzenden Raum bewertet werden. Die Befestigungen sollten aus nichtbrennbaren Befestigungsmitteln bestehen, z. B. nichtbrennbare Sammelhalter inkl. nichtbrennbaren Dübeln/Schlagankern.

Begründung:
Die Anzahl der querenden einzelnen elektrischen Leitungen und deren Durchmesser ist in der MLAR, Abschnitt 3.2.1 nicht begrenzt. Zur Einhaltung des Schutzzieles „Reduzierung der offen verlegten Brandlasten und Verhinderung der Brandweiterleitung in Längsrichtung" sollte der Empfehlung als Maximum gefolgt werden. Alle Elektroinstallationskanäle und -rohre müssen auch bei Verlegung von für den Betrieb des notwendigen Flures erforderlichen Leitungsanlagen aus nichtbrennbaren Baustoffen bestehen (siehe MLAR, Abschnitt 3.2.1). Brennbare Dübel und nichtbrennbare Schrauben können für diese Befestigung zum Einsatz kommen.

- Alle anderen brennbaren elektrischen Leitungen und Leitungen des elektrischen Funktionserhaltes, die nicht zum Betrieb des notwendigen Flures benötigt werden, müssen mit einer brandschutztechnischen Kapselung gemäß MLAR, Abschnitt 3.2 verlegt werden (siehe auch **Teil F-IV.** bis **Teil F-V.** und **Teil F-IX.**).

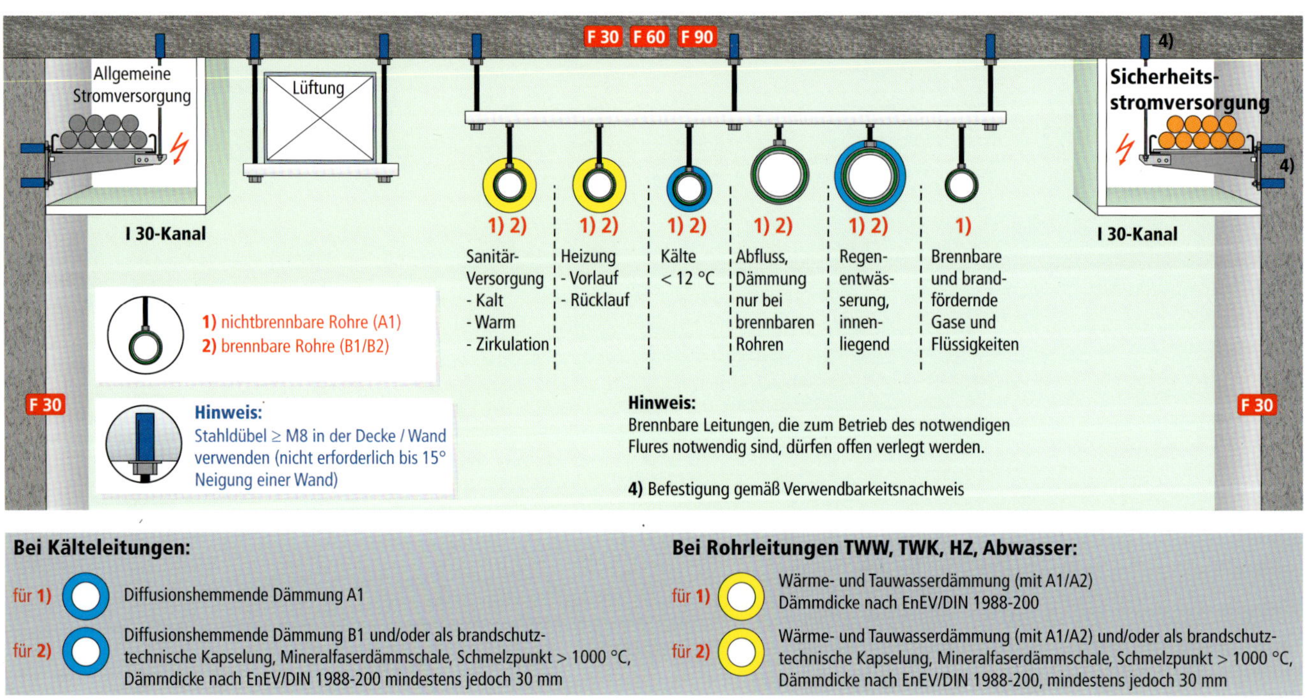

Bild F-II–1: Offene Leitungsverlegung in notwendigen Fluren (schematische Darstellung)

- Einzelne und direkt nebeneinander liegende Leitungen der **Inputzinstallation** dürfen mit brennbaren Befestigungsmitteln befestigt werden. Eine Mindestputzüberdeckung ist nicht erforderlich.
  Kabelbündel können als **Unterputzinstallation** in Schlitzen von Massivwänden verlegt werden, wenn diese mit mindestens 15 mm mineralischem Putz auf nichtbrennbarem Putzträger oder aus mineralischen Bauplatten mit 15 mm Dicke verschlossen werden. Leitungen des elektrischen Funktionserhaltes sind grundsätzlich entsprechend den Vorgaben des allgemeinen bauaufsichtlichen Prüfzeugnisses (abP) zu befestigen oder auf E 30/60/90-Tragkonstruktionen zu verlegen.
- Messeinrichtungen und Verteiler müssen entsprechend MLAR, Abschnitt 3.2.2 brandschutztechnisch gekapselt werden (siehe auch **Teil F-X.**).
- Die **offene Verlegung** von nichtbrennbaren Rohrleitungsanlagen (A) mit nichtbrennbaren Dämmstoffen (A1/A2) ist gemäß MLAR, Abschnitt 3.3.1 zulässig. Dies gilt auch für Lüftungsleitungen aus Stahlblech verz. (Kanäle, Wickelfalzrohre, Stahlflex).
  Brennbare Dichtungs- und Verbindungsmittel, brennbare Schallschutzeinlagen in den Befestigungsschellen und brennbare Dämmstoffkappen (B1/B2) von Regelarmaturen der Heizungs- und Trinkwasserinstallation sind zulässig, wenn von dieser Dämmung kein Beitrag zur Brandentstehung und Brandweiterleitung ausgeht.
  Alle Rohrleitungsanlagen müssen mit nichtbrennbaren Befestigungsmitteln wie Traversen, Rohrschellen, Gewindestangen und Dübeln befestigt werden. Eine brandschutztechnische Auslegung der nichtbrennbaren Trag- und Befestigungssysteme ist nicht erforderlich.
- Die offene Verlegung von nichtbrennbaren Rohrleitungsanlagen (A) für brennbare Medien, z. B. Erdgas, ist zulässig (siehe MLAR, Abschnitt 3.4). Die Befestigung erfolgt wie vor beschrieben mit nichtbrennbaren Befestigungsmitteln. Die Vorgaben der DVGW-TRGI Regelwerke (Technische Richtlinie Gasinstallation) sind ebenfalls zu beachten.
- Alle anderen brennbaren Rohrleitungen (B1/B2) mit brennbaren/nichtbrennbaren Dämmstoffen (A1/A2/B1/B2) oder nichtbrennbaren Rohrleitungen (A) mit brennbaren Dämmstoffen (B1/B2) müssen mit einer brandschutztechnischen Kapselung gemäß MLAR, Abschnitt 3.3 bis 3.5 verlegt werden (siehe auch **Teil F-IV.** bis **F-V.** und **Teil F IX.**).
  Als alternative Lösung zur brandschutztechnischen Kapselung von brennbaren Rohrleitungen (B1/B2) mit nichtbrennbaren Dämmstoffen (A1/A2) oder nichtbrennbaren Kälteleitungen (A) mit brennbaren diffusionshemmenden Dämmstoffen (B1/B2) können nichtbrennbare Mineralfaserdämmschalen, Raumgewicht ca. 90 kg/m³, Schmelzpunkt > 1000 °C, Dicke mind. 30 mm werden. Die baurechtliche Abweichung ist nach der MBO 2016 § 85a (1) als Abweichung von der Technischen Baubestimmung MLAR zu bewerten.
  Alle Rohrleitungsanlagen müssen mit nichtbrennbaren Befestigungsmitteln wie Traversen, Rohrschellen, Gewindestangen und Dübeln befestigt werden. Eine brandschutztechnische Auslegung der nichtbrennbaren Trag- und Befestigungssysteme ist nicht erforderlich.
- Gegen die **offene Montage** von begrenzten brennbaren Bauteilen der Technischen Gebäudeausrüstung, z. B. Schalter, Steckdosen, Taster, Druckknopfmelder, Parallelanzeigen der Brandfrüherkennung, Anzeigeleuchten, W-LAN Sende- und Empfangsgeräte, digitalen Anzeigegeräten der Raumbezeichnung, Tastaturen und Geräte der Eintrittskontrolle usw. bestehen keine brandschutztechnischen Bedenken, wenn von diesen Geräten keine Gefahr der Brandentstehung und Brandweiterleitung ausgeht. Die Kabelverlegung muss innerhalb der Flurtrennwände oder in den nebenliegenden Räumen erfolgen.
  Die aufgeführten begrenzten brennbaren Bauteile können als Abweichungen von den Eingeführten Technischen Baubestimmungen gemäß MBO 2016 § 85a (1) als gleichwertige Schutzzielerfüllung nachgewiesen werden.
- Die offene Montage von Kompaktanlagen der Heizungs-, Lüftungs- und Klimatechnik darf in notwendigen Fluren nicht erfolgen.
- In **Bestandsgebäuden** besteht zur brandschutztechnischen Kapselung von Elektrotrassen, die nicht zum Betrieb des notwendigen Flures erforderlich sind, die Möglichkeit der Montage von „Kabelvollbandagen" mit allgemeiner bauaufsichtlicher Zulassung. Das Schutzziel dieser Kabelvollbandagen ist die Verhinderung der Brandentstehung von innen und die Verhinderung der Brandweiterleitung in Längsrichtung der Elektrotrasse. Die baurechtliche Abweichung ist auf der Grundlage der abZ und § 67 MBO bei der unteren Bauaufsicht zu beantragen.

F-III. Leitungsverlegung in notwendigen Fluren oberhalb von nicht klassifizierten Unterdecken

Die Leitungsverlegung in notwendigen Fluren mit nicht klassifizierten Unterdecken und Bauteilen, z. B. geschlossenen nichtbrennbaren Oberflächen, nicht klassifizierten Mineralfaserdecken oder abklappbaren Metallrasterdecken, ist nur unter Beachtung der im Folgenden beschriebenen Schutzziele möglich.

Die Schutzziele sind für die entstehenden Hohlräume und Bereiche oberhalb dieser Unterdecken identisch mit der offenen Verlegung von Leitungsanlagen in notwendigen Fluren. Die Belastung von nicht klassifizierten Unterdecken durch die Verlegung von elektrischen Leitungen ist nur durch Deckeneinbauten, z. B. Leuchten und Lautsprecher und deren unmittelbare Zuleitung zulässig, wenn dies vom Hersteller der Unterdecken freigegeben worden ist.

- Brennbare elektrische Leitungsanlagen dürfen nur **offen oder hinter nicht klassifizierten Bauteilen** verlegt werden, wenn diese zum Betrieb des jeweiligen notwendigen Flures erforderlich sind.
  Dazu gehören folgende zum Betrieb des jeweiligen notwendigen Flures erforderlichen Leitungsanlagen: z. B. elektrische Leitungen für die Beleuchtung und für den Anschluss von Schaltern, Zuleitungen für erforderliche Steckdosen, Zuleitungen für Sicherheitsleuchten, Leitungsanlagen für die Brandmeldeüberwachung und Alarmierung, Leitungsanlagen zum Betrieb von im notwendigen Flur befindlichen Brandschutzklappen, Anschlussleitungen für Feststellanlagen und für den notwendigen Flur notwendige MSR-Leitungen.
  Durchgeführte Transferleitungen zur Versorgung anderer Bereiche sind als offene Verlegung nicht zulässig.
  Kabelbündel sind grundsätzlich mit nichtbrennbaren Sammelhaltern oder auf nichtbrennbaren Elektrotrassen zu verlegen und mit nichtbrennbaren Befestigungselementen, Dübeln oder Schlagankern zu befestigen (siehe auch Kommentierung **Teil A-II.**, Abschnitt 3.2.1, Satz 3 und 4).
  Eine brandschutztechnische Auslegung der nichtbrennbaren Trag- und Befestigungssysteme ist nicht erforderlich.
  Brennbare Sammelhalter sollten in notwendigen Fluren unbedingt vermieden werden.
  Leitungen des elektrischen Funktionserhaltes sind grundsätzlich zulassungskonform zu befestigen oder auf E 30-/60-/90-Tragkonstruktionen zu verlegen.
- Querende brennbare elektrische Leitungsanlagen dürfen als kurze Stichleitungen offen oder hinter nicht klassifizierten Bauteilen ohne eine zusätzliche brandschutztechnische Kapselung verlegt werden (siehe MLAR, Abschnitt 3.2.1).

Empfehlung:
Kurze Stichleitungen können auch als querende einzelne Leitung mit maximal 5 Kabeln unmittelbar nebeneinander liegend bis zu einer Dicke von jeweils 15 mm pro Raum (= kleines Bündel) aus einem angrenzenden Raum bewertet werden. Die Befestigungen sollten aus nichtbrennbaren Befestigungsmitteln bestehen, z. B. nichtbrennbare Sammelhalter inkl. nichtbrennbaren Dübeln/Schlagankern.

Begründung:
Die Anzahl der querenden einzelnen elektrischen Leitungen und deren Durchmesser ist in der MLAR, Abschnitt 3.2.1 nicht begrenzt. Zur Einhaltung des Schutzzieles „Reduzierung der offen verlegten Brandlasten und Verhinderung der Brandweiterleitung in Längsrichtung" sollte der Empfehlung als Maximum gefolgt werden. Alle Elektroinstallationskanäle und -rohre müssen auch bei Verlegung von für den Betrieb des notwendigen Flures erforderlichen Leitungsanlagen aus nichtbrennbaren Baustoffen bestehen (siehe MLAR, Abschnitt 3.2.1). Brennbare Dübel und nichtbrennbare Schrauben können für diese Befestigung zum Einsatz kommen. **Dies gilt auch bei Montage hinter nicht klassifizierten Bauteilen.**

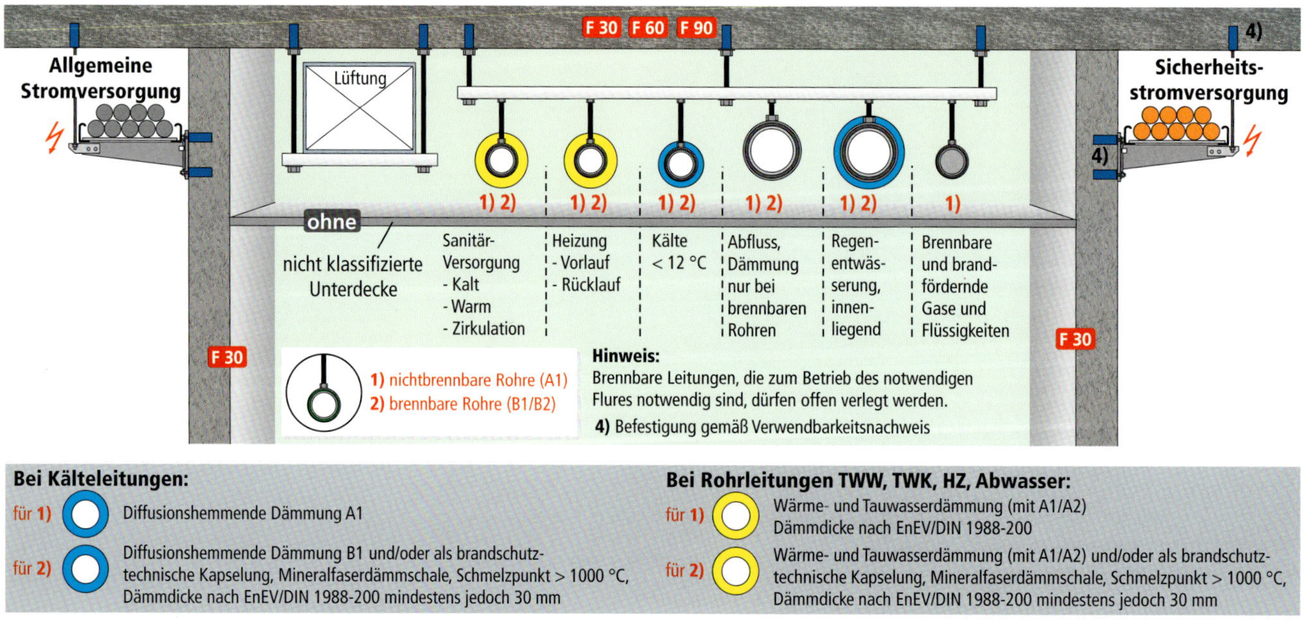

Bild F-III–1: Leitungsverlegung in notwendigen Fluren hinter nicht klassifizierten Bauteilen, z. B. geschlossenen nichtbrennbaren Oberflächen, nicht klassifizierten Mineralfaserdecken oder abklappbaren Metallrasterdecken (schematische Darstellung)

- Alle anderen brennbaren elektrischen Leitungen und Leitungen des elektrischen Funktionserhaltes, die nicht zum Betrieb des notwendigen Flures benötigt werden, müssen mit einer brandschutztechnischen Kapselung gemäß MLAR, Abschnitt 3.2 verlegt werden (siehe auch **Teil F-IV.** bis **Teil F-V.** und **Teil F-IX.**).
  Einzelne und direkt nebeneinander liegende Leitungen der **Inputzinstallation** dürfen mit brennbaren Befestigungsmitteln befestigt werden. Eine Mindestputzüberdeckung ist nicht erforderlich.
  Kabelbündel können als Unterputzinstallation in Schlitzen von Massivwänden verlegt werden, wenn diese mit mindestens 15 mm mineralischem Putz auf nichtbrennbarem Putzträger oder aus mineralischen Bauplatten mit 15 mm Dicke verschlossen werden.
  Leitungen des elektrischen Funktionserhaltes sind grundsätzlich entsprechend den Vorgaben des allgemeinen bauaufsichtlichen Prüfzeugnisses (abZ) zu befestigen oder auf E 30/60/90-Tragkonstruktionen zu verlegen.
  Dies gilt auch bei Montage hinter nicht klassifizierten Bauteilen.
- Messeinrichtungen und Verteiler müssen entsprechend MLAR, Abschnitt 3.2.2 brandschutztechnisch gekapselt werden (siehe auch **Teil F-X.**).
  Dies gilt auch bei Montage hinter nicht klassifizierten Bauteilen.
- Die Verlegung von nichtbrennbaren Rohrleitungsanlagen (A) mit nichtbrennbaren Dämmstoffen (A1/A2) ist gemäß MLAR, Abschnitt 3.3.1 zulässig. Dies gilt auch für Lüftungsleitungen aus Stahlblech verz. (Kanäle, Wickelfalzrohre, Stahlflex).
  Brennbare Dichtungs- und Verbindungsmittel, brennbare Schallschutzeinlagen in den Befestigungsschellen und brennbare Dämmstoffkappen (B1/B2) von Regelarmaturen der Heizungs- und Trinkwasserinstallation sind zulässig, wenn von dieser Dämmung kein Beitrag zur Brandentstehung und Brandweiterleitung ausgeht.
  Alle Rohrleitungsanlagen müssen mit nichtbrennbaren Befestigungsmitteln wie Traversen, Rohrschellen, Gewindestangen und Dübeln befestigt werden. Eine brandschutztechnische Auslegung der nichtbrennbaren Trag- und Befestigungssysteme ist nicht erforderlich.
  Dies gilt auch bei Montage hinter nicht klassifizierten Bauteilen.
- Die offene Verlegung von nichtbrennbaren Rohrleitungsanlagen (A) für brennbare Medien, z. B. Erdgas, ist zulässig (siehe MLAR, Abschnitt 3.4). Die Befestigung erfolgt wie vor beschrieben mit nichtbrennbaren Befestigungsmitteln. Die Vorgaben der DVGW-TRGI Regelwerke (Technische Richtlinie Gasinstallation) sind ebenfalls zu beachten.
  Eine Be- und Entlüftung der Hohlräume ist bei Verbindungsstellen im Hohlraum zu montieren.
- Alle anderen brennbaren Rohrleitungen (B1/B2) mit brennbaren/nichtbrennbaren Dämmstoffen (A1/A2/B1/B2) oder nichtbrennbaren Rohrleitungen (A) mit brennbaren Dämmstoffen (B1/B2) dürfen nur mit einer brandschutztechnischen Kapselung gemäß MLAR, Abschnitt 3.3 bis 3.5 verlegt werden (siehe auch **Teil F-IV.** bis **Teil F-V.** und **Teil F-IX.**).
  Als alternative Lösung zur brandschutztechnischen Kapselung von brennbaren Rohrleitungen (B1/B2) mit nichtbrennbaren Dämmstoffen (A1/A2) oder nichtbrennbaren Kälteleitungen (A) mit brennbaren diffusionshemmenden Dämmstoffen (B1/B2) können nichtbrennbare Mineralfaserdämmschalen, Raumgewicht ca. 90 kg/m³, Schmelzpunkt > 1000 °C, Dicke mind. 30 mm montiert werden. Die baurechtliche Abweichung ist nach der MBO 2016 § 85a (1) als Abweichung von der Technischen Baubestimmung MLAR zu bewerten (Brandschutzkonzept) oder beantragen.
  Alle Rohrleitungsanlagen müssen mit nichtbrennbaren Befestigungsmitteln wie Traversen, Rohrschellen, Gewindestangen und Dübeln befestigt werden. Eine brandschutztechnische Auslegung der nichtbrennbaren Trag- und Befestigungssysteme ist nicht erforderlich.
  Dies gilt auch bei Montage hinter nicht klassifizierten Bauteilen.
- Gegen die offene Montage von begrenzten brennbaren Bauteilen der Technischen Gebäudeausrüstung, z. B. W-LAN Sende- und Empfangsgeräten usw. bestehen keine brandschutztechnischen Bedenken, wenn von diesen Geräten keine Gefahr der Brandentstehung und Brandweiterleitung ausgeht. Die Leitungsverlegung muss innerhalb der Flurtrennwände oder in den nebenliegenden Räumen erfolgen.
- **Dies gilt auch bei Montage hinter nicht klassifizierten Bauteilen.**
  Die aufgeführten begrenzten brennbaren Bauteile können als Abweichungen von den Eingeführten Technischen Baubestimmungen gemäß MBO 2016 § 85a (1), als gleichwertige Schutzzielerfüllung nachgewiesen werden.
- Die offene Montage von Kompaktanlagen der Heizungs-, Lüftungs- und Klimatechnik darf in notwendigen Fluren nicht erfolgen.
  Dies gilt auch bei Montage hinter nicht klassifizierten Bauteilen.
- In **Bestandsgebäuden** besteht zur brandschutztechnischen Kapselung von Elektrotrassen, die nicht zum Betrieb des notwendigen Flures erforderlich sind, die Möglichkeit der Montage von „Kabelvollbandagen" mit allgemeiner bauaufsichtlicher Zulassung. Das Schutzziel dieser Kabelvollbandagen ist die Verhinderung der Brandentstehung von innen und Brandweiterleitung in Längsrichtung der Elektrotrasse. Die baurechtliche Abweichung ist auf der Grundlage der abZ und § 67 MBO bei der unteren Bauaufsicht zu beantragen. Oberhalb von Unterdecken mit geschlossenen nichtbrennbaren Oberflächen bestehen keine brandschutztechnischen Bedenken.

F

F

F-IV. Leitungsverlegung in notwendigen Fluren mit feuerhemmenden Unterdecken

Die Leitungsverlegung in notwendigen Fluren ist mit feuerhemmenden Unterdecken nur unter Beachtung der im Folgenden beschriebenen Schutzziele möglich (siehe auch MLAR, Abschnitt 3.5.3).

Die zulässige offene Verlegung von Leitungsanlagen innerhalb des notwendigen Flures entspricht der offenen Verlegung Teil F-II.

Oberhalb der feuerhemmenden Unterdecke dürfen alle Leitungsanlagen ohne brandschutztechnische Kapselung verlegt werden.

Die Befestigung der Leitungsanlagen ist brandschutztechnisch so auszulegen, dass im Brandfall über einen Zeitraum von mindestens 30 Minuten die feuerhemmende Unterdecke nicht belastet wird.

Übliche Verlegung von elektrischen Leitungsanlagen im notwendigen Flur, jedoch oberhalb der feuerhemmenden Unterdecke:

- Alle brennbaren elektrischen Leitungen und Leitungen des elektrischen Funktionserhaltes dürfen **Aufputz, Inputz oder Unterputz** verlegt werden. Bei Leitungen des elektrischen Funktionserhaltes sind bezüglich der Verlegung zusätzliche Einschränkungen des Ver- und Anwendbarkeitsnachweises zu beachten. Kabelbündel sind grundsätzlich mit nichtbrennbaren Sammelhaltern oder auf nichtbrennbaren Elektrotrassen zu verlegen und mit nichtbrennbaren Befestigungselementen, Dübeln oder Schlagankern zu befestigen (siehe auch Kommentierung **Teil A-II.**, Abschnitt 3.2.1, Satz 3 und 4). Eine brandschutztechnische Auslegung der nichtbrennbaren Trag- und Befestigungssysteme ist erforderlich. In der Regel müssen bei Elektrotrassen mit einer Breite > 250 mm vordere Sicherheitsabhängungen M8 entsprechend den Vorgaben der Trassenhersteller montiert werden. Brennbare Sammelhalter sind zu vermeiden. Leitungen des elektrischen Funktionserhaltes sind entsprechend den Vorgaben des allgemeinen bauaufsichtlichen Prüfzeugnisses (abP) zu befestigen oder auf E 30-/60-/90-Tragkonstruktionen zu verlegen.
- Die Verlegung von nichtbrennbaren Rohrleitungsanlagen (A) mit nichtbrennbaren Dämmstoffen (A1/A2) ist oberhalb von F 30-Unterdecken zulässig. Dies gilt auch für Lüftungsleitungen aus Stahlblech verzinkt (Kanäle, Wickelfalzrohre, Stahlflex).
  Brennbare Dichtungs- und Verbindungsmittel, brennbare Schallschutzeinlagen in den Befestigungsschellen und brennbare Dämmstoffkappen (B1/B2) von Regelarmaturen der Heizungs- und Trinkwasserinstallation sind zulässig. Alle Rohrleitungsanlagen müssen mit nichtbrennbaren Befestigungsmitteln wie Traversen, Rohrschellen, Gewindestangen und Dübeln befestigt werden. Eine brandschutztechnische Auslegung der nichtbrennbaren Trag- und Befestigungssysteme ist erforderlich.
- Die offene Verlegung von nichtbrennbaren Rohrleitungsanlagen (A) für brennbare Medien, z. B. Erdgas, ist zulässig (siehe MLAR, Abschnitt 3.4). Eine brandschutztechnische Auslegung der Befestigungssysteme ist erforderlich.
  Die Vorgaben der DVGW-TRGI Regelwerke (Technische Richtlinie Gasinstallation) sind ebenfalls zu beachten. Eine Be- und Entlüftung der Hohlräume ist bei vorhanden sein von Verbindungsstellen der Gasleitung zu montieren. Die Be- und Entlüftung kann i.d.R. nicht in den notwendigen Flur erfolgen.
- Alle anderen brennbaren Rohrleitungen (B1/B2) mit brennbaren/nichtbrennbaren Dämmstoffen (A1/A2/B1/B2 oder nichtbrennbaren Rohrleitungen (A) mit brennbaren Dämmstoffen (B1/B2) dürfen offen verlegt werden.
  Alle Rohrleitungsanlagen müssen mit nichtbrennbaren Befestigungsmitteln wie Traversen, Rohrschellen, Gewindestangen und Dübeln befestigt werden. Eine brandschutztechnische Auslegung der nichtbrennbaren Trag- und Befestigungssysteme ist erforderlich.

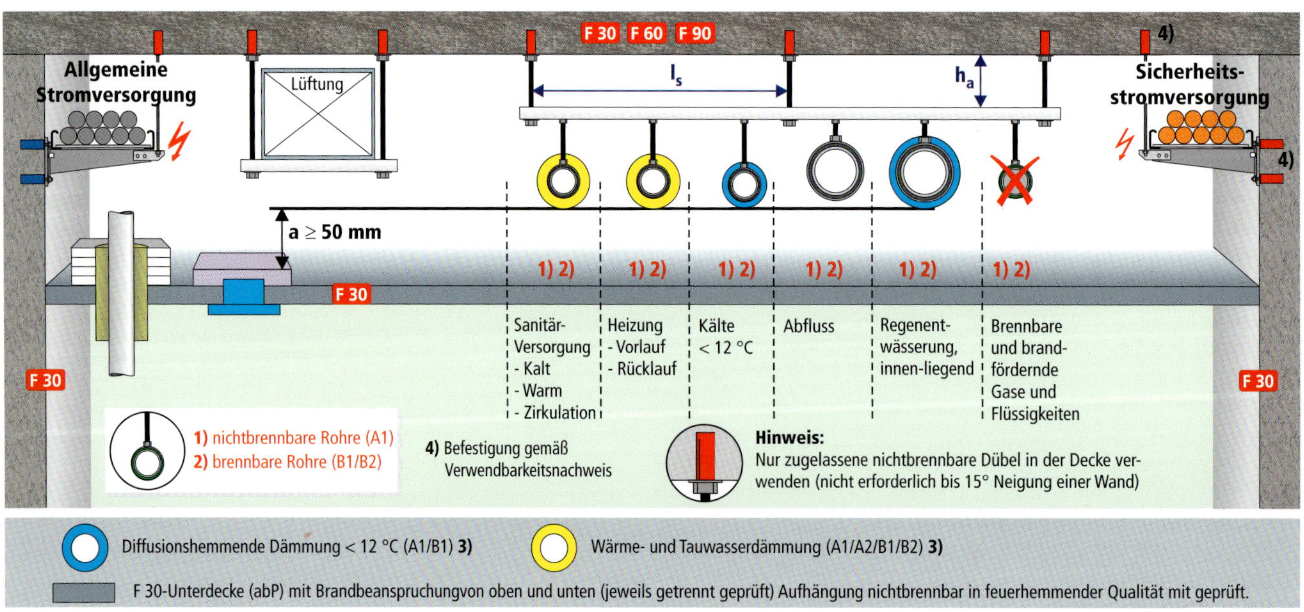

Bild F-IV–1: Leitungsverlegung in notwendigen Fluren mit feuerhemmenden Unterdecken (schematische Darstellung)

- Die Montage von Kompaktanlagen der Heizungs-, Lüftungs- und Klimatechnik darf in notwendigen Fluren oberhalb von F 30-Unterdecken erfolgen, wenn die brandschutztechnische Auslegung der Befestigung und Anbauteile über einen Zeitraum von 30 Minuten so nachgewiesen wurde, dass die Unterdecke im Brandfall nicht belastet wird.
- Zur Reduzierung der Gefahr einer Brandweiterleitung im Brandfall innerhalb des Deckenhohlraumes besteht zur brandschutztechnischen Kapselung von Elektrotrassen die Möglichkeit der Montage von „Kabelvollbandagen“ mit allgemeiner bauaufsichtlicher Zulassung. Das Schutzziel dieser Kabelvollbandagen ist die Verhinderung der Brandentstehung von innen und Brandweiterleitung in Längsrichtung der Elektrotrasse. Eine Zustimmung der Baubehörden ist bei Montage oberhalb von F 30-Unterdecken nicht erforderlich.

Hinweis zur Befestigung von Leitungsanlagen oberhalb von F 30-Unterdecken:
Die brandschutztechnische Auslegung der Befestigungssysteme für Rohr- und Elektrotrassen erfolgt i.d.R. unter Mithilfe der Befestigungshersteller. Der Nachweis muss so geführt werden, dass im Brandfall die F 30-Unterdecke nicht durch sich absenkende und herabfallende Bauteile belastet wird. Die Einhaltung dieses Schutzzieles wird durch die Anforderungen des Ver- und Anwendbarkeitsnachweises (abP) der feuerwiderstandsfähigen Unterdecke definiert. Leitungen des elektrischen Funktionserhaltes sind grundsätzlich entsprechend den Vorgaben des allgemeinenen bauaufsichtlichen Prüfzeugnisses (abP) zu befestigen oder auf E 30-/60-/90-Tragkonstruktionen zu verlegen. **Die brandschutztechnischen Anforderungen und Nachweise zur Befestigung von Kabel- und Rohrtrassen oberhalb von Unterdecken mit Anforderungen an die Feuerwiderstandsdauer werden im Teil F-XV. beschrieben.**

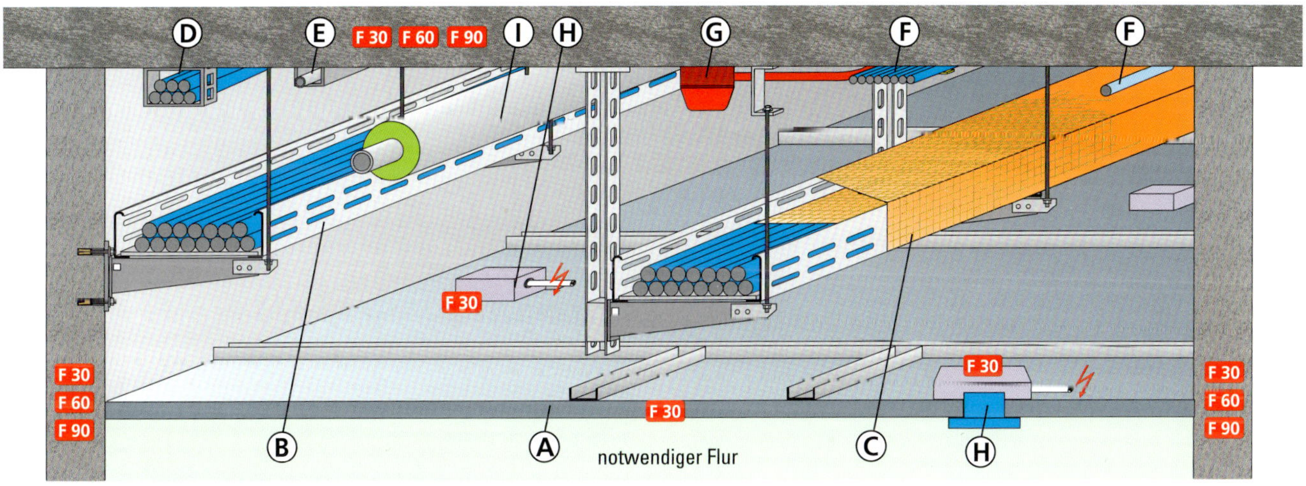

Bild F-IV–2: Leitungsverlegung in notwendigen Fluren mit feuerhemmenden Unterdecken

Legende zu Bild F-IV – 2

A = Feuerhemmende Unterdecke mit nichtbrennbaren Befestigungen gemäß allgemeinem bauaufsichtlichem Prüfzeugnis (abP)

B = Kabeltrasse nichtbrennbar, mit einer Breite > 250 mm, mit vorderer Sicherheitsabhängung zur Verwendung oberhalb von feuerhemmenden Unterdecken gemäß den Vorgaben des jeweiligen Herstellers der Kabeltragsysteme

C = Kabeltrasse nichtbrennbar mit einer Breite > 250 mm, mit vorderer Sicherheitsabhängung zur Verwendung oberhalb von feuerhemmenden Unterdecken gemäß Vorgaben des jeweiligen Herstellers der Kabeltragsysteme. Zusätzliche Montage einer Kabelvollbandage zur Verhinderung der Brandweiterleitung im Brandfall (nur wenn der Planer dies vorgibt).
Die Anordnung der Kabelvollbandage oberhalb einer feuerhemmenden Unterdecke stellt keine baurechtliche Abweichung dar.

D = Elektroleitungen als Bündel mit nichtbrennbarer Befestigung mittels Sammelhaltern

E = Kabelkanal nichtbrennbar mit Elektroleitungen als Bündel verlegt oder Kabelkanal/Elektroleerrohr brennbar mit einzelnen elektrischen Leitungen belegt

F = Elektroleitungen nebeneinander verlegt, z. B. mit brennbaren Sammelhaltern oder als Einzelleitungen, z. B. mit nichtbrennbaren Kabelklammern oder als Einzelleitungen mit Einzelschellen verlegt

G = Rauchmelder zur Brandfrüherkennung

H = Feuerhemmende Einhausung von Einbauten in der feuerhemmenden Unterdecke, z. B. Leuchten mit/ohne Trafo, Lautsprecher, Lüftungseinheiten, usw..
Die Kabel- oder Lüftungseinführungen müssen brandschutztechnisch geschottet werden. Das Gewicht der Einhausungen muss mit dem Hersteller der Unterdecken bzw. dem Inhalt des allgemeinen bauaufsichtlichen Prüfzeugnisses abgestimmt sein

I = Rohrleitungen brennbar (B1/B2) oder nichtbrennbar (A) mit brennbaren Dämmungen (B1/B2) oder nichtbrennbaren Dämmungen (A1/A2) mit nichtbrennbaren Befestigungen

F

F-V. Auslegung von Installationsschächten und -kanälen sowie Leitungsverlegung in notwendigen Fluren, notwendigen Treppenräumen und Räumen zwischen notwendigen Treppenräumen und Ausgängen ins Freie

A) Installationsschächte und -kanäle mit Anforderungen an die Feuerwiderstandsfähigkeit

Durch die Installationsschächte und -kanäle wird der Brandausbreitung von Raum zu Raum bzw. von Geschoss zu Geschoss anstelle von Abschottungen vorgebeugt.

Mit diesen Bauteilen wird der Brandausbreitung von Raum zu Raum bzw. von Geschoss zu Geschoss vorgebeugt anstelle von Abschottungen. Bezogen auf die Anforderungen an die Feuerwiderstandsfähigkeit gilt MLAR, Abschnitt 3.5.1.

Um einer Brandausbreitung über ein raumabschließendes Bauteil vorzubeugen, müssen die I-Kanäle bzw. die I-Schächte die gleiche Feuerwiderstandsfähigkeit aufweisen wie das raumabschließende Bauteil selbst. In der brandschutztechnischen Bewertung wird unterstellt, dass der I-Schacht/-Kanal im Brandraum versagt und im angrenzenden Raum ein Brand innerhalb des I-Kanals bzw. des I-Schachtes nicht in den Raum eindringen darf.

- I 30/60/90-Installationskanäle zur Führung und Abschottung von innenliegenden Leitungsanlagen über raumabschließende Bauteile hinweg – **Schutzziel Brand von innen**

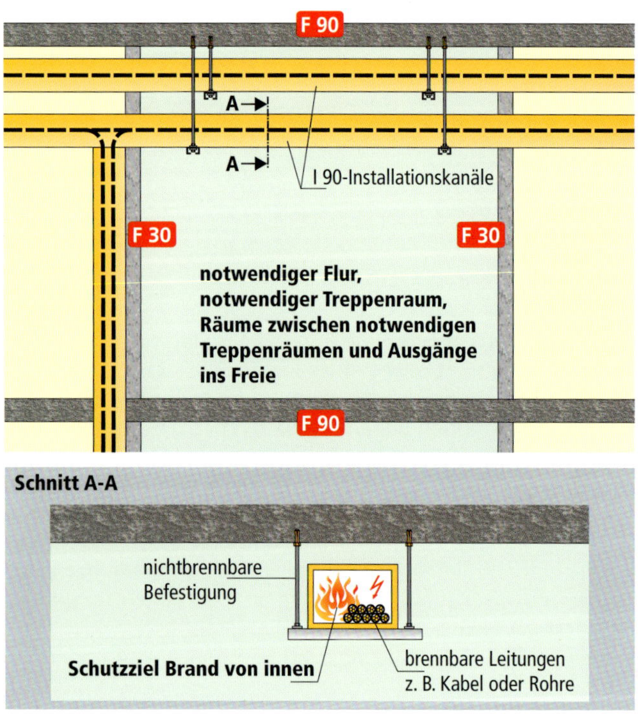

Bild F-V–1: I 30/60/90-Installationskanäle zur Führung und Abschottung von innenliegenden Leitungsanlagen über raumabschließende Bauteile hinweg
Schutzziel Brand von innen

Die Anforderungen:

- Die Feuerwiderstandsdauer (FWD) ergibt sich aus der höchsten FWD der durchstoßenen Bauteile. Die Ausführung vom Installationskanal muss inkl. der Ein- und Ausfädelung von Leitungen entsprechend den Anforderungen des allgemeinen bauaufsichtlichen Prüfzeugnisses (abP) erfolgen.

Die Auswahlmöglichkeiten z. B.:

- I 30/60/90-Installationskanäle aus Calzium-Silikat-Werkstoffen
- I 30/60/90-Installationskanäle aus Blech mit innenliegenden Mineralfaserdämmstoffen
- I 30/60/90-Installationskanäle aus Blech mit einer brandschutztechnischen Innenbeschichtung
- I 30/60/90-Installationskanäle aus Blech mit einer brandschutztechnischen Innenbeschichtung zur durchgängigen Verlegung von Kälteleitungen mit B1-Dämmstoffen (rund oder eckig).

B) Feuerhemmende Installationsschächte und -kanäle zur brandschutztechnischen Kapselung von Brandlasten in Rettungswegen

Werden in notwendigen Fluren, notwendigen Treppenräumen und Räumen zwischen notwendigen Treppenräumen und Ausgängen ins Freie Installationsschächte und -kanäle gemäß MLAR, Abschnitt 3.5.2 zur brandschutztechnischen Kapselung ohne Überbrückung von raumabschließenden Bauteilen gefordert, reichen feuerhemmende Kanäle/Verkleidungen in der Qualität I 30 oder F 30 aus nichtbrennbaren Baustoffen aus (siehe Bild F-V–2).

- E 30/60/90-Installationskanäle zur Sicherstellung des elektrischen Funktionserhaltes – **Schutzziel Brand von außen**

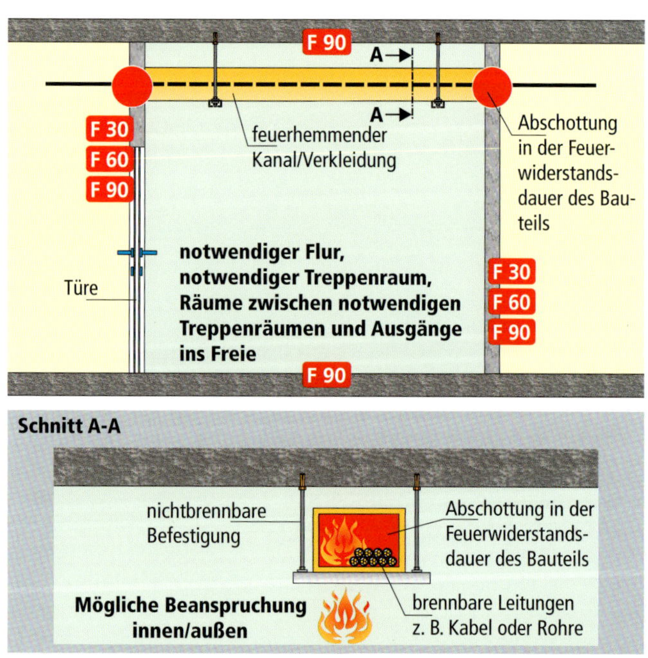

Bild F-V–2: Installationsschächte und -kanäle gemäß MLAR, Abschnitt 3.5.2 zur brandschutztechnischen Kapselung für elektrische Leitungen und Rohrleitungsanlagen

Die Anforderungen:
- Die Feuerwiderstandsdauer (FWD) ergibt sich aus der Anforderung einer feuerhemmenden Bekleidung der Brandlasten in Rettungswegen gemäß MLAR, Abschnitt 3.1.1
- Die Abschlüsse am Ende der feuerhemmenden Kanäle werden durch die Abschottungen in den Wandflächen gebildet. Die Abschottungen sind gemäß MLAR, Abschnitt 4, je nach Anforderung umzusetzen/auszuführen. Bei einem I-Kanal in einem Flur innerhalb einer Nutzungseinheit kann aus brandschutztechnischen Gründen auf eine Abschottung verzichtet werden.

Die Auswahlmöglichkeiten:
- I 30-Installationskanäle aus Calzium-Silikat-Werkstoffen
- I 30-Installationskanäle aus Blech mit innenliegenden Mineralfaserdämmstoffen
- I 30-Installationskanäle aus Blech mit einer brandschutztechnischen Innenbeschichtung
- I 30-Installationskanäle aus Blech mit einer brandschutztechnischen Innenbeschichtung zur durchgängigen Verlegung von Kälteleitungen mit B1-Dämmstoffen (rund oder eckig).

C) Kanäle und Schächte zur Sicherstellung des Funktionserhaltes E 30/60/90

Durch diese Bauteile werden die elektrischen Leitungen gegen die Brandeinwirkung von außen so geschützt, dass der Funktionserhalt nach DIN 4102-12 gewährleistet ist.

Da die E-Kanäle und -Schächte bei gleicher Feuerwiderstandsdauer mindestens genau so dick sind wie die I-Kanäle und die I-Schächte, können sie in notwendigen Rettungswegen auch zur Kapselung der innenliegenden Kabel herangezogen werden.

Elektrische Leitungen des Funktionserhaltes sind innerhalb von notwendigen Fluren, notwendigen Treppenräumen und Räumen zwischen notwendigen Treppenräumen und Ausgängen ins Freie wie brennbare elektrische Leitungen zu bewerten. Aus diesem Grund sind diese Leitungen wie vor beschrieben brandschutztechnisch zu kapseln (siehe Bild F-V–3).

Die Anforderungen:
- Die Feuerwiderstandsdauer (FWD) ergibt sich aus der Anforderung einer feuerhemmenden Verkleidung zur Kapselung der Brandlasten in Rettungswegen gemäß MLAR, Abschnitt 3.1.1
- Die Abschlüsse am Ende der feuerhemmenden Verkleidung werden durch die Abschottungen in den Umhüllungsflächen gebildet. Die Abschottungen sind gemäß MLAR, Abschnitt 4, je nach Anforderung auszuführen.

Die Auswahlmöglichkeiten:
- I 30 Installationskanäle aus Calzium-Silikat-Werkstoffen
- I 30 Installationskanäle aus Blech mit innenliegenden Mineralfaserdämmstoffen
- I 30 Installationskanäle aus Blech mit einer brandschutztechnischen Innenbeschichtung.

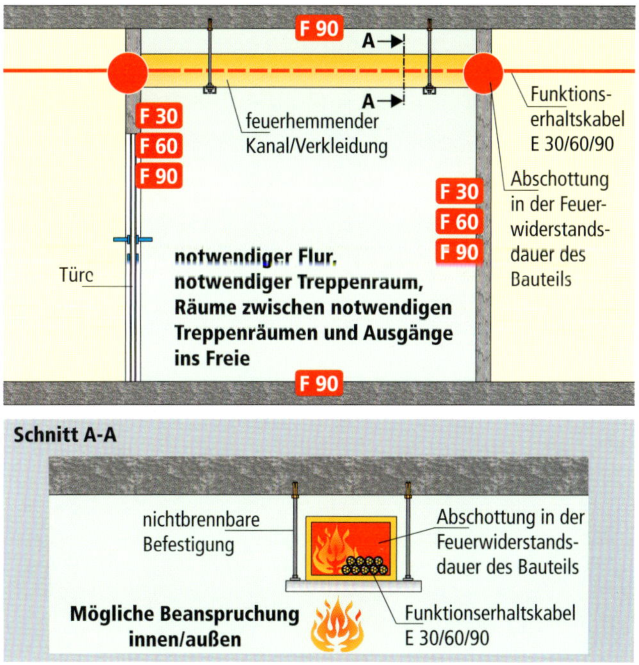

Bild F-V–3: Installationsschächte und -kanäle gemäß MLAR, Abschnitt 3.5.2 zur brandschutztechnischen Kapselung von elektrischen Leitungen mit Funktionserhalt

F-VI. Leitungsverlegung in Rettungswegen/-fluren, die keine notwendigen Flure sind

Als Flucht und Rettungswege/-flure, die keine notwendigen Flure sind, werden z. B. folgende Flure eingestuft:
- Offene Gänge vor Außenwänden, auch Laubengänge genannt (siehe MLAR, Abschnitt 1, Aufzählung a)
- Flure in Untergeschossen von Gebäuden, an denen keine Aufenthaltsräume angeschlossen werden und keine notwendigen Flure im Rahmen des Brandschutzkonzeptes gefordert werden.

In diesen Fällen kommen die Anforderungen der MLAR, Abschnitt 3 nicht zum Tragen. Die oben beschriebenen Einschränkungen und Anforderungen in Bezug auf die Brandlasten und Mindestanforderungen an die Befestigungen kommen dabei nicht zum Tragen. Trotzdem gilt es, für alle Rettungswege im Gebäude eine Reduzierung der offen verlegten Brandlasten anzustreben. Auch in diesen Fällen sind möglichst nichtbrennbare Sammelhalter und Befestigungssysteme inkl. der Dübel zu verwenden.

Hinweis:
Bei Unsicherheiten in der Auslegung der Flurqualität – notwendiger Flur ja oder nein – sollte der Ersteller des Brandschutzkonzeptes/-nachweises oder der Architekt im Vorfeld der TGA-Planung befragt werden.

F

F-VII. Leitungsverlegung/-anlagen in notwendigen Treppenräumen, Räumen zwischen notwendigen Treppenräumen und Ausgängen ins Freie, Vorräumen und Sicherheitsschleusen

Die Leitungsverlegung in notwendigen Treppenräumen, Räumen zwischen notwendigen Treppenräumen und Ausgängen ins Freie, Vorräumen und Sicherheitsschleusen ist nur unter Beachtung der im Folgenden beschriebenen Schutzziele möglich.

F

Es dürfen sich nur die Brandlasten von Leitungsanlagen im notwendigen Treppenraum, Räumen zwischen notwendigen Treppenräumen und Ausgängen ins Freie, Vorräumen und Sicherheitsschleusen befinden, die zum Betrieb dieser Räume erforderlich sind.

- Brennbare elektrische Leitungsanlagen dürfen Aufputz, Inputz oder Unterputz verlegt werden, wenn diese unmittelbar zum Betrieb des jeweiligen notwendigen Treppenraumes, der Räume zwischen notwendigen Treppenräumen und Ausgängen ins Freie, Vorräumen und Sicherheitsschleusen erforderlich sind (siehe MLAR, Abschnitt 3.1).
  Dazu gehören folgende zum Betrieb des jeweiligen notwendigen Treppenraumes erforderlichen Leitungsanlagen, z. B. elektrische Leitungen für die Beleuchtung und für den Anschluss von Schaltern, Zuleitungen für erforderliche Steckdosen, Zuleitungen für Sicherheitsleuchten, Leitungsanlagen für die Brandmeldeüberwachung und Alarmierung, Leitungsanlagen zum Betrieb von im notwendigen Treppenraum befindlichen Regeleinrichtungen und Überströmklappen der Spülluftanlagen, Leitungsanlagen und Stellmotoren von Rauchableitungseinrichtungen und Anschlussleitungen für Feststellanlagen, Koaxial-/Hohlleiterkabel für den Gebäudefunk.
  Alle Elektroinstallationskanäle und -rohre der Aufputzinstallation müssen auch bei Verlegung von für den Betrieb der o.g. Räume erforderlichen Leitungsanlagen aus nichtbrennbaren Baustoffen bestehen (siehe MLAR, Abschnitt 3.2.1). Brennbare Dübel und nichtbrennbare Schrauben können für diese Befestigung zum Einsatz kommen. Kabelbündel sind grundsätzlich mit nichtbrennbaren Sammelhaltern oder auf nichtbrennbaren Elektrotrassen inkl. nichtbrennbaren Befestigungselementen, Dübeln oder Schlagankern zu befestigen. Eine brandschutztechnische Auslegung der nichtbrennbaren Trag- und Befestigungssysteme ist nicht erforderlich. Brennbare Sammelhalter sind nicht zulässig.
  Leitungen des elektrischen Funktionserhaltes sind grundsätzlich entsprechend den Vorgaben des allgemeinen bauaufsichtlichen Prüfzeugnisses (abP) zu befestigen oder auf E 30/60/90-Tragkonstruktionen zu verlegen. Ausgenommen sind Leitungen, die innerhalb des Versorgungsabschnittes, wie z. B. bis zum Sicherheitsbeleuchtungsabschnitt, im Treppenraum zum Verteiler oder Betriebsmittel geführt werden (siehe MLAR, Abschnitt 5.3.2).
- Alle anderen brennbaren elektrischen Leitungen und Leitungen des elektrischen Funktionserhaltes, die nicht zum Betrieb des notwendigen Treppenraumes, Räume zwischen dem notwendigen Treppenraum und dem Ausgang ins Freie, Vorräumen und Sicherheitsschleusen benötigt werden, müssen mit einer brandschutztechnischen Kapselung gemäß MLAR, Abschnitt 3.2 verlegt werden (siehe auch **Teil F-V.**, **Teil F-IX.**).
  Brandschutztechnisch klassifizierte Unterdecken müssen der brandschutztechnischen Qualität der Geschossdecken entsprechen.
  Einzelne und direkt nebeneinander liegende Leitungen der Inputzinstallation dürfen mit brennbaren Befestigungsmitteln befestigt werden. Eine Mindestputzüberdeckung ist nicht erforderlich. Kabelbündel können als **Unterputzinstallation** in Schlitzen von Massivwänden verlegt werden, wenn diese mit mindestens 15 mm mineralischem Putz auf nichtbrennbarem Putzträger oder aus mineralischen Bauplatten mit 15 mm Dicke verschlossen werden.
  Leitungen des elektrischen Funktionserhaltes sind grundsätzlich entsprechend den Vorgaben des allgemeinen bauaufsichtlichen Prüfzeugnisses (abP) zu befestigen oder auf E 30/60/90-Tragkonstruktionen zu verlegen.
- Messeinrichtungen und Verteiler müssen entsprechend MLAR, Abschnitt 3.2.2, Aufzählung a) feuerhemmend gekapselt werden (siehe auch **Teil F-XI.**)
- Die **offene Verlegung** von nichtbrennbaren Rohrleitungsanlagen (A) mit nichtbrennbaren Dämmstoffen (A1/A2) ist gemäß MLAR, Abschnitt 3.3.1 zulässig.
  Brennbare Dichtungs-/Verbindungsmittel und brennbare Schallschutzeinlagen in den Befestigungsschellen sind zulässig. Alle Rohrleitungsanlagen müssen mit nichtbrennbaren Befestigungsmitteln wie Traversen, Rohrschellen, Gewindestangen und Dübeln befestigt werden. Eine brandschutztechnische Auslegung der nichtbrennbaren Trag- und Befestigungssysteme ist nicht erforderlich.
- Die **offene Verlegung** von nichtbrennbaren Rohrleitungsanlagen (A) für brennbare Medien, z. B. Erdgas, ist **nicht** zulässig (siehe MLAR, Abschnitt 3.4). Die Befestigung erfolgt, wie vor beschrieben, mit nichtbrennbaren Befestigungsmitteln. Die Vorgaben der DVGW-TRGI Regelwerke (Technische Richtlinie Gasinstallation) sind ebenfalls zu beachten.
- Alle anderen brennbaren Rohrleitungen (B1/B2) mit brennbaren/nichtbrennbaren Dämmstoffen (A1/A2/B1/B2) oder nichtbrennbaren Rohrleitungen (A) mit brennbaren Dämmstoffen (B1/B2) müssen mit einer brandschutztechnischen Kapselung gemäß MLAR, Abschnitt 3.3 bis 3.5 verlegt werden (siehe auch **Teil F-V.** und **Teil F-IX.**). Brandschutztechnisch klassifizierte Unterdecken müssen der brandschutztechnischen Qualität der Geschossdecken entsprechen. Alle Rohrleitungsanlagen müssen innerhalb oder oberhalb der brandschutztechnischen Verkleidung/Unterdecke mit nichtbrennbaren Befestigungsmitteln wie Traversen, Rohrschellen, Gewindestangen und Dübeln befestigt werden. Eine brandschutztechnische Auslegung der nichtbrennbaren Trag- und Befestigungssysteme ist erforderlich.
- Gegen die offene Montage von begrenzten brennbaren Bauteilen der Technischen Gebäudeausrüstung, z. B. Schalter, Steckdosen, Taster, Druckknopfmelder, Parallelanzeigen der Brandfrüherkennung, Anzeigeleuchten, kleine Empfangseinheiten der Verbrauchserfassung (Heizung/Sanitär), Tastaturen- und Geräten der Eintrittskontrolle usw. bestehen keine brandschutztechnischen Bedenken, wenn von diesen Geräten keine Gefahr der Brandentstehung und Brandweiterleitung ausgeht. Die Kabelverlegung muss bis auf kurze Anschlusslängen als Inputz- oder Unterputzverlegung erfolgen. Die aufgeführten begrenzten brennbaren Bauteile können als Abweichungen von den Eingeführten Technischen Baubestimmungen gemäß MBO 2016 § 85a (1) als gleichwertige Schutzzielerfüllung nachgewiesen werden.

- Die offene Montage von Ventilatoren für Spüllüftung und deren Schaltschränke ist möglich. Eine Montage außerhalb des notwendigen Treppenraumes ist anzustreben.
- In Bestandsgebäuden besteht zur brandschutztechnischen Kapselung von Elektrotrassen, die nicht zum Betrieb des notwendigen Treppenraumes bzw. des Raumes zwischen dem notwendigen Treppenraum und dem Ausgang ins Freie erforderlich sind, die Möglichkeit der Montage von Installationsschächten/-kanälen gemäß **Teil F-V.** in feuerhemmender Qualität. Damit wird das Schutzziel der Kapselung von verhältnismäßig wenig Kabeln gegen den Treppenraum erreicht. Die Abschottung der Leitungsdurchführungen muss jedoch in den Treppenraumwänden der Bauart einer Brandwand gemäß MLAR, Abschnitt 4 erfolgen. Eine brandschutztechnisch ungekapselte Verlegung war auch in der Vergangenheit nicht zulässig.

  Bei der Verlegung von neuen Leitungen sind die aktuellen Regelwerke zu beachten.

F-VIII. Leitungsverlegung/-anlagen in Sicherheitstreppenräumen

Die Leitungsverlegung in Sicherheitstreppenräumen und Räumen zwischen Sicherheitstreppenräumen und Ausgängen ins Freie ist nur unter Beachtung der im Folgenden beschriebenen Schutzziele möglich.

MLAR, Abschnitt 3.1.3
In Sicherheitstreppenräumen gemäß § 33 Abs. 2, Satz 3 MBO und in Räumen zwischen Sicherheitstreppenräumen und Ausgängen ins Freie sind nur Leitungsanlagen zulässig, die ausschließlich der unmittelbaren Versorgung dieser Räume oder der Brandbekämpfung dienen

- Brennbare elektrische Leitungsanlagen dürfen Aufputz, Inputz, Unterputz oder hinter nicht klassifizierten Bauteilen mit geschlossenen nichtbrennbaren Oberflächen verlegt werden, wenn diese unmittelbar zum Betrieb des jeweiligen Sicherheitstreppenraumes und der Räume zwischen dem Sicherheitstreppenraum und Ausgängen ins Freie erforderlich sind (siehe MLAR, Abschnitt 3.1.3).
  Dazu gehören folgende zum Betrieb des jeweiligen Sicherheitstreppenraumes erforderlichen Leitungsanlagen:
  z. B. elektrische Leitungen für die Beleuchtung und für den Anschluss von Schaltern, Zuleitungen für Sicherheitsleuchten, Leitungsanlagen für die Brandmeldeüberwachung und Alarmierung, Leitungsanlagen zum Betrieb von im notwendigen Treppenraum befindlichen Regeleinrichtungen und Überströmklappen der RDA-Anlagen, Leitungsanlagen und Stellmotore von Rauchableitungseinrichtungen und Anschlussleitungen von Feststellanlagen, Koaxial-/Hohlleiterkabel für den Gebäudefunk.

  Alle Elektroinstallationskanäle und -rohre der Aufputzinstallation müssen auch bei Verlegung von für den Betrieb der Räume erforderlichen Leitungsanlagen aus nichtbrennbaren Baustoffen bestehen (siehe MLAR, Abschnitt 3.2.1). Brennbare Dübel und nichtbrennbare Schrauben können für diese Befestigung zum Einsatz kommen.
  Leitungen des elektrischen Funktionserhaltes sind grundsätzlich entsprechend den Vorgaben des allgemeinen bauaufsichtlichen Prüfzeugnisses (abP) zu befestigen oder auf E 30-/60-/90-Tragkonstruktionen zu verlegen.
  Ausgenommen sind Leitungen, die innerhalb des Versorgungsabschnittes, wie z. B. bis zum Sicherheitsbeleuchtungsabschnitt im Sicherheitstreppenraum zum Verteiler oder Betriebsmittel geführt werden (siehe MLAR, Abschnitt 5.3.2).
- Die offene Verlegung von nichtbrennbaren Rohrleitungsanlagen (A) für die Löschwasserversorgung sind zulässig (siehe MLAR, Abschnitt 3.1.3). Brennbare Dichtungs-/Verbindungsmittel sind zulässig. Alle Rohrleitungsanlagen müssen mit nichtbrennbaren Befestigungsmitteln wie Traversen, Rohrschellen, Gewindestangen und Dübeln befestigt werden. Eine brandschutztechnische Auslegung der nichtbrennbaren Trag- und Befestigungssysteme ist nicht erforderlich.
- Gegen die offene Montage von begrenzten brennbaren Bauteilen der Technischen Gebäudeausrüstung, z. B. Schalter, Taster, Druckknopfmelder und Sicherheitsleuchten bestehen keine brandschutztechnischen Bedenken, wenn von diesen Geräten keine Gefahr der Brandentstehung und Brandweiterleitung ausgeht. Die Kabelverlegung kann als Aufputz-, Inputz- oder Unterputzverlegung erfolgen.
- Die Montage von Ventilatoren der RDA-Anlagen und deren Schaltschränke ist innerhalb des Sicherheitstreppenraumes möglich. Eine Montage außerhalb des Sicherheitstreppenraumes ist anzustreben.

F

F-IX. Leitungsverlegung/-anlagen in Unterflurkanälen oder unterhalb von Systemböden in Rettungswegen

Die mögliche Verlegung von elektrischen **Leitungen in Unterflurkanälen** oder unterhalb von Systemböden in Rettungswegen wird in der MLAR, Abschnitt 3.2.1, Aufzählung f) und g) beschrieben (siehe auch Kommentierung **Teil A-II.**).

Die mögliche **Verlegung von Rohrleitungen** in Unterflurkanälen oder unterhalb von Systemböden in Rettungswegen wird in der MLAR, Abschnitt 3.3.2, Aufzählung d) und e) beschrieben (siehe auch Kommentierung **Teil A-II.**).

Die **Ausbildung und Abdeckung der Unterflurkanäle einschließlich der Ausbildung von Revisionsöffnungen** wird in der MLAR, Abschnitt 3.5.6 beschrieben:

MLAR, Abschnitt 3.5.6 „Unterflurkanäle"

Estrichbündig oder -überdeckt angeordnete Unterflurkanäle für die Verlegung von Leitungen müssen in notwendigen Treppenräumen, in Räumen zwischen notwendigen Treppenräumen und Ausgängen ins Freie sowie in notwendigen Fluren eine obere Abdeckung aus nichtbrennbaren Baustoffen haben. Sie dürfen keine Öffnungen haben, ausgenommen in notwendigen Fluren Revisions- oder Nachbelegungsöffnungen. Diese Öffnungen müssen Abschlüsse haben, die umlaufend dicht schließen und aus nichtbrennbaren Baustoffen bestehen.

Innerhalb der Unterflurkanäle und unterhalb der Systemböden dürfen alle brennbaren elektrischen Leitungsanlagen, brennbare und nichtbrennbare Rohre (A/B1/B2) mit brennbaren und nichtbrennbaren Dämmstoffen (A1/A2/B1/B2) ohne Einschränkung der Brandlast verlegt werden. Bei der Verlegung von elektrischen Leitungen des Funktionserhaltes ist dafür Sorge zu tragen, dass diese Leitungen so verlegt werden, dass im Brandfall eine negative Wechselwirkung durch herabfallende Bauteile vermieden wird.

In Sicherheitstreppenräumen und deren Vorräume ist die Anordnung von Unterflurkanälen nicht zulässig.

In notwendigen Treppenräumen, Räumen zwischen notwendigen Treppenräumen und Ausgängen ins Freie, Vorräume und Sicherheitsschleusen ist die Anordnung von Revisionsöffnungen nicht zulässig.

Revisionsöffnungen in notwendigen Fluren dürfen in der erforderlichen Anzahl und Größe vom Fachplaner bestimmt werden. Die Revisionsöffnungen müssen aus nichtbrennbaren dichtschließenden Verschlüssen bestehen.

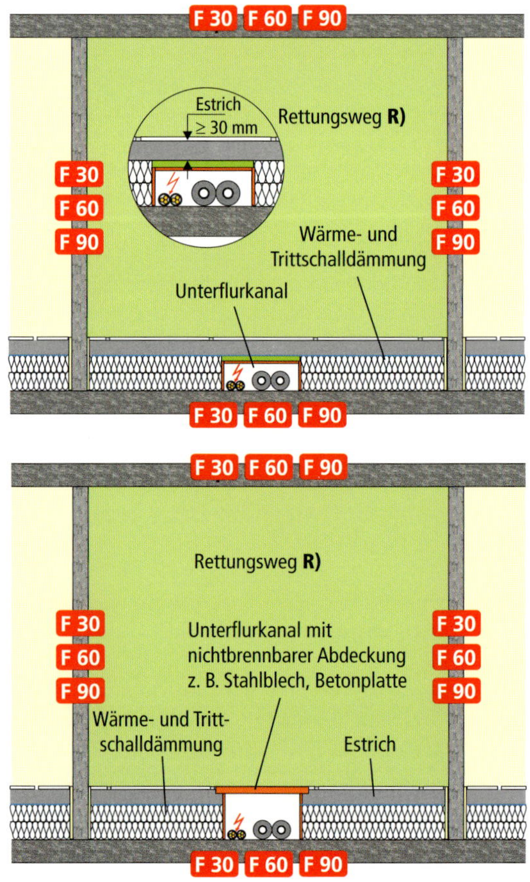

R) Notwendiger Treppenraum, Sicherheitsschleusen, Vorräume, Räume zwischen notwendigen Treppenräumen und Ausgängen ins Freie, einschl. notwendiger Flure im Sinne der MBO/MLAR

Bild F-IX–1: Schematische Darstellung von Installationen in Unterflurkanälen. Die obere Abdeckung der Unterflurkanäle muss aus nichtbrennbaren Baustoffen ohne Anforderungen an die Feuerwiderstandsdauer erfolgen, z. B. Estriche oder Abdeckungen aus stabilem Stahl- oder Alublech

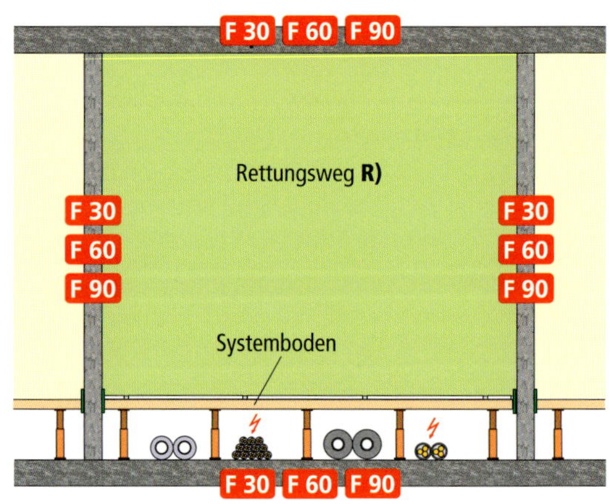

R) Notwendiger Treppenraum, Sicherheitsschleusen, Vorräume, Räume zwischen notwendigen Treppenräumen und Ausgängen ins Freie, einschl. notwendiger Flure im Sinne der MBO/MLAR

Bild F-IX–2: Schematische Darstellung von Installationen unterhalb von Systemböden in der Bauart von Hohlböden und Doppelböden (siehe auch Teil O)

Die **Planung und Ausführung von Systemböden** wird in **Teil O** ausführlich beschrieben.

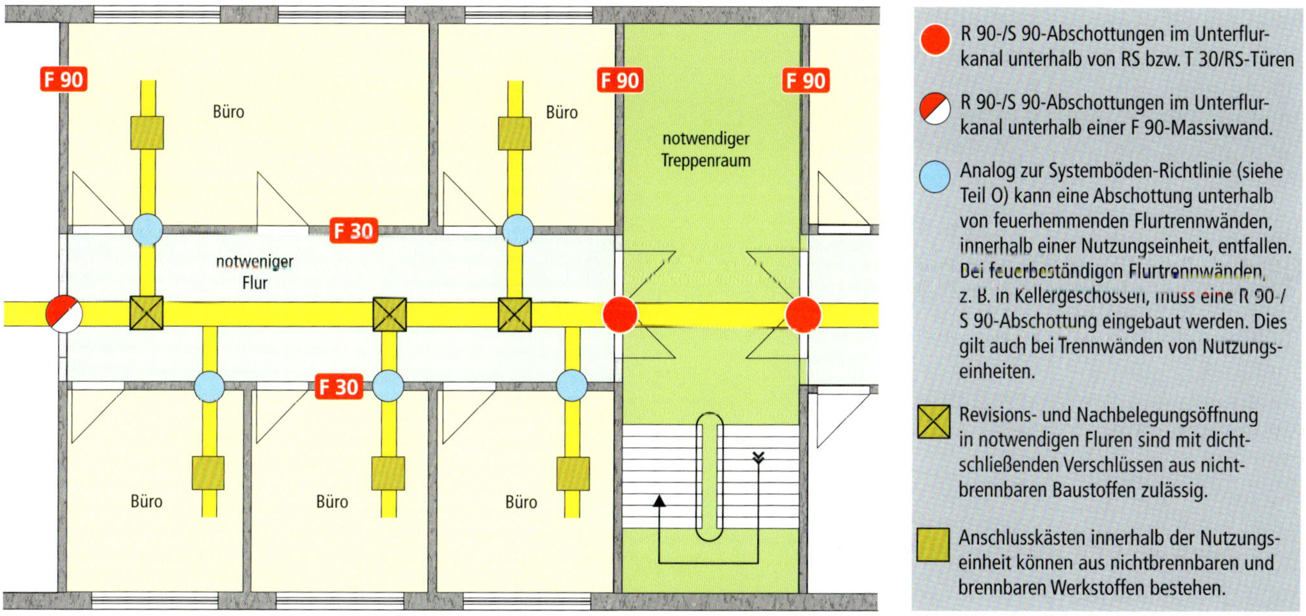

Allgemeiner Hinweis:
Nachbelegungsöffnungen sind so anzuordnen, dass bei einer geplanten Nachbelegungsmöglichkeit eine beidseitige Zugänglichkeit der Abschottungen gewährleistet ist.

Bild F-IX–3: Schematische Darstellung zur Führung von Unterflurkanälen und notwendigen Abschottungen

Hinweis:

- Wenn beidseitig des notwendigen Flures unterschiedliche Nutzungseinheiten angeordnet werden, dann müssen klassifizierte Abschottungen oder gemäß den „Erleichterungen der MLAR, Abschnitt 4.2 bzw. 4.3" analog zur Systemböden-Richtlinie (siehe **Teil O**) unterhalb der Flurtrennwände eingebaut werden. Dies gilt auch, wenn die Führung der Unterflurkanäle unterhalb von Türen in den Flurtrennwänden mit/ohne Anforderungen an die Feuerwiderstandsdauer erfolgt.
- Unterhalb der Feuerabschlüsse zum notwendigen Treppenraum sind für eine einfache nachträgliche Installation der Einbau von Elektroleerrohren mit beidseitig angeordneten S 30/60/90-Kabelabschottungen oder Einzelkabeldurchführungen gemäß den „Erleichterungen der MLAR, Abschnitt 4.2 bzw. 4.3" zu empfehlen. Die Anordnung dieser Abschottungen muss für die Montage unterhalb von Feuerabschlüssen geeignet sein. Die Anforderung an die Feuerwiderstandsdauer der Abschottung muss den Anforderungen der Wand und nicht des Feuerabschlusses entsprechen.

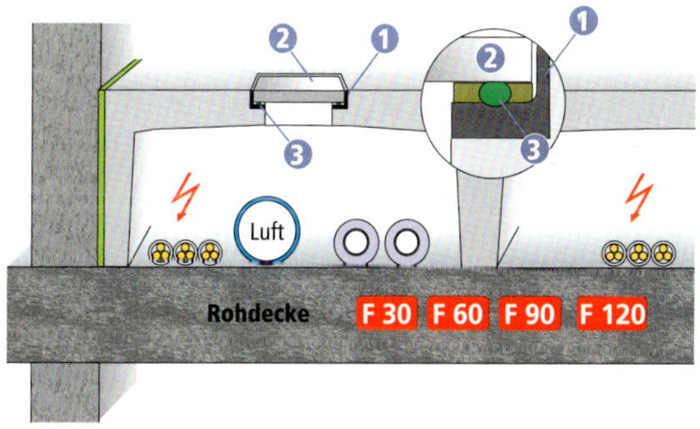

1 Metallrahmen mit Dichtungsnut
2 Einlegeplatte der Fußbodenkonstruktion nichtbrennbar
3 Dämmstreifen als nichtbrennbare Abdichtung mit O-Ring-Dichtung

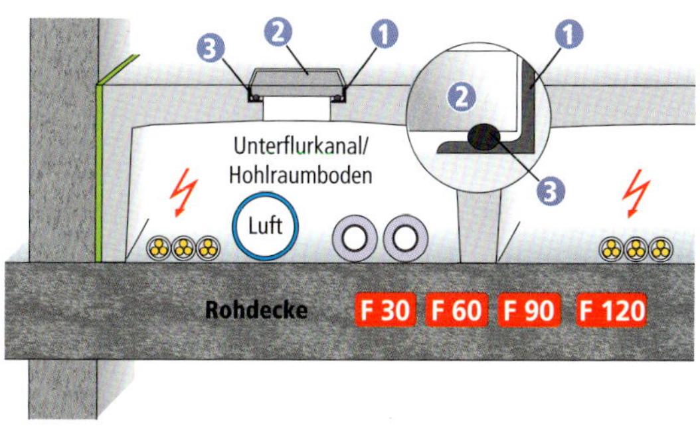

1 Metallrahmen mit Dichtungsnut
2 Einlegeplatte aus Stahl/Aluminium
3 O-Ring Dichtung

Bild F-IX–4: Revisions- und Nachbelegungsöffnungen

F-X. Montage von Verteilern und elektrischen Geräten in notwendigen Fluren

Die mögliche **Montage von elektrischen Verteilern** in notwendigen Fluren wird in der MLAR, Abschnitt 3.2.2, Aufzählung b) beschrieben.

MLAR, Abschnitt 3.2.2 „Messeinrichtungen und Verteiler"

Messeinrichtungen und Verteiler sind abzutrennen gegenüber

a) ....

b) notwendigen Fluren durch Bauteile aus nichtbrennbaren Baustoffen mit geschlossenen Oberflächen; Öffnungen in diesen Bauteilen sind mit Abschlüssen aus nichtbrennbaren Baustoffen mit geschlossenen Oberflächen zu verschließen.

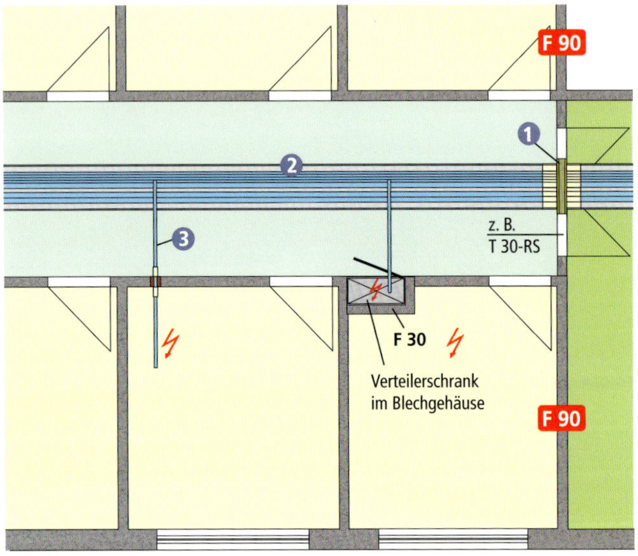

1. S 90-Abschottung
2. Kabeltrasse z. B. oberhalb einer F 30-Unterdecke
3. Stichleitungen zur Versorgung der nebenliegenden Räume einer Nutzungseinheit

Bild F-X–1: Beispiel zur Montage einer elektrischen Unterverteilung innerhalb eines notwendigen Flures. Die Verteilung besteht aus geschlossenen nichtbrennbaren Oberflächen (z. B. Stahlblech lackiert) mit einem umlaufenden metallischen Anschlag der vorderen Tür.

Folgende Mindestanforderungen sind einzuhalten:

- Hinter der elektrischen Unterverteilung muss die Qualität der Flurtrennwand durchgängig vorhanden sein.
- In einigen Bundesländern wird eine umlaufende Dichtung, z. B. aus Gummi, zwischen Gehäuse und vorderer Tür verlangt. Die landesspezifische Anforderung ist zu beachten.
- Brennbare Anzeigen und Leuchten, z. B. in der vorderen Tür, sind hinter Glas (nichtbrennbare geschlossene Oberfläche) anzuordnen.
- Die Anordnung von Schaltern in der vorderen Tür ist wegen der Anforderung an die geschlossene, nichtbrennbare Oberfläche ohne Zusatzmaßnahmen nicht möglich.
- Alle Ein- und Ausführungen der elektrischen Leitungen sind mit üblichen Durchführungen der Gehäuse nach außen zu führen. Die Brandlasten der elektrischen Leitungen sind z. B. mit feuerhemmenden Verkleidungen gegenüber dem notwendigen Flur zu kapseln. Wenn Übergänge zu feuerhemmenden Unterdecken erforderlich sind, wird empfohlen, den gesamten Hohlraum zwischen der Unterverteilung und der feuerhemmenden Unterdecke mit loser Mineralwolle, Schmelzpunkt > 1000 °C auszustopfen.

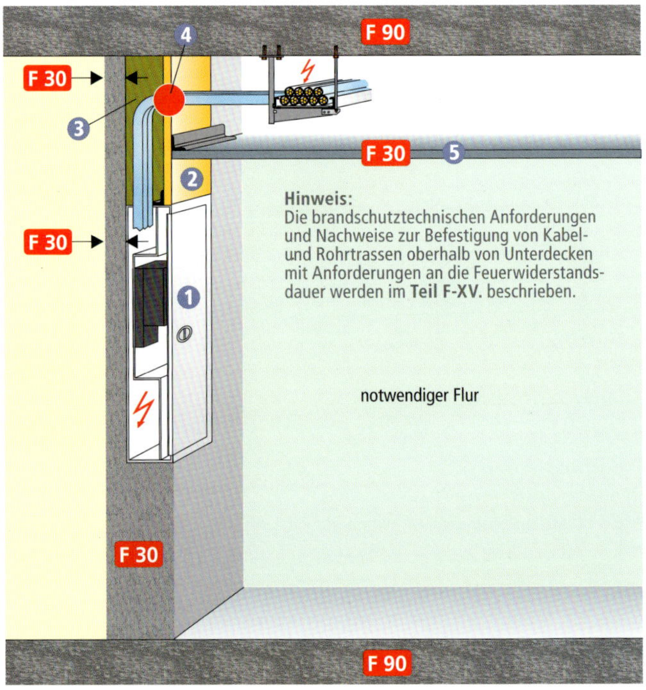

1. Unterverteiler mit geschlossener, nichtbrennbarer Oberfläche
2. Feuerhemmende Verkleidung/Kapselung der Brandlast
3. Hohlraum mit loser Mineralwolle, Schmelzpunkt > 1000 °C ausgestopft
4. Kabeldurchführung entsprechend den Erleichterungen der MLAR, Abschnitt 4.2 "Feuerhemmende Wände" eingespachtelt. Eine Aufdoppelung ist auf Grund Pos. 3 nicht erforderlich
5. F 30-Unterdecke

Bild F-X–2: Beispiel zur Montage einer elektrischen Unterverteilung innerhalb eines notwendigen Flures mit dem Leitungsübergang in den Deckenhohlraum

Schutzzielbegründung für die Verteiler aus Stahlblech lackiert:

Bei notwendigen Fluren dürfen i.d.R. nicht klassifizierte Bürotüren in den Flurtrennwänden eingebaut und im Betrieb offen gelassen werden, da eine Selbstschließung nicht gefordert wird. Die Gefahr einer Übertragung von Rauch und Feuer, ausgehend von der gesamten Brandlast, z. B. eines Büroraumes, ist durch die Raumtür höher einzustufen als die i.d.R. niedrigere Brandlast einer elektrischen Unterverteilung mit geschlossener Tür aus Stahlblech.

Hinweis:

- Bei elektrischen Etagenverteilern, die eine Nutzungseinheit versorgen, bestehen bei der oben beschriebenen Ausführung (bis maximal in der Größe einer einflügeligen Tür) im notwendigen Flur keine brandschutztechnischen Bedenken.
- Unterverteiler von Nutzungseinheiten (< 1 kV = 1000 Volt) müssen aus baurechtlicher Sicht **nicht** in elektrischen Betriebsräumen mit F 90/T30-RS Abtrennungen untergebracht werden.

- Bei Unterbringung der Unterverteilungen, die eine Nutzungseinheit versorgen, in einem neben dem notwendigen Flur liegenden Raum, reicht eine Tür in der Flurtrennwand, entsprechend den Anforderungen an andere Räume, z. B. Büroräume, aus.
- Die Stahlblechverteiler dürfen von innen und außen bis zu einer Schichtdicke von 0,5 mm mit brennbaren Lacken und Farben i.d.R. werkseitig beschichtet werden (siehe Festlegung zu den Rohrbeschichtungen MLAR, Abschnitt 3.3.1 und 3.4.1).
- Wenn die Räume mit elektrischen Unterverteilungen nur für die eine Nutzungseinheit bestückt sind, für die kein elektrischer Betriebsraum gemäß EltBauVO erforderlich ist, können diese Räume an die RLT-Anlage ohne besondere Vorkehrungen angeschlossen werden.
- Für große Unterverteilungen/Hauptverteiler (< 1000 V) ist die Abtrennung durch F 90/T 30-RS Räume zu empfehlen. Elektrische Betriebsräume im Sinne der EltBauVO sind erst dann erforderlich, wenn die Nennspannung 1 kV = 1000 V übersteigt.

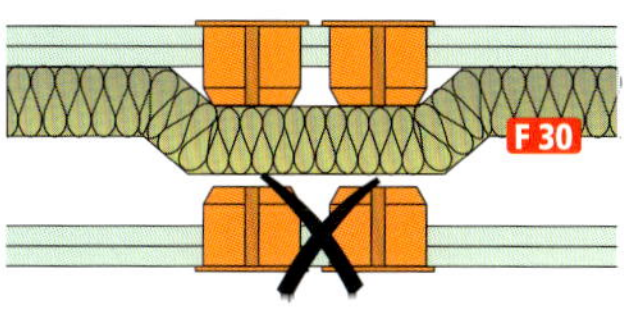

A: Nicht gestatteter Einbau von Hohlwanddosen in F 30-Wänden

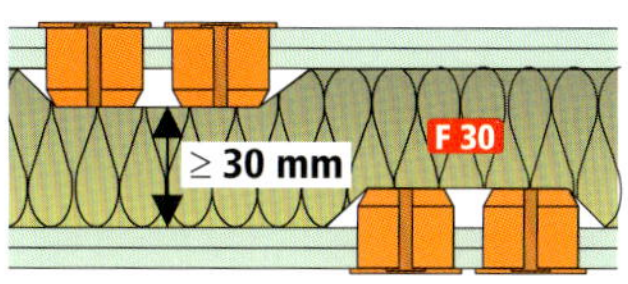

B: Zulässiger Einbau von Hohlwanddosen in F 30-Wänden

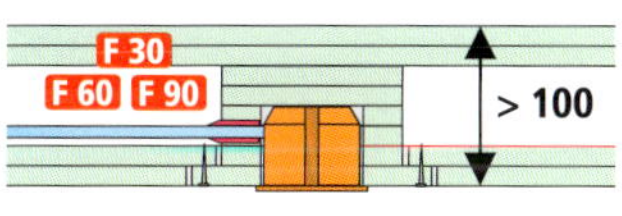

C: Einbau von gekapselten Hohlwanddosen. Die Kabeldurchführung ist dicht zu verschließen (Beispiel)

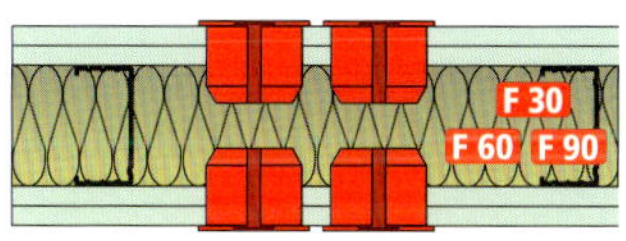

D: Der gegenüberliegende Einbau von brandgeschützten Hohlraumdosen F 30/90 mit allgemeiner bauaufsichtlicher Zulassung ist erforderlich

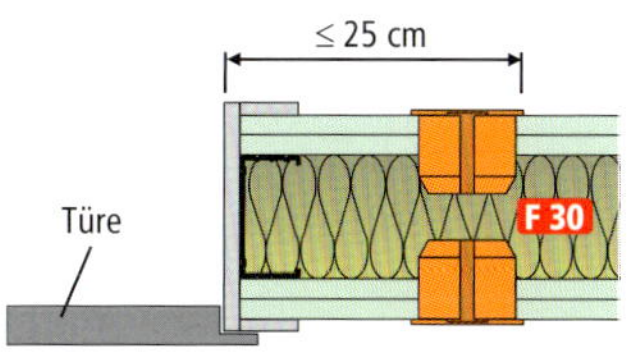

E: Ohne Anforderung an die Türen oder RS. Einbau von nicht klassifizierten Hohlraumdosen möglich.

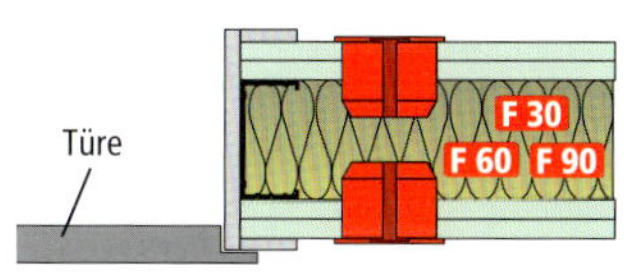

F: Bei Anforderungen an die Türen in T 30 oder T 30/RS, T 90 oder T 90/RS. sind brandgeschützte Hohlraumdosen F 30/90 mit allgemeiner bauaufsichtlicher Zulassung erforderlich

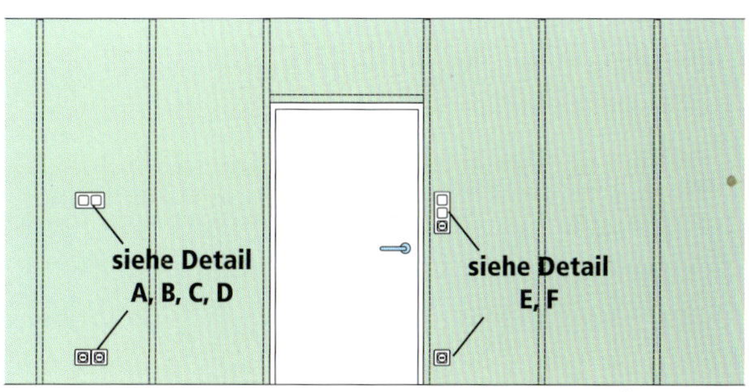

Bild F-X-3: Einbau von Hohlraumdosen in leichten Trennwänden, z. B. Trennwänden von notwendigen Fluren (F 30/90)

F-XI. Montage von Verteilern und elektrischen Geräten in notwendigen Treppenräumen, Räumen zwischen notwendigen Treppenräumen und Ausgängen ins Freie, in Vorräumen und Sicherheitsschleusen

Die mögliche **Montage von elektrischen Verteilern** in notwendigen Treppenräumen, Räumen zwischen notwendigen Treppenräumen und Ausgängen ins Freie, in Vorräumen und Sicherheitsschleusen wird in der MLAR, Abschnitt 3.2.2, Aufzählung a) beschrieben.

MLAR, Abschnitt 3.2.2 „Messeinrichtungen und Verteiler"
Messeinrichtungen und Verteiler sind abzutrennen gegenüber
a) notwendigen Treppenräumen und Räumen zwischen notwendigen Treppenräumen und Ausgängen ins Freie durch mindestens feuerhemmende Bauteile aus nichtbrennbaren Baustoffen; Öffnungen in diesen Bauteilen sind durch mindestens feuerhemmende Abschlüsse mit umlaufender Dichtung zu verschließen;
b) …

Hinweis:
Bei Neubaumaßnahmen oder Kernsanierungen sollte auf eine Montage von elektrischen Verteilern in notwendigen Treppenräumen, Räumen zwischen notwendigen Treppenräumen und Ausgängen ins Freie in Vorräumen und Sicherheitsschleusen verzichtet werden.

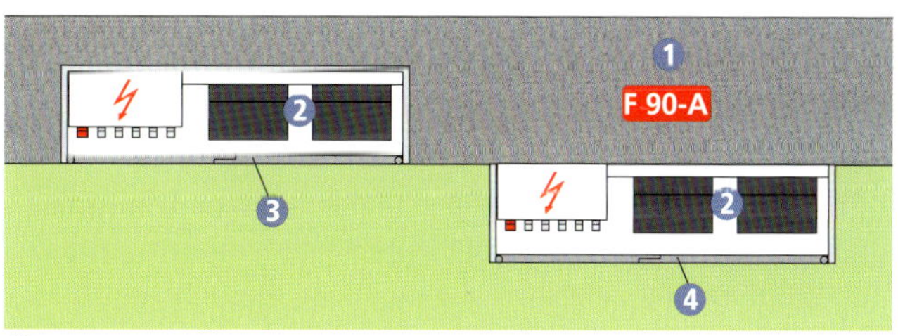

1. Treppenraumwand in der Bauart einer Brandwand
2. z. B. Elektroverteiler mit Zählerplätzen im Bestand
3. feuerhemmendes Brandschutzgehäuse (Brand von innen)
4. feuerhemmendes Überstülpgehäuse (Brand von innen)

Bild F-XI-1: Beispiel zur Montage einer elektrischen Unterverteilung innerhalb eines notwendigen Treppenraumes und Räumen zwischen notwendigen Treppenräumen und Ausgängen ins Freie.
Die Verteilung muss aus nichtbrennbaren feuerhemmenden Bauteilen bestehen. Die vordere Öffnung (Tür) muss ebenfalls aus einem feuerhemmenden Bauteil mit umlaufender Dichtung bestehen. Es wird empfohlen, die Tür aus nichtbrennbaren Baustoffen einzubauen.

Folgende Mindestanforderungen sind einzuhalten:
- Hinter der elektrischen Unterverteilung muss die Qualität der Treppenraumwand in der Bauart einer Brandwand durchgängig vorhanden sein.
- Bei Flurbereichen und Vorräumen, die ohne einen Feuerabschluss (T 30-RS oder RS-Tür) direkt an den notwendigen Treppenraum anschließen, sind die Anforderungen an notwendige Treppenräume auch im Hinblick auf die Leitungsverlegung und Montage von Verteilern einzuhalten.

- Bei Neubaumaßnahmen ist die Verwendung von feuerhemmenden Brandschutzgehäusen mit Brandbeanspruchung von innen zu empfehlen. Für diese Gehäuse ist eine allgemein bauaufsichtliche Zulassung (abZ) erforderlich. Alternativ sind Abtrennungen aus I 30-Konstruktionen möglich.
- Alle Ein- und Ausführungen der elektrischen Leitungen sind brandschutztechnisch geschützt aus dem Gehäuse zu führen. Die Brandlasten der elektrischen Leitungen sind z. B. mit feuerhemmenden Verkleidungen oder mit I 30-Installationskanälen gegenüber dem notwendigen Treppenraum bzw. den Räumen zwischen notwendigen Treppenräumen und Ausgängen ins Freie, Vorräumen und Sicherheitsschleusen zu kapseln. Wenn Übergänge zu feuerbeständigen Unterdecken (in der Qualität der Geschossdecken) erforderlich sind, wird empfohlen, den gesamten Hohlraum zwischen der Unterverteilung und der feuerbeständigen Unterdecke mit loser Mineralwolle, Schmelzpunkt > 1000 °C auszustopfen.
- Im Bestand vorhandene Elektroverteilungen mit Zählerplätzen müssen i.d.R. durch feuerhemmende Überstülpgehäuse mit Brandbeanspruchung von innen gekapselt werden. Für diese Gehäuse ist eine allgemein bauaufsichtliche Zulassung (abZ) erforderlich.
- Sollte der Einsatz von zugelassenen feuerhemmenden Brandschutz- oder Überstülpgehäusen mit allgemeiner bauaufsichtlicher Zulassung nicht möglich sein, kann eine feuerhemmende Verkleidung mit feuerhemmenden Revisionstüren, möglichst unter Verwendung von Bauteilen mit Ver- und Anwendbarkeitsnachweis, erstellt werden. Es ist in jedem Fall darauf zu achten, dass die Mindestfluchtwegbreite nicht eingeschränkt wird.
- Der Einsatz von im Brandfall aufschäumenden Lüftungsbausteinen zur Ableitung von „Eigenwärme der Verteilerbestückung" ist in diesen feuerhemmenden Brandschutzgehäusen, Überstülpgehäusen oder feuerhemmenden Verkleidungen nicht zulässig, da eine ausreichend lange Benutzung der Rettungswege durch die späte Auslösung nicht sichergestellt werden kann. Eine Be- und Entlüftung könnte nur über feuerhemmende Installationskanäle durch die Außenwand direkt ins Freie oder durch den Einbau von klassifizierten Brandschutzklappen in der Treppenraumwand erfolgen. Bei geprüften und zugelassenen feuerhemmenden Brandschutzgehäusen sind zugelassene Lösungen mit Rauchauslöseeinrichtung und Schnellverschluss als Problemlösung der Be- und Entlüftung lieferbar.

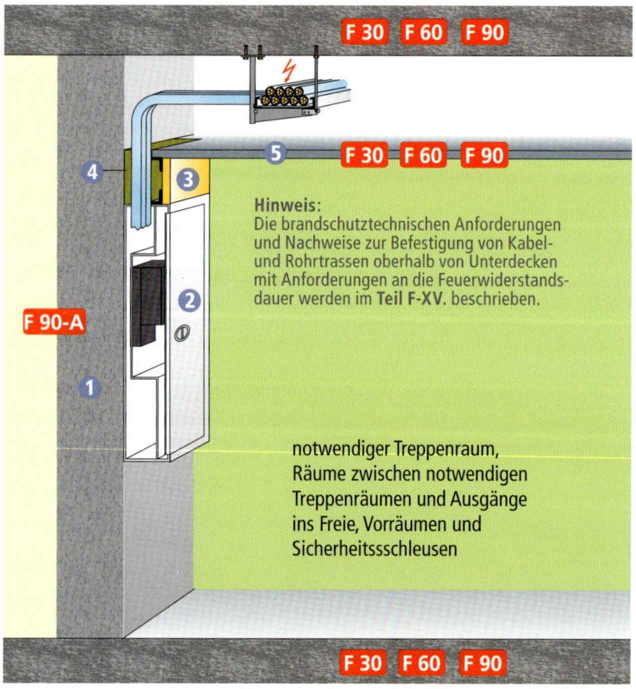

1. In der Bauart einer Brandwand
2. Feuerhemmendes Brandschutzgehäuse (Brand von innen) mit Verwendbarkeitsnachweis (abZ)
3. feuerhemmende Verkleidung
4. Hohlraum mit loser Mineralwolle, Schmelzpunkt > 1000 °C ausgestopft
5. feuerbeständige Unterdecke

Bild F-XI–2: Beispiel zur Montage einer elektrischen Unterverteilung innerhalb eines notwendigen Treppenraumes, Räumen zwischen notwendigen Treppenräumen und Ausgängen ins Freie, Vorräume und Sicherheitsschleusen. Die Verteilung muss aus nichtbrennbaren feuerhemmenden Bauteilen bestehen. Die vordere Öffnung (Tür) muss ebenfalls aus einem nichtbrennbaren feuerhemmenden Bauteil mit umlaufender Dichtung bestehen.

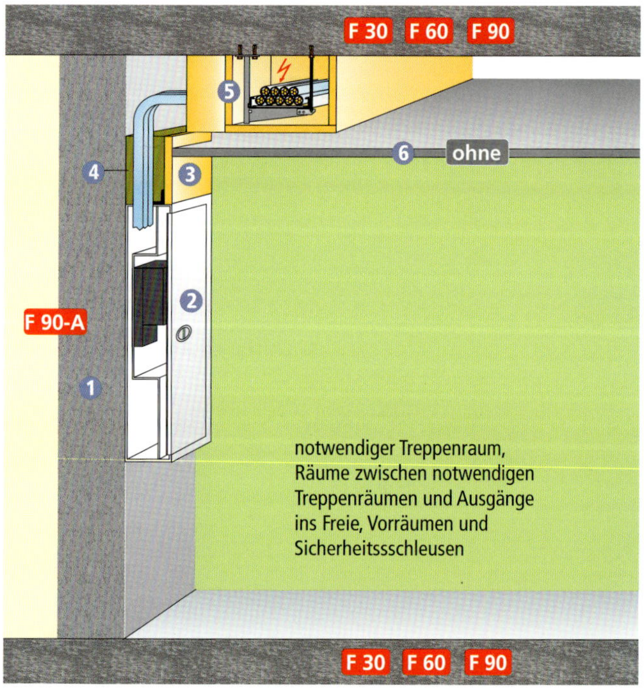

1. In der Bauart einer Brandwand
2. Feuerhemmendes Brandschutzgehäuse (Brand von innen) mit Verwendbarkeitsnachweis (abP/abZ)
3. feuerhemmende Verkleidung
4. Hohlraum mit loser Mineralwolle, Schmelzpunkt > 1000 °C ausgestopft
5. feuerhemmenden I-Kanal bis an die Unterverteilung heranziehen
6. nichtklassifizierte Unterdecke

Bild F-XI–3: Bild F-XI – 3: Alternative zu Bild F-XI – 2, mit I 30-Kanal bis zum Unterverteiler und einer nichtklassifizierter Unterdecke.

Schutzzielbegründung für die Be- und Entlüftung mit Rauchauslöseeinrichtung und Schnellverschluss von feuerhemmenden Verteilern:

In der MBO § 40, Absatz 2 wird gefordert:
In notwendigen Treppenräumen, in Räumen nach § 35 Abs. 3 Satz 3 und in notwendigen Fluren sind Leitungsanlagen nur zulässig, wenn eine Nutzung als Rettungsweg im Brandfall ausreichend lang möglich ist.

Die Erfüllung dieser Anforderung zum Schutz vor Bränden innerhalb der feuerhemmenden Verkleidung wird durch die feuerhemmende Einhausung der elektrischen Verteiler (evtl. mit Rauchauslöseeinrichtung und Schnellverschluss) oder durch die feuerhemmende Verkleidung von brennbaren Trassen für den Zeitraum der Selbstrettung der Nutzer eines Gebäudes gewährleistet.

Eine Be- und Entlüftung ist nur dann notwendig, wenn die Gefahr besteht, dass durch Aufheizung des Hohlraumes die elektrische Funktion der Bauteile eingeschränkt wird.

F-XII. Montage von Verteilern und RDA-Anlagen in Sicherheitstreppenräumen

In Sicherheitstreppenräumen wird die Montage von „Fremdleitungen und fremden Leitungsanlagen" durch die MLAR erheblich eingeschränkt (siehe auch **Teil F-VIII.**).

MLAR, Abschnitt 3.1.3 „Sicherheitstreppenräumen und Ausgängen ins Freie"
3.1.3 In Sicherheitstreppenräumen gemäß § 33 Abs. 2 Satz 3 MBO und in Räumen zwischen Sicherheitstreppenräumen und Ausgängen ins Freie sind nur Leitungsanlagen zulässig, die ausschließlich der unmittelbaren Versorgung dieser Räume oder der Brandbekämpfung dienen.

Hinweise:

- Fremde Leitungs- und Lüftungstrassen, gleich welcher Art, die nicht zum Betrieb des Sicherheitstreppenraumes und der Brandbekämpfung dienen, sind nicht zulässig.
- Vorräume, Sicherheitstreppenräumen, z. B. Vorräume/ Schleusen zwischen notwendigen Fluren und notwendigen Sicherheitstreppenräumen (in Fluchtrichtung gesehen), sind in Verbindung mit Leitungsverlegungen und der Aufstellung von Verteilern wie ein Sicherheitstreppenraum zu behandeln.
- Unter Leitungen zur Brandbekämpfung sind nasse, trockene, nass/trockene Feuerlöschleitungen und BOS-Gebäudefunksysteme zu verstehen.
- Unter elektrischen Leitungsanlagen zum Betrieb der Sicherheitstreppenräume sind z. B. Lichtleitungen (AV/SV), Schalterleitungen, Leitungen der Brandmelde- und Alarmierungsanlage und alle elektrischen Leitungen zum Betrieb der RDA-Anlage als Inputz, Unterputz- oder Aufputzverlegung zu verstehen.
- Bei Aufputzverlegung sind ausschließlich nichtbrennbare Installationskanäle oder nichtbrennbare Kabelführungsrohre zu verwenden.
- Die Ventilatoren und Schaltschränke der RDA-Anlage dienen zum Betrieb des Sicherheitstreppenraumes. Aus diesem Grund ist eine Aufstellung und Montage innerhalb des Sicherheitstreppenraumes formell zulässig. Zum Zwecke der Brandfrüherkennung sind Rauchmelder in der Nähe der Aufstellung und im Schaltschrank zu montieren.
- Sollte es sich jedoch um den einzigen Sicherheitstreppenraum ohne weiteren baulichen Rettungsweg, z. B. notwendiger Treppenraum, notwendige Treppe, Außentreppe handeln, dann ist eine Montage innerhalb des Sicherheitstreppenraumes ohne besondere Vorkehrung abzulehnen. Die Vorkehrungen sind im Brandschutzkonzept zu beschreiben.
- Die Montage von durchgängigen brandschutztechnisch ausgelegten Installationskanälen z. B. zur Kapselung von nachgerüstete Kabeltrassen ist als baurechtliche Abweichung gemäß MBO § 67 zu beantragen. Eine Zustimmung sollte nur erfolgen, wenn keine andere Trassenführung möglich war und die Mindestfluchtwegbreite an keiner Stelle eingeschränkt wird.

F-XIII. Brandschutztechnische Baubegleitung und Dokumentation

Da die Sicherstellung der Rettungswege ein sehr hohes Schutzziel bedeutet, sollte bei der brandschutztechnischen Planung, Umsetzung, Abnahme und eventueller Nachinstallationen eine sehr hohe Aufmerksamkeit durch die baubegleitende Qualitätssicherung gewidmet werden. Nach der Abnahme und Übergabe des Gebäudes ist der Betreiber des Gebäudes, insbesondere im Zuge von Nachinstallationen verantwortlich.

Leider wird in der Praxis immer wieder festgestellt, dass der bauliche und anlagentechnische Brandschutz beim Betrieb eines Gebäudes zu wenig beachtet wird. Bei komplexen Gebäuden ist in jedem Fall eine laufende Bestandsdokumentation und brandschutztechnische Fortschreibung zu empfehlen. Nur so kann der Gebäudebetreiber seiner gesetzlichen Verpflichtung gemäß MBO § 3, nachkommen.

MBO § 3 Anlagen sind so **anzuordnen, zu errichten, zu ändern und instand zu halten**, dass die öffentliche Sicherheit und Ordnung, insbesondere Leben, Gesundheit und die natürlichen Lebensgrundlagen, nicht gefährdet werden.

F-XIV. Baurechtliche Abweichungen und deren Handhabung an Beispielen

Bei der Leitungsverlegung in Rettungswegen und deren Abschottung in Bauteilen mit Anforderungen an die Feuerwiderstandsdauer können mehrere Abweichungstatbestände einzeln oder in Kombination vorkommen.

Im Folgenden werden diese an möglichen Abweichungsbeispielen beschrieben:

Materielle Abweichungen vom Bauordnungsrecht, z. B. Bauordnung, Sonderbau-Verordnungen, Sonderbau-Richtlinien in Kombination mit Abweichungen von einer Eingeführten Technischen Baubestimmung (ETB)

Baurechtliche Bewertungsgrundlagen:

MBO 2016, § 36, Absatz 6:
In notwendigen Fluren sowie in offenen Gängen nach Absatz 5 müssen
1. Bekleidungen, Putze, Unterdecken und Dämmstoffe aus nichtbrennbaren Baustoffen bestehen, ...

MLAR, Abschnitt 3.2:
3.2.1 Elektrische Leitungen müssen
a) einzeln oder nebeneinander angeordnet voll eingeputzt,
b) in Schlitzen von massiven Bauteilen, die mit mindestens 15 mm dickem mineralischem Putz auf nichtbrennbarem Putzträger oder mit mindestens 15 mm dicken Platten aus mineralischen Baustoffen verschlossen werden,
c) innerhalb von mindestens feuerhemmenden Wänden in Leichtbauweise, jedoch nur Leitungen, die ausschließlich der Versorgung der in und an der Wand befindlichen elektrischen Betriebsmitteln dienen,
d) in Installationsschächten und -kanälen nach Abschnitt 3.5,
e) über Unterdecken nach Abschnitt 3.5,
f) in Unterflurkanälen nach Abschnitt 3.5 oder
g) in Systemböden (siehe hierzu die Richtlinie über brandschutztechnische Anforderungen an Systemböden)
verlegt werden.

MLAR, Abschnitt 3.3:
3.3.1 Die Rohrleitungsanlagen einschließlich der Dämmstoffe aus nichtbrennbaren Baustoffen – auch mit Dicke – dürfen offen verlegt werden.

3.3.2 Die Rohrleitungsanlagen aus brennbaren Baustoffen oder mit brennbaren Dämmstoffen müssen
a) in Schlitzen von massiven Wänden, die mit mindestens 15 mm dickem mineralischem Putz auf nichtbrennbarem Putzträger oder mit mindestens 15 mm dicken Platten aus mineralischen Baustoffen verschlossen werden,
b) in Installationsschächten und -kanälen nach Abschnitt 3.5,
c) über Unterdecken nach Abschnitt 3.5,
d) in Unterflurkanälen nach Abschnitt 3.5 oder
e) in Systemböden
verlegt werden.

Beispiele für die Abweichung von der Anforderung nach nichtbrennbaren Dämmstoffen in notwendigen Fluren

Beispiel 1:
Brandschutztechnische Kapselung von nichtbrennbaren Rohren (A) bis d = 160 mm mit brennbarer Kältedämmung aus Kautschuk (B1) und einer brandschutztechnischen Kapselung über nichtbrennbare alukaschierte Dämmschalen, Schmelzpunkt > 1000 °C, Dicke mind. 30 mm, Raumgewicht ca. 80 bis 120 kg/m³.

Die Sicherung der äußeren Dämmung erfolgt mit ca. 6 Wicklungen Bindedraht pro Meter (Verhinderung der Öffnung im Bereich der selbstklebenden Überlappung der Alubeschichtung). Befestigungsabstände und -systeme müssen nach den Vorgaben der Rohrhersteller montiert werden. Die Verwendung von Kälteschellen ist zulässig, wenn diese von der Mineralwolldämmschale überdämmt werden.
Der Eignungsnachweis kann über eine gutachterliche Stellungnahme einer anerkannten Materialprüfanstalt für den Hersteller der Dämmschalen, bezogen auf die Rohrqualitäten geführt werden. Die Abweichung von den Eingeführten Technischen Baubestimmungen (ETB) muss durch den Fachplaner/Installateur formal über das Brandschutzkonzept geführt werden. Die gutachterliche Stellungnahme der anerkannten Materialprüfanstalt gilt als Nachweis der Gleichwertigkeit im Sinne der MBO § 85a (1). Mittel- bis langfristig ist durch die Dämmstoffhersteller eine allgemeine Bauartgenehmigung anzustreben.

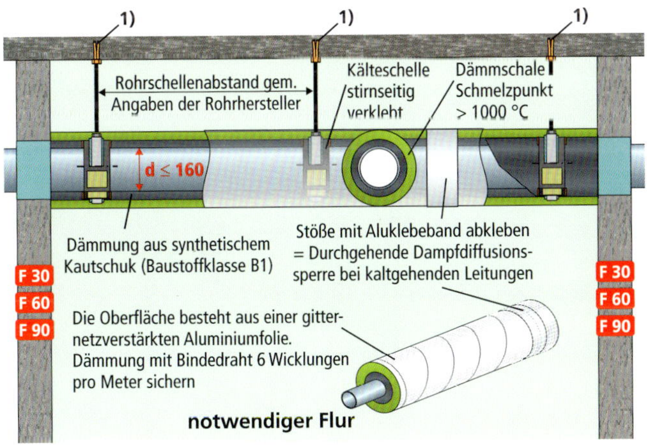

1) Befestigung nichtbrennbar, z. B. DIN 4102-4; Nr. 8.5.7.5 Abschottung gemäß MLAR, Abschnitt 4.1/4.2/4.3

Bild F-XIV–1: Brandschutztechnische Kapselung von nichtbrennbaren Rohren (A) bis d = 160 mm mit brennbarer Kältedämmung aus Kautschuk (B1) und einer brandschutztechnischen Kapselung über nichtbrennbare alukaschierte Dämmschalen, Schmelzpunkt > 1000 °C, Dicke mind. 30 mm.

Zusammenfassung zu Beispiel 1:
Grundsätzlich ist ein Nachweis der Gleichwertigkeit im Sinne einer Abweichung MBO § 85a (1) von der Eingeführten Technischen Baubestimmung (MLAR) erforderlich. Die Abweichung von der MLAR, Abschnitt 3.3 ist durch den Konzeptersteller dieser Lösung, z. B. über eine o.g. gutachterliche Stellungnahme einer MPA nachzuweisen.

Im zweiten Schritt kann durch den Ersteller des Brandschutzkonzeptes/-nachweises oder im Rahmen der Fortschreibung die materielle Abweichung von der Verwendung eines nichtbrennbaren Dämmstoffes (MBO § 36, Absatz 2) in Form der diffusionshemmenden Kautschukdämmung (B1) beantragt werden. Die Kompensation erfolgt über die brandschutztechnische Kapselung mit der beschriebenen Mineralwollschale, Schmelzpunkt > 1000 °C, Dicke mind. 30 mm. Brandschutztechnische Bedenken bestehen bei dieser in der Praxis eingeführten und über Brandversuche ausgetesteten Lösung nicht. Der Abweichung kann i.d.R. zugestimmt werden.

Beispiel 2:
Brandschutztechnische Kapselung von nichtbrennbaren Rohren (A) mit brennbarer Kältedämmung aus Kautschuk (B1) und einer durchgängigen Verblechung aus Stahlblech verz., Dicke mind. 0,4 mm.

Der brennbare Kautschuk-Dämmstoff wird im Bereich der Beflammung thermisch zersetzt, beteiligt sich aber nicht am Brandgeschehen. Eine Brandweiterleitung über die Beflammungsgrenzen findet unterhalb der Verblechung nicht statt. Damit die Schrauben/Niete der Verblechung nicht in die Dämmschicht eindringen, wird im Abstand von ca. 500 mm jeweils ein umlaufender Abstandsring aus Kautschuk, Dicke ca. 15 mm, aufgeklebt. Darauf wird die Verblechung auf Grundlage der DIN 4140 montiert.

Befestigungsabstände und -systeme müssen nach den Vorgaben der Rohrhersteller montiert werden. **Die baurechtliche Abweichung muss formal über das Brandschutzkonzept auf Grundlage von § 67 MBO geführt werden.**

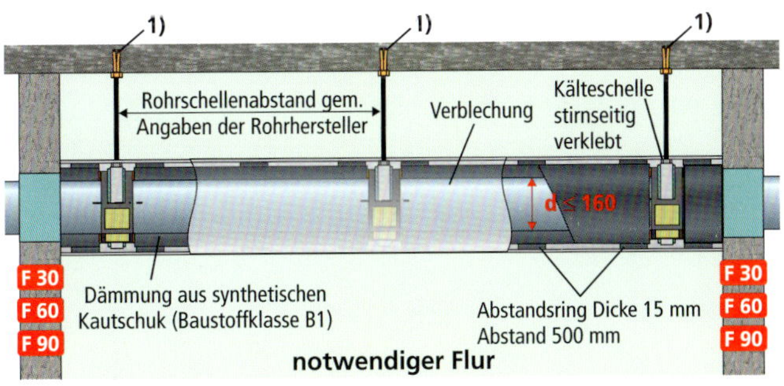

1) Befestigung nichtbrennbar, z. B. DIN 4102-4; Nr. 8.5.7.5 Abschottung gemäß MLAR, Abschnitt 4.1/4.2/4.3

Bild F-XIV–2: Brandschutztechnische Kapselung von nichtbrennbaren Rohren (A) mit brennbarer Kältedämmung aus Kautschuk (B1) und einer durchgängigen Verblechung aus Stahlblech verzinkt.

Zusammenfassung zu Beispiel 2:
Durch den Ersteller des Brandschutzkonzeptes/-nachweises oder im Rahmen der Fortschreibung kann die materielle Abweichung von der Verwendung eines nichtbrennbaren Dämmstoffes (MBO § 36, Absatz 2) in Form der diffusionshemmenden Kautschukdämmung (B1) mit Kapselung der Brandlast durch die Verblechung beantragt werden. Die Kompensation erfolgt über die brandschutztechnische Kapselung durch die beschriebene Verblechung auf Grundlage der DIN 4140.

Brandschutztechnische Bedenken bestehen bei dieser in der Praxis verwendeten Lösung nicht. Bei der Beflammung von außen stellt sich unter der Verblechung eine thermische Zersetzung des B1-Kautschukdämmstoffes ein. Eine Brandweiterleitung unterhalb der Verblechung findet mangels einer ausreichenden Sauerstoffzufuhr nicht statt. Ein Beitrag zur Brandentstehung ist aus dem Leitungsaufbau selbst nicht möglich. Brandversuche haben gezeigt, dass die Montage von im Brandfall aufschäumenden Dichtungen an den Überlappungen der Verblechung nicht erforderlich sind.

Die Abweichung zur Verwendung in Rettungswegen muss durch die zuständige Baubehörde auf Grundlage MBO § 67 entschieden werden.

F

Beispiel 3:
Verwendung von Kabelvollbandagen mit allgemeiner bauaufsichtlicher Zulassung

An einer Kabeltrasse in einem notwendigen Flur, z. B. Bestandsgebäude, wurde oberhalb einer nicht klassifizierten Unterdecke eine klassifizierte Kabelvollbandage, zur Verhinderung der Brandentstehung und Brandweiterleitung als Kompensation der Überschreitung der Brandlast im Bestand (> 7 kWh/m²) montiert.

Zusammenfassung zu Beispiel 3:
Durch den Ersteller des Brandschutzkonzeptes/-nachweises oder im Rahmen der Fortschreibung kann die materielle Abweichung von der Verwendung eines nichtbrennbaren Dämmstoffes (MBO § 36, Absatz 2) in Form der Kabelvollbandage als „Dämmstoffbildner" beantragt werden. Die Kompensation erfolgt über die brandschutztechnische Kapselung der nichtbrennbaren geschlossenen Oberfläche der Unterdecke.

Brandschutztechnische Bedenken bestehen bei dieser in der Praxis eingeführten und über Brandversuche nachgewiesenen Lösung der Kabelvollbandagen nicht. Der Abweichung kann bei Vorhandensein einer nichtbrennbaren geschlossenen Oberfläche, z. B. Gipskarton-Unterdecke, i.d.R. als Kompensationsmaßnahme zugestimmt werden.

Bei offener Verlegung muss der Ersteller des Brandschutzkonzeptes die erforderlichen projektspezifischen Brandschutzanforderungen im Einzelfall prüfen.

Die Abweichung zur Verwendung in Rettungswegen muss durch die zuständige Baubehörde auf Grundlage MBO § 67 entschieden werden.

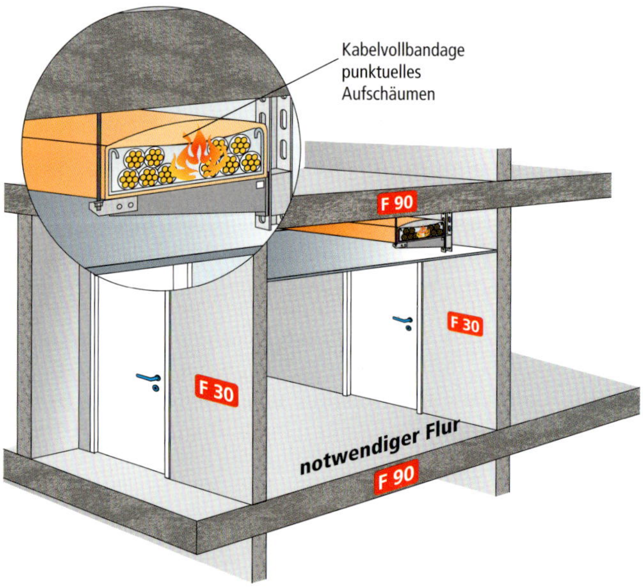

Bild F-XIV–3: Wirkungsprinzip einer Kabelvollbandage, Brand von innen

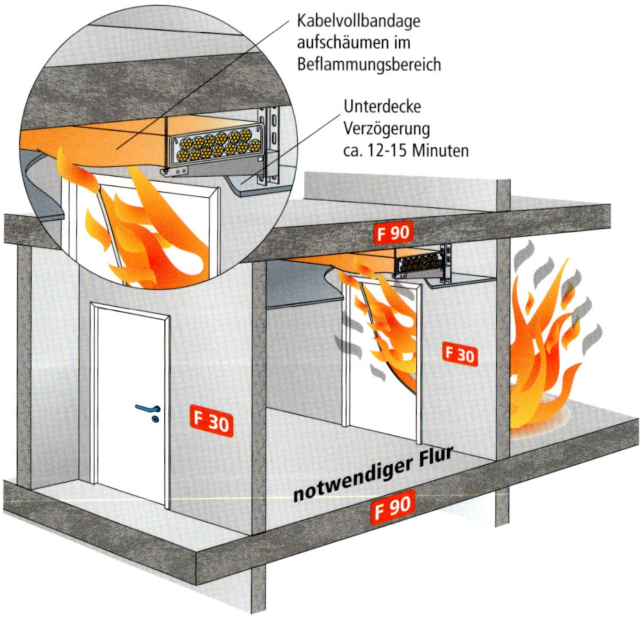

Bild F-XIV–4: Wirkungsprinzip einer Kabelvollbandage, Brand von außen

Beispiel 4: Brandschutztechnische Kapselungen von brennbaren Leitungsanlagen in notwendigen Fluren

Brandschutztechnische Kapselung von brennbaren Rohren (B1/B2) bis d = 160 mm mit nichtbrennbaren alukaschierten Dämmschalen, Schmelzpunkt > 1000 °C, Dicke mind. 30 mm, Raumgewicht ca. 80 bis 120 kg/m³. Die Sicherung der Dämmung erfolgt mit ca. 6 Windungen Bindedraht pro Meter (Verhinderung der Öffnung im Bereich der selbstklebenden Überlappung der Alubeschichtung). Befestigungsabstände und -systeme nach den Vorgaben der Rohrhersteller bzw. entsprechend den Vorgaben in der gutachterlichen Stellungnahme einer Materialprüfanstalt.

Der Eignungsnachweis kann über eine gutachterliche Stellungnahme einer anerkannten Materialprüfanstalt durch den Hersteller der Dämmschalen bezogen auf die brennbaren Rohrqualitäten geführt werden. Die Abweichung von den Eingeführten Technischen Baubestimmungen (ETB) muss durch den Fachplaner/Installateur formal im Rahmen der Fachplanung beschrieben werden. Die gutachterliche Stellungnahme der anerkannten Materialprüfanstalt gilt als Nachweis der Gleichwertigkeit im Sinne der MBO § 85a (1).

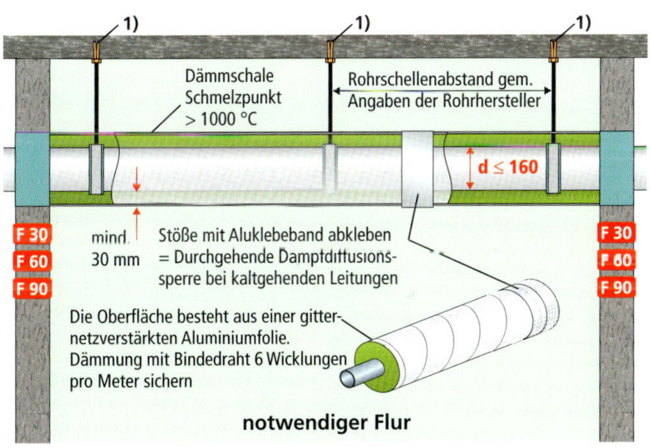

1) Befestigung nichtbrennbar z. B. DIN 4102-4; Nr. 8.5.7.5 Abschottung gemäß MLAR, Abschnitt 4.1/4.2/4.3

Bild F-XIV–5: Brandschutztechnische Kapselung von brennbaren Rohren (B1/B2) bis d ≤ 160 mm mit nichtbrennbaren alukaschierten Dämmschalen, Schmelzpunkt > 1000 °C, Dicke mind. 30 mm.

Zusammenfassung zu Beispiel 4:

Grundsätzlich ist ein Nachweis der Gleichwertigkeit im Sinne einer Abweichung MBO § 85a (1) von der Eingeführten Technischen Baubestimmung (MLAR) erforderlich. Die Abweichung von den Eingeführten Technischen Baubestimmungen (ETB) muss durch den Fachplaner/Installateur formal im Rahmen der Fachplanung beschrieben werden. Die gutachterliche Stellungnahme der anerkannten Materialprüfanstalt gilt als Nachweis der Gleichwertigkeit im Sinne der MBO § 85a (1).

Es bedarf i.d.R keiner formellen Zustimmung der unteren Baubehörden.
Eine materielle baurechtliche Abweichung liegt nicht vor, da in der MBO § 36, Absatz 2, keine Vorgaben zur Qualität der Rohrleitungen gemacht werden. Die vorgegebene nichtbrennbare Dämmung wird eingehalten.

Brandschutztechnische Bedenken bestehen bei dieser in der Praxis eingeführten und über Brandversuche ausgetesteten Lösung nicht.

Weitere Hinweise in Verbindung mit der Leitungsverlegung in Rettungswegen werden in folgenden Teilen beschrieben:

- **Teil A-II.** Muster-Richtlinie über brandschutztechnische Anforderungen an Leitungsanlagen, MLAR, Abschnitt 3: Leitungsanlagen in Rettungswegen

F

F-XV. Brandschutztechnische Anforderungen und Nachweisverfahren zur Befestigung von Kabel- und Rohrtrassen oberhalb von Unterdecken mit Anforderungen an die Feuerwiderstandsdauer

Anforderungen an die Unterdecken und Befestigungssysteme

Bei Nutzung der notwendigen Flure, notwendigen Treppenräumen, Räume zwischen notwendigen Treppenräumen und Ausgängen ins Freie, Vorräumen und Sicherheitsschleusen für Montage von Rohr- bzw. Kabeltrassen wird der mit der Installation belegte Deckenhohlraum durch eine abgehängte Decke mit brandschutztechnischem Eignungsnachweis, sowohl im Hinblick auf das Durchdringen von Rauch und Feuer von der Unterseite der Decke aus, als auch von der Oberseite (Bereich der Installationen) her abgeschottet.

Bei einem Brand im Bereich der haustechnischen Installationen oberhalb der klassifizierten abgehängten Decke besteht die Gefahr, dass die Schutzwirkung dieser Abschottung durch herabfallende Teile der Installationen bzw. durch starke Verformung der Bauteile bzw. Befestigungssysteme aufgehoben wird.

Folgende Feuerwiderstandsdauern der Unterdecken sind in Abhängigkeit von den Gebäudeklassen zu beachten, z. B.

- GK 1 bis GK 5 + Sonderbauten > feuerhemmend bei notwendigen Fluren
- GK 4 > hochfeuerhemmend bei notwendigen Treppenräumen, Räumen zwischen notwendigen Treppenräumen und Ausgängen ins Freie, Vorräumen und Sicherheitsschleusen
- GK5 + Sonderbauten > feuerbeständig bei notwendigen Treppenräumen, Räumen zwischen notwendigen Treppenräumen und Ausgängen ins Freie, Vorräumen und Sicherheitsschleusen

Daher ist es im Sinne der baurechtlichen Schutzzielerfüllung unerlässlich, dass die eingesetzten Installationsbefestigungen/-systeme in Verbindung mit der klassifizierten Unterdecke die Anforderungen an die Rettungswege nachweislich erfüllen.

Um über das Verhalten von komplexen Bauteilen und Installationssystemen unter Vollbrandbedingungen gesicherte Aussagen machen zu können, lassen die Hersteller der Befestigungssysteme seit mehreren Jahren ihre Installationsbauteile/-systeme unter den gleichen Bedingungen mittels Brandversuchen testen, denen auch die anderen am Schutzziel beteiligten Produkte unterliegen.

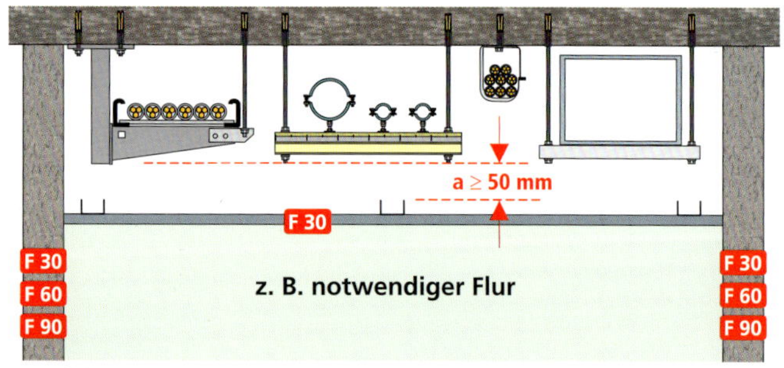

Empfehlung:
Anpassung Abstand **a** unter Beachtung bei Brandbedingungen im Deckenhohlraum durch Variieren der Befestigungsabstände möglich. Es ist ein statischer Nachweis zu führen.

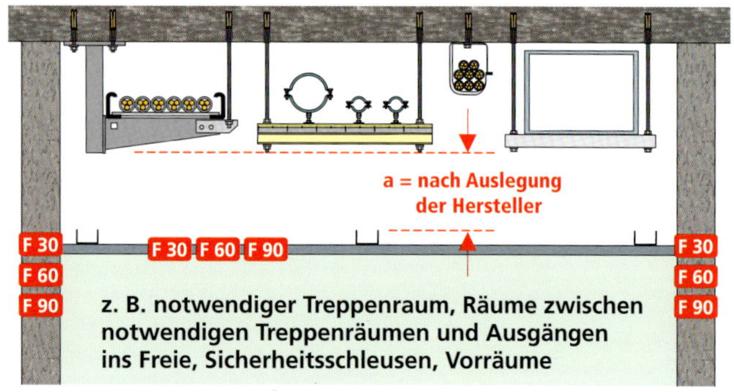

Bild F-XV–1: Schematische Darstellung zu den Anforderungen an die Feuerwiderstandsfähigkeit von Unterdecken

Hinweis:
Die Anforderungen werden in der Kommentierung **Teil A-II.**, MLAR, Abschnitt 3.5.3 „Unterdecken" und **Teil F-IV.** „Leitungsverlegung in notwendigen Fluren mit F 30-Unterdecken" beschrieben.

Anforderungen an die Stahlbauteile der Befestigungssysteme Brandverhalten von Stahlbauteilen

Stahl ist ein besonders guter Wärmeleiter und im Gegensatz zu Beton, insbesondere bei den im Bereich der Installationen verwendeten Systemen aus Montageschienen und Rohrschellen, deutlich filigraner. Dies führt dazu, dass diese Elemente deutlich schneller ihre Umgebungstemperatur annehmen.

Bei einer Temperaturbeanspruchung nach der Einheitstemperaturzeitkurve gem. ISO 834 (siehe Abb. 1) bedeutet das, dass der Stahl nach 30 Minuten eine Temperatur von ca. 842 °C und nach 90 Minuten ca. 1006 °C aufweist (siehe Bild F-XV–2).

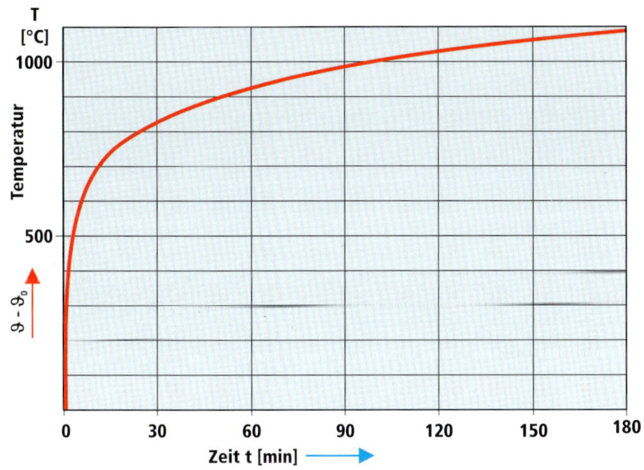

Zeit t [min]	Ofentemperatur $T + T_0$ [°C]
0	20
5	576
10	678
15	739
30	842
60	945
90	986
120	1049
180	1110
240	1153
360	1214

Bild F-XV–2: Temperaturverlauf im Brandofen gemäß ISO 834, unter Berücksichtigung der Raumtemperatur von 20 °C

Bereits innerhalb des als Schutzziel definierten Zeitraumes von 30 Minuten verliert der Stahl seine ursprüngliche Nennspannung fast vollständig, bezogen auf den Ausgangswert bei Raumtemperatur (siehe Bild-F-XV–2).

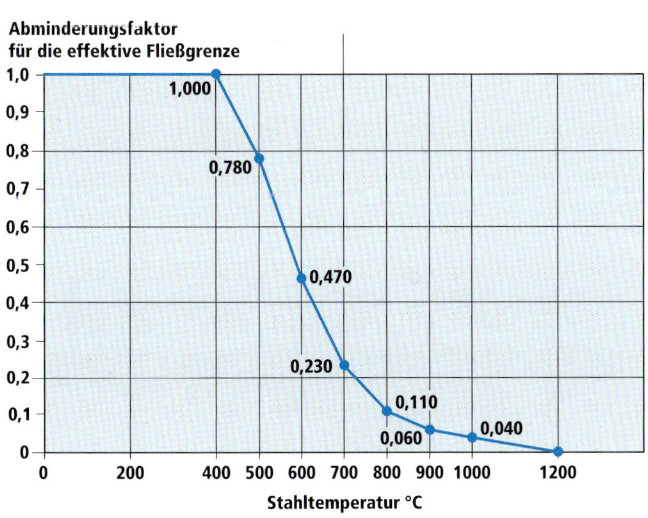

Bild F-XV–3: Minderung der Stahlspannung unter Temperatureinfluss, gemäß Tabelle 3.1 als EC3-1-2 und Abbildung 3.2 aus EC3-1-2, Karreky [Eurocode 3 (EC3) gem. DIN EN 1993-1-2:2010-12]

Auswirkungen der Stahlverformungen auf das Schutzziel der klassifizierten Unterdecken

Da in der Praxis oft nur geringe Bauhöhen zur Verfügung stehen und teilweise sehr hohe Installationsdichten vorhanden sind, ist der Abstand der Installationen zur Oberseite der Unterdecke meist sehr gering. Daher sind, auch wenn die Standsicherheit der Tragsysteme gewährleistet ist, in besonderem Maße die Verformungen im Hinblick auf das geforderte Schutzziel der brandschutztechnisch relevanten Unterdecken, von großer Bedeutung.

Die Hersteller der Befestigungssysteme haben in den vergangenen Jahren eine Vielzahl von Brandversuche unter Vollbrandbedingungen nach ISO 834 durchführen lassen und verfügen über umfangreiche Erkenntnisse, die es ermöglichen, gesicherte Aussagen zum Verhalten der Tragsysteme, insbesondere hinsichtlich der Verformungen und der daraus resultierenden Mindestabstände zu den brandschutztechnisch relevanten Unterdecken, zu machen.

Bild F-XV–4: Situation im Brandraum nach 15 Minuten (Werkbild Hilti)

Bild F-XV–5: Situation im Brandraum nach 45 Minuten (Werkbild Hilti)

F

Bild F-XV–6: Rohrschelle vor und nach dem Brandversuch (Werkbild Hilti)

Die geforderten Schutzziele können nur dann eingehalten werden, wenn alle vom Brand betroffenen beteiligten Systeme bzw. Bauteile so ausgelegt sind bzw. eingebaut werden, dass sichergestellt ist, dass die Funktion der anderen brandschutztechnisch relevanten Komponenten nicht negativ beeinträchtigt wird.

Durch die unter Vollbrandbedingungen geprüften Systeme bzw. Bauteile wird die Anwendungskette der brandschutztechnisch relevanten Komponenten

- Dübel, als brandschutztechnisch nachgewiesene Befestigung zum Untergrund
- Kabeltragsysteme mit elektrischem Funktionserhalt
- Unterdecken mit Anforderungen an den Brandschutz und Abschottung

durch geprüfte Tragsysteme bzw. Bauteile der Installationstechnik geschlossen.

Dadurch besteht die Möglichkeit, unter Berücksichtigung des Zusammenwirkens aller eingebauten Systeme und Komponenten eine ganzheitliche Betrachtung vorzunehmen und auf diese Weise das **geforderte Schutzziel der Unterdecke „Keine Belastung der klassifizierten Unterdecke im Brandfall"** sicherzustellen.

Hinweise:

- Es sind Gewindestangen mindestens der Dimension M10 zu verwenden. Bei an Gewindestangen abgehängten Mehrfeldträger-Systemen, sind für die innenliegenden Abhängungen mindestens Gewindestangen der nächst höheren Gewindestangen-Dimension zu verwenden.
- Bei der Kombination „Schiene/Schelle" ist die Summe der Verformungen aus beiden Bauteilen für die Betrachtung des Mindestabstandes zu beachten.
- Bei der Kombination von Rohrschellen und Montageschienen/Konsolen ist im Hinblick auf die Art der Befestigung darauf zu achten, ob die Rohre mit Rohrschellen aufgeständert oder abgehängt montiert werden sollen. Die Vorgaben der Hersteller bzw. der entsprechenden Untersuchungsberichte sind in jedem Fall genau einzuhalten.
- Die Ausrichtung der Montageschienen/Konsolen „Öffnung nach oben oder unten" ist nach Herstellerangaben zwingend zu beachten.
- Der im o. g. Beispiel empfohlene und in der Praxis üblicherweise umgesetzte Mindestabstand a ≥ 50 mm von Unterkante der Befestigung (tiefster Punkt der Befestigung) und dem höchsten Punkt der feuerhemmenden Unterdecke sollte an keiner Stelle unterschritten werden. In jedem Fall sind die Vorgaben der Hersteller der Befestigungssysteme und deren Nachweise zu beachten. Durch das Variieren des Befestigungsabstandes zwischen den Tragsystemen kann nachgewiesen werden, dass im Brandfall innerhalb des Deckenhohlraums keine Berührung/Belastung der Unterdecke erfolgt. Es ist abzuschätzen, ob im Brandfall eine stärkere Durchbiegung der Rohrtrassen über die geringeren Befestigungsabstände der Montageschienen/Konsolen untereinander verhindert wird.
- Bei feuerbeständigen Unterdecken muss der o. g. Mindestabstand **a** auf Grund der möglichen Verformungen von Montageschienen/Konsolen und den hängenden Rohrschellen erheblich vergrößert werden.
- **Klassifizierte Dübel müssen mindestens entsprechend der Feuerwiderstandsdauer der Unterdecke ausgelegt werden** (siehe auch Tab. A-II–13 auf Seite 55).

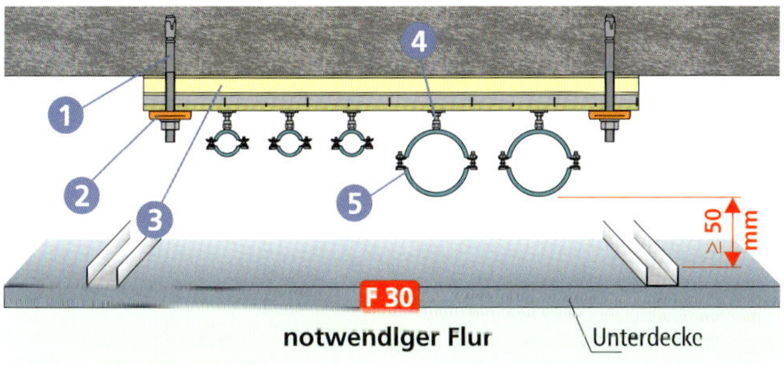

Als Direktbefestigung an der Decke mittels Lochplatten/ Halteklemmen

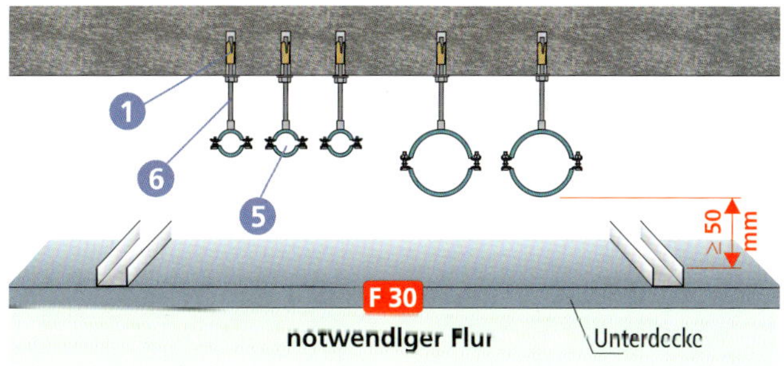

Als Einzelbefestigung an der Decke oder

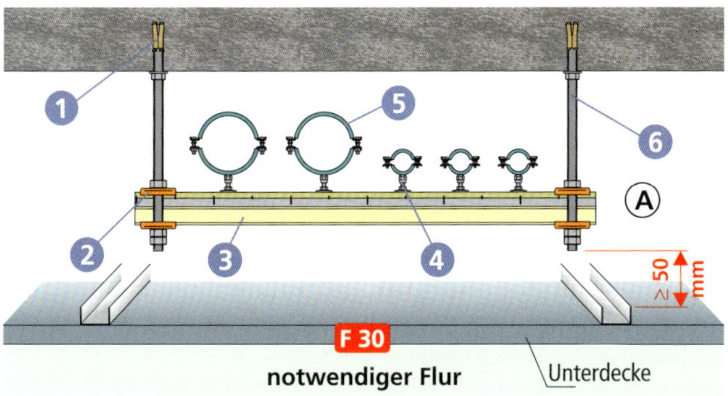

... mit Abhängung mittels Gewindestangen

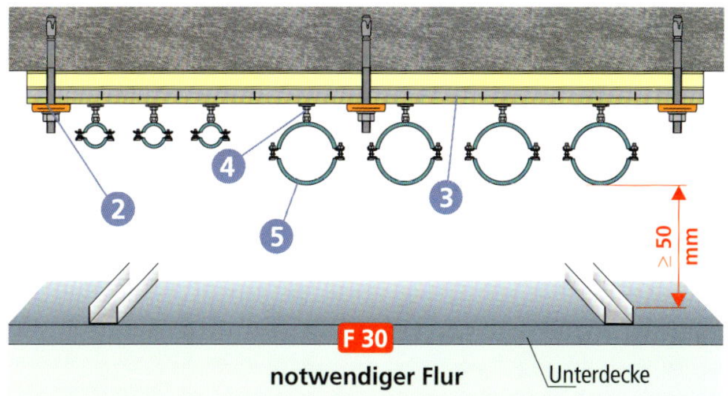

... als Abhängung mit Montageschiene an der Decke oder

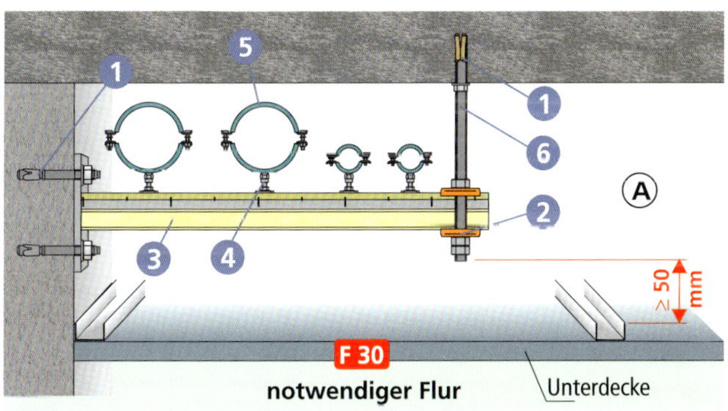

... als Konsole mit Abhängung

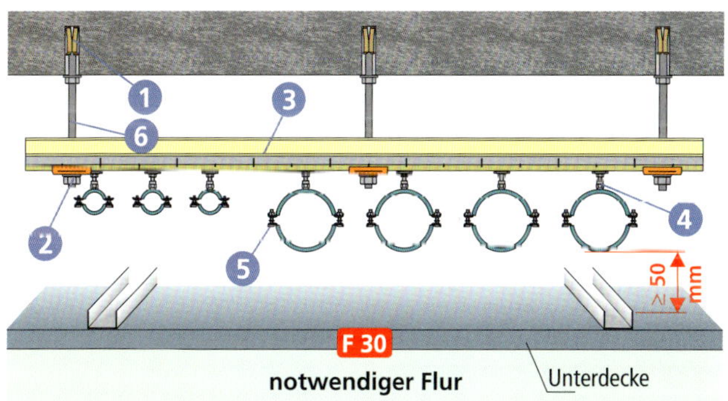

... mit abgehängter Montageschiene

1. Klassifizierte Dübel mind. entsprechend der Feuerwiderstandsdauer der Unterdecke
2. Befestigungsplatte/Lochplatte oder auch Halteklemme gennant
3. Montageschiene/Konsole
4. Schellenanbindung
5. Rohrschellen passend zum System
6. Gewindestangen

(A) Systemvarianten mit aufgeständerten Rohrschellen benötigen im Brandfall keinen zusätzlichen Abstand zur Unterdecke (siehe Verhalten im Brandfall Bild F-XV-6 auf Seite 214)

Bild F-XV-7: Beispielhafte Montage von Tragsystemen oberhalb von feuerhemmenden Unterdecken in notwendigen Fluren.

Hinweise:

- Bei Feuerwiderstandsdauern von hochfeuerhemmenden und feuerbeständigen Unterdecken muss der Mindestabstand **a** nach den Vorgaben der Hersteller der Befestigungssysteme ermittelt werden. Die Reduzierung der Mindestabstände ist durch Reduzierung der Befestigungsabstände zwischen den Montageschienen/Konsolen oder durch die Montage aufgeständerter Schellen (siehe **A**) möglich.
- Bezugspunkt für den Abstand **a** ist je nach Konstruktion die Oberkante der Halteprofile der Unterdecke, bzw. Einbauten, z. B. Lampen, Lautsprecher oder Aufdopplungen.

Nachrüstung von Auffangsystemen für nicht nachrüstbare Leitungs-/Trassenbefestigungen, z. B. in notwendigen Fluren

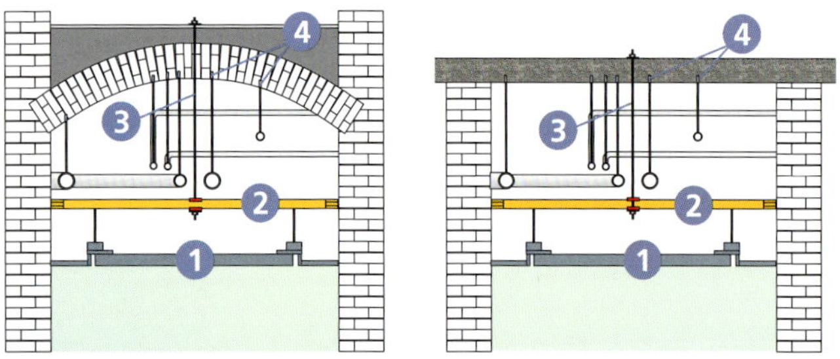

1. Unterdecke, feuerhemmende Anforderung von unten und oben
2. Durchlaufender Träger zur Aufnahme der Trassenlasten im Brandfall oberhalb der klassifizierten Unterdecke
3. Durchsteckmontage durch Decke, bzw. Verwendung geeigneter Dübel mit brandschutztechnischem Nachweis in der spez. Decke, z. B. wenn eine mittige Abhängung erforderlich ist
4. Dübel ohne Brandschutznachweis

Bild F-XV–8: Schutz der klassifizierten Unterdecke vor Herabfallen der Trassenlasten im Brandfall. Problem: Die Befestigungen im Bestand lassen sich nicht sanieren.

Hinweis:
Die Auslegung des Durchlaufträgers sollte in Zusammenarbeit mit dem gewählten Hersteller der Befestigungssysteme erfolgen. Die mögliche Längenausdehnung ist im Bereich der seitlichen Auflagen zu beachten.

Nachweisverfahren der Rohrbefestigungssysteme oberhalb von klassifizierten Unterdecken

Im Bereich der Rohrbefestigung sind grundsätzlich vier Produktarten zu unterscheiden, die zu den in Bild F-XV–7 abgebildeten Systemen zusammengefügt werden können:
1) Rohrschellen
2) Montageschienen
3) Konsolen
4) Verbindungskomponenten (Gewindestangen, Lochplatten, Schellenanbindungen)

Für den Bereich **Rohrschellen** existiert die RAL-GZ 656 „Brandgeprüfte Rohrbefestigung" als Regelwerk zur systematischen Beurteilung. Hierbei wird das Verhalten der Produkte auf Basis von Brandversuchen beurteilt. Dabei wird das mechanische Verhalten der Produkte bei Raumtemperatur ebenfalls herangezogen. Hierdurch, und durch den systematischen Ansatz, geht diese Beurteilungsmethode deutlich über die „klassische" Bewertung mittels Prüfzeugnis einer Einzelprüfung hinaus. Die RAL-GZ 656 ermöglicht Aussagen zur Verformungsauslegung von Rohrschellen im Brandfall.
Für den Bereich Montageschienen und Konsolen wird sehr oft auf den Eurocode 3 verwiesen. Dazu ist anzumerken, dass die Verformungen der Schienen bei der Berechnung nach EC 3 grundsätzlich deutlich unterschätzt werden. Aus diesem Grunde wendet die Gütegemeinschaft Rohrbefestigung den Eurocode 3 zur Berechnung der Verformung von Montageschienen im Brandfall nicht an. Zu diesem Punkt wurden auch eindeutige Klarstellungen kommuniziert. Es wurde ausdrücklich darauf hingewiesen, dass seitens der Gütegemeinschaft Rohrbefestigungen bei der Anwendung des EC3 zur Spannungsauslegung keine Bedenken bestehen. In der Praxis stehen drei Nachweisverfahren zur Auslegung der dargestellten Befestigungssysteme zur Verfügung:

A) Nachweis über Rechenverfahren auf Basis des Eurocodes 3

Es hat sich im Rahmen von vergleichenden Brandversuchen herausgestellt, dass bei alleiniger Anwendung des EC 3 zur Berechnung von Verformungen an schlanken Tragschienen mitunter keine zufriedenstellenden Ergebnisse für die Praxisanwendung erreicht werden.

Für die Anwendung des Eurocodes 3 sollten deshalb die folgenden Randbedingungen beachtet werden:
- Beschränkung des Eurocodes 3 auf Spannungsnachweise
- Die Interaktion von Verbindungskomponenten mit Montageschienen muss gesondert betrachtet und ggf. durch Brandversuche nachgewiesen werden.

B) Durchführung von Brandversuchen, an den Tragsystemen, unter Beachtung praxisgerechter Belastungsvarianten

Das Nachweisverfahren hat sich inzwischen etabliert und bringt zufriedenstellende Ergebnisse für die Praxisanwendung. Die Auslegung erfolgt durch die jeweiligen Hersteller/ Lieferanten des Befestigungssystems auf Basis von Prüfberichten. Dabei sind Verformungsangaben auf der sicheren Seite liegend in Abstimmung mit dem jeweiligen Prüfinstitut bzw. unter Berücksichtigung aktueller Forschungsergebnisse, z. B. Informationen der Gütegemeinschaft Rohrbefestigung, zu beachten. Es ist zu beachten, dass im Falle von Abweichungen der Bausituation von den Prüfbedingungen eine gesonderte Bewertung für die Anwendbarkeit des Prüfberichts erfolgen muss. Dies ist mit dem jeweiligen Hersteller abzustimmen.

C) Europäische Nachweisverfahren für die Tragsysteme

Im Rahmen der Bauproduktenverordnung wird von der EOTA unter Federführung des DIBt ein Europäisch Technisches Bewertungsdokument (EAD 280016-00-0602) entwickelt. Damit wird es zukünftig für die in Bild F-XV–7 dargestellten Systeme unter Beachtung des folgenden Schemas möglich sein, eine Auslegung mit bautechnischem Nachweis vorzunehmen.

Europäisch Techn. Bewertungsdokument (engl. EAD)	Europäisch Technische Bewertung (ETB, engl. ETA)	Hersteller-bestätigung	Systemauslegung des Gesamtsystems
EAD für Installations-systeme	ETA-Schiene ETA-Konsole ETA-Rohrschelle ETA-Verbindungselement	Leistungserklärung des Herstellers + Montageanleitung für das Gesamt-system	Softwareaus-legung durch den Hersteller als Service
EAD für Dübel zur Verankerung im Beton	ETA-Dübel		

Bild F-XV–9: Matrix Europäisch Technisches Bewertungsdokument (engl. EAD)/ Europäisch Technische Bewertung (engl. ETA)/Herstellerbestätigung/Systemauslegung

Hinweis:
Gemäß Darstellung der Fundstelle im Amtsblatt der Europäischen Union wurde bis zum Redaktionsschluss des Kommentars (09/2018) noch keine Veröffentlichung des europäischen Bewertungsdokumentes vollzogen.

D) Empfehlung zur praktischen Nachweisführung der Tragsysteme

Baurechtlich besteht gemäß der MLAR, Abschnitt 3.5.3, in Verbindung mit den Verwendbarkeitsnachweisen für klassifizierte Unterdecken die Anforderung, dass im Brandfall oberhalb einer klassifizierten Unterdecke, **die Unterdecke nicht durch herabfallende oder sich absenkende Bauteile, z. B. Rohr- und Elektrotrassen, belastet werden darf**. Die notwendigen Nachweise kann der Fachplaner i.d.R. mit Unterstützung der Befestigungshersteller, anhand von spezifischen Rechentools führen. Die Nachweise sind der Brandschutzdokumentation für das Projekt anzufügen.

E) Auslegungsmöglichkeiten von Gewindestangen

Gebrauchslasten und max. Zuglast im Brandfall …

… nach DIN 4102-4:2016-05

Gewindestäbe 4.6/4.8			DIN 4102-4:2016-05				
			Kalt	FWD 30	FWD 60	FWD 90	FWD 120
M8	kN	(k)	5,80	0,33	0,33	0,22	0,22
M10	kN	(k)	9,30	0,52	0,52	0,35	0,35
M12	kN	(k)	13,50	0,76	0,76	0,51	0,51
M16	kN	(k)	25,10	1,41	1,41	0,94	0,94

(k) Lasten für Gewindestab unter Brandbeanspruchung nach DIN 4102-4:2016-05

… nach DIN EN 1993-1-2:2010-12 (Eurocode 3)

Gewindestäbe 4.6/4.8			DIN EN 1993-1-2:2010-12 (Eurocode 3)				
			Kalt	FWD 30	FWD 60	FWD 90	FWD 120
M8	kN	(g)	5,80	0,78	0,45	0,34	0,26
M10	kN	(g)	9,30	1,24	0,71	0,35	0,42
M12	kN	(g)	13,50	1,80	1,03	0,79	0,61
M16	kN	(g)	25,10	3,35	1,92	1,47	1,13

(g) Lasten für Gewindestab unter Brandbeanspruchung nach DIN EN 1993-1-2:2010-12 (Eurocode 3)

Montagearten zur Befestigung von Lüftungs- und Entrauchungsleitungen oberhalb von klassifizierten Unterdecken

Allgemeine Hinweise:
Bei hochfeuerhemmenden und feuerbeständigen Unterdecken muss der o. g. Mindestabstand von **a** ≥ 50 mm, auf Grund der größeren Verformungen, erheblich vergrößert werden.

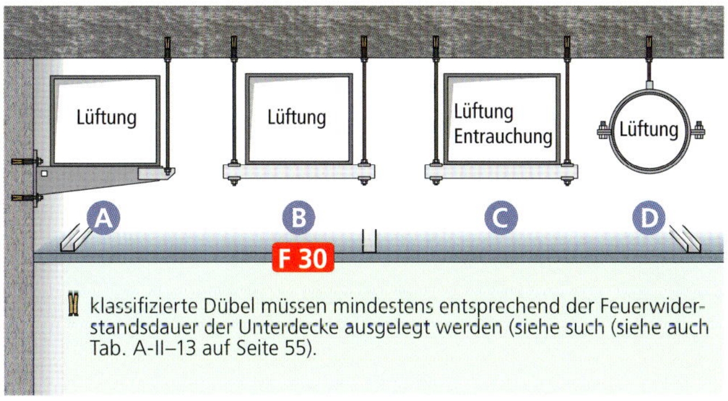

- **A** Lüftungsleitung aus Stahlblech montiert auf Ausleger/Konsole
- **B** Lüftungsleitung aus Stahlblech montiert mit Befestigungssystem wie zur Rohrleitung beschrieben
- **C** L 30- bis L 90-Lüftungs- oder Entrauchungsleitung mit 30 bis 90 Minuten FWD inkl. der Befestigung gemäß Verwendbarkeitsnachweis
- **D** Lüftungsleitung aus Stahlblech montiert mit Befestigungssystem wie zur Rohrleitung beschrieben

Bild F-XV–10: Befestigungsbeispiele für Lüftungsleitungen

Montagearten zur Kabel- und Trassenbefestigung oberhalb von klassifizierten Unterdecken

Allgemeine Hinweise:
Brennbare Befestigungssysteme sollten nicht verwendet werden. Bei hochfeuerhemmenden und feuerbeständigen Unterdecken muss der o.g. Mindestabstand von **a** ≥ 50 mm, auf Grund der größeren Verformungen, erheblich vergrößert werden.

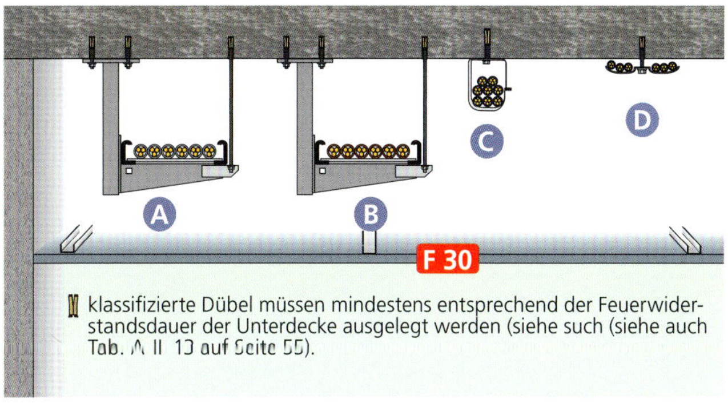

- **A** AV-Trasse mit vorderer Sicherheitsabhängung zur Normaltrasse, gem. Herstellernachweis, zur Montage oberhalb von klassifizierten Unterdecken. Die Vorgaben der Hersteller bzw. der bereitgestellten Gutachten sind zu beachten.
- **B** SV-Trasse E 30/E 90 gemäß abP mit Gewichtsbegrenzung der Kabelgewichte 20 kg/m
- **C** Nichtbrennbare Kabelsammelhalter für AV- und SV-Trassen
  Die Befestigungsabstände sind so zu wählen, dass die elektrischen Leitungen im Brandfall die Unterdecke nicht belasten und bei SV-Trassen die Vorgaben des gewählten abP erfüllt werden.
- **D** Nichtbrennbare Kabelklammern
  Die Befestigungsabstände sind so zu wählen, dass die elektrischen Leitungen im Brandfall die Unterdecke nicht belasten.

Bild F-XV–11: Befestigungsbeispiele für Elektrotrassen

Teil G Brandschutztechnische Planungs- und Ausführungsempfehlungen zur klassifizierten Abschottung von Leitungsanlagen durch Bauteile mit Anforderungen an die Feuerwiderstandsdauer (MLAR 2016, Abschnitt 4.1)

G-I. Mindestanforderungen an den Schall- und Wärmeschutz von Leitungsanlagen in Verbindung mit den Anforderungen des Brandschutzes

In diesem vorgeschalteten Teil werden die grundsätzlichen Mindestanforderungen an den Schall- und Wärmeschutz in Tabellen dargestellt. Der Fachplaner und die ausführenden Handwerker müssen diese Mindestanforderungen aus Gründen der Energieeinsparung bzw. aus bauphysikalischen Grundanforderungen zwingend einhalten. Ein Verzicht auf diese Dämmungen ist einem Verstoß gegen die a.a.R.d.T. gleichzusetzen. Die Schutzziele des Brand-, Schall- und Wärmeschutzes sind durch den Fachplaner und die Ausführenden ohne Abstriche gleichzeitig zu erfüllen.

Die am Markt erhältlichen Abschottungssysteme berücksichtigen diese Tatsache nicht durchgängig. Durch den Fachplaner und Ausführenden der Technischen Gebäudeausrüstung sind die notwendigen Kombinationen planerisch zu berücksichtigen und auszuschreiben. Bei der Umsetzung ist dies ebenfalls in der notwendigen Kombination zu beachten.

Anforderungen an die Wärmedämmung von Rohrleitungen und Armaturen – EnEV 2014, Anhang 5 (Auszug)

Die brandschutztechnischen Anforderungen an die Dämmstoffqualität sind zu beachten.

Tab. G-I-1: Tabelle 1: Wärmedämmung von Wärmeverteilungs- und Warmwasserleitungen, Kälteverteilungs- und Kaltwasserleitungen sowie Armaturen

Zeile	Art der Leitung/Armaturen	Mindestdicke der Dämmschicht bezogen auf eine Wärmeleitfähigkeit (WLG) 0,035 W (m·K)
1	Innendurchmesser bis 22 mm	20 mm
2	Innendurchmesser über 22 mm bis 35 mm	30 mm
3	Innendurchmesser über 35 mm bis 100 mm	gleich Innendurchmesser
4	Innendurchmesser über 100 mm	100 mm
5	Leitungen und Armaturen nach den Zeilen 1 bis 4 in Wand- und Deckendurchbrüchen, im Kreuzungsbereich von Leitungen, an Leitungsverbindungsstellen, bei zentralen Leitungsnetzverteilern	1/2 der Anforderungen der Zeilen 1 bis 4
6	Wärmeverteilungsleitungen nach den Zeilen 1 bis 4, die nach dem 31. Januar 2002 in Bauteilen zwischen beheizten Räumen verschiedener Nutzer verlegt werden	1/2 der Anforderungen der Zeilen 1 bis 4
7	Leitungen nach Zeile 6 im Fußbodenaufbau	6 mm
8	Kälteverteilungs- und Kaltwasserleitungen sowie Armaturen von Raumlufttechnik- und Klimakältesystemen	6 mm

Anforderungen an die Mindestdämmung von kaltgehenden Leitungsanlagen – DIN 1988-200:2012-05

Tab. G-I–2: Tabelle 8 aus DIN 1988-200: Richtwerte für Dämmschichten zur Dämmung von Trinkwasserleitungen (kalt) Dämmschichtdicke bei $\lambda_{10\,°C}$ = 0,040 W/(m · K) bei einer Trinkwassertemperatur von 10 °C

Nr.	Einbausituation	Dämmschichtdicke bei = 0,040 W/(m · K) a)
1	Rohrleitungen frei verlegt in nicht beheizten Räumen, Umgebungstemperatur ≤ 20 °C (nur Tauwasserschutz)	9 mm
2	Rohrleitungen verlegt in Rohrschächten, Bodenkanälen und abgehängten Decken, Umgebungstemperatur ≤ 25 °C	13 mm
3	Rohrleitungen verlegt, z. B. in Technikzentralen oder Medienkanälen und Schächten mit Wärmelasten und Umgebungstemperaturen ≥ 25 °C	Dämmung wie Warmwasserleitungen, Tabelle 9, Einbausituation 1 bis 5
4	Stockwerksleitungen und Einzelzuleitungen in Vorwandinstallationen	Rohr in Rohr oder 4 mm
5	Stockwerksleitungen und Einzelzuleitungen im Fußbodenaufbau (auch neben nichtzirkulierenden Trinkwasserleitungen warm) b)	Rohr in Rohr oder 4 mm
6	Stockwerksleitungen und Einzelzuleitungen im Fußbodenaufbau neben warmgehenden zirkulierenden Rohrleitungen	13 mm

a) Für andere Wärmeleitfähigkeiten sind die Dämmschichtdicken entsprechend umzurechnen.
b) In Verbindung mit Fußbodenheizungen ist die Verlegung von Trinkwasser (kalt) im Fußbodenaufbau aus hygienischen Gründen zu vermeiden.

Unabhängig von angegebenen Mindestdicken ist eine Erwärmung des Kaltwassers an einer beliebigen Stelle im System nur bis max. 25 °C im Kaltwassernetz zulässig. Sollte die Gefahr der Erwärmung bestehen, müssen dickere Dämmungen angeordnet werden.

Die brandschutztechnischen Anforderungen an die Dämmstoffqualitäten sind zu beachten.

Anforderungen an den Wärme- und Kälteschutz von betriebstechnischen Anlagen in der Industrie und in der technischen Gebäudeausrüstung – VDI 2055 – z. B.:

- Dämmung von Kälteleitungen
- Betriebstechnische Leitungen
- Leitungen der Betonkernaktivierung
- Leitungen von innenliegenden Regenentwässerungs-Leitungen

Empfehlung:

- < 12°C Mediumtemperatur mit diffusionshemmenden Dämmstoffen dämmen
- ≥ 12 °C Mediumtemperatur mit diffusionshemmenden Dämmstoffen oder alukaschierten Mineralfaserdämmstoffen dämmen

Die brandschutztechnischen Anforderungen an die Dämmstoffqualitäten sind zu beachten.

Beispiele von Leitungsanlagen ohne weiterführende Dämmstoffe

- Gasleitungen (Erdgas, medizinische Gase, Laborgase)
- Druckluftleitungen
- Staubsaugerleitungen
- Rohrpostanlagen

Die Montage einer Schallschutzdämmung ist aus baurechtlicher Sicht unter Beachtung der Baustoffklasse zulässig.

Anforderungen an den gebäudetechnischen Schallschutz „Verminderung der Geräuschübertragung aus haustechnischen Anlagen"

Die schalltechnischen Anforderungen werden z. B. in folgenden Regelwerken definiert:

- DIN 4109-1:2018-01 Schallschutz im Hochbau – Teil 1: Mindestanforderungen
- DIN 4109-1:2018-01 Schallschutz im Hochbau – Teil 2: Rechnerische Nachweise der Erfüllung der Anforderungen Mindestanforderungen
- DIN 4109-4:2016-07 Schallschutz im Hochbau – Teil 4: Bauaakustische Prüfungen
- DIN 4109 Beiblatt 2:1989-11
- Schallschutz im Hochbau; Anforderungen und Nachweise
- VDI 4100:2012-10
- Schallschutz im Hochbau – Wohnungen – Beurteilung und Vorschläge für erhöhten Schallschutz

G-II. Schutzzieldefinition zur klassifizierten Abschottung von Leitungsanlagen

Die Unterscheidung:

- offene Rohrsysteme = nicht ständig mit Wasser gefüllte Leitungsanlagen, z. B. Entwässerungsleitungen
- geschlossene Rohrsysteme = ständig mit Wasser/Luft/Gas vollgefüllte Leitungen, z. B. Trinkwasser-, Heizungs-, Kälte- und Leitungen für brennbare und nichtbrennbare Gase und Flüssigkeiten. Rohrpostanlagen und Staubsaugeranlagen werden dieser Gruppe zugeordnet.
- Installationsschächte und -kanäle
- Elektrische Leitungsanlagen mit/ohne Funktionserhalt

Offene Rohrsysteme zeichnen sich dadurch aus, dass eine Entlüftung der Schmutzwasser- und Regenentwässerungsstränge über Dach erfolgt (siehe Bild G-II–1 bis Bild G-II–3). Diese Systeme sind **nicht ständig** mit Wasser gefüllt. Im Brandfall kann sich durch den Verlust der raumabschließenden Funktion eine Weiterleitung von Rauch mit hohen Temperaturen ausbilden. In diesen Fällen der Gemischtverlegung (siehe Bild G-II–3) wird dem Fachplaner für die brandschutztechni-

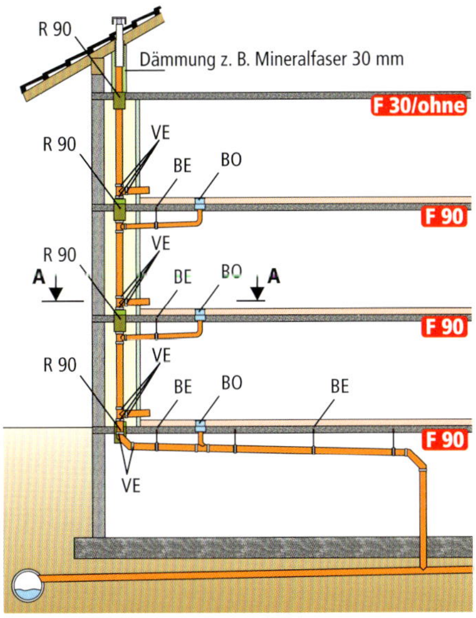

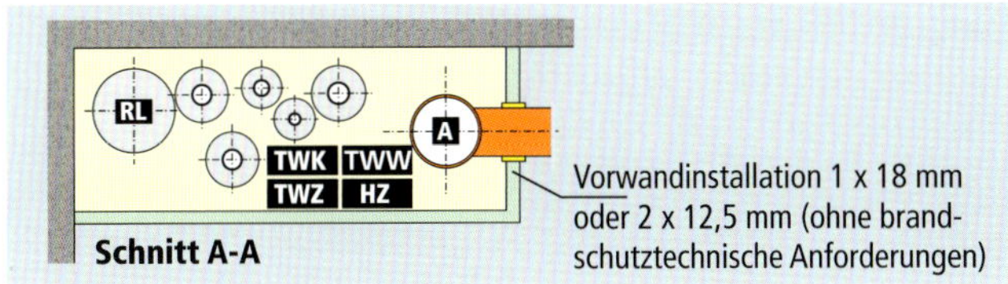

nichtbrennbare Entwässerungsleitung

Dachentlüfter und Anschlussschlauch brennbar

BO = R 90 Bodenablauf, Anschlussleitung nichtbrennbar
BE = nichtbrennbare Befestigung an der Decke mit Stahldübel M8
VE = „Einschraubenverbinder" für das nichtbrennbare Rohr, z. B. Rapid-Verbinder (keine CV-Verbinder verwenden)

Bild G-II–1: Offenes Entwässerungssystem – nichtbrennbare Rohrleitungen – mit Raumabschlussfunktion durch den Rohrleitungswerkstoff, z. B. R 30-/60-/90- Rohrabschottungen bzw. EI 90 c/u

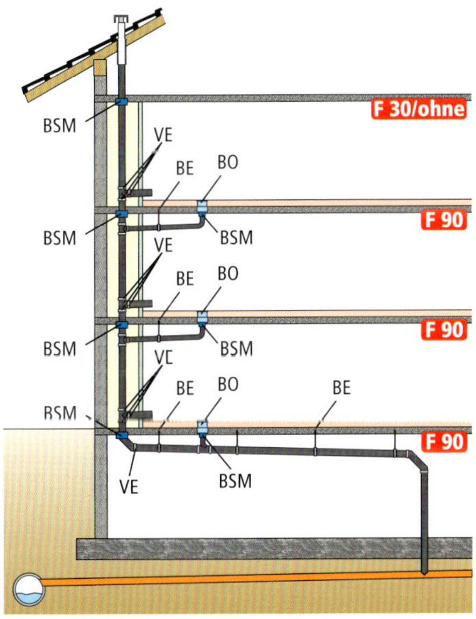

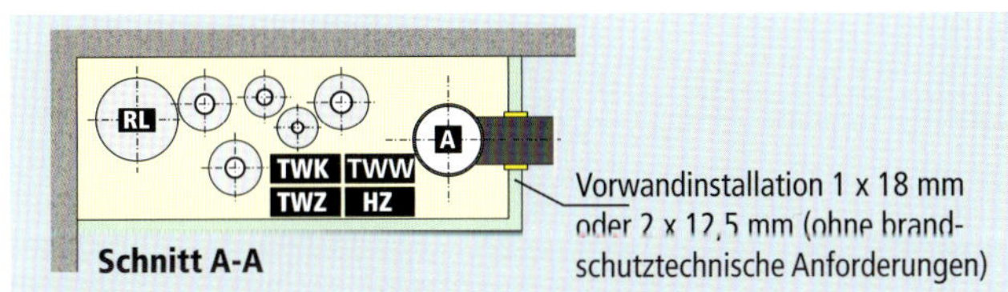

brennbare Entwässerungsleitung

Dachentlüfter und Anschlussschlauch brennbar

BSM = Brandschutzmanschette
BE = nichtbrennbare Befestigung an der Decke mit Stahldübel M8 (Empfehlung)
BO = Bodenablauf R-Qualität mit Zulassung, B1/B2 Rohre als Ablauf
VE = Verbinder/Steckmuffen

Bild G-II–2: Offenes Entwässerungssystem – brennbare Rohrleitungen –mit definierter Raumabschlussfunktion durch die Abschottungen, z. B. R 30/60/90-Brandschutzmanschetten bzw. EI 90 u/u

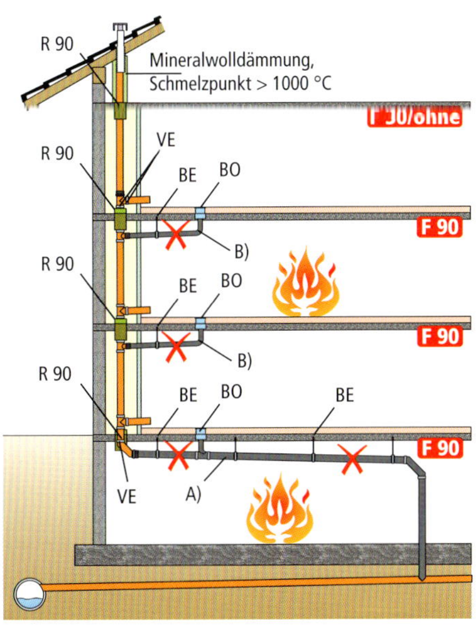

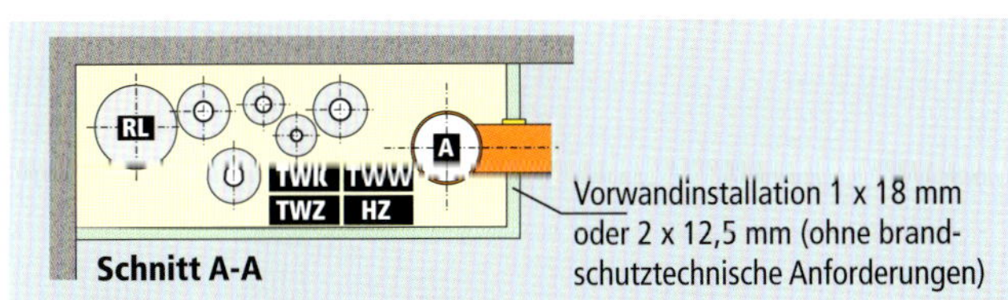

nichtbrennbare Entwässerungsleitung

A) brennbare Kellerleitung
B) brennbare Anschlussleitungen am Bodenablauf

Dachentlüfter und Anschlussschlauch brennbar

BE = nichtbrennbare Befestigung an der Decke mit Stahldübel M8
BO = R 90-Bodenablauf
VE = „Einschraubenverbinder" für das nichtbrennbare Rohr, z. B. Rapid-Verbinder (keine CV-Verbinder verwenden)

Bild G-II–3: Offenes Entwässerungssystem – nichtbrennbare und brennbare Rohrleitungen als Gemischtverlegung – mit unklarer Raumabschlussfunktion

G

sche Einhaltung der Schutzziele eine hohe Aufmerksamkeit abverlangt. Er ist gemäß VOB-C, DIN 18381 „Gas-, Wasser- und Entwässerungsanlagen innerhalb von Gebäuden", Abschnitt 0.2.7, 4.2.6 und 4.2.31 für die Umsetzung und Einhaltung der Schutzziele Brand-, Schall- und Wärmeschutz verantwortlich.

Geschlossene Rohrsysteme zeichnen sich dadurch aus, dass diese Systeme ständig mit Wasser (z. B. Heizung/Sanitär) oder mit Gasen/Flüssigkeiten (z. B. Druckluft, brennbare und nichtbrennbare Gase und Flüssigkeiten, Rohrpost-, Staubsauganlagen) gefüllt sind. Im Brandfall kann sich innerhalb der Leitungsanlagen keine Weiterleitung von Rauch ausbilden.

Bei den geschlossenen Systemen müssen ebenfalls die Schutzziele Brand-, Schall- und Wärmeschutz gemäß DIN 18381, VOB-C „Gas-, Wasser- und Entwässerungsanlagen innerhalb von Gebäuden", Abschnitt 0.2.7, 4.2.6, 4.2.31 und der VOB-C „Heizanlagen und zentrale Wassererwärmungsanlagen", Abschnitt 0.2.12, 4.2.7, 4.2.28 eingehalten werden. Somit ist die Verantwortung für Planung und Umsetzung eindeutig definiert.

G-III. Klassifizierte Abschottungen von nichtbrennbaren Rohrleitungsanlagen für nichtbrennbare Flüssigkeiten und Gase mit anlagenkonformer Dämmung gemäß EnEV, DIN 1988-200 oder VDI 2055 (z. B. Heizung, Sanitär, Kälte, Druckluft, medizinische Gase, Laborgase)

Die klassifizierten Abschottungen von nichtbrennbaren Rohren aus Stahl schwarz, Stahl verzinkt, C-Stahl, korrosionsbeständiger Stahl oder Kupfer können auf Grundlage der zutreffenden allgemeinen bauaufsichtlichen Ver- und Anwendbarkeitsnachweise (abP/abZ/ZiE/aBG/vBG/ETZ/ETB) bei Bauteilen mit Anforderungen an die Feuerwiderstandsdauer F 30/60/90 angewendet werden, wenn alle Anforderungsdetails des zutreffenden allgemeinen bauaufsichtlichen Ver- und Anwendbarkeitsnachweises eingehalten werden.
Bei Rohrleitungsanlagen für Heizung, Sanitär und Kälte müssen i.d.R. Wärme- und Kältedämmstoffe gemäß **Teil G-I.** montiert werden = Wärme- und Schallschutz. Bei Druckluftleitungen und Gasen kann die weiterführende Dämmung entfallen.
Die brandschutztechnisch wirksame Dämmung (BWD) und alle anderen Anforderungen des Ver- und Anwendbarkeitsnachweises müssen eingehalten werden.

Hinweis:
Die folgenden Beispiele von neutral dargestellten Abschottungsmöglichkeiten können die Anwendungsgrenzen nur beispielhaft aufzeigen. Eine Auswahl muss auf Grundlage der Ver- und Anwendbarkeitsnachweise (abP/abZ/aBG/ETZ/ETB) erfolgen.

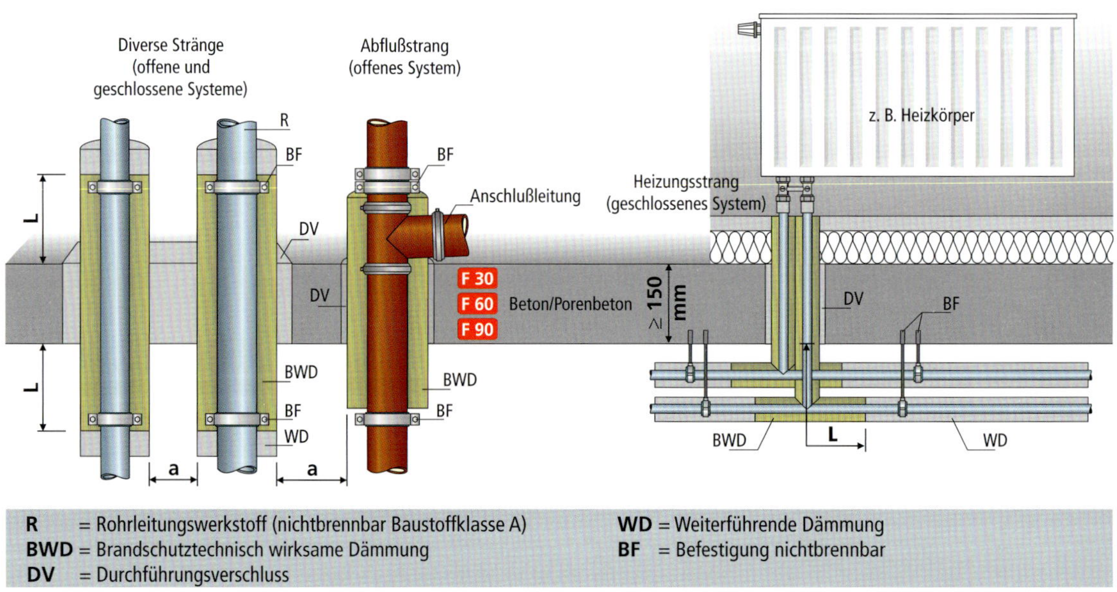

Bild G-III–1: Klassifizierte Abschottungen für nichtbrennbare Rohre in Massivdecken (schematische Darstellung) – Details siehe Tab. G-III–1 und in den Ver- und Anwendbarkeitsnachweisen der Hersteller (abP/abZ). Die Mindestdicken der Bauteile sind dem Ver- und Anwendbarkeitsnachweis abP/abZ zu entnehmen.

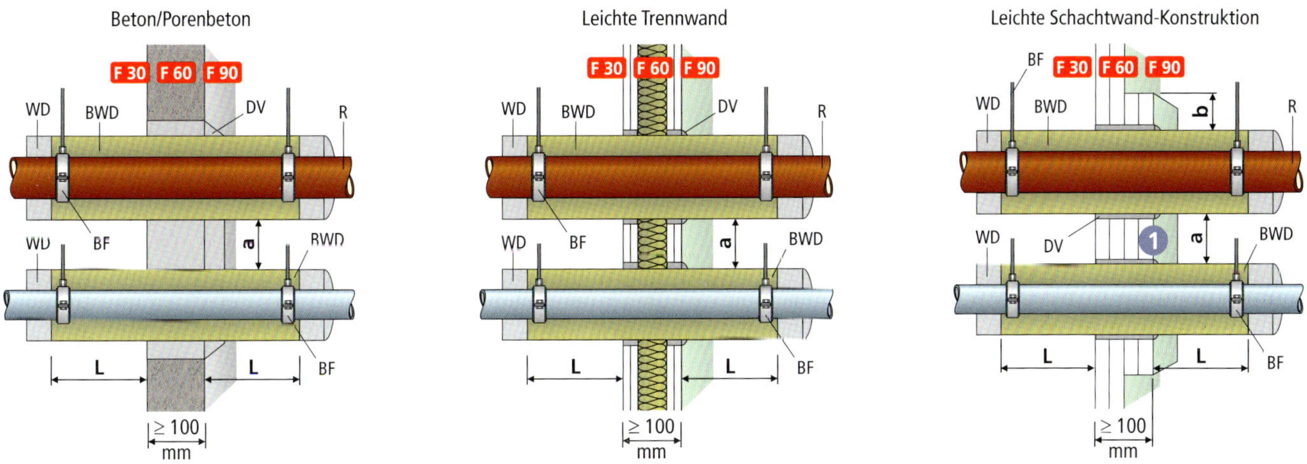

R = Rohrleitungswerkstoff (nichtbrennbar Baustoffklasse A) **BWD** = Brandschutztechnisch wirksame Dämmung **DV** = Durchführungsverschluss	**WD** = Weiterführende Dämmung **BF** = Befestigung nichtbrennbar	① Aufdoppelung aus dem Material der Schachtwand gemäß Verwendbarkeitsnachweis der Schachtwandhersteller, umlaufend **b** ≥ 100 mm

Bild G-III-2: Klassifizierte Abschottungen für nichtbrennbare Rohre, in Wänden mit Anforderungen an die Feuerwiderstandsdauer (schematische Darstellung) – Details siehe Tab. G-III-1 und in dem Ver- und Anwendbarkeitsnachweisen der Hersteller (abP/abZ/aBG/ETZ/ETB)

Tab. G-III-1: Auswahldetails der in Bild G-III-1 und Bild G-III-2 genannten Abschottungsarten.
Die Mindestdicken der Bauteile sind dem Ver- und Anwendbarkeitsnachweis abP/abZ zu entnehmen.

Rohrwerkstoffe (R) nichtbrennbar (A)	**Dimensionen**	**Brandschutztechnisch wirksame Dämmung (BWD) kombinierbar mit (R) und (DV)**	**Durchführungsverschluss (DV)**	**Weiterführende Dämmung (WD)**	**Befestigung (BF)**
• Stahl schwarz • Stahl verzinkt • C-Stahl • korrosionsbeständiger Stahl • Kupfer • Guss • Sonstige nichtbrennbare Rohrleitungen die im Ver- und Anwendbarkeitsnachweis aufgeführt sind	Minimaler und maximaler Außendurchmesser von (R) entsprechend den Festlegungen im Ver- und Anwendbarkeitsnachweis (abP/abZ/ZiE/aBG/vBG/ETZ/ETB) in Abhängigkeit von den möglichen Kombinationen R + BWD + DV	• Mineralwollsystem, Schmelzpunkt > 1000 °C mit/ohne Alukaschierung (A1/A2) • Schaumglassystem, Schmelzpunkt > 1000 °C (A1/A2) • Brandschutzdämmmanschetten, Schmelzpunkt > 1000 °C • Brandschutzdämmsystem auf Basis von synthetischem Kautschuk (B1/B2) • Synthetische Kautschukdämmung mit eingeschränkten Rohrdurchmessern ohne Zusatzmaßnahmen (B1/B2) • Synthetische Kautschukdämmung (B1/B2) in Kombination mit einer Brandschutzbandage Die zulässigen Kombinationen der Ver- und Anwendbarkeitsnachweise R + BWD + DV sind zu beachten	• Mineralisch formstabiler Mörtel (A) • im Brandfall aufschäumende Baustoffe • Mineralwollstopfung, Schmelzpunkt > 1000 °C • Mineralfaserschottplatten besonderer Bauart • Andere im Verwendbarkeitsnachweis aufgeführte Werkstoffe	Jeder zugelassene Dämmstoff der Baustoffklasse A1/A2/B1/B2 direkt an (BWD) nach der Mindestdämmlänge L anschließend ist zulässig, wenn keine anderen Vorgaben im Ver- und Anwendbarkeitsnachweis definiert sind	Die nichtbrennbaren Rohrleitungsbefestigungen müssen in Bezug auf den Mindestabstand beidseitig vom Bauteil angeordnet werden. Die Anforderungen des Ver- und Anwendbarkeitnachweises sind zu beachten

G-IV. Klassifizierte Abschottungen von nichtbrennbaren Rohrleitungsanlagen für brennbare Flüssigkeiten und Gase (z. B. Erdgase, Flüssiggase, medizinische Gase, Laborgase, Heizöle), z. B. R 30/60/90 bzw. EI 30/60/90 c/u

Zur Abschottung von Leitungsanlagen für brennbare Flüssigkeiten und Gase in Verbindung mit nichtbrennbaren Rohren können i.d.R. die in Teil G-III. aufgeführten klassifizierten Abschottungen Verwendung finden, wenn die brennbaren Medien im Anwendbarkeitsbereich der Ver- und Anwendbarkeitsnachweise (abP/abZ/aBG/ETZ/ETB) ausdrücklich aufgeführt sind. Dies ist durch den Fachplaner zu prüfen.

Da bei brennbaren Gasen und brennbaren Flüssigkeiten i.d.R. keine weiterführenden Dämmungen erwünscht sind, kann die Montage entfallen. In einigen Regelwerken sind durchgängige Dämmungen für die Installation dieser Leitungsarten grundsätzlich nicht zulässig.

Die weiterführenden Dämmungen sind nur dann Bestandteil des Ver- und Anwendbarkeitsnachweises, wenn diese ausdrücklich als durchgängige Dämmung dokumentiert werden. Wenn dies nicht der Fall ist, können die weiterführenden Dämmungen ohne Erklärung einer Abweichung entfallen.

Die brandschutztechnisch wirksame Dämmung (BWD) und alle anderen Anforderungen des Ver- und Anwendbarkeitsnachweises müssen eingehalten werden.

G-V. Klassifizierte R 30/60/90-Abschottungen von brennbaren Rohrleitungsanlagen für offene Systeme mit/ohne Dämmung (z. B. Schmutzwasser-, Regenentwässerungsleitungen, Rohrpost- und Staubsauganlagen, Druckluft), z. B. R 30/60/90 bzw. EI 30/60/90 c/u

Die klassifizierten Abschottungen von dünn- oder dickwandigen brennbaren Rohren aus Kunststoff, z. B. PE-HD, PVC, PP und diversen mineralverstärkten schallgedämmten Entwässerungsleitungen können auf Grundlage der zutreffenden allgemeinen bauaufsichtlichen Zulassungen (abZ/ZiE/ETZ/ETB) bei Bauteilen mit Anforderungen an die Feuerwiderstandsdauer F 30/60/90 angewendet werden, wenn alle Anforderungsdetails der zutreffenden allgemeinen bauaufsichtlichen Zulassung eingehalten werden.

Diese Leitungen benötigen in der Regel keine brandschutztechnisch wirksamen Dämmungen und keine weiterführenden Dämmungen.

Hinweis:
Die folgenden Beispiele von neutral dargestellten Abschottungsmöglichkeiten können die Anwendungsgrenzen nur beispielhaft aufzeigen. Eine Auswahl muss auf Grundlage der allgemeinen bauaufsichtlichen Zulassungen erfolgen.

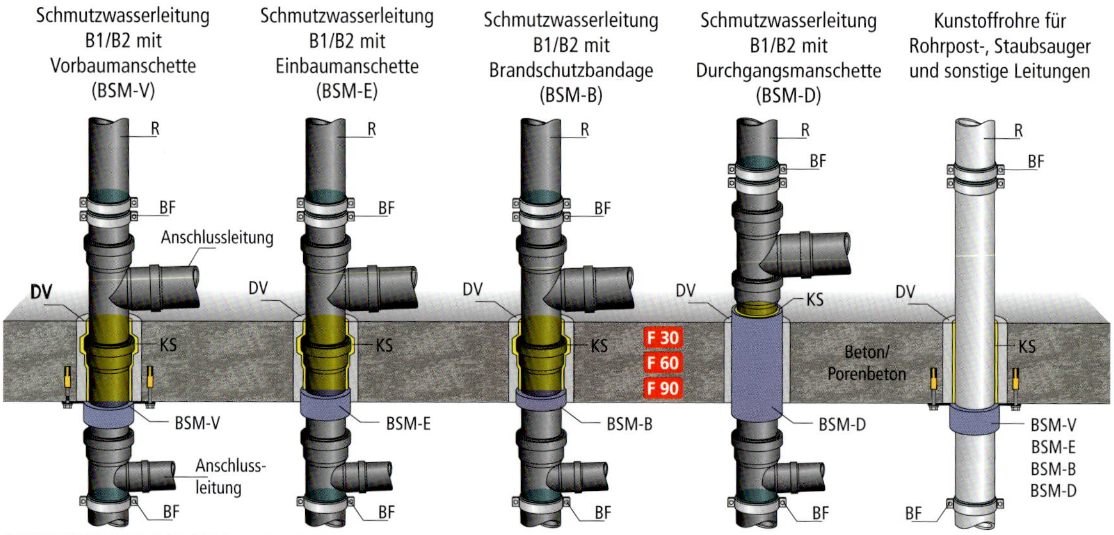

R = Rohrleitungswerkstoff (brennbar Baustoffklasse B1/B2)
BF = Befestigung nichtbrennbar
BWD = i.d.R. nicht erforderlich, da keine Wärmeleitung über den Rohrwerkstoff
WD = i.d.R. nicht erforderlich, kann bei Bedarf ohne baurechtliche Abweichung montiert werden, die Be-/Abdeckung der BSM ist nicht zulässig
KS = Körperschallentkopplung als brennbare Dämmung (B1/B2), i.d.R. bis zu einer Dicke von 5 mm zulässig
DV = Durchführungsverschluss

Bild G-V–1: Klassifizierte Abschottungen für brennbare Rohre in Massivdecken (schematische Darstellung) – Details siehe Tab. G-V–1 und in den Ver- und Anwendbarkeitsnachweisen der Hersteller (abZ/aBG/ETZ/ETB). Die Mindestdicken der Bauteile sind dem Ver- und Anwendbarkeitsnachweis abP/abZ zu entnehmen.

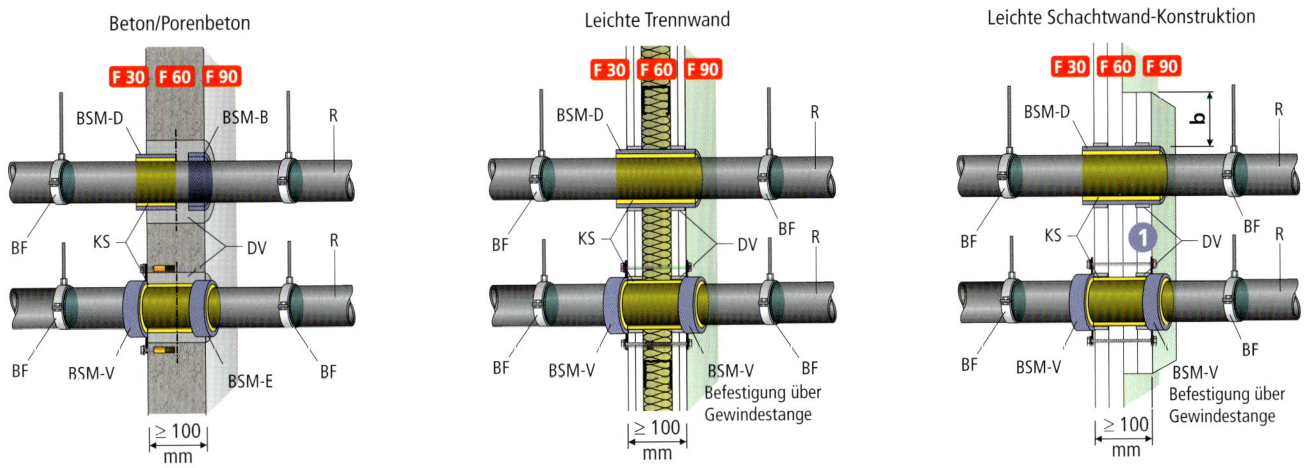

R = Rohrleitungswerkstoff (brennbar Baustoffklasse B1/B2)
BF = Befestigung nichtbrennbar
BWD = i.d.R. nicht erforderlich, da keine Wärmeleitung über den Rohrwerkstoff
WD = i.d.R. nicht erforderlich, kann bei Bedarf ohne baurechtliche Abweichung montiert werden, die Be-/Abdeckung der BSM ist nicht zulässig
KS = Körperschallentkopplung als brennbare Dämmung (B1/B2), i.d.R. bis zu einer Dicke von 5 mm zulässig
DV = Durchführungsverschluss
(1) Aufdoppelung aus dem Material der Schachtwand gemäß Verwendbarkeitsnachweis der Schachtwandhersteller, umlaufend **b** ≥ 100 mm

Bild G-V–2: Klassifizierte Abschottungen für brennbare Rohre, in Wänden mit Anforderungen an die Feuerwiderstandsdauer (schematische Darstellung) – Details siehe Tab. G-V–1 und in den Ver- und Anwendbarkeitsnachweisen der Hersteller (abZ/aBG/ETZ/ETB)

Tab. G-V–1: Auswahldetails der in Bild G-V–1 und Bild G-V–2 genannten Abschottungsarten.
Die Mindestdicken der Bauteile sind dem Ver- und Anwendbarkeitsnachweis abP/abZ zu entnehmen.

Rohrwerkstoffe (R) brennbar (B1/B2)	Dimensionen	Brandschutztechnisch wirksame Dämmung (BWD)	Durchführungs-verschluss (DV)	Weiterführende Dämmung (WD)	Befestigung (BF)
• PE-HD dick-/dünnwandig • PP dick-/dünnwandig • PVC dick-/dünnwandig • Mineralverstärkte schalldämmende Hausabflussrohre aus PE, PP, PVC/ABS/ASA/PVC und Sonderwerkstoffe dick-/dünnwandig • PVDF • Diverse Sonderwerkstoffe	Minimaler und maximaler Außendurchmesser von (R) entsprechend den Festlegungen im Ver- und Anwendbarkeitsnachweis (abZ/ZiE/aBG/vBG/ETZ/ETB) in Abhängigkeit von den möglichen Kombinationen R + BWD + DV	Eine brandschutztechnisch wirksame Dämmung ist i.d.R. bei Verwendung von Brandschutzmanschetten (BSM) nicht erforderlich Wenn im Ver- und Anwendbarkeitsnachweis beschrieben, sollte ein brennbarer Körperschallschlauch (B1/B2) in der Dicke von maximal 5 mm als Körperschallentkopplung (KS) montiert werden Die zulässigen Kombinationen der Ver- und Anwendbarkeitsnachweise R + BWD + DV sind zu beachten	• Mineralisch formstabiler Mörtel (A) • im Brandfall aufschäumende Baustoffe • Mineralwollstopfung, Schmelzpunkt > 1000 °C • Mineralfaserschottplatten besonderer Bauart Die zulässigen Kombinationen des Ver- und Anwendbarkeitsnachweises sind zu beachten	I.d.R. nicht erforderlich, darf aber bei Bedarf montiert werden (A1/A2/B1/B2) Keine Montage unterhalb der BSM zulässig (nur KS) Die BSM dürfen durch die Dämmung (WD) nicht abgedeckt werden	Die nichtbrennbaren Rohrleitungsbefestigungen müssen in Bezug auf den Mindestabstand beidseitig vom Bauteil angeordnet werden. Die Anforderungen des Ver- und Anwendbarkeitnachweises sind zu beachten.

G-VI. Klassifizierte Abschottungen von brennbaren Rohrleitungsanlagen für nichtbrennbare Flüssigkeiten und Gase mit anlagenkonformer Dämmung gemäß EnEV, DIN 1988-200 oder VDI 2055 (z. B. Heizung, Sanitär, Kälte, Druckluft) z. B. R 30/60/90 bzw. EI 30/60/90

Die klassifizierten Abschottungen von dünn- oder dickwandigen brennbaren Rohren aus Kunststoff, z. B. PE, PVC, PP und diverser Mehrschichtverbundrohre können auf Grundlage der zutreffenden allgemeinen bauaufsichtlichen Ver- und Anwendbarkeitsnachweise (abP/abZ/ZiE/aBG/vBG/ETZ/ETB) bei Bauteilen mit Anforderungen an die Feuerwiderstandsdauer F 30/60/90 angewendet werden, wenn alle Anforderungsdetails der zutreffenden allgemeinen bauaufsichtlichen Ver- und Anwendbarkeitsnachweise eingehalten werden.

Bei diesen Rohrleitungsanlagen müssen i.d.R. Wärme- und Kältedämmstoffe gemäß **Teil G-I.** montiert werden = Wärme- und Schallschutz. Bei Druckluftleitungen kann die weiterführende Dämmung entfallen.

Hinweis:
Die folgenden Beispiele von neutral dargestellten Abschottungsmöglichkeiten können die Anwendungsgrenzen nur beispielhaft aufzeigen. Eine Auswahl muss auf Grundlage der Ver- und Anwendbarkeitsnachweise erfolgen.

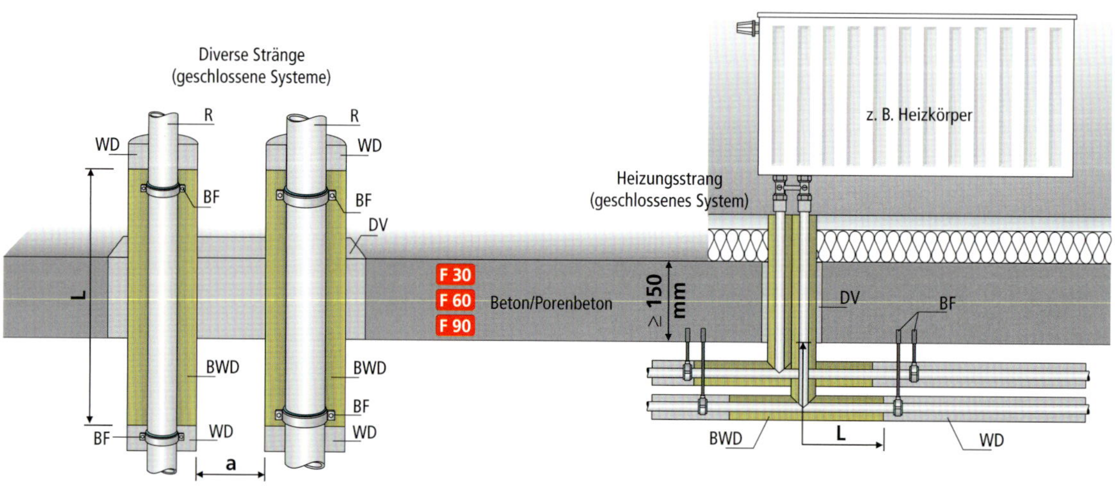

R = Rohrleitungswerkstoff (brennbar Baustoffklasse B1/B2)
BWD = Brandschutztechnisch wirksame Dämmung
DV = Durchführungsverschluss
WD = Weiterführende Dämmung
BF = Befestigung nichtbrennbar
L = Mindestlänge BWD gemäß Vorgaben im abP/abZ

Bild G-VI–1: Klassifizierte Abschottungen für brennbare Rohre in Massivdecken (schematische Darstellung) – Details siehe Tab. G-VI–1 und in den Ver- und Anwendbarkeitsnachweisen der Hersteller (abP/abZ/aBG/ETZ/ETB). Die Mindestdicken der Bauteile sind dem Ver- und Anwendbarkeitsnachweis abP/abZ zu entnehmen.

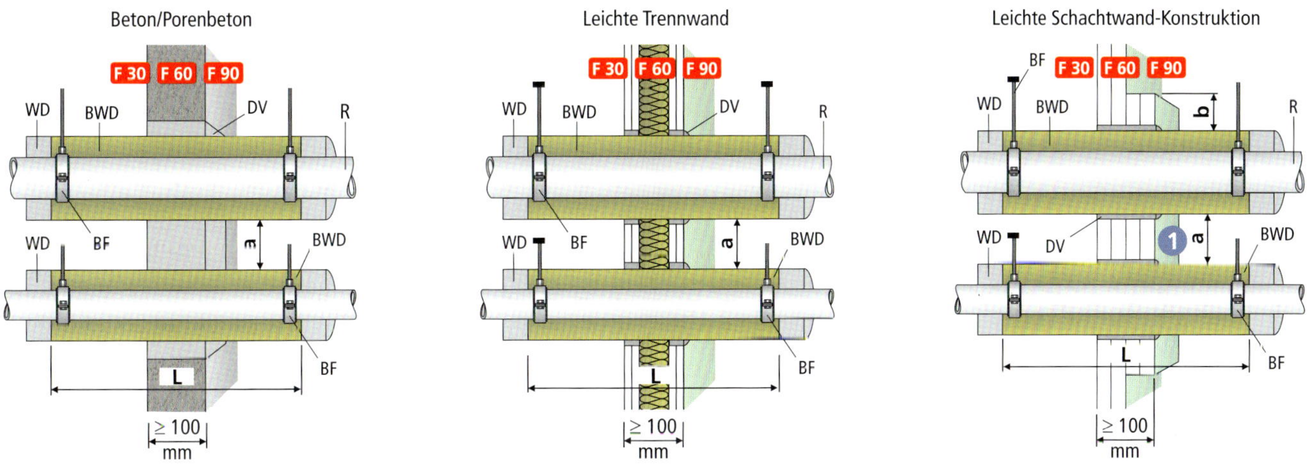

R	= Rohrleitungswerkstoff (brennbar Baustoffklasse B1/B2)	**WD**	= Weiterführende Dämmung
BWD	= Brandschutztechnisch wirksame Dämmung	**BF**	= Befestigung nichtbrennbar
DV	= Durchführungsverschluss		
L	= Mindestlänge BWD gemäß Vorgaben im abP/abZ		

(1) Aufdoppelung aus dem Material der Schachtwand gemäß Verwendbarkeitsnachweis der Schachtwandhersteller, umlaufend **b** ≥ 100 mm

Bild G-VI–2: Klassifizierte Abschottungen für brennbare Rohre, in Wänden mit Anforderungen an die Feuerwiderstandsdauer (schematische Darstellung) – Details siehe Tab. G-VI–1 und in den Ver- und Anwendbarkeitsnachweisen der Hersteller abP/abZ)

Tab. G-VI–1: Auswahldetails der in Bild G-VI–1 und Bild G-VI–2 genannten Abschottungsarten.
Die Mindestdicken der Bauteile sind dem Ver- und Anwendbarkeitsnachweis abP/abZ zu entnehmen.

Rohrwerkstoffe (R) nichtbrennbar (A)	Dimensionen	Brandschutztechnisch wirksame Dämmung (BWD) kombinierbar mit (R) und (DV)	Durchführungsverschluss (DV)	Weiterführende Dämmung (WD)	Befestigung (BF)
• PE/PE-HD • PP/PP-R • PVC/PVC-C • PVDF • Mehrschichtverbundrohre • Sonstige brennbare Rohrleitungen, die im Ver- und Anwendbarkeitsnachweis aufgeführt sind	Minimaler und maximaler Außendurchmesser von (R) entsprechend den Festlegungen im Ver- und Anwendbarkeitsnachweis (abP/abZ/ZiE/aBG/vBG/ETZ/ETB) in Abhängigkeit von den möglichen Kombinationen R + BWD + DV	• Mineralwollsystem, Schmelzpunkt > 1000 °C mit/ohne Alukaschierung (A1/A2) • Schaumglassystem, Schmelzpunkt > 1000 °C (A1/A2) • Brandschutzdämmmanschetten, Schmelzpunkt > 1000 °C • Brandschutzdämmsystem auf Basis von synthetischem Kautschuk (B1/B2) • Synthetische Kautschukdämmung mit eingeschränkten Rohrdurchmessern ohne Zusatzmaßnahmen (B1/B2) • Synthetische Kautschukdämmung (B1/B2) in Kombination mit einer Brandschutzbandage Die zulässigen Kombinationen der Ver- und Anwendbarkeitsnachweise R + BWD + DV sind zu beachten	• Mineralisch formstabiler Mörtel (A) • im Brandfall aufschäumende Baustoffe • Mineralwollstopfung, Schmelzpunkt > 1000 °C • Mineralfaserschottplatten besonderer Bauart • Andere im Verwendbarkeitsnachweis aufgeführte Werkstoffe	Jeder zugelassene Dämmstoff der Baustoffklasse A1/A2/B1/B2 direkt an (BWD) nach der Mindesdämmlänge L anschließend ist zulässig, wenn keine anderen Vorgaben im Ver- und Anwendbarkeitsnachweis definiert sind	Die nichtbrennbaren Rohrleitungsbefestigungen müssen in Bezug auf den Mindestabstand beidseitig vom Bauteil angeordnet werden. Die Anforderungen des Ver- und Anwendbarkeitnachweises sind zu beachten

G-VII. Klassifizierte Abschottungen von brennbaren Rohrleitungsanlagen für brennbare Gase als geschlossene Systeme (z. B. Erdgase) z. B. R 30/60/90 bzw. EI 30/60/90 c/u

Zur Abschottung von brennbaren Rohrleitungen mit brennbarem Erdgas können i.d.R. die in **Teil G-IV.** und **Teil G-VI.** aufgeführten klassifizierten Abschottungen Verwendung finden, wenn das brennbare Medium im Anwendbarkeitsbereich in einem eigenständigen Ver- und Anwendbarkeitsnachweis (abZ/aBG/ETZ/ETB) ausdrücklich aufgeführt ist. Dies ist durch den Fachplaner zu prüfen.

Die Abschottungsart stellt einen eigenen Zulassungsbereich Z-19.17-xxxx dar.

G

Da bei brennbaren Gasen i.d.R. keine weiterführenden Dämmungen erwünscht sind, kann die Montage entfallen. In einigen Regelwerken sind durchgängige Dämmungen für die Installation dieser Leitungsarten grundsätzlich nicht zulässig.

Die weiterführenden Dämmungen sind nur dann Bestandteil des Ver- und Anwendbarkeitsnachweises, wenn diese ausdrücklich als durchgängige Dämmung dokumentiert werden. Wenn dies nicht der Fall ist, können die weiterführenden Dämmungen ohne Erklärung einer Abweichung entfallen.

Die brandschutztechnisch wirksame Dämmung (BWD) oder die Brandschutzmanschette (BSM) und alle anderen Anforderungen der Ver- und Anwendbarkeitsnachweise (abZ/aBG/ETZ/ETB) müssen eingehalten werden.

G-VIII. Klassifizierte Abschottungen von elektrischen Leitungsanlagen (z. B. Abschottung von Elektrokabeln, Kabelbündeln, Kabeltrassen, Elektroleerrohren, Koaxialkabeln und Hohlleiterkabeln) z. B. S 30/60/90 bzw. EI 30/60/90

Die klassifizierte Abschottung von elektrischen Leitungsanlagen ist mit einer Vielzahl von Systemvarianten möglich.

Hinweis:
Die folgenden Beispiele von neutral dargestellten Abschottungsmöglichkeiten können die Anwendungsgrenzen nur beispielhaft aufzeigen. Eine Auswahl muss auf Grundlage der Ver- und Anwendbarkeitsnachweise erfolgen.

Abschottung von Kabelanlagen und Kabelbündeln mit klassifizierten Abschottungen in massiven Decken, massiven Wänden und leichten Trennwänden mit Anforderungen an die Feuerwiderstandsdauer

Die Abschottung von Kabelanlagen und Kabelbündeln muss über klassifizierte Abschottungen mit allgemeinen bauaufsichtlichen Zulassungen (abZ) erfolgen. Die Abschottungen für elektrische Leitungen unterscheiden sich nach folgendem Raster:
- S 30- bis S 120- bzw. EI 30- bis EI 120-Mörtelabschottungen
- S 30- bis S 120- bzw. EI 30- bis EI 120-Weichschott
- S 30- bis S 90- bzw. EI 30- bis EI 120-Kombischott
- S 30- bis S 90- bzw. EI 30- bis EI 120-Abschottung mit Brandschutzschäumen „Schaumschott"
- S 30- bis S 90- bzw. EI 30- bis EI 120-Kissenschott für Sonderanwendungen
- S 30- bis S 90- bzw. EI 30- bis EI 120-Sonderabschottungsvarianten.

Die maximale Größe des Schotts, die Belegung und alle Abschottungsbedingungen sind den jeweiligen Ver- und Anwendbarkeitsnachweisen (abZ/aBG/ETZ/ETB) zu entnehmen. Wenn in den Ver- und Anwendbarkeitsnachweisen (abZ/aBG/ETZ/ETB) keine Angaben im Hinblick auf zusätzliche Befestigungen aufgenommen wurden, wird eine Trassenverlegung und -befestigung nach den DIN VDE-Normen vorausgesetzt.

Je nach Ver- und Anwendbarkeitsnachweis der klassifizierten Leitungsabschottungen ist die Montage in folgenden Bauteilen mit Anforderungen an die Feuerwiderstandsdauer F 30/60/90 zulässig:
- massive Deckenkonstruktionen aus Beton oder Porenbeton, Mindestdicke 150 mm
- massive Wandkonstruktionen, Mindestwanddicke 100 mm
- leichte Trennwandkonstruktionen, Mindestwanddicke 100 mm
- andere Sonderkonstruktionen, z. B. Schachtwandkonstruktionen, wenn diese im abZ aufgeführt sind.

Wenn besondere Unterstützungen (Befestigungen) gefordert werden, sind diese unbedingt einzubauen, da sonst durch mechanische Verformung der Kabelanlagen im Brandfall die Abschottung vorzeitig versagen kann. I.d.R. muss eine Unterstützung beidseitig vom Bauteil im Abstand von maximal 500 mm montiert werden. Eine nichtbrennbare Qualität der für die Montage erforderlichen Mindestbefestigungen ist ausreichend. Es muss keine brandschutztechnische Auslegung erfolgen. Bei Kabeltrassen > 300 mm Breite des Auslegers sollte die erste Abhängung beidseitig des Bauteils eine vordere Sicherheitsabhängung M8 bzw. M10 erhalten.

Wird das jeweilige klassifizierte Kabelschott nicht auf **bestimmte Kabeltypen oder -durchmesser** begrenzt, wurde die Brandprüfung mit einer Kabelbelegung nach DIN 4102-9 durchgeführt. In diesen Fällen sind alle Kabeldurchmesser und -typen als durchgeführte Leitungen zulässig.

Durch die klassifizierten Kabelabschottungen dürfen Elektrokabel und -leitungen aller Art (auch Lichtwellenleiter und Koaxialkabel) mit oder ohne Durchmesserbegrenzung (siehe Ver- und Anwendbarkeitsnachweise) mit **Ausnahme sogenannte Hohlleiterkabel** durchgeführt werden.

Hinweis:
Die **Abschottung von Koaxial-/Hohlleiterkabeln**, z. B. für den Gebäudefunk oder größere Antennenanlagen, kann über speziell dafür geprüfte und zugelassene Abschottungen oder als Einzeldurchführungen gemäß MLAR, Abschnitt 4.3 „Erleichterungen" abgeschottet werden (siehe auch **Teil I**). Eine Durchführung durch klassifizierte Abschottungen ohne eine ausdrückliche Beschreibung zur Abschottung dieser Sonderkabel ist nicht zulässig. Bei kleinen Durchmessern

bis 15 mm Außendurchmesser kann in projektspezifischen Fällen im Rahmen einer nicht wesentlichen Abweichung die Durchführung als Leerrohr für Steuerkabel umgesetzt werden.

Die **Befestigung der Kabeltrassen** und -bündel ist für die Funktionsfähigkeit der Abschottung sehr wesentlich, da sonst im Brandfall die Abschottung aus dem Bauteil herausgerissen werden kann, sobald es im Brandfall zu Absenkungen der Kabeltrassen und -bündel kommt.

Die Bestimmungen der jeweiligen Ver- und Anwendbarkeitsnachweise (abZ/aBG/ETZ/ETB) sind zu beachten.

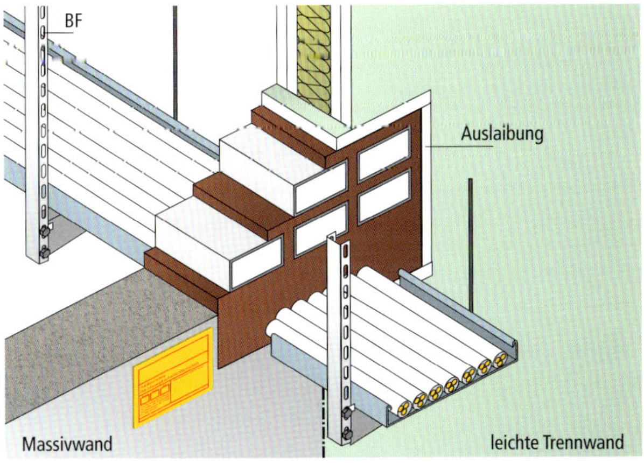

Feuerwiderstandsdauer:
- S 30/60/90/120 bzw. EI 30/60/90/120

Abmessungen der Öffnung:
- nach Vorgaben des abZ
- maximale Belegung 60%

Nachinstallierung:
- jederzeit durch Keile oder andere Maßnahmen, wenn diese im Ver- und Anwendbarkeitsnachweis vorgesehen werden

Gebrauchseigenschaft:
- Kabel aller Art und Durchmesser (wenn in dem abZ keine Einschränkungen beschrieben sind

Befestigung:
- Befestigung, z. B. der Kabeltrasse beidseitig von Bauteilen, unter Beachtung des Befestigungsabstandes gemäß der Ver- und Anwendbarkeitsnachweise

Bild G-VIII–1: Mörtelschott mit Nachinstallationskeilen
Die Detailvorgaben der jeweiligen Ver- oder Anwendbarkeitsnachweise sind zu beachten.

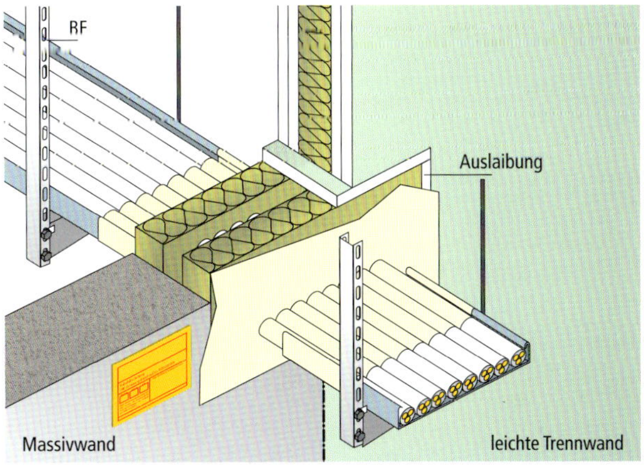

Feuerwiderstandsdauer:
- S 30/60/90/120 bzw. EI 30/60/90/120

Abmessungen der Öffnung:
- nach Vorgaben des abZ
- maximale Belegung 60%

Nachinstallierung:
- jederzeit ohne Probleme (siehe Ver- und Anwendbarkeitsnachweise)

Gebrauchseigenschaft:
- Kabel aller Art und Durchmesser (wenn in dem abZ keine Einschränkungen beschrieben sind

Befestigung:
- Befestigung, z. B. der Kabeltrasse beidseitig von Bauteilen, unter Beachtung des Befestigungsabstandes gemäß der Ver- und Anwendbarkeitsnachweise

Bild G-VIII–2: S 30/60/90/120- bzw. EI 30/60/90/120-Weichschott
Die Detailvorgaben der jeweiligen Ver- oder Anwendbarkeitsnachweise sind zu beachten.

Hinweis:
Auf die Befestigung der Kabeltrassen und -bündel ist gemäß Ver- und Anwendbarkeitsnachweise zu achten.
Das Mörtelschott darf nur mit den beschriebenen „Brandschutzmörteln" erstellt werden. Die Verwendung von Mörtel der Gruppe MG II oder III ist nur zulässig, wenn dies ausdrücklich ausgewiesen ist. Die im Ver- und Anwendbarkeitsnachweis vorgegebenen nichtbrennbaren Befestigungen/Unterstützungen beidseitig des Bauteiles sind gemäß Vorgabe zu montieren.

Hinweis:
Auf die Befestigung der Kabeltrassen und -bündel ist gemäß Ver- und Anwendbarkeitsnachweis zu achten.
Die Vorgabe der Beschichtungslängen und -dicken müssen gemäß Ver- und Anwendbarkeitsnachweisen eingehalten werden.
Das Weichschott darf nur mit den in den Ver-/Anwendbarkeitsnachweisen beschriebenen „Mineralfaserplatten" und „Brandschutzbeschichtungen" der Zulassungsinhaber erstellt werden. Die maximale Belegung des Weichschotts beträgt 60% oder nach Angabe der Ver- und Anwendbarkeitsnachweise. Die in den Ver- und Anwendbarkeitsnachweisen vorgegebenen nichtbrennbaren Befestigungen/Unterstützungen beidseitig des Bauteiles sind gemäß Vorgabe zu montieren.

G

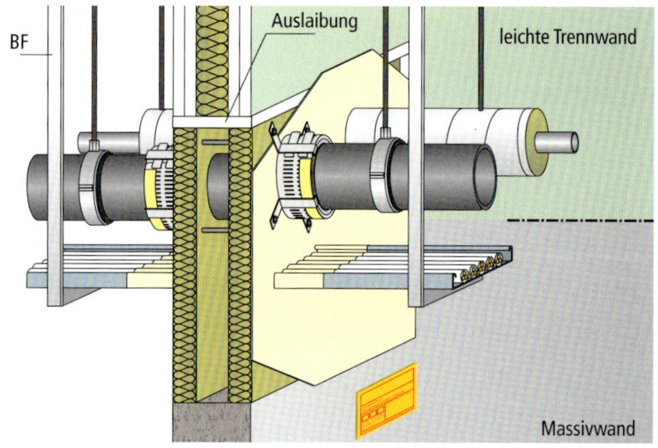

Feuerwiderstandsdauer:
- S 30/60/90/120 bzw. EI 30/60/90/120

Abmessungen der Öffnung:
- nach Vorgaben des Ver- und Anwendbarkeitsnachweises
- maximale Belegung 60%

Nachinstallierung:
- jederzeit ohne Probleme

Gebrauchseigenschaft:
- Kabel und Rohre aller Art und Durchmesser nach den Vorgaben der Ver- und Anwendbarkeitsnachweise

Befestigung:
- Befestigung, z. B. der Kabeltrasse und der brennbaren/nichtbrennbaren Rohre beidseitig von Bauteilen, unter Beachtung des Befestigungsabstandes gemäß der Ver- und Anwendbarkeitsnachweise

Bild G-VIII–3: Kombischott
Die Detailvorgaben der jeweiligen Ver- oder Anwendbarkeitsnachweise sind zu beachten.

Hinweis:
Auf die Befestigung der Kabeltrassen und -bündel ist gemäß Ver- und Anwendbarkeitsnachweise zu achten. Die Abstände zwischen den Trassen der einzelnen Gewerke sind gemäß Ver- und Anwendbarkeitsnachweis einzuhalten.

Das Kombischott darf nur mit den im Ver- und Anwendbarkeitsnachweis beschriebenen „Mineralfaserplatten" und „Brandschutzbeschichtungen" der Hersteller erstellt werden. Die Vorgabe der Beschichtungslängen und -dicken müssen gemäß Ver- und Anwendbarkeitsnachweis eingehalten werden. Die maximale Belegung des Kombischotts beträgt 60% oder nach Angabe der Ver- und Anwendbarkeitsnachweise. Bei Montage von Brandschutzmanschetten werden diese mit durchgängigen Gewindestangen nach den Beschreibungen der Ver- und Anwendbarkeitsnachweise befestigt. Die Bemessung der 60%-tigen Schottbelegung mit elektrischen Leitungen und ggf. Rohren (beim Kombischott) beziehen sich auf die Leitungsquerschnitte ohne Berücksichtigung der „Zwickelflächen". Die „Zwickelflächen" gehören nicht zur Belegungsfläche. Die in den Ver- und Anwendbarkeitsnachweise vorgegebenen nichtbrennbaren Befestigungen/Unterstützungen beidseitig des Bauteiles sind gemäß Vorgabe zu montieren.

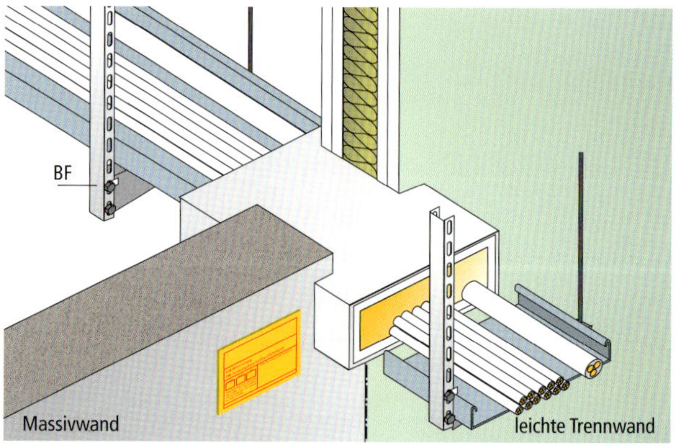

Feuerwiderstandsdauer:
- S 30/60/90/120 bzw. EI 30/60/90/120

Abmessungen der Öffnung:
- nach Vorgaben des Ver- und Anwendbarkeitsnachweises
- Belegung des gesamten freien Innenraumes möglich, dies entspricht 60% der Schottfläche

Nachinstallierung:
- jederzeit ohne Probleme

Gebrauchseigenschaft:
- Kabel und Leerrohre gemäß Beschreibung in den Ver- und Anwendbarkeitsnachweisen

Befestigung:
- Befestigung, z. B. der Kabeltrasse beidseitig von Bauteilen, unter Beachtung des Befestigungsabstandes gemäß der Ver- und Anwendbarkeitsnachweise

Bild G-VIII–4: Kabelbox
Die Detailvorgaben der jeweiligen Ver- oder Anwendbarkeitsnachweise sind zu beachten.

Hinweis:
Auf die Befestigung der Kabeltrassen und -bündel ist gemäß Ver- und Anwendbarkeitsnachweise zu achten. Kabelbeschichtungen sind i.d.R. nicht erforderlich.

Die Kabelbox kann als Gruppenanordnung in den vorgesehenen Bauteilen mit Anforderungen an die Feuerwiderstandsdauer montiert werden. Die Abschottung eignet sich sehr gut für die Durchführung von elektrischen Leitungen mit/ohne Funktionserhalt. Elektrische Leerrohre dürfen i.d.R. ebenfalls gemeinsam mit elektrischen Leitungen durchgeführt werden. Die in den Ver- und Anwendbarkeitsnachweisen vorgegebenen nichtbrennbaren Befestigungen/Unterstützungen beidseitig des Bauteiles sind gemäß Vorgabe zu montieren.

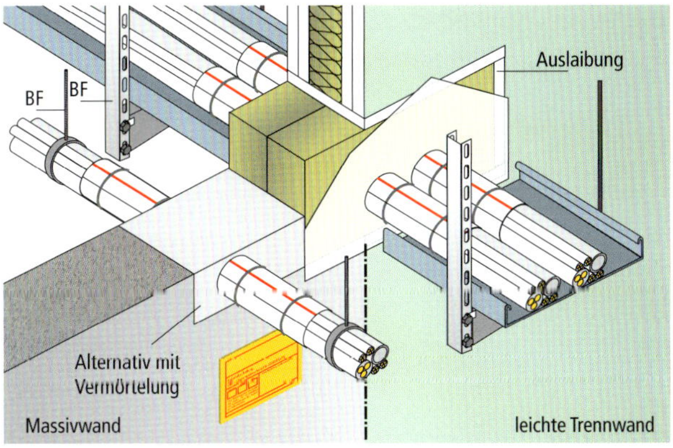

Feuerwiderstandsdauer:
- S 30/60/90/120 bzw. EI 30/60/90/120

Abmessungen der Öffnung:
- nach Vorgaben der Ver- und Anwendbarkeitsnachweise
- maximale Belegung 60%

Nachinstallierung:
- jederzeit ohne Probleme

Gebrauchseigenschaft:
- Kabel und Leerrohre gemäß Beschreibung in den Ver- und Anwendbarkeitsnachweisen

Befestigung:
- Befestigung, z. B. der Kabeltrasse beidseitig von Bauteilen, unter Beachtung des Befestigungsabstandes gemäß der Ver- und Anwendbarkeitsnachweise

Bild G-VIII–5: Abschottungsbandage
Die Detailvorgaben der jeweiligen Ver- oder Anwendbarkeitsnachweise sind zu beachten.

Hinweis:
Auf die Befestigung der Kabeltrassen und -bündel ist gemäß Ver- und Anwendbarkeitsnachweise zu achten. Kabelbeschichtungen sind nicht erforderlich.

Die Abschottungsbandage kann mit einem maximalen Durchmesser der Kabelbündel als Gruppenanordnung in den vorgesehen Bauteilen mit Anforderungen an die Feuerwiderstandsdauer montiert werden. Die Abschottung eignet sich sehr gut für die Durchführung von elektrischen Leitungen mit/ohne Funktionserhalt. Elektrische Leerrohre dürfen i.d.R. ebenfalls gemeinsam mit elektrischen Leitungen durchgeführt werden. Die in den Ver- und Anwendbarkeitsnachweisen vorgegebenen nichtbrennbaren Befestigungen/Unterstützungen beidseitig des Bauteiles sind gemäß Vorgabe zu montieren.

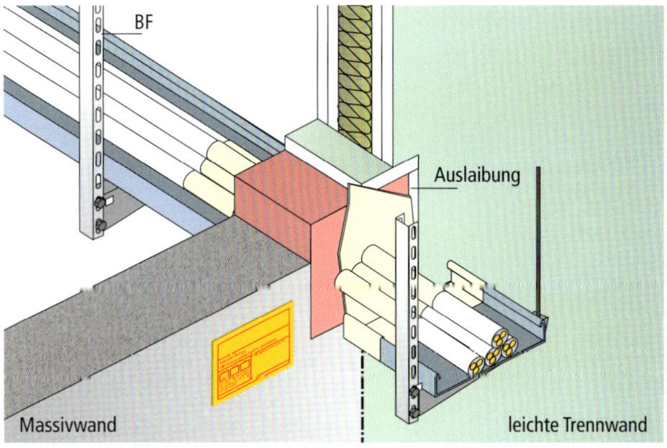

Feuerwiderstandsdauer:
- S 30/60/90/120 bzw. EI 30/60/90/120

Abmessungen der Öffnung:
- nach Vorgaben der Ver- und Anwendbarkeitsnachweise
- maximale Belegung 60%

Nachinstallierung:
- jederzeit ohne Probleme

Gebrauchseigenschaft:
- Kabel und Durchmesser gemäß Beschreibung in den Ver- und Anwendbarkeitsnachweisen

Befestigung:
- Befestigung, z. B. der Kabeltrasse beidseitig von Bauteilen, unter Beachtung des Befestigungsabstandes gemäß der Ver- und Anwendbarkeitsnachweise

Bild G-VIII–6: Schaumschott
Die Detailvorgaben der jeweiligen Ver- oder Anwendbarkeitsnachweise sind zu beachten.

Hinweis:
Auf die Befestigung der Kabeltrassen und -bündel ist gemäß Ver- und Anwendbarkeitsnachweise zu achten.

Das „Schaumschott" darf nur mit dem im Ver- und Anwendbarkeitsnachweis beschriebenen „Brandschutzschäumen" und „Brandschutzbeschichtungen" der Hersteller erstellt werden. Die Beschichtungslängen/-dicken müssen zwingend eingehalten werden. Die maximale Belegung des „Schaumschotts" beträgt 60% oder nach Angabe der Ver- und Anwendbarkeitsnachweise. Die in den Ver- und Anwendbarkeitsnachweisen vorgegebenen nichtbrennbaren Befestigungen/Unterstützungen beidseitig des Bauteiles sind gemäß Vorgabe zu montieren.

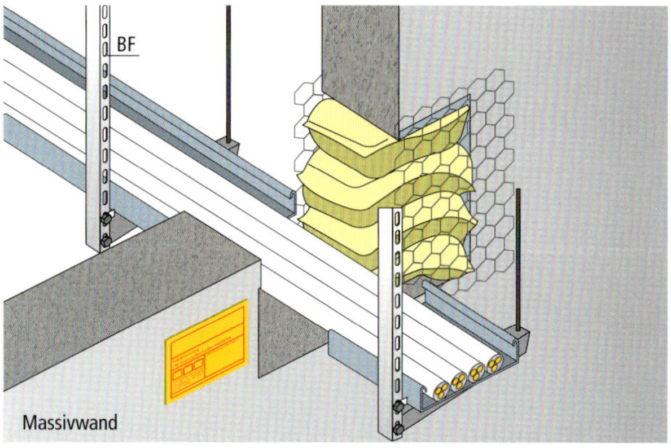

Feuerwiderstandsdauer:
- S 30/60/90/120 bzw. EI 30/60/90/120

Abmessungen der Öffnung:
- nach Vorgaben des Ver- und Anwendbarkeitsnachweises
- maximale Belegung 60%

Nachinstallierung:
- jederzeit ohne Probleme

Gebrauchseigenschaft:
- Kabel aller Art und Durchmesser (wenn im Ver- und Anwendbarkeitsnachweise keine Einschränkungen beschrieben sind)

Befestigung:
- Befestigung, z. B. der Kabeltrasse beidseitig von Bauteilen, unter Beachtung des Befestigungsabstandes gemäß der Ver- und Anwendbarkeitsnachweise

Bild G-VIII–7: Kissenschott
Die Detailvorgaben der jeweiligen Ver- oder Anwendbarkeitsnachweise sind zu beachten.

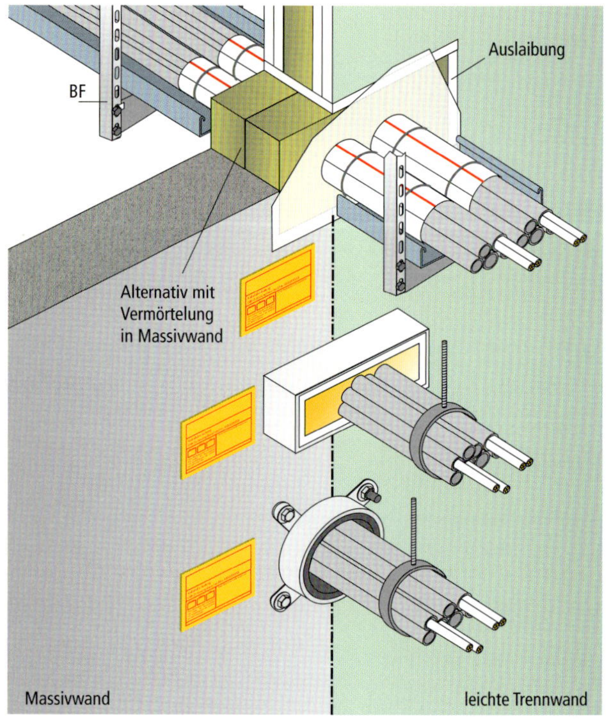

Bild G-VIII–8: Abschottungen für Elektroleerrohre
Die Detailvorgaben der jeweiligen Ver- oder Anwendbarkeitsnachweise sind zu beachten.

Hinweis:
Auf die Befestigung der Kabeltrassen und -bündel ist gemäß Ver- und Anwendbarkeitsnachweise zu achten.

Die Kissenschotts dürfen nur mit dem im Ver- und Anwendbarkeitsnachweis beschriebenen „Brandschutzkissen" der Hersteller erstellt werden. Die maximale Belegung des Kissenschotts beträgt 60% oder nach Angabe der allgemeinen bauaufsichtlichen Zulassung. Die in den Ver- und Anwendbarkeitsnachweisen vorgegebenen nichtbrennbaren Befestigungen/Unterstützungen beidseitig des Bauteiles sind gemäß Vorgabe zu montieren.

„Kissenschotts" sind regelmäßig auf ordnungsgemäßen Zustand zu prüfen, die „Brandschutzkissen" werden in der Praxis gelegentlich entwendet. Die Sicherung der „Kissenschotts" muss mit einem Stahlgitter/Drahtgeflecht gegen die Gefahr des „Durchtretens" bei Decken und gegen „Entwendung" gesichert werden. Die Reduzierung der Temperaturleitung durch die Kabel und ggf. die durchgeführte Trasse wird durch die im Brandfall kühlende Wirkung der Brandschutzkissen erreicht.

Hinweis:
Auf die Befestigung der Leerrohre ist gemäß Ver- und Anwendbarkeitsnachweise zu achten.

Die Abschottungen, System Kabelbox/Brandschutzmanschette oder Abschottungsbandage können als Gruppenanordnung in den vorgesehen Bauteilen mit Anforderungen an die Feuerwiderstandsdauer mit/ohne Belegung montiert werden. Die Abschottungen eignen sich sehr gut für die Durchführung von elektrischen Leitungen.

Bei dem System Kabelbox dürfen Elektroleerrohre gemeinsam mit elektrischen Leitungen durchgeführt werden. Die in der allgemeinen bauaufsichtlichen Zulassung vorgegebenen nichtbrennbaren Befestigungen/Unterstützungen beidseitig des Bauteiles sind gemäß Vorgabe zu montieren.

Die Enden der Elektroleerrohre sind gemäß dem Ver- und Anwendbarkeitsnachweis mit Mineralwolle, Schmelzpunkt > 1000 °C oder mit im Brandfall aufschäumenden Baustoffen zu verschließen.

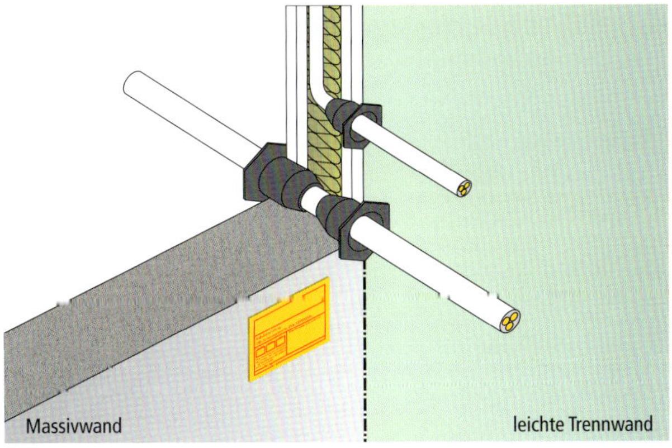

Bild G-VIII–9: Abschottungshülsen für einzelne elektrische Leitungen und einzelne Elektroleerrohre bis d = 25 mm.
Die Detailvorgaben der Herstellervorgaben sind zu beachten. Dieser Abschottungstyp kann auch gemäß den „Erleichterungen" der MLAR, Abschnitt 4.2 und 4.3, angewendet werden.

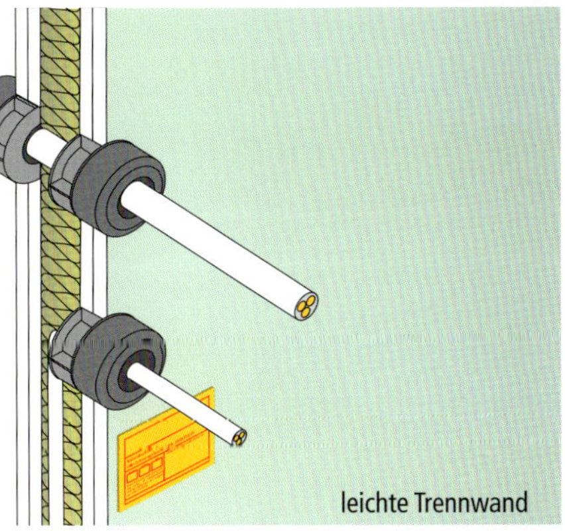

Bild G-VIII–10: Dosenabschottungen für elektrische Leitungen (Kabelbündel bis d = 40 mm) und einzelne brennbare Elektroleerrohre bis d = 40 mm.
Die Detailvorgaben der Hersteller sind zu beachten. Dieser Abschottungstyp kann auch gemäß den „Erleichterungen" der MLAR, Abschnitt 4.2 (nur elektrische Leitungen) und 4.3 (nur Elektroleerrohr bis d = 32 mm), angewendet werden.

Abschottungshülsen für einzelne elektrische Leitungen und einzelne Elektroleerrohre

Hinweis:
Die Einzeldurchführungen eignen sich insbesondere zur Durchführung von einzelnen elektrischen Leitungen und für Elektroleerrohre (mit/ohne Belegung), aber auch für die Ein- und Ausführung in Verbindung mit Metallständerwänden. Eine Bohrung von 20 mm bzw. 32 mm Durchmesser reicht aus. Kabel durchführen und anschließend die geschlitzte Hülse als Abschottung beidseitig des Bauteils eindrücken.

Die Abschottungsart eignet sich für Kabel- und Elektroleerrohrdurchmesser von 5 bis 25 mm Außendurchmesser.

Die brandschutztechnische Eignung wurde m Rahmen eines Ver- und Anwendbarkeitsnachweises nachgewiesen.

Die Enden der Elektroleerrohre sind gemäß dem Ver- und Anwendbarkeitsnachweis mit Mineralwolle, Schmelzpunkt > 1000 °C oder mit im Brandfall aufschäumenden Baustoffen zu verschließen.

Dosenabschottungen geteilt für elektrische Leitungen und einzelne Elektroleerrohre

Diese Produkte können zum Verschließen von Elektroinstallationsöffnungen in Wänden mit Anforderungen an die Feuerwiderstandsdauer angewendet werden.

Hinweis:
Die Dosenabschottungen eignen sich nicht nur zur Durchführung von elektrischen Leitungen und Elektroleerrohren (mit/ohne Belegung), sondern auch für die Ein- und Ausführung in Verbindung mit Metallständerwänden. Eine Bohrung von ca. 74 mm Durchmesser reicht aus. Kabel durchführen und anschließend die geschlitzte Dosenabschottung als Abschottung beidseitig des Bauteils mittels den zugehörigen Hohlwanddosenklammern in den Metallständerwänden befestigen. Bei Massivwänden ist eine Vermörtelung möglich.

Die Abschottungsart eignet sich für Kabel- und Elektroleerrohrdurchmesser bis 40 mm.

Die brandschutztechnische Eignung wurde m Rahmen eines Ver- und Anwendbarkeitsnachweises nachgewiesen.

Die Enden der Elektroleerrohre sind gemäß dem Ver- und Anwendbarkeitsnachweis mit Mineralwolle, Schmelzpunkt > 1000 °C oder mit im Brandfall aufschäumenden Baustoffen zu verschließen.

Bild G-VIII–11: Einbau von Brandschutz-Hohlwanddosen in leichten Trennwänden mit Anforderungen an die Feuerwiderstandsdauer (F 30/60/90) zum Einbau von elektrischen Betriebsmitteln. Die Detailvorgaben der Hersteller und der Ver- oder Anwendbarkeitsnachweise sind zu beachten.

G

Brandschutz-Hohlwanddosen zum Einbau von elektrischen Betriebsmitteln, z. B. Schalter und Steckdosen, in leichten Trennwänden mit Anforderungen an die Feuerwiderstandsdauer

Diese Produkte können zum Verschließen von Elektroinstallationsöffnungen in Wänden mit Anforderungen an die Feuerwiderstandsdauer angewandt werden.

Hinweis:

Die Brandschutz-Hohlwanddose kann einzeln, gegenüberliegend bzw. auch als Mehrfachdosenkombination gegenüberliegend verwendet werden.

Beim Einbau sind die erforderlichen Mindestwanddicken zu beachten.

Bei feuerhemmenden Wänden und Türen ohne Feuerwiderstandsdauer, z. B. dichtschließend, können bis zu einem Abstand von 250 mm von der Türzarge nichtklassifizierte Hohlraumdosen verwendet werden (siehe auch **Teil F** „Flurtrennwände").

G-IX. Klassifizierte Abschottungen von Bodenabläufen in F 30/60/90-Massivdecken

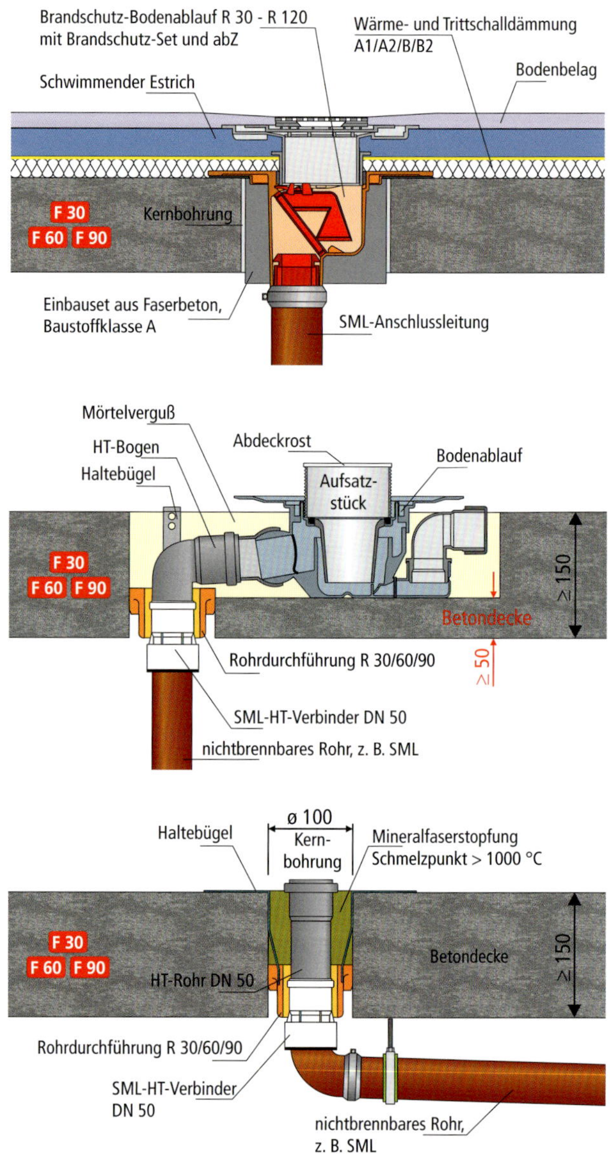

Bild G-IX–1: R 30/60/90-Bodenabläufe
Die Detailvorgaben der jeweiligen allgemeinen bauaufsichtlichen Zulassung (abZ) sind zu beachten

Hinweise:

R 30/60/90-Bodenabläufe dürfen nur gemäß den in einer allgemeinen bauaufsichtlichen Zulassung (abZ) bzw. einem allgemeinen bauaufsichtlichen Prüfzeugnis (abP) beschriebenen Einbauvarianten montiert werden.

Die in der allgemeinen bauaufsichtlichen Zulassung (abZ) bzw. einem allgemeinen bauaufsichtlichen Prüfzeugnis (abP) vorgegebenen Anschlussqualitäten und Übergänge sind einzuhalten.

Zur Zeit gibt es noch keine europäischen Ver- oder Anwendbarkeitsnachweise für klassifizierte Bodenabläufe.

G-X. Klassifizierte R 30/60/90-Abschottungen von Bodenabläufen in Verbindung mit bodengleichen Duschanlagen

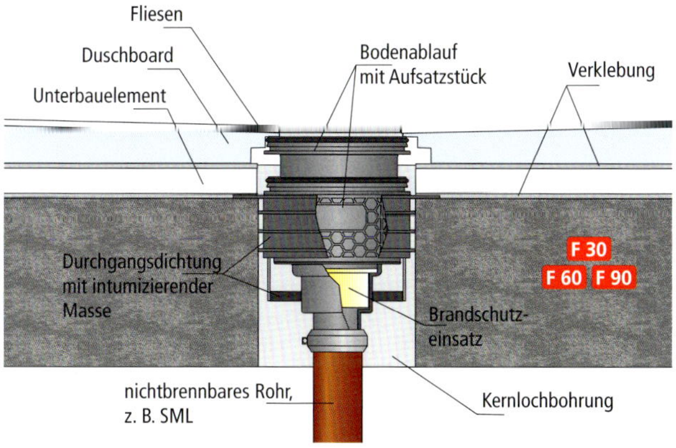

Bild G-X–1: R 30/60/90-Bodenablauf in Verbindung mit bodengleichen Duschanlagen. Die Detailvorgaben der jeweiligen allgemeinen bauaufsichtlichen Zulassung (abZ) sind zu beachten

Hinweise:

R 30/60/90-Bodenabläufe dürfen nur gemäß den in der allgemeinen bauaufsichtlichen Zulassung (abZ) bzw. einem allgemeinen bauaufsichtlichen Prüfzeugnis (abP) montiert werden. Das gilt auch für die im Ver- und Anwendbarkeitsnachweis (abZ/abP) enthaltenen Kombinationen in Verbindung mit vorgefertigten Duschelementen.

Die in der allgemeinen bauaufsichtlichen Zulassung (abZ) bzw. einem allgemeinen bauaufsichtlichen Prüfzeugnis (abP) vorgegebenen Anschlussqualitäten und Übergänge sind einzuhalten.

Zur Zeit gibt es noch keine europäischen Ver- oder Anwendbarkeitsnachweise für klassifizierte Duschwannenabläufe direkt durch die Deckenkonstruktion.

G-XI. Durchführung von Installationsschächten und -kanälen durch Bauteile mit Anforderungen an die Feuerwiderstandsdauer und den Raumabschluss

Werden an durchgeführte Installationsschächte und -kanäle Anforderungen an die Feuerwiderstandsdauer und den Raumabschluss gemäß MLAR, Abschnitt 4.1 gestellt, müssen je nach Anforderung nichtbrennbare klassifizierte Installationsschächte und -kanäle geplant und umgesetzt werden, z. B.:

- I 30/60/90-Installationskanäle.

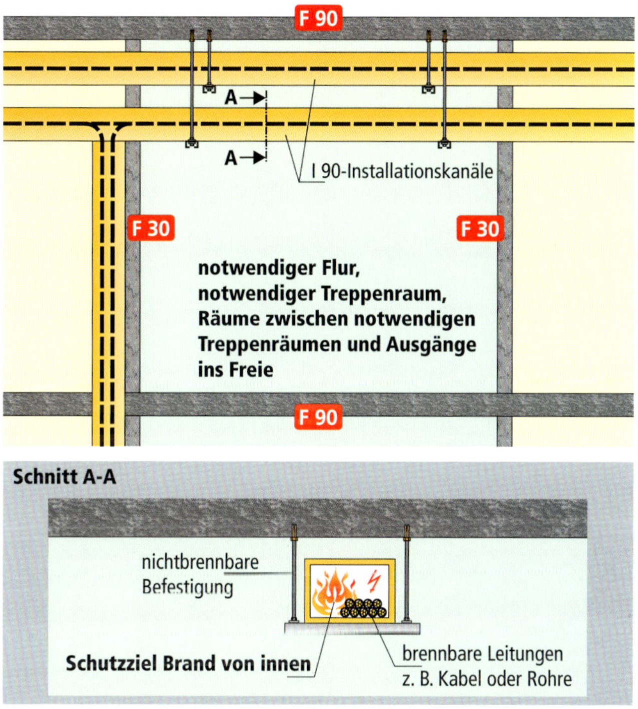

Bild G-XI–1: I 30/60/90-Installationskanäle zur Führung und Abschottung von innenliegenden Leitungsanlagen über raumabschließende Bauteile, z. B. F 90-Geschossdecke, hinweg

Die Anforderungen:

- Die Feuerwiderstandsdauer (FWD) ergibt sich aus der höchsten FWD der durchstoßenen Bauteile
- Die Ausführung vom Installationskanal muss entsprechend den Anforderungen des allgemeinen bauaufsichtlichen Prüfzeugnisses (abP) erfolgen
- Die Abschlüsse am Ende der I 30/60/90-Installationskanäle sind in der FWD vom Installationskanal entsprechend den Anforderungen des allgemeinen bauaufsichtlichen Prüfzeugnisses (abP) zu erstellen.

Die Auswahlmöglichkeiten zur Belegung mit Rohren und Dämmstoffen (A1/A2//B1/B2) und elektrischen Leitungen

- I 30/60/90-Installationskanäle aus Calzium-Silikat-Werkstoffen
- I 30/60/90-Installationskanäle aus Blech mit innenliegenden Mineralfaserdämmstoffen
- I 30/60/90-Installationskanäle aus Blech mit einer brandschutztechnischen Innenbeschichtung

G-XII. Abstandsregeln zwischen klassifizierten Abschottungen (untereinander und gegenüber fremden Abschottungen) und Durchführungen nach den „Erleichterungen" der MLAR, Abschnitt 4.2 und 4.3

Baurechtlich werden die Mindestabstände zwischen Abschottungen und anderen Durchführungen in der MLAR, Abschnitt 4.1.3 geregelt:

MLAR, Abschnitt 4.1.3:
Der Mindestabstand zwischen Abschottungen, Installationsschächten oder -kanälen sowie der erforderliche Abstand zu anderen Durchführungen (zum Beispiel Lüftungsleitungen) oder anderen Öffnungsverschlüssen (zum Beispiel Feuerschutztüren) ergibt sich aus den Bestimmungen der jeweiligen Verwendbarkeits- oder Anwendbarkeitsnachweise; fehlen entsprechende Festlegungen, ist ein Abstand von mindestens 50 mm erforderlich.

Abschottungen im Sinne dieser Festlegung sind z. B.:
- R 30/60/90-Rohrabschottungen,
- S 30/60/90-Elektroabschottungen,
- K 30/60/90-Brandschutzklappen,
- K 30-/60-/90-18017 Absperrvorrichtungen
- Andere Abschottungen mit allgemeiner bauaufsichtlicher Zulassung, z. B. Brandschutz-Hohlwanddosen, Dosenabschottungen, Abschottungshülsen, usw.
- Abschottungen/Leitungsdurchführungen gemäß den „Erleichterungen" der MLAR, Abschnitt 4.2 und 4.3

Schächte oder -kanäle im Sinne dieser Festlegung sind z. B.:
- I 30/60/90-Installationskanäle
- L 30/60/90-Lüftungsleitungen
- E 30/60/90-Kanäle

Andere Öffnungsverschlüsse im Sinne dieser Festlegung sind z. B.:
- Rauchschutzabschlüsse RS
- Feuerabschlüsse T 30/60/90
- Feuerabschlüsse T 30-/60-/90-RS
- Überströmelemente mit allgemeiner bauaufsichtlicher Zulassung

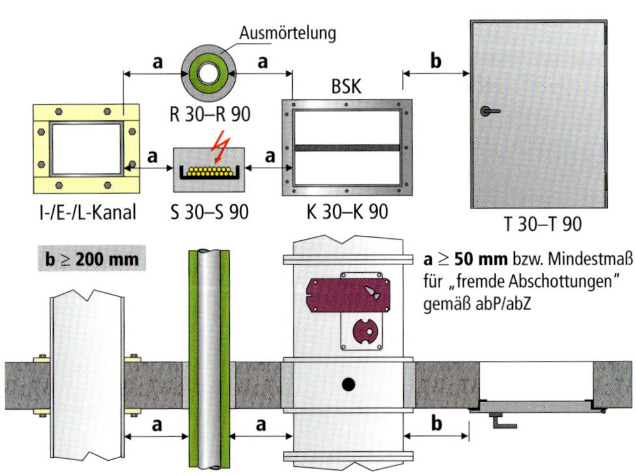

Bild G-XII–1: Einhaltung von Mindestabständen zwischen Abschottungen und anderen Öffnungsverschlüssen

Vorgaben des DIBt-Berlin zu Mindestabständen bei Abschottungen innerhalb Ver- und Anwendbarkeitsnachweise

Abstand der Rohrabschottung zu	Größe der neben einanderliegenden Öffnungen	Abstand zwischen den Öffnungen
Rohrabschottungen nach dieser Zulassung zu …	entsprechend der Abmessungen der Rohrleitungen (siehe Anhang des abZ)	abhängig von der Einbausituation, siehe Abschnitt 3.2.2 und Anlage 1 bis 10
anderen Kabel- oder Rohrabschottungen	eine/beide Öffnung(en) > 40 cm x 40 cm	≥ 20 cm
	beide Öffnung(en) ≤ 40 cm x 40 cm	≥ 10 cm
anderen Öffnungen oder Einbauten	eine/beide Öffnung(en) > 20 cm x 20 cm	≥ 20 cm
	beide Öffnung(en) ≤ 20 cm x 20 cm	≥ 10 cm

Tab. G-XII–1: Übersicht zu den Abstandsregeln des DIBT als Ankündigung, wie diese vom DIBT in Ver- und Anwendbarkeitsnachweisen eingebracht werden sollen. Dieser Konzeptstatus wird wirksam, wenn er in die Ver- und Anwendbarkeitsnachweise eingeflossen ist.

Es gelten ausschließlich die Angaben im Ver- oder Anwendbarkeitsnachweis (abP/abZ/aBG/vBG) sind keine Abstandsanforderungen getroffen worden, gilt die Anforderung der MLAR, Abschnitt 4.1.3.

Folgende Regeln sind aus der MLAR, Abschnitt 4.1.3 und den Feststellungen des DIBt-Berlin abzuleiten:

- **Die Regelung der Mindestabstände zwischen klassifizierten Abschottungen (abZ/abP/aBG)** erfolgt immer innerhalb der Ver- und Anwendbarkeitsnachweise (abP/abZ/aBG) auf Grundlage der durchgeführten Brandprüfungen. Diese Grundlage gilt für alle Abschottungen mit jeweils der identischen Ver- oder Anwendbarkeitsnachweis-Nummer.
  Alle Abstände ergeben sich aus den Bestimmungen der jeweiligen Ver- oder Anwendbarkeitsnachweise. In diesen Fällen sind die Nachweise der Vermörtelung/Einbaubedingungen durch die Brandprüfung erbracht worden.
  Weiterhin ist zu prüfen, ob Mindestabstände zu angrenzenden Bauteilen, Öffnungen und Einbauten zu beachten sind. Unterschiedliche Ver- oder Anwendbarkeitsnachweise gelten immer als „fremde Abschottungen" zueinander.
- **Die Regelung der Mindestabstände zwischen klassifizierten Installationsschächten und -kanälen** erfolgt immer innerhalb der Ver- und Anwendbarkeitsnachweise auf Grundlage der durchgeführten Brandprüfungen. Diese Grundlage gilt für alle Installationsschächte und -kanäle mit jeweils der identischen Prüfzeugnis-Nummer.
  Diese Abstände ergeben sich aus den Bestimmungen der jeweiligen Ver- oder Anwendbarkeitsnachweise. In diesen Fällen sind die statischen Nachweise der Vermörtelung/Einbaubedingungen durch die Brandprüfung erbracht worden.
  Weiterhin ist zu prüfen, ob Mindestabstände zu angrenzenden Bauteilen, Öffnungen und Einbauten zu beachten sind. Unterschiedliche Zulassungs- bzw. Prüfzeugnis-Nummern gelten immer als „fremde Abschottungen".

- **Die Regelung der Mindestabstände zwischen „fremden" klassifizierten Abschottungen mit unterschiedlichen Ver- und Anwendbarkeitsnachweis-Nummern**
  In diesen Fällen muss in den beiden zu kombinierenden Ver- und Anwendbarkeitsnachweisen geprüft werden, ob ein Mindestabstand gegenüber „fremden Abschottungen" oder Mindestvermörtelungsdicken als Anforderung dokumentiert wurden.

  Wenn ja > es gilt der größte Mindestabstand zwischen den zu kombinierenden Abschottungen (gemessen zwischen den äußeren Oberflächen der Abschottungen – siehe Bild G-XII–1).

  Wenn nein > es gilt der Mindestabstand a ≥ 50 mm gem. MLAR, Abschnitt 4.1.3 (gemessen zwischen den äußeren Oberflächen der Abschottungen – siehe Bild G-XII–1).

  Diese Abstände ergeben sich aus den Bestimmungen der jeweiligen Ver- oder Anwendbarkeitsnachweisen. In diesen Fällen sind die Nachweise der Vermörtelung/Einbaubedingungen durch die Brandprüfung erbracht worden.

- **Die Regelung der Mindestabstände zwischen „fremden" klassifizierten Abschottungen und Installationsschächten und -kanälen**
  Die Regelung ist mit der Beschreibung zwischen „fremden Abschottungen" gleichzusetzen.

Die Regelung der Mindestabstände zwischen „fremden" klassifizierten Abschottungen oder Installationsschächten und -kanälen zu Abschottungen gemäß den Erleichterungen der MLAR, Abschnitt 4.2 und 4.3

Die Regelung ist mit der Beschreibung zwischen „fremden Abschottungen" gleichzusetzen.

- **Abschottungen in Verbindung mit anderen Öffnungsverschlüssen und Einbauten**

  In diesen Fällen muss in den beiden zu kombinierenden Ver- und Anwendbarkeitsnachweisen geprüft werden, ob ein Mindestabstand gegenüber „fremden Abschottungen" oder Mindestvermörtelungsdicken als Anforderung dokumentiert wurde.

  Wenn ja > es gilt der größte Mindestabstand zu Öffnungsverschlüssen und Einbauten – siehe Bild G-XII–1)

  Wenn nein > es gilt der Mindestabstand a ≥ 50 mm gemäß MLAR, Abschnitt 4.1.3 (gemessen zwischen den äußeren Oberflächen der Abschottungen, Öffnungsverschlüssenund Einbauten – siehe Bild G-XII–1).

Diese Abstände ergeben sich aus den Bestimmungen der jeweiligen Ver- und Anwendbarkeitsnachweise.

Empfehlung zu den Mindestabständen und Montageanforderungen zwischen „fremden Abschottungen":

Wenn in den Ver- und Anwendbarkeitsnachweisen keine detaillierten Angaben zwischen „fremden Abschottungen" gemacht werden, können die Angaben in dem Bild G-XII–3 und Bild G-XII–4 als Empfehlung herangezogen werden.

Die Bauteilstege ≥ 100 mm und Auswechselungen der Bauteile dienen zur Erfüllung der Feuerwiderstandsdauer und Statik der Bauteile bei der Kombination von „fremden Abschottungen".

Empfehlung zum Nachweis von reduzierten Mindestabständen:

Sollen die Mindestabstände zwischen klassifizierten Abschottungen, z. B. R 30/60/90-Brandschutzmanschetten von brennbaren Rohren oder K 30-/60-/90-18017 Absperrvorrichtungen gegenüber R 30/60/90-Rohrabschottungen mit Mineralfaserdämmstoffen, Schmelzpunkt > 1000 °C von 100 mm zwischen „fremden Abschottungen" gegen „Null" (Praxisempfehlung ≥ 20 mm) reduziert werden, dann sollten die Hersteller dieser Abschottungssysteme entsprechende Brandprüfungen mit marktgängigen Kombinationen von „fremden Abschottungen" durchführen und in den Ver- und Anwendbarkeitsnachweisen (abP/abZ/aBG) aufnehmen lassen.

▪ Abschottungen in Bauteilen mit Anforderungenen an die Feuerwiderstandsdauer

Tragende und aussteifende Bauteile, z. B. Türstürze, Unterzüge und Stützen dürfen zum Einbau von Abschottungen ohne eine Klärung mit dem Statiker nicht angebohrt werden.

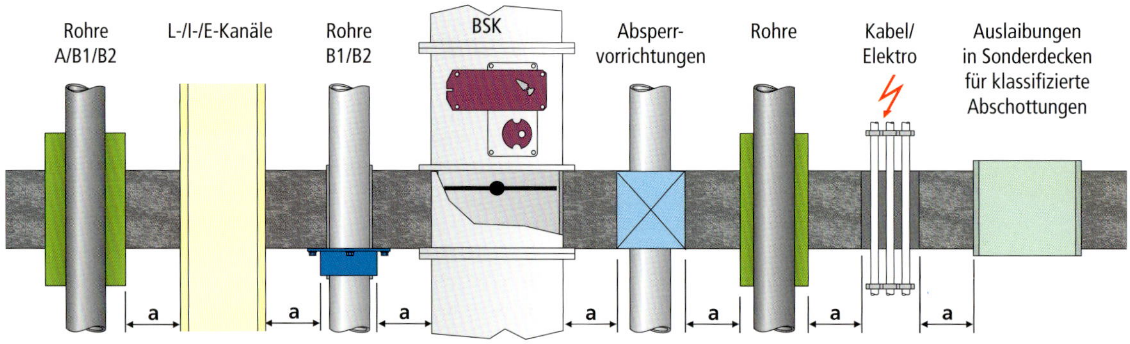

a = Mindestabstände zwischen den wirksamen Abschottungsoberflächen, wie oben beschrieben

Bild G-XII–2: Mindestabstände a zwischen den wirksamen Abschottungsoberflächen wie oben beschrieben (es gilt immer die äußere Kante der Abschottung)

▪ Festlegung zu den Mindest-Abschottungsabständen a in Abhängigkeit der Abschottungsgrößen von klassifizierten Abschottungen, z. B.:

- R 30/60/90
- S 30/60/90
- K 30/60/90
- K 30-/60-/90-18017
- I 30/60/90
- L 30/60/90
- E 30/60/90

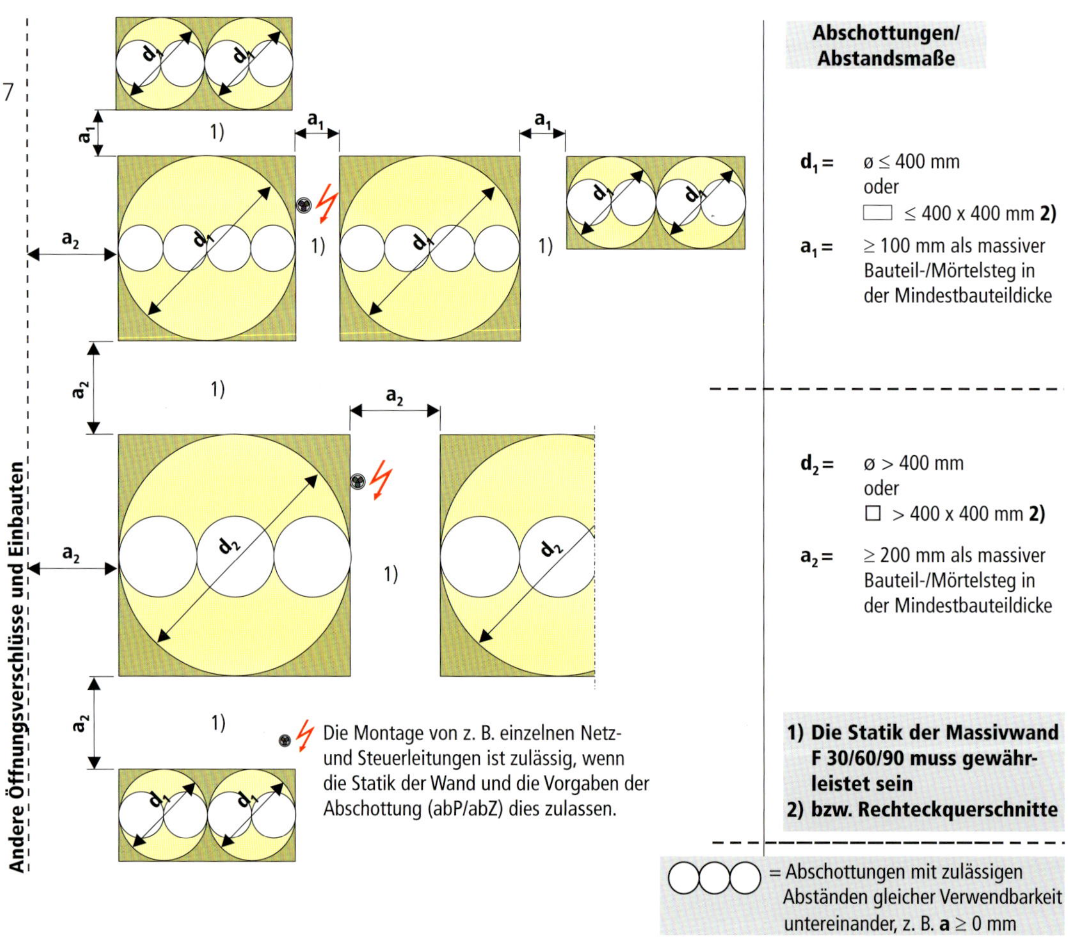

Bild G-XII–3: Festlegung zur Abstandsregelung zwischen „fremden Abschottungen" von Leitungs- und Lüftungsanlagen in Massivwänden und -decken F 30/60/90

- **Festlegung zum Einbau von Auswechselungen und den Mindest-Abschottungsabständen a in Abhängigkeit der Abschottungsgrößen von klassifizierten Abschottungen, z. B.:**
  - R 30/60/90
  - S 30/60/90
  - K 30/60/90
  - K 30-/60-/90-18017
  - I 30/60/90
  - L 30/60/90
  - E 30/60/90

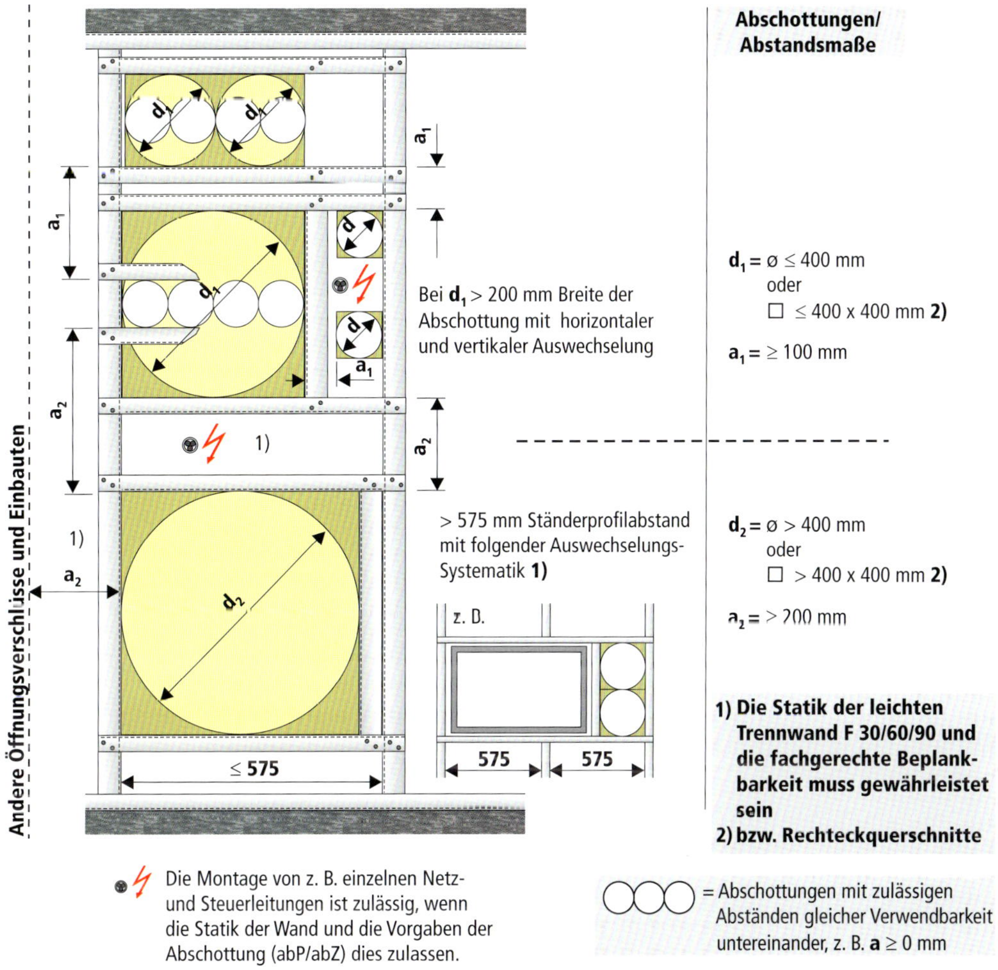

Bild G-XII–4: Festlegung zur Abstandsregelungen zwischen „fremden Abschottungen" von Leitungs- und Lüftungsanlagen in leichten Trennwänden F 30/60/90

Hinweis:
Bei leichten Trennwänden mit Anforderungen an die Feuerwiderstandsdauer ist aus statischen Gründen und zur Schutzzielerfüllung der Einbau von Auswechselungen vorzusehen, auch dann, wenn dies nicht ausdrücklich in den Ver- und Anwendbarkeitsnachweisen der Wände bzw. der Abschottungen beschrieben ist. Die „Schnittstellenplanung" erfordert die Einhaltung aller Schutzziele.

Bei abweichenden Vorgaben im Ver- und Anwendbarkeitsnachweis der Wand und/oder der klassifizierten Leitungsabschottung gelten grundsätzlich die Vorgaben beider anzuwendender Ver- und Anwendbarkeitsnachweise (Wand und Abschottung).

G-XIII. Zulässige baurechtliche Abweichungen

Bei Abweichungen von den Abstandsregelungen auf Grundlage der MLAR, Abschnitt 4.1.3 gelten die formalen Grundlagen der Eingeführten Technischen Baubestimmungen (ETB):

Grundlage MBO 2016, § 85a (1) Technische Baubestimmungen

[1]DieAnforderungen nach § 3 können durch Technische Baubestimmungenkonkretisiert werden. [2]Die Technischen Baubestimmungen sind zu beachten. [3]Von den in den Technischen Baubestimmungen enthaltenen Planungs-, Bemessungs-und Ausführungsregelungen kann abgewichen werden, wenn mit einer anderen Lösung in gleichem Maße die Anforderungen erfüllt werden und in der Technischen Baubestimmung eine Abweichung nicht ausgeschlossen ist; §§ 16a Abs. 2, 17 Abs. 1 und 67 Abs. 1 bleiben unberührt.

Bei Abweichungen von der MLAR und den baurechtlich eingeführten Fassungen der Bundesländer kann man sich auf die MBO 2016, § 85a (1) beziehen. Auf dieser Grundlage sind Abweichungen von den Technischen Baubestimmungen – die MLAR ist eine Technische Baubestimmung – zulässig, wenn nachgewiesen werden kann, dass mit einer anderen Lösung in gleichem Maße die Schutzziele nach MBO 2016, § 85a erfüllt (siehe auch **Teil D-I.**).

Den Nachweis dieser Abstandsabweichungen als gleichwertige Lösung zur Erfüllung der Schutzziele kann der verantwortliche Fachplaner der gebäudetechnischen Gewerke führen. Bei Bedarf sollte er einen auf dem Fachgebiet des gebäudetechnischen Brandschutz erfahrenen Sachverständigen zu Rate ziehen. Die Abweichung muss im Sinne der baurechtlichen Brandschutzdokumentation zur baurechtlichen Abnahme vorliegen. Wenn diese formal zulässig ist, dient dieser Nachweis auch für den späteren Nachweis im Zuge des Bestandsschutzes für baurechtlich zulässige Abweichungen. Der Nachweis der Gleichwertigkeit ist im Rahmen des baurechtlichen Verfahrens den unteren Baubehörden vorzulegen. Eine formale Zustimmung der unteren Baubehörden ist nicht erforderlich.

Hinweis:
Abweichungen von Mindestabständen, die in den Ver- und Anwendbarkeitsnachweisen geregelt sind, müssen unter dem Gesichtspunkt der „Abweichungen von Ver- und Anwendbarkeitsnachweisen" bewertet werden.

Bei Abweichungen von den Ver- und Anwendbarkeitsnachweisen (abP/abZ/ZiE/aBG/vBG) wird unterschieden zwischen:

- **einer nicht wesentlichen Abweichung**
  Diese Abweichung wird auf folgender baurechtlicher Grundlage bewertet:

MBO 2016 § 21 Übereinstimmungsbestätigung
(1) Bauprodukte bedürfen einer Bestätigung ihrer Übereinstimmung mit den Technischen Baubestimmungen nach § 85a Abs. 2,den allgemeinen bauaufsichtlichen Zulassungen, den allgemeinen bauaufsichtlichen Prüfzeugnissen oder den Zustimmungen im Einzelfall; **als Übereinstimmung gilt auch eine Abweichung, die nicht wesentlich ist.**

Die Bewertung und Dokumentation einer nicht wesentlichen Abweichung erfolgt formal vom Ersteller einer Abschottung. Sollte dieser keine sichere Entscheidung treffen können, kann er sich vom Hersteller der Abschottung/Inhaber des Ver- und Anwendbarkeitsnachweises fachlich beraten lassen. Sollten noch Fragen offen sein, kann sich der Inhaber des Ver- und Anwendbarkeitsnachweises durch die damals mit der Prüfung betraute Materialprüfanstalt oder durch einen spezialisierten Sachverständigen beraten lassen. **Der Ersteller muss jedoch das Ergebnis im Rahmen des Übereinstimmungsbestätigung dokumentieren. Die fachliche Begründung der nicht wesentlichen Abweichung ist der Übereinstimmungsbestätigung beizufügen.**

und

- **einer wesentlichen Abweichung**
  Bei wesentlichen Abweichungen vom Ver- und Anwendbarkeitsnachweis ist grundsätzlich eine Zustimmung im Einzelfall (ZiE/vBG) bei der obersten Baubehörde des betreffenden Bundeslandes zu beantragen. Dies gilt immer, wenn der Ersteller keine nicht wesentliche Abweichung unter Beteiligung der Inhaber der Ver- und Anwendbarkeitsnachweise (abP/abZ/vBG) bestätigen kann.
  Zur Beantragung sind die „ZiE-/vBG-Merkblätter" der obersten Baubehörden zu berücksichtigen.
  Bei der Beantragung wird i.d.R. eine gutachterliche Bewertung einer Materialprüfanstalt für Brandschutz oder eines spezialisierten Sachverständigen verlangt. Dies gilt immer, wenn der Ersteller keine nicht wesentlichen Abweichung unter der Beteiligung der Inhaber der Ver- und Anwendbarkeitsnachweise bestätigen kann.

Hinweis:
Abweichungen von Ver- und Anwendbarkeitsnachweisen können nicht vom Ersteller des Brandschutzkonzeptes im Rahmen der Abweichungsanträge bewertet werden. Hier sind die o.g. formalen Zuständigkeiten einzuhalten. Die Dokumentation der Abweichungen ist von entscheidender Bedeutung, damit eine Objektüberwachung oder ein Fachplaner zum späteren Zeitpunkt die Ausführung nachvollziehen kann.

Weitere Hinweise in Verbindung mit Leitungsabschottungen werden in folgenden Teilen beschrieben:

- **Teil A-II.** Muster-Richtlinie über brandschutztechnische Anforderungen an Leitungsanlagen, MLAR, Abschnitt 4: Führung von Leitungen durch raumabschließende Bauteile (Wände und Decken)

Teil H Brandschutztechnische Planungs- und Ausführungsempfehlungen zur Leitungsdurchführung durch feuerhemmende Wände auf Grundlage der „Erleichterungen" der MLAR 2016, Abschnitt 4.2

H-I. Mindestanforderungen an den Schall- und Wärmeschutz von Leitungsanlagen in Verbindung mit den Anforderungen des Brandschutzes

Die Anforderungen an den Schall- und Wärmeschutz entsprechen den Ausführungen in **Teil G-I.**.

H-II. Schutzzieldefinition zur Abschottung von Leitungsanlagen nach den „Erleichterungen" der MLAR, Abschnitt 4.2

Die allgemeinen Schutzziele zur Durchführung von Leitungsanlagen durch feuerhemmende Trennwände werden in der MBO 2002 § 40 und der MLAR, Abschnitt 4.2 beschrieben (siehe auch Kommentierung **Teil A-II.**).

MLAR, Abschnitt 4.2:
Erleichterungen für die Leitungsdurchführung durch feuerhemmende Wände

[1]Abweichend von Abschnitt 4.1.2 dürfen durch feuerhemmende Wände – ausgenommen solche notwendiger Treppenraume und Räume zwischen notwendigen Treppenräumen und den Ausgängen ins Freie –
a) einzelne elektrische Leitungen sowie einzelne dichtgepackte Kabelbündel bis 50 mm Durchmesser und
b) Rohrleitungen aus nichtbrennbaren Baustoffen – auch mit brennbaren Rohrbeschichtungen bis 2 mm Dicke –
geführt werden, wenn der Raum zwischen der Leitung oder dem Kabelbündel und dem umgebenden Bauteil aus nichtbrennbaren Baustoffen mit nichtbrennbaren Baustoffen oder mit im Brandfall aufschäumenden Baustoffen vollständig ausgefüllt wird. [2]Bei Verwendung von Mineralfasern müssen diese eine Schmelztemperatur von mindestens 1.000 °C aufweisen. Bei Verwendung von aufschäumenden Dämmschichtbildnern und von Mineralfasern darf der Abstand zwischen der Leitung oder dem Kabelbündel und dem umgebenden Bauteil nicht mehr als 50 mm betragen.

Die Schutzziele entsprechen den Ausführungen in Teil G, jedoch nur für Durchführungen durch feuerhemmende Wände, die nicht in der Bauart von Brandwänden erstellt werden.

Dieser Teil gilt nicht für die Durchführung von brennbaren Rohren und brennbaren Elektroleerrohren aller Durchmesser.

Besondere Mindestabstände zwischen den Leitungsanlagen gemäß MLAR, Abschnitt 4.2 werden nicht vorgegeben. Für die Mindestabstände zu „fremden/klassifizierten Abschottungen" gelten die Anforderungen wie in der MLAR, Abschnitt 4.1.3 beschrieben (siehe auch **Teil G-XII.**).

Die Unterscheidung:
- **Nichtbrennbare offene Rohrsysteme** ohne Durchmesserbegrenzung = nicht ständig mit Wasser gefüllte Leitungsanlagen, z. B. Entwässerungsleitungen.
- **Nichtbrennbare geschlossene Rohrsysteme** ohne Durchmesserbegrenzung = ständig mit Wasser/Luft/Gas vollgefüllte Leitungen, z. B. Trinkwasser-, Heizungs-, Kälte- und Leitungen für brennbare und nichtbrennbare Gase und Flüssigkeiten
- **Elektrische Leitungsanlagen** mit/ohne Funktionserhalt als Einzelkabel oder Kabelbündel bis 50 mm Außendurchmesser bei Verlegung in Sammelhaltern oder Verlegung auf Kabeltrassen

Anforderungen an die feuerhemmenden Wände gemäß MLAR, Abschnitt 4.2, z. B.:
Die feuerhemmenden Wände müssen aus nichtbrennbaren Baustoffen bestehen, z. B.
- feuerhemmende Trennwände von Nutzungseinheiten,
- feuerhemmende Trennwände als Flurtrennwände,
- feuerhemmende Trennwände als Trennwände von Beherbergungszimmern,
- feuerhemmende Wände von Schachtkonstruktionen und Installationsschächten

Werkstoffwechsel nichtbrennbar auf brennbar und umgekehrt:
Der Werkstoffwechsel bei Rohrleitungen ist nur zulässig, wenn die Schutzziele weiterhin eingehalten und durch den Ersteller nachgewiesen werden können. Bei den Rohrsystemen sollte grundsätzlich eine Betrachtung der möglichen Brandszenarien erfolgen. In jedem Fall muss das Schutzziel der Verhinderung der Übertragung von Feuer und Rauch zwischen Nutzungseinheiten sicher verhindert werden. Die Verantwortung für evtl. Werkstoffwechsel muss der Fachplaner/Ersteller übernehmen bzw. in der Planung Abschottungssysteme mit Ver und Anwendbarkeitsnachweisen für Mischinstallationen einsetzen.

H-III. Begriffsdefinition „Erleichterungen" zur Durchführung durch feuerhemmende Wände (F 30)

Das Wort „Erleichterungen" wird in der Praxis als Erleichterung des Aufwandes und der Sorgfaltspflicht missverstanden.

Das Wort „Erleichterungen" beschreibt im baurechtlichen Sinn die „Erleichterung der brandschutztechnischen Nachweisführung". In diesen Fällen muss bei Einhaltung der in der MLAR, Abschnitt 4.2 beschriebenen Randbedingungen kein Brandversuch durchgeführt werden, kein Typenschild montiert und keine Übereinstimmungsbestätigung ausgefüllt werden.

Die Ausstellung einer Fachunternehmererklärung über die Einhaltung der MLAR wird seitens der Autoren empfohlen. Diese Fachunternehmererklärung sollte im Zuge der Brandschutzdokumentation in der Brandschutzakte des Gebäudes abgeheftet werden.

Hinweis:
Mit einer Fachunternehmererklärung bestätigt ein Fachbetrieb nach der Fertigstellung, dass seine ausgeführten Bauleistungen und eingebauten Anlagen- und Bauteile den notwendigen Vorschriften (Gesetzte, Verordnungen, DIN-Normen, Richtlinien) entsprechen.

H

H-IV. Durchführung von nichtbrennbaren Rohrleitungsanlagen als geschlossene Systeme mit nichtbrennbaren Medien (z. B. Heizung, Sanitär, Kälte, Druckluft, medizinische Gase, Laborgase)

Tab. H-IV–1: Übersicht über die Rohrdurchführungsvarianten gemäß MLAR, Abschnitt 4.2

Durchführungsart MLAR, Abschnitt 4.2	**F 30** **Massivwand**	**F 30** **Metallständerwand**	**F 30** **Schachtwand mit Aufdoppelung**
ungedämmte nichtbrennbare Rohre (R) mit mineralischem Restverschluss (M/G)	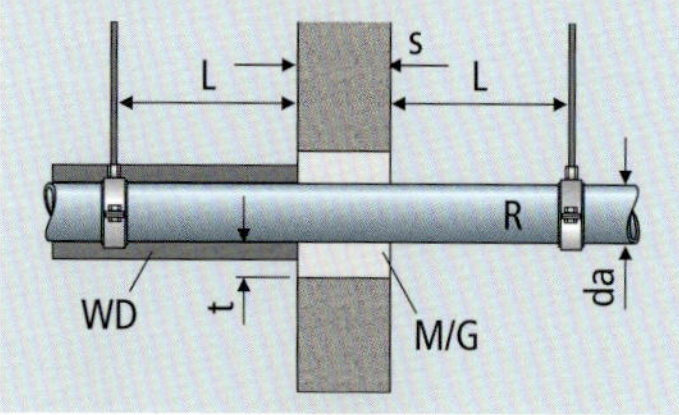	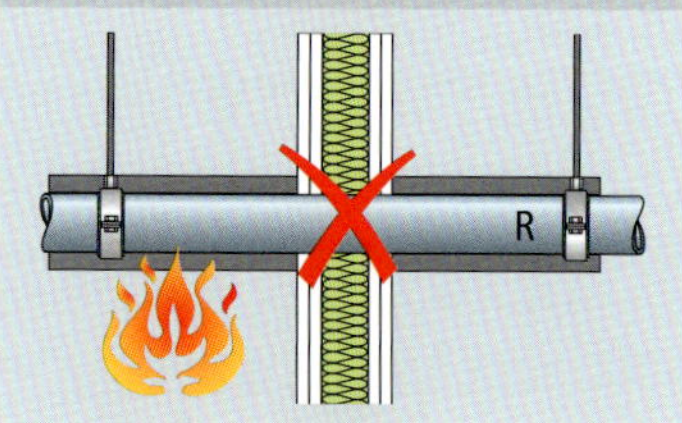	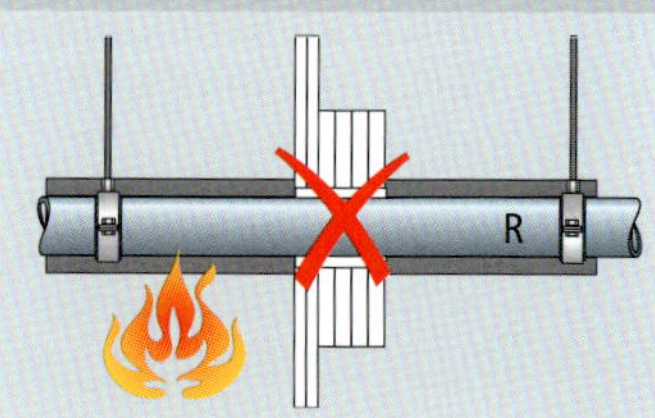
ungedämmte nichtbrennbare Rohre (R) mit Mineralwollstopfung, Schmelzpunkt > 1000 °C (ML) oder mit im Brandfall aufschäumenden Baustoffen (BA)	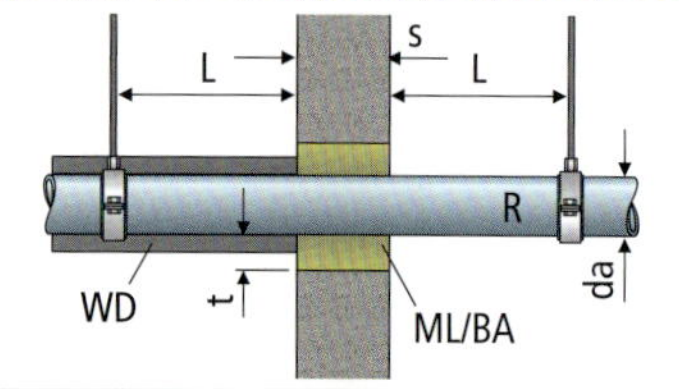	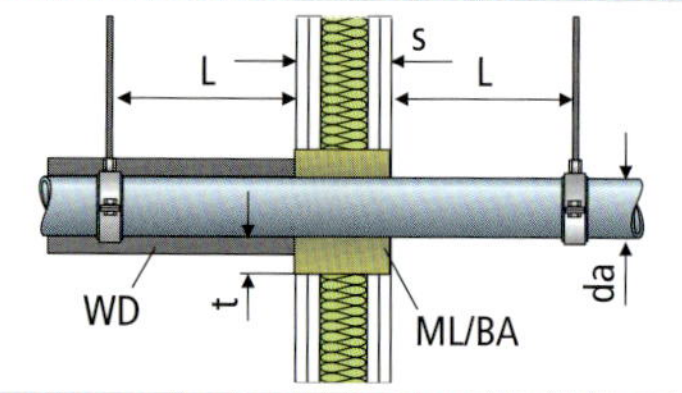	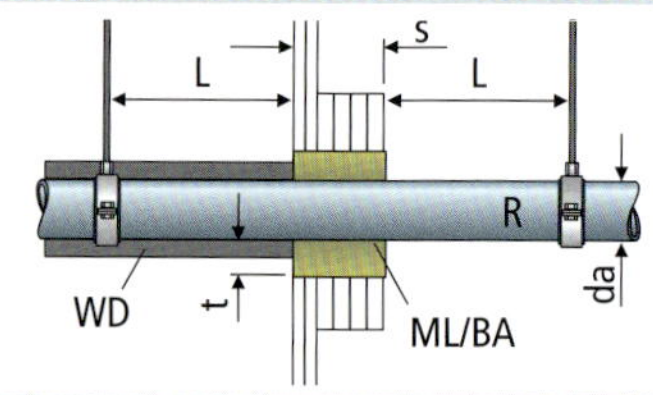
ungedämmte nichtbrennbare Rohre (R) mit Mineralwollschale/-matte, Schmelzpunkt > 1000 °C (MD), Baustoffklasse A1/A2	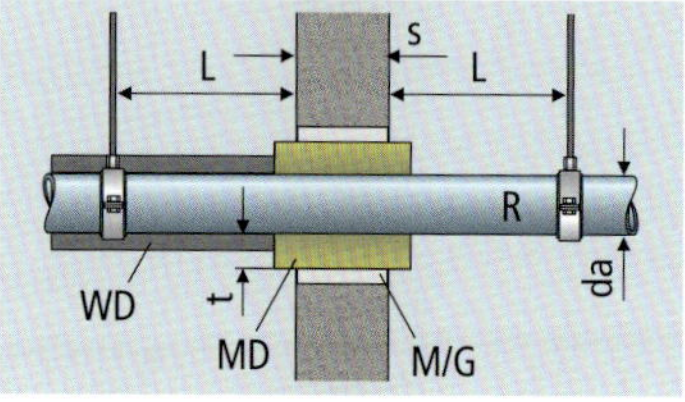	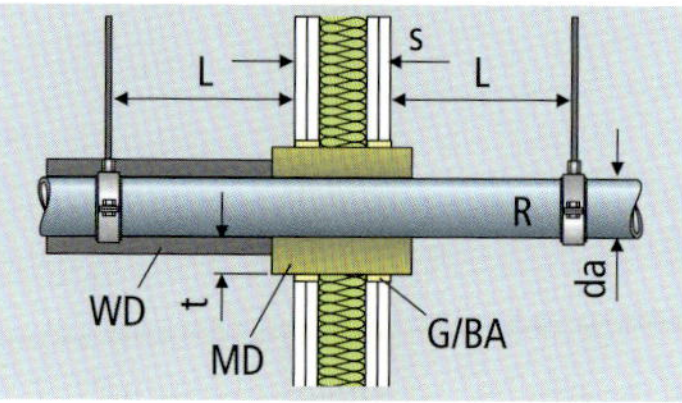	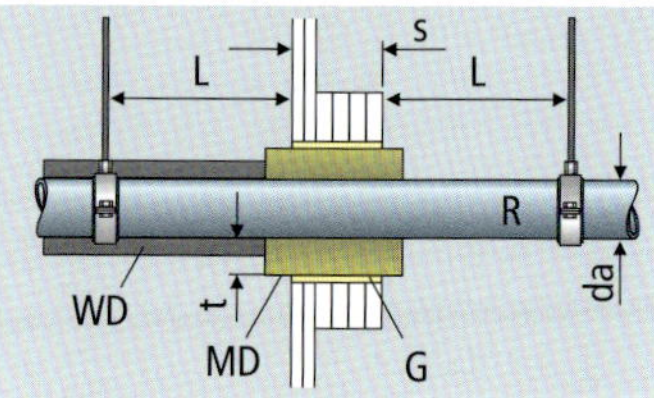
Durchgängig gedämmte Rohre (R) mit nichtbrennbaren Dämmstoffen (MS) in der Baustoffklasse A1/A2	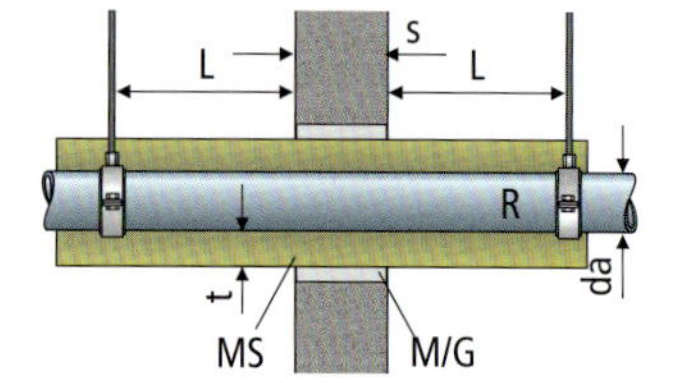	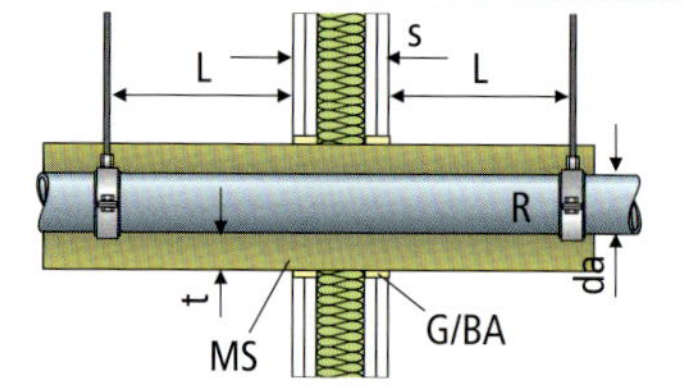	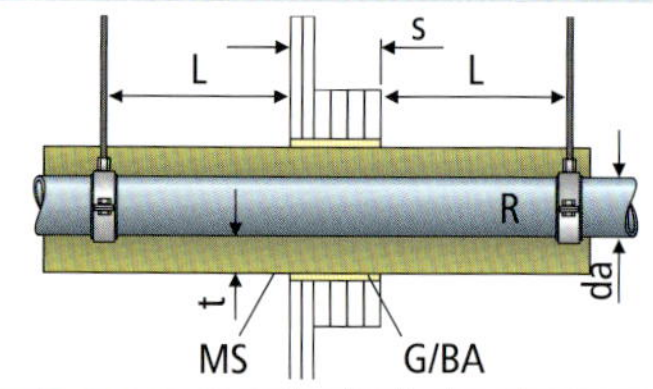
Brennbare Rohre (R) Baustoffklasse B1/B2, alle Durchmesser ohne/mit brennbaren und nichtbrennbaren Dämmstoffen der Baustoffklasse A1/A2/B1/B2	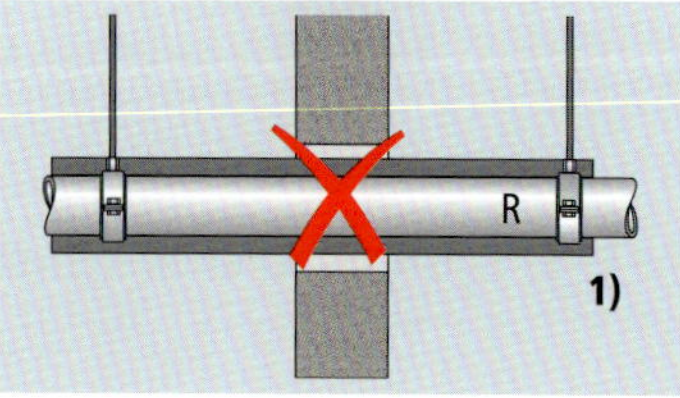 **1)**	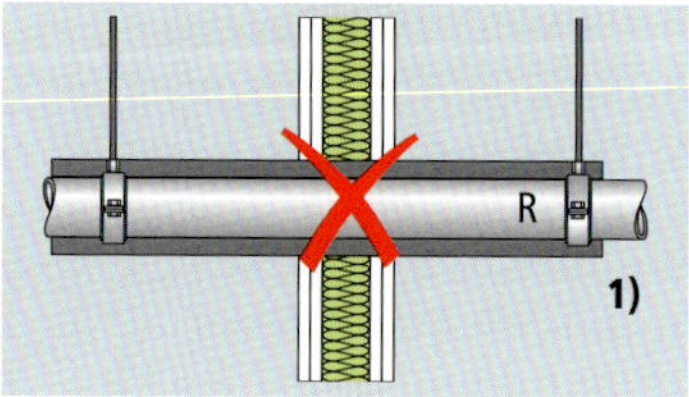 **1)**	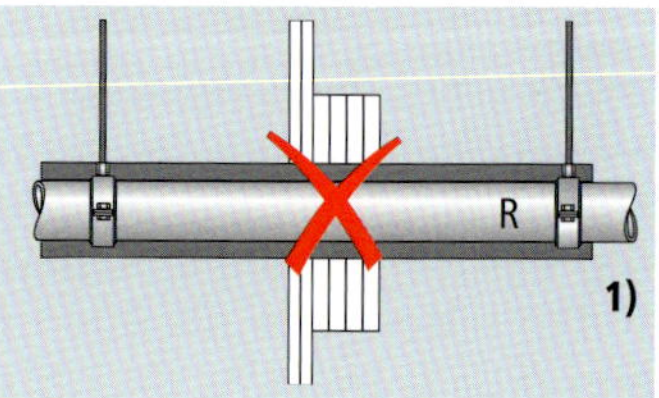 **1)**

1) Nach MLAR, Abschnitt 4.3, ist die Durchführung von brennbaren Rohren und Elektroleerrohren bis d = 32 mm Außendurchmesser zulässig (siehe **Teil I**)

Legende zu Tab. H-IV–1 und Bild H-IV–1:

s = Mindestabschottungsdicke im Bereich der Leitungsdurchführung ≥ 60 mm (siehe MLAR, Abschnitt 4.3)
R = Rohrdurchmesser nichtbrennbar d = unbegrenzt
L = kein besonderer brandschutztechnischer Befestigungsabstand erforderlich. Empfehlung: Einhaltung der Mindestbefestigungsabstände der Rohrsysteme/-werkstoffe, maximal L ≤ 1,50 m auf beiden Seiten der feuerhemmenden Wand. Die Befestigung muss aus nichtbrennbaren Baustoffen, z. B. Stahl verzinkt bestehen, eine brandschutztechnische Auslegung der Befestigung ist nicht erforderlich. Schallschutzeinlagen aus brennbaren Baustoffen sind zulässig.
t = maximale Spaltbreite
- für gestopfte Mineralwolle (ML) und im Brandfall aufschäumende Baustoffe (BA), t ≤ 50 mm
- für Mörtel (M) und Gipsverschlüssen (G) t = unbegrenzt, wenn die Statik der Wand dies zulässt

M = Verschluss des Restspaltes mit nichtbrennbaren mineralischen formstabilen Mörteln/Beton
G = Verschluss des Restspaltes mit Gipsvergussmassen
BA = Verschluss des Restspaltes mit im Brandfall aufschäumenden Baustoffen
ML = Mineralwolle lose gestopft (handfest mit ca. 90 kg/m³) Bei Bedarf mit einer stirnseitigen Beschichtung eines im Brandfall aufschäumenden Baustoffes, z. B. Kabelbeschichtungen/Brandschutzsilikon, zur Sicherung der losen Mineralwollstopfung
MD = Mineralwollschale als brandschutztechnisch wirksame Dämmung, Schmelzpunkt > 1000 °C, innerhalb der Bauteildurchführung mit oder ohne weiterführender Dämmung
MS = durchgängige Mineralwollschale als brandschutztechnisch wirksame Dämmung, Schmelzpunkt > 1000 °C, in Verbindung als Wärme- und Schallschutzdämmung, ohne Dickenbegrenzung
WD = weiterführende Dämmungen dürfen im Anschluss an die brandschutztechnisch wirksamen Bauteildurchführungen in den Baustoffklassen A1/A2/B1/B2 ohne Einhaltung einer Mindestdämmlänge montiert werden. Bei Rohrleitungen ohne Dämmanforderung können diese entfallen.

Hinweis:
Bei leichten Trennwänden muss die erforderliche Ausdehnung im Brandfall gewährleistet bleiben um Zwängungskräfte auf das Bauteil Wand zu vermeiden, z. B. Verwendung von Rohrschalen oder Ausstopfung des Restquerschnitts.

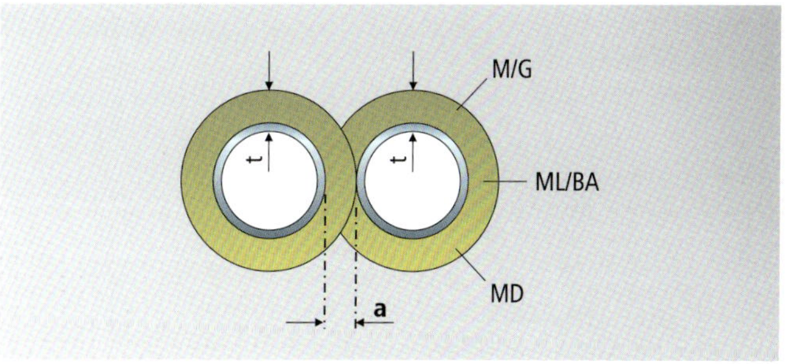

Abschottungmaßnahme für ungedämmte nichtbrennbare Rohre (R)

a = Es wird kein Mindestabstand zwischen den nichtbrennbaren Rohren (R) vorgeschieben

Anforderung: Der Baurteilverschluss (Raumabschluss) und die Statik (Standfestigkeit) der Wand muss gewährleistet werden

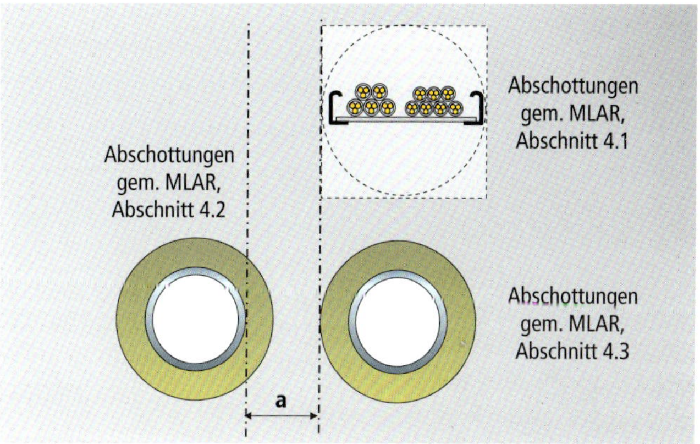

Der sich ergebende Mindestabstand **a** der angrenzenden Abschottungen ist einzuhalten.
Liegt zwischen „fremden Abschottungen" kein Mindestabstandsmaß im Ver-/Anwenbarkeitsnachweis (abP/abZ/aBG) vor, kann die Regel der MLAR, Abschnitt 4.1.3 mit a ≥ 50 mm angewendet werden.

Bild H-IV–1: Übersicht über die Abstandsregeln gemäß MLAR, Abschnitt 4.2 für nichtbrennbare Rohrleitungsanlagen

Hinweise zu Tab. H-IV–1 und Bild H-IV–1:
Der Einbau von Auslaibungen ist bei den „Erleichterungen" nicht erforderlich. Bei Anordnung der Leitungsdurchführungen und Abschottungen unter Einhaltung der jeweils gültigen Mindestabstände muss unbedingt auf die Stabilität der Trennwände (Statik) geachtet werden.
- Bei leichten Metallständerwanden sind zur Herstellung der Stabilität horizontale Auswechselungen in Form von C-Profilen einzubauen (siehe beispielhaft auch **Teil G-XII.**).
- Anforderungen an feuerwiderstandsfähige Trennwände mit gleitenden Deckenanschlüssen sind bei der Planung und Umsetzung zu berücksichtigen. Die Beweglichkeit der Bauteile zueinander darf nicht behindert werden.

H

H-V. Durchführung von nichtbrennbaren Rohrleitungsanlagen als offene Systeme (z. B. Entwässerungsleitungen, Mischsysteme)

Die Anforderungen entsprechen den Ausführungen in **Teil H-IV.** für geschlossene Systeme.

Bei Werkstoffwechseln „nichtbrennbar auf brennbar und umgekehrt" sind folgende Regeln zu beachten:

Der Werkstoffwechsel bei offenen Rohrleitungssystemen ist nur zulässig, wenn die Schutzziele weiterhin eingehalten und durch den Ersteller nachgewiesen werden können. Bei offenen Rohrsystemen sollte grundsätzlich eine Betrachtung der möglichen Brandszenarien erfolgen. In jedem Fall muss das Schutzziel der Verhinderung der Übertragung von Feuer und Rauch zwischen den Nutzungseinheiten verhindert werden. Die Verantwortung von Werkstoffwechseln muss der Fachplaner/ Ersteller übernehmen.

H-VI. Durchführung von nichtbrennbaren Rohrleitungsanlagen als geschlossene Systeme mit brennbaren Medien (z. B. Erdgase, Flüssiggase, medizinische Gase, Laborgase)

Die Anforderungen entsprechen den Ausführungen in **Teil H-I.** bis **Teil H-IV**. und **Teil H-VI.** für geschlossene Systeme mit nichtbrennbaren Medien.

H-VII. Durchführung von elektrischen Leitungsanlagen (z. B. Elektrokabel, Kabelbündel, Kabeltrassen, Hohlleiterkabel)

Die Anforderungen entsprechen den Ausführungen in **Teil H-I.** bis **Teil H-III.** und **Teil H-VII.**.

H

Tab. H-VII–1: Übersicht über die Durchführungsvarianten von elektrischen Leitungen gemäß MLAR, Abschnitt 4.2

Durchführungsart MLAR, Abschnitt 4.2	**F 30** **Massivwand**	**F 30** **Metallständerwand**	**F 30** **Schachtwand mit Aufdoppelung**
Kabeltrassen beliebiger Größe 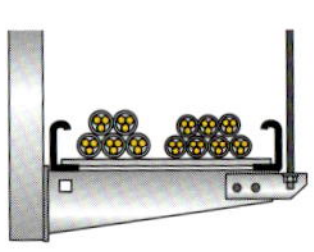	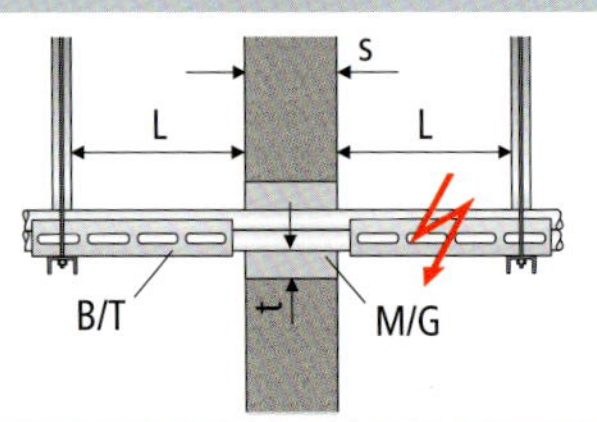		
Kabeltrassen beliebiger Größe 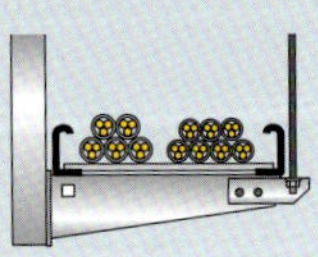	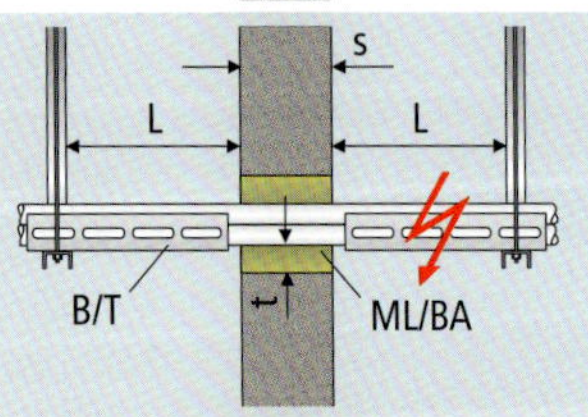	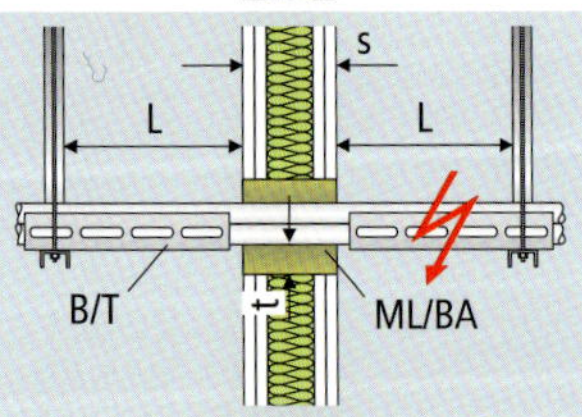	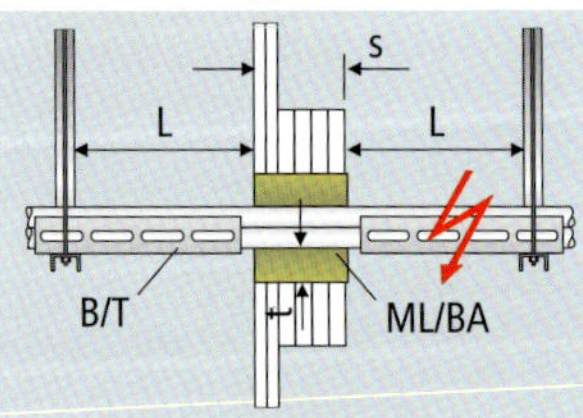
Kabelbündel bis da ≤ 50 mm (Empfehlung) 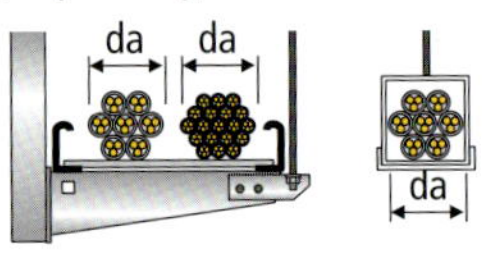	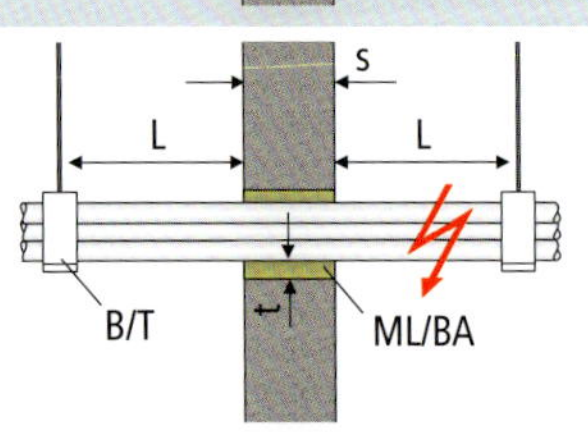	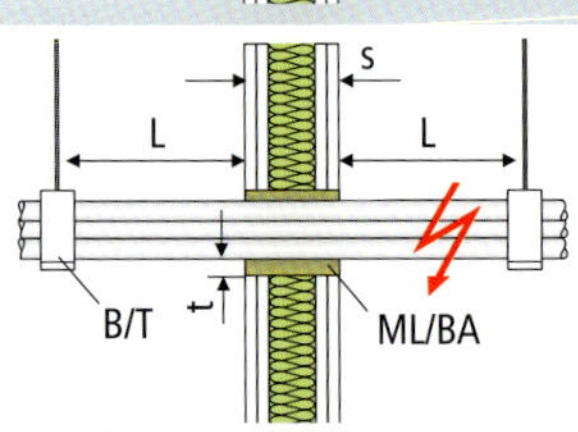	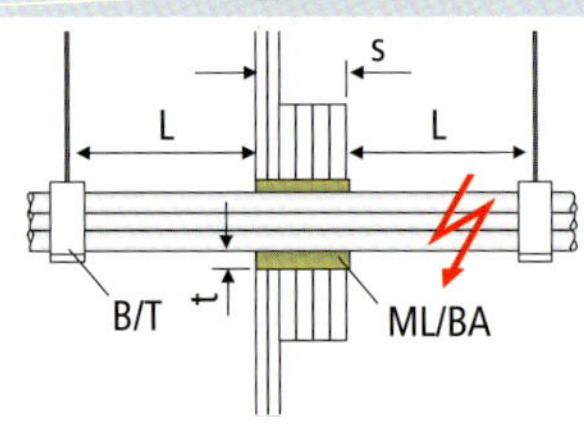
Einzelkabel/Hohlleiterkabel d unbegrenzt	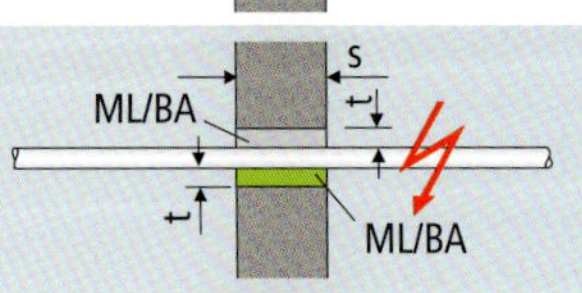	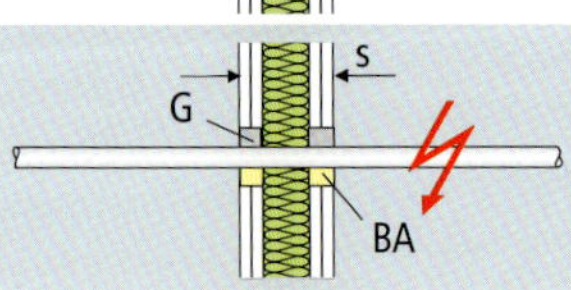	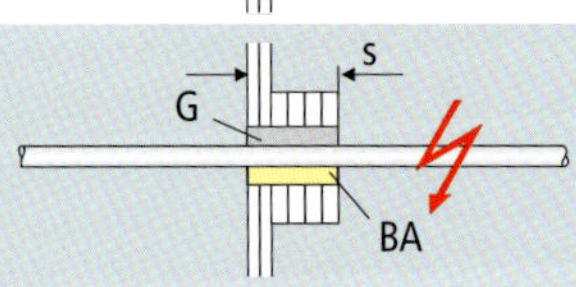
Elektroleerrohre brennbar, siehe MLAR, Abschnitt 4,.3	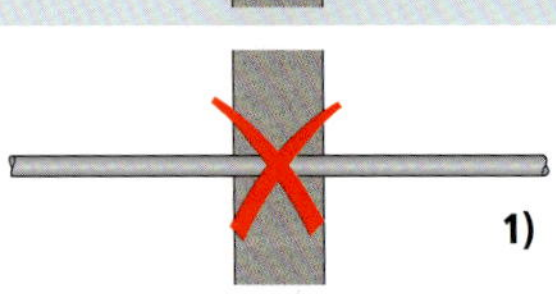 **1)**	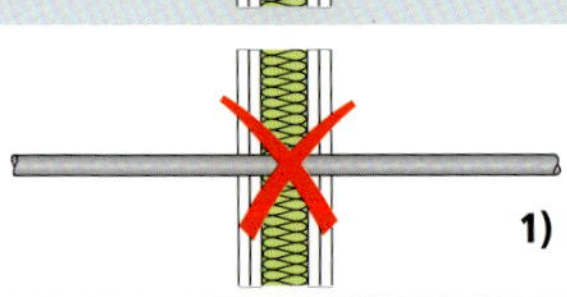 **1)**	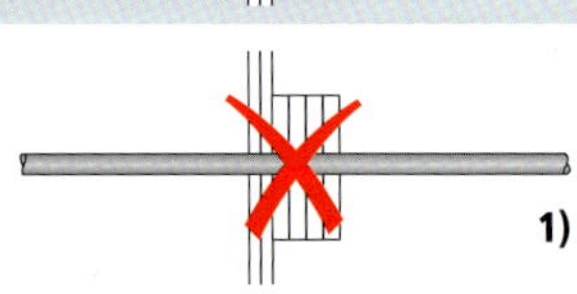 **1)**
Abschottungshülsen, Dosenabschottungen siehe **Teil G-VIII.** (Mindestbauteildicke ggf. dicker ausführen)	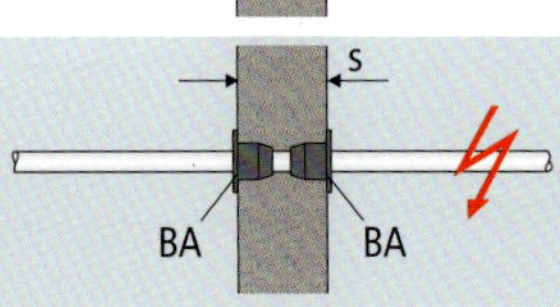	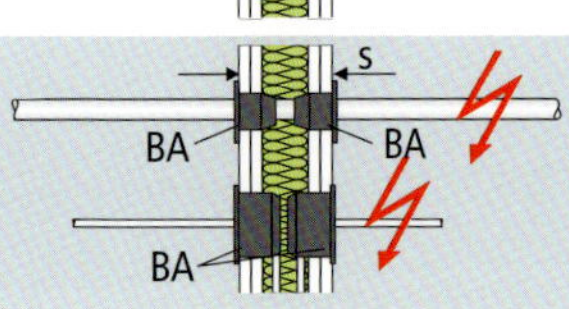	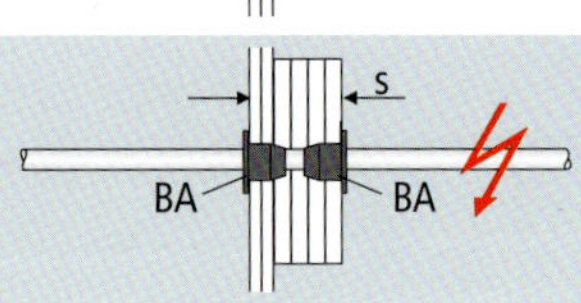

1) Nach MLAR, Abschnitt 4.3, ist die Durchführung von brennbaren Rohren und Elektroleerrohren bis d = 32 mm Außendurchmesser zulässig (siehe **Teil I**)

Legende zu Tab. H-VII–1 und Bild H-VII–1:

s = Mindestabschottungsdicke im Bereich der Leitungsdurchführung ≥ 60 mm (siehe MLAR, Abschnitt 4.3)
da = Durchmesser von Kabelbündel d ≤ 50 mm (Empfehlung der Autoren zur sicheren Befestigung der Leitungsbündel mit nichtbrennbaren Sammelhaltern und auf möglichst nicht durch das Bauteil durchgeführte Kabeltrassen)
L = kein besonderer brandschutztechnischer Befestigungsabstand erforderlich. Empfehlung: Einhaltung der Mindestbefestigungsabstände der DIN VDE-Normen und der Befestigungssysteme/Kabeltrassen, maximal L ≤ 0,5 m auf beiden Seiten der feuerhemmenden Wand. Die Befestigung muss aus nichtbrennbaren Baustoffen, z. B. Stahl verzinkt bestehen, eine brandschutztechnische Auslegung der Befestigung ist nicht erforderlich.
t = maximale Spaltbreite
- für gestopfte Mineralwolle (ML) und im Brandfall aufschäumende Baustoffe (BA), t ≤ 50 mm
- für Mörtel (M) und Gipsverschlüssen (G) t = unbegrenzt, wenn die Statik der Wand dies zulässt

M = Verschluss des Restspaltes mit nichtbrennbaren mineralischen formstabilen Mörteln/Beton
G = Verschluss des Restspaltes mit Gipsmassen
BA = Verschluss des Restspaltes mit im Brandfall aufschäumenden Baustoffen
ML = Mineralwolle lose gestopft (handfest mit ca. 90 kg/m³). Bei Bedarf mit einer stirnseitigen Beschichtung eines im Brandfall aufschäumenden Baustoffes, z. B. Kabelbeschichtungen/Brandschutzsilikon, zur Sicherung der losen Mineralwollstopfung

Hinweis:
Bei leichten Trennwänden muss die erforderliche Ausdehung im Brandfall gewährleistet bleiben um Zwängungskräfte auf das Bauteil Wand zu vermeiden, z. B. Verwendung von Rohrschalen oder Ausstopfung des Restquerschnitts.

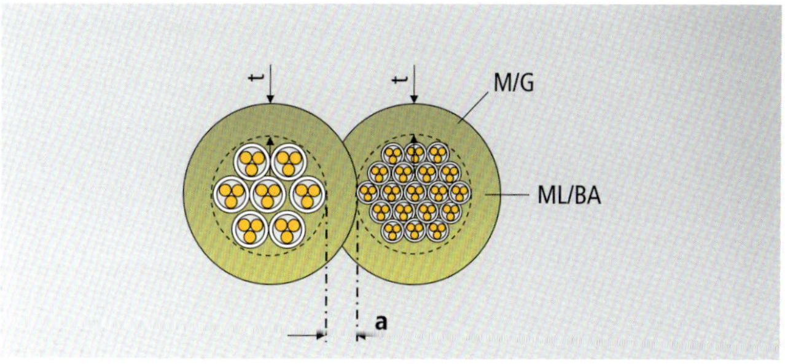

Abschottungmaßnahme für Kabelbündel da ≤ 50 mm

a = Es wird kein Mindestabstand zwischen den Kabelbündeln da ≤ 50 mm vorgeschrieben

Anforderung: Der Bauteilverschluss (Raumabschluss) und die Statik (Standfestigkeit) der Wand muss gewährleistet werden

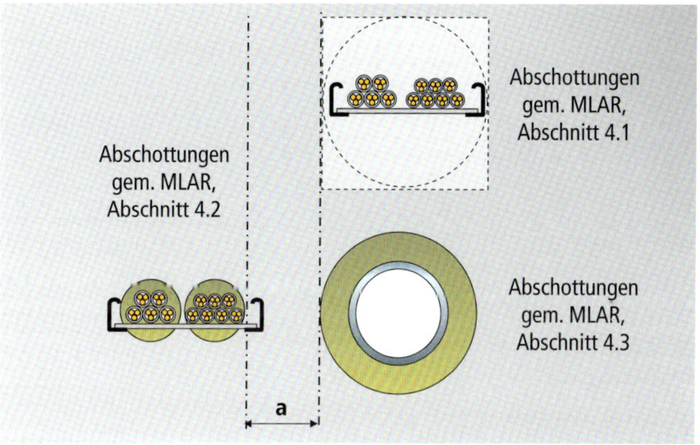

Der sich ergebende Mindestabstand **a** der angrenzenden Abschottungen ist einzuhalten.
Liegt zwischen "fremden Abschottungen" kein Mindestabstandsmaß im Ver-/Anwenbarkeitsnachweis (abP/abZ/aBG) vor, kann die Regel der MLAR, Abschnitt 4.1.3 mit a ≥ 50 mm angewendet werden.

Bild H-VII–1: Übersicht über die Abstandsregeln gemäß MLAR, Abschnitt 4.2 für die Durchführungsvarianten von elektrischen Leitungen

Hinweise zu Tab. H-VII–1 und Bild H-VII–1
Der Einbau von Auslaibungen ist bei den „Erleichterungen" nicht erforderlich. Bei Anordnung der Leitungsdurchführungen und Abschottungen unter Einhaltung der jeweils gültigen Mindestabstände muss unbedingt auf die Stabilität der Trennwände geachtet werden
- Bei leichten Metallständerwanden sind zur Herstellung
- der Stabilität horizontale Auswechselungen in Form von C-Profilen einzubauen (siehe beispielhaft auch **Teil G-XII.**).
- Anforderungen an feuerwiderstandsfähige Trennwände mit gleitenden Deckenanschlüssen sind bei der Planung und Umsetzung zu berücksichtigen. Die Beweglichkeit der Bauteile zueinander darf nicht behindert werden.

H-VIII. Abstandsregeln zwischen den Leitungsdurchführungen gemäß MLAR 2005, Abschnitt 4.2/4.3 und klassifizierten Abschottungen

Zwischen den Leitungsdurchführungen von Rohrleitungen und elektrischen Leitungsanlagen gelten die folgenden Abstandsregeln:

- MLAR, Abschnitt 4.2 Rohrleitungen untereinander siehe Bild H-IV–1
- MLAR, Abschnitt 4.2 Elektrische Leitungsanlagen untereinander siehe Bild H-VII–1
- MLAR, Abschnitt 4.2 elektrische Leitungsanlagen und Rohrleitungen untereinander entsprechend Bild H-IV–1 Bild H-VII–1. Die Durchführungen dürfen sich berühren
- MLAR, Abschnitt 4.2 und 4.3. Bei Leitungsdurchführungen nach den „Erleichterungen" der MLAR, Abschnitt 4.2 und 4.3 müssen die größten Mindestabstände, die sich aus den Anforderungen der MLAR, Abschnitt 4.3 ergeben, eingehalten werden
- MLAR, Abschnitt 4.1 „klassifizierte Abschottungen" neben Durchführungen nach den „Erleichterungen" Abschnitt 4.2 und/oder 4.3. Die Ausführungsregel ist in der MLAR 4.1.3 beschrieben (siehe auch **Teil G-XII.**). Es gelten die größten Mindestabstände, die sich aus den Anforderungen der Verwendbarkeitsnachweise zu „fremden Abschottungen" oder aus der MLAR, Abschnitt 4.1.3 ergeben.

Bei Anordnung der Leitungsdurchführungen und Abschottungen unter Einhaltung der jeweils gültigen Mindestabstände muss unbedingt auf die Stabilität (Statik) der Trennwände geachtet werden.

Bei leichten Metallständerwänden sind zur Herstellung der Stabilität horizontale Auswechselungen in Form von C-Profilen einzubauen (siehe beispielhaft auch **Teil G-XII.**).

Anforderungen an feuerwiderstandsfähige Trennwände mit gleitenden Deckenanschlüssen sind bei der Planung und Umsetzung zu berücksichtigen. Die Beweglichkeit der Bauteile zueinander darf nicht behindert werden.

H-IX. Zulässige baurechtliche Abweichungen

Im Bereich von Leitungsdurchführungen gemäß den „Erleichterungen" der MLAR, Abschnitt 4.2 kommt die folgende baurechtliche Abweichungsform zum Tragen:

Bei Abweichungen von den Grundlagen der MLAR, Abschnitt 4.2 und der Abstandregelung gemäß Abschnitt 4.1.3 gelten die formalen Grundlagen der Eingeführten Technischen Baubestimmungen (ETB).

Grundlage MBO 2016,
§ 85a "Technische Baubestimmungen"

(1)[1]Die Anforderungen nach § 3 können durch Technische Baubestimmungen konkretisiert werden. [2]Die Technischen Baubestimmungen sind zu beachten. [3]Von den in den Technischen Baubestimmungen enthaltenen Planungs-, Bemessungs- und Ausführungsregelungen kann abgewichen werden, wenn mit einer anderen Lösung in gleichem Maße die Anforderungen erfüllt werden und in der Technischen Baubestimmung eine Abweichung nicht ausgeschlossen ist; §§ 16a Abs. 2, 17 Abs. 1 und 67 Abs. 1 bleiben unberührt.

Bei Abweichungen von der MLAR und den baurechtlich eingeführten Fassungen der Bundesländer kann man sich auf die MBO § 85a (1) beziehen. Auf dieser Grundlage sind Abweichungen von den Technischen Baubestimmungen – die MLAR ist eine Technische Baubestimmung – zulässig, wenn nachgewiesen werden kann, dass eine andere Lösung in gleichem Maße die Schutzziele nach MBO § 85a (1) erfüllt (siehe auch **Teil D-I.**).

Den Nachweis dieser Abweichungen als gleichwertige Lösung zur Erfüllung der Schutzziele kann der verantwortliche Fachplaner der gebäudetechnischen Gewerke führen. Bei Bedarf sollte er den vor Ort tätigen Brandschutzsachverständigen oder einen auf dem Fachgebiet des gebäudetechnischen Brandschutz erfahrenen Sachverständigen zu Rate ziehen. Die Abweichung muss im Sinne der baurechtlichen Brandschutzdokumentation zur baurechtlichen Abnahme vorliegen. Wenn diese formal zulässig ist, dient dieser Nachweis auch für den späteren Nachweis im Zuge des Bestandsschutzes für baurechtlich zulässige Abweichungen. Der Nachweis der Gleichwertigkeit ist im Rahmen des baurechtlichen Verfahrens den unteren Baubehörden vorzulegen. Eine formale Zustimmung der unteren Baubehörden ist nicht erforderlich.

Die Abweichungen von Mindestabständen, die in den Ver- und Anwendbarkeitsnachweisen unter dem Hinweis „Mindestabstände zu fremden Abschottungen" geregelt sind, müssen unter dem Gesichtspunkt der „Abweichungen von Verwendbarkeitsnachweisen" bewertet werden. Das bedeutet, dass diese Bewertung vom Ersteller der Abschottung im Rahmen der Übereinstimmungserklärung zu bewerten ist.

Die Dokumentation der Abweichungen ist von entscheidender Bedeutung, damit eine Objektüberwachung, ein Ersteller oder ein Fachplaner zum späteren Zeitpunkt die Ausführung nachvollziehen kann.

Weitergehende Anforderungen siehe:

- **Teil A-II.** Muster-Richtlinie über brandschutztechnische Anforderungen an Leitungsanlagen, MLAR Abschnitt 4: Führung von Leitungen durch raumabschließende Bauteile (Wände und Decken).

Teil I Brandschutztechnische Planungs- und Ausführungsempfehlungen zur Leitungsdurchführung durch feuerhemmende bis feuerbeständige Wände und Decken auf Grundlage der „Erleichterungen" der MLAR 2016, Abschnitt 4.3

I-I. Mindestanforderungen an den Schall- und Wärmeschutz von Leitungsanlagen in Verbindung mit den Anforderungen des Brandschutzes

Die Anforderungen für den Schall- und Warmeschutz entsprechen den Ausführungen in **Teil G-I.**.

I-II. Schutzzieldefinition zur Abschottung von Leitungsanlagen nach den „Erleichterungen" der MLAR, Abschnitt 4.3

Die allgemeinen Schutzziele zur Durchführung von Leitungsanlagen durch feuerhemmende bis feuerbeständige Bauteile werden in der MBO 2016 § 40 und der MLAR, Abschnitt 4.3 beschrieben (siehe auch Kommentierung **Teil A-II.**).

MLAR, Abschnitt 4.3: Erleichterungen für einzelne Leitungen

4.3.1 Einzelne Leitungen ohne Dämmung in gemeinsamen Durchbrüchen für mehrere Leitungen

[1]Abweichend von Abschnitt 4.1 dürfen einzelne a) elektrische Leitungen,

b) Rohrleitungen mit einem Außendurchmesser bis 160 mm aus nichtbrennbaren Baustoffen – ausgenommen Aluminium und Glas – auch mit Beschichtung aus brennbaren Baustoffen bis zu 2 mm Dicke,
c) Rohrleitungen für nichtbrennbare Medien und Installationsrohre für elektrische Leitungen mit einem Außendurchmesser bis 32 mm aus brennbaren Baustoffen, Aluminium oder Glas

über gemeinsame Durchbrüche durch die Wände und Decken geführt werden. [2]Dies gilt nur, wenn

a) der lichte Abstand der Leitungen untereinander bei Leitungen nach Satz 1 Buchstaben a und b mindestens dem einfachen, nach Satz 1 Buchstabe c mindestens dem fünffachen des größeren Leitungsdurchmessers entspricht,
b) der lichte Abstand zwischen einer Leitung nach Satz 1 Buchstabe c und einer Leitung nach Satz 1 Buchstaben a oder b mindestens dem größeren der sich aus der Art und dem Durchmesser der beiden Leitungen ergebenden Abstandsmaße (Satz 2 Buchstabe a) entspricht, c) die feuerbeständige Wand oder Decke eine Dicke von mindestens 80 mm, die hochfeuerhemmende Wand oder Decke eine Dicke von mindestens 70 mm, die feuerhemmende Wand oder Decke eine Dicke von mindestens 60 mm hat und
d) der Raum zwischen den Leitungen und den umgebenden Bauteilen mit Zementmörtel oder Beton in der vorgenannten Mindestbauteildicke vollständig ausgefüllt wird.

4.3.2 Einzelne Leitungen ohne Dämmung in jeweils eigenen Durchbrüchen oder Bohröffnungen

[1]Abweichend von Abschnitt 4.1 gelten die Vorgaben des Abschnitts 4.3.1. [2]Es genügt jedoch, den Raum zwischen der Leitung und dem umgebenden Bauteil oder Hüllrohr aus nichtbrennbaren Baustoffen mit Baustoffen aus Mineralfasern oder mit im Brandfall aufschäumenden Baustoffen vollständig zu verschließen. [3]Der lichte Abstand zwischen der Leitung und dem umgebenden Bauteil oder Hüllrohr darf bei Verwendung von Baustoffen aus Mineralfasern nicht mehr als 50 mm, bei Verwendung von im Brandfall aufschäumenden Baustoffen nicht mehr als 15 mm betragen. [4]Die Mineralfasern müssen eine Schmelztemperatur von mindestens 1000 °C aufweisen.

4.3.3 Einzelne Rohrleitungen mit Dämmung in Durchbrüchen oder Bohröffnungen

[1]Abweichend von Abschnitt 4.1 dürfen einzelne Rohrleitungen nach Abschnitt 4.3.1 Satz 1 Buchstaben b und c mit Dämmung in gemeinsamen oder eigenen Durchbrüchen oder Bohröffnungen durch Wände und Decken geführt werden, wenn

a) die feuerbeständige Wand oder Decke eine Dicke von mindestens 80 mm, die hochfeuerhemmende Wand oder Decke eine Dicke von mindestens 70 mm, die feuerhemmende Wand oder Decke eine Dicke von mindestens 60 mm hat,
b) die Restöffnung in der Wand oder Decke entsprechend Abschnitt 4.3.1 oder 4.3.2 bemessen und verschlossen ist,
c) die Dämmung im Bereich der Leitungsdurchführung aus nichtbrennbaren Baustoffen mit einer Schmelztemperatur von mindestens 1000 °C besteht, auch mit Umhüllung aus brennbaren Baustoffen bis 0,5 mm Dicke und
d) der lichte Abstand, gemessen zwischen den Dämmschichtoberflächen im Bereich der Durchführung, mindestens 50 mm beträgt; das Mindestmaß von 50 mm gilt auch für den Abstand der Rohrleitungen zu elektrischen Leitungen.

[2]Bei Rohrleitungen mit Dämmungen aus brennbaren Baustoffen außerhalb der Durchführung ist eine Umhüllung aus Stahlblech oder beidseitig der Durchführung auf eine Länge von jeweils 500 mm eine Dämmung aus nichtbrennbaren Baustoffen anzuordnen.

Die Schutzziele entsprechen den Ausführungen in **Teil G**, jedoch nur für Durchführungen durch feuerhemmende bis feuerbeständige Wände und Decken.

Dieser Abschnitt Teil-I gilt nicht für die Durchführung von brennbaren Rohren und brennbaren Elektroleerrohren mit d > 32 mm.

Das Wort „elektrische Leitungen" beschreibt die grammatikalische Einzahl, somit sind Kabelbündel und Kabeltrassen nicht möglich.

Es werden besondere Mindestabstände zwischen den Leitungsanlagen gemäß MLAR, Abschnitt 4.3 vorgegeben. Für die Mindestabstände zu „fremden/klassifizierten Abschottungen" gelten die Anforderungen wie in der MLAR, Abschnitt 4.1.3 beschrieben (siehe auch **Teil G-XII.**).

Die Unterscheidung:

- **Nichtbrennbare offene Rohrsysteme** mit Durchmesserbegrenzung d ≤ 160 mm = nicht ständig mit Wasser gefüllte Leitungsanlagen, z. B. Entwässerungsleitungen.
- **Nichtbrennbare geschlossene Rohrsysteme** mit Durchmesserbegrenzung d ≤ 160 mm = ständig mit Wasser, Luft oder Gas vollgefüllte Leitungen, z. B. Trinkwasser-, Heizungs-, Kälte- und Leitungen für brennbare und nichtbrennbare Gase und Flüssigkeiten
- **Elektrische Leitungsanlagen** mit/ohne Funktionserhalt als Einzelleitung/-kabel

Anforderungen an die feuerhemmenden bis feuerbeständigen Wände und Decken, z. B.:

- Trennwände nach § 29 MBO
- Brandwände nach § 30 MBO
- Decken nach § 31 MBO
- Wände von Treppenräumen und notwendigen Fluren nach §§ 35 und 36, Wände von Installationsschächten und -kanälen nach § 40 MBO

Bei Bauteilen aus brennbaren Baustoffen sind besondere Maßnahmen im Bereich der Auslaibung erforderlich.

Werkstoffwechsel nichtbrennbar auf brennbar und umgekehrt:

Der Werkstoffwechsel bei Rohrleitungen ist nur zulässig, wenn die Schutzziele weiterhin eingehalten und durch den Ersteller nachgewiesen werden können. Bei den Rohrsystemen sollte grundsätzlich eine Betrachtung der möglichen Brandszenarien erfolgen. In jedem Fall muss das Schutzziel der Verhinderung der Übertragung von Feuer und Rauch zwischen Nutzungseinheiten sicher verhindert werden. Die Verantwortung für evtl. Werkstoffwechsel muss der Fachplaner/Ersteller übernehmen bzw. in der Planung Abschottungssysteme mit Ver- und Anwendbarkeitsnachweisen für Mischinstallationen anwenden.

I-III. Begriffsdefinition „Erleichterungen" zur Durchführung durch feuerhemmende bis feuerbeständige Bauteile (Wände und Decken F 30 bis F 90)

Das Wort „Erleichterungen" wird in der Praxis als Erleichterung des Aufwandes und der Sorgfaltspflicht missverstanden.

Das Wort „Erleichterungen" beschreibt im baurechtlichen Sinn die „Erleichterung der brandschutztechnischen Nachweisführung". In diesen Fällen muss bei Einhaltung der in der MLAR, Abschnitt 4.3 beschriebenen Randbedingungen kein Brandversuch durchgeführt werden, kein Typenschild montiert und keine Übereinstimmungsbestätigung ausgefüllt werden.

Die Ausstellung einer Fachunternehmerbescheinigung über die Einhaltung der MLAR wird seitens der Autoren empfohlen. Diese Fachunternehmerbescheinigung sollte im Zuge der Brandschutzdokumentation in der Brandschutzakte des Gebäudes abgeheftet werden.

Hinweis:

Mit einer Fachunternehmererklärung bestätigt ein Fachbetrieb nach der Fertigstellung dass seine ausgeführten Bauleistungen und eingebauten Anlagen- und Bauteile den notwendigen Vorschriften (Gesetzte, Verordnungen, DIN-Normen, Richtlinien) entsprechen.

I-IV. Durchführung von nichtbrennbaren Rohrleitungsanlagen da ≤ 160 mm als geschlossene Systeme mit nichtbrennbaren Medien (z. B. Heizung, Sanitär, Kälte, Druckluft, medizinische Gase, Laborgase)

Tab. I-IV–1: Übersicht über die Rohrdurchführungsvarianten gemäß MLAR, Abschnitt 4.3 für nichtbrennbare Rohre da ≤ 160 mm, gültig für Wände und Decken

Durchführungsart MLAR, Abschnitt 4.3	F 30 F 60 F 90 Massivwand/ Deckenkonstruktionen mit Anforderungen an die Feuerwiderstandsdauer	F 30 F 60 F 90 Metallständerwand	F 30 F 60 F 90 Schachtwand mit Aufdoppelung
ungedämmte nichtbrennbare Rohre (R) mit mineralischem Restverschluss (M/G)	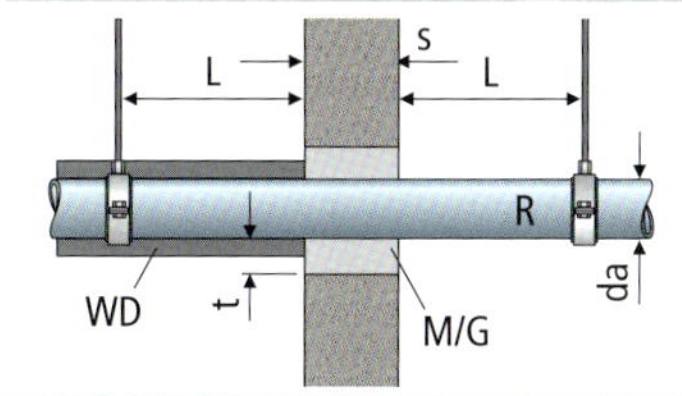	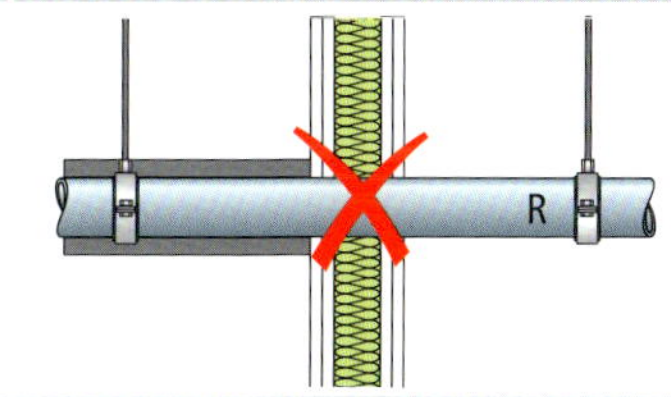	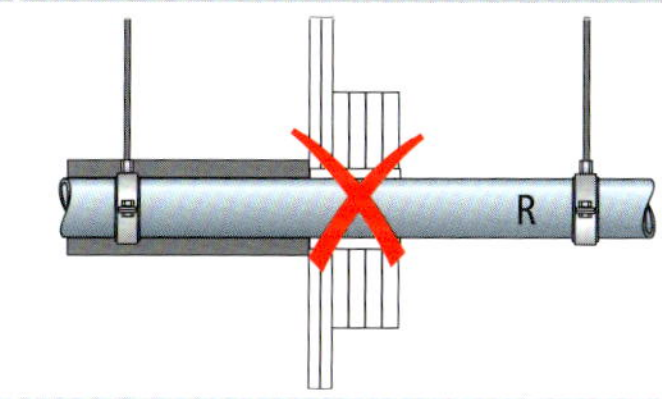
ungedämmte nichtbrennbare Rohre (R) mit Mineralwollstopfung, Schmelzpunkt > 1000 °C (ML) oder mit im Brandfall aufschäumenden Baustoffen (BA)	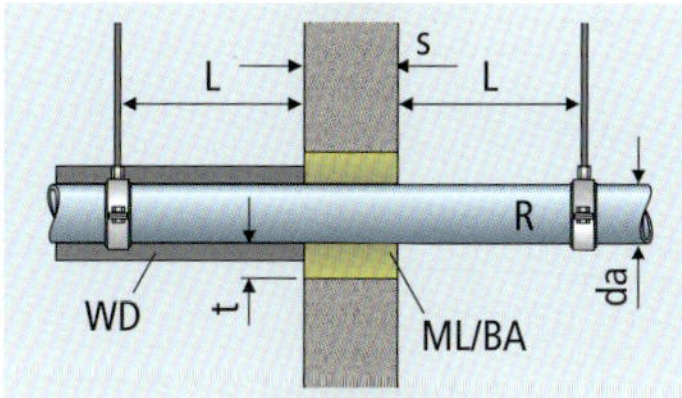	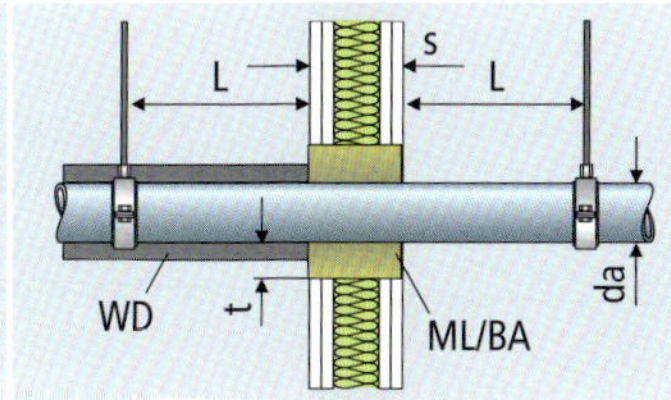	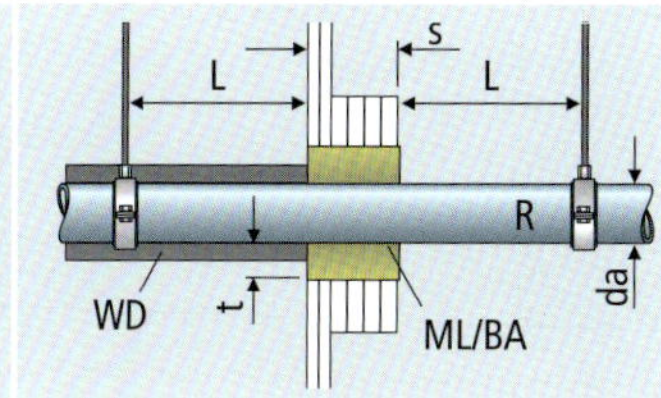
ungedämmte nichtbrennbare Rohre (R) mit Mineralwollschale/-matte, Schmelzpunkt > 1000 °C (MS) in der Baustoffklasse A1/A2	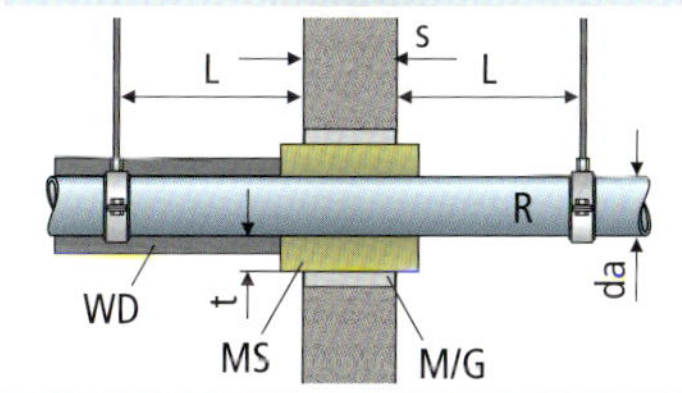	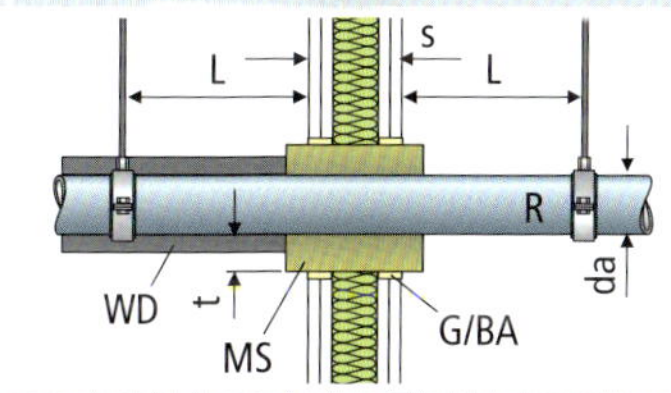	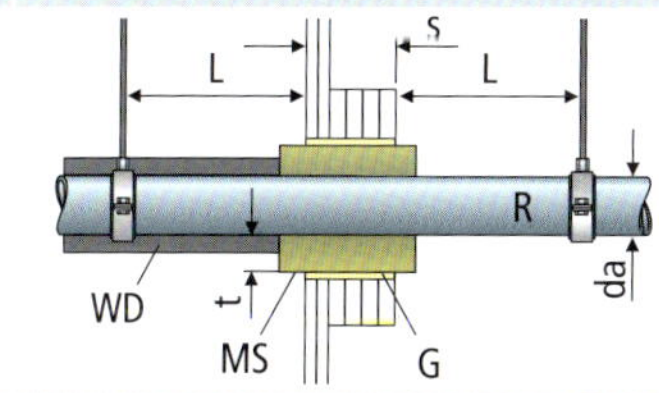
Durchgängig gedämmte Rohre (R) mit nichtbrennbaren Dämmstoffen (MD) in der Baustoffklasse A1/A2 **1)**	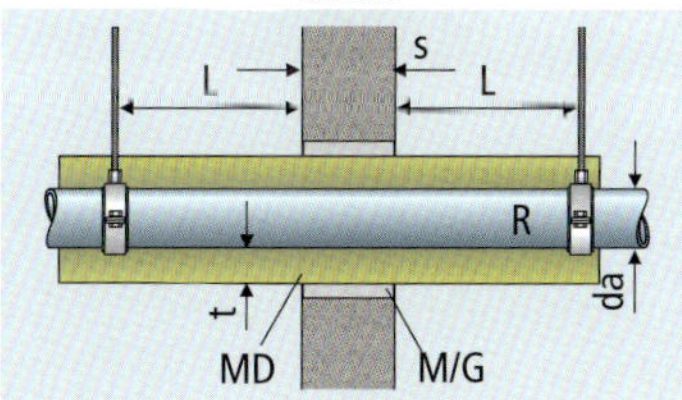	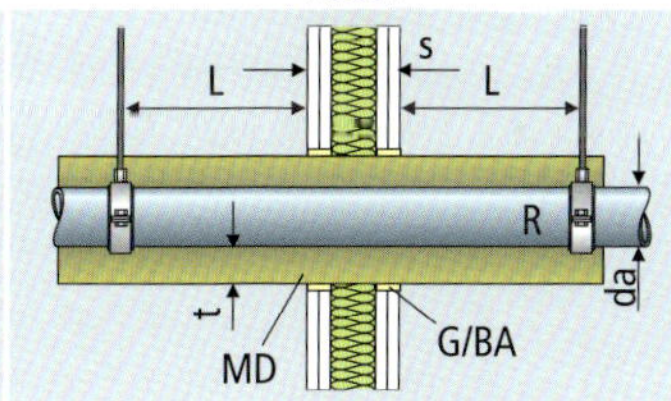	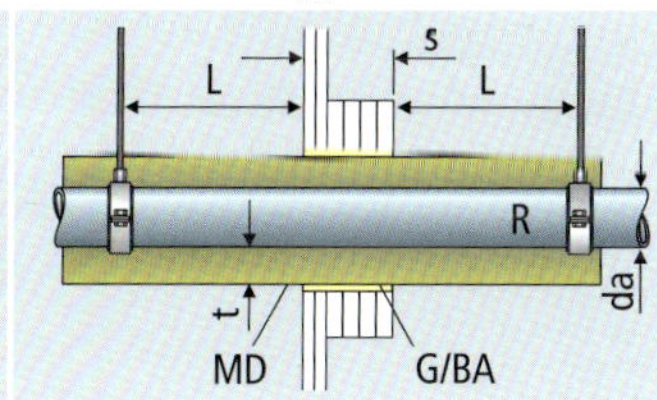

Legende zu Tab. I-IV–1 (Abstandsregeln siehe Tab. I-VII–1)

s = Mindestabschottungsdicke im Bereich der Leitungsdurchführung (F 30 ≥ 60 mm, F 60 ≥ 70 mm, F 90 ≥ 80 mm, siehe MLAR, Abschnitt 4.3)

R = Rohrdurchmesser nichtbrennbar d ≤ 160 mm

L = kein besonderer brandschutztechnischer Befestigungsabstand erforderlich. **Empfehlung:** Einhaltung der Mindestbefestigungsabstände der Rohrsysteme/-werkstoffe, maximal L ≤ 1,50 m auf beiden Seiten der Wand. Die Befestigung muss aus nichtbrennbaren Baustoffen, z. B. Stahl verzinkt bestehen, eine brandschutztechnische Auslegung der Befestigung ist nicht erforderlich. Schallschutzeinlagen aus brennbaren Baustoffen sind zulässig.

t = maximale Spaltbreite
- für gestopfte Mineralwolle (ML) t ≤ 50 mm und im Brandfall aufschäumende Baustoffe (BA), t ≤ 15 mm
- für Mörtel (M) und Gipsverschlüsse (G) t = unbegrenzt, wenn die Statik der Wand dies zulässt

M = Verschluss des Restspaltes mit nichtbrennbaren mineralischen formstabilen Mörteln/Beton

G = Verschluss des Restspaltes mit Gipsvergussmassen

BA = Verschluss des Restspaltes mit im Brandfall aufschäumenden Baustoffen

ML = Mineralwolle lose gestopft (handfest mit ca. 90 kg/m^3) Bei Bedarf mit einer stirnseitigen Beschichtung eines im Brandfall aufschäumenden Baustoffes, z. B. Kabelbeschichtungen/Brandschutzsilikon zur Sicherung der losen Mineralwollstopfung

MD = Mineralwollschale als brandschutztechnisch wirksame Dämmung, Schmelzpunkt > 1000 °C, innerhalb der Bauteildurchführung mit oder ohne weiterführender Dämmung

MS = durchgängige Mineralwollschale als brandschutztechnisch wirksame Dämmung, Schmelzpunkt > 1000 °C, in Kombination als Wärme- und Schallschutzdämmung, ohne Dickenbegrenzung

1) Die Mindestdämmlänge der nichtbrennbaren Mineralfaserdämmung (MD) muss beidseitig vom Bauteil 500 mm betragen

I-V. Durchführung von brennbaren Rohrleitungsanlagen da ≤ 32 mm als geschlossene Systeme mit nichtbrennbaren Medien (z. B. Heizung, Sanitär, Kälte, Druckluft)

Tab. I-V–1: Übersicht über die Rohrdurchführungsvarianten gemäß MLAR, Abschnitt 4.3 für brennbare Rohre und einzelnen Elektroleerrohren da ≤ 32 mm, gültig für Wände und Decken

Durchführungsart MLAR, Abschnitt 4.3	F 30 F 60 F 90 Massivwand/Deckenkonstruktionen mit Anforderungen an die Feuerwiderstandsdauer	F 30 F 60 F 90 Metallständerwand	F 30 F 60 F 90 Schachtwand mit Aufdoppelung
ungedämmte brennbare Rohre (R) mit mineralischem Restverschluss (M/G)	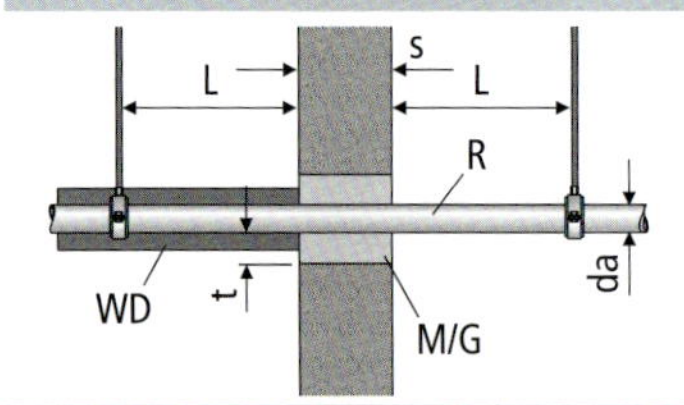	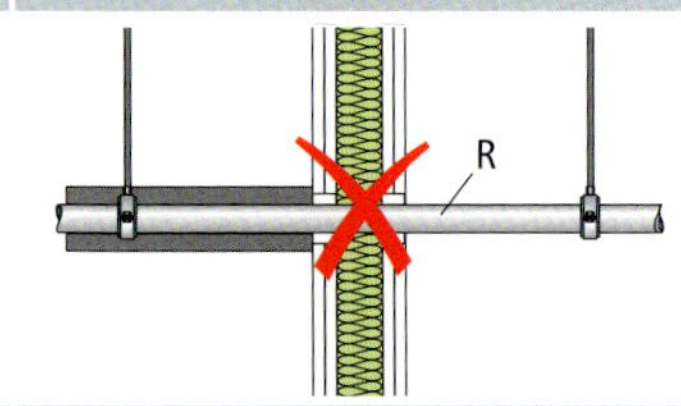	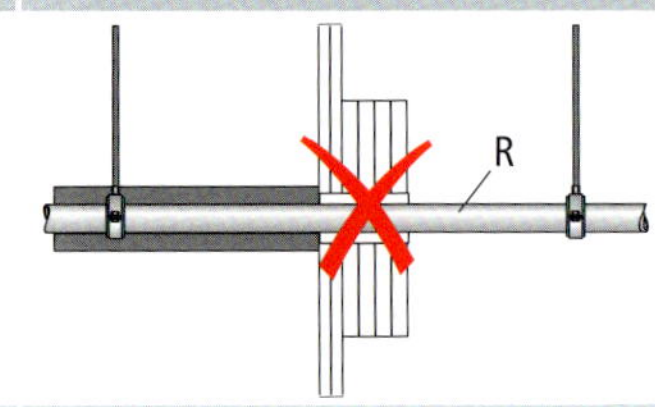
ungedämmte brennbare Rohre (R) mit Mineralwoll-stopfung, Schmelzpunkt > 1000 °C (ML) oder mit im Brandfall aufschäumenden Baustoffen (BA)	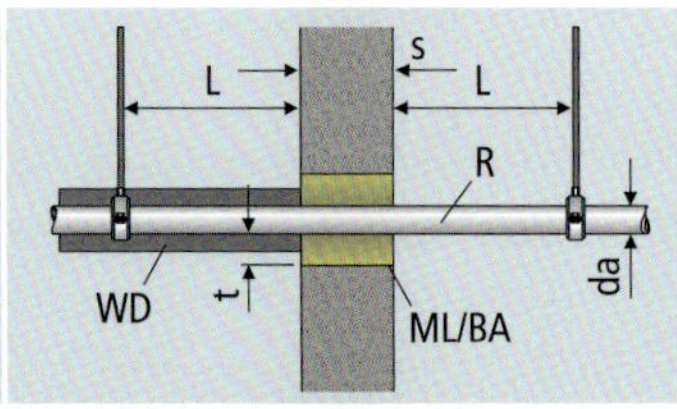	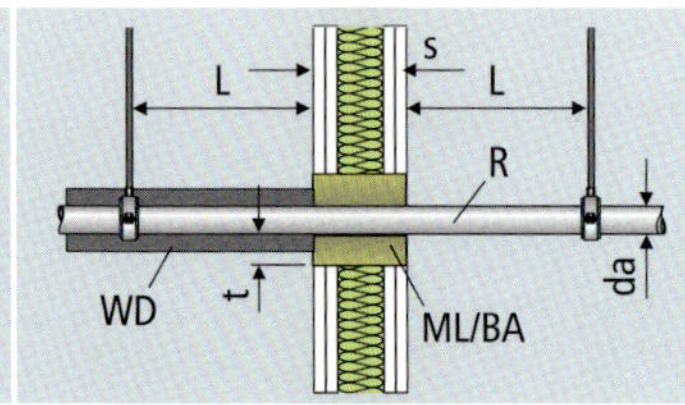	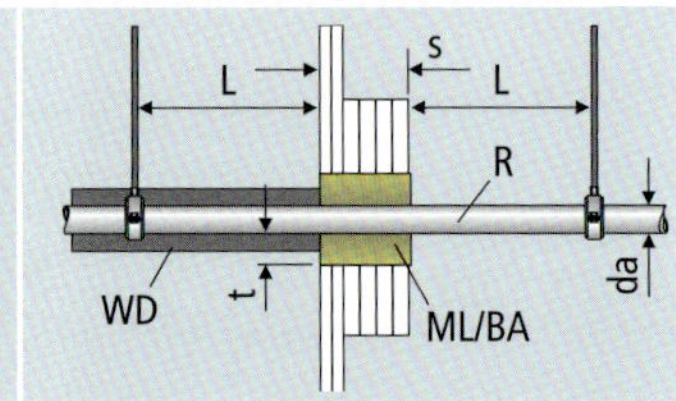
ungedämmte brennbare Rohre (R) mit Mineralwoll-schale/-matte, Schmelzpunkt > 1000 °C (MS), in der Baustoffklasse A1/A2	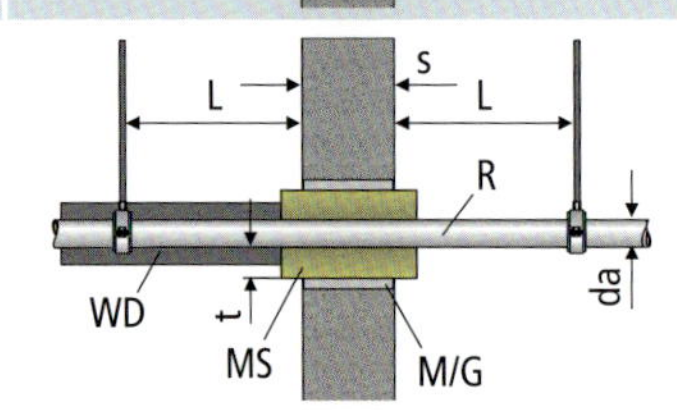	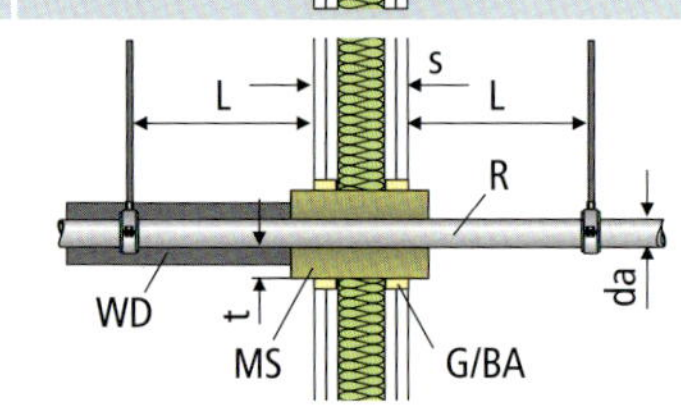	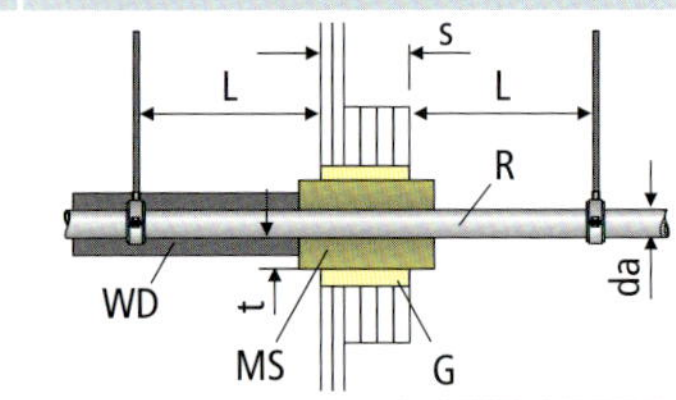
durchgängig gedämmte brennbare Rohre (R) mit nichtbrennbaren Dämmstoffen (MD) in der Baustoffklasse A1/A2 **1)**	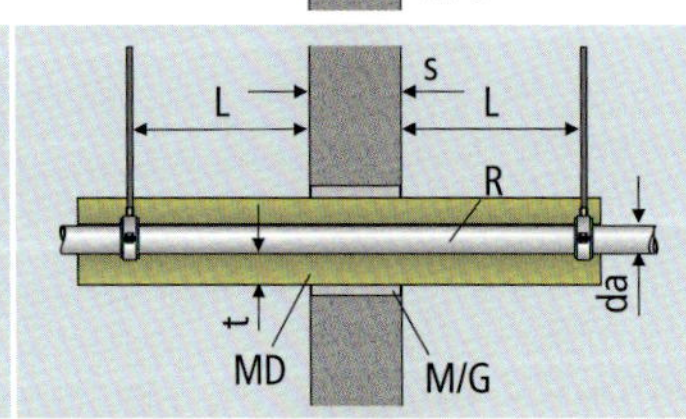	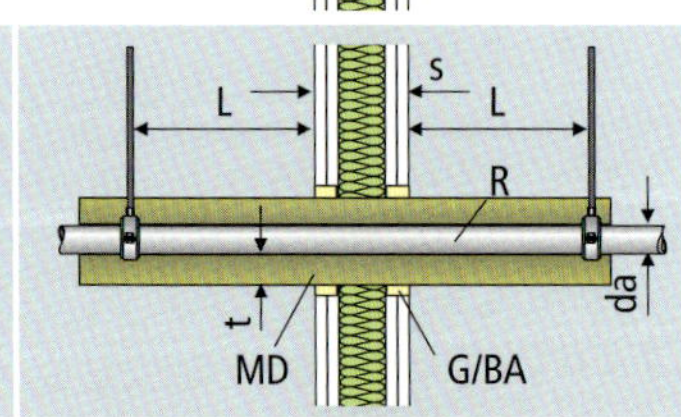	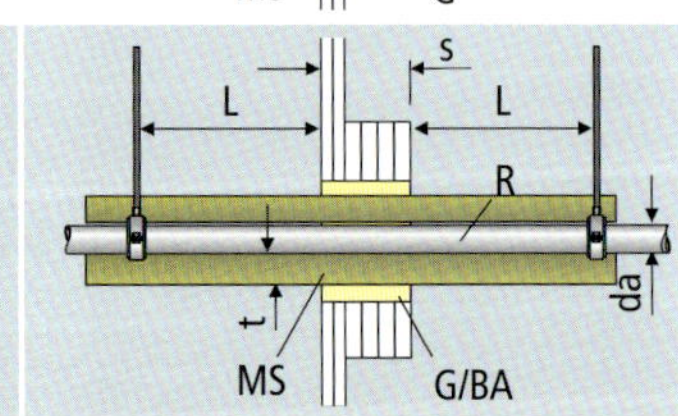
Abschottungshülsen, siehe **Teil G VIII.** mit brennbarem Elektroleerrohr mit/ohne Belegung, Befestigung gemäß VDE-Bestimmung	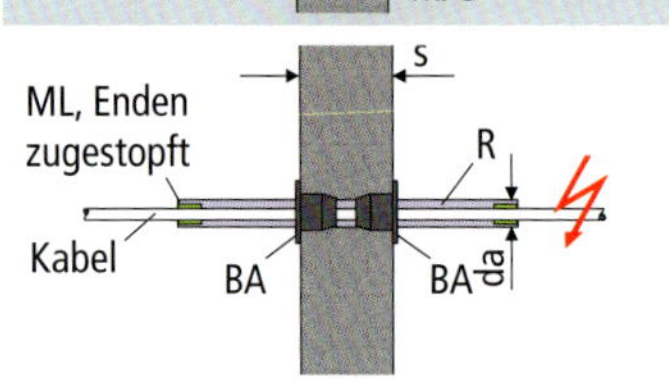	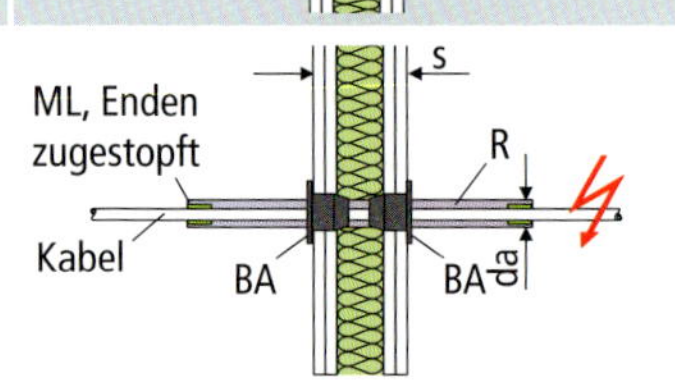	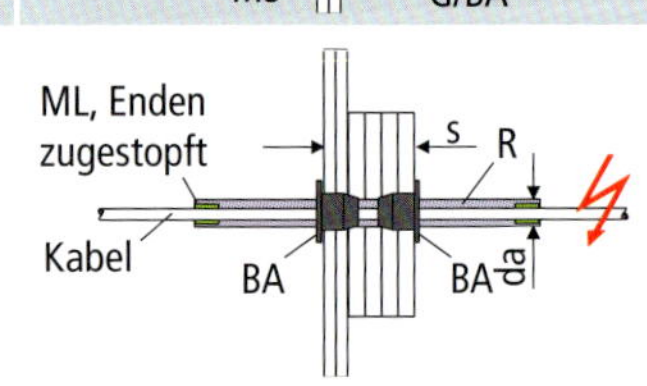
durchgängige Elektroleerrohre d ≤ 32 mm, mit/ohne Befestigung gemäß VDE-Bestimmungen	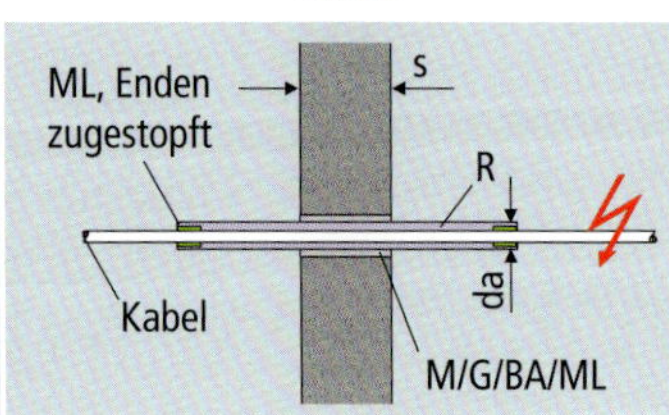	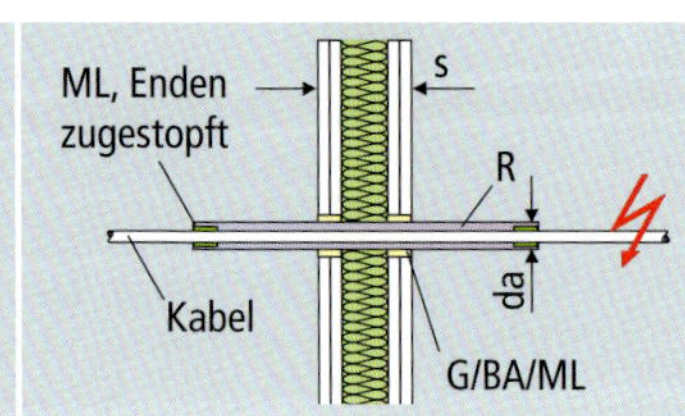	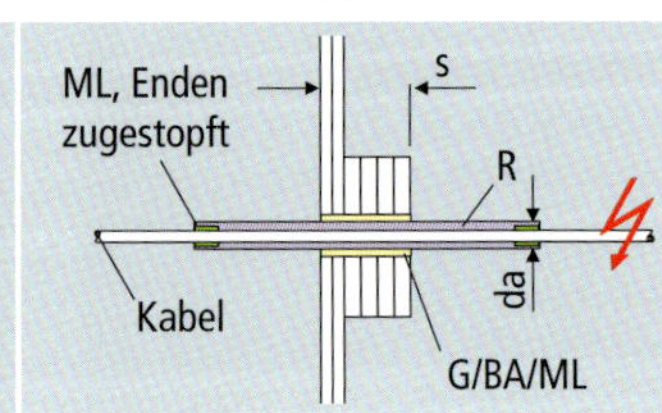

Legende zu Tab. I-V–1 (Abstandsregeln siehe Tab. I-VII–1)

s = Mindestabschottungsdicke im Bereich der Leitungsdurchführung (F 30 ≥ 60 mm, F 60 ≥ 70 mm, F 90 ≥ 80 mm, siehe MLAR, Abschnitt 4.3)

R = Rohrdurchmesser brennbar d ≤ 32 mm

L = kein besonderer brandschutztechnischer Befestigungsabstand erforderlich.
Empfehlung:
Einhaltung der Mindestbefestigungsabstände der Rohrsysteme/-werkstoffe, maximal L ≤ 1,50 m auf beiden Seiten der Wand. Die Befestigung muss aus nichtbrennbaren Baustoffen, z. B. Stahl verzinkt bestehen, eine brandschutztechnische Auslegung der Befestigung ist nicht erforderlich. Schallschutzeinlagen aus brennbaren Baustoffen sind zulässig.

t = maximale Spaltbreite
- für gestopfte Mineralwolle (ML) t ≤ 50 mm und im Brandfall aufschäumende Baustoffe (BA), t ≤ 15 mm
- für Mörtel (M) und Gipsverschlüsse (G) t = unbegrenzt, wenn die Statik der Wand dies zulässt

M = Verschluss des Restspaltes mit nichtbrennbaren mineralischen formstabilen Mörteln/Beton

G = Verschluss des Restspaltes mit Gipsvergussmassen

BA = Verschluss des Restspaltes mit im Brandfall aufschäumenden Baustoffen

ML = Mineralwolle lose gestopft (handfest mit ca. 90 kg/m³). Bei Bedarf mit einer stirnseitigen Beschichtung eines im Brandfall aufschäumenden Baustoffes, z. B. Kabelbeschichtungen/Brandschutzsilikon zur Sicherung der losen Mineralwollstopfung

MD = Mineralwollschale als brandschutztechnisch wirksame Dämmung, Schmelzpunkt > 1000 °C, innerhalb der Bauteildurchführung mit oder ohne weiterführender Dämmung

MS = durchgängige Mineralwollschale als brandschutztechnisch wirksame Dämmung, Schmelzpunkt > 1000 °C, in Kombination als Wärme- und Schallschutzdämmung, ohne Dickenbegrenzung

1) Die Mindestdämmlänge der nichtbrennbaren Mineralfaserdämmung (MD) muss beidseitig vom Bauteil 500 mm betragen

I

I-VI. Durchführung von nichtbrennbaren Rohrleitungsanlagen da ≤ 160 mm als offene Systeme

Tab. I-VI–1: Übersicht über die Rohrdurchführungsvarianten gemäß MLAR, Abschnitt 4.3 für nichtbrennbare Rohre da ≤ 160 mm, gültig für Decken

Durchführungsart MLAR, Abschnitt 4.3	**F 30 F 60 F 90** **Massivdecken mit Anforderungen an die Feuerwiderstandsdauer**	**F 30 F 60 F 90** **Massivdecken mit Anforderungen an die Feuerwiderstandsdauer**
ungedämmte nichtbrennbare Rohre (R) mit mineralischem Restverschluss (M/G)	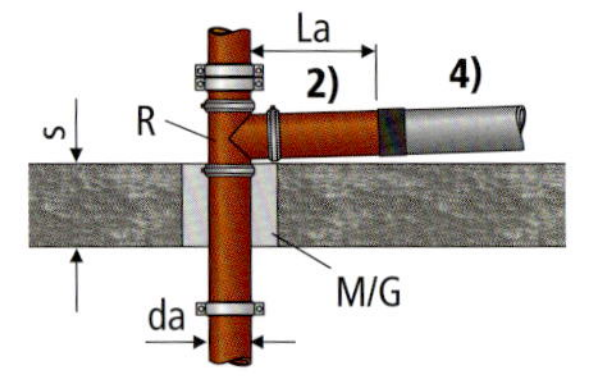	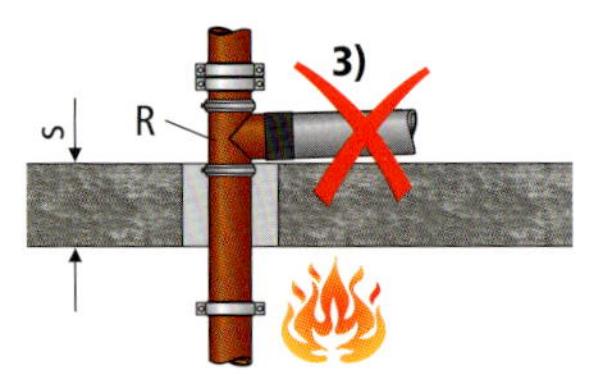
ungedämmte nichtbrennbare Rohre (R) mit Mineralwollstopfung, Schmelzpunkt > 1000 °C (ML) oder mit im Brandfall aufschäumenden Baustoffen (BA)	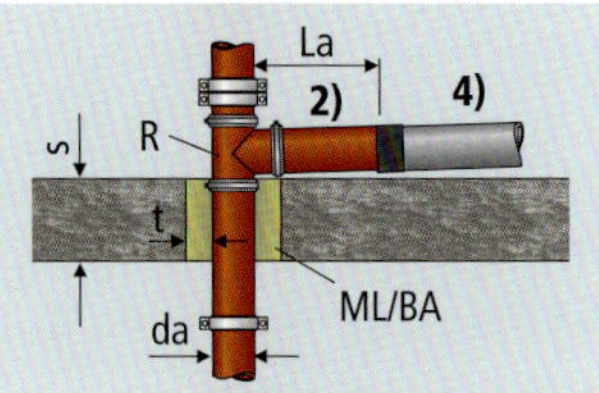	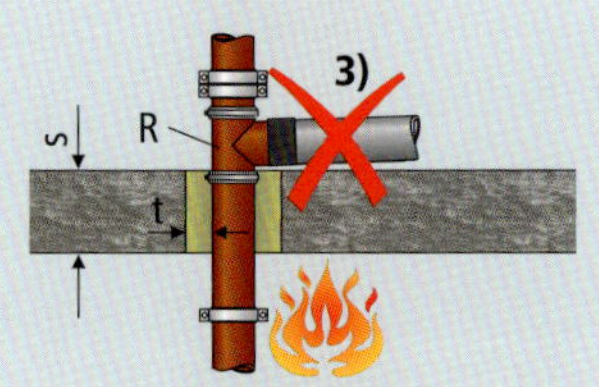
ungedämmte nichtbrennbare Rohre (R) mit Mineralwollschale/-matte, Schmelzpunkt > 1000 °C (MD) in der Baustoffklasse A1/A2	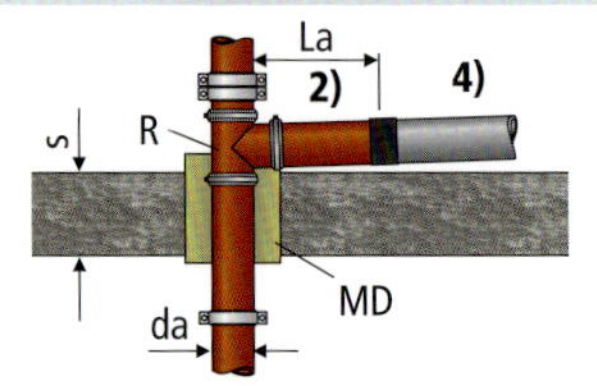	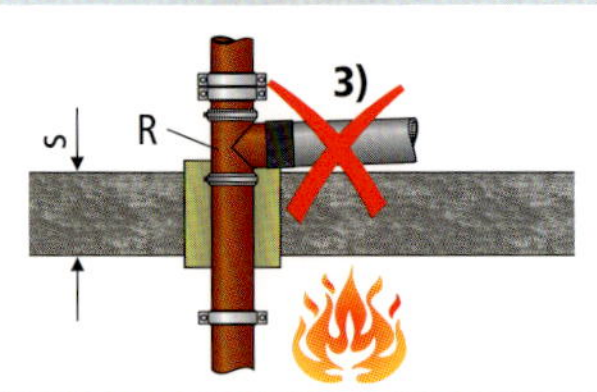
durchgängig gedämmte Rohre (R) mit nichtbrennbaren Dämmstoffen (MS) in der Baustoffklasse A1/A2 **1)**	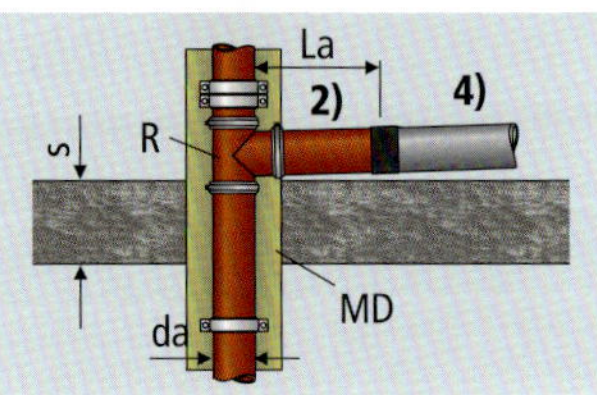	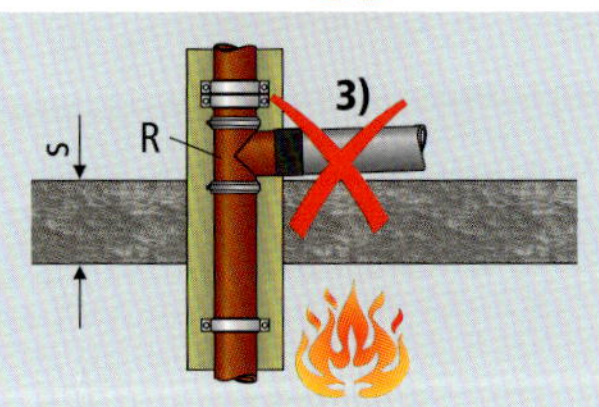

1) Die Mindestdämmlänge der nichtbrennbaren Mineralfaserdämmung (MD) muss beidseitig vom Bauteil 500 mm betragen

2) Anschluss von nichtbrennbaren Anschluss-/Schleppleitungen oberhalb und unterhalb der Decke ohne Materialwechsel zulässig

3) Der direkte Anschluss von brennbaren Anschluss-/ Schleppleitungen oberhalb und unterhalb der Decke ist nicht zulässig

4) Nach **La ≥ 500 mm** ist oberhalb der Decke ein Übergang auf brennbare Anschluss-/Schleppleitungen nur möglich, wenn diese nicht über Dach entlüftet sind. Unterhalb der Decke ist kein Materialwechsel zulässig (siehe auch **Teil G-II.**). Ausnahmen sind kurze abschottende Übergangsstücke gemäß Ver- und Anwendbarkeitsnachweis zum Anschluss von R 30/60/90-Bodenabläufen.

Legende zu Tab. I-VI–1 (Abstandsregeln siehe Tab. I-VII–1)

s = Mindestabschottungsdicke im Bereich der Leitungsdurchführung (F 30 ≥ 60 mm, F 60 ≥ 70 mm, F 90 ≥ 80 mm, siehe MLAR, Abschnitt 4.3)

R = Rohrdurchmesser nichtbrennbar d ≤ 160 mm

L = kein besonderer brandschutztechnischer Befestigungsabstand erforderlich. Die Befestigung muss aus nichtbrennbaren Baustoffen, z. B. Stahl verzinkt, bestehen, eine brandschutztechnische Auslegung der Befestigung ist nicht erforderlich. Schallschutzeinlagen aus brennbaren Baustoffen sind zulässig.

La ≤ 500 mm ist ein nichtbrennbarer Rohrwerkstoff zwingend erforderlich. Danach ist oberhalb der Decke ein Übergang auf brennbare Rohre möglich. Unterhalb der Decke ist kein Materialwechsel zulässig. Ausnahmen sind kurze abschottende Übergangsstücke zum Anschluss von R 30/60/90-Bodenabläufen gem. Ver- und Anwendbarkeitsnachweis

t = maximale Spaltbreite
- für gestopfte Mineralwolle (ML) t ≤ 50 mm und im Brandfall aufschäumende Baustoffe (BA), t ≤ 15 mm
- für Mörtel (M) und Gipsverschlüsse (G) t = unbegrenzt, wenn die Statik der Decke dies zulässt

M = Verschluss des Restspaltes mit nichtbrennbaren mineralischen formstabilen Mörteln/Beton

G = Verschluss des Restspaltes mit Gipsvergussmassen

BA = Verschluss des Restspaltes mit im Brandfall aufschäumenden Baustoffen

ML = Mineralwolle lose gestopft (handfest mit ca. 90 kg/m³). Bei Bedarf mit einer stirnseitigen Beschichtung eine im Brandfall aufschäumenden Baustoffes, z. B. Kabelbeschichtungen/Brandschutzsilikon zur Sicherung der losen Mineralwollstopfung

MD = Mineralwollschale als brandschutztechnisch wirksame Dämmung, Schmelzpunkt > 1000 °C, innerhalb der Bauteildurchführung mit oder ohne weiterführender Dämmung

MS = durchgängige Mineralwollschale als brandschutztechnisch wirksame Dämmung, Schmelzpunkt > 1000 °C, in Kombination als Wärme- und Schallschutzdämmung, ohne Dickenbegrenzung

I-VII. Abstandsregeln zwischen nichtbrennbaren und brennbaren Rohren

Tab. I-VII–1: Varianten der Abstandsregeln zwischen nichtbrennbaren und brennbaren Rohren

Varianten gedämmt und Kombinationen	Varianten ungedämmt
a ≥ 50 mm zwischen der Dämmung (MS) in der Durchführung Rohr nichtbrennbar, durchgängig gedämmt (MS mind. 500 mm beidseitig vom Bauteil) 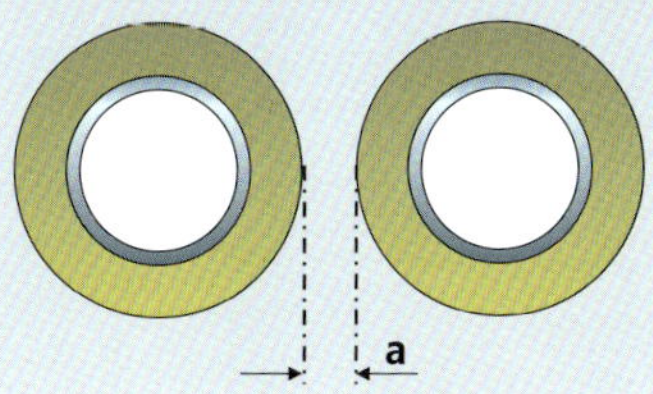 Rohr nichtbrennbar, durchgängig gedämmt (MS mind. 500 mm beidseitig vom Bauteil)	**a = 1 x** d_n des größten Rohrdurchmessers Rohr nichtbrennbar 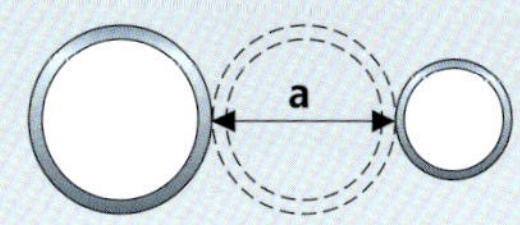 Rohr nichtbrennbar
a ≥ 50 mm zwischen der Dämmung (MS) in der Durchführung Rohr brennbar, durchgängig gedämmt (MS mind. 500 mm beidseitig vom Bauteil) 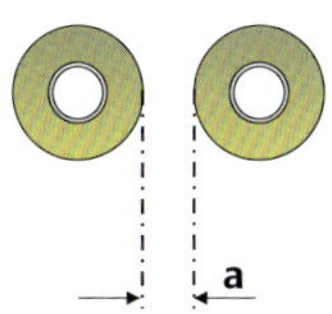 Rohr brennbar, durchgängig gedämmt (MS mind. 500 mm beidseitig vom Bauteil)	**a = 5 x** d_b des größten Rohrdurchmessers Rohr brennbar 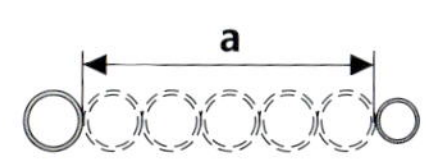 Rohr brennbar
a ≥ 50 mm zwischen der Dämmung (MS) in der Durchführung Rohr nichtbrennbar, durchgängig gedämmt (MS mind. 500 mm beidseitig vom Bauteil) 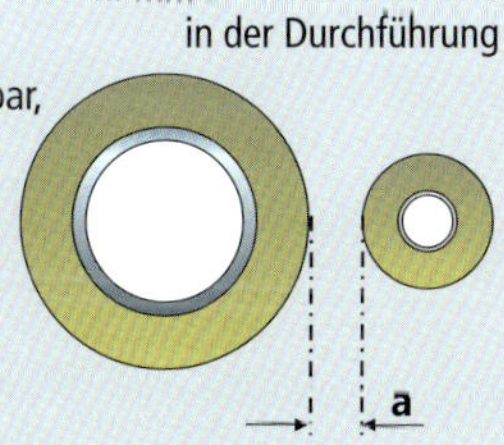 Rohr brennbar, durchgängig gedämmt (MS mind. 500 mm beidseitig vom Bauteil)	**a = größtes Maß aus 1 x** d_n oder **5 x** d_b der Rohrdurchmesser Rohr nichtbrennbar 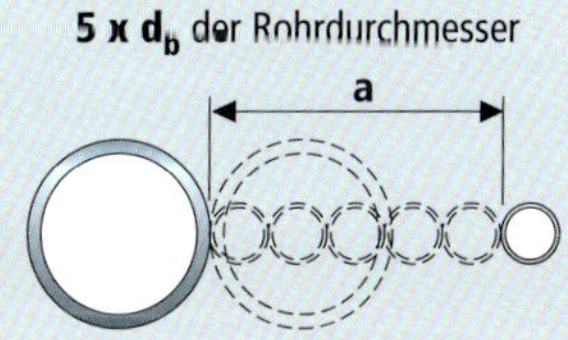 Rohr brennbar
a ≥ 50 mm zwischen der Dämmung (MS) in der Durchführung und dem ungedämmten nichtbrennbaren Rohr Rohr nichtbrennbar, ungedämmt 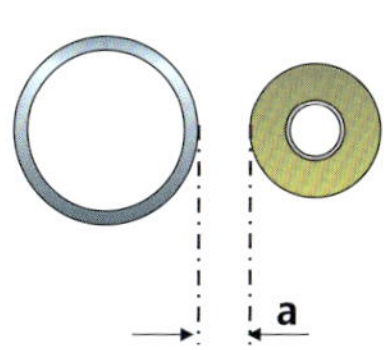 Rohr brennbar, durchgängig gedämmt (MS mind. 500 mm beidseitig vom Bauteil)	
a ≥ 50 mm zwischen der Dämmung (MS) in der Durchführung und dem ungedämmten nichtbrennbaren Rohr Rohr brennbar, ungedämmt 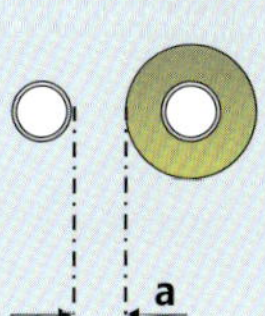 Rohr brennbar, durchgängig gedämmt (MS mind. 500 mm beidseitig vom Bauteil)	

Legende:

d_n = Rohr nichtbrennbar d_b = Rohr brennbar

Hinweis:
Als Dämmdicke im Bereich der Durchführung kann zur Abstandsberechnung immer die lieferbare Mindestdämmdicke einer nichtbrennbaren Mineralfaserdämmung für MS/MD/ML von 20 mm pauschal angesetzt werden.

I-VIII. Durchführung von einzelnen elektrischen Leitungen aller Art (z. B. Elektrokabel)

Die Anforderungen entsprechen den Ausführungen in **Teil I-I.** bis **Teil I-V.** für geschlossene Systeme.

Tab. I-VIII–1: Übersicht über die Durchführungsvarianten von einzelnen elektrischen Leitungen gemäß MLAR, Abschnitt 4.3, gültig für Decken und Wände

Durchführungsart MLAR, Abschnitt 4.3	F 30 F 60 F 90 **Massivwand/ Deckenkonstruktionen mit Anforderungen an die Feuerwiderstandsdauer**	F 30 F 60 F 90 **Metallständerwand**	F 30 F 60 F 90 **Schachtwand mit Aufdoppelung**
Einzelkabel, z. B. Elektro-, Hohlleiter-, Koaxial-, Lichtwellenleiter-, IT-und Fernmeldekabel, d unbegrenzt, Befestigung gemäß VDE-Bestimmungen	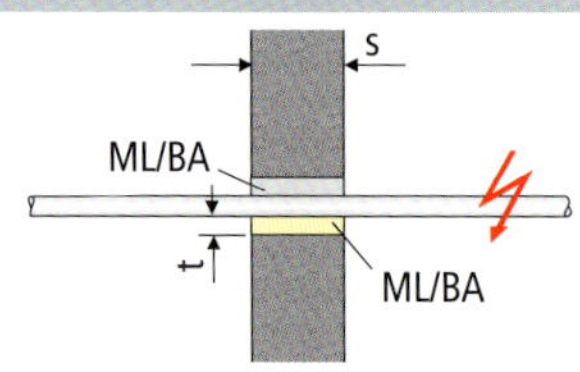	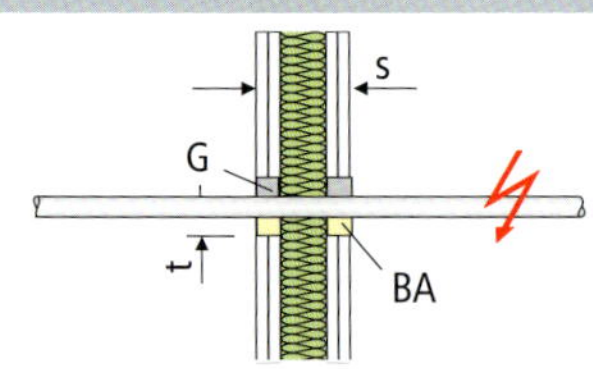	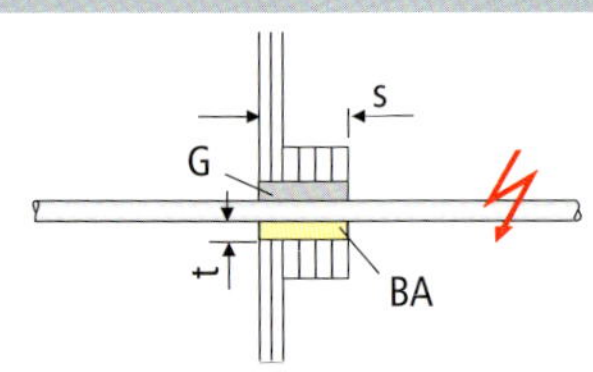
Elektroleerohre brennbar, mit/ ohne Belegung da ≤ 32 mm, Befestigung gemäß VDE-Bestimmungen	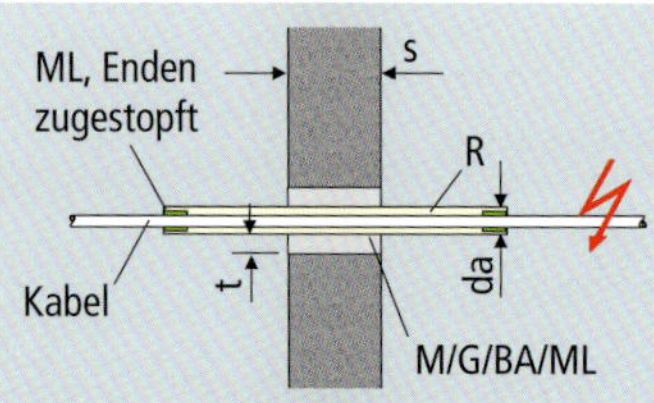	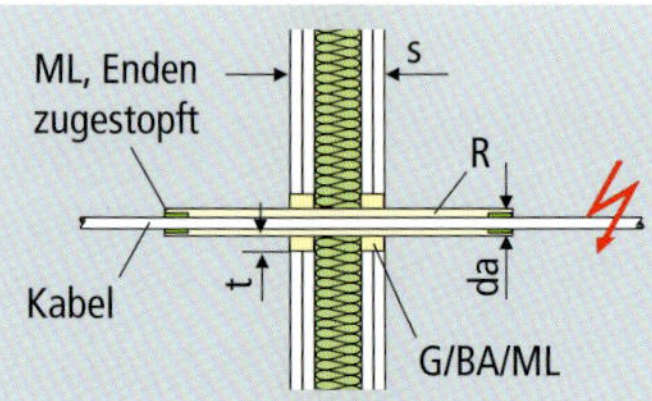	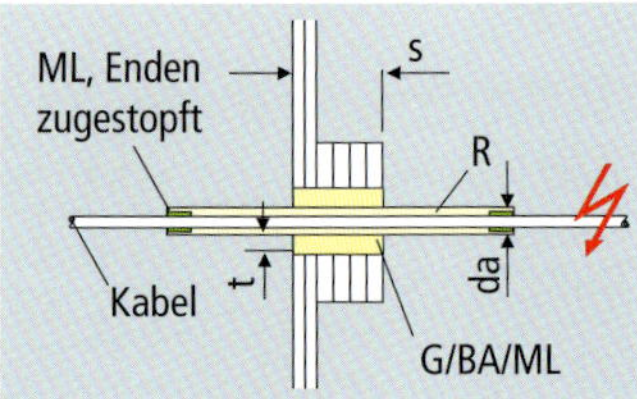
Abschottungshülsen, Dosen-abschottungen siehe **Teil G-VIII.** (Mindestbauteildicke ggf. weiter aufdoppeln), Befestigung gemäß VDE-Bestimmungen	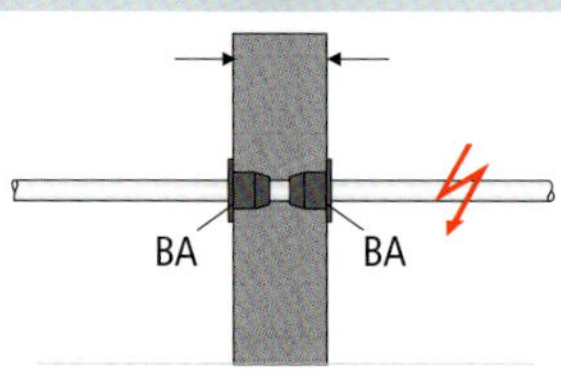	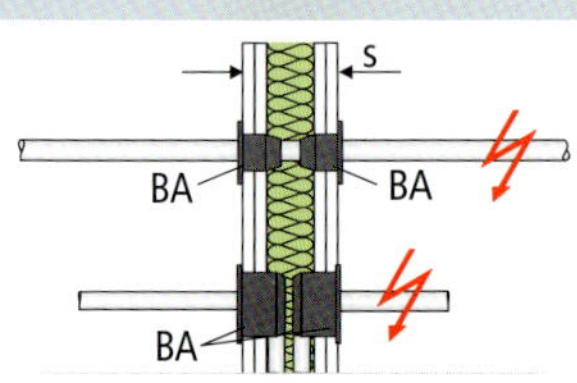	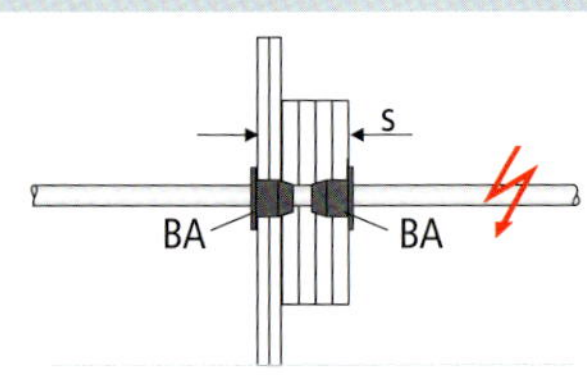
Abschottungshülsen, siehe **Teil G VIII.** mit Elektroleerrohre (Mindestbauteildicke ggf. weiter aufdoppeln), Befestigung gemäß VDE-Bestimmungen	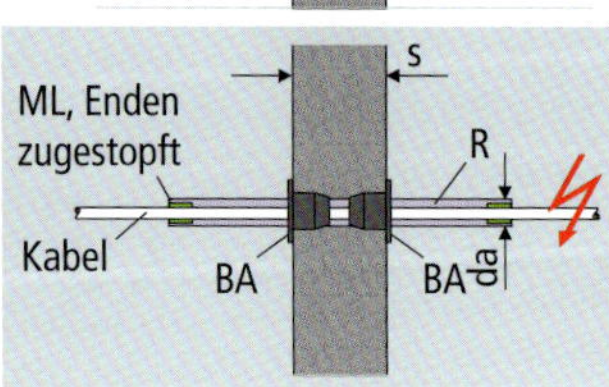	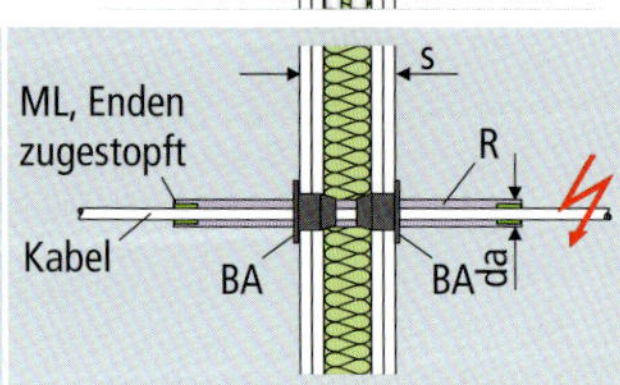	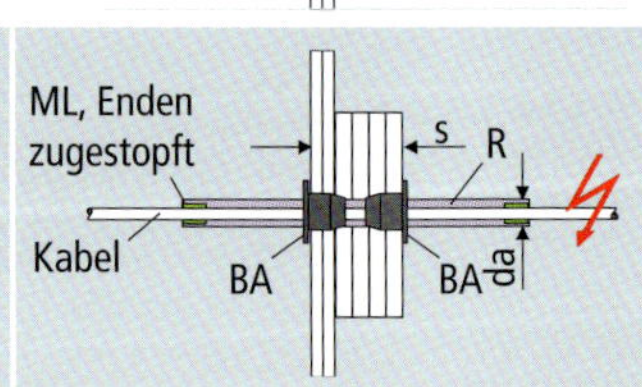

Legende zu Tab. I-VIII–1 und Bild I-IX–1:

s = Mindestabschottungsdicke im Bereich der Leitungsdurchführung (F 30 ≥ 60 mm, F 60 ≥ 70 mm, F 90 ≥ 80 mm, siehe MLAR, Abschnitt 4.3)

t = maximale Spaltbreite
- für gestopfte Mineralwolle (ML), t ≤ 50 mm und im Brandfall aufschäumende Baustoffe (BA), t ≤ 15 mm
- für Mörtel (M) und Gipsverschlüsse (G) t = unbegrenzt, wenn die Statik der Wand dies zulässt

M = Verschluss des Restspaltes mit nichtbrennbaren mineralischen formstabilen Mörteln/Beton

G = Verschluss des Restspaltes mit Gipsmassen

BA = Verschluss des Restspaltes mit im Brandfall aufschäumenden Baustoffen

ML = Mineralwolle lose gestopft (handfest mit ca. 90 kg/m³). Bei Bedarf mit einer stirnseitigen Beschichtung eines im Brandfall aufschäumenden Baustoffes, z. B. Kabelbeschichtungen/Brandschutzsilikon, zur Sicherung der losen Mineralwollstopfung

Hinweise zu Bild I-IV – 1 und Bild I-VIII – 1:

- Der Einbau von Auslaibungen ist bei Leitungsdurchführungen nach den „Erleichterungen der MLAR, Abschnitt 4.2 und 4.3" nicht erforderlich. Bei Anordnung der Leitungsdurchführungen und Abschottungen unter Einhaltung der jeweils gültigen Mindestabstände muss unbedingt auf die Stabilität der Trennwände geachtet werden.
- Anforderungen an feuerwiderstandsfähige Trennwände mit gleitenden Deckenanschlüssen sind bei der Planung und Umsetzung zu berücksichtigen. Die Beweglichkeit der Bauteile zueinander darf nicht eingeschränkt werden.

Mögliche Abweichungen von der MLAR, Abschnitt 4.3 (Nachweisführung siehe Teil I-XII.)

- Ein kleines Leitungsbündel bis d = 32 mm kann, analog zu brennbaren Rohren mit d ≤ 32 mm Außendurchmesser, als Einzelleitungsdurchführung gewertet werden, da es für elektrische Einzelleitungen keine Durchmesserbegrenzung gibt. Die Ausführung der Durchführung erfolgt wie bei Einzelleitungen. Das kleine Leitungsbündel ist als dichtgepacktes Leitungsbündel bis 32 mm Außendurchmesser auszuführen. Die Abstandsregeln gelten analog einer Einzelleitung.

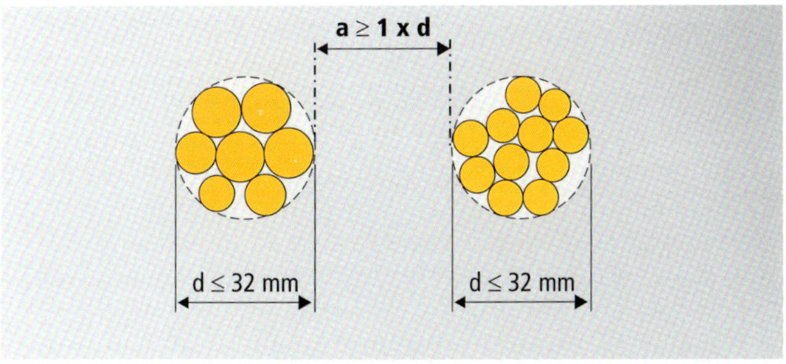

Abschottungsmaßnahme für kleine Kabelbündel in Decken und Wänden als mögliche Abweichung von der technischen Baubestimmung

a = Es wird ein Mindestabstand von a ≥ 1x d des größten Durchmessers zwischen den kleinen Kabelbündeln vorgegeben

Anforderung: Der Bauteilverschluss (Raumabschluss) und die Statik (Standfestigkeit) der Wand und Decke muss gewährleistet werden

Bild I-VIII–1: Leitungsdurchführung von kleinen Kabelbündeln als dicht gepacktes Leitungsbündel

- Als Einzelleitung können auch in einer Fuge einer Massivwand nebeneinander verlegte elektrische Leitungen (d einzeln max. 13 mm) bis zu 50 mm Gesamtbreite innerhalb der Fuge gewertet werden, wenn die Restquerschnitte der Fuge mit Fugenmörtel fachgerecht verschlossen werden.

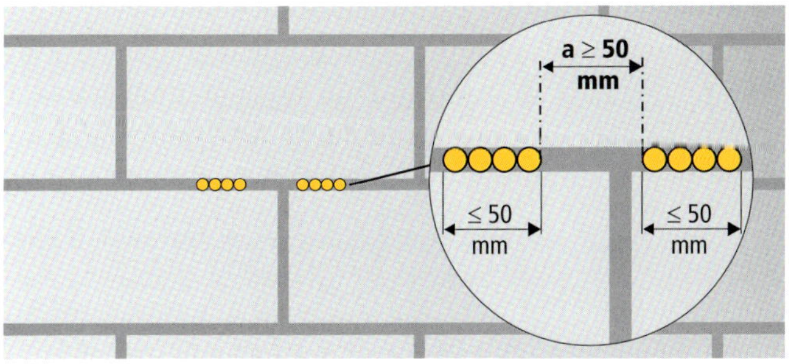

Abschottungsmaßnahme für nebeneinander verlegte Einzelkabel, z. B. in einer Mauerfuge

a = Es wird ein Mindestabstand von a ≥ 50 mm zwischen den einzelnen Kabelanordnungen vorgegeben

Anforderung: Der Bauteilverschluss (Raumabschluss) und die Statik (Standfestigkeit) der Wand und Decke muss gewährleistet werden

Bild I-VIII–2: Leitungsdurchführung von nebeneinander angeordneten Einzelleitungen, z. B. Mauerfugen

I-IX. Abstandsregeln zwischen Einzelkabeln und anderen Abschottungen

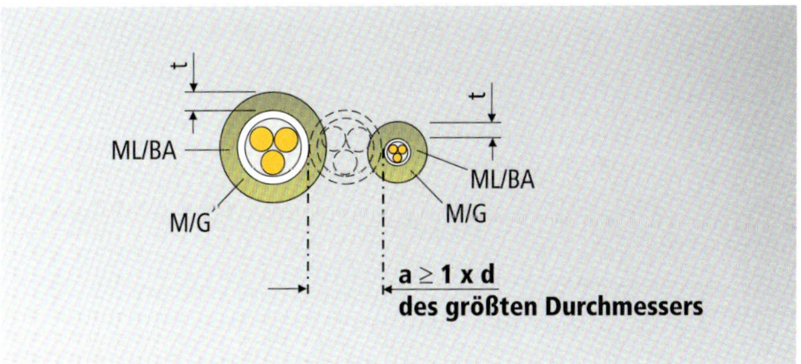

Abschottungmaßnahme für Einzelkabel in Decken und Wänden

a = Es wird ein Mindestabstand von a ≥ 1x d des größten Durchmessers zwischen den einzelnen Kabeln vorgeschrieben

Anforderung: Der Bauteilverschluss (Raumabschluss) und die Statik (Standfestigkeit) der Wand und Decke muss gewährleistet werden

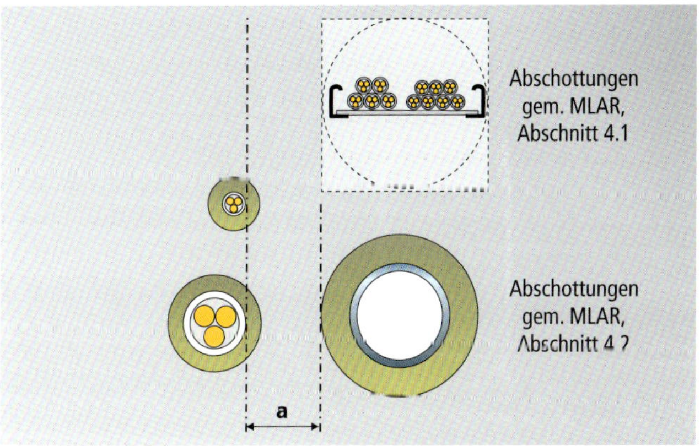

Der sich ergebende größte Mindestabstand **a** der angrenzenden Abschottungen ist einzuhalten.
Liegt zwischen „fremden Abschottungen" kein Mindestabstandsmaß im Ver-/Anwenbarkeitsnachweis (abP/abZ/aBG) vor, kann die Regel der MLAR, Abschnitt 4.1.3 mit a ≥ 50 mm angewendet werden.

Bild I-IX–1: Übersicht über die Abstandsregeln gemäß MLAR, Abschnitt 4.3 für die Durchführungsvarianten von einzelnen elektrischen Leitungen

I

I-X. Abstandsregeln zwischen den Leitungsdurchführungen gemäß MLAR 2005, Abschnitt 4.2/4.3 und klassifizierten Abschottungen

Zwischen den Leitungsdurchführungen von Rohrleitungen und elektrischen Leitungsanlagen gelten die folgenden Abstandsregeln:

- MLAR, Abschnitt 4.3 Rohrleitungen nichtbrennbar untereinander, siehe Tab. I-VII–1
- MLAR, Abschnitt 4.3 Rohrleitungen brennbar untereinander, siehe Tab. I-VII–1
- MLAR, Abschnitt 4.3 einzelne elektrische Leitungen untereinander, entsprechend Bild I-IX–1
- MLAR, Abschnitt 4.2 und 4.3. Bei Leitungsdurchführungen nach den „Erleichterungen" der MLAR, Abschnitt 4.2 und 4.3 müssen die größten Mindestabstände, die sich aus den Anforderungen der MLAR, Abschnitt 4.3 ergeben, eingehalten werden.
- MLAR, Abschnitt 4.1 „klassifizierte Abschottungen" neben Durchführungen nach den „Erleichterungen" Abschnitt 4.2 und/oder 4.3. Die Ausführungsregel ist in der MLAR 4.1.3 beschrieben (siehe auch **Teil G-XII.**). Es gelten die größten Mindestabstände, die sich aus den Anforderungen der Verwendbarkeitsnachweise zu „fremden Abschottungen" oder aus der MLAR, Abschnitt 4.1.3 ergeben.

Bei Anordnung der Leitungsdurchführungen und Abschottungen unter Einhaltung der jeweils gültigen Mindestabstände muss unbedingt auf die Stabilität (Statik) der Trennwände geachtet werden.

Bei leichten Metallständerwänden sind zur Herstellung der Stabilität horizontale Auswechselungen in Form von C-Profilen einzubauen (siehe beispielhaft auch **Teil G-XII.**).

Anforderungen an feuerwiderstandsfähige Trennwände mit gleitenden Deckenanschlüssen sind bei der Planung und Umsetzung zu berücksichtigen. Die Beweglichkeit der Bauteile zueinander darf nicht behindert werden.

I-XI. Einzelne Rohrleitungen mit oder ohne Dämmung in Wandschlitzen oder mit Ummantelung

Abgeleitet von der früheren 4-Meter-Regel wurden die „Erleichterungen für einzelne Rohrleitungen mit oder ohne Dämmung in Wandschlitzen oder Ummantelungen" als Erleichterung bewertet.

4.3.4 Einzelne Rohrleitungen mit oder ohne Dämmung in Wandschlitzen oder mit Ummantelung
[1]Abweichend von Abschnitt 4.1 dürfen einzelne Rohrleitungen mit einem Außendurchmesser bis 110 mm

a) aus nichtbrennbaren Baustoffen – ausgenommen Aluminium und Glas – (auch mit brennbaren Beschichtungen) oder
b) aus brennbaren Baustoffen, Aluminium oder Glas für nichtbrennbare Flüssigkeiten, Dämpfe oder Stäube durch die Decken geführt werden.

[2]Dies gilt nur, wenn sie in den Geschossen durchgehend

a) in eigenen Schlitzen von massiven Wänden verlegt werden, die mit mindestens 15 mm dickem mineralischem Putz auf nichtbrennbarem Putzträger mit dahinter liegen der mindestens 10 mm dicker, nichtbrennbarer Dämmung mit einer Schmelztemperatur von mindestens 1000 °C oder mehrlagig mit insgesamt mindestens 25 mm dicken Platten aus nichtbrennbaren mineralischen Baustoffen verschlossen werden; die verbleibenden Wandquerschnitte müssen die erforderliche Feuerwiderstandsdauer behalten, oder
b) einzeln derart in Wandecken von massiven Wänden verlegt werden, dass sie mindestens zweiseitig von den Wänden und im Übrigen von Bauteilen aus mindestens 15 mm dickem mineralischem Putz auf nichtbrennbarem Putzträger mit dahinter liegender mindestens 10 mm dicker, nichtbrennbarer Dämmung mit einer Schmelztemperatur von mindestens 1000 °C oder mehrlagig aus insgesamt mindestens 25 mm dicken Platten aus nichtbrennbaren mineralischen Baustoffen vollständig umschlossen sind.

[3]Die von diesen Rohrleitungen abzweigenden Leitungen dürfen offen verlegt werden, sofern sie nur innerhalb eines Geschosses geführt werden.

In Abschnitt 4.3.4 wird geregelt, wann einzelne Rohrleitungen alleine ohne weitere Abschottungen in einem Wandschlitz oder -ecke geführt werden können.

Die bisher bekannte Unterputzverlegung von mehreren Rohrleitungen nebeneinander ist in diesem Fall nicht zulässig. Sie ist nur dann zulässig, wenn die Leitungen im Deckenbereich F 30/60/90 nach MLAR, Abschnitt 4.3.3 verlegt oder mit bauaufsichtlich klassifizierten Abschottungen eingebaut werden.

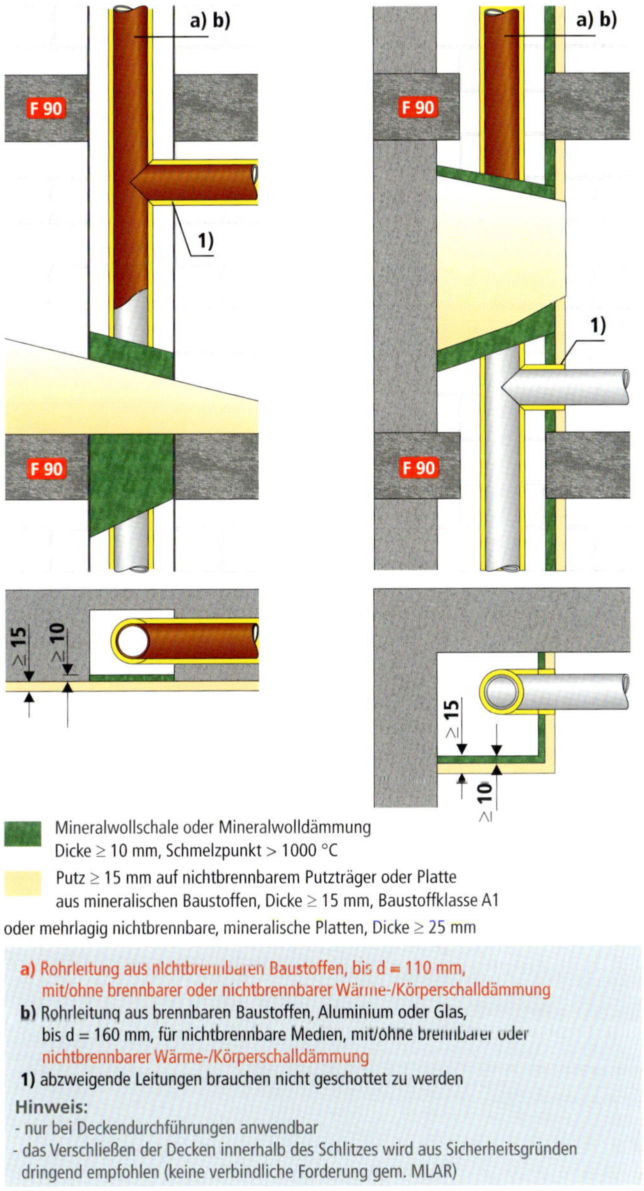

Bild I-XI–1: Beispielhafte Darstellung einer Leitungsinstallation mit/ohne Dämmung in Wandschlitzen oder mit einer Ummantelung gemäß MLAR, Abschnitt 4.3.4, Putz ≥ 15 mm auf nichtbrennbarem Putzträger oder Platte aus mineralischen Baustoffen, Dicke ≥ 15 mm, Baustoffklasse A1, Mineralwollschale oder Mineralwolldämmung Dicke ≥ 10 mm, Schmelzpunkt > 1000 °C

In vielen Fällen wird die Anwendung der MLAR, Abschnitt 4.3.1 bis 4.3.3 mit geschlossenen Decken und entsprechenden Abschottungsmaßnahmen wirtschaftlicher sein.

Brandschutztechnisch bestehen keine Bedenken anstelle eines nichtbrennbaren Rohres mit d ≤ 110 mm auch max. 2 nichtbrennbare Rohre d ≤ 50 mm mit nichtbrennbarer Dämmung in den beschriebenen Schlitzen bzw. Wandecken zu verlegen, z. B. Heizungsleitungen o.ä..

Diese Verlegeart gemäß MLAR, Abschnitt 4.3.4 **gilt nur für einzelne Rohrleitungen**, z. B. für Entwässerungsleitungen.

Zusätzliche einzelne elektrische Leitungen oder kleine Kabelbündel müssen außerhalb der Verkleidung verlegt werden.

I-XII. Zulässige baurechtliche Abweichungen

Im Bereich von Leitungsdurchführungen gemäß den „Erleichterungen" der MLAR, Abschnitt 4.3 kommt die folgende baurechtliche Abweichungsform zum Tragen:
Bei Abweichungen von den Grundlagen der MLAR, Abschnitt 4.3 und der Abstandregelung gemäß Abschnitt 4.1.3 gelten die formalen Grundlagen der Eingeführten Technischen Baubestimmungen (ETB).

Grundlage MBO 2016, § 85a „Technische Baubestimmungen"

(1) [1]Die Anforderungen nach § 3 können durch Technische Baubestimmungen konkretisiert werden. [2]Die Technischen Baubestimmungen sind zu beachten. [3]Von den in den Technischen Baubestimmungen enthaltenen Planungs-, Bemessungs- und Ausführungsregelungen kann abgewichen werden, wenn mit einer anderen Lösung in gleichem Maße die Anforderungen erfüllt werden und in der Technischen Baubestimmung eine Abweichung nicht ausgeschlossen ist; §§ 16a Abs. 2, 17 Abs. 1 und 67 Abs. 1 bleiben unberührt.

Bei Abweichungen von der MLAR und den baurechtlich eingeführten Fassungen der Bundesländer kann man sich auf die MBO § 85a (1) beziehen. Auf dieser Grundlage sind Abweichungen von den Technischen Baubestimmungen – die MLAR ist eine Technische Baubestimmung – zulässig, wenn nachgewiesen werden kann, dass eine andere Lösung in gleichem Maße die Schutzziele nach MBO § 85a (1) erfüllt (siehe auch **Teil D-I.**).

Den Nachweis dieser Abweichungen als gleichwertige Lösung zur Erfüllung der Schutzziele kann der verantwortliche Fachplaner der gebäudetechnischen Gewerke führen. Bei Bedarf sollte er den vor Ort tätigen Brandschutzsachverständigen oder einen auf dem Fachgebiet des gebäudetechnischen Brandschutz erfahrenen Sachverständigen zu Rate ziehen. Die Abweichung muss im Sinne der baurechtlichen Brandschutzdokumentation zur baurechtlichen Abnahme vorliegen. Wenn diese formal zulässig ist, dient dieser Nachweis auch für den späteren Nachweis im Zuge des Bestandsschutzes für baurechtlich zulässige Abweichungen. Der Nachweis der Gleichwertigkeit ist im Rahmen des baurechtlichen Verfahrens den unteren Baubehörden vorzulegen. Eine formale Zustimmung der unteren Baubehörden ist nicht erforderlich.

Die Abweichungen von Mindestabständen, die in den Ver und Anwendbarkeitsnachweisen unter dem Hinweis „Mindestabstände zu fremden Abschottungen" geregelt sind, müssen unter dem Gesichtspunkt der „Abweichungen von Verwendbarkeitsnachweisen" bewertet werden. Das bedeutet, dass diese Bewertung von Ersteller der Abschottung im Rahmen der Übereinstimmungsbestätigung zu bewerten ist.

Die Dokumentation der Abweichungen ist von entscheidender Bedeutung, damit eine Objektüberwachung, ein Ersteller oder ein Fachplaner zum späteren Zeitpunkt die Ausführung nachvollziehen kann.

Weitergehende Anforderungen siehe:

- **Teil A-II.** Muster-Richtlinie über brandschutztechnische Anforderungen an Leitungsanlagen, MLAR Abschnitt 4: Führung von Leitungen durch raumabschließende Bauteile (Wände und Decken).

Teil J Brandschutztechnische Planungs- und Ausführungsempfehlungen zur Abschottung und Leitungsdurchführung in Bestands- und Sonderdecken

Da inzwischen der größte Anteil von Baumaßnahmen in Alt- und Bestandsbauten stattfindet, ist es zwingend erforderlich, sich mit den abweichenden Abschottungsmöglichkeiten in Bestands- und Sonderdecken/-bauteilen zu beschäftigen.

Leitungsdurchführungen in Bestands- und Sonderdecken/-bauteilen gemäß MLAR, Abschnitt 4.3 „Erleichterungen"
Die Leitungsanlagen-Richtlinie trägt diesen spezifischen Anforderungen der Leitungsabschottungen bei Bestands- und Sonderdecken mit den „Erleichterungen" der Leitungsanlagen-Richtlinien Abschnitt 4.3 besonders Rechnung. Diese Abschottungsformen gelten für alle Bauteile (z. B. Decken) mit Anforderungen an die Feuerwiderstandsdauer, wenn die in der Richtlinie beschriebenen Bedingungen eingehalten werden können.

In den folgenden Teilen werden Beispiele der möglichen Leitungsdurchführungen dargestellt.

Abschottungen in Bestands- und Sonderdecken/-bauteilen gemäß MLAR, Abschnitt 4.1 „klassifizierte Abschottungen" in Verbindung mit baurechtlich zulässigen Abweichungen von den Ver- und Anwendbarkeitsnachweisen
Klassifizierte Abschottungen sind Abschottungen mit allgemeinen bauaufsichtlichen Zulassungen (abZ), allgemeinen bauaufsichtlichen Prüfzeugnissen (abP) und allgemeinen Bauartengenehmigungen (aBG).

Zur Erstellung von klassifizierten Abschottungen in Bestands- und Sonderdecken/-bauteilen ist es i.d.R. immer erforderlich, eine baurechtlich zu bewertende Sonderkonstruktion in Verbindung mit den abweichenden Bauteilen zu definieren und zu dokumentieren.
Dies kann z. B. durch folgende bauliche Maßnahmen erfolgen:
- Montage von Aufdopplungen mit dem Ziel der „Erstellung der Mindestbauteildicke"
- Montage von Auslaibungen mit dem Ziel, eine baurechtlich akzeptable Schnittstelle zwischen den Sonderbauteilen und den klassifizierten Abschottungen herzustellen
- Erstellung von Deckenstücken aus Beton, z. B. innerhalb von Ziegeldecken, Hohlkammerdecken oder Holzbalkendecken

Die Umsetzung hängt von der projektspezifischen Situation ab. Die Umsetzung ist im projektspezifischen Fall zu entscheiden und zu dokumentieren.

In den folgenden Teilen werden Beispiele der möglichen Abschottungsvarianten dargestellt.

Abschottungen und Leitungsdurchführungen in Bestands- und Sonderdecken/-bauteilen gemäß MLAR, Abschnitt 4.1 „klassifizierte Abschottungen" in Verbindung mit baurechtlichen Abweichungen und Zustimmungen im Einzelfall
Wenn bei klassifizierten Abschottungen mit allgemeinen bauaufsichtlichen Zulassungen (abZ), allgemeinen bauaufsichtlichen Prüfzeugnissen (abP) oder allgemeinen Bauartgenehmigungen (aBG) die Anforderungen der Ver- und Anwendbarkeitsnachweise (abZ/abP/aBG) nur mit wesentlichen Abweichungen eingehalten werden können, müssen Zustimmungen im Einzelfall (ZiE) oder vorhabenbezogene Bauartgenehmigungen (vBG) bei den jeweiligen obersten Baubehörden der Bundesländer beantragt werden. Dies ist jedoch nicht erforderlich, wenn die Montage der Abschottung innerhalb einer der Feuerwiderstandsdauer entsprechenden Auslaibung oder einer entsprechenden Aufdopplung zulassungskonform ausgeführt werden kann.

Die Montage der Auslaibung oder Aufdopplung ist in dem Fall nicht als wesentliche Abweichung, sondern als nicht wesentliche Abweichung vom Ver- und Anwendbarkeitsnachweis (abZ/abP/aBG) des feuerwiderstandsfähigen Bauteils Wand auf Grundlage einer schutzzielorientierten Bewertung der Sonderbauteile auf Basis des materiellen Baurechts zu bewerten. Diese Abweichungen mussen im Brandschutzkonzept bzw. -nachweis beschrieben werden.

Bei denkmalgeschützten Gebäuden müssen Zustimmungen im Einzelfall (ZiE) oder vorhabenbezogene Bauartgenehmigungen (vBG) in Abhängigkeit von der LBO, oder über die unteren Baubehörden beantragt werden. Es wird empfohlen, diese besonderen Abweichungsprinzipien im Brandschutzkonzept/-nachweis zu dokumentieren und von der unteren Baubehörde genehmigen zu lassen.

J

J-I. Abschottungsbeispiele in feuerhemmenden Holzbalkendecken ohne/mit Ertüchtigung mittels Unterdecken/Bodenaufbau

Die **Leitungsdurchführungen nach den „Erleichterungen" der MLAR**, Abschnitt 4.3, durch feuerhemmende Bauteile (Decken) und Abschnitt 4.3 sind wie in **Teil I** beschrieben ohne weitere Maßnahmen, z. B. Einbau einer Auslaibung, zulässig.

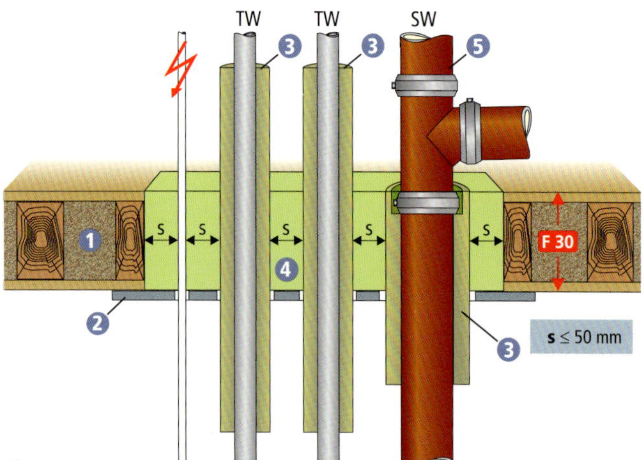

1. Holzbalkendecke
2. Calcium-Silikat-Platte gegen Herausfallen der gestopften Mineralwolle
3. nichtbrennbare Dämmung, Schmelzpunkt > 1000 °C
4. Mineralstopfwolle Stopfgewicht 90 kg/m³, Schmelzpunkt > 1000 °C
5. SML-Entwässerungsleitung

Bild J-I-1: Beispiel von Leitungsdurchführungen durch eine feuerhemmende Decke nach den „Erleichterungen der MLAR, Abschnitt 4.3.3" mit Einzelleitungen und Restverschluss durch eine Mineralwollstopfung, Schmelzpunkt > 1000 °C, Dicke des Restverschlusses s ≤ 50 mm umlaufend

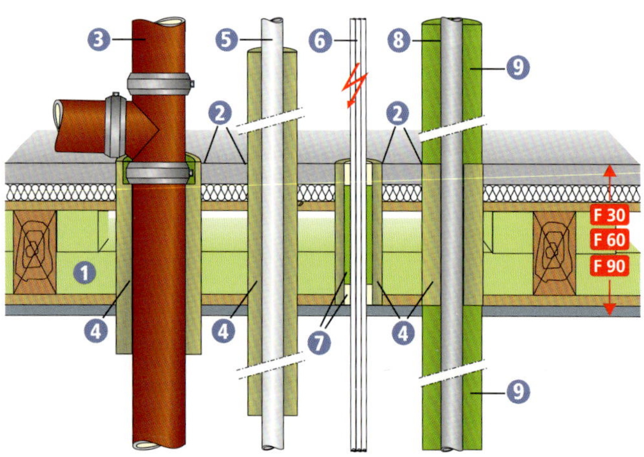

1. Holzbalkendecke
2. passgenaue „Kernlochbohrung"
3. SML-Entwässerungsleitung
4. Rockwool Conlit 150 U
5. brennbare Versorgungsleitung
6. Kabelbündel/Elektroleerrohre d ≤ 32 mm (kann als Einzelleitung gewertet werden)
7. Verschluss Ringspalt mit lose Mineralwolle, Schmelzpunkt > 1000 °C und Conlit Kit mind. 30 mm tief
8. nichtbrennbare Rohrleitung
9. weiterführende Dämmung aus Mineralwoll-Dämmschalen, Schmelzpunkt > 1000°C

Bild J-I-2: Beispiel von Leitungsdurchführungen durch eine feuerhemmende Holzbalkendecke nach den „Erleichterungen der MLAR, Abschnitt 4.3.2". In einer passgenauer Kernbohrung, wird z. B. die passgenaue Rockwool Dämmschale Conlit 150 U, Schmelzpunkt > 1000 °C mit einem im Brandfall aufschäumendem Baustoff eingeklebt. Herstellernachweis zu J-I-2: www.rockwool.de

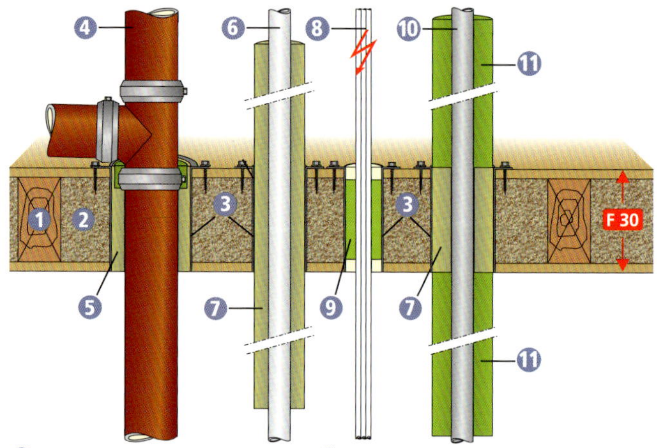

1. Holzbalkendecke
2. Deckenfüllung im Bestand
3. Deckenstanzer - Hüllrohr aus Stahl ø ≤ 160 mm wird durchgebohrt
4. SML-Entwässerungsleitung
5. nichtbrennbare Mineralwollschale, Schmelzpunkt > 1000 °C eingeklebt
6. brennbare Versorgungsleitung
7. Rockwool Conlit 150 U
8. Kabelbündel/Elektroleerrohre d ≤ 32 mm (kann als Einzelleitung gewertet werden)
9. Verschluss Ringspalt mit Mineralwolle, Schmelzpunkt > 1000 °C oder vermörteln
10. nichtbrennbare Rohrleitung
11. weiterführende Dämmung aus Mineralwoll-Dämmschalen, Schmelzpunkt > 1000 °C

Bild J-I-3: Beispiel von Leitungsdurchführungen mit einem eingebohrtem Hüllrohr aus Stahl, z. B. Fabrikat „Deckenstanzer" in einer feuerhemmenden Holzbalkendecke nach den „Erleichterungen der MLAR, Abschnitt 4.3.2. Innerhalb des Hüllrohres aus Stahl d 160 mm, können Einzelleitungen, z. B. mit Mineralwollschalen, Schmelzpunkt > 1000 °C auf Grundlage der Erleichterungen der MLAR, Abschnitt 4.3 durchgeführt werden.
Herstellernachweis zu J-I-3: www.SWS-radebeul.de

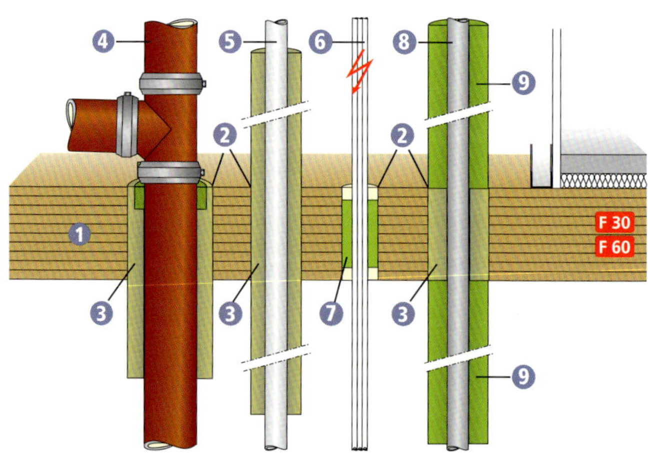

1. Decke in Brettstapelschichtbauweise
2. passgenaue Kernlochbohrung
3. Rockwool Conlit 150 U
4. SML-Entwässerungsleitung
5. brennbare Versorgungsleitung
6. Kabelbündel/Elektroleerrohre d ≤ 32 mm (kann als Einzelleitung gewertet werden)
7. Verschluss Ringspalt mit Mineralwolle, Schmelzpunkt > 1000 °C und und einem im Brandfall aufschäumendem Baustoff, Mindesttiefe beidseitig 40 mm
8. nichtbrennbare Rohrleitung
9. weiterführende Dämmung aus Mineralwoll-Dämmschalen, Schmelzpunkt > 1000°C

Bild J-I-4: Beispiel von Leitungsdurchführungen durch eine feuerhemmende Decke in Brettstapelschichtbauweise nach den „Erleichterungen der MLAR, Abschnitt 4.3.2" mit passgenauer Kernbohrung oder Leitungen mit Restverschluss durch eine Mineralwollstopfung, Schmelzpunkt > 1000 °C und einem im Brandfall aufschäumenden Baustoff

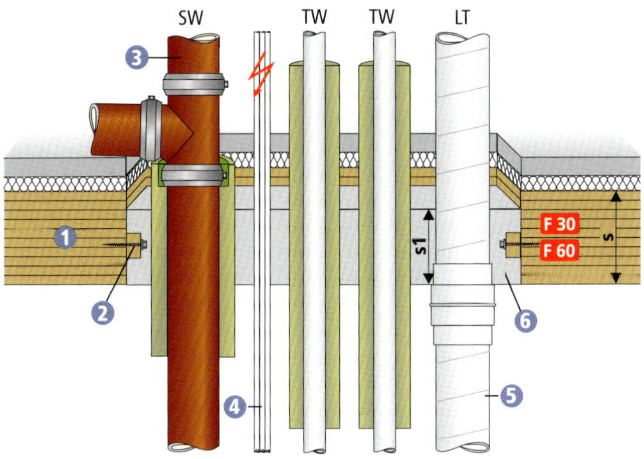

❶ Decke in Brettstapelschichtbauweise, s ≥ 200 mm
❷ umlaufende Halteleiste
❸ SML-Entwässerungsleitung oder brennbare Entwässerungsleitung mit R 30-/60-/90- bzw. EI 30-/60-/90-u/u-Brandschutzmanschette
❹ Kabelbündel/Elektroleerrohre d ≤ 32 mm (kann als Einzelleitung gewertet werden)
❺ Lüftungsleitung nach DIN 18017
❻ Beton s1 ≥ 150 mm

Bild J-I-5: Beispiel von Leitungsdurchführungen durch eine feuerhemmende Decke in Brettstapelschichtbauweise ohne Auslaibung und innenliegenden klassifizierten Abschottungen in einem Stück Betondecke, Dicke ≥ 150 mm.

Entsprechend den „Erleichterungen" der MLAR, Abschnitt 4.3.1. gültig für:

- Nichtbrennbare Rohre bis d = 160 mm
- Brennbare Rohre bis d = 32 mm
- Einzelne elektrische Leitungen und Leerrohre bis d = 32 mm

Um klassifizierte Abschottungen in feuerhemmenden Holzbalkendecken einbauen zu können, empfehlen die Autoren den Einbau einer Auslaibung auf Grundlage der baurechtlichen Regelungen der M-HFHHolzR, Stand 2004 (siehe **Teil J-II.**).

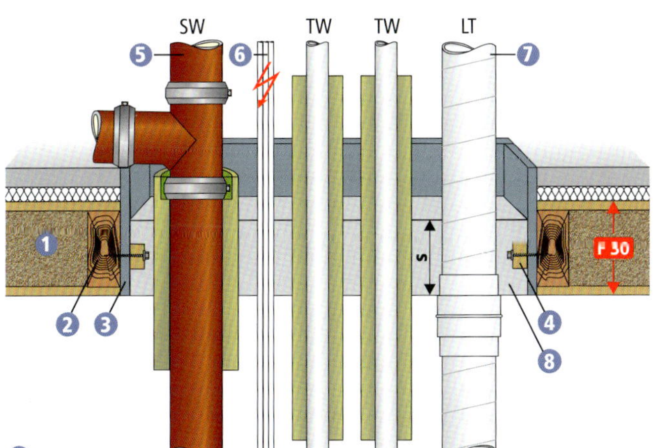

❶ Holzbalkendecke
❷ umlaufendes Füllholz
❸ Auslaibung z. B. Calzium Silikat Platten 20-25 mm in Anlehnung an die M-HFHHolz, Abschnitt 3.2
❹ umlaufende Halteleiste
❺ SML-Entwässerungsleitung oder brennbare Entwässerungsleitung mit R 30-/60-/90- bzw. EI 30-/60-/90-u/u-Brandschutzmanschette
❻ Kabelbündel/Elektroleerrohre d ≤ 32 mm (kann als Einzelleitung gewertet werden)
❼ Lüftungsleitung nach DIN 18017
❽ Beton s ≥ 150 mm

Hinweis:
Es bestehen keine brandschutztechnischen Bedenken bei der Übertragung der Regeln von hochfeuerhemmenden Holzbalkendecken auf feuerhemmende Holzbalkendecken.

Es sind jedoch Erleichterungen möglich, da das Schutzziel bei feuerhemmenden Bauteilen geringer ist.

J-II. Abschottung in hochfeuerhemmenden Holzbalkendecken

Die baurechtlichen Möglichkeiten einer Abschottung in hochfeuerhemmenden Holzbauteilen (Wände und Decken) werden in der M-HFHHolzR, Stand Juli 2004 (Download unter www.is-argebau.de > öffentlicher Bereich > Mustervorschriften/Mustererlasse > Baurecht/Bautechnik) dokumentiert.

Abschnitt 3.5 „Öffnungen für Türen, Fenster und sonstige Einbauten"

Werden in hochfeuerhemmenden Bauteilen Öffnungen für Einbauten wie Fenster, Türen, Verteiler und Lampenkästen hergestellt, ist die Brandschutzbekleidung in den Öffnungslaibungen mit Fugenversatz, Stufenfalz oder Nut- und Federverbindungen auszuführen (s. Bild 7) (siehe Bild J-II–1). Werden an den Verschluss der Öffnungen brandschutztechnische Anforderungen gestellt wie an Feuerschutzabschlüsse, Brandschutzverglasungen, Rohr- oder Kabelabschottungen und Brandschutzklappen, muss ein entsprechender bauaufsichtlicher Verwendbarkeits- bzw. Anwendbarkeitsnachweis vorliegen, der den Einbau dieser Abschlüsse in hochfeuerhemmende Bauteile nach Abschnitt 3.3 regelt.

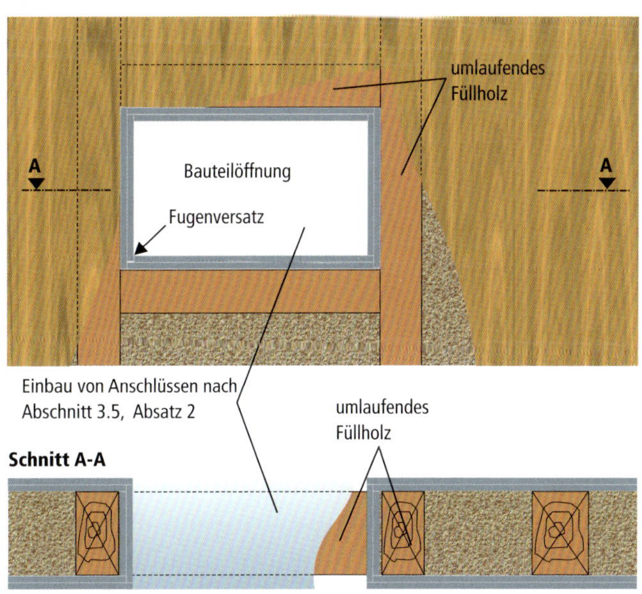

Bild J-II–1: (Bild 7) Bauteilöffnung mit Brandschutzbekleidung nach Abschnitt 3.2 zum Einbau von Türen Fenstern und sonstigen Einbauten nach Abschnitt 3.5, Darstellung der Ausführung mit Fugenversatz

Bild J-I–6: Beispiel von Leitungsdurchführungen durch eine feuerhemmende Decke mit Auslaibung und innenliegenden klassifizierten Abschottungen in einem Stück Betondecke, Dicke ≥ 150 mm

J

In der Muster-Holzbaurichtline für hochfeuerhemmende Bauteile wird baurechtlich festgestellt, dass der **Einbau von klassifizierten Abschottungen (abP/aBG/abZ/ZiE/vBG)** innerhalb einer klassifizierten Auslaibung der erforderlichen Feuerwiderstandsdauer baurechtlich zulässig ist. Diese Einbauart stellt in der Kombination eine nicht wesentliche Ab-weichung vom Ver- oder Anwendbarkeitsnachweis der klassifizierten Abschottungen (abZ/abP/aBG) dar.
Über diese baurechtliche Festlegung ist klargestellt, dass die beschriebene Einbauart der klassifizierten Abschottungen innerhalb der Auslaibungen keine wesentliche Abweichung darstellt.

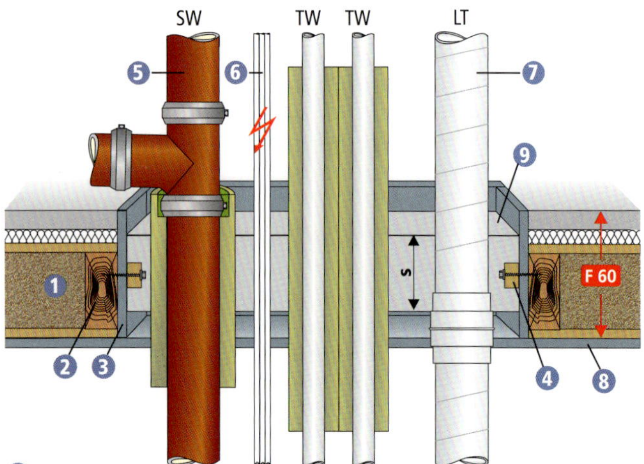

1 Holzbalkendecke
2 umlaufendes Füllholz
3 Auslaibung gemäß M-HFHHolz, Abschnitt 3.2 (Bild 7)
4 umlaufende Halteleiste
5 SML-Entwässerungsleitung oder brennbare Entwässerungsleitung mit R 30-/60-/90- bzw. EI 30-/60-/90-u/u-Brandschutzmanschette
6 Kabelbündel/Elektroleerrohre d ≤ 32 mm (kann als Einzelleitung gewertet werden)
7 Lüftungsleitung nach DIN 18017
8 Brandschutzbekleidung/Unterdecke nach M-HFHHolzR, Abschnitt 4.2
9 Beton s ≥ 150 mm, gemäß Verwendbarkeitsnachweis

Bild J-II–2: Beispiel von Leitungsdurchführungen durch eine hochfeuerhemmende Decke mit Auslaibung und innenliegenden klassifizierten Abschottungen. Durchführungen nach den Erleichterungen der MLAR, Abschnitt 4.3, sind ebenfalls möglich.

Die **Leitungsdurchführungen nach den „Erleichterungen" der MLAR**, Abschnitt 4.3, durch hochfeuerhemmende Bauteile (Decken) sind wie in **Teil I** beschrieben, ohne weitere Maßnahmen, z. B. Einbau einer Auslaibung, zulässig. In diesen Fällen liegt keine baurechtliche Abweichung vor.

Entsprechend den „Erleichterungen" der MLAR, Abschnitt 4.3 gültig für:

- Nichtbrennbare Rohre bis d = 160 mm
- Brennbare Rohre bis d = 32 mm
- Einzelne elektrische Leitungen und Elektroleerrohre bis d ≤ 32 mm

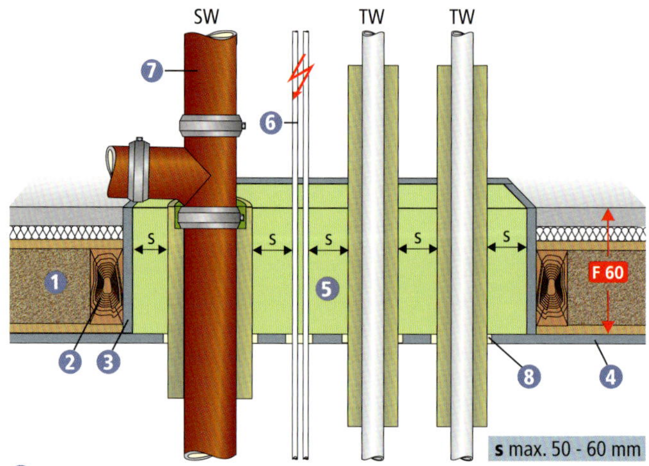

1 Holzbalkendecke
2 umlaufendes Füllholz
3 Auslaibung gemäß M-HFHHolz, Abschnitt 3.2 (Bild7)
4 Brandschutzbekleidung/Unterdecke nach M-HFHHolzR, Abschnitt 4.2
5 Mineralstopfwolle Stopfgewicht 90 kg/m³, Schmelzpunkt > 1000 °C
6 Einzelne Elektroleitungen Abstand 1 x d
7 SML-Entwässerungsleitung
8 Restquerschnitt mit im Brandfall aufschäumendem Baustoff verschließen

Bild J-II–3: Beispiel von Leitungsdurchführungen durch eine hochfeuerhemmende Decke nach den „Erleichterungen der MLAR, Abschnitt 4.3.2" mit Einzelleitungen und Restverschluss durch eine Mineralwollstopfung, Schmelzpunkt > 1.000 °C, Dicke des Restverschlusses s max. 50 mm-60 mm.

M-HFHHolzR, Abschnitt 4.2 Elektrische Leitungen

Abweichend von Abschnitt 4.1, Satz 1 dürfen einzelne Leitungen oder einzelne Hüllrohre aus nichtbrennbaren Baustoffen mit bis zu drei Leitungen, die zur Versorgung des angrenzenden Raumes innerhalb derselben Nutzungseinheit dienen, innerhalb von Wänden und Decken geführt werden. Bei Durchführung der Leitungen durch die Brandschutzbekleidung sind die verbleibenden Hohlräume in der Brandschutzbekleidung mit nichtbrennbaren Baustoffen zu verspachteln.

Abweichend von Abschnitt 4.1, Satz 1 dürfen einzelne Hohlwanddosen zum Einbau von Steckdosen, Schaltern und Verteilern eingebaut werden, wenn der Abstand zum nächsten Holzständer bzw. zur nächsten Holzrippe mindestens 150 mm beträgt. Gegenüberliegende Hohlwanddosen müssen gefachversetzt eingebaut werden (s. Bild 9) (siehe Bild J-II–5). Sie müssen innerhalb des Wandhohlraumes vollständig von Dämmstoffen nach Abschnitt 3.1.2 (Mineralfaser, Schmelzpunkt > 1000 °C) umhüllt werden, wobei der hohlraumfüllende Dämmstoff im Bereich der Hohlwanddosen auf eine Mindestdicke von 30 mm gestaucht werden darf.

Die Sätze 1 bis 5 gelten für Treppenräumwände nur für Leitungen, die ausschließlich der Versorgung des Treppenraumes dienen; sie gelten nicht für hochfeuerhemmende Stützen und Träger nach Abschnitt 3.3.4 und Wände, die anstelle von Brandwänden zulässig sind.

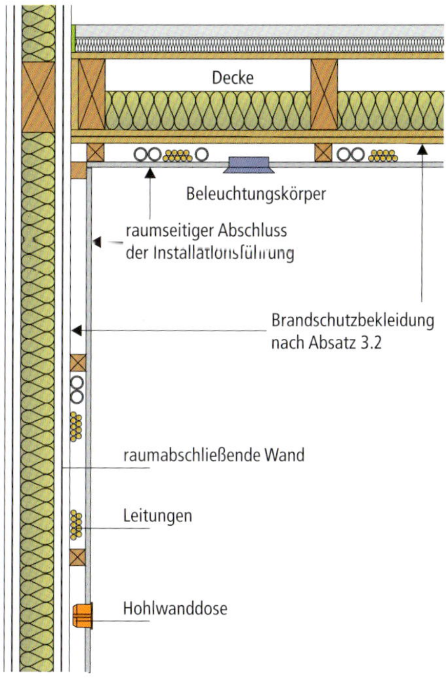

Bild J-II–4: Installationsführung gemäß Bild 8 aus der M-HFHHolzR (Fassung Juli 2004)

Das Bild J-II–4 und Bild J-II–5 beschreiben die Anforderungen an die Verlegung von elektrischen Leitungsanlagen in Verbindung mit der Muster-Holzbau-Richtlinie. Diese Anwendung steht nur dann im Zusammenhang mit der MLAR, Abschnitt 3, wenn elektrische Leitungen innerhalb von notwendigen Fluren und notwendigen Treppenräumen verlegt werden sollen. Weitere Informationen siehe **Teil R**.

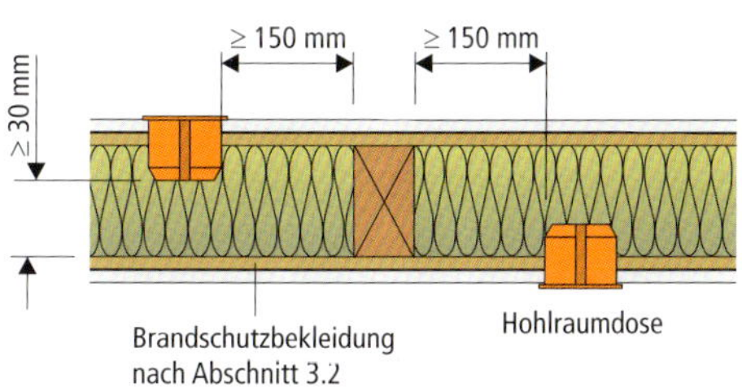

Bild J-II–5: Einbau einzelner Hohlwanddosen gemäß Bild 9 aus der M-HFHHolzR (Fassung Juli 2004)

J-III. Abschottung in feuerbeständig ertüchtigten Holzbalkendecken

Insbesondere bei Nutzungsänderungen in Bestandsbauten, z. B. Umnutzung von Wohnungen zu Beherbergungsstätten, werden i.d.R. Anforderungen gestellt, dass bestehende Holzbalkendecken mit feuerbeständigen Unterdecken und schwimmenden Estrichen auf eine feuerbeständige Gesamtkonstruktion zu ertüchtigen sind.

Auch in solchen Fällen müssen Leitungs- und Lüftungsabschottungen in den Decken eingebaut werden. Um dies zu erreichen, können Leitungsdurchführungen nach den Erleichterungen der MLAR, Abschnitt 4.3 oder als „klassifizierte Abschottungen" innerhalb von feuerbeständigen Auslaibungen montiert werden.

Die **Leitungsdurchführungen nach den „Erleichterungen" der MLAR, Abschnitt 4.3**, durch feuerhemmende Bauteile (Decken) sind wie in **Teil I** beschrieben, ohne weitere Maßnahmen, z. B. Einbau einer Auslaibung, möglich. In diesen Fällen liegt keine baurechtliche Abweichung vor.

Entsprechend den „Erleichterungen der MLAR, Abschnitt 4.3" gültig für:

- Nichtbrennbare Rohre bis d = 160 mm
- Brennbare Rohre bis d = 32 mm
- Einzelne elektrische Leitungen und Elektroleerrohre bis d ≤ 32 mm

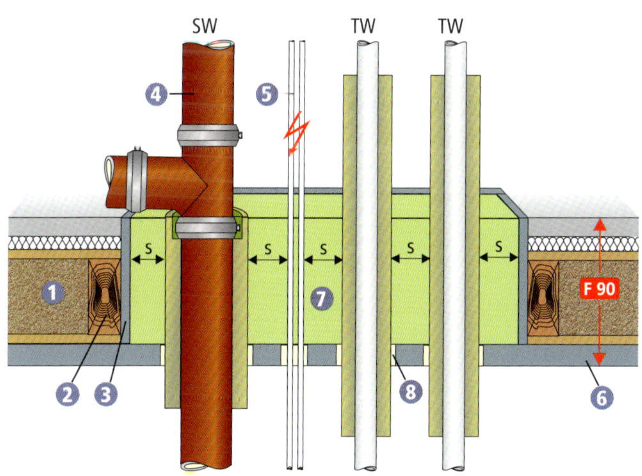

s max. 50 - 60 mm

1. Holzbalkendecke
2. umlaufendes Füllholz
3. Auslaibung gemäß M-HFHHolz, Abschnitt 3.2 (Bild 7)
4. SML-Entwässerungsleitung
5. Einzelne Elektroleitungen, Abstand 1 x d
6. Brandschutzbekleidung/Unterdecke nach den Vorgaben des Brandschutzkonzeptes bzw. des Brandschutznachweises
7. Mineralstopfwolle Stopfgewicht 90 kg/m³, Schmelzpunkt > 1000 °C
8. Restquerschnitt mit im Brandfall aufschäumendem Baustoff verschließen

Bild J-III–1: Beispiel von Leitungsdurchführungen nach den „Erleichterungen der MLAR, Abschnitt 4.3.2"durch eine feuerbeständig ertüchtigte Holzbalkendecke mit Einzelleitungen und Restverschluss durch eine Mineralwollstopfung, Schmelzpunkt > 1.000 °C, Dicke des Restverschlusses s max. 50-60 mm.

Um klassifizierte Abschottungen in feuerbeständig ertüchtigten Holzbalkendecken einbauen zu können, empfehlen die Autoren den Einbau einer Auslaibung in der Bauart eines Installationsschachtes. Innerhalb der klassifizierten feuerbeständigen Auslaibung wird eine umlaufende Halteleiste zum Einbau der klassifizierten Abschottungen eingebaut. Die brandschutztechnische Vermörtelung/Verschluss des Restquerschnittes muss entsprechend den Vorgaben der allgemeinen bauaufsichtlichen Zulassungen (abZ) bzw. der allgemeinen bauaufsichtlichen Prüfzeugnisse (abP) eingebracht werden.

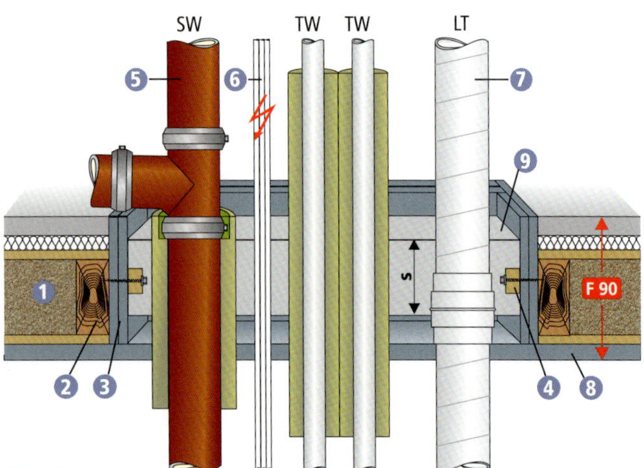

1. Holzbalkendecke
2. umlaufendes Füllholz
3. Auslaibung als kurzer Installationsschacht 2-lagig, jedoch in F 90-Qualität
4. umlaufende Halteleiste
5. SML-Entwässerungsleitung oder brennbare Entwässerungsleitung mit R 30-/60-/90- bzw. EI 30-/60-/90-u/u-Brandschutzmanschette
6. Kabelbündel/Elektroleerrohre d ≤ 32 mm (kann als Einzelleitung gewertet werden)
7. Lüftungsleitung nach DIN 18017
8. Brandschutzbekleidung/Unterdecke nach den Vorgaben des Brandschutzkonzeptes bzw. des Brandschutznachweises
9. Beton s ≥ 150 mm, gemäß Verwendbarkeitsnachweis

Bild J-III–2: Beispiel von Leitungsabschottungen durch eine feuerbeständig ertüchtigte Holzbalkendecke mit Auslaibung und innenliegenden klassifizierten Abschottungen inkl. Halteleiste

Hinweis:

Es bestehen keine brandschutztechnischen Bedenken bei Übertragung der Abschottungsregeln von massiven Bauteilen auf die klassifizierte Auslaibung mit einer definierten Halteleiste für das Stück Betondecke ≥ 150 mm mit integrierten Abschottungen.

Klassifizierte Abschottungen in ertüchtigten Holzbalkendecken/Decke in Brettstapelschichtbauweise

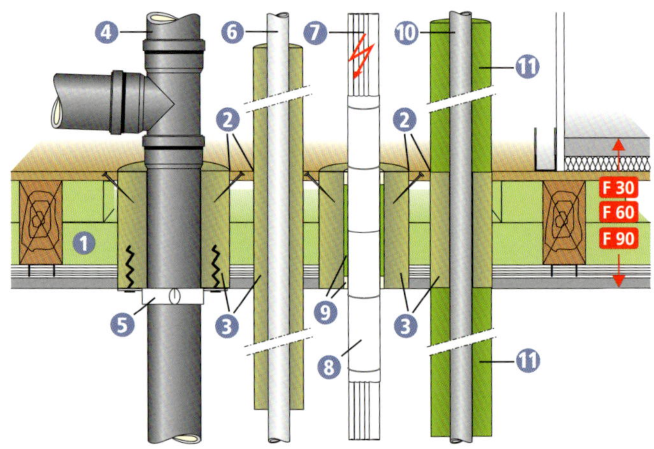

1. Holzbalkendecke
2. passgenaue Kernlochbohrung
3. Rockwool Conlit 150 U
4. Kunststoff-Entwässerungsleitung
5. Conlit Brandschutzmanschette
6. brennbare Versorgungsleitung
7. Kabelbündel/Elektroleerrohre d ≤ 100 mm
8. Conlit Brandschutz Bandage
9. Verschluss Ringspalt mit Rockwool Stopfwolle und Conlit Kit mind. 30 mm tief
10. nichtbrennbare Rohrleitung
11. Rockwool 800

Bild J-III–3: Beispiel von klassifizierten Leitungsabschottungen durch eine ertüchtigte Holzbalkendecke nach MLAR, Abschnitt 4.1. In einer passgenauen Kernbohrung wird die Mineralwollschale Conlit 150 U, Schmelzpunkt > 1000 °C mit einem im Brandfall aufschäumendem Baustoff eingeklebt. Herstellernachweis (abP): www.rockwool.de

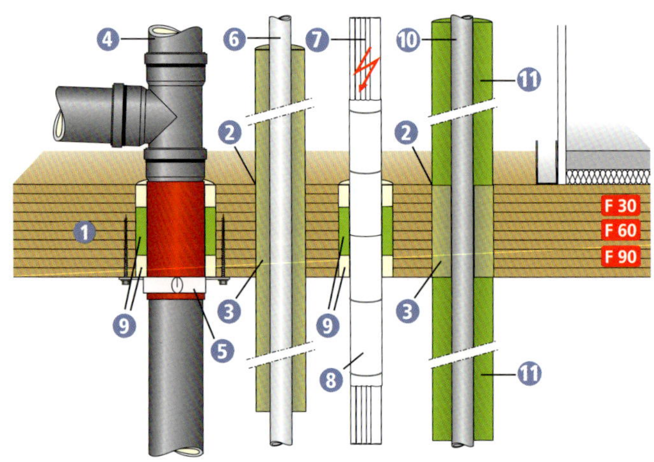

1. Decke in Brettstapelschichtbauweise
2. passgenaue Kernlochbohrung
3. Conlit 150 U
4. Kunststoff-Entwässerungsleitung
5. Conlit Brandschutzmanschette
6. brennbare Versorgungsleitung
7. Kabelbündel/Elektroleerrohre d ≤ 32 mm
8. Conlit Brandschutz Bandage
9. Verschluss Ringspalt mit Rockwool Stopfwolle und Conlit Kit mind. 30 mm tief
10. nichtbrennbare Rohrleitung
11. Rockwool 800

Bild J-III–4: Beispiel von Leitungsabschottungen durch eine ertüchtigte Decke in Brettstapelschichtbauweise nach MLAR, Abschnitt 4.1. In einer passgenauen Kernbohrung wird die Mineralwollschale Conlit 150 U, Schmelzpunkt > 1000 °C mit einem im Brandfall aufschäumendem Baustoff eingeklebt. Herstellernachweis (abP): www.rockwool.de

J-IV. Abschottung in massiven Sonderdecken (z. B. Kappendecken, Rippendecken, Hohlkammerdecken, Ziegeldecken)

Insbesondere in Bestandsbauten kommen Abschottungsanforderungen für Leitungs- und Lüftungsanlagen vor.

Auch in solchen Fällen müssen Leitungs- und Lüftungsabschottungen in den Decken eingebaut werden. Um dies zu erreichen, können Leitungsdurchführungen nach den Erleichterungen der MLAR, Abschnitt 4.3 oder „klassifizierte Abschottungen innerhalb von feuerbeständigen Auslaibungen, Aufdopplungen oder Deckenstücken aus Beton" montiert werden. Die Leitungsdurchführungen nach den „Erleichterungen der MLAR, Abschnitt 4.3", durch feuerhemmende Bauteile (Decken) sind wie in **Teil I** beschrieben, ohne weitere Maßnahmen, z. B. Einbau von Auslaibungen, Aufdopplungen oder Deckenstücken aus Beton zulässig, wenn die Mindestabschottungsdicken eingehalten werden (F 30 ≥ 60 mm, F 60 ≥ 70 mm, F 90 ≥ 80 mm). In diesen Fällen liegt keine baurechtliche Abweichung vor.

Entsprechend den „Erleichterungen der MLAR, Abschnitt 4.3" gültig für:

- Nichtbrennbare Rohre bis d = 160 mm
- Brennbare Rohre bis d = 32 mm
- Einzelne elektrische Leitungen und Elektroleerrohre bis d ≤ 32 mm
- Die Abstandsregeln der MLAR, Abschnitt 4.3 sind zu beachten

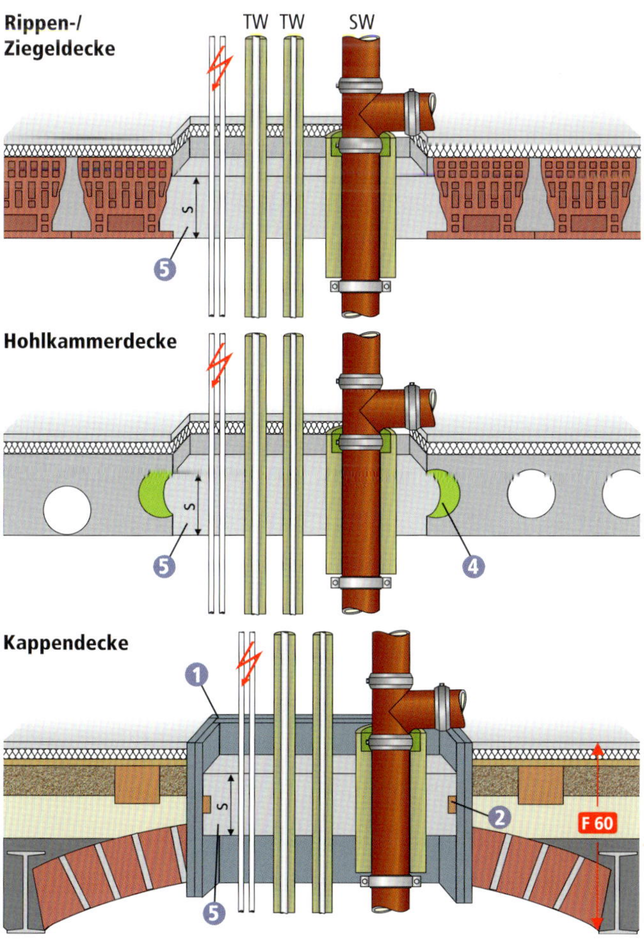

Um **klassifizierte Abschottungen in Sonderdecken** gemäß MLAR, Abschnitt 4.1 einbauen zu können, empfehlen die Autoren den Einbau einer Auslaibung in der Bauart eines Installationsschachtes, eine Aufdopplung oder eine direkte Vermörtelung, wenn die Mindestbauteildicke erreicht wird. Die brandschutztechnische Vermörtelung/Verschluss des Restquerschnittes muss entsprechend den Vorgaben der Ver- und Anwendbarkeitsnachweise (abP/abZ/aBG/ETB) eingebracht werden.

Hinweis:
Es bestehen keine brandschutztechnischen Bedenken bei Übertragung der Abschottungsregeln von massiven Bauteilen mit klassifizierten Abschottungen auf die beispielhaft dargestellten Sonderdecken.

Die Abstandsregeln der MLAR, Abschnitt 4.1 bzw. der Ver- und Anwendbarkeitsnachweise sind zu beachten

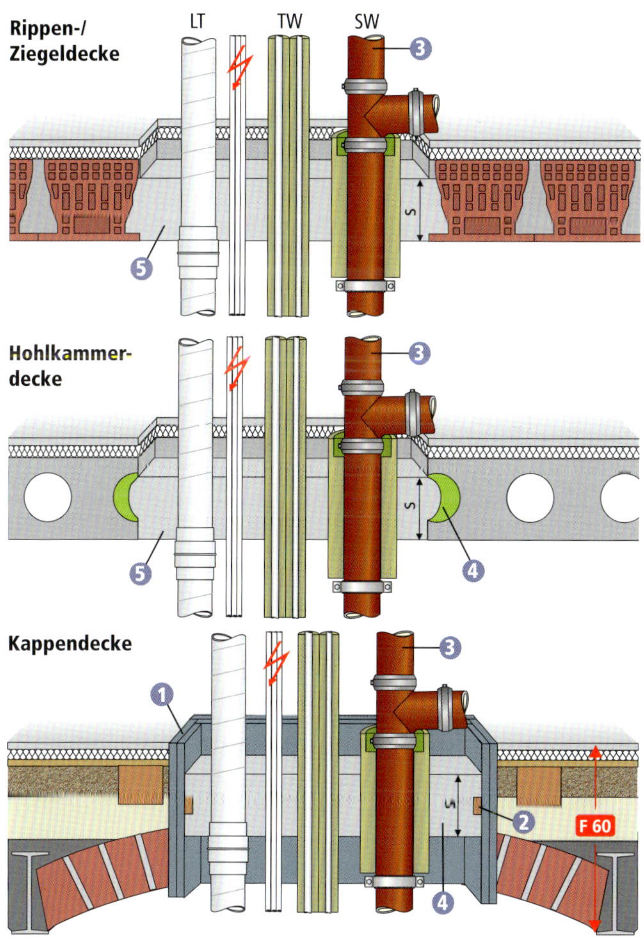

Bild J-IV–2: Beispiel von klassifizierten Leitungsabschottungen in Sonderdecken (F 30/60/90) je nach der festgestellten Feuerwiderstandsdauer, z. B. Kombischott mit zusätzlicher Betonausfachung im Randbereich

1. Auslaibung F 60
2. umlaufende Halteleiste
3. SML-Entwässerungsleitung oder brennbare Entwässerungsleitung mit R 30-/60-/90- Brandschutzmanschette
4. Verschluss der Hohlkammer im Bereich der Durchführung mit Stopfwolle/ Beton/Mörtel
5. Beton s ≥ 150 mm bzw. gemäß Verwendbarkeitsnachweis

Bild J-IV–1: Beispiel von Leitungsdurchführungen nach den „Erleichterungen der MLAR, Abschnitt 4.3" durch verschiedene Sonderdeckenformen mit Einzelleitungen

J-V. Baurechtliche Nachweise für Abschottungen in Sonderdecken

Die baurechtlichen Nachweise von klassifizierten Abschottungen (R 30/60/90, S 30/60/90, K 30-/60-/90-18017, I 30/60/90-Installationsschächten/-kanälen, L 30/60/90-Lüftungsleitungen, E 30/60/90 Installationsschächten/-kanälen und klassifizierte europäische Abschottungen) gelten für die Durchführung durch Sonderdecken/-bauteilen i.d.R. nicht. Mangels baurechtlicher Anwendbarkeitsnachweise (abZ/abP/aBG) ist die baurechtliche Abweichung der Sonderdecken /-Bauteile im Rahmen der Brandschutzkonzepte/-nachweise zu beschreiben und zu bewerten, welche Abschottungen das bauordnungsrechtliche Schutzziel erfüllen werden.

Bei Montage der klassifizierten Abschottungen innerhalb von klassifizierten Auslaibungen, Aufdopplungen (mind. 100 mm umlaufend) und massiven Einmörtelungen (mind. 100 mm umlaufend) können die Abweichungen i.d.R. als nicht wesentliche Abweichungen von den Ver- und Anwendbarkeitsnachweisen (abZ/abP/aBG) eingestuft werden. Zustimmungen im Einzelfall (ZiE) und vorhabenbezogene Bauartgenehmigungen (vBG) sind i.d.R. nicht erforderlich. Die Einbausituationen der klassifizierten Abschottungen inkl. Auslaibung, Aufdopplung oder Vermörtelung innerhalb der Sonderdecken/-bauteile müssen mit dem Ersteller des Brandschutzkonzeptes/-nachweises im Vorfeld abgestimmt werden. Dieser entscheidet, ob die untere Baubehörde in die Detailfestlegungen einzubinden ist.

Die Dokumentation der Abweichungen ist von entscheidender Bedeutung, damit eine Objektüberwachung oder ein Fachplaner zum späteren Zeitpunkt die Ausführung nachvollziehen kann.

Wichtiger Hinweis zu den Abstandsregeln:
Bei allen dargestellten besonderen Abschottungen/Leitungsdurchführungen sind die Abstandsregeln in den Ver- und Anwendbarkeitsnachweisen und/oder der MLAR, Abschnitt 4.1 bzw. 4.3, zu beachten.

Abstandsregeln der jeweiligen Ver- und Anwendbarkeitsnachweise oder Ersatzweise bei fehlenden Angaben gemäß MLAR, Abschnitt 4.1.3, beachten.

Weitere Teile zur Bewertung von Abschottungen:

- **Teil A-II.** Muster-Richtlinie über brandschutztechnische Anforderungen an Leitungsanlagen, MLAR Abschnitt 4: Führung von Leitungen durch raumabschließende Bauteile (Wände und Decken)
- **Teil G** Brandschutztechnische Planungs- und Ausführungsempfehlungen zur klassifizierten Abschottung von Leitungsanlagen durch Bauteile mit Anforderungen an die Feuerwiderstandsdauer, MLAR 2005, Abschnitt 4.1
- **Teil H** Brandschutztechnische Planungs- und Ausführungsempfehlungen zur Leitungsdurchführung durch feuerhemmende Wände auf Grundlage der „Erleichterungen der MLAR 2005", Abschnitt 4.2
- **Teil I** Brandschutztechnische Planungs- und Ausführungsempfehlungen zur Leitungsdurchführung durch F 30/60/90-Bauteile (Wände und Decken) auf Grundlage der „Erleichterungen der MLAR 2005", Abschnitt 4.3

Weitere Teile zur Bewertung von Leitungsverlegungen:

- **Teil F** Brandschutztechnische Planungs- und Ausführungsempfehlungen zur Verlegung und Montage von Leitungsanlagen in Flucht- und Rettungswegen, MLAR 2005, Abschnitt 3
- **Teil K** Brandschutztechnische Planungs- und Ausführungsempfehlungen zum elektrischen Funktionserhalt (MLAR, Abschnitt 5) „Leitungsverlegung und Verteiler"
- **Teil L** Brandschutztechnische Planungs- und Ausführungsempfehlungen zur Sicherheitsstromversorgung auf Grundlage der MLAR 2005, Abschnitt 5 und EltBauVO
- **Teil P** Brandschutztechnische Planungs- und Ausführungsempfehlungen von Feuerlöschanlagen/-einrichtungen
- **Teil Q** Brandschutztechnische Planungs- und Ausführungsempfehlungen von Leitungsanlagen für medizinische Gase und Laborgase
- **Teil S** Gosslar, Beschreibung von Begriffen und Abkürzungen

Teil K Brandschutztechnische Planungs- und Ausführungsempfehlungen zum elektrischen Funktionserhalt, MLAR, Abschnitt 5

Einleitung

In der Kommentierung **Teil A-II.** wurden bereits die grundlegenden Anforderungen an den Funktionserhalt von elektrischen Leitungsanlagen im Brandfall dargestellt. Die **Teile K** bis **Teil M** dienen der Konkretisierung der Anforderungen und dienen als Planungs- und Ausführungsempfehlung im Zusammenhang mit den Schutzzielen des Funktionserhalts.

Bei den im Abschnitt 5.3 der MLAR „Dauer des Funktionserhalts" aufgeführten Anlagen sind Anlagen gemeint, die zu ihrer Funktion elektrische Energie benötigen. Pneumatisch betriebene Rauch- und Wärmeabzugsanlagen oder Sprinkleranlagen mit Dieselpumpen fallen somit nicht in den Geltungsbereich der MLAR, sofern diese nicht z. B. durch eine BMA angesteuert werden und sie ansonsten keiner elektrischen Leitungsanlage bedürfen. Unter Beachtung der Begriffsdefinition zur Leitungsanlage lässt sich ableiten, dass wenn man von Funktionserhalt im Brandfall spricht, nicht nur die Leitungen und deren Befestigung gemeint sind, sondern auch die zugehörigen elektrotechnischen Komponenten, wie z. B. Steuer-, Regel- und Sicherheitseinrichtungen, Netzgeräte, Verteiler, Betriebsmittel, Zentralen.

Tab. K-0–1: Anlagen mit Funktionserhalt gemäß Abschnitt 5.3 der MLAR

Funktionserhalt 90 Minuten	Funktionserhalt 30 Minuten
Automatische Feuerlöschanlage	Sicherheitsbeleuchtungsanlagen
Wasserdruckerhöhungsanlagen zur Löschwasserversorgung	Personenaufzüge mit Brandfallsteuerung
Maschinelle Rauchabzugsanlagen	Brandmeldeanlagen
Rauchschutz-Druckanlagen	Anlagen zur Alarmierung und Erteilung von Anweisungen
Bettenaufzüge in Krankenhäusern	Natürliche und maschinelle Rauchabzugs-/Rauchschutz-Druckanlagen
Feuerwehraufzüge	

Da der Aufbau der einzelnen sicherheitstechnischen Anlagen je nach Anwendungsfall sehr individuell ausfallen kann, lässt sich das Thema „Funktionserhalt" nicht pauschal beschreiben. Die Planung und Ausführung der bauordnungsrechtlich geforderten Anlagen ist im Wesentlichen von der Gebäudestruktur, den zum Einsatz kommenden Systemen, den Schnittstellen, den individuellen Schutzzielen und den möglichen Wechselwirkungen und negativen Beeinflussungen auf die Beschaffenheit der Leitungsanlage abhängig.

In der Regel ergibt sich die Notwendigkeit, dass eine sicherheitstechnische Anlage gefordert wird aus der Baugenehmigung in Verbindung mit einer Sonderbauverordnung-/ richtlinie, bzw. der schutzzielorientierten Notwendigkeit aus einem Brandschutzkonzept-/nachweis.

Diese Vorgaben sind die Grundlage für die nachfolgende Fachplanung, Projektierung, Montage, Inbetriebsetzung, Überprüfung, Abnahme, Betrieb und Instandhaltung der jeweiligen Anlagen. Bevor jedoch mit der eigentlichen Fachplanung der einzelnen Anlagen begonnen werden kann, ist es insbesondere bei komplexen Gebäuden erforderlich, dass ein projektspezifisches Anlagenkonzept durch die Beteiligten entwickelt wird. In dieses Konzept sollten neben den grundlegenden technischen Anforderungen insbesondere die Wechselwirkungen, negativen Einwirkungen auf die Beschaffenheit und die Schnittstellen zwischen den unterschiedlichen Anlagen berücksichtigt werden.

K-I. Schutzzieldefinition des elektrischen Funktionserhalts

Aufgrund der MLAR, Abschnitt 5 und den baurechtlich eingeführten Fassungen der Bundesländer müssen die elektrischen Leitungsanlagen für bauordnungsrechtlich vorgeschriebene sicherheitstechnische Anlagen so beschaffen oder durch Bauteile so abgetrennt sein, dass diese bei äußerer Brandeinwirkung für eine ausreichende Zeitdauer funktionsfähig bleiben (Funktionserhalt). Dieser Funktionserhalt muss bei möglicher Wechselwirkung mit anderen Anlagen oder deren Teilen gewährleistet bleiben. Hierzu zählt auch, dass negative Einwirkungen auf die Beschaffenheit der Leitungsanlage verhindert werden. D. h. es muss z. B. dafür gesorgt werden, dass im Brandfall für die geforderte Mindestdauer des Funktionserhalts keine anderen TGA-Installationen auf eine Kabelanlage mit Funktionserhalt fallen können und es dadurch zu einem Kurzschluss oder Unterbrechung kommt, der dafür sorgt, dass die Funktion der Anlage ausfällt.

Bauordnungsrechtlich geht man immer nur von einem Brandereignis in einem Gebäude bzw. Brandabschnitt aus. Bei den Schutzzielen des Funktionserhalts kann zwischen den folgenden drei Ausführungsvarianten unterschieden werden:

Variante 1:
Anlagen, die bei einem Brand innerhalb des vom Brand betroffenen Bereichs funktionieren müssen, z. B. Entrauchungsanlagen (MLAR, Abschnitt 5.3.1; Buchstabe b)

Auch innerhalb dieses (Brand-) Bereichs müssen die elektrischen Leitungsanlagen für die geforderte Dauer des Funktionserhalts die Anlagen mit Energie versorgen. Der Funktionserhalt der Leitungsanlage kann durch seine Beschaffenheit oder durch bauliche Abtrennung, vgl. Abschnitt 5.1.1, erzielt werden.

Variante 2:
Anlagen, die bei einem Brand in allen notwendiegen Bereichen (z. B. komplettes Gebäude) ihre Funktion für einen geforderten Zeitraum erfüllen müssen, z. B. Sicherheitsbeleuchtungsanlagen (MLAR, Abschnitt 5.3.2, Buchstabe a) oder Alarmierungsanlagen (MLAR, Abschnitt 5.3.2, Buchstabe d).

Diese Anlagen dürfen nur im vom Brand betroffenen Bereich auf einer Fläche von max. 1.600 m² in einem Geschoss oder in einem Treppenraum ausfallen.

Hinweis:
In der Kommentierung wird der Begriff Sicherheitsbeleuchtungsabschnitt und Alarmierungsabschnitt verwendet (siehe hierzu auch Bild K-II–3).

K

Variante 3:
Anlagen, die bei einem Brand auf Grund einer Brandfrüherkennung (eigene Brandmelder bzw. automatische Ansteuerung durch eine BMA) in den sicheren Zustand versetzt werden, bevor der Brand zum Ausfall der Leitungsanlage führt, z. B. natürliche Rauch- und Wärmeabzugsanlagen (MLAR, Abschnitt 5.3.2, Buchstabe e).

Im **Teil K-X.** bis **Teil K-XI.** werden die Schutzziele der Anlagen im Zusammenhang mit dem elektrischen Funktionserhalt im Brandfall anhand von Beispielen dargestellt.

K-II. Definition von Abschnitten und Flächen beim elektrischen Funktionserhalt

Die MLAR bietet im Abschnitt 5.3.2 im Zusammenhang mit dem Funktionserhalt bei Sicherheitsbeleuchtungsanlagen nach Buchstabe a) und Alarmierungsanlagen nach Buchstabe d) Erleichterungen innerhalb von Brandabschnitten, Geschossen und Treppenräumen.

Definition:
Gemäß § 30 MBO dienen Brandwände als raumabschließende Bauteile zum Abschluss von Gebäuden (Gebäudeabschlusswand) oder zur Unterteilung von Gebäuden in Brandabschnitte (innere Brandwand) dazu, eine Brandausbreitung auf andere Gebäude oder Brandabschnitte ausreichend lang zu verhindern. Bei ausgedehnten Gebäuden erfolgt die Unterteilung in Brandabschnitte durch innere Brandwände im Regelbau im Abstand von maximal 40 m.
Daraus ergibt sich eine maximale Flächenbegrenzung von 1.600 m² für einen Brandabschnitt. Dieser darf im Schadensfall (Brandfall) bestimmungsgemäß ausbrennen. Durch die Brandwände wird die Brandausbreitung begrenzt. Im Allgemeinen umfasst ein Brandabschnitt das gesamte Raumvolumen über alle Geschosse zwischen der Gebäudeabschlusswand und einer inneren Brandwand bzw. zwischen inneren Brandwänden.

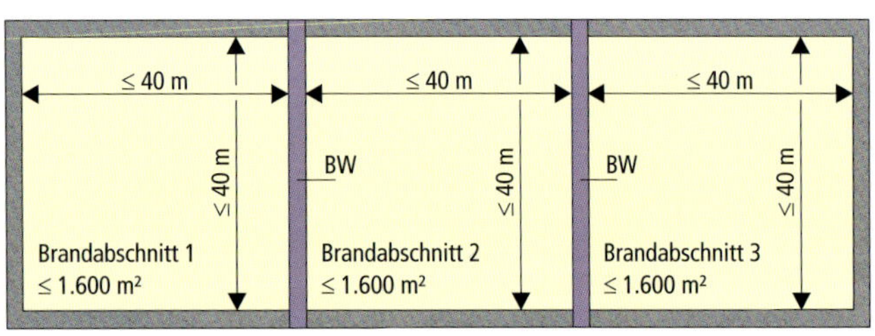

BW = Innere Brandwand z. B. REI 90-M

Bild K-II–1: Grundrissbeispiel für die Anordnung innerer Brandwände

Innerhalb eines Brandabschnitts können sich über alle Etagen z. B. mehrere Nutzungseinheiten befinden, die wiederum durch feuerhemmende bzw. feuerbeständige Trennwände nach § 29 MBO unterteilt sein können. Notwendige Treppenräume mit feuerbeständigen Treppenraumwänden in der Bauart einer Brandwand oder einzelne feuerbeständig abgetrennte Technikräume sind somit ebenfalls Bestandteil eines Brandabschnittes zwischen zwei Brandwänden (siehe Bild K-II–3 Brandabschnitt 3 rechts).

Brandwände können auch als Gebäudeabschlusswand oder bei über Eck zusammengefügten Gebäuden erforderlich werden. Außerdem können Brandwände unter bestimmten Voraussetzungen auch in den einzelnen Geschossen versetzt angeordnet sein.

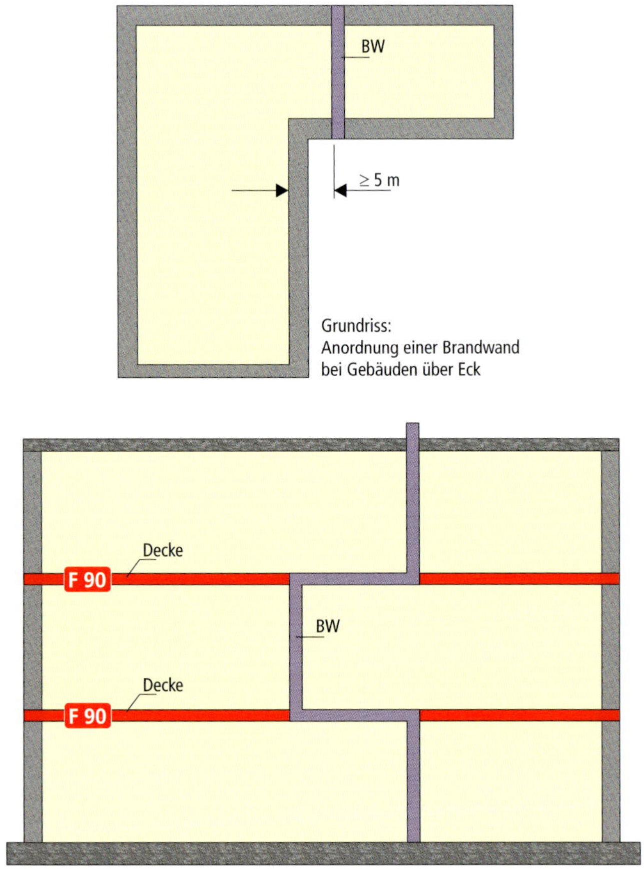

Gebäudequerschnitt:
Versetzte Anordnung von Brandwänden
innerhalb der Geschosse

BW = Innere Brandwand z. B. REI 90-M

Bild K-II–2: Beispiel für die Anordnung von Brandwänden

Gemäß MLAR Abschnitt 5.3.2 muss die Dauer des Funktionserhalts bei den Leitungsanlagen einer Sicherheitsbeleuchtungsanlage mindestens 30 Minuten betragen. Ausgenommen sind Leitungsanlagen, die der Stromversorgung der Sicherheitsbeleuchtung nur innerhalb eines Brandabschnittes in einem Geschoss oder nur innerhalb eines Treppenraumes dienen; die Grundfläche je Brandabschnitt darf höchstens 1.600 m² betragen. Der gleiche Sachverhalt gilt auch bei den Alarmierungsanlagen.
Um einen möglichen Ausfall der Anlagen im Brandfall räumlich zu begrenzen, wird aufgrund der Formulierung in der MLAR die maximale Fläche von 1.600 m² in dem (brandschutztechnich durch Decken getrennten) Geschoss des Brandabschnitts begrenzt. Hierbei ist es unerheblich, ob innerhalb der Geschosse unterschiedliche Nutzungseinheiten mit entsprechenden Trennwänden oder sonstige Wände mit Anforderungen an einen Feuerwiderstand angeordnet sind. Es sei denn, im Brandschutzkonzept-/nachweis wird etwas anderes gefordert. Notwendige Treppenräume bilden eigene Abschnitte, auch wenn sich diese innerhalb eines Brandabschnittes befinden.

Der in der Kommentierung verwendete Begriff „Sicherheitsbeleuchtungsabschnitt bzw. Alarmierungsabschnitt" beschreibt die Flächenbegrenzung von 1.600 m² in einem Geschoss. Auch ein eigener Treppenraum stellt in der Kommentierung einen solchen Abschnitt dar.

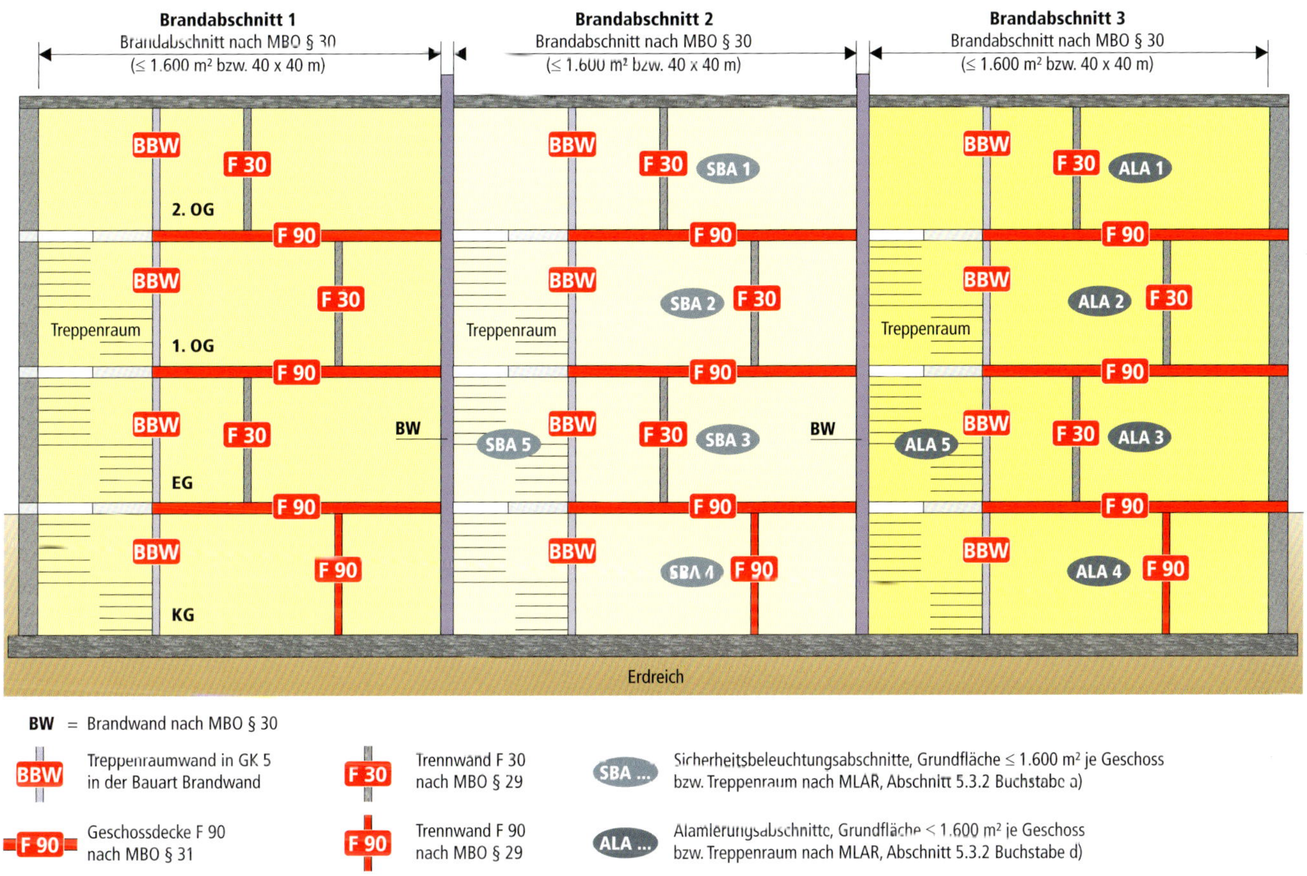

Bild K-II–3: Begriffe Brandabschnitte, Sicherheitsbeleuchtungs- bzw. Alamierungsabschnitte

Bei wesentlich größeren Brandabschnitten, z. B. großen Versammlungsstätten oder Verkaufsflächen mit 10.000 m² ohne brandschutztechnische Trennung, besteht die Möglichkeit, mehrere einzelne Sicherheitsbeleuchtungsabschnitte bzw. Alamierungsabschnitte zu bilden.

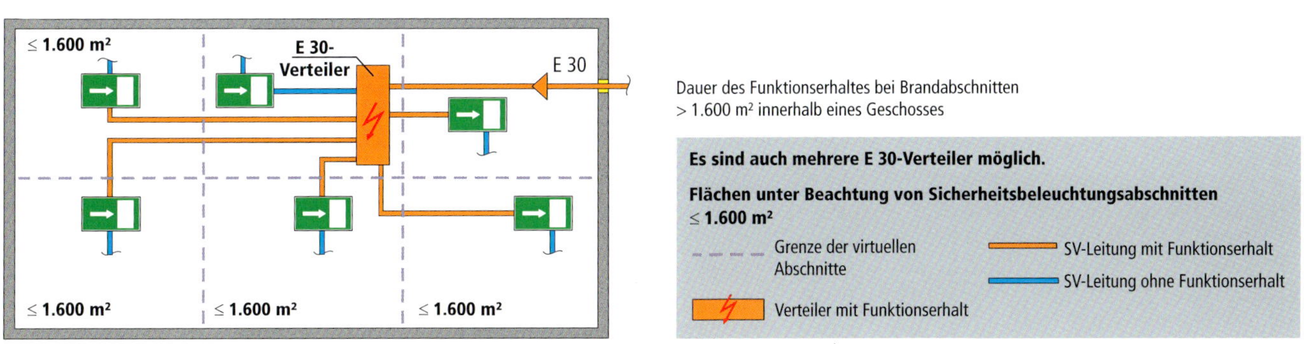

Bild K-II–4: Verlegebeispiel der Leitungsanlagen für die Sicherheitsbeleuchtung in einem vergrößerten Brandabschnitt. In diesem Brandabschnitt wurden mehrere Sicherheitsbeleuchtungsabschnitte mit einer Fläche ≤ 1.600 m² angeordnet.

K-III. Ver- und Anwendbarkeitsnachweise

Wie bereits im **Teil A-II.** (MLAR, inkl. Kommentierung) dargestellt, sind zum jetzigen Zeitpunkt als Ver- und Anwendbarkeitsnachweise bei Bauprodukten bzw. Bauarten im Zusammenhang mit dem elektrischen Funktionserhalt bei den Kabelanlagen allgemeine bauaufsichtliche Prüfzeugnisse (abP) und bei den Gehäusen zur Unterbringung von Verteilern nach MLAR, Abschnitt 5.2.2, Buchstabe b) allgemeine bauaufsichtliche Zulassung möglich.

Bezüglich der notwendigen Ver- und Anwendbarkeitsnachweise, Übereinstimmungserklärungen bzw. sonstiger Bestätigungen, die im Zusammenhang mit den Gehäusen nach MLAR, Abschnitt 5.2.2, Buchstabe b) stehen, wird auf den **Teil A-II.** verwiesen.

Hinweis:
Derzeit wird auf europäischer Ebene ebenfalls an Ver- und Anwendbarkeitsnachweisen für den elektrischen Funktionserhalt gearbeitet. Auf Grundlage der Bauproduktenverordnung können jedoch nur Bauprodukte oder vollständige Bausätze auf Grundlage von europäischen Bewertungsdokumenten in Verkehr gebracht werden. Eine mögliche Klassifizierung ist kein Konformitätsnachweis zu einer Produktregel und führt alleine nicht zu einer CE-Kennzeichnung.

Grundlage für die bauaufsichtlichen Ver- und Anwendbarkeitsnachweise zum elektrischen Funktionserhalt ist die Musterbauordnung (MBO) und die Musterverwaltungsvorschrift Technische Baubestimmungen (MVV TB). Andere EU-Richtlinien sind aufgrund der nationalen Umsetzung über die Produktsicherheitsverordnung (i.d.R. zum Inverkehrbringen und Verwenden) anwendbar, sofern keine bauordnungsrechtlich besondere Anforderungen erfüllt werden müssen.

Bei einer Kabelanlage mit Funktionserhalt handelt es sich um eine Bauart nach § 16a MBO 2016. Der Nachweis der Verwendbarkeit erfolgt über ein allgemeines bauaufsichtliches Prüfzeugnis. Grundlage hierfür ist eine Prüfung der Kabelanlage nach DIN 4102-12:1998-11 entsprechend den Vorgaben der MVV TB.

Durch den Errichter der Kabelanlage ist zur Bestätigung der Übereinstimmung mit den Anforderungen des allgemeinen bauaufsichtlichen Prüfzeugnisses (abP) eine Übereinstimmungserklärung erforderlich. Gemäß MBO 2016 § 16a Absatz 5 gilt als Übereinstimmung auch eine Abweichung vom abP die nicht wesentlich ist.

Bei wesentlichen Abweichungen von einem allgemeinen bauaufsichtlichen Prüfzeugnis für die Kabelanlage mit Funktionserhalt, ist eine vorhabenbezogene Bauartgenehmigung (vBG), i.d.R. bei der obersten Bauaufsichtsbehörde des zuständigen Bundeslandes, zu beantragen.

K-IV. Kabelanlagen, die aufgrund ihrer Beschaffenheit den Funktionserhalt erfüllen

Die elektrische Leitungsanlage mit Funktionserhalt im Brandfall setzt sich in der Regel aus den folgenden Komponenten zusammen:

- Stromversorgungsanlage mit ggf. notwendigen Stromquellen für Sicherheitszwecke, wie z. B. Stromerzeugungsaggregat und wiederaufladbare Batterien
- Verteiler (Zentralen, Verteiler, Schalt- und Steuereinrichtungen usw.)
- Kabel- und Leitungsanlagen mit und ohne integriertem Funktionserhalt
- Angeschlossene Aggregate, Pumpen, Betriebsmittel, Aktoren und Sensoren, wie z. B. Brandmelder, Entrauchungsventilatoren, elektrische Sprinklerpumpen, Sicherheitsleuchten und Signalgeber

Die Übertragung von elektrischer Energie bzw. von Signalen erfolgt mit Ausnahme von Funksystemen über elektrische Kabel und Leitungen.
Damit diese im Brandfall ihre Funktion über die geforderte Dauer noch aufrechterhalten können, bestehen seitens der MLAR, Abschnitt 5 mehrere Möglichkeiten. Ziel ist es, dass die Kabel- und Leitungen im Brandfall vor einem Kurzschluss, Unterbrechung oder Erdschluss geschützt bleiben.

Folgende Möglichkeiten stehen gemäß MLAR, Abschnitt 5.2.1 zur Verfügung:

- **Verwendung von Leitungen, welche die Prüfanforderungen nach DIN 4102-12:1998-11 (Funktionserhaltsklasse E 30 bis E 90) oder gleichwertig klassifiziert erfüllen**
- Verlegung von Kabeln und Leitungen auf Rohdecken unterhalb des Fußbodenestrichs mit einer Dicke von mindestens 30 mm
- Verlegung der Kabel und Leitungen im Erdreich

Eine weitere Möglichkeit gemäß MLAR, Abschnitt 5.1.1 besteht darin, die Kabel und Leitungen durch feuerwiderstandsfähige Bauteile wie z. B. Wände, Decken, Schächte und Kanälen vor einer Brandeinwirkung zu schützen.

Kabelanlagen, die aufgrund ihrer Beschaffenheit den Funktionserhalt erfüllen, sind, solange es noch keine europäischen Verwendbarkeitsnachweise gibt, Kabelanlagen nach DIN 4102-12: 1998-11.

Hinweis:
Der Begriff Kabelanlage gemäß DIN 4102-12 umfasst im allgemeinen Kabel und Leitungen. Europäische Anwendbarkeitsnachweise sind aufgrund der Vorschriften der Bauproduktenverordnung nicht möglich.

DIN 4102-12:1998-11: Brandverhalten von Baustoffen und Bauteilen Teil 12 „Funktionserhalt von elektrischen Kabelanlagen, Anforderungen und Prüfungen“.

Der Funktionserhalt ist gegeben, wenn bei einer Brandprüfung kein Kurzschluss und keine Unterbrechung des Stromflusses in den geprüften elektrischen Kabelanlagen auftritt.

Bei der Prüfung wird die thermisch bedingte Widerstandserhöhung der Kabel- und Leitungen im Brandfall nicht berücksichtigt. Diese muss durch den Fachplaner der elektrischen Anlage im Zuge der Planung und Projektierung beachtet werden. (siehe hierzu **Teil K-V.**).

Als Maßnahme zur Erzielung des Funktionserhaltes von Kabelanlagen gelten z. B.:

- Kanäle bzw. Schächte;
- Kabelanlagen mit integriertem Funktionserhalt;
- Beschichtungen und Bekleidungen;
- Schienenverteiler im Kanal bzw. Schacht oder mit integriertem Funktionserhalt

Der Funktionserhalt von elektrischen Kabelanlagen kann durch ein allgemeines bauaufsichtliches Prüfzeugnis (abP) auf der Grundlage der Prüfung nach der DIN 4102-12:1998-11 nachgewiesen werden.

Neben der Verlegung der Kabel und Leitungen in E 30-, E 60- bzw. E 90-Kanälen werden in der Praxis überwiegend Kabelanlagen mit integriertem Funktionserhalt eingesetzt.

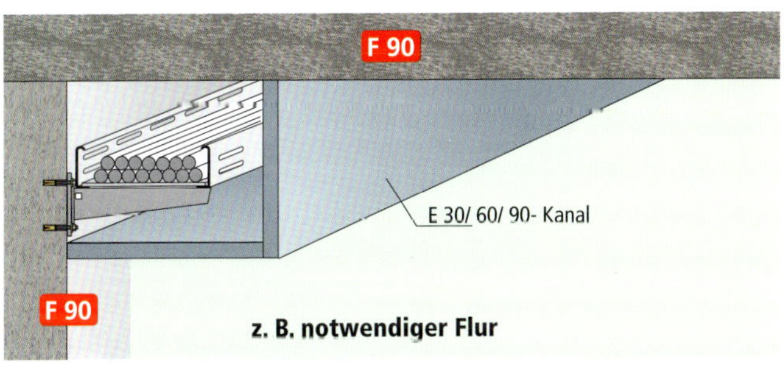

Bild K-IV–1: Verlegung von elektrischen Leitungen für die Sicherheitsstromverteilung innerhalb von E 30/60/90-Kanälen gemäß den angewendeten Ver- und Anwendbarkeitsnachweisen (abP)

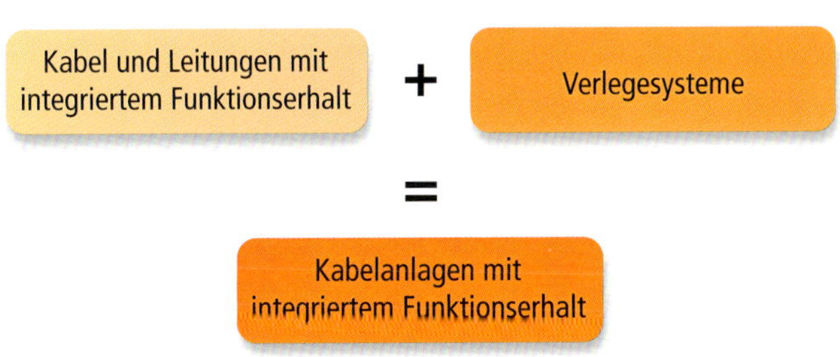

Bild K-IV–2: Bestandteile einer Kabelanlage mit integriertem Funktionserhalt

Eine Kabelanlage mit integriertem Funktionserhalt im Sinne der DIN 4102-12:1998-11 besteht aus speziellen Kabeln (Kabelbauart mit einer schützenden Bewicklung der Kupferleiter mit Glasseide oder Glimmerband oder Umhüllung mit einer keramisierenden Kunststoffisolierung) in Verbindung mit dem dazugehörigen Verlegesystem.
Verlegesysteme können z. B. Kabelleitern, Kabelrinnen, Einzelschellen oder Bügelschellen in Verbindung mit C-Profilschienen sein.

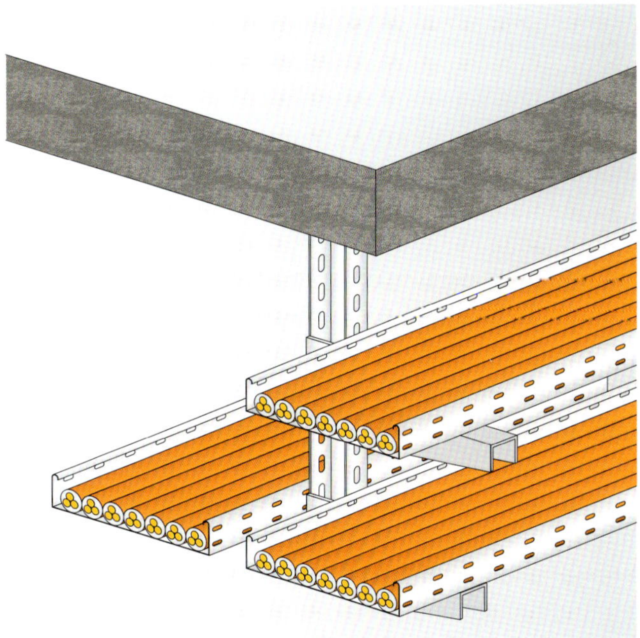

Bild K-IV–3: Beispiele von Befestigungsmöglichkeiten von Funktionserhaltsleitungen an Massivbauteilen

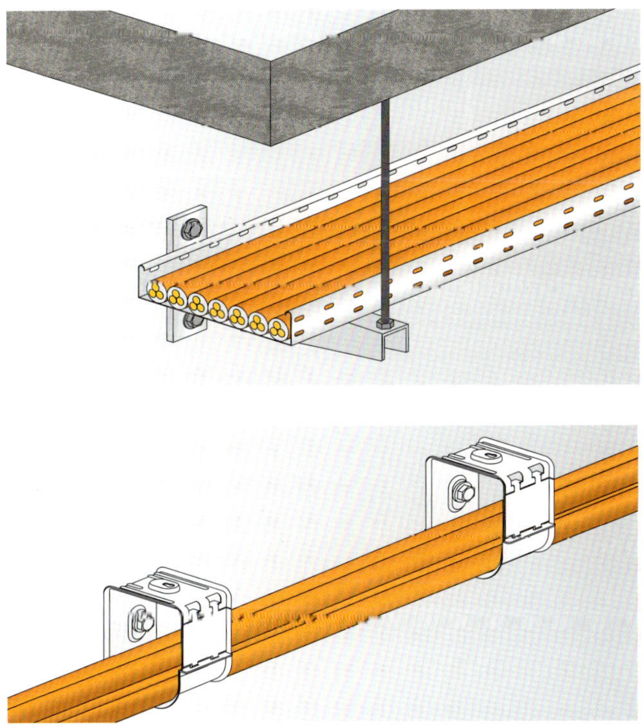

Bild K-IV–4: Beispiele von Befestigungsmöglichkeiten von Funktionserhaltsleitungen an Massivbauteilen

Derzeit unterscheidet man zwischen Normtragekonstruktionen und kabelspezifischen Tragekonstruktionen.

Normtragekonstruktionen nach DIN 4102-12:1998-11

- Normtragekonstruktionen Kabelleitern und Kabelrinnen

	Kabelleiter	Kabelrinne
Befestigungsabstand	1,2 m	1,2 m
Breite maximal	400 mm	300 mm
Kabellast maximal	20 kg/m	10 kg/m
Gewindestangensicherung	vorhanden	vorhanden

- Normtragekonstruktionen Einzelverlegung mit Schellen

	Einzelschellen	Bügelschellen ohne Langwanne	Bügelschellen mit Langwanne
Befestigungsabstand	30 cm	30 cm	60 cm
Kabeldurchmesser	unbegrenzt	unbegrenzt	unbegrenzt

Die Prüfung erfolgt nach der Einheitstemperaturzeitkurve gem. DIN 4102-2. Die Anordnung der Kabelanlagen erfolgt an der Decke bzw. den Seitenwänden des Prüfofens in horizontaler Verlegung. Verbindungselemente (z. B. Muffen und Abzweigkästen) können bei der Prüfung von Kabelanlagen mit integriertem Funktionserhalt mitgeprüft werden. Werden diese nicht mitgeprüft, gelten die Prüfergebnisse auch nur für die Verlegung ohne Verbindungselemente.

Bild K-IV–5: Kabelanlagen mit integriertem Funktionserhalt während einer Brandprüfung nach DIN 4102-12:1998-11 (Quelle: OBO Bettermann)

Anforderungen für vertikale Kabelanlagen nach DIN 4102-12:1998-11

Bezüglich der Prüfungen ist zu beachten:

- Es wird nur die horizontale Anordnung von Kabelanlagen geprüft, d. h. Prüfergebnisse an horizontalen Kabelanlagen gelten auch für entsprechende schräge bzw. vertikale Kabelanlagen (z. B. Steigetrassen)
- Die Beurteilung gilt nur dann für schräge bzw. vertikale Kabelanlagen, wenn die Kabelanlagen im Übergangsbereich vertikal-horizontal unterstützt werden, damit ein Abknicken bzw. Abrutschen der Kabelanlagen an den Kanten verhindert wird.
- Bei Steigetrassen gilt die Klassifizierung nur, wenn eine wirksame Abstützung (Abstand a ≤ 3.500 mm) der Kabel erfolgt. Ein Beispiel für eine wirksame Unterstützung ist in Bild 5 der DIN 4102-12:1998-11 dargestellt. Eine andere Möglichkeit ist die Anordnung einer Deckenabschottung mit entsprechender Klassifizierung oder eine durch Prüfung nachgewiesene Schellenausbildung.

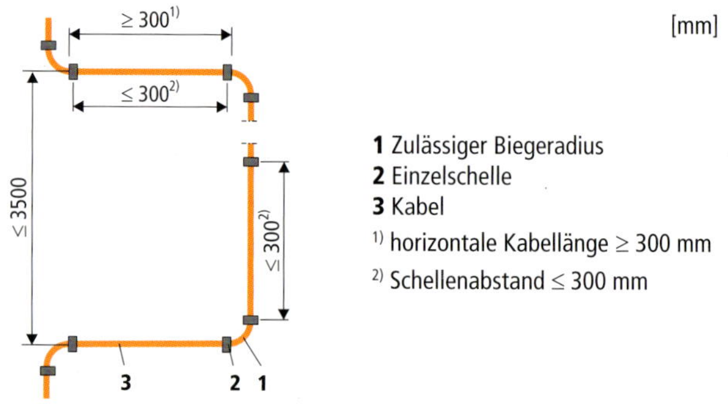

Bild K-IV–6: Beispiel für eine wirksame Abstützung bei vertikalen Steigetrassen nach Bild 5 der DIN 4102-12:1998-11

Die Verlegung und Befestigung von Leitungen mit integriertem Funktionserhalt auf Steigetrassen ist sowohl auf einer Normtragekonstruktion nach DIN 4102-12:1998-11 als auch auf einer kabelspezifischen Tragekonstruktion möglich. Diese Art der Verlegung im Zusammenhang mit dem entsprechenden Verlegesystem muss innerhalb des allgemein bauaufsichtlichen Prüfzeugnisses der Kabelanlage beschrieben sein.

Als Normtragekonstruktion gemäß DIN 4102-12:1998-11 ist eine Einzelverlegung (einzelnes Kabel mit unbegrenztem Durchmesser) mit Einzelschellen bzw. mit Bügelschelle auf C-Profilschienen möglich. Der Befestigungsabstand zwischen den Schellen beträgt maximal 300 mm. Zusätzlich besteht als Normtragekonstruktion die Möglichkeit die Leitungen auf einer Steigetrasse (Kabelleiter), die vertikal an einer Wand montiert wird, zu verlegen. Der maximale Befestigungsabstand einer solchen Steigetrasse an einer Massivwand liegt bei 1200 mm. Die maximal zulässige Kabellast ist auf 20 kg/m begrenzt.

Bei den kabelspezifischen Verlegevarianten sind teilweise größere Befestigungsabstände und eine Bündelverlegung auf vertikalen Steigetrassen möglich. Hierbei sind die Vorgaben des jeweiligen abP zu beachten.

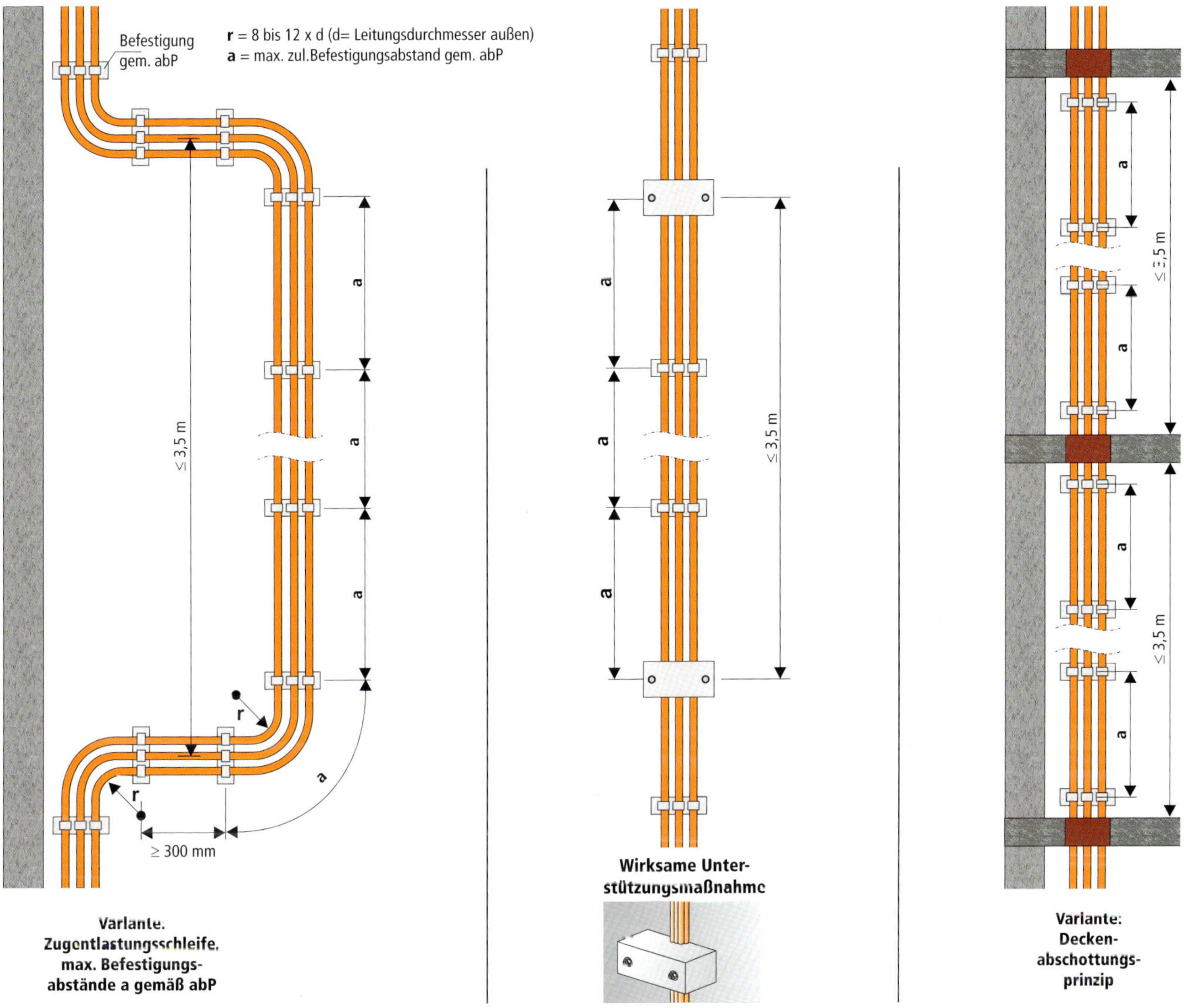

Bild K-IV–7: Möglichkeiten zur Realisierung einer wirksamen Unterstützungsmaßnahme

Kabelspezifische Tragekonstruktionen bzw. Verlegearten

Die Prüfung erfolgt auf Grundlage der DIN 4102-12:1998-11 mit Unterschieden zur Normtragkonstruktion:

- Verlegesysteme mit größeren Stütz- bzw. Befestigungsabständen
- Verlegsysteme mit höheren Tragfähigkeiten
- Verlegesysteme ohne Gewindestangensicherung an der Auslegerspitze
- Schellenverlegung mit größeren Befestigungsabständen
- Kabelbündelungen in Einzelschellen
- Kabelverlegung in Sammelhaltern
- Kabelverlegung in Elektroinstallationsrohren, bzw. Elektroinstallationskanälen
- Verlegung mit Kabelklammern
- usw.

Die Prüfergebnisse gelten nur für die geprüfte Kombination zwischen Kabelbauart, wie z. B. (N) HXCH FE180/E 90 oder JE-H(St)H FE180 / E 30 und dem Verlegesystem. Die Prüfergebnisse fließen, wie auch bei den Normtragekonstruktionen, in ein allgemein bauaufsichtliches Prüfzeugnis ein.

Hinweis:

Beispiel Kabelbauart (N) HXCH FE180/E 90

Mit der Bezeichnung FE 180/E 90 ist folgendes gemeint:
Das Kabel hat eine Funktionserhaltsdauer von 90 Minuten gemäß DIN 4102-12. In Verbindung mit einem geprüften Verlegesystem.
Die Bezeichnung FE 180 steht für eine gesonderte Prüfung des Isolationserhaltes (die Kennzeichnung steht nicht für eine Feuerwiderstandsfähigkeit). Hierbei handelt es sich um ein Prüfkriterium nach DIN VDE 0472-814 bzw. IEC 60331-11, -12, -13. Hierbei werden Kabelproben über 90 Minuten nach IEC oder 180 Minuten nach DIN VDE einer direkten Beflammung bei einer konstanten Temperatur von mindestens 750°C ausgesetzt. Während der Prüfzeit darf keine der Sicherungen zur Überwachung der einzelnen Adern ausfallen.
Die Prüfung des Funktionserhaltes ist unabhängig von der Prüfung des Isolationserhaltes.

Viele der am Markt verfügbaren allgemein bauaufsichtlichen Prüfzeugnisse, für Kabelanlagen mit integriertem Funktionserhalt, beinhalten sowohl die Verlegung von Kabeln und Leitungen auf Normtragekonstruktionen als auch die Varianten der kabelspezifischen Verlegearten.

Inhaber von allgemeinen bauaufsichtlichen Prüfzeugnissen können Kabelhersteller oder Tragsystemhersteller sein. Es gibt abP's, bei denen ein Kabelhersteller mit eigenen und/oder fremden Tragsystemen geprüft hat, oder ein Tragsystemhersteller in Verbindung mit diversen Kabelherstellern geprüft hat.

	Vorteile	Nachteile
Normtragekonstruktion	• Freie Kabelwahl, da die meisten Kabelhersteller den Nachweis zur Verlegung auf Normtragekonstruktionen besitzen	• Eingeschränkte Montageparameter (Stützweite, Kabellast) • Begrenzte Auswahl an Verlegevarianten • Gewindestangenabhängung stört bei der Kabelverlegung.
Kabelspezifische Verlegearten	• Vereinfachte Installation durch Wegfall der vorderen Gewindestangenabhängung • Reduzierung des Material- und Montageaufwands • Kostengünstigere Installation z. B. durch größere Stützabstände, höhere Traglast, Kabelbündelung • Größere Auswahl an unterschiedlichen Verlegevarianten	• Eingeschränkte Auswahl bei der Kabelauswahl • Einsatz von stabileren bzw. schwereren Bauteilen bei Kabeltrassen ohne Gewindestangensicherung erforderlich

Generell gilt, dass eine Kombination unterschiedlicher Verlegearten zulässig ist, sofern die gleiche Funktionserhaltsklasse vorliegt. Leitungen mit einer niedrigeren Funktionserhaltsklasse können auch auf einem Verlegesystem höherer Klasse verlegt werden, wenn es keine Einschränkungen im abP dazu gibt.

Bei den Kabelanlagen mit integriertem Funktionserhalt müssen in der Praxis eine Vielzahl von Punkten bei der Montage beachtet werden. Hierzu zählen z. B.:

- Montage richtet sich nach den Vorgaben des bauaufsichtlichen Verwendbarkeitsnachweises, in diesem Fall einem allgemeinen bauaufsichtlichen Prüfzeugnis (abP)
- Montage der Kabelanlage an Bauteilen, die einen Feuerwiderstand besitzen, entsprechend der Dauer des Funktionserhalts (z. B. E 90 Kabelanlage an F 90 Bauteilen).
- Die Befestigung der Kabeltragsysteme muss mit den im abP aufgeführten Befestigungsmitteln, in der Regel mit Dübeln, erfolgen. Folgende Formulierung wird oft im abP angewendet.

Hinweis:
Dübel müssen für den Untergrund und die Anwendung geeignet sein und den Angaben gültiger allgemeiner bauaufsichtlicher Zulassungen (abZ) des Deutschen Instituts für Bautechnik, Berlin bzw. einer europäisch technischen Zulassung (ETA), entsprechen. Sofern die Zulassung keine Aussagen zum Brandverhalten der Befestigungsmittel trifft, sind diese mit der doppelten Setztiefe – mindestens jedoch 60 mm tief – und einer maximalen rechnerischen Zugebelastung je Dübel von 500 N einzubauen (vgl. DIN 4102-4:2016-05, Tabelle 11.1)

- Einhaltung der maximal zulässigen Belegung von einem Verlegesystem. Hierzu zählen z. B. die Anzahl der Leitungen bzw. das zulässige Gewicht in Verbindung mit der zulässigen Traglast des Systems.
- Bei kabelspezifischen Tragekonstruktionen dürfen nur die mit dem Tragesystem geprüften Leitungen (Kabelbauart und Hersteller) verlegt werden.
- Bei vertikalen Kabelanlagen muss in einem maximalen Abstand von 3,5 m eine wirksame Abstützung erfolgen (siehe Bild K-IV–7).
- Einhaltung der maximal zulässigen Biegeradien für die verwendeten Kabel und Leitungen.

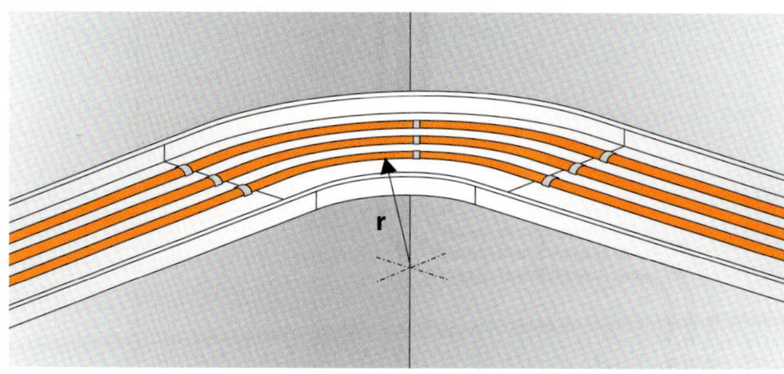

Bild K-IV–8: Einhaltung von Mindestradien auf Grundlage der DIN VDE-Normen, nach denen das Kabel gefertigt wurde

- Während der Leitungsverlegung muss darauf geachtet werden, dass die Leitungen nicht beschädigt werden, wie zum Beispiel das Führen über scharfe Kanten.
- Gemäß Abschnitt 8.1 der DIN 4102-12:1998-11 darf der Funktionserhalt der Kabelanlage über die Klassifizierungsdauer durch umgebene Bauteile nicht negativ beeinflusst werden.
- Die Kabelanlagen sollten so montiert werden, dass z. B. andere TGA Installationen nicht während eines Brandes auf die Kabelanlage mit Funktionserhalt fallen, bevor die erforderliche Funktionserhaltsdauer erreicht wurde und es dadurch zu einem Kurzschluss oder Unterbrechung kommt (Trümmerschutz siehe **Teil K-VIII.**).
- Bezüglich einer Mischbelegung zwischen Leitungen mit integriertem Funktionserhalt und sonstigen Kabeln, wie z. B. PVC-Leitungen auf Kabeltrassen oder in Sammelhaltern, sind die Vorgaben des abP zu beachten.
- Bei der Befestigung von Kabeln mittels Bügelschellen auf einer C-Profilschiene, ist darauf zu achten, dass die Bügelschellen zwischen den äußeren Befestigungspunkten der C-Profilschienen angeordnet werden.
- Bei C-Profilschienen die an einer Wand oder seitlich an einem Unterzug angebracht werden, ist auf eine Durchrutschsicherung zu achten.

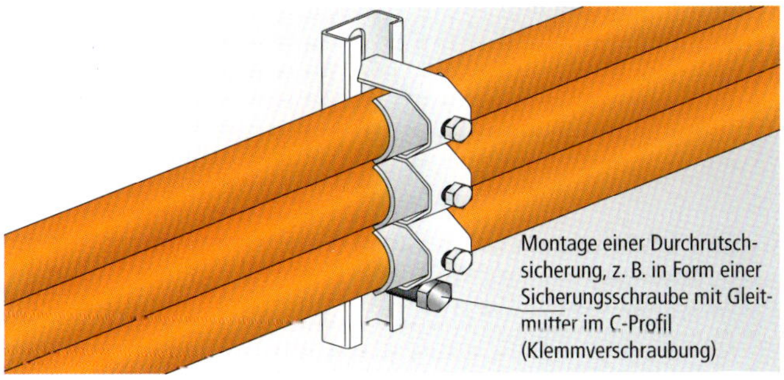

Bild K-IV–9: Beispiele zur Kabelbefestigung mit Bügelschellen

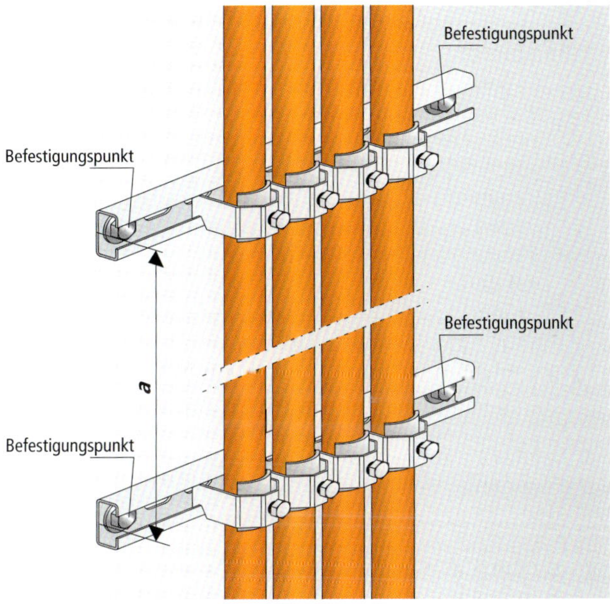

Bild K-IV–10: Die Bügelschellen müssen sich zwischen den äußeren Befestigungs punkten befinden

- Zulässige Befestigungsabstände beachten. Im Abschnitt 521.10.2 und 3 der DIN VDE 0100 Teil 520:2013-06 werden die maximal zulässigen Befestigungsabstände bei der Verlegung von Leitungen angegeben, wie z. B.
  - Waagerechter Abstand zwischen Befestigungsmitteln: 20facher Kabeldurchmesser maximal 80 cm
  - Senkrechter Abstand zwischen Befestigungsmitteln: Bei senkrechter Verlegung an Wänden dürfen die Abstände maximal 1,5 m groß sein.

Außendurchmesser der Leitungen mm	Maximaler Abstand mm	
	Waagerecht	Senkrecht
D ≤ 9	250	400
9 < D ≤ 15	300	400
15 < D ≤ 20	350	450
20 < D ≤ 40	400	550

Hinweis:
Bei einer Prüfung nach DIN 4102-12:1998-11 wird nur das Brandverhalten der Kabelanlagen geprüft. Mitgeltende Vorschriften werden bei der Brandprüfung nicht berücksichtigt. Der Errichter der Kabelanlagen ist verantwortlich dafür, dass alle geltenden Vorschriften eingehalten werden. Die zulässigen Befestigungsabstände aus der Prüfung zum Funktionserhalt und der DIN VDE 0100-520:2013-06 sind zu vergleichen. Der kleinere Wert bestimmt die maximal zulässigen Befestigungsabstände. Hierbei sind insbesondere die Herstellerangaben zu beachten.

- Gemäß DIN 4102-12:1998-11 bzw. dem Verwendbarkeitsnachweis (abP) muss die Kabelanlage durch den Errichter dauerhaft mit einem Schild gekennzeichnet werden.

Anmerkung:
Die Kennzeichnung soll dazu dienen, dass man erkennt, dass es sich um eine Kabelanlage mit Funktionserhalt handelt, welches abP zur Anwendung kommt und wer die Trasse in welchem Jahr installiert hat. Diese Kennzeichnung ist insbesondere bei Nachbelegungen hilfreich. Die Kennzeichnung sollte so erfolgen, dass man den Leitungsverlauf nachvollziehen kann, z. B. an den Ein- und Ausfädelungen in einem Brandabschnitt je Geschoss, an Kreuzungen bzw. Abzweigungen oder innerhalb großerer Räume.

Bild K-IV–11: Beispielhafte Kennzeichnung einer Kabelanlage mit Funktionserhalt (Quelle: Foto Frank Möller)

- Der Errichter der Kabelanlage muss eine Übereinstimmungserklärung zu den Anforderungen des allgemein bauaufsichtlichen Prüfzeugnisses ausstellen.
  Hinweis:
  Die Übereinstimmungserklärung kann nur derjenige ausfüllen, der die elektrische Leitungsanlage (Leitung + Tragekonstruktion) vervollständigt hat.
- Ausreichende Dimensionierung des Leitungsquerschnitts im Zusammenhang mit den Nennströmen der Schutzeinrichtungen und des maximal zulässigen Spannungsfalls, erfolgt gemäß den DIN VDE-Normen, unter Beachtung der erhöhten Temperaturen im Brandfall (siehe **Teil K-V.**).

K

Beispiele, die bei der Verwendung von E 30 bis E 90 Brandschutzkanälen (Funktionserhalt) zu beachten sind:
- Die Leitungen, die im inneren solcher Kanäle verlegt werden, müssen i.d.R. keine brandschutztechnischen Eigenschaften erfüllen.
- Leitungen der Allgemeinstromversorgung und der Sicherheitsstromversorgung dürfen nicht gemeinsam in solchen Kanälen aufgrund möglicher negativer Beeinflussungen verlegt werden.
- Die Verlegeart und Häufung dieser Leitungen innerhalb von einem verschlossenen Kanalsystem ist bei der Dimensionierung der Leitungen nach der Strombelastbarkeit gemäß DIN VDE 0298-4 zu berücksichtigen. Hierbei ist auch zu berücksichtigen, dass im Brandfall die Temperaturen im Inneren des Kanals ansteigen und somit der höhere Leitungswiderstand zu beachten ist.
- Die Leitungen sind entsprechend dem abP innerhalb des Kanals zu verlegen bzw. zu befestigen.
- Die Abhängung muss den Vorgaben des abP entsprechend dimensioniert und ausgeführt werden, damit diese im Brandfall für die Dauer des geforderten Funktionserhalts nicht vorzeitig versagt.
- Auch bei der Anwendung von Brandschutzkanälen (Funktionserhalt) sind die Kabelwege entsprechend dem abP zu kennzeichnen und eine Übereinstimmungserklärung auszustellen.

K-V. Grundlegende Planungs- und Ausführungsschritte

Der elektrische Funktionserhalt kann in der MLAR und den baurechtlich eingeführten Fassungen der Bundesländer nur als sicherheitsrelevantes Schutzziel beschrieben werden. Eine detaillierte Beschreibung aller Merkmale und Funktionen des elektrischen Funktionserhalts ist, ohne den Hintergrund eines spezifischen Projektes zu kennen, nicht möglich und nicht sinnvoll.

Damit der elektrische Funktionserhalt einer bauordnungsrechtlich geforderten sicherheitstechnischen Anlage im Brandfall auch gegeben ist, muss hier zu einem frühen Zeitpunkt eine koordinierte und abgestimmte Planung erfolgen. Grundlage der Planung ist ein mit allen Beteiligten abgestimmtes Anlagenkonzept für alle sicherheitstechnischen Anlagen im Objekt. Diese Planung ist die Grundlage für die spätere Montage, Inbetriebnahme und Abnahme einer solchen Anlage bzw. Anlagen.

Beteiligte:

A) Der Architekt sollte bereits in der Vorplanung die Hausanschlussräume und die Räume der Sicherheitsstromversorgung als jeweils eigenständige Räume vorsehen. Dies gilt insbesondere bei den Räumen, die die räumlichen Anforderungen nach der EltBauVO erfüllen müssen. Es sollten bereits in einer frühen Planungsphase Abstimmungsgespräche mit dem Fachplaner Brandschutz und den Fachplanern der einzelnen Anlagen, insbesondere mit dem Fachplaner Elektro, bezüglich der Sicherheitsstromversorgung stattfinden. Das Gespräch ist bei Projekten mit großer Ausdehnung und mehreren Brandabschnitten insbesondere wichtig, weil eine Verlegung von Zuleitungen des Funktionserhalts zu den Brandabschnitten auch kostensparend über Leerrohre unter der Grundplatte im Fußbodenbereich erfolgen kann. Alternativ kann die Verlegung unter einem 30 mm dicken Estrich oder im Erdreich um das Gebäude erfolgen (siehe **Teil K-VI.**).

B) Der Ersteller des Brandschutzkonzeptes/-nachweises (Nachweisberechtigter für den baulichen Brandschutz) muss das Schutzziel und die bauordnungsrechtlich vorgeschriebenen Sicherheitseinrichtungen benennen und deren Funktion sowie die notwendige Mindestdauer des Funktionserhalts beschreiben.
Das Brandschutzkonzept sollte Planungsvorgaben für die Architekten- und Elektro-Fachplanung festschreiben bzw. bei Änderungen fortschreiben.
Beispiele:
- Vorgaben für Anlagen mit Anforderungen an den elektrischen Funktionserhalt, z. B. Sicherheitsbeleuchtung, Sprinklerzentrale, Feuerwehraufzug, Brandmeldeanlage, maschinelle Rauchabzugsanlage usw.
- Vorgaben zur Anordnung von Räumen mit Anforderungen an den elektrischen Funktionserhalt
- Einteilung von Brand- und Brandbekämpfungsabschnitten und deren Größe
- Festlegung und Beschreibung der Sicherheitsbeleuchtungs- und Alarmierungsabschnitte (< 1.600 m²), die innerhalb von übergroßen Brandabschnitten (> 1.600 m²) ohne bauliche Trennung liegen
- Beschreibung der Verknüpfungen zwischen den unterschiedlichen Anlagen (Konzeption der Brandfallsteuerungen)

Projektspezifische Abweichungen sind auf Grundlage der MBO § 85a „Technische Baubestimmungen" und der Leitungsanlagenrichtlinie Abschnitt 5 „Funktionserhalt" zu dokumentieren.

Die gleichwertige Schutzzielerfüllung mit einer anderen Lösung ist durch den Konzeptersteller des Gewerks (Fachplaner) als Gleichwertigkeitsnachweis zu dokumentieren. Eine Genehmigung durch die Baubehörde ist in der Regel nicht erforderlich.

Es wird dringend empfohlen, die Prüfsachverständigen der entsprechenden Fachrichtung bereits zu einer frühen Phase in die Beratung/Planprüfung hinsichtlich Fragen zur Prüffähigkeit der Anlagen einzubinden. An den Planungen dürfen die Prüfsachverständigen nicht beteiligt sein!

C) Der Elektro-Fachplaner für die Sicherheitsstromversorgung setzt die abgestimmten Planungsvorgaben des Architekten und die Auflagen des Brandschutzkonzeptes im Zusammenhang mit den gesetzlichen Vorgaben, wie z. B. der EltBauVO, und den eingeführten technischen Baubestimmungen, wie z. B. der Leitungsanlagenrichtlinie, unter Beachtung der allgemein anerkannten Regeln der Technik in eine Gesamtplanung um. Bei dieser Planung sind insbesondere bei den elektrischen Leitungsanlagen mit Funktionserhalt die bauaufsichtlichen Ver- und Anwendbarkeitsnachweise zu beachten. Die Planung sollte auf einem Anlagenkonzept basieren, welches zwischen den Beteiligten fortlaufend abgestimmt wird. Hierbei ist eine enge Zusammenarbeit mit den Fachplanern der anderen Gewerke, insbesondere aufgrund möglicher negativer Einwirkungen bzw. Wechselwirkungen auf den elektrischen Funktionserhalt, zwingend erforderlich.

Fragestellungen, die bei der Planung berücksichtigt werden sollten:

- Können die Leitungen alternativ zu geprüften Systemen nach DIN 4102-12:1998-11 auch unterhalb vom Estrich oder in Bodenkanälen bzw. im Erdreich verlegt werden?
- Besteht die Möglichkeit, den erforderlichen Funktionserhalt auch durch bauliche Trennung (siehe **Teil K-VII.**) sicherzustellen?
- Können alle Leitungen mit integriertem Funktionserhalt oder Brandschutzkanäle an Bauteilen befestigt werden, die eine identische oder höhere Feuerwiderstandsfähigkeit aufweisen wie die Dauer des Funktionserhalts?
- Wie kann das Erfordernis von Unterverteilern mit Funktionserhalt möglichst vermieden werden?
- Welche bauordnungsrechtlich geforderten Sicherheitsanlagen können unter Beachtung der Dauer des Funktionserhalts gemeinsam in einem Raum mit entsprechender Feuerwiderstandsdauer untergebracht werden (siehe **Teil K-IX.**).
- Welche Abstimmungen müssen mit allen am Bau beteiligten Fachplanern und Gewerken geführt werden, damit negative Einwirkungen bzw. Wechselwirkungen auf den Funktionserhalt vermieden werden oder durch andere Maßnahmen kompensiert werden können (siehe **Teil K-VIII.**).

D) Die Fachfirma zur Installation und Inbetriebnahme der Sicherheitsstromversorgung bzw. der sicherheitstechnischen Anlagen muss sich zwingend nach den Vorgaben des Brandschutzkonzeptes-/nachweises und der jeweiligen Fachplanung richten. Änderungen und Abweichungen von den Planungsvorgaben müssen zwingend zwischen den Beteiligten abgestimmt und dokumentiert werden, ggf. ist deswegen eine Anpassung der Baugenehmigung und des dazugehörigen Brandschutznachweises erforderlich. Die Montage und Inbetriebnahme muss fachgerecht unter Beachtung der allgemein anerkannten Regeln der Technik und den jeweiligen Ver- und Anwendbarkeitsnachweisen erfolgen.

Die Fachfirma stellt folgende Dokumentation beispielhaft zur Verfügung:

- Dokumentation der Sicherheitsstromversorgung und sonstiger sicherheitstechnischer Anlagen, wie z. B. der Brandmeldeanlage (Übersichtspläne, Schaltbilder, Montageanleitungen und technische Unterlagen)
- Ver- und Anwendbarkeitsnachweise für die eingebauten Produkte, wie z. B. abP/abZ/ZiE/aBG/vBG/ETB/ETA und die Leistungserklärung des Herstellers
- Übereinstimmungserklärungen für die eingebauten Produkte
- Inbetriebnahme- und Abnahmeprotokolle für die installierten Anlagen
- Prüf- und Messprotokolle der fertiggestellten Anlagen

E) Der bauaufsichtlich anerkannte Prüfsachverständige prüft die Installation der Sicherheitsstromversorgung und der sonstigen bauaufsichtlich geforderten Anlagen unter Beachtung der bauordnungsrechtlichen Vorgaben (Baugenehmigung, genehmigtes Brandschutzkonzept/-nachweis), den Ver- und Anwendbarkeitsnachweisen , der Planung und der allgemein anerkannten Regeln der Technik entsprechend der Prüfverordnungen der einzelnen Bundesländer. **Er bestätigt im Rahmen seiner abschließenden Prüfung die Betriebssicherheit und Wirksamkeit der gebauten Anlagen.**

Es wird dringend empfohlen, den Prüfsachverständigen frühzeitig in das Projekt mit einzubeziehen, um z. B. durch Teilabnahmen von fertiggestellten Bereichen oder Planprüfungen frühzeitig Mängel aufzudecken und im weiterem Baufortschritt zu vermeiden. Vorbegehungen werden zum Beispiel empfohlen, bevor abgehängte Decken verschlossen werden.
Die Anlagen sind wiederkehrend und nach wesentlichen Änderungen entsprechen der Prüfverordnungen der Bundesländer einer erneuten Prüfung bzw. Wiederholungsprüfung zu unterziehen.

Um den elektrischen Funktionserhalt einer bauordnungsrechtlich geforderten sicherheitstechnischen Anlage zu gewährleisten, sind eine Reihe von Planungsschritten zu berücksichtigen. Neben der Beachtung der allgemein anerkannten Regeln der Technik, wie z. B. den DIN VDE-Normen müssen hierbei insbesondere die Vorgaben der Leitungsanlagen-Richtlinie, Abschnitt 5 „Funktionserhalt" und die Anforderungen der EltBauVO beachtet werden. Die Anforderungen der EltBauVO kommen jedoch nur dann zum Tragen, wenn als Stromquelle für Sicherheitszwecke ein Stromerzeugungsaggregat bzw. eine zentrale Batterieanlage erforderlich ist.

Nach der Festlegung, welche Räume, Gehäuse und Einhausungen gemäß MLAR, Abschnitt 5.2.2 zur Unterbringung von Verteilern der Leitungsanlage mit Funktionserhalt erforderlich sind, ist ein wesentlicher Bestandteil der Planung die Dimensionierung und Auslegung des Leitungsnetzes zur Versorgung der angeschlossenen Komponenten der jeweiligen Anlagen, wie z. B. Pumpen, Ventilatoren, Aktoren, Brandmelder, Sicherheitsleuchten und Lautsprecher.

Neben den sonstigen Möglichkeiten, das Leitungsnetz vor Brandeinwirkung zu schützen (siehe **Teil K-VI.** und **K-VII.**) werden in der Praxis häufig Kabelanlagen, die die Anforderungen nach DIN 4102-12:1998-11 erfüllen, angewendet (siehe **Teil K-III.** und **K-IV.**).

In der folgenden Tabelle (Tab. K-V–1 auf Seite 278) werden die wesentlichen Überlegungen dargestellt, die bei der Verwendung von Kabelanlagen nach DIN 4102-12:1998-11 zu beachten sind.

Tab. K-V–1: Ablaufdiagramm für übliche Varianten der Leitungsverlegung bei Kabelanlagen gemäß DIN 4102-12:1998-11*

Funktionserhalt erforderlich? → Verlegung der Leitungen entsprechend der aaRdT, z. B. DIN VDE-Normen

↓

Verwendung einer Kabelanlage nach DIN 4102-12 → Anwendung von alternativen Verlegevarianten, wie z. B. Verlegung unterhalb des Estrichs oder im Erdreich (siehe **Teil K-VI.**)

↓

Mindestdauer des Funktionserhalts festlegen. 30, 60 oder 90 Minuten

↓

Können die Leitungsanlagen an Bauteilen mit einer feuerwiderstandsfähigkeit entsprechend der Dauer des Funktionserhalts oder höher befestigt werden → Schutzzielorientierte Betrachtung
Erforderlich, z. B.
- Niedrigere Temperaturen aufgrund einer Sprinklerung
- Dauer des Funktionserhalts gemäß MLAR ist höher als die Bauteilanforderungen (E90 Sprinkleranlage in einem feuerhemmenden Gebäude)
- Anwendung einer Abtrennung durch Bauteile mit entsprechender Feuerwiderstandsfähigkeit.

↓

Sind mögliche negative Beeinflussungen auf die Beschaffenheit der Kabelanlage mit Funktionserhalt oder Wechselwirkungen zu erwarten, wie z. B. Trümmerlasten durch andere TGA Installationen oberhalb der Kabelanlage → Kompensationsmaßnahmen wie z. B. Trümmerschutz einplanen

↓

Auswahl Leitungstyp nach DIN VDE
- Spannungsebene
- (Stark-, Schwachstrom)
- Querschnitt nach Strombelastbarkeit (**Achtung:** Temperaturerhöhung im Brandfall beachten)

Das System ist z.B. abhängig von
- Anzahl und Gewicht der Leitungen
- Kabelweg (horizontal/vertikal)
- Abzweige
- Unterzüge

↓

Verwendung von einem E 30 bis E 90 Brandschutzkanal. (Anwendung bei Leitungen ohne integrierten Funktionserhalt)

↓

Die Befestigung kann als Wand- und Deckenmontage erfolgen. Die Befestigung kann außerhalb des Kanals oder innerhalb des Kanals liegen. Die Befestigung erfolgt mit im abP freigegebenen Befestigungsmitteln, wie z. B. Brandschutzdübeln.

↓

Montagehinweise des E30 bis E90 Brandschutzkanals beachten
- Verlegung der Leitungen im inneren
  - Anwendung von Halterungen
  - Dürfen die Leitungen auf den Kanalboden aufgelegt werden
  - Darf eine Trasse mit durch den Kanal geführt werden
  - usw.
- Ausführung der Ein- und Ausfädelungen von Kabeln und Leitungen
- Anschluss an Wände, Decken oder Bauteile mit Anforderungen an einen Feuerwiderstand

↓

Bei der Dimensionierung der Leitungen (Querschnitt) ist die Verlegeart und Häufung innerhalb des Kanals entsprechend der DIN VDE-Normen zu beachten. Zusätzlich steigt im Brandfall auch die Innentemperatur im Kanal.

Verwendung von Leitungen mit integriertem Funktionserhalt E 30 bis E 90 in Verbindung mit einem geprüften Verlegesystem)

↓

Verlegevarianten auswählen, Beispiele:
- Kabelrinne
- Kabelleiter
- Gitterrinne
- Leitungsführungskanal
- Steigetrassen
  (**Achtung:** Wirksame Unterstützungsmaßnahmen beachten!)
- Bügelschellen mit C-Profilschienen
- usw.
- Rohrverlegung
- Einzelschellen
- Sammelhalterungen
- Kabelklammern

↓

Produktauswahl:
- Kabelhersteller
- Kabelbauart z.B. (N) HXCH FE180/E 90 oder JE-H(St)H FE180/E 30
- Tragesystemhersteller
- Geeignete Tragesysteme auswählen (Normtragekonstruktion, kabelspezifische Tragekonstruktion)

Hinweis:
* Schienenverteiler im Kanal bzw. Schacht, Beschichtungen und Bekleidungen sind nicht enthalten, da diese Anwendung in der Praxis selten ist.

Hinweis:
- 60 Min. Funktionserhaltsdauer sind in der MLAR nicht separat ausgewiesen, die baurechtlichen Anforderungen können analog einer Funktionserhaltsdauer von 90 Minuten übernommen werden
- Leitungen mit einem Funktionserhalt von 30 Min. können auch auf Trassen mit 90 Min. verlegt werden, nicht umgekehrt (abP beachten)
- AV-Leitungen können in der Regel bei Montage eines Trennstegs auf diesen SV-Trassen unter Beachtung der zulässigen Leitungsgewichte verlegt werden (abP beachten)

Hinweis:
Die Kombination verschiedener Kabelanlagen mit integriertem Funktionserhalt ist zulässig, solange die gleiche Funktionserhaltsklasse erfüllt wird. Hierbei ist zu beachten, dass die Kabel und Leitungen einen Verwendbarkeitsnachweis in Verbindung mit dem Verlegesystem besitzen.

Hinweis Brandschutzkanal:
Leitungen mit integriertem Funktionserhalt können ebenfalls in E 30 bis E 90 Brandschutzkanälen verlegt werden. Funktionserhaltsklassen beachten.
AV-Leitungen und SV-Leitungen ohne integrierten Funktionserhalt gemeinsam in einem E-Kanal zu verlegen ist aufgrund der Gefahr negativer Beeinflussungen auf den Funktionserhalt zu vermeiden.

Hinweise Kabelanlage mit integriertem Funktionserhalt:
Leitungen mit einer niedrigeren Funktionserhaltsdauer können auf einem höheren Verlegesystem verlegt werden. Beispiel: Leitung E 30 auf Verlegesystem E 90, wenn im abP nichts gegenteiliges aufgeführt ist.

Die Auswahl der Verlegvariante ist abhängig von:
- Platzverhältnisse
- Anzahl der Leitungen
- Befestigungsmöglichkeiten
- Horizontale oder vertikale Verlegung
- Höhenunterschiede im Verlauf der Leitungswege
- Gebäudestruktur
- usw.

Die Verwendung unterschiedlicher Verlegevarianten, ist unter Beachtung der Funktionserhaltsklassen möglich!

Es gibt abP´s der Kabelhersteller, die in Verbindung mit eigenen bzw. fremden Tragesystemen einen Nachweis besitzen oder abP`s der Tragesystemhersteller, die in Verbindung mit einem oder mehreren Kabelherstellern geprüft haben.

Nach Abschluss der Montage ist eine Kennzeichnung des E 30- bis E 90-Kanals gemäß dem abP erforderlich.
Empfehlung:
Die Kennzeichnung sollte so erfolgen, dass man den Leitungsverlauf nachvollziehen kann, z.B. an den Ein- und Ausfädelungen in einen Brandabschnitt je Geschoss, an Kreuzungen bzw. Abzweigungen oder innerhalb großer Räume.

↓

Nach Abschluss der Montage ist eine Übereinstimmungserklärung über die Einhaltung des abP durch den Errichter der Kabelanlage auszustellen.

Prüfen der zulässigen Kombinationsmöglichkeiten zwischen den Kabeln und Tragesystemen für den gesamten Kabelweg, insbesondere beim Wechsel der Verlegeart, z. B. Kabelrinne auf Sammelhalter. (Durchgängigkeit eines Kabeltyps auf diversen Tragesystemen)

↓

Nach Abschluss der Montage ist eine Kennzeichnung der E 30- bis E 90-Kabelanlage gemäß dem abP erforderlich.
Empfehlung:
Die Kennzeichnung sollte so erfolgen, dass man den Leitungsverlauf nachvollziehen kann, z. B. an den Ein- und Ausfädelungen in einen Brandabschnitt je Geschoss, an Kreuzungen bzw. Abzweigungen oder innerhalb großer Räume.

↓

Nach Abschluss der Montage ist eine Übereinstimmungserklärung über die Einhaltung des abP durch den Errichter der Kabelanlage auszustellen.
Die Übereinstimmung bestätigt derjenige, der die Kabelanlage vervollständigt hat.
Die Bestätigung von nichtwesentlichen Abweichungen zum abP sind Bestandteil der Übereinstimmungserklärung durch den Errichter der Kabelanlage.

Hinweis Kabelanlage mit integriertem Funktionserhalt:
Zum Beispiel kann eine E90 Leitung mit mehreren unterschiedlichen E90- Verlegesystemen vom Start- bis zum Endpunkt verlegt werden.
Es sind unbedingt die Vorgaben der jeweiligen abP's zu beachten

Praxistipp:
Die Tragesystem- und Kabelhersteller (Inhaber der Verwendbarkeitsnachweise) stehen in der Regel zur Bewertung einer Abweichung zur Verfügung.

Beispiel:
1. Kabelrinne wird von der Firma A montiert und die Firma A verlegt auch Leitungen auf der Trasse > Übereintimmungserklärung erfolgt durch die Firma A
2. Kabelrinne wird von der Firma A montiert und die Firma B verlegt Leitungen auf der Trasse > Übereinstimmungserklärung erfolgt durch die Firma B
   Tipp: Firma A sollte der Firma B bestätigen, dass die Kabelrinne entsprechend dem abP montiert und befestigt wurde. Firma B nimmt die Bestätigung als Anlage zur Übereinstimmungserklärung.

K

Beispielhafte Bestimmung der elektrischen Leitungsdimensionierung eines Funktionserhaltskabels

Die Vorgehensweise der Leitungsdimensionierung wird in dem folgenden Beispiel für eine E 30-Leitungsführung beschrieben:

Bestimmung des theoretischen Querschnittes für ein Funktionserhaltskabel (Länge = 100 m), das im Brandfall eine Stromversorgung über 30 min. mit folgenden Parametern

- elektrische Spannung U = 400 V und 3% Spannungsabfall (3% von 400 V = 12V = ΔU)
- Leistung P = 10 kW
- cos φ = 0,86
- elektrische Leitfähigkeit K = 56,2 [m/Ω * mm²] für Kupfer bei 25 °C

sicherstellen soll.

Der Leitungsverlauf führt durch 4 Brandabschnitte mit gleich großen Kabellängen

A) Bestimmung des Leitungsquerschnitts für normale Bedingungen 30 °C Umgebungstemperatur

- Berechnung der Stromstärke (I) für 10 kW Leistung (P)

$$P = U * I * \cos\,\varphi * \sqrt{3}$$

$$I = \frac{P}{U * \cos\,\varphi * \sqrt{3}}$$

$$I = \frac{10000W}{400V * 0{,}86 * \sqrt{3}}$$

$$I = 16{,}78A$$

- Berechnung notwendiger Leitungsquerschnitt (A_{th}) ohne Brandtemperatur

$$A_{th} = \frac{\sqrt{3} * I * l * \cos\varphi}{x * \Delta U}$$

$$A_{th} = \frac{\sqrt{3} * 100m * 16{,}78A * 0{,}86}{56\,\frac{m}{\Omega * mm^2} * 12V}$$

$$A_{th} = 3{,}719\,mm^2 \rightarrow gewählter\ Normquerschnitt\ 4\,mm^2$$

Im Brandfall wird ein Funktionserhalt von 30 Minuten gefordert. Auf Grund der Temperaturerhöhung im Brandfall reicht die „kalte Dimensionierung" des Leitungsquerschnittes nicht aus.

Bei der „heißen Dimensionierung" sind die sich verändernden Leitungswiderstände zwingend zu beachten. Die einschlägige Literatur und die darüber hinaus gleichzeitig wirkenden elektrischen Anforderungen sind zwingend zu berücksichtigen.

B) Bestimmung des Reduktionsfaktors für 30 Minuten im 2. Brandbekämpfungsabschnitt (Beispiel)

Der Brandherd befindet sich in einem der 4 gleich großen Brandbekämpfungsabschnitte.
Die „heiße" Kabellänge beträgt 25 m (BBA II = 25 m).
Die „kalte" Kabellänge beträgt 75 m (BBA I+III+IV = 75 m).

Tab. K-V–2: Beispiel eines Kabelherstellers zur Querschnittsbestimmung durch Ermittlung des Faktors „F" auf Grundlage des Verhältnisses von „kalter" zu „heißer" Kabellänge in Abhängigkeit der Funktionserhaltsdauer (E .....)

V – Verhältnis von „kalter" zu „heißer" Kabellänge	F (E 30)	F (E 90)
90 : 10	1,16	1,34
80 : 20	1,32	1,67
70 : 30	1,48	2,01
60 : 40	1,63	2,34
50 : 50	1,79	2,67
40 : 60	1,95	3,01
30 : 70	2,10	3,34
20 : 80	2,26	3,68
10 : 90	2,42	4,01
0 : 100	2,57	4,34

(Quelle: Dätwyler Handbuch „Funktionserhalt 03/2018"

Querschnittsermittlung unter Berücksichtigung der Temperaturzunahme

$$A_{th\,für\,E\,30} = A_{th} * Faktor_{E\,30}$$

$$A_{th\,für\,E\,30} = 3{,}719\,mm^2 * 1{,}40$$

$$A_{th\,für\,E\,30} = 5{,}207\,mm^2 \rightarrow gewählter\ Normquerschnitt\ 6\,mm^2$$

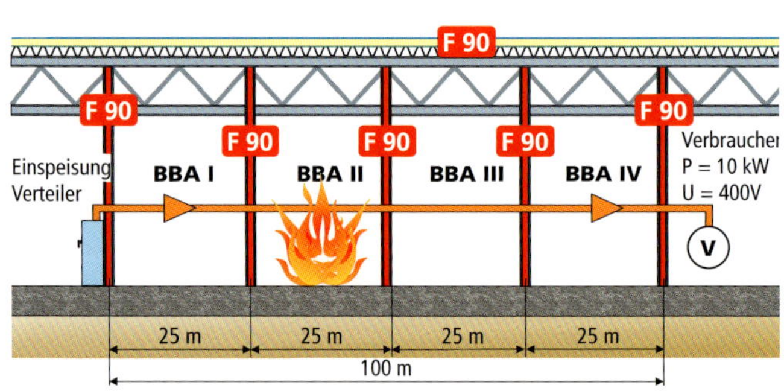

Bild K-V–1: Beispiel zur Dimensionierung einer E 30-Verkabelung

Hinweis:
Für die Ermittlung des zulässigen Spannungsfalls und die Dimensionierung der Leitungen, sind die DIN VDE-Normen zu beachten. Die Hilfsmittel der Hersteller können bei der Dimensionierung berücksichtigt werden.

K-VI. Alternative Verlege- und Befestigungsmöglichkeiten

Wie bereits in den vorherigen Abschnitten beschrieben, kann der Funktionserhalt der Leitungen gemäß MLAR, Abschnitt 5.2.1 auch dadurch erreicht werden, dass die Leitungen auf Rohdecken unterhalb des Fußbodenestrichs mit einer Dicke von mindestens 30 mm oder im Erdreich verlegt werden.

Eine Verlegung der Leitungen in Betondecken oder Wänden mit einer Mindestüberdeckung von 30 mm ist als gleichwertig anzusehen.

Bei einer Verlegung unterhalb vom Estrich oder im Erdreich müssen die Leitungen selbst keinen integrierten Funktionserhalt besitzen. Welcher Leitungstyp unterhalb vom Estrich oder im Erdreich verlegt werden kann, richtet sich nach den Vorgaben der DIN VDE-Normen. Für die Verlegung im Erdreich sind zum Beispiel Erdkabel vom Typ NYY-J verwendbar. Wenn Leitungen in Leerrohren unterhalb vom Estrich verlegt werden, ist darauf zu achten, dass die Leitungen zur Versorgung der sicherheitstechnischen Anlagen nicht durch andere Leitungen innerhalb dieser Leerrohre negativ beeinflusst werden. Die Leerrohre bzw. Leitungen dürfen unterhalb von einem schwimmenden Estrich im Bereich der Wärmedämmung verlegt werden.

Es wird empfohlen, die Leitungen zur Versorgung bauordnungsrechtlich geforderter Anlagen in eigenen Leerrohren zu führen.

Vorteile einer Verlegung unterhalb vom Estrich oder im Erdreich:

- Diese Art der Verlegung eignet sich insbesondere in Gebäuden, wie z. B. Hallen aus Stahl oder Holzkonstruktionen, wo eine Befestigung der Kabelanlagen mit integriertem Funktionserhalt, entsprechend dem abP, nicht oder nur schwer möglich ist.
- Einsparung aufwändiger Befestigungskonstruktionen (ist abhängig von der Detailkonstruktion)
- Leerrohre unter der Grundplatte lassen sich kostengünstig verlegen. Das gleiche gilt für eine Leitungsverlegung unterhalb von einer Estrichschicht.
- Die Auslegung der Kabeldimensionierung ist kostengünstiger, da in der Regel ein kleinerer Leiterquerschnitt verwendet werden kann, weil diese nicht für die hohen Temperaturen im Brandfall dimensioniert werden müssen.
- Die Verwendung von Kabeln und Leitungen ohne integrierten Funktionserhalt ist in vielen Fällen günstiger, als Kabelanlagen mit integriertem Funktionserhalt.
- Die Gefahr von negativen Beeinflussungen auf die Leitungen unterhalb vom Estrich oder im Erdreich sind nahezu ausgeschlossen, da diese sicher vor Trümmerlasten usw. geschützt sind.
- Bei einer guten Vorplanung im Entwurfsstadium können erhebliche Kosten eingespart und die Wirksamkeit des Funktionserhalts sogar noch erhöht werden.

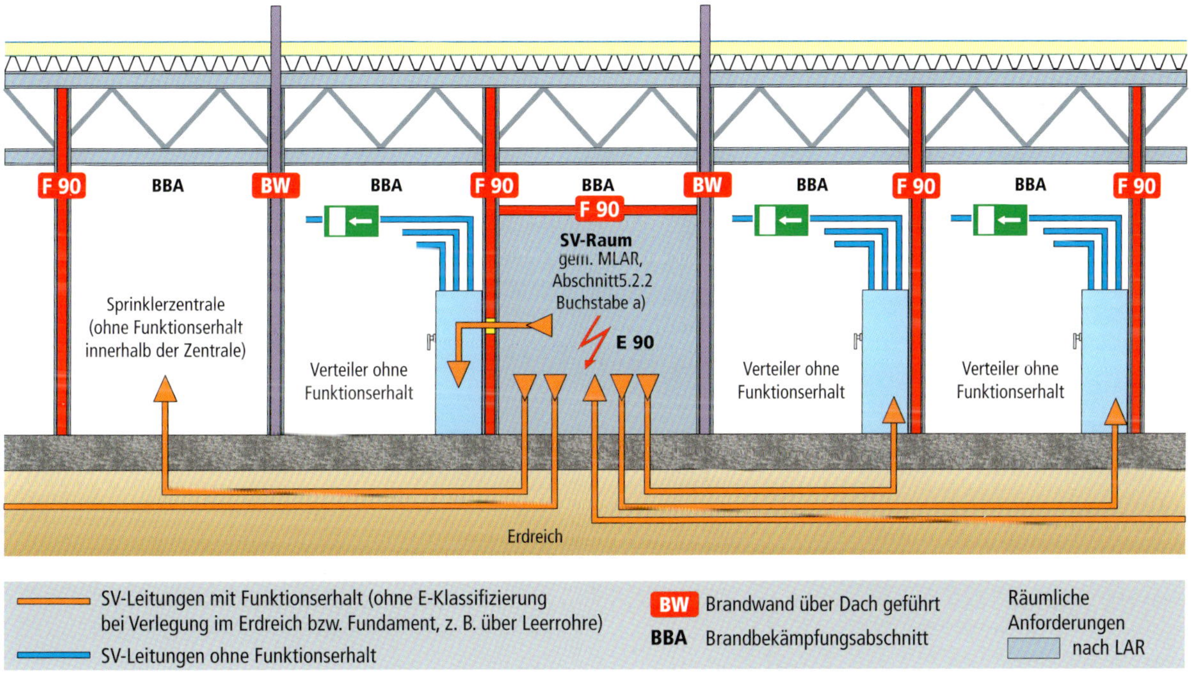

Bild K-VI–1: Verlegebeispiel der Leitungsanlagen für die Sicherheitsstromversorgung in einer eingeschossigen Industriehalle mit einer Stahl- oder Holzkonstruktion im Dachbereich.

K

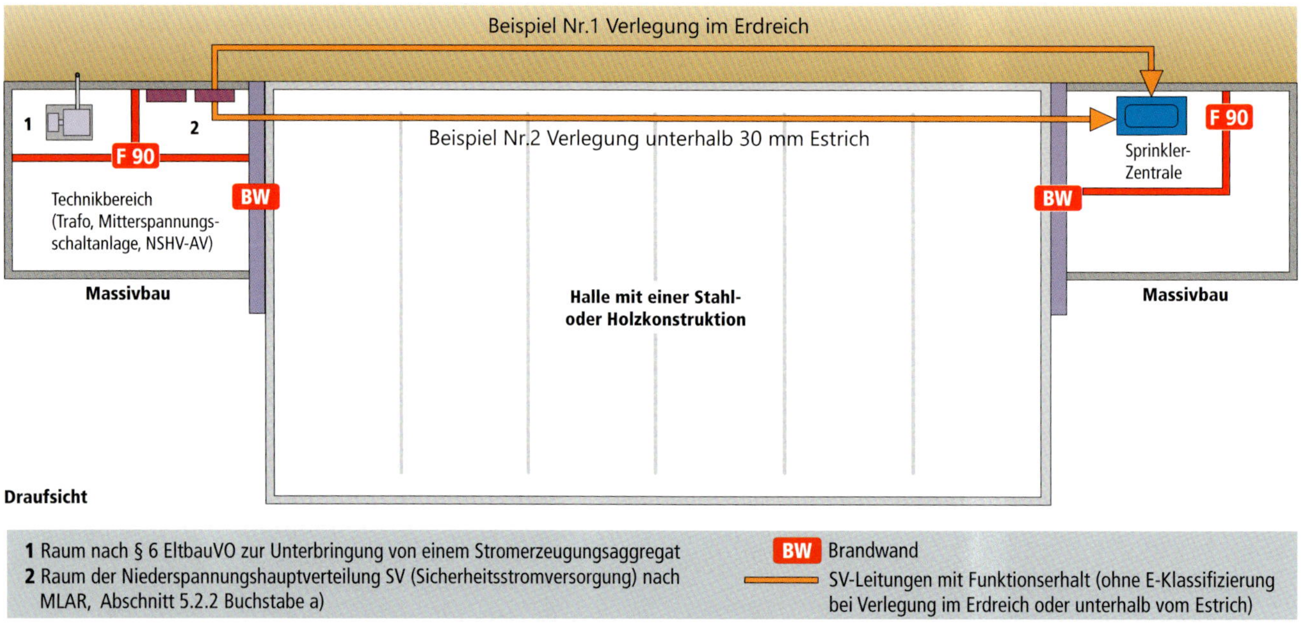

Bild K-VI–2: Beispielhafte Verlegung von SV-Leitungen zur Versorgung der Sprinklerzentrale außerhalb der Halle durch das Erdreich oder in der Halle unterhalb Estrich

Alternative Befestigungsmöglichkeiten
Je nach Gebäudestruktur ist es jedoch nicht immer möglich, Kabelanlagen mit Funktionserhalt an Bauteilen zu befestigen, die einen ausreichenden Feuerwiderstand aufweisen. Hierzu gehören zum Beispiel Hallen mit einer Stahlkonstruktion in Verbindung mit Sandwichelementen und einem Dach aus Trapezblech. Hier ist eine Befestigung entsprechend dem allgemeinen bauaufsichtlichen Prüfzeugnis der Kabelanlage mit Funktionserhalt nicht möglich.
Das Problem besteht darin, dass bei einer Vollbrandsituation innerhalb der Halle, sehr schnell Temperaturen von über 500 °C erreicht werden. Ungeschützter Stahl verliert bei dieser Temperatur nahezu die Hälfte seiner Festigkeit. Durch die aufsteigende Hitze, die sich unterhalb der Dachkonstruktion aus Trapezblechen sammelt, führt die thermische Belastung innerhalb kurzer Zeit zum Versagen der Konstruktion.

Jedoch nicht selten kommt es in der Praxis vor, dass z. B. ein oder mehrere Ventilatoren einer maschinellen Entrauchungsanlage in einer solchen Dachkonstruktion aus Stahlträgern angeordnet werden müssen, da keine andere Befestigungsmöglichkeit z. B. an Massivbauteilen zu Verfügung steht.

In solchen Fällen ist eine schutzzielorientierte Herangehensweise zur Beurteilung der Situation in Verbindung mit dem elektrischen Funktionserhalt der Anlage erforderlich.

Die Beschreibung im Brandschutzkonzept/-nachweis, dass die maschinelle Entrauchungsanlage die Anforderungen der Leitungsanlagen-Richtlinie erfüllen muss, reicht in den meisten Fällen nicht aus.

Es sollte bereits frühzeitig eine schutzzielorientierte Beschreibung im Brandschutzkonzept/-nachweis mit aufgenommen werden, welchen Zweck die maschinelle Entrauchungsanlage im Detail hat und welche Anforderungen an den elektrischen Funktionserhalt gestellt werden.

Hierzu kann unter anderem gehören, dass die Anlage im wesentlichem der Unterstützung der Selbstrettung von Personen dient und welche Zeitspanne und Maßnahmen zum Erreichen des Schutzziels erforderlich sind. Es wird empfohlen, bereits in der Konzeptphase Kompensationsmaßnahmen zu beschreiben, die dazu führen, dass die maschinelle Entrauchungsanlage inklusive der Zuleitungen für diesen Zeitraum den erforderlichen Funktionserhalt erfüllen kann.

Bei diesen Überlegungen sind folgende Faktoren zu berücksichtigen:

- Wird der Bereich oder die Dachkonstruktion zusätzlich durch eine Sprinkleranlage geschützt? Hierbei lässt sich z. B. durch Simulationen der Nachweis erbringen, dass die möglichen Brandtemperaturen auf 300 °C begrenzt bleiben und es dadurch zu keinem Versagen bzw. großen Verformungen der Stahlträger kommt.
- Sorgen ggf. weitere Rauch- und Wärmeabzugsanlagen für eine thermische Entlastung der Konstruktion?
- Ist eine Vollbrandsituation aufgrund der vorhanden Brandlast überhaupt möglich?
- Kann die Stahlkonstruktion ggf. durch brandschutztechnische Bekleidungen oder Beschichtungen geschützt werden?
- Ist in dem Gebäude eine Brandmeldeanlage zur Brandfrüherkennung inklusive einer wirksamen Alarmierung installiert, damit die anwesenden Personen frühzeitig alarmiert werden und durch hilfeleistende Kräfte eine zeitnahe Brandbekämpfung stattfindet?
- Gibt es alternative Befestigungsmöglichkeiten zur Leitungsverlegung an den Stahlträgern? Ziel ist es, dass die Leitungen mit Funktionserhalt solange halten wie die Konstruktion.

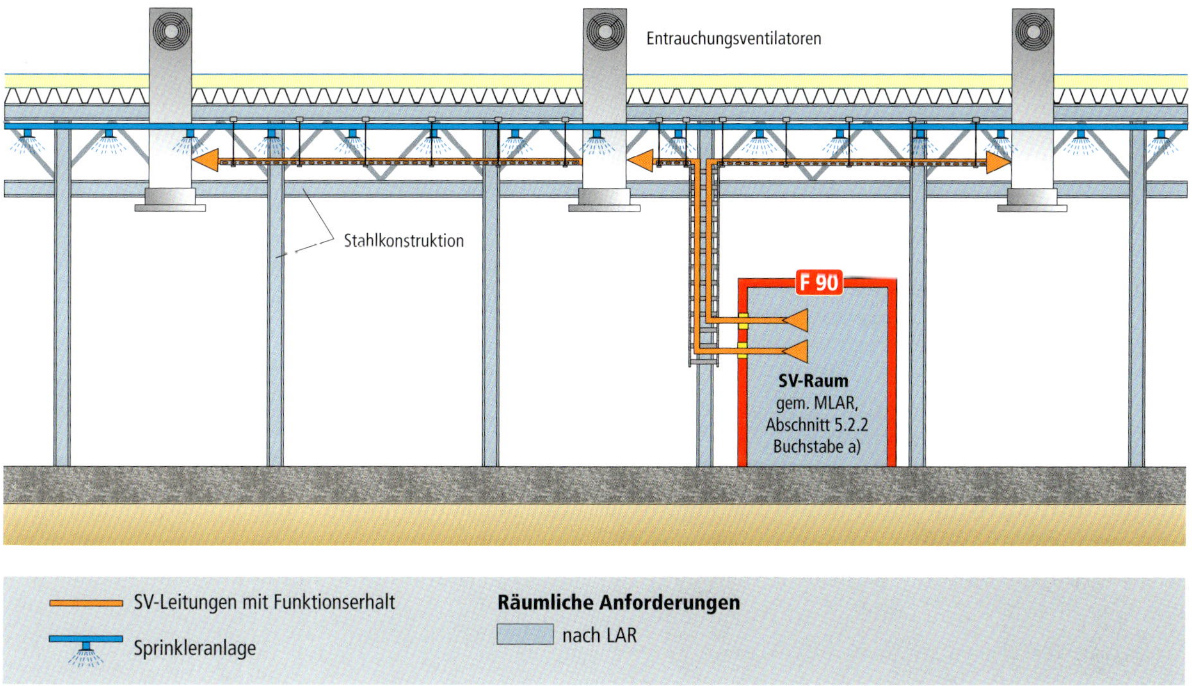

Bild K-VI–3: Beispielhafte Leitungsführung in Funktionserhalt als Zuleitungen für Entrauchungsventilatoren in einer Halle in Stahlbauweise.

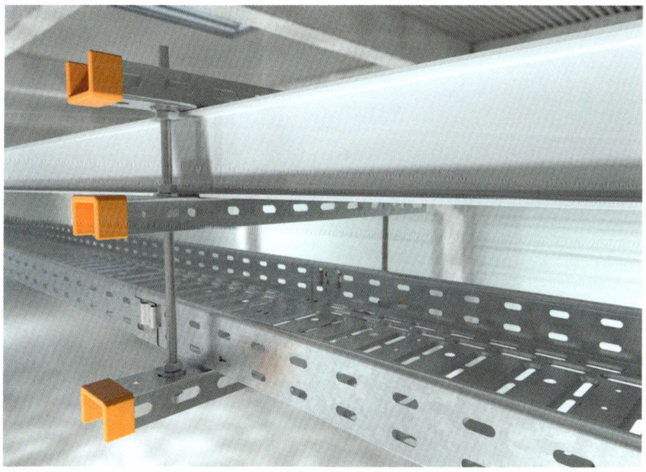

Bild K-VI–4: Kabelrinne mit Funktionserhalt und Klemmbefestigung an einem Stahlträger, der eventuell sogar beschichtet ist (Quelle OBO Bettermann)

Hinweis:
Die schutzzielorientierte Betrachtungsweise ist jedoch abhängig vom Einzelfall und kann nicht generell auf andere Bauvorhaben übertragen werden.

Bild K-VI–5: Kabelrinne mit Funktionserhalt mit Befestigung in einem Stahlrahmen, der durch eine Begleitsprinklerung geschützt wird. Die abweichende Befestigung muss im jeweiligen projektspezifischen Fall nachgewiesen werden.
(Foto Frank Möller)

Je nach Konstruktion eines Gebäudes kann es auch erforderlich werden, Kabelanlagen mit Funktionserhalt an Holzbauteilen zu montieren. Es ist unter Beachtung der Schutzziele durchaus möglich, Kabelanlagen mit einem Funktionserhalt E 30 bis E 60 an den tragenden Hallenkonstruktionen, wie z. B. Leimholzbindern, zu montieren. Holz besitzt im Brandfall positive Eigenschaften, denn durch den Abbrand entsteht eine isolierende Holzkohleschicht. Je größer das Bauteil dimensioniert ist, umso länger dauert es, bis es zu einem Versagen der Tragfähigkeit kommt. Die Befestigung erfolgt in der Regel mit Gewindestangen und einer Durchsteckmontage oder mit entsprechend dimensionierten Holzschrauben. Die Feuerwiderstandsdauer ist abhängig vom Holzquerschnitt, der Holzart und dem Feuchtigkeitsgehalt des Holzes.

Bild K-VI–6: Kabelrinnen mit Funktionserhalt an einem Holzträger montiert. (Quelle OBO Bettermann)

K

Wenn eine Befestigung der Kabelanlage mit Funktionserhalt aufgrund der Gebäudestruktur nicht an Bauteilen möglich ist, die den Anforderungen des jeweiligen allgemeinen bauaufsichtlichen Prüfzeugnisses entsprechen, bedarf es, wie bereits oben beschrieben, immer einer schutzzielorientierten Betrachtung der individuellen Situation.

Ziel sollte es immer sein, die Kabelanlagen mit Funktionserhalt entsprechend einem abP aufzubauen. Die Verlegung der Leitungen sollte auf einer Normtrage- oder kabelspezifischen Tragekonstruktion unter Beachtung der zulässigen Gewichte und Befestigungsabstände erfolgen. Bei der Montage ist zu beachten, dass mögliche negative Beeinflussungen auf die Kabelanlage mit Funktionserhalt durch herabfallende Bauteile verhindert wird. Eine Befestigung der Kabelanlagen an Stahl oder Holzbauteilen stellt jedoch in der Regel eine Abweichung vom abP dar.

Da diese Art der Befestigung sehr individuell ist und in den Prüfanforderungen der DIN 4102-12:1998-11 nicht beschrieben wird, haben einige Hersteller gutachterliche Stellungnahmen in Auftrag gegeben, die sich mit der Thematik der Befestigung von klassifizierten Kabelanlagen, z. B. an Stahl- und Holzkonstruktionen befassen. Diese gutachterlichen Stellungnahmen bzw. die Prüferfahrungen der Hersteller, können durch den Errichter der Kabelanlage ggf. als Grundlage für die Bestätigung einer nicht wesentlichen Abweichung zum abP oder zur Beantragung einer vorhabenbezogenen Bauartgenehmigung (vBG) herangezogen werden.

Abweichungen von der Dauer des geforderten Funktionserhalts für die betroffenen Anlagen nach Abschnitt 5.3 MLAR, oder der Ausführung der Leitungsverlegung nach Abschnitt 5.2.1 der MLAR sind als Abweichung nach § 85a MBO möglich, wenn mit einer anderen Lösung das gleiche Schutzziel erreicht wird.

Alternative Verlege- und Befestigungsvarianten sollten frühzeitig beachtet und im Rahmen der Planung konkretisiert werden.

K-VII. Funktionserhalt durch bauliche Trennung

Wie bereits im **Teil K-I.** bis **Teil K-VI.** beschrieben, bestehen mehrere Möglichkeiten, den elektrischen Funktionserhalt von bauaufsichtlich geforderten sicherheitstechnischen Anlagen im Brandfall zu gewährleisten. Die Art wie dieser Funktionserhalt erreicht werden muss, ist jedoch davon abhängig, welches Schutzziel verfolgt wird und in welchem Bereich die Anlage wirksam sein muss (siehe hierzu die Planungsbeispiele **Teil K-X.** bis **K-XI.**, bzw. **Teil M**).

Die Frage ist: Wie kann sichergestellt werden, dass die geforderte Funktion einer elektrischen Leitungsanlage für die vorgesehene Zeit erreicht wird? Hierzu muss man immer die gesamte Anlage, beginnend von den Stromquellen (allgemeine Stromversorgung oder Sicherheitsstromversorgung) über die Zentrale, Verteiler, Kabelanlage bis zum angeschlossenen Betriebsmittel, Pumpe, Ventilator, Brandmelder usw. betrachten.

Wenn eine Anlage eine festgelegte Zeit betrieben werden soll, z. B. 90 Minuten, ist es erforderlich, dass die gesamte Leitungsanlage dafür ausgelegt sein muss. Anlagen erfüllen die Anforderungen aber auch, wenn sie nach einer automatischen Ansteuerung durch eine BMA den „sicheren" Zustand einnehmen, wie zum Beispiel das Öffnen einer RWA-Klappe vor dem Ausfall der Steuerung.

In der Leitungsanlagen-Richtlinie werden mehrere Varianten aufgeführt, wie der elektrische Funktionserhalt für die Leitungsanlage oder Teilen davon insgesamt erreicht werden kann.

- Verwendung von Kabeln und Leitungen, die die Anforderungen nach DIN 4102-12:1998-11 erfüllen
- Verlegung von Kabeln- und Leitungen unterhalb vom Estrich
- Verlegung von Kabeln, und Leitungen im Erdreich
- Unterbringung von Verteilern in Räumen, Gehäusen bzw. Einhausungen, die einen Feuerwiderstand entsprechend der geforderten Dauer des Funktionserhalts aufweisen.
- **Schutz der Leitungsanlagen vor Brandeinwirkung durch bauliche Trennung**

Im Abschnitt 5.1.1 der Leitungsanlagen-Richtlinie wird beschrieben, dass die Leitungsanlagen (Leitungen, Verteiler, Zentralen, Befestigungen usw.) so beschaffen oder **durch Bauteile** abgetrennt sein müssen, dass die sicherheitstechnischen Anlagen im Brandfall ausreichend lang funktionsfähig bleiben (Funktionserhalt).

Mit dem Begriff Bauteile sind alle Bauteile gemeint, die einen Feuerwiderstand aufweisen, der mindestens der gleichen Dauer des geforderten Funktionserhalts entspricht. Dies können z. B. F 30 bis F 90 Wände, Decken, Kanäle und Schächte sein.

Folgende Beispiele sollen dazu dienen, den Funktionserhalt durch bauliche Trennung zu erläutern:

Beispiel 1:
2 Brandbekämpfungsabschnitte BBA I und BBA II sind mit jeweils einem Entrauchungsventilator ausgestattet. Im Brandfall wird der jeweilige Ventilator über die Brandmeldeanlage angesteuert. Die Stromversorgung erfolgt über die dazugehörigen Schaltschränke, die in den jeweiligen Brandbekämpfungsabschnitten aufgestellt sind.

Hinweis:
Bauordnungsrechtlich wird immer nur von einem Brand im Gebäude ausgegangen, der einen Brandabschnitt nicht überschreitet. Sind höhere Anforderungen dennoch erforderlich, müssen diese im Brandschutzkonzept-/nachweis beschrieben werden.

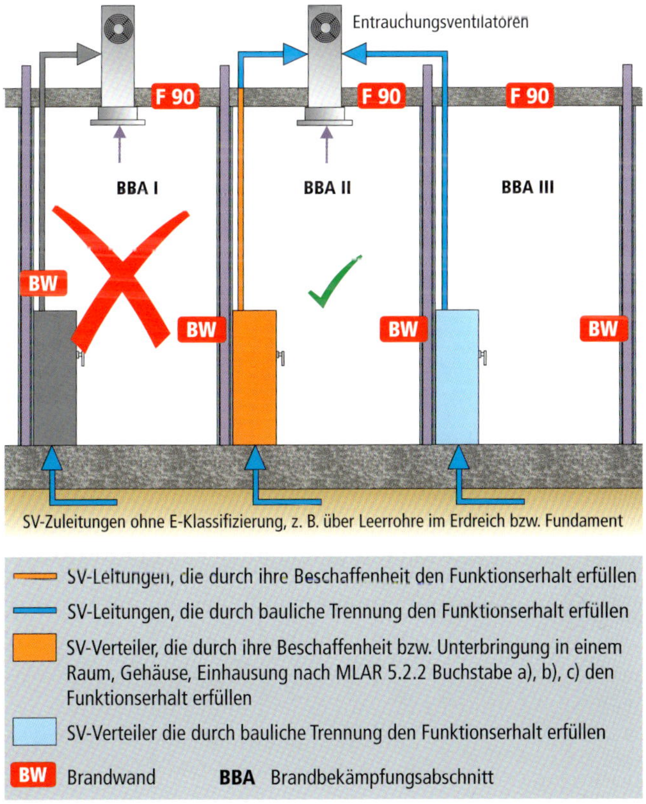

Bild K-VII–1: Beispielhafte Anordnung von Leitungsanlagen für eine maschinelle Entrauchungsanlage mit Funktionserhalt

BBA 1 (Bild K-VII–1 links)
Der Schaltschrank und die Versorgungsleitung zum Entrauchungsventilator sind ohne Schutzmaßnahmen zum elektrischen Funktionserhalt im Brandbekämpfungsabschnitt angeordnet. Im Brandfall würde der Schaltschrank und die Kabelanlage ausfallen, und somit wäre die Anlage nicht mehr funktionsbereit.

BBA 2 Variante 1 (Bild K-VII–1 Mitte)
Der Schaltschrank im BBA 2 wird durch ein Gehäuse nach MLAR, Abschnitt 5.2.2, Buchstabe b) vor Brandeinwirkung geschützt. Die Versorgungsleitung bis zum Entrauchungsventilator erfüllt den Funktionserhalt aufgrund der Beschaffenheit der Kabelanlage. Nach der Deckendurchführung bis zum Ventilator selbst wird der Funktionserhalt durch bauliche Trennung sichergestellt. Bei einem Brandfall im BBA 2 bleibt die Anlage für die Dauer des Funktionserhalts in Funktion.

BBA 2 Variante 2 (Bild K-VII–1 rechts)
Der Schaltschrank im BBA 3 besitzt keine besonderen Schutzmaßnahmen zum Funktionserhalt und versorgt den Entrauchungsventilator über eine Leitung ohne integrierten Funktionserhalt. Bei einem Brand im BBA 2 bleibt die gesamte Anlage in Funktion, da der Verteiler und die Verbindungsleitung durch die Bauteile mit Feuerwiderstand (Brandwand und F 90 Decke) vor Brandeinwirkung geschützt werden.

Hinweis:
Bei der Variante 1 im BBA 2 wird in der Praxis z. B. eine Leitung mit integriertem Funktionserhalt verwendet und direkt vom Schaltschrank bis zum Entrauchungsventilator verlegt. Der blaue Pfeil oberhalb der F 90 Decke stellt jedoch klar, dass die Leitungen in diesem Bereich nicht mehr zwingend nach dem abP verlegt bzw. befestigt werden müssen. Hier wird der Funktionserhalt über die bauliche Trennung erreicht.

Es wird empfohlen, bei solchen Tragsystemen, die Leitungen mit integriertem Funktionserhalt führen, aber selbst kein Tragesystem nach abP sind, die Kabelanlage entsprechend zu kennzeichnen (z. B. Kabelanlage E0).

Bei den Zuleitungen der Schaltschränke wird in diesem Beispiel der Funktionserhalt der Zuleitungen durch eine Verlegung in Leerrohren unterhalb der Bodenplatte, wie bereits im **Teil K-VI.** beschrieben, sichergestellt. Die Niederspannungshauptverteilung SV wiederum muss ggf. in einem eigenen Raum nach MLAR, Abschnitt 5.2.2 untergebracht sein. Dies ist davon abhängig, welche Anlagen von dieser versorgt werden (siehe **Teil K-IX.**). Ein notwendiges Stromerzeugungsaggregat als Stromquelle für Sicherheitszwecke hingegen ist ggf. in einem Raum nach EltBauVO unterzubringen.

K

Beispiel 2:
In der Technikzentrale im Dachgeschoss ist ein Entrauchungsventilator mit dem dazugehörigen Schaltschrank aufgestellt, mit dem ein Teilbereich des Erdgeschosses bis zum 2. Obergeschoss entraucht wird. Die Dauer des Funktionserhalts beträgt 90 Minuten. Die Ansteuerung erfolgt über die Brandmeldeanlage. Bei einem Brand im EG werden die Entrauchungsklappen so gesteuert, dass die Entrauchung nur im EG wirksam wird. Bei einem Brand im 1. OG bzw. im 2. OG erfolgt die Ansteuerung in gleicher Weise.

- Der Schaltschrank der Niederspannungshauptverteilung SV (NSHV-SV) wird durch einen Raum nach MLAR, Abschnitt 5.2.2, Buchstabe a) geschützt.
- Die Versorgungsleitung zwischen der NSHV-SV erfüllt im 1. und 2. OG den Funktionserhalt aufgrund ihrer Beschaffenheit, da bei einem Brand im 1. bzw. 2.OG die Anlage in Funktion bleiben muss.
- Der Schaltschrank der Entrauchungsanlage und der Ventilator sowie die Verbindungsleitungen erfüllen den Funktionserhalt aufgrund der baulichen Trennung durch F 90-Bauteile. Die Anlage muss in diesem Beispiel nur wirksam werden, wenn es im EG bis 2. OG zu einem Brandereignis kommt.
- Innerhalb vom F 90-Schacht dürfen auch andere Leitungen (brennbar/nichtbrennbar) vorhanden sein. Voraussetzung ist, dass die Funktion nicht zur Entrauchung des Schachtes benötigt wird.
- Die Verbindungsleitungen zwischen dem Schaltschrank der Entrauchung und den Entrauchungsklappen werden bis zum Austritt aus der F 90-Schachtwand durch bauliche Trennung vor einer Brandeinwirkung geschützt und außerhalb des F 90-Schachtes aufgrund ihrer Beschaffenheit.

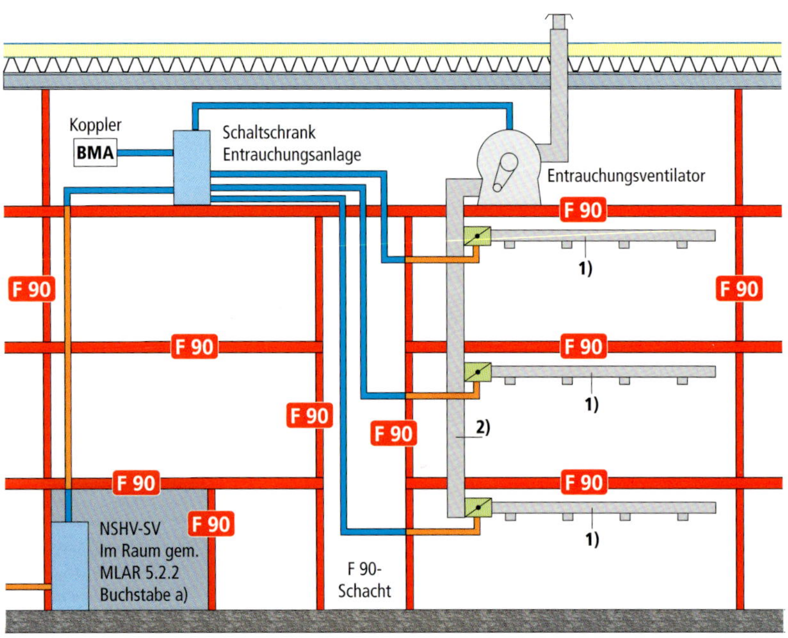

Hinweis:
Innerhalb von dem F 90-Schacht ist eine Mischbelegung auch mit anderen Leitungen (nichtbrennbar/brennbar) möglich, wenn die Entrauchungsanlage nicht zur Entrauchung des Schachtes erforderlich ist.

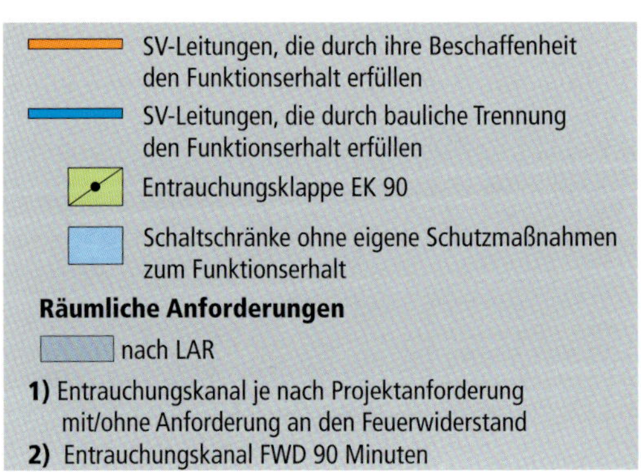

Bild K-VII–2: Beispielhafte Leitungsführung zum Funktionserhalt bei einer Entrauchungsanlage mit Schutz der Leitungsanlage durch bauliche Trennung.

Beispiel 3:
Verlegung der Verbindungsleitungen zwischen der Niederspannungshauptverteilung SV und den Unterverteilern SV, über einen eigenen Schacht mit einer Feuerwiderstandsdauer entsprechend der höchsten Funktionserhaltsdauer der darin verlegten Leitungen.

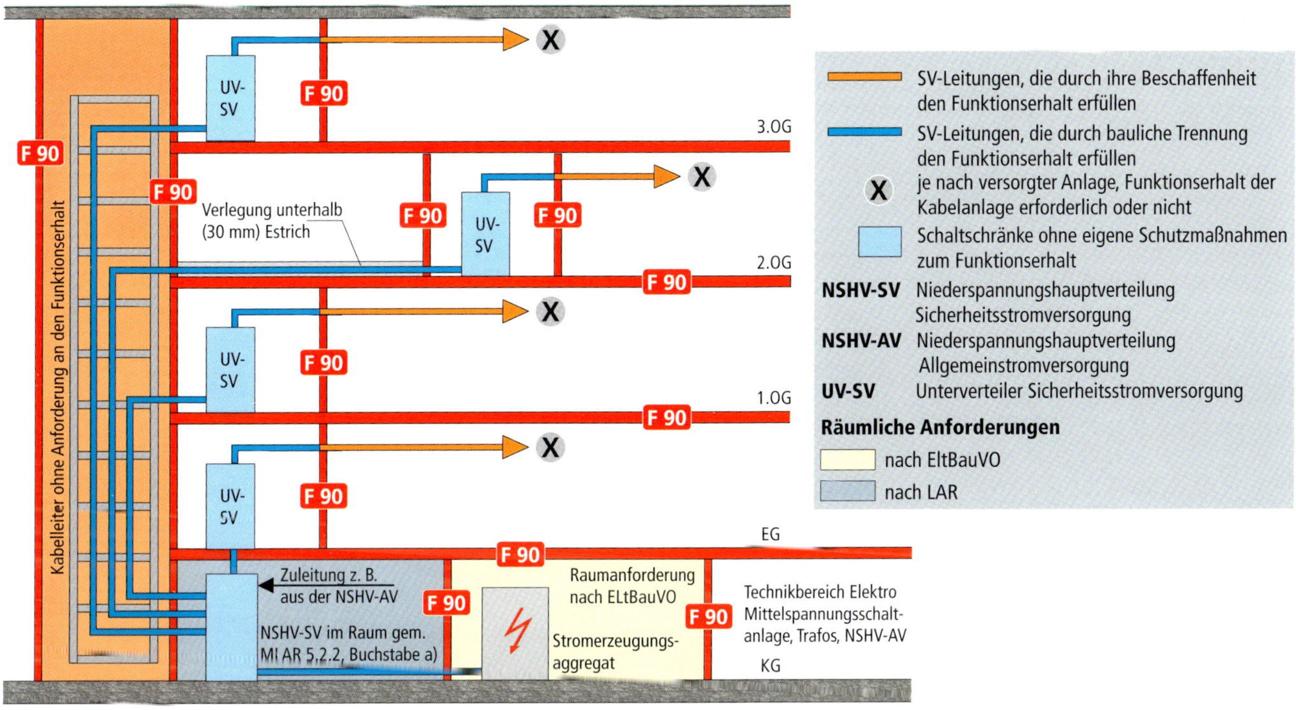

Bild K-VII–3: Beispielhafte Versorgung von Unterverteilern der Sicherheitsstromversorgung über einen eigenen Installationsschacht mit einer Feuerwiderstandsdauer entsprechend der höchsten geforderten Funktionserhaltsdauer.

Hinweis:
Innerhalb des Schachtes dürfen nur die Leitungen zur Versorgung der Unterverteiler der Sicherheitsstromversorgung bzw. sonstiger bauaufsichtlich geforderter Anlagen, wie z. B. die Überwachung der Brandmeldeanlage, verlegt werden. Leitungen der Allgemeinstromversorgung sind aufgrund möglicher negativer Beeinflussungen auf den Funktionserhalt nicht zulässig. Nichtbrennbare Rohrleitungen mit nichtbrennbaren Dämmungen bzw. die elektrischen Leitungen zur Versorgung des F 90-Schachtes (z. B. Beleuchtung) sind als unkritisch anzusehen.

Da innerhalb des Schachtes keine Kabelanlage nach DIN 4102-12:1998-11 zur Anwendung kommt, ist auch keine wirksame Unterstützungsmaßnahme auf der Steigetrasse erforderlich.

K-VIII. Wechselwirkungen und negative Beeinflussungen auf die Beschaffenheit beim Funktionserhalt

In der MLAR, Abschnitt 5.1.1 werden die grundlegenden Anforderungen an den elektrischen Funktionserhalt beschrieben.

5.1 Grundlegende Anforderungen

5.1.1 [1]Die elektrischen Leitungsanlagen für bauordnungsrechtlich vorgeschriebene sicherheitstechnische Anlagen müssen so beschaffen oder durch Bauteile abgetrennt sein, dass die sicherheitstechnischen Anlagen im Brandfall ausreichend lang funktionsfähig bleiben (Funktionserhalt). [2]Dieser Funktionserhalt muss bei möglicher Wechselwirkung mit anderen Anlagen und deren Teilen gewährleistet bleiben.

Unter Beschaffenheit versteht man, dass die Leitungsanlage, wie z. B. die Kabelanlage, aufgrund ihrer Eigenschaften in der Lage ist, im Brandfall für die geforderte Dauer des Funktionserhalts die elektrische Funktion sicherzustellen. Kabelanlagen nach DIN 4102-12 erfüllen diese Anforderungen. Dazu sind die Kabelanlagen an Bauteilen zu befestigten, deren Feuerwiderstand mindestens der bauordnungsrechtlich geforderten Dauer des Funktionserhalts entspricht.

K

Zentralen, Steuereinrichtungen, elektrische Verteiler usw. werden in der Regel durch Räume, Gehäuse bzw. Einhausungen nach MLAR, Abschnitt 5.2.2 vor Brandeinwirkung geschützt. Hier wird der Funktionserhalt aufgrund der Abtrennung mit Bauteilen mit entsprechender Feuerwiderstandsfähigkeit (und somit für die geforderte Zeitdauer) erzielt.

Damit der Funktionserhalt für die geforderte Zeitdauer auch erreicht werden kann, ist es zwingend erforderlich, dass die Bestandteile der Leitungsanlage, die einen Funktionserhalt benötigen, nicht durch äußere Einflüsse beeinträchtigt oder zerstört werden. Das bedeutet, es dürfen keine Einwirkungen auf die Leitungsanlage erfolgen, die die Eigenschaften negativ verändern. Diese können ausgeschlossen werden, wenn die Leitungsanlagen entsprechend dimensioniert und angeordnet, bzw. durch andere Maßnahmen geschützt werden.

Beispiele für negative Einwirkungen auf die elektrischen Leitungsanlagen für bauordnungsrechtlich vorgeschriebene sicherheitstechnische Anlagen können sein:

- **Zerstörung** von E 30 bis E 90 Funktionserhaltstrassen, z. B. durch im Brandfall herabfallende Installationen (Rohre, Kanäle, Lüftungsleitungen) oder andere Leitungstrassen. Hierzu zählt auch, dass Kabelanlagen nicht durch herabfallende Bauteile wie Decken- oder Wandverkleidungen beschädigt werden.
- **Montage an ungeeigneten Bauteilen** kann zum Ausfall der Kabelanlage mit Funktionserhalt führen. Hierzu zählt z. B. die Montage von Kabelanlagen mit integriertem Funktionserhalt nach DIN 4102-12:1998-11 an Trockenbauwänden. Im Brandfall wird das Gefüge der meist gipsgebundenen Platten mürbe und bricht von der Unterkonstruktion ab. Dies kann zu Beschädigungen an den Leitungen führen.
- **Temperaturerhöhungen** in elektrischen Verteilern E 30 bis E 90 oberhalb der zulässigen Grenzen und dadurch Ausfall der elektrischen Schaltelemente bei Anlagen (zulässige Betriebstemperaturen gemäß Herstellerangaben beachten).
- **Erhöhung der Luftfeuchtigkeit** in elektrischen Verteilern E 30 bis E 90 und dadurch Ausfall der elektrischen Schaltelemente durch z. B. Kurzschluss.

Hinweis:
Es gibt derzeit keine gesicherten Erkenntnisse, dass das erst im Brandfall aus Brandschutzbauplatten austretende gebundene Wasser innerhalb der Dauer des geforderten Funktionserhaltes zu einem Kurzschluss führt und dadurch mit einem Ausfall in dieser Zeit zu rechnen ist. Auch die Erhöhung der Luftfeuchtigkeit führt nicht zu einer Belastung, die eine „Spritzwasserbeständigkeit" der elektrisch eingehausten Bauteile erfordert.

- Eindringen von Staub und Wasser.

Damit negative Einwirkungen auf den Funktionserhalt verhindert werden, ist es zwingend erforderlich, bereits in der Konzepterstellung und der späteren Planung und Ausführung darauf zu achten, dass die Leitungsanlagen mit Funktionserhalt im Brandfall mindestens für die geforderte Zeitdauer vor negativen Einwirkungen geschützt bleiben.

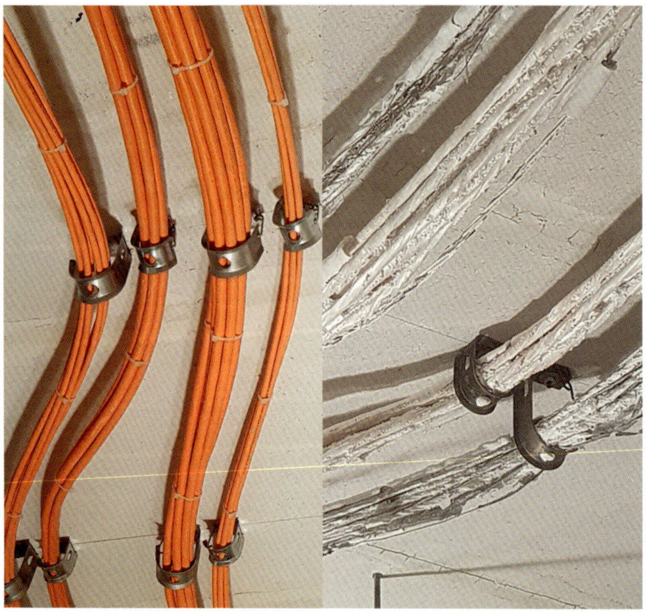

Bild K-VIII–1: Kabelanlage mit Funktionserhalt vor und nach einem Brandversuch (Bilder Frank Möller)

Das Bild zeigt eine Kabelanlage mit Funktionserhalt nach einem Brandversuch. Die Adern werden nur noch durch das verwendete Glimmerband und die isolierende Ascheschicht voneinander isoliert, ein anderer Teil der Leitungen durch eine keramisierende Kunststoffisolierung. Wenn jetzt von oben eine Last auf diese Kabelanlage fällt, kommt es unmittelbar zum Kurzschluss bzw. zu einer Unterbrechung.

Aus diesem Grund sollten Kabelanlagen mit integriertem Funktionserhalt immer an höchster Stelle im Installationsbereich angeordnet werden.

Bild K-VIII–2: Kabelanlage mit Funktionserhalt mit Verlegung an der Rohdecke. Die anderen TGA-Installationen verlaufen unterhalb (Bild Frank Möller)

Wenn es aufgrund der baulichen Gegebenheiten nicht möglich ist, die Leitungen so zu verlegen, dass negative Einwirkungen, die zum Ausfall führen können, ausgeschlossen sind, müssen entsprechende Schutzmaßnahmen umgesetzt werden (Trümmerschutz).

Bild K-VIII–3: Montage einer Zusatzbefestigung an einer Rohrleitung oberhalb der Kabelanlagen mit Funktionserhalt. Die Befestigung muss entsprechend brandschutztechnisch ausgelegt sein, z. B. DIN 4102-4, Nr. 8.5.7.5 (Bild Frank Möller)

Bild K-VIII–5: Verlegung der Funktionserhaltsleitungen in einem Betonkanal als Trümmerschutz. Hierbei muss jedoch beachtet werden, dass diese Art der Verlegung in der Regel eine Abweichung vom abP darstellt (Bild Frank Möller)

K

Geeignete Maßnahmen zum Trümmerschutz können sein:

- Montage zusätzlicher Abhängungen oberhalb der Kabelanlage, vgl. Bild K-VIII–3
- Montage von Auffangkonstruktionen oberhalb der Kabelanlage
- Verlegung der Leitungen in Schutzkanälen, vgl. Bild K-VIII–5
- Leitungsführung innerhalb von TGA Schächten auf einer geschützten Wandfläche

Auch das Vorhandensein einer selbsttätigen Löschanlage, wie zum Beispiel einer Sprinkleranlage, kann dazu beitragen, dass aufgrund der niedrigeren Brandtemperaturen (z. B. 300 °C) ein Versagen oberhalb verlaufender Installationen wegen des Auslösens und der brandbekämpfenden Wirkung der Löschanlage, nicht zu befürchten ist.

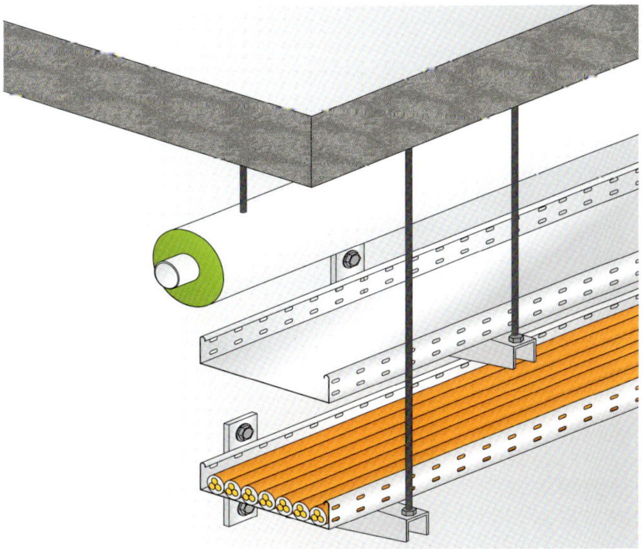

Bild K-VIII–4: Montage von einer leeren Funktionserhaltstrasse unter den Rohrleitungen, zum Schutz der darunter verlaufenden Leitungen mit Funktionserhalt

Beispiele von negativen Beeinflussungen auf Verteiler des elektrischen Funktionserhalts

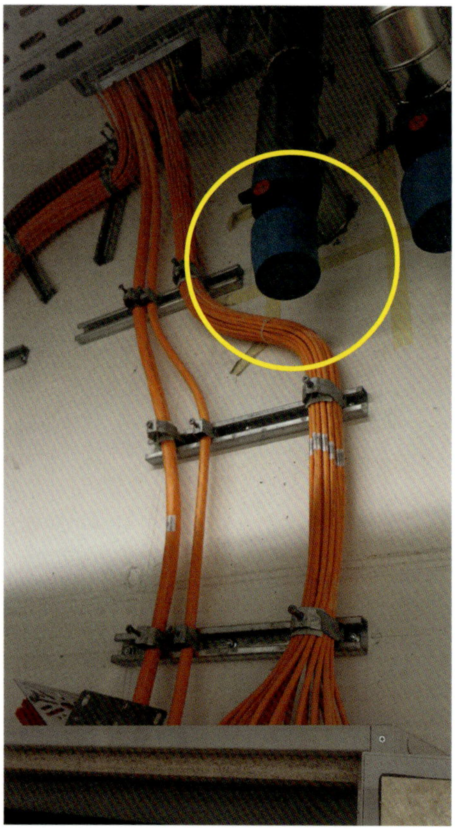

Bild K-VIII–6: Brennbares Absperrventil der Wasserversorgung oberhalb von einem E 30 Brandschutzgehäuse. Im Brandfall könnte austretendes Wasser in den Verteiler laufen und einen Kurzschluss verursachen. IP-Schutzklassen beachten (Bild Frank Möller)

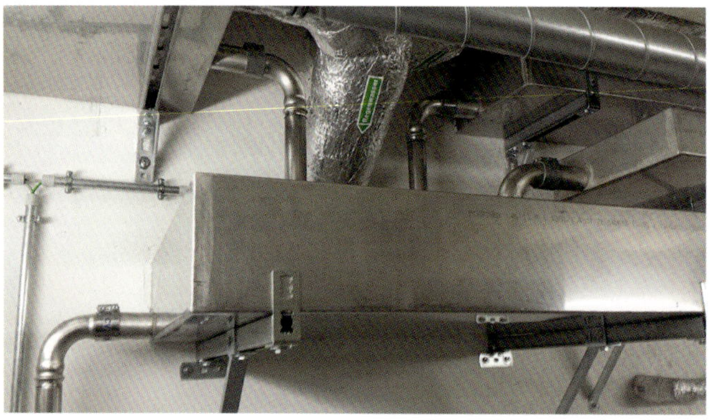

Bild K-VIII–7: „Auffangwanne" oberhalb von einem E 30 Brandschutzgehäuse. Die Auffangwanne ist unterhalb der zum Teil brennbaren Heizungsleitungen montiert. Im Brandfall laufen die Flüssigkeiten über eine Rohrleitung direkt zum Boden ab (Bild Frank Möller)

Bild K-VIII–8: Regenschutzhaube an der Lüftungsöffnung von einem Brandschutzgehäuse im gesprinklerten Bereich. Da die Sprinklerung vor dem Absperrventil auslösen kann, besteht die Gefahr, dass Löschwasser in den Verteiler eindringt und es zu einem Ausfall der Anlage kommt (Bild Frank Möller)

Geeignete Maßnahmen zum Schutz von negativen Einwirkungen auf Verteiler können sein:

- Schutzabdeckungen in gesprinklerten Bereichen, vgl. Bild K-VIII–8
- Montage von Auffangwannen oder Ableitblechen unterhalb von Klimageräten bzw. Rohrleitungsanlagen, vgl. Bild K-VIII–7
- Wirksame Be- und Entlüftung bzw. Klimatisierung von Aufstellorten für Verteiler (Zentralen usw.)
- Montage von Verteilern, auf der vom möglichen Brand abgewandten Wandseite in Räumen und Gehäusen.
- Gehäuse oder Einhausungen verwenden, die weniger kristallin gebundenes Wasser enthalten

Der Funktionserhalt muss auch bei möglichen Wechselwirkungen mit anderen Anlagen und deren Teilen gewährleistet werden.

Wechselwirkung bedeutet ein wechselseitiges aufeinander Einwirken von Anlagen. Mit der Begrifflichkeit Wechselwirkungen werden auch mögliche Fehlfunktionen anderer Anlagen berücksichtigt. Als Anlagen sind dabei auch bauordnungsrechtlich vorgeschriebene Sicherheitsanlagen zu verstehen. Fehlfunktionen dürfen sich auf den Funktionserhalt der nicht betroffenen sicherheitstechnischen Anlage nicht negativ auswirken.

Durch zunehmende Nutzung von Funk- oder Bussystemen für verschiedenste Anwendungen in Gebäuden können hier zukünftig weitere Beeinträchtigungen der sicherheitstechnischen Anlagen entstehen, wenn Funkmodule oder Bussysteme der sicherheitstechnischen Anlagen nicht gegen Störungen anderer Anlagen hinreichend unempfindlich sind.

Hinweis:
Prüfregeln hierzu sind derzeit noch nicht bauordnungsrechtlich festgelegt.

Mögliche Beispiele finden Sie in der Kommentierung **Teil A-II. Abschnitt elektrischer Funktionserhalt**.

Die Problematik von möglichen Wechselwirkungen muss bereits zu einem frühen Zeitpunkt bei der Planung und Ausführung, insbesondere im Schnittstellenbereich zwischen den einzelnen TGA-Gewerken, berücksichtigt werden.

Hinweis:
In der bauordnungsrechtlichen Schutzzielbetrachtung wird von nur **einem Brandereignis** ausgegangen, also ist eine **„Ein-Fehler Betrachtung"** grundsätzlich die Grundlage für die Anforderungen.

Der elektrotechnisch rückwirkungsfreie Betrieb untereinander ist gemäß den DIN VDE-Normen bzw. DIN EN-Normen sicherzustellen, wie z. B. die Selektivität der Schutzeinrichtungen.

K-IX. Aufstellräume von Verteilern für den Funktionserhalt

In der Kommentierung **Teil A-II.** Abschnitt 5 „Elektrischer Funktionserhalt" sind die grundlegenden Anforderungen zum Schutz von Verteilern vor Brandeinwirkung nach MLAR, Abschnitt 5.2.2 bereits umfassend dargestellt.

Der Teil K-IX. befasst sich im Schwerpunkt mit den Möglichkeiten der Unterbringung der elektrischen Verteiler von einzelnen oder mehreren bauaufsichtlich geforderten sicherheitstechnischen Anlagen in einem oder mehreren Räumen (Gehäusen bzw. Einhausungen).

Das Grundprinzip ist, dass die elektrischen Verteiler (defacto mit den zentralen Steuerungen und Verteileinrichtungen) vor Einwirkungen eines Brandes und vor Einwirkungen von Fehlern an anderen Anlagen geschützt sein sollen. Dies kann erreicht werden, wenn die elektrischen Verteiler der sicherheitstechnischen Anlagen alleine in einem Raum aufgestellt sind oder durch Bauteile entsprechend dem Schutzerfordernis umhaust sind.

Nach MLAR stehen zur Unterbringung und Aufstellung von Verteilern mehrere Varianten zur Auswahl.

5.2.2 Verteiler für elektrische Leitungsanlagen mit Funktionserhalt nach Abschnitt 5.3 müssen

a) in eigenen, für andere Zwecke nicht genutzten Räumen untergebracht werden, die gegenüber anderen Räumen durch Wände, Decken und Türen mit einer Feuerwiderstandsfähigkeit entsprechend der notwendigen Dauer des Funktionserhalts und – mit Ausnahme der Türen – aus nichtbrennbaren Baustoffen abgetrennt sind,
b) durch Gehäuse abgetrennt werden, für die durch einen bauaufsichtlichen Verwendbarkeitsnachweis die Funktion der elektrotechnischen Einbauten des Verteilers im Brandfall für die notwendige Dauer des Funktionserhalts nachgewiesen ist oder
c) mit Bauteilen (einschließlich ihrer Abschlüsse) umgeben werden, die eine Feuerwiderstandsfähigkeit entsprechend der notwendigen Dauer des Funktionserhalts haben und – mit Ausnahme der Abschlüsse – aus nichtbrennbaren Baustoffen bestehen, wobei sichergestellt werden muss, dass die Funktion der elektrotechnischen Einbauten des Verteilers im Brandfall für die Dauer des Funktionserhalts gewährleistet ist; der Nachweis des Funktionserhalts der elektrotechnischen Einbauten ist zu dokumentieren.

Für die Unterbringung einzelner elektrischer Verteiler der sicherheitstechnischen Anlagen sind die Varianten a), b) und c) nach MLAR als gleichwertig anzusehen. Jedoch ist die Unterbringung abhängig von den Randbedingungen im Objekt und der Nachweisführung, dass diese **im Brandfall** mindestens für die Dauer des Funktionserhalts geschützt bleiben.

Auch im Normalbetrieb (Nichtbrandfall) dürfen die ausgeführten Lösungen nicht zu einem Ausfall der Verteiler führen. Auch dabei muss der Aufstell- und Einbauort geeignet sein.
Die spezifischen Betriebs- und Umgebungsbedingungen im „Nichtbrandfall" sind für die aktiven Komponenten und die sonstigen Randbedingungen, wie z. B. die Bedienbarkeit der Anlagen gleichermaßen einzuhalten.

Bei den passiven Komponenten, wie z. B. Leitungsverteilern, ist die Nachweisführung deutlich einfacher als bei den aktiven Komponenten. Siehe hierzu auch **Teil A-II.**.

Wenn die elektrischen Leitungsanlagen oder deren Teile vor einem Brand geschützt werden müssen, damit das Schutzziel nach Abschnitt 5.1 der MLAR in Verbindung mit der notwendigen Dauer des Funktionserhalts nach Abschnitt 5.3 erfüllt wird, zeigt Abschnitt 5.2.2 für die Aufstellung von elektrischen Verteilern Lösungsmöglichkeiten auf.

Gemäß MLAR Abschnitt 5.2.2 Buchstabe a) müssen die Verteiler der elektrischen Leitungsanlagen mit Funktionserhalt **in eigenen, für andere Zwecke nicht genutzten Räumen untergebracht werden.**
Diese Formulierung kann so interpretiert werden, dass **alle Verteiler** der elektrischen Leitungsanlagen mit Funktionserhalt in **jeweils eigenen Räumen** untergebracht werden müssen. Die Formulierung kann aber auch so interpretiert werden, dass **alle Verteiler** der elektrischen Leitungsanlagen **mit Funktionserhalt** auch **gemeinsam in einem oder mehreren Räumen** untergebracht werden dürfen, wobei in diesen Räumen dann keine anderen elektrischen Verteiler und Anlagen untergebracht sein dürfen.

Wenn mehrere Verteiler mit Anforderungen an den Funktionserhalt gemeinsam in einem Raum aufgestellt werden sollen, darf es zwischen diesen Verteilern im Fehlerfall eines der Verteiler nicht zu Wechselwirkungen kommen. Dies sollte durch ausreichende Abstände von ≥ 100 mm zwischen den unterschiedlichen Anlagen mit einzelnen geschlossenen Gehäusen aus Stahlblech oder schwerentflammbaren Kunststoffen sichergestellt sein.

K

Sofern Verteiler mit unterschiedlichen Anforderungen an die Dauer des Funktionserhaltes gemeinsam in einem Raum aufgestellt werden sollen, ist für die Gesamtbeurteilung die höchste Dauer des Funktionserhaltes anzuwenden.

Folgendes ist bei der **Entscheidungsfindung**, ob eine gemeinsame oder getrennte Aufstellung der Verteiler für elektrische Anlagen mit Funktionserhalt ausgeführt werden soll, zu berücksichtigen:

- Wie groß ist der Verteiler und welches Personal ist berechtigt, im Betrieb an dem Verteiler Arbeiten zu verrichten?
- Bauaufsichtlich wird von dem „Ein-Fehler-Fall" ausgegangen. Welche Auswirkungen können bei einem Fehlerfall, insbesondere dem Brand eines der Verteiler, durch eine getrennte Aufstellung ausgeschlossen werden?
- Bauaufsichtlich geforderte sicherheitstechnische Anlagen dienen der Erhöhung der Sicherheit und sollen die Gefahren aus einem Brand vermindern und nicht Brandursache sein. Ist ein weiterer Schutz erforderlich, der den Ausfall einer der sicherheitstechnischen Anlagen entgegenwirkt?
- Es erfolgen an diesen Anlagen regelmäßige Wartungen, Inspektionen und Instandsetzungen gemäß den allgemein anerkannten Regeln der Technik. Welche Schutzmaßnahmen sind hierfür erforderlich, damit unautorisiertes Personal nicht die Funktionsfähigkeit elektrischer Verteiler beeinträchtigt?
- Die Bau- und Anlagenteile entsprechen den besonderen sicherheitstechnischen Produktnormen und Verwendbarkeitsnachweisen. Sind über diese normativen Anforderungen weitere bauaufsichtliche Anforderungen gestellt?
- Prüfung der Anlagen finden gemäß den technischen Prüfverordnungen der einzelnen Bundesländer vor Inbetriebnahme, nach wesentlichen Änderungen und wiederkehrend statt. Muss über diese Prüfungen für die Sicherstellung der Betriebsbereitschaft der Verteiler hinaus mehr an Prüfungen erfolgen?

Folgende zwei Szenarien können beispielhaft mögliche Abläufe darstellen:

Szenario 1
Gemeinsame Unterbringung einer Brandmelderzentrale mit einer Alarmierungszentrale in einem gemeinsamen Raum nach MLAR, Abschnitt 5.2.2, Buchstabe a). Sollte es wider Erwartend dennoch zu einem Brand innerhalb dieses gemeinsamen Aufstellraums kommen, wird der Brand durch den nach DIN 14675-1 geforderten automatischen Brandmelder im Raum detektiert und die Alarmierung der hilfeleistenden Kräfte eingeleitet. Die Alarmierung über die Alarmierungszentrale würde ebenfalls bis zum Ausfall der Alarmierungsanlage möglich sein.

Da beide Anlagen in einem feuerhemmenden Raum untergebracht sind, wäre der Rest des Gebäudes für eine Mindestdauer von 30 Minuten vor einer Brandausbreitung aus dem Aufstellraum heraus geschützt.

Innerhalb dieser Zeit ist davon auszugehen, dass bereits wirksame Löschmaßnahmen stattfinden und bei Bedarf organisatorische Maßnahmen zur Unterstützung der Selbst- und Fremdrettung eingeleitet wurden. Ein größerer Brand im Aufstellraum wäre aufgrund der dort nur aufgestellten elektrischen Verteiler hinsichtlich der Brandlasten nicht zu erwarten. Auch sollte es möglich sein, innerhalb von 30 Minuten die Brandbekämpfung aufzunehmen.

Szenario 2
Gemeinsame Unterbringung einer Brandmeldeanlage mit einem Verteiler der Sicherheitsbeleuchtungsanlage in einem gemeinsamen Raum nach MLAR, Abschnitt 5.2.2, Buchstabe a).

Sollte es in diesem Szenario wider Erwartend zu einem Brand innerhalb dieses gemeinsamen Aufstellraums kommen, wird auch hier der Brand durch den nach DIN 14675-1 geforderten automatischen Brandmelder im Raum detektiert und die Alarmierung der hilfeleistenden Kräfte eingeleitet.

Auch bei diesem Szenario wäre eine Brandausbreitung durch den mindestens feuerhemmenden Raum für 30 Minuten nicht zu erwarten. Da der Aufstellraum für andere Zwecke nicht genutzt werden darf, ist auch davon auszugehen, dass die Stromversorgung der Allgemeinbeleuchtung nicht durch diesen Raum verläuft bzw. Unterverteilungen der Elektroinstallation in diesem untergebracht sind. Somit würde bei einem Brand innerhalb des feuerhemmenden Raums mindestens die Allgemeinbeleuchtung noch in Betrieb bleiben.

Wenn die Verteiler der elektrischen Leitungsanlagen mit Funktionserhalt für unterschiedliche bauordnungsrechtlich geforderte sicherheitstechnische Anlagen gemeinsam in einem Raum entsprechend der Dauer des Funktionserhalts untergebracht werden sollen, sind bereits in der Konzeptphase und der danach folgenden Planung intensive Überlegungen anzustrengen. Jedes Bauvorhaben hat unterschiedlicher Anforderungen, jedoch bleiben die bauaufsichtlichen Schutzziele unverändert.

Unter Beachtung obiger Ausführungen ist es möglich, eine gemeinsame Unterbringung von Anlagen in einem Raum in der Planung zu berücksichtigen. Die Betrachtungsweise, dass eine bauaufsichtlich geforderte sicherheitstechnische Anlage selbst eine Brandursache darstellt, ist zwar möglich, aber dann wird i.d.R. bei der bauaufsichtlichen Betrachtung nicht von einem gleichzeitigen Auftreten eines weiteren Brandes im Gebäude auszugehen sein.

Merke:
In der bauordnungsrechtlichen Schutzzielbetrachtung wird von nur einem Brandereignis ausgegangen, also ist eine „Ein-Fehler-Betrachtung" grundsätzlich die Grundlage für die Anforderungen.

Empfehlungen:

- Gehäuse bzw. Einhausungen nach MLAR, Abschnitt 5.2.2, Buchstabe b) und c) eignen sich aufgrund der Nachweisführung und der spezifischen Umgebungsbedingungen nur bedingt zur Unterbringung von mehr als einem System.
- Es sollte mit Ausnahme der Sicherheitsstromversorgungsanlage zwischen Verteilern für elektrische Leitungsanlagen mit einer Dauer des Funktionserhalts von 30 Minuten und Anlagen mit 90 Minuten unterschieden werden. Diese sollten getrennt nach der erforderlichen Feuerwiderstandsdauer in jeweils eigenen Räumen mit entsprechender Feuerwiderstandsdauer untergebracht werden.
- Wenn eine Brandmeldeanlage im Objekt installiert ist, sollten alle Aufstellräume immer mittels automatischer Rauch-

melder in die Überwachung einbezogen werden, damit frühzeitig eine Alarmierung der Personen im Gebäude und möglicher hilfeleistender Kräfte erfolgt.

- Es ist darauf zu achten, dass die Aufstellräume dieser Anlagen mit Funktionserhalt nicht für andere Zwecke außer für die Anlagen selbst genutzt werden.
- Die Möglichkeit einer gemeinsamen Unterbringung von Verteilern für elektrische Leitungsanlagen für bauaufsichtlich geforderte sicherheitstechnische Anlagen sollte bereits bei den Schutzzielbetrachtungen im Brandschutzkonzept-/nachweis, beachtet und auch umgesetzt werden.

K-X. Planungsbeispiele

Die Notwendigkeit, dass eine sicherheitstechnische Anlage Anforderungen an den elektrischen Funktionserhalt erfüllen muss, ergibt sich in der Regel aus den Vorgaben einer Baugenehmigung im Zusammenhang mit einem Brandschutzkonzept-/nachweis.

In den einzelnen Sonderbauverordnungen bzw. Sonderbaurichtlinien wird die Notwendigkeit einer Sicherheitsstromversorgung und die erforderlichen sicherheitstechnischen Anlagen festgelegt. Diese Anlagen sind ein wesentlicher Baustein zur Erreichung der bauaufsichtlichen Schutzziele für die unterschiedlichen Projekte. Neben den Grundanforderungen können im Rahmen der Baugenehmigung weitergehende Anforderungen bzw. Erleichterungen zum elektrischen Funktionserhalt, z. B. über ein Brandschutzkonzept, geltend gemacht werden. Dies gilt auch für nichtgeregelte Sonderbauten in denen sicherheitstechnische Anlagen zur Erreichung der Schutzziele notwendig sind.

In der MLAR werden die grundlegenden Anforderungen für die Planung und Umsetzung von elektrischen Leitungsanlagen bei bauordnungsrechtlich geforderten sicherheitstechnischen Anlagen beschrieben. Diese können auch für Anlagen, die nicht in der MLAR, Abschnitt 5, aufgeführt sind, angewendet werden, wenn diese zur Erreichung der Schutzziele einen Funktionserhalt benötigen, z. B. medizinische Geräte. Die Ausführung kann bei solchen Anlagen, in Anlehnung an die MLAR, Abschnitt 5, erfolgen.

Andere technische Lösungen zur Erreichung der baurechtlichen Schutzziele bzw. anderer Festlegungen zur Dauer des Funktionserhalts im Brandfall sind immer unter Beachtung der bauordnungsrechtlichen Anforderungen möglich, wenn das Schutzziel nach MLAR, Abschnitt 5.1.1 erreicht und nachgewiesen wird.

Die Möglichkeit einer Abweichung von der Technischen Baubestimmung = MLAR wird im § 85a „Technische Baubestimmungen" der MBO 2016 geregelt.

Damit eine elektrisch betriebene sicherheitstechnische Anlage im Brandfall auch für die geforderte Dauer des Funktionserhalts funktionieren kann, muss die **gesamte Anlage** im Zuge der Planung und Ausführung betrachtet werden.

Dazu gehört die Einspeisung der Anlagen mit elektrischer Energie aus der Allgemeinstromversorgung bzw. der Stromquelle für Sicherheitszwecke, über das Leitungsnetz bis hin zu den angeschlossenen Betriebsmitteln, wie z. B. Pumpen, Ventilatoren, Motoren, Sicherheitsleuchten, Brandmelder, Alarmierungseinrichtungen.

Hinweis:
Die folgenden Planungsbeispiele dienen zur Erläuterung der grundlegenden Anforderungen des Funktionserhalts bei Anlagen nach Abschnitt 5.3. der MLAR. Neben diesen Vorgaben sind bei der Planung und Errichtung solcher Anlagen, die aaRdT, wie z. B. DIN VDE-Normen, zu beachten.

Bei der Planung und Ausführung sind die Beispiele im **Teil K** immer in Zusammenhang mit der Kommentierung **Teil A-II.** zu beachten und projektspezifisch unter Beachtung der baurechtlichen Anforderungen umzusetzen. Planungsbeispiele für Brandmelde- und Alarmierungsanlagen werden im **Teil M** beschrieben.

K-X a. Planungsbeispiel automatische Feuerlöschanlage

Baurechtliche Anforderungen:
Auf Grundlage der MLAR, Abschnitt 5.3.1 a) muss für automatische Feuerlöschanlagen ein Funktionserhalt der elektrischen Leitungsanlagen von mind. 90 Minuten gewährleistet sein.

Automatische Feuerlöschanlagen können sein:

- Wasserlöschanlagen
  - Sprinkleranlage
  - Vorgesteuerte Trocken-Sprinkleranlage
  - Sprühwasserlöschanlage
  - Schaumlöschanlage
  - Hochdruckwasserlöschanlage
- Gaslöschanlagen
  - CO_2-Löschanlage
  - Inergen-Löschanlage
  - Argon-Löschanlage
  - Stickstoff-Löschanlage

Der Funktionserhalt nach MLAR bezieht sich jedoch nur auf elektrische Leitungsanlagen und kann deshalb nur für elektrisch betriebene Löschanlagen relevant sein, wie zum Beispiel eine elektrisch betriebene Sprinklerpumpe inklusive der Steuerung. Da diese Pumpen in den meisten Fällen eine hohe Energieaufnahme besitzen, erfolgt die Versorgung in der Regel über die Sicherheitsstromversorgungsanlage des Objekts in Verbindung mit einem Stromerzeugungsaggregat als Stromquelle für Sicherheitszwecke. Die Stromversorgung von Gaslöschanlagen erfolgt hingegen häufig über eigene Stromversorgungen, die als Stromquelle für Sicherheitszwecke Akkus verwenden.

Die Ausführung der Energieversorgung ist auch abhängig von der jeweiligen Risikoklasse innerhalb der unterschiedlichen Normen und Regelwerke.

K

Allgemeine Anforderungen:
Für automatische Feuerlöschanlagen sind die elektrischen Leitungsanlagen unter Beachtung der allgemein anerkannten Regeln der Technik auszuführen. Die Energieversorgung der Anlagen kann entsprechend der gewählten Regelwerke zur Löschanlage variieren. So sind neben dem Anschluss an die allgemeine Stromversorgung zusätzliche Anschlüsse an Sicherheitsstromversorgungsanlagen oder Netzersatzanlagen notwendig. Auch Anschlussmöglichkeiten an Eigenstromversorgungsanlagen können zusätzlich zur allgemeinen Stromversorgung möglich oder notwendig sein.

Auswahl der normativen Regelwerke zur Planung der Anlage:
Die Planung der automatischen Feuerlöschanlage kann auf Grundlage folgender Regelwerke erfolgen, z. B.
- DIN EN 12845:2016-04 „Ortsfeste Brandbekämpfungsanlagen – Automatische Sprinkleranlagen – Planung, Installation und Instandhaltung"
- VdS CEA 4001:2018-01 „VdS CEA-Richtlinien für Sprinkleranlagen – Planung und Einbau"
- FM Data Sheets „FM-Global-Richtlinien für Sprinkleranlagen – Planung und Einbau"

Ein Mischen zwischen Regelwerken ist nicht zulässig.

Die Stromversorgung erfolgt über die Sicherheitsstromversorgung. Diese wird über die allgemeine Stromversorgung und ein Stromerzeugungsaggregat als Stromquelle für Sicherheitszwecke eingespeist.

Die NSHV-SV befindet sich in einem Raum nach MLAR, Abschnitt 5.2.2 Buchstabe a) mit raumabschließenden Bauteilen in feuerbeständiger Qualität und einer T 90 Tür. Dadurch bleiben die Verteiler im Brandfall für die Dauer von mindestens 90 Minuten geschützt. Das Netzersatzaggregat befindet sich ebenfalls in einem feuerbeständigen Raum nach EltBauVO.

Hinweis:
Da die NSHV-SV in der Regel mehrere Anlagen im Objekt versorgt, befindet sich diese meistens in einem Raum nach MLAR, Abschnitt 5.2.2. Die raumabschließenden Bauteile sowie die Abschlüsse müssen eine Feuerwiderstandsfähigkeit aufweisen, wie die höchste von Ihr versorgte Dauer des Funktionserhalts. Siehe hierzu **Teil K-IX.**.

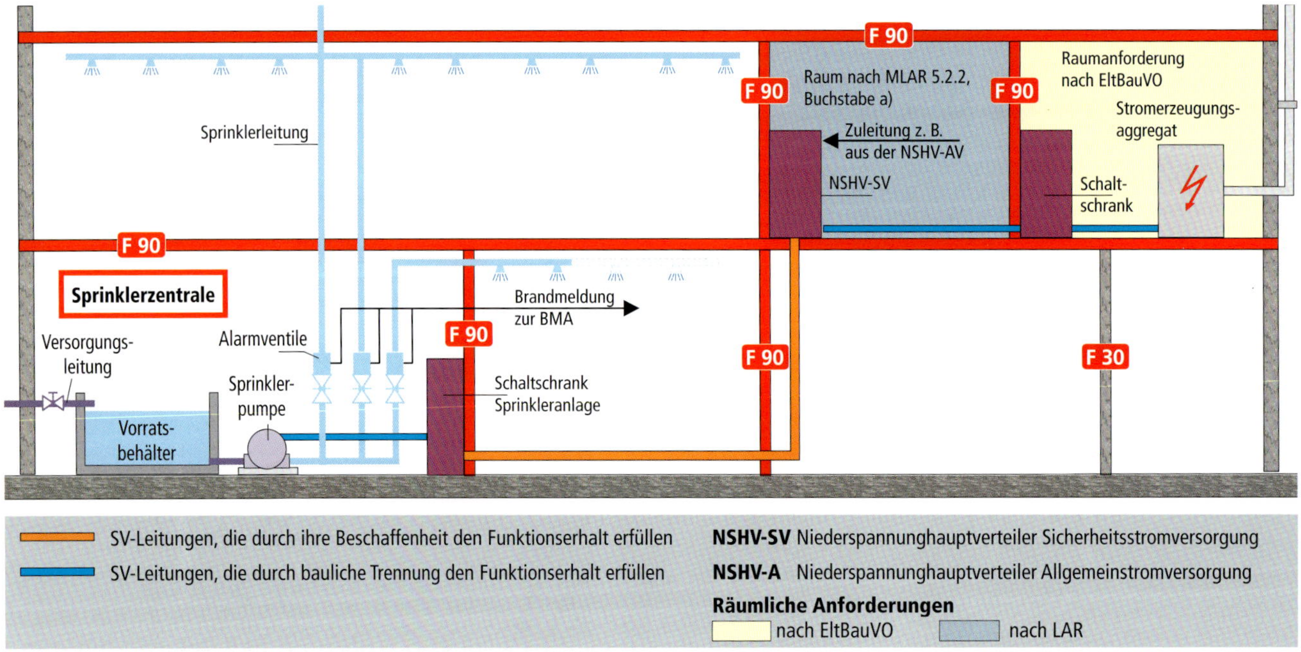

Bild K-X–1: Beispiel zum elektrischen Funktionserhalt bei einer Sprinkleranlage

Beschreibung:
Im Beispiel Bild K-X–1 befindet sich die Sprinklerzentrale mit einer Sprinkler-Elektropumpe in einem eigenen Raum mit raumabschließenden Bauteilen in F 90 Qualität und einer Tür in der Qualität T 90. Somit wird für die Anlagentechnik selbst der Funktionserhalt von 90 Minuten durch bauliche Trennung erreicht. Innerhalb der Zentrale können die Leitungsanlagen und die Schaltschränke auch ohne Funktionserhalt ausgeführt werden.

K-X b. Planungsbeispiel Druckerhöhungsanlage zur Löschwasserversorgung

Baurechtliche Anforderungen:

Auf Grundlage der MLAR, Abschnitt 5.3.1 a) muss für Druckerhöhungsanlagen zur Löschwasserversorgung ein Funktionserhalt der elektrischen Leitungsanlagen von mind. 90 Minuten gewährleistet sein.

Der Funktionserhalt nach MLAR bezieht sich jedoch nur auf elektrisch betriebene Druckerhöhungsanlagen zur Löschwasserversorgung inklusive der Steuerung. Da diese Pumpen in den meisten Fällen eine hohe Energieaufnahme besitzen, erfolgt die Versorgung in der Regel über die Sicherheitsstromversorgungsanlage des Objekts in Verbindung mit einem Stromerzeugungsaggregat als Stromquelle für Sicherheitszwecke.

Allgemeine Anforderungen:

Für Druckerhöhungsanlagen zur Löschwasserversorgung sind die elektrischen Leitungsanlagen unter Beachtung der allgemein anerkannten Regeln der Technik auszuführen.

Die Energieversorgung der Anlagen kann variieren. So sind neben dem Anschluss an die allgemeine Stromversorgung zusätzliche Anschlüsse an Sicherheitsstromversorgungsanlagen möglich oder notwendig.

Auswahl der normativen Regelwerke zur Planung der Anlage:

Die Planung der automatischen Druckerhöhungsanlage zur Löschwasserversorgung erfolgt auf Grundlage der normativen Regelwerke zu Löschwasserversorgung über Hydrantenanlagen, z. B.

- DIN 14462:2012-09 „Löschwassereinrichtungen – Planung, Einbau, Betrieb und Instandhaltung von Wandhydrantenanlagen sowie Anlagen mit Über- und Unterflurhydranten"
- DIN 14462 Beiblatt 1:2018-05 „Löschwassereinrichtungen – Planung, Einbau, Betrieb und Instandhaltung von Wandhydrantenanlagen sowie Anlagen mit Über- und Unterflurhydranten; Beiblatt 1: Druckregelarmaturen"

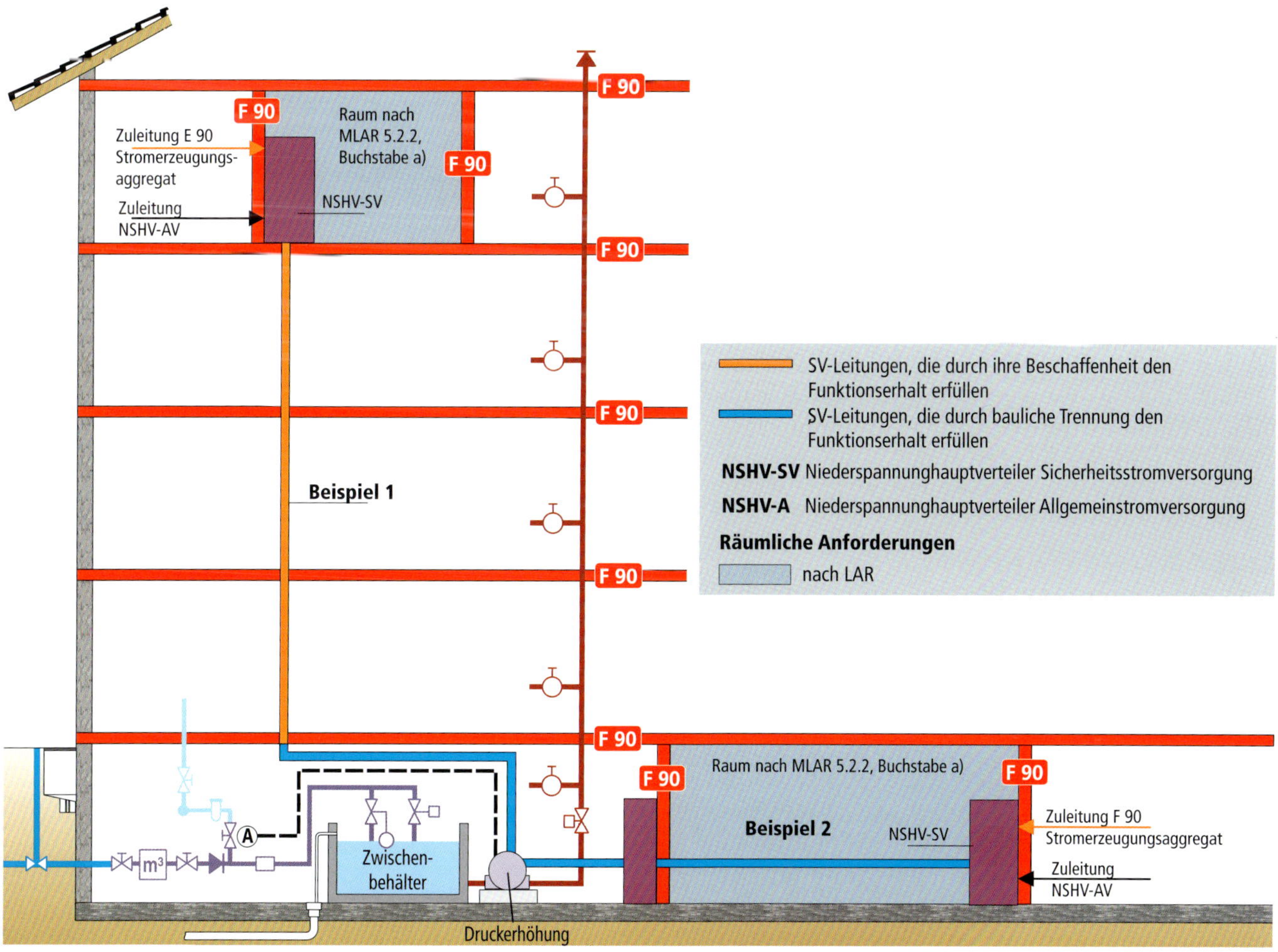

Bild K-X–2: Beispiel für den elektrischen Funktionserhalt bei einer Druckerhöhungsanlage für Wandhydranten Typ F

Beschreibung zum Beispiel 1:
Innerhalb von dem im Bild K-X–2. dargestellten Objekt werden gemäß Konzeption die Wandhydranten vom Typ F in allen Ebenen benötigt. Die Druckerhöhung erfolgt über eine elektrisch betriebene Druckerhöhungsanlage in der Technikzentrale der Wasserversorgung. Die Stromversorgung erfolgt über die Sicherheitsstromversorgung. Diese wird über die allgemeine Stromversorgung und ein Stromerzeugungsaggregat als Stromquelle für Sicherheitszwecke eingespeist. Der Aufstellraum der NSHV-SV befindet sich im Kellergeschoss in einem Raum nach MLAR, Abschnitt 5.2.2, Buchstabe a). Das Netzersatzaggregat in einem Raum nach EltBauVO. Da die NSHV-SV in der Regel mehrere Anlagen im Objekt versorgt, befindet sich diese meistens in einem Raum nach MLAR, Abschnitt 5.2.2. Die raumabschließenden Bauteile sowie die Abschlüsse müssen eine Feuerwiderstandsfähigkeit aufweisen wie die höchste von Ihr versorgte Dauer des Funktionserhalts. Siehe hierzu **Teil K-IX.**.

In diesem Beispiel 1 befindet sich die NSHV-SV im Kellergeschoss direkt neben der Technikzentrale zur Wasserversorgung. Die Leitung zwischen der NSHV-SV und der Druckerhöhungsanlage muss keine Anforderungen nach DIN 4102-12:1998-11 erfüllen, da der Raum der NSHV-SV direkt neben der Technikzentrale der Wasserversorgung liegt.

Beschreibung Beispiel 2 (Bild K-X–2)
Wie Beispiel 1, abweichend befindet sich die NSHV-SV im 4. Obergeschoss. Diese wird durch die raumabschließenden Bauteile (Decken und Wände) und einer T 90 Tür im Brandfall für die Dauer von mindestens 90 Minuten geschützt. Die Versorgung der Druckerhöhungsanlage erfolgt über eine Kabelanlage nach DIN 4102-12:1998-11 mit einem Funktionserhalt von 90 Minuten. Innerhalb von dem Technikraum zur Wasserversorgung, am Standort der Druckerhöhungsanlage, kann die elektrische Zuleitung auch mit Befestigungsmaterial ohne Funktionserhalt, bis zu dieser verlegt werden. Der Funktionserhalt für die Druckerhöhungsanlage selbst wird durch die Abtrennung der F 90 Geschossdecke erreicht.

K-X c. Planungsbeispiel maschinelle Entrauchung

Baurechtliche Anforderungen:
Auf Grundlage der MLAR, Abschnitt 5.3.1 a) muss für die maschinelle Entrauchung ein Funktionserhalt der elektrischen Leitungsanlagen von mind. 90 Minuten gewährleistet sein. Da die Entrauchungsventilatoren in den meisten Fällen eine hohe Energieaufnahme besitzen, erfolgt die Versorgung in der Regel über die Sicherheitsstromversorgungsanlage des Objekts in Verbindung mit einem Stromerzeugungsaggregat als Stromquelle für Sicherheitszwecke.

Allgemeine Anforderungen:
Für die mechanischen Entrauchungsanlagen sind die elektrischen Leitungsanlagen unter Beachtung der allgemein anerkannten Regeln der Technik auszuführen. Die Energieversorgung der Anlagen kann variieren. So sind neben dem Anschluss an die allgemeine Stromversorgung zusätzliche Anschlüsse an Sicherheitsstromversorgungsanlagen möglich oder notwendig.

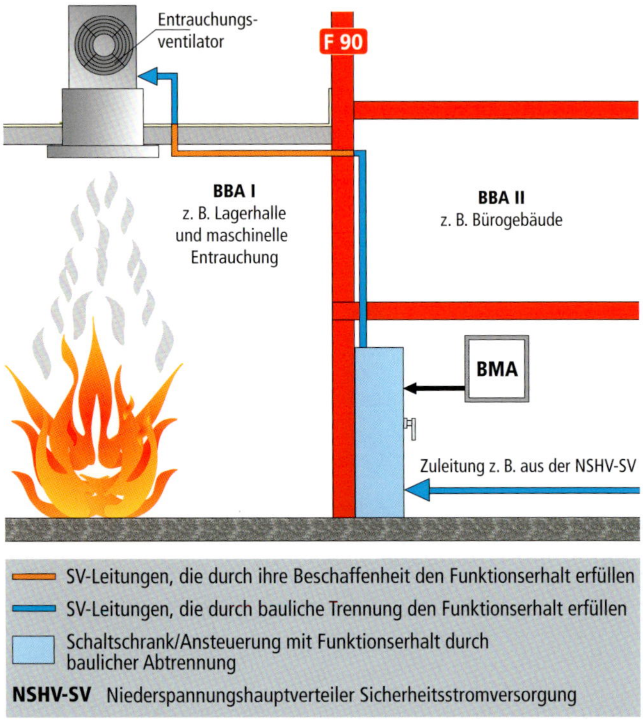

Bild K-X–3: Beispiel 1 für den elektrischen Funktionserhalt bei einer maschinellen Entrauchungsanlage

Beschreibung Beispiel 1 (siehe Bild K-X–3)
Innerhalb von dem Brandbekämpfungsabschnitt (BBA I) der Lagerhalle ist eine maschinelle Entrauchungsanlage installiert. Der Entrauchungsventilator wir über eine Zuleitung aus dem Schaltschrank der Entrauchungsanlage, der sich in einem Technikraum im Brandbekämpfungsabschnitt (BBA II) befindet, versorgt. Beide Brandbekämpfungsabschnitte werden durch eine F 90 Wand baulich getrennt.

Der Schaltschrank wird in diesem Beispiel über die Niederspannungshauptverteilung der Sicherheitsstromversorgung, die ebenfalls im BBA II angeordnet ist, eingespeist. Die Kabelanlage als Zuleitung zum Entrauchungsventilator im BBA I muss aufgrund ihrer Beschaffenheit den Funktionserhalt erfüllen, da diese direkt im vom Brand betroffenen Bereich verlegt wird. Die Ausführung erfolgt in diesem Beispiel mit einer Kabelanlage nach DIN 4102-12-1998-11 mit einem Funktionserhalt von 90 Minuten.

Der Schaltschrank der Entrauchungsanlage und die Leitung bis zur Durchdringung der feuerbeständigen Wand erfüllen den Funktionserhalt von 90 Minuten aufgrund ihrer baulichen Abtrennung zum entrauchenden Bereich. Die Leitung mit integriertem Funktionserhalt kann im BBA II, auch mit üblichem Installationsmaterial verlegt/befestigt werden.

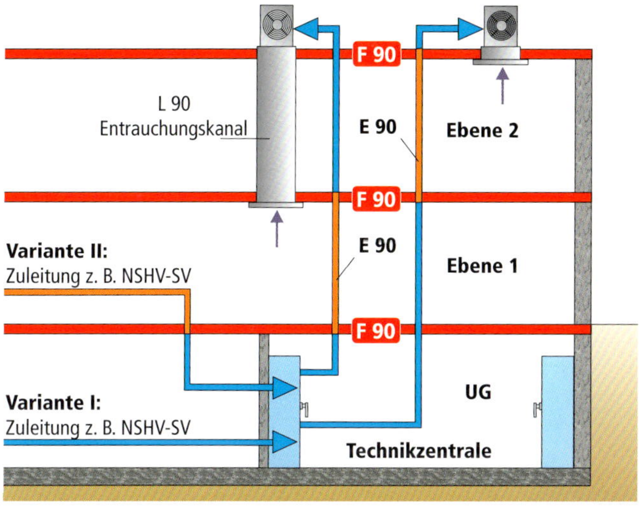

Bild K-X–4: Beispiel 2 für den elektrischen Funktionserhalt bei einer maschinellen Entrauchungsanlage

Beschreibung Beispiel 2 (siehe Bild K-X–4)
In diesem Beispiel wird ein Gebäude über zwei Entrauchungsventilatoren betrieben. Das Beispiel zeigt ergänzend zum Beispiel 1 die Erfordernis, an welchen Stellen der Funktionserhalt aufgrund der Beschaffenheit erreicht werden muss. Außerhalb des zu entrauchenden Bereichs kann der Funktionserhalt, wie in diesem Beispiel dargestellt, auch durch bauliche Abtrennung der Leitungsanlagen sichergestellt werden. Durch die bauliche Trennung mit feuerbeständigen Bauteilen wird erreicht, dass die Leitungsanlage innerhalb von 90 Minuten vor Brandeinwirkung geschützt wird.

Hinweise:

- Bei geringeren Anforderungen an die Feuerwiderstandsdauer/den Funktionserhalt kann der im Brandschutzkonzept-/nachweis vorgegebene Werte auf Grundlage der MLAR, Abschnitt 5.3.2 geplant und umgesetzt werden.
- Weitere Beispiele für maschinelle Entrauchungsanlagen finden Sie im **Teil K-VII.**.

K-X d. Planungsbeispiel Rauchschutz Druckanlagen (RDA)

Baurechtliche Anforderungen:
Auf Grundlage der MLAR, Abschnitt 5.3.1 b) muss für die Rauchschutz-Druckanlage ein Funktionserhalt der elektrischen Leitungsanlagen von mind. 90 Minuten gewährleistet sein.

Da diese Rauchschutz-Druckanlagen in den meisten Fällen eine hohe Energieaufnahme besitzen, erfolgt die Versorgung in der Regel über die Sicherheitsstromversorgungsanlage des Objekts in Verbindung mit einem Stromerzeugungsaggregat als Stromquelle für Sicherheitszwecke.

Allgemeine Anforderungen:
Für die Rauchschutz-Druckanlagen sind die elektrischen Leitungsanlagen unter Beachtung der allgemein anerkannten Regeln der Technik auszuführen. Die Energieversorgung der Anlagen kann variieren. So sind neben dem Anschluss an die allgemeine Stromversorgung zusätzliche Anschlüsse an Sicherheitsstromversorgungsanlagen möglich oder notwendig.

Bei den beiden Beispielen ist eine Rauchschutz-Druckanlage (RDA) im Sicherheitstreppenraum angeordnet. Das Rauchschutz-Zuluftgerät und der zugehörige Schaltschrank befinden sich in einem eigenen Technikraum mit F 90 Umfassungsbauteilen. Im Fall einer Ansteuerung wird die Zuluft über eine Jalousieklappe aus der Außenluft angesaugt und über eine Öffnung in den Treppenraum eingeblasen.

Der Aufstellraum für die RDA Anlage muss brandlastfrei sein, jedoch darf der Schaltschrank der RDA im gleichen Raum aufgestellt werden, wenn im Brandschutzkonzept-/nachweis nichts anderes festgelegt wurde.

Die Einspeisung der RDA-Anlage erfolgt in den beiden Beispielen über die Niederspannungshauptverteilung der Sicherheitsstromversorgung.

Diese beiden Beispiele sollen lediglich die Notwendigkeit des Funktionserhalts darstellen. Die Schutzziele der RDA-Anlage müssen im Brandschutzkonzept-/nachweis eindeutig beschrieben werden. Die Planung und technische Spezifikation der Anlage ist abhängig von den projektspezifischen Schutzzielen, der eingesetzten Anlagentechnik und den individuellen Randbedingungen im Objekt.

K

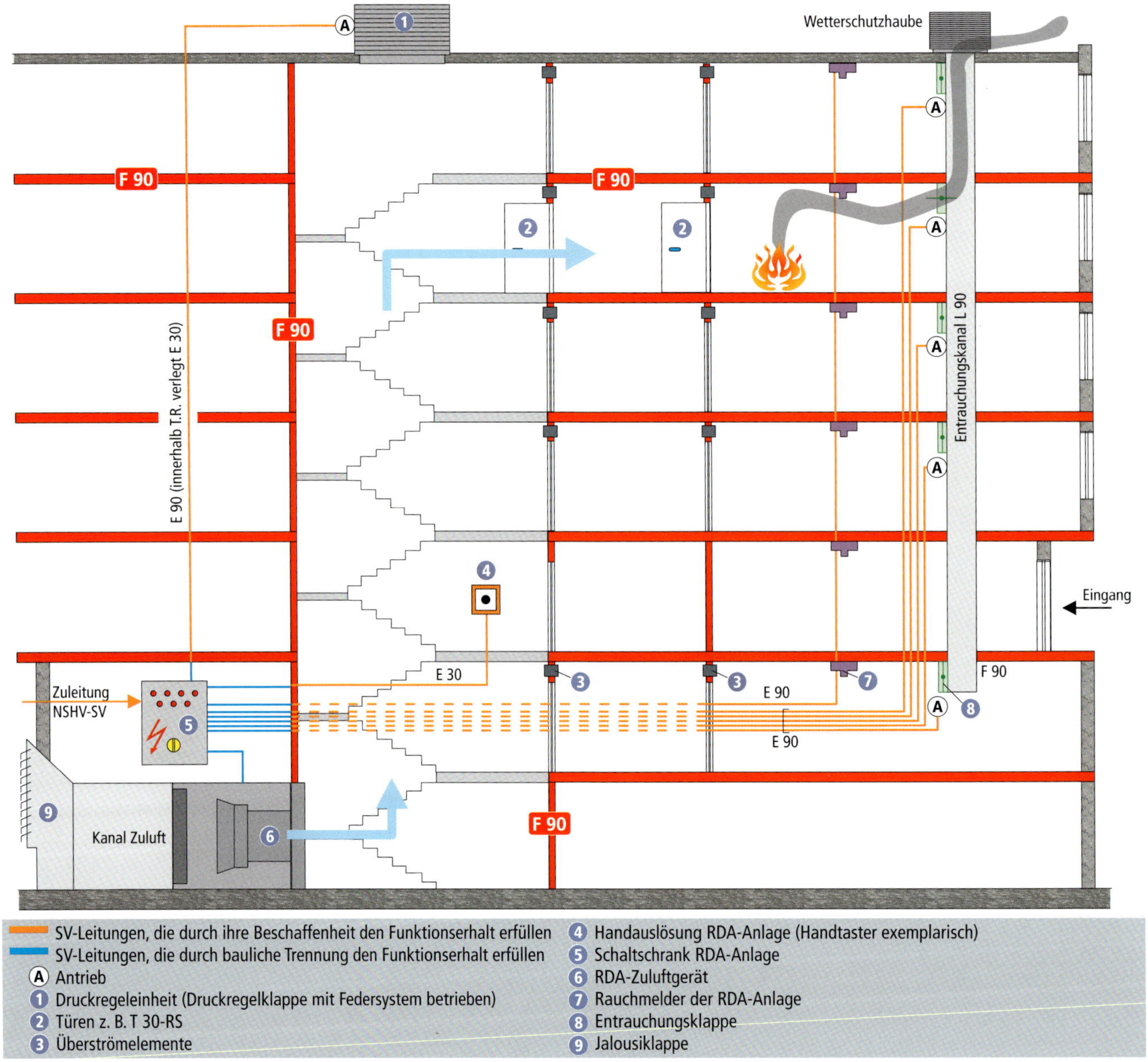

Bild K-X–5: Beispiel 1 zum Funktionserhalt bei einer RDA Anlage in einem Sicherheitstreppenraum.

Beschreibung Beispiel 1 (siehe Bild K-X–5)
Die Druckregeleinheit ist mit einer Druckregelklappe ausgestattet, die mit einem Federsystem unabhängig von der Stromversorgung arbeitet. Im Falle einer Ansteuerung wird z. B. die Lichtkuppel der Druckregeleinheit elektrisch geöffnet und es erfolgt eine Rückmeldung zur RDA-Steuerzentrale, damit das Rauchschutz-Druckgerät startet.

Die Verbindungsleitung muss einen Funktionserhalt von 90 Minuten erfüllen. Wenn die Leitung durch den Treppenraum verlegt wird, genügt ein Funktionserhalt von 30 Minuten.

Innerhalb von dem Aufstellraum der RDA-Anlage wird der Funktionserhalt durch bauliche Trennung erreicht. Hier können die Leitungen mit Funktionserhalt auch mit üblichem Befestigungssystemen verlegt werden.

Die Zuleitungen zu den Entrauchungsklappen und den Rauchmeldern innerhalb der Geschosse besitzen ebenfalls einen Funktionserhalt von 90 Minuten. Diese werden direkt über die RDA-Steuerzentrale versorgt.

Die Zuleitung für die Handauslösung der RDA-Anlage im Treppenraum muss nur einen Funktionserhalt von 30 Minuten erfüllen, da die Leitung im Treppenraum verlegt ist.

Je nach Art und Ausführung der Anlage sind jedoch Erleichterungen beim Funktionserhalt möglich:

- Die Zuleitungen zu den Rauchmeldern der RDA-Anlage können auch ohne Funktionserhalt ausgeführt werden, wenn sichergestellt ist, dass ein Brand vor einem möglichen Ausfall der Leitung detektiert wird und die Anlage gestartet wird. Zum Beispiel bei zusätzlicher Ansteuerung über eine Brandmeldeanlage mit vollflächiger Überwachung.

- Bei Verwendung einer Druckregeleinheit, z. B. Lamellenhaube, bei der die im Gerät angebrachte Jalousieklappe bei Spannungsausfall über einen Federrücklaufmotor öffnet und die federbelastete Druckregelung ohne Stromversorgung aktiv ist. Hierbei ist jedoch zu beachten, dass die Rückmeldung „Klappe offen" noch sicher übertragen werden muss, damit die Anlage starten kann.
- Der Funktionserhalt für die Zuleitungen der Entrauchungsklappen kann auch durch bauliche Trennung bzw. durch die Verlegung unterhalb des Estrichs sichergestellt werden. Bezüglich des notwendigen Funktionserhalts einer Entrauchungsklappe, sind auch die Mindestanforderungen der Steuerbarkeit, entsprechend dem Verwendbarkeitsnachweis zu beachten

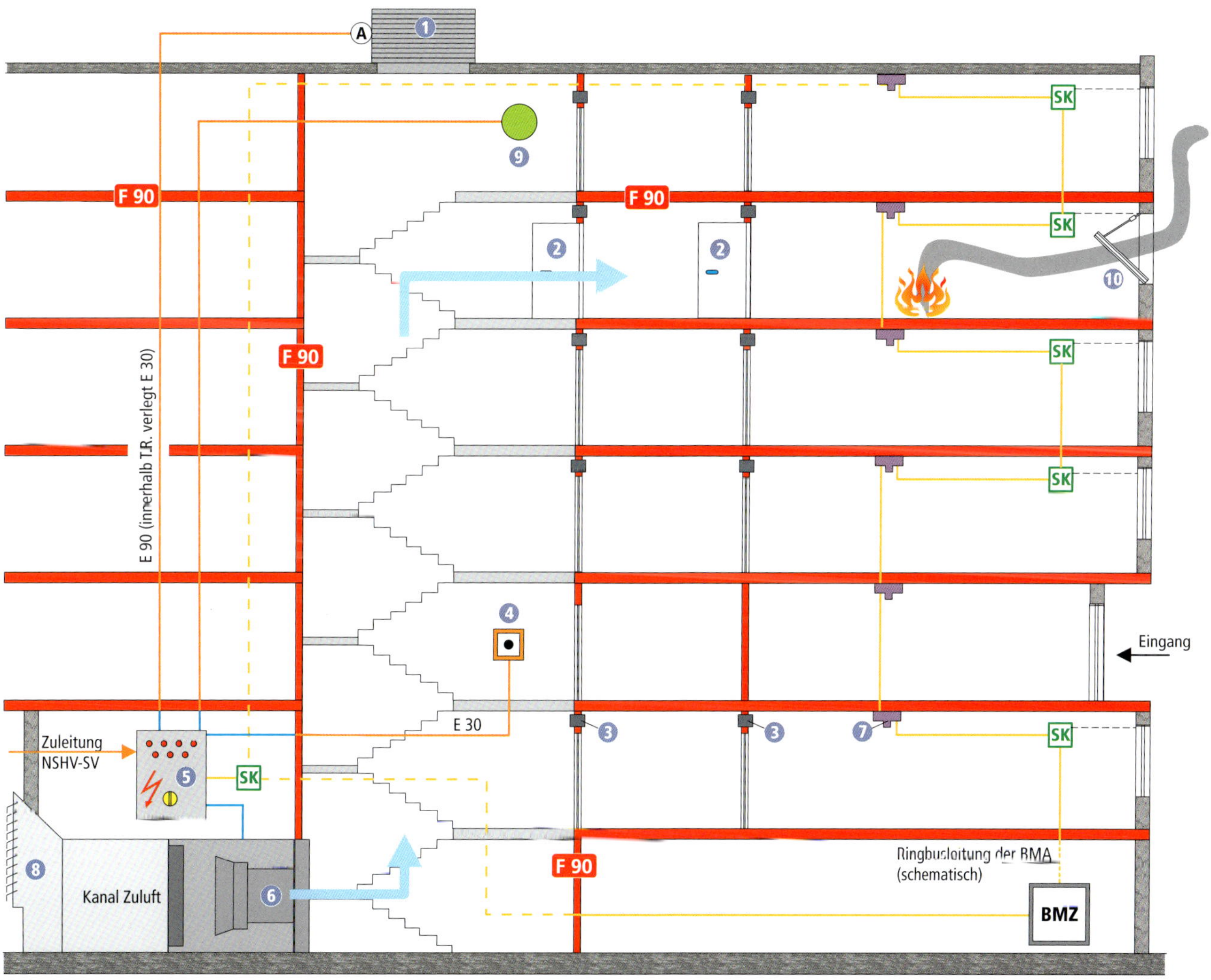

- SV-Leitungen, die durch ihre Beschaffenheit den Funktionserhalt erfüllen
- SV-Leitungen, die durch bauliche Trennung den Funktionserhalt erfüllen
- Ringleitung der Brandmeldeanlage
- (A) Antrieb
- (1) Druckregeleinheit (Druckregelklappe motorisch betrieben)
- (2) Türen z. B. T 30-RS
- (3) Überströmelemente
- (4) Handauslösung RDA-Anlage (Handtaster exemplarisch))
- (5) Schaltschrank RDA-Anlage
- (6) RDA-Zuluftgerät
- (7) Rauchmelder der Brandmeldeanlage
- (8) Jalousieklappe
- (9) Drucksensor
- (10) motorisch öffnende Fenster mit Versorgung über die Sicherheitsstromversorgung oder Allgemeinstromversorgung mit Akupuffer vor Ort
- SK Steuerkoppler der Brandmeldeanlage

Bild K-X–6: Beispiel 2 zum Funktionserhalt bei einer RDA Anlage in einem Sicherheitstreppenraum

Beschreibung Beispiel 2 (siehe Bild K-X-6)
Im Beispiel 2 handelt es sich um ein System, das über Differenzdrucksensoren im Treppenraum gesteuert wird. Diese Differenzdrucksensoren steuern über die RDA-Zentrale entweder die Drehzahl des Rauchschutz-Druckventilators mittels Frequenzumrichter bzw. die Klappenstellung in der Druckregeleinheit am Treppenraumkopf. Die Ansteuerung der RDA-Anlage erfolgt über die Brandmeldeanlage. Die Abströmung in den Geschossen erfolgt über motorisch betriebene Fensterflächen.

Die Zuleitungen zu den Differenzdrucksensoren benötigen einen Funktionserhalt von 90 Minuten, wenn diese außerhalb des Treppenraums verlegt sind, bzw. 30 Minuten bei Verlegung im Treppenraum. Der Funktionserhalt kann z. B. auch über bauliche Trennung erzielt werden.

Innerhalb von dem Aufstellraum der RDA-Anlage wird der Funktionserhalt durch bauliche Trennung erreicht. Hier können die Leitungen mit Funktionserhalt auch mit üblichen Befestigungssystemen verlegt werden.

Die Zuleitung für die Handauslösung der RDA-Anlage im Treppenraum muss nur einen Funktionserhalt von 30 Minuten erfüllen, da die Leitung im Treppenraum verlegt ist.

Die Ansteuerung der Abströmöffnungen (Fenster) erfolgt in diesem Beispiel über Steuerkoppler der Brandmeldeanlage, bei Brandmeldung im jeweiligen Geschoss. Der Funktionserhalt der Brandmeldeüberwachung und der Brandfallsteuerung wird durch die baulich getrennt verlegte Ringbusleitung der Brandmeldeanlage erreicht. Es ist jedoch zu beachten, dass die Fensterantriebe über die Sicherheitsstromversorgung des Gebäudes bzw. über ein Netzgerät mit Akkupufferung versorgt werden müssen, damit diese bei Ausfall der allgemeinen Stromversorgung noch funktionsfähig sind.

Hinweise:
- Je nach Konzeption und Anwendungsfall kann es auch möglich werden, dass zum Beispiel bei einem Sicherheitstreppenraum im Hochhaus Anlagenteile redundant ausgeführt werden müssen.
- Bei geringeren Anforderungen an die Feuerwiderstandsdauer/den Funktionserhalt kann der im Brandschutzkonzept/-nachweis vorgegebene Werte geplant und umgesetzt werden.

K-X e. Planungsbeispiel Feuerwehraufzüge und Bettenaufzüge in Krankenhäusern

Baurechtliche Anforderungen:
Auf Grundlage der MLAR, Abschnitt 5.3.1 c) muss für die Feuerwehraufzüge in Sonderbauten und Bettenaufzüge in Krankenhäusern ein Funktionserhalt der elektrischen Leitungsanlagen von mind. 90 Minuten gewährleistet sein. Dies gilt auch für RDA die gemäß den Vorgaben des Brandschutzkonzeptes-/nachweises bei Bedarf vorgegeben werden.

Da diese Sonderaufzüge inkl. den im Brandschutzkonzept/-nachweis geforderten RDA in den meisten Fällen eine hohe Energieaufnahme besitzen, erfolgt die Versorgung in der Regel über die Sicherheitsstromversorgungsanlage des Objekts in Verbindung mit einem Stromerzeugungsaggregat als Stromquelle für Sicherheitszwecke.

Allgemeine Anforderungen:
Für die o.g. Sonderaufzüge inkl. den im Brandschutzkonzept/-nachweis geforderten RDA sind die elektrischen Leitungsanlagen unter Beachtung der allgemein anerkannten Regeln der Technik auszuführen. Die Energieversorgung für diese Anlagen kann variieren. So sind neben dem Anschluss an die allgemeine Stromversorgung zusätzliche Anschlüsse an Sicherheitsstromversorgungsanlagen möglich oder notwendig.

Bei dem Beispiel sind die Sonderaufzüge in einem separaten feuerbeständigen Aufzugschacht angeordnet. Das Rauchschutz-Zuluftgerät und der zugehörige Schaltschrank befinden sich in einem eigenen Technikraum mit F 90 Umfassungsbauteilen. Im Fall einer Ansteuerung wird die Zuluft über eine Jalousieklappe aus der Außenluft angesaugt und über eine Öffnung in der Treppenraum eingeblasen.

Der Aufstellraum für die RDA-Anlage muss brandlastfrei sein, jedoch darf der Schaltschrank der RDA im gleichen Raum aufgestellt werden, wenn im Brandschutzkonzept-/nachweis nichts anderes festgelegt wurde.

Die Einspeisung der Sonderaufzüge und der RDA erfolgt in den beiden Beispielen über die Niederspannungshauptverteilung der Sicherheitsstromversorgung.

Das Beispiel soll lediglich die Notwendigkeit des Funktionserhalts darstellen. Die Schutzziele der Sonderaufzüge inkl. der RDA müssen im Brandschutzkonzept-/nachweis eindeutig beschrieben werden. Die Planung und technische Spezifikation der Gesamtanlage ist abhängig von den projektspezifischen Schutzzielen, der eingesetzten Anlagentechnik und den individuellen Randbedingungen im Objekt.

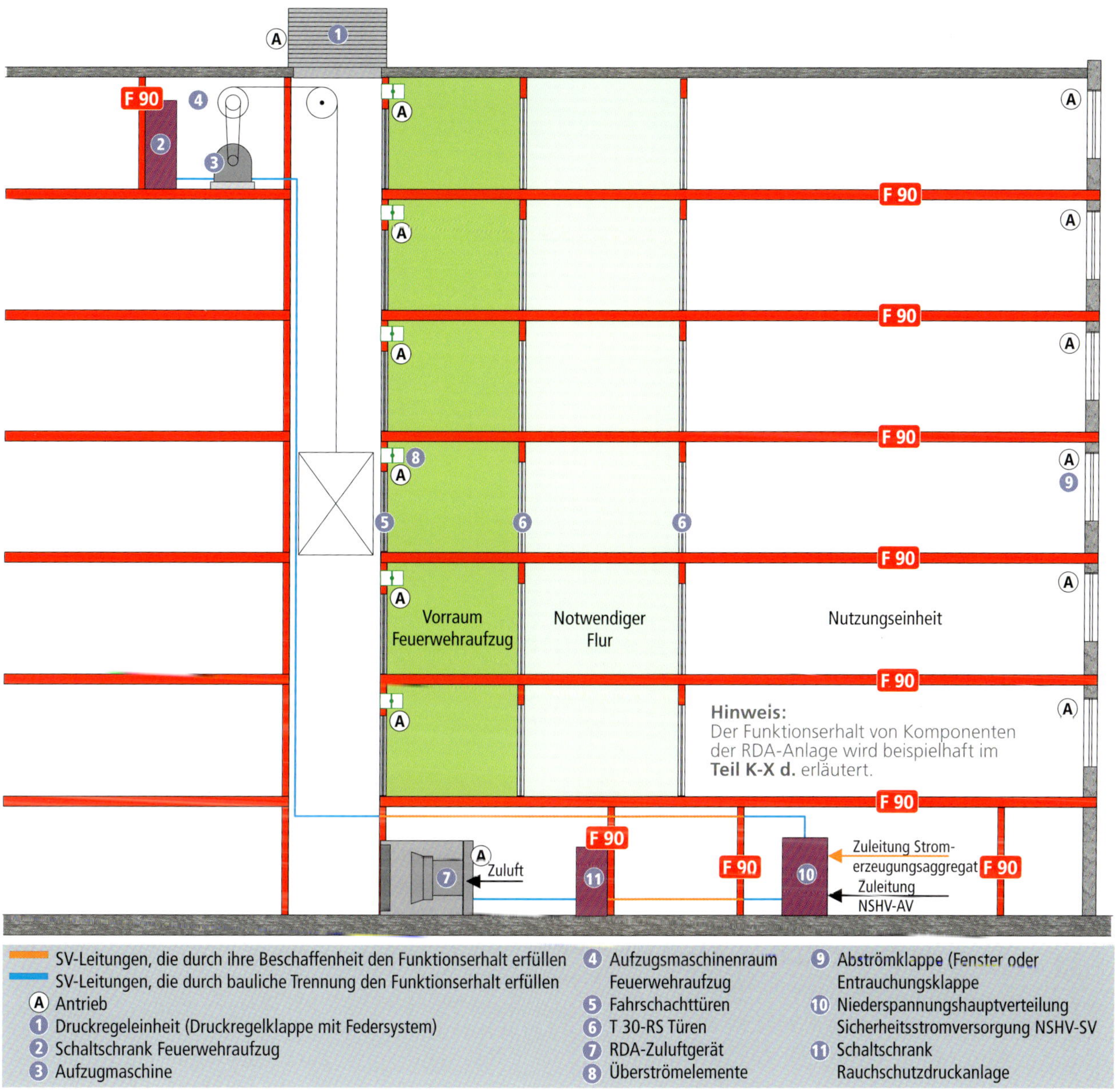

Bild K-X–7: Beispiel für den elektrischen Funktionserhalt bei eine Feuerwehraufzug (Zuluft aus dem Freien)

Beschreibung Beispiel 1
(siehe Bild K-X–7 „Feuerwehraufzüge in Sonderbauten")
Innerhalb von dem oben dargestellten Objekt befindet sich ein Feuerwehraufzug. Der Aufzugschacht sowie die Aufzugsvorräume werden durch eine Rauchschutz-Druckanlage vor eindringendem Brandrauch geschützt. Der Feuerwehraufzug wird über die Brandmeldeanlage im Gebäude im Brandfall angesteuert (Brandfallsteuerung). Der Feuerwehraufzug fährt in die Feuerwehrangriffsebene und geht außer Betrieb. Im Anschluss kann nur noch die Feuerwehr selbst über eine Feuerwehrschaltung den Aufzug in Betrieb nehmen. Die Stromversorgung erfolgt über die Sicherheitsstromversorgung. Diese wird über die allgemeine Stromversorgung und ein Stromerzeugungsaggregat als Stromquelle für Sicherheitszwecke eingespeist. Der Aufstellraum der NSHV-SV befindet sich in einem Raum nach MLAR, Abschnitt 5.2.2, Buchstabe a). Das Stromerzeugungsaggregat in einem Raum nach EltBauVO.

Im Beispiel 1 befindet sich die NSHV-SV in einem Raum nach MLAR, Abschnitt 5.2.2, Buchstabe a) mit raumabschließenden Bauteilen (Decke und Wände) in F 90 und einer T 90 Tür. Im Brandfall bleibt diese für die Dauer von mindestens 90 Minuten geschützt. Die Versorgung der Aufzugssteuerung erfolgt über eine Kabelanlage nach DIN 4102-12:1998-11 mit einem Funktionserhalt von 90 Minuten.

Innerhalb des Raums der NSHV-SV und dem Aufzugsmaschinenraum kann die Leitung, auch mit Befestigungsmaterial ohne Funktionserhalt, bis zu den Schaltschränken verlegt werden.

Zusätzlich kommt bei diesem Beispiel die Erleichterung gemäß MLAR, Abschnitt 5.3.1. Buchstabe c) zum Tragen, dass die Leitungsanlagen, die innerhalb des Fahrschachtes verlegt werden dürfen, aus bauaufsichtlicher Sicht keinen Funktionserhalt benötigen. Es wird nicht von einem Brandereignis innerhalb des Fahrschachtes ausgegangen. Der Fahrschacht bietet für die Leitungsanlagen durch seine konstruktiv zu erfüllenden Anforderungen ausreichend Schutz vor Bränden außerhalb des Schachtes.

Der Funktionserhalt der NSHV-SV und von dem Schaltschrank der Aufzugssteuerung wird durch die Abtrennung der raumabschließenden feuerbeständigen Bauteile erreicht.

Hinweis:
Da die NSHV-SV in der Regel mehrere Anlagen im Objekt versorgt, befindet sich diese meistens in einem Raum nach MLAR, Abschnitt 5.2.2. Die raumabschließenden Bauteile sowie die Abschlüsse müssen eine Feuerwiderstandsfähigkeit aufweisen, wie die höchste von Ihr versorgte Dauer des Funktionserhalts, siehe hierzu **Teil K-IX.**.

Beschreibung Beispiel 2
(siehe Bild K-X–7 „Bettenaufzüge in Krankenhäusern oder Heimen")
Es gelten die Grundlagen wie im Beispiel 1 beschrieben.

Über Bettenaufzüge in Krankenhäusern soll ein vertikaler Transport von bettlägerigen Patienten in größerer Zahl im Gefahrenfall erleichtert werden. Die Versorgung dieser Aufzüge über die Sicherheitsstromversorgung und Kabelanlagen mit einem Funktionserhalt von mindestens 90 Minuten kann in gleicher Art und Weise wie bei einem Feuerwehraufzug ausgeführt werden. Auch hier gelten die Erleichterungen für die Kabelanlagen im Aufzugsschacht selbst.

Konzeptionell sind zwei nebeneinander liegende Brandabschnitte mit jeweils einem Bettenaufzug zum Patiententransport vorzusehen. D. h. wenn ein Bettenaufzug ausfällt oder z. B. aufgrund von Rauchentwicklung nicht mehr genutzt werden kann, können die Patienten auch über den nebenangelegenen Brandabschnitt und dessen Aufzug gerettet werden.

Hierbei muss jedoch die Sicherheitsstromversorgung unabhängig voneinander sein. Zum Beispiel getrennte Sicherheitsstromversorgungsanlagen.

K-X f. Planungsbeispiel Sicherheitsbeleuchtungsanlage

Baurechtliche Anforderungen:
Auf Grundlage der MLAR, Abschnitt 5.3.2 a) muss für die Sicherheitsbeleuchtungsanlagen ein Funktionserhalt der elektrischen Leitungsanlagen von mind. 30 Minuten gewährleistet sein.

Je nach Energieaufnahme erfolgt die Versorgung je nach Leistungsbedarf, der durch den Fachplaner zugrunde gelegt wird, über:
- Sicherheitsstromversorgungsanlage des Objekts in Verbindung mit einem Stromerzeugungsaggregat als Stromquelle für Sicherheitszwecke
- Sicherheitsstromversorgungsanlage des Objekts in Verbindung mit einer zentralen Batterieanlage (CPS-System/LPS-System)
- dezentrales Sicherheitsbeleuchtungssystem mit integrierten Batterien für jeweils einzelne Sicherheitsbeleuchtungsabschnitte
- Einzelbatterieleuchten

Allgemeine Anforderungen:
Gemäß MLAR Abschnitt 5.3.2 Buchstabe a) ist es zulässig, dass im Brandfall die Sicherheitsbeleuchtung auf einer maximalen Fläche von 1.600 m², in einem Geschoss bzw. in einem Treppenraum ausfallen darf (Sicherheitsbeleuchtungsabschnitt). Hieraus ergibt sich die Notwendigkeit, dass die Sicherheitsbeleuchtungsabschnitte jeweils über Zuleitungen in Funktionserhalt versorgt werden müssen. Innerhalb der Sicherheitsbeleuchtungsabschnitte können die Leitungsanlagen auch ohne Funktionserhalt ausgeführt werden. In der Regel wird die erste Leuchte noch mit der Zuleitung in Funktionserhalt angefahren, aber die Verlegung kann innerhalb der Sicherheitsbeleuchtungsabschnitte auch mit üblichem Befestigungsmaterial erfolgen. Größere Flächen als die maximal zulässigen 1.600 m² je Geschoss sollten so aufgeteilt werden, dass diese in mehrere Sicherheitsbeleuchtungsabschnitte aufgeteilt und diese wiederum mit Zuleitungen in Funktionserhalt versorgt werden (siehe hierzu auch die Kommentierung **Teil A-II.** und **Teil K-II.**).

Die Verteiler innerhalb der Sicherheitsbeleuchtungsabschnitte müssen keine Anforderungen an den Funktionserhalt erfüllen, es sei denn, über diese werden weitere Sicherheitsbeleuchtungsabschnitte versorgt (siehe Bild K-X–8 und Bild K-X–9).

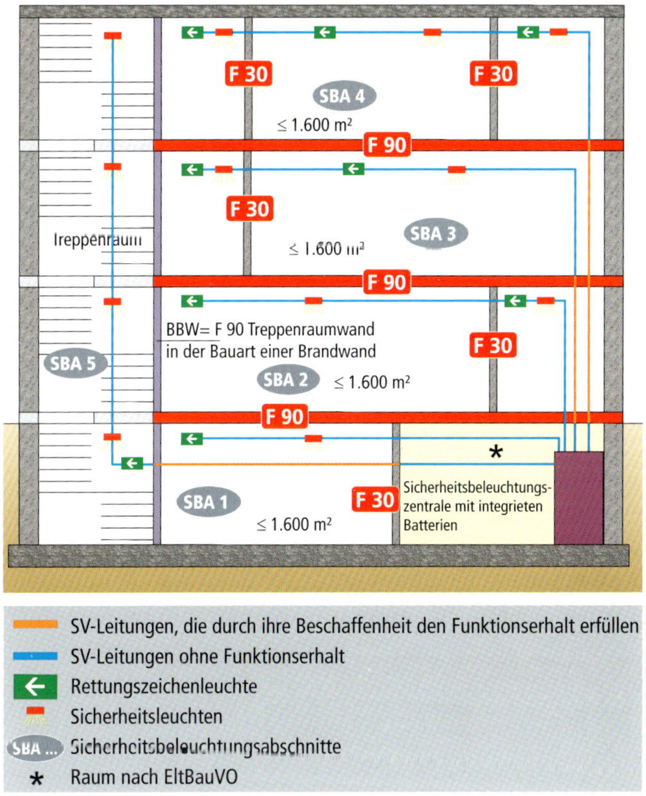

Bild K-X-8: Beispiel 1 für den elektrischen Funktionserhalt bei einer Sicherheitsbeleuchtungsanlage

Beschreibung Beispiel 1 (siehe Bild K-X-8)
Das Objekt ist in 4 Geschosse und einen notwendigen Treppenraum unterteilt. Jedes Geschoss hat eine Grundfläche von ≤ 1.600 m². Im Brandschutzkonzept wurde für das Objekt eine Sicherheitsbeleuchtungsanlage in allen Geschossen gefordert. Die einzelnen Geschosse sind je nach Nutzung durch Trennwände unterteilt. Jedes Geschoss und der Treppenraum stellen einen sog. Sicherheitsbeleuchtungsabschnitt ≤ 1.600 m² dar.

Im Beispiel 1 befindet sich die Sicherheitsbeleuchtungszentrale (Verteiler inkl. zugehörigen Batterien) in einem eigenen Aufstellraum nach EltBauVO. Die Umfassungsbauteile und deren Abschlüsse müssen mindestens eine feuerhemmende Qualität aufweisen, damit der Funktionserhalt für die Dauer von 30 Minuten erfüllt wird. Dies ist in diesem Beispiel der Fall. Be- und Entlüftung, siehe **Teil N**.

Die Versorgung des Sicherheitsbeleuchtungsabschnitts im Geschoss der Sicherheitsbeleuchtungszentrale und ein Geschoss darüber wurde mit Zuleitungen ohne Funktionserhalt ausgeführt. Der notwendige Treppenraum und die beiden obersten Geschosse werden jedoch mit Zuleitungen in Funktionserhalt versorgt. Hierdurch wird verhindert, dass, egal in welchem Geschoss es zu einem Brand kommt, nicht mehr ausfällt als das vom Brand betroffene Geschoss.

Hinweis:
Werden nur die Batterien in einem Raum nach EltBauVO aufgestellt, kann die zugehörige Sicherheitsbeleuchtungszentrale gemäß MLAR, Abschnitt 5.2.2, a), b), c) aufgestellt werden.

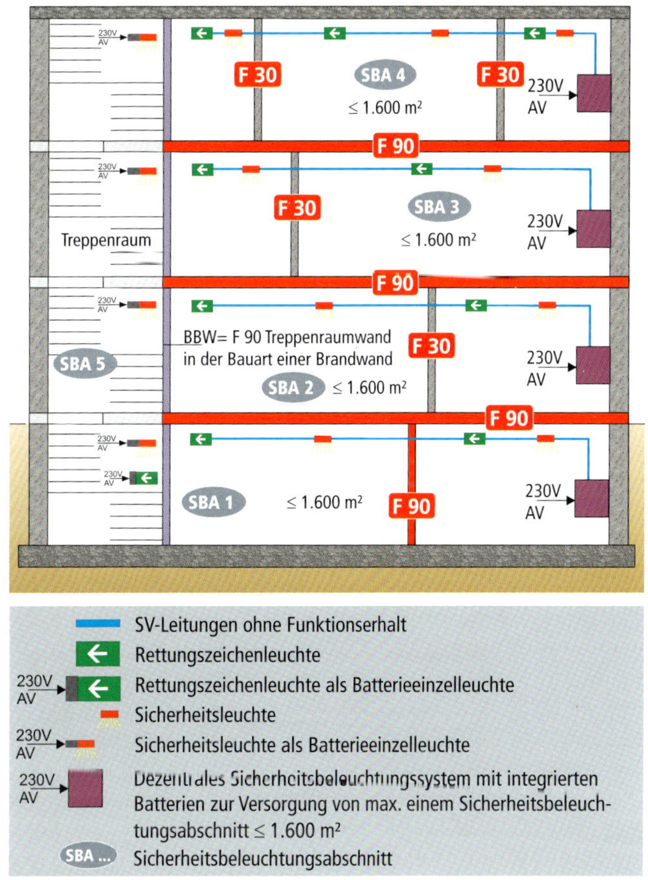

Bild K-X-9: Beispiel 2 für den elektrischen Funktionserhalt bei einer Sicherheitsbeleuchtungsanlagen

Beschreibung Beispiel 2 (siehe Bild K-X-9)
Es gelten die Grundlagen wie im Beispiel 1 beschrieben. Im Beispiel 2 sind im notwendigen Treppenraum, Batterieeinzelleuchten (Rettungszeichen- und Sicherheitsleuchten) angebracht. Diese werden über die allgemeine Stromversorgung eingespeist und bei einem Ausfall dieser über integrierte Batterien weiterbetrieben.

Innerhalb der Geschosse sind sog. „dezentrale" Sicherheitsbeleuchtungssysteme installiert, über die jeweils eine maximale Fläche (Sicherheitsbeleuchtungsabschnitt) von ≤ 1.600 m² versorgt werden. Diese werden ebenfalls über die allgemeine Stromversorgung eingespeist und über Batterien, in der Regel zwei bis vier Batterien mit einer Batteriespannung von insgesamt 24 V, als Stromquelle für Sicherheitszwecke versorgt. Solche Systeme versorgen meistens energiesparende LED-Leuchten.

Der notwendige Funktionserhalt von 30 Minuten auch ohne eine Kabelanlage nach DIN 4102-12:1998-11 bzw. einen Aufstellraum nach MLAR, Abschnitt 5.2.2 Buchstabe a), b) oder c) wird erreicht, da im Brandfall nicht mehr ausfallen kann als ein Geschoss bzw. Treppenraum innerhalb der geforderten Funktionserhaltsdauer.

Hinweis zu den Bildern K-X–8 bis K-X–10:
Anforderungen an jeweils zwei getrennte Stromkreise der Sicherheitsbeleuchtung; je Abschnitt können sich aus den DIN VDE-Normen ergeben. In diesem Fall sollte jeweils zwei Zuleitungen mit Funktionserhalt für jeden Sicherheitsbeleuchtungsabschnitt vorgesehen werden.

Weitere Beispiele, die auf den beschriebenen Grundlagen aufbauen (siehe Bild K-X–10 und Bild K-X–11).

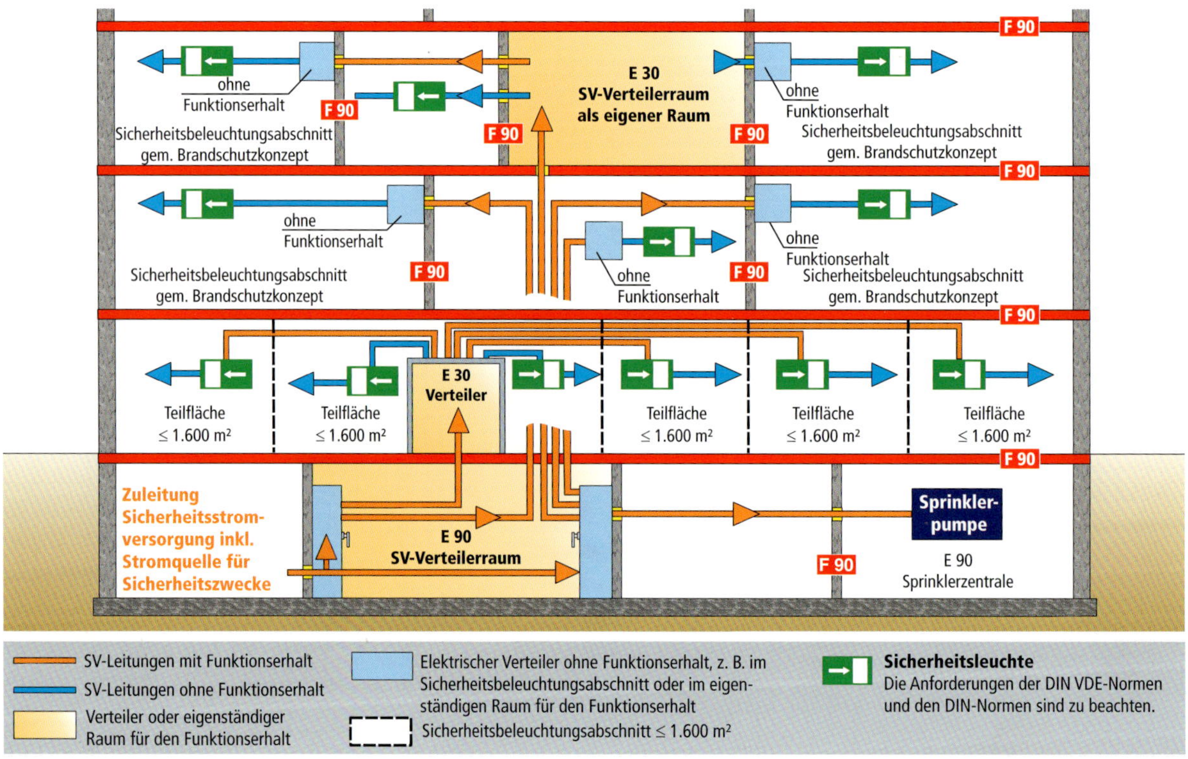

Bild K-X–10: Verlegebeispiel der Leitungsanlagen für die Sicherheitsstromversorgung in einem Büro- und Verwaltungsgebäude

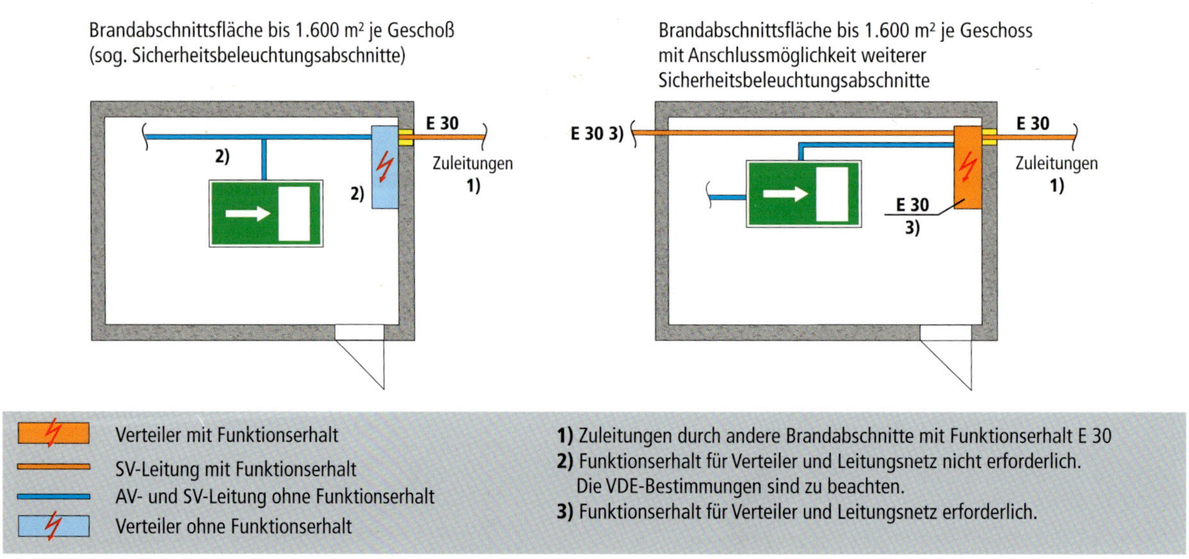

Bild K-X–11: Beispiel der Verkabelung in einem Sicherheitsbeleuchtungsabschnitt und bei Versorgung weiterer Abschnitte über diesen

K-X g. Planungsbeispiel Personenaufzug mit Brandfallsteuerung

Baurechtliche Anforderungen:
Auf Grundlage der MLAR, Abschnitt 5.3.2 b) muss für Personenaufzüge mit Brandfallsteuerung ein Funktionserhalt der elektrischen Leitungsanlagen von mind. 30 Minuten gewährleistet sein.

Allgemeine Anforderungen:
Innerhalb von dem in den folgenden Beispielen dargestellten Objekten, befindet sich ein Personenaufzug, der mit einer Brandfallsteuerung ausgestattet ist. Die Ansteuerung erfolgt über die im Objekt installierte Brandmeldeanlage. Der Steuerkoppler der BMA befindet sich im Aufzugsmaschinenraum, in unmittelbarer Nähe zur Aufzugssteuerung. Im Brandfall wird der Aufzug entsprechend der Brandfallsteuermatrix in ein nicht vom Brand betroffenes Geschoss gefahren und geht dort mit geöffnet Türen außer Betrieb.
Der Leitungsweg zwischen der Energiequelle und dem Antrieb des Personenaufzugs sollte zur Stromversorgung für die letzte „Sicherheitsfahrt" in Funktionserhalt der niedrigsten Klassifizierung (E 30) erfolgen. Es muss vermieden werden, dass der Leitungsweg vorzeitig ausfällt. Baurechtlich ist der Anschluss an eine Sicherheitsstromversorgung nicht zwingend erforderlich.

Hinweis:
Bei Ausfall der Allgemeinstromversorgung und des Leitungsweges bleibt der Aufzug, ohne Anschluss an die Sicherheitsstromversorgung oder Einspeisung über eine eigene Batterie, in seiner Position stehen.

Möglichkeiten der Stromversorgung für Personenaufzüge
Die Notwendigkeit, ob ein Personenaufzug mit Brandfallsteuerung an eine Sicherheitsstromversorgungsanlage angeschlossen werden muss, sollte unter Beachtung der Schutzziele im Brandschutzkonzept/-nachweis bewertet werden.

Variante 1: Die Stromversorgung erfolgt als Energiequelle an die NSHV (Allgemeine Stromversorgung) – Variante nicht in den Bildern dargestellt.

Variante 2: Die Stromversorgung erfolgt, **nur wenn es bauordnungsrechtlich z. B. im genehmigten Brandschutzkonzept/-nachweis gefordert ist (i.d.R. nicht in den Verordnungen geregelt)**, über die Sicherheitsstromversorgung. Diese wird über die allgemeine Stromversorgung und ein Stromerzeugungsaggregat als Stromquelle für Sicherheitszwecke eingespeist. Der Aufstellraum der NSHV-SV befindet sich in einem Raum nach MLAR, Abschnitt 5.2.2, Buchstabe a). Das Stromerzeugungsaggregat befindet sich in einem Raum nach EltBauVO (siehe Bild K-X-12 bis Bild K-X-14).

Variante 3: Die Stromversorgung für eine „Sicherheitsfahrt" zum vorgesehenen darunter liegenden Geschoss, wird über eine eigene Batterie sichergestellt. Die Stromversorgung zum Laden der Batterie erfolgt dabei über die allgemeine Stromversorgung – Variante nicht in den Bildern dargestellt.

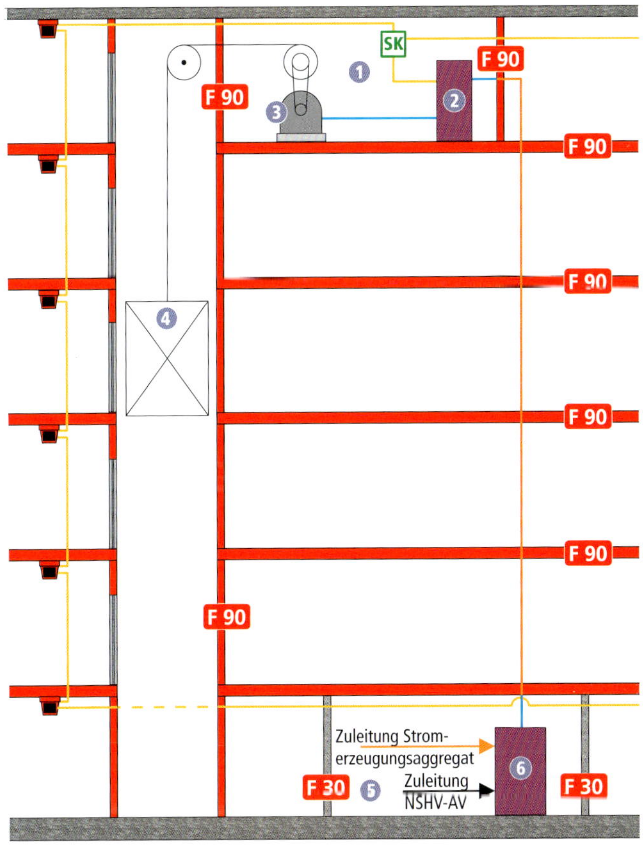

SV-Leitungen, die durch ihre Beschaffenheit den Funktionserhalt erfüllen
SV-Leitungen, die durch bauliche Trennung den Funktionserhalt erfüllen
Ringleitung der Brandmeldeanlage
automatischer Brandmelder
SK Steuerkoppler der Brandmeldeanlage
1 Aufzugmaschinenraum
2 Schaltschrank Aufzugmaschine
3 Aufzugmaschine
4 Aufzugkabine
5 Raum der NSHV-SV nach MLAR Abschnitt 5.2.2, Buchstabe a)
6 NSHV-SV = Niederspannungshautverteilung Sicherheitstromversorgung
NSHV-AV = Niederspannungshautverteilung Allgemeinstromversorgung

Bild K-X-12: Beispiel 1 für den elektrischen Funktionserhalt bei einem Personenaufzug mit Brandfallsteuerung

Beschreibung Beispiel 1 mit Stromeinspeisung über die NSHV-SV (siehe Bild K-X-12) = Variante 2
Im Beispiel 1 befindet sich die NSHV-SV in einem Raum nach MLAR, Abschnitt 5.2.2, Buchstabe a) mit raumabschließenden Bauteilen (Decke und Wände) und einer T 30 Tür, im Brandfall für die Dauer von mindestens 30 Minuten geschützt. Die Versorgung der Aufzugssteuerung erfolgt über eine Kabelanlage nach DIN 4102-12:1998-11 mit einem Funktionserhalt von 30 Minuten. Innerhalb des Raums der NSHV-SV und dem Aufzugsmaschinenraum kann die Leitung, auch mit Befestigungsmaterial ohne Funktionserhalt, bis zu den Schaltschränken verlegt werden. Der Funktionserhalt der NSHV-SV und von dem Schaltschrank der Aufzugssteuerung wird durch die Abtrennung der raumabschließenden feuerhemmenden Bauteile erreicht.

Hinweise:
Da die NSHV-SV in der Regel mehrere Anlagen im Objekt versorgt, befindet sich diese meistens in einem Raum nach MLAR, Abschnitt 5.2.2. Die raumabschließenden Bauteile sowie die Abschlüsse müssen eine Feuerwiderstandsfähigkeit aufweisen, wie die höchste von Ihr versorgte Dauer des Funktionserhalts, siehe hierzu **Teil K-IX.**:

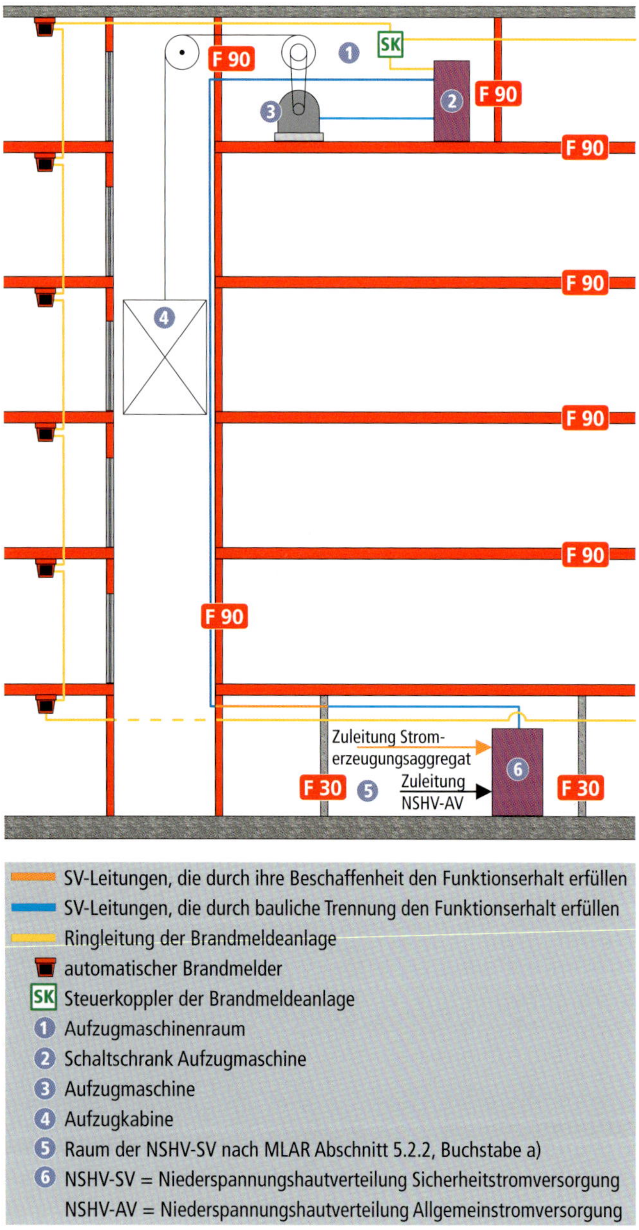

Bild K-X–13: Beispiel 2 für den elektrischen Funktionserhalt bei einem Personenaufzug mit Brandfallsteuerung

Beschreibung Beispiel 2 mit Stromeinspeisung über die NSHV-SV (siehe Bild K-X–13) = Variante 2
Es gelten die Grundlagen wie im Beispiel 1 beschrieben.

Im Beispiel 2 kommt die Erleichterung gemäß MLAR, Abschnitt 5.3.2. Buchstabe b) zum Tragen, dass die Leitungsanlagen, die innerhalb des Fahrschachtes verlegt werden dürfen, aus bauaufsichtlicher Sicht keinen Funktionserhalt benötigen. Es wird nicht von einem Brandereignis innerhalb des Fahrschachtes ausgegangen und der Fahrschacht bietet für die Leitungsanlagen durch seine konstruktiv zu erfüllenden Anforderungen ausreichend Schutz vor Bränden außerhalb des Schachtes.

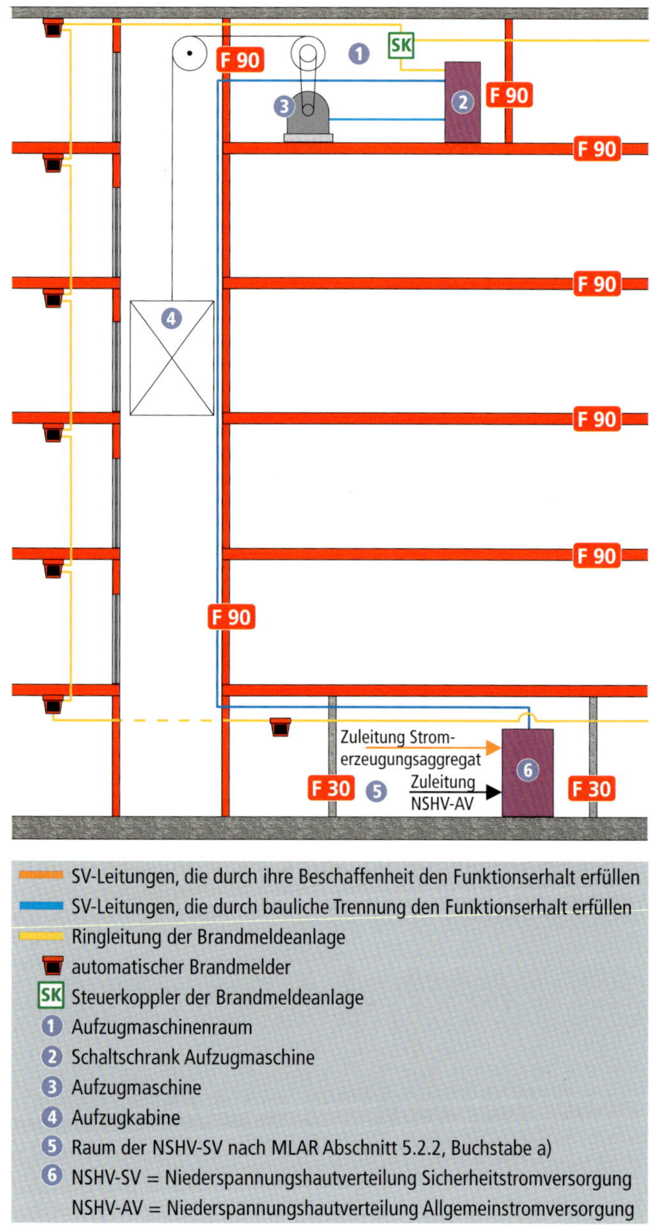

Bild K-X–14: Beispiel 3 für den elektrischen Funktionserhalt bei einem Personenaufzug mit Brandfallsteuerung

Beschreibung Beispiel 3 mit Stromeinspeisung über die NSHV-SV (siehe Bild K-X–14) = Variante 2
Es gelten die Grundlagen wie im Beispiel 1 beschrieben.

Unter bestimmten Voraussetzungen sind bei Personenaufzügen mit Brandfallsteuerung unter Beachtung der Schutzziele Abweichungen bzw. Erleichterungen möglich. Bei diesem

Beispiel ist der Aufzug mit einer statischen Aufzugssteuerung ausgestattet. D.h., es wird im Brandfall immer ein festes Geschoss (wie z. B. das Erdgeschoss) angefahren, und der Aufzug geht dort mit geöffneten Türen außer Betrieb. In diesem Fall kann auf den Funktionserhalt für die Verbindungsleitung zwischen NSHV-SV (Variante 2) oder der NSHV (Variante 1) und der Aufzugssteuerung verzichtet werden, wenn der gesamte Leitungsweg durch automatische Rauchmelder der BMA überwacht wird und diese Melder ebenfalls die Brandfallfahrt (Sicherheitsfahrt) einleiten. Es ist davon auszugehen, dass der Aufzug die sichere Position erreicht hat, bevor die Zuleitung durch Brandeinwirkung ausfällt. Der konzeptionelle Nachweis ist z. B. über eine brandschutztechnische Beschreibung der Brandfallsteuerung (Gleichwertigkeitsnachweis gem. MBO 2016, § 85a), durch den Fachplaner oder Errichter zu erbringen und dem Prüfsachverständigen der technischen Anlage als Prüfunterlage zu übergeben. Es wird empfohlen diese Abweichung von der MLAR, bereits frühzeitig im Brandschutzkonzept-/nachweis zu beschreiben.

Die Überwachung des Leitungsweges durch Rauchmelder bzw. der Funktionserhalt der Zuleitung für den Aufzug kann entfallen, wenn die Brandfallfahrt (Sicherheitsfahrt) durch eine Batterie abgesichert wird (Variante 3).

K-X h. Planungsbeispiel natürliche Rauchabzugsanlagen

Baurechtliche Anforderungen:

Auf Grundlage der MLAR, Abschnitt 5.3.2 e) muss für natürliche Rauchabzugsanlagen ein Funktionserhalt der elektrischen Leitungsanlagen von mind. 30 Minuten gewährleistet sein.

Allgemeine Anforderungen:

Die Steuerung und Stromversorgung muss über einen Zeitraum von 30 Minuten gewährleistet werden.

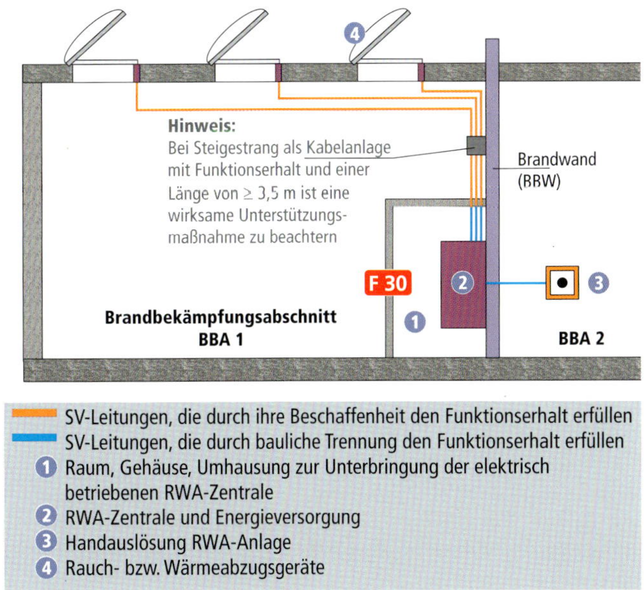

Bild K-X-15: Beispiel 1 für den elektrischen Funktionserhalt bei einer natürlichen Rauchabzugsanlage

Beschreibung Beispiel 1 (siehe Bild K-X-15)
Die Anlage muss gemäß MLAR, Abschnitt 5.3.2 e) einen Funktionserhalt von 30 Minuten erfüllen. In diesem Beispiel wird die Leitungsanlage, bestehend aus der Kabelanlage und der RWA-Zentrale (Verteiler), nicht durch automatische Brandmelder überwacht, welche im Brandfall zu einer Öffnung führen. Um in diesem Beispiel den Funktionserhalt von 30 Minuten sicherzustellen, muss die RWA-Zentrale durch einen Raum, Gehäuse oder eine Umhausung nach MLAR, Abschnitt 5.2.2, Buchstabe a), b), c) für die Dauer von 30 Minuten geschützt werden. Die Kabelanlage zwischen der RWA-Zentrale und den Rauch- bzw. Wärmeabzugsgeräten wurde als Kabelanlage nach DIN 4102-12:1998-11 mit einem Funktionserhalt von 30 Minuten ausgeführt. Auch wenn die Motorantriebe der Klappen in der Regel keinen eigenen Funktionserhalt besitzen, ist im Brandfall nicht davon auszugehen, dass alle Antriebe innerhalb der Halle ausfallen.

Innerhalb von dem Brandbekämpfungsabschnitt (BBA 1) der Lagerhalle sind im Dach Rauch- und Wärmeabzugsgeräte angeordnet. Diese werden von einer RWA-Zentrale mit eigener Energieversorgung angesteuert. Die Stromversorgung der Zentrale erfolgt über die allgemeine Stromversorgung des Objekts. In der Zentrale befinden sich Akkus als Stromquelle für Sicherheitszwecke.

Die Auslösung erfolgt im Beispiel 1 nur über eine Handbedienstelle im BBA 2. Diese wird im Bedarfsfall von der Feuerwehr betätigt. Die Zuluftöffnungen werden manuell durch die Feuerwehr geöffnet.

Die Ansteuerung kann je nach Konzeption, auch über die automatische Brandmeldeanlage mit einer Überwachung des BBA1 erfolgen. Hierbei muss die Überwachung ebenfalls mit automatischen Rauchmeldern erfolgen.

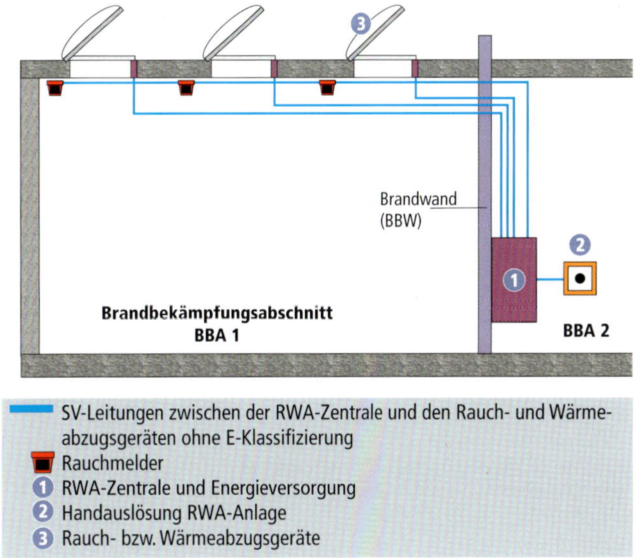

Bild K-X-16: Beispiel 2 für den elektrischen Funktionserhalt bei einer natürlichen Rauchabzugsanlage

K

Beschreibung Beispiel 2 (siehe Bild K-X-16)
Im Beispiel 2 erfolgt die Auslösung zusätzlich über automatische Brandmelder mit der Kenngröße Rauch, die direkt mit der Zentrale verbunden sind.

Bei diesem Beispiel wird die Halle durch automatische Rauchmelder der RWA-Zentrale überwacht. In diesem Fall kann auf den Funktionserhalt der Kabelanlage verzichtet werden, da bei einer Rauchdetektion die Rauch- bzw. Wärmeabzugsgeräte automatisch öffnen und die Anlage dadurch den sicheren Zustand einnimmt, bevor diese durch Brandeinwirkung ausfällt. Bei diesem Beispiel ist kein Funktionserhalt für die Leitungsanlage erforderlich.

K-X i. Planungsbeispiel Rauchableitungsöffnungen in notwendigen Treppenräumen

Baurechtliche Anforderungen:
Die Notwendigkeit von Rauchableitungsöffnungen in notwendigen Treppenräumen wird in der MBO § 35 (8) bzw. in den Sonderbauverordnungen/-richtlinien geregelt.

Diese Rauchableitungsöffnungen werden an oberster Stelle eines notwendigen Treppenraumes als öffnende Abzugsklappe oder über öffenbare Fenster realisiert. Die Lage der Handtaster ist baurechtlich durch die MBO § 35 (8) oder über das Brandschutzkonzept/-nachweis geregelt.
Rauchableitungsöffnungen sind nicht prüfpflichtig. Rauchableitungsöffnungen, deren Steuerung und die zugehörigen Leitungsanlagen unterliegen keiner Anforderung der MLAR.

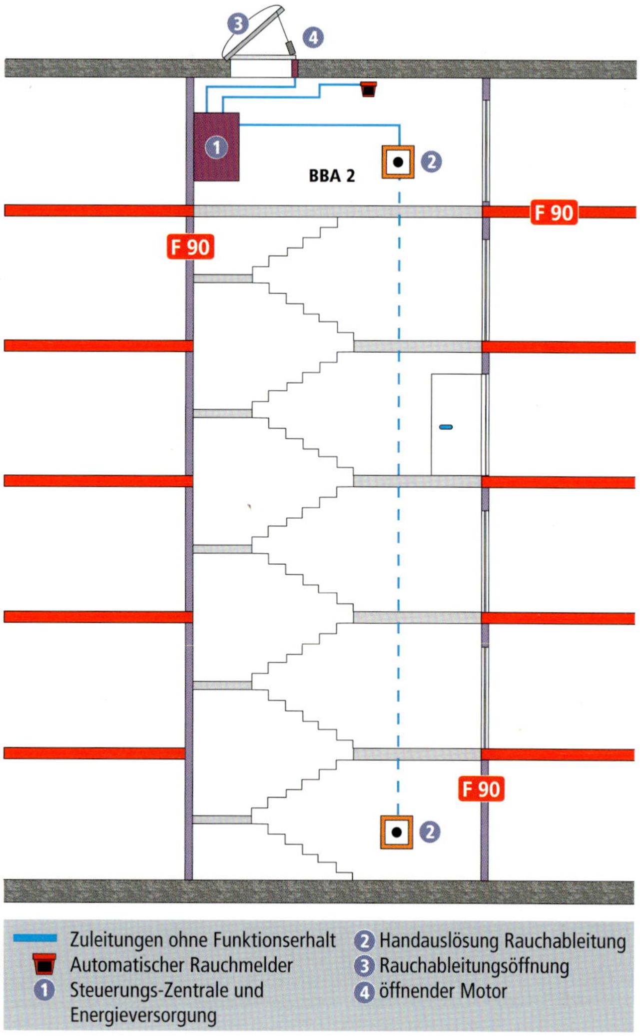

Bild K-X-17: Beispiel für den elektrischen Anschluss einer Rauchableitungsöffnung im notwendigen Treppenraum

Da die Rauchableitungsöffnung inkl. der Steuerung zum Betrieb des notwendigen Treppenraumes erforderlich ist, darf diese ohne brandschutztechnische Maßnahmen nach MLAR, Abschnitt 3, im Treppenraum montiert werden.

Teil L Brandschutztechnische Planungs- und Ausführungsempfehlungen zur Sicherheitsstromversorgung

Brandschutztechnische Planungs- und Ausführungsempfehlungen zur Sicherheitsstromversorgung

Der **Teil L** zeigt Möglichkeiten auf, wie Sicherheitsstromversorgungsanlagen ausgeführt werden können. Die Planung, der Aufbau und die Montage muss so erfolgen, dass eine Umsetzung unter Berücksichtigung der in der MLAR erfolgten Konkretisierungen der bauaufsichtlichen Schutzziele bezüglich des Funktionserhaltes und der Vorschriften der EltBauVO in der Praxis, mit vertretbarem Aufwand, möglich ist.
Alle Präzisierungen sind gemeinsam zu beachten und projektspezifisch, unter Beachtung der Schutzziele, umzusetzen.

Die Ausführungen zur MLAR, **Teil K** elektrischer Funktionserhalt und **Teil M** Brandmelde- und Alarmierungsanlagen, sind ebenfalls zu beachten.

L-I. Sicherheitsstromversorgung und Sicherheitsbeleuchtung in den bauordnungsrechtlichen Vorschriften

In den Sonderbauvorschriften Muster-Verkaufsstättenverordnung (M-VkVO), Muster-Versammlungsstättenverordnung (M-VStättVO), Muster-Beherbergungsstättenverordnung (M-BeVO), der Muster-Hochhausrichtlinie (MHHR) und der Muster-Schulbaurichtlinie (MSchulbauR) sind Regelungen zur Sicherheitsstromversorgung und Sicherheitsbeleuchtung getroffen. In der Muster-Garagenverordnung (M-GarVO) sind Regelungen zur Sicherheitsbeleuchtung getroffen. Ferner sind in dem Muster einer Verordnung über den Bau von Betriebsräumen für elektrische Anlagen (EltBauVO) Vorschriften zur Aufstellung von ortsfesten Stromerzeugungsaggregaten und zentralen Batterieanlagen für bauordnungsrechtlich vorgeschriebene sicherheitstechnische Anlagen und Einrichtungen beschrieben.

Eine Sicherheitsstromversorgungsanlage hat dabei die bauaufsichtliche Forderung zu erfüllen, bei Ausfall der allgemeinen Stromversorgung den Betrieb der sicherheitstechnischen Anlagen und Einrichtungen zu übernehmen. „Betrieb übernehmen" bedeutet dabei den Ersatz der allgemeinen Stromversorgung durch eine Stromversorgung aus Stromerzeugungsaggregaten oder Batterien bzw. Batterieanlagen.

Die Dauer einer möglichen „Betriebsübernahme" wird lediglich in der Muster-Hochhausrichtlinie deutlich, denn dort wird die Lagerung eines Tagesvorrates von Brennstoffen für den Betrieb der Sicherheitsstromversorgungsanlagen in Geschossen oberhalb des Erdgeschosses gestattet. Konkrete Anforderungen werden jedoch für die Dauer der Betriebsübernahme nicht gestellt.

In der MLAR Abschnitt 5.3 wird die Dauer des Funktionserhalts der elektrischen Leitungsanlagen mit Funktionserhalt für bestimmte sicherheitstechnische Anlagen beschrieben, sowie für Anlagen, die im Brandfall noch eine Zeitspanne betriebsfähig sein müssen. Diese Dauer des Funktionserhalts sollte als Mindestbetriebsdauer – soweit in den Einzelfällen in den Baugenehmigungen nichts anderes bestimmt ist – von Sicherheitsstromversorgungsanlagen berücksichtigt werden. Weitere Anforderungen werden bauaufsichtlich nicht gestellt.

Die technische Ausführung der Anlagen erfolgt entsprechend der allgemein anerkannten Regeln der Technik.

Hinweis:
Das Sicherheitsniveau ist gemäß § 49 EnWG für alle elektrischen Anlagen verbindlich und einzuhalten. Denn § 49 Absatz 1 EnWG bestimmt:
Energieanlagen sind so zu errichten und zu betreiben, dass die technische Sicherheit gewährleistet ist. Dabei sind vorbehaltlich sonstiger Rechtsvorschriften die allgemein anerkannten Regeln der Technik zu beachten.

In § 49 Absatz 2 Satz 1 EnWG ist die Vermutungswirkung, die Anforderungen des Absatzes 1 erfüllt zu haben, zu entnehmen:
Die Einhaltung der allgemein anerkannten Regeln der Technik wird vermutet, wenn bei Anlagen zur Erzeugung, Fortleitung und Abgabe von
1. Elektrizität die technischen Regeln des Verbandes der Elektrotechnik Elektronik Informationstechnik e. V.,
2. …
eingehalten worden sind.

Somit sind, soweit es keine anderen allgemein anerkannten Regeln der Technik für elektrische Anlagen gibt, die DIN VDE-Normen als allgemein anerkannte Regeln der Technik zur Planung, Umsetzung und für den Betrieb einer bauaufsichtlich geforderten Sicherheitsstromversorgungsanlage maßgeblich.

In den DIN VDE-Normen wird in den meisten Fällen nur auf die Einhaltung bauaufsichtlicher Forderungen hingewiesen um Doppelregelungen zu vermeiden. Auch haben die Regelsetzer der DIN VDE Normen keine Rechtsgrundlage, das offentlich rechtlich geforderte Schutzniveau festzulegen; dies obliegt ausschließlich den Landesregierungen und Parlamenten.

Ein Beispiel der technischen Regeln ist die DIN VDE 0100-560 „Einrichtungen für Sicherheitszwecke". Hier erfolgt im Zusammenhang mit den bauordnungsrechtlichen Vorgaben ein Verweis, dass Kabel- und Leitungsanlagen für den Betrieb im Brandfall (mit Funktionserhalt) vorzusehen sind. Deren Ausführung wird durch gesetzliche Vorschriften der Länder der Bundesrepublik Deutschland geregelt. Weiterhin sind die Anforderungen für Räume, in welchen Stromquellen für Sicherheitszwecke errichtet werden dürfen, ebenfalls durch gesetzliche Vorschriften der Länder der Bundesrepublik Deutschland geregelt.

L

L-II . Detailregelungen zur Sicherheitsstromversorgung und Sicherheitsbeleuchtung

In den Muster-Vorschriften und Muster-Richtlinien sind sicherheitstechnische Anlagen und Einrichtungen vorgeschrieben. Allerdings ist nicht jede dieser Anlagen und Einrichtungen durch eine Sicherheitsstromversorgung, bei Ausfall der allgemeinen Stromversorgung mit Strom, zu versorgen.
Im Folgenden sind Auszüge der Vorschriften für die Sicherheitsstromversorgung und die Sicherheitsbeleuchtung zusammengestellt:

MHHR

6.5 Sicherheitsbeleuchtung

6.5.1 In Hochhäusern muss eine Sicherheitsbeleuchtung vorhanden sein, die bei Ausfall der allgemeinen Beleuchtung selbsttätig in Betrieb geht.

6.5.2 Eine Sicherheitsbeleuchtung muss vorhanden sein
1. in Rettungswegen,
2. in Vorräumen von Aufzügen,
3. für Sicherheitszeichen von Rettungswegen.

6.6 Sicherheitsstromversorgungsanlagen, Blitzschutzanlagen, Gebäudefunkanlagen

6.6.1 Hochhäuser müssen Sicherheitsstromversorgungsanlagen haben, die bei Ausfall der allgemeinen Stromversorgung den Betrieb der sicherheitstechnischen Gebäudeausrüstung übernimmt, insbesondere der
1. Sicherheitsbeleuchtung,
2. automatischen Feuerlöschanlagen und Druckerhöhungsanlagen für die Löschwasserversorgung,
3. Rauchabzugsanlagen,
4. Druckbelüftungsanlagen,
5. Brandmeldeanlagen,
6. Alarmierungsanlagen,
7. Aufzüge,
8. Gebäudefunkanlagen für die Feuerwehr.

6.6.2 Hochhäuser müssen Blitzschutzanlagen haben, die auch die sicherheitstechnische Gebäudeausrüstung schützen (äußerer und innerer Blitzschutz).

6.6.3 Wird die Funkkommunikation der Einsatzkräfte der Feuerwehr innerhalb des Hochhauses durch die bauliche Anlage gestört, so ist das Hochhaus mit technischen Anlagen zur Unterstützung des Funkverkehrs auszustatten.

7.4 Feuerstätten, Brennstofflagerung

7.4.1 Feuerstätten sind als zentrale Anlagen auszuführen. Einzelfeuerstätten in Nutzungseinheiten sind unzulässig.

7.4.2 Feste, flüssige oder gasförmige Brennstoffe dürfen nicht in Geschossen über dem Erdgeschoss gelagert werden. Dies gilt nicht für den Tagesvorrat von Brennstoffen für den Betrieb der Sicherheitsstromversorgungsanlagen.

M-BeVO

§ 8 Sicherheitsbeleuchtung, Sicherheitsstromversorgung

(1) Beherbergungsstätten müssen
1. in notwendigen Fluren und in notwendigen Treppenräumen,
2. in Räumen zwischen notwendigen Treppenräumen und Ausgängen ins Freie,
3. für Sicherheitszeichen, die auf Ausgänge hinweisen, und
4. für Stufen in notwendigen Fluren

eine Sicherheitsbeleuchtung haben.

(2) Beherbergungsstätten müssen eine Sicherheitsstromversorgung haben, die bei Ausfall der allgemeinen Stromversorgung den Betrieb der sicherheitstechnischen Anlagen und Einrichtungen übernimmt, insbesondere
1. der Sicherheitsbeleuchtung,
2. der Alarmierungseinrichtungen und
3. der Brandmeldeanlage.

MVKVO

§ 18 Sicherheitsbeleuchtung

(1) In Verkaufsstätten muss eine Sicherheitsbeleuchtung vorhanden sein, die so beschaffen ist, dass sich Besucher und Betriebsangehörige auch bei vollständigem Versagen der allgemeinen Beleuchtung bis zu öffentlichen Verkehrsflächen hin gut zurechtfinden können.

(2) Eine Sicherheitsbeleuchtung muss vorhanden sein
1. in notwendigen Treppenräumen, in Räumen zwischen notwendigen Treppenräumen und Ausgängen ins Freie und in notwendigen Fluren,
2. in Verkaufsräumen und allen übrigen Räumen für Besucher sowie Toilettenräumen mit mehr als 50 m² Grundfläche,
3. in Räumen für Beschäftigte mit mehr als 20 m² Grundfläche, ausgenommen Büroräume,
4. in elektrischen Betriebsräumen und Räumen für haustechnische Anlagen,
5. für Sicherheitszeichen von Ausgängen und Rettungswegen,
6. für Stufenbeleuchtungen.

§ 21 Sicherheitsstromversorgungsanlagen

Verkaufsstätten müssen eine Sicherheitsstromversorgungsanlage haben, die bei Ausfall der allgemeinen Stromversorgung den Betrieb der sicherheitstechnischen Anlagen und Einrichtungen übernimmt, insbesondere der
1. Sicherheitsbeleuchtung,
2. Beleuchtung der Stufen und Hinweise auf Ausgänge,
3. Sprinkleranlagen,
4. Rauchabzugsanlagen,
5. Schließeinrichtungen für Feuerschutzabschlüsse (z. B. Rolltore),
6. Brandmeldeanlagen,
7. Alarmierungseinrichtungen.

MVStättVO

§ 14 Sicherheitsstromversorgungsanlagen, elektrische Anlagen und Blitzschutzanlagen

(1) Versammlungsstätten müssen eine Sicherheitsstromversorgungsanlage haben, die bei Ausfall der Stromversorgung den Betrieb der sicherheitstechnischen Anlagen und Einrichtungen übernimmt, insbesondere der
1. Sicherheitsbeleuchtung,
2. automatischen Feuerlöschanlagen und Druckerhöhungsanlagen für die Löschwasserversorgung,
3. Rauchabzugsanlagen,
4. Brandmeldeanlagen,
5. Alarmierungsanlagen.

(2) In Versammlungsstätten für verschiedene Veranstaltungsarten, wie Mehrzweckhallen, Theater und Studios, sind für die vorübergehende Verlegung beweglicher Kabel und Leitungen bauliche Vorkehrungen, wie Installationsschächte und -kanäle oder Abschottungen, zu treffen, die die Ausbreitung von Feuer und Rauch verhindern und die sichere Begehbarkeit, insbesondere der Rettungswege, gewährleisten.

(3) Elektrische Schaltanlagen dürfen für Besucher nicht zugänglich sein.

(4) Versammlungsstätten müssen Blitzschutzanlagen haben, die auch die sicherheitstechnischen Einrichtungen schützen (äußerer und innerer Blitzschutz).

§ 15 Sicherheitsbeleuchtung

(1) In Versammlungsstätten muss eine Sicherheitsbeleuchtung vorhanden sein, die so beschaffen ist, dass Arbeitsvorgänge auf Bühnen und Szenenflächen sicher abgeschlossen werden können und sich Besucher, Mitwirkende und Betriebsangehörige auch bei vollständigem Versagen der allgemeinen Beleuchtung bis zu öffentlichen Verkehrsflächen hin gut zurechtfinden können.

(2) Eine Sicherheitsbeleuchtung muss vorhanden sein
1. in notwendigen Treppenräumen, in Räumen zwischen notwendigen Treppenräumen und Ausgängen ins Freie und in notwendigen Fluren,
2. in Versammlungsräumen sowie in allen übrigen Räumen für Besucher (z. B. Foyers, Garderoben, Toiletten),
3. für Bühnen und Szenenflächen,
4. in den Räumen für Mitwirkende und Beschäftigte mit mehr als 20 m² Grundfläche, ausgenommen Büroräume,
5. in elektrischen Betriebsräumen, in Räumen für haustechnische Anlagen sowie in Scheinwerfer- und Bildwerferräumen,
6. in Versammlungsstätten im Freien und Sportstadien, die während der Dunkelheit benutzt werden,
7. für Sicherheitszeichen von Ausgängen und Rettungswegen,
8. für Stufenbeleuchtungen.

(3) In betriebsmäßig verdunkelten Versammlungsräumen, auf Bühnen und Szenenflächen muss eine Sicherheitsbeleuchtung in Bereitschaftsschaltung vorhanden sein. Die Ausgänge, Gänge und Stufen im Versammlungsraum müssen auch bei Verdunklung, unabhängig von der übrigen Sicherheitsbeleuchtung, erkennbar sein. Bei Gängen in Versammlungsräumen mit auswechselbarer Bestuhlung sowie bei Sportstadien mit Sicherheitsbeleuchtung ist eine Stufenbeleuchtung nicht erforderlich.

M-GarVO – Muster-Garagenverordnung
§ 14 Beleuchtung

(1) In Mittel- und Großgaragen muss eine allgemeine elektrische Beleuchtung vorhanden sein. Sie muss so beschaffen und mindestens in zwei Stufen derartig schaltbar sein, dass an allen Stellen der Nutzflächen und Rettungswege in der ersten Stufe eine Beleuchtungsstärke von mindestens 1 Lux und in der zweiten Stufe von mindestens 20 Lux erreicht wird.

(2) In geschlossenen Großgaragen, ausgenommen eingeschossige Großgaragen mit festem Benutzerkreis, muss zur Beleuchtung der Rettungswege eine Sicherheitsbeleuchtung vorhanden sein.

(3) Die Absätze 1 und 2 gelten nicht für automatische Garagen.

MSchulbauR
8 Sicherheitsbeleuchtung

Eine Sicherheitsbeleuchtung muss in Hallen, durch die Rettungswege führen, in notwendigen Fluren und notwendigen Treppenräumen sowie in fensterlosen Aufenthaltsräumen vorhanden sein.

10 Sicherheitsstromversorgung

Sicherheitsbeleuchtung, Alarmierungsanlagen und elektrisch betriebene Einrichtungen zur Rauchableitung müssen an eine Sicherheitsstromversorgungsanlage angeschlossen sein.

EltBauVO
§ 1 Geltungsbereich

Diese Verordnung gilt für die Aufstellung von
1. Transformatoren und Schaltanlagen für Nennspannungen über 1 kV,
2. ortsfesten Stromerzeugungsaggregaten für bauordnungsrechtlich vorgeschriebene sicherheitstechnische Anlagen und Einrichtungen und
3. zentralen Batterieanlagen für bauordnungsrechtlich vorgeschriebene sicherheitstechnische Anlagen und Einrichtungen

in Gebäuden.

§ 4 Anforderungen an elektrische Betriebsräume

(4) In elektrischen Betriebsräumen dürfen Leitungen und Einrichtungen, die nicht zum Betrieb der jeweiligen elektrischen Anlagen erforderlich sind, nicht vorhanden sein. Satz 1 gilt nicht für die zur Sicherheitsstromversorgung aus der Batterieanlage erforderlichen Installationen in elektrischen Betriebsräumen nach § 1 Nr. 3.

§ 6 Zusätzliche Anforderungen an elektrische Betriebsräume für ortsfeste Stromerzeugungsaggregate

(1) Raumabschließende Bauteile von elektrischen Betriebsräumen für ortsfeste Stromerzeugungsaggregate zur Versorgung bauordnungsrechtlich vorgeschriebener sicherheitstechnischer Anlagen und Einrichtungen, ausgenommen Außenwände, müssen in einer dem erforderlichen Funktionserhalt der zu versorgenden Anlagen entsprechenden Feuerwiderstandsfähigkeit ausgeführt sein. § 5 Abs. 5 Satz 1 und 3 und Abs. 6 gelten sinngemäß; für Lüftungsleitungen, die durch andere Räume führen, gilt Satz 1 entsprechend. Die Feuerwiderstandsfähigkeit der Türen muss derjenigen der raumabschließenden Bauteile entsprechen; die Türen müssen selbstschließend sein.

(2) Elektrische Betriebsräume nach Abs. 1 Satz 1 müssen frostfrei sein oder beheizt werden können.

§ 7 Zusätzliche Anforderungen an Batterieräume

(1) Raumabschließende Bauteile von elektrischen Betriebsräumen für zentrale Batterieanlagen zur Versorgung bauordnungsrechtlich vorgeschriebener sicherheitstechnischer

L

Anlagen und Einrichtungen, ausgenommen Außenwände, müssen in einer dem erforderlichen Funktionserhalt der zu versorgenden Anlagen entsprechenden Feuerwiderstandsfähigkeit ausgeführt sein. § 5 Abs. 5 Satz 1 und 3 und § 6 Abs. 2 gelten sinngemäß; für Lüftungsleitungen, die durch andere Räume führen, gilt Satz 1 entsprechend. Die Feuerwiderstandsfähigkeit der Türen muss derjenigen der raumabschließenden Bauteile entsprechen; die Türen müssen selbstschließend sein. An den Türen muss ein Schild „Batterieraum" angebracht sein.

(2) Fußböden von elektrischen Betriebsräumen nach Abs. 1 Satz 1, in denen geschlossene Zellen aufgestellt werden, müssen an allen Stellen für elektrostatische Ladungen einheitlich und ausreichend ableitfähig sein.

Bei Vergleich der einzelnen Texte ist zu erkennen, dass in Abhängigkeit möglicher Gefahrenfälle und einer Risikoabschätzung objektabhängig (also vom Typ des Sonderbaus) unterschiedliche Anforderungen an die Notwendigkeit einer Sicherheitsstromversorgung und die sicherheitstechnischen Anlagen im Einzelnen gestellt werden.
Es ist allerdings aufgrund der (nicht gleichlautenden) Texte in den verschiedenen Verordnungen möglich, dass eine zentrale Sicherheitsstromversorgungsanlage oder mehrere, ggf. dezentral angeordnete, Sicherheitsstromversorgungsanlagen ausgeführt werden. Auch wenn mehrere Anlagen von einer Sicherheitsstromversorgungsanlage versorgt werden müssen, ist die bauaufsichtliche Anforderung bei Aufteilung und Trennung der Sicherheitsstromversorgung auf mehrere Anlagen erfüllt. Ob ein damit verbundener möglicherweise höherer Installationsaufwand gegen solche Lösungen spricht, ist im Einzelfall bei der Planung zu beurteilen. So wären Unterteilungen in Sicherheitsstromversorgungen durch Batterieanlagen und Motor-Generator-Aggregate aufgrund der Leistungen und Betriebsweisen möglich.

Ferner kann den Vorschriften entnommen werden, für welche Räume eine Sicherheitsbeleuchtung gefordert wird und ob eine Bereitschaftsschaltung verlangt ist, sowie ob Anforderungen an die Beleuchtungsstärke bauaufsichtlich gestellt werden. Die Art der Ausführung der Sicherheitsbeleuchtung ist in den bauaufsichtlichen Vorschriften nicht weiter spezifiziert. Der öffentliche Regelsetzer geht in erster Linie von der Ausführung von zentralen Sicherheitsbeleuchtungsanlagen aus. Sofern die bauaufsichtlichen Anforderungen jedoch auch von dezentralen Sicherheitsbeleuchtungsanlagen erfüllt werden, ist dies zulässig (da es nicht explizit untersagt ist!). Nur hinsichtlich der elektrischen Energieversorgung der Sicherheitsbeleuchtung, wie auch der anderen sicherheitstechnisch relevanten Anlagen, wird ein Anschluss an eine Sicherheitsstromversorgung gemäß Tab. L-II–1 gefordert.

Folgende Tabelle stellt im Überblick die Anforderungen aus den einzelnen Sonderbauverordnungen/-richtlinien zusammen:

Tab. L-II–1: Übersicht der sicherheitstechnischen Anlagen in den Sonderbauverordnungen/-richtlinien **mit Anforderungen an eine Sicherheitsstromversorgung**

Bauaufsichtlich ist Sicherheitsstromversorgung für Anlagen gefordert:	**MBeVO**	**MGarVO**	**MHHR**	**MVkVO**	**MVStättVO**	**MSchulbauRL**	**MIndBauRL**
Alarmierungsanlage	x	-	x	x	x	x	
Alarmierungseinrichtung	-	-	-	-	-	-	-
Brandmeldeanlagen	x	-	x	x	x	-	-
Feuerwehraufzug	-	-	x	-	-	-	-
Aufzüge	-	-	x	-	-	-	-
Brandfallsteuerung für Aufzüge	-	-	-	-	-	-	-
Rauchabzugsanlagen	-	-	x	x	x	-	-
elektrisch betriebene Einrichtungen zur Rauchableitung	-	-	-	-	-	x	-
Druckbelüftungsanlagen	-	-	x	-	-	-	-
Beleuchtung der Stufen und Hinweise auf Ausgänge	-	-		x	x	-	
Sicherheitsbeleuchtung	x	-	x	x	x	x	-
Schließeinrichtungen für Feuerschutzabschlüsse (z. B. Rolltore)	-	-	-	x	-	-	-
automatischen Feuerlöschanlagen, Sprinkleranlagen	-	-	x	x	x	-	-
Druckerhöhungsanlagen für die Löschwasserversorgung	-	-	x	-	x	-	
CO-Warnanlagen	-	x	-	-	-	-	-
Gebäudefunkanlagen für die Feuerwehr	-	-	x	-	-	-	-

x = Anschluss an Sicherheitsstromversorgung in Vorschrift gefordert
- = kein Anschluss an Sicherheitsstromversorgung in Vorschrift gefordert, aber möglicherweise ist im technischen Regelwerk eine „Sicherheitstromversorgung" vorgesehen

Erläuterungen zur Tab. L-II–1:
Es erscheint dem Anwender nicht plausibel, dass nicht alle sicherheitstechnisch relevanten Anlagen auch von einer Sicherheitsstromversorgungsanlage im Brand- oder Gefahrenfall versorgt werden müssen. Aber es ist unter Berücksichtigung der gesamten Konzeption aus baulichem und anlagentechnischem Brandschutz und der Risikoabschätzung vertretbar, wenn nur ausgewählte Anlagen zwingend an die bauaufsichtlich geforderte Sicherheitsstromversorgung angeschlossen werden müssen:

- Bezüglich der Einteilung von Alarmierungsanlagen und Alarmierungseinrichtungen, im Zusammenhang mit den einzelnen Sonderbauverordnungen-/richtlinien, siehe **Teil M**.
- Die spezifischen Anforderungen an die Sicherheitsstromversorgung sowie an die von ihr versorgten sicherheitstechnischen Anlagen können je nach Größe bzw. Höhe der Gebäude in den Sonderbauverordnungen-/richtlinien variieren.
- In den Sonderbauverordnungen-/richtlinien wird für die Aufzüge mit Brandfallsteuerung der Anschluss an eine Sicherheitsstromversorgungsanlage nicht explizit gefordert.
- Die Notwendigkeit ob ein Aufzug mit Brandfallsteuerung an eine Sicherheitsstromversorgungsanlage über die öffentlich rechtliche Anforderung hinaus auch angeschlossen werden sollte, ist unter Beachtung der Schutzziele zu bewerten. Bei einem Ausfall der Allgemeinstromversorgung bliebe der Aufzug, ohne Anschluss an eine Sicherheitsstromversorgung, in seiner Position stehen. Ggf. kann die Stromversorgung für eine Sicherheitsfahrt zum vorgesehenen Geschoss auch über eine eigene Batterie sichergestellt werden. Es ist allerdings auch zu berücksichtigen, ob dieser „Stillstand des Aufzugs" durch Ausfall der allgemeinen Stromversorgung bei einem Brandfall überhaupt sofort eintreten kann. Es kann davon ausgegangen werden, dass die Stromversorgung des Aufzugsantriebs von der Niederspannungshauptverteilung aus erfolgt. Die Anforderungen an die Leitungsverlegung ergeben sich aus der MLAR, Abschnitt 5.3.2, Buchstabe b). Nur bei einem Brandereignis in der NSHV würde der Aufzug sofort ausfallen. In diesem Fall wäre allerdings der Fahrschacht nicht vom Brand betroffen.

Bei den ungeregelten Sonderbauten können nach § 51 MBO entsprechend der Art oder Nutzung der baulichen Anlage zur Erfüllung der Schutzziele ergänzend zu den baulichen Maßnahmen sicherheitstechnische Einrichtungen und Anlagen zur Abwehr von Gefahren im Brandfall erforderlich sein. Sicherheitstechnische Einrichtungen und Anlagen können auch im Rahmen einer bauordnungsrechtlichen Abweichungsentscheidung gemäß § 67 MBO für bauliche Anlagen, die gemäß § 2 Abs. 4 MBO keine Sonderbauten sind (sog. Standardgebäude), gefordert werden.

Folgende sicherheitstechnische Anlagen werden im Zusammenhang mit den Schutzzielen und grundlegenden Anforderungen häufig für erforderlich gehalten:

- Rauchabzugsgeräte und Rauchabzugsanlagen* SV
- Wärmeabzugsgeräte
- Druckbelüftungsanlagen* (Anlagen zur Rauchfreihaltung) SV
- Feuerlöschanlagen* SV
- Brandmeldeanlagen* SV
- Alarmierungseinrichtungen und Alarmierungsanlagen* SV
- Feuerwehraufzüge* SV
- Sicherheitsbeleuchtungen* SV
- CO-Warnanlagen SV
- Sicherheitsstromversorgungen
- Objektfunkanlagen für die Feuerwehr SV
- Druckerhöhungsanlagen für die Löschwasserversorgung* SV
- Brandfallsteuerung von Aufzügen* (siehe Hinweis unter Tab. L-II–1 auf Seite 312)
- Blitzschutzanlagen zum Schutz sicherheitstechnischer Einrichtungen und Anlagen im Inneren von baulichen Anlagen

Die mit ***** gekennzeichneten Anlagen sind sicherheitstechnische Anlagen, für die gemäß Abschnitt 5 der MLAR ein Funktionserhalt von 30 bzw. 90 Minuten im Brandfall als notwendig beschrieben wird. Ausgewählte Praxisbeispiele zu diesen Anlagen finden Sie im **Teil K-X.** bis **Teil K-X i.**.

Die mit **SV** gekennzeichneten Anlagen sollen, auch bei Ausfall der allgemeinen Stromversorgung, ausreichend lang mit Strom versorgt werden und funktionsfähig bleiben (Sicherheitsstromversorgung). Anforderungen an sicherheitstechnische Einrichtungen und Anlagen finden sich auch im Abschnitt A 2.1.21 der MVV TB 2017/1 wieder.

Hinweise:
Unabhängig davon, ob eine Sicherheitsstromversorgungsanlage benötigt wird, um die Betriebsfähigkeit einer bauordnungsrechtlich geforderten sicherheitstechnischen Anlage im Brandfall zu gewährleisten, sind die Anforderungen gemäß MLAR, Abschnitt 5 „Funktionserhalt im Brandfall" immer zu beachten.

Ist als Stromquelle für Sicherheitszwecke ein Stromerzeugungsaggregat oder eine zentrale Batterieanlage erforderlich, gelten dafür die zusätzlichen Anforderungen an die Aufstellräume nach EltBauVO.

Neben den Anforderungen aus den Sonderbauverordnungen/-richtlinien kann sich im Rahmen der Erstellung von einem Brandschutzkonzept/-nachweis die Notwendigkeit ergeben, dass weitere sicherheitstechnische Anlagen und Einrichtungen zur Erreichung der projektspezifischen Schutzziele erforderlich sind. Dies gilt auch für ungeregelte Sonderbauten. Es ist dann festzulegen, ob diese Anlagen im Brandfall für welche Dauer funktionsfähig bleiben müssen und ob diese auch bei Ausfall der Allgemeinstromversorgung weiter betrieben werden müssen.

L

L-III. Regelungen in DIN VDE-Normen zur Sicherheitsstromversorgung

Im Teil L-III. werden zu einigen DIN VDE Normen, die für die Ausführung einer Sicherheitsstromversorgung relevant sein können, kurze Erläuterungen des Regelungsinhaltes gegeben. Grundsätzlich gilt dabei, dass die in diesen Normen geregelten Anforderungen über das öffentlich-rechtlich geforderte Mindestmaß hinausgehen können. Daher ist jeweils zu prüfen, ob die Einhaltung der normativen Regelungen, auch unter dem Postulat des § 49 EnWG, vollumfänglich notwendig ist.

DIN VDE 0100-560 (VDE 0100-560): 2013-10 „Errichten von Niederspannungsanlagen – Teil 5-56: Auswahl und Einrichtung elektrischer Betriebsmittel – Einrichtungen für Sicherheitszwecke": Der Anwendungsbereich dieser Norm enthält allgemeine Anforderungen, die bei der Auswahl und Errichtung elektrischer Anlagen für Sicherheitszwecke und von Stromquellen für Sicherheitszwecke zu beachten sind.

Elektrische Anlagen für Sicherheitszwecke im Sinne dieser Norm sind elektrische Anlagen, die dazu bestimmt sind, die Funktion von elektrischen Betriebsmitteln aufrechtzuerhalten, die von wesentlicher Bedeutung für die Sicherheit und Gesundheit von Personen oder Nutztieren bzw. zur Vermeidung von Umweltschäden und Schäden anderer Betriebsmittel erforderlich sind.

Beispielhaft werden in der Norm folgende Anlagen aufgeführt:
- Notbeleuchtung (Sicherheitsbeleuchtung)
- Feuerlöschpumpen (Druckerhöhungsanlagen und Sprinklerpumpen)
- Feuerwehraufzüge
- Gefahrenmeldeanlagen, wie z.B. Brandmeldeanlagen, CO-Warnanlagen und Einbruchmeldeanlagen
- Evakuierungsanlagen
- Entrauchungsanlagen

Eine Anlage für Sicherheitszwecke ist auch die Stromquelle für Sicherheitszwecke mit den von ihr versorgten Stromkreisen und den dazugehörigen Kabel- und Leitungsanlagen sowie den daran angeschlossenen elektrischen Betriebsmitteln.

Bei Einrichtungen für Sicherheitszwecke, die auch im Brandfall in Funktion bleiben müssen, ist eine Stromquelle für Sicherheitszwecke zu wählen, die die Stromversorgung für eine ausreichende Dauer aufrechterhält (Dauer des Funktionserhalts).

Die Stromquellen für Sicherheitszwecke nach DIN VDE 0100-560 sind im Allgemeinen zusätzlich zur normalen Stromversorgung, z. B. der Versorgung aus dem öffentlichen Stromversorgungsnetz, vorhanden.

Stromquellen für Sicherheitszwecke können sein:
- Batterien (Primärelemente/wiederaufladbare Batterien)
- Generatoren, deren Antriebsmaschine unabhängig von der allgemeinen Stromversorgung ist
- Ein duales System/eine separate Einspeisung aus dem Versorgungsnetz, das/die von der normalen Einspeisung tatsächlich unabhängig ist. (Siehe weitere Ausführungen unter **Teil L-IV.**)

Die DIN VDE 0100-560 unterscheidet bei zentralen Stromversorgungssystemen, **die mittels wiederaufladbarer Batterien** als Stromquelle für Sicherheitszwecke versorgt werden, zwischen folgenden Typen

- **„Zentrales" Stromversorgungssystem ohne Leistungsbegrenzung:** zentrales Stromversorgungssystem, das im Notfall die erforderliche Energie ohne Leistungsbegrenzung für wesentliche sicherheitstechnische Betriebsmittel liefert.
- **„Zentrales" Stromversorgungssystem mit Leistungsbegrenzung:** zentrales Stromversorgungssystem mit einer Leitungsbegrenzung auf 500 W für eine Dauer von 3 h oder 1.500 W für die Dauer von 1 h, dass maximal die Energie entsprechend der Leistungsbegrenzung liefern kann.
- **Unterbrechungsfreie Stromversorgungssysteme:** zentrales Stromversorgungssystem, das die im Notfall erforderliche Energie ohne Umschaltverzögerung und ohne Leistungsbegrenzung für wesentliche sicherheitstechnische Betriebsmittel liefert.

Wenn ein **Stromerzeugungsaggregat** für Sicherheitszwecke eingesetzt wird, soll dieses der DIN 6280-13 entsprechen (DIN 6280-13 Stromerzeugungsaggregate mit Hubkolben-Verbrennungsmotoren – Teil 13: Für Sicherheitsstromversorgung in Krankenhäusern und in baulichen Anlagen für Menschenansammlungen).

Neben den Stromquellen für Sicherheitszwecke beschreibt die Norm weitergehende Anforderungen an Stromkreise für Sicherheitszwecke, Kabel- und Leitungsanlagen sowie besondere Anwendungen für Notbeleuchtung bzw. Sicherheitsbeleuchtungsanlagen und Brandschutzeinrichtungen.

Im Anhang der Norm befindet sich ein Leitfaden für Notbeleuchtung und Brandschutzeinrichtungen, mit einer Übersicht der anwendbaren Stromquellen für Sicherheitszwecke in Verbindung mit den maximal akzeptablen Umschaltzeiten für die unterschiedlichen Anwendungsfälle.

Tab. L-III-1: Empfehlungen nach DIN VDE zu Brandschutzeinrichtungen

Brandschutz-einrichtung	Bemessungs-betriebsdauer der Stromquelle in Stunden	Umschaltzeit in Sekunden	Mögliche Stromquelle für Sicher-heitszwecke
Anlagen zur Löschwasser-versorgung	12	15	D, E, F
Feuerwehr-aufzüge	8	15	D, E, F
Aufzüge mit Brandfall-steuerung	3	15	D, E, F
Einrichtungen zur Alarmierung und Erteilung von Anweisungen	3	15	A, B, C, D, E, F
RWA-Anlage	3	15	A, B, C, D, E, F
CO-Warnanlager	1	15	A, B, C, D, E, F

Tab. L-III-2: Empfehlungen nach DIN VDE zu Notbeleuchtungen

Notbeleuchtung/ Sicherheitsbeleuch-tung	Rettungszeichen-leuchten im Dauerbetrieb	Mögliche Strom-quelle für Sicher-heitszwecke
Versammlungsstätten, -räume	Ja	A, B, C, D, E
Verkaufsstätten	Ja	A, B, C, D, E
Beherbergungsstätten	Ja	A, B, C, D, E, F
Hochhäuser	Ja	A, B, C, D, E, F
Schulen	Ja	A, B, C, D, E, F
Parkhäuser	Ja	A, B, C, D, E, F

Hinweis:
Weitergehende Anforderungen aus dem Arbeitsstättenrecht werden hier nicht weiter erläutert.

Stromquellen für Sicherheitszwecke:

A = zentrales Stromversorgungssysteme ohne Leistungsbegrenzung
B = zentrales Stromversorgungssystem mit Leistungsbegrenzung
C = Einzelbatteriesystem
D = Stromerzeugungsaggregat unterbrechungsfrei
E = Stromerzeugungsaggregat mit kurzer Unterbrechung (< 0,5 s)
F = Stromerzeugungsaggregat mit mittlerer Unterbrechung (< 15 s)

Anhand der Original Tabellen der DIN VDE (die hier nur teilweise inhaltlich zusammengestellt sind) erkennt man auch, dass die Regelsetzer der Normen Begrifflichkeiten abweichend von den gesetzlichen Abgrenzungen verwenden (z. B. „Parkhäuser") und auch verschiedene öffentlich-rechtliche Anforderungen vermengen, so die bauaufsichtliche „Sicherheitsbeleuchtung" mit der arbeitsrechtlichen „Notbeleuchtung".

Hinweise:

- **Die Energieversorgungeinrichtung für Brandmeldeanlagen sind in der DIN EN 54-4 normiert.**
- **Zentrale Stromquellen für die Notbeleuchtung sind in der Norm DIN EN 50171 normiert.**
  Die Anforderung, dass zentrale Stromversorgungssysteme für Notbeleuchtungs-/Sicherheitsbeleuchtungsanlagen über ein zentrales Stromversorgungssystem nach DIN EN 50171 versorgt werden sollen, ergibt sich auch aus der DIN EN 50172 für Sicherheitsbeleuchtungsanlagen.

DIN EN 50171 (VDE 0558-508): 2001-11 „Zentrale Sicherheitsstromversorgungssysteme":
Zentrale Sicherheitsstromversorgungssysteme nach DIN EN 50171 sind Systeme, die ständig an Wechselspannung bis 1.000 V angeschlossen sind und Batterien als alternative Stromquelle verwenden. Die zentralen Sicherheitsstromversorgungssysteme sind z.B. dafür vorgesehen, bei Ausfall der allgemeinen Stromversorgung die Sicherheitsbeleuchtung für Rettungswege zu versorgen.

Es können auch andere Sicherheitseinrichtungen wie z. B.

- Personensuchanlagen und signalgebende Sicherheitseinrichtungen
- Rauchabzugseinrichtungen
- CO-Warnanlagen

über zentrale Sicherheitsstromversorgungssysteme nach DIN EN 50171 versorgt werden.

Im Anwendungsbereich der DIN EN 50171 werden Stromversorgungssysteme für Brandmeldeanlagen, die im Geltungsbereich der EN 54 liegen, ausgeschlossen.

Nach DIN EN 50171 unterscheidet man wie bereits in der DIN VDE 0100 Teil 560 erwähnt, die Sicherheitsstromversorgungssysteme.

L-IV. Duales System bzw. separate Einspeisung aus dem Versorgungsnetz

In der DIN VDE 0100-560 wird folgende „mögliche unabhängige Einspeisung" definiert:
560.6.1 Die folgenden Stromquellen für Sicherheitszwecke sind zulässig:

- wiederaufladbare Batterien;
- Primärelemente;
- Generatoren, deren Antriebsmaschine unabhängig von der allgemeinen Stromversorgung ist,
- ein duales System/eine separate Einspeisung aus dem Versorgungsnetz, das/die von der normalen Einspeisung **tatsächlich unabhängig** ist.

560.6.5 Separate voneinander unabhängige Einspeisungen aus dem Versorgungsnetz dürfen nur als Stromquelle für Sicherheitszwecke verwendet werden, wenn eine Zusicherung besteht, dass ein **gleichzeitiger Ausfall beider Einspeisungen unwahrscheinlich** ist.

L

Hinweis:
Eine tatsächliche Unabhängigkeit ist z. B. dann gegeben, wenn die Energieversorgung über zwei unterschiedliche Kraftwerke mit getrennten Kraftwerken erfolgt.

Praxistipps:
- Für die Art der Sicherheitsstromversorgung sollte zwischen den Varianten der ersten drei Spiegelstriche ausgewählt werden. Im Vorfeld der Planung sind die Randbedingungen zu ermitteln und zu bewerten.
- Grundsätzlich muss für die Anwendung gemäß Spiegelstrich vier geklärt werden, welche Zuverlässigkeit die Einspeisung benötigt. Sofern keine völlige Unabhängigkeit notwendig ist, wird folgendes Vorgehen empfohlen:
  Es ist mit dem zuständigen Versorgungsnetzbetreiber (VNB) zu klären, ob und unter welchen Umständen auf welcher Spannungsebene eine Trennung erfolgen kann (Niederspannung/Mittelspannung/Hochspannung) und ob die Einspeisung aus zwei unterschiedlichen Umspannwerken örtlich realisierbar ist. Technisch ist dann mit der Planung sicherzustellen, dass das wahlweise Zuschalten der gerade notwendigen Einspeisungen auf der Niederspannungsebene bei Ausfall der anderen Einspeisung sicher – und möglichst selbsttätig – erfolgt. Das Schutzkonzept ist mit dem Bauherrn und Betreiber abzustimmen und zu diskutieren.

Das erarbeitete Konzept kann dem Prüfsachverständigen der Sicherheitsstromversorgungsanlage, im Rahmen einer Planprüfung vorgestellt werden.

L-V. Sicherheitsstromversorgung für Brandmeldeanlagen

Die Stromversorgung einer Brandmeldeanlage kann über eine Stromversorgung nach DIN EN 54-4 – Energieversorgungseinrichtungen – sichergestellt werden. Bei der DIN EN 54-4 handelt es sich um eine europäische Produktnorm für Bestandteile einer Brandmeldeanlage.

Normativ werden Energieversorgungseinrichtungen, die Bestandteil eines Brandmeldesystems oder einer Brandmeldeanlage sind geregelt. Diese Art der Stromversorgung ist **keine Sicherheitsstromversorgung aus bauaufsichtlicher Sicht und stellt kein zentrales Stromversorgungssystem** im normativen Sinne der DIN VDE Normen dar.

Die Batterien der Brandmeldeanlage sind in der Regel integrale Bestandteile der jeweiligen Brandmeldezentrale. Die DIN EN 54-4 beschreibt hierzu, das beim Einbau der Batterien in ein gemeinsames Gehäuse mit anderen Bestandteilen des Brandmeldesystems, wie z. B. der Brandmelderzentrale oder Brandmeldezentrale mit Sprachalarmierung im Brandfall nur „gasdichte" Batterien entsprechend der Herstellerangaben eingebaut werden dürfen.

In den bauaufsichtlichen Vorschriften (siehe Tab. L-II–1) wird regelmäßig gefordert, dass z. B. Brandmelderzentralen an die Sicherheitsstromversorgungsanlage angeschlossen werden. Damit kann die notwendige Überbrückungszeit von Batterien reduziert werden. Mit nachvollziehbarer Begründung, dass die in der Brandmeldeanlage in der Zentraleinheit vorgesehenen Batterien eine ausreichend lange Betriebsfähigkeit entsprechend des geforderten Funktionserhaltes sicher stellen können, kann gemäß § 67 MBO eine Abweichung von den Vorschriften beantragt werden, so dass dann eine Anbindung an eine zentrale Sicherheitsstromversorgungsanlage nicht notwendig wird.

Hinweis:
Eine formale Abweichung nach MBO § 67 ist für diesen Fall nur dann erforderlich, wenn die Brandmelde- bzw. Sprachalarmierungsanlage entsprechend der Tab. L-II–1 zusätzlich an eine Sicherheitsstromversorgung angeschlossen werden muss.

L-VI. Stromversorgungsanlagen in Verbindung mit den Anforderungen der MLAR und EltBauVO

Sicherheitsstromversorgungsanlagen sind elektrische Anlagen zur Versorgung mit elektrischer Energie. Die Energie kann durch Stromerzeugungsaggregate oder Stromspeicher, z. B. aufladbare Batterien, zur Verfügung gestellt werden. Bauaufsichtlich wird gefordert, dass bei Ausfall der allgemeinen Stromversorgung die Versorgung von in den Sonderbauvorschriften festgelegten sicherheitstechnischen Einrichtungen und Anlagen mit Strom für den Weiterbetrieb über einen bestimmten Zeitraum sicherzustellen ist.

Die Sicherheitsstromversorgungsanlage besteht aus mindestens einer Stromquelle für Sicherheitszwecke in der baulichen Anlage und der dazugehörigen elektrischen Leitungsanlage zur Versorgung der elektrisch angeschlossenen und zu versorgenden sicherheitstechnischen Einrichtungen und Anlagen.

Sicherheitstechnische Anlagen, die im Betrieb oder zur Inbetriebnahme eine große Stromaufnahme haben, wie z. B. elektrische Sprinklerpumpen oder Entrauchungsventilatoren, erhalten in der Regel ihre elektrische Energie aus einem Stromerzeugungsaggregat mit Verbrennungsmotor. Dieses Aggregat speist beim Ausfall der allgemeinen Stromversorgung elektrischen Strom in die Sicherheitsstromversorgungsanlage ein.

D. h. während des Normalbetriebs erfolgt die Versorgung über die allgemeine Stromversorgung und erst bei deren Ausfall über die Stromquelle für Sicherheitszwecke. Alternativ kann die Einspeisung z. B. auch über eine zentrale Batterieanlage oder einen batteriegespeisten Motor-Generator-Umwandler mit entsprechender Leistung erfolgen. Ein solches Gerät besteht aus einem rotierenden Umformersatz (Gleichstrommotor mit einem angekoppelten Drehstromgenerator), einer Hochleistungsbatterie sowie einem Lade- und Steuerteil.

Andere sicherheitstechnische Anlagen, wie z. B. eine Brandmelderzentrale, können je nach Leistungsbedarf über eigene Batterien, beim Ausfall der allgemeinen Stromversorgung, versorgt werden. Bei diesen Anlagen können die Batterien Bestandteil der Anlage sein und sind dann oft im gleichen Gehäuse untergebracht.

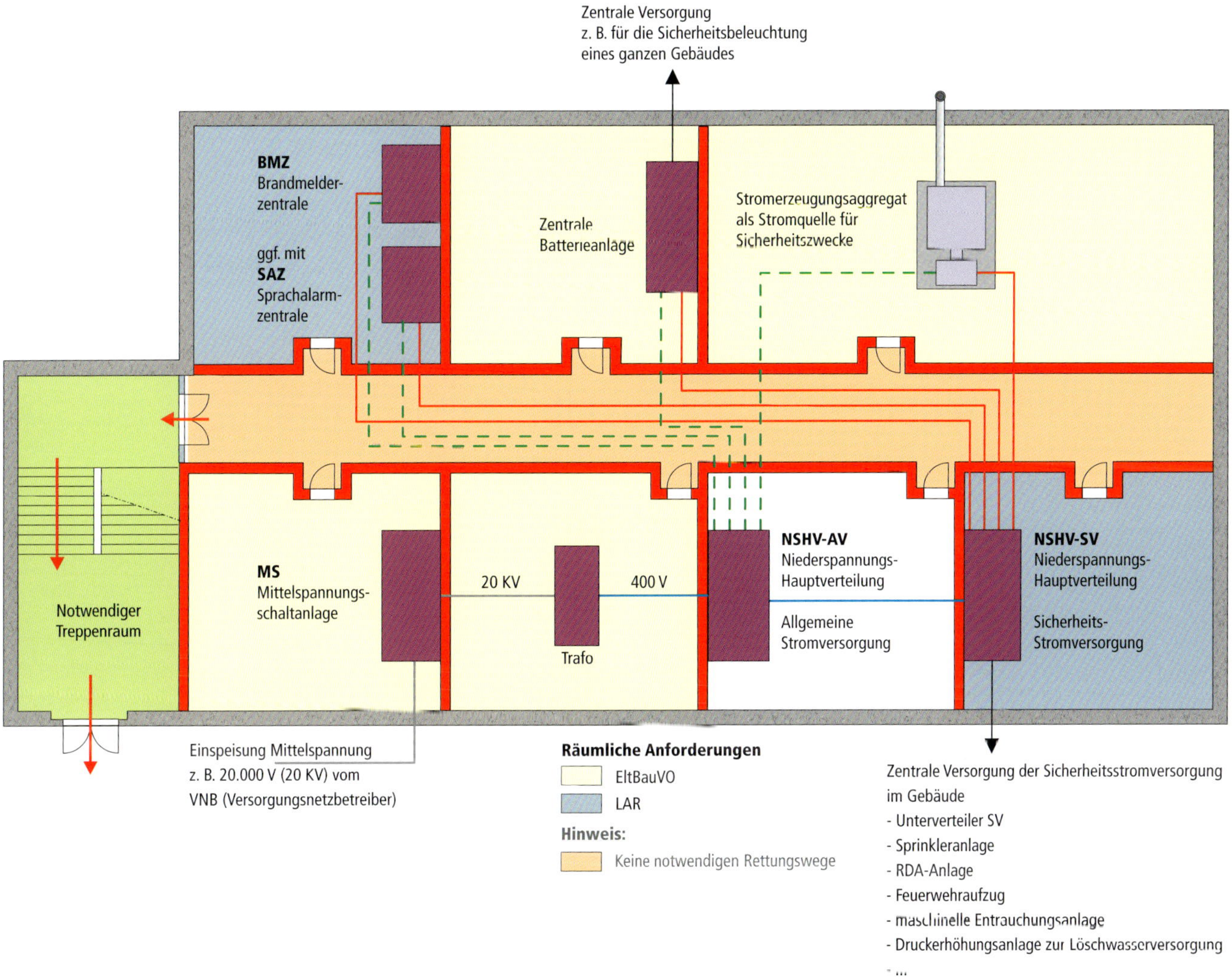

Bild L-VI–1: Beispielhafte Anordnung von elektrischen Betriebsräumen in Verbindung mit der Sicherheitsstromversorgung und dem Geltungsbereich der MLAR und der EltBauVO

Wenn eine bauordnungsrechtlich geforderte sicherheitstechnische Anlage auch im Brandfall funktionsfähig bleiben muss, sind zusätzlich die Bestimmungen der MLAR, Abschnitt 5, Funktionserhalt von elektrischen Leitungsanlagen im Brandfall, zu beachten. In diesem Fall muss die Leitungsanlage inklusive der Verteiler (Zentrale, Steuereinrichtungen, Schaltgeräte, Überstromschutzeinrichtungen usw.) und die dazugehörigen Kabel und Leitungen aufgrund ihrer Beschaffenheit, baulichen Abtrennung oder Unterbringung in einem Raum nach MLAR, Abschnitt 5.2.2, Buchstabe a), b), c) vor Brandeinwirkung geschützt werden. Siehe hierzu auch **Teil K**.

Wenn als Stromquelle für Sicherheitszwecke ein Stromerzeugungsaggregat bzw. eine zentrale Batterieanlage erforderlich ist, gelten für deren Unterbringung die Anforderungen der EltBauVO. Siehe hierzu auch **Teil C-II.** und **Teil N**.

Hinweis:
Die brandschutztechnischen Anforderungen an die raumabschließenden Bauteile und Türen, für „allgemeine" elektrische Betriebsräume, wie z. B. der NSHV-AV sollten im Brandschutzkonzept-/nachweis festgelegt werden.

L-VII. Zentrale Batterieanlagen für bauordnungsrechtlich vorgeschriebene sicherheitstechnische Anlagen und Einrichtungen

In den Sonderbauvorschriften erfolgen keine Festlegungen über die Art der Ausführung der Sicherheitsstromversorgungsanlagen. Somit ist eine Auswahl, ob die Sicherheitsstromversorgungsanlage mit einem Stromerzeugungsaggregat oder einer Batterieanlage ausgeführt wird, im Einzelfall unter Berücksichtigung der zu versorgenden Anlagen und dem Leistungsbedarf zu treffen. Dabei ist auch zu entscheiden, ob es sich um eine zentrale Sicherheitsstromversorgungsanlage oder mehrere, ggf. auch dezentrale (also nicht zentrale) Anlagen handeln soll.

Für Sicherheitsstromversorgungsanlagen mit Stromerzeugungsaggregat wird bei der Auswahl des oder der Aufstellorte ein maßgeblicher Aspekt die Möglichkeit der Abführung der Abgase der Verbrennungskraftmaschinen sein. Denn die Generatoren benötigen einen Antrieb, der i.d.R. durch dieselbetriebene Verbrennungsmotoren erfolgt.

Wenn allerdings die Sicherheitsstromversorgungsanlage (oder ein Teil der Anlage) durch die Nutzung von Batterien mit elektrischer Energie versorgt werden soll, ist festzulegen, welche Arten von Batterien verwendet werden sollen und ob diese zentral in einem Aufstellraum angeordnet werden sollen. Es besteht auch die Möglichkeit einer dezentral verteilten Aufstellung der Batterien in mehreren Aufstellräumen, wie es auch möglich ist, die Batterien der Sicherheitsstromversorgung unmittelbar – also singulär – dem zu versorgenden Teil einer sicherheitstechnischen Anlage zuzuordnen.

Zentrale – dezentrale – singuläre Batterien bzw. Batterieanlagen

Wann welche Variante gewählt werden kann, ist immer unter Berücksichtigung der Anforderungen des Einzelfalls zu entscheiden.

Kriterien, die bei der Planung einer Sicherheitsstromversorgungsanlage als Batterieanlage berücksichtigt werden müssen, sind:

- Welche Anlage oder Anlagenteile müssen durch eine Sicherheitsstromversorgungsanlage versorgt werden?
- Welche Sicherheit muss die Sicherheitsstromversorgungsanlage bieten?
- Darf ein lokaler Teil durch Versagen im Brandfall ausfallen?
- Welche Leistung muss durch die Sicherheitsstromversorgungsanlage zur Verfügung gestellt werden?
- Sind nur Einzelleuchten zur Versorgung vorgesehen?
- Sind Gruppen von gleichartigen Anlagenteilen, z. B. der Sicherheitsbeleuchtung, zu versorgen?
- Welche Risiken bestehen für die bauliche Anlage durch die Aufstellung der Batterien?
- Sind Schutzmaßnahmen für Fehlfunktionen der Batterien erforderlich? (z. B. Brände von Lithium-Ionen-Akku´s oder Bleibatterien?)
- Welcher Aufwand entsteht dadurch, dass das Laden/Entladen der Batterien zentral gesteuert und vorgenommen wird?
- Wie groß ist der Aufwand bei dezentralem Laden/Entladen und Steuern?
- Welche Anforderungen muss das elektrische Leitungsnetz erfüllen bei zentraler, dezentraler oder singulärer Versorgung durch Batterien?

Der elektrotechnische Aufbau einer Batterieanlage muss unter Beachtung der allgemein anerkannten Regeln der Technik erfolgen, also insbesondere sind die DIN VDE Regeln zu beachten.

Gelangt man bei der Planung der Sicherheitsstromversorgungsanlage als Batterieanlage zu dem Schluss, dass keine Gruppen von Einrichtungen oder singuläre Einrichtungen versorgt werden sollen, handelt es sich um eine zentrale Batterieanlage, ggf. auch bestehend aus mehreren Zentralen (die dann dezentral Gebäudebereiche versorgen). Für zentrale Batterieanlagen sind die Vorschriften der EltBauVO einzuhalten.

In den Erläuterungen der EltBauVO heisst es:
Schutzziel der VO ist, andere Räume vor Bränden aus elektrischen Betriebsräumen von Transformatoren und Schaltanlagen für Nennspannungen über 1 kV zu schützen. Der Aspekt des Funktionserhaltens von elektrischen Anlagen in elektrischen Betriebsräumen ist gleichsam Regelungsinhalt der VO. Daher sind ortsfeste Stromerzeugungsapparate und zentrale Batterieanlagen für bauordnungsrechtlich vorgeschriebene sicherheitstechnische Anlagen und Einrichtungen **in jeweils eigenen elektrischen Betriebsräumen** unterzubringen.

Somit sind sowohl die **zentralen Batterieanlagen** aus Gründen des Funktionserhaltes zu schützen, wie auch die Nutzer der baulichen Anlage vor Fehlfunktionen der zentralen Batterieanlagen geschützt werden. Zentrale Batterieanlagen sind in eigenen elektrischen Betriebsräumen aufzustellen. Sofern aus nachvollziehbaren Gründen (z. B. der tatsächlichen Größe der Batterieanlage, Anzahl der zusammengeschalteten Batterien) der Art der Batterie (mit oder ohne elektrolytische Flüssigkeiten, Gasungsverhalten beim Laden/Entladen) eine Aufstellung der Batterieanlagen in einem eigenen Raum unverhältnismäßig erscheint, kann gemäß § 67 MBO eine Abweichung von der EltBauVO beantragt werden. Für die Abweichung wäre allerdings auch zu erläutern, wie die Batterieanlagen dann zur Kompensation aufgestellt werden sollen. Insbesondere ist ein ausreichender Schutz der Rettungswege vor Bränden der Batterien zu berücksichtigen.

Für Batterien, die Gruppen von Einrichtungen versorgen, ist der Begründung der EltBauVO Folgendes zu entnehmen:

Anmerkung:
Unter zentralen Batterieanlagen sind sowohl Zentral- als auch Gruppenbatterien (nicht jedoch Einzelbatterien) zu subsumieren. Die Batterieanlage kann sowohl die Batterie als auch das zugehörige zentrale Stromversorgungssystem (wie Gleich-/ Wechselrichter) umfassen.

Sofern **Gruppenbatterien** „wartungsfrei" (bezogen auf das Elektrolyt) sind, die Lade- und Kontrolleinrichtung hinreichend betriebssicher, eine regelmäßige Prüfung auf Erreichen der notwendigen Ladekapazität möglich ist, so dass die erforderliche Mindestbetriebsdauer für den Betrieb der angeschlossenen sicherheitstechnischen Anlagen und Einrichtungen garantiert werden kann, besteht die Möglichkeit, diese Gruppenbatterien außerhalb von Aufstellräumen gemäß den Vorschriften der EltBauVO aufzustellen. Dazu ist eine Abweichung gemäß § 67 MBO zu beantragen. Dabei ist ein ausreichender Schutz der Rettungswege vor Bränden der Batterien zu berücksichtigen und zu erläutern, wie die Batterieanlage dann zur Kompensation aufgestellt werden soll.

Da es immer wieder zu Bränden von „modernen" leistungsstarken Batterien kommt, sollte den formalen Anforderungen Rechnung getragen werden. Die grundlegenden Überlegungen zum Aufbau und zur Bemessung einer Sicherheitsstromversorgung über „Gruppenbatterien" sind, im Rahmen der ordnungsgemäßen Planung, ohnehin zu dokumentieren.

Unter Beachtung der im **Teil N** dargestellten Vorgehensweise, zur Berechnung der notwendigen Volumenströme und der erforderlichen Zu- und Abluftflächen, kann eine projektspezifische Bewertung durchgeführt werden, ob eine Be- und Entlüftung direkt ins Freie unbedingt erforderlich ist.

Im Folgenden werden Beispiele von ausgeführten Batterieanlagen gezeigt.

Bild L-VII–1: Zentrales Stromversorgungssystem CPS mit eigenem Batterieraum nach EltBauVO (Bild: Frank Möller)

Bild L-VII–2: Zentrales Stromversorgungssystem CPS mit integrierten Batterien in einem Gehäuse und Unterbringung in einem Raum nach EltBauVO (Bild: Frank Möller)

Bild L-VII–3: Gruppenbatterieanlage mit einer Batteriespannung von 216 V (Reihenschaltung von 18 Stück 12 V Einzelbatterien) (Foto: Frank Lucka)

Bild L-VII–4: Dezentrales Sicherheitslichtgerät (LPS-System) mit einer Batteriespannung von 24 V (Zusammenschaltung aus 4 Stück 12 V Einzelbatterien) (Foto: Frank Möller)

Teil M Brandschutztechnische Planungs- und Ausführungsempfehlungen bei Brandmelde- und Alarmierungsanlagen

Auszug:

5.1 Grundlegende Anforderungen

5.1.1 Die elektrischen Leitungsanlagen für bauordnungsrechtlich vorgeschriebene sicherheitstechnische Anlagen müssen so beschaffen oder durch Bauteile abgetrennt sein, dass die sicherheitstechnischen Anlagen im Brandfall ausreichend lang funktionsfähig bleiben (Funktionserhalt). Dieser Funktionserhalt muss bei möglicher Wechselwirkung mit anderen Anlagen oder deren Teilen gewährleistet bleiben.

In den Forderungen nach 5.1.1 werden die Schutzziele der MLAR definiert. Die technischen Anforderungen, insbesondere zur Ausführung und Verlegung von Leitungen, sind hier nicht definiert. Es wird lediglich eine ausreichend lange Funktionsfähigkeit der sicherheitstechnischen Anlagen im Brandfall gefordert. Dabei müssen Wechselwirkungen zwischen verschiedenen Anlagen berücksichtigt werden.
Einwirkungen eines Brandes auf den Funktionserhalt sind bei der Planung und Errichtung zu berücksichtigen.
Dementsprechend sind die sicherheitstechnischen Anlagen ggf. auch für die im Brandfall entstehenden Temperaturen zu bemessen bzw. dürfen durch die Temperaturen nicht beeinträchtigt werden.

Beispielsweise genannt sei die Abtrennung von Leitungen durch Bauteile, die die Widerstandsfähigkeit der Anlagen im Brandfall verlängern. E 30 eingehauste Leitungskanäle sind ein Beispiel für diese Variante. Zu beachten ist dabei jedoch, dass trotz einer solchen Einhausung die Leitung auch auf den durch die Temperaturerhöhung entstehenden Spannungsfall zu dimensionieren ist. Insbesondere bei längeren Leitungen kann die Widerstandsveränderung zu Problemen bei der ausreichenden Stromversorgung im Alarmfall (s. Bild M-III-1) führen.

Im zweiten Satz Ziff. 5.1.1 MLAR wird für gemeinsam genutzte Anlagenteile auf die Berücksichtigung von eventuellen Wechselwirkungen hingewiesen. Ein Beispiel einer solchen Wechselwirkung stellt die baurechtlich geforderte Brandmeldeanlage in Verbindung mit einer ebenfalls geforderten örtlichen Alarmierungsanlage dar. Hier ist technisch eine Nutzung derselben Übertragungswege möglich und im Sinne der Wirtschaftlichkeit auch sinnvoll.

Hinweis:
Erfolgt eine Kombination mit der Brandmeldeanlage, dann sind entsprechend der DIN EN 54-1 (seit Ausgabe 1977) die Alarmierungseinrichtungen (gemeint sind die Alarmgeber) Bestandteile der Brandmeldeanlage.

Bei einer Alarmierung der Personen über die Alarmierungseinrichtungen der Brandmelderzentrale muss beim teilweisen Ausfall der Brandmeldeanlage oder auch nur von Teilen des Übertragungsweges die Alarmierung ohne eine wesentliche Unterbrechung gesichert sein. Dabei sollte zur Sicherstellung der ununterbrochenen Fluchtbewegung keine Unterbrechung der Alarmierung > 5 Sekunden vorhanden sein.

M-I. Grundlagen der DIN 14675 und der DIN VDE 0833 in Verbindung mit Leitungsanlagen

Mit der DIN 14675 werden seit der Überarbeitung 2012 die Anforderungen für Brandmeldeanlagen und Sprachalarmanlagen (Zweck ist die Brandentdeckung, Brandmeldung und Feueralarmierung) gemeinsam festgelegt. In der Norm sind insbesondere seit 2018 die baurechtlichen und feuerwehrspezifischen technischen Anforderungen für den Aufbau und Betrieb von Brandmeldeanlagen (DIN 14675-1) und die Anforderungen an die Fachfirmen (DIN 14675-2) definiert.

Die Anforderungen gelten sowohl für kleine Anlagen mit einzelnen Handfeuermeldern als auch für komplexe Anlagen mit automatischen Brandmeldern und für die Fernalarmierung zur örtlichen Feuerwehr. Die bauordnungsrechtliche Forderung nach Aufbau und Betrieb einer BMA kann sich aus einer allgemein geltenden Vorschrift oder im Einzelfall aus der Baugenehmigung ergeben.

So ist in verschiedenen Sonderbauverordnungen der Einsatz einer Brandmeldeanlage zum Schutz von Personen oder Sachwerten vorgesehen.
In der DIN VDE 0833 werden die allgemeinen Anforderungen für das Planen, Errichten, Erweitern, Ändern und den Betrieb von Gefahrenmeldeanlagen beschrieben. Während im Teil 1 die allgemeinen Anforderungen festgelegt sind, behandelt der Teil 2 Brandmeldeanlagen und der Teil 4 Sprachalarmierungsanlagen für den Brandfall.

Die Anforderungen an die einzelnen Produkte zum Aufbau einer Brandmeldeanlage und Sprachalarmanlage sind in der Normenreihe EN 54 festgehalten.

Die Anforderungen einer Brandmeldeanlage finden sich in den Normen DIN 14675-1, DIN VDE 0833 und EN 54.
Dabei genügt es, wenn in der Forderung nur die DIN 14675-1 genannt wird, da die Normen der Reihe DIN EN 54 und DIN VDE 0833 in der DIN 14675-1 mit gelten.
In der MLAR werden weitergehend zusätzliche Anforderungen an Brandmeldeanlagen gestellt. Die DIN 14675-1 und DIN VDE 08332-2:2017-10 sind davon getrennt zu betrachten.
Unabhängig von der Benennung in der Baugenehmigung oder dem Brandschutzkonzept sind die Anforderungen der Leitungsanlagenrichtlinie bei baurechtlich geforderten Anlagen umzusetzen. Die Anforderungen der DIN 14675-1 gelten im baurechtlichen Sinn als Stand der Technik. Dabei ist zwischen dem technischen (DIN 14675-1) und regulativen Teil, der die Qualifikation von Personen beschreibt (DIN 14675-2), zu unterscheiden.

Hinweis:
Die Anforderungen der DIN 14675 an die Qualifikation von Personen wurde in einigen Bundesländern baurechtlich nicht übernommen.
Die Aufschaltung (Fernalarm) zur örtlichen Feuerwehr in Verbindung der Baugenehmigung ist nur erforderlich, wenn diese explizit in der Baugenehmigung oder der Sonderbauverordnung gefordert wird.

Da die Leitungsanlagenrichtlinie bzw. MLAR in den Bundesländern den Status einer Technischen Baubestimmung hat, sind diese Anforderungen zu erfüllen. Die Anforderungen der DIN/VDE Normenreihe sind dann nachrangig zu erfüllen.

M-II. Mitgeltende Normen und Regelwerke in Verbindung mit Leitungsanlagen

In Verbindung mit den Leitungsanlagen für Brandmelde- und Alarmierungsanlagen sind die folgenden Normen und Regelwerke mit zu berücksichtigen:

- Sonderbauverordnungen, in denen die Forderung nach Brandmelde- oder Alarmierungsanlagen gestellt wird
- Normenreihe DIN VDE 800 (Fernmeldetechnik)
- DIN 14675 Teil 1 in Verbindung mit den Normen
- EN 54 mit allen Teilen
- DIN VDE 0833 -1, allgemeine Anforderungen an Gefahrenmeldeanlagen
- DIN VDE 08332-2:2017-10 Brandmeldeanlagen
- DIN VDE 0833-4 Sprachalarmierungsanlagen

Bei den Sonderbauverordnungen sind vor allem zu berücksichtigen:

Tab. M-II–1: Bauaufsichtliche Anforderungen an Brandmelde und Alarmierungsanlagen

Verordnung	Anwendung	Alarmierungsanlage mit Alarmierungseinrichtung (Signalgeber)	Sprachalarmierungsanlage (ENA, SAA,...)	Brandmeldeanlage	Anforderung
Muster-Beherbungs-stätten-verordnung – MeBeVO	≤ 60 Gästebetten	X		m	Alarmierungseinrichtung
	> 60 Gästebetten	x[1]		x	BMA mit - automatischen Rauchmeldern in den Fluren (Kategorie III) - automatische Alarmweiterleitung zur Leitstelle der Feuerwehr - Brandfallsteuerung der Aufzüge
	Räume zur barrierefreier Nutzung	x		m	Akustische und optische Alarmierungseinrichtung
Muster Garagenverordnung – M-GarVO Mittel- und Großgaragen				(x)	Wenn diese in Verbindung mit Anlagen oder Räumen stehen, für die eine BMA erforderlich ist.
Muster-Hochhaus-Richtlinie – MHHR	allgemein		x	x	Überwachung von - Räumen - Installationsschächte und -kanäle, - Hohlräume von Systemböden, - Hohlräume von Unterdecken - Brandfallsteuerung der Aufzüge - Ansteuerung Druckbelüftung - Alarmweiterleitung zur Leitstelle der Feuerwehr
	Wohnungen		x	m	- Rauchwarnmelder mit Netzstromversorgung
	bis 60 m Höhe in Zellenbauweise (NE < 200 m²)²			m	- Rauchwarnmelder mit Netzstromversorgung - automatische Auslösung der Druckbelüftung und Brandfallsteuerung der Aufzüge
Muster Verkaufsstätten-verordnung – MVKO	Ständig anwesendes, eingewiesenes Betriebspersonal		x	x	BMA mit - Handfeuermelder - Brandfallsteuerung der Aufzüge - automatischer Alarmweiterleitung zur Leitstelle der Feuerwehr
	sonst		x	x	Zusätzlich – automatische Brandmelder
Muster-Versammlungs-stättenverordnung – MVStättV	≤ 1.000 m² Grundfläche	–	–	–	BMA mit - automatischen Brandmelder - Handfeuermelder – automatischer Alarmweiterleitung zur Leitstelle der Feuerwehr
	.., wenn durch Foyers/Hallen Rettungswege führen		x	x	
	> 1.000 m² Grundfläche		x	x	Zusätzlich Brandfallsteuerung der Aufzüge
Muster-Schulbaurichtlinie – MSchulbauR		x			Alarmierungsanlage für die Schule oder einzelne Schulgebäude

x = geforderte Alarmierungsanlage oder Brandmeldeanlage (X) = im Einzelfall geforderte Ausführung m = mögliche Ausführung einer BMA

Hinweis:
Die Sprachalarmierungsanlage muss nicht mit der Brandmeldeanlage gekoppelt sein. Dann sind jedoch zusätzliche Alarmierungseinrichtungen (Signalgeber) der BMA erforderlich.

[1]Die Alarmierungseinrichtungen in jedem Zimmer sind als Anlage zu bewerten.

Hinweise:
Es ist zwischen folgenden Ausführungen zu unterscheiden:
1. Alarmierungseinrichtung
(z. B. Handsirene in früherer Schulbaurichtlinie)
2. Alarmierungsanlage – Anlage, mit der in bestimmten Räumen alarmiert werden kann, entweder mit Signalton oder mit Sprachdurchsage
3. Rauchwarnmelder – Einrichtung, die an Ort der Installation Rauch erkennt und durch einen Signalton am Installationsort alarmiert
4. funkvernetzte Rauchwarnmelder – Einrichtungen Rauchwarnmelder, die allerdings über Funkmodule vernetzt sind und bei Auslösen eines Rauchwarnmelders alle auslösen, Funkvernetzung ist allerdings keine normierte und ausge wiesene Leistungseigenschaft
5. Brandmeldeanlage – Anlage, mit der in bestimmten Räumen Brände detektiert werden können, und die i.d.R. mit Signalton über Branderkennung informieren und die Branderkennung an eine Brandmelderzentrale weiterleiten; von der Brandmelderzentrale kann eine Weiterleitung an eine Leitstelle abgesetzt werden
6. Brandmeldeanlage mit Sprachalarmierung – Über SAA können Sprachdurchsagen in die überwachten Brand meldebereiche gegeben werden; Sprachdurchsagen sind i.d.R. vorkonfektioniert und über die Brandmeldeanlage ereignisgesteuert, allerdings besteht auch die Möglichkeit einer Einsprechstelle vor Ort.

Kombinationen einer Brandmeldeanlage mit oder ohne Sprachalarmierung und einer Alarmierungsanlage sind möglich.

Hinweise:
Die Sprachalarmierungsanlage muss nicht mit der Brandmeldeanlage gekoppelt sein. Dann sind die Anforderungen nach 5.3.2 d) der MLAR einzuhalten. Dabei ist auch zu beachten, das die Anforderungen nach 5.3.2 d) der MLAR auch für das Einsprechen der Feuerwehr gelten. Die Sicherheitsstufen der DIN VDE 0833-4 sind unabhängig von den Anforderungen der MLAR für den Brandfall. Die Verfahren können jedoch als Hinweis zur Realisierung genutzt werden.

Brandmeldeanlagen nach DIN 14675 erfüllen immer auch sicherheitstechnische Anforderungen. Die Anforderungen an Hausalarmanlagen sind nicht definiert. Daher sind hier auch keine sicherheitstechnischen Anforderungen hinterlegt. Anlagen zur reinen internen Alarmierung innerhalb des Gebäudes ohne einen Fernalarm mit sicherheitstechnischen Anforderungen sind Gefahrenmeldeanlagen nach DIN VDE 0833 oder Anlagen nach DIN 14675-1, bei denen im Rahmen eines Brandmelde- und Alarmierungskonzeptes nur eine interne Alarmierung ohne Fernalarm festgelegt wurde. Diese Anlage kann dann quasi auch als Hausalarmanlage bezeichnet werden, hat jedoch die Anforderungen der DIN 14675-1 zu erfüllen.

Hinweis:
In der DIN VDE 0833 wird bewust der Begriff der Gefahrenmeldeanlage gewählt, da es sich hierbei um eine Anlage zur zuverlässigen Melden von Gefahren für Personen, Sachen oder der Umwelt handelt. In der DIN VDE 08332-2:2017-10 handelt es sich dabei um ein Alarmsystem zur Gefahrenart Brand, einschließlich der Alarmierung der Personen vor Ort und ggf. hilfeleistenden Kräften.

Der Begriff Hausalarmanlage ist nicht genormt. An derartige Anlagen werden daher keine baurechtlichen Anforderungen, insbesondere eines besonderen Funktionserhaltes, gestellt, sofern in der Baugenehmigung oder im Brandschutzkonzept nicht explizit sicherheitstechnische Anforderungen benannt sind.

Hinweis:
„Brandwarnanlagen" und „Hausalarmanlagen" sind bauordnungsrechtlich keine Brandmeldeanlagen oder Alarmierungsanlagen und sind nicht in Abschnitt 5 der MLAR erfasst.

Ziel vieler Anlagen ist es jedoch mit den Anlagen eine gefühlte Sicherheit und ein Schutzziel zu erreichen. Dabei ist keine Überwachung des Übertragungsweges erforderlich. Sollte dieses erfolgen, so sind hier die Zyklen der Überwachung und die Störungsmeldung kritisch zu hinterfragen.

Hinweis:
Rauchwarnmelder sind für den Wohnungsbereich zugelassene Rauchmelder nach DIN 14676 und erfüllen, auch wenn diese funkvernetzt sind, keine sicherheitstechnischen Anforderungen bezüglich des Funktionserhaltes.

M-III. Leitungsverlegung von Brandmelde- und Alarmierungsanlagen, Montageorte der Zentralen

An Brandmelde- und Alarmierungsanlagen werden besondere Anforderungen an die Leitungen zur Erfüllung der baurechtlich geforderten Funktionen gestellt. Insbesondere zum frühen Erkennen und Lokalisieren des Brandherdes sowie zur zeitnahen Alarmierung von betroffenen Personen wird ein hohes Maß an Funktionssicherheit und Funktionserhalt gefordert.
Bei der Planung und Ausführung sind die unterschiedlichen Anforderungen zwischen
- Brandmeldeanlage mit getrennter örtlichen Alarmierung,
- Brandmeldeanlage mit internen Alarmierungseinrichtungen (Alarmgebern),
- Brandmeldeanlage mit Sprachalarmanlage (automatische Durchsage im Brandfall),
- Alarmierungsanlage (ohne automatische Aktivierung) und
- Elektroaktustische Notfallwarnsystem (manuelle Alarmierung mit Sprachdurchsage)

zu unterscheiden.

5.2 Funktionserhalt
5.2.1 Der Funktionserhalt der Leitungen ist gewährleistet, wenn die Leitungen
a) die Prüfanforderungen der DIN 4102- 12:1998-11 (Funktionserhaltsklasse E 30 bis E 90) erfüllen oder

b) auf Rohdecken unterhalb des Fußbodenestrichs mit einer Dicke von mindestens 30 mm oder c) im Erdreich

verlegt werden.

Die Aufzählung der Bedingungen des Funktionserhaltes bezieht sich hier nur auf den Funktionserhalt der Leitungen. Bei der Planung ist zu berücksichtigen, dass mit der Einhaltung dieser Anforderungen nur ein Teil der Anforderungen nach 5.1 erfüllt wird.

In DIN 4102-12 wird explizit ausgeführt, dass sich die Prüfung der Norm nur auf das Kabel und nicht auf die Funktion bezieht. Hier ist bereits der Hinweis zu finden, dass bei der Funktion des Systems die Auswirkungen einer Temperaturerhöhung zu berücksichtigen sind. Dieses bezieht sich vor allem auf den Spannungsfall aufgrund der geänderten Leitungswiderstände infolge der Temperaturerhöhung im Brandfall.

M

Die Temperaturerhöhung in der Umgebung der Leitungsanlage im Brandfall ist bei der Planung mit zu berücksichtigen.
Bei Leitungen mit Funktionserhalt nach DIN 4102-12 ist dieses nicht geprüft.
Bei diesen und bei Leitungen, die brandschutztechnisch abgetrennt sind, ist der Spannungsabfall durch eine Temperaturerhöhung und der damit verbundenen Widerstandsänderung zu berücksichtigen.

Bild M-III–1: Brandbeanspruchung im Brandfall

Bei der Verwendung von elektrischen Leitungen mit der Funktionsklasse E 30 bis E 90 nach Absatz 5.2.1 a) sind die Anforderungen der bauaufsichtlichen Ver- und Anwendbarkeitsnachweise (abP) und die entsprechenden Anforderungen an die Befestigungen zu berücksichtigen.

Der geforderte Funktionserhalt wird nur in Kombination zwischen Leitung und Befestigung erreicht.

Bei der Befestigung an einer ungeschützten Stahlkonstruktion wird diese Anforderung nur mit erheblichem Aufwand umzusetzen sein. Alternativ besteht auch die Möglichkeit, die Leitungen durch bauliche Trennung nach MLAR Abschnitt 5.1.1 vor einer Brandeinwirkung zu schützen oder eine der in 5.2.1 b) und c) aufgeführten Verlegearten zu verwenden.

Hinweis:
Nähere Anforderungen zu den An- und Verwendbarkeitsnachweisen sowie den weiteren Anforderungen, an Leitungsanlagen mit elektrischen Funktionserhalt, werden im **Teil K** erläutert.

M-IV. Leitung mit und ohne Dauer eines Funktionserhaltes

5.3 Dauer des Funktionserhaltes

5.3.2 Die Dauer des Funktionserhaltes der Leitungsanlagen muss mindestens 30 Minuten betragen bei

c) Brandmeldeanlagen einschließlich der zugehörigen Übertragungsanlagen; ausgenommen sind Leitungsanlagen in Räumen, die durch automatische Brandmelder überwacht werden, sowie Leitungsanlagen in Räumen ohne automatische Brandmelder, wenn bei Kurzschluss oder Leitungsunterbrechung durch Brandeinwirkung in diesen Räumen alle an diese Leitungsanlage angeschlossenen Brandmelder funktionsfähig bleiben,

In diesem Abschnitt wird der Funktionserhalt für Brandmeldeanlagen einschließlich der Übertragungsanlagen gefordert. Die Erleichterungen durch nachfolgende Ausnahmen sind hierbei jedoch wesentlich.

Wichtig ist auch der Hinweis, dass hier die Funktion gewährleistet sein muss. Die Verwendung von einzelnen Bauteilen mit einer nachgewiesenen Funktionserhaltdauer im Brandfall ist nicht ausreichend.

Nach dem Abschnitt c) kann auf den Funktionserhalt demnach bei Leitungsanlagen in Räumen verzichtet werden, die durch automatische Brandmelder überwacht werden. Dabei wird hier nicht zwischen der Art der Brandkenngröße Rauch oder Wärme unterschieden.

Im Raum der Brandmeldezentrale kann ebenfalls auf die Anforderungen des Funktionserhaltes verzichtet werden, da entsprechend der DIN 14675 der Aufstellort mit überwacht werden muss. Es wird jedoch empfohlen, hier wegen der schnelleren Branderkennung Rauchmelder einzusetzen.

Auf die häufig ausgeführte Einhausung mit Funktionserhalt der Zentralen kann in den meisten Fällen, nach den Anforderungen der Leitungsanlagenrichtlinie, verzichtet werden. Der Abschnitt 5.2.2 zu Verteilern für elektrische Leitungsanlagen ist zwar anzuwenden, jedoch ist die geforderte Feuerwiderstandfähigkeit entsprechend der Dauer des Funktionserhaltes hier aufgrund der notwendigen Überwachung des Aufstellortes der Zentrale mit „0" Minuten und somit nicht zu berücksichtigen.

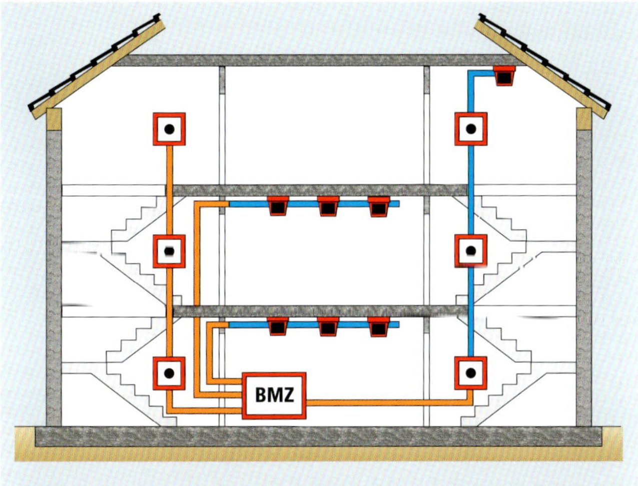

Bei konventionell verkabelten Brandmeldern dürfen nach DIN 14675 max. 10 Handfeuermelder (HFM) oder 32 automatische Brandmelder (BM) im Fall einer Leitungsstörung ausfallen. Daher resultiert die Forderung, die Leitung bei der Durchführung durch andere Brandabschnitte in Funktionserhalt auszuführen. Nach der MLAR dürfen keine Melder ausfallen, wenn die Leitungen nicht durch die Rauchmelder überwacht werden.

Handfeuermelder (HFM) — E 30-Verkabelung mit Funktionserhalt

Brandmelder (BM) — Verkabelung ohne Funktionserhalt

Bild M-IV–1: Verkabelung mit Stichleitungen im Funktionserhalt

Unter Punkt 5.3.2 c) wird nicht auf einen Funktionserhalt verzichtet. Es kann auf die Zeitdauer eines Funktionserhaltes verzichtet werden, wenn im Falle eines Kurzschlusses oder einer Leitungsunterbrechung die Funktion der Leitung bzw. des Übertragungsweges durch technische Maßnahmen (Trennelemente, Isolatoren, etc.) gewährleistet ist.

Diese Trennelemente oder Kurzschlussisolatoren (siehe DIN EN 54-17) bilden im Kurzschlussfall aus den zwei kurzgeschlossenenen Leitungsteilen einer Ringleitung zwei Stichleitungen. Die Anlage ist dann noch über die Stichleitungen funktionsfähig. Im Fall der Leitungsunterbrechung geschieht dieses analog.

Hinter dieser Erleichterung verbirgt sich der Ansatz, dass ein doppelter Fehler-/ Schadensfall nicht berücksichtigt wird. Die Funktion der Anlage muss gewährleistet bleiben.

Es muss jedoch berücksichtigt werden, dass entgegen der DIN 14675-1 hier kein zeitliches Verhalten der Wiederherstellung der Funktion genannt wird. Hier können die in der DIN 14675 genannten Zeiten zur Detektion als allgemein anerkannte Regel angesetzt werden. Zur Alarmierung werden hier jedoch keine Unterbrechungszeiten genannt, hier ist formell keine Unterbrechung zulässig. Eine einmalige Unterbrechung des Alarmsignales von 5 Sekunden kann aber akzeptiert werden, da auch bei der Abfolge der Signalsequenzen bei der Sprachalarmierung Pausen vorhanden sind.

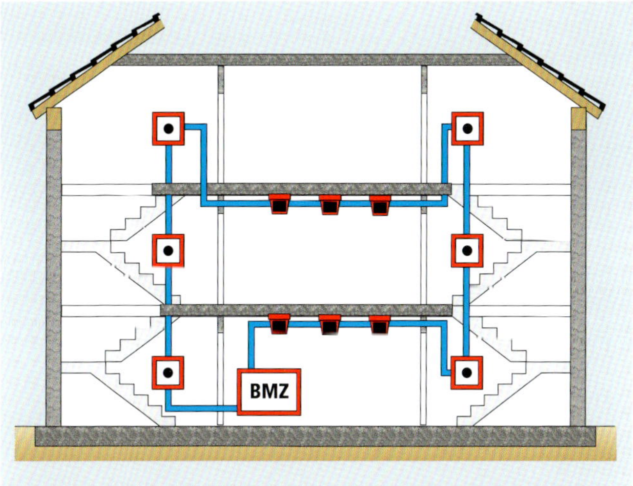

Bei mehr als 10 Handfeuermelder (HFM) oder 32 automatischen Brandmeldern (BM) oder mehreren Brandabschnitten mit in Ring- oder Looptechnik verkabelten Brandmeldern ist die Forderung zum Funktionserhalt durch Trennelemente oder Kurzschlussisolatoren nach DIN EN 54-17 erfüllt.

Die Kurzschlussisolatoren sorgen im Falle einer Leitungsstörung (Kurzschluss oder Unterbrechung) durch das Auftrennen der Ringleitung in zwei Stichleitungen dafür, dass nicht mehr als ein Meldebereich und nicht mehr als

- 10 Handfeuermelder (HFM) oder
- 32 automatische Brandmelder (BM) oder
- 1 linienförmiger Melder oder
  1 Auswerteeinheit eines Ansaugrauchmelders

oder

- 1 Funktionsgruppe zum Alarmieren oder Steuern

ausfallen.

Die DIN VDE 0833 berücksichtigt damit die allgemeine Funktionsfähigkeit (Störung des Übertragungsweges bei Kurzschluss, Unterbrechung und einem Fehler gleicher Wirkung), jedoch nicht die nach der MLAR geforderte Funktionsfähigkeit im Brandfall. Daher ergeben sich in Verbindung mit der MLAR zum Teil höhere Anforderungen an die Projektierung.

Die Funktion der Zentrale in Verbindung mit den Kurzschlussisolatoren kann als technischer Funktionserhalt bezeichnet werden.
Dass durch diesen technischen Funktionserhalt die Ringleitung im Brand- oder Störungsfall in zwei funktionsfähige Stichleitungen aufgetrennt wird, ist bei der Projektierung der Anlage zu berücksichtigen. Das bedeutet, dass die Anlage so geplant werden muss, dass auch die Stichleitung alle angeschlossenen Elemente versorgen kann und die zulässigen Leitungslängen der einzelnen Stichleitungen nicht überschritten werden.
Durch die Funktion können die Anforderungen und Erleichterungen der Leitungsanlagen Richtlinie umgesetzt werden.

Handfeuermelder (HFM) — Verkabelung ohne Funktionserhalt

Brandmelder (BM)

Bild M-IV–2: Ring-/Looptechnik – mit Trennelementen als integrierten Funktionserhalt

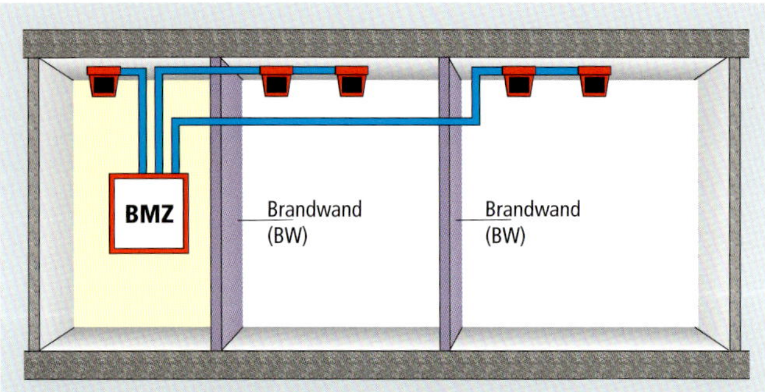

Soll auf den Funktionserhalt verzichtet werden, so ist der Raum bzw. die Leitungstrasse mit automatischen Brandmeldern zu überwachen.

Verkabelung ohne Funktionserhalt — Brandmelder (BM)

Bild M-IV–3: Stichleitung ohne Funktionserhalt durch Räume mit Überwachung

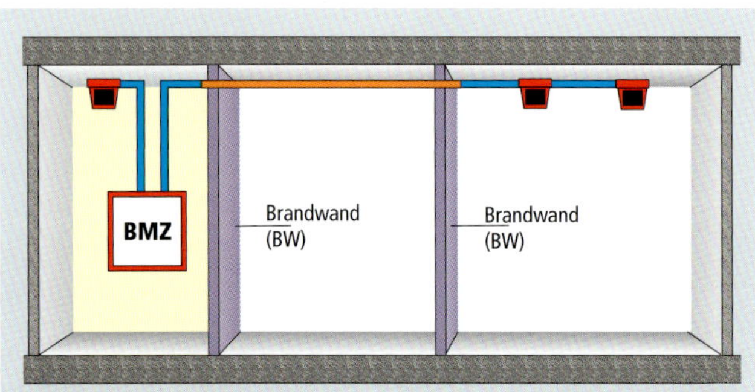

Entsprechend der Forderung sind konventionelle Stichleitungen, die durch Räume ohne eine Überwachung geführt werden, mit einem Funktionserhalt von 30 Minuten auszuführen.

E 30-Verkabelung mit Funktionserhalt oder abgetrennte Kabeltrasse — Brandmelder (BM)

Verkabelung ohne Funktionserhalt

Bild M-IV–4: Stichleitung durch Räume ohne Überwachung

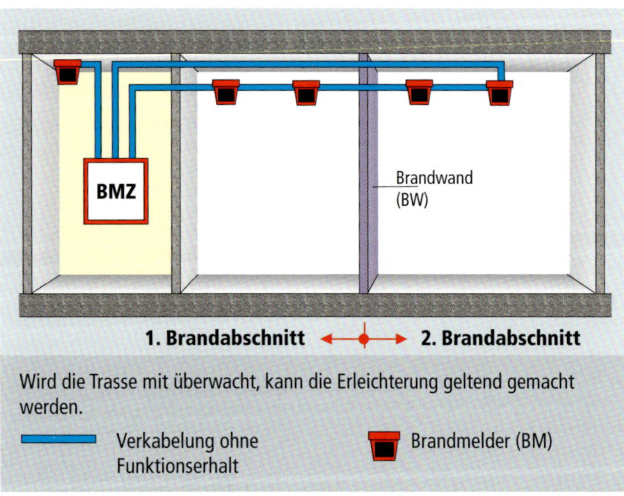

Wird die Trasse mit überwacht, kann die Erleichterung geltend gemacht werden.

Verkabelung ohne Funktionserhalt — Brandmelder (BM)

Bild M-IV–5: Ringleitung mit gemeinsamer Trassenführung mit Überwachung

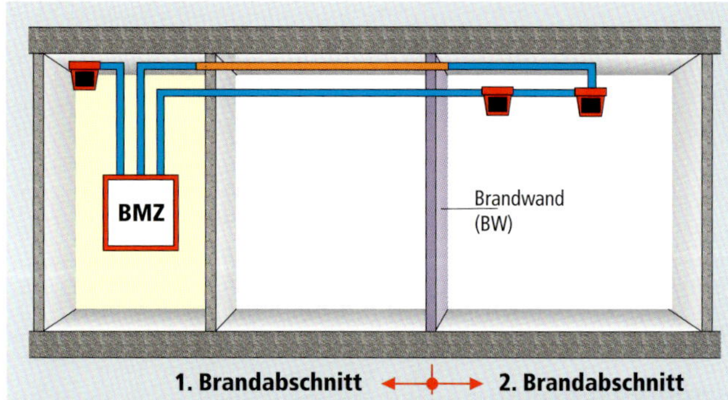

Die Anforderungen nach der Leitungsanlagen-Richtlinie beziehen sich dabei nicht nur auf die Anforderungen bei Stichleitungen, da diese nicht explizit erwähnt sind. Die Anforderungen gelten auch bei einem Ringleitungssystem, wenn die Leitungen über eine gemeinsame Trasse geführt werden, bzw. wenn bei einem Feuer Hin- und Rückleitung des Ringes gestört werden könnten und so die Funktion im Brandfall nicht mehr gegeben ist.

E 30-Verkabelung mit Funktionserhalt — Brandmelder (BM)

Verkabelung ohne Funktionserhalt

Bild M-IV–6: Ringleitung mit gemeinsamer Trassenführung ohne Überwachung im 1. Brandabschnitt

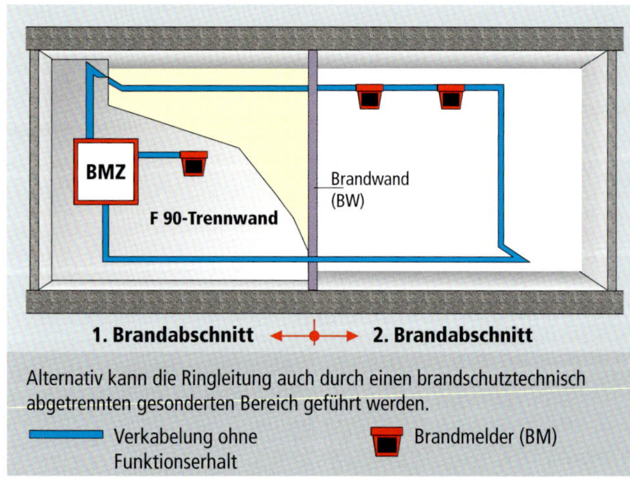

Alternativ kann die Ringleitung auch durch einen brandschutztechnisch abgetrennten gesonderten Bereich geführt werden.

Verkabelung ohne Funktionserhalt — Brandmelder (BM)

Bild M-IV–7: Ringleitungen mit getrennter Trassenführung ohne Überwachung

Hinweis:
Die Erleichterung der DIN VDE 08332-2:2017-10, nach der auch bei Leitungen durch Räume mit geringer Brandlast keine Anforderungen an den Funktionserhalt gestellt werden, gilt bei baurechtlich geforderten Anlagen nicht. Die DIN VDE 0833 gilt hier untergeordnet als privatrechtliche Forderung.

M-V. Besondere Anforderungen zur Alarmierung über die Brandmeldeanlage

In der Leitungsanlagen-Richtlinie wird die Erleichterung des technischen Funktionserhaltes nur auf angeschlossene Brandmelder bezogen.

Formell gilt die Erleichterung damit nicht für Steuerungen und Anzeigen, wie z. B. für abgesetzte Anzeigetableaus oder die Ansteuerung von örtlichen Alarmgebern.

Unter Beachtung des gewünschten Schutzzieles ist ein gemeinsamer Übertragungsweg (Loop, Ringleitung) mit der kombinierten Sensorik und Aktorik jedoch durchaus möglich.

An die Alarmierung werden entsprechend dem Schutzziel der Anlage besondere Anforderungen gestellt. Es wird im Rahmen der Brandmeldeanlage unterschieden zwischen den folgenden Alarmierungsarten:

- Internalarm innerhalb des Gebäudes,
- Externalarm und
- Fernalarm zum Herbeirufen der zuständigen Feuerwehr oder hilfeleistender Kräfte.

Für die Alarmierung über eine Brandmeldeanlage, nach der nur Gefahrensignale nach DIN 33404 ohne Anweisungen an Personen abgegeben werden, können die Erleichterungen nach 5.3.2 c) durchaus geltend gemacht werden, wenn die geforderte Funktionssicherheit gegeben ist, d.h. wenn bei Kurzschluss oder Leitungsunterbrechung durch Brandeinwirkung in diesen Räumen alle an diese Leitungsanlage angeschlossenen Signalgeber funktionsfähig bleiben.

Bei den Anforderungen zur Alarmierung ist zwischen einer reinen Alarmierungsanlage und der Alarmierung über Alarmierungseinrichtungen der Brandmeldeanlage zu unterscheiden.

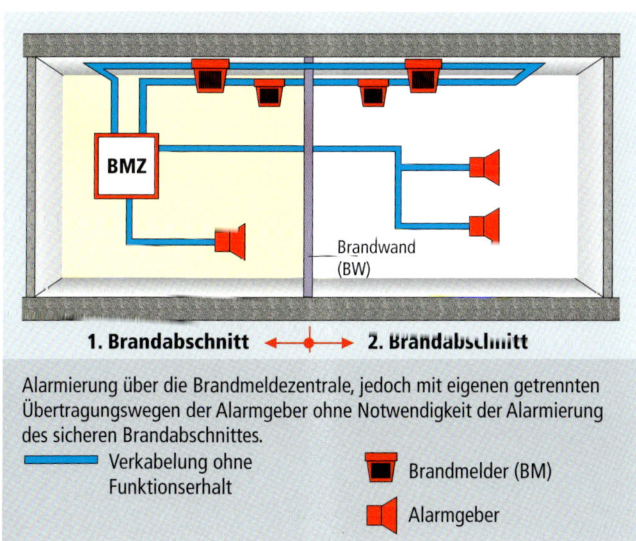

Alarmierung über die Brandmeldezentrale, jedoch mit eigenen getrennten Übertragungswegen der Alarmgeber ohne Notwendigkeit der Alarmierung des sicheren Brandabschnittes.

Bild M-V–1: Brandmeldezentrale mit Alarmierung über getrennte Übertragungswege

Bereits in der DIN 14675 von 1966 hatte die Brandmeldeanlage die Aufgabe bedrohte Personen zu warnen. In der Richtlinie wurden aufgrund der Eigenüberwachung der Leitungen durch die Brandmelderzentrale keine Anforderungen an den Funktionserhalt der angeschlossenen örtlichen Alarmierungseinrichtungen gestellt.

Anforderungen entsprechend 5.3.2 d) gelten immer dann, wenn bauordnungsrechtlich eine Alarmierungsanlage gefordert ist.

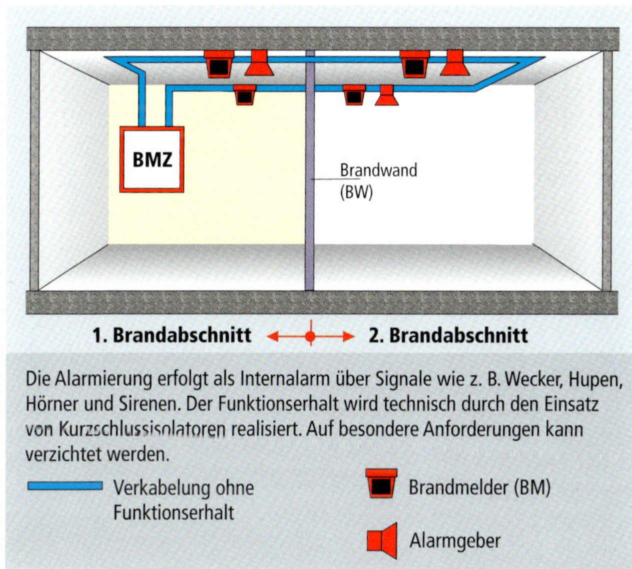

Die Alarmierung erfolgt als Internalarm über Signale wie z. B. Wecker, Hupen, Hörner und Sirenen. Der Funktionserhalt wird technisch durch den Einsatz von Kurzschlussisolatoren realisiert. Auf besondere Anforderungen kann verzichtet werden.

Bild M-V–2: Brandmeldezentrale mit Alarmierung über gemeinsamen Übertragungsweg

Bei der Wahl von getrennten Leitungswegen kann auf den Funktionserhalt verzichtet werden, da durch die brandschutztechnische Abtrennung die Personen im benachbarten Brandabschnitt nicht gefährdet sind. Beim Ausfall der Leitungsanlage im 1. Brandabschnitt sind die Personen im 2. Brandabschnitt nicht gefährdet. Nur wenn im Brandschutzkonzept explizit eine Alarmierung im gesamten Gebäude auch über den Abschnitt hinweg gefordert wird, ist der Funktionserhalt zu realisieren.

Wird im Brandfall die Ringleitung unterbrochen oder kurzgeschlossen, erfolgt durch die Kurzschluss-Isolatoren bzw. der Brandmelderzentrale (BMZ) die Auftrennung der Ringleitung in zwei Stichleitungen. Anlagentechnisch kann es dabei zu einer Unterbrechung kommen. Für die angeschlossene Peripherie darf die Unterbrechung bis zu 300 Sekunden dauern. Dieses kann für Brandmelder noch akzeptiert werden, da aufgrund der Überwachung zum Zeitpunkt der Leitungsunterbrechung der Brand bereits detektiert sein sollte.

Für die Alarmierung würde diese Erleichterung jedoch bedeuten, dass im Alarmfall das Alarmsignal bis zu 5 Minuten unterbrochen sein kann. Dies kann nicht akzeptiert werden. Denn es entspricht der Erfahrung, dass Personen die begonnene Räumung des Bereiches abbrechen, wenn das Alarmsignal verstummt.

Bei der Alarmierung über eine Brandmeldeanlage in Verbindung mit einem Ringsystem sind die folgenden technischen Besonderheiten zu beachten:

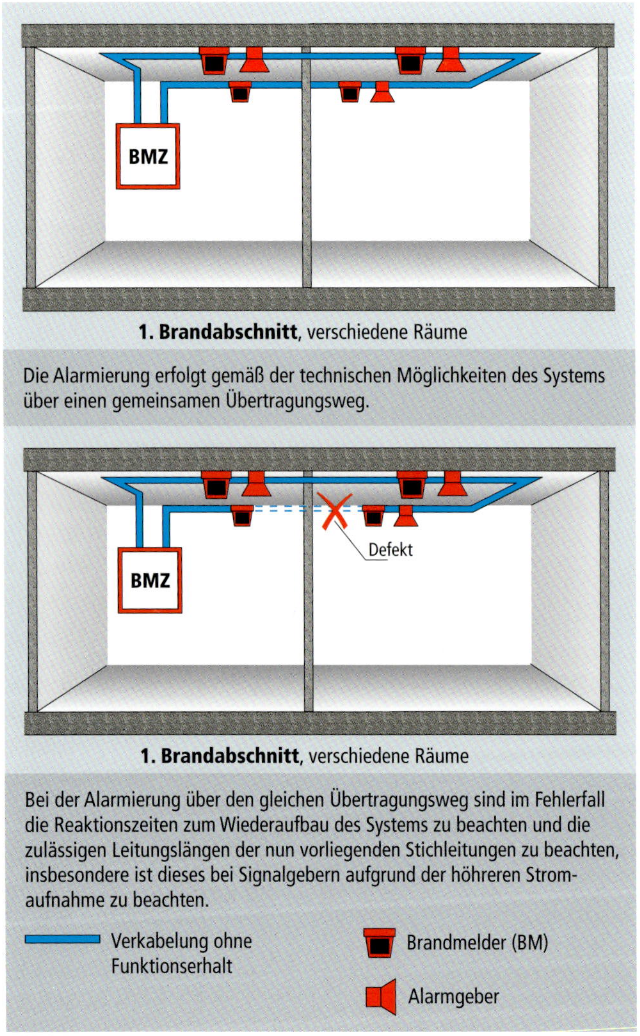

Bild M-V–3: Alarmierung über die Ringleitung innerhalb eines oder mehrerer Brandabschnitte

Hinweise:

Die Zeitdauer einer tolerierbaren Unterbrechung ist nicht geregelt. Die Meinungen gehen hier von 0 bis 5 Sekunden auseinander. Eine Unterbrechung länger als einmalig 5 Sekunden sollte jedoch nicht akzeptiert werden.

Bei der Projektierung der Anlage ist zu beachten, dass die Stromversorgung der Alarmgeber bei der Stichleitung ggf. über eine längere Leitungsstrecke mit einem größeren Strombedarf erfolgen muss, bzw. dem Alarmgeber aufgrund des höheren Leitungswiderstandes eine geringere elektrische Leistung zur Verfügung steht.

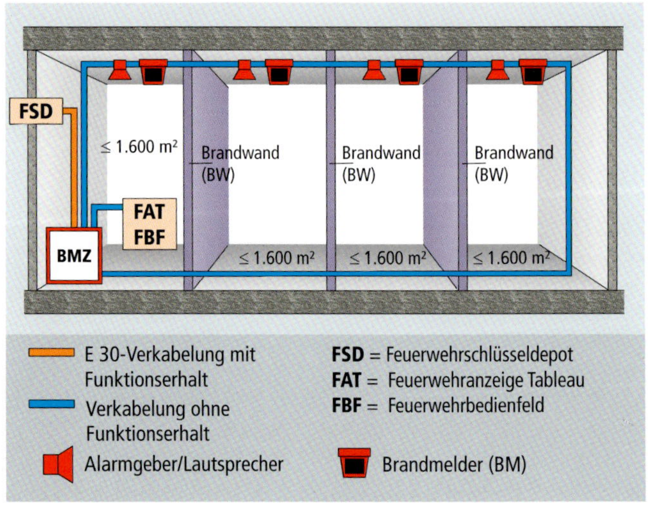

Bild M-V–4: Verkabelung mit ausreichendem Abstand

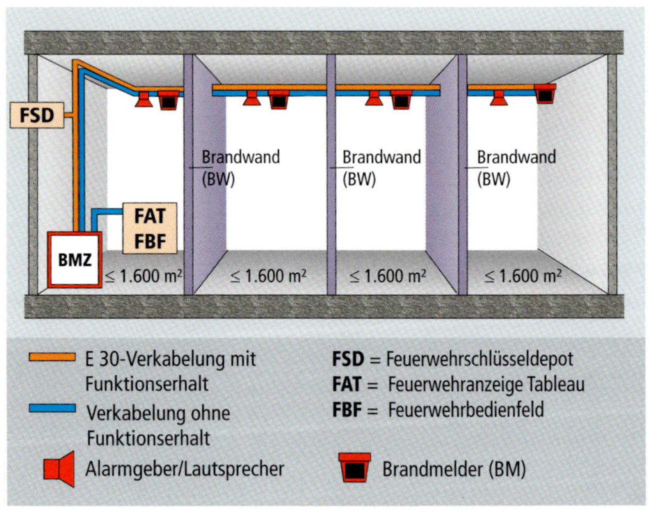

Bild M-V–5: Verkabelung mit Verlegung auf gemeinsamer Trasse

Hinweis:

Sollte im Brandschutzkonzept/-nachweis für die Alarmierung im Brandfall im Einzelfall mittels akustischer bzw. optischer Signalgeber ein Funktionerhalt von 30 Minuten oder mehr verlangt werden sind weitergehende Maßnahmen erforderlich.

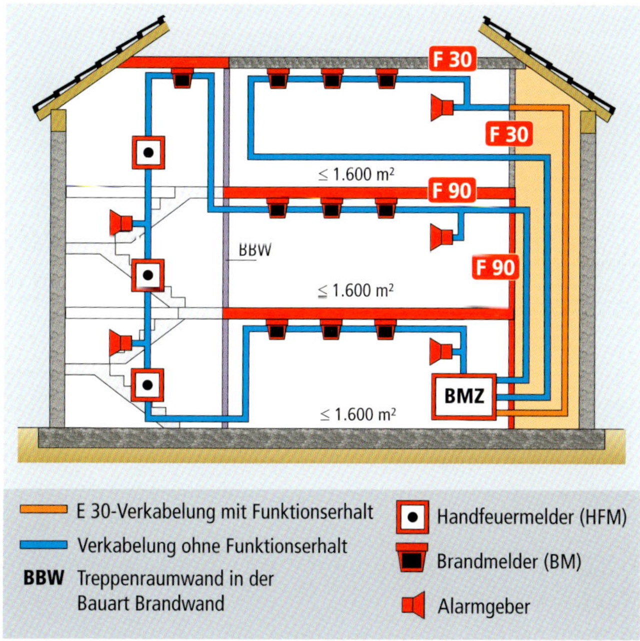

Bild M-V–6: Führung von Ringleitung durch einen Schacht

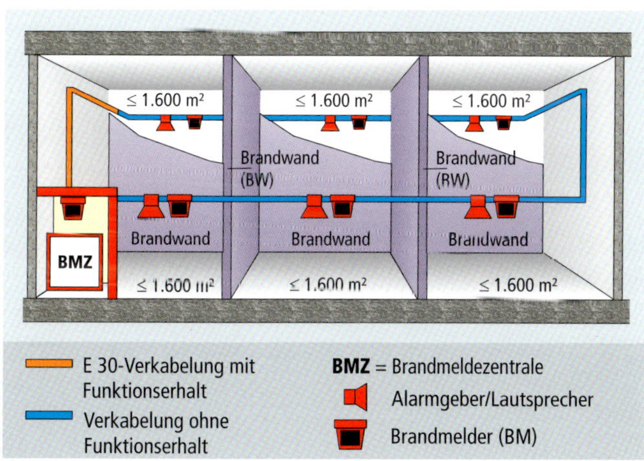

Bild M-V–7: Verkabelung bei sechs einzelnen Alarmierungsabschnitten über die BMA, wenn Alarmierung anderer Brandabschnitte erforderlich ist

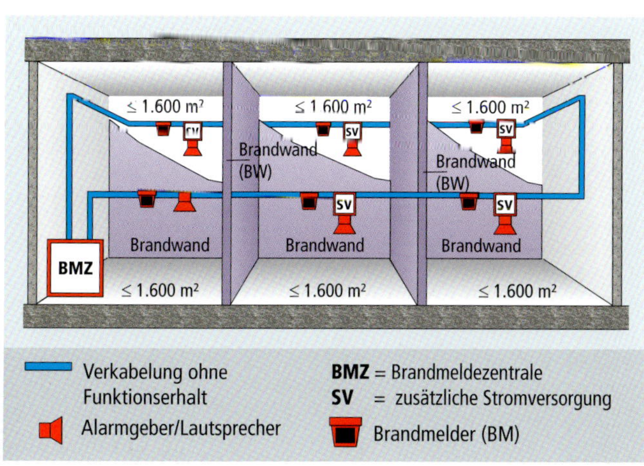

Bild M-V–8: Verkabelung bei sechs einzelnen Alarmierungsabschnitten über die BMA und zusätzlicher Stromversorgung, wenn Alarmierung anderer Brandabschnitte erforderlich ist

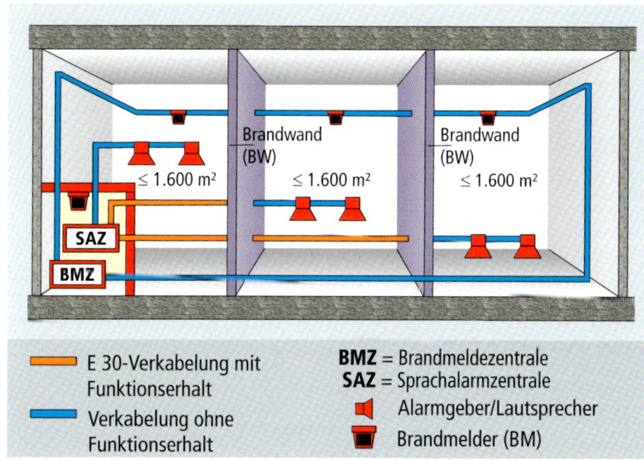

Bild M-V–9: Getrennte Verkabelung von BMA und SAA wenn die Alarmierung anderer Brandabschnitte erfortderlich ist

M-VI. Aufstellort der Brandmelderzentrale

5.2.2 Verteiler für elektrische Leitungsanlagen mit Funktionserhalt nach Abschnitt 5.3 müssen

a) in eigenen, für andere Zwecke nicht genutzten Räumen untergebracht werden, die gegenüber anderen Räumen durch Wände, Decken und Türen mit einer Feuerwiderstandsfähigkeit entsprechend der notwendigen Dauer des Funktionserhaltes und – mit Ausnahme der Türen – aus nichtbrennbaren Baustoffen abgetrennt sind,

b) durch Gehäuse abgetrennt werden, für die durch einen bauaufsichtlichen Verwendbarkeitsnachweis die Funktion der elektrotechnischen Einbauten des Verteilers im Brandfall für die notwendige Dauer des Funktionserhaltes nachgewiesen ist oder

c) mit Bauteilen (einschließlich ihrer Abschlüsse) umgeben werden, die eine Feuerwiderstandsfähigkeit entsprechend der notwendigen Dauer des Funktionserhaltes haben und (mit Ausnahme der Abschlüsse) aus nichtbrennbaren Baustoffen bestehen, wobei sichergestellt werden muss, dass die Funktion der elektrotechnischen Einbauten des Verteilers im Brandfall für die Dauer des Funktionserhaltes gewährleistet ist; der Nachweis des Funktionserhalts der elektrotechnischen Einbauten ist zu dokumentieren.

Als Verteiler gelten hier nicht nur klassische Verteiler, sondern auch Geräte oder Bauteile mit Verteilfunktionen. Dazu gehören z. B. insbesondere:

- Brandmelderzentrale
- Koppelbausteine der Brandmeldeanlage
- abgesetzte und dezentrale Energieversorgungen
- Alarmierungszentralen
- Sprachalarmierungsanlagen
- Elektroakustische Notfallwarnanlagen für baurechtlich geforderte Funktionen
- Steuerungen von Feststellanlagen (gilt nicht für die Feststellanlagen selbst = stromlos geschlossen)
- Steuerungen von Rauchabzugsanlagen (gilt nicht für Rauchabzüge zur Rauchableitung)
- Steuerungen von Wärmeabzügen.

Sollte eine Einhausung der Zentrale erforderlich werden, ist zu berücksichtigen, daß durch die Einhausung die Funktion weiter gewährleistet ist. Daher sind hier die folgenden Punkte zu berücksichtigen:

- thermische Betriebsbedingungen innerhalb der Einhausung für die eingebauten Betriebsmittel, insbesondere auch für die im Brandfall zu erwartenden Temperaturen.
- Verschluss von Öffnungen zu notwendigen Fluren oder
- Treppenräumen.

Neben den hier genannten Forderungen ist auch das Schutzziel entsprechend dem Baurecht zu berücksichtigen. Hat die Brandmeldeanlage entsprechend dem Schutzkonzept mit Branddetektion und Alarmieren der Feuerwehr ihre Aufgabe erfüllt, ist es zulässig, dass diese versagen kann. Mit der Zulässigkeit des Versagens der Anlage ist dann auch kein weiterer Anspruch auf einen Funktionserhalt zu stellen.
Die Aufgabe der Brandmeldeanlage, über den Ort der Brandentstehung zu informieren, erübrigt sich, da der Standort der Brandmelderzentrale in den Feuerwehrplänen hinterlegt ist und somit der Standort – in diesem Fall gleichzeitig der Brandherd – bekannt wäre.

M

Da auch der Raum der Brandmelderzentrale entsprechend der DIN 14675-1 mit überwacht werden muss, gilt auch da die Erleichterung, dass die Leitungen hier nicht im Funktionserhalt ausgeführt werden müssen. Sinnvoll ist es, Rauchmelder zur Detektion einzusetzen, um einen Brand auch frühzeitig detektieren zu können. Die Alarmierung und die Ansteuerung von Feuerwehrschlüsseldepots (FSD) sollten jedoch entsprechend o.g. Anforderungen mit einem Funk-tionserhalt ausgeführt werden.

Durch den Einsatz von Feuerwehranzeigetableaus (FAT) kann der Aufstellort räumlich abgesetzt von der Brandmeldeanlage erfolgen. In diesem Fall ist die Leitung zwischen der Brandmeldezentrale und dem Feuerwehranzeigetableau (FAT) in Funktionserhalt auszuführen.

Neu ist der Hinweis, dass der Nachweis des Funktionserhaltes der elektrotechnischen Einbauten zu dokumentieren ist. Dazu ist es erforderlich, dass der Hersteller der Anlage dieses dokumentiert. Dabei ist zu beachten, wer die „Anlage" in Verkehr gebracht hat. Hat die Zentrale keine Systemanerkennung mit einer Einhausung und ist nicht in deren Verbindung nach DIN EN 54 geprüft, so kann z. B. der Errichter als ein Verbringer der Anlage gelten und ist für die CE-Kennzeichnung des neuen Produktes verantwortlich. Bei einer reinen Einhausung wäre von diesem die Einhaltung der Betriebsbedingungen der Brandmelder- oder Sprachalarmzentrale auch im Brandfall erforderlich.
Dazu müsste im Allgemeinen der Hersteller den Betrieb unter erhöhten Temperaturen und Luftfeuchtigkeit bestätigen. Ein einzelner Test einer Zentrale ist aufgrund möglicher Fertigungstoleranzen -oder Bauteiländerungen nicht zulässig. Den Umfang der notwendigen Dokumentation erkennt man auch daran, das Batterien unter erhöhten Betriebstemperaturen schneller Ihre Kapazität verringern. Auch hier ist die Abweichung zu ermitteln und zu dokumentieren, damit auch beim Ausfall der allgemeinen Stromversorgung noch eine ausreichende Alarmierungszeit sichergestellt ist.

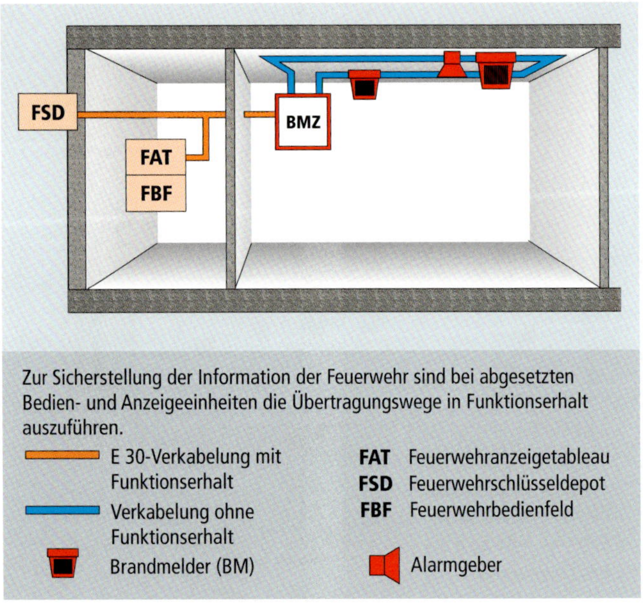

Bild M-VI–1: Feuerwehranzeigetableau (FAT) und Feuerwehrbedienfeld (FBF) in verschiedenen Räumen mit Abschnitten dazwischen

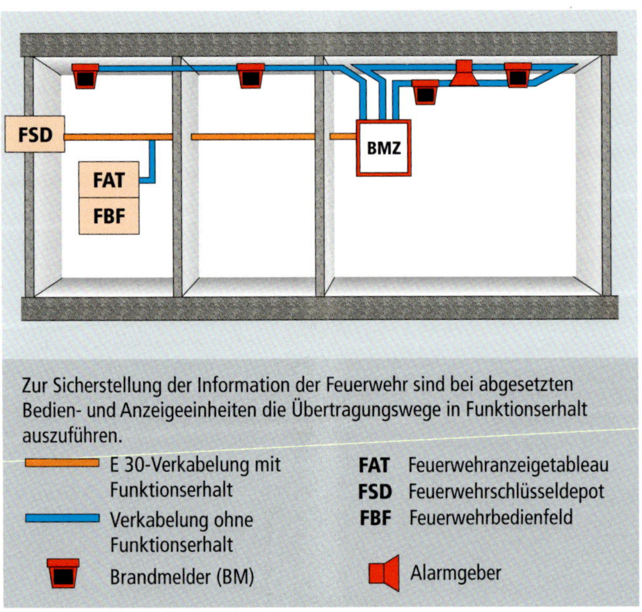

Bild M-VI–2: Feuerwehranzeigetableau (FAT) und Feuerwehrbedienfeld (FBF) in verschiedenen Räumen

Hinweis:
Die Leitung zum FSD sollte in Funktionserhalt ausgeführt werden, da wenn der Türöffner Spannungslos wird, z. B. bei Kurzschluss oder Unterbrechung, lässt sich der Tresor nicht mehr öffnen.
Je nach gewählter Leitungsführung, kann der Tresor auch mit dem vorkonfektionierten Kabel des Herstellers über einen Verteiler angeschlossen werden.

Aufstellort ohne besondere Anforderungen

Da der Aufstellort der Brandmelderzentrale (BMZ) nach DIN 14675-1 durch automatische Brandmelder überwacht wird, kann hier entsprechend 5.3.2 c) auf einen Funktionserhalt verzichtet werden. Dieses gilt insbesondere unter dem Gesichtspunkt, dass eine Brandmelderzentrale (BMZ) den Brand frühzeitig, das heißt vor dem Versagen, detektiert und meldet.

Die Übertragungseinrichtungen sind dabei so auszulegen, dass bei einer Störung des Übertragungsweges die Alarm- oder Störungsmeldung sicher abgesetzt wird. In diesem Fall kann dann auch hier auf den Funktionserhalt der Leitung verzichtet werden. Wird die Übertragungseinrichtung jedoch von der Brandmeldeanlage angesteuert, so ist die Leitung von der Brandmeldezentrale (BMZ) zur Übertragungseinheit (UE) in Funktionserhalt auszuführen. Es wird jedoch empfohlen die Übertragungseinrichtung in unmittelbarer Nähe zur Brandmelderzentrale anzuordnen und auf weitergehendere Anforderungen zum Funktionserhalt zu verzichten.

Aus der Alarmierung über Alarmierungseinrichtungen der Brandmeldeanlage kann keine Anforderung an den Funktionserhalt abgeleitet werden. Bereits in den Vorausgaben der aktuellen Normen wurde aufgrund der frühen Detektion eines Brandes in der Entstehungsphase darauf verzichtet. Bei einer fehlenden Überwachung des Bereiches mit automatischen Meldern, kann aufgrund der unbekannten Zeitdauer der Brandentwicklung nicht auf eine Anforderung des Funktionserhaltes verzichtet werden. Hier liegt kein Widerspruch zur Leitungsanlagenrichtlinie vor.

An Alarmierungsanlagen (ohne BMA) bzw. zur Erteilung von Anweisungen wird, sofern diese Anlagen im Brandfall aktiv sein müssen, eine Anforderung an die Funktion gestellt. Die kann jedoch auch durch unterschiedliche Standorte der Anlagenteile erreicht werden

Aufstellort mit Brandschutzanforderungen für mindestens 30 Minuten

Wird die Alarmierung, bestehend aus Fernalarm oder örtlicher Alarmierung, nicht gesichert ausgeführt, d.h. dasss die Alarmierung im Versagensfall der Brandmelderzentrale (BMZ) nicht mehr funktionsfähig ist, so ist der Raum oder das Gehäuse der Zentrale so zu ertüchtigen, dass die Funktion der Alarmierung über einen Zeitraum von 30 Minuten gewährleistet ist.

Sollte der Raum durch Umfassungswände die Brandausbreitung verhindern oder die Notwendigkeit der Gebäuderäumung nicht vorliegen, so kann hier auf zusätzliche Anforderungen verzichtet werden. Es ist jedoch eine Abstimmung im Rahmen eines Brandschutzkonzeptes erforderlich.

Gegen die gemeinsame Anordnung der Brandmelder- und Alarmierungszentrale in einem mind. feuerhemmend gestalteten Raum gemäß MLAR, Abschnitt 5.2.2, Buchstabe a) bzw. in einem feuerhemmenden Brandschutzgehäuse (Brand von außen) MLAR, Abschnitt 5.2.2, Buchstabe b) bestehen keine brandschutztechnischen Bedenken. Der Raum muss über Brandmelder mit Kenngröße Rauch überwacht werden.

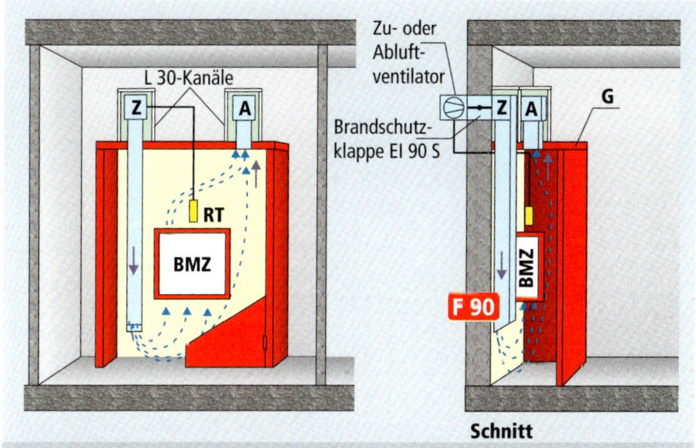

RT Messfühler zur Ansteuerung des Ventilators bei Temperarturanstieg über die zulässige Betriebstemperatur der BMA
BMZ Brandmeldezentrale **A** Abluft **Z** Zuluft
G E 30-Gehäuse/Einhausung mit Verwendbarkeitsnachweis (abZ/aBG) und Nachweis zum Einbau der BMA gem. Auflage des Verwendbarkeitsnachweises

Bild M-VI–3: F 30-Gehäuse/Einhausung mit Be- und Entlüftung zur Kühlung, z. B. der BMZ inkl. Alarmierung mit Luft außerhalb des Aufstellraumes für den Fall einer Brandsituation im Aufstellraum

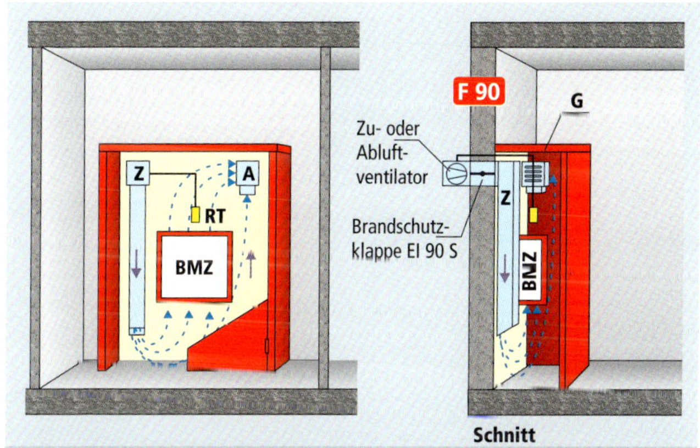

RT Messfühler zur Ansteuerung des Ventilators bei Temperarturanstieg über die zulässige Betriebstemperatur der BMA
BMZ Brandmeldezentrale **A** Abluft **Z** Zuluft
G E 30-Gehäuse/Einhausung mit Verwendbarkeitsnachweis (abZ/aBG) und Nachweis zum Einbau der BMA gem. Auflage des Verwendbarkeitsnachweises

Bild M-VI–4: F 30-Gehäuse/Einhausung mit Be- und Entlüftung zur Kühlung, z. B. der BMZ inkl. Alarmierung mit Luft außerhalb des Aufstellraumes für den Fall einer Brandsituation im Aufstellraum

M-VII. Leitungsverlegung von Alarmierungsanlagen (akustische und Sprachalarmierung), Montageorte der Zentralen

d) Anlagen zur Alarmierung und Erteilung von Anweisungen an Besucher und Beschäftigte, sofern diese Anlagen im Brandfall wirksam sein müssen; ausgenommen sind Leitungsanlagen, die der Stromversorgung der Anlagen nur innerhalb eines Brandabschnittes in einem Geschoss oder nur innerhalb eines Treppenraumes dienen; die Grundfläche je Brandabschnitt darf höchstens 1.600 m² betragen,

Entsprechend diesem Absatz gelten die Erleichterungen für Brandmeldeanlagen, bei denen der Funktionserhalt durch technische Maßnahmen sichergestellt wird, nicht aber bei Anlagen nur zur Alarmierung und Erteilung von Anweisungen. Zum Verständnis sind dabei die verschiedenen Formen der Alarmierung zu betrachten. Anlagen zum Erteilen von Anweisungen sind keine Brandmeldeanlagen, sondern z. B. Elektroakustische Notfallwarnsysteme (ENS bzw. SAA gemäß DIN VDE 0833.4). Ebenso ist die Alarmierung mittels einer Brandmeldeanlage über Alarmierungseinrichtungen Bestandteil der Brandmeldeanlage, hier können dann auch die Erleichterungen nach 5.2.2. c) angewendet werden.

Bei der Planung und Ausführung ist besonders auch der zweite Halbsatz zu berücksichtigen, da die Anlagen nicht immer im Brandfall wirksam sein müssen. So befinden sich die bedrohten Personen, wenn Sie den Brandabschnitt verlassen haben, im allgemeinen in einem sicheren Bereich, da die Brandwand den Abschnitt gegenüber der Gefahr der Brandausbreitung abtrennt. Auch ergibt sich aus der Bildung von Alarmierungsabschnitten hier zunächst keine Notwendigkeit, da verschiedene Brandabschnitte auch unterschiedliche Alarmierungabschnitte sein sollen.

Hier ist insbesondere das Alarmierungskonzept im Vorfeld abzustimmen. Dieses sieht unter anderem das Brandmeldekonzept und das Abstimmungsgespräch nach DIN 14675-1 vor.

Die Benennung der Brandabschnittsgröße bezieht sich auf die zulässige Fläche, die im Störungsfall beim Ausfall toleriert wird. Diese findet sich auch in den Planungsgrundsätzen der DIN VDE 0833-4 wieder.

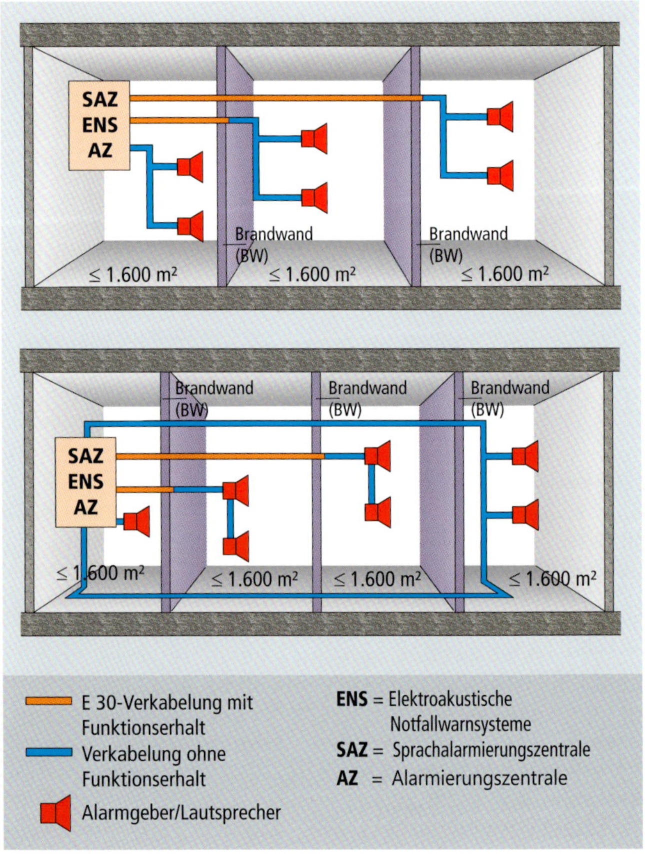

Bild M-VII–1: Alarmierung durch eine Alarmierungsanlage

Hinweis:
Zu beachten ist die Aufstellung in einem Raum mit raumabschließenden Bauteilen entsprechend der geforderten Feuerwiderstandsdauer zum gesichterten Einsprechen durch die Feuerwehr.

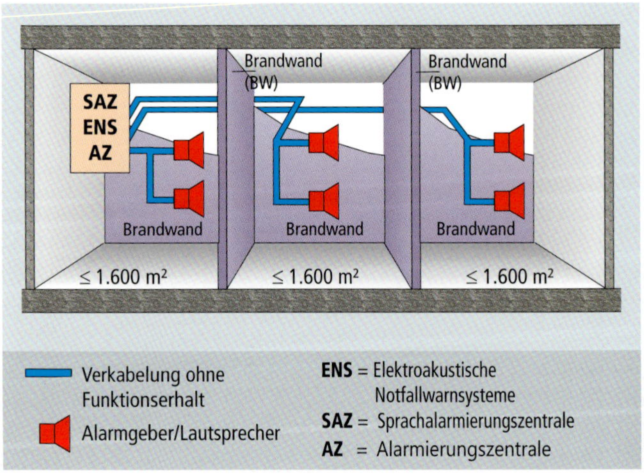

Bild M-VII–2: Führung der Leitungen durch einen brandschutztechnisch abgetrennten Bereich

M-VIII. Ansteuerung von sicherheitstechnischen Anlagen über die Brandmeldeanlage (Steuermatrix)

Brandfallsteuerung

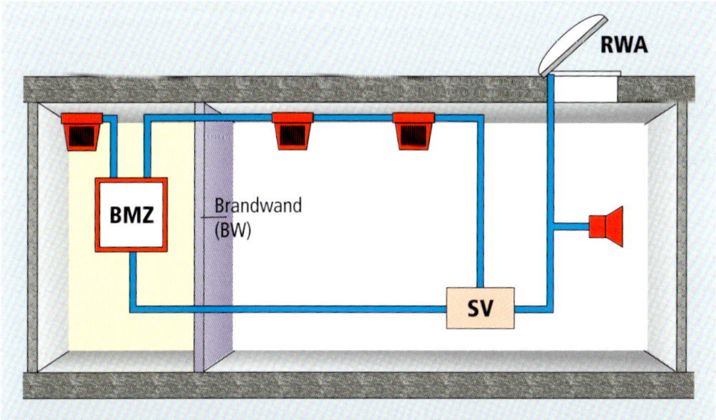

Die Kopplung der Ansteuerung von RWA und Alarmierung ist über die gemeinsame Übertragungsleitung der Brandmeldeanlage möglich. Durch die zusätzlich überwachte Stromversorgung kann auf die Ausführung der Versorgungsleitung in Funktionserhalt verzichtet werden, wenn die Anlagenteile im Falle einer Störung selbsttätig in Funktion gehen.

Bild M-VIII–1: Blaue Leitungen ohne Funktionserhalt

Nach DIN 14675-1 darf auf eine Überwachung des Übertragungsweges durch die BMA verzichtet werden, wenn die zu steuernde Einrichtung bei Ausfall des Übertragungsweges selbsttätig in einen sicheren Zustand übergeht.

Wird diese Art der Überwachung gewählt, kann auch auf die Anforderung der Dauer eines Funktionserhaltes verzichtet werden, da der sichere Zustand erreicht wird.

Ein typisches Beispiel ist die Feststellanlage von Türen. Tritt eine Störung durch Kurzschluss oder Unterbrechung auf, wird der Haltemagnet stromlos und die Tür schließt sich – d.h., sie geht in den sicheren Zustand.

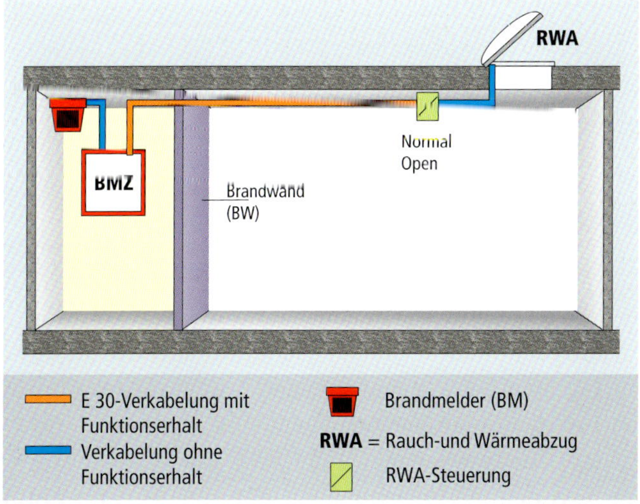

Bild M-VIII–2: Brandfallsteuerung mit Ansteuerung über eine Funktionserhaltsleitung

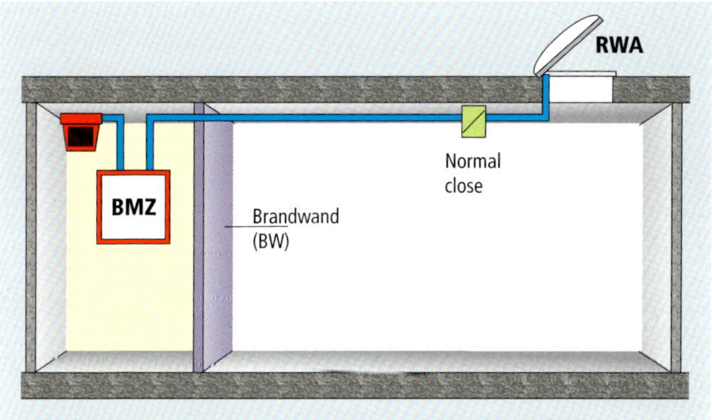

Die Steuerung der RWA, stellvertretend für die übrigen Brandfallsteuerungen, ist im Ruhezustand geschlossen. Durch die Brandmeldeanlage wird der Arbeitszustand des Relais aktiviert und der Kontakt zur Aktivierung der RWA geöffnet. Im Falle einer Leitungsunterbrechung oder eines Kurzschlusses fällt die Steuerung in den Ruhezustand und die RWA wird angesteuert.

Bild M-VIII–3: Brandfallsteuerung mit Ansteuerung ohne eine Funktionserhaltsleitung

Zum besseren Verständnis der Ansteuerungen aus der Brandmeldeanlage ist die Darstellung als Steuermatrix sinnvoll.

Zur besseren Übersicht ist dabei die Unterteilung entsprechend der DIN VDE 08332-2:2017-10 nach Melderbereichen, -gruppen und der Steuereinrichtungen sinnvoll. Dadurch wird die Darstellung übersichtlich und entspricht der Nomenklatur der Planung der Brandmeldeanlage. Die Steuereinrichtungen sind entsprechend der DIN VDE 08332-2:2017-10 und EN 54-1 Bestandteil der Brandmeldeanlage.

M

Tab. M-VIII–1: Steuermatrix BMA

Auslösung		Ansteuerung																				
		Alarm-geber-Hallen	Blitz Hallen	FSD	UE	Aufzug		RWA-Gruppe					LED-Tableau					Tor				
						EG	1.OG	1	2	3	4	5	1	2	3	4	5	1	2	3	4	5
Autom. BMG	1	X	X	X	O	X		X					X								X	
	2	X	X	X	O		X		X					X							X	
	3	X	X	X	O	X				X					X							
	4	X	X	X	O	X					X					X						
	5	X	X	X	O	X						X					X					X
	6	X	X	X	O	X																
HFM-MG	100	X	X	X	O	X		X					X					O	O			
	101	X	X	X	O		X		X					x					O	O		
	102	X	X	X	O	X				X					X					O	O	
	103	X	X	X	O	X										X	X				O	O
FSE	110			X	O																	
Taster RWA-Tableau	1							O					O								X	
	2								O					O							X	
	3									O					O							
	4										O					O						X
	5											O					O					

X = Überwacht von der Zentrale O = Ohne Anforderung

M-IX. Zulässige baurechtliche Abweichungen Brandfallsteuerung

5.1.2 An die Verteiler der elektrischen Leitungsanlagen für bauordnungsrechtlich vorgeschriebene sicherheitstechnische Anlagen und Einrichtungen dürfen auch andere betriebsnotwendige sicherheitstechnische Anlagen und Einrichtungen angeschlossen werden. Dabei ist sicherzustellen, dass die bauaufsichtlich vorgeschriebenen sicherheitstechnischen Anlagen und Einrichtungen nicht beeinträchtigt werden.

Als betriebsnotwendige Einrichtungen sind z. B. externe Batterie- und Stromversorgungsanlagen und Alarmierungsanlagen in Verbindung mit einer Brandmeldeanlage anzusehen. Diese Einrichtungen dürfen bei der Gewährleistung der Funktion im Störungsfall gemeinsam betrieben werden.

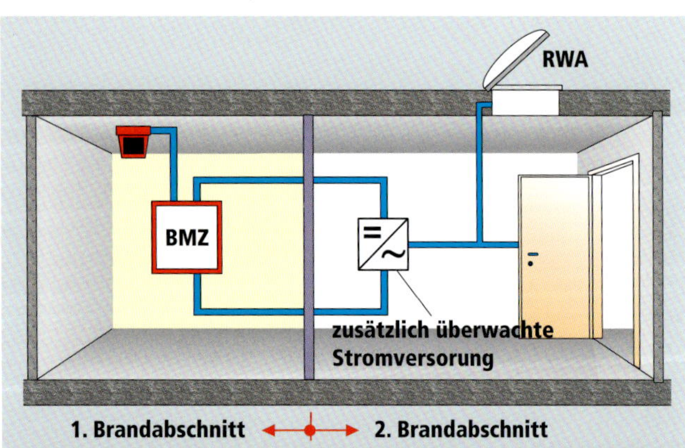

Anschluss von zusätzlichen Brandschutzeinrichtungen an eine zusätzliche überwachte Stromversorgung

5.3.2 Die Dauer des Funktionserhaltes der Leitungsanlagen muss mindestens 30 Minuten betragen bei

(...)

c) Brandmeldeanlagen einschließlich der zugehörigen Übertragungsanlagen; ausgenommen sind Leitungsanlagen in Räumen, die durch automatische Brandmelder überwacht werden sowie Leitungsanlagen in Räumen ohne automatische Brandmelder, wenn bei Kurzschluss oder Leitungsunterbrechung durch Brandeinwirkung in diesen Räumen alle an diese Leitungsanlage angeschlossenen Brandmelder funktionsfähig bleiben,

Diese Form des technischen Funktionserhaltes ist auch innerhalb der Regenerationszeit zulässig, da die Brandmeldung zum Zeitpunkt der Unterbrechung bereits abgesetzt ist.

d) Anlagen zur Alarmierung und Erteilung von Anweisungen an Besucher und Beschäftigte, sofern diese Anlagen im Brandfall wirksam sein müssen; ausgenommen sind Leitungsanlagen, die der Stromversorgung der Anlagen nur innerhalb eines Brandabschnittes in einem Geschoss oder nur innerhalb eines Treppenraumes dienen; die Grundfläche je Brandabschnitt darf höchstens 1.600 m² betragen,

Das Risiko ist innerhalb eines Brandabschnittes gleich. Durch die Begrenzung auf 1.600 m² wird die Sicherheit erhöht. Der Wert ist hier jedoch wissenschaftlich nicht hinterlegt. Die

Bild M-IX–1: Anschluss von zusätzlichen Brandschutzeinrichtungen

Erhöhung der Sicherheit kann auch durch verschiedene Leitungsführungen erfolgen, bei denen sichergestellt ist, dass im Brandfall beim Ausfall eines Übertragungsweges immer noch eine Alarmierung der übrigen Teilbereiche erfolgt.

Eine Alarmierung über den Übertragungsweg der Brandmeldeanlage ist nicht zulässig, wenn bei einem Kurzschluss oder Leitungsunterbrechung das Alarmierungssignal aussetzt.

Als nicht wesentliche Unterbrechung wird eine einmalige Unterbrechung von bis zu 5 Sekunden angesehen. Dieses ist vertretbar, da auch bei der Alarmierung nach DIN 14675-1 entsprechend der DIN VDE 0833-4 bei Sprachdurchsagen Sprachpausen vorgesehen sind.

M-X. Überwachungsumfang gemäß DIN VDE 08332-2:2017-10

In den Brandschutzkonzepten wird häufig folgende pauschale Formulierung verwendet:
Flächendeckende automatische Brandmeldeüberwachung gemäß DIN 14675, Kategorie I. Weiterhin wird die DIN VDE 08332-2:2017-10 herangezogen.

Der Ersteller des Brandschutzkonzeptes sollte prüfen ob der volle Überwachungsumfang gemäß DIN VDE 08332-2:2017-10, Abschnitt 6.1.3.1 wirklich benötigt wird und ggf. zusätzlich zu Abschnitt 6.1.3.2 weitere „Ausnahmen von der Überwachung" im Brandschutzkonzept definiert werden können.

Beispielhaft sollte die Überwachung aller Klima-, Be- und Entlüftungsanlagen (Klima- und Lüftungszentralen sowie Zu- und Abluftkanäle) hinterfragt werden. Aus Sicht der Schutzzieldefinition der Lüftungsanlagen-Richtlinie ist diese „Komplettüberwachung der Lüftungsanlagen" nicht zielführend, sehr kostenintensiv und aufwändig. Hier sollte im Brandschutzkonzept oder in der Anlage „Brandschutztechnische Lüftungskonzept" ein pragmatischer schutzzielorientierter Weg über die Raumüberwachung der Brandmeldeanlage gefunden wird.

Kanalrauchmelder in Entlüftungsleitungen sollten zur Vermeidung von Fehlalarmen nur gemäß DIN EN 54 ausgeführt oder auf eine Überwachung der Kanäle verzichtet werden.

- **Teil K** Brandschutztechnische Planungs- und Ausführungsempfehlungen zum elektrischen Funktionserhalt (MLAR, Abschnitt 5)
- **Teil G** bis **Teil I** Abschottung von elektrischen Leitungen
- **Teil O-VII.** Brandmeldeüberwachung von Systemböden gemäß DIN VDE 08332-2:2017-10

Die Erstellung von Teil N wurde unterstützt durch:

Dipl.-Ing. (FH) Frank Lucka, MEng. (VBI)
Master of Engineering für vorbeugenden Brandschutz
Nachweisberechtigter für Brandschutzplanung
(Listen-Nummer 21375)
Prüfsachverständiger prüfpflichtiger Anlagen
(Listen-Nummer 60)
ö.b.u.v. Sachverständiger für Heizungstechnik
Geschäftsführer Sachverständigenbüro
PVT mbH, Prenzlau

www.pvting.de

Wir bedanken uns bei Herrn Frank Lucka für die konstruktive Zuarbeit.

Teil N Be- und Entlüftung von elektrischen Betriebsräumen und Räumen, Gehäusen/Einhausungen, die zur Aufstellung unterschiedlicher Arten von Batterien dienen

Hinweis:
Der **Teil N** präzisiert die Kommentierung **Teil A-II.** zur MLAR, Abschnitt 5, **Teil C-II.** zur EltBauVO und **Teil L** als anwendungstechnische Umsetzung für die Planung und Montage der Sicherheitsstromversorgung. Hierbei sind alle Präzisierungen gemeinsam zu beachten und projektspezifisch unter Beachtung der Schutzziele umzusetzen.

Die Ausführungen zur MLAR aus **Teil K** elektrischer Funktionserhalt und **Teil M** Brandmelde- und Alarmierungsanlagen sind ebenfalls zu beachten.

N-I. Definitionen für Batterieanlagen

Eine Batterie (häufig auch kurz als Akku bezeichnet) ist eine elektrische Energiequelle, die aus mehreren miteinander verbundenen Zellen besteht. Die Zelle ist die kleinste Baugruppe (Einheit) einer Batterie. Die Zelle besteht aus den Elektroden, dem Elektrolyt und einem Gehäuse, das mit einem Deckel verschlossen ist, sowie den Anschlusspolen. Aus der Materialkombination und der Anzahl der Zellen ergibt sich die Nennspannung der Batterie. Die Kapazität hängt primär von der effektiven Plattengröße ab. Jede einzelne Zelle besitzt eine Nennspannung.

Zellen mit kleiner Kapazität sind in sogenannten Blockgefäßen in der Praxis mit einer Spannung von 6 V und 12 V als Blockbatterien zusammengefasst.

Werden mehrere Zellen zu einer Batterie oder mehrere Batterien zu einer Anlage geschaltet, erhöht sich die nominelle Spannung der Batterie bzw. der Anlage. Dies wird mit 12 V Blockbatterien für sogenannte 24 V-Anlagen in der Praxis häufig angewendet. Zum Beispiel können zwei in Reihe geschaltete 12 V-Blockbatterien für die Stromversorgung einer 24 V Brandmeldeanlage oder einer 24 V Alarmierungsanlage genutzt werden.

Werden Blockbatterien parallel geschaltet, erhöht sich die Kapazität. In Sprachalarmzentralen mit hohem Leistungsbedarf werden häufig baugleiche Blockbatterien parallel geschaltet, um mit einer vielfachen (bei zwei Batterien der doppelten) Kapazität die erforderliche Überbrückungszeit sicherzustellen.

Folgende Zellen werden unterschieden:

- geschlossene Zellen:
  Bei einer geschlossenen Sekundärzelle ist der Deckel mit einer Öffnung versehen, durch die Gase entweichen können und Elektrolyt nachgefüllt werden kann. Der Elektrolyt ist flüssig. Die Säuredichte ist messbar.
- verschlossene Zellen:
  Bei einer verschlossenen Zelle kann über ein Sicherheitsventil Gas entweichen, wenn z. B. durch Überladung ein zu großer Druck im Inneren entsteht. Der Elektrolyt ist in einem gelgetränkten Vlies gebunden und kann nicht nachgefüllt werden.
- gasdichte Zellen:
  Bei einer gasdichten Batterie treten keine Gase bzw. Elektrolyte aus, wenn die vom Hersteller vorgegebenen Betriebsbedingungen (Lade- und Temperaturgrenzwerte) eingehalten werden. Auch hier wird kein Elektrolyt nachgefüllt.

Die in der Praxis bekannten Batterietypen sind unter Beachtung der Zellenart in Tab. N-I–1 zusammengestellt.

Tab. N-I–1: übliche Batteriearten für Sicherheitsbeleuchtungsanlagen

Batterietyp-bezeichnung	Batteriebeschreibung			
OPzS	ortsfest, wartungsarm	Blei-Batterie	ge-schlossen	Panzerplatte
OPzV	ortsfest, wartungsfrei	Blei-Batterie	ver-schlossen	Panzerplatte
OGi	ortsfest, wartungsarm	Blei-Batterie	ge-schlossen	Panzerplatte
OGiV	ortsfest, wartungsfrei	Blei-Batterie	ver-schlossen	Gitterplatte
NiCd	Nickel-Cadmium-Batterien			

Gemäß DIN EN 50272-2 (VDE 0510 Teil 2):2001-12 sind Vorkehrungen gegen Gefahren durch Elektrolyt zu beachten. Entgegen einiger Aussagen in der Baustellenpraxis sind z. B. gemäß Abschnitt „9.2 Schutzkleidung" der Norm mindestens Schutzbrillen und Schutzhandschuhe bei Arbeiten an geschlossenen, verschlossenen und gasdichten Zellen zu tragen.

Der Elektrolyt in Bleibatterien ist eine wässerige Lösung von Schwefelsäure. Der Elektrolyt in NiCd-Batterien ist eine wässerige Lösung von Kaliumhydroxid. Zum Auffüllen der Zellen wird destilliertes oder entmineralisiertes Wasser verwendet.

Batterien liefern durch ihren geringen Innenwiderstand einen großen Kurzschlussstrom. Hierauf ist im Bereich der Zellen und ungeschützten Polen und Verbindern bis hin zur ersten Absicherung gegen Überlast und Kurzschluss, z. B. durch Abdeckungen der Pole, zu achten.

Bei nicht wiederaufladbaren Batterien spricht man von Primärzellen oder Primärelementen (siehe **Teil N-II.**).

Aufladbare Batterien bezeichnet man als Sekundärzellen bzw. Akkumulatoren, kurz Akkus (siehe **Teil N-III.**)

N-II. Primärelemente

Primärelemente sind nicht wiederaufladbare Batterien. Diese Batterieform kommt in sicherheitstechnischen Anlagen, insbesondere Sicherheitsbeleuchtungsanlagen in der Praxis nicht vor. Ein typisches Anwendungsgebiet für Primärelemente sind Rauchwarnmelder nach DIN EN 14604.

N

N-III a. Einsatzgebiete für wiederaufladbare Batterieanlagen

Wiederaufladbare Batterieanlagen sind als Stromquelle für Sicherheitszwecke geeignet. Hierzu gehören:

- Sicherheitsbeleuchtungsanlagen
- Alarmierungsanlagen
- Elektroakustische Notfallwarnsysteme
- Brandmeldeanlagen, Brandmeldeanlagen mit Sprachalarmierung im Brandfall
- Rauchabzugsanlagen

Aber auch auf folgende andere Einsatzfälle muss man zunehmend hinweisen:

- USV-Anlagen in Rechenzentren
- Batteriegestützte zentrale Stromversorgungssysteme (BSV) in Krankenhäusern
- Einbruchmeldeanlagen
- Gaswarnanlagen (z. B. CO-Warnanlagen)
- Transportmittel (z. B. Gabelstapler, Hubwagen, Rasenmäher)

Neuere Analysen und Untersuchungen haben ergeben, dass abhängig von dem Ladezustand bei Lithium-Ionen-Akkus Brandgefahren entstehen können. Diese Akkus stellen insbesondere im vollen oder überladenen Zustand sowohl eine Zündquelle als auch eine Brandlast dar. Derzeit werden derartige Akkus jedoch in sicherheitstechnischen Anlagen nicht verwendet. In Transportmittel, Laptops und kleineren USV-Anlagen sind sie jedoch anzutreffen.

Insbesondere Batterieanlagen in USV-Anlagen von Rechenzentren besitzen mittlerweile höhere Kapazitäten als Anlagen für Sicherheitszwecke zum Beispiel zur Versorgung von Sicherheitsleuchten (siehe Bild N-III–1 auf Seite 339).

Hinweis:
USV-Anlagen von Rechenzentren, insbesondere als zentrale Batterieanlagen, sind keine bauordnungsrechtlich geforderten Anlagen. Sie gehören nicht zu den bauordnungsrechtlich geforderten Sicherheitsstromversorgungen.

Im **Teil C-II.** wird als wesentliches Schutzziel der EltBauVO der Schutz der Menschen und Gebäude vor der elektrischen Anlage benannt. Unter Praktikern führt dies zu erheblichen Diskussionen, da die im Bild N-III–1 dargestellte USV-Anlagen dieses Schutzziel nicht erfüllen. Vom Anwendungsbereich der EltBauVO sind diese USV-Anlagen nicht erfasst. Zur Vermeidung von privatrechtlichen Haftungsfällen sollte daher für derartige Aufstellräume untersucht werden, ob zur Erreichung des Schutzes der Menschen und Gebäude vor diesen elektrischen Anlagen wesentliche Maßnahmen, die aus der EltBauVO ableitbar sind, auch umgesetzt werden sollten.

In Brandmelde-, Alarmierungs- und Rauchabzugsanlagen kommen in den letzten Jahrzehnten häufig Blockbatterien mit Nennspannungen von 12 V zum Einsatz. Im Anwendungsbereich der DIN EN 50171 (VDE 0558 Teil 508):2001-11 werden Stromversorgungssysteme für Brandmelde- und Alarmierungsanlagen ausgeschlossen. Diese Anlagen werden in dem Geltungsbereich der europäischen Produktnormen der EN 54-Reihe definiert. Die Produktnormen der EN 54-Reihe nennen wesentliche Eigenschaften, auch für Batterien und ihre Ladegeräte. Diese sollten schutzzielorientiert beachtet werden.

Im Gegensatz zu Sicherheitsstromversorgungsanlagen mit Hubkolbenverbrennungsmotoren, bei denen immer Kraftstoff auch von Hand nachgeliefert werden kann, muss bei batteriegestützten Anlagen die benötigte Energie vor dem Netzausfall in Gänze in der Batterie gespeichert sein. Dadurch sind Batterieanlagen in ihrer Verfügbarkeit begrenzt. Sie haben jedoch gegenüber Anlagen mit Generatoren einige Vorteile. Insbesondere sind Batterieanlagen bei Netzausfall sofort verfügbar. Deshalb werden sie bevorzugt dort verwendet, wo es auf eine sehr kurze Umschaltzeit ankommt. Dies ist insbesondere die Sicherheitsbeleuchtung. Wegen der begrenzten Batteriekapazität bei Netzausfall darf die Batterie nicht durch eine Gerätestörung unnötig entladen werden. Deshalb wird in den technischen Regeln eine Meldung des Batteriebetriebes zwingend gefordert.

In Sicherheitsbeleuchtungsanlagen sind vorzugsweise zentrale Sicherheitsstromversorgungssysteme vorzusehen, so dass bei Ausfall der allgemeinen Stromversorgung festgelegte Räume, jedoch mindestens die Rettungswege, ausreichend beleuchtet werden.

Eine Übersicht über Sicherheitsstromversorgungssysteme finden Sie im **Teil L-III.**.

Zentrale Sicherheitsstromversorgungssysteme nach DIN EN 50171 (VDE 0558 Teil 508):2001-11 sind Systeme, die ständig an eine Wechselspannung bis 1.000 V angeschlossen sind und Batterien als alternative Stromquelle verwenden.

Man unterscheidet Anlagen ohne Begrenzung des Stromversorgungssystems in Bezug auf die Ausgangsleistung, sogenannte CPS-Systeme (CPS = central power supply, Zentrale Stromversorgung), die die gängigste über Batterien gespeiste Lösung zur Stromversorgung der Sicherheitsbeleuchtung darstellen (siehe **Teil L** und **Teil N-III b.**). Weiterhin werden Systeme mit Leistungsbegrenzung, sogenannte LPS-Systeme (LPS = local power supply, Stromversorgungssystem mit Leistungsbegrenzung), die entweder 500 W für drei Stunden oder 1500 W für die Dauer von einer Stunde generieren können (siehe **Teil N-III c.**), angewendet.

Sowohl CPS-Systeme als auch LPS-Systeme müssen der DIN EN 50171 (VDE 0558 Teil 508):2001-11 entsprechen.

In der Regel sind in den geregelten Sonderbauten eine hohe Anzahl Leuchten zu erwarten. Es wird empfohlen, in diesen Gebäuden vorzugsweise CPS-Anlagen einzusetzen.

In ungeregelten, häufig kleineren Sonderbauten, wie KITAs, kleinen Büro- und Verwaltungsgebäuden sind LPS-Systeme mittlerweile eine gute Alternative zu instandhaltungsintensiven Einzelbatterieleuchten.

Bild N-III-1: Ansicht von einer der zwei aufgestellten USV in einem Aufstellraum, der nicht die Anforderungen gemäß EltBauVO erfüllt, weil er nicht in deren Geltungsbereich fällt

N-III b. Zentralbatterieanlagen ohne Leistungsbegrenzung

Zentralbatterieanlagen ohne Leistungsbegrenzung werden gemäß DIN EN 50171 (VDE 0558 Teil 508):2001-11 zentrales Stromversorgungssystem (CPS-System, Central Power Supply System) genannt, das ohne jede Begrenzung der Ausgangsleistung den geforderten Notstrom für die notwendigen Sicherheitseinrichtungen liefert.

In zentralen Stromversorgungssystemen müssen wartungsarme Batterien in geschlossener oder verschlossener Bauart eingesetzt werden. Es sind Batterien mit einer Lebensdauererwartung von mindestens 10 Jahren einzusetzen.

Die Bemessungsbetriebsdauer und die Leistung der zu versorgenden sicherheitstechnischen Einrichtungen bestimmen im Wesentlichen die Kapazität.

Die Anforderungen an den elektrischen Betriebsraum für eine zentrale Batterieanlage für bauordnungsrechtlich vorgeschriebene sicherheitstechnische Anlagen und Einrichtungen sind gemäß EltBauVO:2009-01 definiert (siehe **Teile C** und **Teil L**).

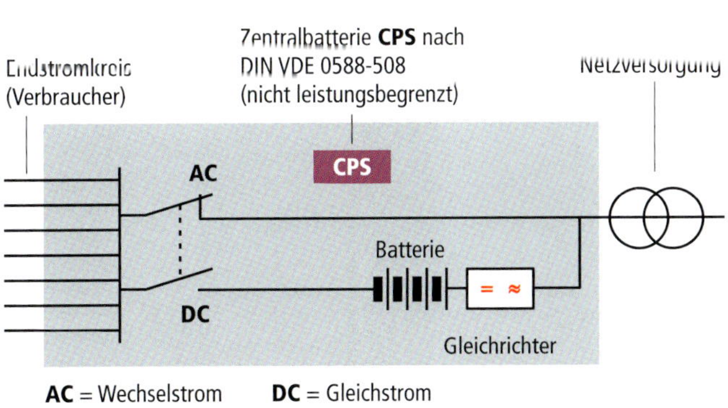

Bild N-III-2: Zentralbatterie (CPS)

N-III c. Zentralbatterieanlagen mit Leistungsbegrenzung

Zentralbatterieanlagen mit Leistungsbegrenzung werden gemäß DIN EN 50171 (VDE 0558 Teil 508):2001-11 Stromversorgungssystem mit Leistungsbegrenzung (LPS-System, Low Power Supply System) mit Begrenzung der Ausgangsleistung auf 500 W für eine Dauer von 3 h oder 1500 W für eine Dauer von 1 h genannt.

An eine Gruppenbatterieanlage nach der alten DIN VDE 0108-1:1989-10, die im übertragenen Sinn einem LPS-System entspricht, durften 20 Sicherheitsleuchten angeschlossen werden. Es galt eine Leistungsbegrenzung von 900 W für die Dauer von 1 h und 300 W für 3 h. Jedoch wurden als Nennspannung in der Regel 216 V DC angegeben. Dies führte in der Umsetzung zu einer hohen Zellenanzahl.

Bei zentralen Stromversorgungssystemen mit Leistungsbegrenzung können wartungsarme Batterien in gasdichter oder verschlossener Bauart verwendet werden. Es sind Batterien mit einer Lebensdauererwartung von mindestens 5 Jahren einzusetzen.

Grundsätzlich ist es in allen Sonderbauten zulässig, LPS-Systeme unter Beachtung der erforderlichen Umschaltzeiten und Bemessungsbetriebsdauern einzusetzen.

Früher kamen LPS-Systeme häufig aufgrund geringerer Investitionskosten zum Einsatz, da Batteriesysteme verwendet werden können, die nur für mindestens 5 Jahre ausgelegt sind. Das heißt, LPS-Systeme besitzen ähnlich der Einzelbatterieanlagen einen höheren Instandhaltungsaufwand.

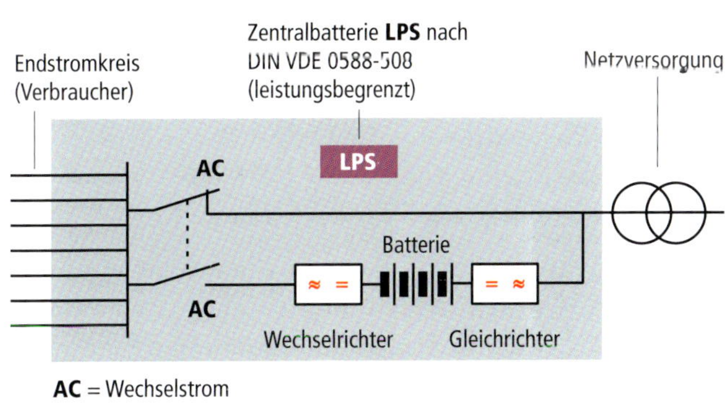

Bild N-III-3: Gruppenbatterie (LPS)

Die Anforderung an den Aufstellungsort von Gruppenbatterieanlagen (gleichgesetzt mit LPS) sind bauordnungsrechtlich, wie es die Kommentierung der ARGEBAU zur EltBauVO:2009-01 erläutert, dieselben wie für CPS-Systeme (siehe **Teile C** und **Teil L** der Kommentierung).
Das heißt, wenn für die Unterbringung des LPS-Systems keine Erleichterung oder Abweichung aus bauordnungsrechtlicher Sicht herbeigeführt wird, sind formal eigene elektrische Betriebsräume wie für ein CPS-System notwendig. Die Weiterentwicklung der LPS-Systeme macht weitere Betrachtungen diesbezüglich erforderlich (siehe **Teil N-IV.** und **Teil N-V.**).

N

N-III d. Einzelbatterieanlagen

Der häufigste Anwendungsfall für Einzelbatterieanlagen ist die Sicherheitsbeleuchtung einschließlich hinterleuchteter Rettungszeichen. Einzelbatterieleuchten bestehen aus einer Blockbatterie, der Lampe und der Steuereinheit sowie Prüf- und Überwachungseinrichtungen (falls vorgesehen). Die Blockbatterie ist entweder im Leuchtengehäuse untergebracht oder in unmittelbarer Nähe, das heißt mit einer Leitungslänge von bis zu 1 m, angeordnet. Bei der Anwendung werden dann mehrere Einzelbatterieleuchten in einem Gebäude als Einzelbatterieanlagen für die Sicherheitsbeleuchtung bezeichnet. Die am Ende dieses Abschnittes benannten Vereinfachungen für regelmäßige Prüfungen führen dazu, dass diese Leuchten mit einem zentralen Anzeigetableau zu einer Anlage verknüpft werden.

Bei den Batterien handelt es sich üblicherweise um wartungsfreie NiCd oder NiMH-Batterien.

Da die Sicherheitsstromversorgung dezentral bei Einzelbatterieanlagen gewährleistet wird, kann auf die Ausbildung eines gesonderten Raumes mit Anforderungen an den Feuerwiderstand entsprechend des notwendigen Funktionserhaltes verzichtet werden.

Ebenso entfallen im Regelfall die Anforderungen an die Be- und Entlüftung durch den Entfall des Raumes für die zentrale Batterieanlage. Eine Kontrollrechnung gemäß DIN EN 50272-2 (VDE 0510 Teil 2):2001-12 durch den Elektrofachplaner ist für alle Batterieanlagen grundsätzlich erforderlich.

Bei Einzelbatteriesystemen ist der Aufwand für die Instandhaltung höher. Dies bezieht sich insbesondere auf den Austausch der Akkus nach etwa 4 Jahren abhängig von den Umgebungsbedingungen. Das komplette Leuchtensystem muss nach DIN EN 60598-2-22 (VDE 0711-2-22):2015-03 ausgelegt sein.

Zur Vereinfachung der täglichen, wöchentlichen bzw. monatlichen Prüfungen sind entsprechend den allgemein anerkannten Regeln der Technik einzelbatteriebetriebene Sicherheitsbeleuchtungsanlagen mit Selbsttestfunktion auszubilden. Ein Verzicht auf zentrale Selbsttestfunktionen kann erhebliche Kosten für den Betreiber verursachen. Beachtet man diese Hinweise, ist diese Variante für kleinere Objekte mit bis zu 50 Einzelbatterieleuchten eine vernünftige Lösung.

N-IV. Aufstellung von Batterieanlagen

Als allgemein anerkannte Regel der Technik werden in der DIN EN 50272-2 (VDE 0510 Teil 2):2001-12 – Teil 2: Stationäre Batterien – neben den allgemeinen Schutzmaßnahmen im Zusammenhang mit einer Gefährdung durch elektrischen Strom bei Batterieanlagen, zusätzliche Maßnahmen zum Schutz vor Gefahren durch Explosion und austretende Elektrolyte beschrieben. In der Norm werden unter anderem die technischen Anforderungen an eine wirksame Be- und Entlüftung (siehe **Teil N-V.**) und die Unterbringung der Batterien beschrieben. Zum Beispiel müssen zum Schutz vor einer Gefährdung durch elektrischen Strom Batterieanlagen mit einer Nennspannung > DC 60 V bis DC 120 V in elektrischen Betriebsräumen untergebracht werden und bei einer Nennspannung > DC 120 V in abgeschlossenen elektrischen Betriebsräumen. Dies ist bei der Elektrofachplanung unabhängig von der EltBauVO zu berücksichtigen.

Grundsätzlich sind Batterien geschützt in Räumen unterzubringen. Falls es gemäß Elektrofachplanung für erforderlich gesehen wird, sind elektrische oder abgeschlossene elektrische Betriebsräumen vorzusehen.

Die folgenden Unterbringungsarten können ausgewählt werden:
- besondere Räume für Batterien innerhalb von Gebäuden;
- besondere, abgetrennte Betriebsbereiche in elektrischen Betriebsräumen;
- Schränke oder Behälter innerhalb oder außerhalb von Gebäuden;
- Batteriefächer in Geräten (Kombi-Schränke).

Ein Raum zur Unterbringung einer Batterie sollte nach folgenden Kriterien ausgewählt werden:
- Schutz vor äußeren Gefahren, z. B. Feuer, Wasser, Erschütterung, Vibration, Ungeziefer;
- Schutz vor den Gefahren, die von der Batterie hervorgerufen werden, z. B. hohe Spannung, Explosionsgefahr, Gefahr durch Elektrolyt, Korrosion;
- Schutz vor Zutritt von unbefugten Personen;
- Schutz vor extremen Umwelteinflüssen, z. B. Temperatur, Luftfeuchte, Luftverschmutzung.

Die DIN EN 50272-2 (VDE 0510 Teil 2):2001-12 benennt detailliert
- spezielle Anforderungen an besondere Räume für Batterien
- spezielle Anforderungen an besondere, abgetrennte Betriebsbereiche in elektrischen Betriebsräumen
- spezielle Anforderungen an Batterieschränke

Vor allem werden Anforderungen an die Zugänglichkeit, Lüftung zur Vermeidung von Explosionen, Ableitfähigkeit des Bodens, Elektrolytbeständigkeit, Kennzeichnung usw. benannt.

Die Vorgaben dieser Norm können dazu beitragen, die grundlegenden Anforderungen an Aufstellräume für „zentrale Batterieanlagen" zur Versorgung bauordnungsrechtlich vorgeschriebener Anlagen und Einrichtungen gemäß EltBauVO: 2009-01 umzusetzen (siehe **Teil C** der Kommentierung).

Es wird darauf hingewiesen, dass die normativen Anforderungen dieser allgemein anerkannten Regel der Technik nicht nur für bauordnungsrechtlich geforderte, sondern auch für weitere Batterieanlagen wie BSV-Anlagen-Räume, USV-Räume in Rechenzentren, Batterieladeräume für Transportmittel (z. B. Gabelstapler, Hubwagen, Rasenmäher) unabhängig von den bauordnungsrechtlichen Vorgaben anzuwenden sind. Hierfür sind die Fachplaner und ausführenden Unternehmen verantwortlich.

LPS-Systeme werden von den Herstellern in der Regel als verschlossene Blei-Batterien (OGiV) und bei bestimmungsgemäßem Betrieb als auslaufsicher angegeben. Die Hersteller treffen teilweise die Aussage, die Batterien seien wartungsfrei. Normativ ist jedoch festzustellen, dass es keine wartungsfreien Batterien gibt.

Die Weiterentwicklung der Batterien für LPS-Systeme macht es erforderlich, im Einzelfall den Weg zur Erfüllung der bauordnungsrechtlichen Schutzziele im Planungsprozess zu hinterfragen. In begründeten Einzelfällen können daher auch von den Vorschriften der EltBauVO abweichende technische Lösungen gleichermaßen den Schutzzielanforderungen des geltenden Rechts genügen. Die **Teile C** und **Teil L** sind dabei zu berücksichtigen.

Für den Nachweis der Einhaltung der Schutzziele sind folgende Punkte in der Planung zu beachten bzw. zu dokumentieren:

- Dokumentation der tatsächlich geplanten bzw. vorhanden technischen Randbedingungen gemäß DIN EN 50272-2 (VDE 0510 Teil 2):2001-12
- Berechnung der Be- und Entlüftung unter Beachtung dieser Daten (siehe **Teil N-V.**)
- gegebenenfalls Nachweis der Fugendurchlässigkeiten durch Berechnung (siehe **Teil N-V d.**)
- gegebenenfalls Nachweis der Fugendurchlässigkeiten durch Messung im Rahmen von Blower-Door-Test gemäß den EnEV-Nachweisen bzw. Door-Fan-Prüfmethode gemäß VdS2380:2016-06 für Feuerlöschanlagen mit nicht verflüssigten Inertgasen

N-V. Be- und Entlüftung von Batterieräumen
N-V a. Normative Berechnungsgrundlagen

Durch die Lüftung eines Batterieraums oder Batterieschranks soll die Wasserstoffkonzentration unterhalb der Schwelle von 4 % vol Wasserstoffanteil (untere Explosionsschwelle LEL, Lower Explosion Limit) gehalten werden. Ein Berechnungsverfahren ist seit Ende der 1960er-Jahre normativ bekannt gemacht.

Der notwendige Luftvolumenstrom zur Lüftung eines Batterieraumes oder Batteriebehälters ist gemäß DIN EN 50272-2 (VDE 0510 Teil 2):2001-12 nach der folgenden Gleichung zu berechnen:

$$Q = v \cdot q \cdot s \cdot n \cdot I_{gas} \cdot C_N \cdot 10^{-3} \left[\frac{m^3}{h}\right] \qquad (1)$$

Dabei ist

Q der Luftvolumenstrom, in [m³/h]

v der erforderliche Verdünnungsfaktor von Wasserstoff

$$v = \frac{100\% - 4\%}{4\%} = 24 \qquad (2)$$

q freigesetzter Wasserstoff = 0,42 x 10-3 m³/Ah

s allgemeiner Sicherheitsfaktor = 5

I_{gas} Strom, zur Berechnung des Luftvolumenstromes, in mA/Ah Nennkapazität, z. B. bei Erhaltungsladestrom I_{float} oder Starkladestrom I_{boost} laut Tabelle 1 aus DIN EN 50272-2 (VDE 0510 Teil 2):2001-12

Tab. N-V-1. Werte für Ladeströme beim Laden mit IU- oder U-Ladegeräten, Auszug aus Tabelle 1 aus DIN EN 50272-2 (VDE 0510 Teil 2):2001-12

	Bleibatterien geschlossene Zellen Sb < 3%[1]	**Bleibatterien verschlossene Zellen**	**NiCd Batterien geschlossene Zellen**[2]
Strom (Erhaltungsladen) I_{gas} [mA/Ah]	5	1	5
Strom (Starkladen) I_{gas} [mA/Ah]	20	8	50

[1] Bei höherem Antimongehalt sind geeignete Werte beim Hersteller zu erfragen.
[2] Bei NiCd Batterien mit innerer Rekombination sind die Herstellerangaben zu beachten

Hinweis:
Die Hersteller geben häufig in ihren Datenblättern nur die Berechnungsergebnisse für die Erhaltungsladung an. Der kritische Fall ist jedoch im Zustand Starkladung gegeben.

CN die Kapazität C10 für Bleibatterien [Ah], Us = 1,80 V/ Zelle bei 20 °C
oder
die Kapazität C5 für NiCd-Zellen [Ah], Us = 1,00 V/ Zelle bei 20 °C
n die Anzahl der Zellen
A freier Öffnungsquerschnitt von Zu- und Abluftöffnungen bei natürlicher Lüftung

Die Faktoren v, q und s können als feste Größen zusammengefasst werden:

$$v \cdot q \cdot s = 24 \cdot 0.42 \cdot 10^{-3} \cdot 5 = 0.0504 \approx 0.05 \quad (3)$$

Daraus ergibt sich folgende vereinfachte Formel zur Ermittlung des Volumenstroms im Batterieraum:

$$Q = 0{,}05 \cdot n \cdot I_{gas} \cdot C_N \cdot 10^{-3}\ [m^3/h] \quad (4)$$

Die Belüftung des Batterieraumes muss normativ aus dem Freien und ins Freie erfolgen. Bei natürlicher Lüftung sind die Zu- und Abluftöffnungen möglichst auf gegenüberliegenden Wandseiten anzuordnen. Ist dies nicht möglich, sollte ein Mindestabstand von 2 m eingehalten werden.

Die Zuluftöffnungen sind bodennah, die Abluftöffnungen deckennah anzuordnen. Das ist wichtig, weil Wasserstoff eine geringere Dichte als Luft hat und sich an der Decke sammelt.

Unter Annahme einer Luftgeschwindigkeit von 0,1 m/s können die Größen der Zu- und Abluftöffnungen mit folgender Formel berechnet werden:

$$A = 28 \cdot Q \quad (5)$$

Wenn eine zuverlässige natürliche Lüftung nicht möglich ist, müssen Ventilatoren eingesetzt werden. Ventilatoren stellen eine zusätzliche Störquelle dar und müssen deshalb überwacht werden. Die Ansteuerung muss von der Batterieanlage erfolgen. Dabei wird bei Beginn des Ladevorgangs über einen potenzialfreien Ausgang an der Batterieanlage der Ventilator in Betrieb genommen.

In der Vergangenheit wurde häufig ein Zeitrelais bei maschineller Entlüftung vorgesehen, um den Ventilator nach Beendigung des Ladevorgangs noch zirka eine Stunde nachlaufen zu lassen.

Eine Explosionsgefahr kann nur ausreichend sicher verhindert werden, wenn das entstehende Wasserstoffgemisch sicher und schnell genug verdünnt wird. Deshalb ist der Raum in einem Abstand von 0,5 m um die Zellenöffnung als zündfähiger Bereich anzusehen. Daher dürfen die Ventilatoren zur technischen Lüftung von Batterieräumen oder -schränken sich nicht innerhalb dieses Nahbereiches von 0,5 m befinden. Auch andere elektrische Betriebsmittel, die betriebliche Funken reißen können, wie Schalter und Steckdosen, dürfen nicht in diesem Nahbereich installiert werden. Wenn durch die oben beschriebenen Maßnahmen eine explosionsgefährdete Atmosphäre verhindert wird, kann die Elektroinstallation einschließlich des Ventilators ohne Explosionsschutzmaßnahmen ausgeführt werden.

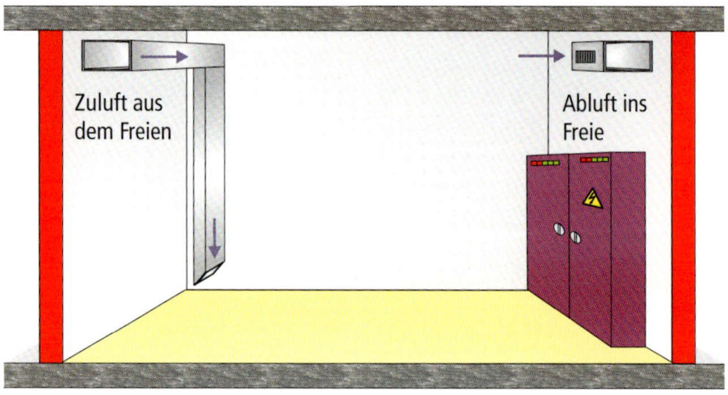

Bild N-V–1: Darstellung einer zuverlässigen natürlichen Lüftung mit Abluftöffnung ins Freie oben und Zuluftöffnung aus dem Freien unten.

Bei notwendigen Luftzirkulationen durch Zu- und Abluftöffnungen gemäß Bild N-V-1 sollte man mindestens einen Durchmesser von 10 cm sicherstellen.

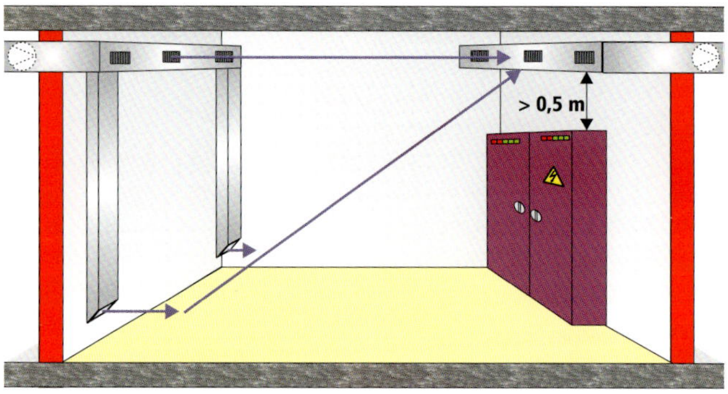

Bild N-V–2: Darstellung einer zuverlässigen Lüftung durch Ventilatoren. Die Zuluft kann optional auch natürlich nachströmen.

N-V b. Beispielrechnung

Es soll der Querschnitt für die Einlass- und Auslassöffnung eines Batterieraumes für eine 216 V Bleibatterieanlage, mit 108 Zellen und 400 Ah, OPzS geschlossene Type, Antimon (SB) < 3% (LA) im Starkladungsbetrieb berechnet werden. Die Lüftungsöffnungen befinden sich auf gegenüberliegenden Raumwänden.

n = 108 Zellen, (Hinweis: 108 x 2 V = 216 V)
CN = 400 Ah,
I_{gas} = 20 mA/Ah für geschlossene Type (Antimon SB < 3%) im Starkladebetrieb aus

$$Q = 0{,}05 \cdot n \cdot I_{gas} \cdot C_N \cdot 10^{-3} \left[\frac{m^3}{h}\right]$$

$$Q = 0{,}05 \cdot 108 \cdot \frac{20\ \mathrm{mA}}{\mathrm{Ah}} \cdot 400\ Ah \cdot 10^{-3}$$

$$Q = 43{,}2\ m^3/h$$

$$A = 28 \cdot Q$$

$$A = 28 \cdot 43{,}2\ \mathrm{m^3/h}$$

$$A = 1210\ \mathrm{cm^2}$$

Für die Zu- und Abluftöffnungen ist jeweils ein freier Öffnungsquerschnitt von 1.210 cm² erforderlich.

Für diese Berechnung wird gemäß DIN EN 50272-2 (VDE 510 Teil 2) eine Luftgeschwindigkeit von 0,1 m/s unterstellt.

Öffnungen mit quadratischem freien Querschnitt haben eine Kantenlänge von zirka 35 cm. Öffnungen mit einem runden Querschnitt haben einen Durchmesser von mindestens 40 cm.

N-V c. Ergebnisse für übliche Batteriegrößen

In der Übersicht gemäß Tab. N-V–2 sind beispielhaft verschiedene Batterietypen gemäß Tab. N-I–1 auf Seite 337 unter Beachtung praxisnaher Nennkapazitäten, Nennspannungen und Zellenanzahlen aufgelistet. Für die aufgelisteten Batteriegrößen sind dann für den Starkladebetrieb die erforderlichen Luftvolumenströme bzw. Öffnungsflächen gemäß dem **Teil N-V a.** und **Teil N-V b.** gegenübergestellt. Durch die Hersteller von Batterieanlagen werden für die verwendeten Batterien der erforderliche Luftvolumenstrom und die erforderlichen Lüftungsöffnungen häufig nur im Zustand Erhaltungsladung angegeben. Daher ist eine Nachberechnung durch die beteiligten Fachplaner, in der Regel dem Elektroplaner, erforderlich. Es ist zu empfehlen, sowohl die Datenblätter der Hersteller als auch die Berechnungen des Elektrofachplaners in die Bestandsdokumentation des Gebäudes zu übernehmen.

Die Hersteller von LPS-Systemen für die Sicherheitsbeleuchtung arbeiten häufig mit 24 V-Technik, in Analogie zu den Systemen für Brandmelde- und Alarmierungsanlagen. Entscheidend für Lüftungsberechnungen sind dabei die Anwendung von verschlossenen Blei-Batterien (OGiV) und die aufgrund der gewählten Spannungsebene (24 V-Technik) geringe Zellenanzahl. Der Batterietyp OGiV hat einen deutlich geringeren Faktor als OPzS (Tab. N-I–1 auf Seite 337). Die Zellenanzahl bestimmt durch die Spannung geht als direkter Faktor in die Berechnung ein und hat daher ebenfalls einen wesentlichen Einfluss auf das Berechnungsergebnis.

Die erforderlichen Lüftungsöffnungen für LPS-Anlagen in der Praxis liegen zwischen 0,1 cm² und 15 cm². Der erforderliche Luftvolumenstrom liegt zwischen 0,01 m³/h und maximal 1,0 m³/h. Dies sind in der Lüftungstechnik kaum messbare Luftmengen während der praktischen Baustellenanwendung.

Die für die Be- und Entlüftung benötigte derart geringe Luftmenge könnte schutzzielorientiert abweichend zu Batterieanlagen mit größeren Luftmengen an die allgemeine Raumlüftung angebunden werden. Hierfür ist jedoch die Abweichung bzw. Erleichterung deutlich zu benennen und im Rahmen des Baugenehmigungsverfahrens zu dokumentieren.

Tab. N-V–2: Lüftungsanforderungen üblicher Batteriegrößen für Starkladungsbetrieb

Nenn-Kapazität (CN) in [Ah]	**Batterietyp**	**Starkladestrom (I_{Gas}) in [mA/Ah]**	**Nennspannung [V]**	**Zellenanzahl (n)**	**Luftvolumenstrom (Q) in [m³/h]**	**erforderliche freie Öffnungsfläche (A) in cm² (A)**	**quadratische Kantenlänge (L) in [cm]**	**Durchmesser (d) in [cm]**
50	OPzS	20	216	108	5,4	151	13	14
100	OPzS	20	216	108	10,8	302	18	20
150	OPzS	20	216	108	16,2	454	22	25
200	OPzS	20	216	108	21,6	605	25	28
250	OPzS	20	216	108	27,0	756	28	32
300	OPzS	20	216	108	32,4	907	31	34
350	OPzS	20	216	108	37,8	1058	33	37
420	OPzS	20	216	108	45,4	1270	36	41
490	OPzS	20	216	108	52,9	1482	39	44
600	OPzS	20	216	108	64,8	1814	43	49
700	OPzS	20	216	108	75,6	2117	47	52
12	OGiV	8	24	12	0,1	2	2	2
24	OGiV	8	24	12	0,1	3	2	3
26	OGiV	8	24	12	0,1	3	2	3
50	OGiV	8	24	12	0,2	7	3	3
110	OGiV	8	24	12	0,5	15	4	5
165	OGiV	8	12	6	0,4	11	4	4
200	OGiV	8	6	3	0,2	7	3	3

N-V d. Lüftungsnachweise über Fugendurchlässigkeiten

Eine gute Lösung mit wirksamer natürlicher Lüftung ist ein durch den Entwurfsverfasser geplanter Aufstellraum mit einem öffenbaren Fensterelement und einer Zugangstür. Zum Beispiel kann man den Hausanschlussraum oder den Raum für die Niederspanungshauptverteilung benutzen, wenn keine weiteren Anforderungen aus bauordnungsrechtlicher Sicht oder anderen technischen Regelwerken bestehen. Dann muss im Rahmen der Planung der Nachweis der Fugendurchlässigkeit der Öffnungsabschlüsse erfolgen.

Für Nachweise von Fugendurchlässigkeiten gibt es verschiedene Berechnungsmethoden. Diese Methoden müssen mit Zu- oder Abschlägen ergänzt werden, um jeweils auf der sicheren Seite zu sein. Bei allen Berechnungen darf das Schutzziel Vermeidung einer explosionsfähigen Atmosphäre auf Basis der normativen Berechnungsgrundlagen nicht außer Acht gelassen werden. Dann sind die Ergebnisse mit den Berechnungen gemäß **Teil N-V a.** zu vergleichen.

Beispielhaft können folgende Berechnungsverfahren angewendet werden:

- Nachweis Fugendurchlässigkeiten im Rahmen der ohnehin erforderlichen Heizlastberechnungen nach DIN EN 12831:2017-09
- Klassifizierungsnachweise im Rahmen der Produktnorm DIN EN 12207:2017-03 für Fenster, Außen- und Innentüren
- Nachweise für zulässige Leckluftraten an Rauchschutztüren nach alter Norm DIN 18095-1:1988-10 oder neuer Norm DIN EN 13501-2:2016-12

Beispiel:
Wenn der Zuluftstrom über die Fugendurchlässigkeit der Türelemente erfolgt und als Türelemente dichtschließende Türelemente vorhanden sind, kann man vergleichsweise eine zulässige Leckrate (Fugendurchlässigkeit) von 9 m³/h (einflügelige Türelemente) nach DIN 18095-1:1988-10 für höherwertige Rauchschutztüren in Ansatz bringen. Es kann in der Regel davon ausgegangen werden, dass dichtschließende Türelemente eine größere oder gleiche Leckrate als Rauchschutztüren besitzen. Eine Besichtigung vor Ort und ingenieurmäßige Bewertung muss jedoch erfolgen.

Als Abluftöffnung für Aufstellräume können die Fensterelemente in der Außenfassade angenommen werden. Eine Fugendurchlässigkeit der Fenster ist nicht bekannt. Für die höchste Klasse (4) nach DIN EN 12207:2000-06 besitzen Fenster eine Fugendurchlässigkeit von 0,75 m³/h bezogen auf einen Meter Fugenlänge.

Damit sind die Fugendurchlässigkeiten der Türelemente und Fenster **wesentlich größer als der erforderliche Luftvolumenstrom.**

Für die jeweiligen Aufstellorte ist in der Dokumentation nachzuweisen, dass die Querlüftung durch Tür- und Fensterelemente sichergestellt ist. Besitzt der Aufstellraum jeweils ein Türelement und ein Fensterelement mit den entsprechenden Öffnungsabschlüssen, kann der erforderliche Luftvolumenstrom mit großer Wahrscheinlichkeit sichergestellt werden, um eine explosionsgefährdete Wasserstoffkonzentration in der Raumluft zu vermeiden.

Die DIN EN 13501-2:2016-12 legt die Leistungskriterien für die Rauchdichtheit für Sm und Sa der gesamten Türelemente fest. Ähnlich verfährt die DIN EN 12207:2017-03. Dann ist nicht mehr die Fugenlänge zu betrachten, sondern analog das gesamte Bauteil.

In den VdS-Regelwerken, z. B. „VdS 2380:2016-06 für Feuerlöschanlagen mit nicht verflüssigten Inertgasen", ist zur Berücksichtigung von Fugendurchlässigkeiten der Hülle eines gasgelöschten Raumes die Door-Fan-Prüfmethode beschrieben. Dabei werden durch Messung tatsächlich vorhandene Leckluftraten ermittelt, um die gewählten Zuschläge bei der Berechnung der Löschgasmenge zur Flutung zu bestätigen. Kehrt man diesen Ansatz um, ist es möglich, auch die tatsächlich vorhandenen Leckluftmengen für einen Aufstellraum einer Batterieanlage messtechnisch zu ermitteln.

Ähnliche Messungen werden im Zuge der Umsetzung der Energieeinsparverordnung (EnEV) erforderlich und sind unter der Bezeichnung Blower-Door-Test gebräuchlich. Auch hier wird eine tatsächliche Leckluftrate messtechnisch ermittelt.

Zur Sicherstellung des Mindestluftwechsels sollte mindestens die 3- bis 5-fache Luftmenge als Leckluftrate gemessen werden, wie die Berechnung nach DIN EN 50272-2 (VDE 0510 Teil 2):2001-12 ergibt. Immerhin dient diese Leckluftmenge der Verhinderung eines explosiven Gas-Luftgemisches.

Bei der Betrachtung der Istsituation kann auch die TRBS 2152 Teil 2/TRGS 722 Ausgabe März 2012 zur Bewertung der vorhandenen Lüftungsmaßnahmen herangezogen werden. Da der Arbeitgeber ohnehin verpflichtet ist, mit dieser oder einer alternativen Lösung die Sicherheit und den Gesundheitsschutz der Arbeitnehmer sicherzustellen, können dadurch sowohl die Einhaltung der bauordnungsrechtlichen Schutzziele durch den Bauherren, als auch die Verpflichtungen für den Betreiber (z. B. Arbeitgeber) Berücksichtigung finden.
Beispielende

N-V e. Übersicht über brandschutztechnische Anforderungen an die Be- und Entlüftung von elektrischen Betriebsräumen

Grundsätzlich gibt es für die meisten elektrischen Betriebsräume Anforderungen an die Be- und Entlüftung. Dabei beziehen sich diese Anforderungen bei Batterieanlagen im Wesentlichen auf die Vermeidung einer explosiven Atmosphäre. In anderen Fällen bei Transformatoren und Stromerzeugungsaggregaten sind als Schutzziele auch die Wärmeabfuhr und die Zufuhr von Verbrennungsluft zu benennen.

Unter Beachtung von **Teil C**, **Teil L** und **Teil N** können dabei der Begriff „Gruppenbatterieanlage" aus früheren VDE-Bestimmungen anders als in der Vergangenheit betrachtet werden.

Die Be- und Entlüftungen von elektrischen Betriebsräumen müssen direkt durch die Außenwände oder über L 30/60/90-Lüftungsleitungen durch andere Räume, Flure oder Nutzungseinheiten direkt durch die Außenwände oder über das Dach ins Freie erfolgen.

Forderungen an die eigenständige Be- und Entlüftung bestehen auf Grundlagen von:

§ 5 EltBauVO elektrische Betriebsräume für Transformatoren mit einer Feuerwiderstandsdauer von 90 Minuten

§ 6 EltBauVO elektrische Betriebsräume für ortsfeste Stromerzeugungsaggregate mit einer Feuerwiderstandsdauer entsprechend dem Funktionserhalt

§ 7 EltBauVO elektrische Betriebsräume als Batterieräume mit einer Feuerwiderstandsdauer entsprechend dem Funktionserhalt.

Die Be- und Entlüftung der elektrischen Betriebsräume plant der Fachingenieur als funktionsfähige Einheit. Bei erfolgter Anbindung der Zu- und/oder Abluft an eine andere RLT-Anlage muss eine Abstimmung mit dem Ersteller des Brandschutzkonzeptes bzw. mit dem vor Ort tätigen Fachbauleiter Brandschutz und dem Lüftungsplaner der RLT-Anlage erfolgen. Der Entwurfsverfasser ist für die Koordinierung zuständig. Die Planung diesbezüglich ist eindeutig zu definieren und muss in der Bestandsdokumentation hinterlegt werden. Der Abweichungsantrag ist im Brandschutzkonzept einzuarbeiten oder als Tektur (Fortschreibung des Brandschutzkonzeptes) zu stellen. Dies gilt auch für alle anderen Alternativen, die über einen Abweichungsantrag möglich sind.

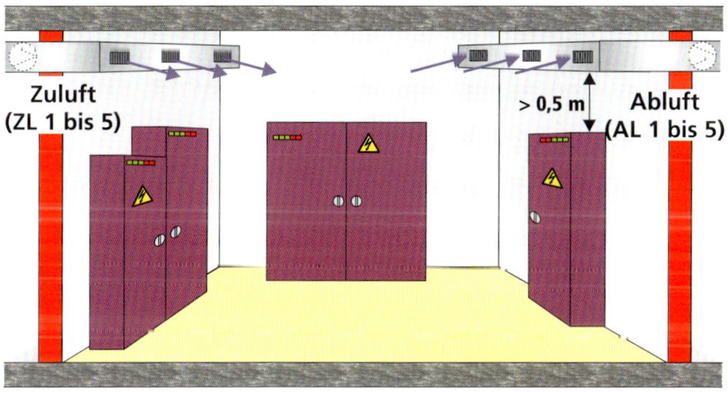

Bild N-V–3: Durchströmung eines elektrischen Betriebsraumes zur Wärmeabführung gemäß § 6 (Legende ZL /AL 1 bis 5, Tab. N-V–3 auf Seite 346)

In Bild N-V–3 ist zur Erreichung der Sollanforderungen in der Regel fast immer ein Abluftventilator erforderlich. Der Zuluftventilator kann optional notwendig sein.

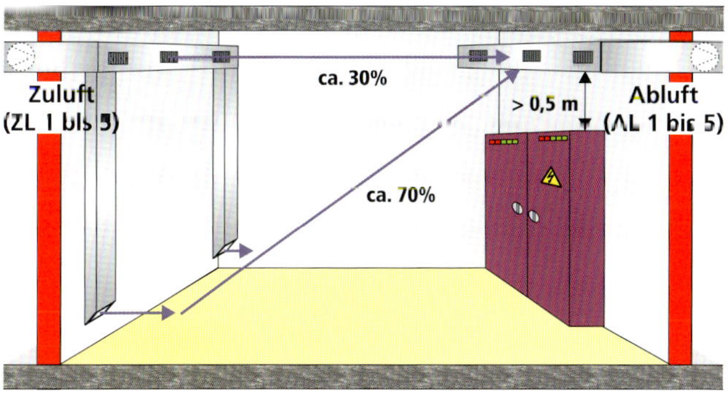

Bild N-V–4: Durchströmung eines elektrischen Betriebsraumes gemäß 6 und 7 zur „Wärme-, Abgas-, Elektrolyt- und/oder Knallgasabführung" (Legende ZL/AL 1 bis 5, Tab. N-V–3 auf Seite 346)

Hinweise zur Be- und Entlüftung von elektrischen Betriebsräumen:

- Mechanische Lüftungen nur anwenden, wenn natürliche Lüftungen nicht realisierbar sind.
- Die mechanische Lüftung muss immer durch das Ladegerät der Batterie angesteuert werden (Ladebooster)
- Die Be- und Entlüftungen der Batterieräume sind immer als getrennte Lüftung, unabhängig von der RLT-Anlage auszubilden. Beschriebene Abweichungen beziehungsweise Erleichterungen bei Batterien mit Leistungsbegrenzung (LPS) sind hier zu beachten. Dies gilt insbesondere, wenn es sich bauordnungsrechtlich aufgrund der Begriffseinordnung nicht mehr um einen elektrischen Betriebsraum handelt. Abweichungen im Bereich der Belüftung sind möglich (in der Regel als formale Abweichung).

Hinweise zu Tab. N-V–3 auf Seite 346

1) der versorgten Anlagen
2) Zuluftgitter an der Luftentsorgung im Bereich der Außenwand erforderlich
3) Abluftgitter an den Abströmöffnungen im Bereich der Außenwand erforderlich
4) Der Einbau von Brandschutzklappen ist im Bereich der Außenwände und der L 30/60/90-Lüftungskanäle nicht zulässig
5) Als Belüftung kann der Anschluss über die RLT-Anlagen mittels Brandschutzklappen in der Feuerwiderstandsdauer der Wand erfolgen. Der Einbau einer Rückschlagklappe/ Kaltrauchsperre ist zur Verhinderung des „Rückströmens" von Elektrolyten (Batterieräume) bei Stillstand der Zuluft zu verhindern. Bei Umsetzung dieser Zuluftform ist eine Abweichung im Rahmen des Brandschutzkonzeptes zu beschreiben (materielle Abweichung).
6) Die Schaltung der mechanischen Be-/Entlüftung erfolgt entsprechend der Planung über eine Zeitschaltuhr
7) Der Ex-Schutz ist gemäß **Teil N** durch Abstandsregel von mindestens 0,5 m für den Ventilator und elektrische Bauteile sicherzustellen. Die Schaltung des Ventilators muss vom Ladegerät der Batterieanlage angesteuert werden.
8) Die beschriebenen Erleichterungen für LPS-Batterieanlagen können angewendet werden. Ob eine genehmigungspflichtige Abweichung oder Erleichterung über das Brandschutzkonzept möglich ist, muss bundeslandabhängig mit der Genehmigungsbehörde geklärt werden.
9) Die Ansteuerung des Ventilators sollte unter Beachtung der Abluftform und des Batterietyps erfolgen. Gegebenenfalls ist die Ansteuerung über das Ladegerät erforderlich. Die Erleichterungen für LPS-Systeme sind hierbei ebenfalls zu beachten.

Tab. N-V–3: Die Brandschutztechnischen Anforderungen an die Be- und Entlüftung von elektrischen Betriebsräumen

Pos.	**Beschreibung der Anforderungen**	**Betriebsräume**			**Einzelbatterien**
		Transformatoren, Schaltanlagen > 1 kV	**Stromerzeugungs-aggregate ortsfest**	**Zentral-/Gruppen-batterieanlagen**	
FWD	Erforderliche Feuerwiderstandsdauer in Minuten Bauteile: (Wände, Decken) Feuerabschlüsse: (Türen)	F 90 T 30-RS	F 30/60/90* T 30/60/90-RS* *entsprechend dem geforderten Funktions-erhalt 1)	F 30/60/90* T 30/60/90-RS* *entsprechend dem geforderten Funktions-erhalt 1)	i.d.R. keine speziellen Anforderungen
AL/ZL	Luftdurchströmung durch die elektrischen Betriebsräume **Schutzziel Durchströmung**	**Schutzziel:** Abfuhr von Wärme **Durchströmung:** wenn möglich diagonal/ gleichmäßig im Raum (siehe Bild N-V–3)	**Schutzziel:** Abfuhr von Wärme und Abgasen **Durchströmung:** wenn möglich diagonal/ gleichmäßig im Raum (siehe Bild N-V–4)	**Schutzziel:** Abfuhr von Elektrolyten und Knallgas (Bei moder-nen „Gelbatterien nur Knallgas) **Durchströmung:** wenn möglich diagonal inkl. „toter Ecken" gleich-mäßig im Raum (siehe Bild N-V–4)	Luftaustausch mit Aufstellraum/ Gehäuse erforderlich
ZL-1	Belüftung direkt aus dem Freien durch die Außenwand (siehe **Teil C**)	✓ 2) 3)	✓ 2) 3)	✓ 2) 3)	⊗
ZL-2	Belüftung über L 30/60/90-Lüftungskanäle direkt aus dem Freien über L- Kanäle (siehe **Teil C**)	Alternative zu ZL-1 ✓ 2) 4)	Alternative zu ZL-1 ✓ 2) 4)	Alternative zu ZL-1 ✓ 2) 4)	⊗
ZL-3	Belüftung über die Zuluftanlage der RLT-Anlage, Brandschutzklappe und Rückschlag-klappe erforderlich (siehe **Teil C**)	Alternative mit Abweichungsantrag ✓ 5)	Alternative mit Abweichungsantrag ✗	Alternative mit Abweichungsantrag ✓ 5)	⊗
ZL-4	Ventilator in der Zuluft (Druckbelüftung, Abströmung über Abluft)	Kein Exschutz erforderlich 6)	Kein Exschutz erforderlich 6)	Kein Exschutz erforderlich 7) 9)	⊗
ZL-5	Überströmöffnung von anderen Räumen/Fluren (siehe **Teil C**)	✓	nicht zu empfehlen Gefahr durch „Rückströmung" von Abgasen	nicht zu empfehlen Gefahr durch „Rückströmung" von Elektrolyten und Knallgas	⊗
AL-1	Abluft direkt ins Freie durch die Außenwand (siehe **Teil C**)	✓ 3) 4)	✓ 3) 4)	✓ 3) 4)	⊗
AL-2	Abluft über L 30/60/90-Lüftungskanäle direkt ins Freie über L-Kanäle (siehe **Teil C**)	Alternative zu Al-1 ✓ 3) 4)	Alternative zu Al-1 ✓ 3) 4)	Alternative zu Al-1 ✓ 3) 4)	⊗
AL-3	Entlüftung über die Abluftanlage der RLT-Anlage	Nicht zulässig, ggf. als Abweichung, wenn Ein-haltung des Schutzzieles nachgewiesen wird	Nicht zulässig, auch nicht als Abweichung, Gefahr der Aggregatestörung während der Nennbetriebsdauer	Nicht zulässig auch nicht als Abweichung, Gefahr durch Rückströmung von Elektrolythen und Knall-gasen 8)	⊗
AL-4	Ventilator in der Abluft (Absaugung – Nachströmung über Zuluft)	✓ 6)	✓ 6)	✓ 7)	⊗
AL-5	Überströmöffnungen zu anderen Räumen/ Fluren	✗	✗	✗	⊗
LK	Durchführung von L 30/60/90-Luftkanälen durch elektrische Betriebsräume (siehe **Teil C**)	Zulässig, wenn die Feuerwiderstandsdauer gleich oder höher als die Feuerwider-standsdauer der Umfassungsbauteile ist. Weiterhin muss sichergestellt sein, dass kein Druckstoß durch Lichtbögen entstehen kann. Die Kanäle müssen dicht und ohne Öffnung sein. Die Abweichung ist zu beantragen.			⊗
BSK	Durchführung von Lüftungsleitungen aus Stahlblech ohne Öffnungen. Abschottung mit Brandschutzklappen K 30/60/90 am Ein- und Austritt (siehe **Teil C**)	Die Bauart ist möglichst zu vermeiden. Wenn die Lüftungs- und Leitungsführung nicht anders möglich ist, muss eine Abweichung im Rahmen des Brandschutz-konzeptes beantragt werden.			⊗
LA	Andere Leitungsanlagen				⊗

✓ mögliche Variante ⊗ nicht erforderlich ✗ nicht zulässig

ZL = Zuluft **AL** = Abluft **LK** = Luftkanäle **BSK** = Brandschutzklappe **LA** = andere Leitungsanlagen

Teil O Brandschutztechnische Planungs- und Ausführungsempfehlungen von Systemböden gemäß MSysBöR

Die Kommentierung und der Stand der baurechtlichen Einführung zur Muster Systembödenrichtlinie wird in **Teil B** beschrieben.

Die folgenden Teile beschreiben spezifische Fragestellungen der Planung und der baulichen Umsetzung. Diese Interpretationen sollen den Entscheidungsträgern helfen, eine optimale Schutzzielerfüllung im baurechtlichen Sinne zu erreichen.

Bis zu einer lichten Höhe von ≤ 200 mm in Rettungswegen und ≤ 500 mm in anderen Räumen werden lediglich Anforderungen im Hinblick auf die Standsicherheit, die Nichtbrennbarkeit und den Raumabschluss (z. B. bei Doppelböden stumpf gestoßen oder bei Hohlraumböden in einem Stück gegossen) gestellt. Brandschutzanforderungen an den Baustoff und an das Bauteil werden nur dann gestellt, wenn im Rahmen eines Brandschutzkonzeptes/Brandschutznachweises besondere Schutzmaßnahmen vorgesehen werden.

Bei lichten Hohlraumhöhen > 200 mm in Rettungswegen und ≤ 500 mm in anderen Räumen werden brandschutztechnisch Anforderungen an die Tragfähigkeit der Komponenten Ständer und Doppelbodenplatten in feuerhemmender Qualität gestellt. In Rettungswegen bestehen auch Anforderungen an den Raumabschluss.

Sobald in der Planungs- und Ausführungspraxis Abweichungen von der Systembödenrichtlinie als technische Regel (lfd. Nr. A 2.2.1.9 MVV TB) notwendig werden, sind diese auf Grundlage der Musterbauordnung MBO 2016 § 85 a zulässig, wenn die Schutzzielerfüllung mit der abweichenden Lösung gegenüber den Brandschutzbehörden nachgewiesen wird (siehe **Teil D-I.**).

Hinweis:
Die baurechtlichen Anforderungen der MVV TB sind für die Auswahl der Systemböden zu beachten.

O-I. Systemböden in Rettungswegen

Was sind „Rettungswege"?

Die Anforderungen an Systemböden der MSysBöR für die Anwendung in Rettungswegen gilt für die bauordnungsrechtlich notwendigen Rettungswege. Es erfolgen somit Konkretisierungen für Rettungswege in der Richtlinie, so wie auch Regelungen für diese Wege in der MLAR im Abschnitt 3.1.1 zu finden sind.

Zu den notwendigen Rettungswege gehören also:
- Notwendige Flure
- Notwendige Treppenräume
- Räume zwischen notwendigen Treppenräumen und Ausgängen ins Freie
- Sicherheitsschleusen mit Zuordnung zu o.g. Bereichen.
- Vorräume

Hinweis:
Zu den notwendigen Treppenräumen zählen auch Sicherheitstreppenräume. Allerdings schließt die MSysBöR im Geltungsbereich diese Sicherheitstreppenräume aus. Die Montage von Systemböden in Sicherheitstreppenräumen ist somit unter Berücksichtigung der MSysBöR nicht möglich

Systemböden sind i.d.R. grundsätzlich dann sinnvoll, wenn in notwendigen Rettungswegen Installationen zentral verlegt bzw. nachbelegt werden sollen und eine Weiterführung in die angrenzenden Räume erfolgt. Konsequenterweise kann man davon ausgehen, dass auch diese Räume mit Systemböden ausgelegt sind (gleiches oder abweichendes Rohdecken-Niveau).

In Abhängigkeit von der Nutzung sind bei der Planung ggf. unterschiedliche Systeme in der Kombination einzubauen.

An die notwendigen Rettungswege angrenzende andere Räume können zu sinngemäß nachfolgend dargestellten Ausführungen führen:
- Raum (Hohlboden) und Flur (Doppelboden), ggf. nur als Streifen eines Doppelbodens zur besseren Nachbelegung
- Raum und Flur (Hohlboden mit Revisionsöffnungen im Flur)
- Raum und Flur (Doppelboden).

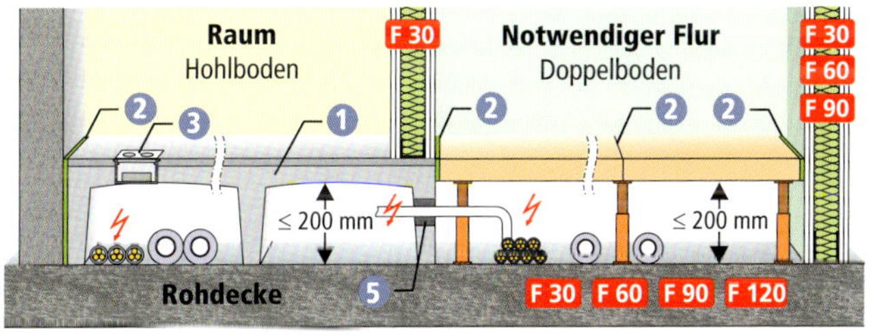

1 nichtbrennbar
2 Randstreifen nichtbrennbar
3 Einbaueinheit (Bodentanks)
4 Anschluss stumpf gestoßen
5 Durchführung ohne Anforderung

Bild O-I-1: Beispiel > Schnitt durch Raum (Hohlboden) und Flur (Doppelboden) mit Trennwand auf dem Hohlboden montiert

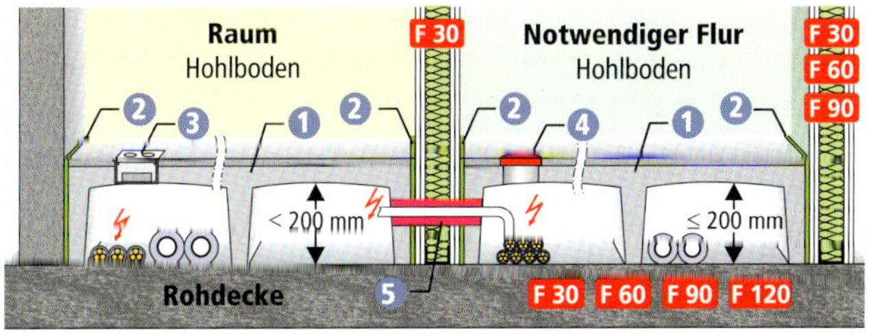

1 nichtbrennbar
2 Randstreifen nichtbrennbar
3 Einbaueinheit (Bodentanks)
4 Revisionsöffnung
5 Durchführung nach MLAR Abschnitt 4.2

Bild O-I-2: Beispiel > Schnitt durch Raum und Flur (Hohlboden) mit Trennwand bis zur Rohdecke, Revisionsöffnungen im notwendigen Flur

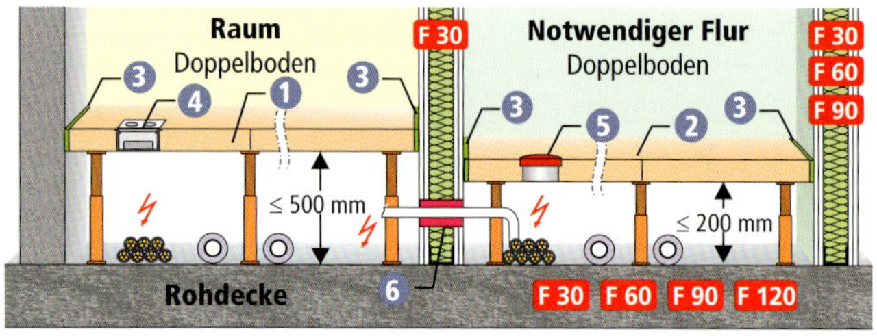

1. feuerhemmend kein Raumabschluss
2. feuerhemmend mit Raumabschluss
3. Randstreifen nichtbrennbar
4. Einbaueinheit (Bodentanks)
5. Revisionsöffnung
6. Durchführung nach MLAR, Abschnitt 4.2

Bild O-I-3: Beispiel > Schnitt durch Raum und Flur (Doppelboden) mit Trennwand bis zur Rohdecke

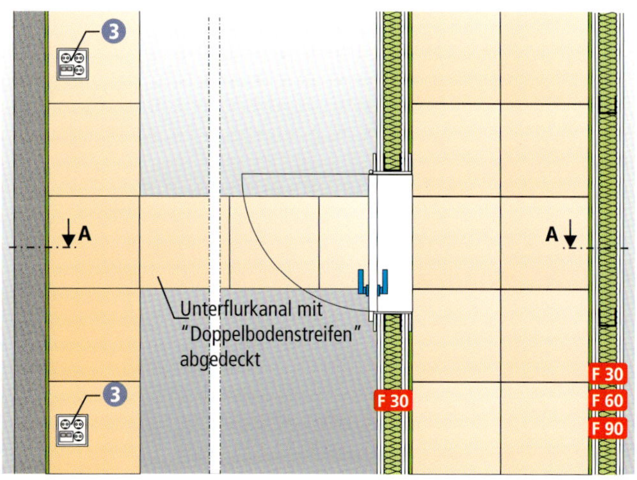

Schnitt A-A

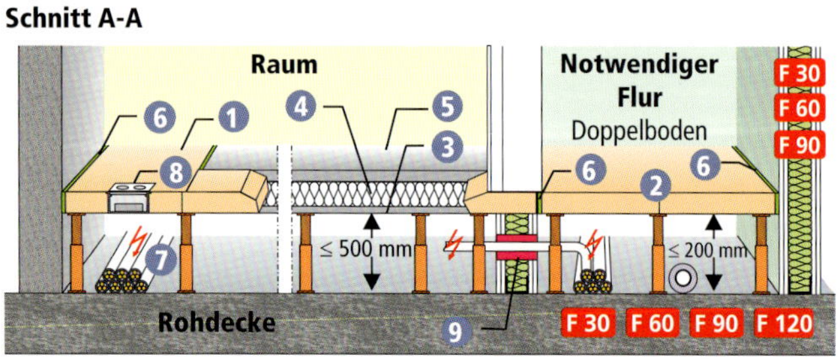

1. Hohlraumboden/Systemboden (≤ 500 mm Hohlraumhöhe) feuerhemmend mit Raumabschluss
2. Doppelboden (≤ 500 mm Hohlraumhöhe) feuerhemmend mit Raumabschluss
3. Tragplatte für Hohlraumboden
4. Trittschalldämmung nichtbrennbar
5. Estrich
6. Randstreifen nichtbrennbar
7. Elektrotrasse
8. Einbaueinheit (Bodentanks) mit Steckdosen im Brüstungskanal mit „Doppelbodenstreifen"
9. Abschottung gemäß MLAR, Abschnitt 4.2 in F 30-Wand unterhalb der ds-Türe

Bild O-I-4: Beispiel > Draufsicht Flur (Doppelboden) und im Raum als Doppelbodenstreifen zur besseren Nachbelegung von Leitungsanlagen im Fußbodenbereich

Zur Erfüllung der brandschutztechnischen Anforderungen sind folgende Bedingungen zugrunde gelegt:

- Die Brandlasten unterhalb von Systemböden in Rettungswegen werden durch den mindestens nichtbrennbaren und raumabschließenden Systemboden (a > 200 mm Hohlraumhöhe) vom Rettungsweg getrennt.
- Die Brandlasten unterhalb des Systembodens sind nicht begrenzt.
- Die Erfüllung eines Raumabschlusses ist erfüllt (z. B. bei Doppelböden stumpf gestoßen oder bei Hohlraumböden in einem Stück gegossen).

Der Anschluss Hohlboden/Doppelboden untereinander oder in Verbindung mit Trennwänden muss entweder im Anwendbarkeitsnachweis [allgemeinen bauaufsichtlichen Prüfzeugnis (abP) oder allgemeine Bauartgenehmigung] dargestellt werden oder es sind konstruktive Lösungen darzustellen, die das Schutzziel abdecken und nur eine nicht wesentliche Abweichung vom Anwendbarkeitsnachweis darstellen.

Grundsätzlich gibt es Probleme bei der Ausführung von Brandschutztüren über den Systemböden und der Abschottung unter diesen Türen. Lösungsbeispiele werden im Zusammenhang mit „Wandkonstruktionen und Leitungsabschottungen in Verbindung mit Systemböden" im **Teil O-VI.** dargestellt.

O-II. Systemböden in anderen Räumen

Andere Räume sind alle Räume, die nicht zu den notwendigen Rettungswegen zählen, z. B:

- Großraumbüros
- Nutzungseinheiten bis 400 m²
- Elektrische Betriebsräume (siehe auch **Teil O-III.**)
- EDV-Räume (siehe auch **Teil O-IV.**).

Bis zu einer lichten Höhe von 500 mm werden in anderen Räumen lediglich Anforderungen im Hinblick an die Standsicherheit gestellt, Brandschutzanforderungen an den Baustoff und an das Bauteil werden nur dann gestellt, wenn im Rahmen eines Brandschutzkonzeptes/Brandschutznachweises besondere Schutzmaßnahmen vorgesehen werden.

Bei Hohlraumhöhen > 500 mm in anderen Räumen werden brandschutztechnisch lediglich Anforderungen an die Tragfähigkeit der Komponenten Ständer und Doppelbodenplatte in feuerhemmender Qualität gestellt. Daraus ist abzuleiten, dass an die Bodentanks, Steckdosen und Durchführungen von Leitungsanlagen in diesen Räumen grundsätzlich keine brandschutztechnischen und raumabschließenden Anforderungen gestellt werden.

Zur Erfüllung der brandschutztechnischen Anforderungen sind folgende Bedingungen zugrunde gelegt:

- Die Brandlasten sind unterhalb der Systemböden nicht begrenzt.
- Die Erfüllung eines Raumabschlusses für den Systemboden ist nicht erforderlich.

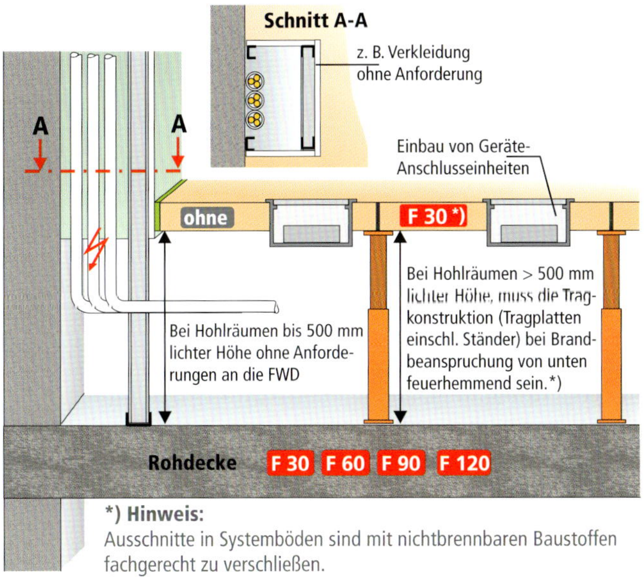

Bild O-II-1: Beispiel > Leitungsdurchführungen und Einbauten in Doppelböden anderer Räume, z. B. in Großraumbüros oder 400 m² Nutzungseinheiten

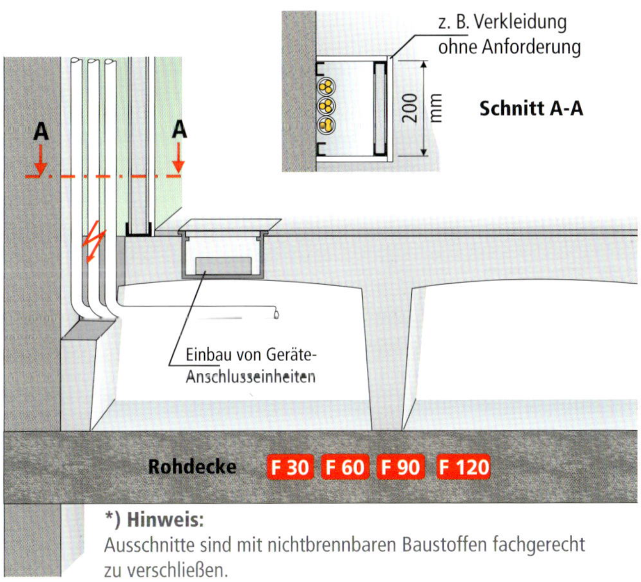

Bild O-II-2: Beispiel > Leitungsdurchführungen und Einbauten in Hohlböden anderer Räume, z. B. in Großraumbüros oder 400 m² Nutzungseinheiten

Bei Luftzuführung über den Hohlraumboden mit freier Abströmung aus dem Hohlraumboden in verschiedene Räume einer Nutzungseinheit muss eine Hohlraumüberwachung mit Brandmelder und der Kenngröße Rauch zur Abschaltung der Zuluft eingeplant werden. Diese Melder sind auch dann erforderlich, wenn keine Brandmeldeanlage im Gebäude montiert wird. Sobald eine Brandmeldeanlage mit automatischen Rauchmeldern im Gebäude montiert wird, kann eine Detektion im Hohlraumboden auch über die Brandmeldeanlage inkl. Ansteuerung der Lüftungsanlage „Bei Rauchdetektion > Zuluft aus" erfolgen.

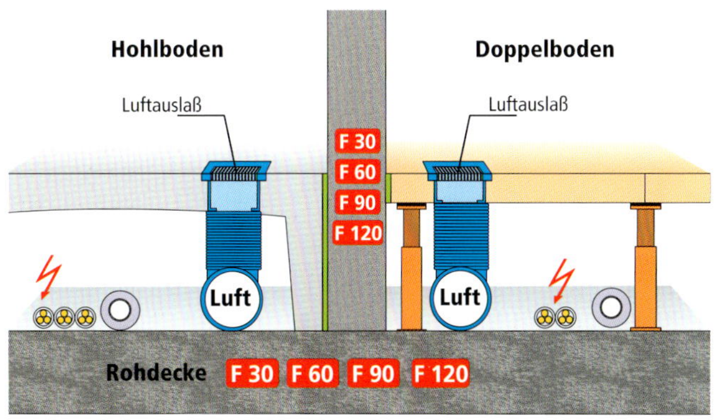

Bild O-II-4: Luftzuführung unterhalb von Doppel-/Hohlraumböden anderer Räume über ein angeschlossenes Rohrsystem, z. B. in Großraumbüros oder 400 m² Nutzungseinheiten

Bei Luftzuführung über den Hohlraumboden, jedoch über ein fest angeschlossenes Rohrsystem, kann auf die Hohlraumüberwachung zur Abschaltung der Lüftungsanlage verzichtet werden. Denn dann dient der Hohlraumboden nicht der Raumlüftung, sondern ist lediglich Installationsbereich hindurchgeführter dichter Lüftungsleitungen. Es gelten ausschließlich möglicherweise vorgenommene Festlegungen zur Überwachung und Ansteuerung der RLT-Anlage im Rahmen des Brandmeldekonzeptes.

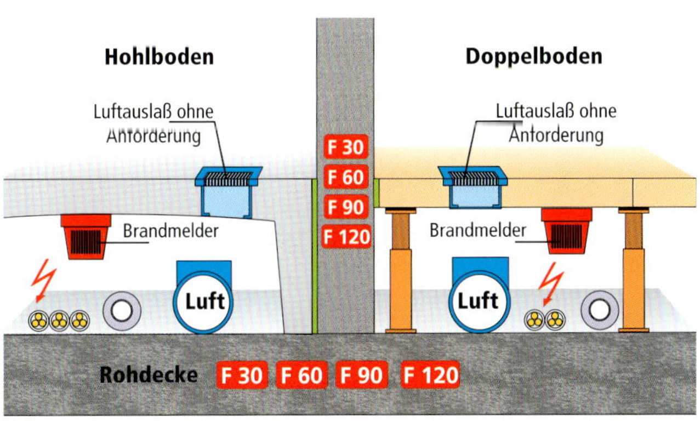

Bild O-II-3: Beispiel > Luftzuführung unterhalb von Doppel-/Hohlraumböden anderer Räume mit freier Abströmung, z. B. in Großraumbüros oder 400 m² Nutzungseinheiten

O-III. Systemböden in elektrischen Betriebsräumen und Elektroräumen/Technikzentralen, z. B. mit Schaltanlagen

Im folgenden Abschnitt werden, wenn in diesen Räumen Systemböden vorgesehen sind, als „Elektrische Betriebsräume" (abweichend von der EltBauVO) behandelt, z. B.:

- Niederspannungshauptverteilungen (NSHV)
- Elektrische Schaltanlagen in „anderen Räumen"
- Steuer- und Überwachungszentralen aller Art.

Hinweis:
Dieser Teil beschreibt als „Elektrische Betriebsräume" die elektrischen Betriebsräume gemäß EltBauVO und Elektroräume/Technikzentralen, z. B. mit geplanten Systemböden unabhängig von der bauordnungsrechtlichen Begriffsabgrenzung.

Die grundsätzliche Einstufung dieser Systemböden erfolgt auf Grundlage der Systembödenrichtlinie, Abschnitt 4 „Systemböden in anderen Räumen". Darüber hinaus sind die spezifischen Anforderungen aus den DIN VDE-Normen, z. B. und den Betreiberanforderungen für die projektspezifische Umsetzung von Niederspannungshauptverteilungen zu berücksichtigen.

Die spezifischen Anforderungen aus den DIN VDE-Normen und den projektspezifischen Betreiberanforderungen für Niederspannungshauptverteilungsanlagen sind in der brandschutztechnischen Beschreibung der Planung zu dokumentieren und bei Bedarf als Abweichung von einer bauaufsichtlichen Richtlinie zu dokumentieren (siehe **Teil D-I.**).

Bis zu einer lichten Höhe von 500 mm werden lediglich Anforderungen im Hinblick auf die Nichtbrennbarkeit und Standsicherheit gestellt, Brandschutzanforderungen an den Baustoff und an das Bauteil werden nur dann gestellt, wenn im Rahmen eines Brandschutzkonzeptes/Brandschutznachweises besondere Schutzmaßnahmen vorgesehen werden.

Ab Hohlraumhöhen > 500 mm werden brandschutztechnisch lediglich Anforderungen an die Tragfähigkeit der Komponenten Ständer und Doppelbodenplatte in feuerhemmender Qualität gestellt.

Daraus ist abzuleiten, dass an die Aufstellung von Schalt-/Verteilerschränken in diesen Räumen und die Durchführungen von Leitungsanlagen innerhalb der Räume grundsätzlich keine brandschutztechnischen Anforderungen gestellt werden. Die Schalt-/Verteilerschränke bestehen i.d.R. aus Blech. Ein Verschluss der Kabeldurchführungen und Bodenflächen unterhalb der Schalt-/Verteilerschränke ist i.d.R. nicht erforderlich.

Zur Erfüllung der brandschutztechnischen Anforderungen sind folgende Bedingungen zugrunde gelegt:

- Die Brandlasten sind unterhalb der Systemböden nicht begrenzt.
- Die Erfüllung eines Raumabschlusses für den Systemboden ist nicht erforderlich.
- Die Wände und Decken der Räume selbst werden i.d.R. in feuerbeständiger Qualität oder mindestens in der Qualität des erforderlichen Funktionserhaltes erstellt.

Bei der Planung von Systemböden in elektrischen Betriebsräumen und Schaltanlagen sind die gültigen DIN VDE-Normen zusätzlich zu beachten, insbesondere folgende Details:

- Systemböden mit Erdungsmöglichkeit,
- Berücksichtigung der Lichtbogensicherheit,
- Berücksichtigung der Arbeitssicherheit im Rahmen von Elektromontagen,
- eventueller Einbau von manuell oder automatisch auslösbaren Löschanlagen unter Berücksichtigung der elektrotechnischen Randbedingungen,
- eventueller Einbau von Einschäummöglichkeiten für die Feuerwehr,
- Entscheidung über die automatische Brandmeldeüberwachung (Quelle: DIN VDE 08332-2:2017-10),
- Zulässigkeit von Systemböden in Verbindung mit Batterieräumen zur Aufstellung von Batterieanlagen (Problem der Be- und Entlüftung im Hinblick auf Elektrolyte und Knallgase muss bei der Konzeption der Be- und Entlüftung beachtet werden).

Die brandschutztechnisch relevanten Randbedingungen sind in einer brandschutztechnischen Dokumentation unter Beachtung der DIN VDE-Normen und den Arbeitsschutzvorschriften für elektrische Anlagen zu beschreiben.

1 Doppelboden für Elektroräume
2 Randstreifen nichtbrennbar
3 Öffnungen unterhalb der Verteilung
4 Steuerung Gaslöschanlage mit Druckausgleichsklappe
5 Gaslöschanlage mit Ansteuerung über Rauchmelder
6 Einströmdüsen

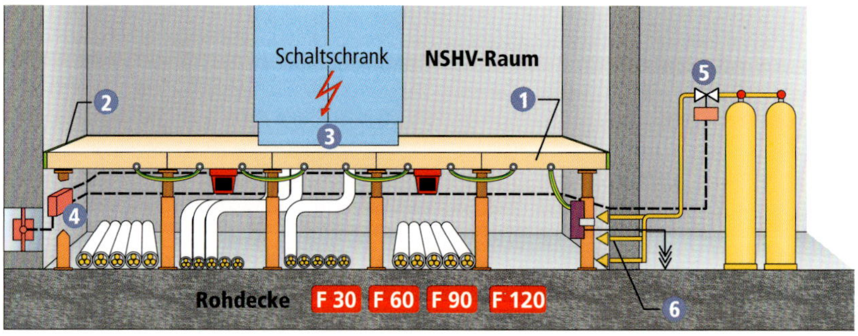

Bild O-III–1: Beispiel eines Doppelbodens in einer Niederspannungshauptverteilung (NSHV) inkl. Brandmeldeüberwachung und automatischer Gaslöschanlage im Hohlraumboden

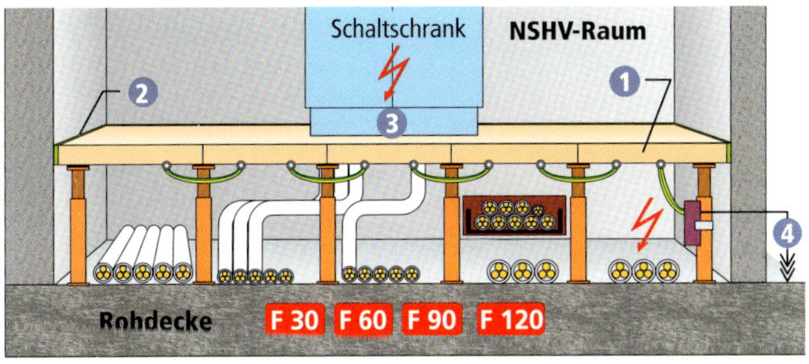

1. Doppelboden für Elektroräume
2. Randstreifen nichtbrennbar
3. Öffnungen unterhalb der Verteilung
4. Potenzialausgleich

Bild O-III-2: Bild Beispiel eines Doppelbodens in einer Niederspannungshauptverteilung (NSHV)

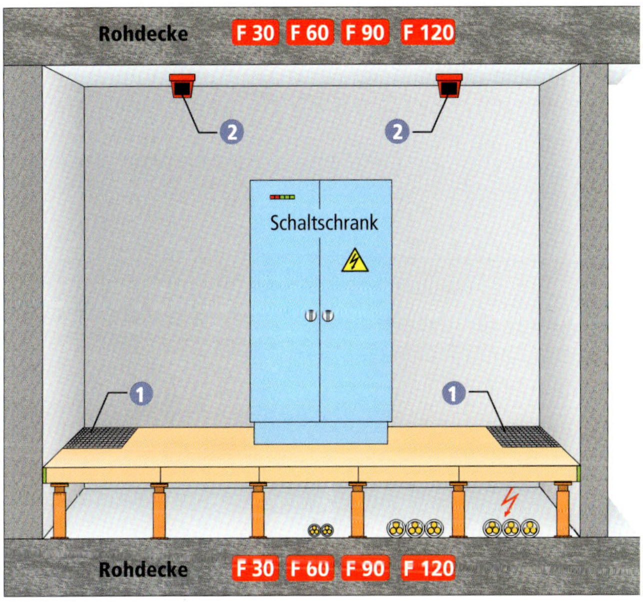

1. Gitterroste im Eckbereich zur freien Strömung evtl. Rauchgase
2. Brand-/Rauchmelder

Bild O-III-3: Beispiel eines Doppelbodens in einer Niederspannungshauptverteilung (NSHV) inkl. Brandmeldeüberwachung oberhalb des Systembodens (Raumüberwachung). Brandschutztechnisch kann der Bereich unter- und oberhalb des Hohlraumbodens als ein Raum betrachtet werden.

O-IV. Systemböden in EDV-Räumen

„EDV-Räume" mit Systemböden sind, z. B.:

- EDV-Zentralen aller Art in „anderen Räumen",
- EDV-Unterzentralen, z. B. zur Aufstellung der EDV-Verteiler in den Nutzungseinheiten oder Brandbekämpfungsabschnitten.

Hinweis:
Dieser Teil beschreibt EDV-Räume mit Systemböden. Für diese Anwendung sind keine elektrischen Betriebsräume im Sinn der EltBauVO erforderlich.

Die grundsätzliche Einstufung dieser Systemböden erfolgt auf Grundlage der Systembödenrichtlinie, Abschnitt 4 „Systemböden in anderen Räumen". Darüber hinaus gelten die spezifischen Betreiberanforderungen für die projektspezifische Umsetzung von „EDV-Räumen".

Die spezifischen Betreiberanforderungen für „EDV-Räume" sind in der brandschutztechnischen Beschreibung der Planung zu dokumentieren und bei Bedarf als Abweichung von einer bauaufsichtlichen Richtlinie zu dokumentieren (siehe **Teil D-I.**).

Bis zu einer lichten Höhe von 500 mm werden lediglich Anforderungen im Hinblick auf die Nichtbrennbarkeit und Standsicherheit gestellt, Brandschutzanforderungen an den Baustoff und an das Bauteil werden nur dann gestellt, wenn im Rahmen eines Brandschutzkonzeptes/Brandschutznachweises besondere Schutzmaßnahmen vorgesehen werden.
Ab Hohlraumhöhen > 500 mm werden brandschutztechnisch lediglich Anforderungen an die Tragfähigkeit der Komponenten Ständer und Doppelbodenplatte in feuerhemmender Qualität gestellt.

Daraus ist abzuleiten, dass an die Aufstellung von EDV-Schränken grundsätzlich keine brandschutztechnischen Anforderungen gestellt werden. Die EDV-Schränke bestehen i.d.R. aus Blech. Ein Verschluss der Kabeldurchführungen und Bodenflächen unterhalb der EDV-Schränke ist i.d.R. nicht erforderlich.

Zur Erfüllung der brandschutztechnischen Anforderungen sind folgende Bedingungen zugrunde gelegt:

- Die Brandlasten sind unterhalb der Systemböden nicht begrenzt.
- Die Erfüllung eines Raumabschlusses für den Systemboden ist nicht erforderlich.
- Die EDV-Räume selbst werden aus Gründen des Sachwertschutzes i.d.R. in feuerbeständiger Qualität erstellt. Baurechtliche Mindestanforderungen werden nicht gestellt.

Bei der Planung von Systemböden in EDV-Räumen sind die gültigen DIN VDE-Normen und die a.a.R.d.T. zur Errichtung von EDV-Räumen zusätzlich zu beachten:

- Systemböden mit Erdungsmöglichkeit,
- Berücksichtigung der Arbeitssicherheit im Rahmen von Elektromontagen,

O

- eventueller Einbau von manuell oder automatisch auslösbaren Löschanlagen unter Berücksichtigung der elektrotechnischen Randbedingungen,
- eventueller Einbau von Löschmöglichkeiten, z. B. Schaum oder CO_2, für die Feuerwehr,
- Entscheidung über die automatische Brandmeldeüberwachung im Raum und unterhalb der Systemböden.

Die brandschutztechnisch relevanten Randbedingungen sind in einer brandschutztechnischen Dokumentation dieser spezifischen Raumanforderungen zu beschreiben und als Anlage dem Brandschutzkonzept beizufügen.

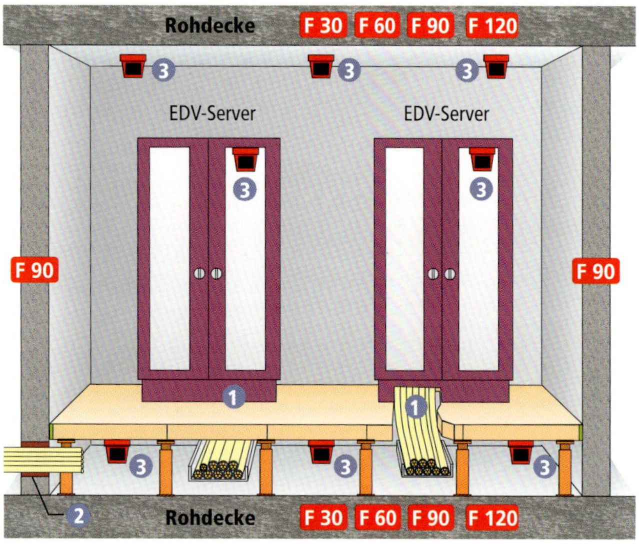

1 Öffnung unterhalb der EDV-Serverschränke
2 S 90-Kabelschott, z. B. in einem massiven Betonsturz mit oberer Bewehrung
3 Brandfrüherkennung Raum/Hohlraum/Server über Rauchmelder oder Rauchansaugsysteme

Bild O-IV–1: Beispiel eines Doppelbodens in einem EDV-Rechnerzentrale

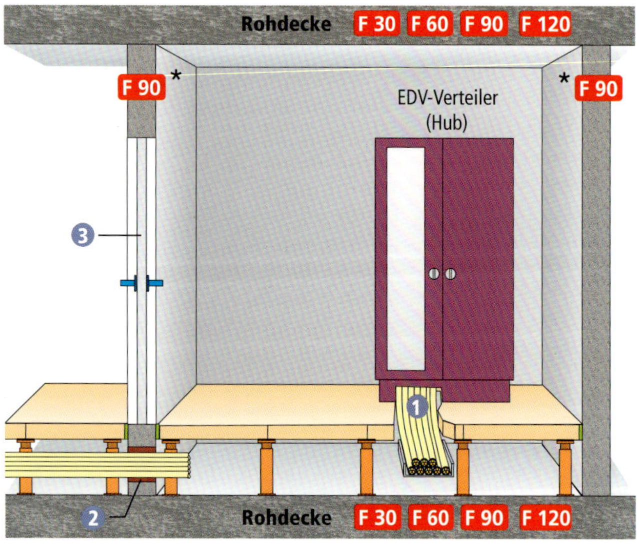

1 Öffnung unterhalb des EDV-Verteilers
3 T 30-RS Türe
2 S 90-Kabelschott, z. B. in einem massiven Betonsturz mit oberer Bewehrung

Bild O-IV–2: Beispiel eines Doppelbodens in einem EDV-Verteilerraum (HUB).
*Die Aufstellung des EDV-Verteilers (HUB) kann auch innerhalb einer Nutzungseinheit ohne Anforderungen an die Umfassungswände erfolgen.

O-V. Systemböden in Hochhäusern gemäß MHHR/HHR der Länder – bzw. SBauVO NRW

Die MHHR/HHR der Länder – bzw. Teil 4 der SBauVO NRW sind bisher die einzigen „Gebäude-Richtlinien", die selbst Vorgaben für die Ausbildung von Systemböden enthalten. Bei Hochhäusern mit automatischen Löschanlagen Trennwände zwischen Nutzungseinheiten und zwischen Nutzungseinheiten und anders genutzten Räumen auf durchgehende Systemböden aufgesetzt werden. Allerdings werden einige Anforderungen gestellt, die über die Vorgaben der MSysBöR hinausgehen:

- Die durchgehenden Systemböden unter diesen Trennwänden sind nur zulässig, wenn sie feuerhemmend ausgebildet sind, d. h. in den Räumen müssen z. B. Bodentanks ebenfalls brandschutztechnisch eingehaust werden.
- Diese Systemböden müssen auch zusammen mit den Wänden auf die für die Wände geforderte Feuerwiderstandsdauer im Hinblick auf den Raumabschluss geprüft werden
- Formal beziehen sich diese Vorgaben auch auf die Wände notwendiger Flure.
- Formal beziehen sich diese Vorgaben auch auf Systemböden mit einer Bodenhöhe von < 200 mm.

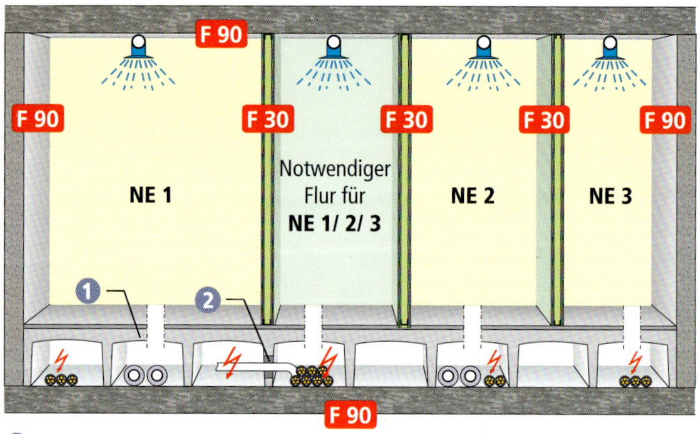

1 F 30-Hohlraumboden als Kombination mit den F 30-Nutzungstrennwänden geprüft
2 Durchführung ohne Anforderung

Bild O-V–1: Schematische Darstellung von Systemböden unterhalb von verschiedenen Nutzungseinheiten in Hochhäusern (gemeinsame Prüfung der feuerhemmenden Trennwände auf dem feuerhemmenden Systemboden erforderlich). Die Montage einer Brandmeldeüberwachung und einer automatischen Löschanlage, muss entsprechend der baurechtlich eingeführten Hochhaus-Richtlinie bzw. SBauVO NRW erfolgen.

Bei Hochhäusern in Zellenbauweise, mit nicht mehr als 60 m Höhe, werden nach Abschnitt 8 der MHHR bei den Erleichterungen keine Angaben zu den Systemböden gemacht. Somit können die Erleichterungen nur in Anspruch genommen werden, wenn alle Einzelaspekte erfüllt sind (z. B. sind Trennwände bis auf die Rohdecken zu führen), danach sind die den Erleichterungen nicht entgegenstehenden Reglungen zu den Systemböden der MHHR/HHR/Teil 4 SBauVO maßgeblich und im Übrigen erfolgt die Ausführung (soweit dann noch Regelungen offen bleiben) nach der MSysBöR.

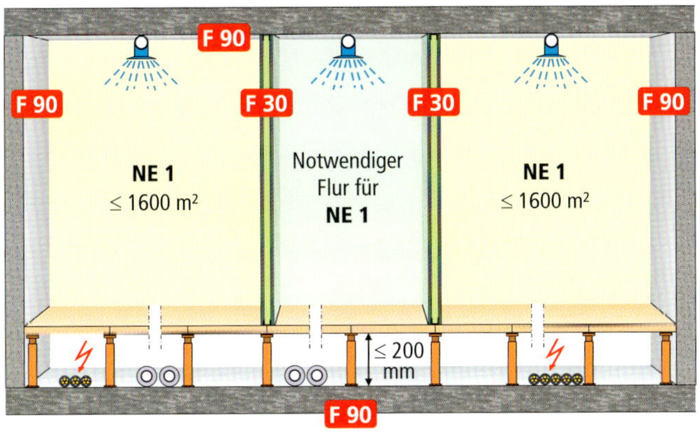

Bild O-V-2: Schematische Darstellung von Systemböden unterhalb einer Nutzungseinheit in Hochhäusern in Verbindung mit einem notwendigen Flur in dieser Nutzungseinheit (gilt nicht in Verbindung mit unterschiedlichen Nutzungseinheiten). Die Montage einer Brandmeldeüberwachung und einer automatischen Löschanlage muss entsprechend der baurechtlich eingeführten Hochhaus-Richtlinie bzw. SBauVO NRW erfolgen.

In diesem Zusammenhang müssen auch die Anforderungen an durchgehende Unterdecken gesehen werden, an die nach der MHHR Trennwände und Wände notwendiger Flure angeschlossen werden dürfen. Anders als bei den Systemböden ist es hier zwingend notwendig, unabhängig von der Höhe oberhalb der Unterdecken, die Wände zusammen mit den Unterdecken brandschutztechnisch nachzuweisen, da auch die Standsicherheit der Wände durch den Anschluss an eine Unterdecke im Brandfall gefährdet sein kann. Entsprechende Nachweise liegen bisher jedoch kaum vor, so dass diese Vorgaben der MHHR erst nach Durchführung entsprechender Nachweise umgesetzt werden können.

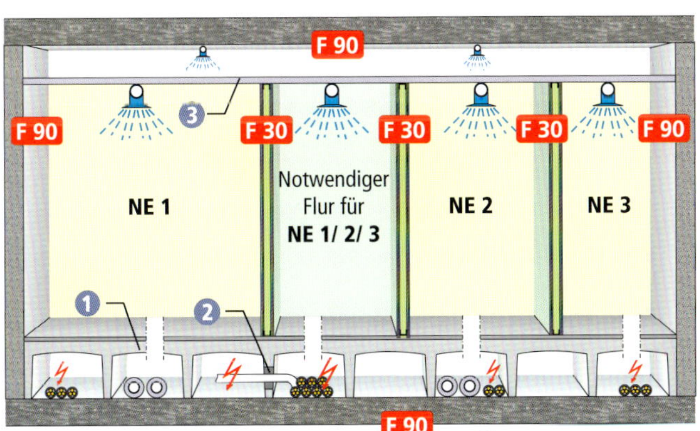

❶ F 30-Hohlraumboden als Kombination mit den F 30-Nutzungstrennwänden
❷ Durchführung ohne Anforderung
❸ F 30-Unterdecke

Bild O-V-3: Schematische Darstellung von Systemböden und Unterdecken unter- und oberhalb von verschiedenen Nutzungseinheiten in Hochhäusern (gemeinsame Prüfung der feuerhemmenden Trennwände auf dem feuerhemmenden Systemboden und in Verbindung mit der feuerhemmenden Unterdecke erforderlich. Die Montage einer Brandmeldeüberwachung und einer automatischen Löschanlage muss entsprechend der baurechtlich eingeführten Hochhaus-Richtlinie bzw. SBauVO NRW erfolgen.

O-VI. Wandkonstruktionen und Leitungsabschottungen in Verbindung mit Systemböden

A) Aufgesetzte feuerhemmende Trennwände auf Systemböden ohne Leitungsabschottung

Der Anschluss von Wänden auf Systemböden ist bis zu einer lichten Höhe von 200 mm unproblematisch, da er bei Hohlböden mit einer Mindestdicke von 30 mm mit einem schwimmenden Estrich vergleichbar ist. Bei Doppelböden ist das ähnlich zu bewerten. Es wird jedoch bei Doppelböden empfohlen, die Wände im Bereich der Ständer anzuordnen, damit eine Lastableitung nur über die Doppelbodenplatten vermieden wird.

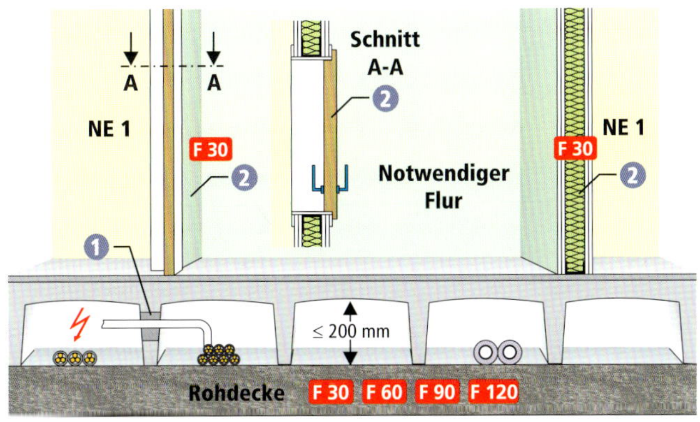

❶ keine Anforderungen an die Leitungsdurchführung
❷ F 30-Wand mit Türe dS

Bild O-VI-1: Anschluss von Trennwänden auf Hohlböden (lichte Höhe < 200 mm), Leitungsdurchführungen unterhalb dieser Trennwände und darin integrierten Türen müssen bei identischen Nutzern (NE 1 und NE 1) nicht geschottet werden

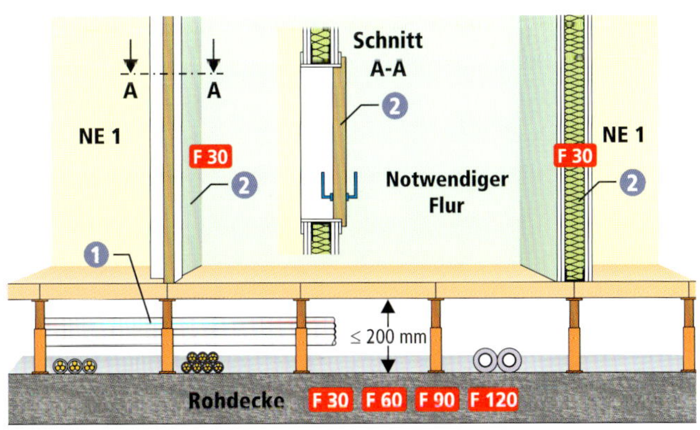

❶ keine Anforderungen an die Leitungsführung
❷ F 30 Wand mit Türe dS

Bild O-VI-2: Anschluss von Trennwänden auf Doppelböden (lichte Höhe < 200 mm), Leitungsdurchführungen unterhalb dieser Trennwände und darin integrierten Türen müssen bei identischen Nutzern (NE 1 und NE 1) nicht geschottet werden

B) Auf die Rohdecke geführte feuerhemmende Trennwände und angrenzenden Systemböden mit Leitungsabschottungen

Bei Systemböden mit einer lichten Höhe > 200 mm sind aufgesetzte Trennwände in Verbindung mit dem Systemboden auf ihre Feuerwiderstandsfähigkeit nachzuweisen. Ohne diesen Nachweis sind die Trennwände bis auf die Rohdecke zu führen und dort zu befestigen. In diesen Fällen werden die Systemböden beidseitig an die Trennwände herangeführt.

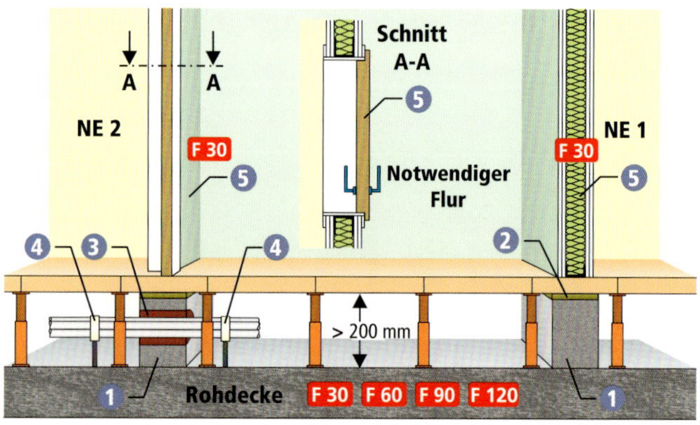

1. z. B. massivem Betonsturz mit oberer Bewehrung
2. Mineralwollstreifen, Schmelzpunkt > 1000 °C, Dicke ca. 10 mm
3. R 90-/S 90-Abschottung mit Abweichung
4. Befestigung gem. abZ beidseitig vom Bauteil oder auf Rohdecke aufliegend
5. F 30/60/90-Wand mit T 30/60/90-Türe

Bild O-VI–3: Anschluss von Trennwänden in Verbindung mit Doppelböden (lichte Höhe > 200 mm), Leitungsdurchführungen unterhalb dieser Trennwände und unterhalb darin integrierter Türen müssen bei unterschiedlichen/fremden Nutzern (NE 1 und NE 2) geschottet werden

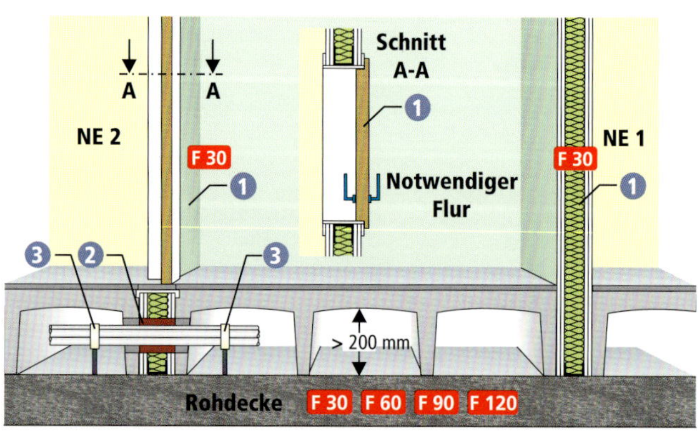

1. F 30/60/90-Wand mit T 30/60/90-Türe
2. R 90-/ S90- Abschottung mit Abweichung
3. Befestigung gem. abZ beidseitig vom Bauteil oder auf Rohdecke aufliegend

Bild O-VI–4: : Anschluss von Trennwänden in Verbindung mit Hohlböden (lichte Höhe > 200 mm), Leitungsdurchführungen unterhalb dieser Trennwände und unterhalb darin integrierten Türen müssen bei unterschiedlichen/fremden Nutzern (NE1 und NE2) geschottet werden

C) Erleichterungen zur Abschottung von Leitungsanlagen in Verbindung mit auf Systemböden aufgesetzten, feuerhemmenden Flurtrennwänden (F 30) mit eingebauten dichtschließenden Türen, die Nutzungseinheiten trennen

Bei Systemböden bis 200 mm Höhe können diese Flurtrennwände auf die Systemböden aufgesetzt werden, wenn der Hohlraum unterhalb der Wände in Anlehnung an die Erleichterungen nach der MLAR, Abschnitt 4.2, mit einem ≥ 100 mm breiten Streifen aus Mineralfaser (Rohdichte ≥ 100 kg/m³) geschlossen wird und im Bereich der durchgeführten Kabel ein dämmschichtbildender Baustoff aufgetragen wird. Alternativ können mindestens 100 mm breite Porenbetonsteine mit einer Mineralfaserabdichtung oder Materialien aus zugelassenen Abschottungen (Feuerwiderstandsdauer > 30 Min.) eingebaut werden. Diese Maßnahmen erfüllen das o. a. Schutzziel, da die MSysBöR davon ausgeht, dass in derartigen Systemböden ein Vollbrand nach DIN 4102-2 auszuschließen ist und bei einem Raumbrand im unteren Bereich (Systembodenbereich) ein Unterdruck die Brandübertragungsgefahr reduziert.

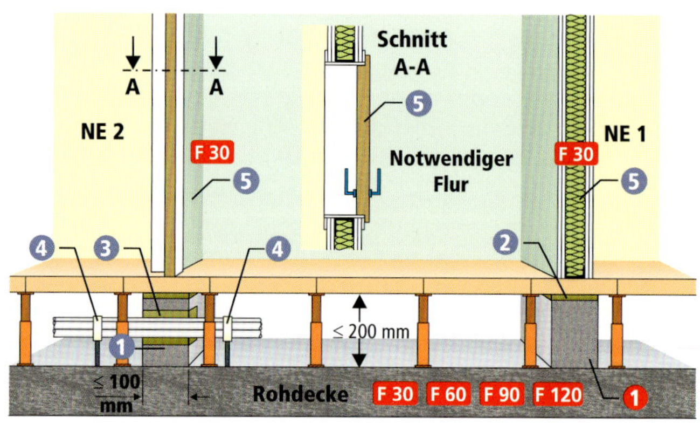

1. z. B. massivem Betonsturz mit oberer Bewehrung
2. Mineralwollstreifen, Schmelzpunkt > 1000 °C, Dicke ca. 10 mm
3. Mineralwollklotz, Raumgewicht ≥ 100 kg/m³, Abschottung der Leitungsdurchführung auf Grundlage der MLAR, Abschnitt 4.2
4. Befestigung gem. abZ beidseitig vom Bauteil oder auf Rohdecke aufliegend
5. F 30/60/90-Wand mit T 30/60/90-Türe

Bild O-VI–5: Abschottungsbeispiele zur Nachrüstung unterhalb von feuerhemmenden Trennwänden und Türen in Verbindung mit Systemböden (Hohlböden oder Doppelböden bis 200 mm lichte Höhe), Durchführung von Leitungsanlagen gemäß den „Erleichterungen" der MLAR, Abschnitt 4.2 für feuerhemmende Wände möglich.schnitt 4.2 für feuerhemmende Wände

D) Abschottung von Leitungsanlagen in Verbindung mit F 60/90-Trenn- bzw. Brandwänden mit eingebauten T 30/60/90-Türen und anschließenden Systemböden

Wesentlich problematischer ist eine erforderliche Abschottung unterhalb der Trenn- bzw. Brandwände zu sehen, wenn nach der MSysBöR eine durch den Systemboden durchgehende Trennwand gefordert wird und in dieser Trennwand Türen angeordnet werden müssen.

Bei Brandwänden müssen i.d.R. T 90-Türen eingesetzt werden, bei allen anderen Trennwänden i.d.R. T 30-Türen. Außerhalb der Türen (oberhalb und unterhalb) müssen die Abschottungen den Anforderungen an die Wände entsprechen. Die formale Ausbildung von feuerbeständigen Abschottungen unter Türen im Systembodenbereich ist im Normalfall nicht möglich, es sei denn, dass unter der Tür ein feuerbeständiger Unterzug angeordnet werden kann. Nur in diesen Fällen ist eine klassifizierte Abschottung gemäß MLAR, Abschnitt 4.1, möglich. In allen anderen Fällen, in denen die Abschottungen unmittelbar an den Systemboden anschließen, gibt es keine klassifizierten Lösungen. Es müssen daher Vorschläge erarbeitet werden, die das Schutzziel nach MBO § 40 (1) „dass eine Brandweiterleitung ausreichend lang nicht zu befürchten ist" abdecken.

In diesen Fällen sind die feuerwiderstandsfähigen Trenn- bzw. Brandwände im Systembodenbereich bis zur Rohdecke bzw. durchgängig zu führen. Wenn Installationen durchgeführt werden müssen, sind Abschottungen entsprechend der MLAR, Abschnitt 4.1 oder Abschnitt 4.3 auszubilden.

Unterhalb von Türen in diesen Wänden sind i.d.R. Maßnahmen zu treffen, die für die geforderte Feuerwiderstandsdauer ausgelegt werden müssen. In Massivwänden sollte die Wand in identischer Feuerwiderstandsdauer unterhalb der Tür durchgeführt werden. Wenn jedoch unterhalb der Türen Installationen durchgeführt werden und die Wand in diesem Bereich ausgespart wurde (z. B. bei leichten Trennwänden mit Anforderung an die Feuerwiderstandsdauer), sind zulassungskonforme Maßnahmen mit unmittelbarem Anschluss an die durchgehenden Systemböden umzusetzen. Alternativ ist eine Leitungsdurchführung nach den Erleichterungen der MLAR, Abschnitt 4.2 bzw. Abschnitt 4.3 umsetzbar.

Bei Anwendung der Erleichterungen wird analog zu den oben beschriebenen Lösungen empfohlen, den Hohlraum unterhalb der Tür mit 200 mm breiten Streifen aus Mineralfaser (Rohdichte > 100 kg/m³) zu verschließen und im Bereich der Installationsdurchführungen dämmschichtbildende Materialien in Anlehnung an Ver- und Anwendbarkeitsnachweise zu verwenden. Diese Maßnahmen können bis zu einer Systembodenhöhe von 200 mm empfohlen werden, darüber sollte grundsätzlich ein brandschutztechnisch ausgelegter, massiver Unterzug unterhalb der Tür eingefügt werden, damit zulassungskonforme Abschottungen, z. B. Mörtel-, Weichschotts oder dreiseitige „Kabelboxen" eingesetzt werden können.

Hinweis:

Bei Einbau von brandschutztechnisch ausgelegten massiven Unterzügen mit oberer Bewehrung kann für die klassifizierten Abschottungen i.d.R. auf einen Antrag auf Zustimmung im Einzelfall verzichtet werden. Die Abweichung von den nicht vorhandenen umlaufenden klassifizierten Bauteilen kann in diesen Fällen als nicht wesentliche Abweichung durch den Ersteller der jeweiligen Abschottungen eingestuft werden. Die nicht wesentliche Abweichung ist in der Übereinstimmungserklärung auszuweisen und zu begründen. Bei Leitungsdurchführungen gemäß den MLAR-Erleichterungen bestehen keine Bedenken gegen die Ausführung. Die Abstandsregeln zu den Abschottungen sind gemäß den Ver- und Anwendbarkeitsnachweisen und der MLAR, Abschnitt 4.1.3 einzuhalten.

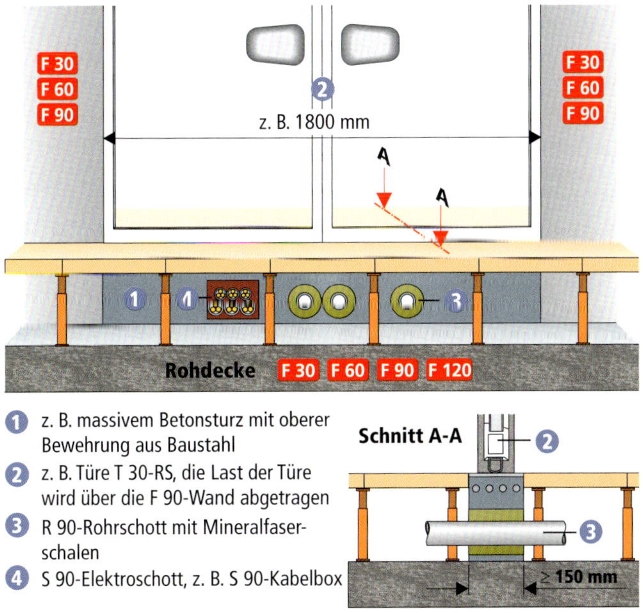

Bild O-VI–6: Abschottungsbeispiele unterhalb von T 30/60/90-Feuerschutztüren in Verbindung mit F 30/60/90-Trenn- bzw. Brandwänden und Systemböden unabhängig von der lichten Systembödenhöhe (Dicke ≥ 150 mm gilt als Empfehlung)

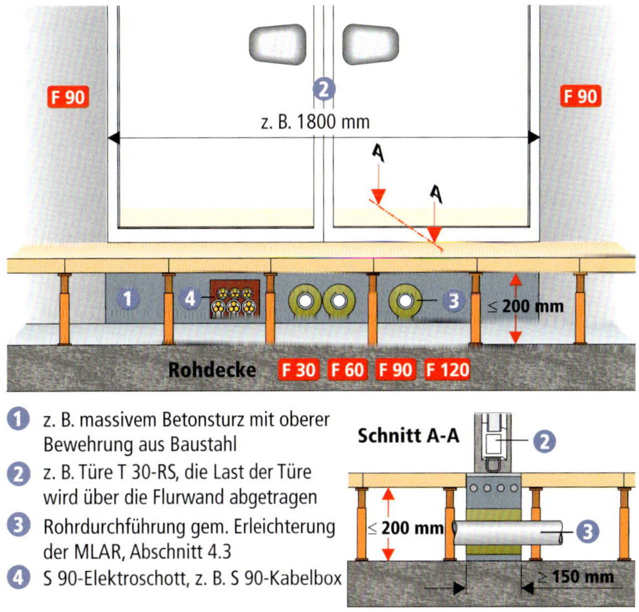

Bild O-VI–7: Abschottungsbeispiele unterhalb von T 30/60/90-Feuerschutztüren in Verbindung mit F 30/60/90-Trennwänden und Systemböden bis zu einer lichten Höhe von 200 mm (Dicke ≥ 150 mm gilt als Empfehlung)

O-VII. Brandmeldeüberwachung von Systemböden gemäß DIN VDE 08332-2:2017-10

Baurechtlich werden über die Systembödenrichtlinie keine besonderen Anforderungen an die Brandmeldeüberwachung der Hohlraum- und Doppelböden gestellt. Für den Fall, dass die Luftzuführung mehrerer Räume über einen gemeinsamen Systemboden Hohlraum erfolgt, muss eine Detektion mit der Kenngröße Rauch erfolgen und bei Rauchdetektion die Lüftungsanlage (Zuluft) abschalten.

Erhöhte Anforderungen an die Brandmeldeüberwachung der Systemböden Hohlräume können über das Brandschutzkonzept/-nachweis gemäß DIN 14675 Teil 1 „Brandmeldeanlagen – Aufbau und Betrieb" in Verbindung mit der DIN VDE 08332-2:2017-10 „Festlegungen für Brandmeldeanlagen" gestellt werden.

In der Regel wird in den Brandschutzkonzepten folgende Formulierung verwendet:
„Automatische Brandmeldeanlage gem. DIN 14675-1:2018-04, Kategorie I (≙ Vollschutz) und DIN VDE 0833-2:2017-10"

In der DIN VDE 08332-2:2017-10 werden im Abschnitt 6.1.3.2 Ausnahmen der Überwachung geregelt (Auszug bezogen auf Systemböden):
Auch für Zwischendecken und Doppelbodenbereiche sind Ausnahmen von der Überwachung zulässig, sofern sämtliche der folgenden Bedingungen erfüllt sind:
- Die Umfassungsbauteile (Decke, Boden, Wand) müssen der bauaufsichtlichen Anforderung „nichtbrennbar" genügen; und
- die Bereiche oberhalb und unterhalb von Räumen müssen mit nichtbrennbaren Bauteilen so unterteilt sein, dass Abschnitte ohne horizontale Versprünge (Höhenversatz) von maximal 100 m² und einer maximalen Seitenlänge von 20 m gebildet werden; und
- die Bereiche oberhalb und unterhalb von Fluren, deren Breite 3 m nicht überschreitet, müssen so mit nichtbrennbaren Bauteilen unterteilt sein, dass die gebildeten Abschnitte eine Länge von 20 m nicht übersteigen; und
- die Brandlast muss kleiner als 25 MJ, bezogen auf eine Grundfläche von 1 m x 1 m, sein.

Bei Systemböden, Doppelböden und Hohlraumestrichen darf auch auf eine Überwachung verzichtet werden, sofern sämtliche der folgenden Bedingungen erfüllt sind:
- Die lichte Höhe darf 0,2 m nicht überschreiten;
- sie dürfen nicht der Raumlüftung dienen.

6.1.4 Meldebereiche und Meldergruppen

Der Sicherungsbereich ist in Meldebereiche zu unterteilen. Die Unterteilung in Meldebereiche dient der Risikobegrenzung, z. B. bei Ausfall eines Übertragungswegs. Ein Meldebereich darf mehrere Meldergruppen umfassen. Die Festlegung der Meldergruppen hat so zu erfolgen, dass eine rasche und eindeutige Ermittlung des Melde- bzw. Brandortes möglich ist.

Die Ausnahmen der Überwachung sollten im Brandschutzkonzept bzw. im Brandschutznachweis eindeutig beschrieben und präzisiert werden. In der Praxis gibt es sehr oft Diskussionen über die Anwendung der Ausnahmen von der Überwachung.

Im Zusammenhang mit Systemböden muss auf die besondere Verwendung der Begriffe hingewiesen werden:
- **Zwischendecken- und Doppelbodenbereiche**
  „Zwischendecken" oberhalb von Nutzungseinheiten werden auch als Unterdecken bezeichnet. Unter „Doppelbodenbereichen" sind Systemböden mit einer lichten Höhe > 200 mm zu verstehen.
- **System-, Doppelböden und Hohlraumestriche** sind Aufständerungen von Fußbodenkonstruktionen in Rettungswegen und anderen Räumen. In anderen Räumen werden die Brandlasten unterhalb der Systemböden dem Raum zugeordnet. Die brandschutztechnische Qualität muss den Anforderungen der Systembödenrichtlinie entsprechen. In notwendigen Fluren wird neben der nichtbrennbaren Qualität der Systemböden (lichte Höhe < 200 mm) bzw. einer feuerhemmenden Qualität (lichte Höhe > 200 mm) ein Raumabschluss gefordert. Es ist zu beachten, dass sich der feuerhemmende Nachweis im Wesentlichen auf die Tragfähigkeit und nicht auf eine bestimmte Feuerwiderstandsfähigkeit bezieht. Das Schutzziel unterhalb von Systemböden ist geringer einzustufen als bei Zwischendecken.

Daraus ergibt sich für Systemböden als Hohlraum- und Doppelböden bzw. Hohlraumestriche (bisheriger Begriff für Hohlraumböden) bei einer lichten Höhe von max. 200 mm, dass auf eine Überwachung gemäß DIN VDE 08332-2:2017-10, Abschnitt 6.1.3.2 bei System-, Doppelböden und Hohlraumestrichen verzichtet werden kann, wenn eine Überwachung im Brandschutzkonzept/-schutznachweis und einem ggf. erstellten Brandmeldekonzept nicht ausdrücklich beschrieben wird.
Bei Systemböden > 200 mm lichter Höhe gelten die Anforderungen an Doppelbodenbereiche.

Aus dieser Konsequenz ergibt sich auch, dass beim Einbau von Leitungen für sicherheitstechnische Anlagen unterhalb von Systemböden keine baurechtlichen Bedenken bestehen. Werden im Rahmen der Planung von sicherheitstechnischen Leitungen diese unterhalb von Systemböden geführt, muss der Elektro- und Brandmeldefachplaner abwägen, ob die „Wechselwirkungen" gemäß MLAR, Abschnitt 5.1.1 ausreichend berücksichtigt werden können. Bei Bedarf sind diese Leitungen vor dem Zusammenbrechen von Systemböden durch die Verlegung in Stahlpanzerrohren, Blechkanälen oder durch Abdeckungen zu schützen.
Eine Bewertung von Brandlasten unterhalb von Systemböden erfolgt nicht, sollte jedoch den Wert von 7 kWh/m² (25 MJ/m²) nicht überschreiten. Bei höheren Brandlasten und möglichen Zündquellen sind ggf. Überwachungen der Hohlräume einzuplanen. Die Schutzzielanforderungen sollten in jedem Fall durch den Elektrofachplaner im Zuge der Fachplanung festgelegt und als Grundlage der Brandmeldeplanung dokumentiert werden. Dies gilt auch für die Festlegung des Überwachungssystems.

Der Fachplaner für die Brandmeldeanlage sollte rechtzeitig festlegen, ob er zur Schutzzielerfüllung unterhalb von Systemböden abgetrennte Meldebereiche bilden muss. Diese Information ist rechtzeitig an die Fachbauleitung Brandschutz und an den Ersteller der Systemböden zu übergeben. Eine nachträgliche Montage von „Rauchabtrennungen" unterhalb der Systemböden ist schwierig und kostenaufwendig.

O-VIII. Zulässige Abweichungen

Abweichungen sind Konstruktionsdetails, die nicht unmittelbar durch eine allgemeine Bauartgenehmigung (aBG) oder ein allgemeines bauaufsichtliches Prüfzeugnis (abP) für den Systemboden abgedeckt sind. Bei „wesentlichen Abweichungen" von den aBG oder dem abP des Systembodens muss über eine vorhabenbezogene Bauartgenehmigung (vBG) nachgewiesen werden, dass trotz der Abweichung die gewünschte Klassifizierung nach dem zugrunde liegenden aBG oder abP erreicht wird. Die vorhabenbezogene Bauartgenehmigung (vBG) wird durch i.d.R. die obersten Baubehörden der Bundesländer auf Antrag erstellt.

Bei **„nicht wesentlichen" Abweichungen** kann der Ersteller der Abschottung entsprechend MBO § 21 (2) eine Übereinstimmungsbestätigung abgeben.

Der Unterschied zwischen einer wesentlichen und einer nicht wesentlichen Abweichung ist nicht eindeutig geregelt. In den folgenden Abschnitten werden Beispiele aufgeführt, die als „nicht wesentliche'" Abweichungen aus Sicht der Kommentatoren betrachtet werden können:

- Trennwände auf Systemböden sind bis zu einer lichten Höhe von 200 mm genauso zu bewerten wie Trennwände auf Rohdecken. Bezogen auf die Trennwände ist der Aufbau der Trennwand auf einem Systemboden als nicht wesentliche Abweichung gegenüber dem allgemeinen bauaufsichtlichen Prüfzeugnis (abP) für die Trennwände zu bewerten, in dem vorgegeben wird, dass die Trennwand auf die Rohdecke zu führen ist.

Hinweis:
Diese Abweichung führt nicht dazu, dass das bauaufsichtlich geforderte unmittelbare Errichten auf der Rohdecke nicht mehr zu erfüllen ist, vgl. MHHR!

- Beim Anschluss von Doppelböden an Hohlböden ist dieser Anschluss so auszubilden, dass der Anschluss ähnlich zu bewerten ist wie die stumpf gestoßenen Doppelbodenplatten. Die Tragkonstruktion des Hohlbodens muss in der Achse des Anschlusses liegen, die Doppelbodenplatten sollten auf eine Anschlussschiene aufgelagert werden
- Abschottungen unter einem Systemboden bis zu einer Höhe von 200 mm, z. B. im Türbereich der darüberstehenden Wand sind dann als nicht wesentliche Abweichung zu bewerten, wenn die Abschottung aus nichtbrennbaren Baustoffen in einer Breite von ca. 150 mm besteht und dicht ausgebildet wird (siehe Bild O-VI–6 und Bild O-VI–7).

Hinweis:
Der Ver- und Anwendbarkeitsnachweis der Tür ist hinsichtlich des Bodenanschlusses zu beachten!

Bei **Abweichungen von der Systembödenrichtlinie** kann man sich auf die MBO 2016 § 85 a beziehen. Auf dieser Grundlage sind Abweichungen von den Technischen Baubestimmungen – die MSysBöR ist eine Technische Baubestimmung – zulässig, wenn nachgewiesen werden kann, dass eine andere Lösung in gleichem Maße die Schutzziele nach MBO 2002 § 3 (1) bzw. MBO 2016 § 85 a erfüllt (siehe auch **Teil D-I.**).

Es wird empfohlen, bei den Systemböden den Weg der „Abweichungen von der Systembödenrichtlinie" zu wählen, es muss jedoch plausibel dokumentiert werden, warum die andere Lösung das Schutzziel in vergleichbarer brandschutztechnischer Qualität erfüllt.

O-IX. Systemböden im Bestand

Nach der „Richtlinie über brandschutztechnische Anforderungen an Hohlraumestriche und Doppelböden" in der Fassung Dezember 1998 durften ebenfalls Trennwände von Nutzungseinheiten vom Systemböden hochgeführt werden, wenn bestimmte Vorgaben eingehalten wurden:

- Hohlraumestrich mindestens 30 mm dick,
- Hohlraumestrich oder Doppelböden, der zusammen mit der Wand auf die für die Wand erforderliche Feuerwiderstandsdauer geprüft wurden.

In vielen bestehenden Gebäuden wurde dies so ausgeführt. Ohne Eingriff in das Gebäude bzw. ohne Nutzungsänderung kann man vom Bestandsschutz ausgehen.

Wenn diese Gebäude saniert werden sollen, die Systembodenhöhe ≤ 200 mm beträgt und ggf. auch eine Nutzungsänderung vorgesehen wird, die das Brandrisiko nicht entscheidend erhöht, kann bei Hohlböden empfohlen werden, auf eine Nachrüstung unter den Trennwänden von Nutzungseinheiten zu verzichten und Bestandsschutz zu beanspruchen.

Begründung:
Einerseits ist bei Hohlböden das Brandentstehungs- und Brandausbreitungsrisiko sehr gering und andererseits eine Nachrüstung bei durchgehenden Estrichen sehr aufwendig. Bei Doppelböden mit einer Bodenhöhe > 200 mm mit leicht aufnehmbaren Doppelbodenplatten wird empfohlen, nachträglich unter den Trennwänden von Nutzungseinheiten eine Abschottung zu integrieren (siehe Bild O-VI–2).

Wenn im Bestand, bei bis zur Rohdecke durchgehenden Trennwänden in Verbindung mit Systemböden unter den Türen keine Abschottungen vorhanden sind, sollte das ebenfalls bei Systemböden bis 200 mm Höhe akzeptiert werden, bei Doppelböden > 200 mm Höhe sollten Nachrüstungen in Anlehnung an **Teil O-VI** ausgeführt werden.

Weitere Hinweise in Verbindung mit Systemböden werden in folgenden Teilen beschrieben:

- **Teil B** Muster-Richtlinie über brandschutztechnische Anforderungen an Systemböden
- **Teil D-I.** MBO 2002 bzw. deren baurechtliche Umsetzungen in den Bundesländern, Auszüge aus der Musterbauordnung – MBO 2002
- **Teil D-VI.** Baurechtliche Anforderungen aus Sonderbauverordnungen und -richtlinien in Verbindung mit Leitungsanlagen, Systemböden und elektrischen Betriebsräumen
- **Teil E** Mitgeltende Normen und Regeln beim gebäudetechnischen Brandschutz von Leitungsanlagen
- **Teil M** Brandschutztechnische Planungs- und Ausführungsempfehlungen bei Brandmelde- und Alarmierungsanlagen
- **Teil N** Be- und Entlüftung von elektrischen Betriebsräumen und Räumen, Gehäusen/Einhausungen die zur Aufstellung unterschiedlicher Arten von Batterien dienen
- **Teil S** Glossar, Beschreibung von Begriffen und Abkürzungen

Teil P Brandschutztechnische Planungs- und Ausführungsempfehlungen von Feuerlöschanlagen/-einrichtungen

In den Bauordnungen der Bundesländer werden materielle Anforderungen an bauliche Anlagen zum vorbeugenden Brandschutz und zur Brandbekämpfung gestellt.

Die Forderungen nach Feuerlöschanlagen und deren Anforderungen werden aus den Bauordnungen der Bundesländer und den zugehörigen Verordnungen, Richtlinien und anerkannten Regeln der Technik abgeleitet.

Dabei werden selbsttätige (automatische) und nicht selbsttätige (nicht automatische) Feuerlöschanlagen sowie Löschhilfeanlagen in ihren verschiedenen Funktionen unterschieden.

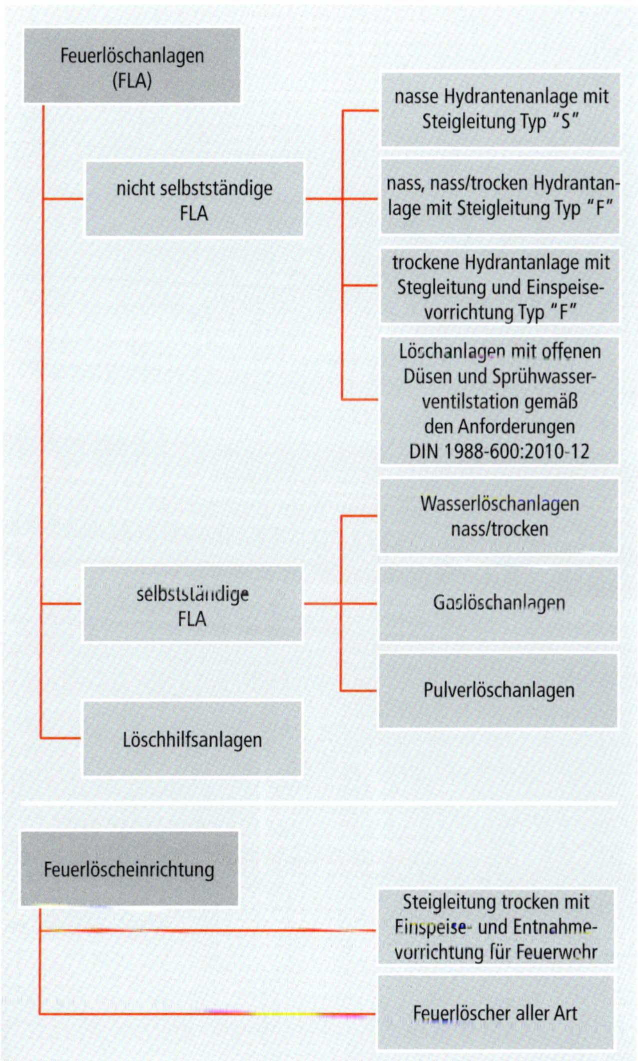

Bild P-0-1: Beispielhafte Darstellung von Feuerlöschanlagen und Feuerlöscheinrichtugnen zum gebäudetechnischen Brandschutz

In den Sonderbauverordnungen/-richtlinien der Bundesländer sind in Abhängigkeit der Gebäudegröße oder Nutzung, Forderungen für die verschiedenen Arten von Feuerlöschanlagen enthalten (Beispiele).

Tab. P-0-1: Sonderbauverordnungen/-richtlinien

	nicht selbständige FLA	selbständige FLA
Garagenverordnung	X	X
Versammlungsstätten-verordnung/-richtlinie	X	X
Verkaufsstätten-verordnung/-richtlinie	X	X
Krankenhaus-verordnung	X	
Hochhausrichtlinie	X	X
Industriebaurichtlinie		X

Die zuständigen Brandschutzbehörden können unter Beachtung des Gebotes und der Verhältnismäßigkeit weitergehende Anforderungen vorschlagen; Entscheidungen im Baugenehmigungsverfahren trifft hingegen die für die Bauaufsicht-zuständige Behörde. Im Baugenehmigungsverfahren, hier speziell im Brandschutzkonzept bzw. Brandschutznachweis, werden Feuerlöschanlagen oft über die Anforderungen der o. g. Verordnungen/-richtlinien hinaus festgeschrieben, um Abweichungen zu ermöglichen. Sehr oft werden dazu selbsttätige Feuerlöschanlagen eingesetzt, um z. B. die Feuerwiderstandsfähigkeitsanforderungen an die Bauteile abzusenken und trotzdem durch den Löscheffekt im Brandfall eine der Vorschrift vergleichbare Sicherheit zu erreichen oder Brandabschnitte zu vergrößern. Feuerlöschanlagen können ihre Schutzziele nur dann zuverlässig erfüllen, wenn der Bauherr/Eigentümer des Gebäudes geeignete Maßnahmen zur Qualitätssicherung ergreift, angefangen von der Planung über die Ausführung bis hin zum Betrieb.

Geeignete Maßnahmen sind:

- Eignungsnachweise der verwendeten Produkte und Systeme vergleichbar mit den Verwendbarkeits- und Übereinstimmungsnachweisen für Baustoffe und Bauteile,
- Planung durch Fachplaner,
- frühzeitige Einbindung des bauaufsichtlich anerkannten Sachverständigen für Feuerlöschanlagen zur Klärung einer späteren Prüffähigkeit
- Installation, Wartung und Instandsetzung der Anlagen durch Fachkräfte und Fachunternehmen,
- Planung und Bereitstellung von Ersatzmaßnahmen bei einer Außerbetriebnahme der Feuerlöschanlagen.

Die Anforderung an Löschanlagen und Wandhydranten kann u. a. den Texten und Kommentaren **Teil D-VI.** entnommen werden. Wandhydrantenanlagen Typ S werden im Baugenehmigungsverfahren z. B. eingesetzt, um die Anzahl der vorzuhaltenden Feuerlöscher zu verringern. Dabei können in Abhängigkeit der Gebäudegrundfläche und Brandgefahrenklasse bis zu $^1/_3$ der Feuerlöscher durch Wandhydranten ersetzt werden (siehe DIN EN 3).

P-I. Regelwerke

In den bauaufsichtlichen Regelwerken und Brandschutzkonzepten bzw. Brandschutznachweisen werden Anforderungen an nasse, trockene oder nass/trockene Löschwasserleitungen gestellt.

Weitergehend werden normativ Anforderungen an Wandhydrantenanlagen sowie Anlagen mit Über- und Unterflurhydranten in DIN 14462:2012-09 gestellt, z. B.
- nasse, trockene oder nass/trockene Löschwasserleitungen
- Druckerhöhungsanlagen (DEA)
- Feuerlösch-Schlauchanschlusseinrichtungen
- Füll- und Entleerungsstationen (Trockenventilstationen für nass/trockene Löschwasserleitungen)
- Vorlagebehälter mit freiem Einlauf
- Wandhydranten/Wandhydrantenanlagen – Typ F – zur Nutzung durch die Feuerwehr
- Wandhydranten – Typ S – zur Selbsthilfe.

Selbsttätige (häufig auch „automatisch"genannt) Löschanlagen werden in diesem Kapitel nicht behandelt.

Folgende Normen und Regelwerke sind zu beachten, z. B.:
- Trinkwasserverordnung
- DIN 14462:2012-09 „Löschwassereinrichtungen – Planung und Einbau von Wandhydrantenanlagen und Löschwasserleitungen"
- DIN 14463-3:2012-09 Löschwasseranlagen – Fernbetätigte Füll- und Entleerungsstationen – Teil 3:
  Be- und Entlüftungsventile PN 16 für Löschwasserleitungen „nass/trocken" und „trocken"
- DIN 14464 :2012-09 Direktanschluss für Sprinkler- und Sprühwasser anlagen – Anforderungen und Prüfung
- DIN 1988-600:2010-12 Technische Regeln für Trinkwasserinstallationen – Teil 600: Trinkwasser-Installationen in Verbindung mit Feuerlösch- und Brandschutzanlagen; Technische Regeln des DVGW
- Kommentar des ZVSHK St. Augustin zur DIN 1988-600
- DIN EN 1717: 2011-08 „Schutz des Trinkwassers vor Verunreinigungen in Trinkwasser-Installationen und allgemeine Anforderungen an Sicherheitseinrichtungen zur Verhütung von Trinkwasserverunreinigungen durch Rückfließen"
- ZVSHK-Merkblatt „Technische Maßnahme zur Einhaltung der Trinkwasserhygiene".

Der Kommentar des ZVSHK St. Augustin zur DIN 1988-600 gibt erläuternde Erklärungen zum Verständnis der normativen Regeln.

P-II. Grundlagen der Trinkwasserhygiene in Verbindung mit Feuerlöschleitungen

Zitat aus der Einleitung (nicht normative Regelung) der DIN 14462:2012-09

... Zur Erfüllung der Anforderungen der Trinkwasserverordnung wird berücksichtigt, dass Wandhydranten Typ F nicht ohne geeignete Sicherungseinrichtung an die Trinkwasser-Installation angeschlossen werden dürfen.

...

Feuerlösch- und Löschwasseranlagen sind Einrichtungen des vorbeugenden Brandschutzes und keine des häuslichen Gebrauchs (siehe DIN EN 1717:2011-08). Sie dienen der Rettung und dem Schutz von Personen und der Brandbekämpfung. Sie führen in ihren Leitungssystemen Trink- oder Nichttrinkwasser. Bei unmittelbarem Anschluss an das Trinkwassernetz unterliegen sie besonderen hygienischen Anforderungen, das Prinzip ist, die Qualitätseinbuße des Trinkwassers durch Stagnation zu vermeiden.

Falsch geplante und ausgeführte Feuerlöschleitungen können zu massiven Problemen in der Trinkwasserhygiene eines Gebäudes führen.

Gesundheitsgefahren in Trinkwasseranlagen mit angeschlossenen Löschwasseranlagen können verschiedenen Ursprungs sein:
- physikalisch, z. B. Temperaturerhöhung
- chemisch, z. B. Metalllionenkonzentration
- mikrobiologisch, z. B. Stagnation.

Um dem Ziel der Trinkwasserhygiene gerecht werden zu können, werden in der Normung und in der daraus resultierenden Umsetzung folgende Schutzziele verfolgt:
- Trennung der Löschwasserversorgung von der Trinkwasserversorgung
- Kein direkter Anschluss einer Löschwasseranlage an das Versorgungsnetz oder die Hausinstallation
- Sichere Trennung der Systeme
- Minimierung von Stagnationswasser
- Erhöhung der Wasseraustauschrate.

Daraus ergibt sich für den Fachplaner der Trinkwasser- und Löschwasseranlage folgender Planungsansatz:

Da Feuerlösch- und Brandschutzanlagen selten betrieben werden, kommt es zu hygienischen Problemen, wenn die Anlagen mit Wasser gefüllt, aber nicht durchflossen werden.

Deshalb ist bei Planung, Bau und Betrieb darauf zu achten, dass stagnierendes Wasser
a) nicht entsteht oder
b) mit absoluter Sicherheit von der Trinkwasseranlage ferngehalten wird.

Stagnierendes Wasser kann z. B. durch Beachtung folgender Regeln verhindert werden:
- Stagnation durch richtige Reihenfolge der Verbraucher minimieren
- schnellen Wasseraustausch sicherstellen
- kleine Rohrdurchmesser planen
- regelmäßig benutzte Entnahmestellen zum Ende der Leitungsanlage einplanen
- Löschwasser- und Verbrauchsleitungen eines Grundstückes über eine gemeinsame Anschlussleitung versorgen
- Verbrauchsleitungen unmittelbar vor der Löschwassereinrichtung abzweigen
- Automatische, zwangsweise wöchentliche Spülung des 3-fachen Leitungsinhaltes mit einer Fließgeschwindigkeit ≥ 1 m/s der Zuleitung zur Löschwassereinrichtung entsprechend den Vorgaben der DIN 1988-600:2010-12.

P

Folgende Hinweise der DIN 1988-600:2010-12 sind bei der Trinkwasserplanung zu beachten:

- Für die Planung und Ausführung der Anschlussleitung ist das DVGW-Merkblatt W 404 zu beachten.
- Durch die Löschwasserentnahme für den Objektschutz darf der Mindestdruck im Versorgungsnetz nicht gefährdet werden.
- Stellt der Versorger das Trinkwasser als Löschwasser für ein Grundstück zur Verfügung, muss aus Gründen der Trinkwasserhygiene das Löschwasser- und das Verbrauchswasser über eine gemeinsame Anschlussleitung erfolgen.
- Kann das Wasserversorgungsunternehmen nur Teilmengen des Löschwasserbedarfs zur Verfügung stellen, ist die Differenz zu bevorraten.
- Leitungen zu Feuerlösch- und Brandschutzanlagen und deren Armaturen mit drucktragenden Teilen müssen aus nichtbrennbaren Materialien bzw. aus metallischen Werkstoffen bestehen, sofern diese nicht erdverlegt oder in einen gegen Brandeinwirkungen gesicherten Hausanschlussraum ohne Brandlast installiert sind. Die Anforderungen sind dem Brandschutzkonzept zu entnehmen. Negative Einflüsse auf die Löschwasserversorgung (z. B. durch Druckabfall) durch im Gebäude verlegte brennbare Leitungen sind auszuschließen. Werden Verteil- und Steigleitungen der Trinkwasser-Installation in brennbaren Materialien ausgeführt, so ist sicherzustellen, dass im Falle einer Löschwasserentnahme diese Leitungsteile durch automatisch schließende Armaturen abgesperrt werden.
- Zum Anschluss von Selbsthilfeeinrichtungen Typ S ist die Verwendung von brennbaren Installationsrohren der Baustoffklasse B1/B2 zulässig, wenn diese unter Putz mit einer Überdeckung von mindestens 15 mm oder hinter nichtbrennbaren geschlossenen Oberflächen aus mineralischen Baustoffen mit einer Mindestdicke von 15 mm in den Nutzungseinheiten verlegt sind.
- Bei Erweiterung, Sanierung und Instandsetzung bestehender Anlagen, müssen nicht nur die Anforderungen der TrinkwV, sondern auch die brandschutztechnischen Belange der Bauauflagen erfüllt werden.

Die Aufzählungen gelten zur Sensibilisierung bei der Planung. Die vollständige Norm kann beim Beuth-Verlag, unter www.beuth.de, bezogen werden.

Weitere Informationen können dem Kommentar zur DIN 1988-600:2010-12 des ZVSHK entnommen werden.

Die folgende Aussage der DIN 1988-600:2010-12 muss vom Anforderungsprofil im Vorfeld der Planung/Umsetzung, z. B. im Rahmen des Brandschutz-/Löschwasserkonzeptes geklärt werden:

Abschnitt 4.2.1 Absatz 9 DIN 1988-600:2010-12 ist folgendes zu entnehmen:

Werden Verteil- und Steigleitungen der Trinkwasser-Installation in brennbaren Materialien ausgeführt, so ist sicherzustellen, dass im Falle einer Löschwasserentnahme diese Leitungsteile durch automatisch schließende Armaturen abgesperrt werden.

Diese zentrale Absperrarmatur ist nicht sinnvoll, wenn Selbsthilfeeinrichtungen, Typ S, im Trinkwassernetz eingebunden sind.

Die weiteren Vorgaben der DIN 1988-600:2010-12 sind zu beachten. Darüber hinaus sind alle Löschwasseranlagen gegenüber Trinkwasseranlagen nach DIN EN 1717:2001-05 abzusichern.

P-III. Aufstellung des Brandschutz-/Löschwasserkonzeptes unter Berücksichtigung der Trinkwasserhygiene

Der Ersteller des Brandschutzkonzeptes bzw. Brandschutznachweises muss sich mit den örtlichen Begebenheiten und den Problemstellungen Löschwasserversorgung auseinandersetzen und damit auch mit der Versorgung mit Trinkwasser. Denn üblicherweise existieren in den Kommunen keine getrennten Netze für die Versorgung mit Trink- und Löschwasser. Bei der Brandschutzkonzepterstellung kann nicht mehr davon ausgegangen werden, dass eine zum Schutz des Gebäudes ausreichende Wassermenge vom Wasserversorger zur Verfügung gestellt werden kann. Darüber hinaus ist es bei einem geringen Trinkwasserverbrauch im Gebäude nicht mehr möglich, groß dimensionierte Trinkwasserleitungen zur Versorgung der Löschanlagen in das Gebäude hineinzuführen, weil hier hygienische Probleme durch Stagnation des Trinkwasser (ungenügende Wasserentnahme) auftreten können.

Der Ersteller des Brandschutzkonzeptes bzw. Brandschutznachweises sollte als Ergänzung zum Brandschutzkonzept bzw. Brandschutznachweis ein „Löschwasserkonzept" in enger Zusammenarbeit mit dem Fachplaner der Trinkwasserversorgung erstellen.

Dabei sind neben den baurechtlichen Anforderungen folgende Punkte zu beachten:

- Berücksichtigung der Wassermengen nach DIN 14462:2012-09 und dem DVGW-Arbeitsblatt W 405 „Löschwasserbereitstellung aus dem öffentlichen Netz"
- Unterscheidung in:
  - Angemessene Löschwasserversorgung (Grundschutz ist Aufgabe der Gemeinde bzw. des Wasserversorgungsunternehmens)
  - Besondere Löschwasserversorgung (Objektschutz ist Aufgabe des Eigentümers)
  - Es besteht keine verpflichtende Trinkwasserbereitstellung durch das Wasserversorgungsunternehmen (WVU) für die besondere Löschwasserversorgung aus dem öffentlichen Netz
- Der Abschluss eines separaten Löschwasser-Liefervertrages mit dem Wasserversorgungsunternehmen ist bei der Erstattung der Kosten für die Leistungsbereitstellung und den Großwasserzähler erforderlich, jedoch nur dann, wenn eine ausreichende Durchspülung der Leitungen aus hygienischer Sicht gewährleistet ist.

Gegen eine Kombination von Brauchwassernetzen mit Löschwassernetzen sprechen keine hygienischen Gründe, denn beiden Netzen muss kein Trinkwasser entnommen werden.

P-IV. Art der Löschwasseranlage

Das Brandschutzkonzept muss weiterhin beschreiben, welche Art der Löschwasserleitung an den erforderlichen Stellen zum Einsatz kommen und welche Löschwassereinrichtungen damit versorgt werden sollen.

Bei den Löschwasseranlagen und -einrichtungen wird unterschieden nach:

- **Löschwasseranlage „nass"**
  Vom Trinkwassernetz getrennte Löschwasserleitungen „nass" mit angeschlossenen Wandhydranten, die ständig unter Druck stehen und somit jederzeit einsatzbereit sind. Die Inbetriebnahme erfolgt i.d.R. durch die Feuerwehr.
- **Löschwasseranlage „trocken"**
  Löschwasserleitungen „trocken" mit den entsprechenden Entnahmestellen, in die das Löschwasser erst im Bedarfsfall über eine Löschwasser-Einspeiseeinrichtung durch die Feuerwehr eingespeist wird. Die Inbetriebnahme erfolgt durch die Feuerwehr.
- **Löschwasseranlage „nass/trocken"**
  Löschwasserleitungen „nass/trocken" mit angeschlossenen Wandhydranten. Die Inbetriebnahme erfolgt i.d.R. durch die Feuerwehr oder im Bedarfsfall durch automatische Fernbetätigung von Armaturen zur Speisung der Leitung mit Wasser.
- **Löschwasserleitung**
  Fest verlegte Rohrleitung mit absperrbaren Feuerlösch-Schlauchanschlusseinrichtungen.

Die einzelnen Bauteile zur Versorgung der Löschwasseranlage mit Wasser sind unter Berücksichtigung der Herkunft des Löschwassers auszuwählen. Handelt es sich um einen Löschwasserspeicher, z. B. Löschwasserteich oder Speichertank, oder wird das Löschwasser durch ein Leitungssystem der Trinkwasserversorgung entnommen, ist zu klären.

Im folgenden werden insbesondere wegen der üblicherweise erfolgenden Anschlüsse an das öffentliche Versorgungsnetz mit Trinkwasser die Regeln für Trinkwasseranlagen angesprochen:

- **Rohrleitungen und Armaturen**
  Rohrleitungen und Armaturen sind nach den Anforderungen der DIN 1988-600:2010-12 auszuwählen und müssen nach DIN 14462:2012-09 und den Herstellerangaben verlegt und eingesetzt werden. Sollen in der Zuleitung zu Brandschutzeinrichtungen Armaturen installiert werden, so müssen diese so beschaffen sein, dass von ihnen keine Beeinträchtigung der Brandschutzeinrichtung ausgehen kann. Im Leitungsweg des Löschwassers sind alle Absperreinrichtungen möglichst zentral anzuordnen. Sie müssen gekennzeichnet und gegen unbefugtes Schließen gesichert werden. In Löschwasserleitungen „trocken" sind außer den Einspeise- und Entnahmearmaturen keine weiteren Absperreinrichtungen zulässig. Löschwasserleitungen sind nach den a.a.R.d.T. entsprechend zu befestigen. Bei Löschwasserleitungen „trocken" und „nass/trocken" sind die erhöhten hydraulischen Kräfte beim Füllvorgang zu berücksichtigen. Löschwasserleitungen „nass" und deren Armaturen sind mindestens für Nenndruck PN 10 zu bemessen, sofern nicht höhere Innendrücke einen höheren Nenndruck erforderlich machen. Löschwasserleitungen „trocken" sind für Nenndruck PN 16 zu bemessen. Press-, Klemm- und Steckverbindungen in Löschwasseranlagen „trocken" und „nass/trocken" sind nur zulässig, wenn sie für den Einsatz geeignet sind. Der Nachweis ist durch die Systemanbieter zu erbringen. Nach den einschlägigen Normen der Elektrotechnik muss ein funktionsfähiger Potenzialausgleich hergestellt werden. Brennbare Werkstoffe wie Kunststoffe, dürfen nur verwendet werden, wenn diese erdverlegt oder im Hausanschlussraum eingebaut sind, in denen keine Brandlast vorhanden ist.

Tab. P-IV–1: Zulässige Rohrleitungswerkstoffe für Löschwasserleitungen nach DIN 14462:2012-09 in Verbindung mit Trinkwasserleitungsnetzen

Rohrleitungsmaterial	Rohre nach	übliche Verbindungstechnik	Fittings nach	Rohrverbindung nach
schmelztauchverzinkte Eisenwerkstoffe früher: feuerverzinkter Stahl	DIN EN 10255 DIN EN 10240	Gewindeverbindung		DIN EN 10242
		Klemmverbindung		
nichtrostender Stahl	DVGW GW 541	Pressverbindung		DVGW W 534
		Klemmverbindung		
Kupfer	DIN EN 1057 DVGW GW 392	Hartlötverbindung	DVGW GW 6 DVGW GW 8 DIN EN 1254-1 DIN EN 1245-4 DIN EN 1254-5	DVGW GW 2
		Schweißverbindung	DIN 2607 DIN EN 14640	DVGW GW 2
		Pressverbindung	DVGW W 534 DIN EN 1254-7	DVGW GW 2
		Klemmverbindung, metallisch dichtend	DVGW W 534 DIN EN 1254-2 DIN EN 1254-4	DVGW GW 2
		Steckverbindung	DVGW W 534 DIN EN 1254-6	DVGW GW 2

Fortsetzung Tab. P-IV–1 siehe nächste Seite oben

Rohrleitungsmaterial	Rohre nach	übliche Verbindungstechnik	Fittings nach	Rohrverbindung nach
innenverzinktes Kupfer	DIN EN 1057 DVGW GW 392	Pressverbindung	DVGW W 534 DIN EN 1254-7	DVGW GW 2
		Klemmverbindung, metallisch dichtend	DVGW W 534 DIN EN 1254-2 DIN EN 1254-4	DVGW GW 2
		Steckverbindung	DVGW W 534 DIN EN 1254-6	DVGW GW 2

Hinweis:
Weitere Rohre und Verbinder mit Nachweis zur Verwendung in Löschwasseranlagen ohne Trinkwasserkombination können der DIN 14462:2012-09 entnommen werden.

Tab. P-IV–2: Nach DIN 14462:2012-09 geforderte Durchflussmengen und Fließdrücke

Kategorie	Durchflussmenge	Gleichzeitigkeit	Mindestdruck	Höchstdruck
Wandhydrant Typ S (Selbsthilfe)	24 l/min	2	0,20 MPa	0,8 MPA
Wandhydrant Typ F (Feuerwehr)	100 l/min	3	0,30 MPa	
	200 l/min	3	0,45 MPa	
Steigleitung „trocken" oder Entnahmeeinrichtung	300 l/min	2	0,45 MPa	

Die zur Verfügung zu stellende Löschwassermenge mit der entsprechenden Gleichzeitigkeit und dem Mindestdruck sind mit der zuständigen Brandschutzbehörde abzustimmen und im Brandschutzkonzept zu dokumentieren.

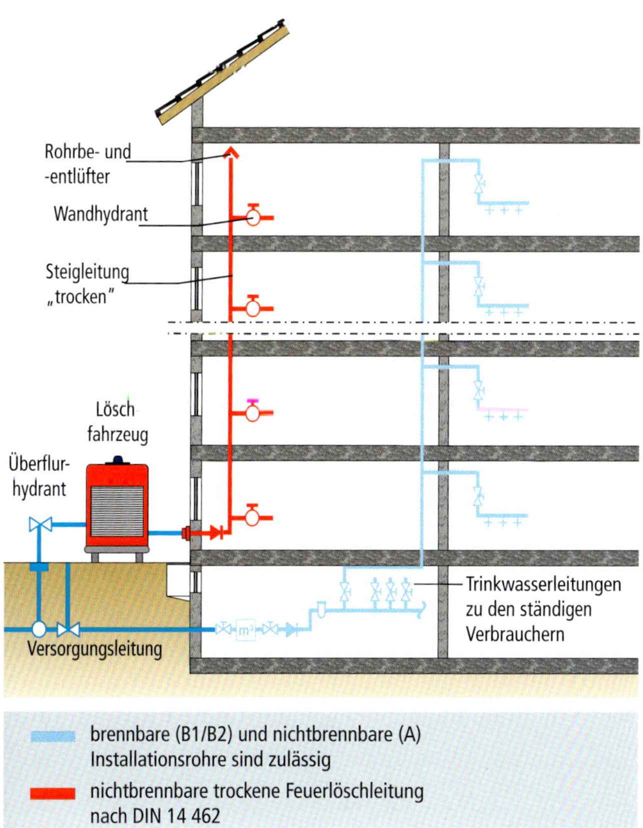

Bild P-IV–1: Schematische Darstellung einer trockenen Löschwasseranlage

Nasse Feuerlöschleitungen z. B. zur Versorgung von Wandhydrantenanlagen Typ F, müssen mittelbar angeschlossen werden. Ein direkter Anschluss an das Trinkwassernetz ist aus hygienischer Sicht nicht zulässig.

Löschwasserleitungen zur Versorgung von Wandhydranten Typ S dürfen nur dann ein Bestandteil der Trinkwasser-Installation sein, wenn der Löschwasserbedarf kleiner oder maximal gleich dem Spitzenvolumenstrom des Trinkwassers ist. Meistens ist diese Forderung nur zu erfüllen, wenn lediglich die so genannten „Wandhydranten zur Selbsthilfe" (0,4 l/s) unter Berücksichtigung der Gleichzeitigkeit eingesetzt und stagnationsfrei angeschlossen werden. Liegt der Löschwasserbedarf über dem Trinkwasserbedarf, muss die Löschwasserleitung auch in Zukunft mittelbar (also über einen Löschwasserbehälter und eine Druckerhöhungsanlage) versorgt sein – eine direkte Anschlussmöglichkeit ist nicht mehr möglich. Im Prinzip gilt das auch für die Wasserversorgung von Sprinkleranlagen (z. B. in Lagerhallen, Tiefgaragen) oder Sprühwasserlöschanlagen (z. B. oberhalb von Theaterbühnen). Ihr Löschwasserbedarf ist größer als der Trinkwasserbedarf des Gebäudes. Dadurch muss die Wasserversorgung mittelbar über einen Zwischenbehälter erfolgen.
Der Wasserinhalt in der Zuleitung zum Zwischenbehälter muss einmal wöchentlich mit dem 3-fachen Volumen und einer Fließgeschwindigkeit ≥ 1 m/s auf Grundlage der DIN 1988-600:2010-12 gespült werden (z. B. über eine automatische Spüleinrichtung) siehe Bild P-IV–2 auf Seite 364.

– mit automatischer Spüleinrichtung

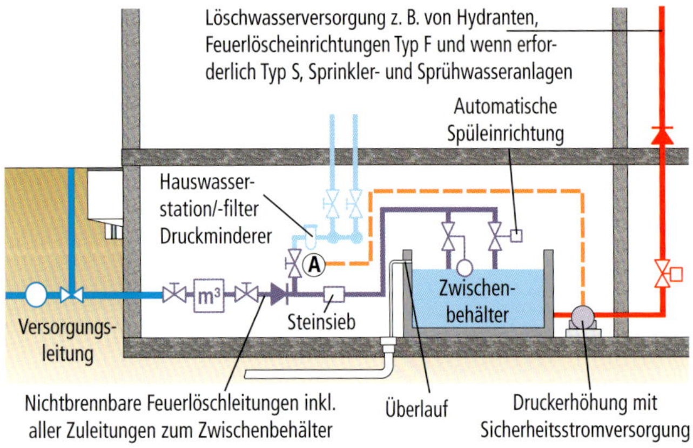

– ohne Spüleinrichtung

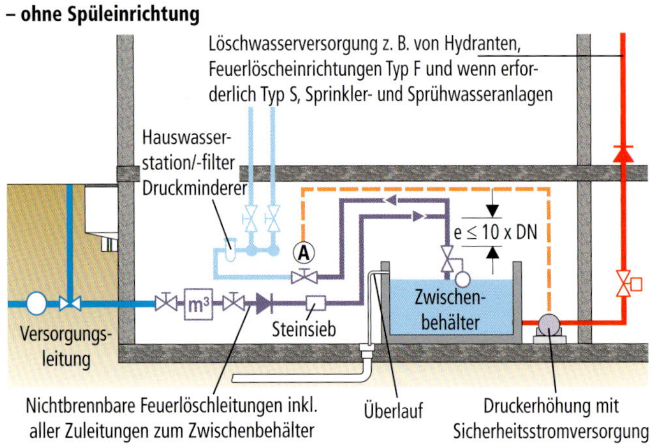

- (rot) nichtbrennbare nasse oder trockene Feuerlöschleitungen nach DIN 14 462
- (violett) nichtbrennbare Trinkwasser- und Feuerlöschleitungen nach DIN 1988-600 zur Einspeisung in den Zwischenbehälter. Abweichungen im Hinblick auf brennbare Rohre sind zu vermeiden.
- (hellblau) nichtbrennbare (A) und brennbare (B1/B2) Installationsrohre sind zulässig. Die Verlegung muss hinter nichtbrennbaren Verkleidungen von Installationswänden erfolgen. Eine offene Verlegung von brennbaren Rohren ist zu vermeiden. Im Brandfall darf die ausreichende Löschwasserversorgung nicht gefährdet werden. Darüber hinaus sind die Anforderungen der DIN 1988-600:2010-12 bei Gemischverlegung mit brennbaren Rohren zu beachten
- Ⓐ Automatisch schließende Armatur im Falle einer notwendigen Löschwasserentnahme aus dem Zwischenbehälter über die Druckerhöhung am Hydranten Typ F/Typ S oder über Sprinkleranlage
- (orange gestrichelt) Steuerleitung Ventil A in Funktionserhalt oder stromlos geschlossen (nicht bei Probeläufen und anderen Ereignissen) Achtung: „Fehlabsperrungen" bei Störungen sind zu vermeiden

Bild P-IV–2: Beispiel eines mittelbaren Anschlusses einer Löschwasserleitung über einen Zwischenbehälterlage

Hinweis:
Gemäß DIN 1988-600:2010-12 müssen alle Feuerlöschleitungen aus nichtbrennbaren Installationswerkstoffen hergestellt werden. Dies betrifft auch die Zuleitungen des Zwischenbehälters und der Trinkwasserhauptleitungen. Darüber hinaus sind die Anforderungen der DIN 1988-600:2010-12 bei Gemischverlegung mit brennbaren Rohren zu beachten.

P-V. Wandhydranten zur Selbsthilfe Typ S

Bauordnungsrechtlich werden in den Vorschriften und Richtlinien für die geregelten Sonderbauten keine Löschwasseranlagen mit Selbsthilfeeinrichtungen Typ S gefordert. Insofern besteht auch in den nicht geregelten Sonderbauten für die Aufrechterhaltung der öffentlichen Sicherheit i.d.R. keine Erfordernis, solche Einrichtungen zu fordern. Trotzdem sollte bei der Planung von Löschanlagen, wo die Selbsthilfeeinrichtungen aus andere Gründen, z. B. Anforderungen aus der Versicherungswirtschaft, nachfolgendes beachtet werden:

Ist der Spitzenvolumenstrom der Trinkwasserverbraucher größer als der rechnerische Löschwasserbedarf der Selbsthilfeeinrichtungen, können die Selbsthilfeeinrichtungen in das Trinkwassernetz „eingeschleift werden". Dabei ist der maximale Abstand der Selbsthilfeeinrichtungen Typ S von der ständig durchströmten Trinkwasserleitung zu beachten (e ≤ 10 x DN). Die Anlage gilt als Trinkwasseranlage und nicht als Löschwasseranlage.

In modernen Trinkwassernetzen, die gleichzeitig auch Versorgungsleitungen der Selbsthilfeeinrichtungen Typ S darstellen, werden mit einem hohen Marktanteil verstärkt Mehrschichtverbundrohre (Baustoffklasse B2) eingebaut. Werden die Trinkwassernetze zur Versorgung der Trinkwasserverbraucher und gleichzeitig der Selbsthilfeeinrichtungen Typ S mit brennbaren Rohren (B1/B2) ausgeführt, sollten die Ausführungsgrundsätze von der DIN 14462:2012-09 und der DIN 1988-600:2010-12 im Brandschutzkonzept bzw. Brandschutznachweis/Löschwasserkonzept aufgeführt werden.

Es bestehen aus baurechtlicher Sicht keine brandschutztechnischen Bedenken, wenn die brennbaren Rohre (B1/B2) des Trinkwassernetzes brandschutztechnisch gekapselt verlegt werden:

- Bei offener Rohrleitungsverlegung oder Steig- und Verteilerleitungen im Schacht und im UG:
  Ummantelung mit einer durchgängigen Mineralfaserdämmung, Schmelzpunkt > 1000 °C, Mindestdämmdicke ≥ 30 mm und innerhalb von Räumen mit erhöhten Brandgefahren, z. B. Tiefgaragen, Lagerräumen usw. mit Verblechung aus Blech, Stahl verzinkt, gemäß DIN 4140.
- Bei Verlegung hinter nichtbrennbaren Verkleidungen oder bei Unterputzverlegung (Schichtdicke ≥ 15 mm) ist die Rohrleitungsverlegung mit durchgängiger Dämmung A1/A2/B1/B2 möglich.

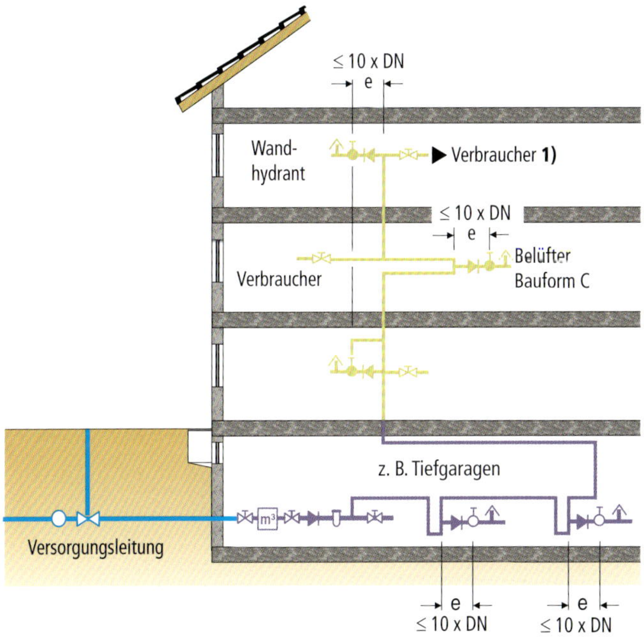

1) Der Trinkwasser-Volumenstrom muss unter Berücksichtigung der Gleichzeitigkeit größer sein als der Löschwasserbedarf. Die Armaturen der Verbraucher sind eigensicher auszuführen.

e ≤ 10 x DN maximaler Abstand zwischen ständig durchflossener Trinkwasserleitung mit ausreichendem Volumenstrom und dem Absperrventil der Selbsthilfeeinrichtung Typ S - Volumen des Wasserinhaltes max. 1,5 Liter

(violett) nichtbrennbare Trinkwasserleitungen zur Versorgung der Selbsthilfeeinrichtungen, wenn die Leitung offen in den „Schutzbereichen" der Selbsthilfeeinrichtung verlegt ist. Zentrale Zuleitungen mit erhöhtem Brandrisiko in den „Schutzbereichen" sind nichtbrennbar oder brandschutztechnisch gekapselt auszuführen. Abweichungen sind mit dem Ersteller des Brandschutzkonzeptes abzustimmen.

(hellblau) nichtbrennbare (A) und brennbare (B1/B2) Installationsrohre sind zulässig. Die Verlegung muss hinter nichtbrennbaren Verkleidungen von Installationswänden oder mit einer brandschutztechnischen Kapselung erfolgen. Eine offene Verlegung von brennbaren Rohren ist zu vermeiden. Darüber hinaus sind die Anforderungen der DIN 1988-600:2010-12 bei Gemischverlegung mit brennbaren Rohren zu beachten.

Hinweis:
Bei Einbau von Druckminderern müssen die erforderlichen Drücke an der Selbsthilfeinrichtung eingehalten werden.

Bild P-V–1: Einbindung von Wandhydranten zur Selbsthilfe in das Trinkwassernetz

Hinweis:

- Es ist anzuraten, die Verwendungsgrenzen von brennbaren Rohrwerkstoffen bei Trinkwasserleitungen und als Zuleitung zu Selbsthilfeeinrichtungen Typ S im Voraus festzulegen, um spätere Diskussionen zu vermeiden.
- Die Ausführungen des Teils P Löschwasserleitungen geben Hinweise zur Planung und Handhabung im Brandschutzkonzept. Planungsdetails sind den DIN-Normen für Löschwasserleitungen, den baurechtlichen Regelwerken und den a.a.R.d.T. zu entnehmen.
- Die Abschottung nichtbrennbarer Löschwasser- und Sprinklerleitungen erfolgt i.d.R. nach den „Erleichterungen" der MLAR, Abschnitt 4.2 oder 4.3.
- Die zentrale Absperrarmatur A kann entfallen, wenn das nachfolgende Rohrnetz der Steig- und Verteilleitungen aus nichtbrennbaren Rohren erstellt wird.

P-VI. Beispiele zur Abschottung von Feuerlösch- und Sprinklerleitungen in Bauteilen mit Anforderungen an die Feuerwiderstandsdauer (F 30/60/90)

Bei Durchführung von Feuerlösch- und Sprinklerleitungen durch raumabschließende, feuerwiderstandsfähige Decken und Wände sind die Abstandsregeln der MLAR,

- gemäß Abschnitt 4.1.3 (siehe **Teil G**),
- bzw. nach den „Erleichterungen" Abschnitt 4.2 (siehe **Teil H**),
- bzw. nach den „Erleichterungen" Abschnitt 4.3 (siehe **Teil I**)

zwingend zu beachten.

Darüber hinaus ist zu berücksichtigen, dass bei Leitungen durch Wärmeeinwirkung im Brandfall eine Längenänderung erfolgt und die Leitung durch die Durchführung geschoben werden kann. Daher sind entweder entsprechende Festpunkte, vgl. **Teil P-VIII.**, vorzusehen oder die Durchführungen sind gleitend auszuführen.

Nachstehende Abbildungen zeigen mögliche Varianten:

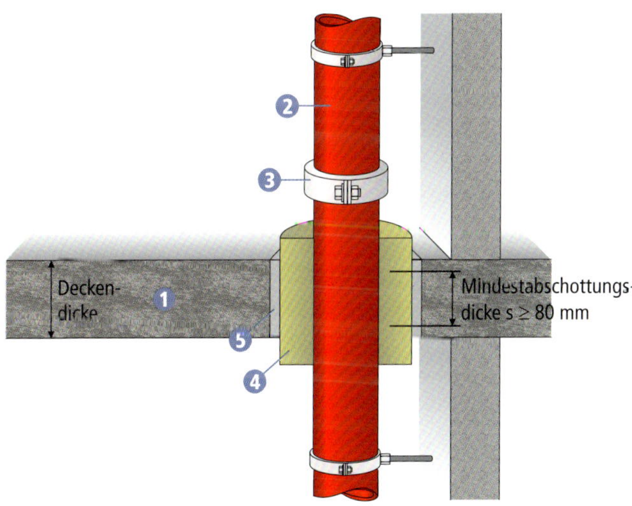

1. Massives Bauteil F 30/60/90
2. nichtbrennbare Feuerlösch- oder Sprinklerleitung d ≤ 160 mm gemäß Abschnitt 4.3
3. Verbinder
4. Wahlweise:
   - Mineralwollschale, Schmelzpunkt > 1000 °C, Mindestdicke 20 mm, max. 50 mm
   - Im Brandfall aufschäumende Brandschutzbandage in einer Dicke max. 15 mm
   - Dämmmatten aus einem Mineralschaum, Schmelzpunkt > 1000 °C, Dicke ≥ 5 mm
5. Mörtelverguss

Bild P-VI–1: Abschottung gemäß MLAR, Abschnitt 4.2 für feuerhemmende Wände oder Abschnitt 4.3 für feuerhemmende bis feuerbeständige Wände und Decken

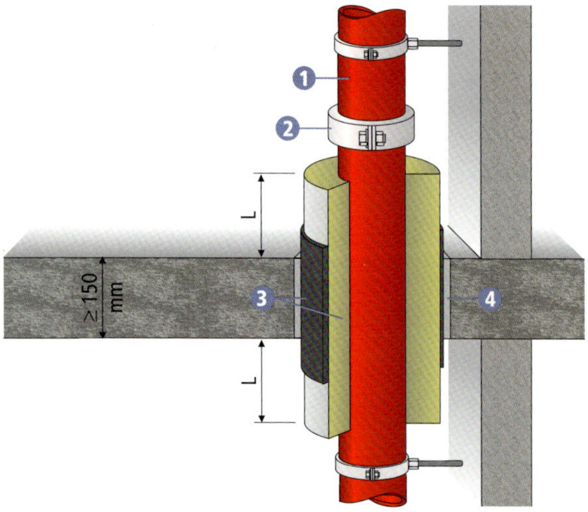

1 nichtbrennbare Feuerlösch- oder Sprinklerleitung d ≤ 160 mm als Abschottung R 30/60/90
2 Verbinder
3 R 90-Abschottung für nichtbrennbare Rohre mit weiterführender Dämmung
- Minaralwolle, Schmelzpunkt > 1000 °C mit/ohne Brandschutzbinde je nach Verwendbarkeitsnachweis (aBG/abP/abZ)
4 Mörtelverguss

Bild P-VI–2: R 30/60/90-Abschottung in massiven Bauteilen, z. B. Massivdecke (Dicke ≥ 150 mm) oder Massivwände (Dicke ≥ 100 mm)

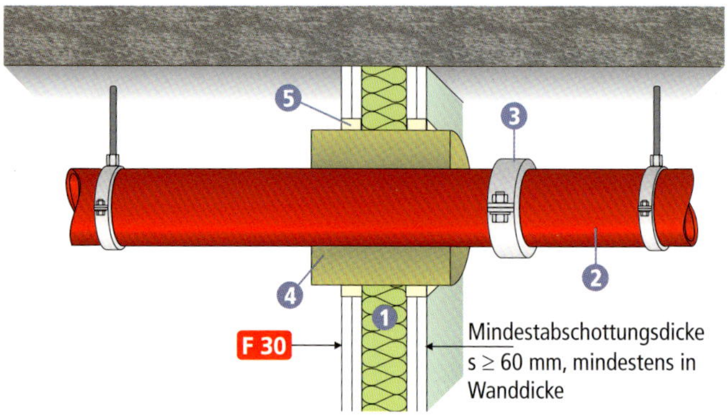

1 leichte Trennwand F 30
2 nichtbrennbare Feuerlösch- oder Sprinklerleitung mit unbegrenztem Durchmesser für feuerhemmende Wände
3 Verbinder
4 Wahlweise:
- Mineralwollschale, Schmelzpunkt > 1000 °C, Mindestdicke 20 mm, max. 50 mm
- Im Brandfall aufschäumende Brandschutzbandage in einer Dicke max. 15 mm
- Dämmmatten aus einem Mineralschaum, Schmelzpunkt > 1000 °C, Dicke ≥ 5 mm
5 Verschluss des Restspaltes mit Gips als mineralischer Baustoff

Bild P-VI–4: Abschottung gemäß MLAR, Abschnitt 4.2 für feuerhemmende leichte Trennwände

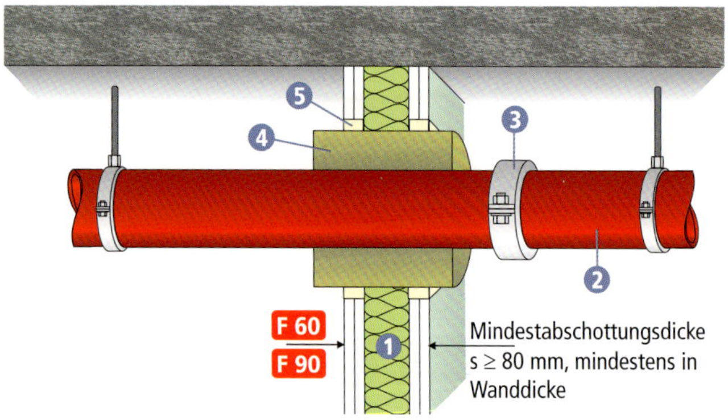

1 leichte Trennwand F 60/90
2 nichtbrennbare Feuerlösch- oder Sprinklerleitung d ≤ 160 mm gemäß Abschnitt 4.3
3 Verbinder
4 Wahlweise:
- Mineralwollschale, Schmelzpunkt > 1000 °C, Mindestdicke 20 mm, max. 50 mm
- Im Brandfall aufschäumende Brandschutzbandage in einer Dicke max. 15 mm
- Dämmmatten aus einem Mineralschaum, Schmelzpunkt > 1000 °C. Dicke ≥ 5 mm
5 Verschluss des Restspaltes mit Gips als mineralischer Baustoff

Bild P-VI–3: Abschottung gemäß MLAR, Abschnitt 4.3 für hochfeuerhemmende bis feuerbeständige leichte Trennwände

P

P-VII. Befestigung der Löschwasserleitungen

Die Löschwasserleitung und die Zuleitung zur Löschwasserübergabeeinheit (LWÜ), muss entsprechend der zu erwartenden Einsatzdauer befestigt werden. Innerhalb der Gebäude genügt es, die Dauer entsprechend der Dauer der Bauteile auszurichten, die die höchste Feuerwiderstandsfähigkeit aufweisen.

Die Befestigung der Feuerlöschleitung ist in Anlehnung an die DIN 4102-4, Tabelle 11.1, in Verbindung mit DIN 4102-21 auszuführen.

Die Abhängungen sind aus Stahl ohne elastische Zwischenglieder herzustellen und so zu dimensionieren, dass die rechnerischen Spannungen die Grenzwerte der folgenden Tabelle nicht überschreiten. Dabei müssen die Bauteile von Abhängungen eine Mindestdicke von 1,5 mm haben.

Tab. P-VII–1: Grenzwerte der Spannung N/mm² in Abhängigkeit der Feuerwiderstandsklasse nach DIN 4102-4, Tabelle 11.1

Beanspruchung	Bemessung für die Feuerwiderstandsklasse	
	L 30 oder L 60	L 90 oder L 120
Zugspannung in N/mm² in allen senkrecht angeordneten Teilen	9	6
Schubspannung in N/mm² in allen Schrauben der Festigkeitsklasse 4.6 nach DIN EN ISO 898-1	15	10

Waagerechte Feuerlöschleitungen dürfen nur an Balken oder Bauteilen mit mindestens der identischen Feuerwiderstandsdauer befestigt werden.

Dübel, für die kein brandschutztechnischer Eignungsnachweis vorliegt, müssen aus Stahl bestehen, mindestens der Größe M8 entsprechen und und doppelt so tief wie Ihre Baulänge beträgt, eingebaut werden. Sie dürfen rechnerisch höchstens mit 500 N (50 kg) auf Zug belastet werden.

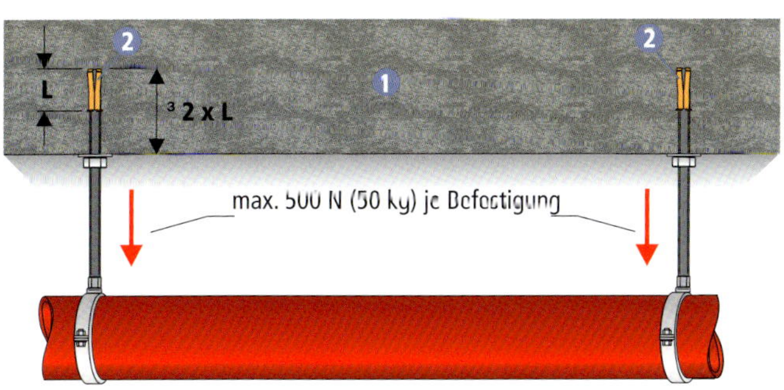

1 Betondecke
2 Stahldübel nach Erfordernis, Einbautiefe 2 x L, jedoch mindestens 60 mm

Bild P-VII–1: Grenzwerte der Spannung N/mm² in Abhängigkeit der Feuerwiderstandsklasse nach DIN 4102-4, Tabelle 11.1

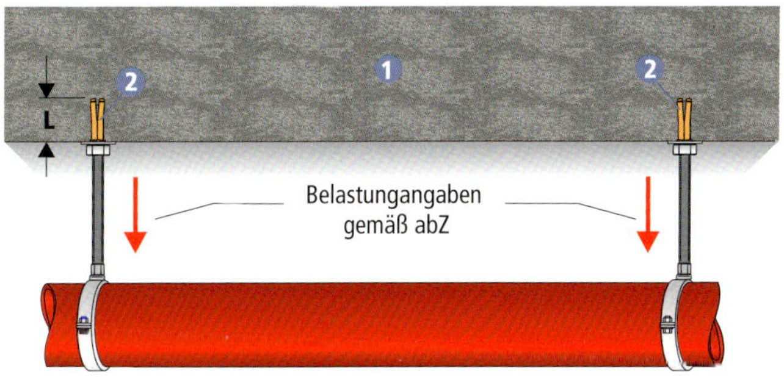

1 Werkstoff der Decke gemäß abZ
2 Dübel und Einbautiefe gemäß abZ

Bild P-VII–2: Stahldübel mit allgemeiner bauaufsichtlicher Zulassung (abZ)

Dübel, deren Tragfähigkeit unter Brandbeanspruchung nachgewiesen ist, sind wie im europäischen Ver- oder Anwendbarkeitsnachweis gefordert, einzubauen. Sonderkonstruktionen oder abweichende Deckenbaustoffe sind entsprechend den Vorgaben der europäischen Ver- oder Anwendbarkeitsnachweise „Dübel"nachzuweisen.

Bei der Befestigung an feuerwiderstandsfähig bekleideten Stahlbauteilen sind anstelle der Dübel kraftschlüssige Verbindungsmittel einzusetzen, für die die oben angegebene Begrenzung der rechnerischen Spannung einzuhalten ist. Die Befestigung der Rohrleitung kann als punktuelle Einleitung gewertet werden. Eine brandschutztechnische Bekleidung, wie beim Anschluss von Stahlbauteilen gemäß DIN 4104-4, muss nicht gefordert werden.

Die Länge der Abhängung (Abstand zwischen Unterkante Feuerlöschleitung und Unterkante Decke) darf bei ungeschützten Abhängern nicht mehr als 1.500 mm betragen.

P-VIII. Anordnung von Festpunkten

Die aus der Ausdehnung der Löschwasserleitungen bei Brandeinwirkung resultierenden Kräfte dürfen die Abschottungen oder Rohrdurchführungen gemäß MLAR, Abschnitt 4.2 bzw. 4.3 nicht zerstören. Aus diesem Grund sind Löschwasserleitungen mit Festpunkten in ausreichender Anzahl zu befestigen, um diese Kräfte kontrolliert über Dehnungsausgleichsmöglichkeiten oder Kompensatoren abzuleiten. Es gelten dabei die allgemeinen Installationsgrundsätze (a.a.R.d.T.).

Zusätzliche Festpunkte müssen in Feuerlöschleitungen „nass/trocken" und „trocken" vorgesehen werden, um die Reaktionskräfte der Löschwasserleitung während des Befüllvorganges abzufangen. Diese zusätzlichen Festpunkte müssen am Anschluss der Druckerhöhungsanlage auf der Druckseite und bei T-Stücken im Gegenlauf, in Strömungsrichtung ca. 1 m vor dem T-Stück, angebracht werden. Für die Festpunkte haben sich handelsübliche Konstruktionen aus nichtbrennbaren Baustoffen, z. B. Rohrbügel, bewährt.

Die Auslegung dieser Festpunkte sind i.d.R. mit dem Systemanbieter der Feuerlöschleitungen und den Herstellern der Befestigungssysteme in Abhängigkeit der Gesamtgewichte (Rohr + Medien + Dämmung) abzustimmen.

P

P-IX. Anordnung einer brandschutztechnischen Rohrbekleidung

Trockene Feuerlöschleitungen einschließlich ihrer Abhänger müssen im Brandfall so geschützt werden, dass sich die Bauteile nicht über die kritische Temperatur von 500 °C erwärmen. Zusätzlich müssen Rohrhalter so bemessen sein, dass bei extremen Belastungen, z. B. durch herabfallende Gegenstände die Funktion der Feuerlöschleitung nicht gefährdet wird. Die Anforderung ist keine baurechtliche Anforderung.

Bild P-IX–1: Brandschutztechnische Bekleidung von trockenen Feuerlöschleitungen mit Mineralwollschale, Schmelzpunkt > 1000 °C, Raumgewicht ca. 150 kg/m³ (Quelle: Rockwool)

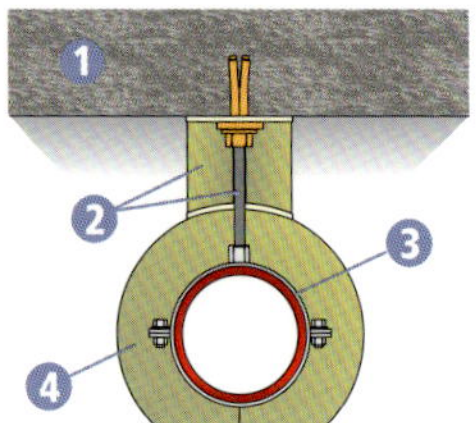

1. Betondecke oder gleichwertige F 90-Konstruktion
2. Halterung - Bekleidungsdicke gemäß U/A-Wert
3. Rohr-Bekleidungsdicke gemäß U/A-Wert
4. Brandschutztechnische Bekleidung einer Feuerlöschleitung mit Mineralwollschale, Schmelzpunkt > 1000 °C, Raumgewicht ca. 150 kg/m³

Bild P-IX–2: Bekleidung von Abhängern

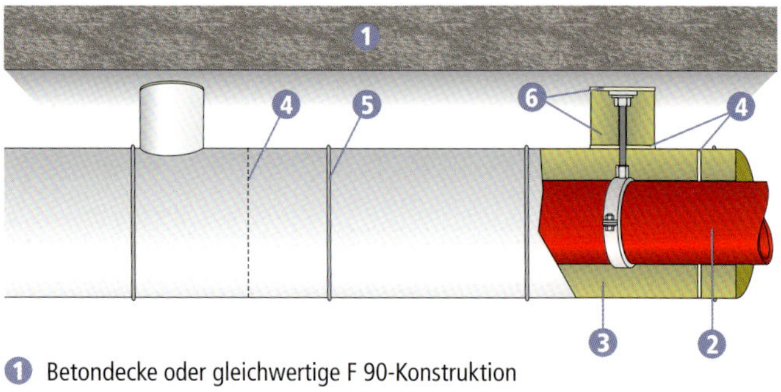

1. Betondecke oder gleichwertige F 90-Konstruktion
2. Sprinklerleitung
3. Rohrbekleidungsdicke gemäß U/A-Wert
4. Sämtliche Querfugen und Nähte sind mit Wasserglas-Klebstoff zu verkleben
5. Spannband/-draht als Montagehilfe a ≤ 400 mm
6. Abhängung bekleidet, die Bekleidung wird mit Wasserglas-Klebstoff an der Decke verklebt

Bild P-IX–3: Bekleidung der Abhänger und trockener Feuerlöschleitungen

Als Brandschutzbekleidung von trockenen Feuerlöschleitungen können sowohl unkaschierte als auch alukaschierte Brandschutzrohrschalen oder Mineralwolldämmschalen nach DIN 4102-4 verwendet werden. Die Bekleidungsdicke muss für jedes Bauteil getrennt entsprechend dem jeweiligen Verhältniswert U/A siehe (DIN 4102-4) ermittelt werden.

Berechnung des U/A-Wertes

$$\text{Rohr} \qquad \frac{U}{A} = \frac{100}{t^*} \quad [m^{-1}]$$

* = Wandstärke der Feuerlöschleitung t in cm

Tab. P-IX–1: Dimensionierungstabelle der Bekleidung für trockene Feuerlöschleitungen aus Stahl

geforderte Feuerwiderstandsdauer	Mindestdicke der Bekleidung [mm] in Abhängigkeit vom U/A-Wert (≤ XXX)					
	20	30	40	50	60	100
feuerhemmend (F 30)	≤ 300	≤ 300	≤ 300	≤ 400	≤ 500	≤ 500
hochfeuerhemmend (F 60-A)	≤ 300	≤ 300	≤ 300	≤ 400	≤ 500	≤ 500
feuerbeständig (F 90-A)	≤ 189	≤ 242	≤ 290	≤ 400	≤ 500	≤ 500
hochfeuerbeständig (F 120-A)	≤ 101	≤ 131	≤ 156	≤ 196	≤ 238	≤ 300

Ergeben sich auf Grund der Berechnungslasten Zugspannungen in den Befestigungskonstruktionen, die deutlich über 6 N/mm² liegen, müssen nach den Grundsätzen der DIN 4102-4 grundsätzlich auch die Abhänger gemäß ihrem U/A-Wert bekleidet werden.

Auslegungstabellen für die brandschutztechnische Bekleidung von Feuerlöschleitungen, wenn entsprechende Anforderungen im Brandschutzkonzept bzw. Brandschutznachweis)definiert worden sind.

Tab. P-IX–2: Übersicht Halterungsbelastung gemäß VdS CEA 4001:2018-01 Punkt 15.2

Nenndurchmesser	Mindestdurchmesser des Abhängers	Bekleidungsdicke des Abhängers [mm]	Berechnungslast nach VdS CEA in N	Zugspannung in N/mm²
≤ DN 50	M8	80	2000	55
≤ DN 50 ≤ DN 100	M10	70	3500	60
≤ DN 100 ≤ DN 150	M12	60	5000	59
≤ DN 150 ≤ DN 200	M16	40	8500	54

Dimensionierungstabellen für Sprinklerleitungen

Tab. P-IX–3: Mittelschwere Gewinderohre DIN 2440 (Auszug)

Rohraußendurchmesser in mm	26,9	33,7	42,4	48,3	60,3	76,1	88,9	114,3	139,7	165,1
Wandstärke in mm	2,65	3,25	3,25	3,25	3,65	3,65	4,05	4,50	4,85	4,85
F 90-A-Bekleidungsdicke in mm	50	50	50	50	40	40	40	30	30	30

Tab. P-IX–4: Schwere Gewinderohre DIN 2441 (Auszug)

Rohraußendurchmesser in mm	26,9	33,7	42,4	48,3	60,3	76,1	88,9	114,3	139,7	165,1
Wandstärke in mm	3,25	4,05	4,05	4,05	4,50	4,50	4,85	5,40	5,40	5,40
F 90-A-Bekleidungsdicke in mm	50	40	40	40	40	30	30	30	30	30

Tab. P-IX–5: Geschweißte Rohre DIN 2458 (Auszug)

Rohraußendurchmesser in mm	26,9	33,7	42,4	48,3	60,3	76,1	88,9	114,3	139,7	168,3	218,1	273
Wandstärke in mm	2,0	2,0	2,3	2,3	2,3	2,6	2,9	3,2	3,6	4,0	4,5	5,0
F 90-A-Bekleidungsdicke in mm	60	60	60	60	60	50	50	50	40	40	40	40

Tab. P-IX–6: Nahtlose Rohre DIN 2448 (Auszug)

Rohraußendurchmesser in mm	26,9	33,7	42,4	48,3	60,3	76,1	88,9	114,3	139,7	168,3	218,1	273
Wandstärke in mm	2,3	2,6	2,6	2,6	2,9	2,9	3,2	3,6	4,0	4,5	6,3	6,3
F 90-A-Bekleidungsdicke in mm	60	50	50	50	50	50	50	40	40	40	40	40

Tab. P-IX–7: Edelstahlrohre EN ISO 1127, Reihe 1 (Auszug)

Rohraußendurchmesser in mm	76,1	88,9	108
Wandstärke in mm	2,0	2,0	2,0
F 90-A-Bekleidungsdicke in mm	60	60	60

Tab. P-IX–8: Sprinklerleitungen aus Hartkupfer

Wandstärke in mm	2,0	2,3	3,4	3,8	4,1
F 90-A-Bekleidungsdicke in mm	60	60	50	50	50

Tab. P-IX–9: Sprinklerleitungen aus Stahl oder Hartkupfer, die als Wasserversorgung mitbenutzt werden

Wandstärke in mm	Alle Wandstärken
F 90-A-Bekleidungsdicke in mm	30

Tab. P-IX–10: Abhänger (Dimensionierung gemäß VdS CEA 4001:2018-01)

Dimension der Abhänger	M8	M10	M12	M16
F 90-A-Bekleidungsdicke in mm	80	70	60	40

P

Hinweis zur brandschutztechnischen Rohrbekleidung:
Die Montage einer Brandschutzbekleidung bezieht sich auf eine Forderung aus den VdS-Regelwerken. Diese Anforderung ist nicht mit einer baurechtlichen Mindestanforderung gleichzusetzen. Der Ersteller eines Brandschutzkonzepts oder Brandschutznachweises sollte eine eindeutige Aussage zur Montage von brandschutztechnischen Bekleidungen machen.

Es macht keinen Sinn, grundsätzlich alle Feuerlöschleitungen brandschutztechnisch zu verkleiden, z. B. nasse und trockene Feuerlöschleitungen innerhalb der Löschzentrale, innerhalb von Sicherheitstreppenräumen, innerhalb von notwendigen Treppenräumen.

Die Entscheidung ist unter Beachtung von Brandszenarien projektspezifisch für jeden einzelnen Bereich festzulegen. Die Verwendung von Feuerlöschleitungen mit Pressverbindern stellt kein Problem dar, wenn der Hersteller über ein entsprechendes Anwendungszertifikat verfügt.

Teil Q Brandschutztechnische Planungs- und Ausführungsempfehlungen von Leitungsanlagen für medizinische Gase und Laborgase

In der Leitungsanlagen-Richtlinie MLAR werden die Rohrleitungen für nichtbrennbare und brennbare Gase pauschal beschrieben. Die brandfördernden Gase werden pauschal den brennbaren Gasen zugeordnet.

Medizinische Gase müssen jedoch wesentliche Funktionen, z. B. bei Intensiv- und auf Frühgeburtenstationen sicherstellen. Dieser „Funktionserhalt für medizinische Gase im Brandfall" wird in keinem baurechtlichen Regelwerk ausdrücklich beschrieben.

Die in der MLAR beschriebenen Anforderungen an die Be- und Entlüftung oberhalb von Unterdecken und Installationsschächten und -kanälen beziehen sich im Wesentlichen auf die Installation von Erdgas in Anlehnung an die TRGI. Dies führt bei Planung und Montage von Leitungsanlagen für medizinische Gase und Laborgase sehr oft zu Verunsicherungen und teilweise zu Planungs- und Ausführungsfehlern. Generell sollte die Installation so erfolgen, dass im Falle von Undichtigkeiten der Gasleitungen sich keine gefahrbringenden Mengen von Gas in den abgetrennten Installationsbereichen ansammeln können; dies wird z. B. durch eine natürliche Be- und Entlüftung der Installationsbereiche erreicht.
Bei der Bewertung der möglichen Brandszenarien muss beachtet werden, dass die durchgängigen Leitungstrassen i.d.R. mit nichtbrennbaren Leitungen aus Kupfer oder korrosionsbeständigem Stahl (Edelstahl) (überwiegend für toxische Gase) verlegt werden. Die Verbindung der Leitungen aus Kupfer erfolgt ausschließlich durch Hartlötverbindungen mit Schmelztemperaturen > 600 °C oder durch Doppel-Klemmringverschraubungen (ausschließlich im Laborbereich) aus Messing oder korrosionsbeständigem Stahl (Edelstahl).

Die Hartlötverbindungen werden mit Silberlot unter Schutzgas hergestellt. Wegen Anwendung der „Arzneimittelbücher" für medizinische Gase und den hohen Reinheitsanforderungen bei medizinischen Gasen unterliegt die Verarbeitung sehr hohen Qualitätsansprüchen.
Leitungsanlagen für toxische Laborgase werden generell in korrosionsbeständigem Stahl (Edelstahl) verlegt. Die Verbindung erfolgt in der Regel im Orbitalschweißverfahren. Die Schweißverbindung entspricht annähernd der Rohrqualität.

Dichtprüfungen der Leitungsanlagen sind zwingend vorgeschrieben und müssen nach den anzuwendenden Regeln der Technik ausgeführt werden (z. B. DIN EN ISO 7396-1, VDMA 4390-02). Die Dichtprüfungen müssen dokumentiert werden.
Aus den Praxiserfahrungen der Ersteller solcher Anlagen sind seit 1955 Undichtigkeiten der Rohrleitungsnetze nur auf Grund von mechanischen Zerstörungen durch fremde Einflüsse bekannt.

Zur zusätzlichen Überwachung des gesamten Leitungsnetzes stehen in jeder Bereichskontrolleinheit (Ventilkasten) „Drucktransmitter" zur Verfügung, die bei einer Druckdifferenz von ± 20 % Alarm auslösen (Beschreibung und Funktion siehe DIN EN ISO 7396-1).

Durch die Beflammung der Leitungsanlagen im Brandfall geht keine direkte Gefahr für die Brandausbreitung und Brandweiterleitung aus. Kritischer ist die direkte Beflammung der Anschlussstellen und der Etagenverteiler, in denen sich brennbare Steuer- und Dichtelemente befinden. Bei direkter Beflammung kann es hier zu Undichtigkeiten kommen, wobei brennbare und brandfördernde Gase im Rahmen der Beflammung direkt wegbrennen. Durch eine rechtzeitige Abschaltung der Gaszufuhr muss die Bildung von explosiven Luftgemischen bei brennbaren und brandfördernden Gasen verhindert werden.

Bei der **medizinischen Gasversorgung** darf eine Abschaltung erst nach Abklärung mit dem zuständigen Klinikpersonal erfolgen, da diese Gase zur Lebenserhaltung auch im Brandfall benötigt werden. Erst nach vollständiger Räumung der vom Brand betroffenen Station darf die Versorgung der „angeschlossenen Patienten" von Hand abgeschaltet werden. Bei Bränden in zentralen medizinischen Versorgungsbereichen können die Stationen durch Noteinspeisungen über entsprechende „Gasflaschen" an den Unterverteilungen oder Bereichskontrolleinheiten versorgt werden. Die organisatorischen Voraussetzungen sind im Brandschutzkonzept und der Brandschutzordnung zu schaffen. Entsprechende Eintragungen sollten in den Feuerwehrlaufkarten enthalten sein.

Bei der Versorgung mit **Laborgasen** werden die betroffenen Bereiche i.d.R. automatisch über angesteuerte Magnetventile abgeschaltet. Die Ansteuerung kann über die Brandmeldeanlage, Gaswarnanlage oder über Notschalter erfolgen.

Hinweis zur Verbindungstechnik:
Entsprechend der DIN EN 7396-1 und VDMA 4390-2 dürfen für die Verbindung von Rohrsystemen der medizinischen Gas- und Laborgasversorgung nur ausdrücklich dafür zugelassene Systemverbindungen, wie vor beschrieben, verwendet werden.

Hinweis zur Planung:
Pressfittings für haustechnische Gasinstallationen mit Zulassungen entsprechend der TRGI (Technische Richtlinie Gasinstallationen) sind nicht in Verbindung mit Leitungsanlagen der medizinischen Gas- und Laborgasversorgung zulässig. Die Planung von Gasversorgungsanlagen für medizinische Gase und Laborgase sollten ausschließlich von in diesem Bereich erfahrenen Fachplanern mit Unterstützung der Systemhersteller ausgeführt werden.

Anzuwendende Richtlinien:

TRGS	Technische Regeln für Gefahrstoffe
TRGI	Technische Richtlinie Gasinstallationen (z. B. für Erd- und Flüssiggasanlagen zu Heizzwecken)

Entsprechend den projektspezifischen Anforderungen an die Versorgung mit medizinischen Gasen und/oder Laborgasen, muss ein individuelles Anlagenkonzept durch den jeweils zuständigen Fachplaner projektspezifisch erfolgen.

Q-I. Anlagen für medizinische Gase

Für Planung und Anordnung der Zentralen für die medizinischen Gase sollte berücksichtigt werden, was während der Nutzungsdauer alles an Arbeiten erforderlich ist. Der häufige Grundsatz, Zentralen in die Untergeschosse zu verlegen, kann zu erhöhten Bau- und Betriebskosten führen. Gaslager, auch die Bereiche der Zentralen wo aus mehreren Gasflaschen (wegen der Redundanz und des Gasbedarfs) in das lokale Gasversorgungsnetz eingespeist wird, sind entspechend so zu lüften, dass Gasansammlungen in gefahrdrohender Menge ausgeschlossen werden kann. Auch in diesen Gaslagern sind die maximalen Werte für die Arbeitsplatzkonzentration einzuhalten. Eine Anordnung unter Erdgleiche kann dazu führen, dass maschinelle Lüftungsanlagen erforderlich werden.

Da die Gasflaschen – auch wenn aus ihnen kein Gas entnommen wurde – regelmäßig auszutauschen sind, sollte darauf geachtet werden, dass die Anlieferung und Abholung möglichst einfach möglich ist.

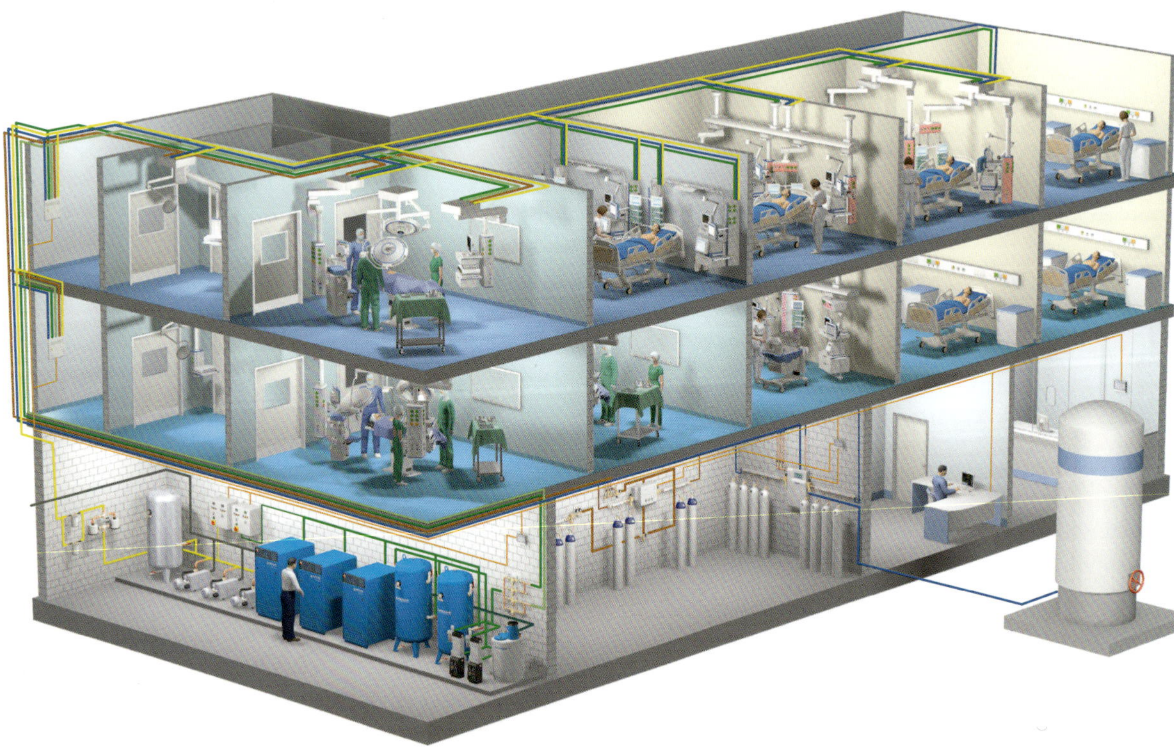

Bild Q-I–1: zeigt ein Beispiel einer medizinischen Gasversorgung, wobei die Be- und Entlüftung der Gaszentrale nicht dargestellt ist.

Im Untergeschoss des Beispiels Bild Q-I–1 befinden sich die Zentralen für die medizinischen Gase. Die medizinische Gasversorgung wird dabei jeweils aus 3 unabhängigen Quellen sichergestellt.

Hinweis zu den Bild Q-I–1 bis Q-I–7, Werkbilder der ©Dräger Medical ANSY GmbH

Q

Bild Q-I–2: Beispiel einer Zentrale für medizinische Gase

Aus diesen Zentralen wird z. B. bei großen Kliniken eine Ringleitung zur Versorgung der Steigetrassen verlegt. Bei kleineren Kliniken werden die einzelnen Bereiche wie OP, Intensivstation und Bettenzimmer mit Rohrleitungen direkt aus der Zentrale versorgt. Die unterschiedlichen Gasarten werden i.d.R. auf gemeinsamen Trassen nebeneinander verlegt. Jeder Steigestrang sollte absperrbar sein (nur für Notfälle/Erweiterungen).

Die zentralen Absperrarmaturen werden im Bereich der Ringleitung so angeordnet, dass beim Brandfall im Bereich der Ringleitung eine partielle Abschaltung von Leitungswegen möglich ist, um die Versorgung möglichst vieler Steigestränge sicherzustellen. Das Bedienen der Absperrarmaturen darf im Brandfall nur durch eingewiesene Personen des Klinikums erfolgen. Alle lebenserhaltenden Funktionen müssen weiter funktionieren. Bei Bedarf sind Noteinspeisungen an den Unterverteilern vorzunehmen.

Von den Steigesträngen abgehend werden die Stationen über Bereichskontrolleinheiten (siehe Bild Q-I–3 und Bild Q-I–4) pro Station angeschlossen. Hier besteht im Brandfall der Station wiederum eine Absperrmöglichkeit und die Möglichkeit der Noteinspeisung, wenn die Versorgung gestört ist.

Eine Bereichskontrolleinheit ist max. für 5 Gasarten ausgelegt.

Bild Q-I–3: Beispiel Bereichskontrolleinheit

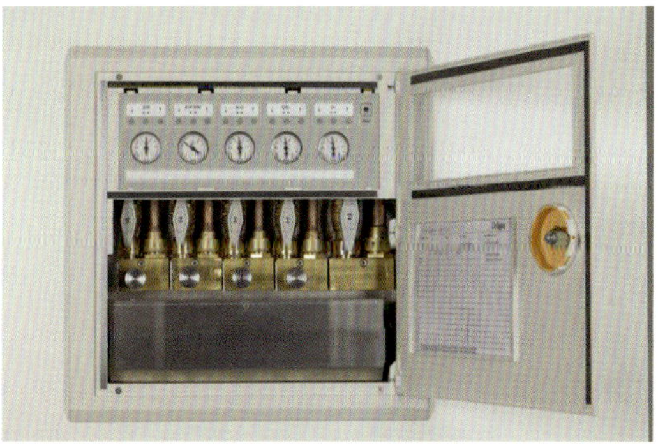

Bild Q-I–4: Beispiel Bereichskontrolleinheit mit Absperrung von diversen med. Gasen und Möglichkeit der Noteinspeisung

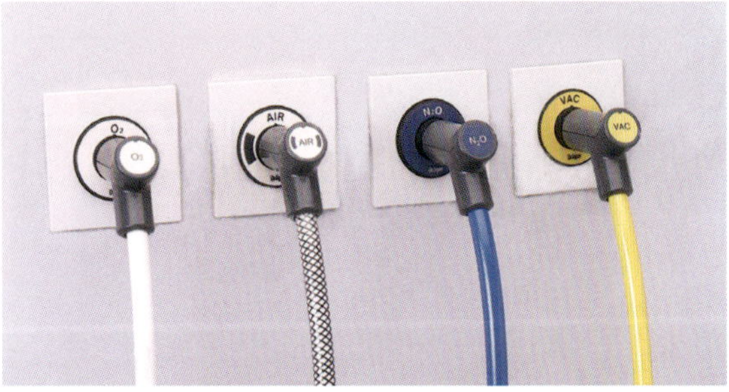

Bild Q-I–5: Anschlussmöglichkeit für medizinische Gase (Wandentnahmestellen)

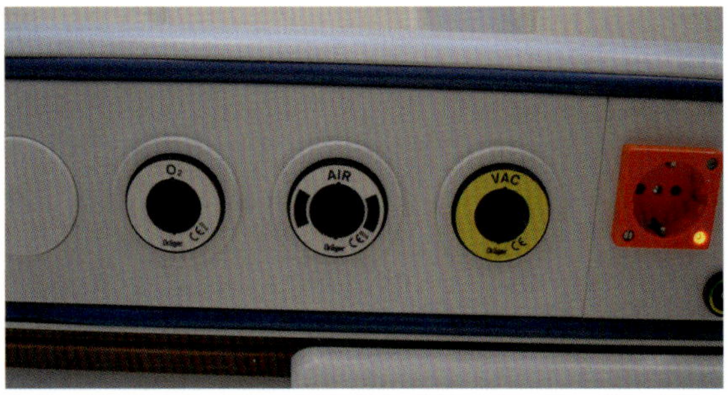

Bild Q-I–6: Anschlussmöglichkeit für medizinische Gase an Versorgungseinheiten der Frühgeborenenstation

Anlagen für Laborgase

Die Installationen von Anlagen zur Laborgasversorgung müssen individuell auf die spezifischen Anforderungen abgestimmt werden. Neben der Redundanz in den „Gaszentralen" ist die Trassenführung und die Positionierung der Absperrorgane und Anschlussstellen zu klären.
Im Störungsfall oder Brandfall wird die Laborgasversorgung über Magnetventile abgeschaltet. Diese Magnetventile werden wahlweise in der Versorgungszentrale (Quellenabschaltung) oder in einzelnen Funktionsbereichen eingesetzt.

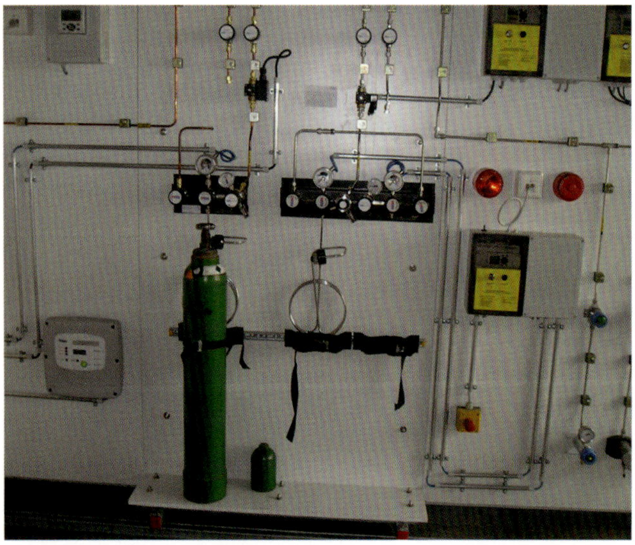

Bild Q-I–7: Schema einer Laborgasversorgung

Die Ansteuerung der Magnetventile kann bei Auslösen der Brandmeldeanlage oder einer Gaswarnanlage über die Gebäudeleittechnik oder vor Ort über Not-Aus-Taster erfolgen. Bei besonderen Anwendungen, bei denen die Laborgasversorgung nicht unterbrochen werden darf, sind andere, individuelle Maßnahmen zur Erfüllung der Schutzziele zu treffen.

Q-II. Projektspezifische Brandschutzkonzepte und deren Umsetzung

In den projektspezifischen Brandschutzkonzepten sollten bei Einbau von zentralen Anlagen der medizinischen Gasversorgung und/oder der Laborgasversorgung eindeutige Vorgaben zu den Zentralen als eigenständige Brandabschnitte (i.d.R. F 90/T 30-RS), zur Trassenführung und -befestigung und zur Abschottung der Trassen gemacht werden .

Für die planerische Umsetzung des Brandschutzkonzeptes ist der Fachplaner verantwortlich. Er hat dabei die Anforderungen des Betriebs zu berücksichtigen, insbesondere die LKW-An- und Ablieferung von Gasflaschen und den erforderlichen Platzbedarf um ordnungsgemäße Wartungs-, Instandhaltungs- und Betriebstätigkeiten durchzuführen.

Q-III. Installation unter Systemböden/Hohlraumböden

Bei Installation unter Systemböden/Hohlraumböden gilt die Muster-Systembödenrichtlinie (MSysBöR). Gegen die Verlegung unterhalb von Systemböden bestehen keine brandschutztechnischen Bedenken. Die Ausführungen in der Einleitung von **Teil Q** sind zu beachten.

Die Abschottung erfolgt i.d.R. entsprechend den Erleichterungen der MLAR, Abschnitt 4.2 und 4.3.

Q-IV. Anforderungen anderer Regelwerke

In der folgenden Aufzählung werden nur die wesentlichen Regelwerke aufgeführt.

Tab. Q-IV–1: Regelwerke

Regelwerke
DIN EN ISO 7396-1:2016-1 „Rohrleitungssysteme für medizinische Gase"
TRBS 3145:2016-2/TRGS 745:2016-02 „Ortsbewegliche Druckgasbehälter – Füllen, Bereithalten, innerbetriebliche Beförderung, Entleeren"
VDMA 4390-2:2015-12 „Planung und Installation neuer bzw. Erweiterung bestehender Reinstgase-Versorgungsanlagen"
BGR 500/DGUV 100-500 Kapitel 2.31 „Arbeiten an Gasleitungen" Kapitel 2.32 „Betreiben von Sauerstoffanlagen" Kapitel 2.33 „Betreiben von Anlagen für den Umgang mit Gasen"
TRGS 407:2016-02 „Tätigkeit mit Gasen-Gefährdungsbeurteilung"
BetrSichV (Ausfertigungsdatum 03.02.2015) „Betriebssicherheitsverordnung„

Übergeordnet basieren die anzuwendenden technischen Regeln für die Bauprodukte der medizinischen Gasver- und -entsorgung auf der Grundlage europäische Richtlinien und deren Umsetzung in europäisch harmonisierte Normen.

Im Amtsblatt der Europäischen Union C 389 vom 17.11.2017 findet sich ab Seite 29 die Mitteilung der Kommission im Rahmen der Durchführung der Richtlinie 93/42/EWG des Rates über Medizinprodukte mit der Veröffentlichung der Titel und der Bezugsnummern der harmonisierten Normen im Sinne der Harmonisierungsrechts bzw. der Harmonisierungsvorschriften der EU.

Mehr an Information zum New Approach Standardisation in the Internal Market kann auf den Internetveröffentlichungen gefunden werden (Link Stand Mai 2018: http://www.newapproach.org/Directives/DirectiveList.asp)

Q-V. Gase zum Lebenserhalt im Brandfall

Die Planung der zentralen Gasversorgungsanlage mit medizinischen Gasen muss einen störungsfreien Betrieb sicherstellen.

Grundsätzlich ist vor der Planung einer medizinischen Gasversorgungsanlage eine Bedarfsermittlung durchzuführen. Es ist zu klären, welche Bereiche (Operationssäle, Aufwachräume, Einleiträume, Patientenzimmer, Untersuchungszimmer etc.) mit welchen Gasen (Narkosegase, medizinischem Sauerstoff, Druckluft etc.) im Normalbetrieb zu versorgen sind. Darüberhinaus ist zu klären, was hinsichtlich der Gasversorgung passieren kann oder muss, wenn ein Notbetrieb erforderlich wird, z. B. bei Ausfällen der allgemeinen Stromversorgung. Welche Bereiche können dann über dezentrale Not-Gasversorgungen aus Gasflaschen ausreichend versorgt werden? Wo ist die Aufrechterhaltung des zentralen Gasversorgungsnetzes zwingend geboten oder sollte auch unter erhöhtem Aufwand so lange es vertretbar ist, aufrecht erhalten werden?

Der Fachplaner sollte die Positionierung der Absperrventile und Bereichskontrolleinheiten so festlegen, dass auch im Brandfall zentraler Bereiche eine sichere Gasversorgung gewährleistet ist. Sollte die Gasversorgung ausfallen, muss die Noteinspeisung über die Bereichskontrolleinheiten der Stationen möglich sein. Solange am zentralen System Patienten zur Versorgung angeschlossen sind, darf keine Abschaltung der Gaszufuhr erfolgen.

Die zu erstellende Brandschutzordnung muss die evtl. möglichen Brandszenarien an diversen Stellen abbilden und eindeutige Entscheidungsraster für die verantwortlichen Personen festlegen.

Die Laufkarten der Feuerwehr sind mit entsprechenden Warnhinweisen auszustatten, damit eine unkontrollierte Abschaltung durch unberechtigte Personen vermieden wird.

Die Sicherstellung der Gasversorgung mit medizinischen Gasen im Brandfall kann auch als „Anforderung an den Funktionserhalt" von medizinischen Gasen umschrieben werden.

Von den Laborgasen werden i.d.R. keine lebensnotwendigen Funktionen versorgt, deshalb kann bei dieser Anwendung eine automatische Abschaltung erfolgen.

Q-VI. Abschaltung der Laborgase im Brandfall

Labore sind in eigene Nutzungsbereiche bzw. F 90-Abschnitte zu unterteilen. Damit besteht die Möglichkeit, gezielt in den getrennten Bereichen im Brandfall die Brandbekämpfung durchzuführen. Es ist zu klären und im Rahmen der Planung zu beschreiben, ob im Brandfall die Gaszuleitungen automatisch über Magnetventile (stromlos geschlossen, wegen Verzicht auf den Funktionserhalt der Verkabelung) geschlossen werden sollen.

Bei kritischen Laboranwendungen sollte ein individuelles Konzept erstellt werden, wenn die automatische Abschaltung im Brandfall unersetzbare Versuchsserien gefährden würde.

Q-VII. Brandschutztechnische Einstufung der medizinischen Gase und Laborgase

Einstufung der Gase nach Brennbarkeit

A **Inertgase:** Gase, die an chemischen Reaktionen nur in geringem Maße teilnehmen
B **Brennbare Gase:** Brennbare Gase haben im Gemisch mit Luft oder anderen brandfördernden Stoffen einen Zündbereich.
C **Brandfördernde Gase:** Brandfördernde Gase können im Kontakt mit brennbaren Stoffen diese entzünden bzw. einen Brand fördern. Diese Gase sind starke Oxidationsmittel.
D **Toxische/Korrosive Gase:** Korrosive Gase greifen viele Materialien, vor allem metallische Werkstoffe an und wirken stark ätzend auf Haut und Schleimhäute.

Tab. Q-VII–1: Medizinische Gase

Bezeichnung	Einstufung	
	Inertgase	brandfördernde Gase
Sauerstoff		X
Distickstoffoxid (Lachgas)		X
Medizinische Luft	X	
Synthetische Luft	X	
Kohlendioxid	X	
Gemische von Sauerstoff und Distickstoffoxid		X
mit Sauerstoff angereicherte Luft		X
Luft zum Betreiben chirurgische Werkzeuge	X	
Stickstoff zum Betreiben chir. Werkzeuge	X	
Rohrleitungen für Vakuum	X	

Druckluft ist unter Umständen brandfördernd, im Normalbetrieb ist die geringfügige brandfördernde Eigenschaft zu vernachlässigen. Maßnahmen sind bei kritischen Räumen im Einzelfall erforderlich.

Tab. Q-VII–2: Laborgase

Gasart	Formel	Inertgase	brennbare Gase	brandfördernde Gase
Acetylen	C2H2		X	
Ammoniak	NH3		X	
Argon	Ar	X		
Argon/Methan	Ar/CH4		X	
Distickstoffoxid	N2O			X
Druckluft		X		
Helium	He	X		
Kohlendioxid	CO_2	X		
Kohlenmonoxid	CO		X	
Methan	CH4		X	
Propan	C3H6		X	
Sauerstoff	O2			X
Stickstoff	N2	X		
Synthetische Luft	Gemisch	X		
Wasserstoff	H2		X	

Druckluft und synth. Luft sind unter Umständen brandfördernd, im Normalbetrieb ist die geringfügige brandfördernde Eigenschaft zu vernachlässigen. Maßnahmen sind bei kritischen Räumen im Einzelfall erforderlich.

Q-VIII. Planung und Montage der Leitungsanlagen entsprechend den Schutzzielen der MLAR für medizinische Gase und Laborgase

Technikzentralen und besondere Aufstellräume

Technikzentralen für medizinische Gase und Laborgase werden grundsätzlich als eigener Nutzungsbereich/Brandabschnittsbereich mit einer Feuerwiderstandsdauer von 30 bis 90 Minuten aufgebaut (siehe auch TRBS 3145/TRGS 745).

Schematische Darstellungen von entsprechenden Zentralen können Bild Q-I–1 beispielhaft entnommen werden.

Es ist zu empfehlen, die Zentralen in die flächendeckende Brandmeldeüberwachung einzubeziehen.

Die Türen zu den Technikzentralen, die in Richtung der Fluchtwege geöffnet werden, müssen in der gleichen Feuerwiderstandsdauer wie die Wände erstellt werden. Ausnahmen, z. B. T 30-RS, sind möglich, wenn dies auf Grund einer flächendeckenden Brandmeldeüberwachung im Brandschutzkonzept geregelt ist.

Die Aus- und Einfädelung von Leitungstrassen durch die raumabschließenden feuerhemmenden (F 30) bzw. feuerbeständigen Bauteile (F 90) der Technikzentralen sind nach den „Erleichterungen" der MLAR, Abschnitt 4.2 bis 4.3, oder in R 90-Qualität abzuschotten.

Leitungstrassen für medizinische Gase und Laborgase/ Befestigung

Alle Leitungstrassen der Gasversorgungssysteme werden mit klassifizierten Befestigungssystemen in einem maximalen Befestigungsabstand von 1,5 m (horizontal und vertikal) befestigt. Größere Abstände sind wegen der zu hohen Belastung der Rohre und Verbindungsstellen im Brandfall nicht zulässig.

In jedem Fall ist sicherzustellen, dass die Leitungstrassen der medizinischen Gas- und Laborgasversorgung durch herabfallende Trassen und Gegenstände im Normalbetrieb und im Brandfall mechanisch nicht beschädigt werden können.

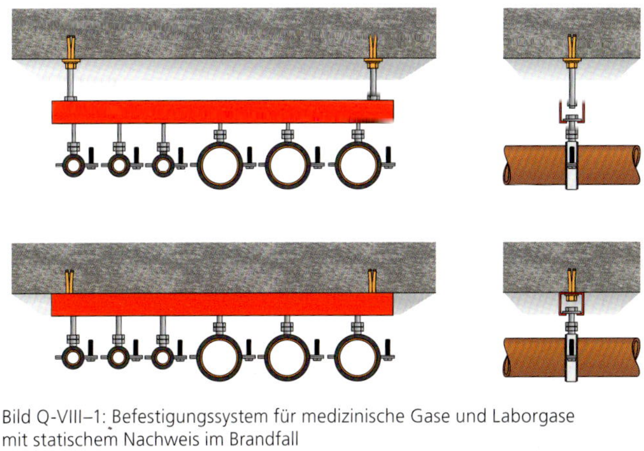

Bild Q-VIII–1: Befestigungssystem für medizinische Gase und Laborgase mit statischem Nachweis im Brandfall

Bei medizinischen Gasen muss der „Funktionserhalt" zur Versorgung von lebenswichtigen Funktionen bis zu einer komplikationsfreien Absperrung von Hand durch befugte Personen gewährleistet bleiben.

Die Befestigungsschienen bestehen aus C-Schienen mit Stahldübelbefestigung, mind. M8 oder Schraubankern mit entsprechender Zulassung. Die Rohrbefestigung erfolgt über nichtbrennbare Befestigungsschellen mit Schallschutzeinlagen.

Verlegung in Installationsschächten und -kanälen in Verbindung mit anderen Leitungs- und Lüftungsanlagen = Gemischtbelegung (I 30/60/90 oder F 30/60/90)

Eine Verlegung der Leitungstrassen für die medizinische Gas- und Laborgasversorgung ist innerhalb von klassifizierten Installationsschächten und -kanälen (I 30/60/90 oder F 30/60/90) zulässig. Gemischtbelegungen innerhalb von zentralen und begehbaren Installationsschächten und -kanälen sind zulässig, wenn die weiteren Installationen weitgehend brandlastfrei ausgeführt werden. Alle Ein- und Ausfädelungen der Leitungstrassen sind nach den Anforderungen der MLAR abzuschotten.

Eine besondere Be- und Entlüftung der Installationsschächte und -kanäle ist auf Grundlage der „Gastrassen" nicht erforderlich, weil die Installation mit einer hochwertigen Verbindungstechnik durch Hartlöt-, Orbitalschweiß- oder nichtlösbaren Doppel-Klemmringverschraubungen mit metallischen Dichtungen ausgeführt wird.

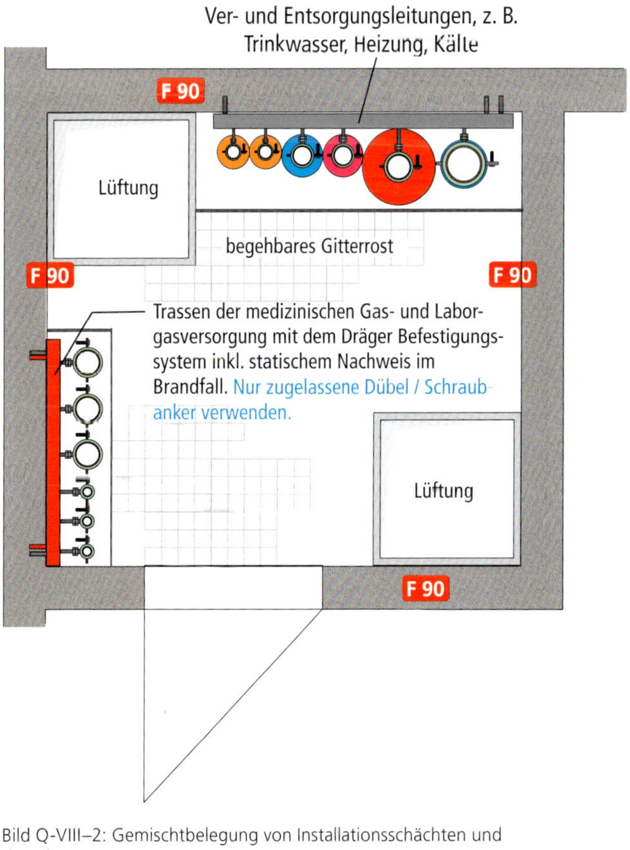

Bild Q-VIII–2: Gemischtbelegung von Installationsschächten und -kanälen

Verlegung in notwendigen Fluren

Grundsätzlich ist die Verlegung von nichtbrennbaren Gasleitungen mit brennbaren und nichtbrennbaren Gasen zulässig, wenn die Verlegung und Befestigung wie vor beschrieben erfolgt.

Die Verlegung der Trassen in Bild Q-VIII–3 und Bild Q-VIII–4 entspricht brandschutztechnisch der offenen Verlegung. Die klassifizierte Unterdecke (Bild Q-VIII–4) schützt die Trassen vor Brandangriffen durch offenstehende Türen aus angrenzenden Räumen.

Eine besondere Be- und Entlüftung des Deckenhohlraumes ist nicht erforderlich, weil die Installation mit einer hochwertigen Verbindungstechnik durch Hartlöt-, Orbitalschweißverbindungen oder nichtlösbaren Doppel-Klemmringverschraubungen mit metallischen Dichtungen ausgeführt wird.

Bei medizinischen Gasversorgungsanlagen wird das Rohrleitungssystem zusätzlich über Drucktransmitter in den Bereichskontrolleinheiten überwacht. Bei Druckschwankungen ± 20 % wird Alarm ausgelöst.

- Offene Verlegung oder Verlegung oberhalb von nicht klassifizierten Unterdecken

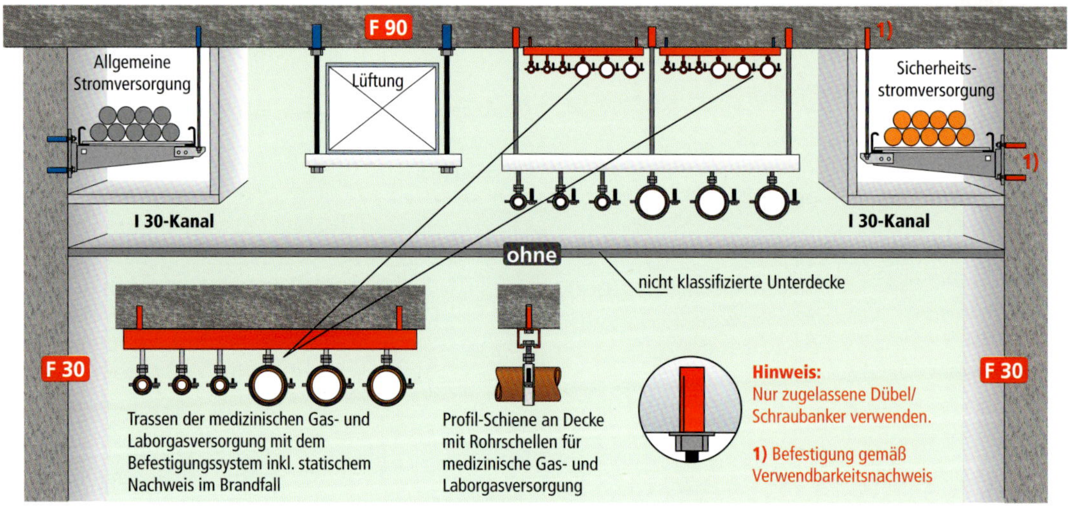

Bild Q-VIII–3: Offene Verlegung oder Verlegung oberhalb von nicht klassifizierten Unterdecken in notwendigen Fluren

- Verlegung oberhalb von klassifizierten Unterdecken (F 30/60/90)

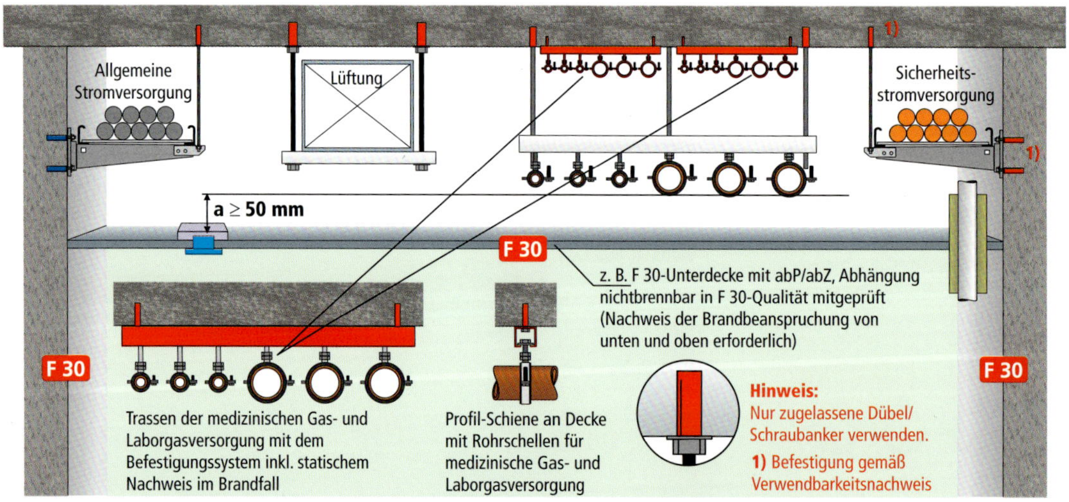

Bild Q-VIII–4: Verlegung oberhalb von klassifizierten Unterdecken (F 30/60/90) in notwendigen Fluren

Unterputzverlegung bei Steigesträngen in notwendigen Fluren von Etage zu Etage

Eine Schlitzverlegung ist zulässig, wenn die Abdeckung mit einem 15 mm dicken mineralischen Baustoff (Putz oder Bauplatte) erfolgt. Die Hohlräume müssen nicht be- und entlüftet werden.

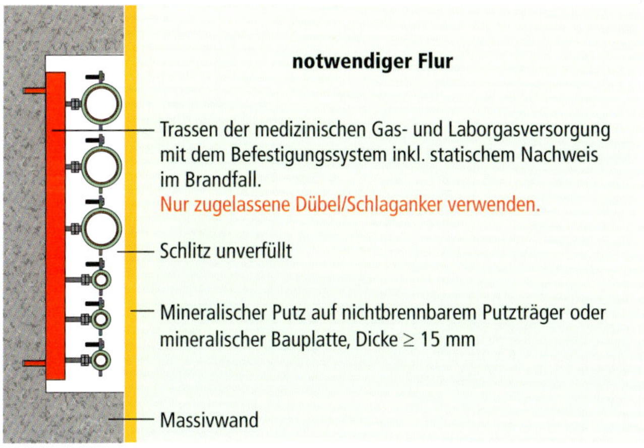

Bild Q-VIII–5: Schlitz/Inwandverlegung

Verlegung in notwendigen Treppenräumen, Sicherheitstreppenräumen, Sicherheitsschleusen, Vorräumen und in Räumen zwischen notwendigen Treppenräumen und Ausgängen ins Freie

Die offene Verlegung auf Grundlage der MLAR, Abschnitt 3 ist nicht zulässig.

Verlegung in Schleusen, Aufzugsvorräumen und Aufzugsschächten

Eine Projektierung von Leitungstrassen für die medizinische Gas- und Laborgasversorgung sollte in Schleusen und Aufzugsvorräumen vermieden werden. Die Projektierung von Leitungstrassen für die medizinische Gas- und Laborgasversorgung in Aufzugsschächten ist nicht zulässig.

Montage von Bereichskontrolleinheiten innerhalb von Trennwänden mit Anforderungen an die Feuerwiderstandsdauer

Gemäß den baurechtlichen Anforderungen an die Feuerwiderstandsdauer von Trennwänden, z. B. Flur- oder Raumtrennwände dürfen Einbauten nur dann erfolgen, wenn die erforderliche Feuerwiderstandsdauer im Bereich der Einbauteile = Bereichskontrolleinheiten, nachgewiesen worden ist.

Die Einbaugehäuse und Rückwände der Bereichskontrolleinheiten müssen in Verbindung mit der Restwanddicke/Beplankung der Trennwand, die erforderliche Feuerwiderstandsdauer der Trennwand erfüllen. Die Einbauten der medizinischen oder Laborgasversorgung bestehen im Wesentlichen aus metallischen Baustoffen und in geringen Anteilen aus brennbaren Baustoffen, z. B. Dichtungen, Griffe, Sichtfenster.

In Brandversuchen muss die brandschutztechnische Eignung der Einbaugehäuse inkl. der Ausstattung und Verrohrung für jede Einbauart nachgewiesen werden, soweit die verbleibende Wand hinter den Einbaugehäusen nicht mehr die brandschutztechnischen Anforderungen erfüllt (z. B. in leichten Trennwänden).

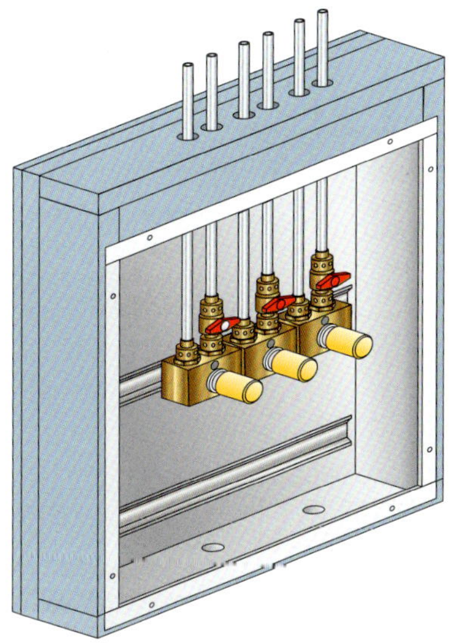

Bild Q-VIII–6: Beispiel einer brandschutztechnisch gekapselten Bereichskontrolleinheit mit brandschutztechnischem Nachweis des Systemherstellers

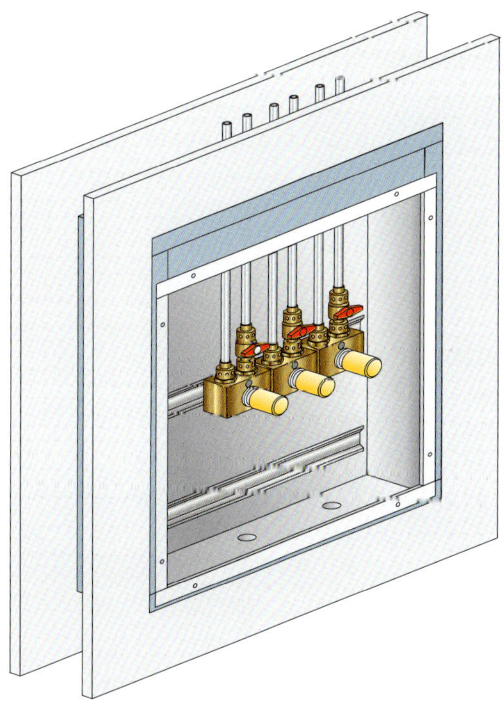

Bild Q-VIII–7: Die Montage der Beplankung oder Ummauerung (F 30/60/90) muss auf Grundlage der Herstellerangaben erfolgen

Abschottungen nach den „Erleichterungen" der MLAR, Abschnitt 4.2 feuerhemmende Wände und Abschnitt 4.3 für feuerhemmende bis feuerbeständige Wände/Decken

- Abschottung nach den Erleichterungen der MLAR, Abschnitt 4.2 bis 4.3 mit Mineralfaserschalen, Schmelzpunkt > 1000 °C, Raumgewicht > 90 kg/m³, maximale Dicke 50 mm

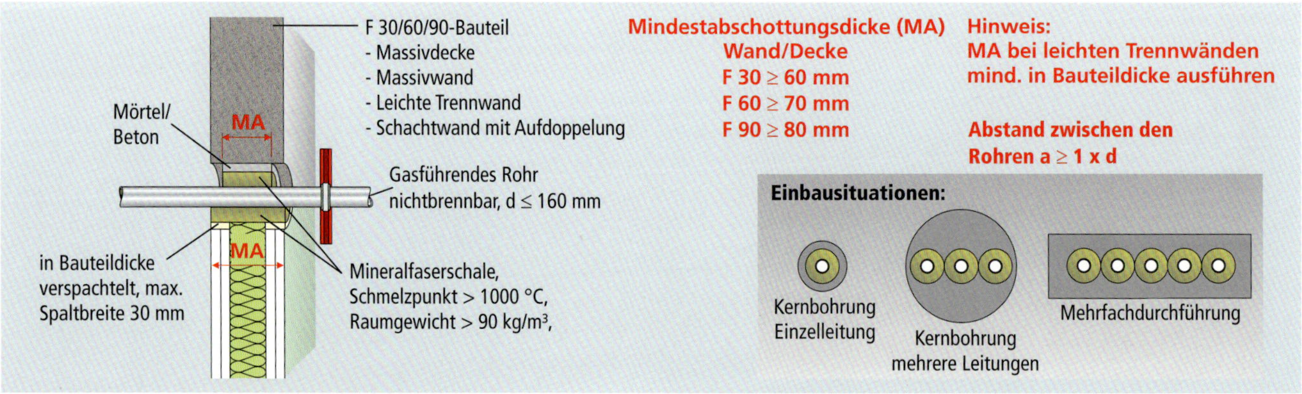

Bild Q-VIII–8: Abschottung nach den Erleichterungen der MLAR, Abschnitt 4.2 bis 4.3 mit Mineralfaserschalen

- Abschottung nach den Erleichterungen der MLAR, Abschnitt 4.2 bis 4.3 mit einer Brandschutzdämmmanschette

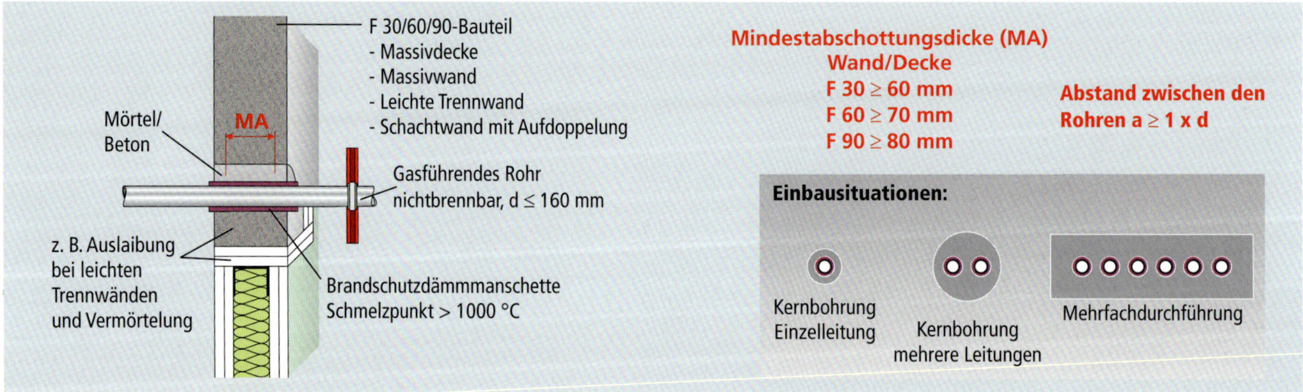

Bild Q-VIII–9: Abschottung nach den Erleichterungen der MLAR, Abschnitt 4.2 bis 4.3 mit einer Brandschutzdämmmanschette

- Abschottung nach den Erleichterungen der MLAR, Abschnitt 4.2 bis 4.3 mit einer im Brandfall aufschäumenden Brandschutzbandage, maximale Dicke 15 mm

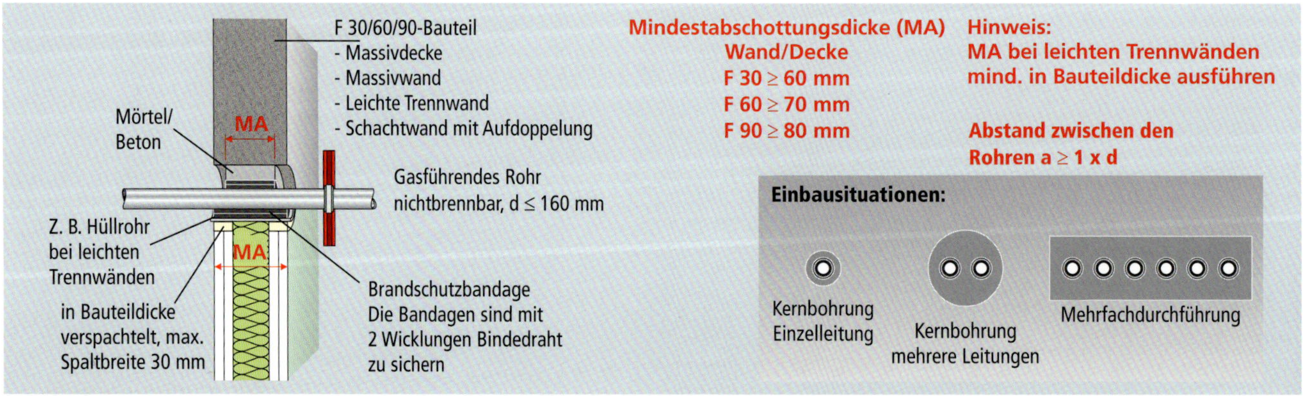

Bild Q-VIII–10: Abschottung nach den Erleichterungen der MLAR, Abschnitt 4.2 bis 4.3 mit einer im Brandfall aufschäumenden Brandschutzbandage

Q

- Abschottung nach den Erleichterungen der MLAR, Abschnitt 4.2 bis 4.3 bei kleinen und einzelnen Kernbohrungen

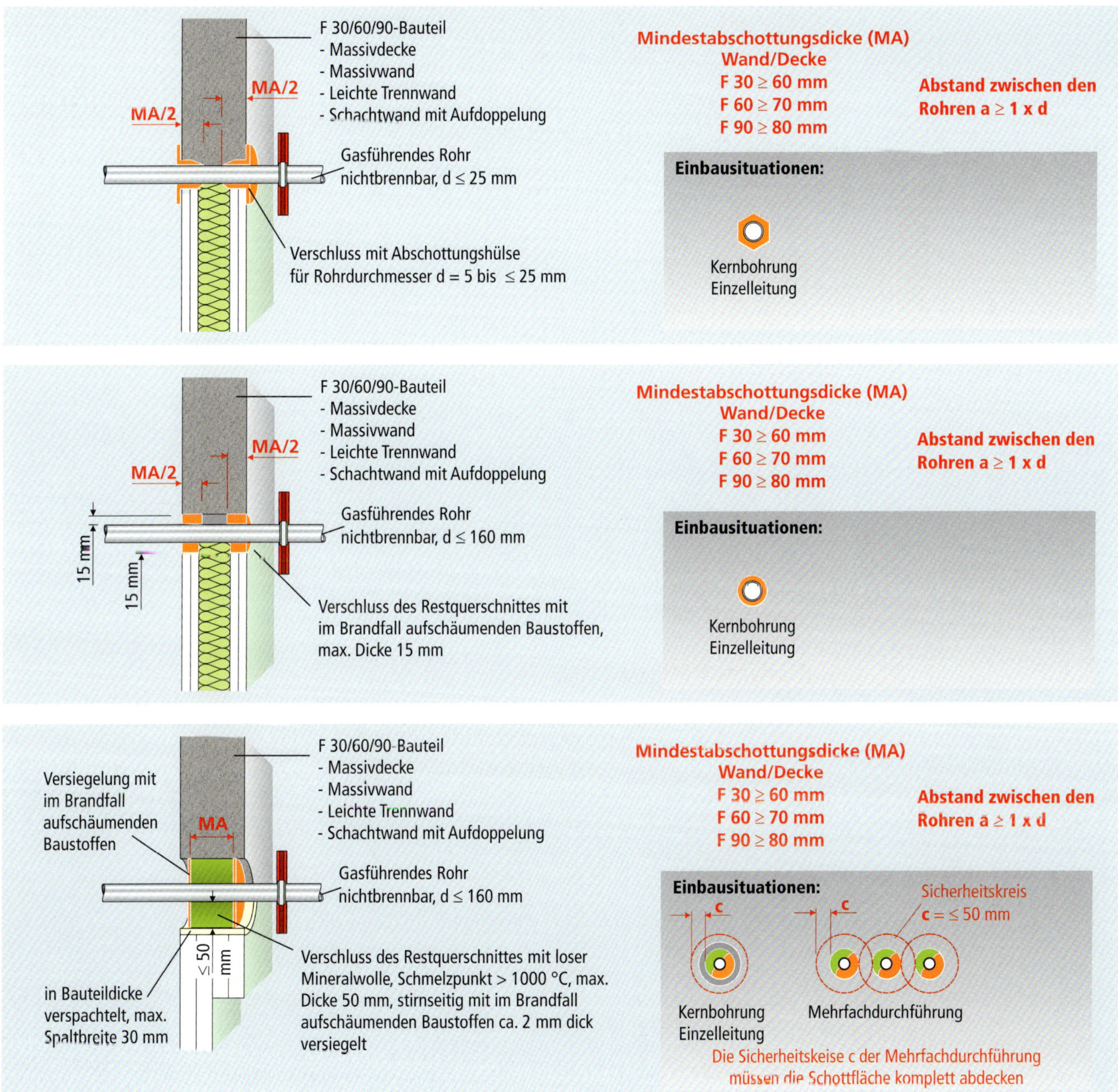

Bild Q-VIII–11: Abschottung nach den Erleichterungen der MLAR, Abschnitt 4.2 bis 4.3 bei kleinen und einzelnen Kernbohrungen

- Abschottung nach den Erleichterungen der MLAR, Abschnitt 4.2 bis 4.3 in passgenauer Einzelbohrung

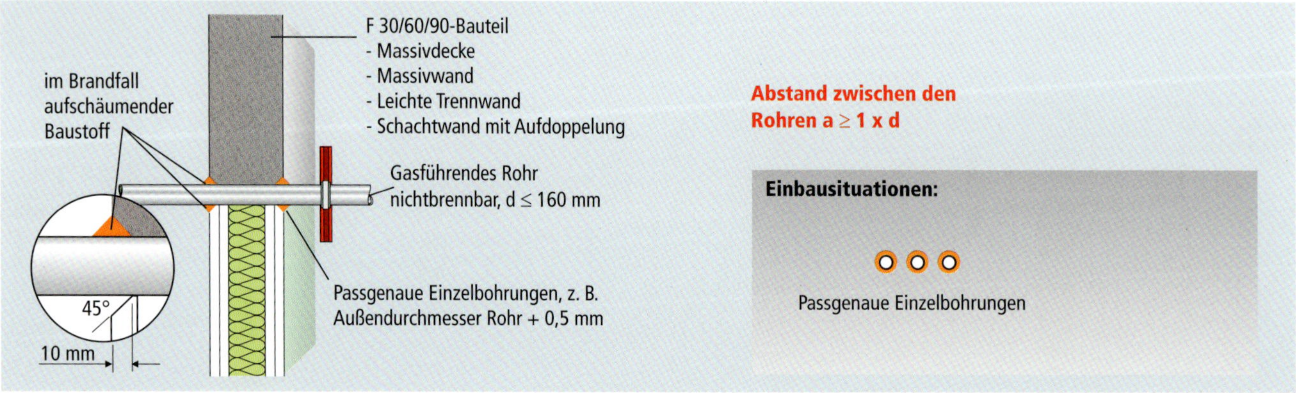

Bild Q-VIII–12: Abschottung nach den Erleichterungen der MLAR, Abschnitt 4.2 bis 4.3 in passgenauer Einzelbohrung

Hinweise:

- Die Bohrungen dürfen nicht in gleitenden Deckenanschlüssen von leichten Trennwänden eingebracht werden.
- Eine Abschottung innerhalb von S 30/60/90-Kombischotts ist möglich, wenn die allgemeine bauaufsichtliche Zulassung den Rohrwerkstoff, die Dimensionen und die Medien als brennbare, brandfördernde und nichtbrennbare Gase zulässt; im Übrigen muss die Installation aller vorgesehenen Bauteile in der Zulassung geregelt sein. Abschottung in R 30/60/90-Qualität sind zulässig. Eine durchgängige Dämmung ist bei Gasleitungen nicht zulässig.

Organisatorischer Brandschutz bei...

- **Medizinischen Gasen**
  Im Brandschutzkonzept und in der Brandschutzordnung sind die organisatorischen Maßnahmen zur Sicherstellung des „Funktionserhaltes" zur Versorgung von lebenserhaltenden Maßnahmen im Brandfall zu dokumentieren. Zu diesen Dokumentationen gehören die folgenden Inhalte:
  - **Betätigung von Absperrungen**
    Für das Versorgungssystem mit medizinischen Gasen ist ein Rohrnetzplan mit den Absperrungen, den Noteinspeisungsmöglichkeiten und evtl. Sicherheitshinweise zu spezifischen Abteilungen zu erstellen.
    Das Klinikpersonal, z. B. technische Dienste, sind in das Konzept der medizinischen Gasversorgung anhand der Dokumentation einzuweisen.
    Die Betätigung von Absperrungen darf nur durch autorisierte und eingewiesene Personen erfolgen.
  - **Gefahrenhinweise im Brandfall**
    Die Gefahrenhinweise sind im Rahmen der Brandschutzordnung und Systemdokumentation zu verankern.
- **Laborgasen**
  Da Laborgase sehr oft als brennbare und brandfördernde Gase vorliegen, ist hier eine schnelle Abschaltung erforderlich, so dass diese Gase an den Anschlussstellen im Brandbereich nicht in gefährlicher Menge austreten können.

Abwehrender Brandschutz bei...

- **Medizinischen Gasen**
  Die Handlungsanweisungen für den Feuerwehreinsatz in Bezug auf die medizinische Gasversorgung sollten präzise und eindeutig auf den Feuerwehrlaufkarten vermerkt werden. Dazu gehören die Eigenschaften und die Brennbarkeit der Gase, die Positionen der Absperrarmaturen und die Handlungsanweisungen wer die Zustimmung vor der Betätigung geben muss, z. B. technische Leitung der Klinik gemeinsam mit der Stationsleitung.
- **Laborgasen**
  Die Handlungsanweisungen für den Feuerwehreinsatz in Bezug auf die Laborgasversorgung sollten präzise und eindeutig auf den Feuerwehrlaufkarten vermerkt werden. Dazu gehören die Eigenschaften und Brennbarkeit der Gase, die Positionen und Funktion der Absperrarmaturen:
  - automatische Abschaltung über die BMA (stromlos geschlossen)
  - Abschaltung über Handtaster
  - manuelle Abschaltung über zentrale Absperrarmaturen.

Q

Q-IX. Planung/Ausführung/Abnahme/Wartung

Versorgungssysteme für die medizinische Gas- und Laborgasversorgung müssen durch spezifische Fachplaner mit entsprechenden Kompetenzen im Hinblick auf Dimensionierung, Gaseigenschaften und der Arzneimittelgesetzgebung geplant werden. Die brandschutztechnischen Anforderungen an die Trassenfestlegung, Befestigung, Festlegung der Hinweise für die Brandschutzordnung und Eintragungsvorschläge für die Feuerwehrlaufkarten sind Bestandteil der Planung. Die Fachplanung ist mit den technischen Leitungen des Betreibers im Hinblick auf alle Planungsdetails abzustimmen.

Die Montage der Leitungstrassen, Befestigungen, Montage der Absperreinheiten der Unterverteilungen und der Anschlusseinheiten muss unter Beachtung aller brandschutztechnisch relevanten Ausführungen/Abschottungen durch eine Fachfirma ausgeführt werden. Die Fachfirma sollte zur Ausführung der spezifischen Hartlöt-, Schweiß- und Doppel-Klemmringverbindungstechnik zertifiziert sein und eine langjährige Erfahrung nachweisen. Die Rohrleitungen sind nach den Vorgaben der relevanten Normen auf Dichtheit zu prüfen.

Die funktionstechnische (keine vertraglich erforderliche) Abnahme der Anlage sollte durch den Lieferanten der Versorgungsanlagen mit dem notwendigen Know-how für die spezifischen Anlagenkonzepte erfolgen. Die förmliche Abnahme durch den Auftraggeber und Bauherrn ist auf Basis der Systempläne (Zentrale, Trassen, Absperreinrichtungen, Bereichskontrolleinheiten, Anschlusseinheiten und Dokumentation der Gasarten) zu erfolgen.

Die Textempfehlungen „Gasversorgung" für die Brandschutzordnung des Gebäudes und die Dokumentation für die Feuerwehrlaufkarten gemeinsam mit der Feuerwehr und der technischen Leitung des Gebäudebetreibers sollten zur Inbetriebnahme erstellt sein. Die Dokumentation ist inkl. der Pläne der technischen Leitung des Gebäudebetreibers zu übergeben.

Die Anlagen sind regelmäßig zu warten. Durch Nachinstallationen geöffnete brandschutztechnische Abschottungen sind umgehend wieder herzustellen.

Weitere Hinweise in Verbindung mit Leitungsanlagen für medizinische Gase und Laborgase werden in folgenden Teilen beschrieben:

- **Teil A-II.** Muster-Richtlinie über brandschutztechnische Anforderungen an Leitungsanlagen, MLAR, Abschnitt 3: Leitungsanlagen in Rettungswegen
- **Teil F** Brandschutztechnische Planungs- und Ausführungsempfehlungen zur Verlegung und Montage von Leitungsanlagen in Flucht- und Rettungswegen, MLAR, Abschnitt 3
- **Teil G** Brandschutztechnische Planungs- und Ausführungsempfehlungen zur klassifizierten Abschottung von Leitungsanlagen durch Bauteile mit Anforderungen an die Feuerwiderstandsdauer, MLAR, Abschnitt 4.1
- **Teil H** Brandschutztechnische Planungs- und Ausführungsempfehlungen zur Leitungsdurchführung durch feuerhemmende Wände auf Grundlage der „Erleichterungen" der MLAR, Abschnitt 4.2
- **Teil I** Brandschutztechnische Planungs- und Ausführungsempfehlungen zur Leitungsdurchführung durch F 30/60/90-Bauteile (Wände und Decken) auf Grundlage der „Erleichterungen" der MLAR, Abschnitt 4.3
- **Teil J** Brandschutztechnische Planungs- und Ausführungsempfehlungen zur Abschottung und Leitungsdurchführung in Bestands- und Sonderdecken/-bauteilen
- **Teil S** Gosslar, Beschreibung von Begriffen und Abkürzungen

Teil R Brandschutztechnische Planungs- und Ausführungsempfehlungen für Leitungsanlagen in Bauteilen, die nicht über den Geltungsbereich der MLAR abgedeckt sind

R-I. Normen und Regelwerke

Es sind die gesamten Regelwerke zur Erfüllung der geschuldeten Leistungen heranzuziehen (siehe auch **Teil E**), die sich in der Praxis allgemein bewährt haben und die von der Mehrheit der Anwender als richtig anerkannt sind – global gesagt, die allgemein anerkannten Regeln der Technik (a.a.R.d.T.). Es ist dabei zu berücksichtigen, dass eine Regel nicht dadurch den Status a.a.R.d.T. erhält, weil gerade ein „Weißdruck" einer Norm veröffentlicht wurde. Die Inhalte dieser Norm müssen schon so ausgereift und erprobt sein, dass sie defacto eine schön geübte Baupraxis (die sich in vielen Einzelfällen abweichend von bisherigen normativen Regelungen bewähren konnte) darstellt.

Normen und Regelwerke können sein:
DIN-Normen, EN Normen, DIN EN Normen, DIN VDE-Normen, DVGW Regeln, VDI-Richtlinien.
Aber auch Regeln der Schadenversicherer VdS-Richtlinien oder internationale Regeln und Normen, ISO-Normen, FM-Global Data Sheets können möglicherweise im Einzelfall die sinnvolle Basis für die sachgerechte Planung und Ausführung bilden.

Abweichungen von den a.a.R.d.T. bedürfen keiner Genehmigung durch die Bauaufsichtsbehörde. Eine Ausnahme ist jedoch, wenn die zugrunde gelegte Regel in der Muster-Verwaltungsvorschrift Technische Baubestimmungen mit dem Vermerk eingeführt ist, dass ein Abweichen nur mit einer Entscheidung nach § 67 MBO gestattet ist.

R-II. Leitungsanlagen innerhalb von F 30/60/90-Metallständerwänden (z. B. Brandwände, Raumtrennwände)

Innerhalb von brandschutztechnisch ausgelegten Metallständerwänden (F 30/60/90) können Installationen verlegt werden, solange dadurch die Feuerwiderstandsdauer nicht beeinträchtigt wird, d. h. es dürfen weder die Ständer erheblich geschwächt, noch darf eine brandschutztechnisch notwendige Dämmung innerhalb der Wände entfernt werden.

Brandschutztechnisch bestehen daher keine Bedenken, Kabelbündel innerhalb der Wände zu führen, die durch die Ausstanzungen in den Ständern gezogen werden, vertikal können ebenfalls Bündel geführt werden, wenn eine brandschutztechnisch notwendige Dämmung in der Wand erhalten bleibt bzw. nur zusammengedrückt wird (in diesen Fällen dürfen die horizontalen Anschlussprofile an den Rohdecken unterbrochen werden). In den Rohdecken sind Abschottungen gemäß MLAR, Abschnitt 4 einzubauen.

Die Führung von Rohren in Hohlraumdicke ist dagegen nur dann zulässig, wenn brandschutztechnisch keine Dämmung erforderlich ist.

Diese Regularien können auch auf Systembrandwände übertragen werden.

Die Regelungen MLAR, Abschnitt 3 sind für F 30/60/90-Raumtrennwände nicht maßgeblich, da diese nicht als „Flurtrennwände von Rettungswegen" gemäß MLAR, Abschnitt 3.1.4 eingestuft werden.

Tab. R-II-1: Mögliche Leitungsdurchführungen für die Verlegung von elektrischen Leitungen durch die CW-Profile in Metallständerwänden F 30/60/90 als Trennwände zu Rettungswegen gemäß MLAR, Abschnitt 3.1.1 (Quelle: Herstellerangaben für leichte Trennwände).

Profilbezeichnung	Anzahl zusätzlicher Stegausschnitte[1)] pro Ständerprofil	Stegausschnittgröße[1)] Breite (a) x Höhe (b) (mm)	Mind. Abstand Stegausschnitte[1)] zueinander bzw. mind. Randabstand oder als Abstand zur H-Stanzung (mm)	Beplankung je Wandseite mit GKF und abP des Herstellers (mm) F 30 A	F 60 A F 90 A
CW 50	1	≤ 35 x ≤ 50	≥ 100[2)]	1 x 12,5	2 x 12,5
CW 75	2	≤ 55 x ≤ 75	≥ 150[2)]	1 x 12,5	2 x 12,5
CW 100	2	≤ 80 x ≤ 100	≥ 200[2)]	1 x 12,5	2 x 12,5
CW 125	2	≤ 105 x ≤ 125	≥ 250[2)]		2 x 12,5
CW 150	2	≤ 130 x ≤ 150	≥ 300[2)]		2 x 12,5

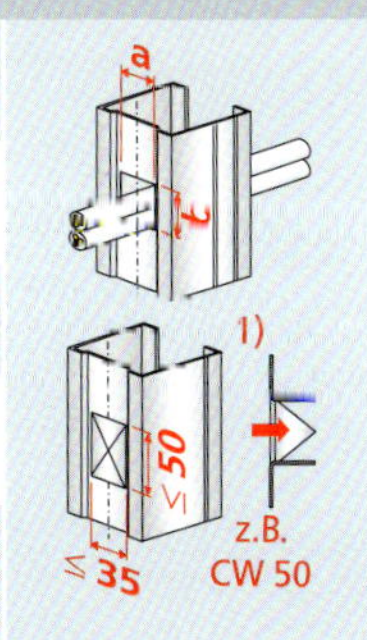

1) Den Kantenschutz so ausführen, dass die Kabel/Leitungen nicht beschädigt werden, z. B. Kreuzschnitt und Laschen nach hinten biegen
2) gilt auch als Abstand zur H-Stanzung

R

R-III. Leitungsanlagen in Deckenhohlräumen oberhalb von nicht klassifizierten Unterdecken

Hier sollte unterschieden werden zwischen Decken in notwendigen Rettungswegen und Decken in anderen Räumen.

Entsprechend der MLAR, Abschnitt 3.2 dürfen Elektroleitungen für den Betrieb der Rettungswege offen bzw. ohne besondere brandschutztechnische Anforderungen offen verlegt werden. Da zu den Leitungen auch die Befestigungen zählen (s. Abschnitt 2.1) dürfen diese Kabel formal mit brennbaren Befestigungen ausgeführt werden. Ausgenommen hiervon sind Installationskanäle und -rohre. Diese müssen nichtbrennbar sein.

Empfehlung:
Um Diskussionen zu vermeiden, sollten immer nichtbrennbare Befestigungen, z. B. Kabelsammelhalter, Bügelschellen oder Einzelschellen verwendet werden. Dies gilt auch für die Dübel.

Nach MLAR, Abschnitt 3.3 und 3.4 dürfen nichtbrennbare Rohre offen verlegt werden. An die erforderliche nichtbrennbare Befestigung werden keine weiteren brandschutztechnischen Anforderungen gestellt. Wenn eine nicht klassifizierte Unterdecke eingebaut wird, gelten auch diese Vorgaben.

In anderen Räumen werden keinerlei Anforderungen an die Führung von Leitungen oberhalb vorhandener nicht klassifizierter Unterdecken gestellt, da man davon ausgeht, dass im Brandfall diese Installationen auch herabfallen können. Unabhängig von der Befestigung werden im Brandfall die Installationen in einem Raum erst dann herunterfallen, wenn die im Raum befindlichen Personen bereits geflüchtet sind.

Zu beachten ist jedoch, dass die Durchführungen durch die raumabschließenden feuerwiderstandsfähigen Wände auch oberhalb von nicht klassifizierten Unterdecken entsprechend MLAR, Abschnitt 4, zu schotten sind.

R-IV. Leitungsanlagen in Deckenhohlräumen oberhalb von klassifizierten F 30/60/90-Unterdecken (z. B. ertüchtigten Holzbalkendecken und anderen Sonderdecken)

Bei den klassifizierten Unterdecken ist zu unterscheiden zwischen den „klassischen" Unterdecken, die für eine Verbesserung der Feuerwiderstandsdauer der Deckenkonstruktion (suspended ceilings) nachgewiesen sind und Unterdecken, die allein in eine Feuerwiderstandsklasse einzustufen sind (horizontal partitions).

Für die Unterdecken in Verbindung mit der Rohdecke gibt es in den entsprechenden Anwendbarkeitsnachweisen (abP/aBG) bzw. DIN 4102-4:2016-05, Abschnitt 10.10.1 Absätze 10 und 11 eindeutige Vorgaben, die eine Verlegung von brennbaren Installationen im Deckenhohlraum mit einer möglichst gleichmäßig verteilten Brandlast mit einem Heizwert von maximal 7 kWh/m² zulassen. Das sind etwa 16 mm Kabel NYM 3 x 1,5² pro m² Deckenfläche. Bei dieser Brandlast geht man davon aus, dass auch bei Selbstentzündung kein kritischer Brand im Deckenhohlraum entstehen kann, der die Tragfähigkeit der Decke negativ beeinflusst. Konsequenterweise ist bei diesen Decken auch die Verlegung von nichtbrennbaren Leitungsanlagen in beliebigem Umfang zulässig.

Auch außerhalb von notwendigen Rettungswegen können im Einzelfall, aufgrund eines Brandschutzkonzeptes bzw. Brandschutznachweises, Unterdecken in Räumen gefordert werden, die allein in eine bestimmte Feuerwiderstandsklasse einzustufen sind, z. B. Abschluss von Installationsgeschossen oder Installationsebenen. In diesen Fällen ist die Installationsmenge oberhalb der Unterdecke ohne Bedeutung, es muss lediglich sichergestellt werden, dass die Installationen im Brandfall nicht herunterfallen können und die Unterdecke nicht belasten. Es ist daher ähnlich wie bei den erforderlichen Unterdecken in notwendigen Fluren eine „brandsichere" Befestigung der Installationen vorzusehen.

In einigen Fällen werden diese Decken auch zur brandschutztechnischen Verbesserung von Bestandsdecken eingesetzt. In diesen Fällen ist die Brandlast aus Installationen im Deckenzwischenraum ähnlich zu begrenzen wie bei den „klassischen" Unterdecken mit < 7 kW/h m².

Falls auch alte Holzbalkendecken mit diesen Unterdecken nachgerüstet werden sollen, sind intensivere Überlegungen erforderlich um sicherzustellen, dass der Deckenzwischenraum mit der Brandlast „Holz" und möglichen Installationen nicht vorzeitig in Brand geraten kann.

R-V. Leitungsanlagen in Gebäuden gemäß Muster-Holzbau-Richtlinie in hochfeuerhemmender Bauweise

In Folgenden wird als Auszug aus der Muster-Richtlinie über brandschutztechnische Anforderungen an hochfeuerhemmende Bauteile in Holzbauweise – M-HFHHolzR (Fassung Juli 2004) Abschnitt 4 abgedruckt:

4 Installationen

4.1 Allgemeines

Installationen (Leitungs- und Lüftungsanlagen) dürfen nicht in hochfeuerhemmenden Bauteilen geführt werden. Sie sind vor Wänden bzw. unterhalb von Decken (s. Bild 8) oder in Schächten und Kanälen zu führen. Für Öffnungen in hochfeuerhemmenden Wänden und Decken zur Durchführung von Schächten, Kanälen und von Installationen gilt Abschnitt 3.5 entsprechend.

4.2 Elektrische Leitungen[5]

Abweichend von Abschnitt 4.1 Satz 1 dürfen einzelne Leitungen oder einzelne Hüllrohre aus nichtbrennbaren Baustoffen mit bis zu drei Leitungen, die zur Versorgung des angrenzenden Raumes innerhalb derselben Nutzungseinheit dienen, innerhalb von Wänden und Decken geführt werden. Bei Durchführung der Leitungen durch die Brandschutzbekleidung sind die verbleibenden Hohlräume in der Brandschutzbekleidung mit nichtbrennbaren Baustoffen zu verspachteln.

Abweichend von Abschnitt 4.1 Satz 1 dürfen einzelne Hohlwanddosen zum Einbau von Steckdosen, Schaltern und Verteilern eingebaut werden, wenn der Abstand zum nächsten Holzständer bzw. zur nächsten Holzrippe mindestens 150 mm beträgt. Gegenüberliegende Hohlwanddosen müssen gefachversetzt eingebaut werden (s. Bild 9). Sie müssen innerhalb des Wandhohlraumes vollständig von Dämmstoffen nach Abschnitt 3.1.2 umhüllt werden, wobei der hohlraumfüllende Dämmstoff im Bereich der Hohlwanddosen auf eine Mindestdicke von 30 mm gestaucht werden darf.

Die Sätze 1 bis 5 gelten für Treppenraumwände nur für Leitungen, die ausschließlich der Versorgung des Treppenraums dienen; sie gelten nicht für hochfeuerhemmende Stützen und Träger nach Abschnitt 3.3.4 und Wände, die anstelle von Brandwänden zulässig sind.

[5] Lichtwellenleiter-Kabel und elektrische Kabel gelten als elektrische Leitungen (vgl. Nr. 2.1 der MLAR 2000).

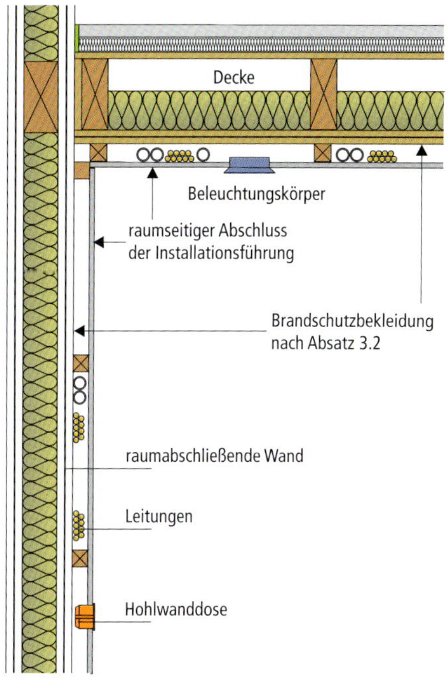

Bild R-V–1: Installationsführung Bild 8 aus der M-HFHHolzR (Fassung Juli 2004)

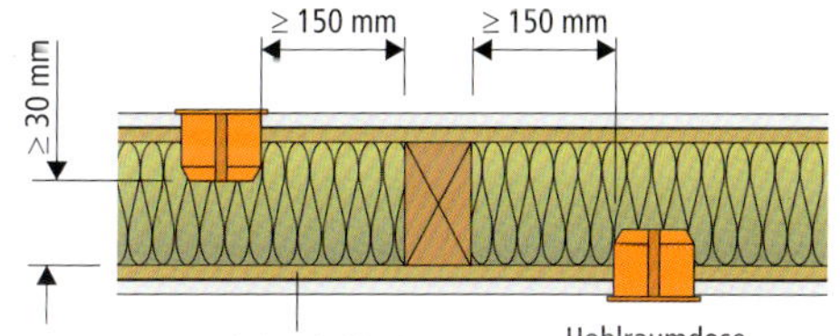

Bild R-V–2: Einbau einzelner Hohlwanddosen nach Abschnitt 4.2, Satz 1, Bild 9 aus der M-HFHHolzR (Fassung Juli 2004)

Grundsätzlich sollten daher innerhalb von hochfeuerhemmenden Bauteilen nach dieser Richtlinie keine Installationen verlegt werden. Das ist jedoch nicht auf Holzbauteile zu übertragen, die lediglich in die Feuerwiderstandsklasse F 30 (feuerhemmend) einzustufen sind und auch nicht auf Holzbauteile im Bestand, die nicht nach der M-HFHHolzR ausgelegt werden müssen.

R

R-VI. Leitungsanlagen in sonstigen Bauteilen, die nicht über den Geltungsbereich der MLAR abgedeckt sind

Das Problem der Praxis ist, dass sehr viele Konstruktionsprinzipien des Bestandes und auch für Sonderlösungen brandschutztechnisch nicht geregelt waren oder sind.

Das Baurecht sieht für solche Fälle eine brandschutztechnisch bewertete schutzzielorientierte Planung und Umsetzung vor. Die möglichen baurechtlichen Abweichungen:

- materielle Abweichungen vom Bauordnungsrecht,
- Abweichungen von eingeführten technischen Baubestimmungen und
- Abweichungen von Ver- und Anwendbarkeitsnachweisen

schaffen den notwendigen Spielraum für die Anwendung von Ingenieurmethoden der brandschutztechnischen Planung im Detail.

Der Fachbauleiter Brandschutz sollte für die Prüfung einer praxisorientierten Dokumentation, aller Abweichungen und die Zusammenfassung in der Brandschutzakte des Gebäudes verantwortlich sein. Nur mit einer fachlich und organisatorisch guten Dokumentation wird der Bauherr in der Lage sein, den evtl. später notwendigen Nachweis des formal zulässigen Bestandsschutzes nachzuweisen.

Die Zusammenstellung der Dokumentation erfolgt durch die Fachplaner in Verbindung mit der brandschutztechnischen Baubegleitung.

R-VII. Beispiele für den brandschutztechnischen Einbau von Dacheinläufen und Entlüftungshauben in großflächigen Dächern nach DIN 18234:2018-05

Beispiele für den brandschutztechnischen Einbau von Dacheinläufen und Entlüftungshauben.
Diese Einläufe werden auf Grund der Montage im Außenbereich ohne Sperrwasservorlage betrieben.

Die brandschutztechnische Anwendung unterscheidet zwischen vier Montagebereichen:

- Großflächige Dächer mit Anforderungen an die Feuerwiderstandsdauer, Brandbelastung von unten
- Großflächige Dächer ohne Anforderungen an die Feuerwiderstandsdauer, Brandbelastung von unten
- Montage in Decken mit Anforderungen an eine Feuerwiderstandsdauer (F 30 bis F 90) im Abstand bis 5 m von einer aufgehenden Außenwand mit Öffnungen, z. B. Türen und Fenster, Brandbelastung von unten und von oben
- Wie vor, jedoch in einem Abstand > 5 m von aufgehenden Außenwänden, Brandbelastung von unten

Hinweis:
In diesem Fall gelten die Anforderungen an großflächige Dächer.

Werden Dacheinläufe und Entlüftungshauben mit/ohne Anforderungen an die Feuerwiderstandsdauer in großflächigen Dächern eingebaut, dann sind die Anforderungen der DIN 18234:2018-05 zu berücksichtigen.

DIN 18234:2018-05 „Baulicher Brandschutz großflächiger Dächer – Brandbeanspruchung von unten"

- **Teil 1:** Begriffe, Anforderungen und Prüfungen; geschlossene Dachflächen
- **Teil 2:** Verzeichnis von Dächern, welche die Anforderungen nach DIN 18234:2018-05 erfüllen; geschlossene Dachflächen
- **Teil 3:** Begriffe, Anforderungen und Prüfungen; Durchdringungen, Anschlüsse und Abschlüsse von Dachflächen
- **Teil 4:** Verzeichnis von Durchdringungen, Anschlüssen und Abschlüssen von Dachflächen, welche die Anforderungen nach DIN 18234:2018-05 erfüllen.

Es sind Maßnahmen zu ergreifen, die den Brandangriff auf die Dachfläche und insbesondere den Angriff auf evtl. vorhandene Dämmstoffe begrenzen.

- Bei metallischen Einläufen muss die Aufdachdämmung im Bereich der Durchführung in nichtbrennbarer Qualität, z. B. Mineralfaserdämmungen, Schmelzpunkt > 1000 °C oder in Phenolharzschaum nach DIN EN 13166:2016-09, ausgeführt werden. Dabei ist eine Fläche von ca. 1 m^2 vorzusehen. Die Durchdringung sollte mittig angeordnet werden. Andere Baustoffe sind zulässig, wenn ein Verwendungsnachweis erbracht wird.
  Metallische Einläufe und Durchführungen sollten durchgängig bis zur Grundleitung in nichtbrennbaren Rohren ausgeführt werden. Brennbare Rohrwerkstoffe sind möglich, wenn durch geeignete Maßnahmen sichergestellt ist, dass ein Durchbrennen im Dachbereich sicher verhindert wird.

R

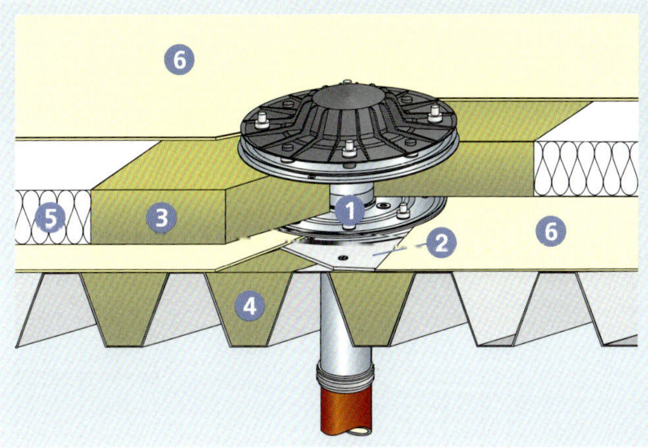

1. 2-teiliger Dacheinlauf aus nichtbrennbaren Baustoffen
2. Stahltrapezprofile nach DIN 18807-3:1987-0
3. Wärmedämmung ca. 1 m² aus Mineralwolle, Schmelzpunkt > 1000 °C, mittige Anordnung von Pos. 1
4. Dämmkeile (Fläche wie Pos. 3) aus Mineralwolle, Schmelzpunkt > 1000 °C
5. Dachdämmung A1/A2/B1/B2
6. untere und obere Abdichtungen

Bild R-VII–1: Durchdringung eines großflächigen Daches, z. B. Trapezblechdach mit nichtbrennbaren Rohren/Dachabläufen

- Bei brennbaren Durchführungen müssen unterhalb der Decke Brandschutzmanschetten montiert werden, damit ein Durchbrennen im Dachbereich verhindert wird. Bei Trapezblechdächern sind Formstücke aus Mineralfaserbaustoffen, Schmelzpunkt > 1000 °C, Raumgewicht ca. 150 kg/m³, zu erstellen und ein Halteblech zu montieren. An diesem Halteblech wird die R 30- bis R 90-Brandschutzmanschette mit Zulassung für den durchgeführten Rohrwerkstoff mit Maschinenschrauben mind. M8 montiert. Die Montage erfolgt wie im Bild R-VII–2 dargestellt. Details sind der DIN 18234:2018-05 zu entnehmen.

  Die Montage der zugelassenen R 30- bis R 90-Brandschutzmanschette kann mit dem Verwendungsnachweis für Massivdecken in dieser Anwendung wie dargestellt an der Trapezblechkonstruktion befestigt werden.

  Die Brandschutzmanschette sichert die Dachkonstruktion von unten ab, damit die Entzündung eines evtl. brennbaren Dachdämmstoffs so lange wie möglich herausgezögert wird.

  Die Aufdachdämmung im Bereich der Durchführung muss in nichtbrennbarer Qualität, z. B. Mineralfaserdämmungen, Schmelzpunkt > 1000 °C oder in Phenolharzschaum nach DIN EN 13166:2016-09, ausgeführt werden. Dabei ist eine Fläche von ca. 1 m² vorzusehen. Die Durchdringung sollte mittig angeordnet werden. Andere Baustoffe sind zulässig, wenn ein Verwendungsnachweis erbracht wird.

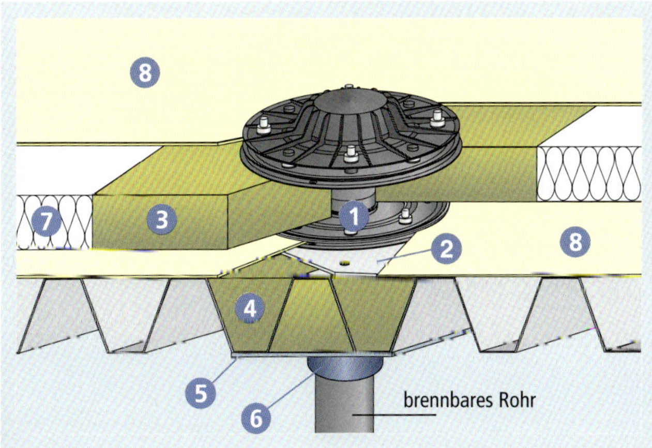

1. Dacheinlauf aus brennbaren Baustoffen
2. Stahltrapezprofile nach DIN 18807-3:1987-0
3. Wärmedämmung ca. 1 m² aus Mineralwolle, Schmelzpunkt > 1000 °C, mittige Anordnung von Pos. 1
4. Dämmkeile (Fläche wie Pos. 3) aus Mineralwolle, Schmelzpunkt > 1000 °C
5. Halteblech
6. R 30-/R 90 Brandschutzmanschette
7. Dachdämmung A1/A2/B1/B2
8. untere und obere Abdichtungen

Bild R-VII–2: Kleine Durchdringung eines großflächigen Daches, z. B. Trapezblechdach mit brennbaren Durchführungen/Dachabläufen

Werden die Dacheinläufe und Dachdurchführungen Bild R-VII–3 in Decken mit Anforderungen an eine Feuerwiderstandsdauer (F 30 bis F 90) im Abstand bis 5 m von einer aufgehenden Außenwand mit Öffnungen, z. B. Türen und Fenster, eingebaut, dann ist mit einer Brandbeanspruchung von oben und unten zu rechnen. Die Feuerwiderstandsdauer der Durchführung muss der Feuerwiderstandsdauer des Bauteils entsprechen.

- Bei Brandbeanspruchung von unten wird die Durchführung analog zu den großflächigen Dächern behandelt (siehe Bild R-VII–1 und Bild R-VII–2).
- Die Brandbeanspruchung von oben ist bei nichtbrennbaren Durchführungen mit durchgängigen, nichtbrennbaren Abflussrohren zu vernachlässigen.
- Bei brennbaren Dacheinläufen und Dachdurchführungen sollte durch metallische Abdeckhauben sichergestellt sein, dass keine brennbaren Bestandteile in die Durchführung fallen können.

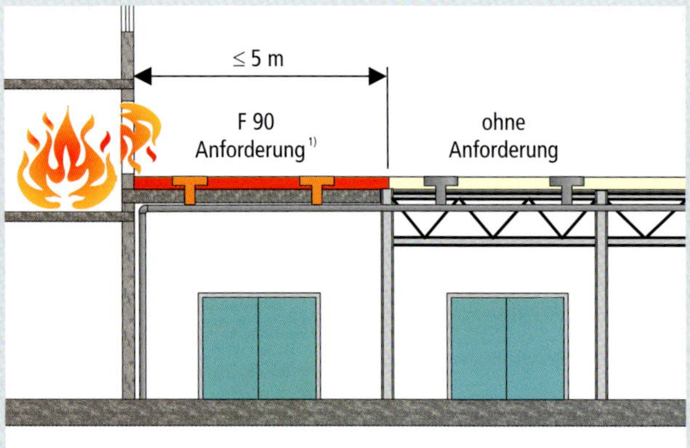

[1] F 90-Anforderungen mit Brandbeanspruchung von oben und unten. Als Dämmstoffe dürfen in diesem Bereich nur nichtbrennbare Dämmstoffe verwendet werden.

Bild R-VII–3: Kleine Durchdringung eines Daches mit Anforderungen an die Feuerwiderstandsdauer, z. B. vor aufgehenden Wänden mit Öffnungen (Türen und Fenster).

R-VIII. Leitungsführung in Mittel- und Großgaragen

Leitungsanlagen sind beim Ein- und Austritt durch raumabschließende Wände und Decken der Garagen entsprechend den bauordnungsrechtlichen Regelungen (vgl. § 40 Absatz 1 MBO Leitungsanlagen, Installationsschächte und –kanäle) zu schotten oder die Durchführung der Leitungsanlagen muss mit entsprechend feuerwiderstandsfähiger Umkleidung erfolgen.

Sofern es zukünftig in der Sonderverordnung für Garagen (M-GarVO) Spezialregelungen für elektrische und andere Leitungsanlagen geben sollte, würden diese den Regelungen des § 40 MBO vorgehen.

Die Verwendung von offen verlegten brennbaren Entwässerungsleitungen ist unter obigen Ausführungen zulässig.

Die Brandlasten sind als unkritisch zu betrachten. Eine Brandweiterleitung über mehrere Fahrzeuge hinweg, wird durch die Montage einer nichtbrennbaren Mineralfaserdämmung, Schmelzpunkt > 1000°C verhindert.

Die Mittel- und Großgaragen dürfen nicht (durch erhöhte massive Installationsdichte von elektrischen Leitungen) zu Energiekanälen (Leitungstrassen von einer Vielzahl von Versorgungsleitungen) mutieren.

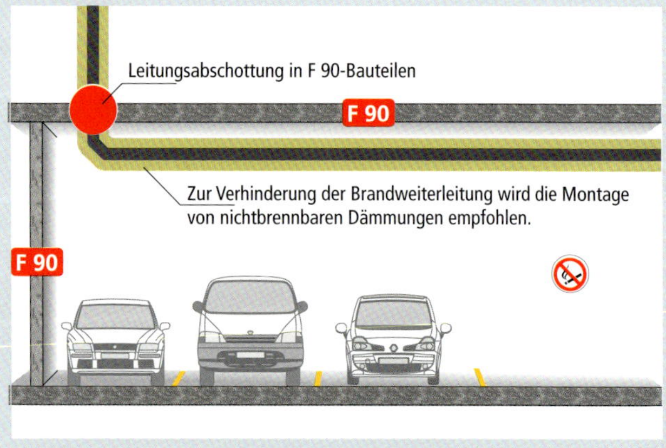

Bild R-VIII–1: Leitungsführung in Mittel- und Großgaragen

R

R-IX. Leitungsverlegung in Lüftungszentralen

Auszug aus dem Kommentar zur M-LÜAR 2015, 2. Auflage der Autoren Lippe, Czepuck, Esser, Vogelsang

6.4 Lüftungszentralen für Ventilatoren und Luftaufbereitungseinrichtungen

6.4.1 Grundlegende Anforderung

Innerhalb von Gebäuden müssen Ventilatoren und Luftaufbereitungseinrichtungen in besonderen Räumen (Lüftungszentralen) aufgestellt werden, wenn an die Ventilatoren oder Luftaufbereitungseinrichtungen in Strömungsrichtung anschließende Leitungen in mehrere Geschosse (nicht in Gebäuden der Gebäudeklasse 3) oder Brandabschnitte führen. Diese Räume können selbst luftdurchströmt sein (Kammerbauweise). Die Lüftungszentralen dürfen nicht anderweitig genutzt werden.

Die Anforderung, dass Lüftungszentralen nicht anderweitig genutzt werden dürfen, ergibt sich aus der Betrachtung, dass von anderen aufgestellten Anlagen und Nutzungen erhebliche Brandrisiken ausgehen könnten. Von den Lüftungszentralen werden in der Regel, ggf. mit mehreren Lüftungsanlagen, verschiedene Bereiche und Geschosse über das Lüftungsleitungsnetz versorgt. Brandlasten durch Lagerung von nicht zur Lüftungsanlage gehörenden Teilen oder Gegenständen sind nicht gestattet. Eine derartige Nutzung ist bei der Konzeption des Brandschutzes nach M-LüAR nicht berücksichtigt und würde sowohl andere als auch weitergehende Schutzmaßnahmen erfordern.

Dementsprechend dürfen bei der Konzeption von Lüftungszentralen keine weiteren Nutzungen im selben Raum integriert werden. Im Bedarfsfall muss eine projektspezifische Schutzzielbetrachtung und Gefahrenanalyse im Brandschutzkonzept dokumentiert werden.

Brandlasten durch die Anordnung von Schaltschränken der Lüftungsanlagen und die elektrische Verkabelung sind unkritisch und gehören zu den Lüftungsanlagen. **Schaltschränke für andere Anlagen sind nicht in der Lüftungszentrale aufzustellen.**

Brandlasten durch brennbare Entwässerungsleitungen der Lüftungsanlagen sind als unkritisch zu betrachten.

Grundsätzlich sollen bei Vorhandensein einer flächendeckenden Brandmeldeanlage nach den technischen Regeln DIN VDE 0833 und DIN 14675 auch die Lüftungszentralen im Gebäude bei der Überwachung berücksichtigt werden.

Hinweis:
Das Durchführen von fremden einzelnen Rohr- und elektrischen Leitungen (ohne Abzweig, ungeschnitten und ohne Absperr- und Abschaltvorrichtungen) durch eine Lüftungszentrale stellt keine anderweitige Nutzung dar. Teile der Lüftungszentrale dürfen nicht zu Energiekanälen (Leitungstrassen von einer Vielzahl von Versorgungsleitungen) mutieren.

Teil S Glossar – Definition verwendeter Begriffe

Allgemein verwendete Begriffe

89/106/EWG Bauprodukten-Richtlinie	Richtlinie 89/106/EWG des Rates vom 21. Dezember 1988 zur Angleichung der Rechts-und Verwaltungsvorschriften der Mitgliedstaaten über Bauprodukte
a.a.R.d.T.	allgemein anerkannte Regel der Technik
Anwendbarkeitsnachweise	Sammelbegriff der bauaufsichtlichen Nachweise für Bauarten
ArbStättV	Verordnung über Arbeitsstätten – Arbeitsstättenverordnung
BauPG	Bauproduktengesetz – Gesetz zur Durchführung der Verordnung (EU) Nr. 305/2011 zur Festlegung harmonisierter Bedingungen für die Vermarktung von Bauprodukten und zur Umsetzung und Durchführung anderer Rechtsakte der Europäischen Union in Bezug auf Bauprodukte
BauPVO	Europäische Bauprodukten Verordnung (VERORDNUNG (EU) Nr. 305/2011 DES EUROPÄISCHEN PARLAMENTS UND DES RATES vom 9. März 2011 zur Festlegung harmonisierter Bedingungen für die Vermarktung von Bauprodukten und zur Aufhebung der Richtlinie 89/106/EWG des Rates)
BRL	Bauregellisten (enthält bauaufsichtlich eingeführte technische Regeln für Bauprodukte und Bauarten in den Bauregellisten A und B und in Liste C die Produkte, für die es keine Regeln gibt, die jedoch mindestens normalentflammbar sein müssen)
CE-Kennzeichnung	Übereinstimmung mit einer oder mehreren EU-Richtlinien = "Reisepass des Produktes in Europa" (Kennzeichnung, durch die der Hersteller erklärt, dass das Produkt den geltenden Anforderungen genügt, die in den Harmonisierungsrechtsvorschriften der Gemeinschaft über ihre Anbringung festgelegt sind.)
CEN	Europäischen Komitee für Normung
DIBt	Deutsches Institut für Bautechnik
DIN	Nationale Norm des DIN e.V.
DIN EN	Als DIN-Norm übernommene europäische Norm, ggf. mit nationalem Anhang oder Abweichungen
DIN EN ISO	Als DIN-Norm übernommene EN ISO internationale und europäische Norm, ggf. mit nationalem Anhang oder Abweichungen
DVGW	Regel des DVGW e. V.
DVGW e.V.	Deutscher Verein des Gas- und Wasserfaches e. V.
EAD	European Assessment Document = Europäisches Bewertungsdokument
EN	Europäische Norm des CEN
ETA	Europäische Technische Zulassungen (European Technical Approval)
ETB	Europäisch Technische Bewertung (deutsche Übersetzung der ETA)
ETB/LTB	Eingeführte Technische Baubestimmung / Liste der technischen Baubestimmungen
Errichter/Ersteller/Installateur	„Ausführender Betrieb zur Installation/Erstellung/Errichtung z. B. von Brandmelde- und Alarmierungsanlagen, Elektroanlagen,HSLK "
Ex-Bereich	explosionsgefährdeter Bereich
Fachbauleiter Brandschutz	Fachbauleiter Brandschutz ist die Person, die alle Gewerke brandschutztechnischen koordiniert
Fachbauleiter	Fachbauleiter sind verantwortlich für die Umsetzung der einzelnen Gewerke, z. B. Elektro, Heizung, Lüftung, Sanitär, Kälte, u.s.w.. Er berichtet in Sachen Brandschutz seines Gewerkes an den Fachbauleiter Brandschutz.
Fachplaner	Fachplaner planen die einzelnen Gewerke unter Beachtung der Schnittstellen zu anderen Gewerken, z. B. denen des Hochbau oder der TGA, schreiben aus und übernehmen i.d.R. die Fachbauleitung.
F 30/60/90/120	Bauteile/Bauarten mit einer FWD von 30 bzw. 60 bzw. 90 bzw. 120 Minuten je nach Anforderung der baurechtlichen Regelwerke, FWD ist die nationale Klassifizierung
FWD	Feuerwiderstandsdauer von Bauteilen/Bauarten/Bauprodukten
I 30/60/90	Nach DIN 4102-11 geprüfte Installationsschächte und -kanäle mit FWD von 30 bzw. 60 bzw. 90 Minuten je nach Anforderung der baurechtlichen Regelwerke, I ist die nationale Klassifizierungen
intumeszierender Baustoff	Im Brandfall durch Temperatureinwirkung aufschäumender Baustoff
ISO	ISO Norm(Normen der International Organization for Standardization)
LBO	Landesbauordnung
MBauVorlV	Muster einer Verordnung über Bauvorlagen und bauaufsichtliche Anzeigen – Muster-Bauvorlagenverordnung
MBeVO	Muster-Verordnung über den Bau und Betrieb von Beherbergungsstätten – Muster-Beherbergungsstättenverordnung
MBO 2002	Musterbauordnung, Stand 2002
MBO 2016	Musterbauordnung 2002, zuletzt geändert durch Beschluss der Bauministerkonferenz vom 13.05.2016, im Kommentar MBO 2016 genannt
MFeuV	Muster-Feuerungsverordnung
MGarVO	Muster einer Verordnung über den Bau und Betrieb von Garagen – Muster-Garagenverordnung
M-HFHHolzR	Muster-Richtlinie über brandschutztechnische Anforderungen an hochfeuerhemmende Bauteile in Holzbauweise
MHHR	Muster-Hochhaus-Richtlinie

MIndBauRL	Muster-Richtlinie über den baulichen Brandschutz im Industriebau – Muster-Industriebaurichtlinie
MLAR	Muster-Richtlinie über brandschutztechnische Anforderungen an Leitungsanlagen – Muster-Leitungsanlagen-Richtlinie MLAR – Fassung 10.2.2015 (Redaktionsstand 05.04.2016)
M-LüAR	Muster-Richtlinie über brandschutztechnische Anforderungen an Lüftungsanlagen – Muster-Lüftungsanlagen-Richtlinie M-LüAR – Stand 29.09.2005, zuletzt geändert 11.12.2015
MRA	maschinelle Entrauchungsanlage
MSchulbauR	Muster-Richtlinie über bauaufsichtliche Anforderungen an Schulen – Muster-Schulbau-Richtlinie
MSR-Technik	Mess-Steuer-Regel-Technik
MSysBöR	Muster-Richtlinie über brandschutztechnische Anforderungen an Systemböden
MVkVO	Muster-Verordnung über den Bau und Betrieb von Verkaufsstätten – Muster-Verkaufsstätten-Verordnung
MVStättV	Muster-Verordnung über den Bau und Betrieb von Versammlungsstätten – Muster-Versammlungsstättenverordnung
MLTB	Muster-Liste Technische Baubestimmungen
MVV TB	Muster-Verwaltungs-Vorschrift Technische Baubestimmung
Prüfgrundlagen für PrüfSV	z. B. BauO, SBO, Verwendbarkeitsnachweise, Technische Baubestimmungen
Prüfunterlagen	z. B. Brandschutztechnische Stellungnahmen, gutachterliche Stellungnahmen, Herstellernachweise, Produkt-Datenblätter
Muster-Prüfgrundsätze	Grundsätze für die Prüfung technischer Anlagen entsprechend der Muster-Prüfverordnung durch bauaufsichtlich anerkannte Prüfsachverständige
Muster-Prüfverordnung	Muster-Verordnung über Prüfungen von technischen Anlagen nach Bauordnungsrecht – MPrüfVO
R 30/60/90	nationale Klassifizerungen R für Rohrabschottungen gemäß abZ/abP
RDA	Rauchschutz-Druckanlagen
SBauVO	Sonderbauverordnung Nordrhein-Westfalen mit diversen Teilen für Sonderbauten
SBO	Sonderbauverordnungen/-richtlinien
SIL	Safety Integrity Level (Verfahren zur Ermittlung des potenziellen Risikos von Personen, Systemen, Geräten und Prozessen im Falle einer Fehlfunktion) gemäß DIN EN 61508-5 und VDMA 24200-1
Tektur	nachträgliche Aktualisierung im baurechtlichen Verfahren/eines Bauantrages
Testat	Bescheinigung
TRGI – DVGW-G 600	Technische Regel für Gasinstallationen (DVGW-Arbeitsblatt G 600)
TRÖI	Technische Regel für Ölinstallationen
U/A-Verhältnis	brandschutztechnischer Bewertungsmaßstab für Stahlbauteile, U = Umfang, A = Fläche
Ü-Zeichen	Übereinstimmungszeichen
VDI e.V.	Verein Deutscher Ingenieure e. V.
VDI 2089 Blatt 1:2008-09	VDI-Richtlinie 2089 Blatt 1: Technische Gebäudeausrüstung von Schwimmbädern und Hallenbädern, Ausgabe 2008
Ver- und Anwendbarkeits-nachweise	Sammelbegriff für abZ/abP/ZiE/aBG/vBG/ETB/ETZ/hEN
vfdb	Vereinigung zur Förderung des Deutschen Brandschutzes e.V.

Baurechtliche Ver- und Anwendbarkeitsnachweise

aBG	Bauarten, MBO 2016 § 16a	allgemeine Bauartgenehmigung Nachweise über ein abP möglich, wenn allgemein anerkannte Prüfverfahren angewendet werden können
abP	Bauprodukte, MBO 2016 § 19 oder Bauarten § 16 a	allgemeines bauaufsichtliches Prüfzeugnis
abZ	Bauprodukte, MBO 2016 § 18	allgemeine bauaufsichtliche Zulassung
ETA (deutsch ETZ)	Bauprodukte, MBO 2016 § 16c mit CE-Zeichen	Europäische Technical Approvol (ETA) Europäische Technische Zulassung (ETZ)
ETA (deutsch ETB)	Bauprodukte, MBO 2016 § 16c, mit CE-Zeichen	European Technical Assesment (ETA) Europäisch Technische Bewertung (ETB)
hEN	Bauprodukte, MBO 2016 § 16c, mit CE-Zeichen	Bauprodukte auf Grundlage einer harmonisierten europäischen Norm
vBG	Bauarten, MBO 2016 § 16a	vorhabenbezogene Bauartgenehmigung vergleichbar mit ZiE für Bauprodukte
ZIE	Bauprodukte, MBO 2016 § 20	Zustimmung im Einzelfall

Begriffe für elektrotechnische Anlagen

E 30/60/90	Elektrische Leitungsanlagen mit Anforderungen an den elektrischen Funktionserhalt, E ist die nationale Klassifizierung
EltBauVO	Muster einer Verordnung über den Bau von Betriebsräumen für elektrische Anlagen
Elektrische Anlage für Sicherheitszwecke	Elektrische Anlage, die dazu bestimmt ist, die Funktion von elektrischen Betriebsmitteln aufrechtzuerhalten, die von wesentlicher Bedeutung, wie z. B. der Sicherheit und Gesundheit von Menschen sind.
LWL	Lichtwellenleiter – Kabel/Leitungen (Glasfaser-Leitungen)
MSR-Technik	Mess-Steuer-Regel-Technik
S 30/60/90	Kabelabschottungen/Kombischotts gemäß abZ, mit nationaler Klassifizerung
EI 30/60/90	Kabelabschottung/Kombischott mit europäischer Klassifizierung
ZVEI	Zentralverband Elektrotechnik- und Elektronikindustrie e.V.

Begriffe für Lüftungsanlagen

BSK EI 30/60/90/120 ($v_e h_o$ i↔o) S	Brandschutzklappen für Lüftungsanlagen mit europ. Klassifizierung und CE-Kennzeichnung
BSK K 30/60/90	Brandschutzklappen für Lüftungsanlagen mit nationaler Klassifizierung
BSK K 30/60/90-18017	Absperrvorrichtungen für Anlagen gemäß DIN 18017-3
BSK K 30/60/90-18017 S	Absperrvorrichtungen für Anlagen gemäß DIN 18017-3 mit Systemzulassung inkl. aller zugehörigen Bauteile der Anlage
L 30/60/90	Lüftungsleitungen und -kanäle mit FWD nationaler Klassifizierung L gemäß DIN 4102
MRA	maschinelle Entrauchungsanlage
RDA	Rauchschutz Druckanlage
RLT-Anlage	raumlufttechnische Anlage

Begriffe für Sicherheitsbeleuchtungsanlagen

Antipanikbeleuchtung	Teil der Sicherheitsbeleuchtung die der Panikvermeidung durch das Erkennen und Erreichen von Rettungswege dient.
Ersatzbeleuchtung	Teil der Notbeleuchtung, damit notwendige Tätigkeiten sicher beendet werden können.
Notbeleuchtung	Beleuchtung bei Störung der Stromversorgung fur die allgemeine künstliche Beleuchtung.
Sicherheitsbeleuchtung	Der Teil der Notbeleuchtung, der Personen das sichere Verlassen eines Raumes oder Gebäudes, oder das Beenden eines potentiell gefährlichen Arbeitsablaufs, bei einem Ausfall der Allgemeinbeleuchtung ermöglicht.
Sicherheitsstrom-versorgungssystem	Stromversorgungssystem, dass bei Ausfall der allgemeinen Stromversorgung bestimmte Anlagen elektrisch versorgen soll.
CPS-System Sicherheitsstrom-versorgungssystem (Central Safety Supply System)	Zentrales Stromversorgungssystem, das ohne jede Begrenzung der Ausgangsleistung den geforderten Notstrom für die notwendigen Sicherheitseinrichtungen liefert.
LPS-System Sicherheitsstrom-versorgungssystem (Low Safet Power Supply System)	Zentrales Stromversorgungssystem mit Begrenzung der Ausgangsleistung auf 500 W für die Dauer von 3 h oder 1.500 W für eine Dauer von 1 h.
Stromquelle für Sicherheitszwecke	„Elektrische Energiequelle zur Versorgung sicherheitstechnischer Anlagen bei Ausfall der Allgemeinstromversorgung (z. B. wiederaufladbare Batterien, Primärelemente, Generatoren mit netzunabhängiger Antriebsmaschine)."
Notleuchte in Dauerschaltung	Leuchte, bei der die Lampen für die Notbeleuchtung immer dann ständig gespeist werden, wenn allgemeine Beleuchtung oder Notbeleuchtung erforderlich ist.
Notleuchte in Bereitschaftsschaltung	Leuchte, bei der die Lampen für die Notbeleuchtung nur dann eingeschaltet sind, wenn die Stromversorgung für die allgemeine Beleuchtung ausfällt.
Rettungszeichenleuchte	Leuchte, die zur Kennzeichnung von Rettungswegen eingesetzt wird und hilft, diese zu erkennenen.
Sicherheitsbeleuchtungsabschnitt	Der Sicherheitsbeleuchtungsabschnitt ist die Grundfläche je Brandabschnitt, die als Beleuchtungsfläche in einem Geschoss oder auf einen Treppenraum begrenzt ist . Hinweis: Festlegung erfolgt im Brandschutzkonzept / -nachweis
Notleuchte	Leuchte, die mit oder ohne eigene Stromquelle für Sicherheitszwecke ausgerüstet sein darf und die für Sicherheits- oder Notbeleuchtung eingesetzt wird.

Begriffe für Brandmelde-/Alarmierungsanlagen

Alarmierungsanlage	Allgemein eine Anlage zur Warnung von Personen vor Gefahren, siehe ELA, ENA, EN.
Alarmübertragungsanlage	Gefahrenmeldeanlage, die zur Übertragung von Informationen zwischen einer oder mehreren Gefahrenmeldeanlagen zu einer oder mehreren Alarmempfangsstellen dient.
Alarmierungsbereiche	Abschnitte innerhalb von einem Gebäude mit zugeordnetem Internalarm, z. B. über Signalgeber der Brandmeldeanlage. Ein Alarmierungsbereich darf einen Brandabschnitt in einem Geschoss nicht überschreiten.
Alarmierungsabschnitt	Der Alarmierungsabschnitt ist die Grundfläche je Brandabschnitt, die als Alarmierungsfläche in einem Geschoss oder auf einen Treppenraum begrenzt ist . Hinweis: Festlegung erfolgt im Brandschutzkonzept / -nachweis
bestimmter Signalgeber	Im Brandmelde- und Alarmierungskonzept durch die Beteiligten festegelgter Signalgeber für die Personenalarmierung.
bestimmte Steuereinrichtungen	Im Brandmelde- und Alarmierungskonzept durch die Beteiligten festgelegte Steuereinrichtung.
BMA	Gefahrenmeldeanlage, die Personen zum direkten Hilferuf bei Brandgefahren dient und zu einem frühen Zeitpunkt erkennt und meldet.
BMS	„Brandmeldesystem, Brandmeldeanlagen und Betriebseinrichtungen zur Detektion von Brandherden und zur Brand-Alarmierung der im Gebäude anwesenden Personen oder der Feuerwehr."
BMZ	Brandmelderzentrale, siehe auch DIN 54-2
Brandabschnitt	Ein von Brandwänden begrenzter Teil der Gebäude, deren Abschnitt im Brandfall aufgegeben werden kann. Der Brandabschnitt dient zur Begrenzung einer Brandausbreitung.
Brandfallsteuerung	Steuerung für Aufzugsanlagen, die im Brandfall sicher und überwacht ausgelöst werden und den Aufzugsfahrkorb in einen sicheren Bereich fahren.
Brandkenngröße	Physikalische und/oder chemische Kenngröße, z. B. Rauch, Brandgase, Temperaturerhöhung, Flammenstrahlung, die in der Umgebung eines Brandes auftritt und deren messbare Veränderungen ausgewertet werden können.
Brandschutzeinrichtung	Einrichtung, die der Brandbekämpfung oder der Verhinderung der Brandausbreitung dient. Eine direkte Ansteuerung und die Meldung von Störung muss über sichere Übertragungswege erfolgen.
ELA	Siehe Elektrische Lautsprecheranlagen
Elektrische Lautsprecheranlagen	Anlagen ohne besondere Anforderungen und sicherheitstechnische Funktion. Dient nicht der primären Alarmierung im Gefahrenfall.
Elektroakustische Notfallwarnsysteme	Anlagen zur direkten sprachlichen Alarmierung ohne automatische Ansteuerung (s. DIN EN 50849) in Gebäuden mit einer ständig besetzten Stelle. Anwendung z. B. in Fussballstadien, Versammlungsstätten, etc..
ENA	Elektroakustische Notfallwarnanlage, siehe elektroakustische Notfallwarnsysteme, Anlagen zur direkten sprachlichen Alarmierung ohne automatische Ansteuerung (siehe DIN EN 50849)
ENS	Elektroakustische Notfallwarnsysteme, Anlagen zur direkten sprachlichen Alarmierung ohne automatische Ansteuerung (siehe DIN EN 50849)
FAT	Feuerwehr-Anzeigetableau
FBF	Feuerwehr-Bedienfeld
Fernalarm	Alarm, der sich an eine nicht vor Ort befindliche beauftragte hilfeleistende Stelle richtet, z. B. Feuerwehr
Funktionsgruppe	Gruppen bei Brandmeldeanlagen – die das Alarmieren von jeweils einem Alarmierungsbereich – das Steuern von Feststellanlagen – das Steuern von Rauch- und Wärmeabzugsanlagen eines Brandabschnittes – das Steuern von einem Löschbereich oder – das Steuern anderer Brandschutzeinrichtungen je Brandabschnitt und dem erfassen und ausgeben von Meldungen und Informationen dienen.
gesicherte Stromversorgung	Stromversorgung für Geräte oder Bereiche die auch beim Ausfall der allgemeine Stromversorgung bestehen bleibt.
Hausalarm	Alarm innerhalb des Gebäudes im Sinne einer Gefahrenmeldeanlage, z. B. einer Brandmeldeanlage ohne Alarmübertragung zur Feuerwehr. Internalarm entsprechend DIN 14675 Anhang H, mit entsprechenden Brandfallsteuerungen ist zulässig. Der baurechtlich geforderte Alarm ist eine sicherheitstechnische Einrichtung.
Hausalarmanlage	Allgemein verwendeter nicht genormter Begriff. Daher können hier keine sicherheitstechnischen Anforderungen wie im Sinne der DIN VDE 0833 – Gefahrenmeldeanlagen gefordert werden (siehe jedoch Hausalarm).
Kurzschlussisolator	Nach DIN EN 54-17, Element zur Begrenzung von Fehlern aufgrund eines geringen Parallelwiderstandes zwischen den Leitungen eines Übertragungsweges der Brandmeldeanlage (siehe DIN EN 54-17)
Meldebereiche	Meldebereiche dienen der raschen und eindeutigen Ermittlung eines Melde- bzw. Brandortes. Dazu wird ein Meldebereich allgemein in Meldergruppen unterteilt. Ein Meldebereich darf einen Brandabschnitt nicht überschreiten.
Primärleitung	Überwachter Übertragungsweg der Brandmeldeanlage
SAA	Siehe Sprachalarmanlage als Teil einer Brandmeldeanlage
Sekundärleitung	Nicht überwachte Signal- oder Steuerleitung der Brandmeldeanlage.
Sprachalarmanlagen	Anlagen zur direkten sprachlichen Alarmierung mit automatischer Ansteuerung über eine Brandmeldeanlage.
Sprachalarmzentralen	Zentrale innerhalb einer Brandmeldeanlage zur automatischen Ansteuerung der Alarmierungssignale und Brandfalldurchsagen (siehe auch DIN EN 54-16)

Trennelement	Trennelemente werden innerhalb des Übertragungsweges einer Brandmeldeanlage eingesetzt um Fehler durch einen Kurzschluss oder einer Leitungsunterbrechung zu begrenzen. Dabei werden üblicherweise aus der gestörten Ringleitung zwei Stichleitungen als Übertragungsweg gebildet und der Abschnitt mit der Störung aus der Ringleitung herausgetrennt. Wichtig ist dabei, das die Systemanforderungen an den Übertragungsweg auch im Störungsfall eingehalten wird.
Übertragungsweg	Physikalische Verbindung außerhalb der BMZ zur Übertragung von Informationen und/oder Energie. Hinweis: überwachte Übertragungswege sind Übertragungswege zwischen Meldern, bestimmten Steuereinrichtungen, Signalgebern und Zentrale, die entsprechend der Aufgabe verfügbar sein müssen und grundsätzlich zu überwachen sind.
Überwachungsumfang nach DIN 14675	Kategorie 1 (Vollschutz)/Kategorie 2 (Teilschutz)/Kategorie 3 (Schutz der Flucht- und Rettungswege)/Kategorie 4 (Einrichtungsschutz)

Baurechtliche Fundstellen im Internet

Auswahl	Ergebnis
www.is-argebau.de > Öffentlicher Bereichg > Mustervorschriften/Mustererlasse > Bauaufsicht/Bautechnik	Auflistung der „Musterwelt" **Hinweis:** Am Ende dieser Auflistung finden Sie ein Archiv zur „Musterwelt"
www.is-argebau.de > Länder	Auflistung der Links zu den Internetseiten, über Suchbegriffe finden Sie das gesuchte Thema.
www.dibt.de > Service	z. B. – hEN > Liste der harmonisierten europäischen Normen – Amtliche Mitteilungen – Newsletter – Mustervorschriften – EU-BauPVO – Listen und Verzeichnisse – Technische Baubestimmungen – Bestellshop z. B. für Ver- und Anwendbarkeitsnachweise – Publikationen
www.dibt.de > Technische Baubestimmungen	z. B. – Stand der Umsetzungen VV TB (jeweils aktueller Stand) – MVV TB (jeweils aktueller Stand)

S

Düker
ABFLUSSTECHNIK
SML-Gussrohre sind Brandschutzrohre
SML-Gussrohre sind nicht brennbar! Kein anderer Abflussrohr-Werkstoff bietet Ihnen diese Sicherheit – und schon gar nicht Kunststoff:
• beste Baustoffklasse und sicherstes Brandverhalten am Markt: A1 nach DIN EN 13501-1
• keine Brandlasten – offene Verlegung in Rettungswegen möglich
• einfache, preisgünstige Abschottung mit den Lösungen der MLAR
• kein Beitrag zur Brandentwicklung
• keine Brandweiterleitung nach unten durch brennendes Abtropfen. Die neue MVV TB verlangt ausdrücklich auch die Abschottung gegen Brandweiterleitung nach unten!
Düker GmbH · Würzburger Str. 10 – 16 · 97753 Karlstadt · Technische Hotline +49 (0) 9353 791-280 · www.dueker.de

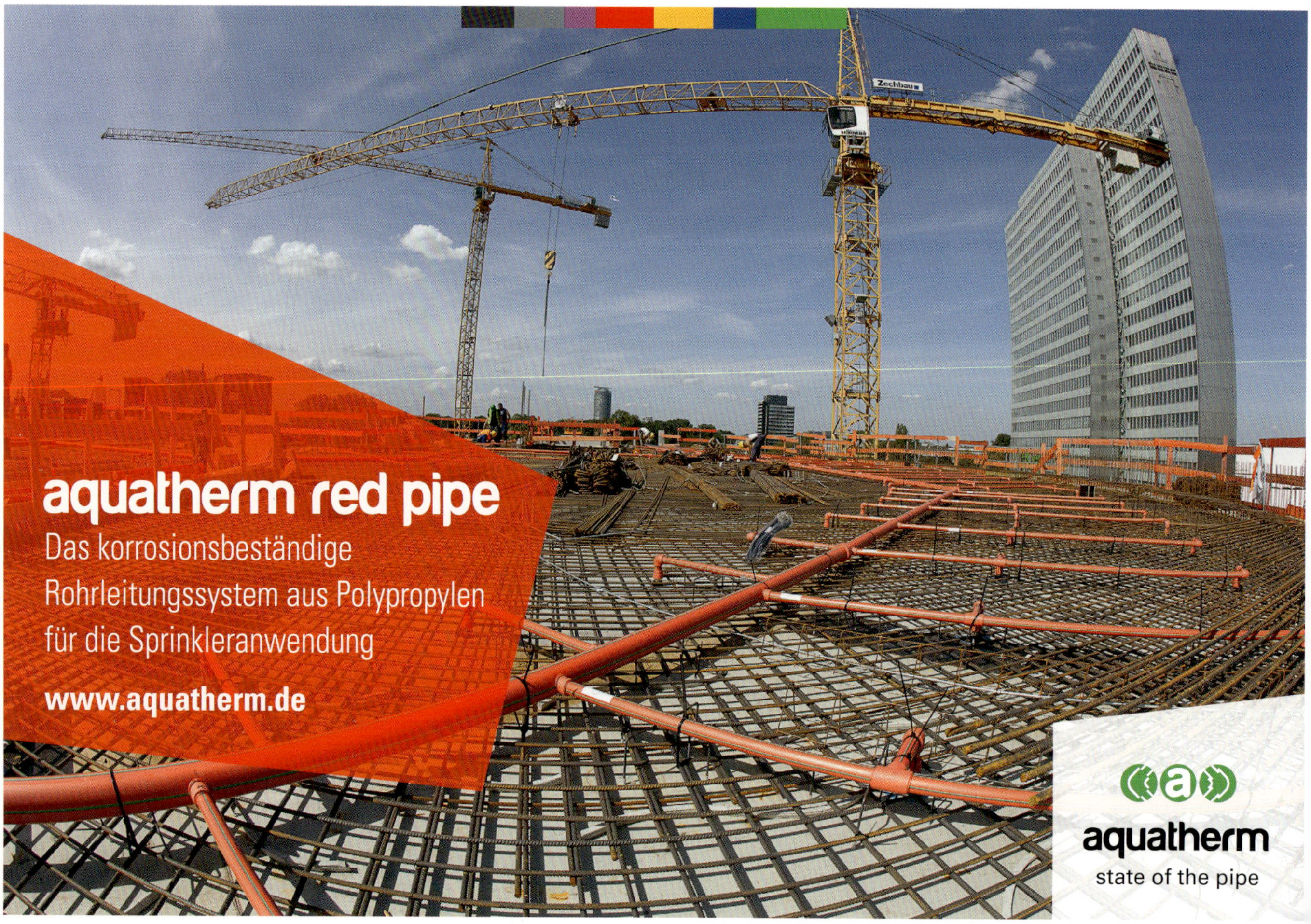
aquatherm red pipe
Das korrosionsbeständige Rohrleitungssystem aus Polypropylen für die Sprinkleranwendung
www.aquatherm.de
aquatherm
state of the pipe